中国石油学会
第十二届青年学术年会
会议论文集

《中国石油学会第十二届青年学术年会会议论文集》编委会　主编

中国石化出版社

图书在版编目(CIP)数据

中国石油学会第十二届青年学术年会会议论文集 / 《中国石油学会第十二届青年学术年会会议论文集》编委会主编．—北京：中国石化出版社，2023.3
ISBN 978-7-5114-7009-6

Ⅰ．①中…　Ⅱ．①中…　Ⅲ．①石油工业-学术会议-中国-文集　Ⅳ．①TE-53

中国国家版本馆 CIP 数据核字(2023)第 044141 号

未经本社书面授权,本书任何部分不得被复制、抄袭,或者以任何形式或任何方式传播。版权所有,侵权必究。

中国石化出版社出版发行

地址:北京市东城区安定门外大街 58 号
邮编:100011　电话:(010)57512500
发行部电话:(010)57512575
http://www.sinopec-press.com
E-mail:press@sinopec.com
北京科信印刷有限公司印刷
全国各地新华书店经销

*

787×1092 毫米 16 开本 47.5 印张 1000 千字
2023 年 5 月第 1 版　2023 年 5 月第 1 次印刷
定价:298.00 元

目　录

油气地质与勘探

文昌 A 凹陷原油与天然气差异富集规律及控制因素研究
…………………… 陈　林　范彩伟　李　明　游君君　李连义　段　亮　彭　睿(3)
海相碳酸盐岩潜山优质储层分布及主控因素研究
…………………………………………… 党胜国　刘小鸿　缪飞飞　刘学通　高振南(8)
渤海海域歧南断阶带沙河街组层序地层格架及其油气地质意义
——以 QK 油田为例 ………………… 黄建廷　潘广明　吴金涛　李　浩　曲炳昌(12)
乌石凹陷烃源岩地球化学特征差异性及成藏特征分析 ……………………… 金秋月(17)
国外陆相页岩油地质特征与资源潜力 ………………………………………… 李梦莹(22)
柴达木盆地逆冲断层前峰高陡地层地震成像正演研究
…………………………………………… 李　祥　张启全　牛全兵　熊业刚　王海峰(27)
沉积微相自动识别技术在大庆油田储层预测中的应用 …………………………………
…………………………………………………… 梁　宇　王文武　杨会东　付宪弟(32)
井震结合废弃河道精细刻画方法研究及应用 …………………………………………
……………………………… 刘朋坤　庞春红　刘　铁　姜　琦　石　荣　杨丽瑛(36)
高能辫状河沉积特征及砂体分布研究 ………… 卢志远　何治亮　马世忠　何　宇(40)
南黄海盆地北凹中新生界油气成藏过程与勘探意义 …………………………………
……………………………… 史盼盼　杨　波　黄　振　吴庆勋　王　军　李志强(44)
次生溶蚀作用对中深层储层质量贡献定量评价
——以渤海石臼坨凸起西段陡坡带东三段为例
…………………………………………… 孙藏军　别旭伟　李永春　常　涛　石　飞(50)
不同水洗阶段储层微观参数变化规律 ………………………………………… 王端阳(54)
柴达木盆地柴西南跃进二号地区铀矿成矿条件分析
…………………………………………… 王　铎　魏学斌　杨　梅　雷　涛　李叶平(59)
录井实时智能解释评价系统的研制与开发 …………………………………… 王洪伟(64)
X 区块泉四段岩石学特征及成岩作用分析 ………………… 汪嘉兴　金梓桐　王亮亮(69)
基于判别分析方法的碳酸盐岩滩沉积特征研究 ……………………………… 杨　柏(73)
柴达木盆地英西地区碳酸盐岩储层敏感性评价
…………………………………………… 王　果　王妍芝　郑永仙　董永玖　毛建英(78)
地震参数反演在储层预测中的应用 …………………………………………… 张秀丽(82)

复杂油气田开发

相场方法研究多孔介质渗吸现象 ……… 赵蕴昌　付　蓉　舒　晓　杨贯虹　李　扬(89)
海上复杂河流相油田水平井高效优化注水技术研究与应用
…………………………………………… 常会江　王少鹏　张宏友　孙广义　翟上奇(93)
稠油油田开发后期静态参数变化及规律研究
…………………………………………… 常　涛　康　凯　石　飞　卢美月　周立业(98)
碳酸盐岩潜山储层定量分类在前期方案研究中的应用
…………………………………………… 党胜国　李廷礼　王鹏飞　宋建芳　黄保纲(102)
渤海稠油油田水平井开发关键技术及实践
…………………………………………… 邓景夫　吴晓慧　张俊廷　谢　岳　张国浩(106)
渤海复杂低阻油藏甜点预测及高效开发
…………………………………………… 邓　猛　舒　晓　金宝强　周军良　何　康(110)
渤海潜山裂缝型凝析气藏渗流特征及规律研究
…………………………………………… 高振南　刘小鸿　李廷礼　郑　华　廖　辉(115)
渤海湾 S 油田曲流河储层构型研究及油田开发中的应用
…………………………………………… 郭敬民　宋洪亮　孟　鹏　刘春艳　张小龙(119)
海上大型底水油田特高含水期调整挖潜研究
…………………………………………… 李彦来　刘春艳　谭　捷　权　勃　杨东东(124)
火成岩影响下的油藏早期产量递减影响因素研究
…………………………………………… 刘美佳　原建伟　王少鹏　邓　琪　马　栋(129)
海上稠油油藏衰竭开采特征及水驱特征研究
…………………………………………… 刘英宪　谭　捷　穆朋飞　程大勇　刘春艳(133)
基于三维井震对比的复合砂体表征技术：以渤海 A 油田为例
…………………………………………………… 任百聪　舒　晓　张鹏志　贾海良(139)
高分辨率地质统计学反演在中深层三角洲复杂岩性薄互层储层预测中的应用
…………………………………………… 舒　晓　邓　猛　任百聪　周军良　金宝强(142)
考虑启动压力梯度的稠油底水油藏水平井临界产量的计算
…………………………………………… 孙恩慧　彭　琴　刘春艳　杨东东　郭敬民(146)
海上强底水油藏动态数据预测隔夹层模式
…………………………………………… 谭　捷　牟松茹　刘春艳　谭钲扬　李子新(150)
海上油田不规则井网水驱波及系数定量表征研究
…………………………………………… 王　鹏　王少鹏　孙广义　翟上奇　闫建丽(154)
基于属性梯度分析的浅水三角洲储层构型研究
…………………………………………… 王西杰　周连德　张　汶　来又春　张国坤(160)
中深层潜山油藏提高最终采收率技术探索
…………………………………………… 王欣然　祝晓林　孟智强　朱志强　王艳霞(165)

储层物性变化定量表征及治理技术研究
…………………………………… 吴晓慧　邓景夫　杨　明　宫平志　王　雨(170)
渤海湾盆地Y油田浅水三角洲沉积特征研究
…………………………………… 谢　京　周军良　白清云　汪全林　耿红柳(175)
海上水平井油藏注采智能分析及优化调整研究
…………………………………… 张言辉　王少鹏　张宏友　罗宪波　曹　龙(179)
海上中深层薄互层油藏立体井网高效开发研究及实践
…………………………………… 张占华　祝晓林　崔龙涛　郭　诚　巩天浩(185)
储层非均质性特征及其对剩余油的控制作用——以渤海湾盆地莱州湾凹陷L油田为例
…………………………………… 赵汉卿　王少鹏　郭　诚　阳晓燕　陈晓明(189)
渤海潜山油藏剩余油分布规律及挖潜研究
……………………………… 祝晓林　刘宗宾　王永平　孟智强　王欣然　赵健男(194)
注水井分层调配过程中的问题分析及对策 ………………………… 裴文静　张瀚文(200)
特高含水复杂油田三采提质增效对策方法 ………………………… 孙天一　王月英(205)
不同类型射孔弹适应性评价研究 ………………………………………… 任喜东(210)
钻停区块注水恢复原则及优化方法研究 ……………………………………… 安　旭(215)
可钻桥塞长效封堵封井技术在萨南油田的应用 …………… 戴宏伟　刘永鹏　李鹏鹏(219)
精控压裂提高压裂成功率技术研究 ……………………………………… 董功鑫(223)
储层射钻孔压裂一体化增产工艺技术试验与应用 ………………… 王　鑫　张嘉恩(227)
从数字油田到智能油田的创新与实践 …………………………………… 王春友(231)
窄薄砂体油藏深度调驱效果评价 ………………… 刘洪剑　王　辉　贾　娜　林新迪(235)
大庆外围低渗透油田微生物驱油技术研究 ………………………………… 朱琳琳(239)
分层注聚井堵塞器的改进与应用
……………………………… 张化庆　于国江　于守清　范海军　郭大华　刘金平(244)
朝阳沟油田中高含水期适度规模压裂改造技术研究与应用 ……………… 周海军(249)
裂缝性低渗透油田开发后期深度调剖提高采收率方法研究 ……………… 朱琳琳(253)
特高含水期产量递减类型及影响因素分析
…………………………………… 陶　博　夏连晶　王　雷　王卫学　杨　宁(258)
不同储层条件渗吸采收率的影响因素研究
……………………………… 黄海龙　刘向斌　管公帅　王庆国　高　超　王德晴(264)
VAPEX技术提高稠油油藏采收率机理研究………………… 赵　欣　吴宝峰　闫丽萍(268)
人工神经网络在特低渗透区块CO_2驱采收率中的应用
…………………………………… 陈成龙　刘义坤　贺伟中　薄利锋　朱是维(273)
深水复杂水下中心管汇国产化研究与应用
……………………………… 程寒生　尤学刚　魏行超　刘孔忠　周声结　黄会娣(283)
吉林油田探明未动用储量开发潜力评价方法 ………………………………… 樊　超(287)
"双特高"复杂多层油藏提高水驱采收率研究与实践
………………………… 杜怡奎　王振军　刘晓明　王　雷　谭湘辉　王建国　王海忠(291)
一种用于非常规储层表面活性剂的研制与性能评价 ……… 任　硕　何定凯　刘培培(298)

应用地震属性提高油藏断裂系统识别 … 杜光辉　张　婷　鱼莎莎　谢刘静　彭　莲(302)
水驱砂岩气藏数值模拟水侵机理与提高采收率研究
…………………………………………… 管　璐　史玉成　李江涛　刘俊丰　徐晓玲(305)
异常高矿化度油藏复合化学驱提高采收率研究及应用
…………………………………………… 贾志伟　张海浪　党杨斌　程　涛　薛小宁(310)
基于沉积时间单元的砂体精细刻画及建模实现——以尕斯库勒 N_2 油藏上盘Ⅶ油组为例
…………………………………………… 盛　军　柳金城　陈晓冬　林长庆　李积永(315)
裂缝性底水基岩气藏水侵规律及开发技术对策研究——以东坪气田 A 井区为例
…………………………………………… 王海成　杨国军　杨会洁　熊　宇　何文发(320)
低渗透油藏合理注采井距的确定 ……… 谭亚东　赵　则　周　艳　赵　匡　姜明忠(326)
断点微组合在低序级断层空间组合中的应用——以英东油田为例
…………………………………………… 王宏磊　房国庆　于　航　李　昱　庞　皓(332)
中高含水期油藏单砂体水驱特征刻画方法研究
…………………………………………… 钟　萍　常　琳　李国艳　陈　杰　赵云南(337)
低渗透油藏单砂体开发效果分类评价技术
——以柴达木盆地扎哈泉油田扎 11 井区 N_2 油藏为例
…………………………………………… 周　艳　张恩鹏　马凤春　李兴彦　崔守凯(340)
CO_2-水-煤岩相互作用对煤岩特征影响的试验研究
——以云南省老厂道班房区块龙潭组 17#煤层为例
…………………… 李小刚　靳文博　杨兆中　张　平　刘　凤　易良平　余秋爽(344)
聚合物在中低渗油藏注入性影响规律及主控因素研究
…………………………………………………… 陈丽君　何　宏　杨远超　陈茹萍(352)
运用灰色关联与 BP 人工神经网络预测碳酸盐岩底水油藏水锥临界产量
…………………………………………… 范　杰　何祖清　周　朝　刘欢乐　付道明(356)
玛湖凹陷风城组页岩油储层可压性评价方法研究
…………………………… 杨子轩　王小琼　朱俊星　王　军　葛洪魁　申颍浩(360)
渤海砂岩油藏低矿化度水驱规律与机理实验研究
…………………………… 辛　晶　刘汝敏　王　涛　田　苗　刘　东　李敬松(365)
利用反推法速度建场技术提高储层地质建模精度
…………………………………………… 许胜利　张　雨　秦　欣　张学敏　杨丽娜(371)
一种新型气驱油藏开发效果评价模型推导及应用
…………………………………………… 孟智强　祝晓林　王永平　文佳涛　刘　超(376)
稠油油藏无因次采液指数规律研究 …… 王永平　祝晓林　孟智强　李展峰　王欣然(381)
复杂断块油藏不规则井网流场调控研究
…………………………………………… 杨　明　吴晓慧　马　栋　周凤军　刘　超(385)
水平井网下厚层砂质辫状河层间夹层分布研究
…………………………………………… 张文童　侯东梅　权　勃　牟松茹　杨建民(391)
"双甜点"在井位部署中的应用研究
…………………………… 樊爱彬　施瑞生　杨　波　寇双燕　王　朔　魏　鹏(396)

高温高压低渗气藏可动水饱和度及生产水气比定量评价
…………………………………… 鲁瑞彬　王雯娟　周　伟　朱海钰　何志辉(400)
北部湾复杂断块油藏智能注水技术研究
…………………………… 李新妍　于志刚　葛　嵩　周振宇　吴绍伟　张德政(406)
防入侵系统在海上无人平台的应用 …………………………………… 李福星　陈学东(410)
溢油监测技术在海洋无人采油平台的应用 ………………………… 陈学东　李福星(414)
南海西部油田桥式偏心细分注水技术先导性应用
…………………………………… 张德政　于志刚　宋文江　周振宇　葛　嵩(418)
页岩气水平井排液采气工艺优选评价体系
…………………………………… 周　朝　何祖清　范　杰　罗　璇　陈　旭(422)

复杂油气井工程

下部钻具组合横向振动特征研究与优化
…………………………… 张佳伟　王　庆　黄洪春　崔　猛　纪国栋　邹灵战(431)
青海油田深探井重复压裂改造技术研究及应用 ……………………………… 谢贵琪(435)
深层高温潜山大位移水平井钻完井技术研究与应用
…………………………………… 李云峰　吴　艳　白良杰　周　岩　徐小峰(438)
井完整性评价技术在柴达木盆地高温高压井的应用
…………………………………… 王夫军　周胤男　罗敬兵　刘君林　焦士杰(442)
基于冲量分析的碳酸盐岩储层酸蚀裂缝扩展模式识别方法
………………………………………… 詹家豪　周　舟　陈　冬　刘雨晴(446)
钻井工程异常实时分析与智能预警技术研究 ………………………………… 李昌盛(452)
注水软管体系化清垢技术在海上平台的首次成功应用与实践
…………………………………… 谢艳娥　李彦闯　舒　杰　胡徐彦　詹智杰(467)
水平井故障修复工艺技术研究 …………………………… 乔　治　艾教银　乔文秀(471)
流体驱动下页岩层理扩展造成套损规律研究 …… 张　玖　冯福平　张　军　索　彧(475)
螺杆钻具马达失效分析 ……………………………………………………… 任宪可(480)
基于机器学习方法的PDC钻头钻速方程多元模式及其工程应用
……………………………………………… 李　玮　李卓伦　焦圣杰(484)
考虑间断效应修正的管柱摩阻扭矩模型及摩阻系数动态反演方法
……………………………………………… 赵　军　黄文君　高德利(489)
深水表层连续钻进送入工具关键部件力学性能数值模拟分析
………………………………………… 张广瑞　王宴滨　高德利　辛世琳(493)
可钻桥塞长效封堵封井技术在萨南油田的应用 ………… 戴宏伟　刘永鹏　李鹏鹏(497)
压裂充填对疏松砂岩油藏油水运移和产能的影响研究
………… 王景鹤　林　海　闫新江　侯泽宁　YAMANDO Gerald Fediny　刘　伟(503)
考虑井筒堵塞与储层污染的疏松砂岩注水井破裂压力计算方法
…………………………… 李舒倩　林　海　邓九涛　闫新江　侯泽宁　刘　伟(510)

等离子体通道钻井电击穿概率发展模型
…………………………………………… 刘伟吉　胡　海　陈梦秋　罗云旭　祝效华(515)

油气储运与储备

油气储运设施安全保障技术研究进展及展望 ……………… 高　泽　杜　建　徐　扬(523)
油田结垢除垢及其发展趋势 …………… 葛　阳　高清河　魏立新　刘　超　贾新磊(528)
某油田站间管道安全经济输送工艺研究 ……………………… 纪丽丽　张　宇　符　进(532)
加氢装置的腐蚀分析与防护 …………… 张会兵　兰　勇　苏燕飞　刘　琦　刘　斌(536)
炼化装置原油中氯的来源分析与防治对策
…………………………………………… 兰　勇　陈家岭　刘慧娟　雷占辉　刘发花(541)
基于人工神经网络的输油管道计算模型研究
…………………………………………… 李　达　唐玉姬　赵洪洋　孙　晁　刘佳仑(545)
弱碱三元复合驱乳状液电脱参数影响因素研究
………………………………… 李丽敏　高清河　李坤龙　钱慧娟　鲁聪颖　黄　金(550)
集输系统智能管控技术研究与应用 ……………………………………………… 李明卓(556)
架空天然气管道泄漏扩散数值模拟研究 ……………………… 贺　翔　梁博文　张引弟(560)
基于数据分析研究原油黏度模型 ……… 鲁聪颖　郑钰飞　王海凤　刘杰文　高清河(565)
常压罐区环保技术在工程设计中的创新应用 ……………… 王　雪　刘庆华　王乃燕(569)
轻烃回收关键工艺参数研究-以马北联合站为例
…………………………………………… 鱼　雪　马元琨　华　震　王　波　朱　军(573)
一种改性含氟聚醚破乳剂的合成与性能评价
…………………… 张　临　魏立新　贾新磊　徐子怡　刘　超　孙　晁　代轩瑞(576)
关于微生物污水处理站含油污泥减量化运行的探讨 ……………………………… 张云鹏(582)

石油经济与管理

碳中和目标下油气行业可持续发展路径选择 ……………………………………… 牛　艺(589)
环境规制对石油企业环境绩效影响的实证分析 …………………………………… 曲　迪(594)
我国石油石化企业环境信息披露状况分析 ………………………………………… 孙　明(599)
中国油气资源产业低碳发展策略探索 ………………………… 刘天志　肖艳玲　季海洋(603)
我国当前能源储备现状与能源安全潜在风险分析
………………………………… 张建华　刘宇姗　尹婷　马密甜　孙俊伟　袁天倚(607)
油田企业实施财务共享的探讨 …………………………………………………… 王青青(615)
中国油气企业“能源-环境-经济”绩效评价研究 ………………………… 房　琪　李绍萍(619)
石油企业数字化转型现状分析及建议 …………………………………………… 吴思龙(633)
石油石化企业数字化转型类型与转型评价体系研究 ……………………………… 高　萍(640)
油气资源型城市高质量发展困境与对策研究 ……………………………………… 王如意(644)
石油石化企业成品油新媒体营销策略创新研究 …………………………………… 李永超(649)

数字经济背景下油气企业数字化转型升级对策研究 …………………………… 张　璐(655)
碳达峰、碳中和目标下我国石油石化行业低碳发展现状 ……………………… 曹　瑞(662)
油气资源型城市可持续发展问题与对策探讨 ………………………………… 邹慧宁(666)
战略机遇期下中国非常规天然气高质量发展回顾·反思·展望 ……………… 张恒硕(670)
油气资源型城市可持续发展问题研究 ………………………………………… 熊邦波(674)
基于知识图谱的能源绿色低碳发展研究综述 ………………………………… 连樱洹(678)
文昌A凹陷原油与天然气差异富集规律及控制因素研究 …………………… 陆　鑫(687)
经济内循环背景下能源变革研究 ……………………………………………… 徐晨博(691)
"一带一路"沿线国家油气投资风险研究 ……………………………………… 苑可鑫(696)
油气企业技术经济协同管理的探索与实践 ………………… 陈大伟　郭艳艳　吕剑凤(705)
成品油销售企业基于互联网平台的全会员、全在线、全渠道营销实践
…………………… 姜明泽　吴　俊　李传强　韩志勇　刘　壮　杨　航　王　硕(709)
关于加强企业物资管理的探讨 ………………………………………………… 潘丹丹(714)
大庆油田ERP系统MM模块应用探索-物资计划管理系统的开发与应用
……………………………………………… 张春光　吕亚芳　张玉辉　潘丹丹(717)
渤海油田重大科技专项系统融合模式创新实践与探索
……………………………………………… 李　功　陈国成　王保全　陈晓祺(723)
大庆市工业旅游发展对策研究 ………………………………………………… 黄　铄(727)
"一带一路"沿线国家油气投资风险防范研究 ……………… 张　琼　董秀成　董　聪(732)
基于Netlogo计算机仿真模型的石油石化企业员工低碳合作行为研究………… 张伟华(739)
基于文献检索分析致密油储层评价技术研究进展 …………………………… 张晓刚(742)
碳排放权交易政策与企业绿色技术创新的研究动态
……………………………… 刘宇姗　张建华　尹　婷　马密甜　孙俊伟　袁天倚(748)

油气地质与勘探

文昌 A 凹陷原油与天然气差异富集规律及控制因素研究

陈 林[1] 范彩伟[1] 李 明[1] 游君君[1] 李连义[2] 段 亮[2] 彭 睿[2]

(1. 中海石油(中国)有限公司湛江分公司，湛江；
2. 中海石油(中国)有限公司海南分公司，海口)

摘 要：利用钻井、测井和地震资料，综合油气地球化学、天然气同位素和流体包裹体分析等实验分析，研究文昌 A 凹陷油气成藏特征、原油和天然气差异富集规律及主控因素，结果表明：①文昌 A 凹陷发育文昌组和恩平组两套湖相烃源岩，具有多源生烃、多期成藏、原油和天然气差异富集特征。②烃源岩有机质类型和成熟演化差异是原油和天然气差异分布物质基础，“源-断-脊-盖”输导体系控制油气差异运聚，区域盖层和断层差异活动控制油气差异保存，形成鼻状隆起区和断裂带两大成藏体系。③文昌 A 凹陷差异演化、差异生烃、差异运聚、差异保存共同控制原油和天然气差异成藏，发育多种油气成藏模式，形成“内气外油、下气上油”差异富集规律，为原油和天然气差异勘探提供指导。

关键词：文昌 A 凹陷；原油与天然气；输导体系；油气差异富集；成藏模式

文昌 A 凹陷位于珠江口盆地西部珠三坳陷，属于新生代陆缘拉张型断陷湖盆[1-2]，为南断北超、中部发育断裂带的非典型箕状凹陷(图 1)。发育文昌组和恩平组两套湖相烃源岩，为油气兼生型凹陷，石油和天然气资源潜力大，是南海西部海域油气勘探重点区域。不同区带油气富集程度差异、流体性质复杂，使得该凹陷近十年勘探进展缓慢。前人从烃源岩类型和成熟演化及恩平组异常高压等方面研究了文昌 A 凹陷油气分布特征，形成了“凹中气、边缘油”的定性判断[3]，但油气差分布控制因素不明确，原油和天然气分布平面和纵向界限不明确，已有定性认识不满足现阶段勘探需求，需要进一步系统认识油气分布规律及控制因素，指导原油和天然气差异勘探。油气勘探研究表明，油气兼生型凹陷，原油和天然气分布差异受烃源、断裂及油气差异运聚成藏等综合影响，形成了差异聚集、分馏运移、差异溶解等多种重要的原油和天然气差异分布模式[4-5]。本文在系统分析烃源岩类型及成熟演化差异基础上，建立“源-断-脊-盖”油气输导体系，结合油气地球化学特征及流体包裹体等实验资料，研究油气成藏关键期油气运聚条件差异，总结油气差异富集规律，明确石油和天然气差

【基金项目】中国海洋石油集团公司重大科研专项“南海西部油田上产 2000 万方关键技术(编号：CNOOC-KJ 135 ZDXM 38 ZJ)”，“南海西部近海大中型天然气田勘探潜力与突破方向(编号：KJZH-2021-0003-00)”

【第一作者简介】陈林(1990-)，男，工程师，现主要从事石油地质综合研究工作。E-mail：chenlin43@cnooc.com.cn

异分布范围，为原油和天然气勘探方向提供支持。

1 油气分布特征

文昌 A 凹陷油气分布不均，油气富集于大型正向构造单元，断裂带局部富集。油气主要分布于凹陷中部和南部断裂带及周缘隆起/凸起区。油气分布模式为下生上储型，断裂是油气垂向运移主要通道，控制油气垂向运移。油气平面分布不均，其中西南部琼海凸起油气最富集，探明储量最多，其次是凹陷中部六号断裂带至珠三南断裂带，珠三南断裂带及相邻神狐隆起油气局部富集。

文昌 A 凹陷油气藏流体性质复杂，原油和天然气差异分布。已发现天然气、凝析油、挥发油、轻质油等，天然气主要分布于中部六号断裂带珠海组，凝析油丰富，气油比 1000~7000，凝析油密度 0.72~0.81g/cm^3，天然气为油型气，属于成熟-高成熟(按照甲烷碳同位素换算成熟度[6]为 1.3%~1.85%)，为干燥系数 0.45~0.85 的湿气，从凹陷中部向边缘，天然气成熟度和干燥系数逐渐减小。凹陷边缘断裂带、斜坡区及周缘隆起区为原油分布区，主要分布于珠江组和珠海组，原油为低密度(0.74~0.85g/cm^3)、低粘度(<5mPa · s)、低沥青质(<3%)、中低含蜡量(0.5%~25%)特征，包括挥发油和轻质油。

2 油气差异富集控制因素

2.1 烃源岩类型及成熟演化差异是原油与天然气差异分布基础

研究区发育文昌组和恩平组两套湖相优质烃源岩。文昌期，气候温暖潮湿[7-8]，以淡水、还原-偏还原环境为主，浮游藻类等水生生物繁盛，文昌组二段发育半深湖相腐泥型烃源岩，晚期水体变浅，过渡环境增多，水体环境弱还原-弱氧化，发育浅湖相腐殖-腐泥型烃源岩；文昌组半深湖相烃源岩类型以$Ⅱ_1$-$Ⅱ_2$型为主，TOC 含量主要分布于 1.5%~3.7%，主要为好-优质烃源岩。恩平期，水体深度变浅，过渡环境发育，以陆相高等植物输入为主；凹陷中部主要沉积浅湖相腐殖-腐泥型烃源岩。恩平组浅湖相烃源岩类型以$Ⅱ_2$-Ⅲ型为主，局部$Ⅱ_1$-$Ⅱ_2$，TOC 主要分布于 0.5%~2.0%，为中等-好烃源岩。生烃动力学实验表明，文昌组半深湖相烃源岩产烃率最高，在成熟度为 0.6%~2.1%阶段，产烃量达到 400~480mg/g，以大量生油为主，当成熟度 R_0>2.0%，大量生气为主。恩平组浅湖相烃源岩产烃率为 280~300 mg/g，在成熟度 0.6%~1.7%阶段以生油为主，当成熟度 R_0>1.8%，大量生气为主。

文昌 A 凹陷油气具有双源供烃、多期成藏特征。凹陷中部凝析气藏，天然气轻烃指纹与凝析油组分相似；凝析油不含 C_{30}-4-甲基甾烷、双杜松烷和奥利烷含量较高，为典型浅湖相烃源岩生烃。该区见两期石油包裹体，第 1 期 17.8~17.5Ma、第 2 期 14.8~11Ma。珠三南断裂带见两种类型原油，除了浅湖相烃源岩母质类型的原油，部分原油中 C_{30}-4-甲基甾烷含量较高、双杜松烷和奥利烷含量较高，为文昌组半深湖相与恩平组浅湖相烃源岩母质混合来源；具有两期成藏特征，第 1 期 18.5~18.3Ma，第 2 期 11~6Ma。神狐隆起主要成藏时期为 6~2.5Ma，含一定量 C_{30}-4-甲基甾烷、双杜松烷含量较高，同样为混源特征。构造演化差异导致烃源岩多期生排烃，各区带生油气高峰不同，形成油气多期充注与非均匀分布。凹陷中部与转换带构造差异沉降使得烃源岩主要生排烃期不同，中部烃源岩埋深达到 7000m，经历了低成熟~成熟~高成熟演化过程，珠海~珠江期以生油为主，现今以生气为主；断裂转换带烃源岩埋深较浅，生油窗相比凹中延后，现今仍处于成熟阶段，以生油为主。

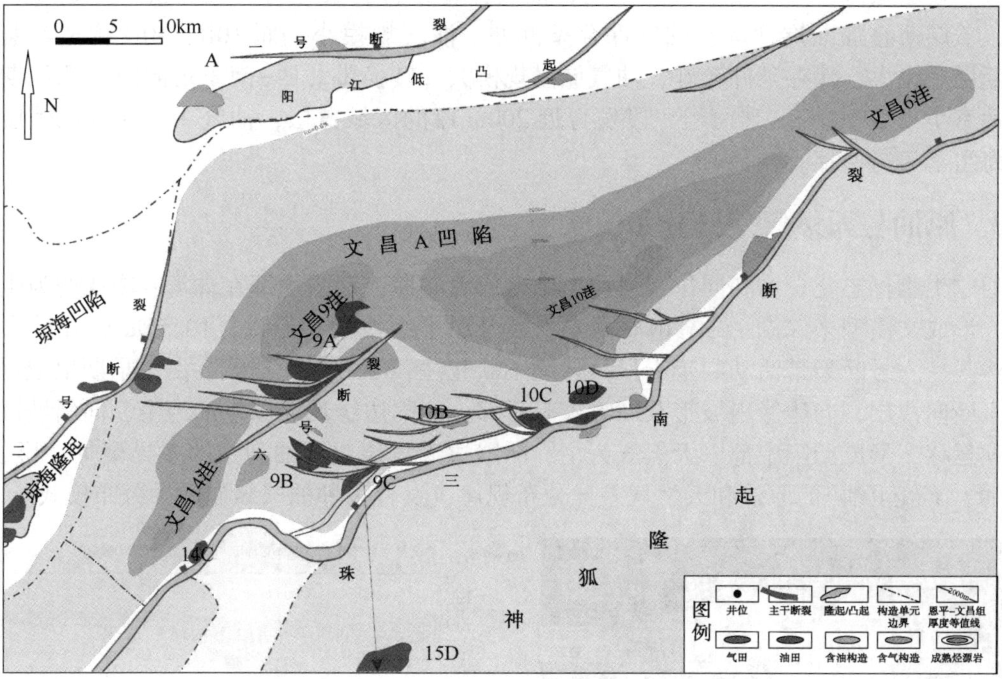

图 1　文昌 A 凹陷构造纲要图

2.2　输导体系控制油气差异运聚

文昌 A 凹陷油气垂向运移受断裂控制，六号断裂带位于凹陷中部，沟通优质烃源岩，且断层在生烃高峰期持续活动，是最有利的沟源断裂带，其次是珠三南断裂带。油气平面运聚受输导层构造形态控制。珠海组和珠江组为海陆过渡相沉积，珠海组一段和珠江组一段发育厚层区域泥岩盖层，盖层之下广泛发育厚层砂岩，是油气平面运移主要输导层。大型构造脊是油气大规模汇聚区域。综合烃源岩与断裂分布及输导层构造形态，建立“源-断-脊-盖”联控的油气立体输导体系(图 2a)。六号断裂带沟通文昌 9 洼文昌组和恩平组优质烃源岩，在珠海-珠江期活动性较强，活动速率 40~100m/Ma，凹陷中部烃源岩处于成熟生油阶段，原油沿断裂垂向运移；断层展布由凹陷中部向琼海凸起东倾没端发散，断裂带与琼海凸起大型构造脊交汇，共同构成油气输导体系，使得该区原油富集，发现多个大中型油田。珠三南断裂带延伸距离长，沟源断层分布不均，转换带断层最发育，近东西走向断层在珠海-珠江期活动性强，活动速率 40~120m/Ma，有利于油气垂向运移，与神狐隆起北缘构造脊共同控制油气长距离运移，形成文昌 15D 区油田和多个含油构造。转换带发育大型鼻状隆起，邻近文昌 9 洼和六号断裂带，且下伏成熟烃源岩，是油气大规模运聚有利区带。

2.3　保存条件控制油气局部富集

断层-盖层控制油气保存。研究区主要为断块、断鼻油气藏，少量背斜油气藏，在常温常压的断块油气藏中，原油和天然气保存条件具有差异。区域盖层对油气的保存与运移均有较大影响。凹陷中部泥岩盖层厚度大，油气保存主要受控于断层封堵能力，由于地层埋深较大，而断层破碎带泥质含量高，强压实导致物性比相邻储层更致密，断层带与储层毛管排驱压力差大，天然气保存较好，封堵气柱高度达到300m。珠三南断裂带受近物源影响，砂地比增加、盖层减薄，并且断裂发育不均，油气保存条件存在差异。在物源入口的9B、10C构造，盖层薄叠加断层活动，油气保存条件差，油气规模小；而10B、10D构造，盖层发育、断层断距大，保存条件较好，油气储量规模大。转换带北西-南东走向断层珠江期活动活动速率小于20m/Ma，珠海组一段发育近200m厚的区域盖层，油气主要在区域盖层之下的珠海组富集与保存。

3 原油与天然气差异分布模式

通过生物标志化合物和同位素对比，结合成藏时期，凹陷中部在珠海~珠江期为生油高峰期，形成文昌型半深湖-浅湖相油藏，并混合恩平组浅湖相原油，10.5Ma后开始大量生成天然气，六号断裂带活动利于天然气持续不断充注，驱替早期油藏，使得早期生成混合型原油不断向浅层、向边缘斜坡带及周缘隆起运移。凹陷边缘现今以生油为主，向斜坡区及周缘垂向运移，形成凹陷中部以天然气为主、凹陷边缘浅层以原油为主的差异聚集，形成“内气外油、下气上油”的原油和天然气差异分布规律，发育多种油气纵向差异分布模式。

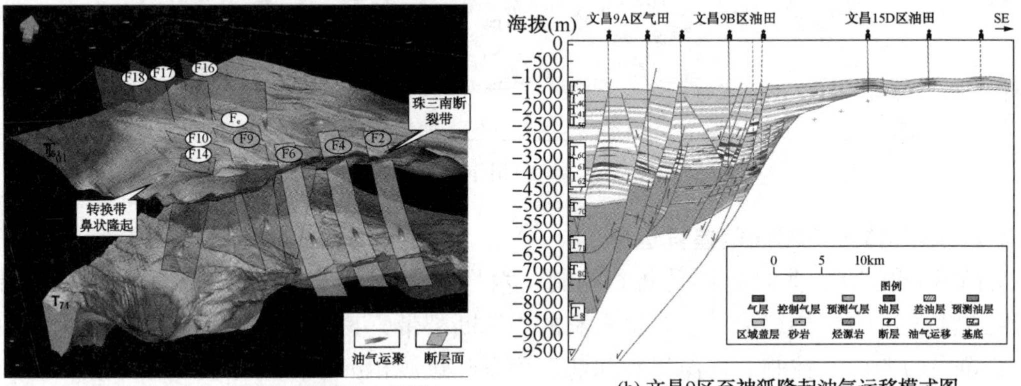

(a) 文昌9区源-断-脊-盖油气输导体系立体图

(b) 文昌9区至神狐隆起油气运移模式图

图2 文昌A凹陷油气成藏模式图

（1）“下气上油”差异成藏模式。早期原油充注、晚期天然气持续充注，形成“下气上油”的差异聚集模式，该模式分布于凹陷中部文昌9A和南断裂带文昌10B等。凹陷中部文昌9A区气田为六号断裂带断块构造（图2b），该区气源充足、断裂发育，烃源与运移条件优越。早期原油溶解于晚期天然气，形成凝析气藏，或被驱替。圈闭充满后凝析气垂向运移，随着埋深变浅，地层压力低于凝析气露点压力，凝析气发生反凝析现象[9]，凝析油含量增加，随着压力降低，溶解于气藏中原油大规模析出，油气两相分异。断裂持续活动使得中浅层天然气易散失，形成挥发油藏。通过凝析气藏中露点压力和挥发油藏中饱和压力实验分析，得到凝析气藏中原油大规模析出的地层压力，计算出油气两相分异深度段为3400~3500m，开发井在该气田浅于3400m珠海组二段发现挥发油藏。珠三南断裂带为晚期天然气持续充注驱替早期原油至浅层，形成“下气上油”的油气差异成藏模式，如文昌10B区，浅层珠江组以油藏为主，中深层珠海组以气藏为主。

（2）“下油上气”差异分布模式。天然气渗漏于区域盖层之中，形成“下油上气”的差异渗漏、差异保存模式，该模式分布于文昌15D区油田。该区油田位于神狐隆起，油气来源于文昌A凹陷，距离最近的沟源断裂超过20公里。油气通过南断裂带垂向运移至区域盖层之下珠江组一段下输导层，沿构造脊长距离侧向运移至该油田。该油田为披覆背斜，充满度达90%，局部发育控圈小断层。在油藏之上的区域泥岩盖层中发育浅海滩坝粉砂岩，形成天然气藏，天然气组分特征与原油中溶解气组分相同。该类气藏形成原因是洼中的天然气溶解于原油中，在长距离运移至浅层成藏，地层压力降低，天然气溶解度下降析出，因局部断层和浅层泥岩盖层较疏松，天然气更易渗漏至浅层圈闭，形成下油藏、上气藏分布模式。在近洼带油气充注强度较大中层圈闭，油气两相共存，保存条件较好时，因重力分异形成"下油上气"的油气藏模式，如文昌14C区油气田和文昌10B区含油气构造均见带油环的气藏或带气顶的油藏。

4 结论

（1）文昌A凹陷发育文昌组和恩平组两套湖相优质烃源岩，有机质类型为Ⅱ~Ⅲ型，为油气兼生型富烃凹陷，具有多源生烃、多期成藏、油气差异富集特征。油气富集受烃源、断裂和构造脊及区域盖层共同控制，"源-断-脊-盖"输导体系控制运移方向，区域盖层与断层共同影响的保存条件控制油气富集，形成鼻状隆起区和断裂带两大成藏体系。

（2）烃源岩类型与演化差异、生烃差异、油气运聚差异、溶解差异与保存差异，共同控制原油和天然气差异成藏，形成"内气外油、下气上油"差异分布规律，发育多种类型原油和天然气纵向差异分布模式。油气差异分布规律和差异聚集模式指导原油和天然气差异勘探，提出凹陷南部断裂转换带为油气勘探有利区，埋深相对较浅的珠海组为原油勘探层系，埋深较大的恩平组为天然气勘探层系，获得钻井证实。

参 考 文 献

[1] 钟建强. 珠江口盆地的构造特征与盆地构造演化. 海洋湖沼通报[J]，1994，1：1-8.

[2] 龚再升，李思田. 南海北部大陆边缘盆地成藏动力学研究[M]. 北京：科学出版社，2004：289-398.

[3] 王柯. 珠江口盆地文昌A凹陷油气差异分布特征[J]. 海洋地质前沿. 2014. 6，30(6)：40-46.

[4] 何家雄，陈胜红，马文宏，等. 南海东北部珠江口盆地成生演化与油气运聚成藏规律[J]. 中国地质，2012，39(1)：106-118.

[5] 刘静江，刘池洋，王震亮，等. 另外一种类型的差异聚集作用：油气的差异溶解作用[J]. 地学前缘，2009，16(5)：264-272.

[6] 沈平，徐永昌. 中国陆相成因天然气同位素组成特征[J]. 地球化学，1991，20(2)：144-152.

[7] 江德昕，杨惠秋. 珠江口盆地早第三纪油源岩形成环境[J]. 沉积学报，2000，18(3)：469-474.

[8] 李友川. 中国近海湖相优质烃源岩形成的主要控制因素[J]. 中国海上油气. 2015，27(3)：1-9.

[9] 田昌炳，罗凯，胡永乐，等. 凝析气露点压力的确定及影响因素[J]. 石油学报. 2003. 24(6)：73-76.

海相碳酸盐岩潜山优质储层分布及主控因素研究

党胜国　刘小鸿　缪飞飞　刘学通　高振南

（中海石油（中国）有限公司天津分公司）

摘　要：本文通过钻井、录井、测井、分析化验、地震资料等综合分析，认为古生界碳酸盐岩潜山印支、燕山、喜山多期构造运动影响，储层主要受断裂系统、古地貌及岩性差异三大因素综合影响。主控因素分析结合地震储层预测结果，认为优质储层主要分布在长期活动大断裂和多组断裂的交汇带附近、古地貌斜坡区，白云岩储层含量较高的亮甲山组和冶里组地层。通过研究理清了古生界潜山储层发育主要控制因素和控制机理，明确了优质储层的分布规律和发育模式，对渤海古生界潜山油气藏的勘探开发具有一定的指导和借鉴意义。

关键词：古生界潜山；断裂系统；古地貌；岩性差异；地震预测；储层模式

曹妃甸古生界潜山油藏位于渤海西部海域，油藏埋深3100~4200m，主要含油目的层为奥陶系中下统和寒武系上统海相灰岩和白云岩储层。潜山上覆沙河街组和东三段泥岩既是烃源岩，又是良好的盖层，油气通过不整合面和断裂运移至潜山成藏，形成“新生古储型”似层状构造油藏。油田受印支、燕山和喜山期多期构造运动的影响，发育北西向、近东西向、北东向三组断裂系统，控制了潜山圈闭形成和演化，整体表现为被断层复杂化的断块构造。

1　潜山储层发育主控因素

古生界潜山经历了印支、燕山、喜山多期次构造运动改造和长期的风化淋滤作用，形成了有利的储集体，综合地质、地震、测井资料分析，认为断裂系统、古地貌、岩性差异是控制潜山储层发育程度的主要因素[1-5]。

1.1　断裂系统

印支运动到燕山运动早期，受秦岭造山运动和伊泽奈崎板块向华北板块俯冲作用影响，研究区形成了一系列北西向、近东西向逆冲断层，地层抬升，遭受剥蚀，古生界地层出露地表；燕山运动中晚期在南北向弱伸展作用下，一系列北东向走滑断裂开始形成并发育，到喜山运动早期，在南北向强拉张作用下，北东向走滑断裂进一步发育，北西向、近东西向断裂构造反转。从活动期次分析，北东向走滑断裂大多长期活动，斜向断距大，向上断穿新生代地层，是最主要的控储断层，其次为北西向、近东西断层。三组主干断裂延伸长度3~18km，断距50~550m，控制了潜山圈闭和古地貌的形成及演化，潜山内幕发育大量的次生小断裂，进一步改善了潜山储集空间，增强了储层渗流能力，有利于风化淋滤作用进行。断

【第一作者简介】党胜国，男，1980年1月生，2007年毕业于西北大学地质学系，硕士，中海油天津分公司渤海石油研究院，高级工程师，现从事油气田开发和石油地质综合研究工作。E-mail：dangshg@cnooc.com.cn。

裂活动强度控制岩溶作用规模及深度[6-8]，从已钻井统计结果分析，靠近走滑断裂、多组断裂交汇带、次生小断裂发育区已钻井揭示储层厚度较大、物性较好。

1.2 古地貌

三组主干断裂的形成和演化控制了古生界潜山古地貌特征，包括地形起伏、地表水分布和物源补给区位置，它与古气候条件一起对太古界潜山储层具有一定控制作用[9-11]。通过基于平衡剖面的构造演化分析、基于地层倾角和断层校正的残余厚度法古地貌恢复研究，表明研究区整体具有“南部高北部低”、“东块高西块低”的古构造格局(图1)。根据古地貌特征可进一步划分为岩溶高地、岩溶斜坡和岩溶洼地三个单元。岩溶斜坡区储层发育最好，成像测井资料及三维地震资料提取的地层倾角体属性(Dip angle)显示地层坡度在15°左右，为地表水系及古河流的有利发育区，增强风化淋滤作用和溶蚀作用持续进行，形成孔、缝、洞体系发育较好的有利储层，钻井揭示有效储层厚度在90~135m。岩溶高地由于古地貌高，剥蚀作用强，残余地层厚度薄，地层倾角在15°~35°之间，地层较陡，不利于古河流发育和地表水的持续溶蚀，钻井揭示有效储层厚度小于85m。岩溶洼地为汇水区，溶蚀作用减弱，充填作用增强，储层发育程度差，钻井揭示有效储层厚度小于40m。

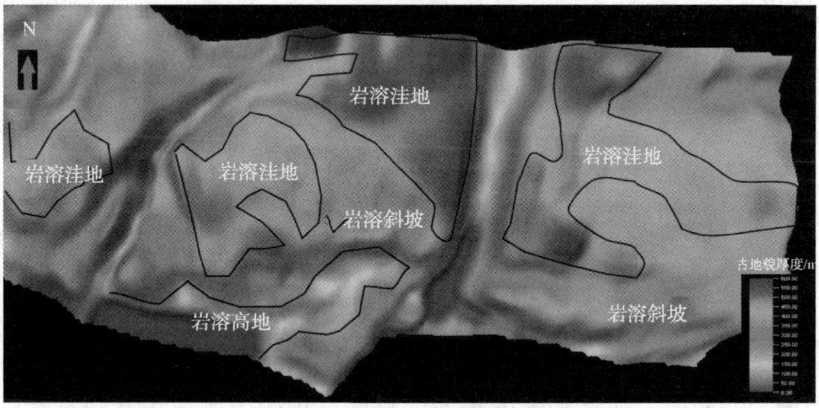

图1　曹妃甸古生界潜山残厚法古地貌图

1.3 岩性差异

研究表明，碳酸盐岩中主要矿物方解石和白云石具有不同溶蚀特征[12-13]。在表生及浅埋藏条件下，方解石的溶蚀速率高于白云石；在深埋藏条件下，随着温度压力的升高，在弱酸性条件下，白云石的溶蚀速率高于方解石。方解石的溶蚀作用主要发生在颗粒表面及边缘接触部位，沿矿物的解理方向进行，阶梯状溶痕极为发育，而白云石由于选择性溶蚀，溶蚀作用深入颗粒内部，溶孔、溶缝极为发育，岩石表面呈“蜂巢状”。

古生界潜山主要含油地层为中奥陶统下马家沟组和下奥陶统亮甲山组、冶里组，寒武系上统凤山-长山组局部发育，岩性以泥晶、粉晶、粒屑灰岩为主，次为泥粉晶、显微晶、中细晶白云岩，云质灰岩和灰质云岩，少量的泥质灰岩和泥质云岩。在岩溶作用下形成孔、缝、洞发育的似层状风化壳型储层。亮甲山组、冶里组地层沉积时期海平面变化快，发育局限台地和开阔台地相交互式沉积，储层白云岩含量高，下马家沟组地层沉积时期海平面较深，发育开阔台地相沉积，储层以灰岩为主。从平面分布来看，古地貌相对高部位的岩溶高地和岩溶斜坡区，地层剥蚀量大，主要出露亮甲山组、冶里组地层，古地貌相对低部位的岩溶洼地，地层剥蚀量小，主要出露下马家沟组地层，从钻井资料分析，亮甲山组+冶里组储层的有效厚度、净毛比、单层厚度、总孔隙度普遍好于下马家沟组储层。

2 潜山优质储层分布预测

2.1 地质模式约束下地震储层预测

考虑潜山储层似层状发育模式、储集空间特征和形成机理，基于叠后窄方位三维地震资料，开展方差、曲率、绕射波、振幅、低频增强、蚂蚁体等敏感类地震属性研究[14-17]，提取潜山储层发育段200m内的地震属性，发现单一属性与已钻井符合程度较低，约50%，因此，在单属性研究的基础上开展了多属性融合研究。通过地震属性融合研究，认为低频增强体和蚂蚁体属性能较好反映井点储层钻遇情况，低频增强体在裂缝充填油气后，会放大与非裂缝区的低频分量差异；蚂蚁体属性能较好反映宏观断裂与大尺度裂缝的分布情况，融合后的预测结果符合潜山储层发育规律，优质储层主要分布在古地貌较高部位和近断裂系统发育区(图2)。通过统计分析井点净毛比和地震属性的比变化关系，与井点符合率可达到约80%，预测精度得到了显著提升。

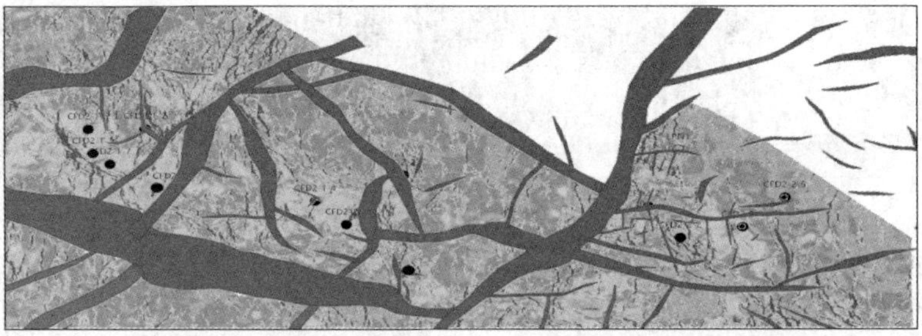

图2　潜山储层叠后低频增强体和蚂蚁体融合属性预测图

基于叠前地震资料，开展古地貌约束下的叠前密度反演，认为均方根密度属性能较好区分碳酸盐岩储层与非储层，和总孔隙度相关性较高，预测结果与钻井吻合率约63%，与地质认识符合程度较高，古地貌高部位储层好于低部位。

2.2 潜山储层钻井漏失与生产特征

潜山钻井液漏失量大小通常反映储层缝洞系统发育程度的高低或储层好差。从已钻井统计分析，潜山断裂发育区和古地貌较高部位大部分井发生漏失，累计漏失量从48~8132m^{3}不等，主要集中分布在300~3000m^{3}之间。漏失井初期产能在49~450m^3/d，主要集中分布在60~120m^3/d之间。通过统计分析已钻井漏失量和初期产能的关系，认为漏失量越大，初期产能就越高，初期产能与漏失量总体呈正相关性。结合潜山储层发育主控因素、地震预测结果，认为地震预测储层有利区、古地貌较高部位、近北东向走滑大断裂井普遍性发生漏失，且漏失量较大，井的初期产能也相应较高。

3 小结

(1) 古生界碳酸盐岩潜山经历了印支、燕山、喜山多期构造运动改造和长期的风化淋滤作用，在断裂系统、古地貌、岩性差异三中因素共同作用下形成了有利的储集体，构造运动控制下的断裂和古地貌为主导外因，岩性差异为主导内因。

（2）叠后多属性融合预测及叠前古地貌与密度体属性预测表明优质储层发育在古地貌较高，近大断裂、次生断裂发育区，具有钻井液漏失量大、初期产能高的特征。

（3）潜山优质储层发育模式为，平面上储层主要发育在古地貌斜坡区、长期活动大断裂和多组断裂的交汇带附近；亮甲山组、冶里组储层发育程度好于马家沟组储层

参考文献

[1] 程鑫，周立宏，操应长等. 黄骅坳陷大港探区下古生界碳酸盐岩潜山差异演化及优质储层成因[J]. 石油与天然气地质，2021，42(03)：673-689.

[2] 肖述光，李慧勇，李飞等. 渤海西部中新生代多旋回构造演化与潜山形成[J]. 海洋地质前沿，2020，36(06)：1-10.

[3] 白海丰. 塔南凹陷断裂系统及对潜山形成演化控制作用[D]. 东北石油大学，2009.

[4] 徐静，霍春亮，叶小明等. 基于多尺度融合的巨厚复杂裂缝性储层精细表征[J]. 中国海上油气，2021，33(03)：93-99.

[5] 陈扬. 渤中21-22构造区潜山碳酸盐岩岩溶储层研究[D]. 成都理工大学，2020.

[6] 付晓飞，胡春明，李景伟. 贝尔凹陷布达特群潜山演化及含油气性[J]. 石油学报，2008(03)：356-362.

[7] 王宇，徐春强，郭玲莉等. 渤海湾盆地石臼坨东428潜山构造成因解析[J]. 大地构造与成矿学，2021，45(01)：219-228.

[8] 侯明才，陈扬，王粤川等. 渤中22-1构造碳酸盐岩储层岩溶识别及影响因素[J]. 西南石油大学学报(自然科学版)，2021，43(01)：17-29.

[9] 刘海宁. 下古生界潜山储层发育特征与控藏作用研究[J]. 中国石油大学胜利学院学报，2021，35(01)：6-10.

[10] 李玉帮，张以明，杨德相等. 冀中坳陷奥陶纪岩相古地理[J]. 古地理学报，2021，23(02)：359-374.

[11] 王晓雪，熊益学，陈永权等. 塔里木盆地塔中东部潜山区上寒武统白云岩储集层特征与主控因素[J]. 天然气地球科学，2020，31(10)：1404-1414.

[12] 赵文龙，韩春元，严梦颖等. 冀中坳陷北部奥陶系储层形成机理与分布模式[J]. 特种油气藏，2020，27(05)：61-67.

[13] 张晓星，陈安清，党牛等. 鄂尔多斯盆地下古生界碳酸盐岩构造-沉积分异及成藏效应[J]. 中国岩溶，2020，39(02)：215-224.

[14] 周东红. 渤海油田深埋潜山储层预测关键技术研究——以渤中19-6潜山为例[J]. 中国海上油气，2021，33(03)：69-76.

[15] 苏洲，张慧芳，李斌等. 利用多属性断裂分析技术识别断层[J]. 石油地球物理勘探，2018，53(S1)：201-207.

[16] 闫家伟，王文庆，吕芳芳等. 复杂碳酸盐岩储层多数据融合预测技术——以千米桥潜山奥陶系为例[J]. 石油地球物理勘探，2021，56(03)：583-592.

[17] 常少英，李昌，陈娅娜等. 海相碳酸盐岩储层地震预测技术进展及应用实效[J]. 海相油气地质，2020，25(01)：22-34.

渤海海域歧南断阶带
沙河街组层序地层格架及其油气地质意义

——以 QK 油田为例

黄建廷　潘广明　吴金涛　李　浩　曲炳昌

（中海石油（中国）有限公司天津分公司，天津　300459）

摘　要：运用高分辨率层序地层学，建立了歧南断阶带沙河街组高精度层序地层格架，在此基础上分析砂体展布特征和油气聚集规律。研究表明，QK 油田沙河街组共发育 4 个区域不整合界面，3 个三级层序，20 个准层序组。沙三上段三级层序主要发育低位体系域（LST）和水进体系域（TST）；沙二段三级层序主要发育低位体系域（LST）、水进体系域（TST）和高位体系域（HST）；沙一段三级层序主要发育水进体系域（TST）、高位体系域（HST）。研究区低位体系域主要发育进积型扇三角洲前缘沉积，为油田主要砂体发育层段和含油层段，也是研究区下一步滚动挖潜方向；水进体系域发育的前扇三角洲泥岩和油页岩是较好的烃源岩，是低位体系域砂岩复合体良好的盖层；高位体系域顶部多遭剥蚀，含油性相对较差。

关键词：层序格架；油气地质意义；歧南断阶带；QK 油田；沙河街组

歧南断阶带是渤海油田最早投入勘探和开发的区域，歧口油田是渤海海域第一个投入开发的沙河街组油藏。由于该区域沙河街组储层埋藏较深（储层埋深超过 3000m），地震分辨率差（纵向分辨率 50m），地球物理方法无法满足油气藏精细开发的要求，加上海上油田井控程度低（井距 400-500m），纵向砂体发育，沉积期次多，依靠现有的“等高程对比”或“沉积韵律对比”等小层对比方法难以建立满足开发需求的精细地层格架，因此，该区域油气藏的精细开发与滚动挖潜一直存在较大制约[1,2]。

1　研究区概况

QK 油田位于渤海海域 QK 凹陷南缘歧南断阶带，歧南断阶带是埕子口凸起向 QK 凹陷过渡的一个斜坡断阶构造带，呈北东向展布，自北向南平行发育海一、海四和羊二庄 3 条北倾正断层。边界断层渐新世（从沙三期至东二期）长期活动，对 QK 油田沙河街组扇三角洲相砂岩油藏的构造演化、沉积发育和油气分布起控制作用[3,4,5,6]（图 1）。钻井资料揭示，研究区地层自上而下依次为新近系明化镇组、馆陶组、古近系东营组、沙河街组。研究目的层段为古近系沙河街组沙一段、沙二段和沙三段，岩性以含砾砂岩、杂色砾岩夹深灰色泥岩为主。沙二段是黄骅坳陷从古近系以来，构造活动稳定期沉积的一套地层，其沉积体系类型为扇三角洲沉积，储层物性较好，为中孔中渗储层[7,8]。

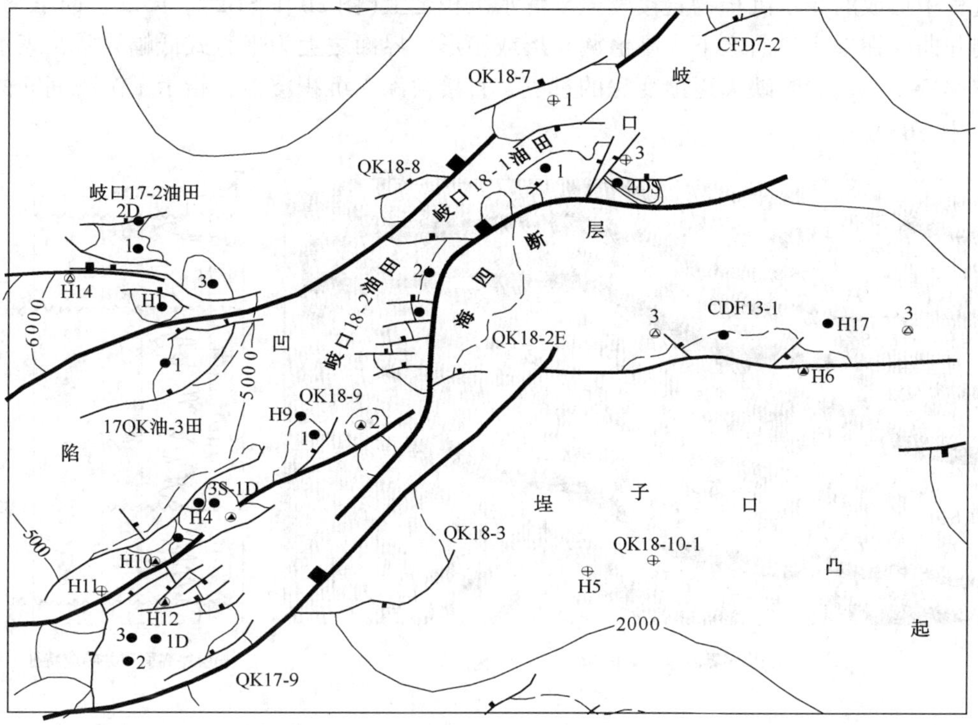

图 1　歧南断阶带 QK 油田区域构造图

2　层序格架建立

高分辨等时地层格架是进行油藏沉积微相、构造和储层预测的基础，直接决定了油气田开发效果及后期滚动挖潜方向。

2.1　层序界面识别

（1）地震资料的层序界面识别

层序界面所具有的速度–密度差异是地震资料进行层序识别的基础[9]。本次研究主要通过识别一些特殊的地震反射界面和地震反射结构来确定不整合面的分布和特征，进而确定层序界面。在 QK 油田古近系沙河街组地层中，削蚀界面、顶超界面、下超界面等类型均有发育，可作为层序界面的识别标志，层序底面常见下超反射特征，层序顶面常见削蚀和顶超反射。图 2a 为 QK 油田主测线地震剖面，在沙三上段三级层序（SQ3）内部可以识别出下超、削蚀和顶超界面。SQ3 底部的下超对应低位域的进积作用，将下超对应的强反射界面为沙三上段三级层序的底界面；SQ3 后期遭受抬升剥蚀，形成的不整合面与下部地层形成截切关系，边部遭受剥蚀程度弱，形成顶超，二者联合指示不整合面的存在，故将此界面确定为沙三上段三级层序顶界面。

（2）测井资料的层序界面识别

QK 油田层序地层旋回性特征在垂向上的变化及不同的组合方式可反映出层序间的变化情况，本次研究主要选用与岩性、粒度、泥质含量关系较为密切的测井曲线作层序界面的对比分析。QK 油田层序界面的测井响应，主要可以分为以下两种类型：第一、向上突变型：测井曲线在层序界面之下为平直或低幅异常，界面之上为箱形或高值异常，表示基准面迅速下降过程中形成的浅水沉积物直接覆盖于深水沉积之上(图 2b 中 SB2)。第二、向下突变型：后者测井曲线在层序界面之下为高值漏斗形或箱形，界面之上为平直式低幅异常，表示基准面水体逐渐变浅之后，缺失逐渐变深的过程，直接被深水沉积覆盖，指示了沉积间断的存在(图 2b 中 SB3)。

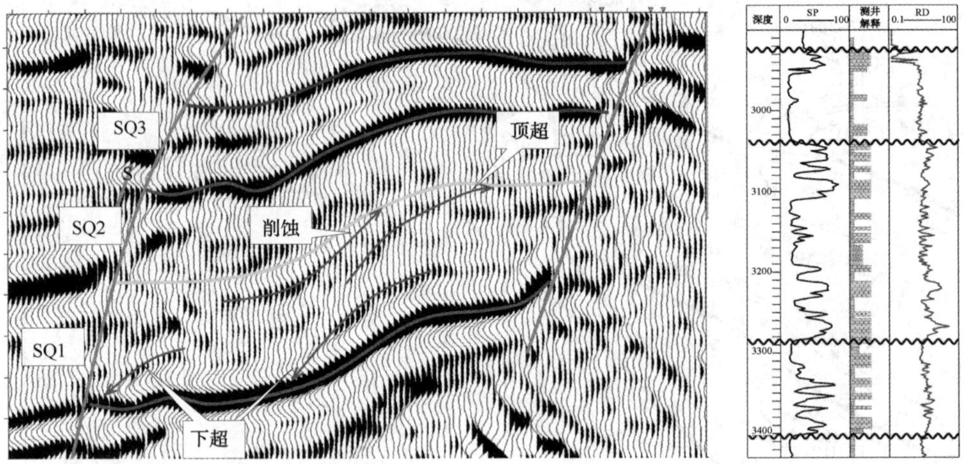

(a)层序界面地震反射特征　　(b)层序界面测井响应特征

图 2

2.2　层序地层格架建立

准层序组与准层序划分是层序地层分析基础。根据实际钻井情况，结合测井及录井资料，对 QK 油田准层序组、准层序进行了划分。QK 油田共发育 3 种典型准层序组类型。

图 3a 为 QK 油田典型的进积式准层序组，以剖面上分布较稳定的泥岩沉积为界划分了三个准层序组，每个准层序组内部按测井曲线的旋回特征划分了若干个准层序。在每个准层序组内，自下而上，沉积物逐渐变粗；向盆地中心方向(自左向右)，砂体逐渐向前推进。整体表现为向上水体逐渐变浅，扇体向盆地中心方向进积。图 3b 为 QK 油田典型退积式准层序组，共划分出三个准层序组，每个准层序组内部按测井曲线的旋回特征划分了若干个准

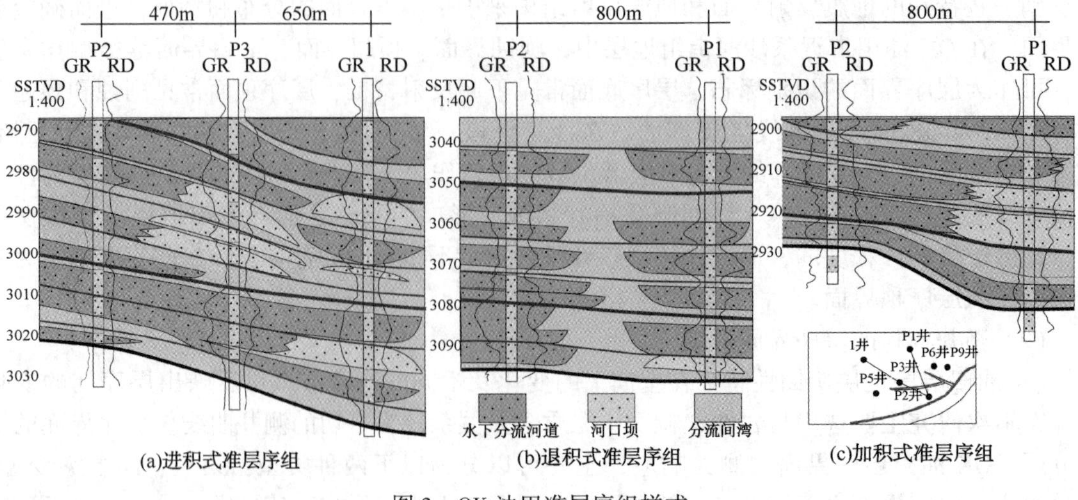

(a)进积式准层序组　　(b)退积式准层序组　　(c)加积式准层序组

图 3　QK 油田准层序组样式

层序。在每个准层序组内部，沉积物自下而上逐渐变粗，但对整个体系域而言，沉积物粒度逐渐变细，反映水体逐渐变深。横向上，由于水体逐渐变深，砂体逐渐向岸退却，表示扇体逐渐向陆地方向退积。图 3c 为 QK 油田典型加积式准层序组，按沉积旋回转换面将此高位域划分为三个准层序组，每个准层序组内部按测井曲线的旋回特征划分出若干个准层序。加积式准层序组只出现在下部第一、二个准层序组中，准层序组内部沉积相展布无明显的横向迁移特征，沉积水体较为稳定。

3　层序地层分析

3.1　层序地层分析

利用地震资料和测井资料对沙河街组的高精度层序格架进行了分析。研究表明，黄骅坳陷 QK 凹陷歧南断阶带古近系目的层段沙河街组有四个区域不整合界面：即沙三中段/沙三上段，沙三上段/沙二段、沙二段/沙一段，沙一段/东营组。在此基础上，综合考虑研究区的测井曲线及岩心特征，将 QK 油田沙河街组地层划分为 3 个三级层序 20 个准层序组，即沙三上三级层序、沙二三级层序、沙一三级层序。

3.2　层序地层对比

根据测井、地质录井及岩性资料建立单井层序地层学分析后，进行 QK 油田地层格架建立。图 4 为过 P2-P3-1 井顺物源方向连井剖面，P2 井位于扇根部位，沉积厚度较薄，遭受剥蚀较严重，向盆地中心方向，沉积厚度逐渐增厚。从层序结构上看，沙三上三级层序低位域和水进域都比较发育，高位域不发育，表现为缓慢水进快速水退的特点；沙一三级层序发

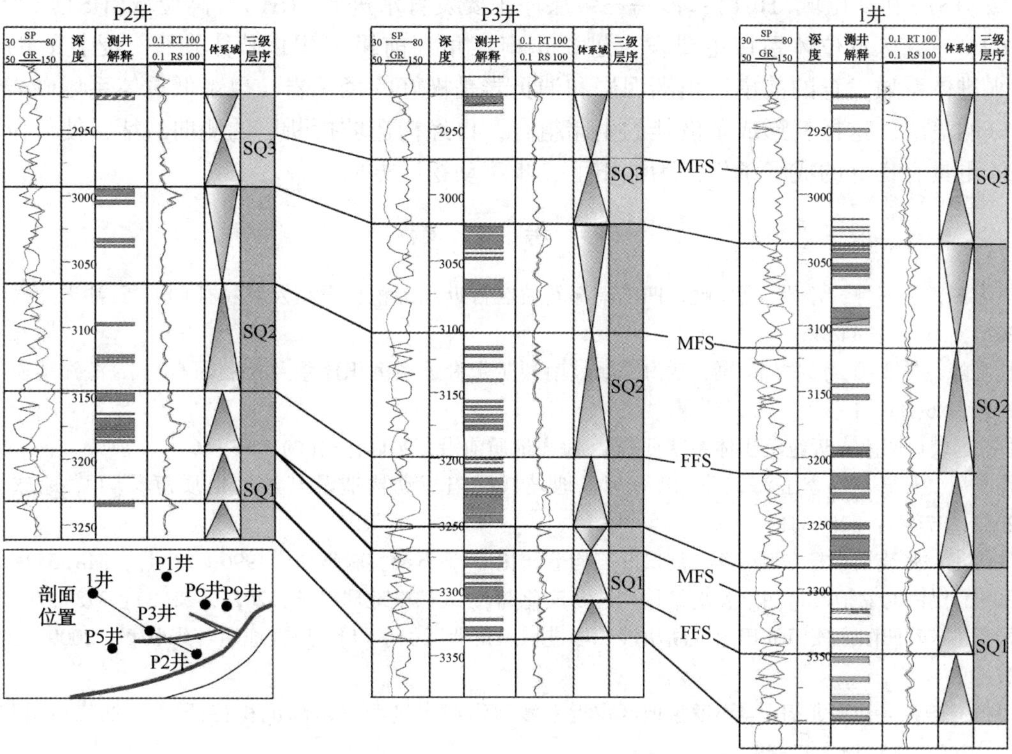

图 4　P2-P3-1 井层序地层剖面

育水进域和高位域，缺失低位域，表现为快速水进的特点。从体系域组成上看，低位域、水进域和高位域虽都是扇三角洲前缘沉积，低位域和高位域以向上变粗的较粗粒沉积为主，主要的沉积微相为水下分流河道，水进域以向上变细的较细粒沉积为主，多为大套泥岩中夹薄层砂体，主要的沉积微相为支流间湾。从准层序组的叠置样式上看，高位域和低位域以进积型准层序组为主，高位域底部可能发育加积型准层序组，水进域以退积型准层序组为主。

4 层序地层格架与油气分布规律

研究区不同层序、体系域砂体厚度与油层厚度统计表明，沙二三级层序、沙三三级层序，即沙二段、沙三段为工区的主要目的层段，沉积厚度大，砂体发育程度高，含油层段较多。低位体系域主要发育进积型扇三角洲前缘沉积，砂体发育，是良好的储集层，是油田主要砂体发育层段和含油层段，也是油田下一步滚动挖潜的重点层位。水进体系域发育的前扇三角洲泥岩和油页岩是极好的烃源岩，是低位体系域砂岩复合体良好的盖层，这样就形成了极佳的生储组合，再经构造坡折断层的侧向封堵，使低位体系域砂体更具有良好的成藏条件；高位体系域也发育有扇三角洲分流河道砂体、前缘砂体物性好，但其顶部无良好的盖层，且层序顶部的高位域多遭剥蚀，故含油性较差。

5 主要结论

（1）QK 油田沙河街组共发育 4 个区域不整合界面，3 个三级层序，20 个准层序组。沙三上三级层序主要发育低位域(LST)和水进域(TST)；沙二三级层序主要发育低位域(LST)、水进域(TST)和高位域(HST)；沙一三级层序主要发育水进域(TST)、高位域(HST)。

（2）研究区低位体系域主要发育进积型扇三角洲前缘沉积，砂体发育，是良好的储集层；水进体系域发育的前扇三角洲泥岩和油页岩是极好的烃源岩，也是低位体系域砂岩复合体良好的盖层，这样就形成了极佳的生储组合，再经构造坡折断层的侧向封堵，使低位体系域砂体更具有良好的成藏条件，为油田下一步滚动挖潜方向。

参 考 文 献

[1] 袁淑琴，王书香，郭芳，等. 歧口凹陷南部斜坡区古近系沉积相类型及其特征[J]. 石油天然气学报，2014，36(4)：44-46.

[2] 杜晓峰，牛成民，彭文绪，等. 渤海海域歧南断阶带古近系沉积体系及控制因素[J]. 海洋地质动态，2010，26(8)：1-3.

[3] 韩信. 歧口凹陷古近纪沉积体系特征[J]. 海洋地质前沿，2014，30(6)：15-16.

[4] 卢刚臣，吴振东，李玉海，等. 渤海湾盆地歧口凹陷扭动构造及其油气地质意义[J]. 地球科学，2012，37(4)：825-831.

[5] 许浚远，张凌云，杨东胜，等. 歧口凹陷构造演化[J]. 石油实验地质，1996，18(4)：348-352.

[6] 张雷. 渤海湾盆地歧口凹陷盆地结构构造及演化[J]. 天然气地球科学，2011，22(3)：373-378.

[7] 杨勇. 东营凹陷永安镇油田永 3 断块沙二段进积三角洲沉积系[J]. 油气地质与采收率：2009，16(2)：27-29.

[8] 王桐，姜在兴，张元福，等. 罗家地区古近系沙河街组水进型三角洲沉积特征[J]. 油气地质与采收率：2008，15(1)：47-49.

[9] 纪友亮，张世奇. 层序地层学原理及层序成因机制模式. 地质出版社：1998.

乌石凹陷烃源岩地球化学特征差异性及成藏特征分析

金秋月

[中海石油(中国)有限公司海南分公司，海南省海口市，570300]

摘　要：为精细研究乌石凹陷烃源岩差异性，剖析混源油不同烃源岩贡献比例，进而解析乌石凹陷油气精细成藏特征，本文通过对乌石凹陷已钻井烃源岩样品系统分析的基础上，将乌石凹陷烃源岩划分四套烃源岩，自下而上分别发育流三段泥页岩、流二段下部油页岩、流二段上部油页岩和流一段泥页岩，通过烃源岩综合评价认为流二段上下两套烃源岩为优质烃源岩，流三段、流一段烃源岩为中~好烃源岩。本文通过识别2-甲基霍烷、新C_{15}二环倍半萜烷、10β(H)-降A-奥利烷、C_{30}-4-甲基甾烷四种具有指示意义的生物标志物，并通过生物标志物数值分析，厘清了流沙港组不同烃源岩生物标志物指标差异界限。同时基于多元数理统计学分析，认为乌石凹陷东区流三段油藏来自流三段烃源贡献比率最高达30%，中区流一段贡献比率最高达到10%。基于混源油不同烃源岩贡献比例，结合乌石凹陷已钻井油气显示和油藏剖析，认为乌石凹陷流二段、流三段油藏主要为流二段下部和流三段烃源岩生成油气通过“断-砂-脊”侧向运移连片成藏；流一段和涠洲组油藏主要来自流一段和流二段烃源岩生成油气通过沟源断裂垂向运聚近源成藏，呈多期叠置牙刷状油气成藏模式，研究成果对乌石凹陷拓展勘探具有重要指导意义。

关键词：乌石凹陷；烃源岩；生物标志物；差异性；成藏特征

乌石凹陷位于北部湾盆地南部坳陷，为已证实富生烃凹陷，先后经历了初始裂陷，强烈裂陷和晚期热沉降过程，沉积了古近系长流组、流沙港组、涠洲组，新近系下洋组、角尾组、灯楼角组、望楼港组和第四系地层[1-3]。其中流沙港组时期乌石古湖处于中深湖~滨浅湖沉积环境，沉积了多套厚层褐灰色油页岩、页岩和灰色泥岩。乌石凹陷先后勘探发现多个油田和含油构造。随着勘探深入，反转构造带成熟勘探层系圈闭钻探殆尽，亟需定量化深入研究油源组成，厘清不同区带、不同层系油藏混源油比例，解析油气成藏特征，指导乌石凹陷下步勘探领域和勘探方向。据此，本文在对乌石凹陷烃源岩进行精细分析的基础上，通过具有指示意义的生物标志化物，厘清了流沙港组不同烃源岩生物标志物指标差异界限，进而对不同油藏混源油组成进行分析，总结出油气差异成藏特征，进而指导勘探。

【基本项目】国家科技重大专项(2016ZX05024-002，中国近海富烃凹陷优选与有力勘探方向预测)。

【第一作者简介】金秋月(1988-)，男，工程师，主要从事石油地质、油气成藏综合研究，E-mail：jinqy2@cnooc.com.cn。

1 地质概况

乌石凹陷隶属于北部湾盆地，与流沙凸起和企西隆起相邻，呈长条状展布，主要受两条边界断裂控制(图1)，乌石凹陷为中、新生代断陷盆地，经历了古近纪裂陷和新近纪裂后沉降两个阶段，沉积了古近系、新近系和第四系地层。受断裂活动的影响，在始新统流二段时期广泛发育厚层油页岩、页岩组成的烃源岩。近年先后在乌石中东区钻探发现了 W1 等油田。

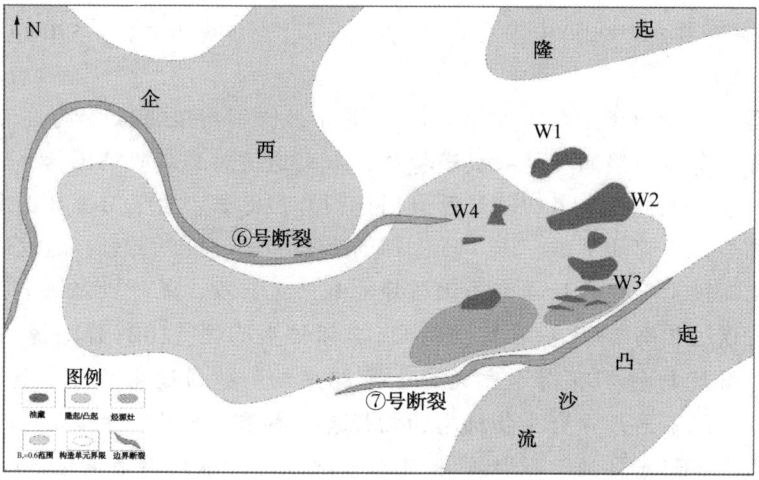

图1 乌石凹陷构造纲要图

2 烃源岩评价

对乌石凹陷已钻井烃源岩样品系统分析，乌石凹陷共存在四套烃源岩，其中流一段烃源岩有机碳范围为 0.43%～2.67%，平均 1.25%；S1+S2 范围为 0.84～10.01mg/g，平均 3.95mg/g；有机质类型为Ⅱ1～Ⅱ2 型。流二段上部烃源岩有机碳范围为 0.56%～8.79%，平均 2.96%；S1+S2 范围为 0.30～52.86mg/g，平均 4.16mg/g；有机质类型为Ⅰ～Ⅱ1 型。流二段下部烃源岩有机碳范围为 0.98%～14.77%，平均 3.49%；S1+S2 范围为 1.35～62.91mg/g，平均 12.81mg/g；有机质类型为Ⅰ～Ⅱ1 型。流三段烃源岩有机碳范围为 0.52%～4.15%，平均 1.48%；S1+S2 范围为 0.92～16.05mg/g，平均 4.35mg/g；有机质类型为Ⅱ1～Ⅱ2 型。

3 烃源岩地球化学特征差异性分析

不同烃源岩由于气候、沉积环境变化，烃源岩组成和地球化学特征中生物标志物呈现出不同的特征，本文通过识别 2-甲基霍烷、新 C_{15} 二环倍半萜烷、10β(H)-降 A-奥利烷、C_{30}-4-甲基甾烷四种具有指示意义的生物标志物，并通过生物标志物数值分析，厘清了流沙港组四套烃源岩生物标志物指标差异界限。其中 2-甲基霍烷、新 C_{15} 二环倍半萜烷、10β(H)-降 A-奥利烷、C_{30}-4-甲基甾烷分别可通过 m/z=205，m/z=123，m/z=191，m/z=217 进行鉴定和识别(图2)。其中 2-甲基藿烷系列生物标志物主要来源于蓝细菌，指示偏碱性浅水环境；新 C_{15} 二环倍半萜烷指示高等(被子)植物有机质输入；降 A-奥利烷为南海海域原油的特征性陆源标志物，表征陆源输入比例；C_{30}-4-甲基甾烷代表低等水生生物藻类输入。

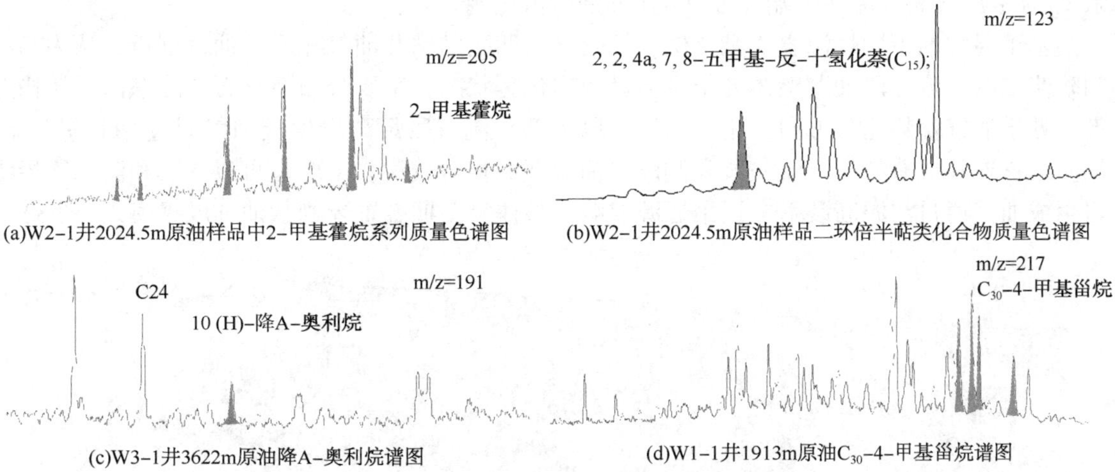

(a)W2-1井2024.5m原油样品中2-甲基藿烷系列质量色谱图　(b)W2-1井2024.5m原油样品二环倍半萜类化合物质量色谱图

(c)W3-1井3622m原油降A-奥利烷谱图　(d)W1-1井1913m原油C_{30}-4-甲基甾烷谱图

图 2　乌石凹陷原油典型生物标志物谱图特征

不同基于对具有指示意义生物标志化合物的识别，通过建立相应的指数对不同生物标志物丰度进行量化，其中二环萜烷定量表征参数：新 C_{15}二环萜烷丰度指数(C_{15}I)=新 C_{15}二环萜烷/(C_{15}补身烷)；降 A-奥利烷定量表征参数：降 A-奥利烷丰度指数(AOI)=降 A-奥利烷/C_{24}三环萜烷；2-甲基藿烷定量表征参数：甲基藿烷指数(MHI)=甲基藿烷/(甲基藿烷+相应碳数 αβ 藿烷)；C_{30}-4-甲基甾烷定量表征参数：4-甲基甾烷指数(4MSI)=$\sum C_{30}$-4-甲基甾烷/(ααα20RC_{29}+ααα20SC_{29})。通过对乌石凹陷钻探烃源岩层钻井样品进行分析，统计出相应的地球化学参数指数，得出乌石凹陷四套烃源岩生物标志物差异明显：流一段烃源岩呈现出高 C_{15}I，低 4MSI 的特征；流二段上部烃源岩呈现出低 C_{15}I，低 MHI 的特征；流二段下部烃源岩呈现出低 AOI，高 4MSI；流三段烃源岩呈现出高 4MSI，高 MHI 的特征。

4　混源油组成及成藏特征

通过对 30 口钻井共 90 个不同层段和埋深烃源岩样品的生物标志物识别的量化，通过多元数理统计学算法迭代拟合，最优解确定四类端元油，其中流一段烃源生成油为端元油 A、流二段上部烃源生成油为端元油 B、流二段下部烃源生成油为端元油 C、流三段烃源生成油为端元油 D。创建端元油地化参数数据集 $A=(A_1, A_2, A_3, A_4)$；$B=(B_1, B_2, B_3, B_4)$；$C=(C_1, C_2, C_3, C_4)$；$D=(D_1, D_2, D_3, D_4)$；$Z=(Z_1, Z_2, Z_3, Z_4)$，A_1，A_2，A_3，A_4 分别代表端元油 A 的 C_{15}I，AOI，MHI，4MSI 数值。基于公式①多元数理统计学算法不断改变端元赋值，进行迭代拟合，最终得到最优的 f_1，f_2，f_3，f_4值，进而得出不同油藏不同烃源岩生成原油混源比例。研究结果显示 W1 油田流二段油藏主要来自流二段上部(8%)、流二段下部(68%)和流三段烃源(24%)生成原油贡献。W2 油田流三段油藏主要来自流二段上部(6%)、流二段下部(64%)和流三段烃源(30%)生成原油贡献。W4 油田流一段油藏主要来自流一段(10%)、流二段上部(40%)和流二段下部烃源(50%)生成原油贡献。流三段烃源岩对反转构造带流三段原油来源最高达 30%贡献，流一段烃源在中区贡献量逐渐增加，最高达 10%。

$$Z_i = f_1 A_i + f_2 B_i + f_3 C_i + f_4 D_i + e \quad ①$$

式中：Z_i 代表某原油中生物标志物 X 的计算浓度，$A_i \sim D_i$ 代表端元油 A～D 中生物标志物的浓度，$f_1 \sim f_4$ 代表该原油中端元油 A～D 分别所占比例。

基于混源油不同烃源岩贡献比例，结合乌石凹陷已钻井油气显示和油藏剖析，认为乌石凹陷流二段、流三段油藏整体处于主力烃源岩包裹状态，主要分布在乌石凹陷东区反转构造带，处于油气优势运移方向，主要为流二段下部和流三段烃源岩生成油气通过"断-砂-脊"侧向运移连片成藏特征。流一段和涠洲组油藏埋深相对较浅，主要来自流一段和流二段烃源岩生成油气通过沟源断裂垂向运聚近源成藏，整体呈多期叠置牙刷状油气成藏模式(图 3)。

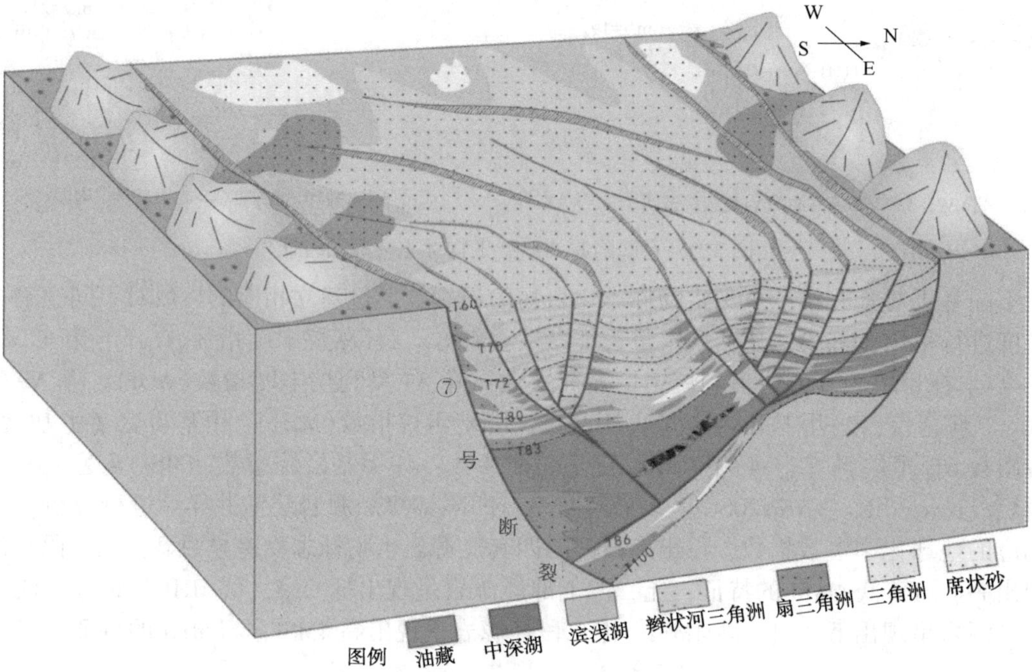

图 3　乌石凹陷油气成藏模式立体图

5　结论

（1）乌石凹陷烃源岩划分四套烃源岩，自下而上分别发育流三段泥页岩、流二段下部油页岩、流二段上部油页岩和流一段泥页岩，通过烃源岩综合评价认为流二段上下两套烃源岩为优质烃源岩，流三段、流一段烃源岩为中～好烃源岩；

（2）通过识别 2-甲基霍烷、新 C_{15} 二环倍半萜烷、10β(H)-降 A-奥利烷、C_{30}-4-甲基甾烷四种具有指示意义的生物标志物，并通过生物标志物数值分析，厘清了流沙港组不同烃源岩生物标志物指标差异界限。同时基于多元数理统计学分析，认为乌石凹陷东区流三段油藏来自流三段烃源贡献比率最高达 30%，中区流一段贡献比率最高达到 10%；

（3）基于混源油不同烃源岩贡献比例，结合乌石凹陷已钻井油气显示和油藏剖析，认为乌石凹陷流二段、流三段油藏主要为流二段下部和流三段烃源岩生成油气通过"断-砂-脊"侧向运移连片成藏；流一段和涠洲组油藏主要来自流一段和流二段烃源岩生成油气通过沟源断裂垂向运聚近源成藏，呈多期叠置牙刷状油气成藏模式。

参 考 文 献

[1] 朱伟林，吴景富，张功成，等. 中国近海新生代盆地构造差异性演化及油气勘探方向[J]. 地学前缘，2015，22(1)：88-101.

[2] 李绪深，甘军，张迎朝，等. 南海西部海域断陷湖盆油气聚集规律及勘探前景[J]. 中国海上油气，2015，27(4)：22-29.

[3] 潘贤庄. 北部湾盆原油中的生物标志物及其地质——地球化学意义[J]. 沉积学报，1997，15(2)：202~206.

国外陆相页岩油地质特征与资源潜力

李梦莹

（中国石油勘探开发研究院，北京 100083）

摘　要：中国陆相页岩油资源丰富，历经十余年围绕基础研究、重点地区攻关和选区评价的探索，在技术创新、工业化试验与试生产和规模发现与开发等方面取得了显著进展，是未来油气勘探的重点领域。但与北美海相页岩油相比，由于原始沉积条件差异大，美国经验中国不能完全复制。在此背景下，对全球典型陆相页岩油地质特征、资源潜力、开发现状进行了调研分析，为我国陆相页岩油地质评价和勘探开发部署提供参考。美国尤因塔盆地 Uteland Butte 段有机质丰度高、超压以及脆性钙质层和多孔白云岩层的存在为水平井钻井提供了有利条件，碳酸盐矿物含量高、孔渗性好、高有机质成熟度区（Ro>1.0%）和超压区（pg>0.50psi/ft）是尤因塔盆地 Uteland Butte 段有利区段优选的主要控制因素。除美国外，全球 101 个页岩油盆地 152 个页岩油层系中，陆相页岩油层系为 24 个，陆相页岩油资源量占比约为 19%。阿根廷 6 个在产富油气盆地中发育 6 套陆相页岩油层系，其陆相页岩油勘探开发受限于低有机碳含量和烃源岩厚度。澳大利亚库珀盆地 REM 组以埋藏深度（<2000m）、镜质体反射率（Ro=0.7%~1.0%）以及储层厚度（>15m）为标准确定 3 个页岩油有利区，预测技术可采资源量为 2.4 亿 t。乍得邦戈尔盆地 Prosopis 组、Mimosa 组和 Kubla 组页岩 TOC 含量高、热成熟度适中（Ro=0.7%~1.2%）和浅埋深（500~3000m），是页岩油开发的目标层段，技术可采资源量为 3.42 亿 t；Doseo 盆地早白垩纪湖相页岩油技术可采资源量为 9.77 亿 t。印度尼西亚苏门答腊盆地发育 Brown Shale 组和 Talang Akar 组页岩层系，技术可采资源量分别为 3.8 亿 t、5.61 亿 t。西欧、北欧地区陆相页岩油资源主要分布于法国巴黎盆地 Permian-Carboniferous 组和德国下萨克森盆地 Wealden 组，以有机质成熟度和埋深为依据确定其页岩油技术可采资源量分别为为 4.36 亿 t、0.18 亿 t。

关键词：陆相页岩油；地质特征；资源潜力；启示

陆相页岩油是指埋藏深度大于 300m、Ro 值大于 0.5%的陆相富有机质页岩层系中赋存的液态石油烃和多类有机物的统称，包括地下已经形成的石油烃、各类沥青物和尚未热降解转化的固体有机质[1-2]。陆相湖盆发育淡水、咸水环境 2 类优质烃源岩，两种环境均可发育高 TOC 页岩，为陆相页岩油生成提供优质烃源岩[3-6]。储层特征受沉积作用和成岩作用的共同控制[7]，广泛发育陆源碎屑岩、湖相碳酸盐岩、混积岩等多种类型储集体，为陆相页岩

【第一作者简介】李梦莹（1994—），女，中国石油勘探开发研究院在读博士生，主要从事沉积储层方面的研究。E-mail：limy0301@163.com。

油富集提供了良好的聚集空间[8]。另外，陆相页岩层系以源储一体、近源聚集为特征，发育多个甜点段，为陆相页岩油的勘探开发提供优选目标。

中国陆相页岩油的勘探开发进程展现出了中国陆相页岩油广阔的资源前景，但与北美海相页岩油相比，陆相页岩油研究仍面临储层横向变化大、热演化程度低、原油含蜡量偏高、黏土矿物含量高、可压裂性差和地层能量低等问题，给陆相页岩油开采带来了风险和挑战[9-12]。本文通过对全球典型陆相页岩油地质特征、资源潜力、开发现状的调研分析，为我国陆相页岩油地质评价和勘探开发部署提供参考。

全球已发现众多陆相页岩油盆地(图 1)，美国、阿根廷、中国等均有成功开发的范例。另外，在非洲、亚洲、欧洲也发育多个陆相富页岩油盆地，具有良好的经济前景。

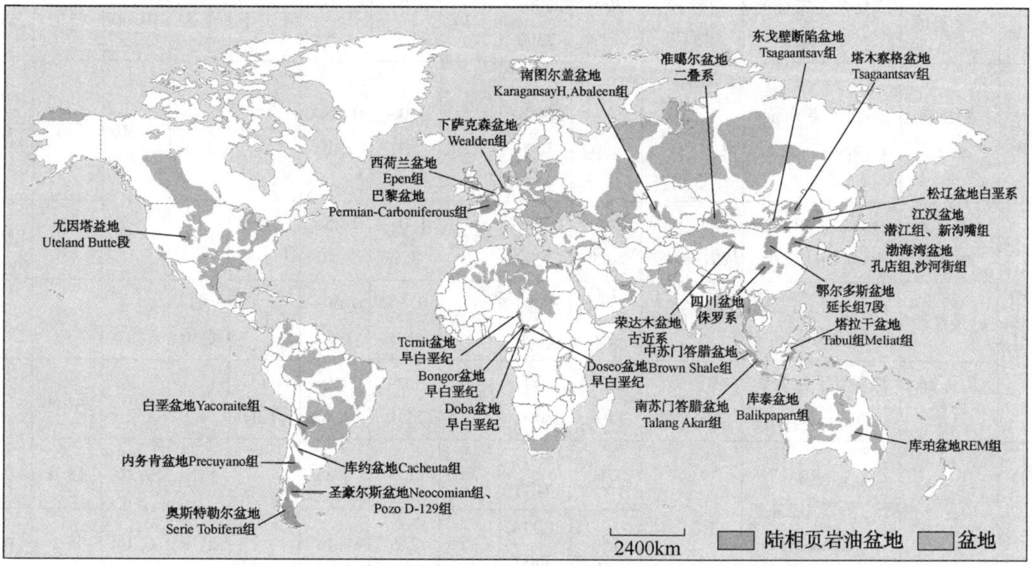

图 1　全球陆相页岩油盆地分布

2015 年 EIA 发布的关于全球 45 个国家(不包括美国)页岩油资源调查报告显示[13]，在 101 个页岩油盆地 152 个页岩油层系中，陆相页岩油层系为 24 个，陆相页岩油资源量占比约为 19%。在其评价范围内的 10 个国家(不包括美国)19 个盆地的 24 套陆相页岩层系中，陆相页岩油技术可采资源总量为 88 亿 t(表 1)。其中，亚洲是陆相页岩油资源最为丰富的地区，其次为非洲。中国、乍得和印度尼西亚陆相页岩油资源丰富，技术可采资源量分别为 41 亿 t、19 亿 t 和 10 亿 t，约占全球(不包括美国)的 46.4%、21.7%和 12.2%。

美国陆相页岩油的典型代表是尤因塔盆地 Uteland Butte 段，2015 年美国地质调查局(U. S. Geological Survey)预测 Uteland Butte 段陆相页岩油技术可采资源量为 0.24 亿 t[14]。

阿根廷是南美洲页岩油资源最丰富的国家，在已发现页岩油层系中超一半形成于湖相沉积环境[15]。2013 年 EIA 和 ARI 联合报告显示，阿根廷页岩油技术可采资源量为 37.02 亿 t，占南美洲页岩油技术可采资源量的 45%[16]。2004 年至今，阿根廷已应用多种勘探技术对陆相页岩油层系进行研究，但整体勘探程度偏低。

澳大利亚库珀盆地 REM 组页岩油资源丰富，2015 年 EIA 以埋藏深度(<2000m)、镜质体反射率(Ro=0.7%~1.0%)以及储层厚度(>15m)为标准确定 3 个页岩油有利区，并确定陆相页岩油地质资源量为 38.3 亿 t，技术可采资源量为 2.14 亿 t。

表 1　陆相页岩油地质特征与资源量对比表

地区		盆地	层系	岩性	厚度/m	埋深/m	脆性矿物含量	W(TOC)/%	R_o/%	有机质类型	压力系数	有利区面积/万 km^2	资源量/亿 t	技术可采资源量/亿 t
海相	美国	威利斯顿盆地	上泥盆统-下石炭统 Bakken 组	粉砂岩、云质砂岩、白云岩	20~50	2100~3000	>70	10.0~20.0	0.70~1.00	Ⅰ、Ⅱ	1.3~1.6	7.00	82.0	16.56
		墨西哥湾盆地	白垩系上白垩统 Eagle Ford 组	粉砂岩、泥质岩	10~50	1000~3400	>80	3.0~7.0	0.50~2.00	Ⅱ	1.3~1.8	4.00	76.0	31.38
		二叠盆地	二叠系上二叠统 Wolfcamp 组	粉砂岩、泥质岩	30~120	2200~3300	>70	2.0~5.0	0.60~1.50	Ⅰ、Ⅱ	1.5	10.00	72.0	65.08
陆相	美国	尤因塔盆地	古近系始新统 Uteland Butte 段	灰岩、白云岩、钙质泥岩、砂质泥岩	15~130	1000~3000	75 平均	2.0~5.0	0.55~1.10	Ⅰ、Ⅱ	1.0~1.8	<0.10	2.1	1.77
	阿根廷	圣豪尔斯盆地	白垩系下白垩统 Pozo D-129 组	页岩、灰岩、砂岩	200~2000	2000~3000	中低	1.0~3.0	0.85~2.00	Ⅰ	常压	0.37		0.68
		白垩盆地	白垩系上白垩统 Yacoraite 组	页岩、灰岩	5~50	2000~3500	中高	0.5~6.0	0.60~1.00	Ⅱ	弱超压			
		内务肯盆地	侏罗系下侏罗统 Precuyano 组	碎屑岩、火山沉积	50~1100	2100~4000	中高	2.0~11.0	0.40~0.80	Ⅰ(Ⅰ、Ⅱ)			23.0	
	澳大利亚	库珀盆地	二叠系下二叠统 REM 组(Napamerri)	页岩、粉砂岩、砂岩	76	1500~2100	高	2.6	0.85	Ⅰ、Ⅱ	超压	0.16	14.4	0.86
					150	1800~3000	高	2.6	1.15		超压	0.14	8.2	0.49
			二叠系下二叠统 REM 组(Patchawarra)		38	2100~2800	高	2.6	0.85		常压	0.26	9.2	0.47
					30	2400~3000	高	2.6	1.15		常压	0.30	2.9	0.14
			二叠系下二叠统 REM 组(Tenappera)		68	1500~2000	高	2.6	0.85		常压	0.05	3.6	0.18
	乍得	邦戈尔盆地	白垩系上白垩统 L. Cretaceous 组	页岩、泥岩、砂岩	200	500~3000	中	2.5	0.70~1.00	Ⅰ、Ⅱ	常压	1.20	85.5	3.42
		DOSEO 盆地	白垩系上白垩统 L. Cretaceous 组	页岩、泥岩、砂岩	200	2500~3000	中	3.0	0.70~1.00	Ⅰ、Ⅱ	常压	1.43	244.2	9.77
	印度尼西亚	中苏门答腊盆地	下第三系始新统 Brown Shale 组	页岩、泥岩、碳酸盐岩	90~300	2000~3200	中	3.0~5.0	0.80	Ⅰ、Ⅱ	常压	1.22	95.2	3.8
		南苏门答腊盆地	下第三系渐新统 Talang Akar 组	砂岩、粉砂岩、页岩	400	1000~2400	低	1.7~8.5	0.50~1.30	Ⅰ、Ⅱ、Ⅲ	常压	4.00	186.8	5.61

续表

地区		盆地	层系	岩性	厚度/m	埋深/m	脆性矿物含量	W(TOC)/%	R_o/%	有机质类型	压力系数	有利区面积/万 km²	资源量/亿 t	技术可采资源量/亿 t
陆相	西欧、北欧地区	巴黎盆地	二叠-石炭系二叠-石炭组	页岩、砂岩	25~50	1800~5000	中	2.0~15.0	0.70~1.00	Ⅰ、Ⅱ	常压	3.10	109.1	4.36
陆相	西欧、北欧地区	下萨克森盆地	白垩系下白垩统 Wealden 组	页岩、粉砂岩、碳酸盐岩	35	1000~3000	中	1.0~14.0	0.70~1.00	Ⅰ、Ⅱ	弱超压	0.19	4.4	0.18

乍得陆相页岩油资源丰富[15]，在 2015 年 EIA 评估结果中仅次于中国。据估计邦戈尔盆地早白垩纪页岩层系页岩油远景区面积约为 1.2 万 km²，地质资源量约为 85.5 亿 t，技术可采资源量约为 3.4 亿 t；Doseo 盆地早白垩纪页岩层系页岩油远景区面积约为 1.4 万 km²，技术可采资源量约为 9.8 亿 t。

印度尼西亚苏门答腊岛是世界石油和天然气产量最高的岛屿，具有丰富的页岩油气资源。2013 年 EIA 估计印度尼西亚页岩油地质资源量为 321.5 亿 t，技术可采资源量为 10.8 亿 t[15]。其中，中苏门答腊岛盆地 Brown Shale 组页岩油地质资源量为 95.2 亿 t，技术可采资源量为 3.8 亿 t；南苏门答腊岛盆地 Talang Akar 组页岩油地质资源量为 186.8 亿 t，技术可采资源量为 5.6 亿 t。2015 年 USGS 以总有机碳(TOC)含量(>2%)、适宜生油的热成熟窗口、富有机质页岩厚度(>15m)和有机质类型(Ⅰ型或Ⅱ型)为标准，定量评估了中苏门答腊岛盆地 Brown Shale 资源潜力，确定页岩油技术可采资源量为 0.63 亿 t[17]。

在埋深小于 5000m 的生油窗范围内，法国巴黎盆地 Permian-Carboniferous 组页岩油有利区面积为 7.7 万 km²，页岩油资源量约为 109 亿 t，技术可采资源量为 4.36 亿 t；德国下萨克森盆地 Wealden 组页岩油远景区面积为 1860km²，页岩油资源量为 4.4 亿 t，技术可采资源量为 0.18 亿 t。

参 考 文 献

[1] 胡素云，赵文智，侯连华，等. 中国陆相页岩油发展潜力与技术对策. 石油勘探与开发，2020，47(4)：819-828.

[2] 赵文智，胡素云，侯连华，等. 中国陆相页岩油类型、资源潜力及与致密油的边界. 石油勘探与开发，2020，47(1)：1-10.

[3] 文华国，郑荣才，唐飞，等. 鄂尔多斯盆地耿湾地区长 6 段古盐度恢复与古环境分析. 矿物岩石，2008，28(1)：114.

[4] 杜金虎，胡素云，庞正炼，等. 中国陆相页岩油类型、潜力及前景. 中国石油勘探，2019，24(5)：560-568.

[5] 李森，朱如凯，崔景伟，等. 古环境与有机质富集控制因素研究：以鄂尔多斯盆地南缘长 7 油层组为例. 岩性油气藏，2019，31(1)：87-95.

[6] 蒋中发，丁修建，王忠泉，等. 吉木萨尔凹陷二叠系芦草沟组烃源岩沉积古环境. 岩性油气藏，2020，32(6)：109-119.

[7] 张治恒，田继军，韩长城，等. 吉木萨尔凹陷芦草沟组储层特征及主控因素. 岩性油气藏，2021，33(2)：116-126.

[8] 邹才能，朱如凯，白斌. 致密油与页岩油内涵、特征、潜力及挑战. 矿物岩石地球化学通报，2015，34(1)：3-16.

[9] 黎茂稳，马晓潇，蒋启贵，等. 北美海相页岩油形成条件富集特征与启示. 油气地质与采收率，2019，26(1)：13-28.

[10] 匡立春，侯连华，杨智，等. 陆相页岩油储层评价关键参数及方法. 石油学报，2021，42(1)：1-14.

[11] 张廷山，彭志，杨巍，等. 美国页岩油研究对我国的启示. 岩性油气藏，2015，27(3)：1-10.

[12] 邹才能，杨智，孙莎莎，等. "进源找油"：论四川盆地页岩油气. 中国科学：地球科学，2020，50：903-920.

[13] FEDERICO R C，HANS G M，VANDEN BERG M D. Origin of petroliferous dolomitic beds in the Uteland Butte Member，Lower Green River Formation，Uinta Basin，Utah. AAPG Pacific Section and Rocky Mountain Section Joint Meeting，2017.

[14] JOHNSON R C，BIRDWELL J E，MERCIER T J，et al. Assessment of undiscovered oil and gas resources in the Uteland Butte Member of the Eocene Green River Formation，Uinta Basin，Utah. U. S. Geological Survey Fact Sheet 2015-3052.

[15] U. S. EIA. Technically recoverable shale oil and shale gas resources：an assessment of 137 shale formations in 41 countries outside the United States. U. S. Department of Energy/EIA，2013.

[16] Advanced Resources International. EIA/ARI world shale gas and shale oil resource assessment. U. S. Energy Information Administration，2015.

[17] CHRISTOPHER J S，RONALD R C，TIMONTHY R K，et al. Assessment of shale-oil resources of the Central Sumatra Basin，Indonesia. U. S. Geological Survey Fact Sheet 2015-3072.

柴达木盆地逆冲断层前峰高陆地层地震成像正演研究

李　祥　张启全　牛全兵　熊业刚　王海峰

（中国石油青海油田勘探开发研究院，甘肃敦煌 736202）

摘　要：造山带和盆地之间的前陆冲断带及其下盘掩伏带是油气勘探的重要领域，有关其时间域构造假象及时间域剖面复杂构造的研究多集中在特殊地貌或地层厚度剧变对下伏构造层成像"上拉、下拽"形成的构造假象方面，而对于形成该"假断裂、假构造"判识方法的研究则较少。为此，以柴达木盆地九龙山地区龙 9 井为例，通过对龙 9 井钻探前后验证过程的描述，基于对正演模型、叠前深度偏移剖面及倾角测井等资料的综合分析，探究了该冲断带下盘时间域"假背斜、假断裂"形成的原因。结果表明：(1) 地层速度的横向变化可导致速度异常区下伏地层构造形态畸变，出现假构造和构造高点偏离的现象；(2) 龙 9 井区实际剖面产生北倾地震反射轴与正演出现绕射形态类似有可能是破碎带产生的干扰波；(3) 叠前深度偏移技术是解决时间域剖面上构造假象难题的最佳手段，在不具备进行叠前深度偏移条件时可通过建立正确的三维速度场、变速时深转换来实现成图。结论认为：(1) 通过建立复杂构造区的典型构造样式及地震构造解释模型，运用模型正演，结合地层倾角测井等成果，可以识别逆掩推覆断裂复杂构造带的真假；(2) 处理解释一体化开展多轮速度建模，在初步处理成果解释的基础上，利用解释的主要层位、断裂约束，在数据驱动下开展新一轮深度偏移处理，可逐步恢复地下真实构造形态。

关键词：柴达木盆地；前陆冲断带；正演模型；深度域剖面

勘探实践表明，处于造山带和盆地之间过渡部位的前陆冲断带及其下盘掩伏带是油气勘探的重要领域，国内已在前陆冲断带及其下盘掩伏带中发现多个油气田[1-4]。目前有关前陆冲断带下盘掩伏构造、盐下构造等的研究多侧重于掩伏体下盘和盐下各种构造圈闭形态的落实，其前提条件是下盘掩伏背斜和盐下构造真实存在且仅是构造有所变形或构造高点有偏移[5-6]；而针对时间域构造假象及时间域复杂构造多解性的研究则多偏重于特殊地貌或上覆地层厚度剧变等对下伏构造层成像有"上拉、下拽"形成的构造假象[7-8]。而对于形成该"假断裂、假构造"判识方法的研究则较少，也没有勘探实例验证。

柴达木盆地北缘鱼卡-九龙山构造带为赛南断裂逆冲的碰撞隆起带，逆冲断裂上盘在时

【第一作者简介】李祥，男，1987 年出生，2011 年毕业于长江大学地球科学学院资源勘查工程专业，获学士学位；2014 年毕业于长江大学地球科学学院矿产普查与勘探专业，获硕士学位；现在青海油田分公司勘探开发研究院地球物理研究中心从事地震资料解释与综合地质研究工作，E-mail：lxyjyqh@petrochina.com.cn。

间域剖面上表现为完整的“断背斜”，是油气地质条件评价较高的勘探领域。但实际钻井与地震解释结果不符，出现倾角截然相反的结果。为此，依据正演模型、叠前深度偏移剖面及倾角测井资料解释成果，结合“断背斜”的钻探井——龙 9 井钻探实例，分析了赛南断裂上盘时间域“假背斜、假断裂”形成的原因，以期为后续类似高陡构造发育区甄别假构造、降低勘探成本、提高钻探成功率提供借鉴。

1 地质简况

柴达木盆地中—新生代属于巨型环青藏高原盆山体系青藏高原的北部，由于印度—欧亚板块的碰撞，青藏高原隆升并持续向北推挤，形成巨型的环青藏高原盆山体系，环青藏高原盆山体系是中国中西部喜马拉雅运动的重要结果，也是可以与青藏高原相提并论的巨型规模的构造单元。其主要特征是地壳在印度板块陆—欧亚大陆俯冲的巨大水平压力下向北、向东滑移逸散，大规模的走滑—逆冲断裂活动造成巨型的山脉块断隆升和盆地挠曲沉降，阿尔金山前前陆冲断带就形成于盆山结合部，大型前陆冲断带活动使地层被挤压褶皱并逆掩，发育了大量的走滑断裂和各种背斜构造，发生再生前陆盆地沉降，阿尔金山前冲断活动主要受控于喜马拉雅运动期印度板块与青藏高原的活动，冲断带形成于喜马拉雅运动中期，主要变形期在上新世末—第四纪；阿尔金山前冲断活动则控制了柴达木前陆冲断带构造圈闭的形成与油气的成藏过程；喜马拉雅晚期形成的背斜是柴达木再生前陆冲断带大气田的主要圈闭类型。

柴达木盆地自印支期末成盆以来，后期沉积演化既受由邻区板块构造活动而引起的周缘造山带活动的制约，也受盆地周缘走滑断裂活动的影响，柴达木盆地周缘发育两组三条挤压-走滑扭动构造变形系统，一组为 SW—NE 走向的阿尔金走滑断裂带，一组为近东西向展布的昆仑压扭走滑断断裂带和祁连压扭走滑断裂带；其中阿尔金走滑断裂带和昆仑走滑断裂带是控制柴达木盆地构造发育演化的主要断裂体系；断裂体系主要表现为具有逆冲推覆走滑和平移走滑的共同作用的性质。

2 盆地高陡构造区分析

2019 年在油泉子构造北翼部署钻探了油北 1 井，井深 2800 米，从浅至深地层倾角较大，为一套倾角大于 50 度的北倾地层。地震资料品质较低，未能反映地下真实构造形态，N_2^2 井震误差达到 2435 米。

2019 年在九龙山构造赛南断裂上盘部署钻探了龙 9 井，目前井深 2800 米，为一套南倾的地层产状，地层倾角较大，达到 80 度左右，与地震反映地层产状完全相反。

通过油北 1 井、龙 9 井钻井反馈分析，可以看出陡倾角地层主要发育在逆冲断裂的冲断前锋。而大量的野外地质调查表明，盆地在不同的区域都发育有陡倾角地层，甚至倒转现象。

3 高陡构造区正演分析

在图 1 的时间域剖面上，龙 9 井位于构造形态为一断背斜北翼的平台上，上钻前考虑到上盘的基岩高速层推覆体会对下盘的地层产状成像有影响，但借鉴柴达木英雄岭的勘探经验，推测这种速度影响可能只限于影响下盘构造幅度的高低，即预计龙 9 井实钻的赛南断层上盘断背斜落实，按该区已证实的赛南断层为油源断层，则位于上盘的上干柴沟组断背斜在龙 9 井获油气的可能性极大。

但实际钻探结果却相反，龙 9 井在赛南断层上盘为一套 80 度产状的南倾地层，与地震资料显示的倾向完全相反，表明时间域剖面上显示的上盘高陡构造“断背斜”有假。为进一步明确上盘假象产生的原因，设计了与实钻结果符合的地质模型，依据三维连井剖面建立的龙 9 井二维地质模型，构造特征为赛南断裂控制推覆构造，上盘向南逆冲的被断层复杂化的滚动背斜，下盘为向赛南断裂平缓抬升的斜坡。采用的观测方式为中间放炮，两边接收，接收总道数为 128 道，道间距为 30m，炮间距为 60m，覆盖次数为 60 次，采样时间间隔设定为 2ms。

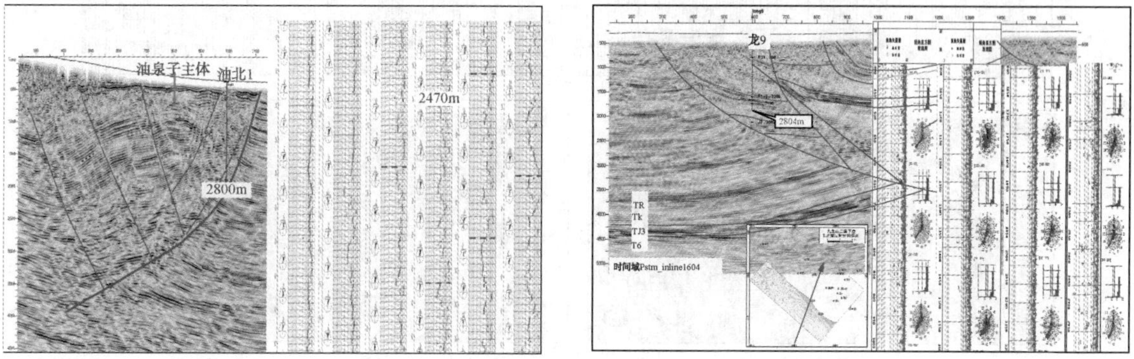

图 1　油北 1、龙 9 井钻井反馈

模拟了二维剖面上不同位置的四个单炮，正演结果显示 A 位置相当于水平反射，符合实际模型；B 位置的南倾地层在单炮上有一定的显示，但是角度不符合；C 位置由于断层遮挡，下盘地层反射弱；D 位置同 A 位置类似。在水平叠加剖面上，断裂带陡倾角地层反射被上盘绕射波被掩没，有效反射波难以识别。且有效波与绕射波倾角基本一致。在断裂下盘形成明显的断裂三角带，有效地层反射难以识别。在叠后偏移剖面上赛南断裂产状发生明显改变，地质模型设计铲式断层、正演剖面上表现坡坪式断层(图 2)。

分析了产生这个现象的原因：高陡构造、厚度横向剧烈变化、与下伏层相比速度快速变化、速度横向变化不均一，导致波的传播不再是理论上的双曲线，成像点与实际的绕射点位置在时间方向上出现偏移。

龙 9 井区实际剖面产生北倾地震反射轴与正演出现绕射形态类似有可能是破碎带绕射产生干扰波。另外龙 9 井区地层陡倾，断裂带比较窄，地震资料信噪比低，也有可能是地震偏移造成的的构造形态。与实际剖面存在构造形态、产状较为类似的地震反射同相轴依然存在(图 3)。

4　结论与建议

(1) 在冲断层前锋地层陡倾，断裂发育，干扰波严重，浅层陡倾角有效信号与干扰波区分困难，所以在地震资料处理中去噪时采取多域、多方法联合去噪，不能在去噪时损失浅层陡倾角有效信号。

(2) 通过建立复杂构造区的典型构造样式及地震构造解释模型，运用模型正演，结合地层倾角测井等成果，可以识别逆掩推覆断裂复杂构造带的真假；

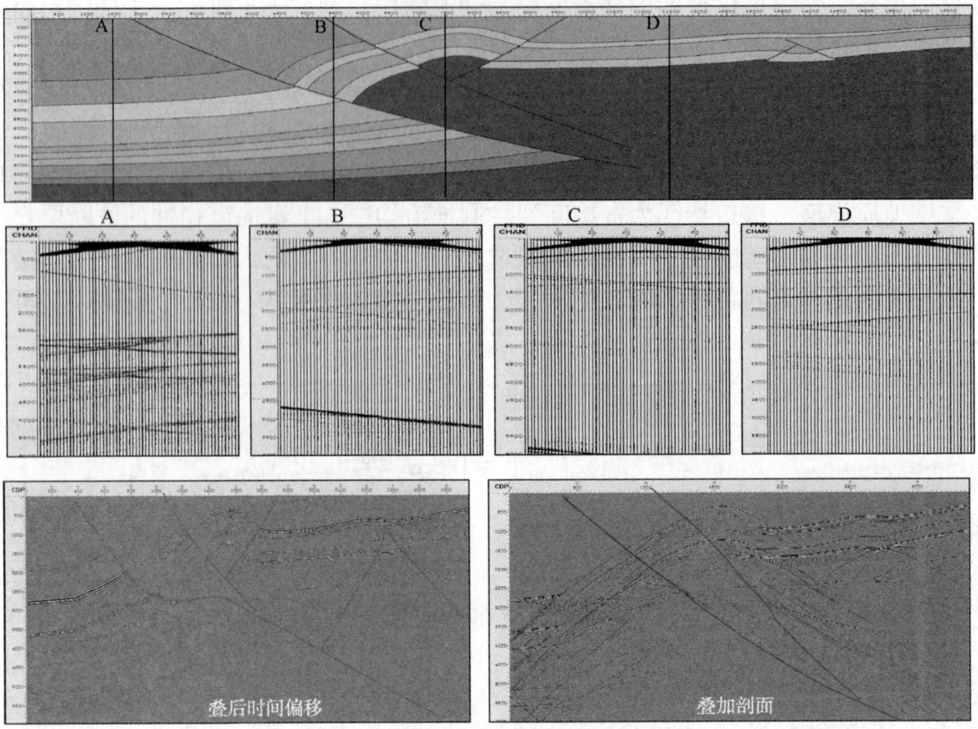

图 2　龙 9 井正演模型及剖面

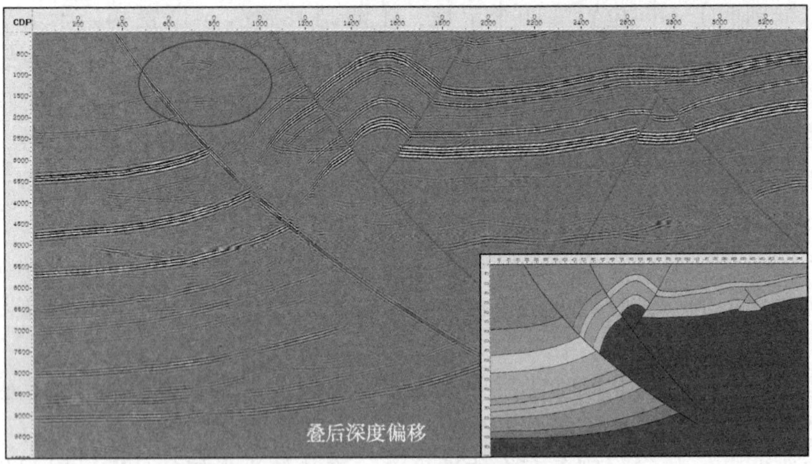

图 3　过龙 9 井正演深度域剖面

（3）处理解释一体化开展多轮速度建模，在初步处理成果解释的基础上，利用解释的主要层位、断裂约束，在数据驱动下开展新一轮深度偏移处理，可逐步恢复地下真实构造形态。

参 考 文 献

[1] 王招明，李勇，谢会文，能源．库车前陆盆地超深层大油气田形成的地质认识[J]．中国石油勘探，2016，21(1)：37-43.

[2] 何登发，管树巍，张年富. 准噶尔盆地哈拉阿拉特山冲断带构造及找油意义[J]. 新疆石油地质，2006，27(3)：267-269.
[3] 付锁堂. 柴达木盆地油气勘探潜在领域[J]. 中国石油勘探，2016，21(5)：1-10.
[4] 郭召杰，张志诚. 1998. 阿尔金盆地群构造类型与演化. 地质论评，44(4)：357-364.
[5] 贾承造. 2005. 中国中西部前陆冲断带构造特征与天然气富集规律. 石油勘探与开发，32(4)：1-9.
[6] 汤良杰，金之钧，张明利等. 1999. 柴达木震旦纪—三叠纪盆地演化研究. 地质科学，34(3)：289-300.
[7] 赵凡等. 柴达木盆地西部走滑相关断裂特征及其控藏作用[J]. 地质论评，2012，58(04)：660-670.
[8] 李仕远等. 柴达木西部地区新生代主控断裂演化过程及其意义[J]. 地质科学，2010，45(03)：666-680.
[9] 李伟. 柴达木盆地沉积体系发育的动力学机制及成藏效应[D]. 成都理工大学，2004.
[10] 王桂宏等. 柴达木盆地英雄岭地区新生代构造演化动力学特征[J]. 地学前缘，2004(04)：417-423.

沉积微相自动识别技术在大庆油田储层预测中的应用

梁 宇[1] 王文武[2] 杨会东[1] 付宪弟[1]

(1. 大庆油田勘探开发研究院，黑龙江大庆 163712；
2. 大庆油田采油一厂，黑龙江大庆，163000)

摘 要：本文以测井资料为基础，以取芯井资料和储层知识库为依托，利用砂岩厚度、有效厚度、相时指数、偏度系数、峰度系数5个测井相要素，重点采用模糊综合评判方法，针对不同类型储层开展单砂体测井微相自动识别研究，研究成果在大庆长垣油田B区块S油层2000余口井得到应用，自动判相与人工定相结果对比，定相精度达到90%以上。在单井自动判相的基础上，分析了沉积微相的地震响应特征，建立了沉积微相与地震纵波阻抗的关系模板，确定5种沉积微相的纵阻抗值域范围；研究成果在井震结合储层预测中应用，为开发措施调整提供了依据。

关键词：沉积微相；自动识别；井震结合；储层预测

沉积微相解释是储层沉积相研究最基础、重要的工作，尤其在油藏开发后期，井网密度大，开发层系多，人工解释沉积微相的工作量大、周期长，人工判相的效率无法满足开发调整方案快速实施的需求，迫切需要快速、准确的测井相自动识别方法。此前，国内外在测井相自动解释方面做了大量的工作[1-3]，其方法主要为神经网络方法和判别分析等。BP神经网络方法样本学习速度较快，但在实际应用中不确定因素较多，学习精度有一定的局限性；判别分析方法不适合多样本学习，且学习速度慢，得到的结果不直观，地质意义不明显；以上方法多侧重于数理统计分析，判相结果无法将区域沉积特征与计算机模型理论技术很好地结合，导致判相精度较低。并且常规测井微相自动解释结果仅在小面积、少数井中进行实验，无法得到大面积、千余口井的应用与验证，判相方法的适应性及稳定性值得质疑；此外，解释的测井相与单砂体不能一一对应，进而无法将测井相与地震资料在纵向上建立起对应关系；以上问题不仅影响了测井相自动识别技术在油田开发沉积相研究中的应用范围，也影响了地震技术在井震结合储层预测中的应用效果。针对以上问题，本次研究以测井资料为基础，以取芯井资料和储层知识库为依托，利用砂岩厚度、有效厚度、相时指数、偏度系数、峰度系数5个测井相要素，重点采用模糊综合评判方法，针对不同类型储层开展单砂体

【基金项目】国家科技重大专项“大庆长恒特高含水油田提高采收率示范工程”(2016ZX05054)

【第一作者简介】梁宇(1984—)，女，2011年西北大学毕业，硕士，工程师，现主要从事油气地质与地球物理综合研究。E-mail：liangyuly@ petrochina.com.cn。

测井微相自动识别研究，编制了 SandFacies 程序模块。研究成果在大庆长垣油田 B 区块 S 油层 2000 余口井得到应用，与人工定相结果对比，定相精度达到 90%以上；单井判相与地震反演相成果结合，成果应用于井震结合沉积微相自动成图研究中，为研究区的精细储层刻画及开发措施调整提供了依据。

1 测井微相自动识别

1.1 微相曲线特征模板

研究区位于松辽盆地中央长垣北部，主要发育三角洲前缘及分流平原亚相[4]。本次研究以涵盖构造、沉积、储层等丰富信息的储层地质知识库为依托，结合 6 口取芯井资料，根据测井曲线形态及其砂体组合特征，建立河流–三角洲体系的常见的各种沉积微相，包括河道、废弃河道、决口河道、河间薄层砂，前缘相的坝状砂和席状砂的典型曲线模板和平面组合规律。

1.2 微相特征参数

在不同的地区、不同的地质条件下，不同测井曲线的灵敏性亦不同。本文在岩心观察的基础上，结合油田常用测井系列，优选出灵敏性较好的曲线组合：微电极、自然电位、感应、自然伽马、电阻率用以识别测井相。

从储层地质知识库中提取砂岩厚度、有效厚度、相时指数、偏度系数、峰度系数 5 个测井相要素[5]，通过对研究区 2000 余口井特征参数的统计分析，并与人工解释的单井微相进行对比，总结出了各沉积微相特征参数的分布特征。按照油田沉积微相成图标准，进一步规范自动判相结果，划分为河道相，主体席状砂、非主体席状砂、表外储层及尖灭 5 种微相类型。

1.3 自动定相方法

针对各种测井相在测井曲线上所反映出来的是一个定性或半定量的特征，难以采用经典数学方法进行描述，重点开展模糊综合评判方法研究，具体如下：

① 测井曲线规格化。

② 读取储层地质知识库，计算各测井曲线模板参数。

③利用砂岩厚度、有效厚度、偏度系数、峰度系数、相时指数 5 个参数建立各种微相的综合评判矩阵。

④ 建立综合评判模型。

⑤ 对评判结果按照最大化原则划定沉积微相。

2 自动定相效果分析

对研究区 2000 余口井河流–三角洲相井段进行了实际处理。纵向上，自动定相结果与井曲线特征一致，可以自动识别单井上每一个单砂体的微相(图 1)；横向上，将自动判相井点投影图(图 2a)与人工绘制相图(图 2b)进行比较，可以看出，采用计算机自动识别沉积微相，在密井网和地质储层知识库的约束下能对沉积环境进行有效的识别，河道规模完整，特征清晰可见。经统计，利用该方法自动解释的沉积相精度达到 90%，反映了自动定相方法的可靠性。

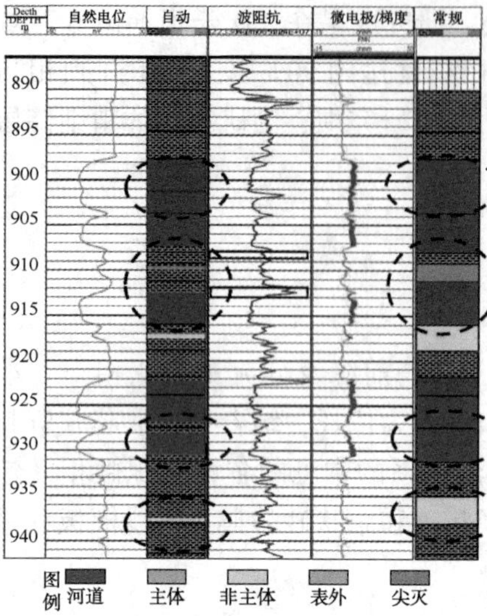

图 1　B1 井测井相自动识别与常规人工解释结果对比

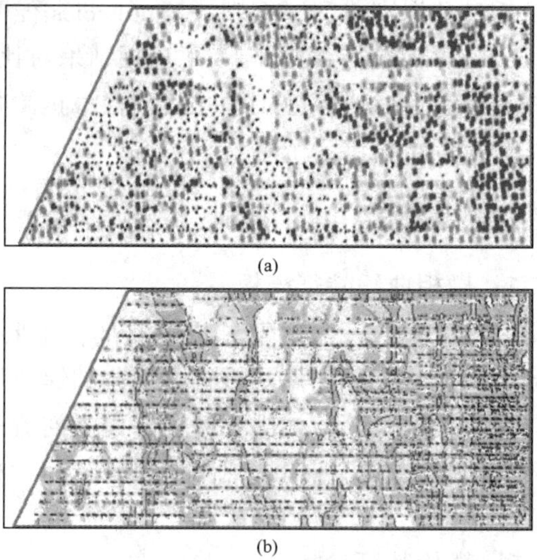

图 2　研究区 SⅡ12 自动识别(a)与人工判相结果(b)

3　沉积微相地震响应特征分析

利用单井微相解释结果进行目的层地震响应特征分析(图 1)，纵向上，单井沉积微相与地震波阻抗纵向对应关系较好，可以看到，纵波阻抗曲线与解释的沉积微相有明显对应关系，低阻抗反映的是河道砂体，高阻抗反映的是河间泥，河道砂与河间泥是目的层最主要的沉积微相类型，二者在纵波阻抗的界线清晰，而非主体与表外等介于河道砂和河间泥之间。在此基础上，建立了研究区 2000 余口井的沉积微相与地震波阻抗的关系模板(图 3)，确定了 5 种沉积微相的阻抗值域范围：

井点自动定相与地震反演成果相结合，以井点数据为第一变量，反演数据体为第二变量进行井间约束，在沉积模式及地质知识库的指导下，从河道砂体的厚度、宽度、砂体的连续性及砂体接触关系入手，依据不同沉积类型砂体在地震反演数据体上的模式特征，开展井震结合储层沉积微相刻画研究[6]。井震结合河道砂体规模(图 4)与传统人工刻画沉积相带图(图 3b)相比，自动相图结果平面非均质性变强，河道规模略变小，复合河道内部结构变清晰，尤其是窄小河道砂体的边界及走向更清晰，展现了井震结合储层预测技术的优势。

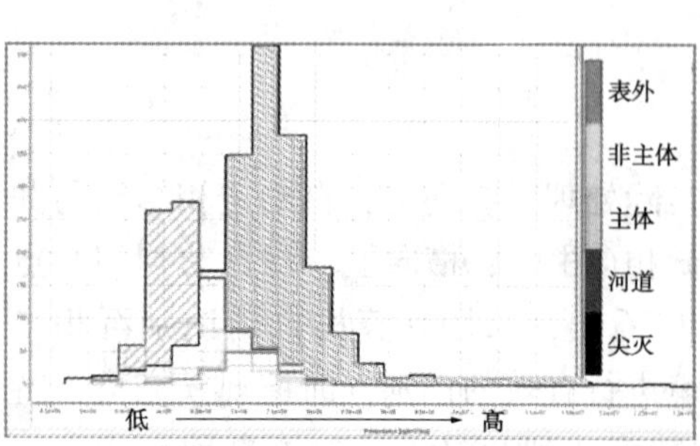

图 3　沉积微相与阻抗关系图

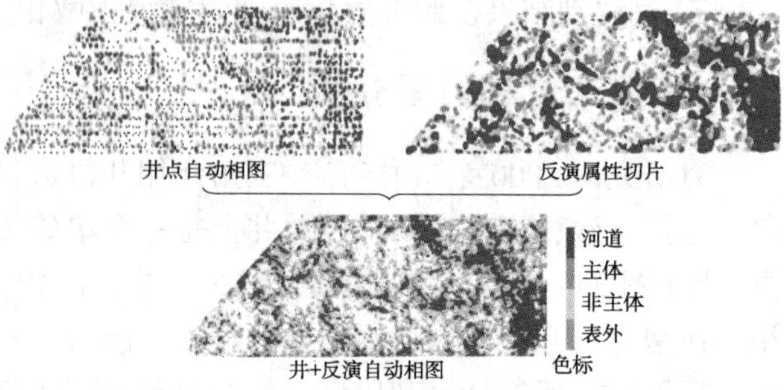

图 4　研究区 SⅡ12 自动定相结果应用

4 成果应用

利用井震结合沉积微相自动成图结果指导 B 区块 SⅡ-10+11 单元的压裂措施，原地质研究(图 5)认为 B1 井位于一期分流河道，B2 与 B3 井位于一期分流河道；然而，由井震结合沉积微相图(图 6)可知 B1 与 B2 井位于一期分流河道，B3 井位于一期分流河道，B3 向南井间砂体变薄，连通关系变差。综上，判断 B3 井注采系统不完善，此井附近存在剩余油富集潜力，对其进行压裂，压开砂岩 3.5m，有效 2.9m，压裂后日增油 2.0t，含水下降 0.3%，取得了有效的开发效果。

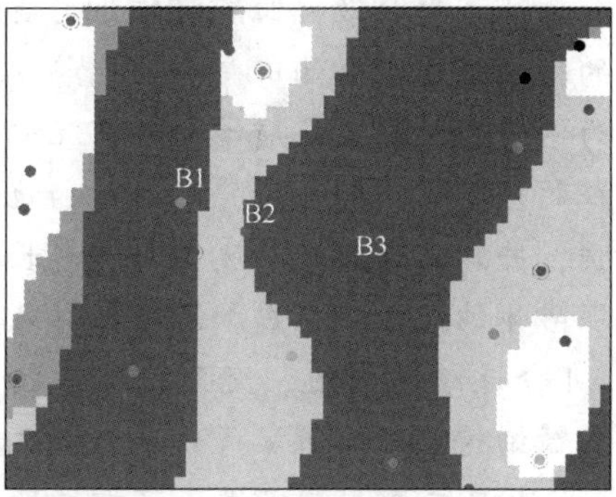

图 5　B 区块 SⅡ12 单元沉积微相图

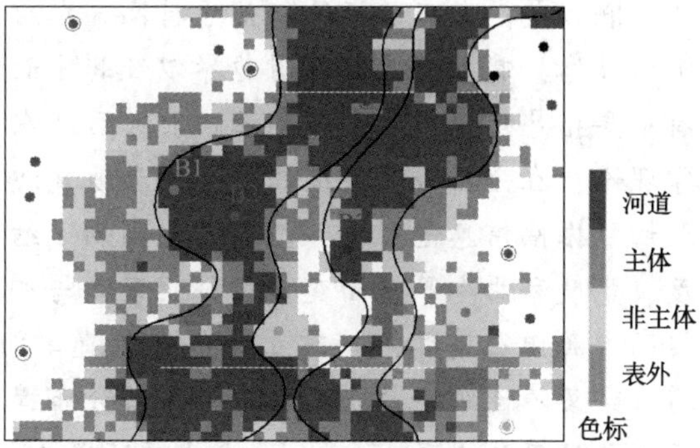

图 6　B 区块 SⅡ12 沉积微相自动成图

5 结论

(1) 以地质知识库依托，结合研究区取芯井资料，建立各种沉积微相典型曲线模板和平面组合规律，利用砂岩厚度、有效厚度、相时指数、偏度系数、峰度系数 5 个测井相要素，重点采用模糊综合评判方法，针对不同类型储层开展单砂体测井微相自动识别研究。

(2) 研究成果在大庆长垣油田 B 区块 S 油层 2000 余口井得到应用，纵向上自动定相结果与人工定相比精度达到 90%以上；横向上，与基于井的沉积相带图一致。单井自动判相基础上，建立 5 种沉积微相与地震纵波阻抗关系模板，为井震结合储层预测奠定了基础。

(3) 该方法适用于采集地震资料的密井网条件储层描述，在 B 区块 S 油层井震结合储层描述及预测中得到了实际应用，取得了有效的开发效果。

参 考 文 献

[1] 徐立恒，宋宝权，韩嵩，等. 变尺度构造模型在地质统计学反演储层预测中的应用[J]. 石油学报，2019，40(2)：190-196.

[2] 马世忠，黄孝特，张太斌. 定量自动识别测井微相的数学方法[J]. 石油地球物理勘探，2000，35(5)：592-590.

[3] Serra O. Fundamental of Well log Interpretation 2：The Interpretation of Logging Data[M]. Elsevier Science Publishers BV，1986：180-185.

[4] 赵翰卿. 松辽湖盆精细储层沉积学研究[M]. 石油工业出版社，2009.

[5] 于兴河. 碎屑岩系油气储层沉积学[M]. 石油工业出版社，2008.

[6] 张秀丽，姜岩，郝兰英，等. 密井网条件下随机地震反演及其在河道砂体预测中的应用[J]. 石油地球物理勘探，2014，49(5)：954-964.

井震结合废弃河道精细刻画方法研究及应用

刘朋坤　庞春红　刘　铁　姜　琦　石　荣　杨丽瑛

（中国石油大庆油田有限责任公司，黑龙江大庆 163712）

摘　要：大庆长垣油田处于特高含水后期，剩余油高度分散，曲流河作为主要沉积砂体，其内部废弃河道边界以及其平面特征的精准描述对老油田剩余油挖潜具有重要指导意义。以萨尔图油田北一区断东西块为例，利用储层地质学和地震沉积学理论，在分析废弃河道曲线形态和地震波形特征的基础上，综合密井网资料和地层切片振幅信息进行废弃河道精细刻画。结果表明，井震结合刻画的废弃河道其长度、宽度和曲率等平面变化特征明显，与相应点坝砂体的组合关系更加清楚，有效提高平面识别精度，并建立了截弯取直单河道、可分连续多河道、交叉连续多河道、交叉不连续鳞片状4种废弃河道分布模式。在精细挖潜中取得显著效果，补孔后单井日产油提高15.7t/d，含水率下降12.7%，为油田措施调整提供了可靠的地质依据。

关键词：废弃河道；地震沉积学；地层切片；地震波形；曲流河

曲流河废弃河道是判断单一河道边界、鉴别砂体几何形态和平面非均质特征的重要标志。以往对于废弃河道的识别主要依靠测井曲线形态变化、河流流向以及砂体变化趋势等多种信息综合判别，存在不确定性。国内外学者主要对分流河道的识别方法进行了丰富的研究，但对废弃河道平面展布特征的研究不够深入[1-4]。近几年，地震沉积学作为地球物理技术与沉积学原理相结合的新兴交叉学科。主要利用地震横向分辨能力强的优势研究储层平面非均质性[5]，能有效识别薄层砂体。勘探开发领域也取得良好效果[6-9]。以密井网资料作为地层切片的质控优选环节，基于地震沉积学原理分析了废弃河道测井相、地震波形及振幅属性特征，利用井点相控制与地震属性协同分析精细识别复杂废弃河道，指导油田开发精细调整挖潜。

1　废弃河道沉积特征

河流在演变过程中，某一段河道或整条河道丧失了作为地表水通行路径的功能时，原来的河道就变为废弃河道[10]，岩性主要为粉砂岩和黏土岩，底部可见薄的粗粒沉积。根据废弃河道与点坝砂体顶部高度不同将其划分为渐弃型废弃河道、突弃型废弃河道和重度废弃河道（泥岩塞）三种类型。研究区葡Ⅰ2小层废弃河道类型多样。

【第一作者简介】刘朋坤，男，（1983—），2009年毕业于成都理工大学油气开发地质专业，获硕士学位，大庆油田勘探开发研究院高级工程师，现从事储层精细描述研究工作。E-mail：liupengkun@petrochina.com.cn。

2 废弃河道精细刻画

2.1 地球物理特征

在测井曲线上突弃型和渐弃型废弃河道有不同响应特征：①渐弃型：由下至上自然电位曲线呈塔松状的正旋回响应，微电极曲线在下部幅度大. 为河道粗粒沉积，向上逐渐过渡为砂泥交互沉积。②突弃型，自然电位曲线底部呈箱形或钟形，为相邻河道的底部沉积。砂泥岩波阻抗差异和砂泥组合特征表明，曲流河不同岩性组合在地震正演模型中能够得到较好的反映[11]，可利用地震波形变化识别废弃河道[2-3]。而90°相位数据与波阻抗曲线对应更好薄层干涉效应更弱，具有较强的可解释性[12]。研究区目的层具有砂岩低阻抗、泥岩高阻抗的特征，砂泥阻抗差异大，相位转换后地震反射同相轴与砂体对应良好。

2.2 地层切片

具有岩性意义的地层切片通常可以更清楚地反映沉积相影像[12]能有效的解决穿时问题。在地层厚度变化大的情况下更具有相对等时意义[13]。

研究选取葡萄花和高台子油层顶面2个等时沉积界面为顶底标志层，等比例内插100份等时的地层切片；通过与砂岩有效厚度图对比图(1a)，自上往下第10份为目的层切图(1b)。

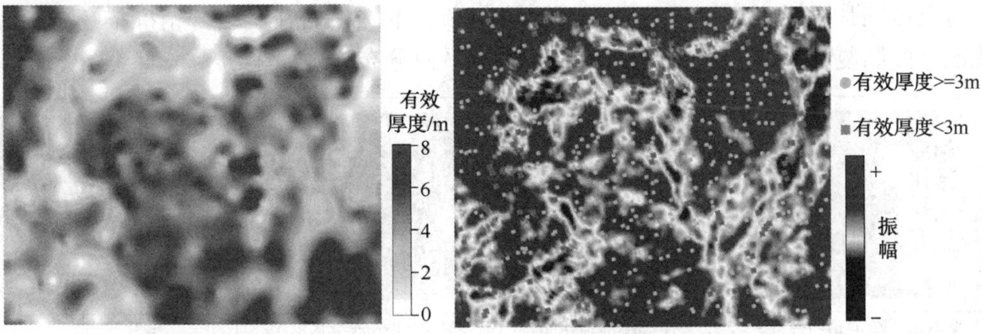

图1 地层切片与砂岩有效厚度对比

2.3 井震结合废弃河道精细识别

利用三维地震数据体提取目的层高精度地层切片；平面上根据振幅属性对岩性的变化采取“砂中找泥”的方法，即在红色正振幅信息(砂岩)中寻找蓝色负振幅(泥岩)信息，以地震振幅能量突变处为河道边界，确定废弃河道走向。

目的层葡Ⅰ2小层为低水位期的大型河流沉积，河道砂发育，不同点坝之间发育废弃河道，平面上能量突变处的蓝色条带直观地反映了废弃河道的走向(图2)剖面A中6-P261井测井相和平面振幅都表现为废弃河道特征，井间的准确边界为该井附近C点和D点之间反射波连续性变差、振幅减弱的位置(图3)通过连续地震剖面提取完成废弃河道边界的刻画。

利用地震沉积学原理井震结合刻画的废弃河道形态上以连续条带状发育为主(图4)。研究区内最长达5.8km，而原废弃河道由于在井间无法准确预测，最长仅为1.2km；其次废弃河道宽度变化大，56.8m~175m，而基于井刻画废弃河道宽度则依靠经验判断宽窄变化不明显(60~94m)；河道迁移摆动频繁，走向变化大，曲率介于1.5~2.8之间，高于原基于井刻的曲率(1.3)；平面上与相应点坝砂体的组合关系清楚。预留的60口井检验废弃河道的符合率高，有利解决废弃河道井间组合多解性的问题。

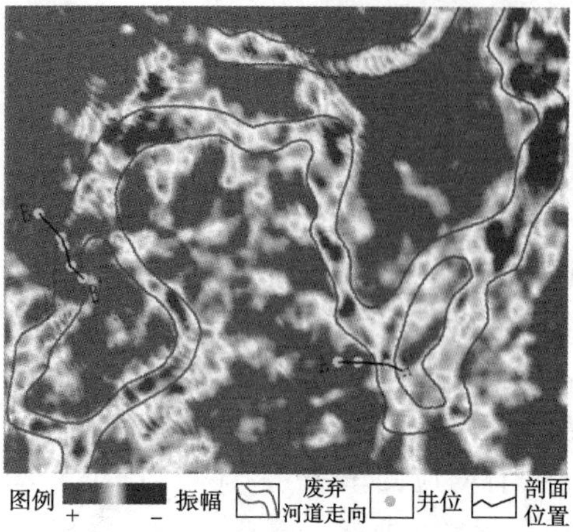

图 2　废弃河道平面展布趋势

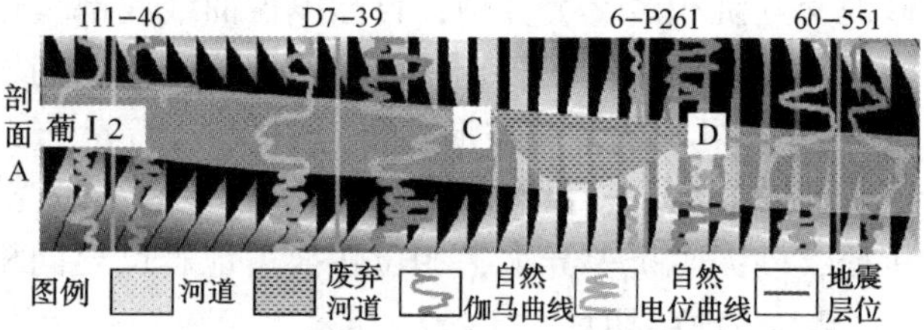

图 3　废弃河道地震波形剖面

3　废弃河道的平面分布模式

前人总结废弃河道平面分布模式主要分为串沟型(“C”型)、颈切型(“O”型)和决口改道型，而卫星照片显示废弃河道分布特征更为复杂，本文根据井震结合精准描述的废弃河道展布特征，按照复杂程度，建立了 4 种废弃河道平面分布模式(图 4)。

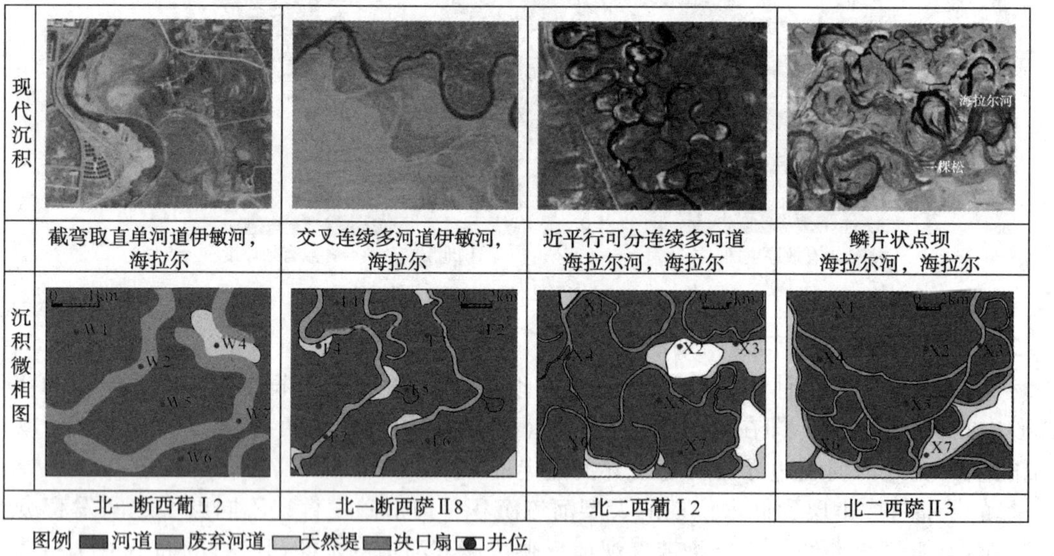

图 4　复杂废弃河道平面分布模式

截弯取直单河道模式：高弯曲河流沉积过程中，河水通常发生侧蚀而越来越弯曲，处于凸岸区的曲颈受横向环流及弯曲带的侧切作用，而遭受侧向侵蚀，宽度变窄，原河道被废弃多形成，O 型、C 型废弃河道。

近平行连续多河道模式：即由 2 条以上近平行的曲流带构成，其总体可分，局部交叉。交叉连续多河道模式：河道多次改道，或多河道交互切割后同时废弃，其中高弯曲分流单河道发生多次改道、废弃后，可形成多环串沟、多环颈切等平面特征；若多河道发生同期或不同期废弃时，形成多支交汇相连的废弃河道，多以单个或者多个 X 型组合的形式出现。

4 开发指导应用

老油田剩余油挖潜需要更加精细化的油藏管理及更加精准的地质解剖通过对废弃河道空间展布形态的精准刻画，能够有效分析由于早期注采系统不完善而产生的剩余油有利区域促进老油田的二次高效开促发。综合井区沉积微相刻画成果，指导补孔等开发调整措施共计25口平均日增油15.7t/d，含水率下降了27个百分点。因此通过复杂废弃河道的精准解剖，为老油田后期剩余油潜力区的有效识别及开发精细调整方案编制提供较好的指导意义。

5 结论

（1）地震剖面上反射波振幅及连续性等波形变化特征可作为废弃河道的识别标志，地层切片能够较好地，反映砂体的平面展布特征，结合密井网资料有助于优选目的层地层切片。

（2）井震结合刻画废弃河道以连续条带状发育为主，多期废弃河道交切成S、O型分布且曲率大，与点坝砂体的组合关系更加清楚，有利于点坝砂体边界的准确判断。

（3）废弃河道分布模式非常复杂，按照其复杂程度可划分为截弯取直单河道模式、近平行的可分连续多河道模式、交叉连续多河道模式、鳞片状点坝模式4种类型。

（4）通过地层切片、地震剖面以及井点微相这种逐级分析的方式能提高废弃河道的刻画精度，为点坝内部连通关系分析、高含水油田剩余油预测以及挖潜措施制定提供了可靠的地质依据。

参考文献

[1] 于建国，林春明，王金铎，等. 曲流河沉积亚相的地震识别方法[J]. 石油地球物理勘探，2003，38(5)：548-551.

[2] 张明振，谭明友，王兴谋，等. 废弃河道沉积的岩性油藏描述[J]. 油气地球物理，2003，1(3)：45-48.

[3] 赵丽平，陈莉，谭明友，等. 曲流河沉积微相的三维地震描述[J]. 石油地球物理勘探，2008，43(6)：680-684.

[4] 翟志伟，施尚明，朱焕来，等. 杏南开发区葡Ⅰ31小层废弃河道类型及其研究意义[J]. 吉林大学学报：地球科学版，2011，41(4)：999-1005.

[5] 曾洪流. 地震沉积学在中国：回顾和展望[J]. 沉积学报，2011，29(3)：417-424.

[6] 刘书会，宋国奇，杨培杰，等. 地震沉积学在陆相盆地中的应用——东营三角洲勘探实例[J]. 石油地球物理勘探，2014，49(2)：360-368.

[7] 杨帅，陈洪德，侯明才，等. 基于地震沉积学方法的沉积相研究——以涠西南凹陷涠洲组三段为例[J]. 沉积学报，2014，32(3)：568-575.

[8] 赵东娜，朱筱敏，董艳蕾，等. 地震沉积学在湖盆缓坡滩坝砂体预测中的应用——以准噶尔盆地车排子地区下白垩统为例[J]. 石油勘探与开发，2014，55(1)：55-61.

[9] 张涛，林承焰，张宪国，等. 开发尺度的曲流河储层内部结构地震沉积学解释方法[J]. 地学前缘，2012，19(2)：74-80.

[10] 刘波，赵翰卿，王良书，等. 古河流废弃河道微相的精细描述[J]. 沉积学报，2001，19(3)：8.

[11] 周新茂，胡永乐，高兴军，等. 曲流河单砂体精细刻画在老油田二次开发中的应用[J]. 新疆石油地质，2010，31(3)：284-287.

[12] 曾洪流. 地震沉积学(译文集)[M]. 北京：石油工业出版社，2011：59-103.

[13] 谢玉洪，刘力辉，陈志宏，等. 中国南海地震沉积学研究及其在岩性预测中的应用[M]. 北京：石油工业出版社，2010：1-5.

高能辫状河沉积特征及砂体分布研究

卢志远[1]　何治亮[2*]　马世忠[3]　何　宇[4]

[1. 中国地质大学(北京)能源学院，北京 1000832；
2. 中国石油化工集团公司科技部，北京 100728；
3. 东北石油大学地球科学学院，黑龙江大庆市 163318；
4. 中国石油吉林油田勘探开发研究院，吉林松原 1380003]

摘　要：盒 8 下亚段是苏里格地区主要的含气层段。为了认识苏里格地区盒 8 下亚段辫状河砂体发育特征，有效砂体叠合模式，厘清剩余油气分布规律的主控因素。在高分辨层序地层学和沉积动力学分析的基础上，结合现代沉积、露头、岩心、测录井等资料，在密井网区，展开地下高能砂质辫状河沉积特征、界面约束条件下的河道发育模式以对砂体分布的研究。研究表明，盒 8 下亚段发育高能量水动力为主的辫状河道沉积，辫流河道砂体以水平叠置型为主，河道迁移频繁，砂体垂向上相互切叠，平面上大面积连片，非均质性强。砂体接触方式归纳为独立式、接触式、切叠式和多期切叠式。短期基准面旋回的下降—上升的转换界面处，辫状河道下部和滩坝下部高能水动力环境下形成的叠置型砂体是油气富集的主要空间，主要位于河道 5 级界面上部；上升半旋回的中上部，较低能水动力环境下形成的落於层和河漫细粒沉积形成主要的隔夹层，形成油气运移的渗流屏障。

1

以底负载搬运形式为主的辫状河沉积多发育在山区或河流上游河段以及冲积扇上，“游荡性”特征明显。砂体纵向上相互切叠，横向上大面积连片，形成叠覆泛砂体[1]，导致辫状河储层具有极强的空间非均质性[2]。尤其是厚的叠置型河流相地层，因缺乏对比标志、叠置砂体内单砂体的垂向较难识别，此外河道不等深下切、河流相对比标志少等因素大大增加了对比难度，由此建立的沉积模式不能正确反映地质历史时期的沉积规律，造成后期砂体分布研究的不确定性，导致无法有效预测有利储层。二叠系下石盒子组盒 8 段是苏里格大气区的主力产气层段之一[3,4]。在经历了 20 多年的勘探开发之后[5,6]，如何高效寻找剩余油气成为了油田最为关心的课题。为此，本文以高分辨层序地层学理论为指导，针对盒 8 下亚段辫状河砂体，通过划分沉积时间单元，识别砂体构型界面，分析砂体叠置模式，探讨不同沉积相对砂体的控制，以期揭示研究区辫状河沉积特征，明确有效砂体分布规律，为苏里格气田水平井优化设计和气田高效开发提供依据。

研究区辫状河沉积距离物源近，水动力强[7]。从所观察的两口取心井的岩心中可以看出，盒 8 下亚段具有典型的辫状河道沉积特征，底部具有明显的冲刷面，滞留粗且厚的暗色砾(图 1，a，e)、中砾，较少含石英砾、分选差，以中—粗砂为主(图 1，b)。砂岩中存在炭质纹层(图1, c)，说明地质沉积时期气候较为干旱，水动力较强，沉积物分选差，垂向上混杂沉积特征明显。冲刷面倾角大致在45°(图1, d)，反应了坡降较大，水量变化大，河道下切作用强。岩心层理不是十分发育，但可以看见隐平行层理(图1, c)、隐交错层理(图1, g)和隐单向斜层理(图1, h)。岩心可见裂缝(图1, a, d, g, i)，高角度缝较发育(图1, d, i)。向上岩性以粗砂岩为主，岩性较为疏松(图1, g)，泥岩中可见植物茎叶、云母和炭屑(图1, f)。指示苏里格地区发育水体流速快、河道迁移迅速、河流载货量大的高能辫状河道沉积。

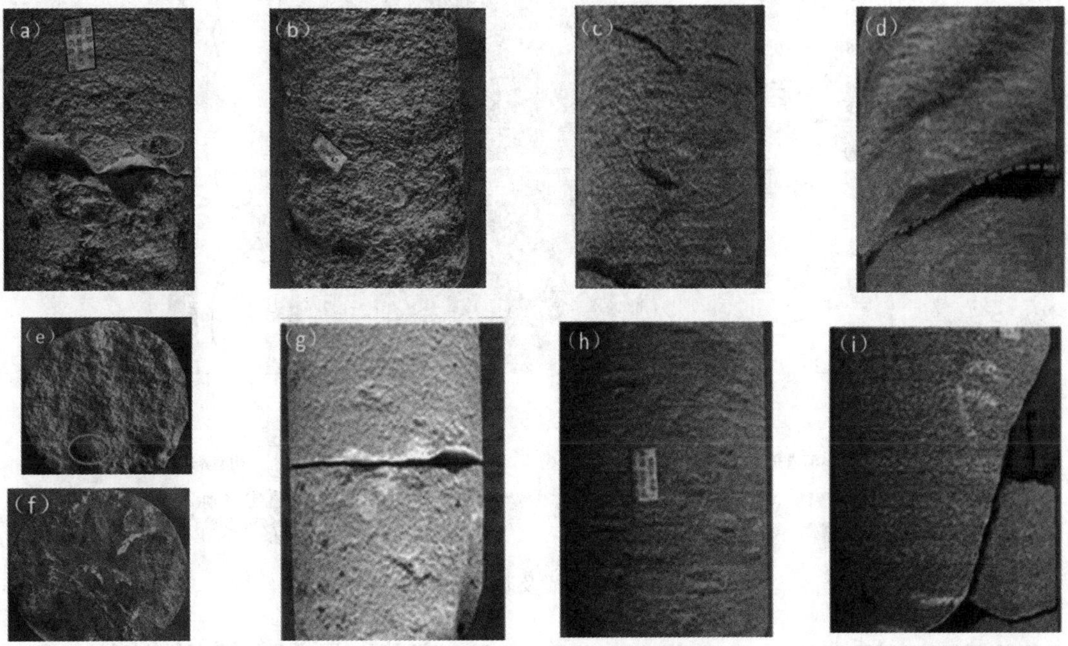

图1　苏东X密井网区岩心特征

(a)SDJ4-5井，粗砂岩含暗色砾；(b)粗砂岩，岩性疏松；(c)SDJ3-6井，中砂岩，碳质纹层；(d)SDJ3-6井，明显的冲刷面；(e)SDJ4-5井，粗砂含砾岩；(f)SDJ4-5井，岩性疏松；(g)SDJ4-5井，隐交错层理；(h)SDJ4-5井，隐单向斜层理；(i)SDJ4-5井，裂缝

2　辫状河沉积特征

大型厚层叠置型砂质辫状河复合河道[8]，以叠置型河道亚相为主，发育有心滩、底部滞留、河道充填等微相。垂向上具有“二元结构”等不明显的正粒序特征，后期河道下切到先期河道砂体内部现象明显。河道是在不断改道的，并不断下切侵蚀以前的河道沉积，使不同时期的河道沉积拼合叠置，不同的叠式模式导致砂体纵向上差异性发育，对剩余油气产生影响(图2)。辫状河体系控制沉积微相展布和有效砂体分布[8]，研究区以发育多期叠置型砂质辫状河复合砂体沉积为特征，后期辫状河道切蚀前期辫状河道砂体，主要发生垂向加积作用，多期辫状河道砂体呈垂向切蚀近水平叠置构型特征(图2)，因垂向切叠严重，两期河道间很少存在泥质夹层，多为前期河道上部的中细砂岩或含泥细砂岩与后期河道的含砂砾岩或含细砾粗砂岩接触，后期较难识别单一河道沉积。

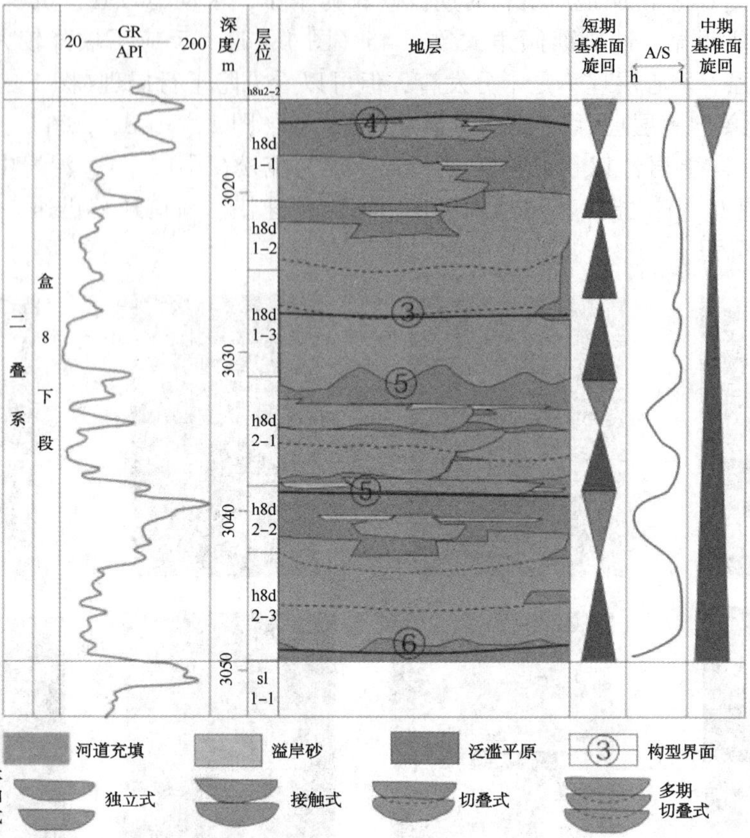

图2 地层发育特征及基准面旋回示意图

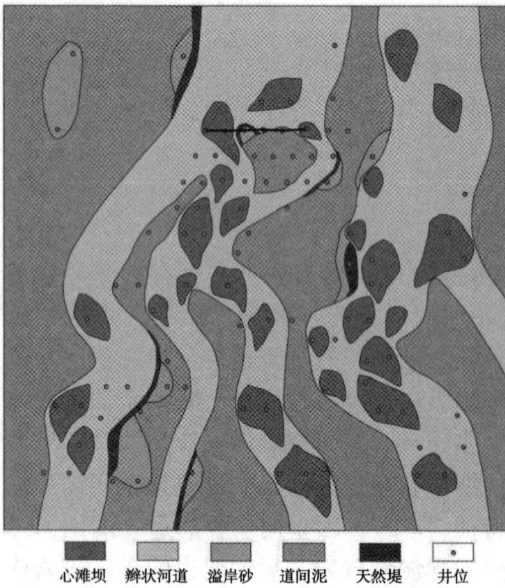

图3 苏东27-36密井网区
盒8下2-3沉积时间单元沉积微相图

3 密井网区沉积微相特征

以密井网区测井资料为基础，充分参考现代辫状河沉积特征和古代辫状河露头资料。通过编制砂厚等值线图、砂地比等值线图，确定河道边界，合理划分单一辫状河道，绘制了各沉积时间单元沉积微相平面图(图3)。主要对盒8下2-3沉积时间单元展开讨论，盒8下2-3沉积时间单元为辫状河三角洲平原亚相，砂体主要发育在辫状河河道和心滩内，呈条带状分布，北~南向展布，河道宽度为1500~2200m，共识别出：2支主体河道、28处心滩沉积以及多处溢岸砂。溢岸砂厚度全部大于1.5m，发育在河道两侧的天然堤沉积，大面积片状的泛滥平原细粒沉积物。盒8下2-3沉积时间单元主要以辫状河河道沉积和心滩沉积为主，砂体的分布面积相对较小、厚度中等。心滩一般以纵向沙坝发育为主，沿河道的延伸方向发育，多为厚度5~7m的心滩坝；研究区中部发育大片泛滥平原细粒沉积物泥岩、砂质泥岩等(图3)。

4 砂体分布对有利储层的控制

有效储层宏观分布受沉积相带与物源的控制，高能水道叠置带和有利的岩性区带是有效砂体主要发育区[9]。研究区高能水动力环境主要形成粗粒的砂砾沉积，主分布在5级构型界面上部，心滩坝砂体和河道砂体孔渗较高。低能水动力环境沉积速率较慢，以细粒的泥岩、细砂岩和粉砂岩为主，主要是3级界面对应的落於层(侧积面)和1-2级界面对应的洪水泛滥时期沉淀下来的细粒沉积。5级界面上部，高能水动力环境下形成的心滩和河道砂体是主要的油气富集空间。低能水动力环境形成的细粒沉积，对油气运移产生了一定的阻隔甚至形成渗流屏障。砂体叠置样式反映了可容纳空间与沉积物供给的相互配置，砂体内部构型反映了砂体沉积成因。因此储集砂体的叠置样式是确定砂体连通性的关键[10]。切叠式和多期切叠式砂体最有利于油气运移，是油气储集的主要空间，接触式、独立式是后期剩余油研究需要重点关注的对象，砂体之间落於层(3级界面)以及泛滥平原细粒沉积和河道间泥形成的隔夹层式油气运移的主要渗流屏障，准确预测砂体分布对于后期提高单井产量具有重要意义。

参 考 文 献

[1] 葛云龙，逯径铁，廖保方，等. 辫状河相储集层地质模型——“泛连通体”[J]. 石油勘探与开发，1998，(5)：93-95.

[2] 张金亮. 河流沉积相类型及相模式[J]. 新疆石油地质，2019，40(2)：244-52.

[3] 杨华，付金华，刘新社，等. 鄂尔多斯盆地上古生界致密气成藏条件与勘探开发[J]. 石油勘探与开发，2012，39(3)：295-303.

[4] 刘晓鹏，赵会涛，闫小雄，等. 克拉通盆地致密气成藏地质特征与勘探目标优选——以鄂尔多斯盆地上古生界为例[J]. 天然气地球科学，2019，30(3)：331-343.

[5] 何自新，付金华，席胜利，等. 苏里格大气田成藏地质特征[J]. 石油学报，2003，(2)：6-12.

[6] 杨华，刘新社，孟培龙. 苏里格地区天然气勘探新进展[J]. 天然气工业，2011，31(2)：1-8.

[7] 郭智，贾爱林，何东博，等. 鄂尔多斯盆地苏里格气田辫状河体系带特征[J]. 石油与天然气地质，2016，37(2)：197-204.

[8] 付金华，范立勇，刘新社，等. 鄂尔多斯盆地天然气勘探新进展、前景展望和对策措施[J]. 中国石油勘探，2019，24(4)：418-430.

[9] 李易隆，贾爱林，何东博. 致密砂岩有效储层形成的控制因素[J]. 石油学报，2013，34(1)：71-82.

[10] 于兴河，王香增，王念喜，等. 鄂尔多斯盆地东南部上古生界层序地层格架及含气砂体沉积演化特征[J]. 古地理学报，2017，19(6)：935-954.

南黄海盆地北凹中新生界油气成藏过程与勘探意义

史盼盼　杨　波　黄　振　吴庆勋　王　军　李志强

中海石油(中国)有限公司天津分公司

摘　要：黄海探区勘探程度低，中新生代盆地具有早期生烃、中期反转、晚期再次生烃的多旋回性，并且以早期生烃为主，因此现今烃灶和构造高部位与成藏期的烃灶和构造高部位存在较大差异，这导致油气富集部位寻找困难，制约勘探进程。针对中新生界成藏的勘探难点，以恢复成藏期的烃源岩灶和构造脊为目标，建立了三项关键技术，分别是少井区古地貌约束下的剥蚀量恢复技术、基于剥蚀量恢复的烃源灶边界动态恢复技术和基于断陷-坳陷成因的古构造脊定量恢复方法。认为南黄海盆地北部坳陷油气具有三次运聚的特征，三垛抬沉积中晚期(40~32Ma)为主生排烃期，构造脊与烃灶配置良好，近源深层成藏；三垛抬升期(32~23Ma)为主要的油气调整期，油气垂向高速运移。上盐城组沉积时期(5Ma 以来)现今生烃潜力有限，小规模近距离侧向运移。基于这种新认识，明确北凹两期生烃三次运聚的优势指向区，对南黄海盆地类似凹陷的勘探具有重要指导意义。

关键词：南黄海盆地；中新生代两期成藏；三次运聚；古构造脊

黄海经历 60 年勘探，至今无商业发现[1-2]。

中新生界已钻井位构造高部位，但成效不理想，仅有部分显示和薄油层[3]。南黄海盆地经历两期生排烃[4]，现今构造格局与成藏期构造格局存在差异，而单纯根据现今构造格局部署井位，可能是造成已钻井成效不理想的原因。因此应改变勘探思路，分析油气成藏过程明确油气运聚过程，是该探区中新生代盆地勘探的非常关键的研究课题。

1　区域概况

南黄海盆地北临胶东隆起，南接闽浙隆起，西与苏北盆地相通，位于大陆架海区。自北向南划分为“两隆两坳”四大构造单元，即北部坳陷、中部隆起、南部坳陷和勿南沙隆起(图 1)。南黄海盆地具有中新生界和中古生界两个找油气领域，其中南北两个坳陷是是中新生界含油气远景区。

北凹是北部坳陷埋藏较深、凹陷面积较大的中新生代沉积凹陷，于中新生代依次接受了白垩系泰州组，古近系古新统阜宁组、始新统戴南组和三垛组，新近系盐城组及第四系东台组的巨厚沉积。三垛组与盐城组之间之间有明显的不整合，为三垛运动的反映。

已钻井证实厚度及指标皆优质的泰州组二段烃源岩层系，存在多套有利的储盖组合，圈闭类型多、规模大且有效，具有较为广阔的油气勘探前景。

【第一作者简介】史盼盼，女，1988 年 11 月，2014 年毕业于东北石油大学，硕士学位，现工作于中海石油(中国)有限公司天津分公司渤海石油研究院。E-mail：shipp2@ cnooc.com.cn。

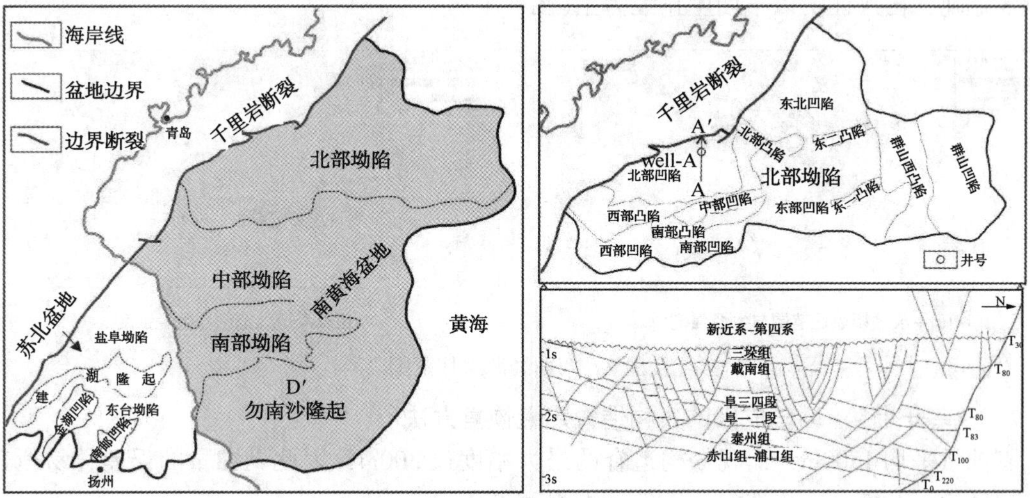

(a) (b)

图 1　区域位置图

2　古烃灶与古构造脊恢复

泰州组油藏主力烃源岩是泰二段底部近 30m 厚的夹泥灰岩的黑色泥岩，ZC-A 井包裹体资料和生排烃史研究表明存在早、晚两期生排烃，以早期为主。

现今烃灶和构造高部位与成藏期的烃灶和构造高部位存在较大差异，恢复三垛运动前的主排烃期构造格局非常重要。

本文采用少井区古地貌约束下的剥蚀量恢复技术、基于剥蚀量恢复的烃源灶边界动态恢复技术和基于断陷-坳陷成因的古构造脊定量恢复方法，对主成藏期古烃灶和古构造脊进行恢复。

2.1　少井区古地貌约束下的剥蚀量恢复技术

三垛运动的剥蚀量是古烃源岩灶和古构造脊恢复的基础。北凹已钻井仅有 5 口，资料控制点少，应用了地层厚度趋势外推法(面)、泥岩声波时差法等(点)相互结合的方法对北凹的地层剥蚀厚度进行了恢复。

首先通过已钻井资料如 ZC-A 井声波时差与埋深关系、ZC-A 井磷灰石裂变径迹计算地温梯度，和 Barker 法计算地温梯度与埋深关系图，ZC-B 井镜质体反射率法，确定控制点的剥蚀量。

通过综合运用泥岩声波时差法、地层厚度趋势外推法，对三垛事件剥蚀厚度进行了恢复。结果表明，北凹在三垛运动事件中的最大剥蚀量在 1000~2000m 之间，平均 1500m，主要位于中央反转带。

2.2　基于剥蚀量恢复的烃源灶边界恢复技术

基于剥蚀量计算，将构造演化过程进行恢复，$H_{古}=H_{今}-hN+Q+\Delta h$，古埋藏深度=现今深度-(新近系+第四系沉积厚度)+剥蚀厚度，并且考虑到二次生烃的“迟滞效应”$HN+Q-\Delta h\geqslant 100$m。并且参考北凹烃源岩热演化史、埋藏史、实测 TOC 值等，Trinity 软件建模恢复了两期烃灶的范围，早期烃源岩灶范围大，排烃总量 42 亿吨，晚期烃源岩灶范围小，排烃总量3亿吨，再次证明以早期生排烃为主(图2)。

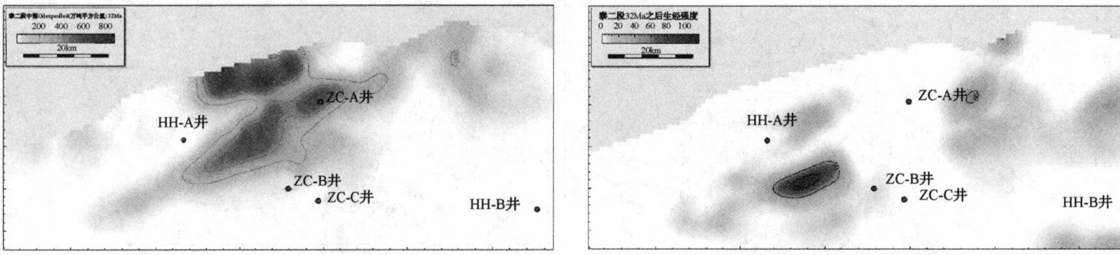

(a)主成藏期烃灶范围与生烃强度　　(b)现今烃灶范围与生烃强度

图2　两期烃源岩灶范围

2.3　基于断陷–坳陷成因的古构造脊定量恢复方法

剥蚀量平均1500m，而现今构造脊的最大幅度仅300m，因此剥蚀量的误差，易覆盖构造脊幅度，因此恢复古构造脊所需的精细程度更高。

针对三垛组沉积以河流相砂岩为主，地层厚度变化小，且地震剖面上为平行反射，小层之间厚度差异小，因此构造起伏程度可以用三垛组底界面埋深图代替三垛组沉积后顶面。三垛组沉积厚度基本在2000m左右，因此主排烃期的各层古埋藏深度=现今深度-T60深度+2000m，H古=H今-HT60+H三垛组(固定值)可以消除剥蚀量误差，是针对低勘探区进行恢复的新思考。

利用控边界控沉积断裂特征和地震反射特征对构造脊位置进行校正。

恢复结果来看，主成藏期(三垛组地层沉积中晚期)构造格局与现今构造格局存在差异。南部N"今高，古斜坡"，北部M构造脊受三垛运动控制，虽有迁移，但继承性好。

3　成藏认识

根据恢复出来的两期"源-脊配置"，结合已钻井情况和埋藏史、油气包裹体情况分析，认为具有两期生烃，三次运聚的特征。

第一次运聚为三垛组沉积中晚期(40～35Ma)，以短距离侧向运移，近源深层成藏为特征。烃灶范围大，质量优，为排烃高峰期。从古构造脊的恢复来看，此期间古构造脊已经形成，为宽缓的南北向大型背斜脊，构造脊与烃灶配置良好，利于烃源岩向构造脊运移。储层砂岩整体偏细，物性较差，油气能够进入底部砂岩，但是无法侧向长距离运移。极少数断层活动，油气垂向运移能力差。因此油气只能在阜宁组底部砂层富集(图3a)。已钻井ZC-B井位于烃灶较远，未见油气显示，认为就是因为无法侧向长距离运移。

第二次运聚为三垛抬升期(32～23Ma)，以油气调整，垂向高速向浅层高部位运移为特征。始新世末期发生了三垛运动，区域性的挤压使盆地构造沉降停止，地层遭受强烈抬升剥蚀，这也使烃源岩生排烃中断。挤压使构造脊幅度达到最大，并且构造脊上断裂发育，呈花状或复合Y字形，断层开启，活动性强，早期位于阜宁组的油气，沿着断层发生垂向高速运移，以早期深层油藏作为中转站，油气大规模释放。构造脊与断裂和砂体分布具有很好的耦合性，构造脊是优势运移路径，油气沿着断裂和砂体，在构造脊高部位聚集成藏，在构造脊的指向区均聚集了大量的油气(图3b)。

第三次运聚为现今为上盐城组沉积至今(5Ma以来)，泰二段烃源岩埋深达到二次生排烃门限，但生烃潜力有限，小规模近距离侧向运移，是次要的生排烃期(图 3c)。

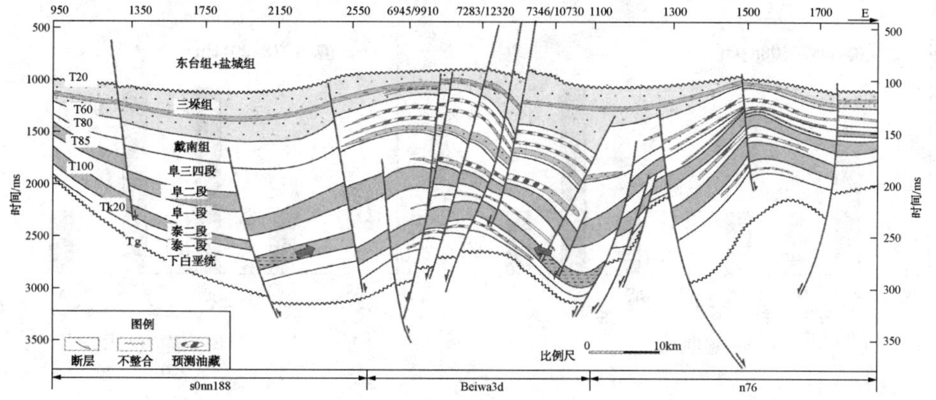

(c)第三次运聚

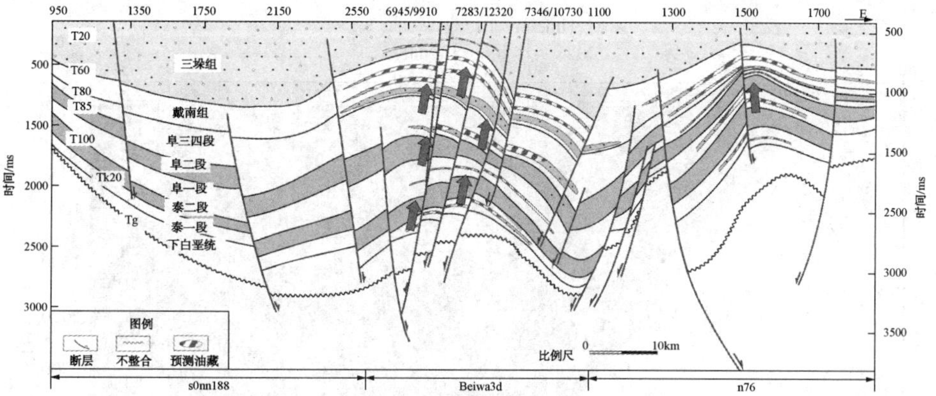

(b)第二次运聚

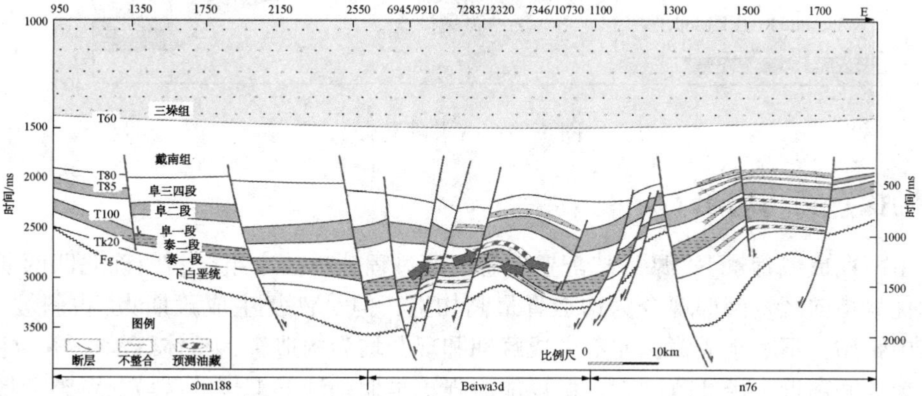

(a)第一次运聚

图 3　三次运聚模式图

ZC-A，戴南组地层内砂岩内亮晶方解石中盐水包裹体均一温度呈连续变化且只有一个峰值(图 4a)，对应埋藏史为 27Ma 左右(图 5)，与三垛运动时的第二次运聚相一致。

阜一段砂岩内石英颗粒裂纹中盐水包裹体均一温度在存在两个峰值(图 4b)，与第一次运聚和第二次运聚对应(图 5)。

综合来看，浅层戴南组砂岩仅在三垛运动抬升期发生了一次充注，而深层阜宁组发生了两次充注，与上文分析的时间也是一致的。

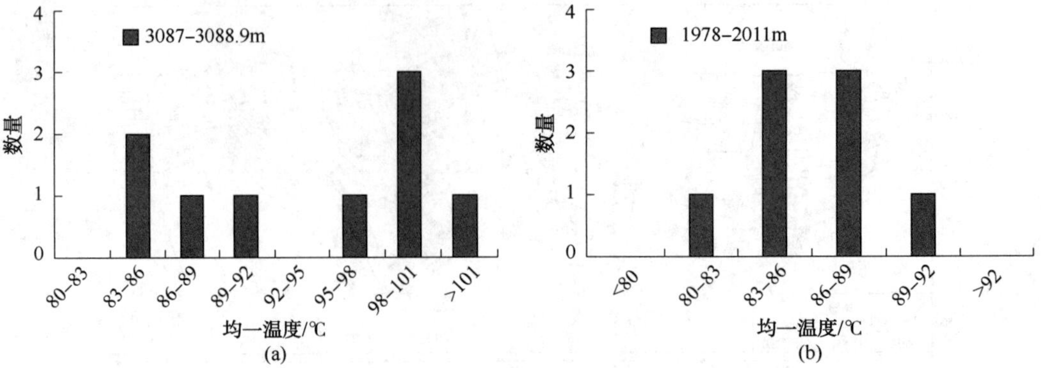

图4　ZC-A井油气包裹体均一温度分布

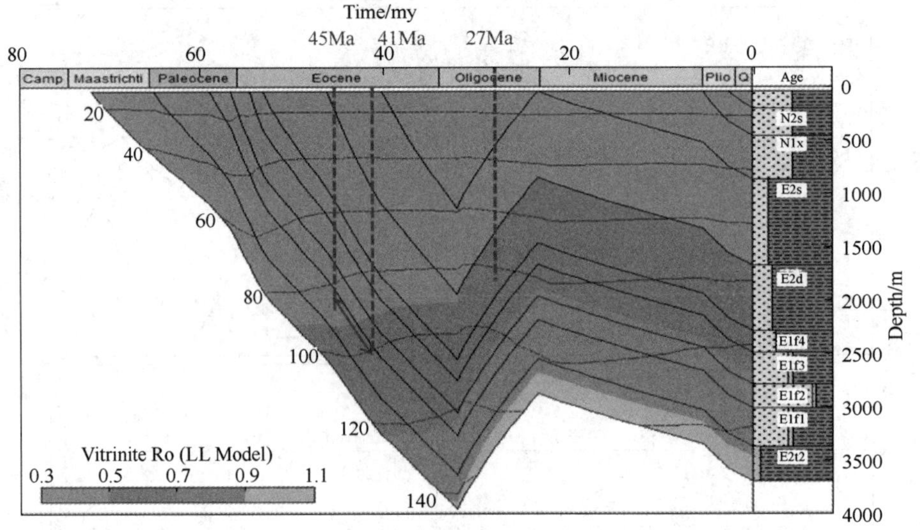

图5　ZC-A井埋藏史

4　勘探意义与启示

建立了两期成藏背景下“源-脊”配置动态成藏过程分析技术组合，明确北凹两期生烃三次运聚的优势指向区。南部现今为构造脊最高构造，但是恢复主成藏期为“古斜坡”，因此早期没有中转站，不利于成藏；北部主成藏期和现今均为构造脊，整体继承性好。主成藏期构造脊与烃灶距离近，烃灶范围大，供烃能力强，早期是油气汇聚的区域，调整期形成更高幅度构造脊，是油气的优势指向区，预测为复式成藏。

主成藏期古构造脊是第一次运聚的汇聚脊，同时是第二次运聚的油气来源，因此寻找早期古构造脊在南黄海盆地和其他类似的两期成藏盆地中非常重要。

5　结论

（1）南黄海盆地中新生界油气成藏普遍存在三次运聚的特征，分别为三垛抬升前（40~32Ma）短距离侧向运移，近源深层成藏；三垛抬升期（32~23Ma）为主油气垂向高速运移；上盐城组沉积时期至今(5Ma 以来)生烃潜力有限，小规模近距离侧向运移。

（2）北凹的北部继承性发育的古构造脊与大面积的古烃源岩灶匹配关系好，是油气优势指向区，而南部现今为构造脊最高构造，但是恢复主成藏期为“古斜坡”，不利于成藏。

参 考 文 献

[1] 肖国林. 南黄海盆地油气地质特征及其资源潜力再认识[J]. 海洋地质与第四纪地质，2002(02)：81-87.

[2] 张晶，王伟锋. 南黄海盆地含油气系统与油气勘探方向[J]. 海洋地质前沿，2004，20(004)：20-23.

[3] 许红，张海洋，张柏林，等. 南黄海盆地 26 口钻井特征[J]. 海洋地质前沿，2015，31(4)：1-1.

[4] 杨树春，蔡东升，冯晓杰，等. 南黄海南部盆地前第三系烃源岩成熟度及生烃期次研究[J]. 中国海上油气(地质)，2003.

次生溶蚀作用对中深层储层质量贡献定量评价
——以渤海石臼坨凸起西段陡坡带东三段为例

孙藏军　别旭伟　李永春　常　涛　石　飞

[中海石油(中国)有限公司天津分公司渤海石油研究院]

摘　要：为了定量评价次生溶蚀作用对石臼坨凸起西段陡坡带东三段储层质量贡献，利用铸体薄片、扫描电镜、常规物性、X射线衍射等资料，恢复了研究区储层埋藏成岩过程中的孔隙演化过程，并定量评价了次生溶蚀对储层质量的贡献。结果表明：东三段储层以岩屑长石砂岩为主，经历的成岩演化序列为压实作用→早期碳酸盐胶结→长石、岩屑、碳酸盐胶结物溶蚀→高岭石胶结/石英加大→伊利石胶结/晚期碳酸盐胶结，现主要处于中成岩A期。储层初始孔隙度为32.24%，压实作用导致孔隙度损失21.37%，早期胶结作用减少的孔隙度为2.33%，中晚期胶结作用减少的孔隙度为3.90%，溶蚀作用增加的孔隙度为10.80%，最终计算样品孔隙度为15.44%，与气测孔隙度相对误差为6.23%，误差较小。次生溶蚀作用对储层质量贡献率高达69.9%。研究结果对于该区域中深层储层油气成藏期储层有效性评价具有重要意义。

关键词：次生溶蚀作用；中深层；石臼坨凸起西段；东三段；储层质量评价

成岩演化过程对于碎屑岩储层孔隙的发育具有重要改造作用，直接影响着储集层孔隙的演变[1-3]，尤其中深层碎屑岩储层经历深埋藏，成岩改造过程较浅层而言更为复杂，次生溶蚀增孔效应对优质储层发育起着重要作用[4-5]。本次研究以石臼坨凸起西段中深层东三段储层为研究对象，探索恢复成岩演化过程中的孔隙演化史，定量评价次生溶蚀作用对储层质量的贡献，以便指导该区域中深层储层的进一步有效性评价。

1　区域地质概况

研究区区域构造上处于石臼坨凸起西段石南一号大断层下降盘陡坡带，南部紧邻渤中凹陷西次洼。其中，东三段为该区主力含油层位，地层厚度300m左右，埋深2600~3100m，与下伏沙河街组呈平行不整合接触。沉积相为近距离搬运的扇三角洲沉积，母岩为石臼坨凸起基岩中生界火成岩、太古界变质花岗岩和寒武-奥陶系碳酸盐岩。

【基金项目】中海石油(中国)有限公司重点项目“渤海中深层复杂油气藏高效开发技术”(CNOOC-KJ135 ZDXM36 TJ03TJ)。

【第一作者简介】孙藏军(1988—)，男，工程师，硕士，现主要从事海上油气田沉积储层研究工作，地址：天津市滨海新区海川路2121号渤海石油管理局B座(邮编：300459)。E-mail：suncj2@cnooc.com.cn。

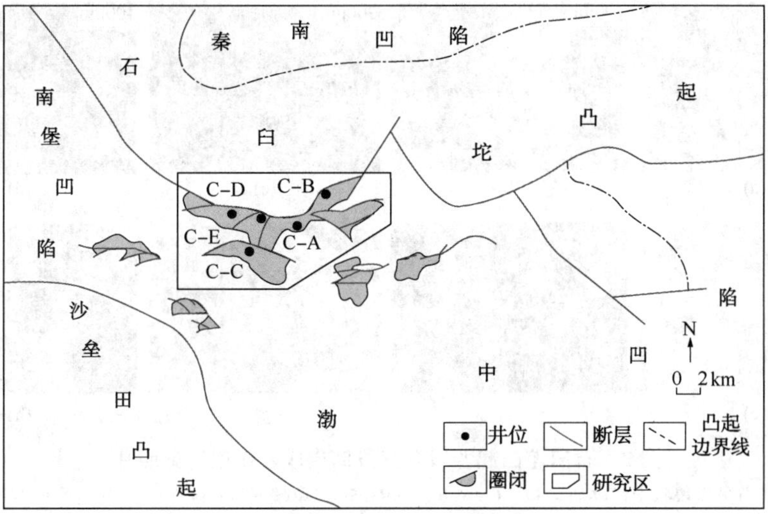

图 1　研究区所处区域构造位置

2　岩石学特征

通过铸体薄片统计，研究区东三段储层以岩屑长石砂岩为主，其中，石英平均含量 36.3%，长石平均含量 36.8%，以钾长石为主，岩屑平均含量 26.2%，以中酸性火成岩为主，成分成熟度较低，Q/(F+R)为 0.56。胶结物主要为铁白云石，平均含量 4.4%。粘土矿物以高岭石为主，平均含量 2.4%，次为伊利石。石英次生加大极少发育。

3　成岩作用特征与演化序列

东三段储层主要发育压实作用、胶结作用、交代作用和溶蚀作用，其中交代作用对储层孔隙变化影响较小。主要呈现以下特征：①碎屑颗粒点-线接触，偶见凹凸接触，压实中等(图 2a)；②早期孔隙多见菱铁矿、方解石、白云石胶结，后期铁方解石、铁白云石呈斑块状胶结交代碎屑颗粒，充填粒内溶孔(图 2b)，早期菱铁矿呈斑块状胶结、交代碎屑颗粒，中晚期铁方解石交代菱铁矿(图 2c)，白云石呈斑块状胶结、交代碎屑颗粒，铁白云石交代白云石(图 2d)；③高岭石主要呈小米粒状充填粒间孔隙(图 2e)，可由长石、岩屑蚀变而来，伊利石呈丝片状包裹在颗粒表面，偶见搭桥状堵塞孔隙(图 2f)；④偶见石英发育次生加大边，可见伊利石附着于自生石英表面生长(图 2g)；⑤长石颗粒边缘及内部沿解理发生溶蚀形成残余状粒内溶孔(图 2h)。

研究区东三段储层所夹泥岩镜质体反射率为 0.54%~0.63%，有机质演化达到低成熟~成熟阶段，且最大热解峰温 T_{max} 介于 437~441℃，储层流体包裹体均一温度介于 98~120℃，主要为 105~115℃，伊/蒙混层矿物中蒙皂石层含量介于 15%~20%。综合岩石结构、孔隙类型、自生矿物产出特征、溶蚀-充填关系以及相互交代关系特征，根据行业标准 SY/T 5477—2003，认为东三段储层经历了压实→早期碳酸盐胶结→长石、岩屑、碳酸盐胶结物溶蚀→高岭石胶结/石英加大→伊利石胶结/晚期碳酸盐胶结的成岩演化序列，现主要处于中成岩 A 期[6]。

图 2　石臼坨凸起西段东三段储层成岩作用显微照片

(a)铁方解石呈斑块状交代碎屑颗粒，C-A 井，2993.5m，单偏光；(b)铁白云石充填长石溶孔，C-A 井，2875.2m，单偏光；(c)菱铁矿呈斑块状交代碎屑颗粒，铁方解石交代菱铁矿，C-C 井，2946.5m，单偏光；(d)白云石呈斑块状交代碎屑颗粒，铁白云石交代白云石，C-A 井，2928.1m，正交偏光；(e)高岭石呈小米粒状充填粒间孔隙，C-A 井，3139.7m，单偏光；(f)高岭石和伊利石充填粒间孔隙，C-B 井，2875.1m，扫描电镜；(g)伊利石附着于自生石英表面生长，C-B 井，3000.5m，扫描电镜；(h)长石颗粒沿解理溶蚀，C-B 井，3142.6m，单偏光

4　次生溶蚀增孔效应定量评价

为了便于分析复杂成岩过程中各个阶段储层孔隙演化特征，在参考前人研究结果基础上[7-10]，假设各个成岩阶段是相对独立的，设定研究区东三段埋藏成岩过程中，依次经历了机械压实减孔→早期胶结增孔→溶蚀增孔→中晚期胶结/交代减孔 4 个阶段。

利用 71 块样品铸体薄片鉴定结果，结合常规物性资料，根据孔隙演化模型方程[7-10]，推演计算各成岩阶段的孔隙度演化(表 1)，计算样品孔隙度平均 15.43%，与气测孔隙度的相对误差 6.23%(图 3)，误差较小，计算结果具有参考价值。分析表明，各样品初始孔隙度变化不大，平均 32.24%，表明机械沉积堆积过程不是影响孔隙演化的关键。压实作用后样品剩余孔隙度平均 10.99%，压实减孔率平均为 66.67%，表明随着埋深加大，压实作用导致碎屑颗粒逐渐紧密接触，对储层孔隙演化影响较大。早期胶结导致孔隙度损失平均 2.33%，中晚期胶结损失孔隙度平均为 3.90%。研究区溶蚀作用导致孔隙度增加平均 10.80%，次生溶蚀贡献率平均 69.9%，受限于易溶组分，分布不均匀，却是中深层储层重要的增孔作用。

表 1　研究样品不同成岩过程孔隙度演化统计表

参数类型		初始孔隙度/%	压实损失孔隙度/%	早期胶结损失孔隙度/%	溶蚀次生孔隙度/%	中晚期胶结-交代损失孔隙度/%	计算孔隙度/%	气测孔隙度/%	相对误差/%	次生溶蚀贡献率/%
东三段(n=71)	平均值	32.24	21.37	2.33	10.80	3.90	15.44	15.50	6.23	69.9
	最大值	36.69	31.75	13.00	20.60	21.00	21.64	24.50	21.53	72.3
	最小值	27.75	4.31	1.00	0	1.00	11.95	10.40	0.21	0

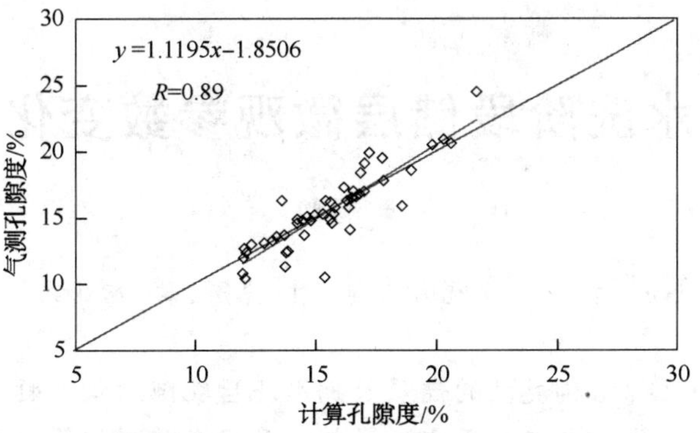

图 3　孔隙演化模型计算孔隙度与气测孔隙度关系

5　结论

（1）研究区东三段储层岩石类型主要为岩屑长石砂岩，所经历的成岩演化序列为压实作用→早期碳酸盐胶结→长石、岩屑、碳酸盐胶结物溶蚀→高岭石胶结/石英加大→伊利石胶结/晚期碳酸盐胶结，现主要处于中成岩 A 期。

（2）孔隙演化定量分析表明，压实作用是导致研究区东三段储层孔隙度减少的最主要因素，溶蚀作用导致孔隙度增加 10.80%，对储层质量贡献率高达 69.9%，是中深层储层重要的增孔作用。

参　考　文　献

[1] 代黎明，徐长贵，王清斌，等. 石臼坨凸起西部陡坡带古物源差异演化模式及其对储层的控制作用[J]. 中国海上油气，2017，(4)：51-59.

[2] 王琪，马东旭，余芳，等. 鄂尔多斯盆地临兴地区下石盒子组不同粒级砂岩成岩演化及孔隙定量研究[J]. 沉积学报，2017，(1)：163-172.

[3] 王瑞飞，陈明强. 储层沉积-成岩过程中孔隙度参数演化的定量分析——以鄂尔多斯盆地沿 25 区块、庄 40 区块为例[J]. 地质学报，2007，(10)：1433-1438.

[4] 杜晓峰，王清斌，庞小军，等. 渤中凹陷石南陡坡带东三段源汇体系定量表征[J]. 岩性油气藏，2018，(5)：2-9.

[5] 朱筱敏，米立军，钟大康，等. 济阳坳陷古近系成岩作用及其对储层质量的影响[J]. 古地理学报，2006，8 (3)：295-305.

[6] 万琳，王清斌，赵国祥，等. 石臼坨凸起陡坡带东三段扇三角洲砂体成岩作用定量表征[J]. 大庆石油地质与开发，2017，36(6)：31-37.

[7] 张茜，孙卫，任大忠，. 鄂尔多斯盆地华庆地区长 6_3 储层成藏期孔隙度定量演化及致密成因机理[J]. 地质与勘探，2017，(4)：2706-2714.

[8] 潘高峰，刘震，赵舒，等. 砂岩孔隙度演化定量模拟方法——以鄂尔多斯盆地镇泾地区延长组为例[J]. 石油学报，2011，(2)：249-256.

[9] 唐俊，王琪，廖朋，等. 鄂尔多斯盆地环县地区长 8 段砂岩储层孔隙度演化定量模拟[J]. 兰州大学学报(自然科学版)，2013，24(1)：321-331.

[10] 施振生，李熙喆，董大忠，等. 致密砂岩储层成岩作用与孔隙演化：以川西南上三叠统为例[J]. 地学前缘，2018，(2)：180-190.

不同水洗阶段储层微观参数变化规律

王端阳

（大庆油田勘探开发研究院开发地质研究室，黑龙江大庆 163453）

摘　要：不同孔隙结构类型的储层长期水洗后孔隙结构、粘土含量、网络特征等都发生了较大的变化，本文利用岩心资料，采用数值模拟等技术手段，分析了不同类型储层水洗前后岩石骨架、网络结构等的变化规律；研究了不同孔隙结构在不同水洗阶段剩余油的分布特征；针对各沉积微相砂体不同部位的孔隙结构类型及开发特点，提出了相应的调整挖潜建议。

关键词：孔隙结构；孔隙网络；孔喉特征；剩余油分布

油田进入高含水后期，不同类型油层剩余油分布更加零散，实际资料表明，在水驱开发后期及聚驱开发阶段，尽管采出程度已经达到56%左右，仍有一定比例剩余油残留在储层孔隙中。油层注水开发后期渗流能力下降，微观孔隙结构发生变化，微观剩余油分布更加复杂，挖潜难度加大，为了有效指导剩余油挖潜，我们通过对杏南开发区萨葡油层不同类型储层水洗前后岩石骨架、网络结构等微观参数变化情况进行分析，取得了一定的认识。

1　岩石骨架的演化规律

1.1　岩石颗粒支撑方式与颗粒表面性质演化

岩石颗粒支撑方式直接影响岩石孔喉形态及孔喉连通程度。实验资料观察，将储层骨架颗粒支撑形态的变化归纳为四种类型：未水洗或低水洗的骨架颗粒之间的点线接触；低水洗的骨架颗粒出现部分分离；中等水洗的骨架颗粒之间大部分分离；强水洗骨架颗粒之间游离呈漂浮状。

1.2　粘土矿物成分及形态和产状演化

随着水洗程度提高，高岭石含量减少，伊利石含量相对增高，绿泥石基本不变。在开发初期低未水洗阶段高岭石以喉道卡堵式产状为主，使喉道变形甚至堵塞，并影响流体渗流。至高含水期强水洗阶段一部分高岭石碎片从孔喉中冲走，保留下来的高岭石充填至部分或全部喉道，使得流体运动受阻，孔隙中的剩余油很难被驱替出。开发初期低未水洗阶段伊利石和蒙脱石的产状主要附着于颗粒表面，使颗粒表面粗糙不平，易吸附原油而使得颗粒表面污染，并影响流体速度。强水洗阶段，伊利石和蒙脱石在孔喉中逐渐堵塞喉道，影响微观剩余油形成和分布。绿泥石常以柳叶状吸附在颗粒表面，或以绒球状集合体充填于孔隙中。绿泥

【第一作者简介】王端阳 女，1970 年 5 月出生，2006 年 7 月毕业于东北石油大学，硕士学位，现在大庆油田勘探开发研究院工作，高级工程师，主要从事构造研究及潜力分析工作，《长垣油田整体构造特征及断层附近潜力研究》获大庆油田有限责任公司技术创新一等奖，E-mail：wduanyang@ petrochina.com.cn，电话：18045835279 ，邮编：163453

石遇酸后溶解并释放出铁，当酸消耗尽时，会形成氢氧化铁的胶体沉淀，很容易堵塞孔隙喉道，二次伤害储层。

2　不同水洗阶段储层孔隙网络的变化规律

2.1　不同孔隙结构类型不同水洗阶段平均孔喉半径的变化规律

不同孔隙结构类型具有不同渗流特点，而该特点的差异可以反映在渗透率与孔隙度的比值上[3]。实验及理论研究证明，渗透率与孔隙度的比值与表征孔隙结构的参数相关性很好。

将所有样品点平均孔喉半径（X 轴）随渗透率/孔隙度参数值（Y 轴）的变化，拟合公式为：$Rp=1.59*(K/\varphi)0.53$ 相关系数（r）为 0.959，相关性很好。从不同孔隙结构在不同水洗时期平均孔喉半径的变化中可反映以下几点：（1）随着孔喉平均半径 Rp 增加，K/φ 也增加，反映渗流能力增强；（2）当孔喉平均半径 Rp 一定时，强洗样品 K/φ 值大，流动能力强，这表明水洗使孔喉网络空间更干净，流体经过时阻力更小；（3）水洗程度对Ⅰ类、Ⅱ类孔隙结构的孔喉平均半径影响较为明显，对Ⅳ类、Ⅴ类影响较小，说明水洗对于较大的孔喉半径改造作用强，改造后流动能力增强的幅度也越大。

2.2　不同孔隙结构不同水洗阶段相对分选系数的变化规律

将所有样品点相对分选系数（X 轴）随渗透率/孔隙度参数值（Y 轴）的变化，拟合公式为：$Dr=3.848*(K/\varphi+0.107)-0.584$ 相关系数（r）为 0.89，相关性很好。由不同孔隙结构在不同水洗时期相对分选系数的变化可以反映以下几点：（1）随着相对分选系数降低，岩石样品流动能力增强；一、二类孔隙结构的相对分选系数小于 0.6，K/φ 值大，流动能力强；相对分选系数一定的条件下，高水洗的样品流动能力更强。三类孔隙结构相对分选系数 0.6~2.6，流动能力较强，相对分选系数一定的条件下，强洗样品流动能力最差，是由于孔隙内粘土矿物随注入水迁移，降低了渗流能力。四类五类孔隙结构分选系数在 2.6 以上，水洗程度对相对分选系数影响较大，相对分选系数一定的条件下，水洗初期，粘土矿物迁移，流动性变差，随着水洗程度增加，粘土矿物减少，强洗时，流动能力增强。

2.3　不同孔隙结构类型特征不同水洗阶段结构系数的变化规律

将所有样品点特征结构系数（X 轴）随渗透率/孔隙度参数值（Y 轴）的变化，拟合公式为：$Dr=0.165+0.023*K/\varphi$ 相关系数（r）为 0.956，可见相关性很好。K/φ 值随特征结构系数的增大而增大，自Ⅰ类至Ⅴ类特征结构系数依序降低，水洗程度对Ⅰ类孔隙结构影响最大，对Ⅴ类影响最小。

由上述分析可知，水洗程度对质量好的孔隙结构影响大，对质量差的孔隙结构影响小。随着水洗程度的增加，孔喉半径增大，相对分选减小，特征结构系数增大，流动能力增强。

3　不同孔隙结构类型不同水洗阶段微观剩余油分布

不同孔隙结构类型孔喉大小、分布、均质性等各不相同，油水在其内部的运动特点各异，故具有不同的微观剩余油分布特点[4]。

3.1　一类孔隙结构不同水洗阶段剩余油的分布特征

在未洗阶段，油主要以粒内和粒间等形式存在；弱洗阶段，主要特征同上，但粒内和粒间的油含量减少，反映驱替时水首先进入大的孔喉内，部分大孔喉内的油被驱出，随着自由态油量的减少，束缚态的油比例略增；中洗阶段，随着自由态中粒内、粒间的油被大量驱替出来，以束缚态、半束缚态形式存在的油大量增加，自由态存在的油里以簇状形式存在的油量增加；强洗阶段，由于孔隙连通性更好，颗粒被水冲刷得较干净，粒内、粒间的油量继续减少，束缚态中的孔表薄膜状的油略有减少，半束缚态中的角隅状的油略有减少；由于大孔喉内流体渗流速度大，大孔道被改造较小孔道多，岩石内部剩余油多挤在小喉道内或由于小喉道的阻塞作用以簇状形式存在于孔喉的交接处，因此，以簇状形式存在的油量和半束缚态中的喉道状的油所占比例略增。

可以看出从未洗到强洗，薄片中分布在泥杂基或粘土矿物含量较高的部位的粒间剩余油逐渐减少，颗粒间尤其是大孔喉处冲刷得较干净。剩余油以簇状、孔表薄膜状为主。

3.2 二类孔隙结构不同水洗阶段剩余油的分布特征

由于二类孔隙结构的特征结构系数略小于一类孔隙结构，即连通性略差于一类孔隙结构。其内部的剩余油在不同水洗阶段的变化规律与一类孔隙结构基本一致。未洗阶段，油主要以粒内和粒间等自由态形式存在，无半束缚态存在的油，束缚态的油很少；弱洗阶段，主要特征同上，但粒内和粒间的油含量减少，反映驱替时水首先进入大的孔喉内，部分大孔喉内的油被驱出，随着自由态油量的减少，束缚态的油比例略增。由于连通性差于一类孔隙结构，二类孔隙结构较一类孔隙结构留下剩余油更多；中洗阶段，主要特征同一类孔隙结构。但粒内、粒间的剩余油较同时期一类孔隙结构多，驱油效率较一类孔隙结构低；孔表薄膜状、角隅状、簇状等形式的剩余油相对略少于一类孔隙结构；强洗阶段，孔隙空间内的流动能力增强，孔隙连通性变好，伴随着粒内、粒间油被驱出，角隅状、簇状剩余油比例增多。

与一类孔隙结构不同的是，二类孔喉大小减小，颗粒之间填隙物更多，结合更紧密。随着水洗程度的增加，水经由局部大孔喉处流通，这些地方被水冲刷得较干净，但还有很多孔喉分布较复杂的位置，形成不连通空间，注入水很难波及到，粘土矿物未被驱走，则剩余油保留下来。因此同一类相比，二类孔隙结构中的半束缚态的油所占比例更高。

3.3 三类孔隙结构不同水洗阶段剩余油的分布特征

三类孔隙结构由于岩石颗粒更小，孔喉变小。相对分选和连通程度均较一、二类孔隙结构变差。对渗透率有贡献的最大孔喉半径与最小孔喉半径的比值较一、二类增大，反映更多的细孔喉参与流体渗流。水洗不同阶段对三类孔隙结构中孔喉大小的影响较一、二类弱，对相对分选影响稍大，强洗使相对分选变小；水洗对孔隙的连通情况改善程度较一、二类差。各水洗阶段整体特征与二类孔隙结构类型相近。由于孔喉半径变小，参与渗流的孔径变细，但孔喉分选性较好，油水分布较均匀；由于岩石颗粒变细，比表面积增大，孔表吸附的油量多于一类、二类孔隙结构，可动油减少；而孔喉小，使注入水冲刷孔壁的能力也较一类、二类孔隙结构低，故驱油效率应低于一、二类孔隙结构。

与一、二类孔隙结构相比，三类孔隙结构中的粒内比例较前二类更少，由未洗到弱洗，剩余油分布变化不大，至中洗，粒间油比例减少较多，角隅、孔表薄膜状油增幅较大，反映连续的通路已形成，油水的分布较均匀，至高水洗阶段，簇状剩余油比例增加较大，说明伴随着水成为连续相，油的孤立相增多，这部分油存在于被小喉道包围的大孔中、被大孔包围的小孔中等。

3.4 四类孔隙结构不同水洗阶段剩余油的分布特征

四类孔隙结构岩石颗粒细，分选性、连通性较差，原始油主要分布在粒间。水洗对孔喉大小的改善作用较小，对分选性影响较复杂，弱洗时相对分选系数降低，流动能力变差，中高水洗与未洗的分选性相近。刚水驱时，水主要沿大孔道发生指进，除连通性较好的大孔道外，其它小孔道见水少，随注水驱压力增加，小孔道中的油逐渐被水波及。由未洗到弱洗，只有粒间剩余油比例略有减少，反映只有少量的大孔喉中的油被动用，至中洗阶段，粒间油比例大幅减少，说明注水压力增大，波及面积增加，连续的水路已形成。主要形成角隅、孔表薄膜状剩余油，至强洗时期，粒内、粒间、簇状剩余油比例较高。

3.5 五类孔隙结构不同水洗阶段剩余油的分布特征

具有五类孔隙结构的储层粒度很细，比表面积大，束缚水含量高，原始含油饱和度较小，孔喉半径小且连通性差，原始油分布极不均匀。

五类孔隙结构同四类孔隙结构相类似。刚水驱时，水主要沿一些连能的大孔道发生指进，其它小孔道或者孔喉半径小，或者不连通，水通过时间较长，随水驱时间加长，小孔道中的油逐渐被水波及，但由于有优势通过先行形成，故部分被大孔隙包围的小孔隙中的油被封闭成为死油区。故剩余油主要是粒间剩余油。

4 不同微相砂体内剩余油挖潜

4.1 分流河道微相

分流河道微相具有孔喉半径大，孔渗性高等特点，是研究区目的层最好的储层之一。

从纵向上看，河道微相一般为正韵律，河道的中下部渗透率高，多为一、二类孔隙结构，易形成优势通道，故中下部多为强水洗，微观剩余油以簇状剩余油居多；上部渗透性变差，孔隙结构变为三、四类，多为弱水洗甚至未水洗，大量油尚未动用。故重点挖潜对象在弱水洗或未水洗的砂体上部，可以采取调剖、注聚等方式提高上部砂岩的吸水量，挖潜上部剩余油。

从平面上看，河道砂的优势通道多为一、二类孔隙结构，多为强水洗，而优势通道外侧，孔隙结构类型发生变化，性质变差，水洗变为弱洗甚至未洗，可采用周期注水改变液流的方向，挖潜未驱到的砂体内的剩余油，同时也可动用一部分强洗储层中的簇状剩余油。

4.2 主体席状砂、非主体席状砂微相

主体席状砂、非主体席状砂孔喉半径较小，孔喉比增加，泥质含量增多，现阶段以中水洗居多。

主体席状砂、非主体席状砂以三类孔隙结构为主，砂体较厚时，砂体中上部，平面位置的核部可出现一类、二类孔隙结构，砂体下部及边缘则出现四、五类孔隙结构。在中水洗阶段，砂体内还有较多的剩余油未被驱出，通过提高注水倍数就可动用这部分剩余油。另采用周期注水改变液流的方向，也可以动用部分由于孔喉非均质性屏蔽的剩余油。

4.3 表外薄层席状砂微相

研究区多地处三角洲外前缘，表外薄层席状砂体较为发育，储量约占油田总储量的20%。由于表外薄层席状砂孔喉半径小，孔渗性差，泥质含量高，非均质性强，厚度薄，主要孔隙结构类型为四、五类，是研究区开发难度最大的储层，表现为二次加密井吸水，产量递减大，含水上升快。虽然采取了一系列措施，但开发效果仍没有明显改善。从表外储层的相渗曲线可以看出，表外储层原始束缚水饱和度较高，随着含水饱和度的增加，油相相对渗透率急剧下降，水相相对渗透率上升幅度小，油水两相渗流区范围小，水驱油效率低的特点。

表外储层现阶段以未洗、弱洗为主，注水后，水沿少数大孔喉突破形成连续通路，小孔喉内的油没有动用，形成了大量的粒间剩余油。对于这种类型的储层通过改变周期注水方向的方法可以动用少量的油，但大部分细孔喉内的剩余油则应通过压裂措施增加渗流通道来开采。

5 结论

(1) 不同水洗阶段岩石颗粒由低水洗阶段的点线接触为主变为强水洗时期的骨架颗粒之间游离漂浮状。

(2) 水洗前后，粘土矿物高岭石的产状改变显著。由低未水洗时期的集合体，发展至强水洗期的零乱片状和不规则形态。伊利石和蒙脱石的形态改变不大，但产状演化较复杂，随水洗程度加深，伊利石和蒙脱石在孔喉中逐渐呈充填状并堵塞喉道，影响微观剩余油形成和分布。

(3) 随着水洗程度的加剧，微观参数发生变化，孔喉半径增大，相对分选变好，连通性增强；水洗对一、二、三类孔隙结构的改造作用明显高于四、五类孔隙结构。

(4) 不同孔隙结构在不同水洗阶段剩余油的分布特征不同。一二类孔隙结构剩余油以簇状、孔表薄膜状为主；三类孔隙结构簇状剩余油比例增加较大；四、五类孔隙结构以粒内、粒间、簇状剩余油为主。

(5) 不同微相类型的剩余油分布不同，挖潜方法也有所区别。分流河道剩余油主要分布在砂体上部，可采取调剖、注聚等方式挖潜上部剩余油，平面上可采用周期注水的方式，挖潜未驱到的砂体内的剩余油；主体席状砂、非主体席状砂以中水洗居多，可通过提高注水倍数挖掘砂体内的剩余油；也可采用周期注水动用部分由于孔喉非均质性屏蔽的剩余油；表外储层以未洗、弱洗为主，可通过周期注水动用少量的油，但大部分细孔喉内的剩余油则应通过压裂措施增加渗流通道来开采。

参 考 文 献

[1] 李军等著．长期水洗后储层孔隙结构变化特征．油气地质与采收率．2002：4.
[2] 李云省等著．储层微观非均质性的分形特征研究．天然气工业．2002：22(1).
[3] 廖明光等著．储层岩石基于物性参数的孔喉体积分布反演模型．矿物岩石．2000：20(2).
[4] 徐霜等著．低渗透储层微观孔隙结构及其微观剩余油分布模式．西部探矿工程．2005．113.

柴达木盆地柴西南跃进二号地区铀矿成矿条件分析

王 铎 魏学斌 杨 梅 雷 涛 李叶平

（中国石油青海油田分公司勘探开发研究院，甘肃敦煌 736202）

摘　要：柴达木盆地矿产资源丰富，在柴西南区不仅有富集的油气资源，通过对蚀源区铀源、构造、岩相古地理、水文地质等成矿条件综合评价，认为柴西南跃进地区铀成矿条件优越，铀源充足，有利相带砂体发育，具备“补–径–排”体系条件，通过对油田钻孔资料“二次开发”，配合钻探验证，证实跃进二号地区具有得天独厚的砂岩型铀矿成矿条件。

关键词：跃进二号；构造特征；水文地质；成矿条件

1 研究概况

柴达木盆地矿产资源十分丰富，除常规油气以外，非常规油气及其他矿产资源也十分可观。随着国家能源供需矛盾日益突出，油价持续低迷，可供勘探的常规油气领域逐渐减少，非常规油气资源、相关伴生资源及其他矿产资源勘探领域地位和作用突显，资源的勘探、开发和综合利用势在必行。

近年来，通过科学合理地开展柴达木盆地砂岩型铀矿地质勘查可行性研究，利用“油铀兼探”的创新型找矿思路，发挥多行业的技术优势，在跃进地区实施钻孔获铀矿发现，证实在跃进地区具有得天独厚的砂岩型铀矿成矿条件。

2 铀源条件与铀来源分析

柴达木盆地位于青藏高原北部，南依昆仑山、东接祁连山、北靠阿尔金山，盆地沉积岩面积 $9.6\times10^4km^2$，地貌以山地、戈壁、沙漠、沼泽为主，平均海拔 2950m。盆地周缘广泛发育变质岩和酸性侵入岩。

其中，昆北斜坡蚀源区造山带基岩呈现钾、铀、钍均偏高的趋势，表明蚀源区铀源较丰富。

同时第四系及新近系内部铀源也很丰富，对成矿也具有较大贡献(第四系冲洪积砾石、砂、砂土，新近系沉积岩类，钾、铀、钍均偏高表明第四系和新近第均具有较好的富铀预富集。

3 区域构造具有良好导矿条件

跃进二号地区位于青海省柴达木盆地西南部，为西部坳陷区昆北断阶亚区铁木里克凸起

【第一作者简介】王铎，男，1994.4，2017 年毕业于西南石油大学，学士学位，勘探开发研究院规划部署研究所，助理工程师，甘肃省敦煌市七里镇一号路勘探开发研究院。E-mail：wangduoqh@ petrochina.com.cn。

内的一个三级构造，油田位于阿拉尔断层上盘。西北为尕斯库勒油田，西为跃西构造，东与跃东构造相邻。

该地区构造受阿拉尔大断裂和Ⅶ号两条大逆断层的挤压，造成次一级断层非常发育。构造主体部位被数条断层切割，形成多个小断块。构造整体表现为被断层复杂化的同沉积背斜，顶部较平缓，翼部不对称，翼部构造北部较缓，南部较陡，在剖面上具有下压上张，下拱上陷，下逆上正的特征(图1)。构造挤压引起局部地层隆升，形成第四系-七个泉、七个泉-狮子沟两个浅层区域不整合面，同时高部位局部地区存构造天窗，为流体运移提供通道，具有良好的导矿条件。

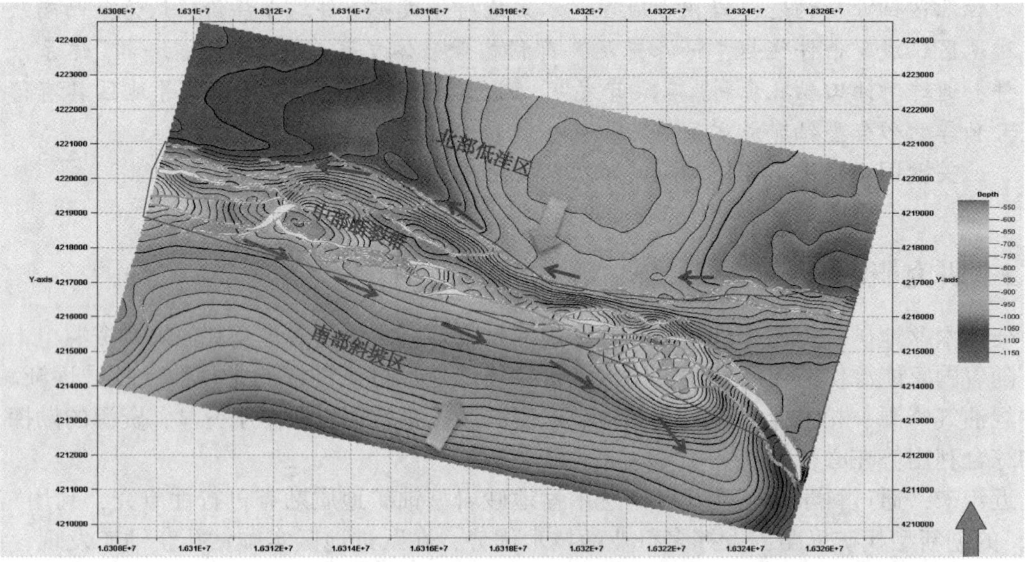

图1　跃进地区狮子沟组区域构造

4　沉积演化形成良好的富矿条件

柴达木盆地中、新生代以来，受区域地质构造背景的影响，上油砂山组沉积早期构造活动造成与下伏下油砂山组区域不整合，末期构造活动造成与上覆狮子沟组局部不整合，第四纪强烈挤压活动促使柴西湖盆大幅收缩，形成英雄岭及周围背斜和七个泉-狮子沟组区域不整合。上油砂山组处于全球中新世大暖期，温暖湿润，狮子沟组以来受青藏高原持续抬升加剧干冷，湿润气候使上油砂山组物源充足，容易形成大型连续分布砂体，主体区发育的断裂和不整合面为深部油气上升提供了通道，油气沿断裂带上升途中，横向上向渗透性较好的砂体渗透，使浅部地层富集还原介质，为铀在还原障中沉淀富集提供了条件。

5　泥-砂-泥岩石组合起到保矿作用

从盆缘到盆内，依次发育洪积相、三角洲相、滨湖相、湖泊相沉积。其中三角洲相发育-泥-砂泥岩性组合，是层间氧化带发育的主要相带，碎屑岩储层发育，物性较好，有利于含铀离子的裂隙水、潜水和承压水的运移及铀离子的还原沉淀。含矿砂体上下均发育泥岩隔水层，隔水性能良好。这些泥岩隔水层在区内稳定发育，含矿砂体受泥岩隔水层严格控制，对砂岩型铀矿床起到了保矿作用(图2)。

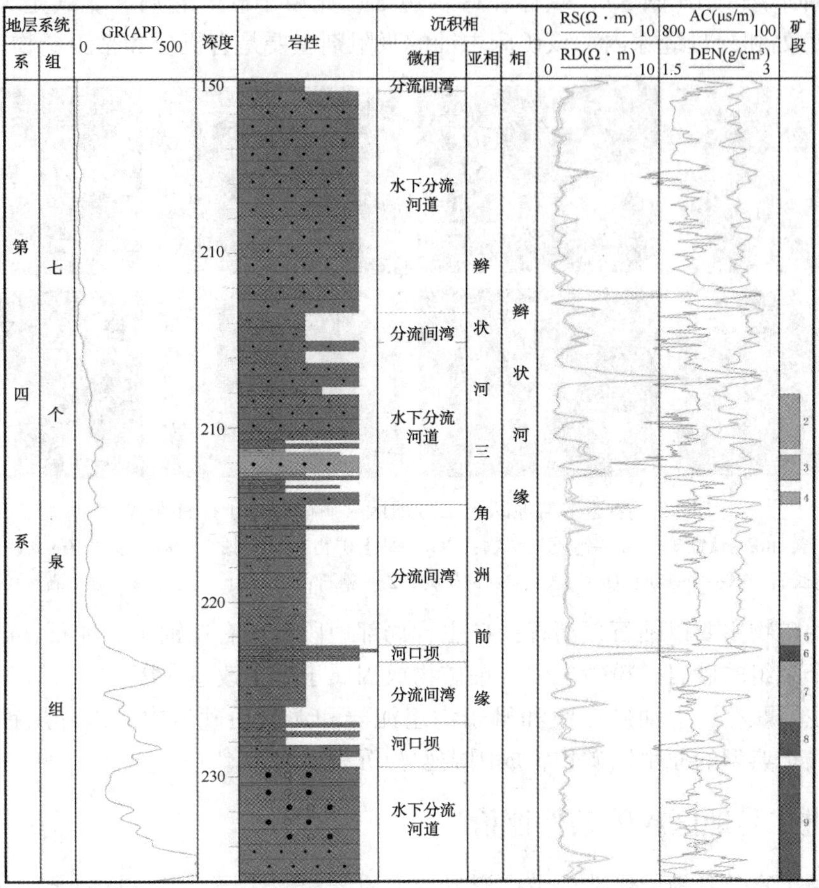

图 2　ZKⅡXX 钻孔编录图

6　水文地质特征

跃进地区地下水主要靠北部阿尔金山、平顶山、阿卡腾能山等山区的季节性洪流及基岩裂隙水侧向补给，为二级地下水系统花土沟盆地下的三级地下水系统。地形特征北部高，南部低，山前广泛发育冲洪积扇，第四系孔隙水丰富，浅层水运移方向由东向西，由北向南，山前戈壁平原为地下水的径流区，在前缘地带地下水位变浅，最终以沼泽形式形成溢出带，季节性洪流及基岩裂隙水在径流途中，除补给第四系孔隙含水层外，并渗入补给下覆第三系含水层，层间水由东向西，由北向南径流，最终沿铁木里克–尕斯库勒隐伏断裂排泄，并在前缘形成呈东西向展布的盐沼地，跃进地区最低侵蚀基准面标高为 2800m 左右，位于跃进地区南西向的盐沼–盐壳平原一带。地下水交替强烈带位于当地侵蚀基准面以上的地下水径流区，水文地质构造处于开启–半开启状态。

7　赋铀矿地层赋存特征分析

通过钻探证实，跃进二号矿体品位高、厚度大、埋藏浅、水文地质条件优越。砂岩型铀矿床中铀主要以独立铀矿物(铀石、钛铀矿)、分散吸附状态两种形式存在。铀石是最主要的铀矿物之一，主要以碎屑密切共生型铀矿物(原生铀矿物)和砂岩、粉砂岩中的后生铀矿物(铀石)两种形态产出(图3)，赋存在矿物边部、充填于砂岩岩屑、尤其是火山岩岩屑细小缝隙(裂隙)处和云母缝隙内。该矿床中铀的吸附剂主要是有机质和粘土矿物。

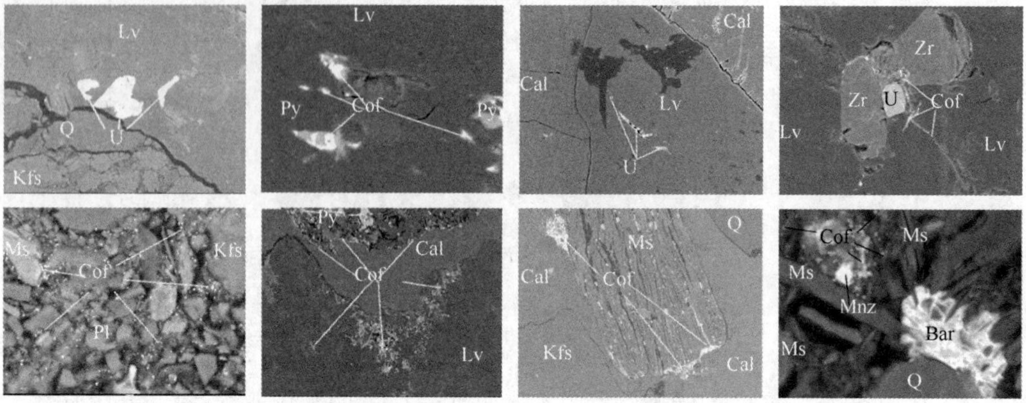

图3　柴达木盆地跃进二号地区含矿砂岩电子探针照片

Alb—钠长石；Bra—钛铀矿；Cal—钙质胶结物；Clay—黏土矿物；Cof—铀石；Kfs—钾长石；Lv—火山岩岩屑；Pl—斜长石；Py—黄铁矿；Q—石英；U—铀矿物；Zr—锆石；Ms—白云母；Mnz—独居石；Bar—重晶石

矿石中铀矿物主要以铀石、沥青铀矿主，局部地段发现有钛铀矿。铀石、沥青铀矿：主要赋存于七个泉组的砂岩、粉砂岩中，铀矿物成因属于后生改造成因。

钛铀矿主要赋存于上油砂山组和狮子沟组泥岩和泥质粉砂岩中，以碎屑铀矿物形式产出。钛铀矿属于典型的原生铀矿物，成因类型为沉积成岩型。

8　跃进二号地区成矿条件评价

(1) 铀源丰富，盆地周缘造山带广泛发育变质岩和酸性侵入岩，其铀元素含量较高，是区内铀矿床的一次源。同时第四系及新近系内部铀源，也很丰富，可为成矿区提供二次源。

(2) 水系丰富、具备补径排条件，研究区地下水系统属于花土沟盆地二级地下水系统。周边山区的冰雪融水是本区地下水的重要补给来源；具备良好导矿条件发育不整合面、断裂及天窗，均是含铀含氧水的运移通道广泛发育的辫状河三角洲优势砂体，为铀聚集和成矿提供通道和储集空间

(3) 来源于深部的烃类物质为含铀含氧水中铀的还原沉淀提供了还原剂；地层中的还原组分为铀矿化的局部富集提供了还原环境，形成了良好的富集条件。

(4) 辫状河流相沉积砂体的沉积特征，泥-砂-泥岩石组合及深部漏失的油气提供的还原环境对铀矿床起到了保矿作用。

参　考　文　献

[1] 刘桂珍，张玉修，薛建勤等. 柴达木盆地西部昆北断阶带基底花岗岩锆石 U-Pb 年龄、地球化学特征及其地质意义. 岩石学报，2014，30(6)：1615-1627.

[2] 徐博，李海宾，南燕云等. 祁漫塔格山阿格腾地区晚三叠世火成岩 LA-MC-ICP-MS 锆石 U-Pb 年龄、地球化学特征及构造意义. 地质论评，2019，65(2)：353-367.

[3] 陈柏林，李松彬，蒋荣宝，陈正乐等. 阿尔金喀腊大湾地区中酸性火山岩 SHRIMP 年龄及其构造环境. 地质学报，2016，90(4)：708-727.

[4] 张若愚，曾忠诚，陈宁，李琦等. 阿尔金造山带南缘中—晚奥陶世正长花岗岩的发现及其地质意义. 地质通报，2018，37(4)：545-558.
[5] 艾桂根. 柴达木盆地西北部第三系层序地层特征及可地浸砂岩型铀矿找矿方向. 华东地质学院学报，2000，23(5)：19-55.
[6] 牛霆，鲁宝龙，陈斌. 柴达木盆地西南缘铀成矿条件分析. 矿物学报，2015，327-328.
[7] 张建新，孟繁聪，万渝生等. 柴达木盆地南缘金水口群的早古生代构造热事件：锆石 U-PbSHRIMP 年龄证据. 地质通报，2003，22(6)：397-404.
[8] 黄国龙，陈贤春. 柴达木盆地西北部可地浸砂岩型铀矿成矿条件及找矿方向. 铀矿地质，2001，17(6)：341-347.
[9] 宋忠宝，张雨莲，贾群子等. 青海祁漫塔格地区野马泉花岗闪长岩 LA-ICP-MS 锆石 U-Pb 年龄及其地质意义. 地质通报，2016，35(12)：2006-2013.

录井实时智能解释评价系统的研制与开发

王洪伟

（大庆钻探工程公司地质录井二公司）

摘　要：在油气勘探开发中，录井技术是发现、评价油气层最及时、最直接的手段，具有获取地下信息及时、多样，分析快捷的特点。为进一步发挥录井技术的优势，更好地满足当前的勘探开发需要，研制了录井随钻解释评价系统。该系统为油气层评价开创了新的途径，同时弥补野外录井施工人员解释评价能力有限的问题，实现了在现场利用计算机对本井和邻井的各项录井数据及测井数据进行综合管理及快速处理，并能够自动快速、准确地对所钻遇储层做出评价，这不仅有助于现场油气层的及时发现，而且能够为完钻讨论和中途测试等提供依据，提高了录井的现场服务水平。

关键词：录井技术；数据管理；数据挖掘；智能解释；实时

油气层综合解释，是一项非常重要而又复杂的工作，它涉及到多学科多专业知识。长期以来，油气层评价工作是由基地解释人员人工进行解释。在解释过程中，由于不同解释人员的业务水平，看问题的角度不同，解释结论会不同程度地受到人为因素的影响。另外由于录井信息量的不断增多、解释难度加大，而且多年来现场录井人员的工作重点是资料采集，解释评价水平相对较弱，不能满足勘探开发的需要[1]。因此发展录井随钻自动解释技术，消除解释中的人为干扰因素，实现对现场气测录井资料科学、准确、快速地进行解释，更及时地为勘探开发提供可靠的依据就显得非常重要，对录井技术的发展也有着重要的意义。

1　系统方案设计

结合勘探开发需求，录井实时智能解释评价系统共设计 7 个功能模块，即数据接口与导入模块、数据库管理模块、自动智能综合解释模块、成果展示与输出模块、邻井对比分析模块、知识库维护工具模块、用户管理模块(图 1)。

2　系统主要模块的功能

2.1　数据接口与导入模块

该模块针对野外现场的所有录井数据进行实时导入，导入方式既可以为利用存储设备直接导入，也可以利用远传接口进行导入。

2.2　数据库管理模块

该模块由区块解释评价库、区块快速解释数据库、区块快速解释知识库、区块图谱标准库、区块图谱库 5 个数据库构成。

【第一作者简介】王洪伟，1976 年 7 月生，1998 年 7 月毕业于长春地质学院石油地质勘查专业，现任大庆钻探工程公司地质录井二公司录井分公司经理，高级工程师。E-mail：wanghongwei2@ cnpc.com.cn。

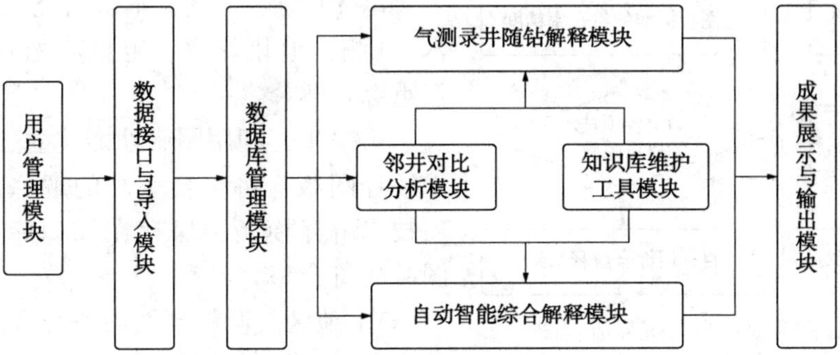

图1　系统运行流程

2.3　自动智能综合解释模块

该模块以各项录侧井技术数据为基础，依据专家知识库中的公式及标准对待评价目标层进行自动综合解释，解释方法分为图版标准权重自动解释和数据挖掘算法自动解释两种方法，同时还允许现场解释人员通过该模块对矛盾怪异资料的解释结论进行人工干预处理。

2.4　邻井对比分析模块

该模块可以帮助解释人员，根据具体需要从邻井数据库中提取相关资料与目前需要评价的目标井进行对比，对比的内容主要是围绕岩性、物性、电性和含油气性等

2.5　知识库维护工具模块

该模块通过知识库维护工具可以新建图版、标准及公式，还可以根据需要对原有的图版、标准及公式进行自定义式修改。

3　录井随钻实时智能解释过程中的关键技术方法

3.1　现场各项录井数据的自动实时读取及导入技术

3.1.1　*在录井施工现场，利用相应接口直接读取综合录井数据*

目前国内外综合录井仪规格多达几十种，数据格式不统一，针对目前国内使用的24种综合录井仪，设计数据读取接口，将现场综合录井数据存储到综合数据库中。

3.1.2　*远程传输oracle数据库内实时数据读取*

以ADO连接方式通过网络访问远传实时oracle数据库，读取oracle数据库中的综合录井实时数据，下载到本地access数据库，下载过程中对实时数据进行处理，将未处理的数据与处理后的数据同时保存到现场解释软件系统终端机的综合数据库中。

3.1.3　*其他录井数据、分析谱图及测井数据等资料的导入*

岩石热解录井、核磁共振录井等录井技术资料和测井资料在油气层解释评价中的作用非常重要。但目前这些技术数据的数据格式各不相同，针对每一项技术数据的格式开发了相应的导入工具，导入后的各项数据及谱图被保存到相应的数据库中。

3.2　录井随钻自动智能综合解释方法

3.2.1　*图版标准权重自动解释方法*

本次研究的图版标准权重自动解释方法立足于现场录井资料，把多年来项目研究所形成的判断油气层标准赋予计算机软件，使计算机能够快速、准确地对所钻遇地层做出自动评价(图2)。

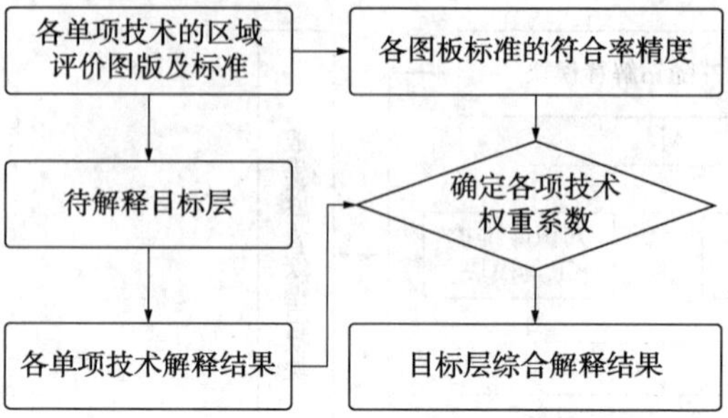

图2 图版标准权重自动解释流程图

以YT地区为例，本次研究共应用了三项技术(气测，地化热解、定量荧光)进行图版标准权重综合解释。

第一步，利用图版功能建立YT地区各项技术解释图版，将符合率高的解释图版保存为单项技术解释模版，保存在知识库中。并确定各图版的符合率。

YT地区气测解释图版符合率为90.625%。

YT地区地化解释图版符合率为90.2%。

YT地区定量荧光解释图版符合率为63.8%。

第二步，确定各单项技术权重系数。

根据下面公式1来计算单项技术的权重系数，计算后得到YT地区气测录井、地化录井和定量荧光录井三项技术的权重系数如表1。

$$单项技术权重系数=\frac{单项技术图版符合率}{各项技术图版符合率之和} \tag{1}$$

表1 YT地区单项技术权重系数统计表

图版类型	图版符合率	权重系数
YT地区气测解释图版	90.63%	0.370
YT地区地化解释图版	90.20%	0.369
YT地区定量荧光解释图版	63.80%	0.261

第三步，根据中华人民共和国石油天然气行业标准SY/T 5969—2005(油气探井油气水层录井综合解释规范)定义单项技术解释结论对应的产油气指数范围(表2)。具体数值可以视各油区情况而定，进行调整。

表2 YT地区单项技术解释结论对应的产油气指数范围

解释结论	油层	油气同层	油水同层	气层	气水同层	水层	干层
油气总量占所产流体总量的百分比	≥95%	≥95%	5%~95%	≥95%	5%~95%	<5%	—
气占所产油气总量的百分比	<40%	40%~60%	<40%	≥60%	≥60%	—	—
水占所产流体总量的百分比	<5%	<5%	5%~95%	<5%	5%~95%	≥95%	—

第四步，根据单项技术的权重系数和解释结论对应的含油气指数计算综合含油气指数，针对得到的“综合产油气指数”根据标准SY/T 5969—2005自动给出解释结论。

$$\begin{aligned}综合产油气指数=&(气测产油气指数\times气测权重系数)+\\&(地化产油气指数\times地化权重系数)+\\&(定量荧光产油气指数\times定量荧光权重系数)\end{aligned} \tag{2}$$

以CHANG49井为例，我们利用上述“图版标准权重自动解释方法”共计解释22层，其中：油水同层9层；水层13层，其中试油层5层，符合层4层，解释符合率为80%。

3.2.2 *数据挖掘算法自动解释方法*

数据挖掘一般是指从大量的数据中自动搜索隐藏于其中的有着特殊关系性的信息的过

程。数据挖掘通常与计算机科学有关，并通过统计、在线分析处理、情报检索、机器学习、专家系统和模式识别等诸多方法来实现上述目标。本次研究采用了 C4.5 和 CART 两种经典算法。

C4.5 算法是机器学习算法中的一种分类决策树算法，其核心算法是 ID3 算法。C4.5 算法的优点是产生的分类规则易于理解，准确率较高。其缺点是在构造树的过程中，需要对数据集进行多次的顺序扫描和排序，因而导致算法的低效。

CART 的全称是分类和回归树，既可以做分类算法，也可以做回归。其优点是可以生成可以理解的规则，计算量相对来说不是很大，可以处理连续和种类字段，决策树可以清晰的显示哪些字段比较重要；其缺点是对连续性的字段比较难预测，对有时间顺序的数据需要很多预处理的工作，当类别太多时，错误可能就会增加的比较快。

利用数据挖掘算法进行综合解释主要分为以下四步：

（1）将历史数据建立成随机森林。

（2）利用分类器进行分类(油层、气层、油气同层、油水同层、气水同层、差油层、含油水层、含气水层、水层、干层等)。

（3）进行机器学习建立关联原则(c4.5 决策树、CART 分类回归树)。

（4）导入数据测试拟合程度，根据拟合程度最高的给出解释结论。

以 YT 地区为例，共选择了 29 口井，50 个试油层进行样本训练，通过机器学习建立关联原则，然后导入数据测试拟合程度，最后根据拟合程度最高的模型为每一个目标层给出解释结论。下面是两种算法针对该地区样本训练后得到的回判成功率(见表 3)。

表 3　YT 地区样本训练结果

算法模型	样本井数	样本层数	回判成功层数	成功率
C4.5 算法	29	50	44	88%
CART 算法	29	50	44	88%

利用上述两种模型分别对伊通地区的 CHANG47 井、CHANG49 井、CHANG51 井进行了现场试验，其中 C4.5 算法模型的综合解释符合率为 84%，CART 算法模型的综合解释符合率为 76%。当两种算法得到的符合率不同时，优选符合率高的模型，所以通过这 3 口井的实验结果，证明 C4.5 算法模型更加适合于 YT 地区(见表 4)。

表 4　YT 地区关联原则数据挖掘算法自动解释结果

井号	C4.5 算法模型				CART 算法模型			
	解释层数	试油层数	符合层数	符合率	解释层数	试油层数	符合层数	符合率
CHANG47 井	26	4	4	100%	26	4	4	100%
CHANG49 井	22	5	5	100%	22	5	3	60%
CHANG51 井	46	16	12	75%	46	16	12	75%
合计	94	25	21	84%	94	25	19	76%

4　结束语

录井随钻自动解释评价系统具有数据读取及校正处理实时性、数据管理全面性、综合解释评价智能性等优势，该系统在吉林油田在 YT 地区、QA 地区、FLQ 地区共计进行了 15 口井的现场应用，共计识别并解释异常层 504 层，其中 77 层进行了试油测试，经试油验证符合层为 63 层，不符合层为 7 层，随钻自动解释符合率为 81.8%。该系统充分发挥了录井技术实时性的优势，更好地满足了勘探开发要求，提高了录井技术的现场服务水平，这也是录井突破传统发展的必由之路，即由单一的“钻井地质”向“现场随钻综合地质”服务转变，具有广阔的应用前景。

参考文献

[1] 郎东升，岳兴举等. 油气水层定量评价录井新技术. 北京：石油工业出版社，2004.
[2] 李玉桓等. 储油岩热解地球化学录井评价技术[M]. 北京：石油工业出版社，1993.
[3] 康永尚，沈金松，湛卓恒. 现代数学地质. 北京：石油工业出版社，2005.
[4] 裘亦楠，薛叔浩. 油气储集层评价技术. 北京：石油工业出版社，1997.
[5] 夏峥寒. 录井资料处理技术研究. 大庆石油地质与开发，2005，24(z1)：35-38.
[6] 赵廷生. 随钻评价专家系统研究. 录井技术，1999(4)：26-30.
[7] 李玉桓. 随钻测量是录井行业发展的必由之路. 录井工程，2006，17(1)：36-38.
[8] 刘志刚等. 现代钻井条件下录井技术攻关课题及方向的探讨. 录井技术，2004(3)：1-5.

X 区块泉四段岩石学特征及成岩作用分析

汪嘉兴　金梓桐　王亮亮

（中国石油吉林油田公司勘探开发研究院，吉林松原　138000）

摘　要：本文在扫描电镜、铸体薄片等分析资料的基础上，开展了 X 区块泉四段储层的岩石学特征及成岩作用分析。分析表明，泉四段储层岩石碎屑成分以岩屑为主，其次为长石和石英，骨架颗粒间以线性接触关系为主，其次是点-线接触。成岩作用中压实、胶结作用大大降低了储层的原生孔隙，是导致储层致密的主要原因；溶蚀作用则利于次生孔隙的生成，但较压实和胶结作用程度要弱的多，改善物性的程度有限。通过室内基础研究，对致密油储层的有效开发起到一定的指导作用。

关键词：岩石学特征；成岩作用；致密油储层

1　引言

我国含油气盆地广泛发育致密砂岩油，针对致密砂岩油的研究逐渐成为油气勘探与开发领域的热点[1-3]。近年来吉林油田的工作重点也逐渐向非常规油气资源方向倾斜，所提交的石油地质储量大多数集中在致密储层，然而我们对非常规储层的基础研究还欠完善，储层的认识不足够充分，为此，本文以吉林油田致密油区的 X 区块为研究对象，从岩矿分析资料的角度出发，分析了致密油储层泉四段扶余油层的岩石特征、成岩作用特征，研究结果对致密储层高效开发和有效动用能够起到一定的指导意义。

2　岩石学特征

X 区块的主力油层泉头组四段储层属于典型的特低渗储层，主力油层为泉四段的扶余油层。通过分析扫描电镜、铸体薄片以及 X—衍射等资料，结果表明：区块泉四段储层碎屑成分以岩屑为主，其次为长石和石英，含少量云母及重矿物；其中岩屑含量为 37.31%；、长石含量达 31.93%；石英含量为 30.48%（如图 1）。主要粒级分布在细-粉砂岩范围，砂岩定名主要以不等粒砂岩频率较多。扶余油层分选中等-好，磨圆主要为次楞角状，骨架颗粒间的接触关系以线性接触为主，呈现出由点状逐步向线状接触关系方

向转变（如图 2）。致密储层孔隙中填充物主要是粘土矿物其次为方解石，粘土矿物成份分析表明，致密储层 X 区块粘土种类多样化，伊蒙混层为最主要的粘土矿物。

【第一作者简介】汪嘉兴，女，1987 年 1 月出生，2009 年 6 月毕业于西南石油大学应用化学专业，学士学位，现从事于测井评价工作。联系电话：0438-6224195。E-mail：wangjx-jl@ petrochina.com.cn。

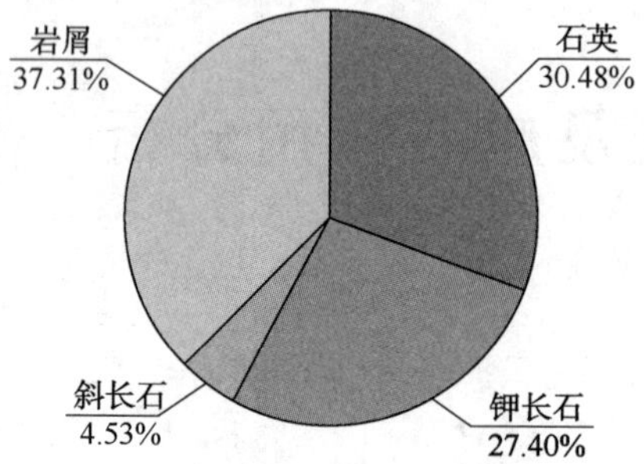

图 1　岩石碎屑成分百分比

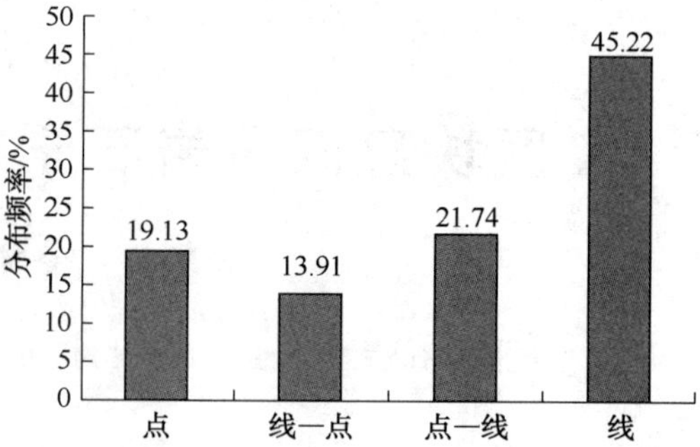

图 2　骨架颗粒间接触关系统计

3　成岩作用分析

X 区块储层发育多种成岩作用，根据扫描电镜、铸体薄片等资料统计，结果表明该区块泉四段砂岩所经历的成岩作用主要为压实作用，伴随着胶结、溶蚀等作用类型，其中压实作用和胶结作用将储层原始孔隙基本破坏殆尽，是造成造成储层致密化的主要原因[4]；在成岩过程中，储层同时存在不同程度的溶蚀作用，一定程度上改善了储层物性，但影响程度较前两者要弱的多。

3.1　压实作用

岩石颗粒间体积减小、孔隙度降低的成岩作用类型为压实作用。研究区致密砂岩油储层埋深大多在 1900m 以下，由于沉积物受到上覆地层压力的作用使得碎屑颗粒之间挤压变形，颗粒的分选性和磨圆度随之被改变，同时使得储层的储集和渗流能力变差，直接影响原生孔隙的保存，较大程度上降低孔隙的渗流能力。主要表现在：(1)使得研究区颗粒发生压实定向，碎屑颗粒长轴近于水平方向定向排列，镜下和岩心样品上多见颗粒的定向排列。(2)随埋藏深度增加，颗粒接触关系渐趋紧密(如图 3)，使得储层致密化。(3)使软颗粒压实变形，刚性碎屑颗粒镶嵌状接触。

图 3　铸体薄片下碎屑颗粒呈定向排列、接触紧密

(其中，a：A22 井，2087. 15-2087. 30m，b：A22 井，2088. 84-2089. 00m，A22 井，2176. 03-2176. 21m)

3.2　胶结作用

在成岩各阶段中，储层孔隙溶液中的过饱和矿物质逐渐析出并充填在颗粒间的这一过程称为胶结作用。胶结作用使得储层物性进一步变差[5]，X 区块致密储层普遍存在硅质胶结、碳酸盐质胶结和粘土胶结三种类型(图 4)。

3.3　溶蚀作用

储层的成岩过程中，在一定的温度、压力等条件适宜下，孔隙中的溶液会与储层的骨架颗粒及胶结物发生化学反应，使得部分组分被溶蚀进而形成了次生孔隙。溶蚀作用对储层的渗流能力起到一定的建设性的改善作用[6]。早期溶蚀产生的次生孔隙难以很好的保存，因此分析认为，现存次生溶孔主要来自强烈岩石作用之后的成岩晚期。X 区块泉四段储层较常见长石溶蚀形成粒间、粒内溶孔(图 5)。

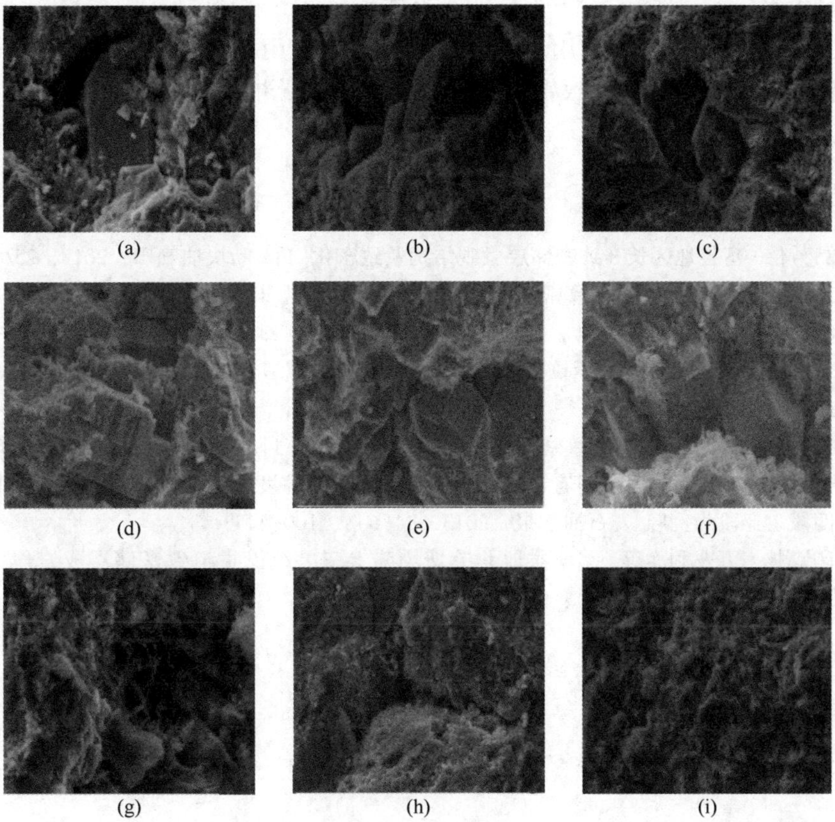

图 4　三种胶结作用的扫描电镜图

(其中：a：A16 井，2020.56-2020.67m，粒间次生石英；b：A16 井，2021.62-2021.75m，粒间次生石英；c：A16 井，2022.16-2022.29m，粒间次生石英；d：B247 井，2016.52-2016.73m，次生石英、长石；e：B247 井，2017.11-2017.31m，次生石英、长石；f：B247 井，2017.64-2017.72m，次生长石、石英；g：A16 井，2019.00-2019.12m，粒间伊利石；h：A16 井，2022.16-2022.29m，粒间伊利石；i：A16 井，2023.06-2023.16m，粒表伊/蒙混层)

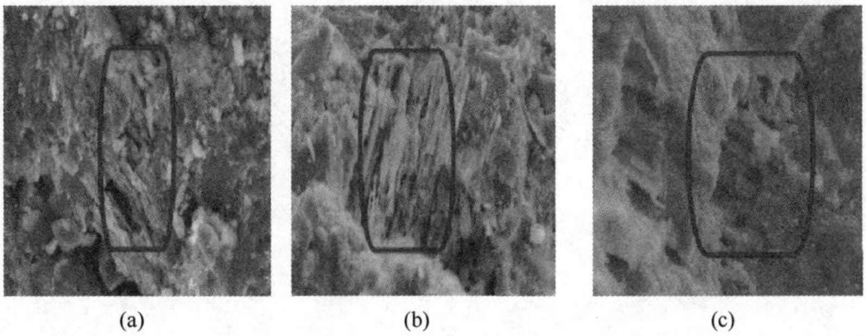

图 5　扫描电镜观察 B262 井长石淋滤形成次生孔隙

(其中：a：2261.91-2262.03m，b：2310.26-2310.40m；c：2319.89-2320.03m)

4 结论

1）X 区块泉四段致密砂岩储层以岩屑、长石、石英为主要岩石碎屑成分，粒级主要分布在细-粉砂砂范围，在物理压实作用下导致骨架颗粒横向排列，多以线状接触为主，其次为点—线接触关系。

2）X 区块成岩作用以压实作用为主，早期的压实作用导致骨架颗粒横向排列缩小原生孔隙，胶结作用进一步导致储层致密。储层中较常见长石淋滤，形成次生孔隙，有利于储层物性的改善，但作用较弱。

参 考 文 献

[1] 葛云锦，马芳侠. 富县地区长 8 致密储层微观结构及致密化[J]. 断块油气田，2018，25(3)：300-304.

[2] 曹喆，柳广弟，柳庄小雪，等. 致密油地质研究现状及展望[J]. 天然气地球科学，2014，25(10)：1499-1508.

[3] 汪贺，师永民，徐大卫，陈旋，李拉毛才旦. 非常规储层孔隙结构表征技术及进展[J]. 油气地质与采收率，2019，26(5)21-30.

[4] 路媛媛，刘畅. LX 气田上古生界致密砂岩储层成岩作用分析[J]. 勘探开发，2020，3：85-86.

[5] 王艳忠，操应长，葸克来，等. 碎屑岩储层地质历史时期孔隙度演化恢复方法：以济阳坳陷东营凹陷沙河街组四段上亚段为例[J]. 石油学报，2013，34(6)：1100-1111.

[6] 程乐利，印森林，万友利，等. 羌塘盆地北羌塘坳陷上三叠统巴贡组致密储层成岩作用与孔隙演化[J]. 石油实验地质，2020，42(1)：60-68.

基于判别分析方法的碳酸盐岩滩沉积特征研究

杨　柏

（大庆油田勘探开发研究院开发地质研究室，黑龙江大庆 163712）

摘　要：以江苏油田庄2断块阜二段2砂组为研究对象，通过对岩心的研究，确定研究层段发育滨浅湖亚相生物滩、鲕粒滩、灰质滩3种沉积微相。生物滩、鲕粒滩、灰质滩具有相似的测井形态特征，在非取心层段中很难将它们区分开。本次运用判别分析方法，将它们区分开来，进而研究各种碳酸盐岩滩的分布特征。结果表明：通过判别分析划分碳酸盐岩滩的方法既能满足科研的需要，又方便在生产中应用；生物滩、鲕粒滩储层孔隙大，连通性好，含油性也好，为本区较好储层；灰质滩和部分生物滩、鲕粒滩为非储集层；生物滩的面积最大，含油级别达到油斑，挖掘潜力最大。

关键词：碳酸盐岩滩；判别分析；沉积特征

1　前言

在油气的勘探和开发工作中，需要建立既准确又简便易行的岩性和沉积相划分标准。在进行测井曲线岩性解释、储层精细描述和岩屑录井时，常常遇到以下情况：岩性和沉积相特征变化不明显，测井曲线的变化没有显著的特征和区别，岩屑录井也显示为渐变过渡的特征。这就需要在满足科研和生产应用的前提下，建立岩性和沉积相划分标准。

对江苏油田庄2断块取心井的进行了观察分析，通过对岩心的岩性、结构、构造、沉积序列和电性特征的研究，确定阜二段2砂组发育滨浅湖亚相碳酸盐岩滩沉积。根据岩性上呈现的特征，将碳酸盐岩滩沉积分为生物滩、鲕粒滩、灰质滩3种沉积微相。生物滩、鲕粒滩、灰质滩具有相似的测井形态特征。因此，在非取心层段中很难将它们区分开。本次研究在取心井沉积特征认识的基础上，采用判别分析方法，研究它们之间细微的差别，将它们区分开来，进而研究各种碳酸盐岩滩的沉积模式和分布特征，为油气的勘探和开发工作提供依据。

2　工区概况

江苏油田庄2断块位于江苏省高邮市郭集乡，构造上位于苏北盆地高邮凹陷北斜坡带码头庄背斜构造的南翼。面积约为2.5km^2，呈北东东向展布。研究区产油层段自下而上为古近系阜宁组一段和阜宁组二段。阜二段为一套以暗色泥岩为主的地层，主要发育滨浅湖亚相

【第一作者简介】杨柏（1982—），男，硕士，工程师，现从事井震结合储层描述工作。E-mail：hj-0120@163.com。

沉积[1]。本次研究的目的层为阜二段2砂组，发育大规模灰岩和小规模泥岩。

庄2断块发育的油藏类型主要为断鼻油藏，也发育少量岩性上倾尖灭油藏。

3 沉积微相类型

通过对研究区岩心的观察分析，分析其岩性、结构、构造、沉积序列和电性特征，确定阜二段2砂组发育滨浅湖亚相碳酸盐岩滩沉积。根据岩性上呈现的特征，将碳酸盐岩滩沉积进一步分为生物滩、鲕粒滩、灰质滩3种沉积微相。

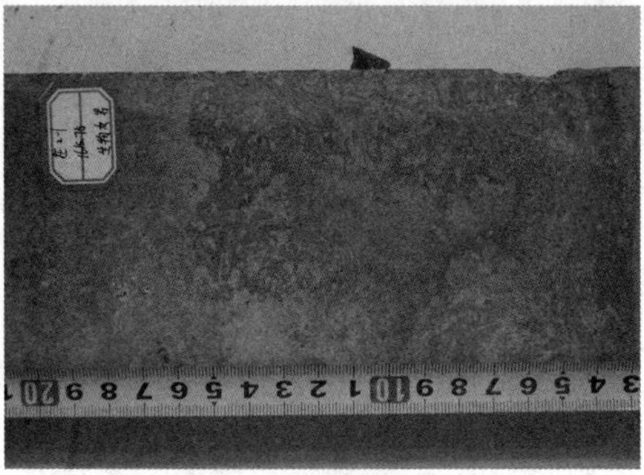

图1 生物灰岩

3.1 生物滩

岩石中的生物体腔保存完好，磨蚀分选差，属低能条件下生物在原地生长死亡之后堆积的产物[2]（图1）。该微相主要由灰色、深灰色生物灰岩组成，有时含少量灰黑色泥岩，可见波状层理，单层厚度为1~3m。见鲕粒状灰岩条带和虫管。电阻率曲线呈高值，有时呈尖峰（图2）。

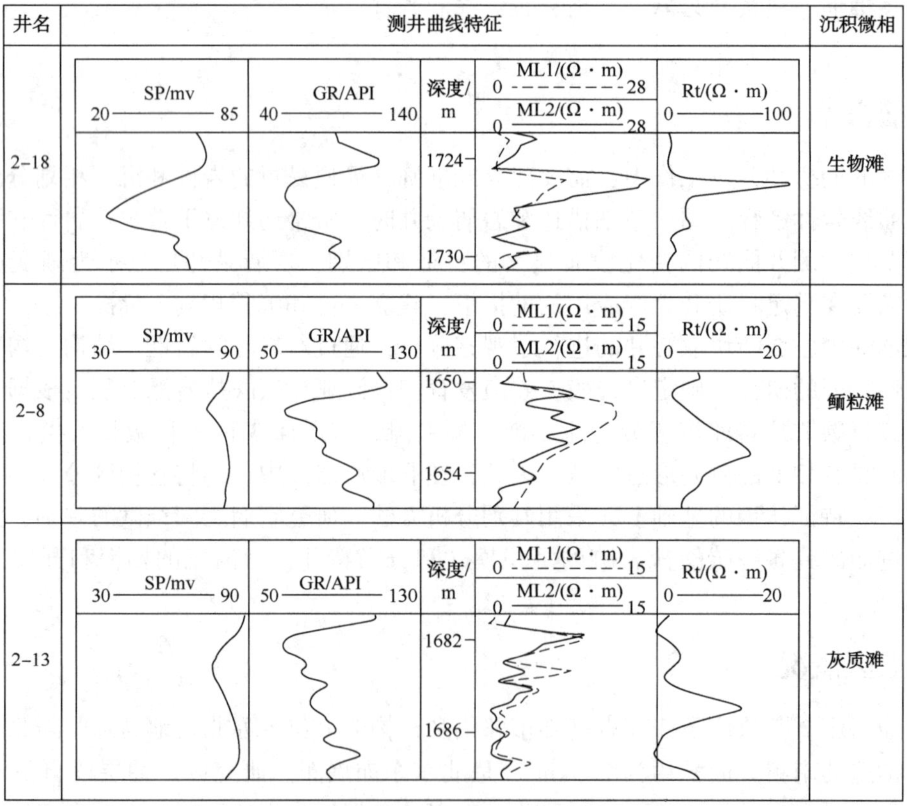

图2 碳酸盐岩滩测井响应特征

3.2 鲕粒滩

由灰色、深灰色鲕粒灰岩组成，有时夹杂深灰色泥岩，发育泥质条带。鲕粒灰岩呈块状，正常鲕和表鲕的核心多为陆源碎屑（图3）。鲕粒粒径为0.2~0.4mm，形态为圆和椭圆状，单层厚为0.1~2m。电阻率曲线多呈高阻尖刀状（图2）。

3.3 灰质滩

沉积形成于浪基面附近，沉积水体较前两种灰岩的水体深。由灰色、深灰色内碎屑灰岩、泥晶灰岩和泥灰岩组成，有时夹灰色、灰黑色泥岩。单层厚度小于2m。自然伽马曲线呈微齿化，电阻率曲线较平直（图2）。

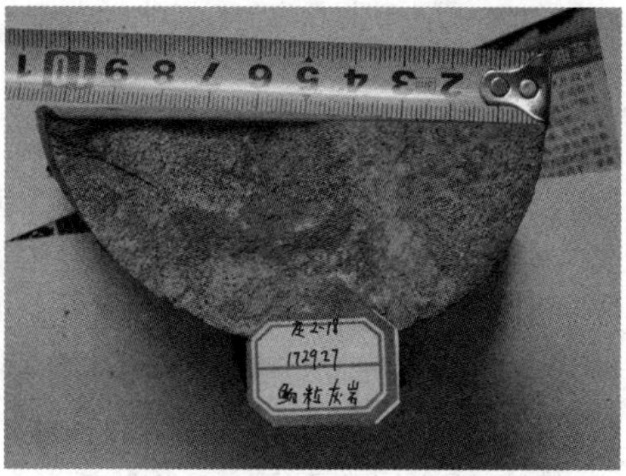

图3 鲕粒灰岩

4 判别分析方法

判别分析的原理是根据已知类别的事物的性质，利用某种技术方法建立函数方程式，然后对未知类别的事物进行判断，最后将之归入到已知的类别中[2-5]。

4.1 测井数据归一化

研究区各测井参数的量纲不同，其数值相差较大，不宜直接将它们放在一起计算。为了使所计算的特征参数便于对比，所以对原始测井值进行归一化处理。设所选的 n 个标准样本层中第 i 个样本的第 j 种测井参数归一化值为 X_i：

$$X_i = \frac{x_i - \bar{x}}{x_{max} - x_{min}} \tag{1}$$

式中，$\bar{x}$为测井数据均值；x_i 为第 i 个测井参数；x_{max}为最大测井参数；x_{min}为最小测井参数。

4.2 提取特征参数

通过对比取心井目的层段能够较好地反应灰岩岩性和沉积微相的测井曲线类型，最终选用4条测井曲线：自然电位、自然伽马、视电阻率和声波时差，分别用SP、GR、RILD、AC表示。

4.3 建立判别方程式并运算

利用SPSS分析平台建立判别公式，（表1）。各种碳酸盐岩滩的后验取心井的判别符合率在98%以上。

表1 碳酸盐岩滩判别公式表

滩类型	岩性	测井曲线类型				判别方程
		SP/+mv	GR/API	RILD/Ω·m	AC/(μs/ft)	
鲕粒滩	鲕粒灰岩	19.1~79.2	44.3~112.8	5~9.2	53.97~79.78	F_1 = 17.857SP + 8.462GR + 39.691RILD + 21.772AC−18.147
生物滩	生物灰岩	44.1~84	40.8~108.2	3.7~9.3	51.67~82.34	F_2 = 19.834SP + 20.897GR + 39.764RILD + 22.505AC−24.268
灰质滩	泥晶灰岩、内碎屑灰岩	58.3~71.5	50~83.9	3.4~9.2	47.90~86.37	F_3 = 7.207SP + 1.083GR + 41.703RILD + 60.163AC−26.991

5 沉积微相空间展布特征

前人研究认为：生物滩、鲕粒滩和灰质滩属于碳酸盐滩沉积，其多分布于邻近物源区是碳酸盐岩、附近无大河注入的比较安静的湖湾地区[6-7]。在剖面上常多层发育，平面上呈席状展布。

通过单井沉积相分析和判别分析得出的碳酸盐岩滩判别结果，绘制各小层平面沉积微相图，分析各种碳酸盐岩滩在平面和纵向上的展布规律。

分析得出：该砂组沉积物主要由泥岩、泥页岩、生物灰岩、鲕粒灰岩和碎屑灰岩组成，无砂质沉积。其中，2 小层发育滨浅湖泥、鲕粒滩、生物滩微相，3、4 小层滨浅湖泥、鲕粒滩、生物滩和灰质滩微相(图 4~图 5)。4 小层生物滩发育的面积最大，占研究区总面积的 1/2 以上，鲕粒滩和灰质滩的面积约占研究区总面积的 1/4。

2 至 4 小层自下而上，生物滩的分布面积逐渐变小，滨浅湖泥的面积逐渐变大。灰质滩只在 3、4 小层发育于局部井区。从总体上看，自下而上鲕粒滩的分布面积逐渐变大。

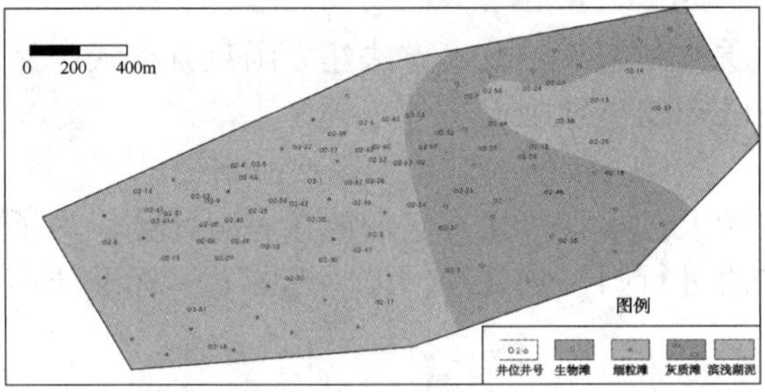

图 4　2 小层平面沉积相图

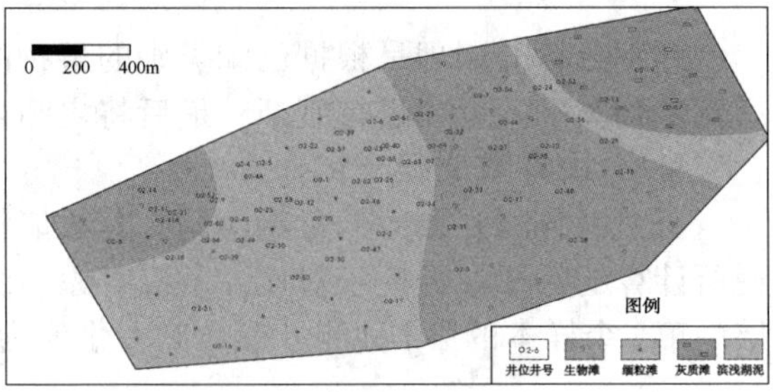

图 5　3 小层平面沉积相图

6　碳酸盐岩滩含油特征

通过观察岩心、镜下薄片和测井解释发现，研究区生物滩和鲕粒滩的含油性较好，灰质滩不含油。

综合分析表明，生物滩、鲕粒滩微相储层因受淋滤、溶蚀作用，或者早期烃类充注抑制后期成岩作用，导致储层孔隙大，连通性好，含油性也好，成为本区较好储层。灰质滩、部分生物滩和部分鲕粒滩由于成岩作用强烈，颗粒胶结致密，导致孔隙不发育，为非储集层。

7　结论

(1) 研究区目的层发育滨浅湖亚相碳酸盐岩滩沉积。根据岩性上呈现的特征，将碳酸盐岩滩沉积分为生物滩、鲕粒滩、灰质滩 3 种沉积微相。

(2) 2 至 4 小层，自下而上，生物滩的分布面积逐渐变小，滨浅湖泥的面积逐渐变大。灰质滩只在 3、4 小层小面积发育。从总体上看，自下而上鲕粒滩的分布面积逐渐变大。运用判别分析法划分沉积微相既能满足科研的需要，又方便在生产中应用。

(3) 生物滩、鲕粒滩储层受淋滤、溶蚀作用，或者早期烃类充注抑制后期成岩作用，为本区较好储层；灰质滩、部分生物滩和部分鲕粒滩的成岩作用强烈，胶结致密，孔隙不发育，为非储集层。

参 考 文 献

[1] 杨柏，杨少春，张建良，等. 苏北盆地码头庄油田阜一、阜二段湖泊—三角洲沉积模型[J]. 天然气地

球科学，2008，19(4)：790-791.
[2] 王平，常安定，董安国，等. 鄂尔多斯盆地东南部长 21 油层段储层岩石类型聚类分析[J]. 油气地质与采收率，2012，19(5)：39-41.
[3] 唐俊，王琪，马晓峰，等. Q 型聚类分析和判别分析法在储层评价中的应用—以鄂尔多斯盆地姬塬地区长 81 储层为例[J]. 特种油气藏，2012，19(6)：28-29.
[4] 李汉林，赵永军. 石油数学地质[M]. 东营：石油大学出版社，1998：10-15.
[5] 陈欢庆，丁超，杜宜静，等. 储层评价研究进展[J]. 地质科技情报，2015，34(5)：69-70.
[6] 赵澄林，朱平，陈方鸿. 高邮凹陷高分辨率层序地层学及储层研究[M]. 北京：石油工业出版社，2001：2-4.
[7] 邱旭明，刘玉瑞，傅强. 苏北盆地上白垩统—第三系层序地层与沉积演化[M]. 北京：地质出版社，2006：96-106.

柴达木盆地英西地区碳酸盐岩储层敏感性评价

王　果　王妍芝　郑永仙　董永玖　毛建英

（青海油田公司勘探开发研究院，甘肃敦煌 736202）

摘　要：为了减少柴达木盆地英西地区在油气开采过程中对碳酸盐岩储层造成的伤害，本研究采用岩心流动驱替实验，针对该区致密储层的敏感性进行了分析研究，并定量评价了储层敏感程度。实验结果表明：受岩石组成、粘土矿物、孔隙结构、成岩作用等因素影响，该区储层整体表现为强速敏，弱-极强水敏，碱敏性不强，临界盐度高，无酸敏。此研究对该区的油气藏开发及油层保护具有较好的指导意义。

关键词：敏感性；英西深层；碳酸盐岩

储层敏感性评价主要是通过岩心流动实验，考察油气层岩心与各种外来流体接触后以及在环境条件改变后所发生的各种物理化学作用对岩石渗透率的影响程度[1]。英西深层油田作为开发初期的新油田，具有很好的勘探开发潜力，但储层致密，碳酸盐岩含量高，容易造成储层伤害，制约着该区块油气的高效开采。因此，本研究重点开展该区块碳酸盐岩储层敏感性的评价，对储层潜在的伤害因素进行分析，掌握该储层敏感性特征，确定外来流体对储层可能造成的伤害程度，以便在今后的油气开发中采取有效的改造措施，保护油层组，提高采收率[2]。

1　储层基本特征

英西 $E_3{}^2$ 储层主要发育碎屑岩、碳酸盐岩、泥岩三大主要岩类，岩性以碳酸盐岩为主，岩性以碳酸盐岩为主，碳酸盐岩占比 48.5%，碎屑占比 25.5%，泥质占比 16.9%，膏盐岩占比 9.1%。储层岩性包括：泥晶灰云岩，膏质泥晶灰云岩、泥岩与泥晶灰（云）岩互层、灰质泥岩、膏质含灰泥岩等，整体上岩性偏细，以碳酸盐岩为主，呈现混积特征。X 衍射分析表明，英西深层储层中的粘土矿物含量普遍较高，组合类型以伊/蒙混层、伊利石和绿泥石为主，伊利石占多数。伊/蒙混层分别是速敏性粘土矿物和水敏性粘土矿物，在地层伤害研究中，速敏伤害最为严重。同时，绿泥石占一定比例，有利于油田酸化压裂改造。

英西 $E_3{}^2$ 储层刚性物质石英、长石相对较少，白云石、方解石脆性矿物较为发育，导致压实作用对岩石骨架的破坏，使得压实作用对物性也产生一定的影响。由于该区油藏埋深较深，其埋藏深度在 3000～5000m 之间，压实作用相对较强。孔隙度分布范围在 0.5%～

【第一作者简介】王果，男，工程师，硕士，现在青海油田公司勘探开发研究院工作，主要从事储层物性特征及开发实验研究。

16.9%，平均 3.68%；渗透率大多小于 0.02×$10^{-3}\mu m^2$，该区储层表现为整体表现为低孔超低渗特征。

2 储层敏感性实验分析

研究区的储层敏感性评价参照行业标准 SY/T 5358—2010《储层敏感性流动实验评价方法》[3] 进行。

2.1 速敏性实验

速敏伤害是指在流体流动速度逐渐增大的过程中，当水动力超过微粒的重力和范氏力后，微粒开始移动，逐渐在喉道狭窄处堵塞喉道，造成渗透率下降[4] 的现象。从实验结果看(图 1)，研究区储层速敏伤害程度较强，当流体以不同流量注入岩石后，岩石渗透率变化较大。随着流速增加，渗透率升高，说明流速的增加，使得储层内孔隙结构发生一定的变化，岩石内泥质杂基及粘土矿物发生剥离或运移。由于粘土矿物多数分布在孔道表面处，粘土矿物的剥离运移有可能改善了储层孔隙结构，造成孔喉变大，渗透率升高。整体上平均渗透率变化率均超过 100%，表现为强速敏现象，说明大量微粒在储层岩石孔道内发生剥离、运移，造成渗透率的改变。

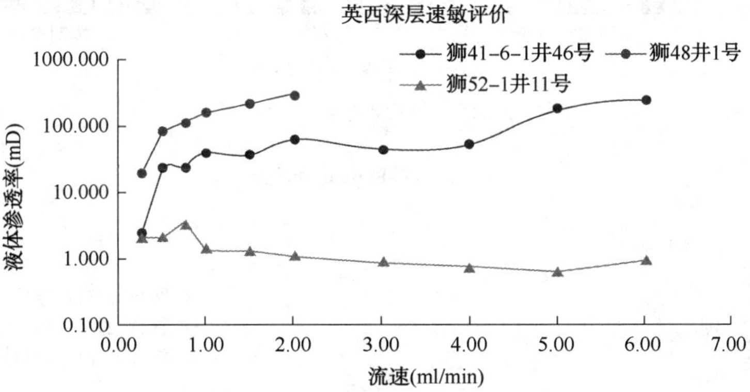

图 1 研究区储层速敏实验结果图

2.2 水敏性实验

粘土矿物的膨胀及其扩散运移是引起储层水敏伤害的主要原因。储层内粘土矿物含量的高低、粘土矿物的成分及其产状、分布，储层孔隙结构特征等均会对水敏产生直接的影响，而外来流体盐度的改变是诱发水敏伤害的外因[4]。

水敏性最强的粘土矿物是蒙脱石，其次是伊/蒙混层，而绿泥石、伊利石的膨胀性很弱；膨胀性粘土含量越高，水敏性损害越强；岩石平均喉道半径越小，喉道迂曲度越大，则岩石的水敏性越强。致密砂岩储层渗透率很低，孔喉极其细小，其孔喉更易引起堵塞，引起水敏性损害。该区共完成 6 块水敏实验，由实验结果知(图 2)，研究区储层岩石整体表现为弱-极强的水敏感性，这与储层岩石中粘土矿物含量普遍偏高有关，X 衍射分析显示，研究区地层中粘土矿物以以伊/蒙混层、伊利石、和绿泥石为主。因此，研究致密碳酸盐岩储层在生产作业过程中要特别注意水敏伤害的保护。

2.3 盐敏性实验

盐敏伤害是指不同矿化度流体进入地层后引起粘土矿物膨胀或者分散、运移，使得储层岩石渗透率发生变化的现象。储层产生盐度敏感性的根本原因是储层粘土矿物对于注入水的成分、离子强度及离子类型很敏感，会引起粘土矿物的膨胀、分散及运移等[4]。实验结果表明，研究区储层岩石临界盐度平均为22123mg/L，临界矿化度较高。临界矿化度在某种程度上也反映了水敏伤害程度，水敏性越强，临界矿化度也越高。由盐敏实验曲线可看出，随着注入流体矿化度的下降，岩石渗透率逐渐降低，说明储层内粘土矿物发生膨胀、分散运移，堵塞了渗流喉道，渗透率下降。对于研究区低渗透储集层而言，由于储集层物性较差、孔喉较细，储集层对矿化度是非常敏感的。在生产过程中特别要注意入井流体的矿化度，避免盐敏伤害。

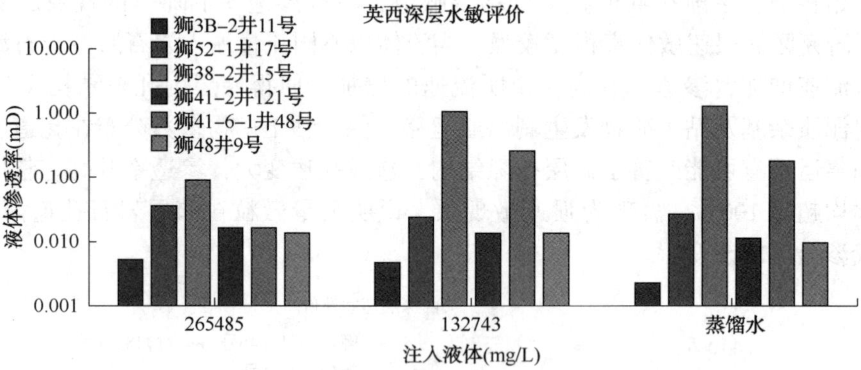

图2　研究区储层水敏实验结果图

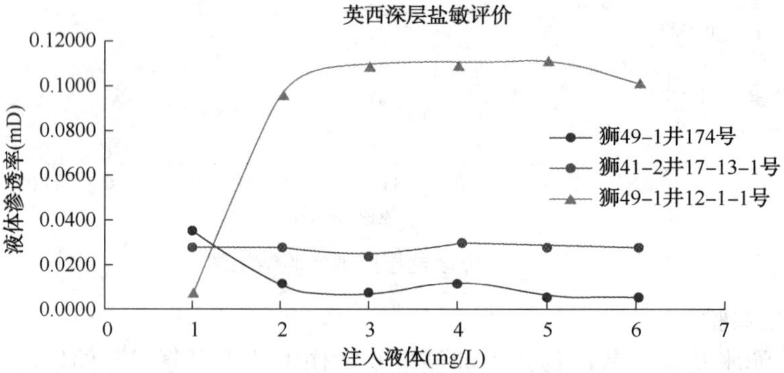

图3　研究区储层盐敏实验结果图

2.4　酸敏和碱敏实验

储层酸处理后，由于胶结物的溶解会释放出大量微粒，矿物溶解释放出的离子还可能再次沉淀，这些微粒或者沉淀将堵塞储层的渗流通道，削弱酸化效果，甚至导致酸化失败，引起地层酸敏伤害[4]。地层流体一般为中性介质，如果进入储层的外来流体PH值过高，会引起外来流体与储层的不配伍性，造成储层伤害，通常称为碱敏性伤害。储层中的碱敏性矿物主要有隐晶质石英、碳酸盐、高岭石及蒙脱石等。碱敏性伤害主要表现为碱敏性矿物的分散、脱落或生成新的硅酸盐沉淀，堵塞孔隙喉道。

酸敏实验结果可知，该区为无酸敏性，即注入盐酸或土酸后大部分岩石的渗透率有所升高。该区储层存在酸敏性绿泥石粘土矿物(平均相对含量6.5%)以及碳酸盐胶结物和灰质，这些物质易于酸液发生化学反应，当PH值改变时会使已溶解物质发生沉淀或产生酸蚀残渣

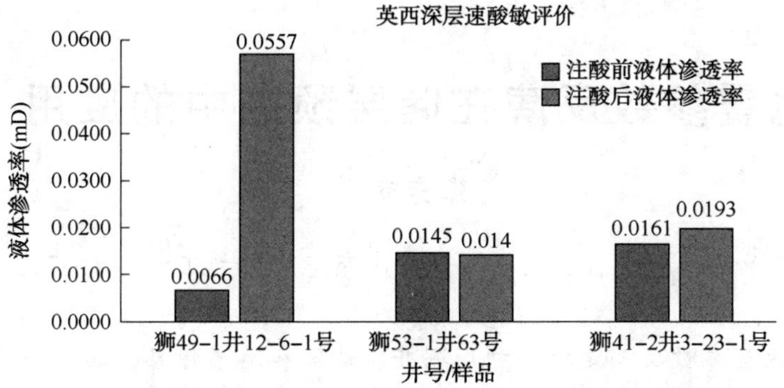

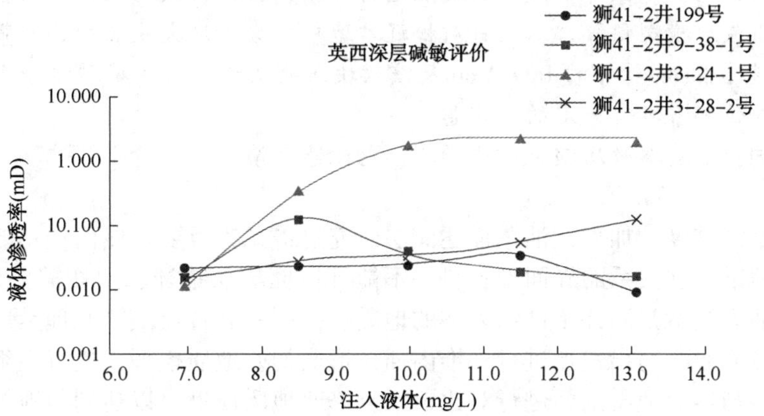

图 4　研究区储层酸敏和碱敏实验结果图

堵塞孔喉或破坏岩石骨架、改变孔隙结构，使储层渗流能力增强。而碱敏实验可知，随着PH 值的增大，液相渗透率略有增加或下降，整体变化不大，英西 E32 储层碱敏性伤害不强，碱敏引起的渗透率伤害基本小于 5%。

3　结论

（1）英西 E_3^2 储层主要发育碎屑岩、碳酸盐岩、泥岩三大主要岩类，岩性以碳酸盐岩为主，呈现混积特征。英西深层储层中的粘土矿物普遍较高，粘土矿物组合以伊/蒙混层、伊利石、和绿泥石为主，伊利石占多数，敏感性矿物发育。

（2）岩心敏感性实验结果表明，该区敏感性表现为强速敏，弱-极强水敏，碱敏性不强，临界盐度高，无酸敏。致密碳酸盐岩储层在生产作业过程中要特别注意水敏伤害的保护，在生产过程中特别要注意入井流体的矿化度，避免盐敏伤害。

参　考　文　献

[1] 万仁溥. 采油工程手册[M]. 北京：石油工业出版社，2003：1-9.

[2] 雷鑫，张士诚，张劲等. 巴麦地区泥盆系超低渗储层敏感性评价实验[J]. 西安石油大学学报(自然科学版)，2013，28(2)：54-57.

[3] SY/T 5358—2010，储层敏感性流动实验评价方法[S]. 北京：石油工业出版社.

[4] 于兴河. 油气储层地址学基础[M]. 北京：石油工业出版社，2010.

地震参数反演在储层预测中的应用

张秀丽

(大庆油田有限责任公司勘探开发研究院，黑龙江大庆 163712)

摘　要：地震参数反演是综合利用测井、地震和地质信息。其原理是用地震解释的层位为控制，以测井曲线为出发点进行外推内插，形成初始地质模型，进行主组分分析，最后模型估算。本文针对松辽盆地中央坳陷区大庆长垣构造带葡萄花油田南部，通过 Jason 软件的 InverMod 反演模块正确认识该区油藏砂体分布特征，对该区新的井位部署具有一定的指导意义。

关键词：地震参数反演；砂体预测；电阻率反演

随着油气勘探难度的加大，油藏描述储层研究显得尤为重要。然而，一般的地震资料只是间接地反映地下岩性关系的界面型资料，不能开展储集层描述，迫切需要进行地震反演。基于模型的反演方法就是测井条件约束下的地震——测井联合反演。原理是用地震解释的层位为控制，以测井曲线为出发点进行外推内插，形成初始地质模型，进行主组分分析，最后将合成地震模型与实际地震剖面进行对比，反复修改地质模型，以达到与地震资料形成的残差最小。其实质就是：以丰富的高频信息和完整的低频成分的测井资料，补充地震有限带宽的不足，为储层预测提供了可靠的信息。

1　区域构造特征

葡萄花油田南部(简称葡南油田)位于松辽盆地中央坳陷区大庆长垣葡萄花构造上，发育下白垩统姚家组一段的葡萄花油层和下白垩统泉三、四段的杨大城子和扶余油层。本文的主要研究区为葡 31 井区，目的层为扶余油层。研究区中东部高，向西向南变低，构造高点位于研究区东部。研究区断层比较发育，在反演时并没有考虑断层的存在。

2　地震参数反演在葡 31 井区的应用

应用 Jason 软件中的 InverMod 模块，对大庆长垣葡萄花油田南部葡 31 井区的三维地震资料作反演，将得到的三维电阻率属性体作储层描述研究，取得了良好的效果。

研究区面积 30 多平方公里，用了 16 口井的测井资料(图 1)。主要利用测井资料丰富的高频信息，用地震资料层位作为控制，内插外推出一个详细的电阻率剖面。InverMod 反演的核心思想是：地震道上各类数据之间是彼此相关的，在同一层位内，任何一道数据都可以通过其他道的数据加权得到。当我们得到了数据的这种权值分布，将其应用到各种类型的测井曲线上，也就得到了该类型的测井属性剖面。InverMod 模块是基于正演模型的反演，它借助测井的高分辨率来约束地震反演。先通过 EarthMod 按地震剖面的解释层位把测井曲线(IMP、AC、DEN、RT)沿层位进行井间线性内差或外推，从而得到电阻率反演结果。利用 Jason 软件的 InverMod 模块反演方法的步骤见图 2。

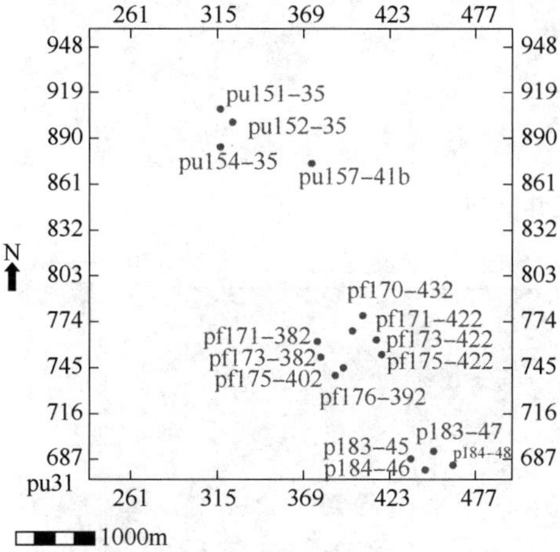

图 1　研究区示意图

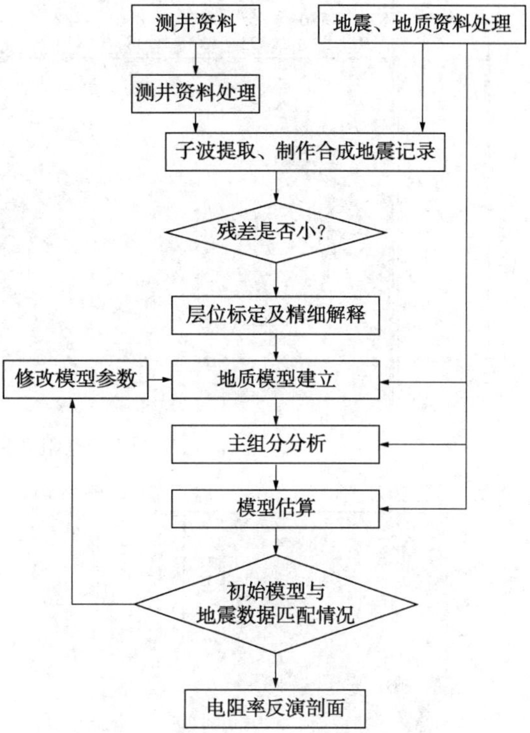

图 2　InverMod 反演流程

3　反演效果分析

3.1　电阻率反演分析

地震反演的目的之一就是砂体预测，也就是砂体发育情况。通过模型反演获得的三维电阻率反演体，其反演剖面层次较清楚，主要目的层属性特征清晰，可用于储层的追踪和解释。图 3 为过 p151-35 井—p154-35 井—p157-41 井—p170-432 井—p183-47 井电阻率反演剖面，从剖面图上可以看出，扶余油层一段下部(FI6—FI8)电阻率较扶余油层一段中部(FI4—FI5)电阻率值高，说明扶一段下部储层发育，扶余油层二段(FI8 底—FII8)下部电阻率值较高，表明扶二段下部储层发育。经过测井资料和反演剖面的分析扶余油层的主要储层分布在 FI5、FI6、FI7、FI8、FII5、FII6 和 FII7，从图中可以清晰地看出 FI6、FI7、FII6 和 FII7 储层连通性较好。

3.2　砂体厚度预测

根据葡 31 区块井组砂体厚度、大小解剖，应用电阻率反演数据体地震预测方法开展了研究区砂体分布预测，从测井资料和反演的属性体分析，研究区的砂岩电阻率高于泥岩的电阻率。由已知的钻遇的砂岩厚度和地震道电阻率的交汇图分析，使用 Funtionmod 模块计算了砂体小层厚度平面图(图 4a、图 4b)，通过对比分析，预测砂岩厚度与实钻厚度基本吻合(表 1)，从图 4a 中可以看出扶余油层一段下部砂体北东东方向和西南方向比较厚，砂体呈条带状分布；而从图 4b 中可以看出扶余油层二段下部砂体向北部比较发育，向北东方向砂体逐渐变薄。

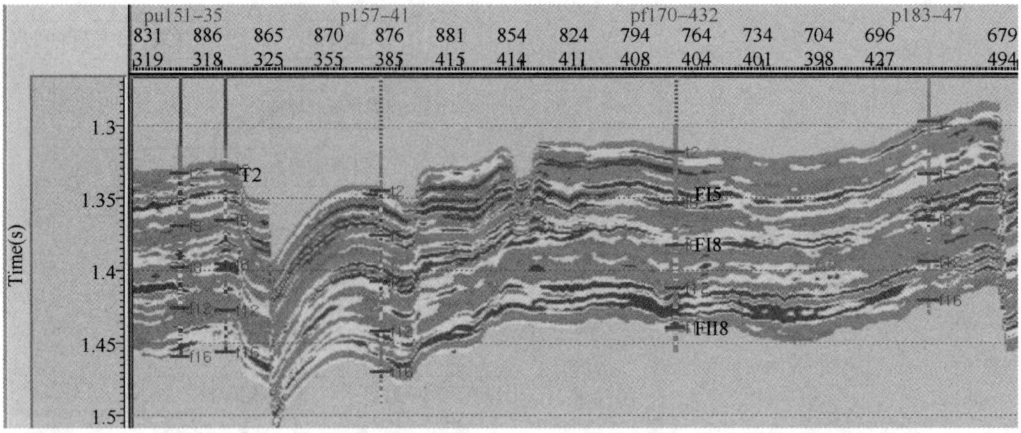

图 3　电阻率反演联井剖面

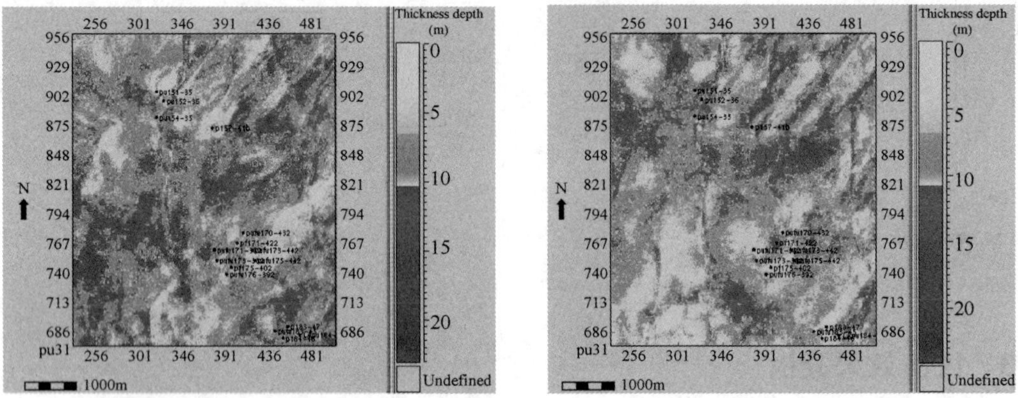

(a)扶余油层一段下部砂体厚度平面图

(b)扶余油层二段下部砂体厚度平面图

图 4

表 1　砂岩厚度对比表

井名	层名	预测厚度	实钻厚度
P151-35	T2-FI4	11.4	13.0
	FI5-FI8	5.7	8.7
	FII1-FII4	7.4	8.4
	FII5-FII8	9.8	14.0
p157-41	T2-FI4	9.0	8.2
	FI5-FI8	7.0	6.7
	FII1-FII4	10	10.8
	FII5-FII8	6.5	4.0
p152-36	T2-FI4	7.0	8.5
	FI5-FI8	3.5	3.1
	FII1-FII4	8.5	8.3
	FII5-FII8	12.5	12.2
P175-422 验证井	T2-FI4	6.9	6.8
	FI5-FI8	8.9	13.6
	FII1-FII4	10.9	9.3
	FII5-FII8	7.9	4.7

3.3 用测井分层验证反演岩性的可靠性

图5是反演得到的岩性预测图。从图中我们可以看出测井曲线反演的岩性与地震反演的岩性基本能形成对比，但小的砂层还是对比困难，这主要是地震资料横向上分辨率高，测井资料纵向分辨率高所导致的结果。

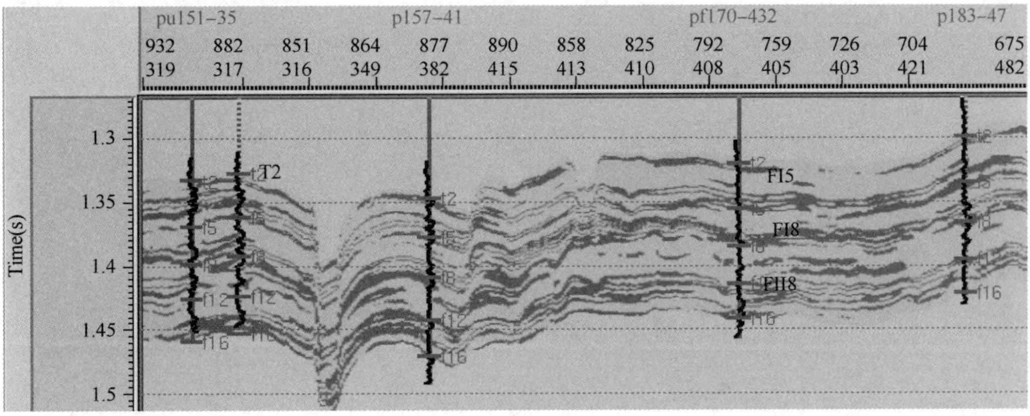

图5 反演岩性剖面

4 结论

地震反演已经成为储层预测的一项重要手段。根据本研究区的特点使用模型反演方法主要解决了以下几个方面的问题：

（1）研究区井多，但井分布不均匀，给反演的流程带来困难，经过了几次试验分析，InverMod反演技术适合本研究区；

（2）基于模型的反演方法很好的预测出研究区砂体的分布范围，预测砂体厚度与实际钻遇的结果吻合较好，最大的误差4.7m，最小误差0.2m；

（3）通过Jason软件的InverMod反演模块正确认识该区油藏砂体分布特征，对该区新的井位部署具有一定的指导意义。

基于模型的反演可以得到广泛的应用，同时电阻率反演也可以很好的识别储层特征。

参 考 文 献

[1] 姚永君. 测井资料在储层反演中的应用. 测井技术，2005，vol. 29.

[2] 孙国祥. 地震储层预测技术在J22井区的应用. 江汉石油职工大学学报，2006，(2).

[3] 杨诚，戴建全，黎从军. 多井约束InverMod反演在四川新场气田含气砂体预测中的应用. 成都理工学院学报，1999，(2).

[4] 殷积峰，果二扬. InverMod反演技术及在储层地震描述中的应用.

[5] 李廷辉，岳跃龙，胡永军，等. Jason反演技术在张东地区储层预测中的应用. 石油地球物理勘探，2005，增刊.

复杂油气田开发

相场方法研究多孔介质渗吸现象

赵蕴昌　付　蓉　舒　晓　杨贯虹　李　扬

［中海石油(中国)天津分公司渤海石油研究院］

摘　要：自发渗吸现象是油气田开发过程中客观存在的一种现象，研究多孔介质的自发渗吸规律，有利于从微观角度揭示提高采收率机理。本论文首先利用过程法建立三维多孔介质模型，技术处理得到二维多孔介质模型。基于二维多孔介质模型，再利用相场方法建立自发渗吸模型，并采用有限元方法进行求解。最后，重点研究各影响因素，包括牛顿流体的润湿角、渗透率、流体黏度以及幂律型流体的特性指数和稠度系数，对多孔介质中自发渗吸的影响。相关结论对油田现场开发具有一定指导意义。

关键词：相场；多孔介质；自发渗吸；幂律型流体

1　方法与理论

1.1　相场方法

相场方法通过界面张力来耦合 Cahn-Hilliard equation 和 Navier-Stokes 方程，在保证质量守恒的同时准确描述两相流体的流动过程。Cahn-Hilliard 方程主要是用来描述相分离过程(包括两相流体或多相流体的分离)，方程表示如下：

$$\begin{cases}\dfrac{\partial\phi}{\partial t}+u\cdot\nabla\phi=\nabla\cdot\dfrac{\gamma\lambda}{\varepsilon^2}\nabla\psi\\ \psi=-\nabla\cdot\varepsilon^2\nabla\phi+(\phi^2-1)\phi\end{cases}\tag{1-1}$$

式中，ϕ 表示无因次相场变量，$\phi=+1$ 表示流体 1，$\phi=-1$ 表示与流体 1 不相混溶的流体 2，两相界面过度区域定义为$-1<\phi<1$；u 表示流体流速，m/s；γ 表示迁移率，$m^3\cdot s/kg$；λ 表示混合能量密度，N；ε 表示界面厚度，m；ψ 是相场助变量。

Navier-Stokes 方程主要用来描述定常流体质量和动量的变化，通过将界面张力作为质量力引入到 Navier-Stokes 方程中，便可以描述两相流体的流动过程。表达式如下：

$$\rho\frac{\partial u}{\partial t}+\rho(u\cdot\nabla)u=\nabla\cdot[-pI+\mu(\nabla u+(\nabla u)T)]+F_{st}$$

$$\nabla\cdot u=0\tag{1-2}$$

式中，ρ 表示密度，kg/m^3；u 表示流速，m/s；p 表示压力，Pa；I 表示单位矢量；μ 为动态黏度，mPa·s；F_{st} 表示作用在流体界面上的界面张力，N/m^3。方程中流体的物性参数，例

【第一作者简介】赵蕴昌(1995—)，男(汉族)，2020 年毕业于中国石油大学(华东)石油与天然气工程专业，获硕士学位，现主要从事油气田开发工程、提高采收率等研究工作，油藏助理工程师。E-mail：zhaoych17@ cnooc.com.cn。

如：密度和黏度，可以通过下式计算得到：

$$\rho=\frac{1+\phi}{2}\rho_1+\frac{1-\phi}{2}\rho_2 \tag{1-3}$$

$$\mu=\frac{1+\phi}{2}\mu_1+\frac{1-\phi}{2}\mu_2 \tag{1-4}$$

式中，下标 1 和 2 分别表示流体 1 和流体 2。

在相场方法中，F_{st}又可以写为下式：

$$F_{st}=G\,\nabla\phi \tag{1-5}$$

式中，G 表示化学能，J/m^3，可以表示为：

$$G=\lambda\left[-\nabla^2\phi+\frac{\phi(\phi^2-1)}{\varepsilon^2}\right]=\frac{\lambda}{\varepsilon^2}\psi \tag{1-6}$$

由式(1-6)可以看出，利用无因次相场变量 ϕ 和相场助变量 ψ 即可将表面张力作为界面上的一种分布力而计算出来。因此将 Cahn-Hilliard equation 和 Navier-Stokes 方程耦合，从而避免了利用表面法线和表面曲率来计算界面张力的复杂过程。

1.2 过程法

过程法是一种建立数字多孔介质模型的一种方法。在建立岩心模型时有两种方法，第一种是物理方法扫描真实岩石，再通过图像处理技术生数字多孔介质；第二种方法是通过数值模拟的方法构建数字岩心。过程法属于第二类方法的一种，1997 年由 Bakkle 和 Oren 提出。

过程法根据真实的岩石粒径分布等信息，通过数值方法模拟沉积岩的形成过程构建数字岩心。首先用落球法在有限元内模拟岩石沉积过程，压实成岩后，便可获取多孔介质的二维数字切片。此方法相比于其他方法生成的数字岩心孔隙连通性更好，且成本较低，更加地接近真实岩层的多孔介质结构。

2 渗吸模型的建立

基于过程法和相场方法，本文建立了可以非均质性二维两相流体流动模型。模型的建立过程主要分为以下四步：

(1) 首先，利用过程法建立三维多孔介质。

(2) 将生成的三维多孔介质切片处理，得到二维多孔介质模型。

(3) 定义二维多孔介质模型的边界条件，即：流体入口、出口位置，壁面滑移性、润湿性。在固体壁面上，应用如下边界条件：

$$u=0 \tag{2-1}$$

$$n\cdot\varepsilon^2\,\nabla\varphi=\varepsilon^2\cos(\theta_c)\,|\nabla\phi| \tag{2-2}$$

$$n\cdot\frac{\gamma\lambda}{\varepsilon^2}\Delta\psi=0 \tag{2-3}$$

式中，n 表示单位法线；θ_c表示润湿角。

(4) 对建立的两相流体流动模型进行有限元求解。相场方法中的两个重要参数(迁移率 χ 和界面厚度)在采用常规设置，即：χ 等于 1；ε 等于最大网格尺寸的 1/4。

3 渗吸影响因素的研究

3.1 润湿角对渗吸现象的影响

利用建立的两相流体流动模型，模型具体参数设置如下：水的密度为1000kg/m^3，黏度为0.001kg/(m·s)，油的密度为800kg/m^3，黏度为0.005kg/(m·s)，界面张力0.025N/m。设置三个润湿角，分别是30°、45°、60°，绘制不同润湿角下，多孔介质含水饱和度随时间的变化规律。

从图1和图2可以看出，润湿角越小，水进入多孔介质的体积分数越大，即油的采收率越大，随着润湿角的增大，油的采收率越来越小。润湿角在45°到60°之间，采收率变化非常大，从87.9%降到12.9%；当润湿角大于90°时，采收率不到7%。

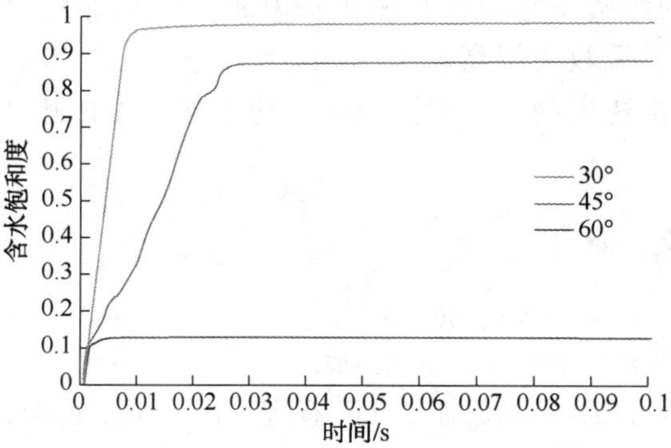

图1 多孔介质含水饱和度变化

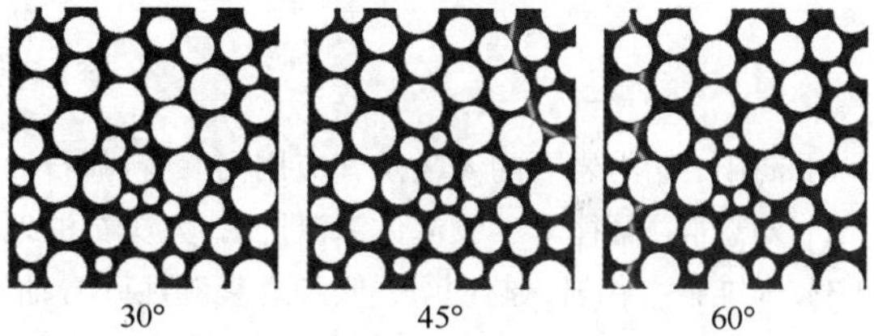

图2 驱替稳定后，剩余油的分布状况

实验结果表明，润湿角对多孔介质的自发渗吸影响非常明显，润湿角越小，多孔介质的亲水性越强，则含水饱和度越大、油的采收率越高，随着润湿角的增大，油的采收率就减小的非常明显。

3.2 渗透率对渗吸现象的影响

利用建立的两相流体流动模型，模型具体参数设置如下：水的密度为1000kg/m^3，黏度为0.001kg/(m·s)，油的密度为800kg/m^3，黏度为0.005kg/(m·s)，界面张力0.025N/m，润湿角为45°。通过改变模型比例设置不同渗透率：0.012μm^2、0.048μm^2、0.19μm^2、0.2994μm^2、0.97μm^2、1.2μm^2、1.72μm^2，绘制在不同渗透率下，多孔介质含水饱和度随时间的变化规律。

分析可知，多孔介质的渗透率越小，自发渗吸水的体积分数越大，渗吸的速度也越快；随着渗透率从0.012到1.72不断增大，渗吸的速度越来越慢，最终的油采收率也越来越低，从97.34%到87.37%。

综上，多孔介质的渗透率越低，自发渗吸的作用就越强，采收率越高。这是由于多孔介质的自发渗吸是靠毛管力来驱动的，只有自发渗吸作用的情况下，渗透率越低，毛管力越大，自发渗吸作用越强，水驱替油的速度就越快，最终的采收率也越高。

3.3 流体黏度对渗吸现象的影响

利用建立的两相流体流动模型，模型具体参数设置如下：水的密度为1000kg/m^3，黏度为0.001kg/(m·s)，油的密度为800kg/m^3，界面张力0.025N/m，润湿角为45°。改变油的黏度：2mPa·s、5mPa·s、10mPa·s、20mPa·s、30mPa·s、50mPa·s，绘制在不同黏度下，多孔介质含水饱和度随时间的变化规律。

实验结果可以看出，水的黏度不变的情况下，随着油的黏度的增大，自发渗吸作用减弱，渗吸速度也随之变缓，多孔介质中进入水的体积分数减小，采出的油也越少，采收率越低。这是由于油黏度越大，自发渗吸的阻力就越大，水就越不容易驱动油运动，因此采收率就越低。

4 结论

（1）多孔介质的润湿角对自发渗吸有较大影响。润湿角较小时，多孔介质亲水性强，驱油效率高，采收率高；润湿角较大时，多孔介质亲水性弱，驱油效率低，采收率低。

（2）只考虑自发渗吸的情况下，多孔介质的渗透率越小，孔吼半径就越小，毛管力越大，因此自发渗吸作用就越强，水驱油效率越高，采收率越高。

（3）所采油的黏度也影响着自发渗吸。油相的黏度越大，相同条件下的水驱动油的阻力就越大，自发渗吸的作用就越弱。

参考文献

[1] 向阳. 储集岩石的渗吸及其应用[J]. 新疆石油地质，1984，(04)：46-56.
[2] 刘慈群. 幂律非牛顿流体渗流[J]. 大庆石油地质与开发，1990，(03)：52-57.
[3] 朱维耀，鞠岩，赵明等. 低渗透裂缝性砂岩油藏多孔介质渗吸机理研究[J]. 石油学报，2002，(06)：56-59+3.
[4] 李爱芬，凡田友，赵琳. 裂缝性油藏低渗透岩心自发渗吸实验研究[J]. 油气地质与采收率，2011，(05)：67-69+77+115-116.
[5] 王中才. 微尺度毛细管中不相溶两相驱替特性的实验研究[D]. 武汉大学，2011.
[6] 蔡建超，郁伯铭. 多孔介质自发渗吸研究进展[J]. 力学进展，2012，(06)：735-754.
[7] 王世芳，吴涛，肖明. 非牛顿流体在多孔介质中渗吸现象的研究[J]. 湖北大学学报(自然科学版)，2012，(03)：350-354.
[8] 魏铭江. 裂缝性油藏基质岩心自然渗吸实验研究[D]. 西南石油大学，2015.
[9] Meng Q，Liu H，Wang J，et al. Effect of gravity on spontaneous imbibition from cores with two ends open in the frontal flow period[J]. Journal of Petroleum Science and Engineering，2016，141：16-23.

海上复杂河流相油田水平井高效优化注水技术研究与应用

常会江　王少鹏　张宏友　孙广义　翟上奇

[中海石油(中国)有限公司天津分公司渤海石油研究院]

摘　要：海上复杂河流相油田储层具有非均质性强的特点，井网类型多为不规则井网，同时采用高采油速度开发，造成油田平面水驱不均，开发效果变差。针对该问题，在现有井间连通性模型的基础上，充分考虑水平井渗流规律及河流相油田储层强非均质性的特点，建立动态连通性模型，自动定量评价水驱均衡程度，均衡程度分为四类：Ⅰ类(弱驱替区)、Ⅱ类(非均衡驱替区)、Ⅲ类(均衡驱替区)和Ⅳ类(强驱替区)。四种类型分布采用新增调整井、注采结构优化、水平井不稳定注水和化学驱改善开发效果。对于Ⅱ类和Ⅲ类根据油藏工程方法，并结合优化算法，自动获取最优注采结构优化调控方案和水平井不稳定注水方案。应用该方法在BZ油田X砂体进行了矿场试验，实现砂体日增油100m^3，全年累增油2.82×10^{4}m^3，2016-2020年采收率提高4.3%，助力油田连续11年稳产100×10^{4}m^3。矿场效果与预期基本一致，说明了该方法准确、可靠，对海上油田的高效开发具有重要意义。

关键词：复杂河流相；水平井；动态连通性模型；注采结构优化；不稳定注水

渤海河流相油田储量占比大、产量占比高，是渤海油田上产3000万吨的主力军，在稳产3000万吨战略中具有举足轻重的地位，且对保障国家能源安全、实现公司高质量发展至关重要[1-2]。河流相油田储层的非均质性强，尤其海上油田井距大，井网稀疏，主要利用地震、测井、沉积等确定储集层构型，进行定性研究储层连通性，更需要结合油藏生产动态进行研究[3-4]。同时以BZ油田为代表的河流相油田已进入“双高”开发阶段，且70%采用水平井开发，如何进一步立足现有条件，优化注采调整方案，改善注采矛盾，是实现油田稳油控水、提高开发效益的关键。

连通性认识是油藏描述和注水开发设计的重要基础，基于井间连通性的生产动态预测已在油田开发中得到了一定应用[8-9]。但是目前井间连通性模型主要适用于相对均质、定向井开发油藏，难以适用于水平井开发的复杂河流相油田。针对当前井间连通模型和生产优化存在的问题，笔者提出了一种不依赖于精细建模的快速复杂河流油田水平井网高效优化注水技术策略。通过利用当前油水井生产动态信息，并充分利用复杂河流油田的地质信息及储层构型研究结果和考虑水平井渗流特征，改进了一种可模拟油水动态的连通性预测模型。在厘清油水井相互作用规律和连通关系的基础上，实现了对油藏地质特征、井间连通关系、瞬时油

【第一作者简介】常会江，男，1987年3月，2013年7月毕业于中国石油大学(华东)油气田开发工程，获硕士学位，油藏工程师。E-mail：changhj2@cnooc.com.cn。

水流动的定量认识，进而可以对油藏驱替级别进行划分为四类。针对不同驱替类型采取不同改善驱替策略，主要包括：新增调整井、注采结构优化、水平井不稳定注水和化学驱。本文重点论述注采结构优化技术和水平井不稳定注水技术这两种水平井高效优化注水技术。

1 基于动态连通模型的驱替级别划分

1.1 动态连通性模型的建立与求解

为了便于反映油藏井间的相互作用关系并降低模型复杂性，借鉴 Gherabati 等提出的方法，油藏注采系统进行了简化表征[10]，将其看成是由一系列井与井之间的连通单元所构成，如图1。这里的连通单元不再像传统连通性模型中仅局限于注、采井之间，还可以是生产井之间或者注水井之间，且每个单元都含有两个特征参数：传导率(T_{ij})和控制体积(V_{pij})，前者表征单元流动能力，后者反映单元的物质基础。显然传导率越大、控制体积越小，则在相同水驱压差下，该单元越容易突破见水，反之则见水较慢。然后，以连通单元为基础通过物质平衡方程和油-水两相前缘推进理论进行井点压力计算和饱和度追踪，就可以计算出井点处的油水动态指标。

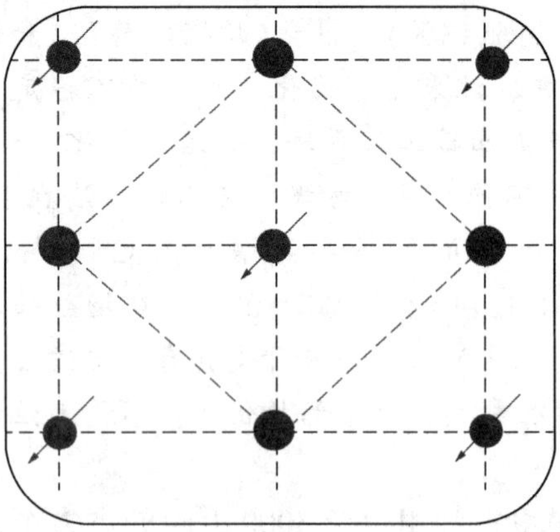
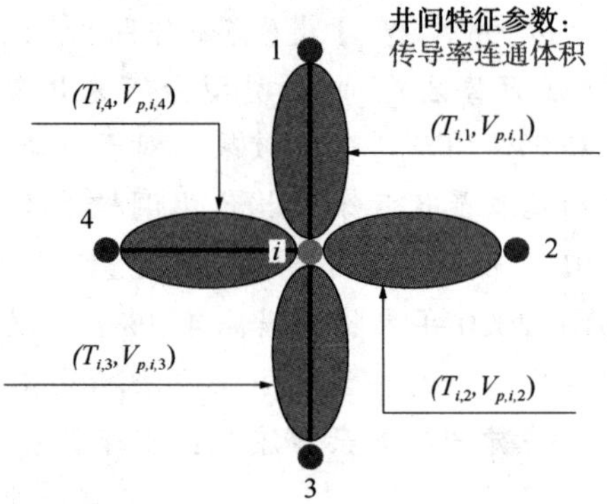

图1 动态连通性模型建立与简化

（1）基本模型建立

考虑油、水、岩石压缩性，忽略毛细管力、重力作用，以第 i 口井为对象，其油藏条件下物质平衡方程为：

$$\sum_{j=1}^{N_w} T_{ij}(t)\left[p_j(t)-p_i(t)\right]-q_i(t)=\frac{\mathrm{d}p_i(t)}{\mathrm{d}t}C_{ti}V_{pi}(t) \tag{1}$$

式中，N_w为井数；i 和 j 为井下标；t 为生产时间，d；T_{ij}为第 i 井和第 j 井间的平均传导率，$m^3 \cdot d^{-1} \cdot MPa^{-1}$；$p$ 为单井泄油区的平均压力，MPa；q 为单井产液量或注入量，产液为正，注入为负，m^3/d；C_{ti}为单井泄油区的综合压缩系数，MPa^{-1}；V_{pi}为单井泄油区体积，m^3。

（2）动态连通性模型的求解

对式(1)进行离散化处理，可以等到 n 时刻与 $n-1$ 时刻压力关系可表示为：

$$\begin{pmatrix} p_1^{n-1} \\ p_2^{n-1} \\ \cdot \\ p_{N_w}^{n-1} \end{pmatrix}=\begin{pmatrix} \psi_1+1 & -\omega_1 T_{12}^n & \cdot & -\omega_1 T_{1N_w}^n \\ -\omega_2 T_{21}^n & \psi_2+1 & \cdot & -\omega_2 T_{2N_w}^n \\ \cdot & \cdot & \cdot & \cdot \\ -\omega_{N_w} T_{N_w-1}^n & -\omega_{N_w} T_{N_w-2}^n & \cdot & \psi_{N_w}+1 \end{pmatrix}\begin{pmatrix} p_1^n \\ p_2^n \\ \cdot \\ p_{N_w}^n \end{pmatrix}+\begin{pmatrix} \zeta_1 \\ \zeta_2 \\ \cdot \\ \zeta_{N_w} \end{pmatrix} \tag{2}$$

通过求解上式即可获得 n 时刻各单井泄油区的平均压力，进而可以得出各井间连通单元内流体流动方向及流量[10-12]：

$$q_{ij}^{n}=T_{ij}^{n}(p_{j}^{n}-p_{i}^{n}) \tag{3}$$

式中，q_{ij}^{n}为 n 时刻的第 i 井和第 j 井间的流速，m^3/d。

得到连通性模型压力分布和井间流量分布后，就可以基于贝克莱前缘理论进行饱和度追踪。下面重点论述注采结构优化技术和水平井不稳定注水技术这两种水平井高效优化注水技术。

2 水平井高效优化注水技术

2.1 基于动态连通模型的智能注采优化技术

以历史拟合后的井间连通性模型作为油田动态预测基础，将未来生产时间分为若干控制步，各控制步内油水井的注采参数 u 作为控制变量，考虑油藏实际生产条件约束[13-15]，以油藏驱替程度相等作为性能指标，建立最后控制数学模型为：

$$\max J(u,\ s)=\sum_{n=1}^{L}\left[\sum_{j=1}^{Np}(r_{o}q_{o,\ j}^{n}-r_{w}q_{w,\ j}^{n})-\sum_{i=1}^{NI}r_{wi}q_{wi,\ i}^{n}\right]\frac{\Delta t^{n}}{(1+b)t^{n}} \tag{4}$$

约束条件为：

$$e_i(u,\ y,\ m)=0,\ i=1,\ 2,\ \cdots,\ n_e$$
$$c_j(u,\ y,\ m)\leqslant 0,\ j=1,\ 2,\ \cdots,\ n_c$$
$$u_k^{low}\leqslant u_k\leqslant u_k^{up},\ k=1,\ 2,\ \cdots,\ N_u \tag{5}$$

在上述优化模型，只有与井相关的控制变量 u 可以被操作，而且连通性模型变量 s 不能直接控制。控制变量 u 作为外部因素通过影响 s 相关状态变量影响油藏生产系统的运行状态，进而达到影响经济指标 J 的结果。求解该油藏生产优化问题就是在满足约束条件的同时尽可能地求取最大经济指标以及对对应的控制变量 u，可以采用梯度投影法[14-15]进行模型求解，具体流程图如图 2 所示。

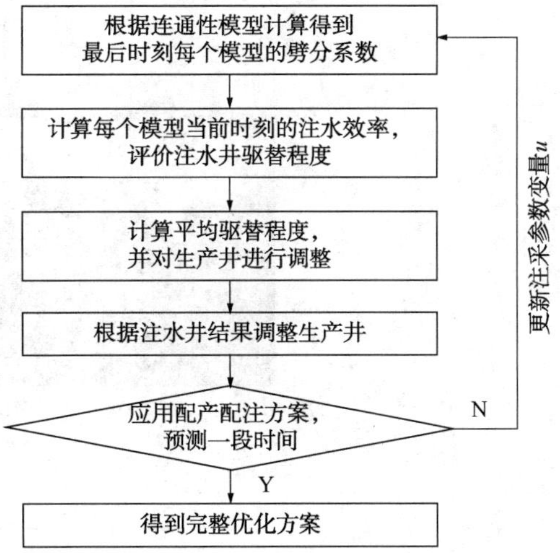

图 2　水平井注采结构智能优化流程图

3 矿场应用

渤中 BZ 油田 X 砂体油层平均有效厚度为 9.3m，平均孔隙度 31.1%，平均渗透率 $1236\times10^{-3}\mu m^2$，目前采油井 13 口，注水井 9 口，其中水平采油井 7 口，水平注水井 5 口，基于单砂体不规则井网开发。2019 年 12 月砂体日产液 $1531m^3/d$，日产油 $242m^3/d$，综合含水率 84.2%。整体砂体产液平面产出不均，日产液从 $160m^3/d$ 到 $1000m^3/d$ 不等，单井含水率分布在 45.2%～95.1%之间，部分井组存在优势通道，注水利用率低，开发效果较差，目前控水稳油难度大。

为了进一步改善改善该砂体开发效果，基于上述研究方法对该砂体动态连通性进行分析，得到动态连通性表征的场图，传导率图、连通体积图、劈分系数图，如图 3 所示，并可以得到连通系数随时间的变化曲线。

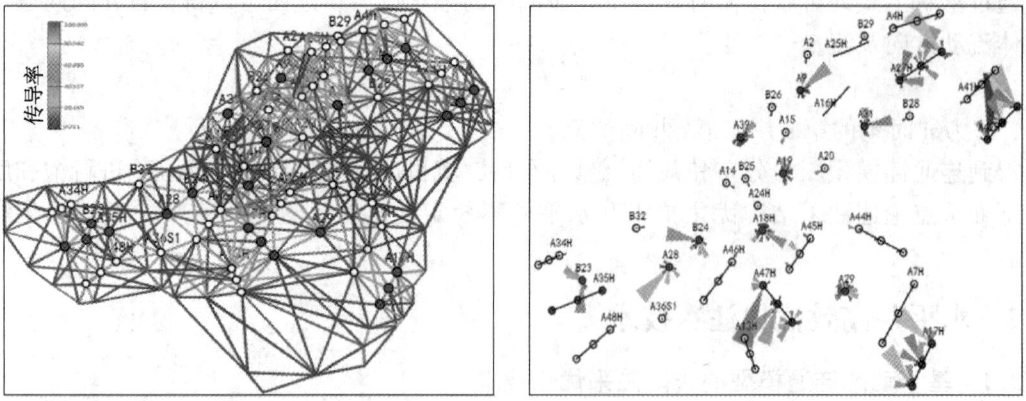

(a)X砂体传导率分布图　　(b)X砂体连通系数分布图

图 3　X 砂体动态连通模型分析结果

2016-2020 年累计对 X 砂体实施水平井优化注水(注采结构优化及不稳定注水)166 井次，实现该砂体在未实施调整井条件下连续 5 年稳产 600m^3/d，如图 4 所示，基于童式曲线分析，采收率提高 8%，如图 5 所示，开发效果显著提高。

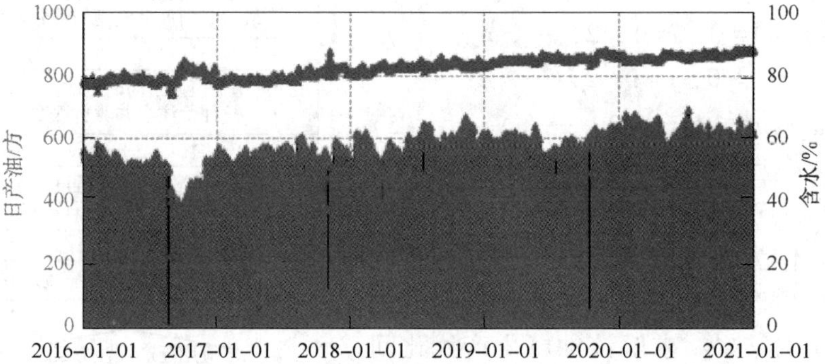

图 4　X 砂体开发曲线图

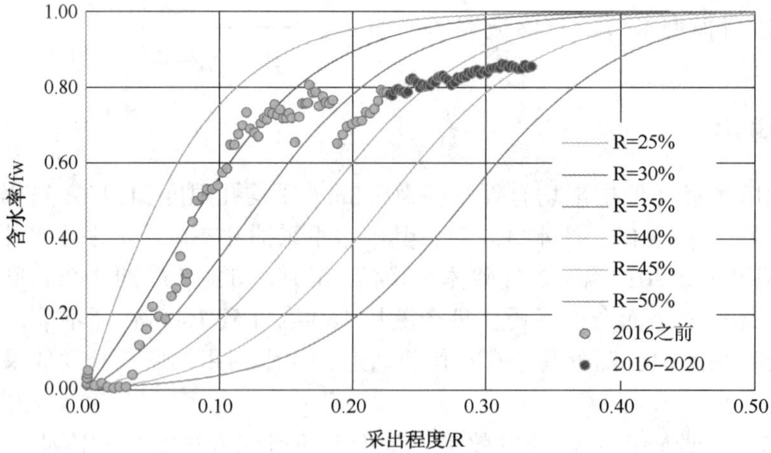

图 5　X 砂体童式曲线

在上述砂体应用的基础上，并在BZ油田其他砂体全面推广应用，5年全油田共实施635井次水平井优化注水，助力油田连续11年稳产100万方，水驱开发指标持续变好，实现了水平井高效开发，创造了海上河流相油田开发标杆。

4 结论

（1）基于动态连通性模型，考虑水平井及储层非均质性的表征，计算结果更加符合油田实际情况，较好地指导了复杂河流相油田水平井网驱替程度类型划分。

（2）根据驱替PV数及方差，对驱替程度分为四种类型，分别采用不同开发策略改善油田开发效果。

（3）提出复杂河流相油田水平井高效优化注水技术包括注采结构优化及水平井不稳定注水技术，并将该技术在矿场进行应用，实现了砂体稳产，提高采收率8.0%，助力油田连续11年稳产100万方的良好效果。

参 考 文 献

[1] 张新涛，周心怀，李建平，等. 敞流沉积环境中"浅水三角洲前缘砂体体系"研究[J]. 沉积学报，2014，32(2)：260-269.

[2] 郭太现，杨庆红，黄凯，等. 海上河流相油田高效开发技术[J]. 石油勘探与开发，2013，40(6)：708-714.

[3] 胡光义，范廷恩，梁旭，等. 河流相储层复合砂体构型概念体系、表征方法及其在渤海油田开发中的应用探索[J]. 中国海上油气，2018，30(1)：89-98.

[4] 胡光义，陈飞，范廷恩，等. 渤海海域S油田新近系明化镇组河流相复合砂体叠置样式分析[J]. 沉积学报，2014，32(3)：586-592.

[5] 康志江，赵艳艳，张允，等. 缝洞型碳酸盐岩油藏数值模拟技术与应用[J]. 石油与天然气地质，2014，35(6)：944-949.

[6] 刘晨，孟立新，黄芳，等. 油藏数值模拟技术在复杂断块油藏开发后期的应用[J]. 录井工程 2011，22(2)：65-69.

[7] 韩大匡，陈钦雷，同存章. 油藏数值模拟基础[M]. 北京：石油工业出版社 1999：1-120.

[8] 赵辉，李阳，高达，等. 基于系统分析方法的油藏井间动态连通性研究[J]. 石油学报，2010，31(4)：633-636.

[9] 赵辉，康志江，张允，等. 表征井间地层参数及油水动态的连通性计算方法[J]. 石油学报，2014，35(5)；922-927.

[10] Gherabati S A，Hughes R G，Zhang Hongchao，et a1. A large scale network model to obtain interwell formation characteristics[R]. SPE 153386，2012.

[11] 宋考平，吴玉树，计秉玉. 水驱油藏剩余油饱和度分布预测的函数法[J]. 石油学报，2006，27(3)：1-5.

[12] 袁亚湘，孙文瑜. 最优化理论与方法 M]. 北京：科学出版社，1997.

[13] 赵辉，李阳，康志江. 油藏开发生产鲁棒优化方法[J]. 石油学报，2013，34(5)：947-953.

[14] 张光澄，王文娟，韩会磊，等. 非线性最优化计算方法[J]. 北京：高等教育出版社，2005.

[15] 孙清莹，段立宁，崔彬，等. 基于简单二次函数模型的非单调信赖域算法[J]. 系统科学与数学，2009，29(4)：470-483.

稠油油田开发后期静态参数变化及规律研究

常 涛 康 凯 石 飞 卢美月 周立业

[中海石油(中国)有限公司天津分公司]

摘 要：经过近些年油田取心技术增多和实验经验丰富，越来越深刻认识到油田渗流参数并不是完全静态的，而是不断发生变化，常规研究中却没有考虑。因此，有必要开展静态参数变化及规律的研究，从而提高开发后期零散剩余油精细挖潜准确度。以陆地与稠油海上油田静态参数变化机理出发，统计并描述了影响变化的关键因素与程度。比如随着开发阶段的深入针对高渗储层，水驱PV提高，导致储层内部结构发生变化，渗流过程中体现储层渗透率增加的趋势；流体性质中，油水相渗也发生明显变化，同时伴随油藏压力下降、脱气发生，往往发生结蜡。将这些变化结合渗流过程，分析了渗流参数变化的普遍规律。通过开发实践与国内油田开发阶段，参数变化与规律具有普遍适用性，可以有效指导油田开发。

关键词：开发后期；特高含水期；剩余油；渗透率；相渗

1 前言

对油田进行注水开发是我国油田采取的普遍方式。由于我国油田大多数属于陆相碎屑岩沉积，复杂的沉积结构加之后期的构造作用，使得天然能量较弱，注水开发成为经济又高效的开发方式，水的注入能够补充油田产出液带来的压力亏空，能够有效防止油藏压力下降，从而为油田高产、稳产带来充足动力。在保持压力的同时，应该关注，随着生产的进行，油田逐渐进入开发后期，注水水对油田的改造作用逐渐体现明显。尤其针对进入特高含水期的油田，剩余油分布呈现"整体分散、局部富集"[1-9]的状态，油田生产与调整要求对剩余油要有更为精确的描述。因此，结合进入开发后期油田特有的属性变化完成剩余油描述工作成为非常必要的。对此类内容的研究方法包括室内分析方法、取芯、测井、测试、物模分析、动态特征等方法，目前，国内外普遍认为的变化参数主要集中于储层参数、流体性质、油水相渗等等。总的来说，考虑油田开发后期渗流参数的变化是客观与必要的，它将为进一步精确的剩余油研究提供强有力的支撑。

2 储层变化特征及规律

通过物理模拟、岩心分析、测井储层评价、规模性统计等多种手段，开展了不同油田、不同储层在开发后期的储层宏观参数演化研究。研究结果表明，不同生产与含水率阶段，不同储层的渗透率、孔隙度、粒度中值与饱和度等对比初期均发生了变化，其中，孔隙度与粒度中值的变化规律较为一致，即，伴随着油田含水率的上升略有增高，但总体变化较小；而储层中含油饱和度是随生产的进行下降明显；同时，储层渗透率因初期差异具有不同的变化规律[10-15]。

1.1 高渗透率储层

针对高渗储层，它是储集物性好、渗透率高的一类储层，典型的如胶结疏松的细砂岩亦或分选较好、统一的中砂岩等。随着注水开发时间的延长，储层孔隙度的变化很小。岩石表面上的粘土矿物被水冲走而大幅减少，特别是大孔隙附近的表面变大异常干净，长石颗粒和表面吸附的高岭石被水溶解，高岭石晶形亦被破碎，多数的泥质、可动微粒、高岭石晶与产出液运移出来，改善了岩石的孔隙结构，导致孔喉半径增大，相应的渗透率值大幅提高。典型的渗透率参数分布，油田开发初期渗透率分布集中在 $200\times10^{-3}\sim1500\times10^{-3}\mu m^2$，而长期水驱后渗透率低于 $500\times10^{-3}\mu m^2$ 的分布明显减少，大于 $500\times10^{3}\mu m^2$ 的分布大幅增多，峰值向右偏移。从相同能量带不同含水期的毛管压力曲线对比还可以看出，由开发初期到特高含水期，毛管压力曲线的阀压减小，说明最大孔喉半大。因此，高渗储层长期水驱后宏观参数是向改善储层的方向变化，渗透率逐渐升高。

1.2 中、低渗透率储层

针对中、低渗透率的储层，一般此类储层物性偏低，颗粒相对高渗较细，胶结情况相对好，水常见岩性为中、低渗透细砂岩亦或低渗透粉砂岩等。伴随着注水开发，其孔隙度变化与高渗储层一致，即变化较小。长期水驱后，该类储层的泥质含量下降幅度很小，仅从5.4%~7.5%降至4.6%~5.9%。储层的渗透率随着注入孔隙体积倍数的上升呈现逐渐下降的趋势，对比初期，渗透率最终降幅一般在20%左右。经过扫描电镜的观察，在中、低渗透的储层中，微粒在水驱作用下发生了运移，其中一部分微粒被冲出岩心，扩大了渗透率，但由于中、低渗透率储层吼道细小，发现岩石中的蒙脱石遇水发生膨胀、被打碎的高岭石晶体运移至并堵塞了喉道，导致储层的渗透率反而降低。在油田的高一特高含水阶段，孔喉中大部分胶结程度低的小颗粒被搬运，而胶结较好的部分颗粒甚至岩石骨架颗粒在流体不断冲刷的作用下亦参与运移，这些往往较大颗粒被堵至孔喉窄小处，因而导致储层渗透率下降。同时各含水阶段的毛管压力曲线也表明：随着注水开发进行，阀压逐渐增大，从而反映了最大孔喉半径减小，渗透率降低。

3 流体参数变化及规律

通过国内外的注水油田开发实践表明：由于注入的水与地层含水的化学成分并不相同，注入水常带有硫酸盐还原菌与铁细菌等微生物，因此，注入水和原油长期接触后，必将对储层中原油的性质产生一定影响，即注入水中的化学组分、微生物、溶解氧等对原油产生物理化学作用，同时生物活动亦可引起原油中的胶质和沥青含量上升，最终导致原油的黏度和相对密度的增加。原油的胶质沥青质含量和其相对密度及黏度有较好的正相关关系，充分说明在水驱过程中，原油性质已经发生了明显变化。胜利油田统计分析不同时间各井密度、地面原油黏度、变化显示：看出原油性质随含水增加逐渐变差。油田含水率由0增至95%时，原油黏度增加了1.17倍~1.53倍，原油初馏点上升，原油黏度、初馏点和胶质沥青质含量增加10%~30%，而含蜡量较初期变化幅度较小，低于3%。同时在油田注水开发过程中，原油性质的变化呈现出一定的阶段性，即在油田含水率低于20%时，原油黏度变化幅度相对较大；含水率介于20%~80%之间时，变化幅度比较小；在高-特高含水期时，原油黏度上升较快。

4 油水两相渗透率变化及规律

油田开发初期部分储层中的油层岩石是亲油的，这是由于原油中包含的胶质和沥青等极性物质吸附在岩石表面所致。随着注水开发的进行，亲油表面上的油膜被水驱走，使得油膜变薄甚至消失，使岩石的亲水特性增强，从而造成润湿性由亲油变为亲水。油田大量的生产资料均表明，水驱到一定程度或当油层的含水饱和度增加至一定程度后，岩石的润湿性都向亲水性特性靠近。比如从大庆喇萨杏油田的开发经验得到：当原始油层含水饱和度高于40%时，大部分原始油层岩石的润湿性就由偏亲油转化为偏亲水特征；当原始油层含水饱和度继续增加，高于60%时，就将全部转化为亲水。胜利油田的生产、测试统计资料亦表明了油层水淹情况、饱和度变化对岩石润湿性转化的影响，即当油层含油饱和度下降空间高于10%时，岩石的润湿性发生变化；当油层含油饱和度下降空间高于20%时，油层润湿性变为强亲水[16-17]。

油田的实际生产统计资料、室内长期的水冲刷实验资料均表明，水驱后的普遍规律是亲油的储层向亲水的特征转变，且初期亲水的储层后期则更为亲水。这些特征的变化导致控制油水两相运移的相渗曲线发生明显变化："残余油饱和度不断降低，同一饱和度下水相渗透率增强，油相渗透率下降，同时油水两相跨度增加，两相交点饱和度右移，显示亲水性增强，残余油时水相对渗透率降低，驱油效率提高"。如图 1 所示。

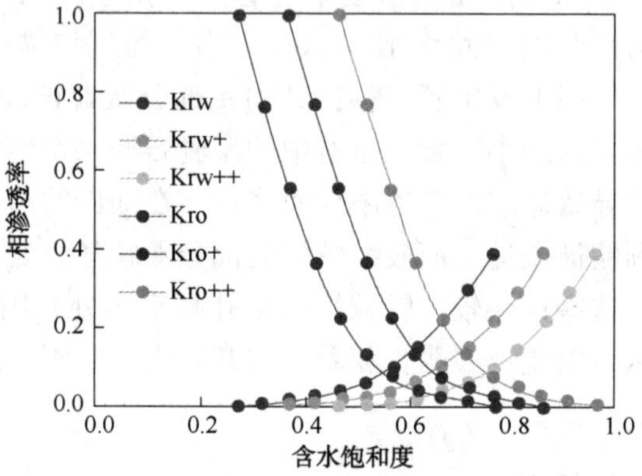

图 1　高水驱条件下相渗变化规律

5 结论

对于长期的水驱开发油田，水会对起到改造油藏的作用，从而使储层的微观空间产生一定的物理化学变化，这期间岩石骨架、孔喉网络结构、地层微粒、岩石润湿性等都发生明显变化，同时随着开发的延长储层物性参数发生一定改变，尤其油田进入中高含水期开发阶段，物性参数的变化就非常明显。随着长期注入水的冲刷，高渗储层中多数的泥质、可动微粒、高岭石晶与产出液运移出来，改善了岩石的孔隙结构，导致渗透率增大，而在低渗储层中这些往往较大颗粒被堵至孔喉窄小处，因而导致储层渗透率下降。同时由于注入水中的化学组分、微生物、溶解氧等对原油产生物理化学作用，引起原油中的胶质和沥青含量上升，最终导致原油的黏度和相对密度的增加。长期水驱后，岩石更加亲水，使得残余油饱和度不断降低，同一饱和度下水相渗透率增强，油相渗透率下降，同时油水两相跨度增加，两相交点饱和度右移，驱油效率提高。

参 考 文 献

[1] 武楗棠，余谦. 井间剩余油富集区确定方法研究[J]. 沉积与特提斯地质，2003，23(4)：108-110.

[2] 杜庆龙，朱丽红. 喇萨杏油田特高含水期剩余油分布及描述技术[J]. 大庆石油地质与开发，2009，28(5)：99-105.

[3] 冯明生，袁士义，许安著，等. 高含水期剩余油分布数值模拟的平面网格划分[J]. 油气地质与采收率，2008，15(4)：81-83.

[4] 林承焰，孙廷彬，董春梅，等. 基于单砂体的特高含水期剩余油精细表征[J]. 石油学报，2013，34(6)：1131-1136.

[5] 赵红兵，徐玲. 特高含水期油藏剩余油分布影响因素研究[J]. 石油天然气学报，2006，28(2)：110-113.

[6] 刘洋. 大庆萨北过渡带剩余油影响因素分析[D]. 东北石油大学，2016.

[7] 李林祥. 孤东油田七区馆上段油水过渡带剩余油挖潜技术[J]. 石油天然气学报，2012(9)：254-257.

[8] 邓新颖. 胜坨油田沙二段油水过渡带剩余油分布规律及挖潜对策研究[D]. 中国石油大学，2010.

[9] 袁志宏. 萨区过渡带厚油层顶部剩余油的水平井挖潜技术研究[D]. 东北石油大学，2011.

[10] 唐湘明. 小断块油藏油水过渡带提高采收率技术研究[J]. 复杂油气藏，2017(3)：28-28.

[11] 吴丽，陈民锋，乔聪颖，等. 稠油油藏过渡带油水分布规律及布井界限[J]. 油气地质与采收率，2016，23(3)：77-82.

[12] 吴丽，陈民锋，乔聪颖，等. 稠油油藏过渡带油水分布规律及布井界限[J]. 油气地质与采收率，2016，23(3)：77-82.

[13] 谭河清，傅强，李林祥，等. 基于流线数值模拟研究高含水后期油田的剩余油分布[J]. 成都理工大学学报(自然科学版)，2017，44(1)：30-35.

[14] 柏明星，张志超，李岩，等. 砂岩油田高含水后期变流线精细调整研究[J]. 特种油气藏，2017，24(2)：86-88.

[15] 王道串. 注采流线分布与剩余油的配置关系研究[D]. 成都理工大学，2009.

[16] 王传禹，杨普华，马永海，等. 大庆油田注水开发过程中油层岩石的润湿性和孔隙结构的变化[J]. 石油勘探与开发，1981(1)：57-70.

[17] 姜瑞忠，乔欣，滕文超，等. 基于面通量的储层时变数值模拟研究[J]. 特种油气藏，2016，23(2)：69-72.

碳酸盐岩潜山储层定量分类在前期方案研究中的应用

党胜国　李廷礼　王鹏飞　宋建芳　黄保纲

[中海石油(中国)有限公司天津分公司]

摘　要：曹妃甸古生界潜山油藏为目前渤海油田在古生界复杂海相碳酸盐岩潜山储层中取得的最大勘探突破。油田具有储层分布复杂，非均质性强，测试产能差异大等特点。为了降低潜山储层分布不确定性带来的开发风险，指导合理井位部署、产能研究和指标预测，从潜山储层发育的主控因素、井震结合储层预测、井点储层定量分类、产能测试和相邻区块水平井生产状况分析、地模-数模双模迭代研究等传统与新方法多手段综合应用，静、动态认识和定性、定量指标相结合，对研究区潜山储层进行了分区、分类研究，将5个断块划分成Ⅰ、Ⅱ、Ⅲ三类储层，进一步分析产能与裂缝发育的相关性，总结三种类型储层动态响应特征及分布规律。研究成果有力指导了潜山储量品质分析和动用策略研究，井网设计、井型选择及井位部署，合理产能分析及指标预测，为类似油田的风险评价、开发研究提供了可复制可借鉴的宝贵经验。

关键词：古生界潜山；碳酸盐岩；动态分析；双模迭代；定量评价；储层分类

曹妃甸古生界潜山油藏位于渤海西部海域，油藏埋深超过3000m，主要含油目的层为奥陶系中下统和寒武系上统海相灰岩和白云岩储层。储层埋藏深，经历构造运动期次多，影响因素多，优质储层主控因素及发育规律不清且分布复杂。由于海上油田开发成本高，需要尽可能研究清楚潜山储层分布规律，降低潜山储层强非均质性导致的潜山开发过程中面临的风险，提高开发效益。

1　潜山储层类型定性划分依据

从潜山储层发育的主控因素、地震储层预测、漏失量与初期产能的关系等因素出发[1]-[3]，研究储层定性分类依据。

在印支、燕山、喜山多期构造应力作用下，研究区发育近东西向、北西向和北东向三组主干断裂，延伸长度3~18km，断距50~550m，控制了潜山圈闭和古地貌的形成及演化，潜山内幕发育大量的次生小断裂。断裂活动强度控制岩溶作用规模及深度，从已钻井统计结果分析，靠近走滑断裂、多组断裂交汇带、次生小断裂发育区已钻井揭示储层厚度较大、物性较好。

古生界潜山经历了多期次构造运动改造和长期的风化淋滤作用，形成了有利的储集体，断裂系统、古地貌、岩性差异是潜山优质储层发育的主控因素。优质储层发育区表现为地震

【第一作者简介】党胜国，男，1980年1月生，2007年毕业于西北大学地质学系，硕士，中海油天津分公司渤海石油研究院，高级工程师，现从事油气田开发和石油地质综合研究工作。E-mail：dangshg@cnooc.com.cn。

预测属性好，古地貌较高，近大断裂、次生断裂发育，钻井液漏失量大，初期产能高等特征。

2　潜山储层半定量分类

综合潜山储层发育的主控因素、地震储层预测、钻井液漏失与初期产能的关系等宏观定性认识与单井储层定量分类指标，半定量将潜山储层划分为Ⅰ、Ⅱ、Ⅲ三类储层，平面上进行定性分区（图1）。

潜山储层分类	岩、壁心	成像测井	储层模式	地震预测属性	分布区域
好（Ⅰ类）	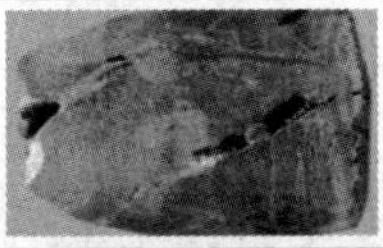	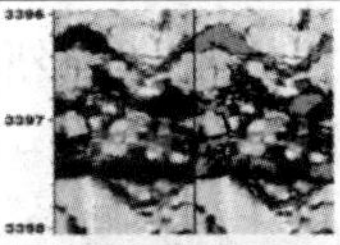	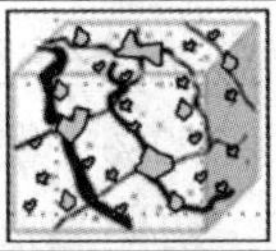	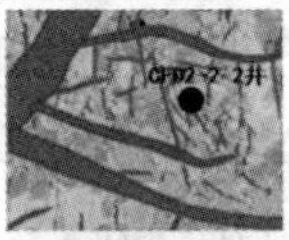	东块2井区 西块9井区顶部
好（Ⅱ类）	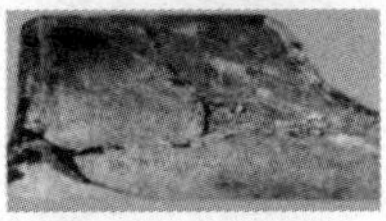	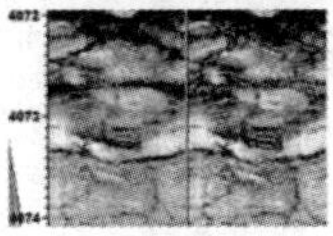		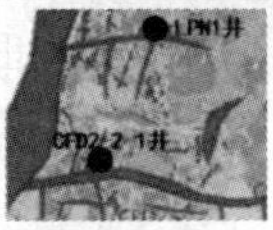	东块1井区高部位 东块2井区低部位 西块3井区 西块9井区
好（Ⅲ类）	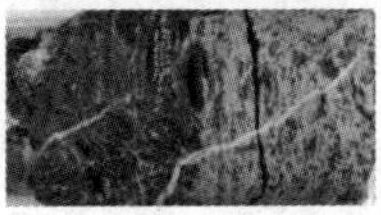	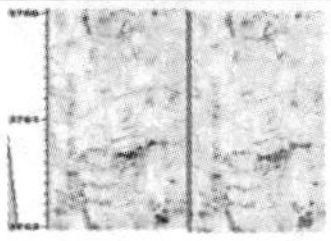	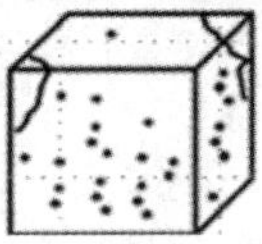	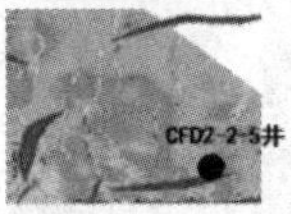	东块1井区 低部位

图1　储层类型划分及分布

Ⅰ类储层主要分布在东块2井区构造高部位，具有古地貌高，近北东向走滑大断裂和边界大断裂，次生小断裂发育，地震预测属性显示好，钻井漏失量大，储层白云岩含量高的特征，井上裂缝、小型溶蚀孔洞发育，裂缝普遍发生溶蚀加宽，平均裂缝开度≥100μm，总孔隙度≥4%，有效储层厚度≥100m。Ⅱ类储层主要分布在东块1井区高部位，东块2井区低部位和西块3、9井区，具有古地貌中等到高，距走滑大断裂和边界大断裂较近，次生小断裂发育一般，地震预测属性显示较好，钻井漏失量中等，储层白云岩含量中等-低的特征，井上裂缝、溶孔较发育，裂缝溶蚀加宽不强烈，裂缝开度30~100μm，总孔隙度3~4%，有效储层厚度50~100m；Ⅲ类储层主要分布在东块1井区构造低部位，具有古地貌低，距大断裂较远，次生小断裂不发育，储层白云岩含量低的特征，井上裂缝发育少，裂缝开度<30μm，总孔隙度<3%，有效储层厚度<50m，储层以基质-孔隙型为主。

3　潜山储层类型定量划分

由于潜山储层分布复杂、非均质性强、测试产能差异大，在储层类型半定量划分的基础上，基于潜山双重介质地质模型和数值模型，利用已开发井区的生产动态数据迭代拟合区块及单井含水、比采油指数、初期产量等参数[4]-[7]，不断修正地质模型的渗透率场分布，结合产能分析结果及行业标准利用渗透率数据定量划分潜山储层类型，进一步降低潜山方案研究及开发阶段面临的不确定性，定量刻画储层的风险及潜力，细化储量品质分析，产能分析及指标预测，合理部署开发井网，指导复杂潜山油气藏的高效开发。

3.1　潜山储层类型定量划分

根据动态资料和双重介质模型多次迭代拟合后的渗透率场分布，结合碳酸盐岩储层行业分类标准和采油井的初期产能、比采油指数、含水上升特征等，以渗透率为主要参数，将潜山储层划分为三类，Ⅰ类储层渗透率大于60mD，Ⅱ类储层渗透率20~60mD，Ⅲ类储层渗透率小于20mD。平面上靠近北东向走滑断裂、南部边界大断层及西南侧古地貌高部位储层发育最好；纵向上自潜山不整合面顶部向下储层渗透率逐渐降低，物性变差，潜山顶面往下120m内储层发育最好，平均渗透率46~65mD，120m以下储层迅速变差，平均渗透率18~22mD(图2)。

3.2 潜山不同类型储层动态响应

Ⅰ类储层靠近北东向走滑断裂、南部边界大断层及西南侧古地貌高部位，岩心可见沿缝发育厘米级溶蚀孔洞，成像测井显示沿构造缝溶蚀加宽强烈、溶蚀孔隙发育，平均裂缝宽度227~281μm，裂缝孔隙度1.2%~3.2%，测井渗透率36.2~85.2mD，平均60.7mD；比采油指数1.1~6.2m^3/(d·MPa·m)，初期高产稳产，稳产期2~3a左右，见水后呈爬坡型加快上升或暴性水淹，中高含水期产量递减加大(图3)。

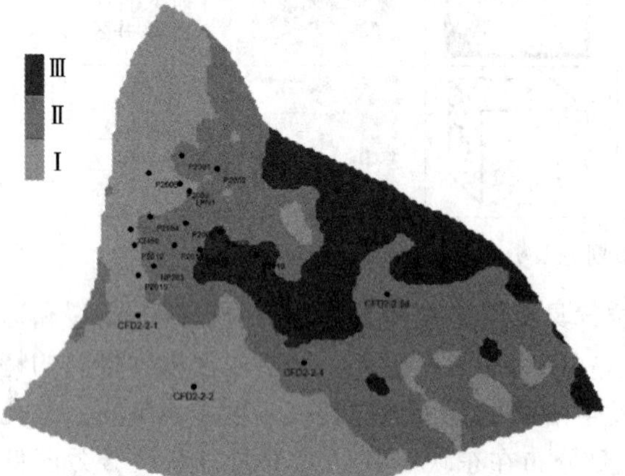

图2　潜山双重介质模型迭代后渗透率场分布

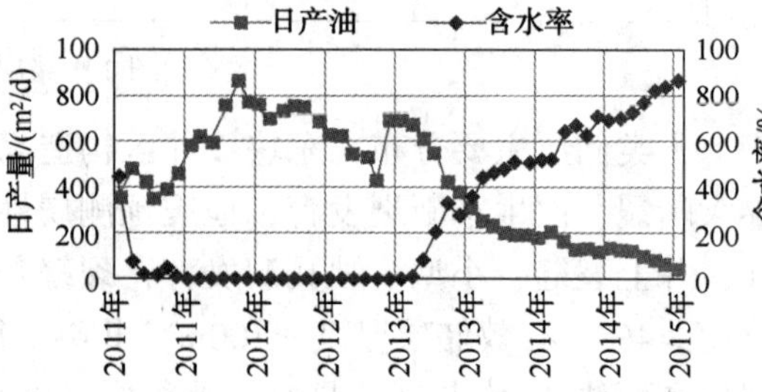

图3　Ⅰ类储层采油井生产特征

Ⅱ类储层距北东向走滑断裂和南部边界大断层较近，古地貌中到较低，岩壁心裂缝、溶孔较发育，成像测井显示沿构造缝溶蚀加宽程度一般、溶蚀孔隙较发育，平均裂缝宽度33~153μm，裂缝孔隙度0.33%~0.73%，测井渗透率4.8~48.4mD，平均27.3mD；比采油指数0.5~1.0m^3/(d·MPa·m)，初期高产稳产，稳产期2~3a左右，见水后呈阶梯状上升，随着含水上升加快，产量递减加大(图4)。

Ⅲ类储层距走滑断层>600m，距南部边界大断裂>1000m，古地貌低，岩壁心裂缝发育少，充填严重，成像测井显示裂缝不发育，孔隙多为孤立型，裂缝宽度<30μm，测井渗透率<20mD，由于缺乏裂缝的有效沟通，储层偏基质孔隙型；比采油指数<0.3m^3/(d·MPa·m)，产量低，含水低，间歇式出水，基质储层贡献为主(图5)。

4 储层定量分类在前期方案研究中的应用

通过古生界碳酸盐岩潜山储层定量分类评价与动态响应关系研究[8]，可有效降低复杂潜山油藏方案研究及开发阶段所面临的不确定性，量化三类储量分析，合理部署开发井网，分类进行配产，进行指标预测，指导复杂潜山油气藏的高效开发。

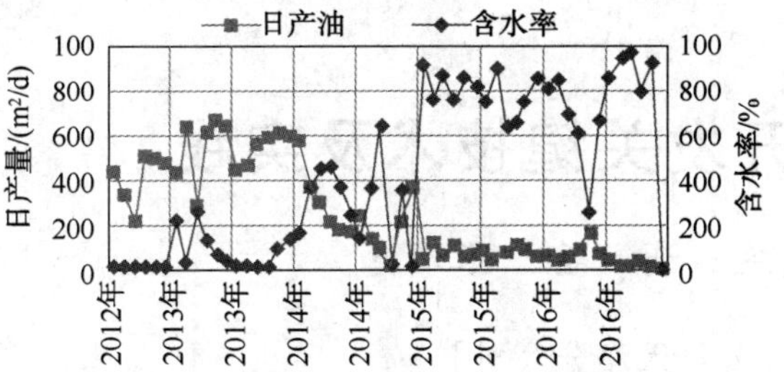

图4　Ⅱ类储层采油井生产特征

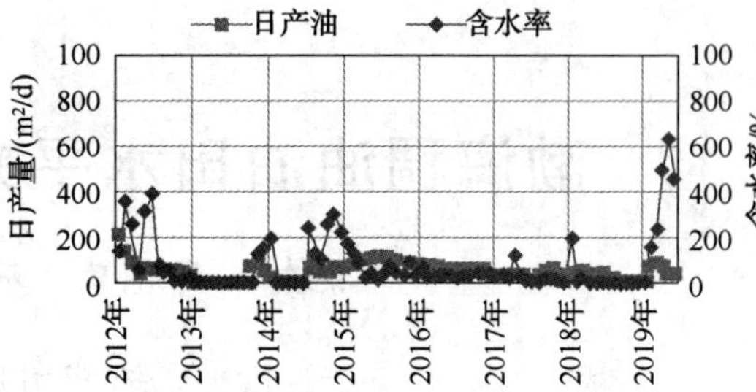

图5　Ⅲ类储层采油井生产特征

参　考　文　献

[1] 程鑫，周立宏，操应长等. 黄骅坳陷大港探区下古生界碳酸盐岩潜山差异演化及优质储层成因[J]. 石油与天然气地质，2021，42(03)：673-689.

[2] 肖述光，李慧勇，李飞等. 渤海西部中新生代多旋回构造演化与潜山形成[J]. 海洋地质前沿，2020，36(06)：1-10.

[3] 秦瑞宝，张磊，周改英. 潜山油田裂缝孔隙度和渗透率测井评价新方法[J]. 中国海上油气，2015，27(03)：31-37.

[4] 高振南，霍春亮，罗成栋等. 双模迭代技术在裂缝性碳酸盐岩油藏中的应用[J]. 特种油气藏，2018，25(03)：108-112.

[5] 韩长城. 塔河油田奥陶系断控岩溶储集体特征及分布规律研究[D]. 中国石油大学(华东)，2017.

[6] 姜智夫. 锦州25-1南裂缝性油藏开发评价及挖潜对策研究[D]. 中国石油大学(北京)，2017.

[7] 房立文，许峰，卢国军等. 基于生产数据分析的潜山储集性能评价[J]. 油气井测试，2012，21(06)：22-24.

[8] 张占女，陈建波，吕坐彬等. 等效裂缝密度在锦州南变质岩潜山裂缝定量表征中的应用[J]. 重庆科技学院学报(自然科学版)，2014，16(01)：13-16.

渤海稠油油田水平井开发关键技术及实践

邓景夫　吴晓慧　张俊廷　谢　岳　张国浩

[中海石油(中国)有限公司天津分公司]

摘　要：SZ 油田是一个海上重质稠油油田，一次加密调整后，形成了定向井、水平井联合井网开发模式。随着油田进入高含水期，对于复杂水淹砂体挖潜水平井的含水上升机理以及控水稳油策略研究较少，针对此问题，通过油藏工程方法分析了联合井网提高采收率的机理，提出了三类水平井挖潜模式，同时建立了复杂水淹砂体水平井含水上升定量预测及预警模型，基于此制定了相应治理策略，实现了精准判别、提前预警、提前治理，保障了水平井的持续高产稳产。联合井网开发区域水平井产能达到定向井的 2 倍以上，含水率降低20%，采油速度由1.2%提高到1.6%，采收率由24%提高到36%，提高12.0%，为渤海稠油油田的高效开发提供了指导。

关键词：海上重质稠油；联合井网；复杂水淹；含水上升规律；预警模型

1　引言

SZ 油田位于渤海辽东湾海域，构造形态为北东走向的断裂背斜。储集层孔隙度在 28.0%~35.0%之间，平均 31.0%；渗透率在 100~10000mD 之间，平均 2320mD，地面原油密度 0.958~0.982g/cm^3，地下原油黏度 50~450mPa·s，为高孔、高渗稠油油藏。油田 1993 年投入开发，随着开发的进行，基础反九点井网递减率加大，采油速度低，为改善油田开发效果，SZ 油田从 2009 年至 2015 年逐步实施整体加密综合调整，调整方式为在定向井加密的基础上，对主力油层实施水平井加密，形成了具有海上油田特色的定向井与水平井联合井网的开发模式(图 1)。

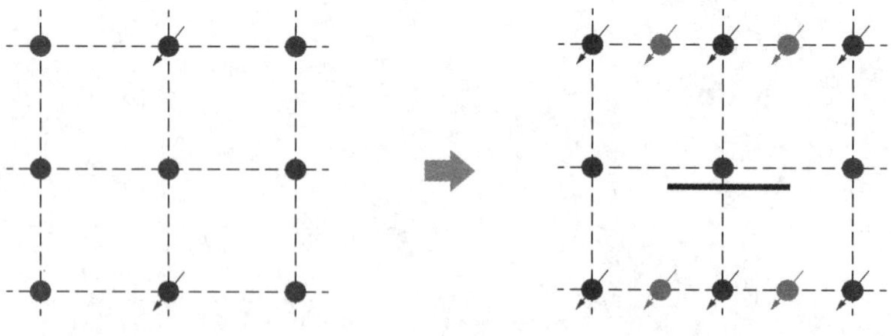

图 1　SZ 油田井网演变示意图

【第一作者简介】邓景夫，男，1986 年 6 月出生，2013 年 7 月毕业于东北石油大学，获得油气田开发工程硕士学位，目前工作于中海石油(中国)有限公司天津分公司，高级工程师，主要从事油气田开发管理。E-mail：dengjf3@cnooc.com.cn。

2 联合井网提高采收率机理研究

不同开发阶段，联合井网提升开发效果及采收率理念不断转变，由早期的提高宏观纵向和平面波及系数转变为提高微观驱油效率。

在定向井井网稳定状态的基础上，瞬时迭加水平井势。当定向井与水平井联合开采时，水平井在三维空间的势有解析解。对定向井(一注一采)采用一个平面代表一个层的做法，认为该层内不存在物性差异，定向井产生的势相同，因此若定向井在某一层的纵向位置为Zi，水平井和定向井产生的总势为：

$$\Phi=\Phi_{水平井}+\Phi_{直井}$$

其中：

$$\Phi_{水平井}=\frac{Q_L}{4\pi L}\ln\frac{a-c}{a+c}$$

$$a=\frac{1}{2}\{[(x-c)^2+y^2+z_i^2]^{1/2}+[(x+c)^2+y^2+z_i^2]^{1/2}\}$$

$$\Phi_{直井}=\frac{q_i}{2\pi}\ln\frac{r_1}{r_2}$$

$$r_1=\sqrt{(x-x_1)^2+(y-y_1)^2}$$

$$r_2\sqrt{(x-x_2)^2+(y-y_2)^2}$$

式中，q_i为定向井在第 i 层的产量(等于注入量)；r_1，r_2为第 i 层任一位置距离生产井、注水井的距离。

建立联合井网渗流数学模型，求解得到势函数与流函数，研究联合井网渗流特征。定向井井网生产时，为点对点驱替，形成纺锤形流动。与定向井井网相比，加入水平井后，平面渗流模式由纺锤型流动转变为拟线性流动，指进减缓，水平井平面引流效果显著。纵向水平井的部署层动用状况明显改善，流体在厚层内部的垂向流动也明显加强，弱驱部位得到有效动用，纵向绕流效果较明显。

对比定向井井网和联合井网在不同水油流度比下的波及系数，如图 2，可以看出联合井网波及系数比定向井井网提高 30%以上。

同时计算了定向井井网和联合井网驱替压力梯度(图 3)，联合井网驱替压力梯度整体大于定向井井网，并且定向井井网驱替压力梯度整体小于 1.0KPa/m，而联合井网整体处于 0.8~1.6KPa/m 之间，随着驱替压力梯度的增加，驱油效率升高。因此高含水后期，联合井网通过提高驱替压力梯度，提高驱油效率，达到进一步提升开发效果和采收率的目的。

3 基于储层构型的水平井挖潜模式创新

海上油田一般多层合采且井距较大，受韵律性和重力作用影响，高含水期稠油油藏厚油层层内水淹规律复杂，部分砂体水淹程度很低，而另一部分砂体水淹程度很高，且强水淹砂体分布位置各异，导致层内存在大量剩余油无法采出，如图 4 所示。

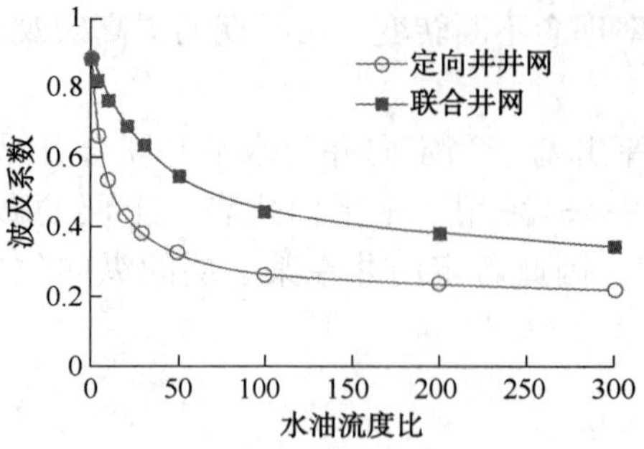

图 2　定向井井网和联合井网波及系数

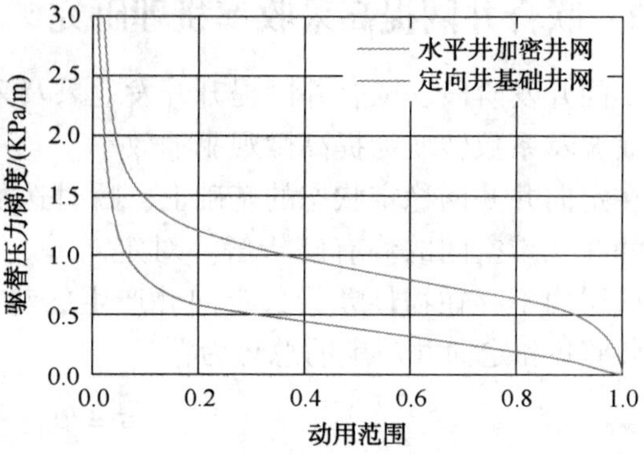

图 3　不同井网驱替压力梯度图

在构型研究的基础上，SZ 油田形成了不同水淹类型砂体水平井挖潜模式，包括底部强水淹砂体水平井挖潜顶部剩余油模式、顶部强水淹砂体水平井挖潜底部剩余油模式、顶底强水淹砂体水平井挖潜中部剩余油模式，如图 4 所示。

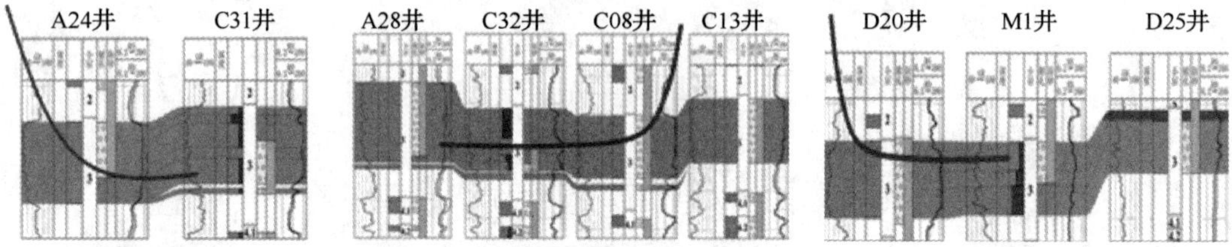

(a)底部挖潜剩余油　　(b)中部挖潜剩余油　　(c)顶部挖潜剩余油

图 4　SZ 油田水平井挖潜模式

4　应用效果

SZ 油田联合井网的开发模式取得了良好效果，水平井贡献逐渐增加。联合井网开发区域取得了采油速度高、阶段采出程度高、阶段含水低“两高一低”的好效果。水平井产能达到定向井的 2 倍以上，含水率降低 20%，采油速度由 1.2%提高到 1.6%，采收率由 24%提高到 36%，提高 12.0%(图 5、图 6)。

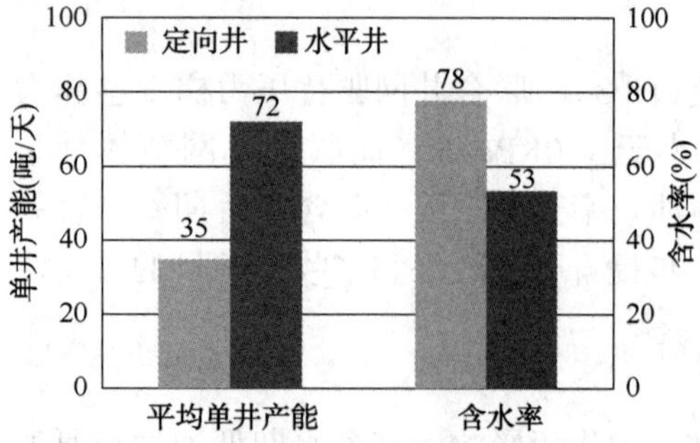

图 5　定向井和水平井初期产能、含水对比图

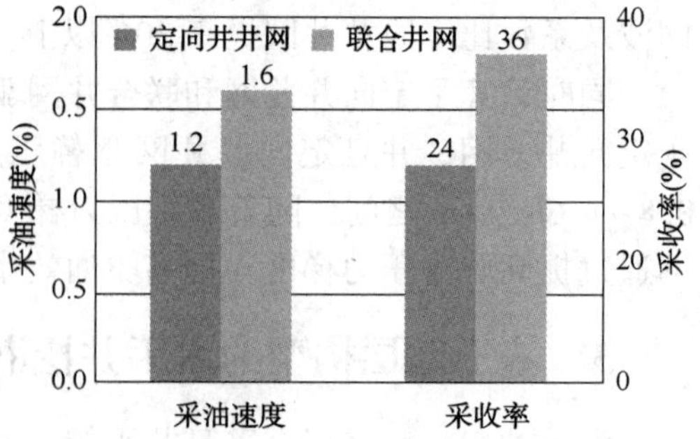

图 6　定向井井网和联合井网采油速度、采收率对比图

参考文献

[1] 武兵厂，姚军，吕爱民. 水平井与垂直井联合井网波及系数研究[J]. 石油学报，2006，27(4)：85-88.

[2] 武兵厂，姚军，张继宏，等. 水平井与直井联合井网见水时间的确定方法[J]. 石油学报，2005，26(4)：111-114.

[3] 陈民锋，尹承哲，王振鹏，等. 直井-水平井组合井网平面井间动用规律[J]. 深圳大学学报(理工版)，2018，35(4).

[4] 张英志. 萨北开发区特高含水期层系井网演化趋势研究[J]. 大庆石油地质与开发，2006，25(b08)：4-7.

[5] 张鹏刚，王小梅，邹胜林，等. 姬塬油田池 46 井区长 8 油藏高效开发数值模拟跟踪及精细注采调控技术研究[C]//宁夏青年科学家论坛石化专题论坛. 2014.

[6] 林冬萍. 精细注采调控改善油田开发效果[J]. 化工管理，2014(29)：213-213.

[7] 曹月，李秀生，谭桂花，等. 水平井和直井联合开发理论研究[J]. 内蒙古石油化工，2009(9)：95-98.

[8] 王忠凯，于永波，张传绪. 低丰度葡萄花储层直井—水平井联合开发实践与认识[C]//采油工程文集. 2016.

[9] 郭军涛. 肇州油田直井—水平井联合开发区块合理注水强度[J]. 大庆石油地质与开发，2015，34(4)：92-96.

[10] 赵井丰，于广文. 利用直井-水平井联合开发薄差储层[J]. 大庆石油地质与开发，2014，33(2)：62-65.

[11] 齐春艳，王贺军. 喇萨杏油田层系井网现状及调整对策[J]. 大庆石油地质与开发，2010，29(1)：43-46.

[12] 闫丽萍. 大庆油田北二东区块层系重组调整方法[J]. 大庆石油地质与开发，2013，32(1)：101-104.

[13] 王伟. 喇嘛甸油田水驱二次开发方法[J]. 大庆石油地质与开发，2015，34(2)：69-73.

[14] 韩大框. 关于高含水油田二次开发理念对策和技术路线的探讨[J]. 石油勘探与开发，2010，37(5)：583-591.

渤海复杂低阻油藏甜点预测及高效开发

邓 猛 舒 晓 全宝强 周军良 何 康

[中海石油(中国)有限公司天津分公司]

摘 要：低阻油藏物性差、束缚水饱和度高、油水分布复杂，开发难度大。认清储层含油分布模式、准确预测高渗高产甜点是低阻油藏高效开发的关键。基于地震沉积学理论和储层构型分析方法，综合应用岩心、测井、生产动态等资料，对研究区辫状河低阻储层含油分布主控因素开展了研究，建立了研究区辫状河低阻储层差异化含油分布模式，且具有沉积微相控制物性、物性决定含油性的规律，高渗心滩坝为油气富集区和高产甜点区。利用该研究成果在心滩坝甜点区部署实施7口水平井，均取得较好生产效果。水平井，均取得较好生产效果。

关键词：甜点；控制因素；差异化含油；储层构型；低阻储层

低阻油藏为一类非常规油藏，因其潜力巨大，备受广大石油地质工作者关注。在低阻储层研究方面，国内外做了大量研究工作[1-5]，包括低阻储层宏观沉积背景及地质成因模式、微观成因机理、低阻储层识别及综合评价等。纵观前人研究，目前针对低阻油层的研究多偏重于低阻成因分析及判识方法探索，但对于低阻储层构型精细表征、低阻储层中高渗高产甜点预测及含油富集主控因素方面的研究则少见报道，上述研究的缺乏对于低阻储层的高效开发十分不利。

本文综合利用钻、测井及地震等资料，在储层构型解剖基础上，多因素融合，定量表征不同构型单元含油性差异，建立了馆陶组辫状河连片砂体低阻油层差异化分布模式和有利区预测方法，该研究成果不为本油田及类似油田低阻油层开提供了借鉴和指导。

1 研究概况

渤海 W 油田位于渤海中部海域石臼坨凸起中西部，其主要含油层段为明化镇组下段和馆陶组上段，其中明下段为曲流河沉积，馆上段为辫状河沉积低阻储层主要发育于馆上段。

低阻油藏开发初期，认为 NgⅡ2 小层储层大面积连片分布，横向连通性好，油水主要受构造控制，构造高部位为油气富集区域。开发实践表明，NgⅡ2 小层部分井在构造高部位钻遇水层，且相邻井间油水界面和生产动态响应差异显著，低阻储层含油分布十分复杂，非简单的构造油藏，因此有必要对低阻储层及其含油分布模式进行研究和探索。

2 低阻辫状河储层构型及特征

2.1 构型单元划分及特征

研究区馆陶组辫状河主要发育心滩坝、辫状水道、泛滥平原 3 种四级构型构型单元。心

【第一作者简介】邓猛，男，1988 年 9 月生，2015 年毕业于长江大学矿产普查与勘探专业，硕士，中海石油(中国)有限公司天津分公司，开发地质工程师。E-mail：dengmeng@ cnooc.com.cn。

滩坝为 NgⅡ2 低阻储层主要构型单元，纵向多期叠置，砂体较厚(8~11m 之间)，测井曲线以箱形、箱形—钟形为主；辫状水道纵向上呈顶平底凸状，沉积砂体厚度较同期心滩坝变薄，一般在 5~8m 之间，测井曲线以钟形、叠塔形为主；泛滥平原主要为细粒沉积，岩性以灰色、灰绿色泥岩、粉砂质泥岩和泥质粉砂岩为主。受各辫流带河道冲刷影响，研究区油层段泛滥平原泥岩保存不完整，以泥质隔夹层为主，GR 曲线表现为明显回返。

2.2 储层构型单元平面展布

2.2.1 基于钻井信息的储层构型解剖

表明自然伽马、低阻率、全烃气测与地震属性具有较好的一致性，一般电阻率、全烃值越高、自然伽马越低，地震振幅属性越强。不同构型单元地震振幅响应、自然伽马、电阻率和全烃气测差异明显。一般心滩坝地震振幅响应强，自然伽马小于 60API，电阻率大于 4Ω · m，全烃值 10~14 万 ppm 之间。坝缘地震振幅响应中等，自然伽马 60~70API，电阻率 2.5~4Ω · m 之间，全烃值 4~8 万 ppm 之间。辫状水道地震振幅响应弱，自然伽马大于 70API，电阻率小于 2.5Ω · m，全烃值 0~1 万 ppm 之间(图 1)。

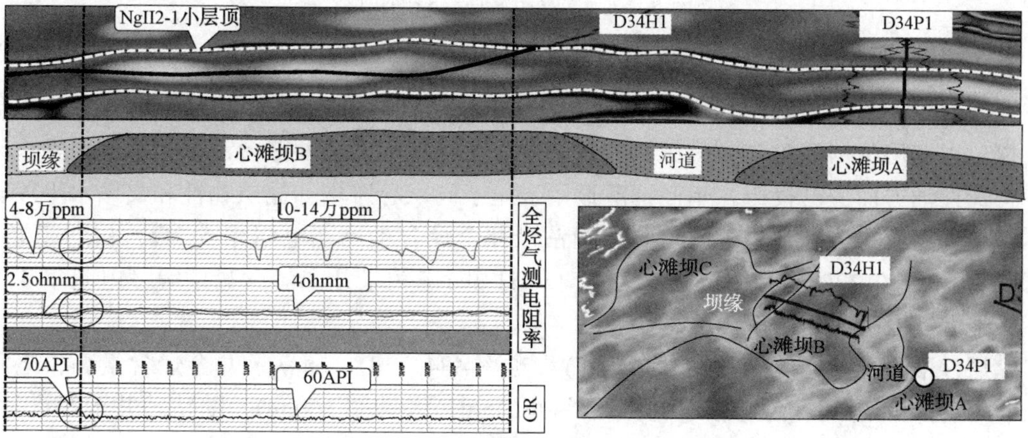

图 1 基于水平井的沉积微相分析

2.2.2 基于地震属性分析的储层构型解剖

不同沉积微相地震振幅值范围差异明显，心滩坝地震振幅值一般大于 4500，坝缘地震振幅值一般在 3500~4500 之间，辫状水道振幅值一般小于 3500。

在明确不同沉积微相地震振幅范围基础上，通过对不同地震振幅绝对值分带刻画，结合基于水平井信息储层构型解剖成果，最终确定不同沉积微相的平面分布范围，由此实现无井区地震属性约束下的沉积微相分布刻画(图 2)。

3 辫状河低阻储层含油分布模式及甜点预测

3.1 基于岩心的低阻储层含油性分析

岩心观察表明 NgⅡ2 辫状河低阻储层不同沉积微相含油性差异明显，心滩坝荧光显示呈亮黄色，含油饱和度高，油层；坝缘荧光显示呈暗黄色，含油饱和度中等，油层；而辫状水道呈深蓝色，含油饱和度低，水层、含油水层和油水同层。岩心半渗透隔板实验结果表明束缚水饱和度与渗透率呈较好相关性，渗透率越高、束缚水饱和度越低、含油饱和度越高。心滩坝含油饱和度普遍高于辫状水道，且不同渗透率心滩坝，其束缚水饱和度差异明显。

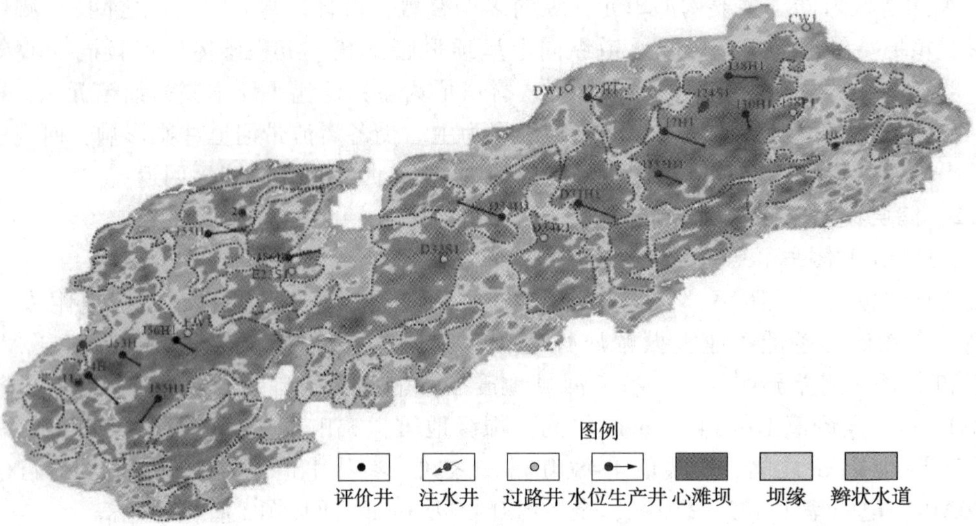

图 2　NgⅡ2 低阻储层沉积微相图

3.2　基于生产动态的低阻储层含油性分析

在储层构型解剖和岩心分析基础上，结合已投产调整井生产动态和各井气测录井全烃值，探讨了储层与构造对含油分布的控制，进一步明确了低阻油藏含油分布主控因素。

构造控油方面，已投产井生产情况显示，位于同一心滩坝，储层物性和实钻水平段长度基本一致井组，构造高部位井(J55H1)随钻录井全烃含量高，电阻率 5.2Ω，初期产能 100 吨/天，含水率 0.73%能；构造底部为井(J56H1 井)随钻录井全烃含量中等，电阻率 4.1Ω，初期产能 67 吨/天，含水率 20%。

储层控油方面，心滩坝已钻井(J54H)渗透率 484.1mD，随钻录井全烃含量高，电阻率 4.8Ω，初期产能达到 118 吨/天。坝缘已钻井(J56H)渗透率 160mD，随钻录井全烃含量高，电阻率 2.5Ω，投产后产油量和产液量都很低(图 3)。

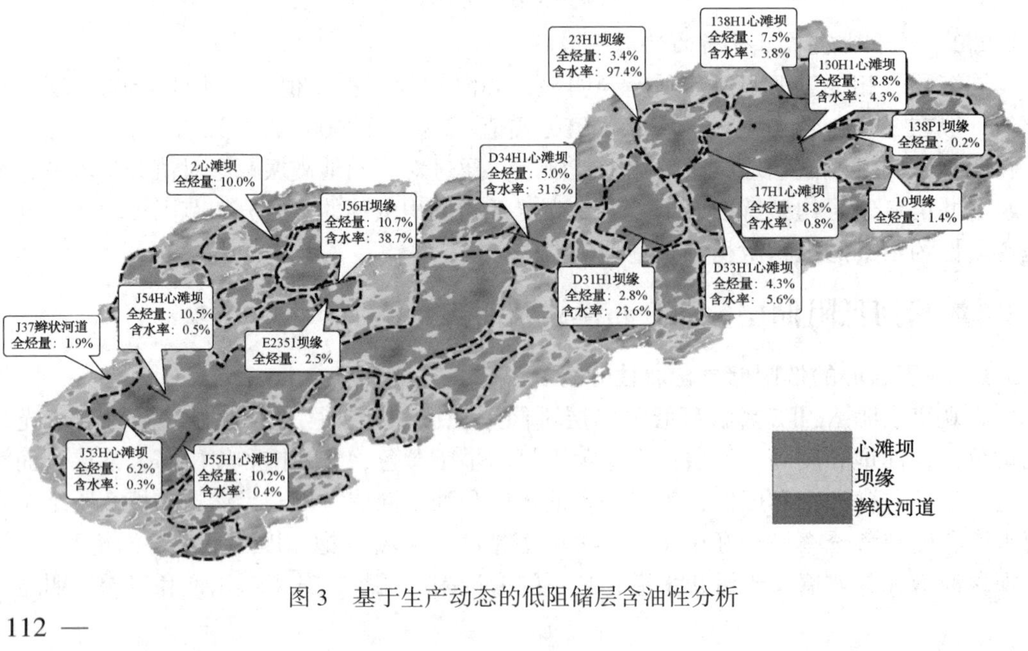

图 3　基于生产动态的低阻储层含油性分析

3.3 低阻储层差异化含油分布模式及甜点预测

根据低阻储层岩心、测井、生产动态等资料综合分析，在明确低阻储层含油分布主控因素基础上，建立了馆陶组辫状河低阻油藏差异化含油分布模式(图4)。整体来看，研究区辫状河低阻储层含油性主要受构造和储层物性控制，其中储层物性为主要控制因素，构造为次要因素。低阻油藏含油分布具有岩性控制物性、物性决定含油性的总体规律，一般储层物性越好、含油性越高、产能贡献越大。

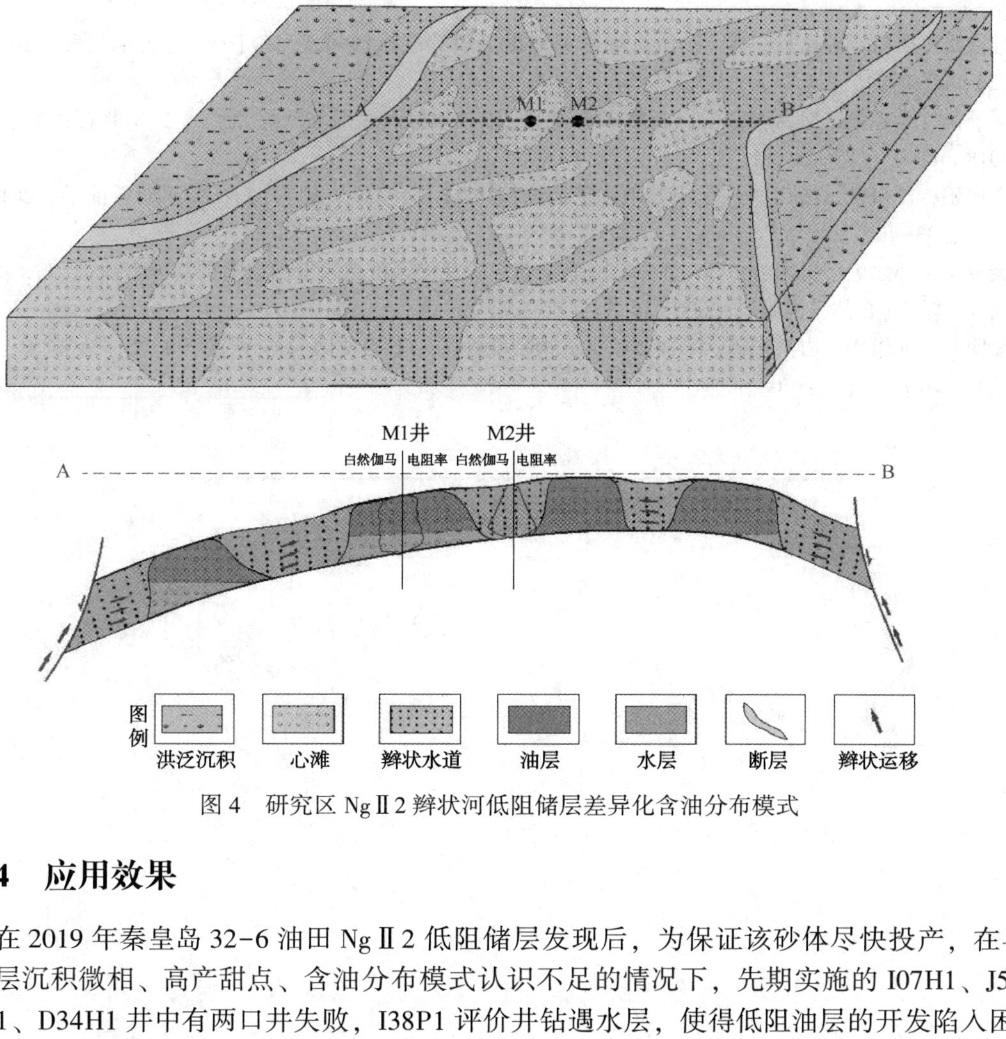

图4 研究区 NgⅡ2 辫状河低阻储层差异化含油分布模式

4 应用效果

在2019年秦皇岛32-6油田NgⅡ2低阻储层发现后，为保证该砂体尽快投产，在早期对储层沉积微相、高产甜点、含油分布模式认识不足的情况下，先期实施的I07H1、J56H、I23H1、D34H1井中有两口井失败，I38P1评价井钻遇水层，使得低阻油层的开发陷入困局，通过开展滚动研究，后期根据甜点预测成功实施水平井7口，总体日产油超800方/天，为秦皇岛32-6油田的增产稳产做出了巨大贡献，取得了巨大的经济效益。

5 结论

1）系统建立了海上油田大井距、少井情况下的低阻辫状河储层构型精细表征技术，实现了低阻辫状河储层中心滩坝、坝缘、辫状河道等沉积微相的精细刻画。研究前认为低阻储层是大面积连片、连续性好的储层，研究后认识到低阻储层是一套沉积微相控制的弱连续性储层。

2）创新形成了渤海低阻储层高产、高渗甜点预测技术，明确指出心滩坝是低阻辫状河储层中的高渗、高产甜点，有效指导了渤海油田低阻储层的井位部署。

3）首次建立了渤海油田低阻储层的差异化含油分布模式，揭示了低阻储层具有沉积微相控制物性、物性决定含油性的总体规律。确定了低阻辫状河储层的中、高渗透率的心滩坝是石油富集区域，具有高含油饱和度，低渗透率的辫状河道含油饱和度很低，主要含水。

参 考 文 献

[1] 林国松，康凯，郭富欣，等. 渤海海域蓬莱油田低阻储层成因模式研究[J]. 特种油气藏，2019，28(3)：68-73.

[2] 李子悦，毛志强，徐锦绣，等. LD 油田东营组二段油层低阻成因及沉积背景[J]. 东北石油大学学报，2018，42(4)：85-90.

[3] 李振鹏，贾海松，潘广明，等. 歧南断阶带明下段低阻储层地质成因[J]. 海洋地质前沿，2018，34(11)：33-40.

[4] 吴金龙，孙建孟，朱家俊，等. 济阳坳陷低阻储层微观成因机理的宏观地质控制因素研究[J]. 中国石油大学学报(自然科学版)，2006. 30(3)：21-25.

[5] 廖明光，苏崇华，唐洪，等. W 油藏粘土矿物特征及油层低阻成因[J]. 西南石油大学学报(自然科学版)，2010，32(5)：70-74.

渤海潜山裂缝型凝析气藏渗流特征及规律研究

高振南　刘小鸿　李廷礼　郑　华　廖　辉

［中海石油(中国)有限公司天津分公司］

摘　要：针对渤海 BZ 裂缝型凝析气田渗流特征及规律认识不清难题，应用双重介质组分模型数值模拟，对影响裂缝型凝析气藏渗流的地质因素和开发因素进行规律研究。结果表明：考虑基质动用程度和裂缝发育情况，推荐 BZ 凝析气田使用双孔双渗组分模型；天然气采收率与裂缝渗流能力成正比、与采气速度成反比，凝析油采收率随裂缝渗流能力与采气速度的增大均呈现先增加、后降低的趋势；BZ 凝析气田具有强应力敏感性，衰竭开发天然气采收率较表征前降低 13%，凝析油采收率较表征前降低 7%。

关键词：裂缝型凝析气藏，渗流机理，数值模拟，应力敏感

BZ 凝析气田位于渤中凹陷西南部，主力层为太古界变质岩潜山，储集空间主要为溶蚀孔隙和裂缝，属于中孔、特低渗储层。该气田发育宏观裂缝、微观裂缝，具有双重介质特征，还具有地露压差小、特高含凝析油、反凝析液量大等流体特征。

国内外调研发现目前尚无相似气田开发实例，无法对该气田开发进行类比借鉴[1-2]。因此，笔者借助数值模拟组分模型研究方法，定量化研究储层物性、生产参数等因素对裂缝型凝析气藏渗流特征影响，以期为 BZ 凝析气藏高效开发提供理论指导。

1　双重介质模型耦合表征

准确合理的三维地质模型是高效油藏数值模拟的基础。由于同时存在基质和裂缝两种流体存储介质，因此表征裂缝型储层的三维地质模型又被称为双重介质模型。

双重介质模型中基质模型的建立与常规砂岩储层建模方法一致，基于地震、测井、地质认识建立相模型，以地质统计学为指导，应用随机建模方法建立三维空间网格基质属性模型；裂缝模型的建立则需要以地震属性为约束，应用 DFN 离散裂缝网络建模方法建立裂缝片模型，并建立三维空间网格裂缝属性模型，进而将基质模型和裂缝模型耦合形成双重介质模型[3-7]。

2　裂缝型储层渗流机理

2.1　双重介质渗流机理

双重介质地质模型为流体提供了存储空间和渗流通道，但是流体的渗流规律则跟基质和

【基金项目】“十三五”国家科技重大专项“渤海油田高效开发示范工程”(2016ZX05058)

【第一作者简介】高振南(1985—)，男，工程师，2009 年毕业于中国石油大学(华东)石油工程专业，2012 年毕业于中国石油大学(北京)油气田开发专业，获硕士学位，现从事油藏工程方面工作。目前就职于中海石油(中国)有限公司天津分公司，任油藏工程师。E-mail：gaozhn@ cnooc.com.cn。

裂缝各自渗流系统内以及两种渗流系统之间的流动计算情况有关。

由于裂缝和基质的储集性能和渗流性能差别悬殊，使压力在各自系统中的传播速度不同，当两个系统存在压力降时，会发生系统之间的流体交换，也就是窜流现象，裂缝越发育，切割程度越大，基质岩块尺寸越小，形状因子越大，窜流能力越强，单位时间内基质与裂缝之间的流量越大。

基于双重介质渗流机理分析，该类油气藏在开发过程中存在3种渗流机理：基质和裂缝各自渗流系统内的渗流以及两种渗流系统之间的流动，其中，根据流体在基质系统内的渗流情况又将双重介质油气藏分为双孔单渗、双孔双渗2种渗流模式。

2.2 BZ凝析气藏渗流模式

基于双重介质油气藏渗流机理分析，以BZ为目标建立无裂缝单孔单渗、裂缝等效单孔单渗、双孔单渗、双孔双渗四种渗流模式的油藏模型，评价不同渗流模式对开发效果的影响，并得出以下认识：

（1）无论是双孔单渗模型还是双孔双渗模型，累产气和累产油均明显高于单孔模型，主要原因为双孔模型中存在裂缝，渗流能力远远强于基质，稳产时间更长；

（2）双孔模型中，双孔单渗模型油气采收率高于双孔双渗模型，主要原因为双孔双渗模型流动性较差的基质贡献产量，而双孔单渗模型只有裂缝作为渗流通道，整体渗流能力最强；

（3）结合裂缝渗流系统的存在，推荐BZ裂缝型凝析气藏使用双孔双渗模型开展后续数模研究。

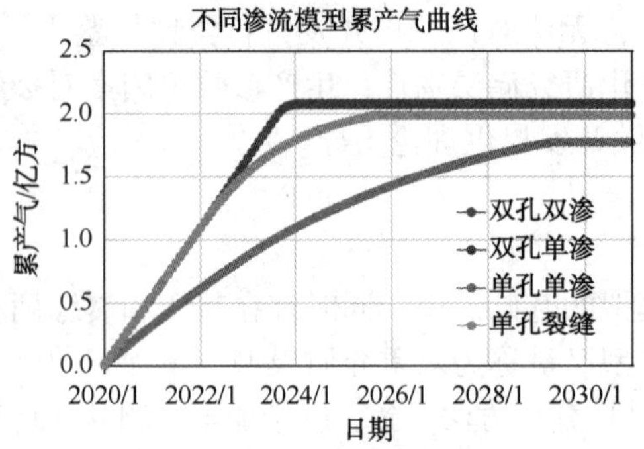

(a)累产气曲线

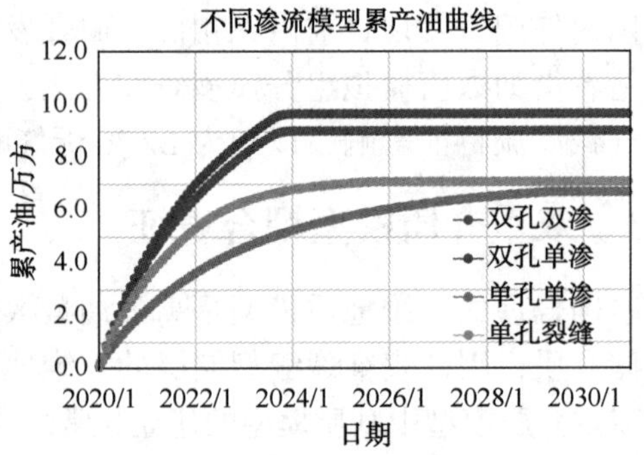

(b)累产油曲线

图1　不同渗流模型累产曲线

3　BZ凝析气藏渗流特征影响因素

3.1　裂缝渗流能力

BZ区域裂缝发育，非均质性强，不同区域裂缝发育密度和开度有较大差别，因此裂缝渗流能力有明显差异，结合BZ裂缝发育特征，建立裂缝渗透率为0.2mD、0.5mD、2mD、4mD、10mD的模型，评价开发过程中裂缝渗流能力对流体运移规律的影响，并得到以下认识：

（1）累产气与裂缝渗流能力正相关，主要原因为裂缝渗流能力越强，稳产时间越长，压力传播范围和下降幅度较更大；

（2）累产油随裂缝渗流能力增大呈现先增加、后降低的规律；

（3）裂缝渗流能力越强，裂缝产出贡献越多，递减越快，基质储量越早被动用。

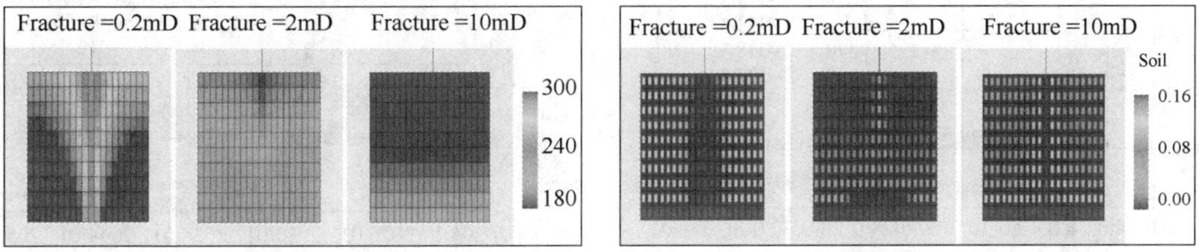

(a)压力场　　(b)凝析油饱和度场

图 2　不同裂缝渗流能力动态属性场

3.2　采气速度

采气速度决定了储层压力下降速度，进而影响凝析油析出速度和幅度，进而影响储层渗流能力，建立采气速度为 $10\times10^4m^3$、$15\times10^4m^3$、$20\times10^4m^3$、$30\times10^4m^3$、$50\times10^4m^3$、的模型，评价开发过程中采气速度对流体运移规律的影响，并得到以下认识：

（1）累产气与采气速度成反比，主要原因为采气速度越大，相同时间累产气越多，储层压力下降越多，凝析油析出越多，稳产时间越短；

（2）累产油随采气速度增大呈现先增加、后降低的规律；

（3）采气速度越大，裂缝产出贡献越多，递减越快，基质储量越早被动用。

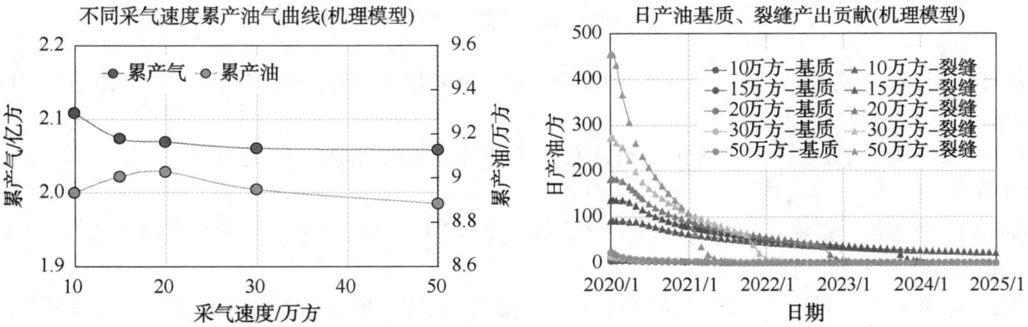

(a)累产油气曲线　　(b)日产凝析油曲线

图 3　不同采气速度下油气生产曲线

3.4　应力敏感

随着油田开发进行，地层压力下降导致基岩膨胀、孔隙和裂缝被压缩，储层孔隙度和渗透率下降，从而影响产能[8-11]。根据应力敏感实验，地层压力下降到 37MPa，渗透率损失 60.9%；地层压力下降到 17MPa，储层渗流性能降低了近 90%。

基于不同应力敏感程度设计 4 个对比方案，其中，方案 A 不考虑应力敏感，方案 B、C、D 均考虑应力敏感，且渗透率残余系数分别为 0.75、0.50、0.10。

可以看出，流体的渗流能力和储层物性变化是一个互相影响的动态过程。随着油气流体采出，地层压力下降，由于应力敏感效应，储层物性变差，渗流能力降低，开发过程稳产期越短，整体油气采收率降低。考虑应力敏感后，衰竭开发天然气采收率降低 13%，凝析油采收率降低 7%。

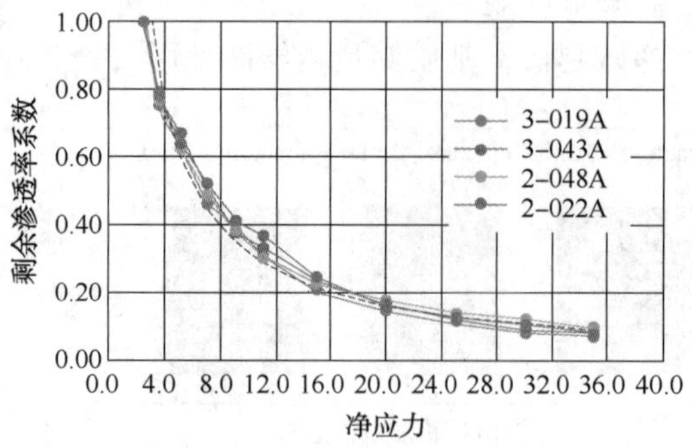

图4 渗透率参与系数随地层压力变化规律

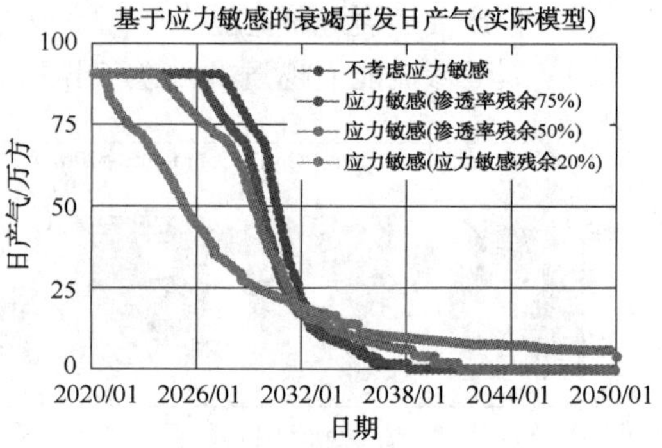

图5 不同应力敏感方案年产气曲线

4 结论和认识

（1）基于双重介质储层渗流机理研究，建立不同渗流模式油藏模型评价开发效果，考虑基质动用程度和裂缝发育情况，推荐BZ凝析气田使用双孔双渗组分模型；

（2）天然气采收率与裂缝渗流能力成正比、与采气速度成反比，影响幅度逐渐减弱，凝析油采收率均呈现先增加、后降低的趋势；

（3）BZ凝析气田具有强应力敏感性，衰竭开发天然气采收率较表征前降低13%至41%，凝析油采收率较表征前降低7%至16%。

参考文献

[1] 郑浩，苏彦春，张迎春，等. 裂缝性油藏渗流特征及驱替机理数值模拟研究[J]. 油气地质与采收率，2014，21(4)：79-83.

[2] 房娜，姜光宏，李云鹏，等. 潜山裂缝油藏开发特征及挖潜方向[J]. 特种油气藏，2017，24(3)：90-94.

[3] 高振南，耿志刚，张风义，等. 基于流固耦合的变质岩潜山裂缝型凝析气藏数值模拟研究[J]. 特种油气藏，2020，27(1)：121-128.

[4] 刘建军，张盛宗，刘先贵，等. 裂缝性低渗透油藏流-固耦合理论与数值模拟[J]. 力学学报，2002，34(5)：779-784.

[5] 童凯军，赵春明，吕坐彬，等. 渤海变质岩潜山油藏储集层综合评价与裂缝表征[J]. 石油勘探与开发，2012，39(1)：56-63.

[6] 吴军来，刘月田，罗婕. 裂缝性应力敏感油藏流固耦合的数值模拟[J]. 计算物理，2014，31(4)：455-464.

[7] 吴永平，昌伦杰，陈文龙，等. 裂缝表征及建模在迪那2气田的应用[J]. 断块油气田，2015，22(1)：78-81.

[8] 王敬，刘慧卿，刘仁静，等. 考虑启动压力和应力敏感效应的低渗、特低渗油藏数值模拟研究[J]. 岩石力学与工程学报，2013，32(2)：3317-3327.

[9] 付兰清. 裂缝对致密砂岩储层应力敏感性及渗流特征影响研究[J]. 长江大学学报(自然科学版)，2016，13(20)：14—18.

[10] 林光荣，刘学刚，卢燕，等. 应力变化对低渗储层两相流渗流规律的影响[J]. 特种油气藏，2008，15(1)：43-45.

[11] 曹耐，雷刚. 致密储集层加压-卸压过程应力敏感性[J]. 石油勘探与开发，2019，46(1)：132-138.

渤海湾S油田曲流河储层构型研究及油田开发中的应用

郭敬民　宋洪亮　孟　鹏　刘春艳　张小龙

[中海石油(中国)有限公司天津分公司渤海石油研究院]

摘　要：以渤海湾S油田CC砂体为例，在现代沉积理论指导下，应用地震振幅对比技术提高岩性过渡位置的响应特征，识别出CC砂体内3类常规地震资料不易识别的渗流边界，即废弃河道、河道间溢岸砂岩及贯穿点坝砂体的串沟，通过地震振幅对比技术精细的刻画了各类渗流边界在储层中的分布。结合CC砂体5口水平井生产动态分析，揭示了各井之间生产动态差异的原因及储层内流体运移规律，通过进一步对剩余油分布的研究，指导了7口调整井的井位部署，调整井投产后效果较预期提高了20%，本次研究为后续的油田调整提供了可靠的地质理论依据。

关键词：剩余油；地震振幅对比；曲流河储层；渤海油田

1　前言

在河流相沉积储层中，储层物性与连通性受储层沉积相分布影响较大，河流相储层砂体受沉积时期水动力作用，致使其砂体具有形态多样、沉积单元规模差异大、砂体内结构复杂、砂体间接触关系多变等特征，由此导致了河流相砂体的强非均质性[1-4]。在油田进入高含水、特高含水阶段，储层的非均质性对油田开发的影响越来越凸显[5-6]。精细划分不同单河道沉积范围，并揭示各期次沉积储层的内部结构特征对认识油田开发规律具有重要意义。

S油田CC砂体(图1)为典型曲流河沉积储层，早期发育连片状点坝砂体，晚期水动力减弱，河道侧向迁移能力减弱，发育低弯度条带状砂体沉积，不同期次间河道切割叠置，河道砂体存在“复合型”特征[1]，砂体内部结构复杂，刻画难度极大。

图1　CC砂体轮廓图

2　精细等时地层格架的建立

在“旋回对比、分级控制，井震印证，全区闭合”的对比原则下，综合考虑河道下

【第一作者简介】郭敬民，男，1986年4月出生，2013年7月毕业于长江大学，硕士学位，现就职于中海油天津分公司渤海石油研究院，开发地质工程师。E-mail：guojm6@ cnooc.com.cn。

切、砂体叠置及侧向相变等对比模式，通过对比研究认为，CC 砂体主体可精细划分为 3 期沉积：

（1）早期沉积主要为下切型大型河道沉积，由于早期可容空间较小，河道在沉积初期表现为剥蚀特征，河道侧向迁移能力强，发育连片的河道沉积带，由于该时期河道稳定性还较差，可见多条分支河道形成的窄条带河道沉积带；

（2）中期河道横向迁移能力逐渐变弱，河道范围明显窄于 1 期的砂体沉积，研究区中心区域为河道主体沉积区域，砂体北部可见窄条带河道沉积带；

（3）晚期水动力明显下降，河道侧向迁移能力明显下降，发育河道类型多为窄条带状河道沉积。

通过划分沉积期次，建立起了 CC 砂体的精细等时地层格架，为进一步的砂体结构研究奠定了基础。

3　基于边缘检测技术与多维资料联合的沉积特征研究

3.1　沉积单元分布特征

结合前人研究成果，本次研究通过多种地震资料研究 CC 砂体垂向演化特征时发现，其河道砂体的展布主要呈两种形态：单一条带状砂体和连片分布的曲流带砂体。

3.1.1　条带状砂体

根据地震属性观察，CC 砂体形成过程中，部分区域泛滥平原广泛分布，而其中常发育有呈单一条带状的河道砂体。根据现代沉积实例及前人研究，该类条带状砂体多发育于沉积晚期，水动力较弱，河道侧向迁移能力较弱，上游载荷的沉积物在河床内部卸载，形成的富砂型河道(图 2a、b)。

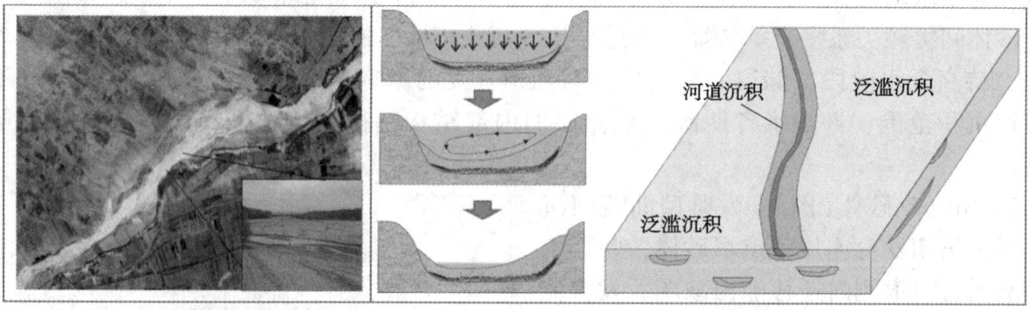

(a)现代沉积实例　　(b)沉积模式图

图 2　条带状曲流河道砂体现代沉积实例及沉积模式图

3.1.2　连片状砂体

连片状分布的河道砂体为水动力较足的时期河流频繁侧向迁移所导致，多期河道砂体相互切割，早期被切割的点坝与晚期河道、溢岸沉积拼接组合在一起，形成毯状成片分布的砂体。受频繁横向切割作用，曲流河平面形态特征不明显(图 3)。

砂体连片一般包括以下三种模式：①河道在一定范围内拼接叠加，溢岸砂体在复合河道砂体的边缘，点坝边界易于识别；②多期河道侧向交切，两期河道之间溢岸砂体被冲刷侵蚀，因而大片砂体均为河道沉积，连通性较好；③多期河道存在变道，在不同期河道之间残留溢岸砂体，不同河道点坝间被多期溢岸沉积充填，两条河道沉积间仍可见连续地震轴，但地下情况为砂体不连通(见图3)。

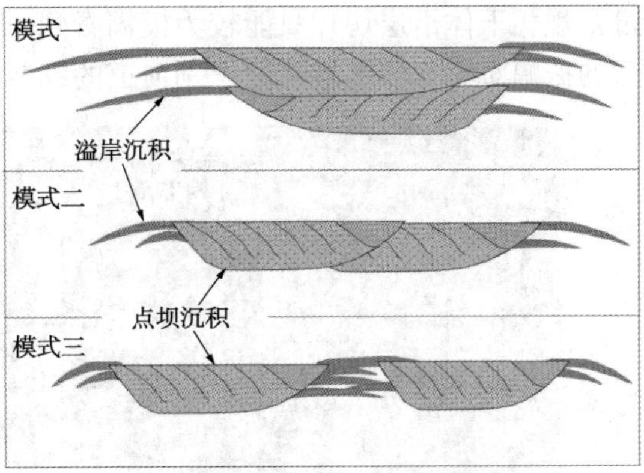

图3 河道间砂体接触关系沉积模式图

3.2 影响储层非均质性的构型因素分析

早期沉积边界及后期剥蚀作用导致了点坝沉积体的连通间断，主要有3类：

(1) 点坝间溢岸砂岩

在复合砂体内部，相互切割的点坝砂体具有连通性，在地震剖面轴上可见连续的较强地震轴，在连片点坝沉积内部，部分点坝之间未接触、未相互切割，无连通性。由于溢岸砂在点坝间发育，在地震属性上无法识别到点坝边界，形成了连片砂体整体连通的假象。

(2) 废弃河道

常规地震资料在识别废弃河道时存在一定困难，对无晚期条带状河道上覆的废弃河道，难以识别河道位置；对于晚期上腹河道，通过常规地震资料识别的难度较大。

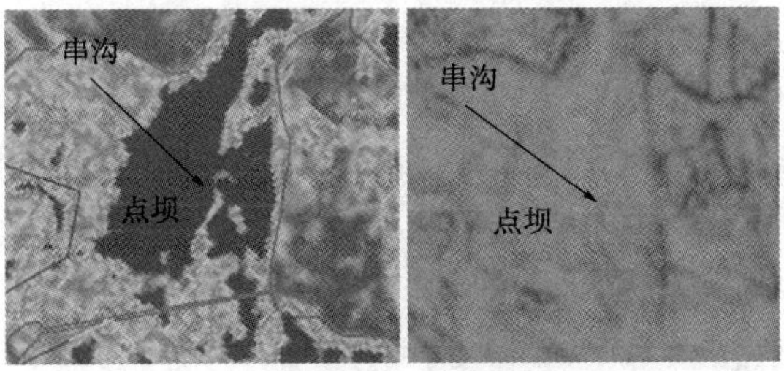

图4 CC砂体平面地震资料揭示决口水道
(左：90°相移切片；右：边缘检测)

(3) 决口水道(串沟)

连片河道砂体或单一点坝上可见决口水道，它是洪水期河水发生漫滩，堤岸低洼位置被冲破，在点坝上形成了小型得临时水道[3]，在平面地震属性上表现为，在一个完整的珠状点坝上纵穿点坝的弱反射条带，在剖面上可见地震轴弱反射特征(见图4)。

以上三类沉积是导致点坝沉积体非均质性的主要因素，通过识别、刻画以上沉积对开发中流体运移规律研究具有重要意义。

3.3 地震边缘检测技术在沉积特征研究中的应用

为了进一步的揭示井间砂体变化，本次研究在90°相依的基础上，选择边缘检测方法对各类沉积边界进行识别。该方法在进行边缘检测时主要通过索贝尔算子，通过滤波算子的形式提取边缘，利用快速卷积函数处理地下某个区域地震资料的不连续性。通过自适应方式给三个维度一定的加权，以刻画数据体内的微小差异。算法公式如下：

$$Gor=\frac{\sqrt{G_x^2+G_y^2+weighting*G_z^2}}{\sum|I|}$$

$$Gx=\begin{bmatrix}-1&0&+1\\-2&0&+2\\-1&0&+1\end{bmatrix}*A\quad Gy=\begin{bmatrix}-1&-2&-1\\0&0&0\\+1&+2&+1\end{bmatrix}*A$$

Cor 代表改进后的相干算法，*Gx*、*Gy*、*Gy* 分别代表空间 *X*、*Y*、*Z* 方向边缘检测的图像，*I* 代表原始图像。

工区地震资料频谱宽度为10~120Hz，主频为60HZ，剖面最小分辨砂层厚度为7m。通过常规相干体沿层切片只能较为模糊看到河道边界影子，河道交切位置认识不清，应用改进后的振幅对比方法则能清楚识别河道的细节(见图 5)。

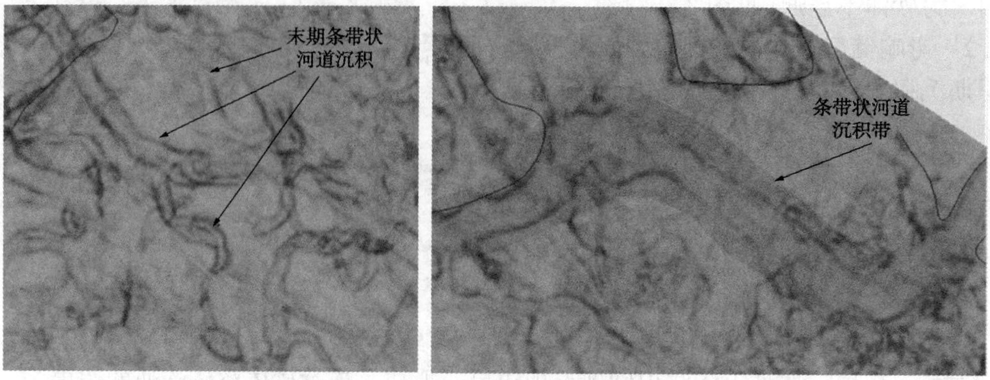

图 5　CC 砂体边缘检测方法刻画条带砂体边界

4　CC 砂体内部结构特征

根据 CC 复合河道砂体各个期次构型单元的刻画(图 6)，一期砂体在平面上连片分布，以大面积的点坝沉积为主，一期水体能量强，河道侧向迁移、改道频繁，废弃河道及串沟分隔连片点坝砂体成多个独立单元，部署在一期砂体井位表现为产液量低的特征；二期水动力减弱，河道发育稳定，形成连片点坝，整体连通性好，因此二期井位生产特征整体较相似，能量充足，是优势布井层位；三期水动力进一步减弱，多发育条带状河道砂，砂体规模小，部分位置与二期接触沟通，可作为布井的优选区域。

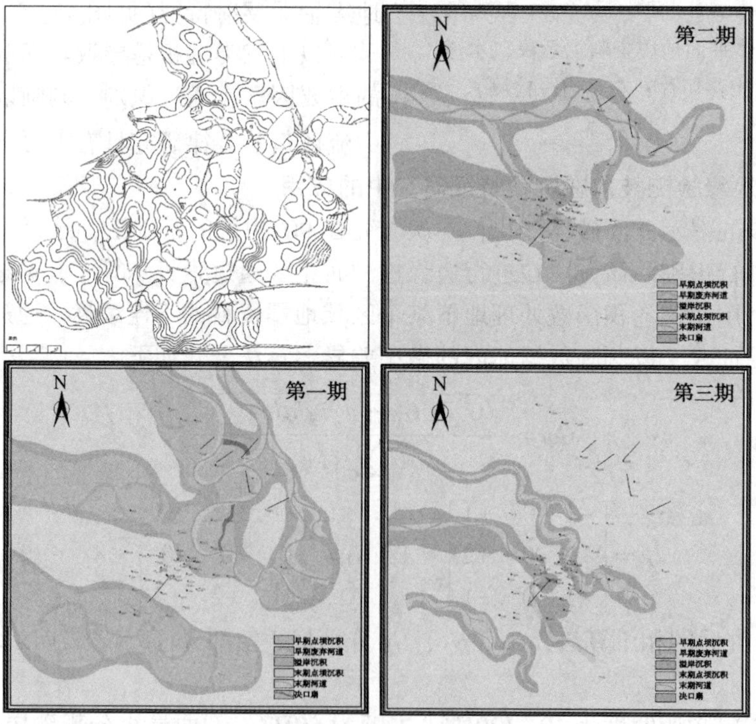

图 6　CC 砂体内部构型结构的刻画

5 结语

(1) 结合现代沉积实例，对CC砂体的各构型沉积单元进行划分，利用井震结合连井对比、边缘检测技术刻画了S油田不同期次河道沉积展布特征，加深了对砂体内部结构的认识。

(2) 对连片状河道沉积、条带状河道沉积分别进行刻画，厘定了三种沉积单元间的砂体接触模式，对储层内流体运移规律的研究有重要指导意义。

(3) 通过精细构型研究，揭示了当前生产井位之间动态差异的原因，为井间生产矛盾提供了合理解释，并未后需调整井的部署提供了地质理论指导。

参 考 文 献

[1] 胡光义，肖大坤，范廷恩，等. 河流相储层构型研究新理论、新方法—海上油田河流相复合砂体构型概念、内容及表征方法[J]. 古地理学报，2019，21(1)：143-156.

[2] 肖大坤，胡光义，范廷恩，等. 现代曲流河沉积原型建模及构型级次特征探讨：以海拉尔河、潮白河为例[J]. 中国海上油气，2018，30(1)：118-126.

[3] 周新茂，胡永乐，高兴军，等. 曲流河单砂体精细刻画在老油田二次开发中的应用[J]. 新疆石油地质，2010，31(3)：284-287.

[4] 何文祥，许雅，刘俊锋，等. 马岭油田北三区河流相储层构型综合地质研究[J]. 石油学报，2010，31(2)：276-279.

[5] 顾文欢，刘月田. 边水稠油油藏水平井产能影响因素敏感性分析[J]. 石油钻探技术，2011，39(1)：89-93.

[6] 崔传智，杨赤宸，牛栓文，等. 复杂断块油藏高含水期合理井距确定方法及其影响因素[J]. 油气地质与采收率，2013，20(4)：53-57.

海上大型底水油田特高含水期调整挖潜研究

李彦来　刘春艳　谭　捷　权　勃　杨东东

[中海石油(中国)有限公司天津分公司]

摘　要：C油田陆相强底水油田，目前油田综合含水94%，如何高效调整挖潜是油田面临的主要挑战。通过开展强底水油藏水平井水脊腔发育形态定量刻画、储层隔夹层发育规律精细刻画、剩余油分布规律刻画和稠油底水油藏立体加密调整等技术研究，建立了底水油藏依托隔夹层分层系，构造上先低后高、平面上逐步加密的调整原则，解决了底水油藏特高含水期剩余油分布复杂、调整挖潜难度大的难题，研究方法对于类似油田的挖潜具有很好的借鉴意义。

关键词：海上；底水油藏；特高含水期；剩余油；隔夹层；调整挖潜

进入21世纪后，我国石油对外依赖程度日趋加重，确保能源安全是国家安全的重要组成部分。随着我国石油需求对外依存度逐年提高，相应国家号召，全力提升原油产量、加大油田勘探开发力度，是中国海油义不容辞的责任。渤海油田经过多年勘探开发实践，已经成为我国北方重要的能源基地，其年产量占中海油国内原油产量的60%以上，占国内原油产量15%以上。渤海油田底水油藏的高效开发将是未来油田持续稳产重要基础。因此，面对国家能源愈加严峻的需求，海上大型底水油田特高含水期的高效调整挖潜意义重大[1-8]。

C油田是渤海海域规模最大的底水油田，具有构造幅度低、油柱高度低、流体系统复杂的特点。随着开发的不断深入，综合含水已达94%，整体进入特高含水阶段，受储层描述精度要求高、开发规律缺乏理论支撑、剩余油分布复杂、调整挖潜难度大等影响，如何开展特高含水期高效调整挖潜面临较大挑战，油田稳产难度巨大[9-10]。为此开展海上大型底水油田特高含水期调整挖潜技术研究对渤海油田持续稳产上产具有重要意义。

1　强底水油藏水平井水脊腔发育形态定量刻画

曹妃甸底水油田已进入特高含水阶段，通过各向异性油水两相均质水平井底水驱理论模型开展渗流研究，结合油田底水油藏开发井情况，实现不同储层、不同流体条件下水脊腔形态刻画，为调整挖潜剩余油指明方向。

开展不同液量、不同黏度条件下底水油藏水脊腔形态定量刻画及驱油效率分析。通过水脊形态分析可知，不同黏度条件下水脊腔形态差异较大，如图1，伴随原油黏度增加、水脊波及范围逐渐减小，日产液量的增减对水脊波及范围影响较小。

【第一作者简介】李彦来，男，1982年3月出生，2008年毕业于中国石油大学(华东)，硕士研究生。开发室主任/中海石油(中国)有限公司天津分公司开发与开采专家，高级工程师。E-mail：liyl5@ cnooc.com.cn。

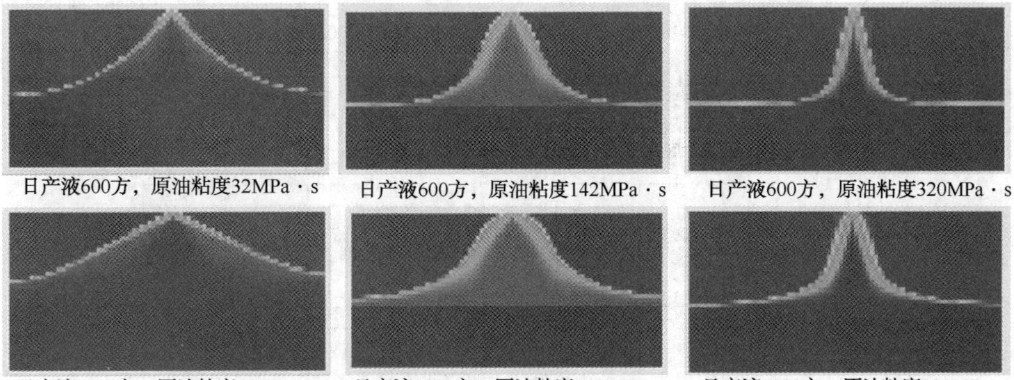

图 1 不同黏度、不同液量条件水脊腔形态示意

针对水脊波及范围内水脊腔内部，按照驱油效率、剩余油饱和度进行分区分析可知，水平井水脊腔可分为内外水脊两层，如图 2 内水脊区域底水驱替倍数大、驱油效率中等，外水脊区域底水驱替倍数较小，驱油效率偏低。开展不同日产液条件下驱油分析，发现日产液情况直接影响水脊腔内驱动压力梯度分布。内水脊区域由于其井底距底水较近，驱动压力梯度偏低，孔隙波及程度中等，当实施液体放大驱动压力梯度时能够有效提高波及情况。外水脊区域驱替倍数、驱动压力梯度均偏小，其剩余油较为富集。

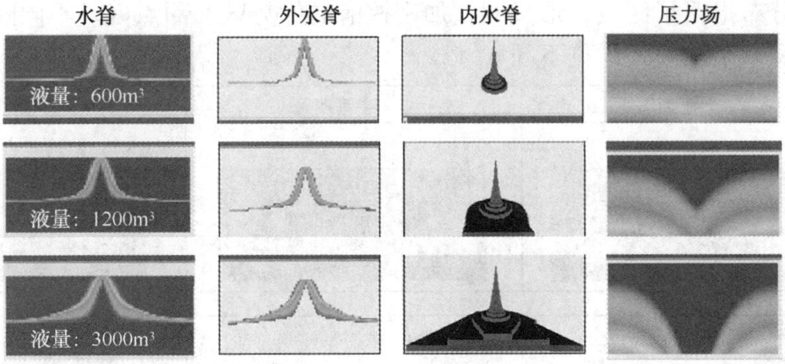

图 2 底水油藏水平井内、外水脊腔形态示意

2 储层隔夹层发育规律精细刻画

利用水平井试井、生产动态及少量钻穿井资料，开展试井定量解释，总结并厘清各类隔夹层的不同层次结构及对底水不同的遮挡效果；按照油藏的顶、底及侧向封闭边界条件等，来进行试井曲线理论分析是最为可靠和成熟的当边底水距井较远(或水平段下隔夹层遮挡底水能力强)，仍可以呈现典型的水平井曲线特征，可见到拟径向流动期；晚期压力导数曲线逐渐向下弯曲而趋于 0，进入稳定流阶段。而对于强边底水油藏，水平井流态则很快进入晚期稳定流阶段，压力导数曲线趋于 0(图 3)。

3 剩余油分布规律刻画

3.1 不同类型底水油藏水驱波及特征

底水油藏水平井开发模式，导致水脊区域内为储层动用区域，储层底部受底水推进的影

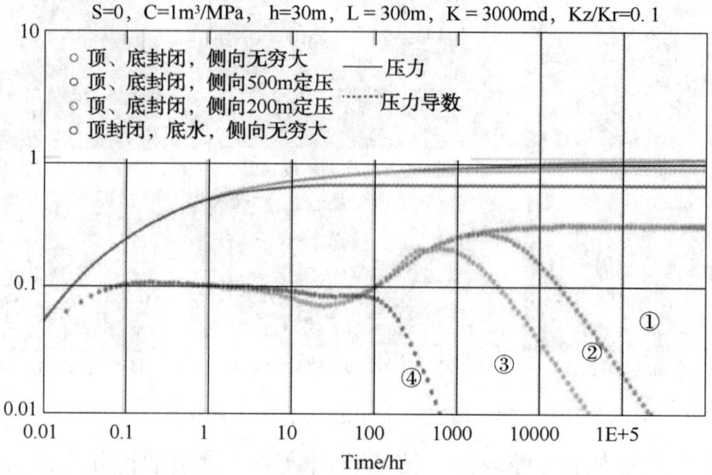

图 3　边底水油藏水平井试井典型图版

响大，水脊两侧区域、储层上部为剩余油富集区域；隔夹层的存在，对底水起遮挡作用可以延缓含水上升速度，但隔夹层下部的剩余油难以动用，隔夹层分布范围较广、渗透性极低时会降低底水驱油的能量从而影响开发效果。对于稀油油藏，底水驱动呈现缓慢水脊抬升或成为底水拖进的模式，储层的非均质性(纵向隔夹层的分布)通过生产动态得以很好的反应，也对剩余油的分布指明了区域，形成调整加密挖潜的优势区、甜点区。不同隔夹层遮挡类型下，地质模式和剩余油模式详见下图 4。

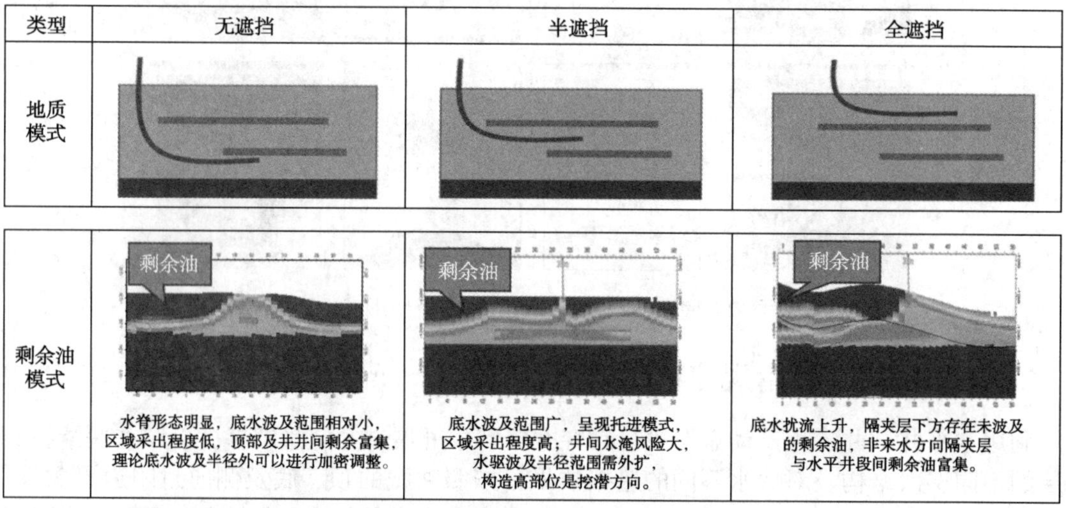

图 4　不同隔夹层遮挡类型下，地质模式、油井生产动态和剩余油模式

依托于隔夹层精确识别、巨厚底水油藏拖进、均匀波及模式，明确馆三下剩余油分布“两高、两低、两区域”模式；两高是指构造高部位、隔夹层发育的高部位，两低是指边部井控程度低、物性差异驱替程度低，两区是指水驱波及范围区域外、水线推进不均匀区域。

4　非均质构型约束下的巨厚底水油藏立体加密调整技术

C 油藏储层发育有泥岩隔夹层。隔夹层发育的区域，水平井含水上升速度慢，开发效果好。隔夹层不同的遮挡类型条件下，油井的生产动态、含水上升规律以及剩余油分布具有各自的特点。

无隔夹层遮挡，水脊形态明显，底水波及范围相对小，区域采出程度低，顶部及井井间剩余富集，理论底水波及半径外可以进行加密调整。

半遮挡类型，底水波及范围广，呈现托进模式，区域采出程度高；井间水淹风险大，水驱波及半径范围需外扩，构造高部位是挖潜方向。

全遮挡类型，底水扰流上升，隔夹层下方存在未波及的剩余油，非来水方向隔夹层与水平井段间剩余油富集。

依托于隔夹层精确识别、稀油底水油藏拖进、均匀波及模式，明确剩余油分布“两高、两低、两区域”剩余油分布模式；建立了储层内微分层系、构造上先低后高、平面上逐步加密的调整原则，实现全水平井网模式、特高含水开发阶段，巨厚底水油藏立式加密调整。储层调整实施后，在周边含水 96~97%的特高含水范围内找到了 5 口百吨井，其中自喷百吨井达 2 口，更可贵的是含水均低于 60%，调整后砂体采收率预测为 46. 20%，树陆相底水油藏采收率典范。

5 结论

（1）强底水油藏水平井水脊腔发育形态定量刻画：以理论研究为突破口，以曹妃甸底水油藏丰富的动态数据为支撑，搭建了适用于研究底水油藏水驱油规律的拟流线理论模型，在此基础上提出了底水油藏水平井水脊腔发育形态定量刻画、剩余油定量描述等关键技术，实现了底水水脊腔的形态及其演化规律的定量分析。基于水脊腔定量刻画技术，针对典型海上大型底水油田 C 油田，开展深化水平井水脊腔认识，将底水波及范围分为内水脊、外水脊两部分，差异化分析其波及情况、驱油效率，实现底水油藏水平井波及范围及含油饱和度精细预测。

（2）储层隔夹层发育规律精细刻画：用生产井水平段、方位电阻率、探边资料，并结合生产井大量生产动态资料，包括不同阶段含水上升规律、历年地层压力分析、压力恢复试井分析、产液能力和生产压差分析，综合确定四级构型界面分布范围。在静、动态资料确定分布范围的基础上，考虑生产井水平段所处的辫流带和避水高度因素，分析统计生产动态规律，多参数定量评价四级构型界面遮挡底水能力强弱。

（3）剩余油分布规律刻画：在巨厚辫状河储层构型解剖下，垂向上依托精细小层划分、隔夹层精确识别，平面上依托水平井底水驱波及半径，分析剩余油分布模式及规律，表征底水稀油油藏底水托进、均匀波及模式，通过对底水波及形态的表征，实现不同储层非均质性、不同开发阶段、不同开采速度等条件下，底水稀油油藏水平井水驱波及规律及剩余油的定量刻画与表征。

参 考 文 献

[1] 侯东梅，廖新武，李超. 海上复杂河流相油田高效开发研究与实践[J]. 重庆科技学院学报(自然科学版)，2015，17(3)：34~39.

[2] 汪巍，侯东梅，马佳国，等. 海上油田高弯度曲流河储层构型表征——以渤海曹妃甸 11-1 油田主力砂体 Lm943 为例[J]. 中国海上油气，2016，28(4)：55~62.

[3] 马佳国，侯东梅，王建立，等. 高精度河砂同期展示的关键技术与应用效果[J]. 断块油气田，2017，24(4)：623~627.
[4] 侯东梅，张小龙. 海上稀井网条件下的曲流河储层构型研究及其应用——以渤海 A 油田为例[J]. 西安石油大学学报(自然科学版)，2018，33(2)：24~30.
[5] 谭捷，侯亚伟，彭琴，等. 海上强底水油藏高含水期产液结构调整[J]. 新疆石油天然气，2019，15(1)：62~65.
[6] 孟鹏，苏彦春，冯鑫，等. 曲流河废弃河道识别及其对低油柱油藏水平井着陆的影响——以渤海湾地区曹妃甸油田 Lm943 砂体为例[J]. 新疆石油地质，2015，36(4)：475~479.
[7] 杨东东，李功. 水平井在海上复杂河流相油田中的应用研究[J]. 重庆科技学院学报(自然科学版)，2017，19(2)：42~46.
[8] 甘立琴，苏进昌，谢岳，等. 曲流河储层隔夹层研究——以秦皇岛 32-6 油田为例[J]. 岩性油气藏，2017，29(6)：128-134.
[9] 牛博，高兴军，赵应成，等. 古辫状河心滩坝内部构型表征与建模-以大庆油田萨中密井网区为例[J]. 石油学报，2015(01)：89-100.
[10] 陈欢庆，胡海燕，吴洪彪，等. 精细油藏描述中剩余油研究进展[J]. 科学技术与工程，2018，18(29)：140-153.

火成岩影响下的油藏早期产量递减影响因素研究

刘美佳　原建伟　王少鹏　邓　琪　马　栋

[中海石油(中国)有限公司天津分公司，天津塘沽 300459]

摘　要：BZ油田是渤海首个受火成岩影响的油田，火成岩主要以占据碎屑岩储层有效空间的方式影响着该区储层的展布，主要含油目的层段东三段和沙一、二段储层主要受火山通道相、溢流相和次火山岩相的影响。在火成岩影响下，储层非均质性强，砂岩平面分布范围局限，对开发方案的动用储量和开发井网部署产生重要影响。开发井投产初期高采油速度开发，但火成岩发育区域，部分单井产量递减快。本文建立数学模型定量分析井控半径、流度、非均质性等因素对递减规律的影响，形成了理论图版，结合理论图版能够定量分析各种因素对递减规律的影响大小。一方面从根据生产动态加强对储层的认识、另一方面，通过主控因素指导注采井网调整、优化注水等措施。实施后取得了较好的效果，井区递减率明显下降。

关键词：火成岩；递减率规律；影响因素；理论图版

1　前言

BZ构造位于渤海南部海域，主力目的层古近系为层状构造油藏，东一、二段沉积期为火山大规模活动的时期，发育了大套火成岩，主要含油层段东三段和沙一、二段也发育有少量火成岩。岩石类型主要包括玄武岩、安山岩、玄武质安山岩、辉绿岩、凝灰岩、沉凝灰岩、凝灰质砂岩和凝灰质泥岩。火成岩主要以占据碎屑岩储层有效空间的方式影响着该区储层的展布，主要含油目的层段东三段和沙一、二段储层主要受火山通道相、溢流相和次火山岩相的影响。东三段储层具有中孔、中~高渗的物性特征，沙一、二段和沙三中段储层均具有中孔、中渗的物性特征。渗透率级差1.3~9.8，变异系数0.7~0.9，平面、层间非均质性较强。地层原油黏度0.59~1.52mPa・s，原油黏度低，地饱压差大、溶解气油比高等。

该油田2019年投产后，初期采油速度高，部分井日产油或流压下降快。需要对储层物性、流体、非均质性、泄油面积等有更清晰的认识，量化各种因素的影响才能为后续措施制定、调整井的部署及配产提供指导。

2　影响递减主控因素研究

2.1　物理模型的建立

针对油田非均质性较强，渗透率级差较大这类特征油藏，建立表征储层非均质性的复合

【第一作者简介】刘美佳，(1982—)，女，2008年硕士毕业于大庆石油学院油气田开发专业，获得工学硕士学位，油藏高级工程师，主要从事渤南油田群油气田开发方面的工作。现就职于中海石油(中国)有限公司天津分公司渤海石油研究院。E-mail：liumj@ cnooc.com.cn。

油藏模型，该模型是一个简化模型，将油藏分为内区、外区，引入内外区流度比及储容比近似表征内外区的差异，其假设条件如下：

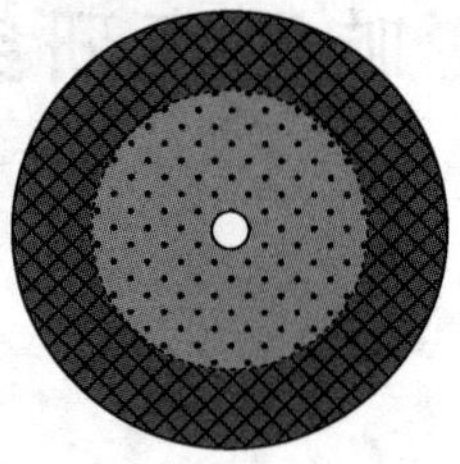

图 1　复合油藏模型三种模式示意图

（1）流体为单相微可压缩流体，渗流过程中为等温达西渗流；

（2）储层具有水平、等厚、各向同性的特征；

（3）忽略重力作用及毛管力的影响；

（4）油藏的原始地层压力为 p0；

（5）生产井以定产量 q 生产。

井部署在物性较好的区域，内外区流度比大于 1，外区受火成岩影响严重，储层物性变差(图 1)。

2.2　数学模型

根据建立的物理模型及假设条件，基于渗流力学理论，结合运动方程、连续性方程和状态方程，加上初始条件及内外边界条件，可以建立考虑平面非均质性的平面复合油藏的渗流微分方程，对其进行无因次化，可得到无因次渗流微分方程如下：

$$\begin{cases}\dfrac{\partial^2 p_{1D}}{\partial r_D^2}+\dfrac{1}{r_D}\dfrac{\partial p_{1D}}{\partial r_D}=\dfrac{\partial p_{1D}}{\partial t_D}(1\leqslant r_D<r_{1D})\\[2ex]\dfrac{\partial^2 p_{2D}}{\partial r_D^2}+\dfrac{1}{r_D}\dfrac{\partial p_{2D}}{\partial r_D}=\dfrac{\omega_{12}}{M_{12}}\dfrac{\partial p_{2D}}{\partial t_D}(r_{1D}\leqslant r_D<r_{eD})\end{cases}\tag{1}$$

内外区连接处条件：

$$\begin{cases}p_{1D}(r_{1D},\ t_D)=p_{2D}(r_{1D},\ t_D)\\[1ex]\dfrac{\partial p_{1D}}{\partial r_D}=\dfrac{1}{M_{12}}\dfrac{\partial p_{2D}}{\partial r_D}r_D=r_{1D}\end{cases}\tag{2}$$

内边界条件：

$$\begin{cases}p_{wD}(t_D)=\left[p_{1D}-Sr_D\dfrac{\partial p_{1D}}{\partial r_D}\right]_{r_D=1}\\[2ex]C_D\dfrac{\partial p_{wD}}{\partial t_D}-k_1\left(\dfrac{\partial p_{1D}}{\partial r_D}\right)_{r_D=1}=1\end{cases}\tag{3}$$

当外边界封闭时：

$$\frac{\partial p_{2D}(r_{eD},\ t_D)}{\partial r_D}=0\tag{4}$$

式中，p_{1D}为内区无因次压力；r_{1D}为内区无因次半径；p_{2D}为外区无因次压力；r_{eD}为外边界无因次半径；ω_{12}为内外区储容比；M_{12}为内外区流度比；p_{wD}为无因次井底压力；S 为表皮系数；C_D 为无因次井筒储集系数。

2.3　模型求解

对上述渗流微分方程进行关于 t_D的 Laplace 变化，可以得到 Laplace 空间下的渗流微分方程。

对 Laplace 空间下渗流微分方程进行求解，可得到拉式空间下井底压力解，将其压力解进行 Stehfest 数值反演，可得到井底压力 p_{wf}。

根据比采油指数的定义，可得到不同时间下复合油藏井的比采油指数

$$J_o=\frac{Q}{h(p_e-p_{wf})} \tag{9}$$

2.4 模型分析

对于内外区流度比大于 1 的复合油藏模型，假设内外区储容比不变，分别研究内外区流度比和复合半径对比采油指数随着时间的变化，如图 2~图 3 所示。

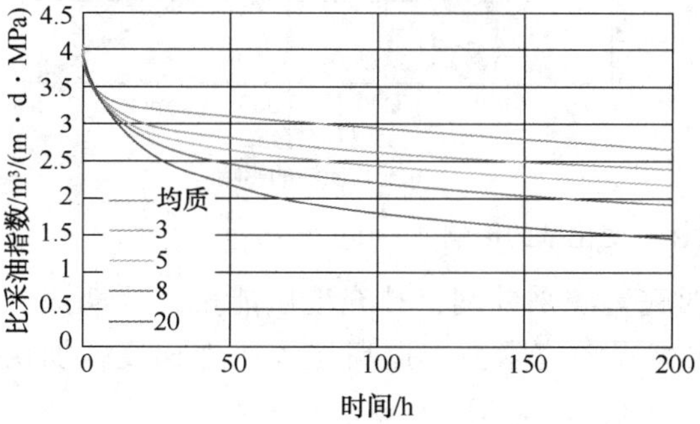

图 2 内外区流度比对比采油指数的影响

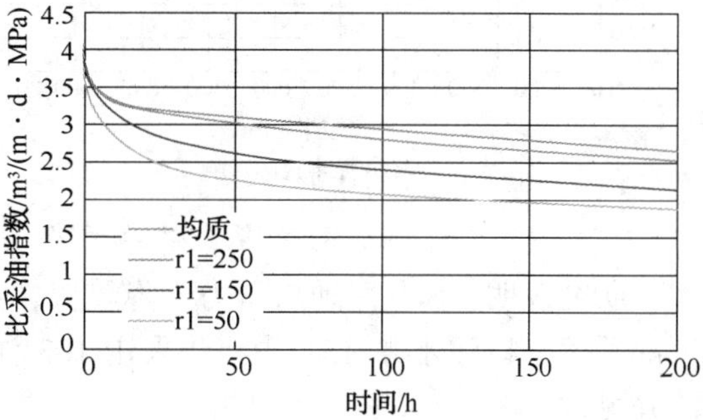

图 3 内区半径对比采油指数的影响

内外区流度比不影响初期比采油指数，随着内外区流度比的增加，外区储层越来越差，造成地层压力下降速度快，从而造成比采油指数变化率增加。当内外区流度比足够大时，相当于外区为不渗透边界，因此比采油指数的变化取决于内区井控半径大小，井控半径越大，比采油指数变化越小。

内区半径对初期比采油指数不会造成影响，但随着内区半径的减小，储层物性好的区域面积减小，造成地层压力在传播过程中变化较大，从而造成比采油指数变化率随着内区半径的减小而变大。当内区半径足够小时，储层变为物性差的均质储层，类似于均质模型，比采油指数将取决于外区流度及外区半径。

以井控半径为 400m 为例，建立了不同内区半径、内外区流度比下的比采油指数变化率理论图版(图 4)。

当内外区流度比为 8 是，内区半径为 50~400m 时，非均质影响比采变化率为 18%~0%。

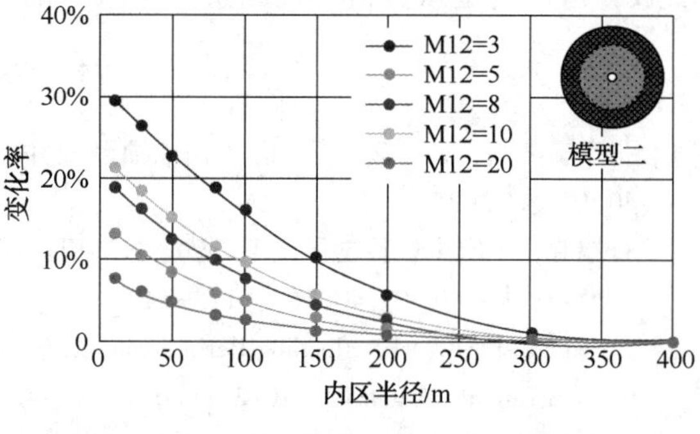

图 4 内区半径、流度比对变化率的影响

3 实例分析及成果应用

A33 井位于 S 井区，为该井区钻遇的第一口开发井，钻后射孔厚度 51.0m，在东三段 I 油组钻遇油层 23.2m，加权渗透率 807.0mD，东三段 Ⅱ 油组钻遇油层 25.8m，加权渗透率 1485.5mD，开发初期比采油指数为 16.1m³/(d·MPa·m)，2 个月比采变化率达到 89%，变化较大。

A33 井井控半径约为 500m，根据井控半径对变化率的影响图版可知，井控半径影响比采油指数变化率为 67%，推测非均质性影响比采变化率 22%。由内区半径对比采油指数变化率的影响图版分析，A33 井周边 100-220m 范围内，渗透率级差 5-10 倍(图 5)。

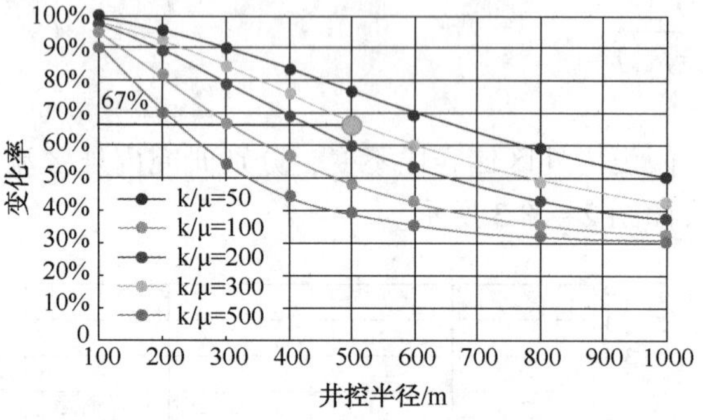

(a)井控半径的影响

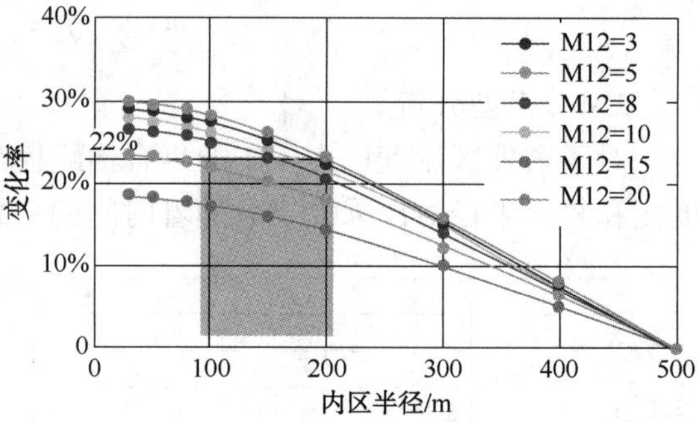

(b)非均质性的影响

图 5　井控半径、非均质性对变化率的影响

研究表明：S 井区地层压力下降较快，需及时完善注采井网，补充地层能量，后期该井区部署了一口注水井 A31 井，并采用 1.3 注采比克服渗流阻力，提高注入压力梯度，加快油井见效。

实钻资料证实，A27 井距离 A33 井 200m，渗透率级差为 8.57，物性变化较大，进一步验证了模型的准确性。

注水井投注后日产量平稳，年递减仅为 8%，开发形势向好。

4　结论

（1）受火成岩影响，储层非均质性强，初期高采油速度下产量递减快。

（2）影响递减的主要因素为井控半径、流度、非均质性。本文建立数学模型、形成理论图版，可用于定量分析主控因素对递减率的影响，指导后续调整措施

参　考　文　献

[1] 张宇，姜杰，黄子俊，等. 海上稠油油藏油井产能特征主控因素量化评价[J]. 石油化工应用，2021，40(04)：22-27.

[2] 石端胜，王宏申，丛越男，等. 渤海 B 油田产层流体对产能影响规律研究与应用[J]. 中国石油和化工标准与质量，2020，40(16)：145-146.

[3] El-Khatib NAF. Waterflooding Performance in Inclined Communicating Stratified Reservoirs[J]. Society of Petroleum Engineers Journal，2012，17(1)：31-42.

[4] El-Khatib NAF. The Modification of the Dykstra-Parsons Method for Inclined Stratified Reservoirs[J]. Society of Petroleum Engineers Journal，2013，17(4)：1029-1040。

[5] 张晨皓. 储层非均质性研究现状[J]. 新疆石油地质，2015，24(5)：451-454.

[6] 肖娟. 自来屯油田储层非均质性研究[J]. 化工管理，2016(35)：108.

[7] 张传河，李建红. 储层非均质性研究现状与展望[J]. 煤炭技术，2011，30(09)：232-233.

海上稠油油藏衰竭开采特征及水驱特征研究

刘英宪　谭　捷　穆朋飞　程大勇　刘春艳

（中海石油（中国）有限公司天津分公司渤海石油研究院）

摘　要：SZ 油田为渤海的大型油藏，地质储量达到 3.05×10^8 吨。油田 C/E/G 区域地面原油粘度高达 3000～25000mPa·s，地下原油粘度为 400～1000mPa·s。受海上设备限制，热采方式开发无法应用。对该原油粘度下的冷采开发研究相对匮乏，现有基础研究及规律性认识难以支撑建立有效动用稠油油藏的高效开发技术。本文通过物理模拟实验，开展衰竭开采及水驱油实验，分析水驱冷采的驱替特征及规律，研究目标区块水驱波及系数及驱油效率。为海上稠油油田的有效动用提供技术支撑。

关键词：海上油田；稠油；冷采；驱替特征

1　引言

国际上蕴藏着巨大的稠油资源且分布广泛，几乎所有产油国都有发现，世界上稠油资源丰富的国家有加拿大、委内瑞拉、美国、前苏联、中国等[1-3]。巴库研究人员所做的大量油田开发分析表明，由于稠油的粘度异常破坏了牛顿定律和达西渗流定律，稠油油藏的采收率比在渗流条件下未呈现粘度异常的油藏的采收率要低得多[4-10]。目前国内外具有类似流体性质的稠油油田已具有一定的开采经验，胜利陈家庄油田渗透率为 2500mD，地层条件下原油粘度为 400～800mPa·s，冷采平均日产油 5.4 吨，热采平均日产油 8.7 吨。胜利孤岛油田渗透率 1465mD，地面原油粘度 3300～5500mPa·s，中东部水驱效果差，调整为热采开发。新疆鲁克沁稠油油田渗透率 98.7～493mD，地下原油粘度 150～500mPa·s，水驱粘性指进严重，产量为 4 吨/天，氮气泡沫驱可以改善开发效果。加拿大稠油油藏埋深为 400～800 米，渗透率为 100～10000mD，死油粘度为 800～80000mPa·s，储层厚度为 3.5～7 米，衰竭开采采出程度为 0.1%～1.8%。加拿大稠油油藏注水开发水平井井长为 800～2000 米，井距为 50～210 米，注水开发产量在 20 桶/天～70 桶/天之间。加拿大稠油油藏水平井注入 0.5PV 水后，采出程度为 4%～12%，注入 1PV 时的预计采出程度为 5%～15%。水驱可以增加采收率 0.4%～19.7%，平均为 8.5%。水驱稠油油藏见水时间早，大部分油藏在注入 0.03PV 时已经见水，见水后含水率迅速上升到大于 80%，注入 0.3PV 时，含水达到了 90%，大部分原油是在高含水阶段采出。采出程度与死油粘度之间没有明显的相关性，与注入体积/（粘度×井距）之间近似成线性关系。

关于稠油渗流机理的研究，有些学者对其进行了探索，但研究不够系统和深入。在稠油

【第一作者简介】刘英宪，男，1979 年 11 月出生，2006 年 4 月毕业于大庆石油学院，硕士研究生。E-mail：liuyx3@cnooc.com.cn

开发技术应用如开发方式上有诸多研究，但渗流机理方面的研究较少。不管采用什么样的开发方式，稠油的渗流机理都是产能预测、动态分析、剩余油分布的最基本的理论。但是，目前稠油的产能预测、动态分析和剩余油分布等预测都是基于传统的达西定律基础上发展起来的，使得其目前的开发指标预测结果与实际有比较大的出入。生产动态预测也与实际有比较大的出入。尤其是剩余油的分布，难以做到相对可靠的描述。本文采用物理模拟实验，开展衰竭开采及水驱油实验，分析水驱冷采的驱替特征及规律，最后开展目标区块水驱波及系数及驱油效率的室内实验。明确其微观、宏观波及情况。为稠油的有效动用提供技术支撑。

2 衰竭开采实验

通过填砂管实验，进行了不同衰竭开采速度下（5MPa/h，7.5MPa/h，15MPa/h）的实验。

（1）5MPa/h 速度衰竭开采

填砂管渗透率为 1315mD，饱和水 45mL，孔隙度 45.9%，饱和油 40mL，含油饱和度 0.89，恒温箱温度 65℃，当以 5MPa/h 速度衰竭开采时。

高于泡点压力时，出油量较小，累产油量缓慢增加，低于泡点压力后，出油量增加，累产油量增加较快，当压力继续降低，出油量逐渐减小；高于泡点压力时，气油比保持相对稳定，低于泡点压力时，气油比有小幅波动，压力继续降低，气油比迅速增加；衰竭开采采出程度 16.38%。

（2）7.5MPa/h 速度衰竭开采

填砂管渗透率为 1233mD，饱和水 43mL，孔隙度 43.8%，饱和油 37mL，含油饱和度 0.86，恒温箱温度 65℃，当以 7.5MPa/h 速度衰竭开采时。

高于泡点压力时，出油量较小，累产油量缓慢增加，低于泡点压力后，出油量增加，累产油量增加较快，当压力继续降低，出油量逐渐减小；高于泡点压力时，气油比保持相对稳定，低于泡点压力时，气油比有小幅波动，压力继续降低，气油比迅速增加；衰竭开采采出程度 17.32%。

（3）15MPa/h 速度衰竭开采

填砂管渗透率为 1287mD，饱和水 40mL，孔隙度 40.8%，饱和油 36mL，含油饱和度 0.90，恒温箱温度 65℃，当以 15MPa/h 速度衰竭开采时。

高于泡点压力时，出油量较小，累产油量缓慢增加，低于泡点压力后，出油量增加，累产油量增加较快，当压力继续降低，出油量逐渐减小；高于泡点压力时，气油比保持相对稳定，低于泡点压力时，气油比有小幅波动，压力继续降低，气油比迅速增加；衰竭开采采出程度 20.80%。

由以上实验可知，高于泡点压力时产油较少，低于泡点压力时，产油较多，大部分原油是在泡点压力以下产出。这是因为高于泡点压力时，原油为单相，压缩系数小，原油依靠降压膨胀采出，低于泡点压力时形成溶解气驱，同时部分溶解气会在原油中形成气泡，增加了原油的弹性能。同时看出压降速度越快，原油采出程度越高。压降速度越快，原油粘度越低，同时泡沫油现象越明显。

3 水驱驱油效率实验

（1）压力降至大气压下水驱

填砂管渗透率为1315mD，饱和水45mL，孔隙度45.9%，饱和油40mL，含油饱和度0.89，恒温箱温度65℃。

注水驱替时，由于不利油水流度比，见水较早，注入0.11PV见水，见水后含水上升较快，迅速上升到80%多；见水后高含水率下继续出油，大部分原油在高含水率产出；注水速度0.5mL/min，提高采出程度12.5%，增大注入速度至1mL/min后，继续提高采出程度2.5%，增加至1.5mL/min后，继续提高采出程度0.61%，水驱总的采出程度提高幅度为15.61%。适当增大注水速度可以增加波及体积，同时速度较高时，原油粘度会有所下降，因此采出程度增加。衰竭和水驱总的采出程度为32.75%。

（2）压力降至3MPa水驱

填砂管渗透率为1425mD，孔隙度39.75%，饱和水39mL，饱和油38mL，恒温箱温度65℃。

注水驱替时，注入0.26PV见水，见水后含水上升较快，迅速上升到80%多；见水后高含水率下继续出油，大部分原油在高含水率产出；注水速度0.5mL/min，提高采出程度21.06%，增大注入速度至1mL/min后，继续提高采出程度5.26%，增加至1.5mL/min后，继续提高采出程度2.63%，水驱总的采出程度提高幅度为28.95%。适当增大注水速度可以增加波及体积，同时速度较高时，原油粘度会有所下降，因此采出程度增加。衰竭和水驱总的采出程度为34.21%。

（3）压力降至8MPa水驱

填砂管渗透率为1326mD，孔隙度38.73%，饱和水38mL，饱和油35mL，恒温箱温度65℃。

降压至8MPa注水驱替时，注入0.26PV见水，见水后含水上升较快，迅速上升到80%多。见水后高含水率下继续出油，大部分原油在高含水率产出。注水速度0.5mL/min，采出程度为27.14%，继续1mL/min水驱，提高采出程度2.86%，1.5mL/min提高采出程度1.43%。适当增大注水速度可以增加波及体积，提高采出程度。水驱总的采出程度提高幅度为31.43%。适当增大注水速度可以增加波及体积，同时速度较高时，原油粘度会有所下降，因此采出程度增加。衰竭和水驱总的采出程度为32.86%。

（4）100℃水驱

改变恒温箱温度，实验温度对采收率的影响，填砂管渗透率为1215mD，孔隙度37.71%，饱和水37mL，饱和油34mL，恒温箱温度100℃，降压至8MPa。

当温度升高到100℃，降压至8MPa注水驱替时，注入0.27PV见水，见水后含水上升较快，迅速上升到80%多。且大部分原油在高含水率产出。注水速度0.5mL/min，采出程度为35.29%，继续1mL/min提高采出程度2.95%，1.5mL/min提高采出程度1.47%。适当增大注水速度，提高地层温度可以增加波及体积，提高采出程度。衰竭和水驱总的采出程度为39.71%，比65℃提高6.85%。温度升高，原油粘度降低，油水流度比降低，水驱效果改善。

由以上实验可知，水驱效果与水驱速度有关，水驱速度越大，驱油效率越高，同时与注水时机有关，在泡点压力附近注水时，总的采出程度最高；升高温度可以降低原油粘度，改善油水流度比，驱油效率提高6.85%。

4 水驱波及效率实验

分别配置原油粘度分别为500cp和700cp模拟油进行水驱油实验，水驱油速度设置为1mL/min。同时为了分析注入速度对波及系数的影响，对粘度500cp的原油开展注入速度为0.5mL/min和1mL/min两组实验。

粘度500cp，注入速度1mL/min的实验结果如图1。

开始注水时，水驱前缘推进较均匀，随着水驱的进行，由于指进，注入水发生突进，在注入0.25PV时生产井见水，见水时的波及系数为0.33，随着注水的继续进行，波及体积继续扩大，最终波及系数为0.66。

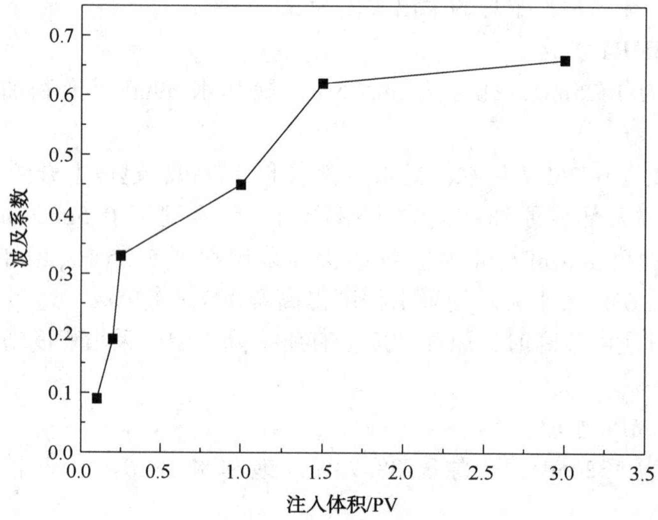

图1 波及系数变化曲线

粘度700cp，注入速度1mL/min的实验结果如图2。

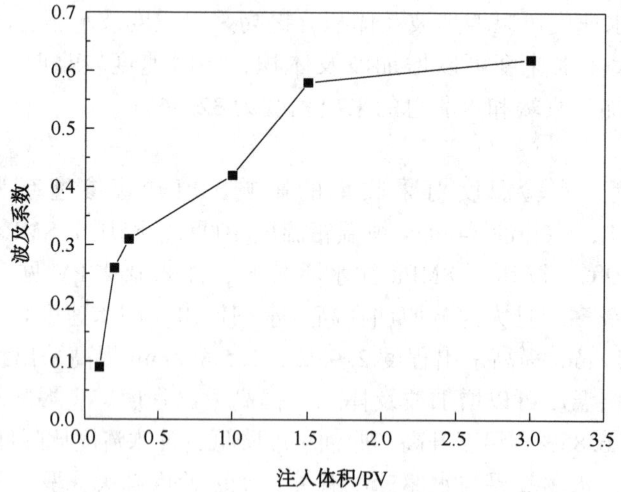

图2 不同时刻波及情况

从图可看出开始注水时，水驱前缘推进较均匀，随着水驱的进行，由于原油粘度增加，油水流度比变大，指进更加严重，见水时间变短，在注入 0.20PV 时生产井见水，见水时的波及系数为 0.26，随着注水的继续进行，波及体积继续扩大，最终波及系数为 0.62。

粘度 500cp，注入速度 0.5mL/min 的实验结果如图 3，看出开始注水时，水驱前缘推进较均匀，随着水驱的进行，由于指进，注入水发生突进，在注入 0.22PV 时生产井见水，见水时的波及系数为 0.24，随着注水的继续进行，波及体积继续扩大，最终波及系数为 0.61。

通过以上实验看出，注水开发时，注入水会快速突破，在见水之后，波及系数会进一步增加，波及系数随原油粘度的增加而降低，而注入速度的增加而增大。

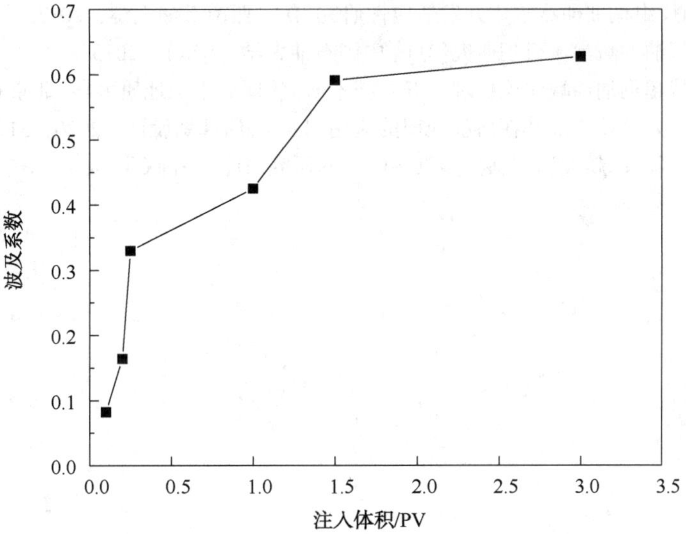

图 3　不同注入体积波及情况

5　总结

（1）原油衰竭开采实验表明，高于泡点压力时，出油量较小，累产油量缓慢增加，低于泡点压力后，出油量增加，累产油量增加较快，当压力继续降低，出油量逐渐减小；高于泡点压力时，气油比保持相对稳定，低于泡点压力时，气油比有小幅波动，压力继续降低，气油比迅速增加。

（2）原油衰竭开采采出程度与衰竭速度有关，衰竭速度越快，采出程度越高。衰竭速率从 5MPa/h 上升到 15MPa/h，采出程度从 16.38%上升到 20.80%。

（3）原油水驱实验表明，注水速度增大，原油渗流速度增加，粘度降低，可以增加水驱驱油效率，改善水驱效果。

（4）原油水驱开采见水后含水率会迅速提高到 80%以上，原油在高含水阶段还可继续采出。

（5）原油转驱压力在泡点压力附近时，水驱效果最好，总的采出程度为 34.21%。升高温度可以改善水驱效果，100℃下的水驱采出程度比 65℃下的采出程度高 6.85%。

（6）原油水驱波及系数实验结果表明，注水开发时，注入水会快速突破，在见水之后，波及系数会进一步增加，波及系数随原油粘度的增加而降低，而注入速度的增加而增大。

通过本次研究，为海上稠油油田的有效动用提供技术支撑。

参考文献

[1] 郑健. 牛心坨油田开发后期稠油冷采工艺研究[D]. 浙江大学，2015.
[2] 郭道宏. 沈阳油田高凝油冷采技术研究应用[D]. 东北石油大学，2014.
[3] 张萍. 陈家庄南区稠油油藏开采工艺技术应用研究[D]. 中国石油大学，2007.
[4] 孙辉辉. 鲁克沁三叠系深层稠油水驱开发规律研究[D]. 东北石油大学，2017.
[5] 李晨辰. 窄条状稠油油藏水驱潜力评价及开发调整策略研究[D]. 中国石油大学(北京)，2016.
[6] 余洋. J7 井区 WTG 组稠油油藏水驱开发适应性研究[D]. 西南石油大学，2017.
[7] 王树坤. 低渗透稠油油藏渗流机理研究[D]. 中国石油大学(华东)，2013.
[8] 郑舰. 王庄油田特超稠油油藏渗流机理与开发技术研究[D]. 中国地质大学(北京)，2013.
[9] 程万军. 稠油油水处理技术及其在新疆油田的应用[J]. 石油规划设计，2020，31(06)：34-51.
[10] 王瑞. 鲁克沁东区超深超稠油超临界蒸汽吞吐技术研究[D]. 中国石油大学(华东)，2015.

基于三维井震对比的复合砂体表征技术：以渤海A油田为例

任百聪　舒　晓　张鹏志　贯海良

[中海石油(中国)有限公司天津分公司渤海石油研究院，天津　300459]

摘　要：目前，地球物理学家很难通过常规时间切片、沿层切片和地层切片来识别复合砂体的空间结构。三维地震数据通过合成地震记录来解决地质问题，已经得到广泛应用，然而，结果总是展现在二维剖面上，那么常规的井震结合分析方法会有多套解释结果并影响最终的方案。为了解决这一问题，我们引入三维对比体的概念，并提出了一套井震综合三维时间域对比技术，该方法在时间域同时显示测井数据以及地震数据，人工快速构建高分辨率储层构架，最后生成三维对比成果体。该方法改善了常规砂体对比的复杂性与多解性，更加快速、高效与准确，这个方法已经成功应用于渤海A油田的河流相复合砂体表征中，在清晰解剖了砂体期次的同时，还指导了油藏动态调整，取得了很好的应用效果。

关键词：构型；储层建模；河流相；三维矢量对比

1　引言

随着油田开发生产和认识的不断深入，认识油田复合砂体内部结构的重要性日益凸显，而井震对比的方法是解剖砂体构型及识别隔夹层的关键因素。常规井震对比方法就是利用测井的垂向高分辨率和地震的横向高分辨率，在二维空间中进行砂体解剖。近些年，地震沉积学领域取得了蓬勃发展，等时地层切片能够刻画单期河道砂体的平面形态和分布，但无法描述多期叠加的复合河道砂体的空间结构，由于多期砂体叠加形成了复合波，地震资料仅能识别其包络。那么如何改进井震对比方法，使其能够识别多期河道间的隔夹层，并建立复合砂体的空间结构。

本文提出了一种基于井震三维对比的储层表征技术。该方法充分利用成熟油田的井网数据，对于单期河道砂体，利用地震轴刻画其剖面形态，对于纵向多期叠加的砂体，在其包络限定下，则依靠测井数据对其内部隔层及夹层进行对比，并将对比结果三维化，形成时间域的储层三维结构体。

2　常规井震对比方法存在的问题

通常情况下，地质人员利用 Resform 等软件进行快速分层及砂体对比，在“旋回对比，

【第一作者简介】任百聪，男，1988年11月，2014年毕业于东北石油大学，地球探测与信息技术，中级工程师。E-mail：renbc@cnooc.com.cn

分级控制”原则下对比砂体，很容易造成串层现象，会出现多套砂体解释方案，需要将分好的分层数据导入地震库中进行核实及确认，这样的工作流会导致大量的重复性工作，降低工作效率，重要的是分层数据众多，会造成错误的分层结果(图1)。

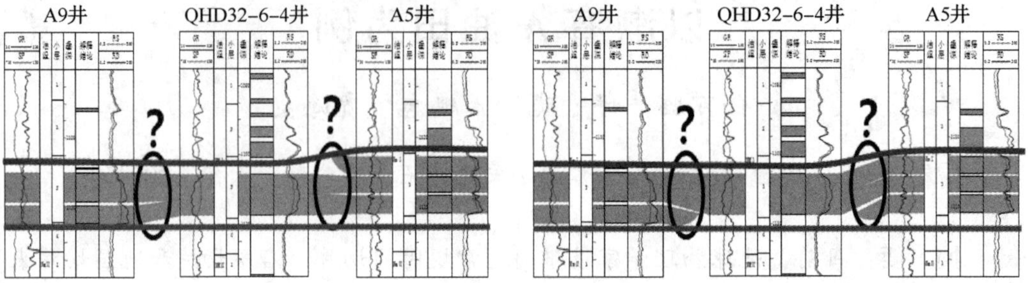

图1　测井数据约束下的砂体对比

通常情况下，常规井震对比方法是在地震数据约束下完成的，这一方法能很好的观察测井资料与地震数据的匹配性，并充分利用地震数据的高横向分辨率，解释井间砂体的连续性。但这一方法也存在问题，首先即使有地震数据和测井数据，对比过程中也存在大量的多解性，一些地质界面垂向位置的确定需要同时观察四周多口井才能确定，同时也要考虑地质体本身是三维空间的实体，对比结果应该具有空间闭合性的要求。而二维剖面下的对比不能很好地解决这一问题。第二，当前的对比结果仅能在二维窗口查看，不能直接在三维空间查看，无法在三维空间与地震数据结合。

综上所述，可以知道，对于河流相复合砂体而言，常规的井震对比技术无法有效解决储层内部构型表征问题。

3　井震综合三维对比技术

相比于常规井震对比方法，要想进一步改善存在的问题，需要将思路进行转变，将二维对比工作转移到三维空间，在三维空间中检查解释砂体的合理性，在三维砂体模型中进行后续研究工作，将更加方便高效。其基本思路就是将测井的垂向高分辨率和地震的横向高分辨率结合起来，其基本原理是利用三维对比插件在三维空间中直接连接对比砂体，其连接的面元为顶、底面对比线形成的矢量面，最后形成井与井之间的砂体对比面元，这样不仅能够在三维空间中确保对比的闭合性，还能与三维地震数据进行实时交互式检验(图2)。

与常规井震对比方法不同的是，对比过程是在三维空间中，并且得到的是三维对比体。下面以4口井的三维对比过程做一个简单示例。基于油田目标层段进行精细时深转换后(基于合成记录)，以将井轨迹和相关测井数据(GR和RD曲线)同时显示在三维时间域下，过井建立连井地震剖面，基于测井曲线数据，进行不同期次的砂体划分，并将对比结果记录为三维对比体(图3)。

4　结论

1. 相比于在二维的常规井震对比方法，三维井震综合对比方法更能认清复合砂体的内部结构，将成果数据三维模型化，更好的进行后期地震地质研究分析；

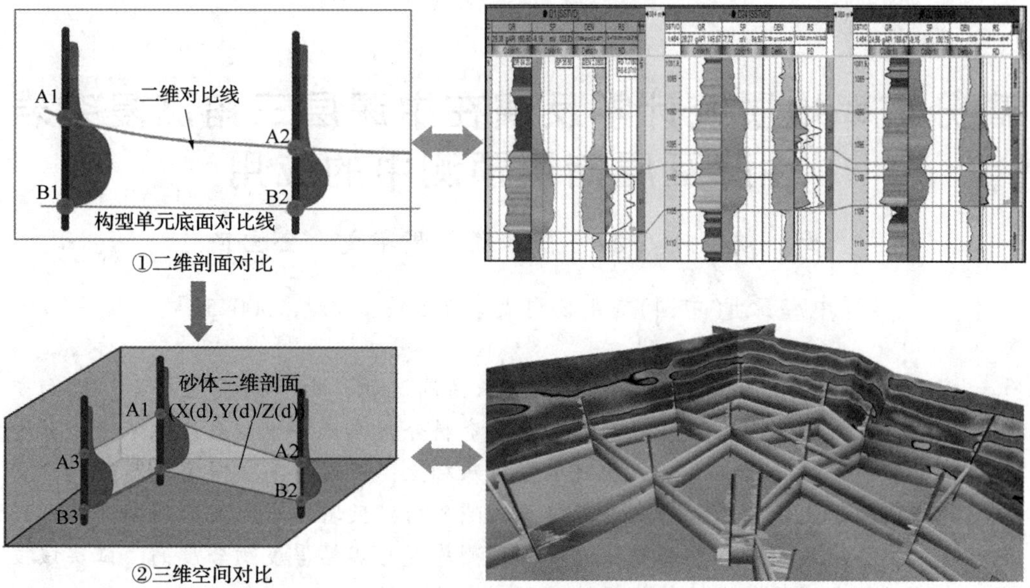

图 2　井震三维综合对比原理

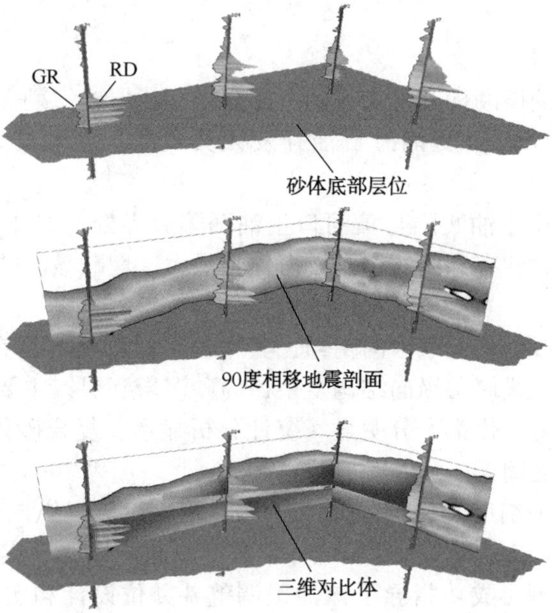

图 3　井震三维综合对比示意图

2. 提出了一套井震综合三维时间域对比方法。该方法实现了三维空间的连动对比，将井间构型单元对比成果转换为三维构型单元矢量面，并且能够在三维空间进行多种地质资料的相互验证；

3. 在地震资料的指导下，可以容易地刻画出砂体的边界以及砂体的构造，而单独通过测井数据是无法做到的，但测井数据却能检验该处地震轴反映的真实性，由此也得到了一个真实的提高分辨率的对比体，能很容易地划分出储层内部不同的砂体期次、平面分布及连续性。

高分辨率地质统计学反演在中深层三角洲复杂岩性薄互层储层预测中的应用

舒　晓　邓　猛　任百聪　周军良　金宝强

[中海石油(中国)有限公司天津分公司，天津　300459]

摘　要：渤海B油田为中深层辫状河三角洲沉积，由于储层埋藏深、横向变化快、岩性复杂、纵向砂泥岩薄互层、地震资料分辨率低导致储层认识不清，开发面临较大风险。为此，在复杂岩相概率分析基础上，开展了高分辨率地质统计学反演研究，实现了三角洲复合砂体内部薄层孔隙砂岩、致密砂岩和泥岩的高分辨率预测。有效指导了该油田调整井井位设计，预测厚度与实钻厚度吻合度高，证实该技术在中深层三角洲复杂岩性薄互层储层预测中的有效性。

关键词：地质统计学反演；中深层；90°相位转换；地震正演；三角洲；储层预测

近年来，随着渤海油田勘探开发工作的不断深入，浅层油气勘探开发难度越来越大，而中深层储层由于储量巨大，备受渤海石油开发人员关注，逐渐成为渤海油田新的产量增长点。

渤海B油田位于渤中生油凹陷与黄河口生油凹陷分界处，整体为受边界断层控制的断裂背斜构造，为油气聚集的有利场所，是渤海储量最大、埋藏最深的在生产中深层低渗三角洲油田。

该油田主要含油层段为古近系沙河街组，其中沙二段埋藏深度在3200~3500m之间[1]。钻井统计分析显示，沙二段储层纵向结构复杂，为砂泥岩互层，主要发育1~4期砂体沉积，横向砂体期次数目、厚度变化都十分明显。统计分析显示，复合砂体厚度在20~65m之间，单层厚度一般在2~8m之间。

笔者针对B油田沙河街组二段储层钻井少、井距大、储层纵向薄互层和地震资料分辨率低等问题，尝试将90°相位转换和地质统计学反演方法相结合，实现了储层内部薄砂层的高分辨率刻画和定量预测，成功指导了该油田调整井井位设计和实施，取得了良好的开发效果。

1　中深层砂泥薄互层三角洲储层定量预测方法

1.1　地质统计学反演流程

地质统计学反演方法是一种基于模型的反演方法，能充分融合地质、测井、地震等多尺

【第一作者简介】舒晓，男，1989年06月13日、2014年毕业于中国石油大学(华东)、硕士、高级工程师、中海石油(中国)有限公司天津分公司渤海石油研究院科技进步一等奖4次。E-mail：shuxiao@cnooc.com.cn

度信息。根据本文研究目标，把90°相位转换技术融入反演流程中，形成了如下地质统计学反演流程(图1)。

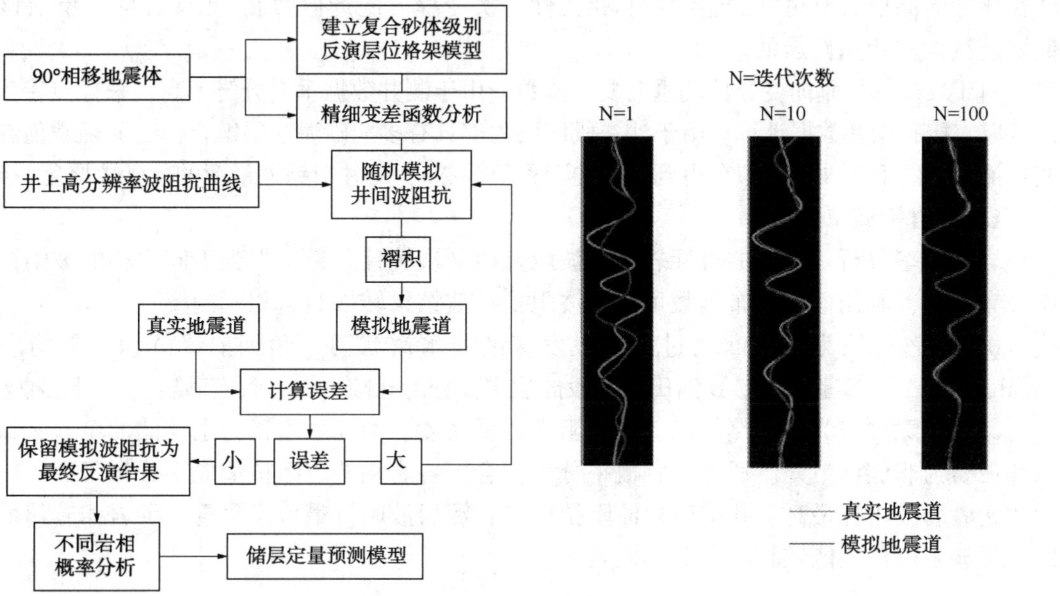

图1　地质统计学反演方法示意图

1.2　基于90°相位转换的反演层位格架模型构建

通过频谱分析可知，地震资料在沙二段频带范围为10~30Hz，主频约16Hz。根据沙二段平均地层速度3600m/s计算，原始地震纵向分辨能力在18~70m之间。理论上，在原始0°相位地震剖面下，可以通过分别追踪波峰和波谷来反映沙二段储层的顶、底界面，但在实际0°相位地震剖面中，沙二段的顶、底界面从视觉上则较难判断、识别和追踪解释。

为解决这一问题，首先以钻井揭示的三角洲储层结构为基础，建立能够反映储层纵向砂泥互层结构、横向期次和厚度变化特征的三角洲储层概念模型。依据实际测井数据统计，定义纯泥岩速度为3400m/s，密度为2.58g/cm^3；纯砂岩速度为3800m/s，密度为2.39g/cm^3，建立了三角洲地震正演模型，并在此基础上开展90°相位转换前后对比分析。

对比结果显示，原始地震剖面中反映三角洲复合砂体顶、底界面的波峰、波谷往往存在复合波，界面解释精度较差，视觉分辨率低，实际解释时困难大。而90°相位地震剖面具有更高的视觉分辨率，转换后反映复合砂体顶、底界面的零相位界面清晰且容易识别，地震轴厚度与实钻井厚度吻合性好。这说明90°相位转换技术能够用于中深层三角洲复合砂体顶、底面的刻画。

基于90°相移三维地震数据利用地震解释软件通过追踪地震剖面下的零相位精细解释了沙二段储层的顶、底界面，建立起中深层三角洲储层的层位格架模型，该模型的建立为反演工作的开展奠定了基础。

1.3　精细变差函数分析

由于海上油田井数少、井距大，因此无法直接利用密井网求取平面变差函数。考虑90°相位地震体横向分辨率高，采样点密集，能够反映储层横向变化特征，因此本次基于90°相移地震体提取沙二段层间平均振幅，基于振幅属性图计算水平变差函数平面图，该图能够反映储层的平面各向异性和空间相关性。水平变差函数主变程方向近似为西南-北东方向，反映在该方向储层具有更好的连续性和相关性，次变程方向近似西北-东南方向，反映该方向储层连续性和相关性最低。

对于反映储层垂向变异性的垂向变差函数，由于测井数据垂向分辨率高，采样点密集，因此可以直接利用井数据计算。由于沙二段储层内部具有多期砂泥互层组合，变差函数值在达到基台值后仍然上下波动。拟合得到的垂向变程值为 2m，与井上钻遇最薄的单砂体厚度一致。

1.4 岩相概率分析

岩相概率分析是反演的目标岩相的波阻抗值开展统计分析，得到不同岩相的波阻抗值概率分布函数，利用概率分布函数可以将波阻抗反演结果转换为岩相预测模型。

B 油田沙二段为盆地断坳过渡阶段发育的浅水辫状河三角洲前缘沉积，平均渗透率 30md，基于岩心实验分析，B 油田沙二段储层主要分为孔隙砂岩、致密砂岩、泥岩三种岩相。

其中孔隙砂岩为低自然伽马、高电阻率、低密度、中孔隙度，为主要储油单元，致密砂岩和泥岩为非储油单元。通过岩相概率分析拟合了各岩相的波阻抗值概率分布函数。结果显示致密砂岩波阻抗最高，孔隙砂岩波阻抗中等，泥岩波阻抗最低。尽管三种岩相有值域重叠区，但波阻抗依然能够较好区分不同岩相。

2 应用及实践

本次基于 90°相移地震体建立三角洲复合砂体的反演地层格架模型，通过地质统计学反演方法计算得到沙二段波阻抗反演数据体，在岩相概率分析的基础上并进一步把波阻抗体转换为岩相体。

与 90°相移地震剖面相比，反演剖面的纵向分辨率明显提高。90°相移地震只能刻画沙二段储层的顶、底界面，而反演数据则能够识别其内部薄层分布，且能够区分孔隙砂岩、致密砂岩和泥岩三种不同岩相，实现有利岩相的预测。预测的岩相分布与 2 口新钻井解释岩相吻合度较高，证明了该方法的可靠性(图 2)。

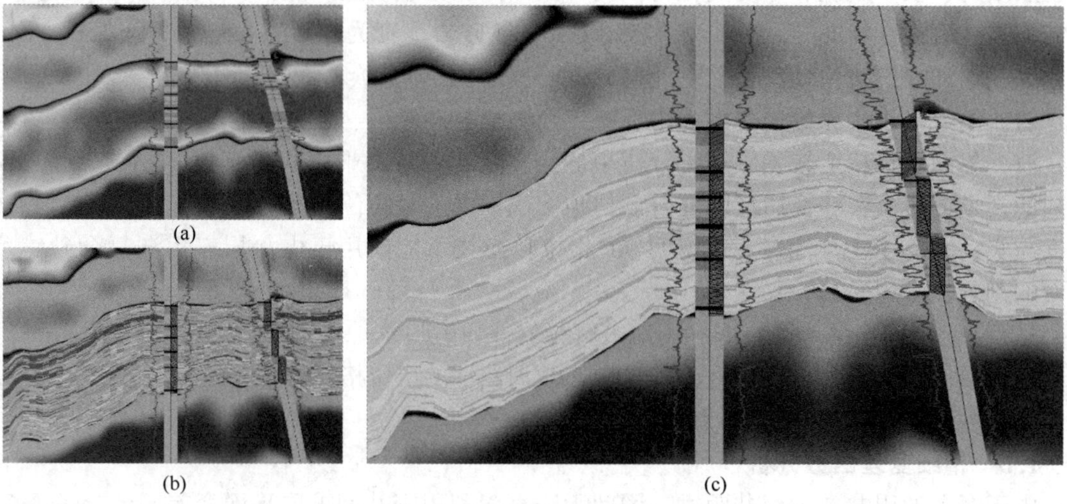

图 2 90°相移地震剖面和反演框架(a)、地质统计学反演剖面(b)和岩相解释剖面(c)对比

基于B油田沙二段储层地质统计学反演预测成果，计算其垂向砂层厚度总厚度，基于厚度预测成果实施了7口调整井，同时在井位设计时，考虑规避致密砂岩发育较多区域。实钻井厚度与预测厚度吻合率超过85%，保障了调整井的成功实施。

3 结论

1）形成了一套综合90°相位转换和地质统计学反演的中深层三角洲储层定量预测技术，该技术在B油田的成功应用，证实该技术能够有效解决渤海中深层薄互层三角洲储层预测难题，这对于井位设计及实施具有重要作用。

2）90°相位转换后的地震同相轴与三角洲复合砂体对应关系较好，能够应用于中深层砂泥薄互层三角洲储层反演层位格架模型的建立。

参 考 文 献

[1] 项华，徐长贵．渤海海域古近系隐蔽油气藏层序地层学特征．石油学报，2006，27(2)：11-15.

考虑启动压力梯度的稠油底水油藏水平井临界产量的计算

孙恩慧　彭　琴　刘春艳　杨东东　郭敬民

[中海石油(中国)有限公司天津分公司，天津　300452]

摘　要：针对稠油底水这类油藏，临界产量是一个非常重要的参数，它直接影响油藏的开发生产。目前计算稠油底水油藏临界产量的方法大多没有考虑启动压力梯度影响，稠油存在启动压力梯度，这个因素影响不能忽略，提出了一种考虑启动压力梯度的水平井临界产量的计算方法，更符合实际油藏真实的情况。研究结果表明：当启动压力梯度逐渐增大时，水平井的临界产量逐渐减小，当水平井避水高度逐渐增大时，水平井的临界产量逐渐增加，研究成果对稠油底水油藏开发具有重要的指导意义。

关键词：启动压力梯度；水平井；稠油底水油藏；临界产量；避水高度

和直井开发稠油底水油藏相比，利用用水平井开发，具有一些优势，但也存在就是底水锥进的问题，控制底水锥进是油藏工程师一直研究的重要课题[1-3]。目前，很多学者[4-6]对常规底水油藏水平井临界产量做了大量研究，但是，稠油油藏与常规油藏的渗流特征不同，具有启动压力梯度，采用常规计算底水油藏水平井临界产量计算的方法不适用。

本文基于水平井水脊模型，结合水平井渗流理论，推导出考虑启动压力梯度的稠油底水油藏水平井临界产量新公式，并给出新公式的求解方法。通过实例表明，本文提出的方法计算出的临界产量更符合实际油藏真实的情况。

1　考虑启动压力梯度的稠油底水油藏水平井临界产量

1.1　模型建立和公式推导

图1为稠油底水油藏水平井水锥模型，水平方向泄油半径为 r_e，油藏厚度 h，水平段长度 L，避水高度 Z_w，井筒半径 r_w，流体在地层渗流为稳定渗流，水驱油过程中忽略毛管力，重力和表皮系数的影响。

在 x-y 平面方向上，水平井周围的等压线为共焦椭圆，建立图2所示。

【第一作者简介】孙恩慧(1988年—)，男，汉，研究生，工程师，主要从事油气藏工程方面的工作。E-mail：sunenh@ cnooc. com. cn

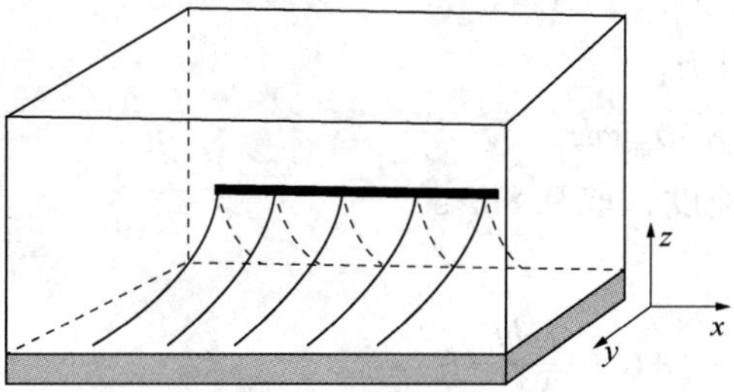

图 1　稠油底水油藏水平井水锥模型

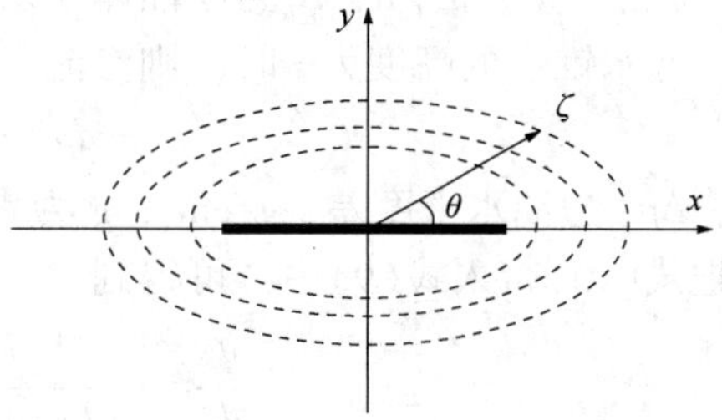

图 2　椭圆坐标轴

在 $x-y$ 平面方向上，水平井周围渗流为椭圆流，椭圆坐标与直角坐标的转化关系如下：

$$\begin{cases} x = a\cos\theta \\ y = b\sin\theta \end{cases} \tag{1}$$

其中：

$$a = (L/2)ch\xi$$
$$b = (L/2)sh(\xi + C) \tag{2}$$

式中，a 为等压线的长半轴，m；b 为等压线的短半轴，m；C 为与井筒有关的常数。

利用发展矩形族描述等压椭球族[7]，有

$$\bar{x} = (L/2)ch\xi \tag{3}$$

$$\bar{y} = \frac{2}{\pi}\int_0^{\pi/2} y d\theta = \frac{2b}{\pi} = \frac{Lsh(\xi + C)}{\pi}$$

通过对式(6)求导，可得：

$$\frac{d\bar{y}}{d\xi} = \frac{Lch\xi}{\pi} = \frac{2a}{\pi} \tag{4}$$

如果考虑启动压力梯度 G，则渗流速度 v 表示为：

$$v = 8.64 \times 10^{-2} \frac{k_h}{\mu_o}\left(\frac{dp}{d\bar{y}} - G\right) \tag{5}$$

式中，v 为渗流速度，m/d；k_h 为油藏水平渗透率，mD；μ_o 为地层原油粘度，mPa·s；G 为启动压力梯度，MPa/m。

把式(5)转化为：

$$v = 8.64 \times 10^{-2} \frac{k_h}{\mu_o}\left(\frac{dp}{d\xi}\frac{d\xi}{d\bar{y}} - G\right) \tag{6}$$

把式(3)带入式(6)，得到：

$$v = 8.64 \times 10^{-2} \frac{k_h}{\mu_o}\left(\frac{\pi\, dp}{2a\, d\xi} - G\right) \tag{7}$$

水平井渗流面积为：

$$A \approx \frac{45\pi a}{32}(h - z) \tag{8}$$

根据流量方程得到：

$$qB_o = Av = 8.64 \times 10^{-2} \frac{k_h}{\mu_o}\frac{45\pi a}{32}(h - z)\left(\frac{\pi\, dp}{2a\, d\xi} - G\right) \tag{9}$$

式中，q 为产量，m^3/d；B_o为原油体积系数，m^3/m^3。

当底水锥进的高度为 z 时，则渗流压差表示为：

$$dp=-0.001\times\Delta\rho_{wo}gdz \tag{10}$$

式中，$\Delta\rho_{wo}$为油水密度差，g/cm^3；g 为重力加速度，取 $9.8m/s^2$。

把式(10)带入式(9)中，可得到：

$$\frac{dz}{d\xi}=\frac{1.7qB_o\mu_o}{k_h(h-z)(-\Delta\rho_{wo}g)}+G\frac{Lch\xi}{(-\Delta\rho_{wo}g)} \tag{11}$$

把式(11)整理，可得到：

$$\frac{dz}{d\xi}=\frac{A}{(h-z)}+Bch\xi \tag{12}$$

$$A=\frac{1.7qB_o\mu_o}{k_h(-\Delta\rho_{wo}g)} \tag{13}$$

$$B=\frac{GL}{(-\Delta\rho_{wo}g)} \tag{14}$$

内边界和外边界的边界条件可分别表示为：

$$Z|_{\xi=\xi_w}=h-Z_w \tag{15}$$

$$Z|_{\xi=\xi_e}=0 \tag{16}$$

2.2 临界产量计算求解方法

采用改进的欧拉方法求解公式(12)，预测方法如下：

$$\overline{Z_{n+1}}=Z_n+\frac{A}{(h-Z_n)}+Bch\xi_n \tag{17}$$

$$X_1=\frac{A}{(h-Z_n)}+Bch\xi_n \tag{18}$$

$$X_2=\frac{A}{(h-Z_{n+1})}+Bch\xi_{n+1} \tag{19}$$

校正方法如下：

$$\overline{Z_{n+1}}=Z_n+(X_1+X_2)/2$$

利用编程语言求解水平井的临界产量Q_c，具体计算步骤如下：

首先，计算不考虑启动压力梯度的临界产量 Q；其次，根据改进的欧拉法及内边界条件$Z|_{\xi=\xi_w}=h-Z_w$，迭代求解得到$Z|_{\xi=\xi_e}$的值，如果计算出的$Z|_{\xi=\xi_e}$的值符合外边界条件，计算出的 Q 即为所求的临界产量Q_c，如果计算出的$Z|_{\xi=\xi_e}$不符合外边界条件，则调整 Q 的大小，直至计算出的 Q 满足$Z|_{\xi=\xi_e}=0$。最终，得到的值为水平井的临界产量Q_c。

3 实例应用

以某一底水油藏为例，储层有效厚度 35m，原油体积系数 1.25，储层水平渗透率 2000mD，储层垂向渗透率 200mD，储层启动压力梯度为 0.01MPa/m，地下原油密度 $0.65g/cm^3$，水的密度为 $1.06g/cm^3$，地层原油粘度 0.3mPa? s，其中，有一口水平井生产，水平段长度 500m，泄油半径 300m，井筒半径 0.11m，水平井避水高度 30m。

把实例数据代入公式(12)中，计算出该水平井的临界产量 $50m^3/d$，利用程林松-范子非模型计算出临界产量 64m³/d，利用窦宏恩模型计算出临界产量 57m³/d，小于常规底水油藏水平井临界产量，主要是本文考虑启动压力梯度对稠油油藏的影响，更符合实际油藏真实的情况。

3.1 启动压力梯度对水平井临界产量的影响

启动压力梯度分别设为 0、0.002、0.004、0.006、0.01、0.015、0.02MPa/m，从图 3 看出，随着启动压力梯度增加，水平井临界产量逐渐减小。分析其原因，当地层启动压力梯度越大，底水锥进的速度越快，其需要的临界产量越小。

3.2 水平井避水高度对水平井临界产量的影响

水平井避水高度分别设计为 10、15、20、25、30m，从图 4 看出，在油藏其他参数一定情况下，避水高度越大，水平井临界产量越大。分析原因，当井筒距离底水越远，水平井以较大的产量生产时才能导致油井见水，因而水平井临界产量越大。层顶部最佳，指导水平井设计。

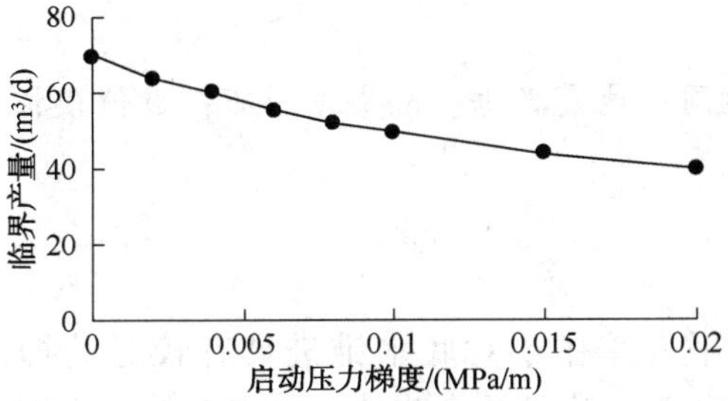

图 3 不同启动压力梯度对水平井临界产量的影响

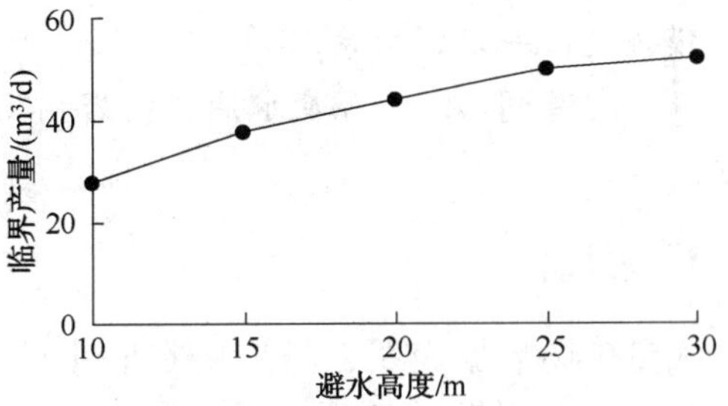

图 4 不同水平井避水高度对水平井临界产量的影响

4 结论

（1）常规稠油底水油藏水平井临界产量没有考虑启动压力梯度，本文提出了一种考虑启动压力梯度影响的稠油底水油藏水平井临界产量的计算方法。

（2）通过油田的生产实例表明：在油藏其他参数一定的条件下，随着启动压力梯度增加，水平井的临界产量逐渐减小。在油藏厚度一定情况下，随着水平井避水高度的增加，水平井的临界产量增加。

参 考 文 献

[1] 刘良跃，岳江河，熊友明，等．水平井底水锥进临界产量计算[J]．石油学报，2001，23(5)：35-37.
[2] 张振军．底水油藏水平井底水锥进影响因素分析[J]．重庆科技学院学报，2011，13(2)：56-58.
[3] 周代余，江同文，赵金洲，等．底水油藏水平井临界产量及其不确定性分析[J]．钻采工艺，2005，28(1)：33-35.
[4] 窦宏恩．水平井开采底水油藏临界产量的计算[J]．石油钻采工艺，1997，19(3)：70-75.
[5] 范子菲．底水油藏水平井临界产量公式及其变化规律[J]．石油勘探与开发，1994，21(1)：65-70.
[6] 程林松，郎兆新，张丽华．底水驱动油藏水平井锥进的油藏工程研究[J]．石油大学学报，1994，18(4)：43-47.
[7] 吕同富．数值计算方法[M]. 2 版，北京：清华大学出版社，2013：302-306.

海上强底水油藏动态数据预测隔夹层模式

谭　捷　牟松茹　刘春艳　谭征扬　李子靳

[中海石油(中国)有限公司天津分公司，天津　300459]

摘　要：海上强底水油藏，受条件影响，部分砂体钻穿的井非常少，无法准确通过过路井来研究水平井周围隔夹层的分布，地震数据精度也无法满足隔夹层的研究。本文根据实际的岩相孔渗范围，结合地震解释结果，通过运用动态生产数据结合数值模拟来进行隔夹层模式的反推。研究确定了夹层半径及夹层频率对综合含水拟合的影响效果大于渗透率。该研究成果为海上强底水油藏储层识别，确定隔夹层模式提供一定的指导。

关键词：海上强底水油藏；岩相孔渗范围；地震数据；隔夹层分布；数值模拟

1　引言

大量矿场数据表明，隔夹层在底水油藏水平开采中，对底水锥进具有较好的抑制作用[1-7]，不仅能够减缓底水上升速度，还能改变底水上升路径。此外，隔夹层的存在对油藏剩余油的分布也具有直接的影响，其中，隔夹层的大小、位置、渗透性和产能密切相关[8-10]。

但受海上条件限制，部分油藏钻穿井非常少，无法准确通过过路井来研究水平井周围隔夹层的分布，地震数据精度也无法满足隔夹层的研究，因此，考虑通过动态生产数据结合数值模拟来进行隔夹层模式的反推。因夹层主要影响的是含水上升规律，本次拟合主要参数为综合含水，其次考虑累油量的拟合。

2　根据实际井确定模拟模型不同岩相孔渗范围

通过实际三维模型，初步确定影响参数的范围，首先确定模拟不同岩相的孔隙度和渗透率范围。

部分隔夹层测井解释具有一定的渗透性，100~400之间，孔隙度范围0.24~0.29，渗透率范围700~2500mD。

3　影响拟合精度的主控因素分析

① 渗透率影响

渗透率越大，水锥体积越大，当渗透率为300毫达西时，A29H井水锥体积为418.9万方；

【第一作者简介】谭捷，男，1987年6月出生，2012年7月毕业于西南石油大学，硕士研究生。中海石油(中国)有限公司天津分公司渤海石油研究院，油藏工程师，高级工程师。E-mail：tanjie3@cnooc.com.cn

当渗透率为1500毫达西时，A29H井水锥体积增加到570.9万方，考虑目前实际储层渗透率为1500毫达西左右，后面反推研究模型渗透率为1500毫达西。

② 水体大小影响

当水体大小为非刚性水体时，渗透率调整到300毫达西时，单井综合含水拟合最好；当水体大小为刚性水体时，渗透率调整到1500毫达西时，单井综合含水拟合最好，因此，模型渗透率1500毫达西和刚性底水更符合实际情况。

③ 夹层大小的影响

本次以圆的形式来表征夹层的形状大小，通过改变圆的半径大小来模拟夹层半径的大小。夹层位置依据现有井数据统计定为距水平段5米。

调整半径分别为100米、200米和300米进行单井综合含水拟合，当夹层半径为200米，含水曲线拟合最好。通过综合含水与累产油曲线来看，半径200米的拟合曲线明显好于其他夹层半径。

但累油曲线依然存在部分偏差，进一步改变夹层半径大小210米和220米，进行模型反推，当夹层半径为210米，综合含水曲线和累油量曲线拟合精度明显提高，因此，A29H井水平段下面夹层半径应该在210米(表1)。

表1 不同半径下拟合效果对比

半径	累油量				
	60%	80%	90%	95%	98%
A29H	5.07	7.27	13.91	26.11	38.91
0	3.68	5.85	9.35	15.6	29.56
100	3.66	6.59	11.01	18.27	31.98
200	4.15	8.22	14.11	24.55	38.01
210	4.19	8.33	14.76	25.68	38.86
220	4.22	8.45	15.46	26.77	39.78
300	7.34	14.15	23.65	39.74	49.68

分不同含水阶段统计以上模型数据，通过夹层半径与累油量的关系曲线，拟合出不同含水阶段夹层半径与累油量的关系式(图1)。

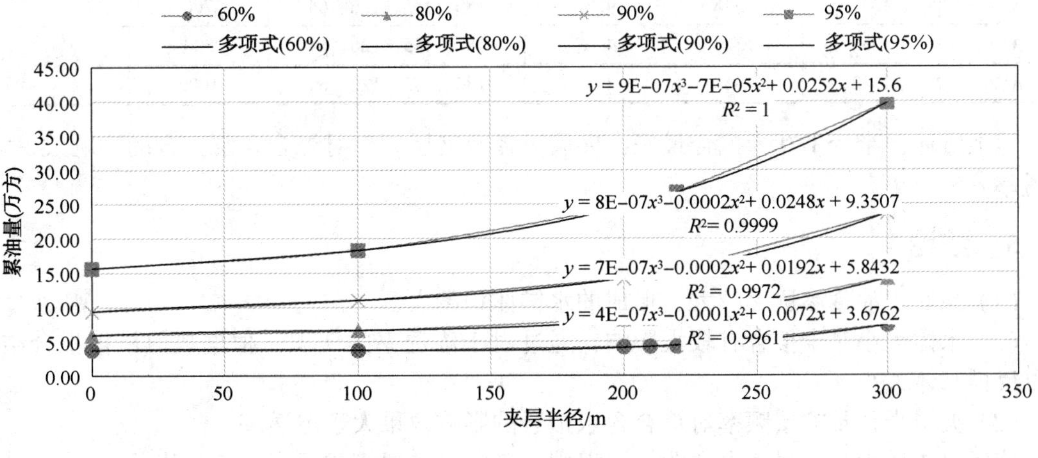

图1 夹层半径与累油量关系式

④ 夹层位置的影响

初期影响较大，夹层位置越靠近水平段含水上升越快，拟合越差。

4 定向井的夹层半径反推

研究区存在部分定向井，如 A19 井，穿过储层，钻遇馆陶三油组三个厚度较大夹层，分别为 1. 5 米、1. 29 米和 0. 53 米，钻遇储层渗透率中值为 650 毫达西。

分别设置渗透率为 500 和 1000 毫达西和夹层半径为 100、180 和 200 米进行综合含水拟合，渗透率相对来说，对综合含水拟合影响较小，主要是夹层半径的影响，当半径为 180 米时，综合含水拟合最好(表 2)。

表 2 夹层半径与渗透率

井号	顶深	底深	厚度	半径	PERM		结论
A19	1344. 5	1346	1. 5	100	500	1000	
A19	1344. 5	1346	1. 5	180	500	1000	拟合最好
A19	1344. 5	1346	1. 5	200	500	1000	

进一步精细拟合夹层大小对综合含水的影响，加入另一影响因素夹层频率，结合实钻井 A19 井的夹层分布频率设置拟合模型的频率。

考虑实钻井渗透率中值 650 毫达西，进一步下探渗透率值到 200 毫达西，结果显示，渗透率 500 毫达西时，综合含水的曲线拟合最好(表 3)。

表 3 不同夹层频率与渗透率拟合结果对比

井号	顶深	底深	厚度	半径	PERM	拟合结果
A19	1332	1346	4. 37	180、155、126、64	200	
A19	1332	1346	4. 37	180、155、126、64	300	
A19	1332	1346	4. 37	180、155、126、64	400	
A19	1332	1346	4. 37	180、155、126、64	450	
A19	1332	1346	4. 37	180、155、126、64	500	拟合最好
A19	1332	1346	4. 37	180、155、126、64	550	
A19	1332	1346	4. 37	180、155、126、64	700	
A19	1332	1346	4. 37	180、155、126、64	800	
A19	1332	1346	4. 37	180、155、126、64	1000	

综上所述，半径 180 米拟合最好，夹层半径及夹层频率对综合含水拟合的影响效果大于渗透率。

5 结论

(1) 强底水油藏渗透率越大，形成的水锥体积越大。

(2) 水体大小对于拟合有较大影响，通过对于渗透率的认识，根据数值模拟拟合结果，可以反推水体大小。

(3) 夹层半径及夹层频率对综合含水拟合的影响效果大于渗透率。

该研究成果为海上强底水油藏储层识别，确定隔夹层模式提供一定的指导。

参 考 文 献

[1] 王海峰，范廷恩，宋来明，等．高弯度曲流河砂体规模定量表征研究[J]．沉积学报，2017，35(2)：279-289.

[2] 李宗奇，林承焰，张宪国，等．孤东油田七区西 Ng52+3 层曲流河储层构型表征[J]．东北石油大学学报，2017，41(5)：70-80.

[3] 陈德坡，刘焕成，陈姝宁．孤东油田七区西馆五段曲流河点坝内部构型[J]．新疆石油地质，2019，40(2)：188-193.

[4] 贺雪晶，钟建华，曹梦春，等．河流相辫—曲河型转换控制因素与控制机理——以东营凹陷青西地区馆陶组为例[J]．河南科学，2018，36(5)：776-783.

[5] 刘海，林承焰，张宪国．孔店油田馆陶组辫状河—曲流河转换及其控制因素[J]．断块油气田，2017，24(6)：735-739.

[6] 李胜利，于兴河，姜涛，等．河流辫—曲转换特点与废弃河道模式[J]．沉积学报，2017，35(1)：1-9.

[7] 程丽芳，王晖，尹艳树，等．基于浅层地震资料的曲流河点坝精细解剖[J]．断块油气田，2019，26(4)：464-469.

[8] 冯潇飞，赵晓明，谭程鹏，等．深海弯曲水道内部一种特殊的沉积单元—凹岸坝[J]．沉积学报，2019-07-08.

[9] 谢京，周军良，胡勇，等．秦皇岛 A 油田河流相储层展布特征[J]．海洋地质前沿，2018，34(5)：35-41.

[10] 段雅君，董运晓，姜新雨，等．饶阳凹陷明化镇组下段曲流河沉积特征及废弃河道识别[J]．科技通报，2019，35(4)：21-26.

海上油田不规则井网水驱波及系数定量表征研究

王　鹏　王少鹏　孙广义　翟上奇　闫建丽

[中海石油(中国)有限公司天津分公司，渤海石油研究院，天津　300459]

摘　要：BZ油田为渤海典型的河流相油田，主要采用水平井开发，已进入“双高”开发阶段，面临稳产难度大的问题；基于BZ实钻井水淹资料统计分析，发现主流线水淹比例近4年为50%，非主流线水淹比例为15%，非主流线水淹程度较低，且油田主力砂体水驱动用不均匀，出现开发矛盾，所以有必要对BZ油田目前水驱波及情况进行详细评价研究。笔者结合海上油田井距大、井数少、井网复杂等开发特点，引入表征河流相储层非均质性的特征参数，对陆上油田水驱纵向波及公式进行回归修正，对BZ油田和单砂体进行水驱纵向波及定量表征；基于油田水驱特征曲线法进行油田的体积波及系数计算，根据体积波及系数和纵向波及系数计算平面波及系数。根据水驱波及评价结果，结合BZ油田水驱开发中暴露的问题，指导BZ油田剩余油挖潜。

关键词：水淹；纵向波及；俞启泰公式修正；平面波及；海上油田；剩余油

渤海油田整体进入“双高”开发阶段，主力油田水驱采收率已达到25%以上，如何进一步提高油田采收率是目前渤海油田面临的重大挑战。提高油田采收率的途径有两方面：提高驱油效率和扩大波及体积。波及系数是影响油田开发效果的重要指标，扩大水驱波及体积的理论基础就是如何提高波及系数。目前渤海油田对计算水驱波及系数的理论方法、影响因素以及规律认识缺乏系统研究。BZ油田为渤海中型复杂河流相油田，在开发早期形成了依托单砂体水平井不规则井网布井技术，创新了河流相油田高效开发模式，取得较好开发效果。目前BZ油田进入高含水期，平面水驱不均，为认清水平井网波及规律从而指导剩余油挖潜，有必要对水平注采井网波及规律进行研究，指导油田持续稳产。

陆上油田关于纵向波及的评价方法，前人的研究成果主要包括：物理模拟法和数值计算法；其中数值计算法包括：俞启泰回归公式、M. R Fassihi公式和俞启泰修正公式等[1-3]。关于平面波及的评价方法，前人的研究成果主要包括等值渗流阻力法、油水相渗曲线法、流管法、水驱特征曲线法、数值模拟法等[4-5]。然而海上油田评价纵向波及和平面波及的方法却鲜有耳闻。本文结合前人研究成果，依托油田实际数据，对油田体积波及、纵向波及、平面波及进行计算，形成一套评价波及的体系，方法简单，对海上油田切实可行。

【第一作者简介】王鹏，男，1992年9月10日，油藏工程师，硕士研究生，2020年6月毕业于东北石油大学油气田开发工程专业，主要从事海上油气田开发工作。E-mail：2537298882@qq.com

1　BZ 油田纵向波及系数评价

1.1　考虑油田非均质性对纵向波及的影响

选取 BZ 油田水井吸水剖面资料，回归出纵向波及系数与射开程度的关系(见图 1)。统计结果表明：纵向波及系数随射开程度增加而增大，且两者呈现指数关系 $E_z \sim P_d^{(x0.4359)}$。因此，基于同样的研究思路，分别统计了渗透率级差、渗透率变异系数、突进系数、油层有效厚度与纵向波及系数(见图 1)的关系，可以看出纵向波及系数与渗透率变异系数呈现对数关系 $E_z \sim V_k^{(x0.1583)}$，与渗透率极差呈现指数关系 $E_z \sim J_k^{(e-0.179x)}$，与突进系数呈现幂方关系 $E_z \sim T_k^{(x-0.62)}$，与油层有效厚度呈现幂方关系 $E_z \sim H^{(x-0.595)}$。

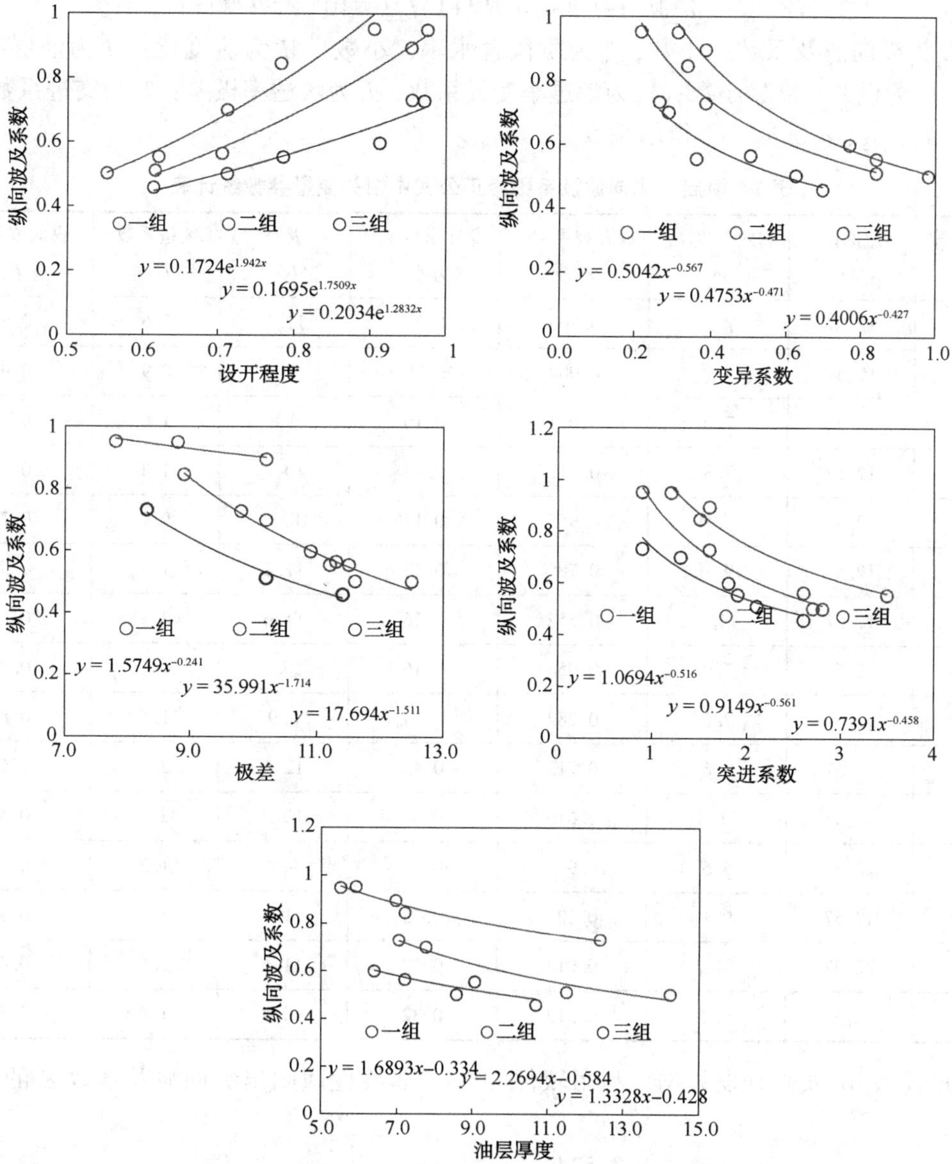

图 1　纵向波及系数与油层物性参数的关系曲线

1.2 纵向波及系数公式修正

结合上述对纵向波及系数的分析，通过对俞启泰修正公式进行修正，考虑油藏纵向非均质性，引入油藏射开程度、渗透率非均质性(渗透率变异系数、渗透率极差、突进系数)对纵向波及系数的影响，在俞启泰回归公式(1)中添加这些参数，将公式修正如下：

俞启泰纵向波及系数原始公式：

$$E_z = \frac{f_w}{0.062M(1-f_w)+(0.22H^{1.1}+1)f_w} \tag{1}$$

俞启泰纵向波及系数修正公式：

$$E_z = \frac{a_1 f_w}{[a_2 M(1-f_w)+(a_3 H^{a_4}+1)f_w]} * \frac{P_d^{0.5}}{10^{a_6 V_k + a_7 J_k + a_8 T_k}} \tag{2}$$

式中，E_z为纵向波及系数，小数；f_w为阶段含水率，小数；M 为流度比；H 为油层有效厚度，m；P_d为设开程度，小数；V_k为渗透率变异系数；J_k为渗透率极差；T_k为突进系数；a_1、a_2、a_3、a_4、a_5、a_6、a_7、a_8 待求系数。

表1　俞启泰纵向波及系数修正公式中相关变量参数统计表

阶段含水率 f_w/小数	流度比 M/	有效厚度 H/m	设开程度 P_d/小数	变异系数 V_k/小数	级差 J_k/	突进系数 T_k/	纵向波及系数 E_z/
0.187	12.57	7.2	0.705	0.21	11.3	2.6	0.564
0.768	12.57	5.9	0.904	0.09	7.8	0.9	0.952
0.589	12.57	7.0	0.971	0.16	9.8	1.6	0.728
0.341	12.57	7.8	0.712	0.12	10.2	1.3	0.699
0.689	12.57	12.4	0.955	0.11	8.3	0.9	0.732
0.201	12.57	9.1	0.785	0.15	11.2	1.9	0.554
0.161	12.57	14.3	0.552	0.26	11.6	2.7	0.502
0.832	12.57	7.0	0.954	0.16	10.2	1.6	0.894
0.742	12.57	7.2	0.782	0.14	8.9	1.5	0.845
0.571	12.57	8.6	0.712	0.45	12.5	2.8	0.501
0.521	12.57	11.5	0.616	0.35	10.2	2.1	0.511
0.821	12.57	5.5	0.975	0.13	8.8	1.2	0.949
0.289	12.57	9.1	0.621	0.35	11.5	3.5	0.554
0.121	12.57	10.7	0.614	0.29	11.4	2.6	0.458
0.452	12.57	6.4	0.912	0.32	10.9	1.8	0.598

通过代入 BZ 实际开发数据，利用软件 SPSS，非线性回归出纵向波及系数 E_z的计算公式如下：

$$E_z = \frac{3.524 f_w}{[0.0102M(1-f_w)+(1.147H^{-0.773}+1)f_w]} * \frac{P_d^{0.459}}{10^{0.153V_k+0.021J_k+0.1398T_k}} \tag{3}$$

对比统计结果与公式(1)和修正后公式(2)计算结果，见图 2。

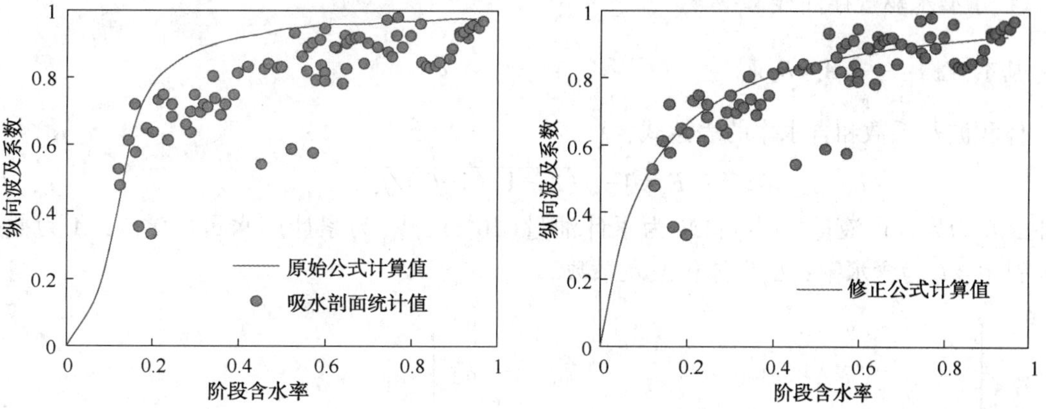

图 2　修正公式和原始公式计算结果对比图

可以看出未修正公式计算的结果与实际统计结果相差很大。综合考虑 6 个主控影响因素，进行多元非线性回归的修正公式，计算的结果与统计数据的结果吻合较好。

2　BZ 油田平面波及系数评价

2.1　体积波及系数评价

前人研究的平面波及系数的评价方法主要有流管法、数值模拟法等等，这些方法均不能直接应用在实际油藏区块当中，而体积波及系数的油藏工程方法发展的比较成熟，因此这里考虑采用先用油藏工程方法计算体积波及系数，然后再计算平面波及系数的间接思路。目前应用比较普遍而且成熟的体积波及计算方法是采用水驱相渗曲线法计算。

通过采用四种水驱曲线法拟合累计产液量与累计产油量之间的关系，求出拟合曲线的直线截距和斜率，然后带入公式(1)~(4)计算体积波及系数。

① 甲型水驱规律曲线

基本方程：$\log W_{\rm p}=A_1+B_1N_{\rm p}$

体积波及系数和含水率的表达式：

$$E_{\rm v}=\frac{B_3}{B_1}\left\{\log\left(\frac{f_{\rm w}}{1-f_{\rm w}}\right)-[A_1+\log(2.203B_1)]\right\} \tag{1}$$

② 乙型水驱规律曲线

基本方程：$\log L_{\rm p}=A_2+B_2N_{\rm P}$

体积波及系数和含水率的表达式：

$$E_{\rm v}=\frac{B_3}{B_2}\left\{\log\left(\frac{f_{\rm w}}{1-f_{\rm w}}\right)-[A_1+\log(2.203B_2)]\right\} \tag{2}$$

③ 丙型水驱规律曲线

基本方程：$\dfrac{L_{\rm p}}{N_{\rm P}}=A_4+B_4W_{\rm p}$

体积波及系数和含水率的表达式：

$$E_v = 1-\sqrt{A_3(1-f_w)} \tag{3}$$

④ 丁型水驱规律曲线

基本方程：$\dfrac{L_p}{N_p}=A_4+B_4W_p$

体积波及系数和含水率的表达式：

$$E_v = 1-\sqrt{(A_4-1)(1-f_w)/f_w} \tag{4}$$

式中，L_p为累计产液量(10^4t)；N_p为累计油量(10^4t)；W_p为累计产水量(10^4t)；A 为截距；B 为斜率；f_w为含水率；E_v为体积波及系数。

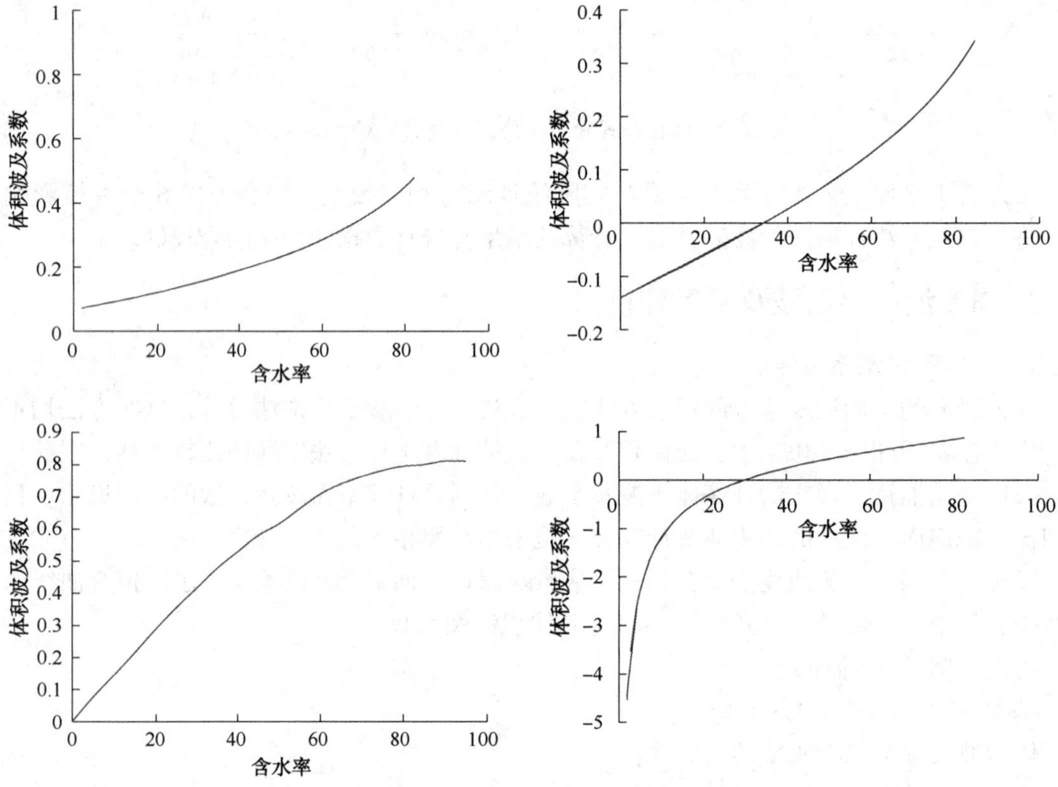

图3　BZ油田甲、乙、丙、丁型水驱规律计算纵向波及系数曲线图

经过分析发现，不同水驱曲线计算的体积波及系数结果截然不同，甲型水驱曲线得出的体积波及系数与现有认识矛盾，计算结果偏小与实际油藏认识不符；乙型和丁型水驱曲线计算的体积波及系数在含水率小于30%时，结算结果均为负值；丙型水驱曲线计算结果较为符合实际油藏状况，因此，最终选用丙型水驱曲线计算体积波及系数和随后的平面波及系数。体积波及系数除以纵向波及系数就是平面波及系数，纵向波及系数已由上面经俞启泰修正评价公式计算得到，最终得到的BZ油田全区的平面波及系数随含水率变化曲线如图4所示。

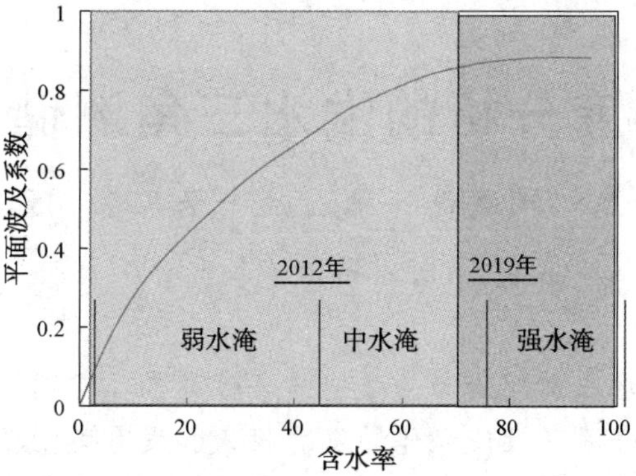

图4 BZ油田平面波及系数随含水率变化图

2.2 平面波及系数评价

从上图可以看出，BZ油田平面波及主要分为两个阶段；当含水率小于70%时，平面波及系数呈现幂指数增长，增长速度较快，平面波及较好，当前井网比较适应；当含水率大于70%时，平面波及系数处于平稳状态，波及面积不在扩大，砂体对水驱的适应性降低，当前井网已经不适合当前油藏开发，亟待调整。

3 结论

1）对于BZ河流相储层非均质性比较强的油田来说，适用性差，本次引入表征储层非均质性的三个参数，完善计算公式。在目前含水率87%的情况下，纵向波及系数为84%；目前井网下，预测到含水率98%，体积波及系数90%，油田还存在10%未波及，说明目前井网对纵向水驱控制程度比较好。

2）BZ油田平面波及主要分为两个阶段；当含水率小于70%时，平面波及系数呈现幂指数增长，增长速度较快，平面波及较好，当前井网比较适应；当含水率大于70%时，平面波及系数处于平稳状态，波及面积不在扩大，砂体对水驱的适应性降低，当前井网已经不适合当前油藏开发，亟待调整。对于渤中28-2S油田，在目前含水率87%情况下，平面波及系数74%；目前井网下，预测到含水率98%，平面波及系数76%，油田还存在24%未波及，调整潜力大。

参 考 文 献

[1] 俞启泰，罗洪．我国陆上油田采收率与波及系数评价[J]．油气采收率技术，2000(02)：33-37+1.

[2] M. R. Fassihi，New Correlation for Calculation of Vertical Coverage and Areal Sweep Efficiency. SPE Reservoir Engineering，November 1986，604-606.

[3] 陈元千，郭二鹏．预测水驱油田体积波及系数和可采储量的方法[J]．中国海上油气，2007(06)：387-389.

[4] 王明，杜利，国殿斌，等．层间非均质大型平面模型水驱波及系数室内实验研究[J]．石油实验地质，2013，35(6)：698-701.

[5] 武兵厂，姚军，吕爱民．水平井与垂直井联合井网波及系数研究[J]．石油学报，2006(04)：85-88.

基于属性梯度分析的浅水三角洲储层构型研究

王西杰　周连德　张　汶　来又春　张国坤

(中海石油(中国)有限公司天津分公司，天津　300459)

摘　要：海上浅水三角洲油田油藏地质条件复杂，常因河道多次迁移，频繁改道，砂体相互切割、叠置，致使砂体的发育模式和发育类型多样，一般易形成多成因复合砂体，由于不同成因单元之间连通性的复杂，使得复合砂体的储层具有很强的非均质性，尤其在海上油田井资料较少、且井距较大的情况下，传统的储层构型方法难以解决海上油田的该类储层精细研究。本文通过综合分析测井相、地震相资料，建立了分流砂坝型浅水三角洲四级构型边界的识别标准；同时利用敏感因素分析，构建基于振幅属性的边缘检测算子，定量表征了砂体厚度突变或物性突变界限，实现了无井少井区域四级构型边界的定量刻画，指导了海上浅水三角洲油田的高效开发，实现了渤海油田的增储上产。

关键词：浅水三角洲；储层构型；属性梯度；属性融合

0　引言

渤海油田在浅层新近系明化镇组地层的浅水三角洲储层中勘探发现了丰厚的油气资源，是目前渤海油田开发的主力含油层位之一。但是该类油田地质条件复杂，常因河道多次迁移，频繁改道，单个成因单元之间相互切割、叠置，导致砂体横向非均质性增强、油气水关系更加复杂化[1]，该类油藏的储层精细构型研究一直制约着油田的高效开发。

国内外学者主要通过野外露头的详细解剖，总结归纳出沉积模式及沉积规律，在实际油田开发中利用密井网信息开展储层内部构型精细解剖分析[2-4]，且运用效果较为理想，技术也相对比较成熟，但依据地震资料的研究相对较少，且主要集中在对深水浊积水道储层的研究，除此之外，基于地震资料刻画储层内部构型也较为少见。这些方法有效的解决了陆地油田密集井网下的储层精细化研究[5-6]，对于油田开发后期的剩余油挖潜具有重要地质意义[7]，但是海上油田由于井数少、井距大，陆上油田的储层构型研究方法已经难以适用[8]，这就严重影响了海上油田的高效开发。本文针对海上油田的开发特点，以渤中S油田为例，在充分利用单井资料识别四级构型单元界面的基础上，结合地震属性的边缘检测算子技术，定量表征了砂体厚度突变或物性突变界限，实现了无井少井区域浅水三角洲储层精细构型研究，为海上浅水三角洲油田的高效开发提供了地质依据。

1　地质概况

渤中S油田构造属于渤海南部海域黄河口凹陷的中央构造脊，油气聚集成藏条件较

【第一作者简介】王西杰(1985—)，男，汉族，硕士，2012年毕业于中国地质大学(武汉)能源地质工程专业。从事油田开发研究工作。E-mail：wangxj34@cnooc.com.cn

好[9-10]。油田的形成受南北两组掉向相反的北东向正断层控制，各层圈闭形态基本一致，新近系明化镇组下段是主要含油层系。油田明化镇组下段砂体为浅水三角洲分流河道砂体[11]，沉积水动力以牵引流为主，湖水的波浪作用较弱，物源方向主要来自于北东方向。研究认为，明化镇组下段砂体为分流砂坝型浅水三角洲，砂体平面上侧向频繁迁移，砂体平面分布范围较广，但侧向连通性差异较大。储层岩性主要为岩屑长石砂岩，细粒至中-细粒，岩石成分成熟度较低，颗粒分选较好。储层孔隙类型以粒间孔为主，岩石孔隙发育、连通性较好，储层平均孔隙度和渗透率分别为 31.6%和 1787.0×10^{-3}μm^2。

2 单一心滩识别

本次研究的 1-1167 砂体属于浅水三角洲储层，沉积以类心滩坝复合体的样式进积、退积或侧向迁移，这些复合体进一步在平面上叠置，形成连片分布的砂体，而不同的类心滩之间则以湖泛泥岩或沉积物路过面为边界。在复合类心滩坝内部则是多个单一类心滩的组合，类心滩之间以较薄的泥质沉积或沉积路过面为边界，类心滩由多期增生体侧向叠覆沉积而成(图 1)。

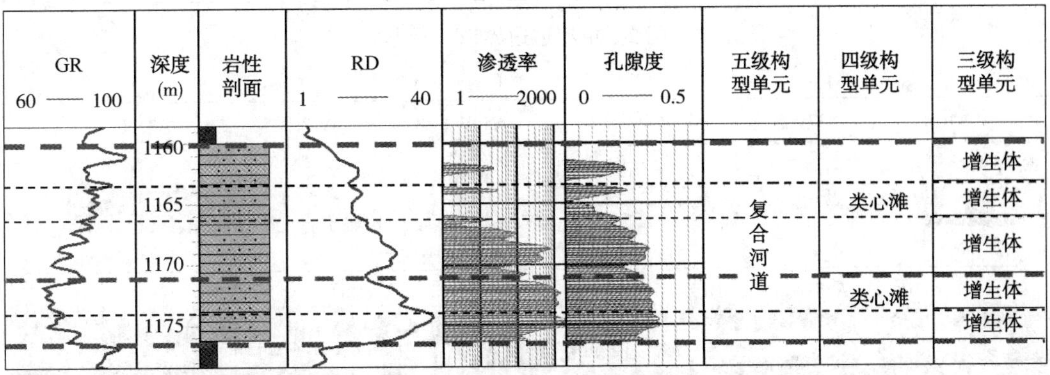

图 1　渤中 S 油田 1 井不同级次构型单元划分

将目标砂体 1-1167 砂体划分出类心滩、分流河道、分流河道间湾三种沉积微相(图 2)：

① 类心滩：类心滩是浅水三角洲的主力储层，砂体沉积厚度较大，平面展布稳定，储层物性较好。测井曲线一般以箱型、复合箱型为主，地震相为强振幅、连续性较好。

② 分流河道：分流河道由于是过水环境，底部发育滞留沉积，后期泥质充填，砂体沉积厚度小，一般小于 5m，测井曲线一般呈钟形或靴状，。

③ 分流河道间湾：分流河道间湾的沉积物主要为灰绿色泥岩，局部含洪泛期的粉砂薄层沉积。一般沉积在前浅水三角洲泥岩或浅水三角洲前缘砂体之上，测井曲线一般为指状。

在沉积相研究的基础上，根据浅水三角洲的特殊沉积特点及现代浅水三角洲沉积特征研究，应用连井地震反演剖面与测井资料结合，综合考虑测井曲线特征确定沉积微相类型，以测井曲线的形态与连井地震波形几何形态之间的关系确定沉积微相分布特征及接触关系(图 3)。

构型单元	测井曲线特征	地震剖面特征	识别特征
分流砂坝	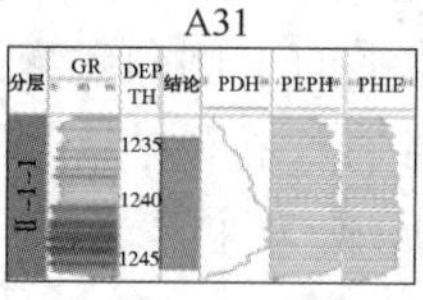	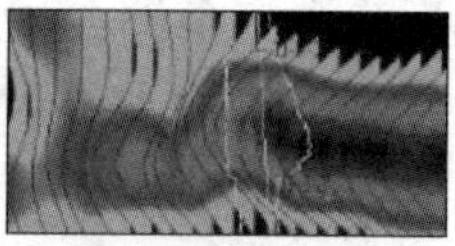	测井相：呈箱型 地震相：波形幅度明显 砂体特征：厚度大于5m
分流河道	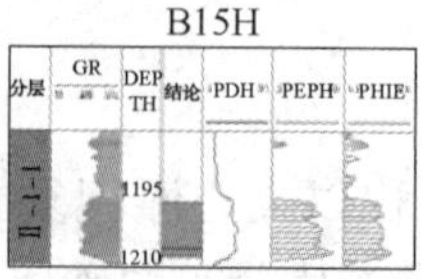	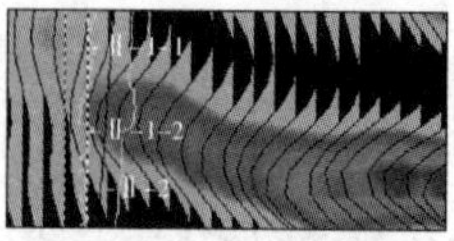	测井相：呈钟形-箱型 地震相：波形幅度较明显 砂体特征：厚度小于5m
分流间湾	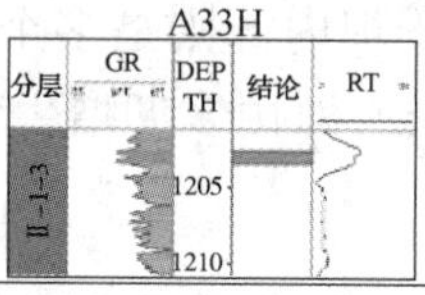	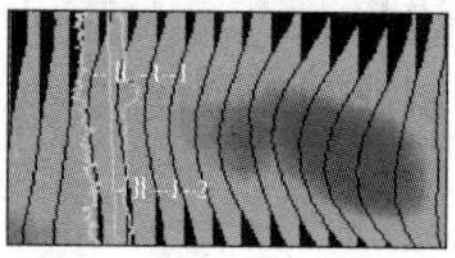	测井相：呈齿化尖峰状 地震相：波形幅度不明显 砂体特征：厚度小于1m

图 2　单河道边界识别标志

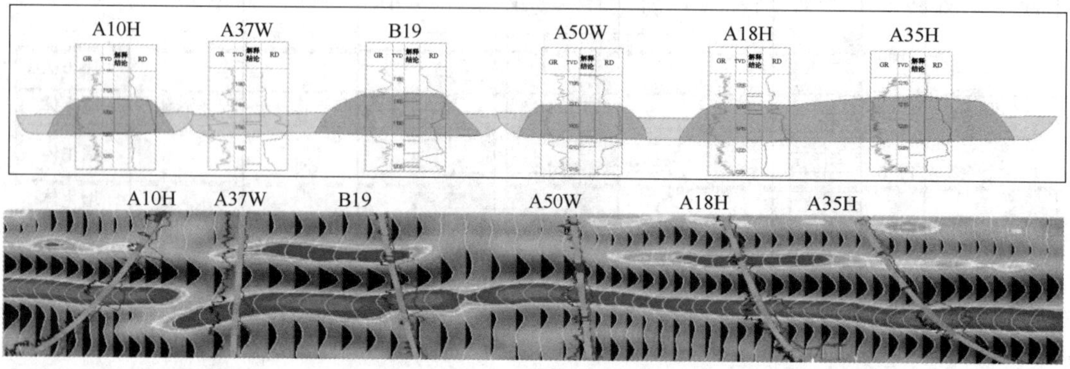

图 3　1-1167 砂体四级构型单元剖面图

3　基于属性梯度的储层构型解剖

为了充分挖掘相对高分辨率的地震信息，在研究区范围内根据不同单砂体接触关系设计了不同的地震正演模型，结果表明，相对于传统的振幅类属性，振幅变化率能够更好的追踪单砂体侧向接触点，指示单砂体的侧向接触位置(图 4)。同时考虑到振幅属性能够较好的指示储层横向变化，将振幅和振幅变化率进行属性融合。属性融合之后单砂体的边界更为清晰(图 5)，据此能初步确定单一构型单元的大致范围，实现了从地震现象到地质意义的转变。

在模式指导下，井震结合，平剖互动，进行砂体的纵向展布预测、砂体的平面展布特征进行描述(图 6)。1-1167 砂体以北部物源为主，类心滩与分流河道从北部向南西方向、正南以及东南方向发散开来，砂体呈朵状展开。经统计分析，1-1167 砂体类心滩长度为 310~860m，宽度 156~616m，厚度 2.7~9.8m。

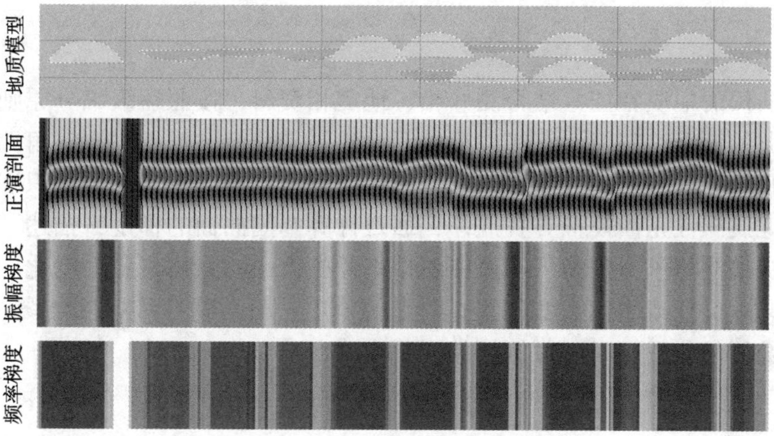

图 4　不同单砂体接触关系地震正演

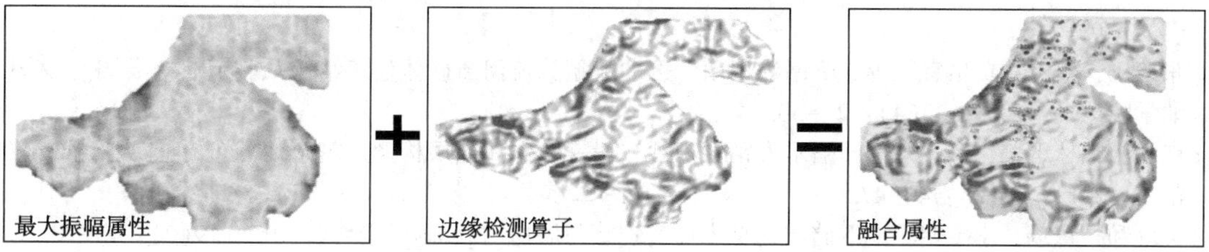

图 5　属性融合指导下的单一构型单元定性识别

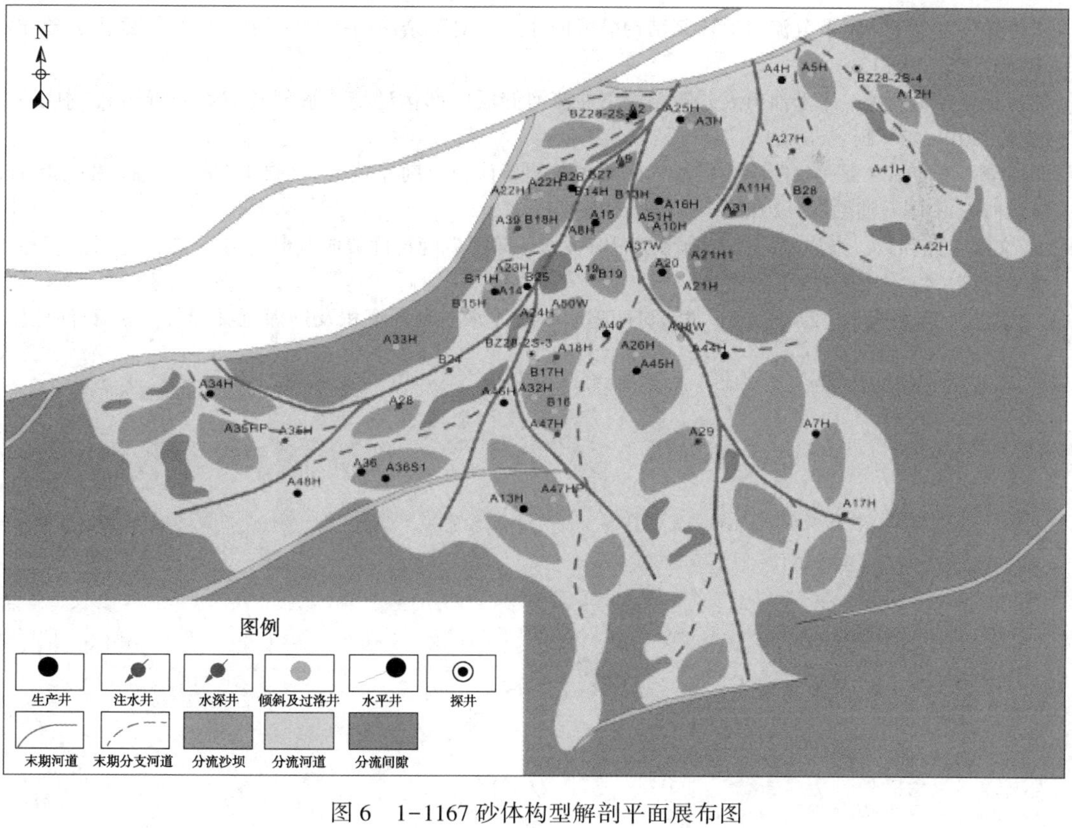

图 6　1-1167 砂体构型解剖平面展布图

4 结论

（1）依据油田的地质特征，结合测井相、地震相资料，按照逐级细分原则解剖了分流砂坝型浅水三角洲的五级、四级、三级构型单元，建立了分流砂坝型浅水三角洲构型界面的识别方法，总结归纳了类心滩、分流河道及分流河道间湾的测井相、地震相识别特征。

（2）依据地震属性正演模拟寻找规律，通过计算空间曲面的梯度，描述了曲面变化的快慢，构建了边缘检测算子，该算子不表征属性本身的大小，只体现属性变化的快慢。所以振幅的变化率对厚度突变或物性突变位置有明显的响应，而对物性和厚度的缓慢变化不敏感，因此多期砂体叠置的位置可以通过振幅的变化率确定。

参考文献

[1] 姚光庆，马正，赵彦超．等．浅水三角洲分流河道砂体储层特征[J]．石油学报，1995，16(1)：24-30.
[2] 赵翰卿，付志国，吕晓光，等．大型河流-三角洲沉积储层精细描述方法[J]．石油学报，2000，21(4)：109-113.
[3] 张绍臣，李臣，贾培宜，等．萨南油田南二区曲流型分流河道砂体建筑结构及剩余油挖潜[J]．大庆石油学院学报，2009，33(4)：27-30.
[4] 卢虎胜，林承焰，等．东营凹陷永安镇油田沙二段三角洲相储层构型及剩余油分布[J]．大庆石油学院学报，2013，37(3)：40-47.
[5] 吴胜和，翟瑞，李宇鹏．地下储层构型表征，现状与展望[J]，地学前缘，2012，19(2)：15-23.
[6] 岳大力，吴胜和，刘建民．曲流河点坝地下储层构型精细解剖方法[J]．石油学报，2007，28(4)：99-100.
[7] 张善义，兰金玉，水下分流河道建筑结构模式的建立及对剩余油的控制作用[J]．油气藏评价与开发，2013，3(5)：9-12.
[8] 刘超，赵春明，等，海上油田大井距条件下曲流河储层内部构型精细解剖及应用分析[J]，中国海上油气，2014，26(1)：58-64.
[9] 邓运华，王应斌．黄河口凹陷浅层油气成藏模式的新认识及勘探效果-来自 BZ28-2S 油田勘探历程的启示[J]．中国石油勘探，2012 年第 1 期：25-29.
[10] 彭文绪，孙和风，张如才，等．渤海海域黄河口凹陷近源晚期优势成藏模式[J]．石油与天然气地质，2009，30(4)：510-518.
[11] 余宏忠，李建平，彭文绪，等．黄河口凹陷明下段浅水三角洲沉积及勘探意义[J]．大庆石油地质与开发，2009，28(2)：1-6.

中深层潜山油藏提高最终采收率技术探索

王欣然[1]　祝晓林[1]　孟智强[1]　朱志强[1]　王艳霞[2]

[1. 中海石油(中国)有限公司天津分公司，天津　300459；
2. 中海油能源发展股份有限公司工程技术分公司，天津　300452]

摘　要：潜山油藏进入高含水期后注水效果逐渐变差，为了有效提高油藏最终采收率，开展了该类型油藏优化注水后，接替进行氮气驱、气水交替驱、凝胶颗粒驱及表面活性剂驱油实验。研究结果表明，水驱后氮气驱主要依靠气液密度差异驱替油藏顶部剩余油，提高原油采收率0.4%~2.1%，采收率提高幅度主要取决于生产井垂向位置；气水交替驱能够控制氮气段塞前缘的稳定性，提高原油采收率2.0%~5.2%；凝胶颗粒可以较好地改善裂缝系统的非均质性，提高原油采收率1.2%~3.7%；表面活性剂驱可以通过清洗宏观裂缝表面的剩余油提高采收率，配合焖井可促进基质微裂缝的自发渗吸作用，提高原油采收率2.5%~4.3%。研究成果深化了潜山油藏提高最终采收率方法认识，为同类型油藏改善开发效果提供了借鉴。

关键词：潜山油藏；室内实验；氮气驱；水气交替驱；凝胶颗粒驱；表面活性剂驱；最终采收率

潜山油藏采用人工注水能够有效保持储层压力，避免因压力降低使裂缝闭合而导致储层物性严重下降[1-5]。开发实践表明，采用常规注水方法后，注入水易沿裂缝通道窜进，使水驱整体驱油效率较低，并导高含水期时基质中仍存在大量剩余油[6-7]。有研究指出，相比常规注水，通过实施脉冲注水、周期注水及异步注水等优化注水方法能够有效提高采收率[8-10]，但对这种特殊类型油藏优化注水过后三次采油提高采收率方法鲜有研究。海上A油田是典型的中深层潜山油藏，历经常规注水及优化注水阶段，即将进入高含水开发末期，为使油田在整个开发周期内均取得较好的开发效果，开展了本次提高最终采收率技术研究。

1　实验方案设计

结合油田实际注采井网，并考虑油藏裂缝发育、储量分布及岩心制作难度等实际情况，共制作4组不同裂分布及布井方式的三维岩心模型。其中岩心裂缝分布情况主要分为“裂缝均匀分布”(图1a)和“裂缝不均匀分布”(图1b)两类；岩心模型布井方式主要分为“顶部注气、顶部采油、底部注水”和“顶部注气、中部采油、底部注水”两类。方案1模型的裂储比

【第一作者简介】王欣然，男，1985年生，高级工程师，硕士，2012年毕业于中国石油大学(北京)石油与天然气工程专业，主要从事油田开发及提高采收率研究工作。E-mail：wangxr7@ cnooc. com. cn

为1∶2，方案2、3、4模型的裂储比为1∶3。具体实验方案设计见表1。实验加压18MPa，实验温度为75℃。

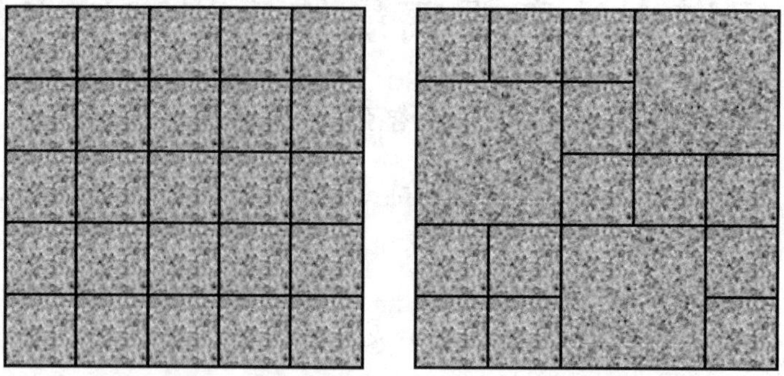

(a)裂缝均匀分布　　(b)裂缝不均匀分布

图1　三维岩心模型裂缝分布情况示意图

表1　裂缝岩心模型驱替方案设计

<table>
<tr><th>方案编号</th><th>裂缝发育情况</th><th>注采井网</th><th>常规水驱</th><th>优化注水</th><th>注氮气</th><th>水气交替注入</th><th>注凝胶颗粒</th><th>注表面活性剂</th><th>后续水驱</th></tr>
<tr><td>1</td><td>裂缝均匀分布</td><td>顶部注气、顶部采油、底部注水</td><td rowspan="4">至含水率95%</td><td>周期注水至含水率98%</td><td rowspan="2">至含水率98%</td><td rowspan="2">—</td><td rowspan="4">至含水率98%</td><td rowspan="4">至含水率98%后，焖井10h后再开井生产</td><td rowspan="4">至含水率98%</td></tr>
<tr><td>2</td><td>裂缝均匀分布</td><td>顶部注气、中部采油、底部注水</td><td>异步注水至含水率98%</td></tr>
<tr><td>3</td><td>底部裂缝不发育</td><td>顶部注气、中部采油、底部注水</td><td>异步注水至含水率98%</td><td rowspan="2">—</td><td rowspan="2">至含水率98%</td></tr>
<tr><td>4</td><td>中部裂缝不发育</td><td>顶部注气、中部采油、底部注水</td><td>异步注水至含水率98%</td></tr>
</table>

2　实验结果分析

2.1　顶部注气顶部采油底部注水-裂缝均匀分布模型

方案一中模型裂储比较高为1∶2，水驱及化学驱开发特征曲线见图2，该方案宏观裂缝中储量占比较高，故无水采收期较长达84min，常规注水采收率高达29.0%；优化注水采取了周期注水方式，即采油井不关井，而注水井周期性关井，使驱替过程中形成一定的压力波动，从而使宏观裂缝中部分剩余油被动用，但提高采收率幅度较低，优化注水提高采收率为0.5%。水驱阶段共采出原油29.5%。

驱替方式转变为注氮气后，因采油井与注气井均位于储层顶部，注入氮气无法有效发挥因气油密度差异产生的重力驱油，故注氮气提高采收率仅为0.4%；底部注水井驱替方式转变为凝胶颗粒驱后，预交联凝胶颗粒可显著降低含水率，最大下降至69%，阶段提高采收

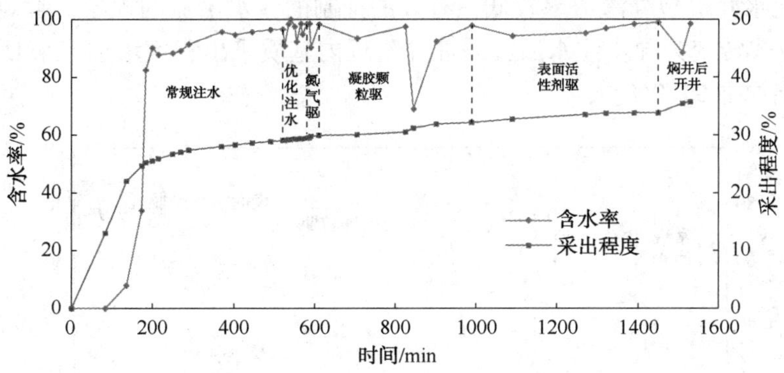

图 2　水驱及化学驱开发特征曲线(方案一)

率达到 2.2%；表面活性剂溶液一方面会降低毛细管力，另一方面可大幅降低残余油饱和度。配合焖井一段时间能够充分发挥表面活性剂增加接触角的作用，从而使基质渗吸作用进一步增强，两个阶段表面活性剂驱提高采收率可达 3.1%，表面活性剂对于提高基质系统的采收率具有重要作用。

2.2　顶部注气中部采油底部注水-裂缝均匀分布模型

方案二至方案四模型裂储比降低至 1∶3，其中方案二水驱及化学驱开发特征曲线见图 3。该方案宏观裂缝中储量占比较低，无水采收期短于方案一，为 65min。常规注水采收率仅为 15.8%；优化注水采用异步注水策略，即采油井生产时注水井停注，注水井注水时采油井停产。在注水阶段，模型压力持续升高，注入水的波及范围也大幅增加，在采油阶段，因暂时中断了能量补充，使裂缝系统压力快速下降，从而导致裂缝和基质系统的压差增加，使基质中的原油被采出。优化注水效果较好，提高采收率 4.8%。水驱阶段共采出原油 20.6%。

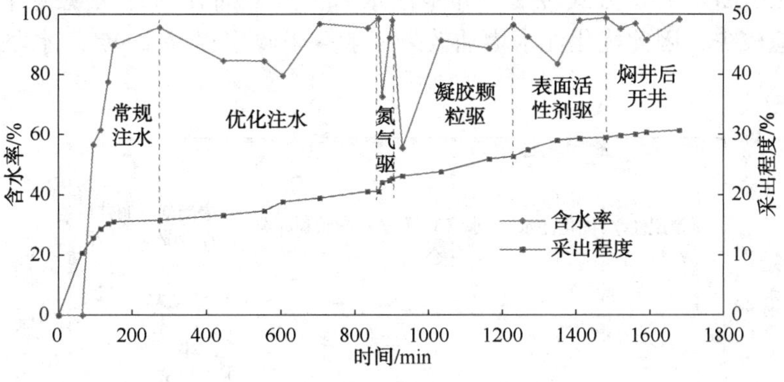

图 3　水驱及化学驱开发特征曲线(方案二)

驱替方式转变为注氮气后，提高采收率 2.1%，这是因为采油井分布在模型中部，与注气井在纵向上形成了一定垂向距离高差，可以充分发挥驱动压差和重力作用，底部注水井驱替方式转变为凝胶颗粒驱后，阶段提高采收率达到 3.7%；驱替方式转为表面活性剂驱后，提高了洗油效率。焖井后采收率进一步提高，两个阶段表面活性剂驱提高采收率 4.3%。

2.3　顶部注气中部采油底部注水-底部裂缝不发育模型

方案三中底部注水井处裂缝不发育，水驱及化学驱开发特征曲线见图 4。由于模型底部裂缝不发育，注水井端裂缝渗透率较低，有效的抑制的注水窜流的现象，常规注采采收率为16.2%。开发方式转变为异步注水后，采油井附近内基质采出程度增加，采收率提高5.1%。水驱阶段共采出原油21.2%。

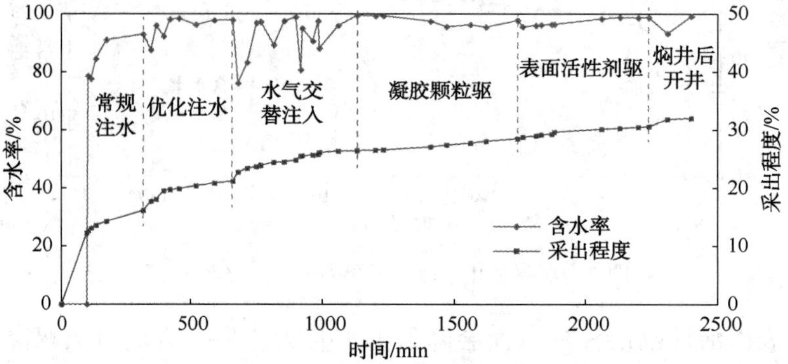

图4　水驱及化学驱开发特征曲线(方案三)

方案三水驱后提高采收率策略首先为水气交替驱，相比于单一注氮气易在较高注入压力下进入低渗层而影响驱油效率，水气交替可形成的多段的气段塞、泡沫段塞以及水段塞，从而削弱氮气窜流现象，阶段提高采收率5.2%；在注凝胶颗粒阶段，阶段提高采收率2.1%；开发方式转为表面活性剂驱后，因在驱替及焖井过程中，能够提高基质系统的采出程度，阶段采收率提高3.5%。

2.4　顶部注气中部采油底部注水-中部裂缝不发育模型

方案四中模型中部采油井处裂缝不发育，水驱及化学驱开发特征曲线见图5。由于采油井部署在裂缝渗透率较低处，因此生产能力受到限制，无法发挥整个模型的采油潜力，常规注水采收率为15.5%。开发方式转变为异步注水后，因采油井附近宏观裂缝较少，基质的泄油面积也相应较少，因此优化注水增油效果一般，采收率提高2.9%。水驱阶段共采出原油18.4%。

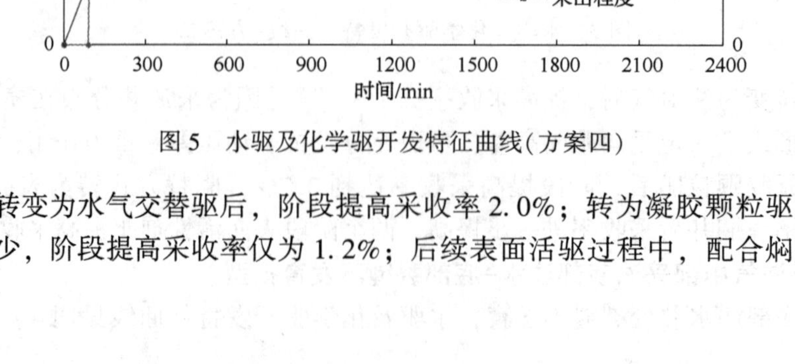

图5　水驱及化学驱开发特征曲线(方案四)

驱替方式转变为水气交替驱后，阶段提高采收率2.0%；转为凝胶颗粒驱后，剩余可采储量进一步减少，阶段提高采收率仅为1.2%；后续表面活驱过程中，配合焖井，阶段采收率提高2.5%。

3 结论

（1）中深层潜山油藏水驱后仍具有较大的提高采收率空间，其中在顶部注气中部采油的情况下，氮气驱效果明显，提高采收率达2.1%。A油田实际开发使用水平井底注顶采立体井网，建议针对裂储比较低的井区，将高部位采油井转为注气井，以加强氮气驱效果。

（2）水气交替注入过程能够增强氮气段塞驱替前缘的稳定性，防止气窜加剧，提高采收率2.0%~5.2%。对于注水井处裂缝发育的情况，提高采收率效果有限，建议对宏观裂缝发育较差的注水井，化学驱初期实施水气交替注入。

（3）凝胶颗粒驱能够有效封堵窜流严重的宏观裂缝，起到边调边驱的作用，进一步扩大驱替相的波及范围，提高采收率1.2%~3.7%。

（4）表面活性剂驱可以降低油水界面张力，进而降低残余油饱和度，配合一段焖井时间后，使基质系统的渗吸效果得到增强，对于不同非均质的双重介质油藏均能明显改善开发效果，提高采收率2.5%~4.3%，是适应性最好的提高采收率方法。

参 考 文 献

[1] 孙建，马瑞，吕中锋，等．安山岩双重介质底水油藏渗流特征研究及剩余油挖潜[J]．录井工程，2020，31(4)：129-133.

[2] 姜瑞忠，张福蕾，杨明，等．双重介质低渗透油藏水平井试井模型[J]．特种油气藏，2019，26(3)：79-84.

[3] 宋新利．双重介质油藏井网部署方法研究[J]．石油化工应用，2018，37(2)：83-85+88.

[4] 孙若凡，张彦军，张秀玲，等．双重介质致密油藏压裂水平井产能预测模型及参数分析[J]．科学技术与工程，2019，19(10)：89-96.

[5] 刘四海，张浩，刘金华，等. 裂缝性岩样应力敏感性实验研究[J]．钻采工艺，2011，34(6)：14-16.

[6] 姜瑞忠，沈泽阳，崔永正，等．双重介质低渗油藏斜井压力动态特征分析[J]．岩性油气藏，2018，30(6)：131-137.

[7] 曹耐，雷刚，董平川，等. 裂缝型储层渗透率应力敏感评价及对生产影响[J]．断块油气田，2019，26(2)：195-199.

[8] 张继春，张津海，杨延辉，等. 潜山裂缝油藏降压开采增油机理及现场试验[J]．石油学报，2004，25(1)：52-56.

[9] 李云鹏，朱志强，程奇，等．裂缝性油藏注采模式研究[J]．特种油气藏，2018，25(3)：130-134.

[10] 汪利兵，童凯军，马时刚，等．变质岩潜山油藏储层特征及高效开发建议[J]．特种油气藏，2012，19(4)：29-32.

储层物性变化定量表征及治理技术研究

吴晓慧　邓景夫　杨　明　宫平志　王　雨

[中海石油(中国)有限公司天津分公司，天津 塘沽　300459]

摘　要：在油田注水开发后期，识别并治理优势通道和储层堵塞成为改善油田开发效果的重要手段。本次研究首先在改进阻容模型的基础上，首次引入无因次连通系数来实现井间储层物性变化程度的定量判定。通过对采收率与无因次连通系数之间相关性的研究，将渗流通道级别划分为三级：储层堵塞、正常渗流、优势通道。然后根据螯合解堵机理研究，有效指导B油田螯合解堵7井次，调剖3井次，合计日增油358方，有效改善开发效果。

关键词：无因次连通系数；渗流通道；储层堵塞；优势通道；螯合解堵；调剖

渤海南部油田主要以中轻质油藏为主，多为注水开发。随着注水开发时间的推进，储层堵塞和注水优势通道极大影响油田的开发效果。准确识别优势通道和储层堵塞是实施各项措施的前提，目前常用的识别方法[1-4]有：示踪剂法、试井方法、无因次压力指数法、油藏工程方法，其中前三种方法均需要在油田实施相应的测试，费用高，耗时长，而油藏工程方法往往计算复杂，且模型过于理想。考虑到注采连通性是表征储层物性的重要指标，正确认识注采连通性及其动态变化对识别渗流通道有着重要的指导意义。

1　阻容模型的改进

阻容模型[5-8]是根据信号处理理论，考虑了井间信号的衰减和滞后，在物质平衡方程的基础上推导求得的油井产液量与初期产液量、注水井注水量和油井井底流压的关系式。通过建立最优化方程，利用历史动态数据反演求解。

$$q_j(t)=q_j(t_0)\,e\frac{-(t_k-t_0)}{\tau_j(t)}+\sum_{t=1}^{k}\left\{e\frac{-(t_k-t)}{\tau_j(t)}\left(1-e\frac{-\Delta t}{\tau_j(t)}\right)\left[\sum_{i=1}^{N_i}\left(\lambda_{ij}(t)\,I_i(t)\right)-J_j(t)\,\tau_j(t)\,\frac{\Delta P_{wfj}(t)}{\Delta t}\right]\right\}\tag{1}$$

式中，$q_j(t)$为采油井j在t时刻的产液速度，m^3/d；N_i为采油井j周围的注水井数，口；$\lambda_{ij}(t)$为t时刻注水井i流向采油井j的注水量百分比，且满足$\sum_{j=1}^{N_i}\lambda_{ij}(t)\leqslant 1$；$I_i(t)$为注水井$i$在$t$时刻的注水速度，$m^3/d$；$J_j(t)$为采油井$j$在$t$时刻的产液指数，$m^3/(d\cdot MPa)$；$\Delta P_{wfj}(t)$为采油井$j$在$t$与$t-1$时刻的井底流压差，MPa。

由式(1)可知，阻容模型中的系数λ_{ij}实际为注水井i对采油井j的注水贡献率。

在此基础上，消掉注采结构的影响，推导求出注采连通系数计算公式：

$$(IC_{ij})_t=\begin{cases}(\lambda_{ij})_t\times\dfrac{\left[Q_{ij}/\sum\limits_{j=1}^{N}Q_{ij}\right]_{均衡}}{\left[Q_{ij}/\sum\limits_{j=1}^{N}Q_{ij}\right]_t}, & IPR\leqslant 1\\ (\lambda_{ij})_t\times IPR_t\times\dfrac{\left[Q_{ij}/\sum\limits_{j=1}^{N}Q_{ij}\right]_{均衡}}{\left[Q_{ij}/\sum\limits_{j=1}^{N}Q_{ij}\right]_t}, & IPR>1\end{cases} \tag{2}$$

式中，$(IC_{ij})_t$为 t 时刻注水井 i 与采油井 j 之间的注采连通系数。

2　渗流通道级别定量表征新方法

由于注采连通系数只是代表了某时刻的连通性。为了更方便、准确的识别储层物性随时间的变化规律和变化程度，本次研究引入无因次连通系数。

$$(D\,IC_{ij})_t=\frac{(IC_{ij})_t}{(IC_{ij})_{t=0}} \tag{3}$$

式中，$(IC_{ij})_t$为 t 时刻的注采连通系数，$(IC_{ij})_{t=0}$为投产初期的注采连通系数。

当无因次连通系数大于 1 时，值越大，物性变得越好；当无因次连通系数小于 1 时，值越小，物性变得越差；当无因次连通系数等于 1 时，表示储层物性未变化。

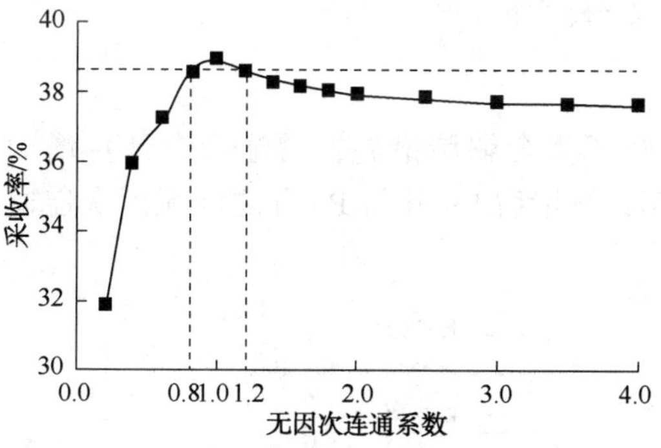

图 1　无因次连通系数与采收率关系曲线

由图 1 可知，无因次连通系数为 0.8～1.2 时，采收率变化不大，与正常渗流情况下的采收率相比变化幅度在 1%之内；无因次连通系数小于 0.8 时，随着无因次连通系数的减小，采收率急剧下降；无因次连通系数大于 1.2 时，随着无因次连通系数的增大，采收率明显下降。基于此，进行渗流通道的划分：无因次连通系数大于 1.2 时，判定为优势通道；无因次连通系数为 0.8～1.2 时，判定为正常渗流，注采井间储层物性基本未变化；无因次连通系数小于 0.8 时，判定为储层堵塞。

3　渗流通道治理技术与应用

根据储层变化程度定量表征新方法，判定出 B 油田有 7 口油井存在储层堵塞，建议解堵；3 口油井与周边注水井存在优势通道，建议对相应注水井实施调剖。

3.1　螯合解堵技术及应用

常规酸化[9-10]是油田改善储层堵塞的一种常用手段，但在 B 油田解堵效果并不理想。主要是由于 B 油田堵塞垢样为钙镁垢、铁垢和钡锶垢的复合垢，而常规酸对某些特殊垢如钡锶垢作用不明显，同时酸化后残酸及其杂质流入地层，极易造成二次沉淀，重新堵塞地层。而螯合解堵技术可有效解决上述局限，改善油田解堵效果。

（1）螯合解堵机理及优势分析

螯合解堵技术是利用化学渗透、增溶和转化方法，能够与具有空轨道的金属离子配位成键，而部分中心离子能够与两个或多个配位原子发生络合作用，形成复杂的水溶性环状螯合物，从而实现解堵目的。

为进一步验证螯合解堵剂对 B 油田钙镁垢、铁垢和钡锶垢复合垢的解堵效果，开展螯合解堵剂溶垢效果实验研究。

实验方法(80℃)：

1. 称取 2.06g 垢样置于 10% LH-HD 溶液中反应 48h；
2. 取出剩余未溶垢烘干并称重 1.54g，置于 10%LH-FA 溶液中反应 48h；
3. 取出未溶垢烘干称重，记录 0.16g；
4. 计算溶蚀率为：92.23%。

实验中 LH-HD 溶液主要针对钙镁垢、铁垢的溶蚀，LH-FA 溶液主要针对钡锶垢的溶蚀，通过上述实验可知，多种螯合解堵剂分段塞配合使用能有效溶解钙镁垢、铁垢和钡锶垢的复合垢，适用于 B 油田解堵。

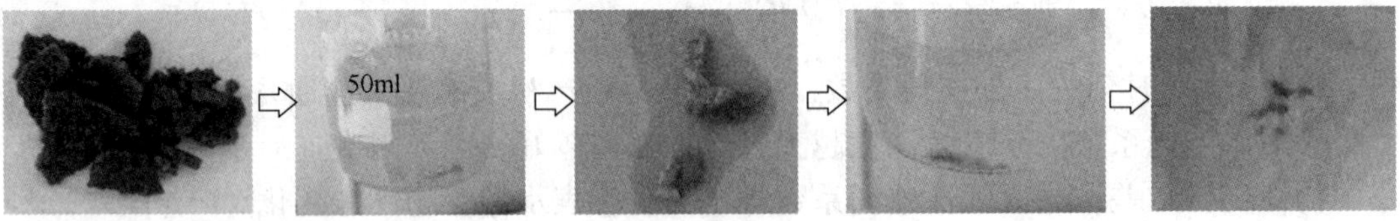

图 2　B 油田复合垢的解堵效果图

（2）螯合解堵技术应用

针对 B 油田存在储层堵塞的 7 口油井先后实施了螯合解堵措施，措施后合计日增油 313m³/d。以 P9 井为例，解堵措施后日增油 60m³/d，解堵后 P9 井与 P3 井之间无因次连通系数由 0.3 上升至 0.9，解堵效果显著(图 3)。

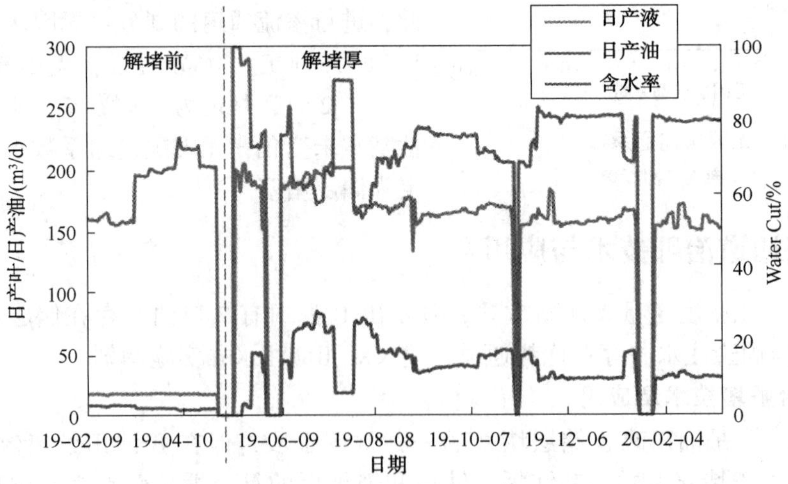

图 3　P9 井生产曲线

3.2 调剖体系优选及应用

（1）调剖体系优选

针对与周边注水井存在优势通道的3口油井，对相应的注水井制定了调剖方案。首先利用室内物理模拟实验进行聚合物的优选。通过对比5种聚合物，观察不同时间内的黏度和溶解时间(图4~图5)，最终优选出SD-201型聚丙烯酰胺，该聚合物具有黏度高、黏度保留值高的特点，且溶解时间较快，满足现场需求。

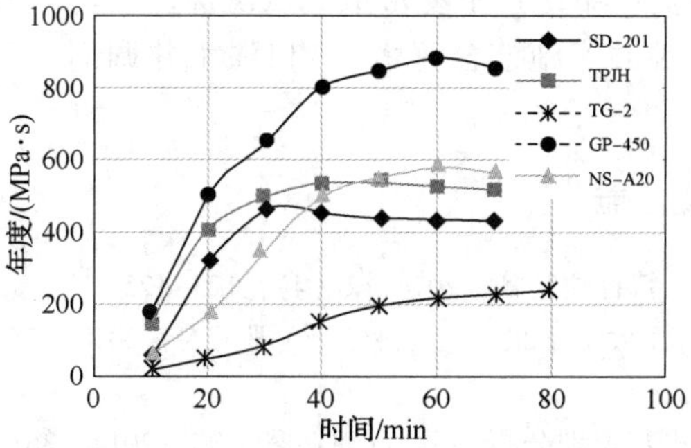

图4 不同聚合物的溶解时间曲线

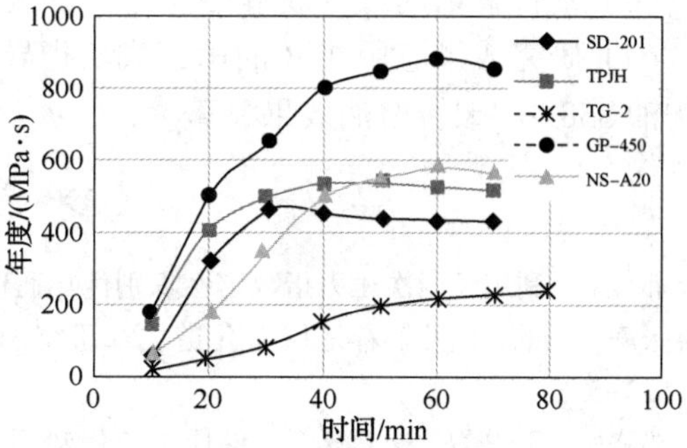

图5 不同聚合物的剪切粘度保留率

然后通过不同强度凝胶体系组合的驱油实验，进行调剖剂体系的优选，实验结果显示：0.1PV弱凝胶+0.1PV中等凝胶+0.1PV强凝胶组合驱油效率最高，相对水驱可提高驱油效率12.4%。考虑到目的井为水平井，且部分井段渗透率相对较低，为保证凝胶段塞注入顺利，推荐使用“弱凝胶段塞+中等凝胶段塞”进行目的层调剖作业。

（2）调剖措施应用

按照上述调剖体系优选结果，分别对相应的3口注水井实施调剖措施，措施后合计日增油45m^3/d。以A16H井为例，对相应注水井A11H实施调剖，于3个月后调剖措施见效，见效后A16H井日产液基本未变化，日产油由20m^3/d增加至37m^3/d，措施日增油为17m^3/d，含水率由88%下降至77%，含水率下降11%，A16H与A11H间的无因次连通系数由1.3下降至1.0，降水增油效果明显(图6)。

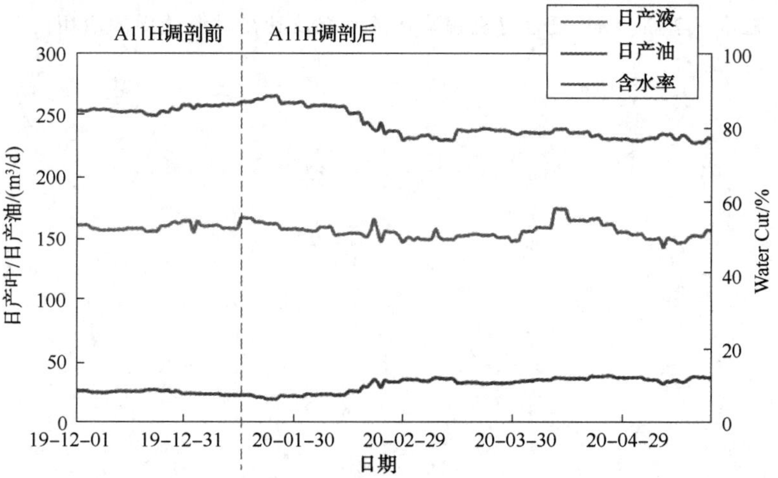

图6 A16H井生产曲线

4 结论

(1) 针对阻容模型只能计算到注水贡献率的局限，进一步改进消除了注采结构的影响，计算出的注采连通系数更符合油田生产实际。

(2) 提出无因次连通系数概念来定量表征井间储层物性随时间的变化程度，根据无因次连通系数对采收率的影响将渗流通道级别划分为三级：储层堵塞、正常渗流、优势通道。

(3) 螯合解堵剂可有效解堵钡锶垢、铁垢等复合垢，且不易形成二次沉淀。

(4) 研究成果应用在 B 油田，成功指导 7 口油井实施螯合解堵，3 口注水井调剖，合计日增油 358 方/天，增油效果显著。

参考文献

[1] 郝金克. 利用无因次压力指数定性识别优势通道[J]. 特种油气藏，2014，21(4)：123-125.

[2] 张静，杨欢. 试井解释地层大孔道技术研究[J]. 长江大学学报(自然科学版)理工卷，2010，7(3)：533-535.

[3] 邓晓娟，张晓磊，朱静，等. 储层水流优势通道模式及识别分析[J]. 石油钻采工艺，2014，36(5)：69-74.

[4] ALBERTONI A，LAKE L W. Inferring interwell connectivity onlyfrom well-rate fluctuations in water floods[J]. Spe Reservoir Evaluation & Engineering，2003，6(1)：6-16.

[5] 张明安. 油藏井间动态连通性反演方法研究[J]. 油气地质与采收率，2011，18(3)：70-73.

[6] SAYARPOUR M，ZULUAGAE，KABIR C S，et al. The use of capacitance-resistance models for rapid estimation of waterflood performance and optimization[J]. Journal of Petroleum Science and Engineering，2009，69(3)：227-238.

[7] YOUSEF A A，GENTIL P H，JENSEN J L，et al. A capacitance model to infer interwell connectivity from production and injection rate fluctuations[J]. SPE Reservoir Evaluation & Engineering，2006，9(6)：630-646.

[8] 王秀坤，崔传智，王鹏，等. 砂砾岩油藏井间动态连通性判定方法[J]. 特种油气藏，2015，22(3)：118-120.

[9] 李伟翰，颜红侠，王世英，等. 近井地带解堵技术研究进展[J]. 油田化学，2005，22(4)：381-384.

[10] 杨树坤，王冠华，李翔，等. 复合有机解堵技术研究及其在渤海油田的应用[J]. 石油化工应用，2016，35(4)：52-56.

渤海湾盆地 Y 油田浅水三角洲沉积特征研究

谢　京　周军良　白清云　汪全林　耿红柳

[中海石油(中国)有限公司天津分公司，天津　300459]

摘　要：浅水三角洲砂体是渤海湾盆地众多油田的主要开发目标之一，以 Y 油田明化镇组下段 I 油组地层为研究对象，利用三维地震资料和钻井、测井资料开展地层划分与对比，砂体类型和分布的研究。研究表明，明下段 I 油组可划分为 7 个单砂层，依据岩心特征和测井曲线的韵律性，在单井上可划分出分流河道、河口坝、水下分流间湾 3 个沉积微相。在井间，通过地震子波相位转换，提取典型地层切片，可以在平面上识别出分流河道并刻画其展布特征。油田示踪剂测试结果和生产动态表明，注采井间连通性受砂体边界的控制，具有明显的方向差异性，遮挡区是剩余油的主要分布区。

关键词：渤海湾盆地；明化镇组；三角洲砂体；储层连通性

近年来，在渤海湾盆地、鄂尔多斯盆地、松辽盆地等沉积盆地的浅水三角洲中发现了规模巨大的油气储集层，引起了国内学者和油气从业者的关注[1]。目前，浅水三角洲取得了较为统一的认识：发育于构造相对平缓、水体较浅的敞流湖盆，发育分流河道骨架砂体，形成单一朵叶体，多个朵叶体形可形成复合砂体，分布范围广[2-4]。Y 油田主力储层为浅水三角洲分流河道砂体，随着开发井的实施，部分井区出现油水界面矛盾的情况，部分井组注水效果不佳。

本文在沉积模式和地震沉积学理论指导下，利用 Y 油田 34 口井测井资料、地震资料和生产数据，对研究区明化镇组下段浅水三角洲砂体的结构和展布特征进行研究。

1　区域概况

Y 油田构造上位于渤海西南部海域，处于渤中凹陷、沙南凹陷、渤南凸起及沙垒田凸起接壤处的凹中隆构造带，主要含油层系为明化镇组下段。根据上述岩性、岩相组合、古生物及沉积构造特征，结合区域沉积相研究成果，综合分析认为，明下段为浅水三角洲沉积。从明下段沉积早期到末期，湖平面不断上升，水动力条件逐渐减弱，沉积环境由三角洲平原逐渐过渡到三角洲前缘。随着沉积环境的变化，砂体形态逐渐由河道型向砂坝型演化。已钻井揭示砂坝型浅水三角洲砂体内部结构复杂，河道正旋回及砂坝反旋回特征均有发育，储层平面横向变化快，切割叠置关系复杂。

【第一作者简介】谢京，男，1987 年生，2013 年毕业于中国地质大学(北京)，矿产普查与勘探专业，硕士学位，目前就职于中海石油(中国)有限公司天津分公司，主要从事油田开发地质相关工作。E-mail：xiejing3@ cnooc. com. cn

2　精细地层对比

依据地层的发育特征，地层对比应该使用相应的方法[5-7]。在确定沉积相类型的基础上进行地层对比，才能使对比结果具有等时性。目前研究区有 3 口取心井，部分岩心取自油层，受到原油的侵染。通过详细的岩心观察和描述，结合区域沉积背景，认为研究区 I 油组主要发育浅水三角洲前缘亚相。岩泥岩质地较纯，大部分呈块状结构，颜色以灰绿色为主，反应了水下还原环境。浅水三角洲前缘水下分流河道底部发育有冲刷面，内部发育板状和槽状交错层理，纹层厚度大多小于 1cm，是水道沉积的典型特征。

在坡度平缓的入湖环境发育浅水三角洲沉积，同一期沉积物其顶面应是等时的，且其顶面应有基本相等的高程[8]。采用等高程方法进行地层划分和对比适用于浅水三角洲沉积地层。

研究区明化镇组下段地层以泥包砂为特征，砂地比小于 35%。在泥岩厚，砂岩薄的情况下，选取平面上分布稳定，纵向上厚度大于 15m 的砂岩作为全区地层对比的标志层。遵循标志层拉平，等高程对比方法，结合沉积相序组合和含油水性，把油田明化镇组下段 I 油组划分为 7 个单砂层。

3　沉积相划分

依据不同沉积微相的岩性、韵律及电测曲线的不同特征，主要可划分出水下分流河道、河口坝、水下分流间湾 3 个沉积微相。

与正常三角洲相比，水下分流河道的向湖心延伸距离更大，构成浅水三角洲的骨架砂体。在研究区水下分流河道主要岩性以细砂岩为主，厚度大，单层砂岩厚度可超过 10m。纵向上一般显示正韵律，下部多发育反韵律沉积，例如 B13H1 井，也可与下覆泥岩呈突变接触(图 1)，伽马曲线呈高幅箱状或钟形。

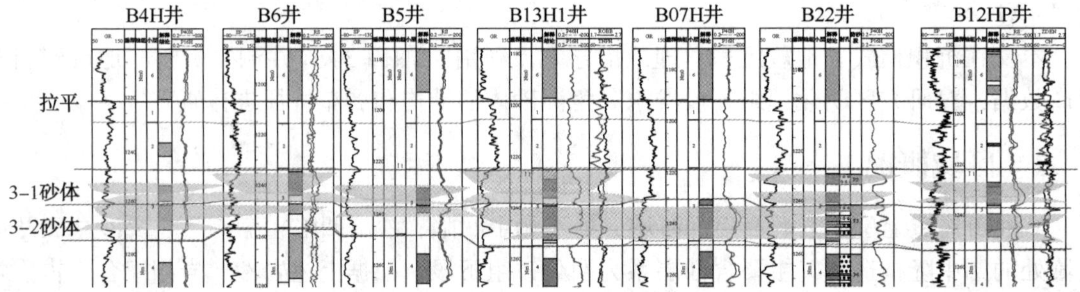

图 1　Y 油田沉积微相划分

河口坝也是研究区重要的储集砂体，岩性以粉细砂岩为主，呈上粗下细的反韵律，伽马和电阻曲线为高幅漏斗形或箱型。由于浅水三角洲分流河道下切作用较强，早期形成的河口坝往往被分流河道冲刷侵蚀，从而在纵向上形成棒槌状复合韵律，例如 B5 井。河道砂体与残留坝形成的复合砂体是研究区主要的储集类型。

分流间湾主要发育粉砂质泥岩和薄层粉砂岩。根据取芯资料，粉砂质泥岩主要呈现出灰绿色，揭示了水下沉积环境。薄层砂岩是洪水漫溢堤岸，在不同河道之间沉积下来，伽马曲线为齿状，幅度较低。

4　基于地震等时切片的砂体边界刻画

地震子波90°相位转换的目的是为了建立地震反射轴与薄层砂体之间的对应关系[9]，是地震沉积学的关键技术。研究区地震资料信噪比较高，地震反射特征清晰，为井间储层预测提供了必要条件。通过对叠前时间偏移数据体进行频谱分析，研究区明化镇组下段(1100~1600ms)频带宽度为10~90Hz，主频大致为55Hz，层速度以2600m/s计算，按照四分之一波长计算，最小纵向分辨率为11m左右。已钻井表明，Y油田主力砂体与相移剖面有良好的对应关系，厚度8~16m左右的储层，地震资料能真实的反应储层顶底与厚度，而厚度4m以下的储层，在地震资料上表现为弱波谷或没有响应。

本次研究以小层界面为约束提取地层切片来开展沉积学研究，保证地层切片的沉积学解释是建立在地质等时的基础之上[10]。基于河控背景下的砂坝复合型浅水三角洲沉积样式，根据等时切片，综合已钻井测井曲线特征和砂岩厚度，对三角洲前缘砂体的形态和内部结构展开了研究。

根据单井沉积微相划分及砂岩厚度分布，参考三角洲沉积模式，结合地震属性，编制了1油组2-1砂体和2-2砂体沉积相平面图。

受到北西向物源的影响，分流河流向东南方向逐渐尖灭，具有典型河控三角洲沉积特征：①分流河道砂体是研究区内的骨架砂体，砂体宽度多为200~300m。以油田边界断层为界，在上升盘，河道可延伸至3km。②根据单井实钻情况，分流河道下部往往发育反韵律的河口坝沉积，分流河道切割早期沉积的河口坝砂体，从而形成“坝上河”。由于河控三角洲建设性较强，河口坝经过多次切割，因而不能保留原有形态[11]。③三角洲前缘靠近湖心一侧，由于没有井控制，且地震资料无响应，顾在此次研究中没有对三角洲前缘席状砂进行刻画。

沉积微相的空间分布和各沉积微相的不同沉积特征，对储层的非均质性有着非常明显的控制作用[12-13]。以I油组3-1含有砂体为例，示踪剂测试结果显示，B15注入的示踪剂，B22井见剂时长97天，而B5井的见剂时间仅有64天。B5井与注水井B15的距离明显小于B22井，却更早见剂，说明B5井与B15井之间的储层连通性更好。除此之外，B14H井与B6井间距不足100m，实钻油水界面却相差14m，说明在同一期砂体内部，间湾泥质沉积能够阻隔流体移动，从而形成不同的油水系统。

研究区注采井间连通性受遮挡模式控制，具有明显方向差异性。现有井网未覆盖的分流河道是剩余油的主要富集区，，是设计加密调整方案的首选区域。

5　结论

（1）在明化镇组下段沉积时期，研究区发育河控三角洲沉积体系，单井上常见“上正下反”的复合韵律，表明分流河道冲刷早期沉积的河口坝，形成河道砂体与残余坝切叠的复合砂体。

（2）研究区地震资料相位调整之后，地震反射轴与主力砂体之间具有良好的对应关系。通过提取典型地层切片，可以在平面上识别出分流河道。受到北西向物源的影响，分流河流向东南方向逐渐尖灭，分流河道砂体宽度范围200~300m，顺物源方向可向湖心延伸至3km。单一河口坝因河道切割而无法保留原始形态，随着分流河道的不断延伸和冲刷，残留河口坝沿河道两侧分布，使得复合砂体整体上呈现出朵叶形态。

（3）油田示踪剂测试结果和生产动态表明，井间注采连通性受砂体边界的控制，具有明显的方向差异性。一方面，间湾泥质沉积能够阻隔注入水流动，在遮挡处形成死油区，通过布置加密井可以有效动用这部分剩余油。另一方面，沿着河道方向容易形成串流通道，通过关停井和调整产液结构可以减少无效水循环，达到降水增油的目的。

参 考 文 献

[1] 吴胜和，徐振华，刘钊．河控浅水三角洲沉积构型[J]．古地理学报，2019，21(2)：202-215.

[2] 朱筱敏，刘媛，方庆，等. 大型坳陷湖盆浅水三角洲形成条件和沉积模式：以松辽盆地三肇凹陷扶余油层为例J]. 地学前缘，2012，19(1)：89-99.

[3] 张昌民，尹太举，朱永进，等. 浅水三角洲沉积模式[J]. 沉积学报，2010，28(5)：933-944.

[4] 于兴河，李胜利，李顺利. 2013. 三角洲沉积的结构-成因分类与编图方法. 沉积学报，31(5)：782-797.

[5] 邓宏文．美国层序地层学中的新学派—高分辨率层序地层学[J]. 石油天然气地质，1995，16(2)：89-97.

[6] 何玉平，刘招君，杜江峰，等．高分辨率层序地层学基准面旋回识别[J]. 世界地质，2003，22(1)：21-25.

[7] 鄂尔多斯盆地延长组地层的精细划分与对比—以川口油田北区为例[J]. 西北大学学报(自然科学版)，2009，39(2)：273-276.

[8] 裘怿楠，陈子琪．油藏描述[M]. 北京：石油工业出版社，1996.

[9] 曾洪流，朱筱敏，朱如凯，等. 陆相坳陷型盆地地震沉积学研究规范[J]. 石油勘探与开发，2012，39(3)：275-284.

[10] 王俊，赵家宏，腾军，等．浅水三角洲前缘砂体地震沉积学研究—以松南乾安地区上白垩统青三段为例．[J]. 沉积学报，2018，36(3)：570-582.

[11] 孙雨，马世忠，姜洪福，等．松辽盆地三肇凹陷葡萄花油层河控浅水三角洲沉积模式[J]. 地质学报．2010(10)：1502-1509.

[12] 侯加根，焦巧平，幸华强，等．大港段六拨油田网状河沉积及储层非均质性研究[J]. 石油实验地质，2003，25(4)：399-402.

[13] 周新桂，孙宝珊．山东汶西凹陷边界断裂演化特征及其对沉积砂体的控制[J]. 地质力学学报，2004，10(3)：235-244.

海上水平井油藏注采智能分析及优化调整研究

张言辉　王少鹏　张宏友　罗宪波　曹　龙

[中海石油(中国)有限公司天津分公司，天津　300459]

摘　要：对于平面非均质性严重的水平井油藏，传统以定向井为节点的井间连通模型难以表征井间连通效果。为此，考虑水平井不同井段的非均质性，通过将水平井等效为多口定向井的方法，建立了水平井井间连通性计算模型。在工艺上，结合“平衡注水”管柱物理模型，实现了对水平井的水平段根部、趾部分段注水。在此基础上，开展了连通体积、传导率分析，并基于注水井平面劈分系数确定优势渗流通道发育情况。渤海 BZ 油藏的应用表明，水平井井间连通性模型可以较好的反映水平井不同井段的吸水情况，并与氧活化测试结果一致。基于井间优势渗流通道的反演结果，开展了氮气泡沫复合调驱，调驱实施后井组劈分系数均质性得到大幅改善，最大含水率下降幅度达到 9%-10%，有效期达到 300-370 天，采收率提高幅度为 6%，砂体开发效果得到大幅改善。

关键词：井间连通性；水平井；调驱；注采分析

1　引言

常用的油藏井间动态连通性方法主要包括示踪剂测试、压力测试、试井、数值模拟等，但这些方法实施比较复杂、花费昂贵，且会影响油田的正生产常，因此不少研究者提出了结合生产动态数据和地质统计学来判断油藏井间连通性，由于注采动态数据获取便捷，利用注采数据反演油藏井间动态连通性已成为一类比较重要的方法。利用注采数据研究井间连通性包括很多方法，其中最主要的模型包括多元回归模型、电容模型、系统性分析模型和井间连通性计算模型(ICNS)[1-6]。对于平面非均质性严重的水平井油藏，传统以定向井为节点的井间连通模型难以表征井间连通效果。为此，考虑水平井不同井段的非均质性，建立了井间连通性计算模型。在此基础上，开展优势渗流通道识别及调驱研究。

调驱技术作为一种重要的降水增油措施，目前已在我国陆上油田及海上油田得到广泛应用[7-10]。在非均质性较强的油藏中开展调驱，需要提前诊断优势渗流通道，特别对于注采强度较大的水平井油藏，往往出现调驱剂窜流的现象，导致价格昂贵的调驱剂浪费，增加了调驱的实施成本，降低了调驱的增油降水效果[11-15]。本文利用井间连通性模型诊断井间窜流情况，并及时的采取相应措施，保证取得较好调整效果。

【第一作者简介】张言辉，男，1987 年 6 月出生，2012 年毕业于中国石油大学(华东)油气田开发工程专业，硕士。现工作于渤海石油研究院，主要从事油田开发调整方案设计、生产动态跟踪及化学驱等领域方面的研究。E-mail：zhangyh27@ cnooc. com. cn

2　水平井连通性模型建立

2.1　井间连通性数学模型

对于定向井，依据井间连通性计算模型，对于第 i 井，在单层地层模型下，物质平衡方程为：

$$\sum_{j=1}^{N_w} T_{ij}(p_j(t) - p_i(t)) + q_i(t) = \frac{dp_i(t)}{d_t} C_t V_{pi} \quad (1)$$

式中，N_w表示与井 i 相连的个数；$q_i(t)$的单位是 m^3/d，表示第 i 口井在油藏条件下的源汇相的流入流出液量，如果 i 井为生产井，液量为正若为注水井，液量为负；p_i是连通单元V_{pi}的平均压力，MPa；V_{pi}为第 i 井的泄油控制体积，m^3；C_t是 i 井的综合压缩系数。

对于水平井油藏，可以将 1 口水平井等效表征为 m 口定向井，其物质平衡方程可以描述为：

$$\sum_{j=1}^{N_h} T_{ijm}(p_j(t) - p_i(t)) + q_{i,m}(t) = \frac{dp_i(t)}{d_t} C_t V_{pim} \quad (2)$$

式中，N_h表示与等效井 i 相连的个数；$q_{im}(t)$的单位是 m^3/d，表示第 i 口井的第 m 个等效节点在油藏条件下的源汇相的流入流出液量，如果 i 井为生产井，液量为正若为注水井，液量为负；p_i是连通单元V_{pim}的平均压力，MPa；V_{pim}为第 i 口井的第 m 个等效节点的泄油控制体积 m^3；C_t是 i 井的综合压缩系数，MPa^{-1}。

对于井 i，其产量为其 m 个等效井(节点)的产量之和，即：

$$q_i(t) = q_{i1}(t) + q_{i2}(t) + \cdots + q_{im}(t) = \sum_{h=1}^{m} q_{ih} \quad (3)$$

求解以上模型包括压力求解，饱和度追踪以及动态指标的计算。压力求取及饱和度追踪计算过程可参考文献[6]。

2.2　水平井井筒物理模型

在水平井井间连通性模型的基础上，要实现对水平井不同井段的注水量进行监控和调配，需要研制配套的注水管柱，即建立水平井井筒物理模型。与传统笼统注水管柱相比，本文后期注采调整采用的管柱可以实现对水平段跟部和趾部注水量的调控。其工艺原理是通过在原注水井顶部封隔器以上，井斜小于 60°位置，下入新的封隔器(若原井顶部封隔器在井斜小于 60°位置也可使用原井顶部封隔器)。在新顶部封隔器下部下入配水器工作筒，通过配水器工作筒与配水器芯子配合使用实现水平井根部、趾部平衡注水要求，其结构示意图如图 2 所示，具体详见文献[16]。

3　应用案例

应用水平井井间连通性模型，结合油藏动静态参数对该油藏进行生产动态自动历史拟合，反演得到动态连通体积和动态传导率，如图 1、图 2 所示。

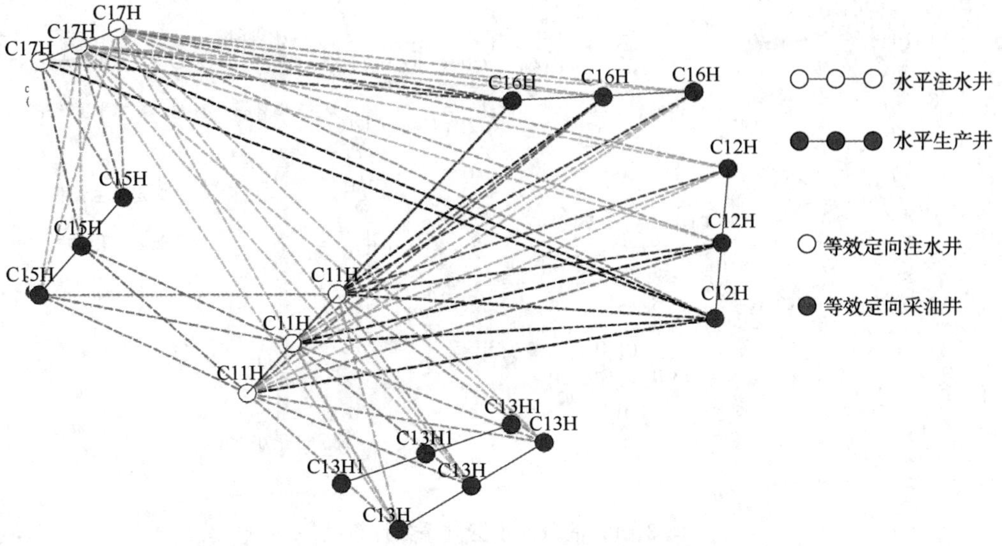

图 1　BZ 油藏连通体积计算结果

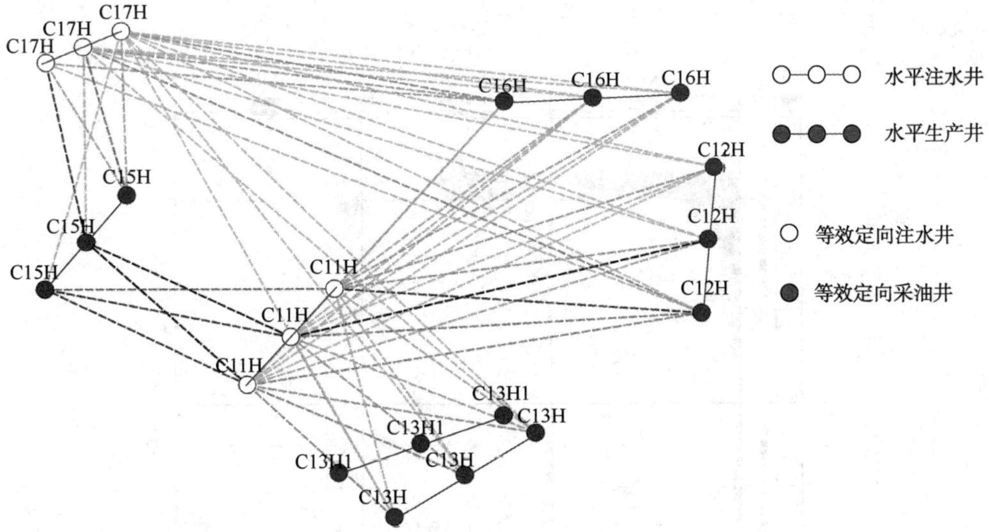

图 2　BZ 油藏动态传导率计算结果

图 4 中虚线的颜色从浅灰色到黑色逐渐渐变，浅灰色表示连通体积较小，颜色越黑连通体积越大。可以看出 C11H 井与 C12H 井的动态连通体积最大，更进一步对比，C11H 井的根部与 C12H 的连通体积最大。C17H 井与 C15H 井连通体积较小，这主要与两者之间的井距较小，同时该区域的储层厚度和孔隙度等参数较小。

反演得到注水井 C11H 和 C17H 的劈分系数图如图 3 所示，可以看出在 C11H 井组，注水井 C11H 与采油井 C12H 井间的劈分系数最大，注水井 C11H 与 C15H 间的劈分系数最小，注水井 C11H 与 C13H 之间的劈分系数次之。进一步分析 C11H 井注水劈分系数可以发现，C11H 井的跟端吸水比例较高，趾端相对较少。

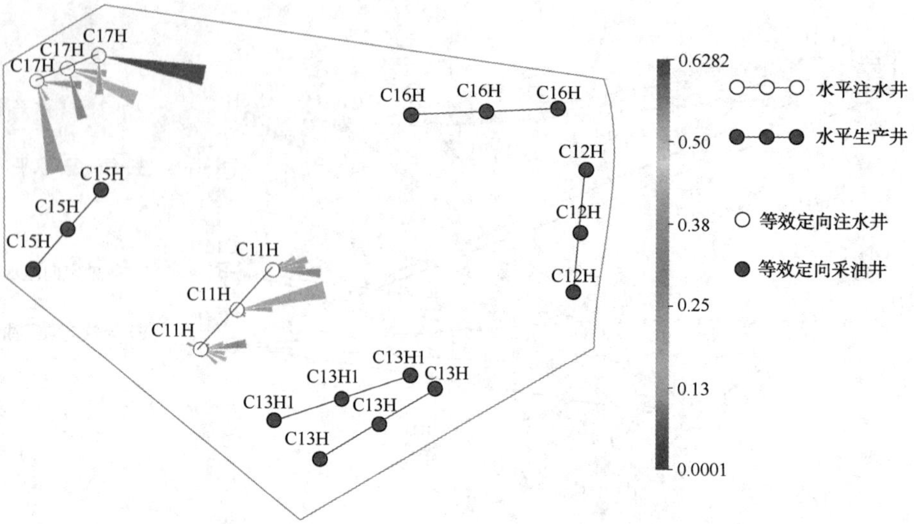

图 3　BZ 油藏注水劈分系数计算结果

C11H 井开展了氧活化水流测量，测量结果如图 4 所示，可以看出，在井口注入压力为 5MPa、8MPa 和 11MPa 下，均显示水平井根部吸水量大。这与本文建立的井间连通模型反演结果较为一致。

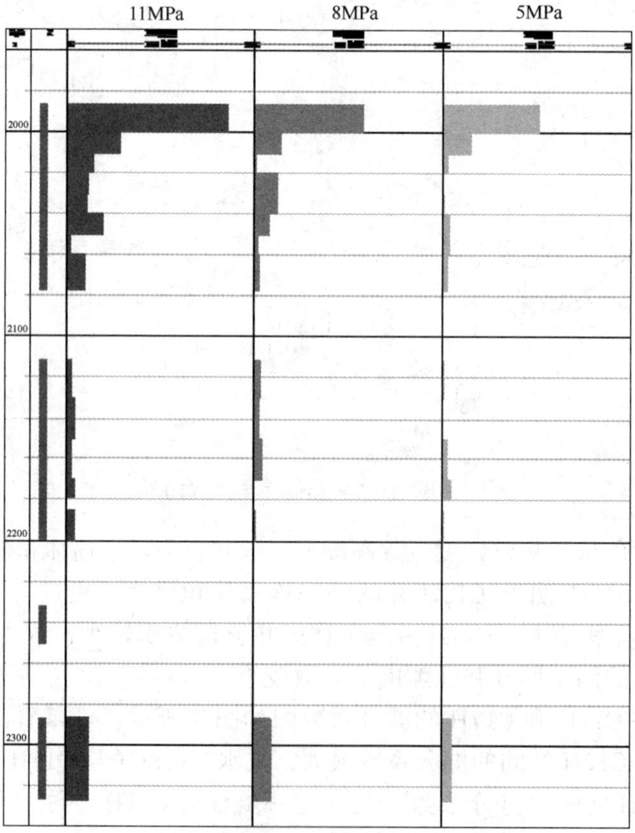

图 4　BZ 油藏 C11H 井氧活化水流测量结果

综上分析，注水井 C11H 与采油井 C12H 间存在优势渗流通道，特别是注水井 C11H 的根部吸水较为严重。因此，建议对 C11H 井进行调剖，此外还要控制注水井 C11H 井根部的吸水量。

3.3 调驱实施

第二个阶段为调驱注入氮气泡沫调剖段塞阶段，本次为段塞交替注入方式，共分为 5 个段。

本次调驱实施后，井组含水率最高下降 10%，高峰日增油达到 104 方/天。调驱前递减率为 39.5%，调驱实施后递减率降为-16.9%。调驱有效期达到 370 天，如图 5 所示。

为进一步提高调驱效果，C13H、C12H 井开展提液，叠加产液结果调整，砂体由调驱前的 35%提高到调驱后的 41%，提高幅度达到 6%，取得较好调驱效果，如图 6 所示。

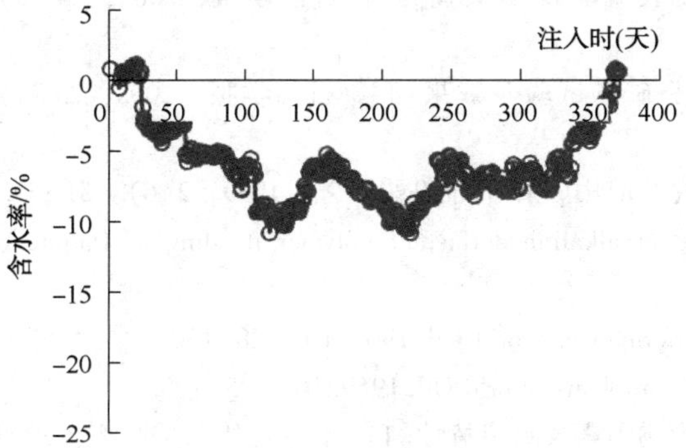

图 5　氮气泡沫调剖调驱降水效果

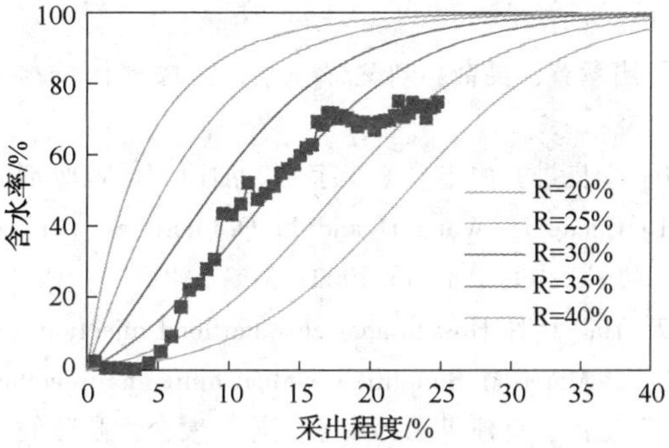

图 6　氮气泡沫调剖调驱含水率与采出程度变化曲线

5　结论

（1）通过将水平井等效为定向井的方法，建立了水平井井间连通性模型，基于井间连通性模型，结合 BZ 油藏开发动态特征，反演传导率和连通体积。结合井间劈分系数确定了优势渗流通道。BZ 油藏的实践表明，氮气泡沫调驱和非连续相复合调驱能够显著改善 BZ 油藏的开发效果，最大含水率下降幅度可以达到 9%-10%，有效期可以达到 300-370 天。

（2）基于井间连通性模型确定的优势渗流通道，开展了化学调驱研究。BZ 油藏的实践表明，氮气泡沫调驱能够显著改善 BZ 油藏的开发效果，最大含水率下降幅度可以达到 9%-10%，有效期可以达到 300-370 天，采收率提高幅度达到 6%，砂体开发效果得到大幅改善。

参　考　文　献

[1] Anh Dinh, Djebbar Tiab, 2007. Inferring Interwell Connectivity from Bottomhole Pressure Fluctuations in Waterfloods[C]. SPE 106881, presented at the 2007 SPE Production and Operations Symposium held in Oklahoma City, Oklahoma, U.S.A, 31 March-3 April.

[2] Albertoni, A. and Lake, L.W, 2003. Inferring interwell connectivity only from well-rate fluctuations in waterfloods[R]. SPE 83381-PA, presented at 2002 SPE/DOE Improved Oil Recovery Symposium, Tulsa, 13-17 April.

[3] Emiryurek, U., Banaei-Kashani, F. and Shahabi, C, 2008. Neural-Network Based Sensitivity Analysis for Injector-Producer Relationship Identification[C]. SPE 112124, presented at the SPE Annual Technical Conference & Exhibition held in Dallas, U. S. A, 22-25 October.

[4] Heffer, K. J., Fox, R. J. and McGill, C. A. Novel techniques show links between reservoir flow directionality, earth stress, fault structure and geomechanical changes in mature waterfloods[R]. SPE 30711, 1995.

[5] Hird, K. B., and Dubrule, O. Quantification of Reservoir Connectivity forReservoir Description Applications [C]. SPE 30571, 1995.

[6] 赵辉，康志江，张允，等. 表征井间地层参数及油水动态的动态连通性计算方法[J]. 石油学报，2014，14(26)：41-44.

[7] 袁士义，韩冬，苗坤，等. 可动凝胶调驱技术在断块油田中的应用[J]. 石油学报，2004，25(4)：50-57.

[8] 赫恩杰，杜玉洪，罗承建，等. 华北油田可动凝胶调驱现场试验[J]. 石油学报，2003，24(6)：58-61.

[9] 唐孝芬，吴奇，刘戈辉，等. 区块整体弱凝胶调驱矿场试验及效果[J]. 石油学报，2003，24(4)：58-61.

[10] 李良雄，白宝君，李宇乡. 油田深部调驱剂的研究与应用[J]. 石油钻采工艺，1999，2(6)：51-55.

[11] Cheng J, Wang D and Li Q. Field test performance of alkaline surfactant polymer flooding in Daqing oil field. Acta Pet. Sin. 2002. 23：37-40.

[12] Hall H N. How to analyze waterflood injection well performance. World Oil. 1963. 10：128-130.

[13] DeMarco M. Simplified method pinpoints injection well problems. World Oil. 1969. 168：95-100.

[14] 王涛，肖建洪，孙焕泉，等. 聚合物微球的粒径影响因素及封堵特性[J]. 油气地质与采收率，2006，13(4)：80-82.

[15] 蒋珊珊，杨俊茹，孙福街，等. 海上油田注聚合物时机研究及现场应用[J]. 海洋石油，2009，29(3)：37-42.

[16] 秦立民；姚尧；王旭东；刘格玮. 渤海某平台 A1H 井“平衡注水”工艺措施设计[J]. 石化技术，2019，12：235-236.

海上中深层薄互层油藏立体井网高效开发研究及实践

张占华[1]　祝晓林[1]　崔龙涛[1]　郭　诚[1]　巩天浩[1]

[中海石油(中国)有限公司天津分公司]

摘　要： 针对海上K油田薄互层沉积、非均质性较强、早期开发层间干扰大的问题，本文提出在开发早期基于多层流场主控进行注采井网立体调整的研究思路。通过油藏数值模拟法、油藏工程方法与矿场试验相结合，平面上建立了注采单元不同水驱阶段下水驱面积波及系数的表达公式，形成基于平面非均质性的注采井网优化技术，建立了海上中深层薄互层油藏布井模式；纵向上提出了多因素层间干扰系数定量表征公式，结合洛仑兹曲线，建立了薄互层油藏早期细分层系评价模板及技术界限，形成了基于层间动态干扰表征的早期细分层系技术。在实际应用中，平面和纵向有机结合有效降低层间干扰并启动差储层区域，形成适应于海上K油田的开发早期薄互层油藏立体井网部署技术，目前从已实施的矿场试验结果显示效果较好，为类似油藏开发提供借鉴。本文首次形成适应于海上K油田的开发早期薄互层油藏立体井网部署技术，为海上中深层薄互层油藏的高效开发提供了有效的开发经验。

关键词： 薄互层；立体井网；非均质性；布井模式；细分层系

海上K油田埋藏深度为2500~3100m，属于中深层薄互层油田，该类油田地下储层分布、流体分布非常复杂、非均质性较强。因此，在ODP方案实施阶段，立体井网调整技术的研究更具挑战性，形成立体均衡驱替是高效开发海上K油田的关键和难点。目前国内外在油田开发早期进行立体井网调整研究相对较少，主要原因是地质静态认识不够，油田投产初期动态资料较少，研究难度较大。本文利用数值模拟方法、油藏工程法以及矿场试验法，形成立体优化注采井网技术，有效降低层间干扰并启动差储层区域、增大水驱波及系数，有效改善了油田开发效果。

如何在开发早期优化井网，提高油藏井组控制储量的水驱程度，是改善纵向、平面非均质油藏开发效果的关键[1]。针对上述问题，本文提出早期基于多层流场主控注采井网立体调整开发的思路。通过对注采井网的立体调整，在纵向、平面上根据不同的渗流势场进行井网优化调整部署，有效地改善非均质储层的驱替效果，提高油田开发水平。

【第一作者简介】张占华：男，1980年9月出生，2008年毕业于中国石油大学(北京)油气田开发工程专业，获硕士学位，现为中海石油(中国)有限公司天津分公司渤海石油研究院油藏资深工程师，高级工程师，主要从事油气田开发方面研究与管理工作。E-mail：zhangzhh6@ cnooc. com. cn

1 基于平面非均质性注采井网优化研究

在此定义无因次渗流阻力系数 R_D 为 t 时刻的渗流阻力与初始时刻渗流阻力的比值。通过对海上 K 油田渗流阻力的计算，可得到无因次渗流阻力系数图版(如图 1)。计算参数设定为：初期采油速度 5.5%，注水量 $400m^3/d$，极限含水率 98%，岩心绝对渗透率 $500\times10^{-3}\mu m^2$，储层厚度 5m，注采井距 250m，时间离散数 150，流管离散数 40，流管网格离散数 200，相渗曲线来自油田岩心实验数据。

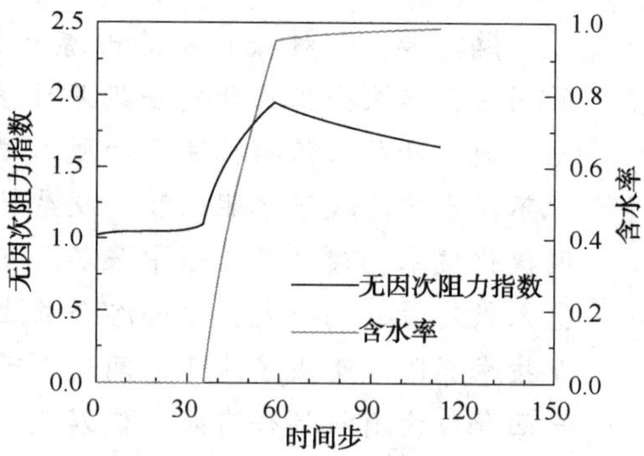

无因次渗流阻力系数的变化规律与含水率相关，具体可划分为三个阶段。第一阶段：无水采油期，随着开发的进行，渗流阻力缓慢上升(总流度曲线为左高右低型)或缓慢下降(总流度曲线为左低右高型)；第二阶段：含水快速上升期：随着开发的进行，渗流阻力快速上升；第三阶段：含水稳定上升期：随着开发的进行，低黏油田渗流阻力缓慢下降。中低含水期油水井间渗流阻力是迅速增加的过程，这种阻力的增加是由储层岩石本身的相渗特性决定的，并非污染导致，该阶段面临的主要问题是地层压力保持水平较差以及由于地层压力降低导致的应力敏感效应，主要优化目标为保压增注，为保证产液能力，可从三个方面采取措施：①储层改造增加渗透率，②在安全阈值内提高井口压力，③改变流体流度特征，由“对勾型”转为“单调型”；在高含水阶段油水井间渗流阻力呈现缓慢下降的趋势，地层能量相对处于稳定的水平，该阶段可通过适当提液来释放油井产能。

通过以上理论研究以及矿场实践，最终系统建立了海上中深层薄互层 K 油田布井模式，应用该模式可以指导油田高效开发。

表 1 海上 K 油田中深层薄互层油藏布井模式统计表

储层类型	井网类型	注采井数比	井距	井控储量	采收率
分流河道间	沿主河道方向 45°	1.2~1.8	200~300	35 万方	23%
分流河道	沿主河道方向	1.8~2.2	300~400	40 万方	29%

2 基于层间动态干扰表征的早期细分层系研究

海上 K 油田的储层结构复杂，在平面上，河道窄、多期砂体叠置交错；纵向上小层发育较多、但厚度薄，流体系统复杂。在油田开发早期面临如何实现油田高产稳产的产能建设难题，经调研，类似油田大多在中高含水期测试资料丰富、生产矛盾突出情况下，采取分层系开发方案[2-3]。而海上 K 油田目前处在开发早期，测试资料少、合采层间干扰大，缺乏早期分层系开发理论依据，制约油田产能建设，亟需解决。

结合海上 K 油田的实际情况，该油田多层合采层间干扰系数的主要影响静态因素分别是储层物性差异、防砂段跨度、防砂段个数以及渗透率偏差系数，本文采用油藏数值模拟技术与油藏工程原理相结合，首先建立能代表该油田的储层物性、流体性质、单井井控储量、注采井网井距、防砂段跨度等油藏数值模拟机理模型，利用油藏数值模拟技术分别对4个主控因素(渗透率级差、纵向跨度L、防砂段数N、渗透率偏差系数)对层间干扰系数的影响进行模拟研究计算[4]，定量分析研究4个影响因素的敏感性，通过敏感性分析得到薄互层油藏静态多因素层间干扰规律(图2)。

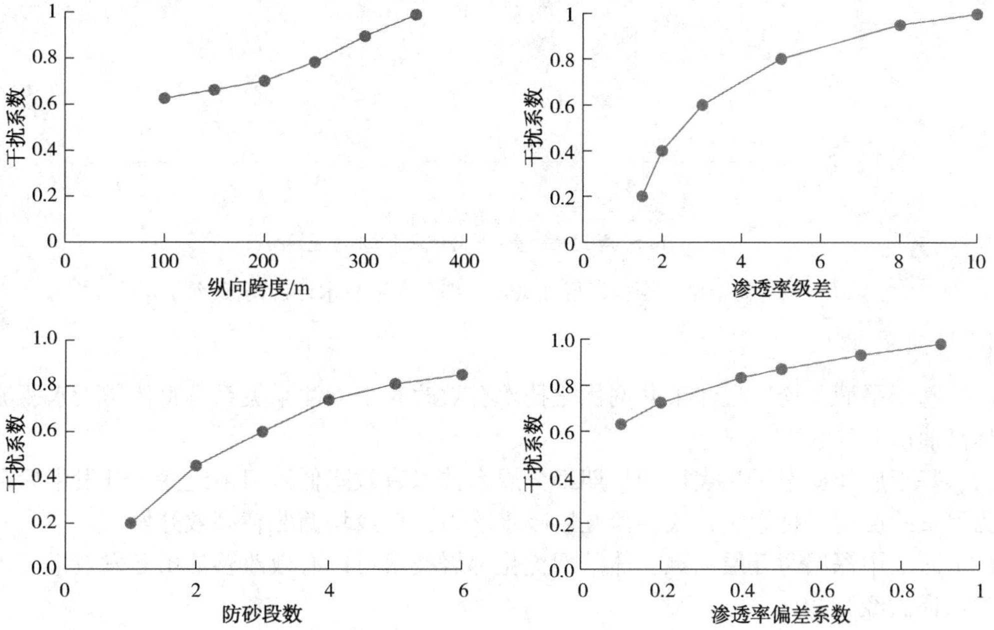

图2　4个主控因素对层间干扰的影响分析结果

根据纵向上多因素层间干扰系数定量表征动静态敏感性研究，结合油田实际情况，形成基于层间干扰定量表征的海上中深层薄互层油藏早期细分层系评价模板(图3)及技术界限研究成果。基于层间干扰定量表征的薄互层油藏早期细分层系技术界限：渗透率级差控制在3以内，纵向跨度控制在200米以内，防砂段数控制在4以内，含水率小于40%。

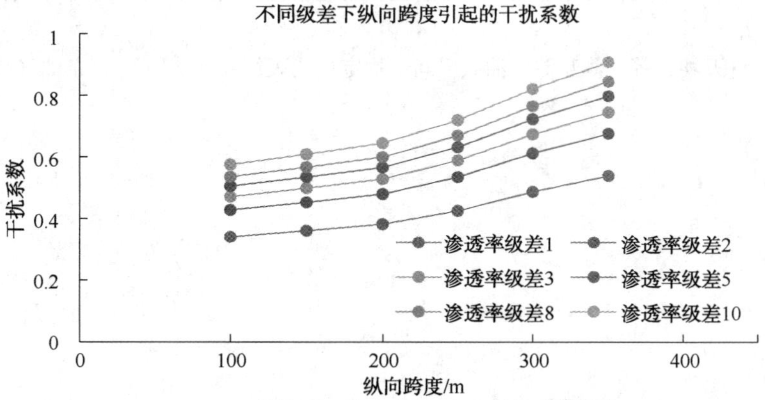

(a)不同级差下纵向跨度引起的干扰系数图版

图3　海上中深层薄互层油藏早期细分层系技术评价模板

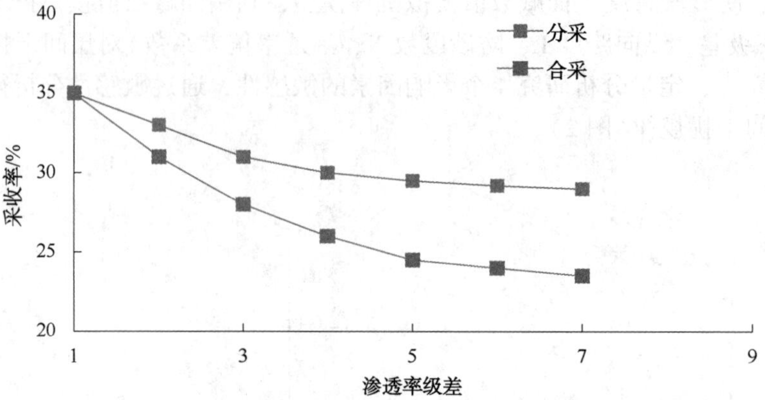

(b)不同渗透率级差分采与合采的采收率差异图版

图 3　海上中深层薄互层油藏早期细分层系技术评价模板(续)

4　结论

(1) 基于平面非均质性注采井网优化技术有效改善平面注采关系，整体增大水驱波及范围，提高油田开发水平。

(2) 基于层间动态干扰表征的早期细分层系技术有效降低沙河街组注水开发中后期面临的更为严重的层间干扰影响，改善薄互层吸水能力，形成均衡驱替高效开发。

(3) 海上中深层薄互层油藏立体井网优化部署技术可以有效改善油田开发效果，可以为类似油田提供经验。

参 考 文 献

[1] 冀中原，李江飞．基于流线模型的五点井网平面波及系数研究[J]．重庆科技学院学报(自然科学版)，2016，18(6)：36-40.

[2] 杨明，陈存良，王雨，等．中轻质油藏高含水期注水体积波及系数研究[J]．特种油气藏，2019，36(6)：93-97.

[3] 贾晓飞，苏彦春，邓景夫，等．多层合采砂岩油藏动态干扰及其影响因素[J]．断块油气田，2016，23(3)：334-337.

[4] 康凯，刘超，许万坤，等．薄互储层油藏层间干扰定量化表征新方法[J]．复杂油气藏，2019，12(3)：46-50.

储层非均质性特征及其对剩余油的控制作用

——以渤海湾盆地莱州湾凹陷L油田为例

赵汉卿　王少鹏　郭　诚　阳晓燕　陈晓明

（中海石油（中国）有限公司天津分公司，天津　300459）

摘　要：渤海湾盆地L油田目前已进入中含水阶段，剩余油的挖潜是该油田今后持续稳产的重点方向。研究发现储层非均质性对剩余油的控制作用明显，总结出L油田3种剩余油的富集模式：平面差异型、层间干扰型和层内富集型，层内富集型又分为单期河道内富集模式和多期河道富集模式。针对不同的剩余油富集模式，采取相对应的挖潜治理策略，为提高油田采收率提供了研究方向。

关键词：储层非均质性；剩余油；富集模式；挖潜策略；渤海湾盆地

油田进入中高含水阶段后，油藏中仍存在动用程度较弱甚至未动用的剩余油[1-2]。如何寻找剩余油富集区，并由此提出调整挖潜策略，是高含水油田保证未来持续稳产的关键因素。对于注水开发的油田，水淹程度和剩余油的分布主要受控于储层非均质性变化[3-4]，然而储层非均质性变化不尽相同，前人多注重研究储层受沉积相影响下的平面物性和隔夹层展布对水淹程度和剩余油分布的影响，而对于非均质变化与井型井网搭配下，三维空间内储层内部剩余油展布特征研究较少，本文利用钻井、测井及油藏动态资料，精细刻画剩余油富集特征，为油田后期调整挖潜及稳油控水高效开发提供方向。

1　区域地质概况

莱州湾凹陷位于渤海南部海域，为一“北断南超”的箕状断陷湖盆，前人将走滑断裂带内部的斜坡带命名为中央构造带，与沉积中心的生烃凹陷北洼临近，成为油气聚集成藏的有利场所[5]。

莱州湾凹陷L油田含油层段为沙三上段，纵向上分为3个油组，自上而下为Ⅰ、Ⅱ、Ⅲ等3个油组，Ⅱ油组进一步分为Ⅱ-1亚油组和Ⅱ-2亚油组，主力含油层位为Ⅱ-2亚油组和Ⅲ油组，沉积环境为近源辫状河三角洲前缘沉积[7-10]，受水下分流河道所控制，砂体纵向叠置特征明显，储层非均质性较强。油田平面上受断裂控制，为一近东西向狭长断块，受油田平面形态影响，油田采用排状井网，中间一排注水，南北两侧采油。储层宏观非均质性与油田开发方式、井网一起控制了油田水淹的突进方向和剩余油的富集模式。

【第一作者简介】赵汉卿，男，1989年9月，2014年毕业于吉林大学矿产普查与勘探专业，获硕士学位，中海石油（中国）有限公司天津分公司渤海石油研究院，开发地质工程师，现主要从事地质综合研究工作。E-mail：zhaohq17@cnooc.com.cn

2 储层非均质性

L油田处于开发早期，但个别油井出现含水突破较快的现象，油层中剩余油富集[11-13]。通过分析L油田的静态地质资料和油藏动态资料，目前所表现出来的非均质性主要为平面非均质性、层间非均质性和层内分均质性3种。

2.1 平面非均质性

L油田为一受断层夹持的狭长断块，以沙三上段Ⅱ-2亚油组为例，由于距离油水界面较远，采油井的水淹主要受注水井影响。通过统计单井钻遇油层厚度，勾绘油层厚度等值线图(图1a)，利用油层厚度加权测井解释渗透率，得到单井平均渗透率，由此勾绘渗透率等值线图(图1b)。

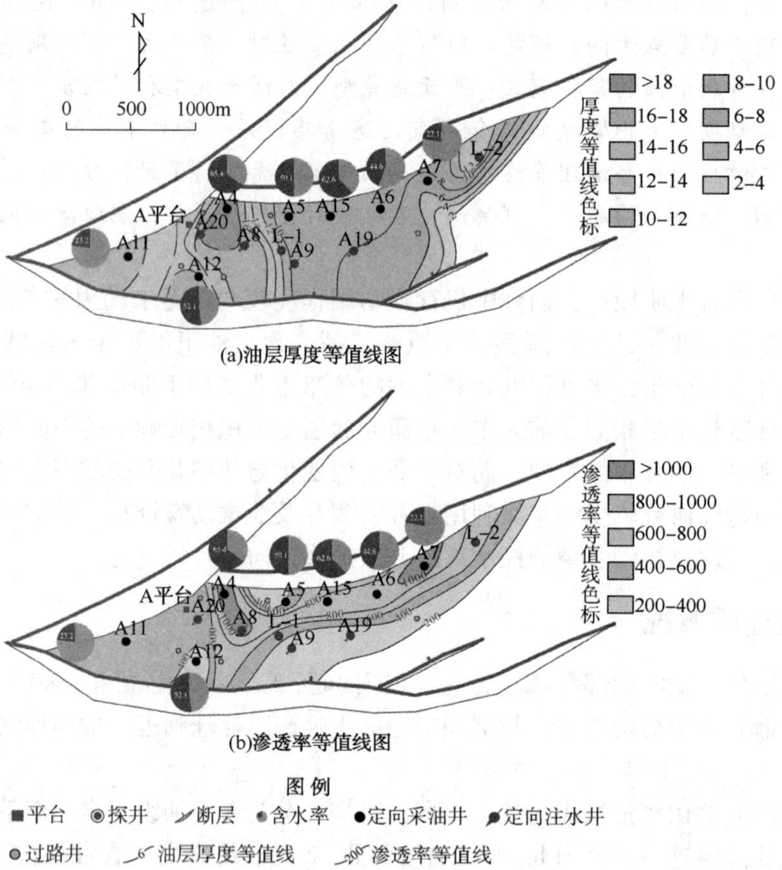

图1 L油田沙三上段Ⅱ-2亚油组平面非均质性特征

平面上，采油井的水淹状况主要受砂岩厚度、渗透率及与注水井的距离所影响。Ⅱ-2亚油组油层厚值区主要集中在油田西侧，主要发育两期河道：一期为A11井附近，一期为A8-A20-A4近南北方向，因而A11井虽然油层厚度大，但距离注水井较远，且与A20井为不同分流河道沉积，加之平均渗透率较低，水淹成程度较低，仅为23.2%；而含水率超过60%的A4井和A15井均为距离注水井较近，油层厚度大或者渗透率较高；A7井虽然平均渗透率较高，但由于位于构造低部位，无注水井为其注水，主要依靠边水天然能量开发，因而水淹程度较低。平面上，注采关系顺分流河道方向更容易形成串流通道，剩余油在河道边部富集。

2.1 层间非均质性

L油田单井平均钻遇19个单砂体，层间非均质性是由于采油井和注水井的大段合采所导致的，受海上完井工艺影响，每口井最多设置5个防砂段，因此本次所探讨的层间非均质性主要为Ⅱ-2亚油组和Ⅲ油组间防砂段的层间干扰，而非每个单砂体间的层间干扰。另外，Ⅱ-2亚油组和Ⅲ油组合采主要集中在油层厚度大的油田西侧，而东侧油层厚度薄，层间干扰较弱。

根据探井L-1井的地层测试资料，计算出Ⅱ-2亚油组的比采油指数为1.95m^3/(d·MPa·m)，而Ⅲ油组的比采油指数高达11.56m^3/(d·MPa·m)，二者产油能力相差5.93倍，表明了其层间干扰较大。

采油井A11井位于油田西南角的构造高部位，仅A20井为其注水，结合图1平面非均质性，从图2可以看出，A11井与A20井具有不同的垂向储层结构，因而二者的连通性较差，且辫状河三角洲前缘河道发生过明显的摆动：A20井附近在Ⅲ油组时期处于主河道位置，之后分流河道作用减弱；A11井附近在Ⅲ油组时期处于分流河道边缘，每期次沉积厚度不大，直至Ⅱ-2亚油组时期末期发育一期稳定河道沉积。

表1 L油田A11井产液剖面数据表

防砂段	油组	小层	原始井控储量/10^4m^3	射孔厚度/m	平均单层厚度/m	平均渗透率/$10^{-3}\mu m^2$	产液比例/%	剩余油储量/10^4m^3
1	Ⅱ-2	1+2	62.84	15.2	1.7	580.9	13	58.94
2	Ⅲ	1	27.58	6.4	3.2	712.6	21	21.28
3		2+3	39.91	12.9	3.2	863.1	51	24.61
4		4	14.40	5.0	2.5	799.9	15	9.90

从A11井测井解释和产液剖面测试数据(表1)可以看出，Ⅲ油组贡献产液比例达到87%，其中3号防砂段的2+3小层，其平均厚度为3.2m，平均渗透率为863.1×$10^{-3}\mu m^2$，产液贡献比例达到51%，而Ⅱ-2亚油组虽然油层厚度达到15.2m，平均厚度却仅为1.7m，平均渗透率为580.9×$10^{-3}\mu m^2$，其产液贡献比仅为13%，该层位采出程度仅为6.2%，计算剩余油储量仍高达58.94×10^4m^3，层间干扰导致Ⅱ-2亚油组剩余油高度富集。

2.3 层内非均质性

层内非均质性主要是指一个单砂层垂向上储集层性质变化[14-16]。以L油田Ⅲ油组为例，层内非均质性主要表现为正韵律、渗透率级差可达20以上，底部的高渗层段极易发生层内突进，因而整体具有“底部水淹、剩余油顶部富集”的特征。根据新钻调整井测井解释结果(图2)，水淹主要表现在两方面：一是单河道砂体底部渗透率高，注入水沿河道叠置构型界面逐渐向单河道底部突进，新增钻井A24井与注水井A20井仅100m之隔，在2小层底部为强水淹、上部为弱水淹，证明其顶部仍有一定程度的剩余油；二是复合河道砂体，其在A20井和A24井的Ⅲ油组3小层表现为两期河道垂向切割，而在采油井A12井表现为河道叠置，中间发育0.7m夹层，A24井底部为强水淹，而顶部为未水淹油层，表明

A20井注入水迅速进入河道底部，沿河道底部向A12井突进，且A12井的产出剖面也证实了这一点。

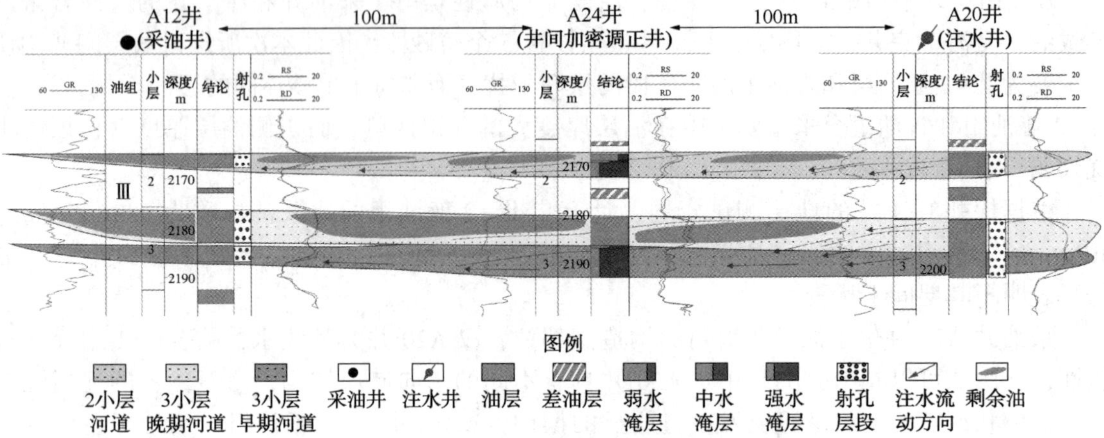

图2　L油田层内非均质性特征

3　剩余油挖潜策略

针对L油田剩余油分布特点，根据油田生产实践制定相应的挖潜策略。针对平面富集特征，完善边部井网或者后期将采油井侧钻至河道边部，改变水驱路径和开发井网；针对层间干扰导致的剩余油在Ⅱ-2亚油组富集，采用分层系开发或者后期关闭Ⅲ油组高含水油层，实现Ⅱ-2亚油组油层的有效动用；针对单砂体层内的顶部富集型剩余油，采用有效避射底部潜在水淹层或者采用水平井挖潜顶部剩余油。

4　结论

1）L油田水淹状况和剩余油分布规律主要受储层非均质性特征影响；L油田储层非均质性主要表现为平面非均质性、层间非均质性和层内非均质性；平面上，注采井距和河道方向水淹明显，剩余油主要在河道边部富集；大段合采导致层间非均质性严重，剩余油在Ⅱ-2亚油组富集；单砂层内部主要为底部水淹、剩余油在顶部富集，尤其是多期河道叠置，顶部剩余油甚至未发生水淹现象。

2）针对L油田剩余油分布规律，制定相应的挖潜策略。针对平面富集型剩余油，完善边部井网，改变开发井网，提高平面动用程度；针对层间干扰型剩余油，采用分层系开发或者后期关闭高含水油层，实现剩余油富集油层的有效动用；针对顶部富集型剩余油，采用有效避射底部潜在水淹层或者采用水平井挖潜顶部剩余油。

参　考　文　献

[1] 柳广第，高先志，等．石油地质学[M]．北京：石油工业出版社，2009：99-105.

[2] 陈磊，徐长贵，杨海风，等．黄河口凹陷南斜坡新生界流体包裹体特征及成藏期[J]．断块油气田，2017，24(1)：10-14.

[3] 吴穹螈，吴胜和，秦国省，等．密井网条件下钙质胶结条带空间展布研究[J]．西南石油大学学报(自

然科学版)，2017，39(4)：71-80.

[4] 赵汉卿，陈存良，陈晓明，等．垦利10-4油田沙三上段成岩作用与油气充注耦合关系[J]．断块油气田，2018，25(4)：435-439.

[5] 赵汉卿，刘招君，姚树青，等．基于测井曲线的小波变换定量层序地层单元划分[J]．世界地质，2013，32(2)：372-378.

[6] 李翔，刘招君，赵汉卿．小波时频分析技术在松辽盆地陆相深水沉积层序地层单元划分及等时对比中的应用[J]．长江大学学报(自科版)，2016，13(29)：24-27.

[7] MA Benben，KENNETH A. Eriksson，CAO Yingchang，et al. Fluid flow and related diagenetic processes in a rift basin：Evidence from the fourth member of the Eocene Shahejie Formation interval，Dongying depression，Bohai Bay Basin，China[J]. AAPG Bulletin，2016，100(11)：1633-1662.

[8] 赵汉卿，张建民，李栓豹，等．渤海湾盆地A油田新近系明下段沉积特征及演化模式[J]．吉林大学学报(地)，2017，47(4)：1021-1029.

[9] 陈存良，韩晓冬，赵汉卿，等．低渗透油藏井间动态连通性研究[J]．特种油气藏，2018，25(2)：102-106.

[10] 赵汉卿，张建民，李栓豹，等．长周期基准面下降半旋回内浅水三角洲沉积演化规律及其在开发中的应用——以渤海A油田明下段为例．[J]．海洋地质与第四纪地质，2018，38(5)：71-79.

[11] 王松，林承焰，张宪国，等．羊二庄油田NmⅢ4-3单砂层曲流河储层构型[J]．大庆石油地质与开发，2018，37(6)：85-92.

[12] 颜冠山，刘宗宾，宋洪亮，等．海上三角洲相油田剩余油控制因素及挖潜——以渤海湾盆地JZ油田为例[J]．断块油气田，2018，25(5)：598-603.

[13] 李红英，陈善斌，杨志成，等．巨厚油层隔夹层特征及其对剩余油分布的影响——以渤海湾盆地L油田为例[J]．断块油气田，2018，25(6)：709-714.

[14] 李红英，王欣然，陈善斌，等．层内夹层对海上聚合物驱油田剩余油分布影响[J]．特种油气藏，2018，25(5)：135-140.

[15] 杜殿发，郭乔乔，郑洋，等．砂体叠置关系与剩余油分布规律[J]．特种油气藏，2018，25(4)：62-66.

[16] 吴义志．复杂断块油藏特高含水期剩余油控制机制实验[J]．断块油气田，2018，25(5)：604-607.

渤海潜山油藏剩余油分布规律及挖潜研究

祝晓林　刘宗宾　王永平　孟智强　王欣然　赵健男

［中海石油(中国)有限公司天津分公司，天津　300459］

摘　要：针对裂缝性潜山油藏非均质性强，含水上升快，产量递减大，开发中后期高效开发难度大的问题，以渤海 JZ 油田为例，采用数值实验、大型三维物模实验及数值模拟方法开展了裂缝性油藏不同储层条件裂缝参数敏感性分析、剩余油分布规律、剩余油挖潜策略等方面研究。研究结果表明，不同的裂缝发育特征对油藏生产规律影响不同，根据生产特征匹配划分为 3 类储层。不同储层条件下剩余油分布规律不同，整体上，裂缝系统采出程度较高，基质系统是主要的剩余油富集区。平面上，剩余油主要分布在物性差区、大裂缝周边的小裂缝及井网控制不完善区。纵向上，剩余油以零星镶边状分布型、局部块状分散型、“大裂缝窜流”块状连续型赋存为主。在此剩余油认识的基础上，采用数值模拟技术并结合矿场实践，提出了一套适合 3 类储层的剩余油挖潜策略。JZ 潜山油藏现场实践表明，采用该系列技术，JZ 油田近三年含水上升率持续降低，实现三年连续稳产 80 万吨，相比常规稳定注水方案，预计提高采收率近 5 个百分点。该研究对同类裂缝性潜山油藏的开发具有一定的指导意义。

关键词：裂缝性潜山油藏；储层分类；剩余油分布规律；挖潜；稳油控水

近年来，随着勘探技术的发展及勘探力度加大，渤海油田相继发现了一大批裂缝性潜山油气藏[1-3]，其中以 JZ 油藏作为渤海最大的在生产潜山油藏，其高效开发对渤海油田持续稳产具有重大意义。目前，针对潜山油藏初期的高效开发，国内外学者已经有了较成熟的认识[4-5]，但对于潜山油藏进入开发中后期如何稳产，特别是不同储层条件下生产规律，剩余油认识及挖潜等诸多问题，缺乏系统性认识和研究。

文中以渤海海域 JZ 油田为例，基于潜山油藏不同裂缝发育特征对生产规律的影响，将 JZ 油田划分三类储层，结合三类储层的认识，研究了不同储层模式下剩余油分布规律及特征，在此基础上，采用数值模拟技术并结合矿场实践，提出了一套适合三类储层的剩余油挖潜策略，指导了 JZ 油田开发中后期高速高效开发。

1　油田概况

JZ 油田裂缝性潜山裂缝油藏位于辽东湾海域，是目前渤海油田投入开发规模最大的在生产潜山油藏。主力产层为太古宇变质岩潜山，油藏类型为块状弱底水双重介质油藏(图

【第一作者简介】祝晓林，女，1986 年出生，2008 年毕业于西南石油大学，获得学士学位，现工作于中海石油(中国)有限公司天津分公司渤海石油研究院，油藏资深高级工程师，从事海上油气田(常规油气藏、裂缝性潜山油藏等)开发研究与管理工作。E-mail：zhuxl4@ cnooc. com. cn

1），岩性以浅灰色片麻岩及其形成的碎裂岩为主。该油藏于2009年12月投入生产，早期顶部部署水平井采用衰竭开发的模式，生产1年后，地层压力快速下降，证实底水发育较为局限。为补充地层能量，防止裂缝闭合，2011年在油水界面附近及时布置注水井，形成顶部采油、底部注水，“顶底交错”的水平井井网注采模式。经过11年的开发历程，该油田主体区目前采出程度超过20%，含水率60%，取得了较好的开发效果。但油藏目前进入开发中后期，生产矛盾愈发突出，主要表现为储层的认识与实际生产不匹配的矛盾，递减与稳产需求的矛盾。但由于潜山裂缝性油藏储层非均质性强，导致储层精细刻画难度大，同时，裂缝和基质两种介质剩余油分布规律认识不清，导致剩余油挖潜难度大。因此，该油田亟需明确储层的精细划分，认清剩余油的分布规律，为剩余油挖潜提供依据，从而解决潜山油藏中后期实现高效开发的问题。

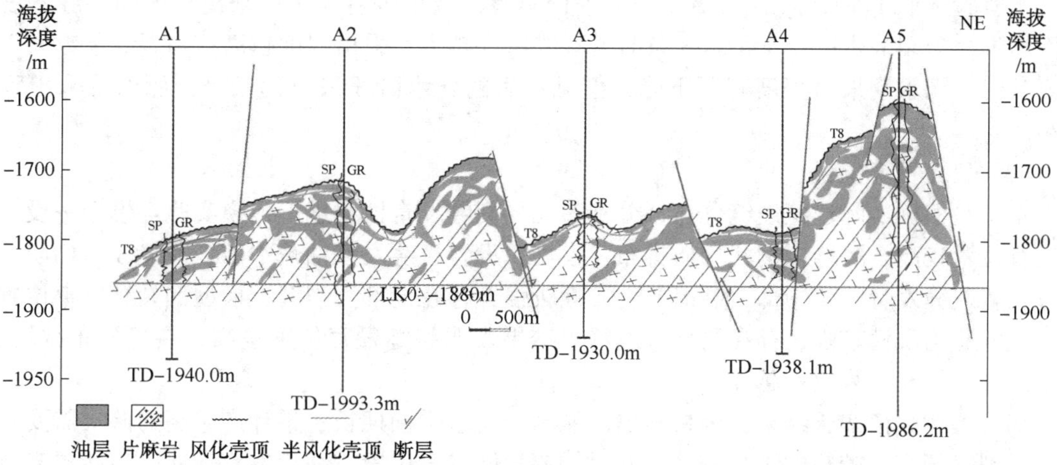

图1 JZ油田潜山油藏剖面模式图

2 储层精细认识

2.1 不同裂缝参数生产规律特征数值实验

2.1.1 裂缝性油藏数值实验

在常规达西定律渗流模拟的基础上，采用边界法描述储层裂缝。本实验中，将裂缝定义为交错的内边界，且允许流体沿内部边界流动，所以裂缝内的流动方程可以设定为模型内边界条件(式1)。在这种边界条件下，裂缝中的流动方程采用基质岩块中速度方程的一种修正形式，通过调整方程系数，以考虑相对较小的裂缝流动阻力和裂缝开度，从而实现裂缝和基质之间量纲一致性。

$$\rho_i C_f d_f \frac{\partial p}{\partial t} - \nabla_F \cdot \left(\rho_i \frac{\kappa_f}{\mu_i} d_f \nabla_F \mathrm{p}\right) = 0 \partial \Omega \, fracture \tag{1}$$

式中，C_f为裂缝储集系数，1/Pa；κ_f为裂缝渗透率，md；d_f为裂缝开度，m；ρ_i为流体密度，g/cm^3；∇_F为裂缝边界梯度算子；μ_i为流体粘度，mPa·s；$\partial\Omega fracture$为裂缝边界；

由于在裂缝中流体流动方程中需要用到开度项，预定义变量u给出裂缝中单位裂缝长度的体积流量(式2)：

$$u = \frac{\kappa_f}{\mu_i} d_f \nabla_F p \partial \Omega \, fracture \tag{2}$$

模型设计注采模式与实际一致为底注顶采、顶底交错形式：

2.1.2　裂缝参数生产规律特征

（1）裂缝开度

本实验中选取了0.1mm～0.5mm裂缝开度进行实验，结果表明裂缝开度越大，采出程度越高，但当裂缝开度大于0.3mm时，对采出程度影响较小；当裂缝开度小于0.4mm时，裂缝开度越大，无水期采出程度越高，裂缝开度大于0.4mm时见水较早，无水期采出程度降低。

（2）裂缝密度

本实验选取了每米4、8、12条裂缝进行实验，结果表明无水期采出程度随裂缝密度增加而增大，当裂缝密度小于每米8条时，裂缝密度越大，采出程度越高；当裂缝条数大于每米8条时，无水期采出程度有所下降，但见水后的含水阶段采出仍较高，所以总采出程度最高。

（3）裂缝发育位置

本实验根据实际油藏裂缝分布，分别对几种裂缝发育模式进行建模实验：模型一设置裂缝发育位置较高，裂缝以网状均质排布；模型二设置裂缝发育油藏中部，裂缝较为均质；模型三设置裂缝发育油藏中部，裂缝非均质性较强，存在局部大裂缝；模型四裂缝发育位置较低，裂缝非均质性较强，存在局部大裂缝。结果表明裂缝发育位置越高，裂缝分布越均质，无水采油期越长，采收率越高。

综合上述数值实验结果，分析得出产能高、无水采油期长、累计产量高的储层需要具有较大的裂缝开度，较高的裂缝密度，同时需要裂缝发育位置较高且发育均质。当储层产能稍低，说明发育裂缝密度和开度稍小；当储层见水较早，说明裂缝发育位置低，距离油水界面稍近；当出现暴性水淹情况，则说明裂缝发育非均质性强，局部有大裂缝沟通。

2.2　储层分类

综合考虑数值实验结果，根据实际油藏生产井产能特征以及见水规律，对应的将JZ油田储层裂缝发育特征进行分为三类：

Ⅰ类储层生产井具有初期产能高，无水采油期长，累计产量高的特点，根据数值实验结果结合地质认识，该类储层裂缝发育位置较高，裂缝密度大于8条/米，裂缝开度0.2mm～0.3mm，呈网状交织状态，该类储层油井见水以低缓稳定型为主，随油水界面抬升形成台阶状含水上升特征。

Ⅱ类储层生产井初期产能较Ⅰ类稍低，含水上升速度较快，部分井无水采油期较短，根据数值实验结果结合地质认识，该类储层裂缝发育位置较Ⅰ类稍低，裂缝密度应在4～8条/米之间，储层具有一定非均质性，部分生产井区发育开度大于4mm的较大裂缝。

Ⅲ类储层生产井投产后含水迅速上升，呈暴性水淹特征，根据数值实验结果及地质认识，该类储层发育位置较低且靠近断层，易发育超大裂缝，储层非均质性极强。

3　不同储层剩余油分布规律

JZ油田属于典型的裂缝性潜山油藏，由于裂缝非均质性强，水淹规律复杂，基质和裂缝渗流规律差异大，剩余油分布规律预测难度大，本文在建立多尺度裂缝网络分布模型基础上，利用物理模拟、数值模拟等技术手段对裂缝性潜山油藏不同储层的剩余油分布特征进行了研究，总结了海上厚层潜山油藏不同储层裂缝及基质两套系统平面及纵向剩余油规律，为海上裂缝性油藏剩余油挖潜提供基础。

3.1 基于三维物模实验剩余油分布规律研究

结合油藏实际，为研究不同储层下剩余油分布及对开发效果的影响，共设计了3组实验模型。模型1对应为实际油田的Ⅰ类储层，裂缝分布均匀，裂缝系统为水平和垂直方向的规则裂缝。模型2对应为实际油田的Ⅱ类储层，裂缝具有一定非均质性。模型3对应为实际油田的Ⅲ类储层，裂缝非均质性较强，裂缝系统与基质系统分别饱和油后，根据矿场实际情况，注采井型选择水平井，采用底部一口水平井注水，顶部两角两口水平井采油的注采单元进行物理模拟实验。

实验结果表明：生产初期阶段，由于裂缝开度大，大量原油首先从裂缝排出，注入水沿着阻力最小的裂缝形成优势通道。当含水率增加至一定程度后，裂缝系统内的含水饱和度快速上升，基质中含水饱和度仍处于较低水平，此时由于毛管力的原因，基质渗吸出油。总体来看，裂缝非均质性的强弱对采收率的影响较大，裂缝越均匀，采收率越高，非均质性越强，采收率越低。由于裂缝与基质渗流的差异，3组模型裂缝采收率相对基质更高，其中裂缝采收率为51.3%~74.5%，且裂缝系统越均匀，采收率越高。基质采收率为4.8%~8.1%(表1)，由此可见，基质为主要的剩余油富集区域。打开物理模型观察3组实验剩余油分布特征(表1)，模型1基质岩块表面及内部存在大量的原油，裂缝系统也存在一部分剩余油，但由于裂缝较均匀，各裂缝间剩余油主要为水窜后形成残余油为主，分布均匀且零散。模型2基质系统同样存在大量剩余油，只是油膜含量多于模型1。裂缝剩余油同样为水窜后形成的残余油，岩块较大周边裂缝剩余油要多于小岩块周边剩余油。模型3无论是基质还是裂缝都存在大量剩余油，这是因为裂缝发育不均匀，大裂缝水窜通道更大，优势通道更明显，一旦水窜通道形成，注入水即沿水窜通道产出，周边小裂缝及基质内剩余油将很难波及。总体看，3组模型剩余油分布规律类似，相对较均质裂缝而言，模型3由于裂缝发育的不规则性，导致裂缝系统采收率较低，基质系统剩余油含量更高，但3组模型基质系统均为剩余油主要富集区。

3.2 基于数值模拟剩余油分布规律研究

在潜山精细储层研究的基础上，应用Petrel软件建立等比例的数值模型。模型采用双孔单渗结构，考虑裂缝变形、基质渗吸及井网特征[6]，通过油田11年的生产动态资料分析及历史拟合工作，总结出JZ油田裂缝性油藏不同储层剩余油的分布特征。在平面上，裂缝中含油饱和度低于基质中含油饱和度，基质系统剩余油整体较富集。裂缝系统平面剩余油主要分布在物性差区、大裂缝周边的小裂缝及井网控制不完善区，主要集中在Ⅲ类储层区域，Ⅰ类及Ⅱ类储层裂缝剩余油相对较少。纵向上，受裂缝基质双重介质、储层非均质性等影响，油藏整体油水界面呈现不均匀抬升，不同的储层垂向呈现不同的剩余油模式：Ⅰ类储层油水界面均匀抬升，剩余油主要分布在油井生产层段顶部以上，剩余油赋存类型以“零星镶边状分布型”为主；Ⅱ类储层油水界面较均匀抬升，剩余油主要分布在构造的中高部位，剩余油赋存类型以“局部块状分散型”为主；Ⅲ类储层注入水延优势大裂缝方向窜流，剩余油主要分布在油井井间，优势窜流的大裂缝周边，剩余油赋存类型以“大裂缝窜流”块状连续型为主。

4 不同储层剩余油挖潜策略

在对不同储层剩余油分布模式认识基础上，开展增油挖潜策略研究。明确了油井挖潜措施，注水井通过精细注水等技术对策，实现油田稳定的生产形势，缓减产量递减，提高油藏采收率。

4.1 采油井端挖潜策略

裂缝性油藏油井措施主要以提液、堵水为主。提液受油藏开发阶段、油井自身的地质条件限制，裂缝发育非均质性较强的油井提液会导致含水大幅上升，裂缝发育相对均质，增加压差提液增油效果显著。堵水通常利用储层差异大的特征，使堵剂封堵高渗透层段，发挥含油的中小裂缝产油能力[7]。因此，针对Ⅰ类储层的“零星镶边状分布型”剩余油，考虑到裂缝发育较均质，选用提液措施为主；Ⅲ类储层的““大裂缝窜流”块状连续型”剩余油，优选堵水措施为主；Ⅱ类储层的“局部块状分散型”，进一步分析油井见水特征，油井以点状见水为主，优选堵水措施增产，油井见水以整体见水为主，优选提液措施增产。

4.2 注水井端挖潜策略

通过剩余油认识，JZ油田基质是裂缝性油藏主要的剩余油富集区，基质剩余油的挖潜尤为重要。渗吸是基质出油的主要机理，一定程度上增加驱替速度、缩小岩块尺寸、延长渗吸时间可促进油水交换，提高基质采收率[8]。结合提高基质采收率的影响因素及其影响规律，利用Eclipse数值模拟，进一步优化得到三类储层注水井周期注水参数：Ⅰ类储层基质岩块小，渗吸充分，增加驱替速度促进油水交换，周期注水时间90天，注采比0.5~1.5；Ⅱ类储层基质岩块中等，渗吸较充分，延长渗吸时间及增加驱替速度促进油水交换，周期注水时间120天，注采比0.2~1.8；Ⅲ类储层基质岩块大，渗吸不充分，延长渗吸时间提高基质采收率，周期注水时间180天，注采比0.8~1.2。

5 矿场应用

针对JZ油田不同剩余油的分布特征，提出针对性的改善措施建议。Ⅰ类储层油井E24H，在含水60%实施提液，日增油50m^3/d。注水井A21H井注水周期3个月，注采比0.5~1.5，周边油井(A17H，A18)呈现降水增油的效果，含水率下降10%~20%，日增油量为20~30m^3/d；Ⅲ类储层油井E22H通过堵水措施，含水率下降40%，日增油20m^3/d。注水井E29H通过延长注水周期，周边油井(A25H)呈现降水增油的效果，含水率下降50%，日增油量达60m^3/d。

通过以上开发管理，JZ油田近三年含水上升率持续降低，实现该油藏无新增井条件下连续3年稳产，相比常规稳定注水开发方案，预计采收率提高近5个百分点。

6 结论

(1) 裂缝性油藏裂缝发育情况对生产规律有决定性影响，一定范围内，裂缝开度和密度越大产能越高，但过高的裂缝开度和密度可能会导致提早见水；裂缝发育位置越高，发育越均质，生产情况越好；

(2) 根据生产情况结合数值实验结果将储层分为三类，Ⅰ类储层裂缝发育裂缝发育位置较高，裂缝密度大于8条/米，裂缝开度0.2mm~0.3mm，呈网状交织状态；Ⅱ类储层裂缝发育位置较Ⅰ类稍低，裂缝密度应在4~8条/米之间，储层具有一定非均质性，部分生产井区发育开度大于4mm的较大裂缝；Ⅲ类储层发育位置较低且靠近断层，易发育超大裂缝，储层非均质性极强。

（3）明确了三类储层的剩余油分布规律。整体上，裂缝系统采出程度较高，基质系统是主要的剩余油富集区。平面上，剩余油主要分布在物性差区、大裂缝周边的小裂缝及井网控制不完善区。纵向上，剩余油以零星镶边状分布型、局部块状分散型、“大裂缝窜流”块状连续型赋存为主。

（4）明确了三类储层剩余油挖潜策略，油井端分别采用提液、堵水等措施增产，注水井端采用周期注水挖潜剩余油，Ⅰ类储层周期注水时间90天，注采比0.5~1.5；Ⅱ类储层周期注水时间120天，注采比0.2~1.8；Ⅲ类储层周期注水时间180天，注采比0.8~1.2。

参 考 文 献

[1] 牛成民，王飞龙，叶涛，王广源，崔普媛. 渤海海域潜山油气运移模式与运聚能力定量评价[J]. 中国海上油气，2021，33(03)：1-14.

[2] 郭涛，张江涛，王鑫，张明升，康琳. 渤海海域辽北潜山中新生代差异演变与形成机制[J]. 中国海上油气，2021，33(03)：39-47.

[3] 秦瑞宝，曹景记，李雄炎，魏丹，汪鹏，平海涛. 变质岩潜山储层裂缝声波测井评价方法及其在渤中19-6气田的应用[J]. 中国海上油气，2021，33(03)：77-84.

[4] 李爽. 潜山油藏稳产技术研究与应用[J]. 科学技术创新，2020(02)：190-191.

[5] 王四明. 兴隆台潜山油藏注气开发工程方案研究[D]. 东北石油大学，2017.

[6] 张福蕾，姜瑞忠，崔永正，邱小龙，张春光. 考虑物性时变的裂缝性油藏数值模拟方法[J]. 特种油气藏，2019，26(04)：103-108.

[7] 刘广燕，张潇，郭娜，伍亚军，马淑芬，任波，李亮，王增宝. 缝洞型碳酸盐岩油藏堵水技术[J]. 精细石油化工，2021，38(01)：1-7.

[8] 王敬，刘慧卿，夏静，刘月田，洪铖，孟庆帮，高阳. 裂缝性油藏渗吸采油机理数值模拟[J]. 石油勘探与开发，2017，44(05)：761-770.

注水井分层调配过程中的问题分析及对策

裴文静[1]　张瀚文[2]

（1. 大庆油田测试技术服务分公司第四大队；2. 大庆炼化公司）

摘　要：在油田开发过程中，注水是一项用来补充地层能量并实现油田稳产的重要措施，对于储层物性复杂、层间差异大的油田而言，笼统注水不但不能获得高产，反而会加剧层间矛盾，严重影响油田的产量。因此，分层注水就成了一种很好地减缓层间矛盾的手段。本文针对桥式偏心分层注水管柱，通过对注水井分层调配过程中遇见的常见问题进行分析，并提出行之有效的处理方法，以提高测试效率，保证油田的高产和稳产。

关键词：分层注水；层间矛盾；桥式偏心；问题分析

1　引言

随着油田不断开发，地层能量会不断被消耗，为了保证油田的高产和稳产，通常会采用一些人工措施来补充地层能量，其中注水就是一项很普遍也很重要的措施。注水效果的好坏影响着油田最终的生产能力。

但是由于沉积的环境、水动力的条件以及成岩作用等因素的影响下，油层的内部构造结构往往十分的复杂，层与层之间可能有着十分巨大的差异，这就是非均质性。可以把这种非均质性引发的问题归类为油田的三大矛盾：平面矛盾、层间矛盾和层内矛盾。为了缓解这种层间矛盾，调整油层平面上注水分布的不均匀性，科学家提出了分层注水这一注水方式。目的是要控制住高渗透层的注水量，加强低渗透层的注水量，使各层注水均匀推进。因此，分层注水的技术在保证各层注水分布均匀性的方面，发挥着至关重要的作用。

2　分层注水技术的发展

多年来，为满足油田不同开发阶段的技术需要、解决油田开发层间矛盾、实现高效有效注水，经过不断研究和技术创新，配水工艺从笼统注水发展到分层注水，从起下管柱调整发展到投捞水嘴调整、地面直读测调，资料录取从单参数发展到多参数、从卡片划线发展到电子存储、地面直读。分层注水管柱从固定式分层注水、活动式分层注水、常规偏心分层注水发展到同心集成分层注水、桥式偏心分层注水，配套测调技术从钢丝投捞发展到钢管电缆直读测调。

2.1　活动式偏心分层注水技术

以可洗井压缩式封隔器和偏心配水器为核心的活动式偏心分层注水技术，可多级使用、

【第一作者简介】裴文静（1993 年 8 月—），女，大学本科，助理级工程师，测试技术。E-mail：915181640@qq.com

不动管柱，钢丝投捞堵塞器，调整水量、采用压缩式封隔器，最小卡距 8m、测试密封段连接仪器可进行分层测试。

2.2 同心集成分层注水技术

以集成式配水封隔器为核心的同心集成分层注水技术，采用配水器、封隔器一体化设计，单级配水封隔器能够满足两个层段注水，最小卡距 1.2m；各层段同步测试，可采用钢丝或液力投捞方式进行测调。

2.3 桥式偏心分层注水技术

油田开发后期，层间矛盾加剧，层间干扰导致偏心注水测调效率低，为此，研究了桥式偏心分层注水技术(见图 1)。桥式偏心分层注水工艺管柱由 Y341 可洗井封隔器、桥式偏心配水器、堵塞器、水力循环凡尔等组成。配水器在常规偏心配水器基础上增加了桥式通道。桥式偏心配水器主体上有直径 20mm 的偏孔，用以坐入配水堵塞器，周围有 5 个桥式过流通道，主体中心是直径 46mm 的主通道，用于投捞工具及测试仪器的通过(见图 2)。优点是层间干扰小、分层测压不投捞堵塞器，效率提高 6 倍。

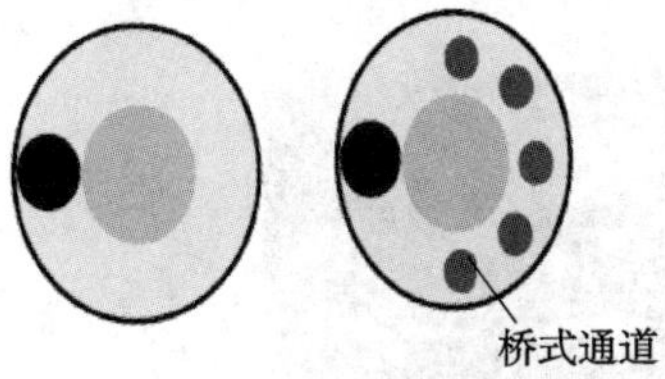

图 1　桥式偏心配水器

2.4 高效智能测调技术

井下电动测调仪与桥式偏心配水器的堵塞器对接，实现流量自动调整，无需投捞堵塞器(见图 3)。同时对井下流量、压力、温度等信号在线采集，实现压力和流量等参数的在线监测，大幅度提高了注水井的测调效率。可实现井下各层注水量的实时监测、调节过程监测、成果曲线绘制及吸水指示曲线绘制等。

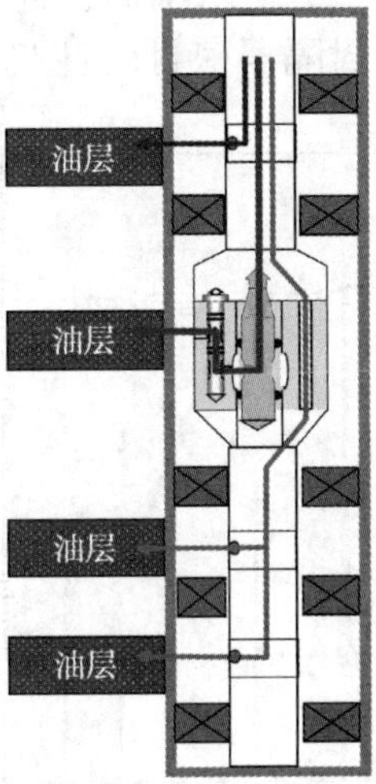

图 2　桥式偏心分层注水管柱

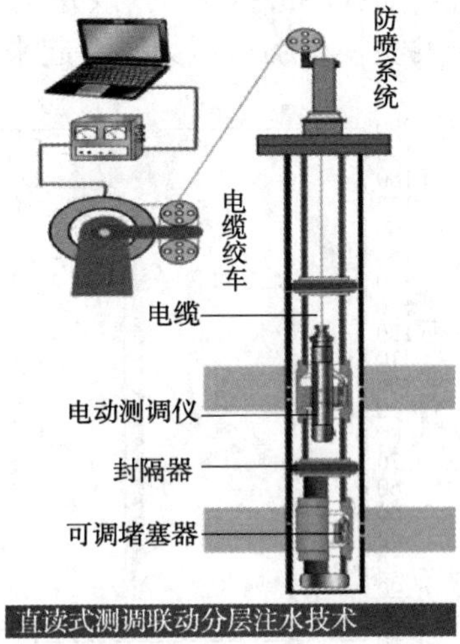

图 3　高效智能测调管柱

3　分层测调过程中出现的问题分析及解决对策

3.1 水嘴堵塞

现象分析：对于测试井，在下放仪器过程中，压力不稳定波动明显，如 X7-D3-1＊＊井，在测检配过程中，某一层注不进水，油压持续上升，顶破裂压力。原因分析：该井管壁附着物过多，被污物堵塞。解决对策：把不吸水层捞空，放大注水或洗井，稳定后再施工。捞出此层水嘴后，发现此层水嘴已经被污物堵死(见图4)。

3.2 水表堵塞

现象分析：如 X6-1-7 **，该井日水表显示 2.0m^3/h，可是测出水量 20m^3/h，差 18m^3/h，与实际注水量对不上，用同型号流量计验证，水量还差 18m^3/h，通过跟泵站沟通，把注水上调到 110m^3/h，测出水表水量 52m^3/h，仍不达标。原因分析：两组数据矛盾，一定程度可以判定是流量计和水表其一出现故障，最后证实，水表堵塞所至。解决对策：把水表拆下后发现，进压孔被油污、丝绵堵塞导至注水量不准(见图5)，清除后，井上水表显示 109 方，仪器实测 105 方，满足误差允许范围。

图4　水嘴堵塞

图5　水表堵塞

3.3 停注层吸水

现象分析：如 X7-32-6 **，该井偏Ⅴ停注层吸水，更换水嘴后，停注层仍吸水(见图6)。而且，全井更换水嘴后压力憋不起来，验封结果为封隔器密封(见图7)。

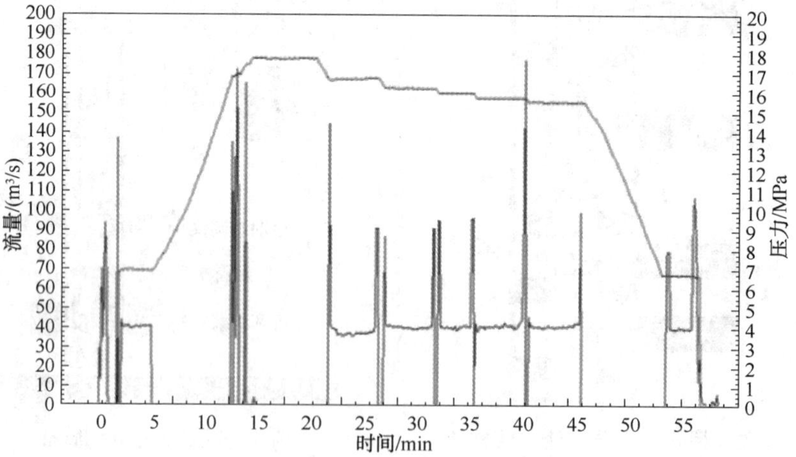

图6　偏Ⅴ停注层吸水

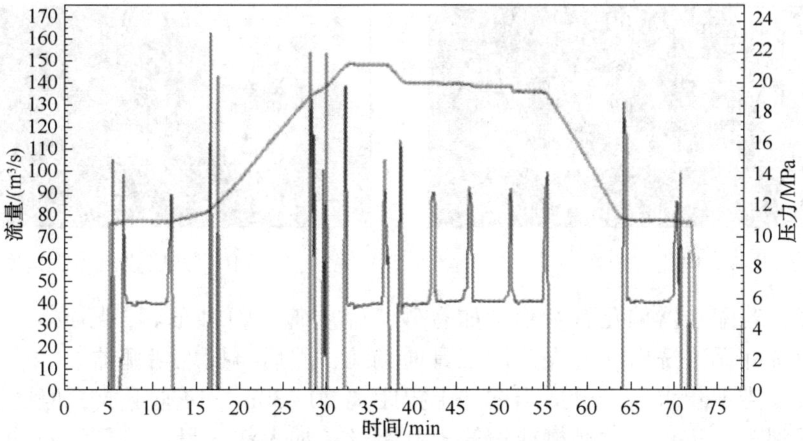

图 7　更换新的死嘴后仍吸水

原因分析：怀疑该井偏 V 偏孔次大不密封。解决对策：申请调整作业，作业后再进行调试。

3.4　萝卜头漏失

现象分析：如 X7-1-S7 **，井口水表瞬时值 3.7-3.8m^3/h，两支流量计测量水量均小于 30m^3/h，联系采油队换水表，水表值依然不变。后申请测同位素，发现萝卜头漏失。原因分析：造成这种现象的原因可能有如下几种：1. 水表堵塞，水中杂物堵塞水表，造成水表不准。更换水表后，发现问题依然存在。2. 萝卜头漏失，造成水表流经水量过少。解决对策：申请同位素测试，怀疑萝卜头密封圈不严，申请更换萝卜头密封圈(见图 8)。

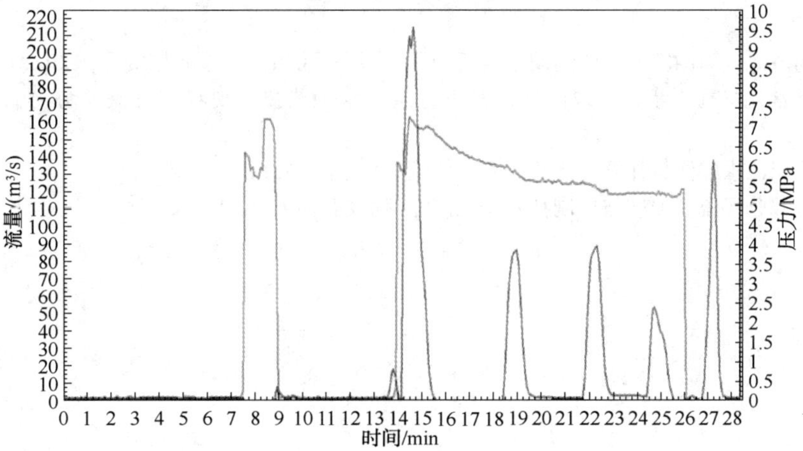

图 8　萝卜头漏失

3.5　偏心堵塞器投不进去

现象分析：在分层测试过程中偏心堵塞器投不进去。

原因分析：造成这种现象的原因可能有如下几种：1. 偏心孔内有泥沙、铁锈等脏物；偏心工作筒内有堵塞器；偏心工作筒加工不规则(见图 9)。2. 投捞器投捞爪角度不合适或投捞爪弹簧太软，偏心堵塞器“O”型密封圈过盈量太大。3. 偏心堵塞器不规则(见图 10)。

图 9　偏孔有杂物

图 10　井底捞出半截堵塞器

解决对策：若配水器偏孔有杂物，如有砂、碎皮碗、塑料布等，导致无法投入堵塞器。偏孔内的杂物洗井无法洗出。需先使用工具通偏孔，然后再投入堵塞器。

若投捞器投捞不着水嘴，可适当增加上提距离 20~30m，快速下放，但要注意观察转数表，随时拉紧刹车，防止钢丝跳槽或滚筒上乱钢丝。加大注水量，依靠注水冲击力投捞。可适当增加加重杆的重量，坐层时可适当加速，但不要过快，带刹车时要果断及时。水嘴拨不动时，用震荡器反复震荡，要用高速档，上提时速度加快，下放时速度稍快要带一点刹车，但不要刹死，要让震荡器外筒归位，便于下次震荡。可反复多次开关来水闸门，或将来水关闭一段时间后再进行上提震荡，将水嘴捞出后再投送水嘴。

4　结论

本文对注水井分层调配过程中出现的问题进行了分析探讨并提出了相应的解决方案，在一定程度上为今后的工作起到了指导意义，使得各层注水均匀，为地层提供源源不断的能量，以实现油田的稳定生产。

参　考　文　献

[1] 刘志远，杨凤凯. 测调新方法所遇问题浅析[J]，中国石油和化工标准与质量，2018. 1.

[2] 刘合，裴晓含，罗凯，等. 中国油气田开发分层注水工艺技术现状与发展趋势[J]. 石油勘探与开发，2013. 12.

[3] 叶剑川. 分层注水配注量计算与优化研究[D]. 长江大学，2014.

[4] 袁涛. 注水井分层流量测试与控制技术研究[D]. 西安石油大学，2018.

特高含水复杂油田三采提质增效对策方法

孙天一[1]　王月英[2]

（1. 中国石油大庆油田有限责任公司勘探开发研究院；
2. 中国石油大庆油田有限责任公司第一采油厂）

摘　要：处于特高含水期的SZ油田，在开展三次采油开发过程中会受到多方面的影响，严重影响油田采收率的提高。为探究三次采油开发影响因素，从工程保障与动态调整两方面进行分析。研究归纳了三次采油全生命周期六个阶段的开发目标、面临问题与应对措施，总结了SZ油田三次采油提质增效对策方法，为特高含水期老油田的开发提供了指导。

关键词：SZ油田；特高含水期；三次采油；EOR

随着三采规模不断增大，开发方式由一类油层聚驱过渡到二类油层聚驱、抗盐聚合物驱与三元，地下开发环境和生产配套工艺更加复杂，开发效果影响因素也随之增多。通过系统分析各类区块开发状况，明确影响三采开发效果的主控因素，并制定出针对性的开发调整对策，强化三采升级管理，确保新投区块全面达标、已注区块效果改善[1-4]。

1　SZ油田三次采油开发状况

SZ油田有着丰富的地质储量，然而其中特高含水复杂的三采对象储量站60%。目前已累计投注工业化区块超过30个，所有一类油层区块与超过60%的二类油层区块已结束化学驱开采；剩余的都属于处于特高含水阶段的复杂的二类、二三结合类油层。SZ油田一类油层聚驱最高可提高采收率15个百分点，吨聚增油超过50t；二类油层聚驱提高采收率可超过10个百分点，吨聚增油超过35t。

本文对SZ油田七个三次采油区的开发效果进行跟踪分析，认为三采开发效果主要受工程基础与开发调整两方面共五点因素影响：工程保障方面：①两驱间层系干扰，一定程度影响三采驱替效果，同时还导致产量无法精准计算；②注入水质波动大，无法保证注入流体的粘度稳定性，导致波及效率低于预期效果。动态调整方面：①空白水驱时间过长，化学驱前期调整占据了过多时间，加剧了油田层间、层内矛盾；②压力系统不合理，导致后期调整空间不足，无法最大限度实现化学驱驱替周期；③敏感层段控注，为防套损保障平稳开采一定程度放弃了增油效果[5-6]。

【第一作者简介】孙天一（1992—），男，硕士，工程师，主要从事石油地质工作。E-mail：jlsysys@sina.com

2 工程保障对策

2.1 严封堵

SZ 油田由于井网复杂、基础井网开发历史较久，两驱层系间的干扰十分明显。针对这种情况，应当严格执行水驱封堵的要求、从源头上杜绝发生干扰的可能性，同时不断完善返层封堵工艺、防止封堵失效现象的发生。

针对两驱干扰问题，突出预防为主，防治结合的管理思路，实施升级管理。首先，是封堵标准更加严格，封堵范围更大，封堵时间更早。初期共射厚度大于 0.5m 时进行封堵，升级后封堵全部共射层段；初期至封堵对应层，升级后封堵整个开发层段；初期仅封堵区块内共射井，升级后外扩一个井距内共射井都要进行封堵；初期在三采驱替过程中对水驱见效油井进行封堵，升级后在投注前水驱油井全部完成封堵。

其次，是水驱重点井监测更全面，三采异常井分析更及时。新增了三类监测方法，水驱水井定期验封、水驱水井定期吊测、水驱监测采表采碱；加密了三项监测项目，水驱水井吸水剖面、三采水井吸水剖面、水驱油井采聚浓度；细化了三种分析手段，压力水量异常分析、吸水剖面异常分析、含水采剂异常分析。

2.2 控平衡

三元规模扩大后，后续水驱采出水接收能力有限，2019 开始 QW 过渡带和 QE 区块二类采出三元污水被迫回注本区块，粘损大幅度上升，含水回升速度加快。GW 区块三元污水回注前后对比粘损增幅近 20%；月含水上升值上升至原来的二倍。QE 区块三元污水回注前后对比粘损增幅近 40%；月含水上升值也出现明显增长。针对上述矛盾，近年来逐步加大抗盐聚合物驱应用规模，目前投注两个抗盐区块，减少清水用量、控制污水总量平衡；同时开展抗盐、三元采出污水回注技术攻关。

3 注入调整对策

3.1 早投注

3.3.1 理论特征

为了确保在空白水驱 24 个月内实现化学驱投注，按顺序开展以下三方面的准备工作。

第一阶段工程准备：(1)进行返层补孔工作，涉及补孔、封堵与大修三类措施，计划限定时间为 6 个月；(2)逐步进行报废井更新，计划从更新井开钻到投产在 8 个月(第 7 月至第 14 月)内完成。第二阶段生产准备：(1)注入端进行降压与降速调整，计划在 6 个月(第 15 月至第 20 月)内完成；(2)与此同时对水驱油水井进行封堵，计划在 6 个月(第 15 月至第 20 月)内完成。第三阶段方案准备：(1)录取启动压力数据，监测产液、吸水剖面等，在 2 个月内(第 21 月至第 22 月)完善投注前数据资料的准备工作；(2)在更新井投产井网完善后开始驱油方案与调剖方案的编制，计划在 8 个月内(第 15 月至第 22 月)完成；(3)正式投注前的最后准备，用 1 个月的时间试注调试(第 23 月)。

3.1.2 油田开发实例

DWE 区块 SⅡ1-9 化学驱空白水驱阶段按上述标准运行，在 18 个月内完成了化学驱前期全部准备工作。①2018 年 6 月至 2018 年 12 月，完成第一段第一项工作；②2019 年 1 月至 2019 年 5 月，完成第一段第二项工作；③2019 年 6 月至 2019 年 10 月，完成第二项全部工作与第三项前两项工作；④2019 年 11 月，结束第三段最后一项工作，完成注入前调试；

⑤2019 年 12 月，开始化学驱投注。空白水驱阶段从 2018 年 6 月至 2019 年 11 月，一共经历了 18 个月，极大的缩短了空白水驱时间，为后续化学驱提供了良好的储层条件。

2019 年 12 月正式投注化学驱投注后，截止 2020 年 6 月，仅半年时间，区块日产油从 374t 迅速上升至 791t，含水快速降低个 3 百分点，降至 93.9%。尽管面对疫情严峻的生产形势，DWE 区在 2020 年上半年共累计增油 35000t，减少污水排放量接近 11600t。

3.2 调压力

3.3.1 理论特征

为了尽可能降低层间矛盾在化学驱过程中造成的负面影响，保证开发层段内不同物性的油层受到均衡动用，SZ 油田一直致力于明确化学驱储层压力系统界限，合理调整压力水平，进而提高波及效率。研究中整理了 20 个区块投注时压力空间与最终提高采收率的关系，矿场统计数据表明，空白水驱压力空间越大，化学驱提高采收率越高，SZ 油田内已结束的三次采油区块投注压力空间普遍小于 5MPa，化学驱阶段含水降幅小，最终提高采收率在 12% 左右(图 1a)。

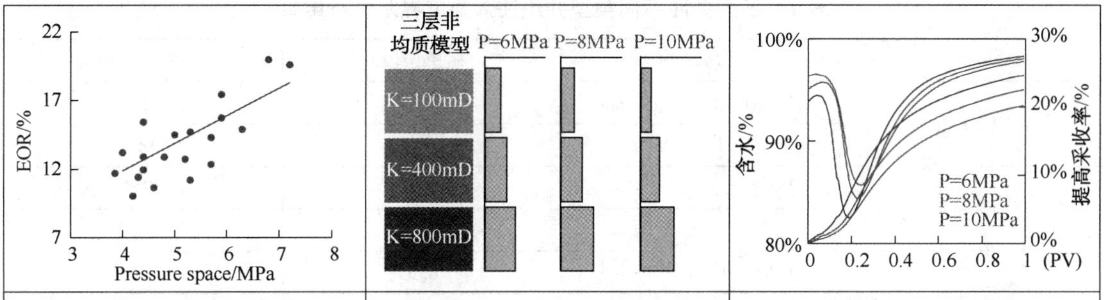

(a)压力空间与提高采收率关系图 (b)三层非均质数值模拟主段塞吸水剖面 (c)三层非均质模型开发效果对比

图 1

3.3.2 油田开发实例

N1EW 区块在 2017 年 8 月以前的初始注入速度为 0.28PV/a，为了保证 2018 年 5 月化学驱正式投注，2017 年 9 月起注入速度降低至 0.18PV/a，投注后提升至 0.20PV/a。N1EW 区块在没有异常因素影响的前提下，空白水驱提前降速实现低压投注，压力空间达到 6.3MPa。化学驱投注后区块日产油量持续上升，2020 年 6 月时日产油较投注初期增加 5t，同时区块流压在 4MPa 保持稳定，区块取得了较好的开发效果(图 2)。

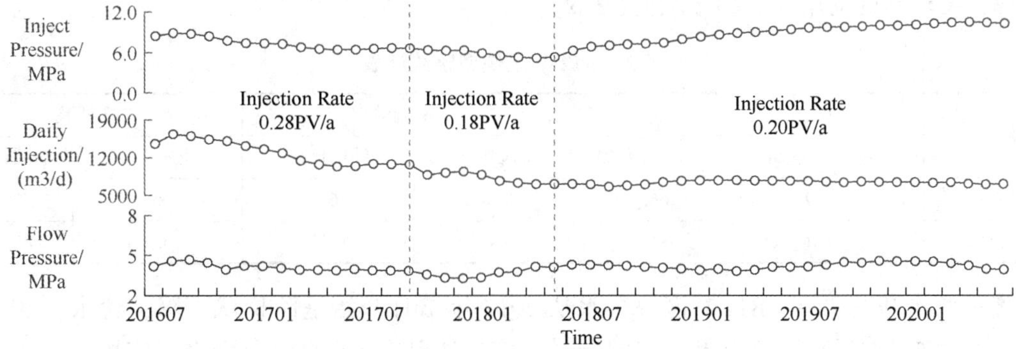

图 2 N1EW 区块萨 II1-9 注采曲线

根据剖面监测情况，N1EW 区块在前置段塞阶段区块萨 II1-9 剖面动用比例为 81.6%，在主段塞阶段提升至 84.8%。在注入 0.45PV 时区块阶段采出程度为 5.95，采出液含水从投注初期的 97.54%下降至 89.91%，见效程度十分明显。

3.3 优参数

3.3.1 理论特征

SZ 油田近年来二类油层逐步返层至 SⅡ1~9 层段，其中 SⅡ1-4 储量占比在 40-60%之间，资源巨大。但是由于为防控油页岩层发生套损，对二类油层实施控强度注入，油层动用状况明显变差，开发效果受到了极大的影响。

针对这一情况，根据室内实验与油藏数值模拟结果，同时基于套损规律，对不同井距井组注入强度界限进行了界定。在此基础上，总结合理注入参数，进而确保敏感层段均衡开发(表 1)。矿场生产中根据不同井网的井距长度，对 SⅡ1-4 层段进行注入分级控制，在可控范围内逐步提高敏感层段的注入强度，放大敏感层段的注采压差。

表 1 不同井距不同类型井组注入强度界限分析结果

井距	层段名称	敏感层段	常规层段
125m	注入强度/(m^3/d·m)	6	7.5
	注采压差/MPa	18.1	18.1
150m	注入强度/(m^3/d·m)	6.5	7.5
	注采压差/MPa	18.6	18.5
175m	注入强度/(m^3/d·m)	6.5	7
	注采压差/MPa	19.1	19.1

3.3.2 油田开发实例

B12W 敏感层段储量占比 61.2%，投注初期控注对开发效果影响较大，通过优化层段注入强度，动用状况明显改善，区块二次见效特征明显。在区块开发开发过程中主要进行了两次大型注入调整，第一次是在 2017 年 8 月，第二次是 2018 年 5 月。经两次调整后敏感层段注入强度有 3.7 提升至 6，而常规层段的注入强度则从 7.1 降低至 6.3，两个层段注入强度之间的差距逐渐消失。与此同时，敏感层段的动用比例由 66.1%上升至 77.3%，提高了 11.2 个百分点，为区块产量提升做出了巨大贡献，常规层段的动用比例也由 81.3%提升至 85.2%，层段间的动用程度趋于均衡(表 2)。

表 2 B12W 区块调整统计表

层段	控注		一次调整		二次调整	
	注入强度/(m^3/d·m)	动用比例/%	注入强度	动用比例	注入强度	动用比例
敏感	3.7	66.1	5.1	76.5	6	77.3
常规	7.1	81.3	6.6	84.1	6.3	85.2

经过两次开发调整，B12W 区块含水从 2017 年 7 月开始呈阶梯状下降，含水从 95.3%下降至 92.75，取得了明显效果。与此同时，该方法已在 SZ 油田全面推广应用，层段间动用差异控制在 5-10%之间，SZ 油田逐步形成套损敏感层段高效开发技术。

4 结论

1. 三次采油受到两驱干扰、水质波动、空白水驱时间过长、压力场异常、敏感层段控注共5方面因素的干扰。

2. 在工程保障方面应严格执行水驱封堵，完善返层封堵工艺；明确压力系统界限，合理调整压力水平。

3. 在动态调整方面应优化返层补孔时机，缩短空白水驱时间；明确压力系统界限，合理调整压力水平；总结合理注入参数，确保层段均衡开发。

4. 三次采油全生命周期六个阶段有各自的开发目标，应采取针对性的调整手段，最终建立适合油田的提质增效对策模式。

参 考 文 献

[1] 朱焱，高文彬，李瑞升，等．变流度聚合物驱提高采收率作用规律及应用效果[J]．石油学报，2018，39(2)：89-200，246.

[2] 孙天一．地层能量对剩余油分布的影响[J]．黑龙江科技大学学报，2019，29(03)：282-288.

[3] 孙天一．北X国家实验区提高采收率方法研究[J]．西部探矿工程，2019，31(11)：91-94.

[4] 张国军．提高三次采油动态控制的方法[J]．化学工程与装备，2020(10)：86-89.

[5] 张国军，孙天一，袁振哲，赵明轩．变构型储层区域性调整方法——以B12-W区块为例[A]．西安石油大学、成都理工大学、陕西省石油学会．2020油气田勘探与开发国际会议论文集[C]．西安石油大学、成都理工大学、陕西省石油学会：西安石油大学，2020：9.

[6] 金贤镐，孙天一，王月英．B12W区块两驱干扰评价方法探索[A]．西安石油大学、成都理工大学、陕西省石油学会．2020油气田勘探与开发国际会议论文集[C]．西安石油大学、成都理工大学、陕西省石油学会：西安石油大学，2020：9.

不同类型射孔弹适应性评价研究

任喜东

（大庆油田有限责任公司第二采油厂）

摘　要：射孔完井与非射孔完井方法相比井筒附近流动更加复杂且目前有很多射孔弹类型，本研究针对射孔完井条件下聚驱注采井筒附近复杂流动特征建立了非牛顿非达西渗流模型；数值模拟研究了不同类型射孔弹完井的聚驱注采井流动效率并评价了聚合物驱油条件下不同类型射孔弹适应性。本研究结果对指导聚合物驱油条件下射孔弹优选及射孔参数优化设计具有重要意义。

关键词：射孔完井；非达西渗流模型；流动效率；射孔弹适应性

近年来射孔弹类型日益增多，如何选择合适的射孔方式及射孔弹类型成为方案设计中的难题[1]。射孔完井流动效率是评价油气井完善程度和射孔效果的重要指标。潘迎德和唐瑜拉[2]研究了射孔岩心靶的流动特性，同时给出了射孔效率的评价标准；李爱民等[3]在消除储层差异的基础上，对不同类型射孔弹的完井效率进行了对比分析；赵敏等[4]研究了射孔参数对注水井流动效率的影响，给出了注水井流动效率影响因素的相对重要性排序。但是目前系统研究聚驱条件下不同类型射孔弹完井流动效率的文章还少有报道。

本文针对射孔完井条件下聚驱注采井筒附近复杂流动特征，建立了射孔井筒附近非牛顿非达西复杂渗流模型；数值模拟研究了水驱、聚驱条件下不同类型射孔弹完井的流动效率，最终给出了不同条件下不同类型射孔弹的适应性排序，从而为优化射孔参数、提高射孔完井效率提供了依据，进而指导油田实际现场工作。

1　射孔完井井筒附近非牛顿非达西渗流模型

在射孔完井井筒附近，由于流体向缝、孔眼的聚流以及钻井等污染引起井筒附近储层渗透率的降低，使得井筒附近渗流速度高，惯性阻力大，压降与流量偏离了直线关系。在这种情况下，一般采用 Forchheimer 方程描述与达西定律的偏离，表示如下：

$$u=-\frac{1}{(1+F_o)(\mu/k)}\frac{dp}{dx} \tag{1}$$

其中，F_o 为 Forchheimer 数，可表示如下：

$$F_o=\beta\rho ku/\mu \tag{2}$$

式中，β 为非达西紊流系数，ρ 为流体密度，k 为渗透率，u 为渗流速度，μ 为流体黏度。

取任意一个多孔介质的控制体，设其体积为 V，表面积为 A。在控制体表面 A 上任取 ΔA 的微元面，微元面 ΔA 外法线方向为 $\vec{n}$。

【第一作者简介】任喜东，男（1991.07—），工程师，2017 年获东北石油大学石油与天然气工程硕士学位，现工作于大庆油田第二采油厂地质研究所，主要从事动态分析相关工作。E-mail：ren9255@163.com

则控制体内流体的质量守恒方程为：

$$\frac{\partial}{\partial t}\left(\int_V \rho\phi dV\right)=\int_A \vec{n}\cdot\rho\vec{u}dA \tag{3}$$

利用高斯定理对上式进行求解，然后引入多孔介质的达西运动方程，最终得到考虑非达西流动的方程为：

$$\frac{\partial}{\partial x}\left(\frac{\rho k_x}{\mu(1+F_o)}\frac{\partial \Phi}{\partial x}\right)+\frac{\partial}{\partial y}\left(\frac{\rho k_y}{\mu(1+F_o)}\frac{\partial \Phi}{\partial y}\right)+\frac{\partial}{\partial z}\left(\frac{\rho k_z}{\mu(1+F_o)}\frac{\partial \Phi}{\partial z}\right)=\phi\frac{\partial \rho}{\partial t} \tag{4}$$

2　不同类型射孔弹流动效率计算及适应性评价

射孔弹按照其穿孔性能主要分为常规射孔弹、深穿透射孔弹和大孔径射孔弹，其中深穿透射孔弹主要用于中低压力、低孔低渗储层及钻井污染储层；大孔径射孔弹主要用于易出砂储层和稠油储层，一般与高孔密射孔枪配套使用。本研究选用大庆射孔弹厂生产的 3 类共计 9 种射孔弹，通过数值模拟给出了水驱、聚驱条件下不同类型射孔弹完井的流动效率并评价了不同条件下不同类型射孔弹的适应性。

（1）水驱注采井射孔完井流动效率分析及射孔弹优选

图 1A 和图 1B 分别给出了渗透率为 100mD 和 600mD 条件下，不同射孔弹流动效率与射孔密度的关系曲线。

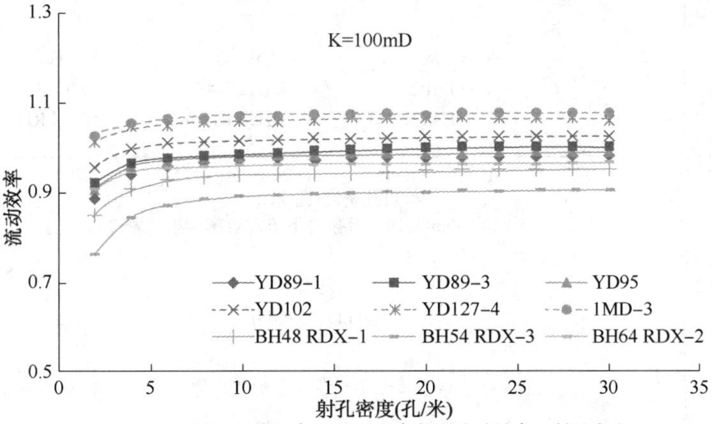

图6A　渗透率K=100mD条件下流动效率—射孔密度

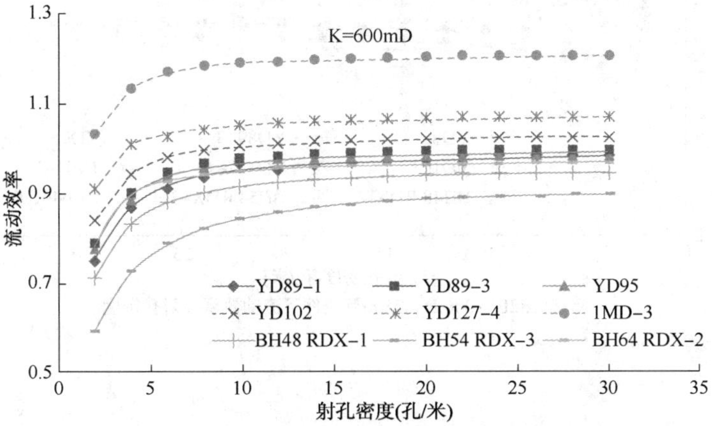

图6B　渗透率K=600mD条件下流动效率—射孔密度

由图 1A 和图 1B 可知：

1）同一射孔弹，渗透率相同条件下，随着射孔密度的增加，流动效率逐渐增加，而且呈现先陡后缓的趋势；当射孔密度大于 15 孔/米后，流动效率趋于某一稳定值。

2）同一射孔弹，射孔密度相同条件下，随着渗透率的增加，流动效率逐渐减小。

3）按照流动效率从大到小排序，射孔弹依次为：1MD-3、YD127-4、YD102、YD89-3、YD95、YD89-1、BH64RDX、BH48RDX、BH54RDX。

4）水驱条件下深穿透（穿深>639mm）射孔弹射孔效果最好，常规射孔弹次之，大孔径（孔径>16mm）射孔弹最差。

（2）聚驱注采井射孔完井流动效率分析及射孔弹优选

图 72-图 2D 分别给出了不同渗透率、不同聚合物分子量条件下流动效率与射孔密度的关系曲线。

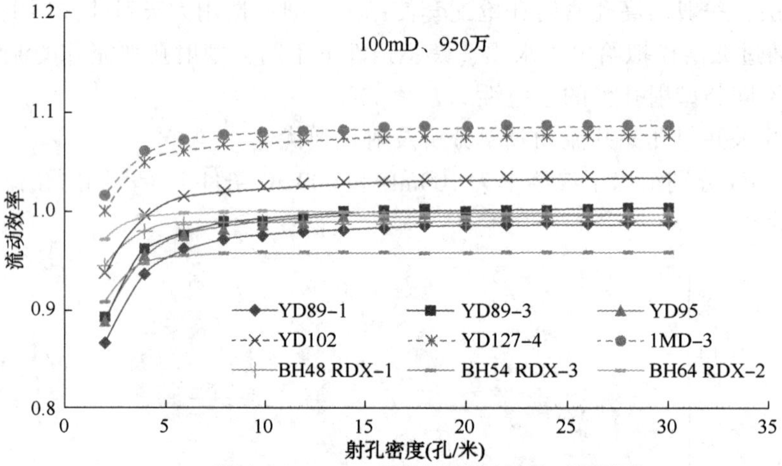

图2A 100mD、950万条件下流动效率—射孔密度

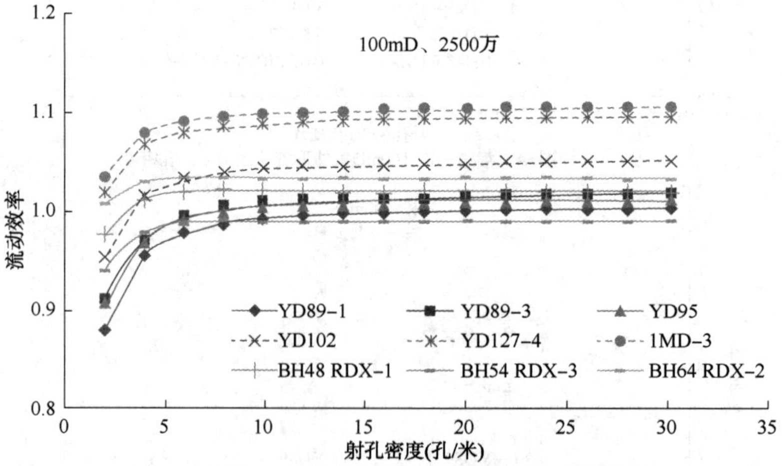

图2B 100mD、2500万条件下流动效率—射孔密度

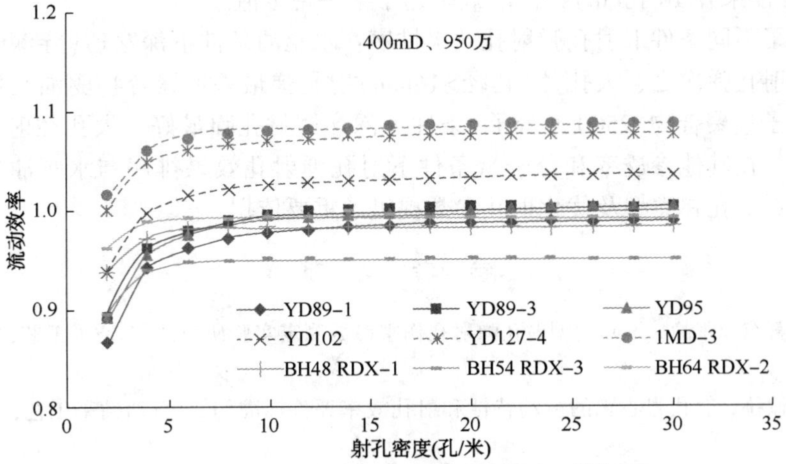

图2C 400mD、950万条件下流动效率—射孔密度

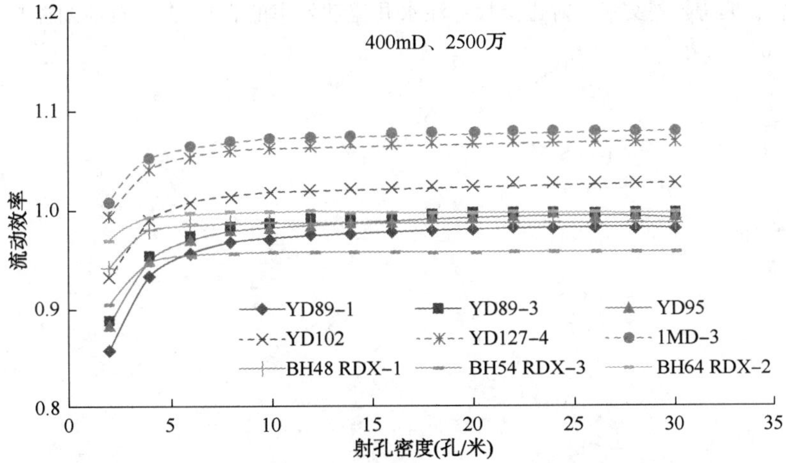

图2D 400mD、2500万条件下流动效率—射孔密度

由图 2A–图 2D 可知：

1）同一射孔弹，渗透率和聚合物分子量相同条件下，随着射孔密度的增加，流动效率增加，而且呈现先陡后缓的趋势；当射孔密度大于 10 孔/米后，流动效率趋于某一稳定值。

2）同一射孔弹，渗透率和射孔密度相同条件下，聚合物分子量越小，流动效率越小；

3）按流动效率从大到小排序，射孔效果最好的射孔弹依次为 1MD–3、YD127–4、YD102。

由此可以得出：对于聚驱注采井，低渗（100mD）高分（2500 万）条件下深穿透射孔弹射孔效果最好，大孔径射孔弹次之，常规射孔弹最差，其他渗透率和分子量条件下射孔弹排序与水驱条件下排序相同。

3 结论与建议

（1）针对射孔完井条件下聚合物驱油注采井筒附近复杂流动特征建立了聚驱条件下井筒附近非牛顿非达西复杂渗流模型。

（2）数值模拟给出了水驱、聚驱条件下不同类型射孔弹完井的流动效率。研究结果表明：随着射孔密度的增加，流动效率逐渐增加，但是当射孔密度大于一定值后（水驱注采井

15 孔/m，聚驱注采井 10 孔/m），流动效率趋于某一稳定值。

（3）给出了不同条件下射孔弹射孔效果排序：水驱油条件下深穿透（穿深>639mm）射孔弹最好、常规射孔弹次之、大孔径（孔径>16mm）射孔弹最差；聚合物驱油在低渗透率储层（100mD）高分子量聚合物（2500 万分子）条件下深穿透射孔弹最好、大孔径射孔弹次之、常规射孔弹最差，在其他渗透率和分子量条件下射孔弹射孔效果排序与水驱油条件下排序相同，从而为优选射孔弹类型及优化射孔参数提供了重要依据。

参 考 文 献

[1] 魏建光，任喜东，张静．不同类型射孔弹射孔伤害参数测定实验研究[J]．钻采工艺，2016，39(05)：36-38.

[2] 潘迎德，唐愉拉．射孔岩心靶的流动特性和射孔效率评价标准[J]．石油钻采工艺，1990，13(03)：55-62.

[3] 李爱民，周堤．射孔完井效率评价[J]．天然气工业，1999，19(03)：77-80.

[4] 赵敏，周万富，熊涛，刘文苹．射孔参数对注水井流动效率的影响[J]．石油勘探与开发，2006，33(03)：360-363.

钻停区块注水恢复原则及优化方法研究

安　旭

（第二采油厂地质大队）

摘　要：针对钻停区块在钻停恢复的过程中，由于油层非均质性的影响，注入水一般先向高渗透层推进，从而导致注水井单层突进，采油井含水上升速度加快等问题，在钻停恢复过程中，考虑井区地层压力水平、注入能力、含水级别及钻停期间动态变化特征，优化钻停恢复方法，恢复过程中，强化与水量合理恢复相结合、与井层优化调整相结合、与精细测试管理相结合，保障钻停区块水量、压力平稳恢复，努力控制含水上升速度，保证钻停地区开发效果。

关键词：钻井停注；钻停恢复方法；井层优化调整

1　问题的提出

在以往区块钻停恢复注水后，注入水首先向高渗透方向推进，形成“水道”，使得低渗透层比正常注水条件下更难以动用。同时高渗透层吸水能力进一步增强，导致钻停恢复井区连通采油井含水上升速度加快。

另外，区块供液能力恢复较慢。

统计 A 区块钻停先后的压力变化绘制等值线图，发现井区供液能力恢复缓慢，压力恢复缓慢。钻停前井区平均沉没度为 302m，钻停恢复半年后，沉没度水平在 258m，未恢复到之前水平。2010 年地层压力为 8.5MPa，总压差 -2.49MPa；2012 年恢复后，地层压力为 7.63MPa，总压差 -3.17MPa。

因此，在总结 A 区块钻停恢复工作的基础上，针对 B 区块的具体情况，在严格执行钻停注水井逐步恢复注水制度的基础上，对钻停恢复方法进行优化，力求保证钻停井区及时恢复到位，改善钻停地区开发效果。

二　钻停恢复原则和优化方法

非均质性油层在钻停后恢复注水时，高渗透层的地层压力恢复速度较快，低渗透油层的地层压力恢复速度较慢，从而加剧了层间矛盾。因此，在恢复注水的过程中，应适当降低高渗透油层的注水强度，使得高渗透层的注水恢复速度减缓，同时对低渗透油层实施加强注水，使低渗透层的注水恢复速度得到提高，从而扩大差油层水驱波及体积，改善钻停地区开发效果[1]。

【第一作者简介】安旭，女，1989 年 8 月出生，201107 毕业于东北石油大学石油工程，大学本科，工程师，大庆市联想科技城 B。

2.1 钻停恢复原则确定的理论依据

如果将非均质油层看成由无数根流管组成的，且这些流管均垂直于井排线并具有不同的渗透率，每根流管的渗透率是常数。对每根流管可以运用均质油田中一维两相流理论。

$$\Delta P = \frac{\mu_o Q}{AK}\int_0^{L_f} \frac{dx}{K_{ro} + \mu_{ow} K_{rw}} + \frac{\mu_o Q}{AK} \frac{L - L_f}{K_{ro}(S_{wc})} \tag{1}$$

从注水井到采油井压降和产量的表达式为：

$$\Delta P = \frac{\mu_o Q}{AK} \frac{L}{K_{ro} + \mu_{ow} K_{rw}} \tag{2}$$

对确定的油层 A、K、μ_o、μ_{ow}、K_{ro}、K_{rw}、L 为定值，所以 $\Delta P = CQ$。

钻停恢复注水阶段，注水坑道压力从地层压力向注水井底压力增加。对分层注入井分别调整各个层段的注水量来控制高、低渗透地层压力恢复时间，从而控制高渗透地层含水上升速度，有效提高差油层动用程度。

2.2 钻停恢复原则及优化方法

在钻停恢复过程中，考虑井区地层压力水平、注入能力、含水级别及钻停期间动态变化特征，强化与水量合理恢复相结合、与井层优化调整相结合、与精细测试管理相结合，保障钻停区块水量、压力平稳恢复，努力控制含水上升速度。

2.2.1 与水量合理恢复相结合

考虑钻停时间、注入能力及含水级别，在钻恢过程中，优化恢复速度，在压力平稳上升的基础上，单井注水方案恢复时间缩短 10 天。

停注时间在 15 天以内的注水井，用 5 天时间恢复到位。即第 1-2 天按照原配注的 50%注水；第 3-4 天按照配注的 70%注水，第三天恢复到原注水量。

停注时间在 15 至 30 天的井，用 10 天时间恢复到原注水量。即第 1~5 天按照停注前原配注的 50%注水；第 6~10 天按照 70%注水，第 11 天恢复到原注水量。

停注时间在 30 天以上的井，按照配注水量情况采用个性化周期恢复。对原日注水≤$40m^3$的井，第 1~5 天按照停注前原配注的 50%注水，第 6~10 天按照 70%注水，第 11 天恢复到原注水量；对原日注水>$40m^3$的井，第 1~10 天按照停注前原配注的 50%注水；第 11~20 天按照 70%注水，第 21 天恢复到原注水量。

2.2.2 与井层优化调整相结合

结合钻停期间动态特征，注采连通关系，依据钻停期间井区液量降幅和含水变化水平，划分四种不同动态变化特征的分类井组，强化注水井调整及配套措施，保证井区整体供液能力，控制含水上升速度，确保液量合理恢复。

一是针对钻停期间液量降幅大，含水下降快的井区，以控高含水层为主。注水井全井恢复中，结合注水井浅调剖、周期注水及方案控注，控制高含水层段注水量恢复速度，减缓井区含水上升。

二是针对钻停期间液量降幅大，含水降幅小的井区，以提低含水层为主。注水井全井恢复中，结合注水井增注措施及方案提水，加快低含水层段注水量恢复速度，挖掘低含水井层剩余油潜力。

三是针对钻停期间液量降幅小，含水稳定井区，注水量保持稳定。注水井恢复后，结合井区实际，优化后续跟踪调整。

四是针对欠注及低压井区，以平衡局部井区间压力系统，强化措施、方案提水力度，保证地层压力平稳恢复。

2.2.3 与精细测试管理相结合

强化钻前测试、钻后检卡及测调三个环节控制，制定实施方案及目标，保证注入质量。钻前与测试周期结合，关井在30天以内的不实施测试，从而减少测试工作量。钻后及时测试检卡，要求3天内实施检卡，做到及时分水。优先组织安排测调工作，需要测调的井在7天内实施测调，保证注水质量。

3 钻停恢复现场试验及效果

B区块在钻恢过程中，优化恢复速度，在压力平稳上升的基础上，单井注水方案恢复时间缩短10天。由于新井井网密度大，区块注水井钻关时间较长，平均钻关时间为148天，按照配注水量情况采用个性化周期恢复。对原日注水≤40m^3的井，第1~5天按照停注前原配注的50%注水，第6~10天按照70%注水，第11天恢复到原注水量；对原日注水>40m^3的井，第1~10天按照停注前原配注的50%注水；第11~20天按照70%注水，第21天恢复到原注水量。

表3 B区块注水井钻停调查情况

关井时间	配注	井数/口	油压/MPa	日配注/(m^3)	日实注/(m^3)
>30天	<100m^3	40	11.09	2810	2333
	≥100m^3	23	12.22	2900	2310
	合计	63	11.66	5710	4643

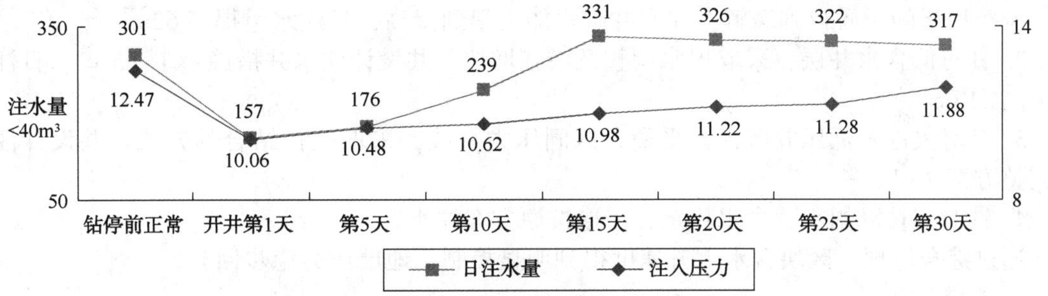

图1 B区块钻停注水量≤40m^3注水井恢复情况

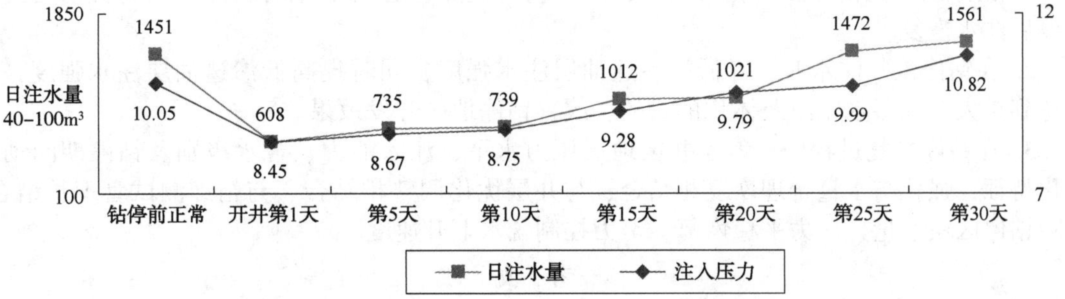

图2 B区块钻停40m^3<注水量≤100m^3注水井恢复情况

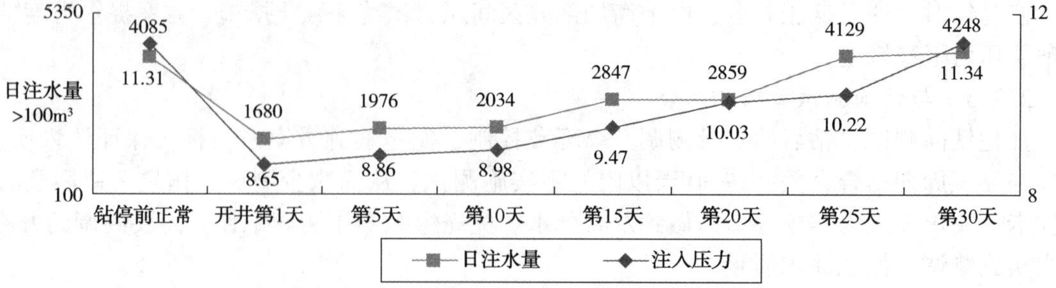

图 3　B 区块钻停注水量>100m^3 注水井恢复情况

钻停恢复期间，优化钻停恢复方法，力求保证钻停井区及时恢复到位，改善钻停地区开发效果。

表 4　B 区块钻停恢复优化方法

钻停井区动态变化	对策	实施方式	实施井数	恢复步骤		
				第一步	第二步	第三步
液量降幅大，含水下降快	以控高含水层为主	死嘴控注	4	0%	43%	88%
		小水嘴控注	7	41%	82%	
		调剖	4	46%	71%	103%
液量降幅大，含水降幅小	以提低含水层为主	措施、方案提水	5	65%	84%	112%
液量降幅小，含水稳定	注水量保持稳定	按原方案注水	34	50%	70%	100%
欠注及低压井区	平衡井区间压力系统	措施、方案提水	2	51%	72%	101%

1. 针对高含水井层，采取注水井钻停期间停注、控注、浅调与钻恢后控水调整相结合的配套组合。共设计注水井控水调整 13 口，其中钻停期间停注+钻恢后控水调整 4 口；钻停期间控注+钻恢后控水调整 9 口；调整后日配注水量下降 102m^3。共执行注水井调剖方案 4 口，调整后层间矛盾得到缓解，注水井吸水能力得到提高，日注水量提高 62m^3。

2. 针对低含水井层，采取提水调整及措施增注。共设计注水井措施+调整 5 口。日注水量提高 113m^3。

3. 针对欠注及低压井区，为平衡井区间压力系统，采取提控结合的方式，共设计注水井调整方案 2 口。

4. 针对液量降幅小，含水稳定，采取按原方案注水。

通过综合治理，区块含水上升速度得到明显控制，地层压力稳步回升。

4　结论

1. 钻停恢复优化方法具有投资少，见效快的优点，适用于非均质性油层高含水后期的钻停后注水恢复。

2. 在钻停恢复注水时，降低高渗透油层注水强度，同时提高低渗透油层注水强度，从而达到扩大差油层水驱波及体积的目的，改善钻停地区开发效果。

3. 在钻停恢复过程中，考虑井区地层压力水平、注入能力、含水级别及钻停期间动态变化特征，强化与水量合理恢复相结合、与井层优化调整相结合、与精细测试管理相结合，保障钻停区块水量、压力平稳恢复，努力控制含水上升速度。

参　考　文　献

[1] 刘绘茹．钻停地区异步恢复注水方法研究．大庆油田有限责任公司第二采油厂，2015.

可钻桥塞长效封堵封井技术在萨南油田的应用

戴宏伟　刘永鹏　李鹏鹏

（第二采油厂工程技术大队）

摘　要：本文针对桥塞悬挂封堵管柱在上返封堵及长停井封井措施中存在的打捞难度大和不适合套变井、落物井的问题，试验应用 Y453 可钻式桥塞封堵工艺，该工艺具有更严密的密封性和承压能力，有效提升封堵、封井质量，能在长久工作的情况下，通过大修磨铣顺利解封，大幅缩短解封时间，减少对套管的磨铣伤害，便于封堵层再次开发利用，在层系开发调整和封井工作量逐渐增多的趋势下，具有较好的推广应用前景。

关键词：Y453 可钻式桥塞；上返封堵；封井；送封工具；球墨铸铁

1　目的意义

在萨南油田方案规划中，上、下返措施工作量逐渐增多，其中上返封堵工作量增长较大，2016—2018 年间上返封堵井数已达到全部封堵总井数的 40.7%。

2019 年以前主要采用 Y445 桥塞悬挂封堵封井管柱卡封射孔井段非利用层，主要由 Y445-114 桥塞、Y341-114 堵水封隔器和死堵组成。该管柱作为上返封堵和封井的管柱，存在两个问题：一是受到落物、死油死蜡、垢质或腐蚀影响，采用小修作业打捞解封难度大。若采用大修磨铣对钢质 Y445 桥塞磨铣周期较长，钻铣桥塞进尺小会对该位置的套管有一定的损伤；二是在封井方面，若目的射孔井段存在套变或落物情况，该管柱的两个密封工具无法卡在目的井段的上下隔层，不能平衡堵层压力。若卡在目的井段上部隔层，封井管柱受到堵层压力长期上顶，对密封工具的卡瓦锚定和胶筒带来较大考验。

因此，针对萨南油田上返封堵和长停井封井措施，试验应用 Y453 可钻式桥塞长效封堵封井技术，该工艺具有高承压密封的能力和易于磨铣解封打捞的技术特点，在实际应用中具有较好的措施效果。

2　Y453 可钻式桥塞的结构及工作原理

2.1　工具结构

Y453 可钻式桥塞主要由桥塞主体和送封工具两部分分体组成。

【第一作者简介】戴宏伟，男，1984 年 2 月出生，2011 年毕业于东北石油大学石油工程专业，工学学士学位，现在大庆油田第二采油厂工程技术大队，工程师，黑龙江省大庆市红岗区第二采油厂工程技术大队。E-mail：c2daihongwei@ petrochina. com. cn

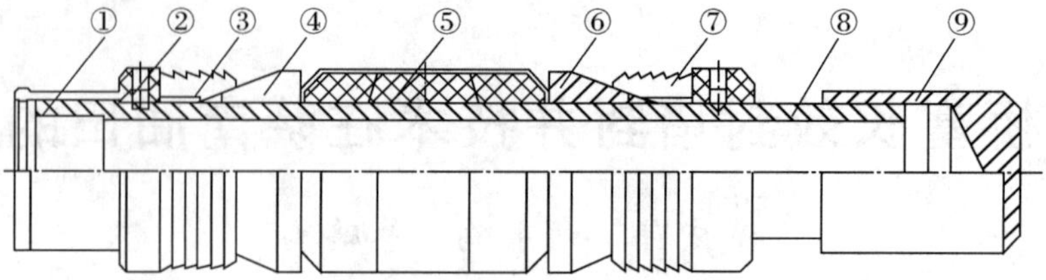

图 1　Y453 桥塞主体结构示意图

1—连接螺纹；2—卡瓦销钉；3—上卡瓦；4—上锥体；5—胶筒；6—下锥体；7—下卡瓦；8—内中心管；9—下接头及死堵

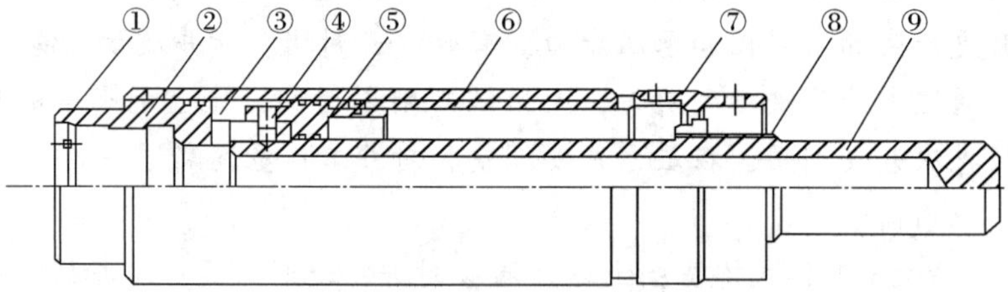

图 2　送封工具结构示意图

1—上接头；2—固定销钉；3—液压腔；4—座封销钉；5—活塞；6—外中心管；7—座封套；8—丢手螺纹；9—中心死堵

2.2　工作原理[1]

座封过程：水泥车地面打压，油管内的液压从送封工具的中心进液孔进入液压腔，作用于座封活塞，活塞受力剪断座封销钉，并套推动外中心管和座封套向下移动。桥塞主体连接螺纹与丢手螺纹反扣连接固定，座封套推动桥塞上卡瓦，剪断卡瓦销钉，上卡瓦和锥体下移，下卡瓦固定位置不变，上下卡瓦受挤压张开，支撑在套管上，胶筒压缩密封；同时，桥塞内锁紧环的内扣将中心管锁紧定位，使封隔器始终处于座封状态，达到封隔油层的目的。

丢手过程：作业机上提至管柱原来悬重，一般管柱上提 20-30 公分，正转管柱 20-30 圈，使丢手螺纹和连接螺纹，正转脱开，完成管柱丢手。上提管柱起出剩余油管及送封工具，送封工具可修复利用。

解封过程：Y453 桥塞主体是由球磨铸铁材料加工制成，大修螺杆钻具和钻头可较容易磨铣掉卡瓦部分，完成工具解封，便于封堵层再次利用。与钢质桥塞相比，磨铣作业周期缩短。

2.3　工具参数

表 1　Y453-114 可钻式桥塞参数

最大外径	Φ114mm	座封压力	20-22MPa
工具长度	560mm	工作套管内径	Φ118-124mm
工作温度	≤120℃	最小通道	Φ38mm
工作压差	≤50MPa	联接扣型	下端 27/8TBG 母扣

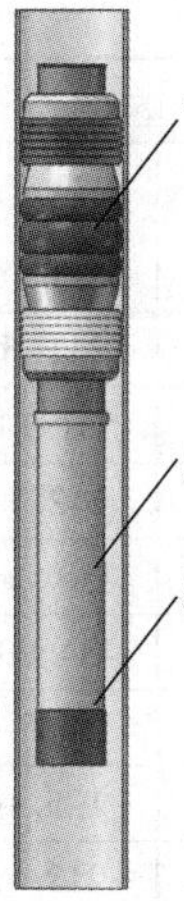

图3　Y453 可钻桥塞封堵封井管柱示意图

3　工艺管柱的组成[2]

Y453 可钻式桥塞封堵封井工艺管柱自上而下由送封工具、Y453-114 桥塞主体、尾管和死堵组成。送封工具是桥塞锚定释放过程中的液压驱动工具，在完成丢手后随油管带出。上返封堵和封井措施的共同目的是封堵卡点所有射孔井段，因此封堵工具内没有井液流通，随着桥塞以上套管内砂蜡垢等多种类型杂质长期沉积，将会覆盖在桥塞以上。因此，Y453-114 桥塞下部连接 1-2 根尾管，起到一定沉积杂质的作用，便于再次解封利用。

4　Y453 可钻式桥塞长效封堵封井工艺的特点

1. 锚定密封机构升级，承压、抗蠕动性能提升。可钻桥塞作为上返封堵和长停井封井的主要封堵工具，胶筒承压能力提高，两组全方向支撑卡瓦，使管柱受力更均匀稳定，齿牙与套管咬合力增强，工具承压和管柱抗蠕动性能显著提升。

2. 优选 QT-500 牌号球磨铸铁作为主体材质[3]，提升磨铣作业时效。设计磨铣解封时间为约 3 小时，井下实际磨铣解封时间 4 小时左右，较钢制桥塞磨铣时间大幅缩短。

3. 符合行业标准要求，便于后续报废处理[4]。在长期封井方面，应用 Y453 可钻式桥塞这类密封锚定稳定的永久式封隔器工具封井的长停井，若需要核销报废，可直接在桥塞以上注水泥报废，并省去其他压井措施。

依据石油天然气行业标准《SY/T 6646—2018 废弃井及长停井处置指南》的第 5. 1. 3. 2. 3 条桥塞法注水泥塞中指出，桥塞、水泥承留器、永久性封隔器等机械封隔工具，能有效地用来封隔井中的各个部分。这些机械塞可通过电缆、油管或钻杆完成在规定深度，同时在机械塞顶部注上水泥塞提供第二道密封。在第 5. 5. 2 条桥塞法说明中指出，在炮眼以上 15-30m 处打一个机械桥塞(或永久性封隔器或其他永久性套管封隔工具)，并在桥塞上注一个厚度不小于 50m 的水泥塞。

5　现场应用情况

目前该技术在上返封堵中应用 16 口井，其中采出井 9 口，注入井 7 口。

采出井上返封堵应用 9 口井中，有 8 口井是在同次作业内先补孔再封堵，在工具卡点以上层位补孔，再封堵工具卡点以下全部射孔层。Y453 可钻桥塞座封丢手后，在桥塞所在隔层卡验封管柱打压 10MPa，15min 内压力不降判定封堵管柱完全密封。措施后，结合堵层和补孔层数据和地质预测产液范围，判断采出井上返封堵和补孔成功，平均单井日增液 14. 73 吨，日增油 0. 26 吨，含水上升 0. 76 个百分点，沉没度上升 121. 55 米，符合地质预期开发效果。

表 2 采出井补孔封堵效果统计

井号	措施前				措施后				差值			
	日产液/t	日产油/t	含水/%	沉没度/m	日产液/t	日产油/t	含水/%	沉没度/m	日产液/t	日产油/t	含水/%	沉没度/m
1号	30.4	0.4	98.6	246.1	36.4	0.9	97.5	134.45	6	0.5	-1.1	-111.65
2号	34.5	1.4	95.8	239.66	65.2	1.17	98.2	770.8	30.7	-0.23	2.4	531.14
3号	45.2	2.6	94.3	223.27	71.5	1.1	98.5	465.77	26.3	-1.5	4.2	242.5
4号	40.5	1.4	96.6	226.36	57.9	0.7	98.7	656.72	17.4	-0.7	2.1	430.36
5号	48.2	1.3	97.3	284.36	78.7	2.3	97.1	719.35	30.5	1	-0.2	434.99
6号	28.5	0.5	98.3	207.91	46.2	1.6	96.6	232.61	17.7	1.1	-1.7	24.7
7号	8.9	0.8	90.7	213.07	17.1	2.2	87.1	87.91	8.2	1.4	-3.6	-125.16
8号	27.3	1.4	94.8	255.1	22.1	2	91.1	42.25	-5.2	0.6	-3.7	-212.85
平均值	32.69	1.39	95.75	227.64	47.42	1.65	96.52	349.20	14.73	0.26	0.76	121.55

另1口单独封堵的采出井9号，措施后平均单井产量变化不明显，但含水率降低0.2个百分点，沉没度下降120米，达到上返封堵效果。

表 3 9号采出井补孔封堵效果统计

井号	措施前				措施后				差值			
	日产液/t	日产油/t	含水/%	沉没度/m	日产液/t	日产油/t	含水/%	沉没度/m	日产液/t	日产油/t	含水/%	沉没度/m
9号	30.7	2.7	91.1	152.97	31.7	2.9	90.9	32.9	1	0.2	-0.2	-120.07

9口采出井上返封堵成功率100%，后续跟踪单井产量无上升情况。注入井上返封堵应用7口井，措施后堵层无注入量，达到地质注入要求，目前持续有效。

在长停井封井措施试验应用7口井，其中5口采出井，2口注入井。

将Y453可钻桥塞封井管柱卡在射孔井段以上20-30米位置，封住全部射孔井段，座封后井口溢流完全停止，地面控制部分井口由作业区更换可测套压的250井口，监测套压2小时后无变化，措施成功率100%。

6 结论

1. Y453可钻式桥塞分体式结构设计合理、封堵性能可靠，再利用磨铣解封时间短，满足上返封堵及长停井封井严密锚定座封和易于解封的质量需求；

2. Y453可钻式桥塞上返封堵工艺技术成熟，为油层细分开采提供技术保障；

3. Y453可钻式桥塞能够有效削减管柱上顶、飞管等安全隐患，后续可直接注水泥工程报废，符合废弃井行业标准要求，是长停井安全治理的有效手段，具有良好的应用前景

参 考 文 献

[1] 成大先. 机械设计手册(单行本)[M]. 北京：化学工业出版社，2004.
[2] 王立有，李长江，潘卫国. Y443-108可钻式桥塞封堵[J]. 油气地面工程 2004，23(3)：58.
[3] 刘武斌，吴捷，石杰华. 国外可钻封隔器可钻材料的选用[J]. 石油机械. 2007，35(6)：67-68.
[4] 石晶，等. Y453挤水泥桥塞在封窜工艺中的应用[J]. 钻采工艺. 2003(5)：81-82.

精控压裂提高压裂成功率技术研究

董功鑫

（大庆油田有限责任公司井下作业分公司工程地质技术大队，163453）

摘　要：随着油田的深入开发，三类油层成为主要挖潜对象，精控压裂技术是三类油层挖潜的关键技术手段，增油效果显著，统计自2018年至2020年的措施增油效果，平均单井日增油6.7吨，累计增油达1250吨以上。但是近几年随着挖潜对象的改变，出现压不开的问题较多，这严重影响到了油田三类油层的有效动用，为此开展了精控压裂提高压裂成功率技术研究，通过对105口井进行优化和调整，由之前的压不开层位比例从31.8%下降至5.8%，大幅度降低了返工率，进一步提高了压裂成功率，节约施工成本625万元，提高了措施效果，实现低效油田的高效开发，为更好服务油田提供技术支撑。

关键词：压不开；精控压裂；三类油层

引言：近几年来，在大庆长垣老区各采油厂相继推广应用了精控压裂工艺技术，增油效果显著，成功实现了油田三类薄差储层的有效动用[1]。但是，随着改造对象变差，现场施工中遇到的压不开、储层无注入量问题严重影响了压裂效果。通过一年追踪分析，对一百余口井进行针对性的优化和调整，来提高精控压裂成功率。

1　精控压裂压不开成因分析

现场压裂施工中压不开的情况时有发生，其原因是多方面的，通常包括储层原因、工具问题、施工操作等原因。

1.1　储层原因

精控压裂选井选层时，始终追求极限精细分层[2]，即每层压裂的层内炮眼数尽量少，从2015年开始单层压裂的压裂炮眼数量仅为2个，单层改造厚度从1.5m下降到0.2m，而且是表外储层。分析得出：一方面，压不开或炮眼数量少舍层井比例高，压不开井比例30%以上，压不开层比例8%以上；另一方面，返工井比例高，返工井18%以上，部分井层即使挤酸也压不开。储层物性差，压裂目的层砂岩单层厚度小，有效厚度薄，在较小卡距内且老井射孔炮眼特别少或者新井射孔质量不过关的情况下，出现压不开的情况可能性往往会更大。

例如杏11-X井，地处长垣盆地构造过渡带边缘，区块孔渗条件较差，孔隙度小于

【第一作者简介】董功鑫，男，2012年7月毕业于东北石油大学，硕士研究生，E-mail：donggongxin@126.com

12%，改造目的层地层渗透率小于0.1md，压裂测井曲线显示该层段所处地层自然伽马曲线值为高值，说明泥质含量高，地层较为致密，密度曲线值为高值，地层钙质含量高，压裂造缝较为困难，整体来说，储层物性较差。

该层砂岩厚度0.7m，有效厚度0.5m。现场施工起泵无注入量，然后尝试高压憋放无效果后弃压，该层储层砂岩厚度薄，储层发育不好，通过普通压裂方式难以打开有效的裂缝通道，地质条件较差限制了储层压裂潜力。

1.2 工具问题

常见的工具问题是喷砂器滑套的销钉无法剪掉，剪套失败导致滑套中心管无法下行而挡住本层位的喷砂口，本层没有压裂起泵注入通道，因而压不开。通常滑套无法剪掉与工具自身剪套的设计压差有关，工具剪套压差设计过大，钢球下落推力就不足以剪断销钉。2021年4月，杏8-Y井第二层压裂，该层砂岩厚度4.6m，有效厚度1.3m，压裂储层为表内储层，层位地质条件良好，压裂管柱及工具下入井内后，管柱磁测封隔器卡点位置准确无误。压裂曲线无剪套显示，经过起出工具核实发现管柱内滑套未剪掉

1.3 施工操作原因

现场施工操作原因较为多见，施工作业队和压裂队技术人员在操作上出现较大误差时也往往会导致压不开的情况的出现。

1.3.1 下井管柱组配不准

如果管柱丈量数据不准确，或者组配管柱计算错误，就会导致下井压裂管柱卡点位置出现偏差，进而造成压不开的情况；例如杏10-Z井在组配管柱后，磁测出现较大误差，磁测结果是该井解释卡点深度所测封隔器均不在夹层内需调整，遇到这种情形，如果不及时调整压裂管柱深度，压裂施工就会出现压不开的情况。

1.3.2 循环不到位原因

压裂队在循环等工序中没有彻底清空地面工具、压裂设备、管线内残余支撑剂、杂质、污染物带入井内，造成地面施工压力超压显示；压裂施工现场替挤是加砂完成后的重要工序，使用的液量要精确，需要适当附加地面管线容积，替挤量过少会导致钢球卡在砂柱内也会造成地层压不开。如图所示，由于替挤量不足导致钢球被沉砂挡住剪套通道，无法剪套导致堵井，起出工具后发现钢球完全被沉砂掩埋，卡在喷砂器滑套上方，阻挡了钢球剪套过程。

2 精控压裂异常井应对措施

针对以上各类压不开情况，对压不开问题井和发生砂堵的井，我们应当制定针对性的措施并分类进行处理，通常可以得到有效解决。

2.1 储层原因处理措施

一方面，对于部分厚度大(3m以上厚度)的砂岩层的井出现压不开情况时，可采取反复高压憋放的方式，这对于压降速度较快的压裂层位效果最为明显，在压裂层段内造成水激震荡[3]，压力的快速上升和下降往往会憋开地层存有淤阻污染层位，在地层内打开裂缝。另一方面，要适当提高此类储层压裂井压前挤酸标准，避免二次压不开，提高压裂一次成功率，降低压不开井返工率，通过统计2021年一季度压裂的30口井地层砂岩厚度和有效厚度，发现砂岩厚度集中在1.5m以下，占总井数的比例为77%，有效厚度集中在0.7m以下，

占总井数的比例为87%。

因此，在考虑到压裂总体工作量和运行成本来看，完全可以将现有的挤酸标准做适当的修改，将挤酸层位砂岩厚度提升至1.5m，有效厚度提升甚至0.7m(见表1)，这样可以覆盖到90%以上的压裂问题井，在以后的压裂方案设计和现场工作中，最大限度的减少压不开的井数，降低重复压裂返工率。

表1　优化压裂土酸使用标准

砂岩厚度/m	有效厚度/m	土酸用量/m^3
0-0.7	0-0.7	2
0.7-1.5	0	2

2.2　工具问题处理措施

压裂现场出现工具无法剪套的情况需及时进行跟踪，起出工具时及时进行拆卸检查，如果是工具型号不匹配压裂地层的物性参数，难以达到施工强度、温度等要求，及时更换相应匹配的工具。如果是工具自身设计压差偏大，及时更换剪套压差相对小的工具再施工，后续压裂施工现场及时监督跟踪。

2.3　施工操作原因处理措施

2.3.1　管柱组配不准问题处理

遇到管柱深度卡点问题，要及时分析，看是否能够通过现场及时调整深度来校正卡点位置，如果无法调整，及时起出管柱，重新丈量好压裂油管长度再进行准确组配方可进行压裂。

2.3.2　循环不到位问题处理

压裂管汇和压裂管柱内存有余砂或者其他污染物，往往会造成射孔炮眼堵塞，这种情况，通常可以通过高压憋放的方式，使得压裂层段内的余砂在彻底沉降前分散开，重新起泵车压裂泵注即可得到有效解决。

2.3.3　替挤量不足问题

替挤量不足因沉砂导致钢球不到位，堵住管柱内压裂通道。上一层压裂施工的替挤量可以从压裂曲线上看出，替挤量不足，导致钢球卡在砂柱上方，堵住管柱内通道，进而压不开，此种情况，一般少量沉砂可以通过高压憋放方式解决，大量沉砂只能通过起出管柱，重新下压裂工具施工。

3　处理措施应用效果

3.1　解决地层原因

3.1.1　高压憋放处理

对于单层砂岩厚度大(3m以上)的地层，压不开时的压降速度快，通常采取高压憋放的方式来处理，会取得较好的效果，能够压开地层。该井第一层起泵车没有注入量，超过施工最高限压，经过两次的高压憋放后，第三次起泵，地层破裂形成主裂缝，处理成功。

3.1.2　优化方案设计

通过变更方案设计，优化精控压裂挤酸标准，未压开层设计增加土酸后，顺利压开地层。如下图所示，该压裂层砂岩厚度1.2m，有效厚度0.2m，首次压裂未压开，补充设计加土酸 2m^3，第二次压裂曲线可看出，经过低排量将土酸推入地层后，压力出现明显下降，施工排量从 0.5m^3/min 提升至 3.0m^3/min，地层经过酸化处理后，达到施工设计排量，按照压裂施工设计圆满完成本次施工。

3.2 追踪工具原因

现场出现工具无法剪套的情况及时进行跟踪，拆卸工具时及时进行检查，记录好工具型号，追踪工具批次，及时向工具方反馈情况，如果是工具型号不匹配压裂地层的物性参数，难以达到施工强度、温度等要求，及时更换相应匹配的工具，如果是工具自身不合格，及时更换合格工具再施工。

4 结论

1. 方案设计的优化可以大幅度提升压裂施工的成功率，经过大量的统计制定的酸化标准，对精控压裂设计起到重要指导作用，大幅减少压裂返工率。

2. 按照压裂设计规范和要求施工，减少施工循环过程中误操作和替挤环节的计算误差，完全可以避免沉砂，大量减少操作失误和施工事故的频繁出现。

3. 在保证施工安全的前提下，针对厚度较大的单层砂岩压裂，高压憋放的方式对精控压裂压不开情况的处理，往往可起到不错的处理效果，在 5 次之内，往往能憋开地层裂缝。

参 考 文 献

[1] 汪玉梅，张有才，等．大庆油田薄差储层细分压裂改造[J]．油气井测试，2006，15(1)：53-54.

[2] 徐丽丽．精控压裂技术在三类薄差储层挖潜中的应用[J]．采油工程文集，2016，第三辑.

[3] 马玉超．杏南开发区油水井对应精细控制压裂初探[J]．化学工程与装备，2018，No.256(5)：148-151.

储层射钻孔压裂一体化增产工艺技术试验与应用

王　鑫　张嘉恩

（大庆油田有限责任公司开发事业部，163453）

摘　要：目前大庆油田处于“双特高”开发阶段，剩余可采储量越来越少，为了进一步提高储层动用程度，挖潜局部剩余油提升单井产能，开展了水力深穿透射钻孔压裂技术研究。通过地质工程一体化、产量效益一体化设计思路，依据水力深穿透射钻孔技术，通过选井、选层与压裂方案设计有机结合，到现场论证试验，达到了剩余油有效挖潜的目的，为高含水后期剩余油有效动用提供了技术支撑[1]。

关键词：深穿透；射孔；压裂；一体化；防砂

大庆油田已进入高含水开发后期，部分剩余油无法有效动用，如断层遮挡型的剩余油、厚油层顶部剩余油及河道边部剩余油等，为了进一步挖潜剩余油潜力，最大限度的提高原油的采收率、有效沟通储层与井筒、释放储层潜能，有效提高近井渗流面积、增加油井的产量[2]，近年来开发试验了大量的新技术、新工艺，水力深穿透射钻孔技术是在连续油管技术、水射流技术、螺杆钻具及钻头材料发展到一定阶段后，多项技术相结合产生的一项新技术，水力深穿透射钻孔技术能够定点、定方位对油层进行钻孔，具有孔径大、穿透深的特点。前期先到试验证实了定向钻孔的技术可行，初期平均单井增油 0.9 吨，增产幅度低，产量递减快。因此，需要水力深穿透射钻孔与压裂技术有机结合、一体化应用，达到定向挖潜增产的目的。

1　水力深穿透射钻孔技术原理

水力深穿透射钻孔技术是一项新的油气井增产技术[3-5]，是在油层部位开窗，利用水力钻头高压射流的水力破岩的作用，在油层中的不同深度、不同方向上定向钻出孔眼，与常规射孔技术相比，该项技术所形成的孔眼深度长、孔径大，一般其直径达 3.5～5cm、长度可达 100m 的定向小井眼。有利于引导裂缝发展及油气井增产，因此在水力压裂领域中具有广阔的应用前景。主要关键技术有磁定位校深、陀螺仪定方位、万向轴开窗、连续油管喷射。

1.1　磁定位校深

下入造斜器时在扶正器上部加两根油管和一根 1m 油管短接，并准确丈量长度作定位用。利用自然伽玛磁定位仪在油管内从定位短节开始向上测自然伽玛曲线和磁记号线；然后与综合测井图进行比较，依据大趋势和峰值相吻合来校正定位短节的深度，再加上定位短节以下的长度就是要开窗的深度。

【第一作者简介】王鑫，男，2007 年毕业于大庆石油学院，哈尔滨工业大学工程硕士，工作于大庆油田有限责任公司开发事业部，从事油田生产技术管理工作，E-mail：wangxin5c@ petrochina. com. cn。

1.2 陀螺仪定方位

在方位测定时，采用高精度陀螺仪。测试时陀螺仪笔尖与造斜器笔尖吻合，测试方位为造斜器笔尖方位，因造斜器笔尖与导向器出口方位有固定值，测试所得方位加固定值方位即为造斜器出口方位。

1.3 万向轴开窗

利用连续油管连接螺杆泵+万向轴+开窗钻头下入井中，地面悬重指示显示悬重从最大值明显下降时，表示此时螺杆钻具方向杆与造斜器定位笔尖结合，万向轴进入造斜器指定开窗位置，地面加大喷射压力，开始开窗。

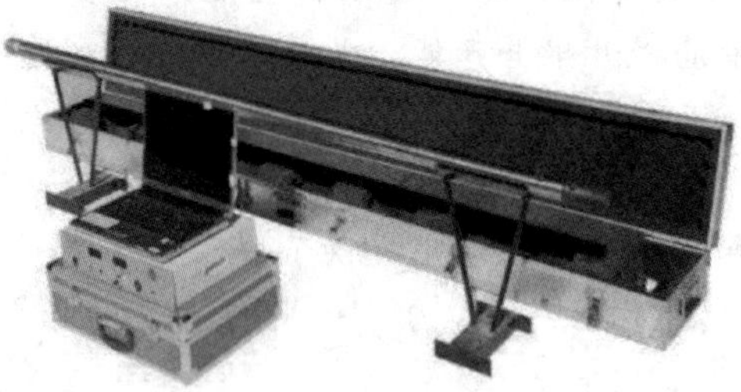

图1 高精度陀螺仪

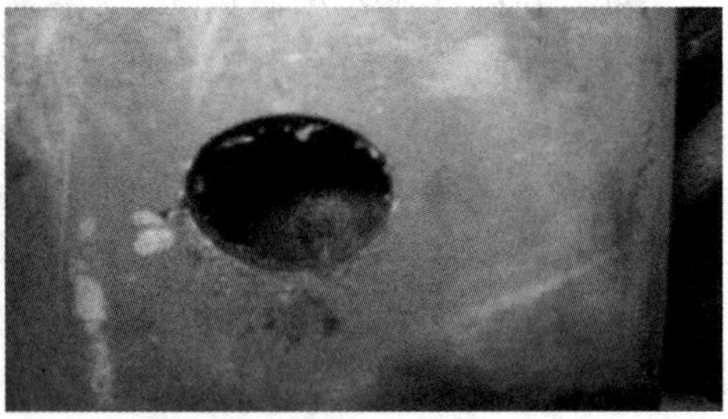

图2 地面试验时套管开窗照片

1.4 连续油管喷射

水力喷射喷头外径 8mm；喷射速度 310-400m/s；喷头孔径 0.1-0.2mm。喷头前面 3 个孔破岩，后面 4 个孔起推进、排屑作用。

喷射过程中保持排量和压力的稳定，当地面显示达到设计进尺长度时，停止喷射，反复喷射三遍，以达到扩大孔眼效果。

2 水力深穿透射钻孔引导造缝压裂技术

根据精细地质研究成果，结合吸水剖面资料、测井曲线和加密井取心资料分析，大庆油田采油井剩余油主要分为构造高部位、同一油层平面上物性较差采油井、油层顶部等多种类型[6-7]，针对水力深穿透射钻孔引导造缝压裂技术的打孔位置、方向可定的特点，优化射钻孔位置、方向和长度，从而打开剩余油挖潜的通道，更好的建立难动用剩余油通道，引导压裂造缝形成多条新裂缝，进一步增加泄油面积。

2.1 优化布孔参数

为避免高水淹层段水窜、避免底部注入水过早突破，应用多种技术手段对射孔层段进行优选设计：首先应用水淹综合解释技术，初步选择低水淹层段；再应用曲流河沉积油层的内部建筑结构研究技术，从初选的低水淹层段中优选避水层段；最后依据射孔层段处于油层中的位置，优选设计射孔相位角。结合射孔参数对产能的影响分析，产能随孔深的增加而增加，到一定峰值趋于平缓。从孔径方面来看，研究范围是 5~50mm，变化趋势随着孔径的增加，产能也是增加的。分析钻孔孔径和射孔深度对产能影响，虽是一条减速递增曲线，但对产能有一定影响。因此，适度增加深度与孔径也可以增加油井的产量[3,8]。

在 X-1 井在 950-1000m 的井段内，优选钻孔 3 层段、6 孔位，深度 30-40m，孔径 40mm，如表 1。钻孔投产后，成功地控制了初期含水率，减缓了生产过程中的含水上升速度，取得了较好的开发效果。

表1　优选钻孔参数数据表

层号	射孔顶界/m	射孔底界/m	射孔深度/m	方向(北偏东 °)	长度/m	备注
萨二2-4	962.3	972.2	962.9	313	30	0
			968.9	142	40	上倾0.4
萨二5+6	973.1	975.9	974.7	210	40	下倾3.3
			975	85	30	下倾0.3
萨二10-12	989.9	994.7	992	125	40	上倾2
			994	220	40	上倾2

2.2　施工流程

首先选井选层优化，定井定层位，优化方案设计，实现对目标储集体的高效沟通。之后对目的层进行水力深穿透射钻孔，在选取目的油层部位开窗，利用高压射流的水力破岩的作用，在油层中的不同深度、不同方向上完成定向钻孔。最后在定向钻孔完成后，更换第二趟压裂管柱，继续完成深穿透压裂施工。

2.3　泵注程序优化

依据试验井砂体展布范围、水力深穿透射钻孔深度及方位，前期优化穿透射钻孔深度50m即可满足压裂储层挖潜需求。为实现裂缝有效延伸前端起裂、防止压窜底部水层，个性化设计前置液排量及规模，单层压裂规模液量控制在200方，泵注前置液时通过1-2-3m^3/min阶梯升排量使钻深孔眼得到有效充满后，实现前端造缝。最终优化注入排量为3m^3/min进行施工，实现增大裂缝长度，抑制裂缝高度，避免压窜水层。

2.4　支撑剂控制优化

为实现控制砂体范围内的裂缝有效支撑，根据钻孔深度，结合大庆油田储层埋藏深度计算上覆岩层压力，对加砂量规模进行优化。优选支撑剂为0.425~0.850mm的石英砂；模拟计算70~80m支撑缝长单缝所需支撑剂用量在60~70m^3范围内，考虑经济效益及精确最佳导流能力进行模拟计算，通过多步楔形均匀加砂来提高铺砂均匀程度，在一定程度上降低了单缝应用支撑剂量；通过优化采用了5步楔形加砂、平均砂比为23%~25%，砂比级差为6%，优化后平均单缝加砂量为12m^3，满足支撑需求。

2.5　防砂工艺控制方法

水力深穿透射钻孔引导造缝压裂因单缝加砂量相对较多，孔眼大小与常规射孔相比较半径较长，与常规压裂相比射孔孔径大，砂量多，为有效预防裂缝吐砂进而保证压裂效果，做好防砂工艺是是关键。目前水平缝直井开发压裂树脂砂固砂技术比较成熟，防砂固砂效果良好。结合大庆老区开发井水平缝防砂标准和施工井加砂规模，考虑储层特点，增强防砂效果，优选尾追树脂砂。

3　现场应用情况

2020年在采油X厂实施深穿透射钻孔引导压裂技术进行了8口井现场施工，取得了较好的改造效果，为剩余油有效开发，提供了新思路。

以X-1井为例，如图3、图4所示，该井位于断层附近，窄小河道边部、注采不完善，只有1个连通方向。设计实施深穿透射钻孔引导压裂技术，钻穿相邻窄小河道边界分流线方向。

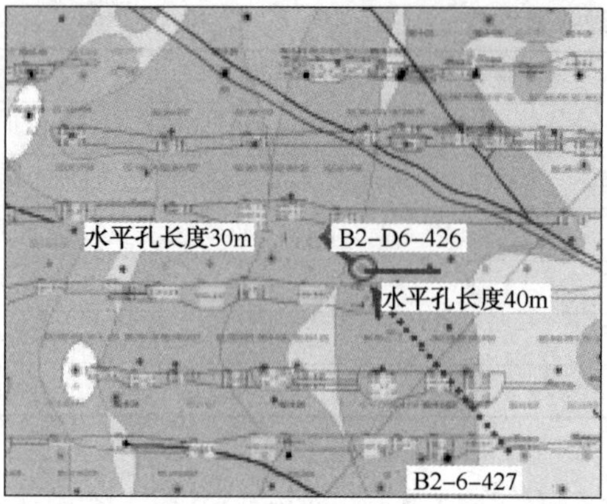

图3 SII2+3a 沉积相带图

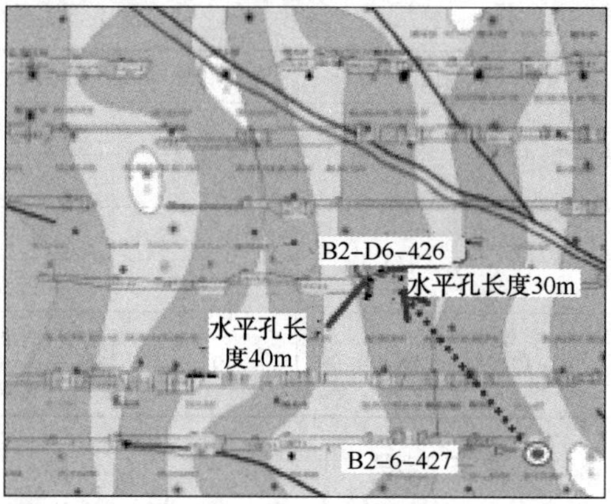

图4 SII5+6a 沉积相带图

之后进行3层压裂施工，施工过程严格按照方案设计执行，排量控制在 $3m^3/min$ 以内，现场施工总液量 $420m^3$，石英砂用量 $70m^3$，树脂砂用量 $15m^3$。

该井压裂投产后最高日产油量为20.28t/d，平均月产油量458t，含水降低3.5%，压裂投产效果显著，成为区块内高产井。

4 结论

（1）水力深穿透射钻孔具有方位深度可定特征，但其钻孔成功率需进一步论证。

（2）通过优化布孔，平面上以地质评价为基础，纵向上合理优化孔间距，可实现对层内高含水部位的有效控制和低含水部位的挖潜。

（3）水力深穿透射钻孔-压裂联作复合增产技术，可实现储层内形成多条裂缝，扩大泄油面积，提高整体开发效果。实现断层遮挡型、厚油层顶部、河道边部剩余油有效挖潜。

参 考 文 献

[1] 李士伦. 天然气工程[M]. 北京：石油工业出版社，2008.

[2] 宫啸鸣. 水力喷射径向水平打孔工艺技术应用[A].《采油工程文集》2014年第二辑[C]. 2014.

[3] 王立军，贺风云，吴春玉，等. 深穿透水力射流射孔产能的计算及影响因素[J]. 大庆石油学院学报，2001，25(2)：22-24.

[4] 吴秀田，田树宝，张鹏，等. 水力射流深穿透射孔产能分析及参数优化[J]. 石油钻采工艺，2010，32(5)：74-78.

[5] 党文辉，马宏伟，陈建林，等. 套管内钻孔深穿透径向井技术[J]. 石油钻采工艺，2013，35(1)：45-47.

[6] 水力喷射水平钻孔技术在厚油层挖潜中的应用[A]. 周琢岩，党洪艳，刘亚三，等.《采油工程文集》2012年第二卷第二册[C]. 2012.

[7] 张毅，李根生，雄伟，等. 高压水射流深穿透射孔增产机理研究[J]. 石油大学学报(自然科学板)，2004，28(2)：38-41.

[8] 李海成，梁福民，段宏，尹逊玲，张学靖. 定点深穿透水平钻孔增产工艺[J]. 大庆石油地质与开发. 2008(03).

从数字油田到智能油田的创新与实践

王春友

（大庆油田有限责任公司庆新油田开发有限责任公司）

摘　要：庆新公司2010年开始油气生产物联网建设，2013年建成大庆油田第一个整装的数字化油田。十年的建设与应用，通过快速迭代和演进升级，智能化业务已经覆盖了生产、开发、经营等各领域，管理水平显著提升，员工幸福指数大幅提高，智能油田的雏形初步显现。2019年，庆新公司作为第一家战略性上移到大庆油田公司智慧指挥中心的采油厂单位，成为大庆油田数字化转型的先行示范。

关键词：庆新公司；物联网建设；数字油田；智能油田

2020年，我国石油的对外依存度已经高达72.7%。当今世界正逢“百年未有之大变局”，国际局势风云变幻，石油大量依赖进口，这其中的风险不言而喻。大庆油田诞生于国家缺油的年代，始终将为国保油作为使命担当，始终守护国家能源安全。庆新公司作为以大庆油田下属采油单位，面临着资源储量薄弱，老区进入高含水期，控递减、控含水难度大等诸多难题。需要将数字化、智能化作为推动内部创新的革命性手段，提高油田开发管理水平，挖掘油田发展潜力，为国家能源安全多做贡献。

1　主要内容和做法

1.1　持续数据精准管理，保障智能化应用需求

1）提升数据采集的准确性、及时性

集配间水井油压、瞬时注水量和集油环掺水温度、压力等数据每2分钟通过光纤传输至服务器；3座处理站(联合站1座、转油站2座)压力、液位等数据秒级自动采集。现阶段，95%以上的生产数据实现了由人工采集转变为数字化采集。

2）提高数据存储的查询性、容量性

庆新公司“数据湖”由实时数据库和关系数据库两部分组成，实时数据库支持“10万+”前端感知设备的数据点的秒级采集与存储，满足生产实时监控、业务分析等数据应用需求。

3）提高数据质检的完整性、智能性

2016年开始，围绕“采、存、管、用”的数据链路(图1)，制定了《庆新公司数据管理办法》和《庆新公司综合数据管理平台系统管理制度》，形成数据管理规则1600多条。基本建成“集成、统一、高质、共享”的数据应用环境。

【第一作者简介】王春友，男，1982.6出生。2005年毕业于大庆石油学院，学士学位，现工作于大庆油田庆新油田开发有限责任公司，副总地质师，高级工程师，从事地质开发、地面规划设计、油田信息化、数字化管理等工作。E-mail：Wangcyqx@petrochina.com.cn

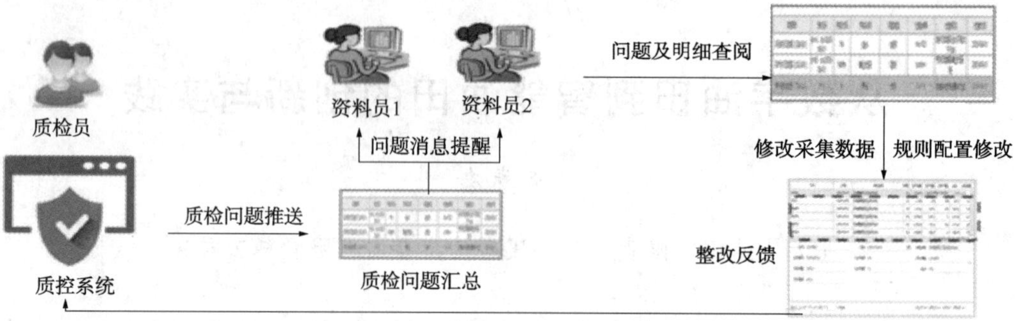

图 1　数据质检管理流程图

1.2　持续组织架构优化，保障数字化高效运行

1）围绕“用数据指挥”，重点打造“庆新大脑”

通过强大的技术支持、数据分析和运行维护能力，将分散在各个单元的生产指挥、开发管理和数字化运维等业务整合，打造了“三个中心”的“庆新大脑”。

生产指挥中心是生产运行的“大脑”，主要负责生产系统智能预警处理、生产指令下达以及仪表维修等工作。地质工艺研究中心是开发管理的“大脑”，主要负责地质研究、资料分析、油水井方案编制和施工监督等工作。数据管理中心作为“脑干”，负责两个中心软件研发与运维，同时保证数据库及网络基础设施正常运行，强力支持两个“大脑”高效运转。

2）围绕“让数据工作”，推进机构业务优化

2021 年 3 月，做为大庆油田公司信息化的试点单位，将机关和基层 12 个单位，改组成为三室五中心。机关层面，设置综合办公室负责总经理办、党办等业务，经营财务办公室负责企管、计划和财务等业务，安全生产办公室将质量安全环保部和生产管理部整合，促进安全管理与生产操作过程的紧密结合。

3）围绕“依数据流转”，实施管理流程再造

（1）优化生产故障处理流程。梳理各类生产问题处理流程 127 项，生产指挥中心人员在系统发出报警后，分析诊断故障原因，除个别疑难或重大故障问题请示厂业务主管领导外，其他 80%以上的常见故障直接下发班组处理。传统模式下 5 级问题上报流程精简为 2 级，处理时间大幅缩短。

（2）优化技术方案管理流程。传统模式中，采油区根据油水井日常生产情况，编制洗井、加药等纸质方案上报研究所，审批通过后执行。智能化条件下，系统根据油水井生产数据自动分析维护需求，技术人员根据实际情况，一键生成各类方案，方案指令推送指挥中心后，直接下达班组执行。

4）围绕“靠数据优化”，调整工作管理制度

巡检制度方面。按照“系统巡检为主，人工核实为辅”原则，资料报表由以前人工现场测量、手写填报，改为系统自动采集、自动生成；资料报表检查也从月度抽查，变为时时监测、预警、纠错，第一手资料准确性提高 7.5%。

倒班制度方面。处理站取消倒班值守模式，只对二级监控室和监控指挥室实行 24 小时值守，确保第一时间快速反应。

奖惩制度方面。嵌入智能应用软件，系统对预警接警、现场核实、方案编制、处置过程

等节点进行追踪，根据各节点完成时间、工作质量自动生成执行情况奖惩表，实现“结果指标+过程管理”透明化双考评。

1.3 持续管理系统升级，保障智能化精准管控

1）生产运行智能指挥，生产过程智能操控

（1）生产系统各单元突出精准管控

井、间智能管理系统电子巡检自动推送停井、压力高等故障信息，监控指挥人员 15 分钟内接警并派发工单，专业化班组 15 分钟内接单，60 分钟内进行现场核实和反馈现场情况，实现了生产故障“智能告警、接警处置、过程追踪”全过程线上衔接。抽油井和集配间巡检方式由人工固定转变为实时告警，手工控制闸门转变为远程自动调节。与传统模式相比，井场取消了人工常态化巡检，人均管井数提高了 8.3 倍，巡检效率较传统提高 144 倍，油井的时率和利用率提高 2.3 和 2.9 个百分点。将操作人员从“苦、脏、累”中解放了出来。

（2）电、气能源管理突出管、控并重

能耗管理系统实现了能耗异常预警、措施推送、效果评价全过程线上管控。预测指标时，结合当年产量安排，将节能指标劈分至一线班组，并细化至月度，指标制定更加合理。运行过程中，系统实时展示单体设备能耗运行情况，推送异常情况解决方案。指标考核线上管理，节能考核更加透明。庆新公司成为首家中国石油集团公司评估的优化级能源管控单位。

2）油藏采油智能协同，方案决策智能优化

开发了具有高效数据支持、成果共享和协同决策等功能的开发管理应用平台，实现了油藏和采油工程业务整合，形成了数据和业务的双闭环管理(图 2)。

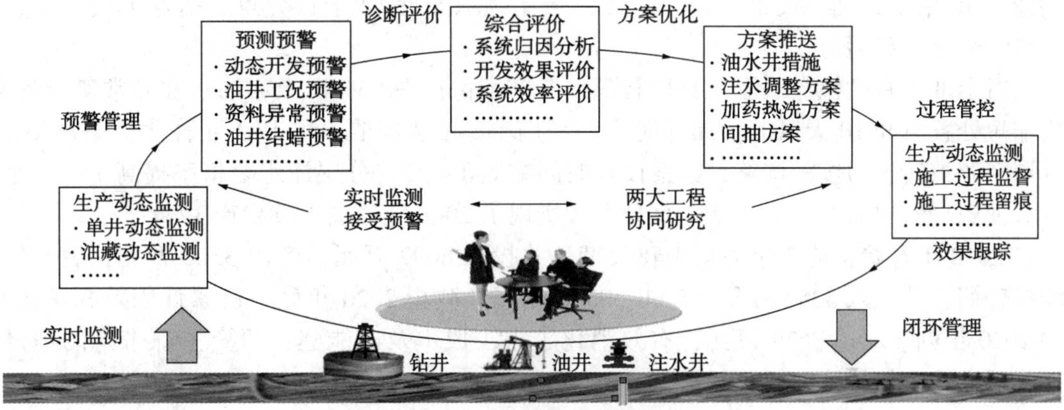

图 2　开发、采油融合智能管理流程

机采管理方面，工况智能管理平均缩短油井诊断处置时间 10 天以上，工况预警符合率达到 80%以上；结蜡治理通过确定最佳加药时机和加药量，年卡井数同比下降 20%；平衡管理主动推送待调井与调节方案，平衡率由 88%提高到 92%；间抽系统年推荐间抽方案 6760 余井次，年节电 40 万千瓦时。

油藏管理方面，建立集成油藏、采油和地面工程的单井全生命周期档案，万条数据 1 秒查询。开发管理平台可一键生成测井图、油藏剖面图 10 类图幅，专业成果一目了然。系统可生成各类报表 76 张，统计分析工作一触即得，还可自动计算任意范围内井震符合率，大幅提升了地质工作质量和效率。

开发管理平台实现了采油和开发开发工作的融合管理，工作方式发生了三个转变，将技术人员从“繁重、复杂”中解放出来。一是油水井异常由人工发现转变为自动预警。系统自动推送油井液量、含水、工况、平衡等问题，实现开发和机采问题集中管理。发现周期由月度缩短为日度，及时率95%以上。二是问题分析场景由人工翻阅纸质图表转变为自动推送。根据油水井异常问题种类，系统在同一界面中集中显示问题井开发、机采数据及各类图幅成果资料，自动绘制各类参数趋势图。问题确定后，可一键生成水井测调、加药热洗等7类处置方案，问题处置更加全面高效。三是施工过程由现场管理转变为远程管控。将现场监督工作整合，监督人员根据天气、监督工作量、道路等情况每天统一协调安排施工队伍。通过上传节点视频，掌握施工情况，提高监督效率。

3）油田决策科学合理，经营管理精益高效

先后针对油田业务场景研发了安全、基建等管理平台，横向部门线上办公，工作流程有效衔接，将管理人员从“交叉多、沟通难”中解放出来，提升油田经营管理水平。

2 实施效果

在油水井不断增加的情况下，庆新公司员工总数保持稳定。数字化前共有员工480人，油水井495口，截止2020年12月，共有员工504人，油水井1043口。单井综合用人由0.97人/口降低到0.49人/口，相当于节约用工496人。一线操作用工呈下降趋势，数字化前，用工310人，截止2020年12月，共有用工230人。班组由原10类28个班组精简至5类10个班组，工作强度降低80%以上，劳动效率显著提高。技术、管理岗位比例增加，先后创造了40余个管理、技术岗位，干部人员比例增加近12个百分点，拓宽了员工上升渠道，员工队伍充满活力。

资料全准由月度检查缩短至日度管理，全准率保持在95%以上；油水井异常实时告警，平均缩短处置时间10天以上，油井时率和利用率始终保持在95%以上；注水方案调整由3个月周期调整转变为按需调整，方案设计时间缩短了1/2，分层注水合格率提高了8.7个百分点。油田自然递减率下降1.9个百分点，实现了20万吨原油连续稳产17年。

自2010年开始，前3年为集中建设期，共投入6092万元，产出3500万元；后8年为功能提升期，共投入3252万元，产出39536万元。截止2020年底，已累计创效3.4亿元，其中2020年创效就达7679万元，有效消化了人工成本及产能建设投资上涨带来的增量因素，公司发展态势持续向好。

参 考 文 献

[1] 赵丹．数字油田条件下单井智能管理新模式的构建与实施[J]．化学工程与装备，2019.
[2] 张克宝．智能油田下的工况管理[J]．化学工程与装备，2019.

窄薄砂体油藏深度调驱效果评价

刘洪剑[1]　王　辉[2]　贾　娜[3]　林新迪[4]

（1. 大庆油田勘探开发研究院，黑龙江 大庆　163000；
2. 大庆油田第十采油厂，黑龙江 大庆　163000；
3. 大庆油田勘探开发研究院，黑龙江 大庆　163000；
4. 大庆油田设计院，黑龙江 大庆　163000）

摘　要：目前，大部分长垣外围油田主体区块的萨葡油层已进入了特高含水阶段，常规水驱开发的效果很差。注入弱凝胶的深度调驱技术是目前长垣外围油田提高采收率较为有效的开发手段，科学的评价调驱效果对长垣外围油田的持续发展不可或缺。本文基于递阶结构对比原则，首先确定了评价参数，在此基础上建立了调驱效果评价矩阵，计算了矩阵的最大特征向量，从而获得了评价参数权重，最后结合模糊评判法评价了试验区的调驱效果，评价结果与实际效果相符，证明了该方法的准确性。

关键词：深度调驱；评价矩阵；特征向量；调驱效果

随着长垣外围油田的持续开发，大部分长垣外围油田的萨葡油层已进入特高含水阶段，外围油田的持续稳产面临很大挑战，弱凝胶深度调驱作为外围高含水油田改善开发效果的一项重要技术在试验区被应用[1,2]。目前没有成型的定量评价弱凝胶深度调驱效果的方法，科学的、定量的评价调驱效果显得尤为重要。

本文以长垣外围油田的葡 A 试验区和升 B 试验区为评价对象，应用递阶结构对比法建立深度调驱效果评价的三级评价指标体系，确定调驱效果评价矩阵，计算各级指标权重，综合模糊数学评判法对试验区的调驱效果进行评价。

1　试验区调驱阶段的开发情况

调驱前葡 A 试验区共有油水井 33 口，其中，采油井数 24 口，注水井数 9 口，累积产液 155.11×10⁴t，累积产油 44.61×10⁴t，地质储量采出程度 37.55%，年产液 9.77×10⁴t，年产油 0.70×10⁴t，地质储量采油速度 0.59%，综合含水 93.5%。该试验区注入 0.275PV 复合离子聚合物凝胶调驱体系，调驱期间，24 口采油井不同程度见效，见效高峰期，平均单井日产油由 1.5t 最高上升到 4.2t；含水由 94.7%最低下降至 87.7%，调驱累积增油 6.75×10⁴t，提高采收率 5.68%。

调驱前升 B 试验区油水井总数 25 口，其中采油井 16 口，注水井 9 口，累积产液 75.67×

【基金项目】国家重大科技专项“外围油田改善开发效果及提高采收率技术研究与应用”（2016E-0209）
【第一作者简介】刘洪剑（1988—），男，硕士研究生，工程师，主要从事长垣外围油田开发技术研究

10^4t，累积产油 28.14×10^4t，地质储量采出程度 31.02%，年产液 2.76×10^4t，年产油 0.23×10^4t，地质储量采油速度 0.25%，综合含水 91.2%。该试验区注入 0.13PV 铬离子凝胶调驱体系，调驱期间，16 口采油井不同程度见效，见效高峰期，平均单井日产油由 0.4t 最高上升到 1.4t；含水由 94.3%最低下降到 90.4%，下降 3.9 个百分点，调驱累积增油 1.68×10^4t，提高采收率 2.44%。

2 建立调驱效果评价指标体系

通过对长垣外围油田中调驱试验区的调驱效果进行分析，建立了三级评价指标体系(图 1)，现将调驱效果的综合指标分为生产指标、注入指标、油层动用指标和经济指标 4 类[3-5]，生产指标分别用提高采收率增幅、综合含水最大降幅和平均单井日产油最大增量表征；注入指标分别用注入压力增幅和视吸水指数表征[6]；油层动用指标分别用吸水剖面厚度变化比和主力层产液比例变化表征；经济指标分别用投入产出比和净现值表征。

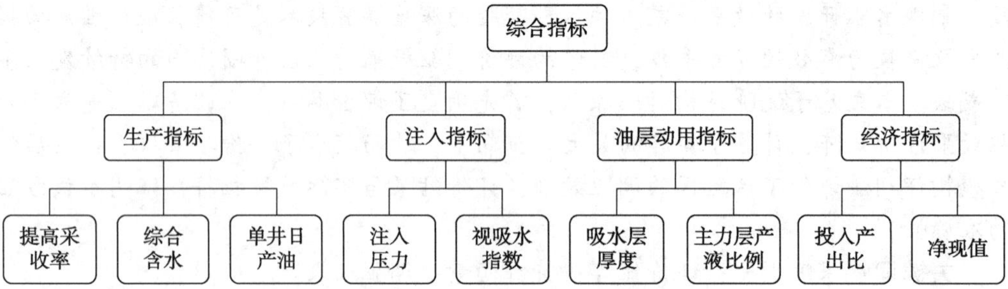

图 1 调驱效果评价指标体系

3 评价参数界限

以长垣外围油田进行深度调驱的葡 A 试验区和升 B 试验区为对象，制定了调驱效果评价参数界限(表 1)，应用隶属函数并综合模糊数学评判方法，评价试验区的调驱效果。

表 1 调驱效果评价参数界限

参 数	差	较差	中	较好	好
提高采收率/%	0	1.5	3	4.5	6
含水率最大降幅/%	0	2.5	5	7.5	10
单井日产油最大增量/t	0	0.75	1.5	2.25	3
吸水剖面厚度变化比/%	1	1.13	1.25	1.38	1.5
主力层产液比例变化/%	0	5	10	15	20
注入压力增量/MPa	0	1	2	3	4
视吸水指数/(m^3/(d·MPa))	10	8.75	7.5	6.25	5
投入产出比	1∶1.17	1∶1.33	1∶1.65	1∶1.17	1∶2.00
净现值/万元	0	250	500	750	1000

4 评价结果

葡 A 试验区和升 B 试验区的实际调驱效果分别为较好和中等，将该调驱效果评价方案应用于葡 A 试验区和升 B 试验区，评价了两个试验区的调驱效果，其中葡 A 试验区的评价结果为较好(表 2)，升 B 试验区的评价结果为中等(表 3)，与实际效果相符。

表 2　葡 A 试验区调驱效果综合评价表

权重	生产指标							注入指标					油层动用指标					经济指标					综合结果
	0.32							0.17					0.18					0.32					
	提高采收率/%		含水最大降幅/%		单井日产油最大增量/t		结果	注入压力增量/MPa		吸水剖面层数变化比/%		结果	吸水厚度变化比/%		主力层产液比例变化/%		结果	投入产出比		净现值/万元		结果	
	0.38		0.26		0.36			0.53		0.47			0.47		0.53			0.59		0.41			
差		0		0		0	0		0		0	0		0		0	0		0		0	0	0.00
较差		0		0		0	0		0		0	0		0		0	0		0		0	0	0.00
中	5.61	0	7	0.2	65	0.75	0.05	2.4	0.6	1.53	0.13	0.38	1.48	0.6	12.7	0.13	0.35	1∶1.81	0	734	0.08	0.03	0.15
较好		0.2		0.8		0.25	0.45		0.4		0.87	0.62		0.4		0.87	0.65		0.3		0.92	0.55	0.54
好		0.8		0		0	0.50		0		0	0.00		0		0	0.00		0.7		0	0.41	0.29

表 3　升 B 试验区调驱效果综合评价表

权重	生产指标							注入指标					油层动用指标					经济指标					综合结果
	0.32							0.17					0.18					0.32					
	提高采收率/%		含水最大降幅/%		单井日产油最大增量/t		结果	注入压力增量/MPa		吸水剖面层数变化比/%		结果	吸水厚度变化比/%		主力层产液比例变化/%		结果	投入产出比		净现值/万元		结果	
	0.38		0.26		0.36			0.53		0.47			0.47		0.53			0.59		0.41			
差		0		0		0	0		0		0	0		0		0	0		0		0	0	0.00
较差		0.37		0.45		0.76	0.42		0		0	0		0		0.13	0.07		0		0	0	0.18
中	2.44	0.63	3.9	0.55	0.95	0.24	0.52	11.2	0	2	0	0	2.29	0.6	9.1	0.87	0.74	1∶1.61	0.46	642	0.45	0.46	0.34
较好		0		0		0	0.06		0		0	0		0.4		0	0.19		0.54		0.55	0.54	0.18
好		0		0		0	0.00		1		1	1		0		0	0.00		0		0	0.00	0.28

5 结论

本文以长垣外围油田的葡A试验区和升B试验区为评价对象，对试验区的地质情况和开发动态进行分析和筛选后，首先应用递阶结构对比法建立了深度调驱效果评价的三级评价指标体系，综合确定了深度调驱调驱效果评价的4类评价指标，包括提高采收率、含水率最大降幅、单井日产油最大增量、吸水剖面厚度变化比、主力层产液比例变化、注入压力增量、视吸水指数、投入产出比和净现值共9个参数；最终建立了调驱效果评价矩阵，并确定了评价参数权重，应用模糊数学评判法对两个试验区的调驱效果进行了评价。两试验区的评价结果与实际效果相符，说明了该评价指标体系的合理性，并进一步证明了该方法中所选评价参数界限的准确性。

参考文献

[1] Panda MN, AmbroseJ G, BeuhlerGG, etal. Optimized EOR design for the Eileen West End Area, Greater-Prudhoe Bay[J]. SPE Reservoir Evaluation And Engineering, 2009, 12(1): 25-32.

[2] Lenna MK. Analytical method to predict waterflood performance[R]SPE 83511, 2003.

[3] 王宏伟. 大庆外围葡萄花油层水平井开发效果评价[J]. 大庆石油地质与开发, 2015, 34(4): 97-100.

[4] 庞彦军, 刘开第, 张博文. 综合评价系统客观性指标权重的确定方法[J]. 系统工程理论与实践, 2001, 21(8): 37-42.

[5] 褚庆忠, 陈小哲, 时培兵等. 秦家屯复杂断块油田开发效果分析及定量评价方法[J]. 大庆石油地质与开发, 2016, 35(3): 58-63.

[6] 王敏, 陈民锋, 刘广为等. 主成分分析法确定海上油田水驱效果评价关键指标[J]. 油气地质与采收率, 2015, 22(2): 112-116.

[7] 田晓东, 邵宪志, 王天智, 等. 油田开发指标结构分析方法[J]. 大庆石油地质与开发, 2007, 26(3): 47-50.

[8] 邹存友, 于立军. 中国水驱砂岩油田含水与采出程度的量化关系[J]. 石油学报, 2012, 33(2): 288-292.

[9] 姜振学, 陈冬霞, 邱桂强. 应用层次分析法研究透镜状砂体成藏主控因素[J]. 石油勘探与开发, 2003, 30(3): 44-46.

[10] 郭金玉, 张忠彬, 孙庆云. 层次分析法的研究与应用[J]. 中国安全科学学报, 2008, 18(5): 14-15.

大庆外围低渗透油田微生物驱油技术研究

朱琳琳

（大庆油田有限责任公司第十采油厂）

摘　要：大庆外围油田朝1-55区块开发低渗透扶余油层，天然裂缝发育。区块利用裂缝，开展了井网注采关系调整及相应的注水结构调整，取得了好的开发效果。但随着油田采出程度和含水进一步升高，剩余油分布更加零散，水驱多轮次调整控含水和控递减效果变差，进一步提高采收率难度较大。密闭取芯井资料表明，Ⅰ、Ⅱ类储层水淹程度高、采出程度高，但仍有提高驱油效率的空间，是挖潜的主要对象。因此，在多学科地质再认识搞清剩余油存在部位的情况下，筛选适合区块特点的微生物菌种，参照数模给出注入量、浓度、周期及其与营养液的配比等参数后，进行了现场注入；同时为了保证注入效果，完善了分层注入、聚合物调剖和油井适时引效的配套技术，最大程度发挥微生物在地层中的作用。通过三个周期的微生物注入，区块日产水平上升，含水下降，有效提高了波及体积及驱油效率，进一步提高了采收率，为低渗透裂缝性油田中、高含水期开发提供技术储备。

关键词：低渗透油田；微生物驱；采收率

区块渗透率25mD，孔隙度17%，含油饱和度57%，发育主裂缝方向为近东西向的天然裂缝，于1992年采用300m×300m反九点面积井网注水开发。通过早期强化注水，及时压裂增产，1995年产量达到高峰；1997年，通过基础井网对角线位置加密，使部分井区形成210m×210m的井网，后期通过中注采系统调整转注、注水调整、周期注水、调剖和油井堵水等综合调整方法保持了阶段稳产。但随着油田进入高含水阶段，采出程度达到24.7%，可采储量采油速度13.7%，剩余油分布更加零散，常规水驱调整技术多轮次应用，控含水控递减作用减弱。迫切需要开展微生物驱油等新技术，进一步扩大波及体积，提高驱油效率和采收率。

1　微生物菌种筛选

按照微生物能够适应本区块地层环境，在地层条件下生长繁殖，与内源微生物配伍、共生，及自身或其代谢产物能够提高采收率等菌种选取要求，从油田含油污水中提取多种微生物菌种，采用厌氧的方式分别进行富集培养、单菌分离和驯化。并对其生理生化指标以及代谢产物进行分析测试，对原油直接作用效果的进行分析，筛选了适合本区块孔喉结构特征和渗透率特征的蜡状芽孢杆菌和短短芽孢杆菌两种烃氧化菌，大小介于1.8×3.48μm和1.2×1.7μm之间。

【第一作者简介】付现平（1984年11月—），男，大学本科，高级工程师，油藏工程。E-mail：fuxianping@petrochina.com.cn

模拟油藏环境，注入筛选菌种浓度 10^9个/mL，放置 7 个月后采出液中的活菌浓度为 10^7个/mL；随着营养液注入，采出液中的活菌浓度继续提高到 10^9个/mL，展示了良好的生存和繁殖能力。

2　筛选微生物的油藏适应性研究

筛选微生物以原油为碳源、与区块采出和注入水中的菌兼容性好，在地层流体的物化指标、温度、压力、储层孔喉等几个方面适应性强，能够注入油层并生存繁殖。

2.1　与地层本源菌的兼容性

筛选的菌种与地层本源菌共同培养，菌液中筛选菌种和地层本源菌浓度分别由 10^2个/mL 和 10^4个/mL 增加到 10^8个/mL 以上，说明两者菌兼容性较好。

2.2　地层流体的物化指标的影响

一般来讲，地层矿化度在 100，000mg/L 以下对细菌生长无明显抑制。大多数细菌生存的理想 PH 值在 4~9 范围内。从区块采出油样中分离地层水，总矿化度在 2390~1580mg/L，PH 值 8.43，符合微生物生长的条件。

2.3　地层温度适应性分析

开展筛选菌种在 20℃-65℃温度范围内生长速率(见表 1)，在 45℃~55℃下生长速率最高。区块油层深度为 900~1100m，地温梯度为 4.5℃/100m,，地层温度在 50℃左右，适合筛选微生物的生长繁殖。

表 1　20℃-65℃温度范围内细菌生长速率变化表

时间/h 温度/℃	接种 12 小时		接种 24 小时		接种 48 小时		接种 72 小时	
	菌种Ⅰ	菌种Ⅱ	菌种Ⅰ	菌种Ⅱ	菌种Ⅰ	菌种Ⅱ	菌种Ⅰ	菌种Ⅱ
20℃	1.1×10^2	0.9×10^2	0.8×10^4	1.3×10^4	2.0×10^5	1.5×10^5	5.3×10^5	3.8×10^5
30℃	1.8×10^2	1.4×10^2	1.4×10^3	3.5×10^3	2.7×10^5	2.1×10^6	1.0×10^6	3.5×10^7
37℃	1.0×10^2	1.2×10^2	2.8×10^5	2.2×10^4	3.4×10^7	1.3×10^6	4.2×10^8	2.9×10^9
45℃	1.8×10^2	1.9×10^3	4.8×10^7	2.1×10^7	1.8×10^8	2.6×10^8	1.5×10^9	3.1×10^9
55℃	1.4×10^2	2.8×10^2	1.6×10^6	2.3×10^6	5.0×10^7	1.5×10^8	1.0×10^8	1.7×10^9
65℃	1.1×10^2	1.3×10^2	2.0×10^3	1.5×10^3	3.3×10^5	2.1×10^5	1.3×10^6	1.0×10^7

2.4　地层压力适应性分析

微生物适应的地层压力非常高，目前的研究情况表明，在 21.0MPa 以下的压力一般不会影响微生物生长。监测区块历年注入井地层压力，均在 20.18MPa 以下，适合筛选微生物存活。

3　筛选微生物的驱油机理

微生物驱油方式是以水为载体注入油层，在地下运移、繁殖、代谢过程改善原油性质，并产生有利于驱油的活性物质，降低原油的黏度，从而提高油井产量。

3.1　摄取原油机理

3.1.1　对原油具有趋向性

利用载玻片模型观察采油微生物菌体细胞的趋油性效果。首先在载玻片上滴上一滴营养液，盖上盖玻片，使营养液刚好充满盖玻片空间，然后在载玻片的一端滴一滴微生物菌液，在另一端滴一滴原油。通过显微镜观察，菌体细胞是具有主动向原油运移的特性，运移速率大约为 0.13mm/min。

3.1.2　微滴形式摄取石油烃

同是以原油烃为唯一碳源，不加分散剂和启动物质，只加入少量的分散剂，同时加入少量的启动物质开展三组实验，结果显示加入分散剂和启动物质的两组实验原油乳化情况较强，菌浓上升速度快。这说明采油微生物以微滴形式摄取石油烃。

3.2　改善原油性质

3.2.1　降解原油中高碳数烷烃

应用渗透率 50mD 的人造岩心，模拟油藏温度 55℃，分别注入筛选菌液，进行全烃色谱分析。结果显示作用后原油 C_{13} 以前组份增加，而 C_{21} 以后组份减少，表明微生物可选择性的降解原油中的某些中高碳数烷烃(见图 1)。

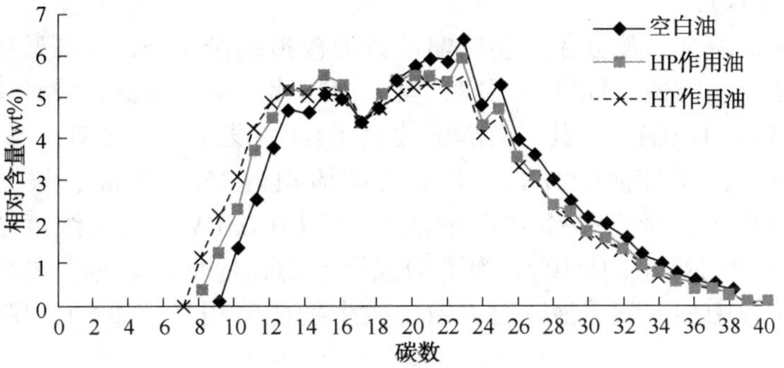

图 1　筛选菌种作用前后全烃色谱图变化

原油的族组成中表明(见表 2)，菌种作用后沥青质降低了 1.6%，而原油的饱和烃增加了 4.6%，芳烃与非烃略有增加．这些变化改善了原油性质，增强了原油在地下的流动性。

表 2　族组成检验报告表

样品名称		原油中各组分含量/%			
		饱和烃	芳烃	非烃	沥青质
井 1	空白	60.13	19.12	14.01	6.74
	微生物作用后	66.43	17.43	14.03	2.2
井 2	空白	61.1	16.2	9.73	2.36
	微生物作用后	65.12	16.31	12.04	1.6
井 3	空白	58.4	15.51	8.49	2.14
	微生物作用后	62.07	18.0	10.97	1.2
井 4	空白	61.88	16.8	9.66	2.4
	微生物作用后	66.56	18.09	9.83	2.37
平均	空白	60.4	16.9	10.5	3.4
	微生物作用后	65.0	17.5	11.7	1.8

3.2.2　降低原油含蜡量、含胶量

菌种作用后原油含蜡量、含胶量下降，含蜡量由空白的 19.8%下降至 13.7%，含胶量由空白的 22.1%下降至 19.3%。

3.2.3　降低原油粘度

用 HAAKE 黏度计，温度 45℃，RS150 转子检测了原油的流变性，从检测的数据中可以看到菌种作用后的原油粘度明显降低，流变性得到改善。

3.2.4　降低油水界面张力

微生物作用后，界面张力由 35.63mN/m 下降到 14.7mN/m，下降了 58.7%，进一步验证菌种发酵过程中代谢产生了活性剂。这些生物表面活性剂能够有利于降低油水间界面张力，改善原油的流动性能。

4　微生物注入效果

4.1　油藏方案设计

结合微生物驱油特征，建立了微生物驱油数值模拟组份模型，开展数值模拟。优化了微生物驱油用量、浓度、方式、周期、间隔、营养液配比等重要参数，设计筛选微生物注入浓度为 2.0%，注入体积 0.03PV，其与营养液比例 1∶1，设计三个周期，每一年为一个周期。区块设计注入井 9 口，周围油井 27 口，控制孔隙体积为 $350\times10^4m^3$，根据室内物理模拟驱油实验、数值模拟结果，确定微生物菌液注入体积 0.03PV，注入浓度 2%，注入体积为 $10.5\times10^4m^3$，微生物用量 0.21×10^4t. 为了增强微生物在地下的繁殖，提高微生物作用有效时间，每次注入过程中加入营养液，营养液与微生物菌液用量按 1∶1 配制，营养液总用量为 2100t(见表 3)。

表 3　区块微生物驱油方案设计表

周期设计	注入孔隙体积/PV	微生物浓度/%	微生物用量/t	营养液用量/t	聚合物浓度/‰	聚合物用量/t
第一周期	0.01	2.0	700	700	2.0	17.26
第二周期	0.01	2.0	700	700	—	—
第三周期	0.01	2.0	700	700	—	—
合计	0.03	2.0	2100	2100	2.0	17.26

4.2　现场注入效果

经过 3 年的微生物注入，区块取得较好的驱油效果。

一是注水压力稳定在 12.6MPa 左右，其中聚合物调剖 4 口井。注水压力由注入前的 11.7MPa，上升到 12.7MPa；日注水保持稳定；吸水厚度比例由 69.0%提高到 78.1%；各类油层产液厚度比例保持在 86.8%，各油层产油强度略有增加。二是注入 5 个月后油井开始受效，日产油由 33.6t 增加到 44.8t，含水由 65.7%下降到 62.7%，连续 30 个月持续受效，产量持续上升；滞后产量增幅开始变小，但是仍高于试验前的产量，56 个月后，产量降到措施前水平。累积增油 3.1×10^4t，油价按 60 美元/桶计算，投入产出比 1：3.64，预测采收率提高 4.95 个百分点。

5　试验取得的认识

区块筛选微生物能够适合油藏环境，进行生长和繁殖，有效改善了原油流动性，发挥驱油作用，起到了很好地增油效果和效益。为了保证微生物效果，完善了分层注水、聚合物调剖和适时油井引效的配套技术，克服了裂缝影响的同时，进一步缓解了区块平面和层间矛盾。区块微生物驱油的成功为渗透率 6mD 以上的低渗透油藏的中高含水期进一步提高采收率提供了技术支撑，具有很好地推广前景。

参 考 文 献

[1] 景贵成．原油碳源微生物提高原油采收率机理[D]．中国科学院研究生院(渗流流体力学研究所).2005.

[2] 王俊．油藏产气微生物代谢机理研究[D]．中国科学院研究生院(渗流流体力学研究所).2011.

[3] 王广昀．SF 菌驱油微生物学基础研究及其应用[D]．大庆石油学院．2006.

[4] 张正卿，刘春德等译，《国外微生物提高采收率技术》，石油工业出版社，1996.7.

[5] 黄永红．微生物分子生态学技术在微生物采油中的应用研究[D]．大庆石油学院．2009.

[6] 盖立学．微生物采油机理研究及其在大庆油田的应用[D]．大庆石油学院．2009.

[7] 修建龙．内源微生物驱油数值模拟研究[D]．中国科学院研究生院(渗流流体力学研究所).2011.

[8] 包木太．微生物驱油机理研究[D]．青岛海洋大学．2001.

[9] 伍晓林．Brevibacillus Brevis 和 Bacillus Cereus MEOR 机制的研究及在大庆油田的应用 [D]．江南大学．2005.

分层注聚井堵塞器的改进与应用

张化庆[1]　于国江[2]　于守清[1]　范海军[3]　郭大华[2]　刘金平[4]

（1. 大庆油田有限责任公司第十采油厂；2. 大庆油田有限责任公司第八采油厂；
3. 大庆油田有限责任公司第三采油厂；4. 大庆油田有限责任公司第七采油厂）

摘　要： 多数油田已采用注聚合物驱油开发，随聚合物注入时间增长，井下堵塞器表面易凝结锈垢，很难被打捞到，影响油田开发效果；堵塞器结垢易卡掉打捞仪器增加企业成本。通过对堵塞器结构优化改进，将原堵塞器的压盖一体式结构改制为分体结构，形成可上下伸缩的弹性空间，靠打捞仪器下行时冲击力震碎锈垢，从而提高堵塞器打捞成功率。截止 2021 年 3 月，改进后的堵塞器推广应用 57 口井，打捞成功率提高 70%以上，具较很好的推广应用价值。

关键词： 分层注聚井；堵塞器；结垢；打捞成功率

目前，多数油田为提高采收率采用注聚合物驱油开发方式来保持地层压力平衡，随着油田的不断开发，分层注聚井的数量以及分层测试工作量也日益增加，对注聚井的测试工作也更加重视，而聚合物的注入量主要是由试井测试调配来完成，主要是对分层注聚井的井下堵塞器进行投捞工作。因此，分层注聚井堵塞器打捞成功率将直接影响油田注聚合物驱油开发效果，也是保证油田化学驱油的关键[1-3]。

1　分层注聚井堵塞器结垢的原因分析

通过对注聚井生产实际中的管理，发现堵塞器在分层注聚井的井下结垢是影响油田产能开发指标重要因素之一，统计 2020 年，M 油田的一个矿分层注聚井 144 口井中，因注聚井下配水器或堵塞器的各种原因导致注聚井作业 19 口，其中堵塞器结垢无法打捞到而导致作业 12 口，占作业总井数的 63.2%，而这类井采取洗井、酸洗等措施后的打捞成功率仅为 16.7%，致使聚合物的注入量无法得到保障，直接经济损失达 30 余万元以上，是增加作业成本的主要因素之一(如图 1、图 2 所示)。

1.1　受注聚合物时间因素的影响

由于聚合物的黏度大、吸附能力强，而堵塞器又长期安装在井下，随着注入聚合物时间的延长，聚合物常常吸附挂壁在井下管柱及配水器处，井筒内的金属离子和杂质等污物往往会随着聚合物沉淀聚集而产生大量锈垢，随着锈垢的逐渐聚集增多，致使堵塞器的压盖及打捞杆被锈垢和聚合物絮状物埋住，造成打捞仪器无法打捞出堵塞器。

【第一作者简介】张化庆，男，197610 出生，202007 东北石油大学毕业，大学，大庆油田有限责任公司第十采油厂，高级技师。邮箱：690733375@ qq. com

图1　已结垢的堵塞器

图2　作业取出的结垢堵塞器

1.2　受堵塞器工作环境因素影响

堵塞器安装在注聚井偏心配水器内部扶正体与工作筒的偏心孔处，位于配水器扶正体与上连接套之间的环形狭窄空间内。受井下高温、高压等因素影响，井筒内的杂质和聚合物絮状物极易在此环形空间内承压并聚积，从而形成坚硬顽固性锈垢，并与堵塞器压盖锈蚀成一体，造成堵塞器难以被打捞到或捞到后易发生卡、掉打捞仪器事故。

1.3　受处理措施局限性影响

针对注聚井堵塞器结垢的情况，通常采取大排量反洗井和化学解堵等方式来处理，以及下入各类通井工具和在打捞工具上进行革新来处理，都是在锈垢已经产生后所采取的被动措施，而配水器环形空间内及堵塞器打捞杆和压盖处的顽固性锈垢很难被洗井、化学解堵及通井工具所清除掉，工作量大且效果不佳。

为了解决分层注聚井堵塞器结垢无法打捞到或捞到后易卡、掉打捞仪器的问题，减少注聚井作业数量，提高工作效率，降低员工的劳动强度，对堵塞器的结构进行了优化改进。

2　改进后的堵塞器结构组成

2.1　主要结构组成

改进后的堵塞器主要由打捞杆、凸型接头、套筒式压盖、弹簧、凸轮、堵塞器主体、密封胶圈、液网罩等组成(如图3所示)。

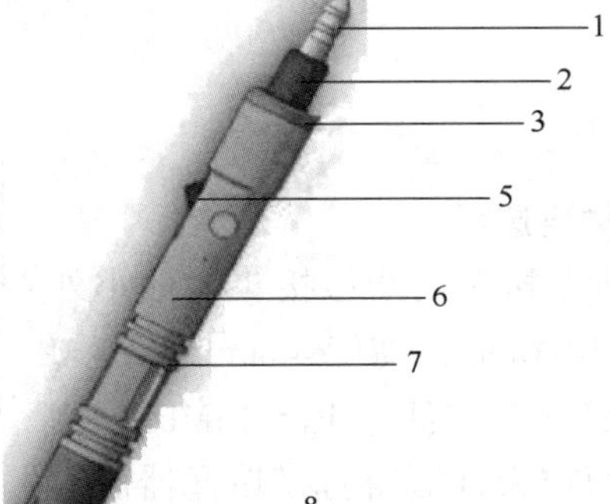

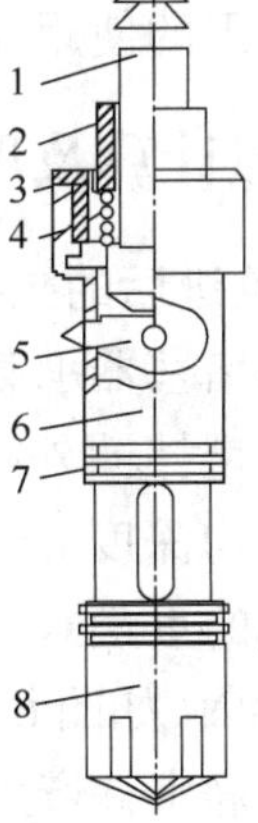

图3　改进后的堵塞器结构示意图

1—打捞杆；2—凸型接头；3—套筒式压盖；4—弹簧；5—凸轮；6—堵塞器主体；7—密封胶圈；8—液网罩

2.2　各部分之间连接关系

将原堵塞器的压盖由一个部件改制为两个部件，即：一体式结构(如图4所示)改制为分体式结构(如图5所示)，上部为凸型接头，下部为套筒式压盖。凸型接头上端小径穿过套筒式压盖，凸型接头下端大径的凸型挡圈被套筒式压盖挡住，呈“凹凸”配合，打捞杆上套入有弹簧，两者依次穿过套筒式压盖、凸型接头，并被套筒式压盖固定在堵塞器主体上，限位于凸型接头内，凸轮通过销钉固定在堵塞器主体上，主体上嵌有四道密封胶圈，液网罩通过螺纹与主体相连接。

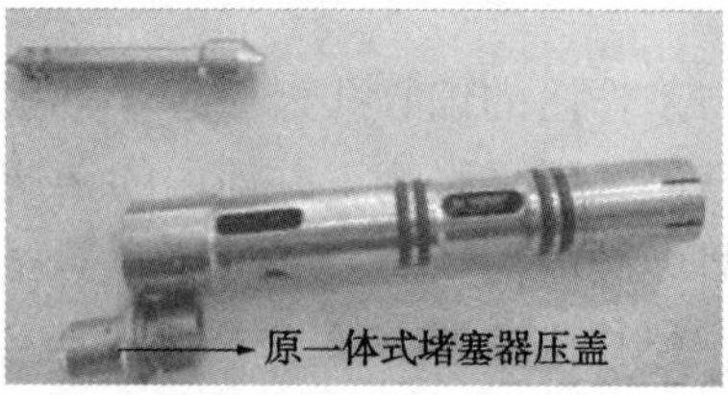

图4　原堵塞器的一体式压盖

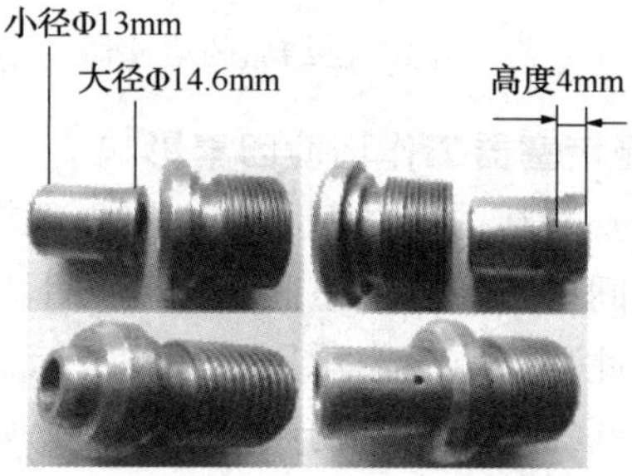

图5　改进后分体式堵塞器压盖

3　工作原理

当堵塞器的打捞杆及压盖部位在配水器内部结垢后，在注入压力下利用打捞仪器下行时的自重和冲击力，打捞仪器下行过程中与凸型接头撞击时，使吸附挂壁聚集在凸型接头处的锈垢、杂质与套筒压盖剥离，由于凸型接头可以向下收缩，迫使锈垢、杂质等与凸型接头同时向下运行，从而使打捞杆裸露出更多长度，让堵塞器更容易被打捞到；由于套筒式压盖内部安装有弹簧，上提打捞仪器后，弹簧释放弹力使凸型接头复位，并产生了一定的震荡回弹力，可将锈垢、杂质等脏物震荡弹出凸型接头外。当产生顽固性锈垢时，通过打捞仪器多次下放冲击和上提释放弹力，逐步将套筒式压盖和凸型接头处的锈垢撞击振碎并震荡弹出，从而解决产生顽固性结垢后无法打捞出堵塞器的功能；改进后的堵塞器因凸型接头具有可向套筒式压盖内伸缩，且伸缩长度达20mm的活动空间，所以可延长堵塞器在井下结垢情况下的使用周期。

4　室内模拟计算及现场试验

4.1　堵塞器改进后的抗拉力计算与材料选择

(1) 改进后的堵塞器承载关键点为凸型接头，凸型接头的最小外径 D_1 为13mm，凸型挡圈外径尺寸 D_2 为14.6mm，高度4mm，已知M油田井下配水器平均深度 h=1200m，注聚井平均油压 P_1=13MPa，测试仪器在聚合物中的重量 G=78.4N，地面拉力计测得打捞堵塞器需要克服的摩擦力 f=98N(如图6所示)。

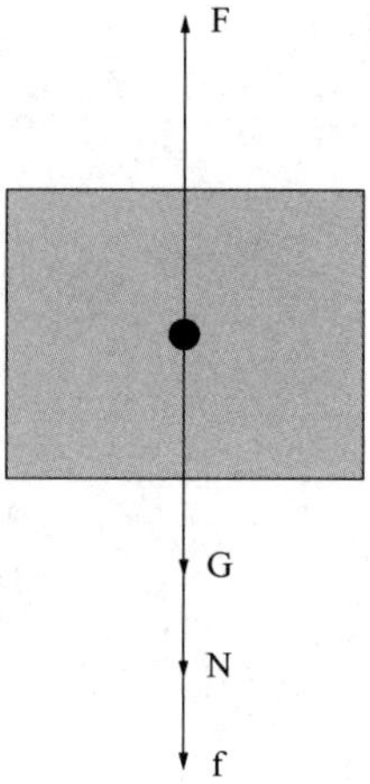

图6　凸型接头井下受力分析图

凸型接头所受静水柱产生的压强：

$$P_2=\rho gh=1000\text{kg/m}^3\times 9.8\text{N/kg}\times 1200\text{m}=11.76\text{MPa}$$

凸型挡圈的截面积：

$$A=1/4\pi(D_2-D_1)^2=1/4\times 3.14\times(14.6-13)^2=2.01mm^2=2.01\times 10^{-6}m^2$$

凸型接头受到的压力：$N=PA=(P_1+P_2)A=(13+11.76)\times 10^6\times 2.01\times 10^{-6}=49.77N$

打捞堵塞器所需的拉力：$F=G+N+f=78.4+49.77+98=226.17N$

不锈钢的承载力：201 不锈钢抗拉强度达 520MPa，等同于 $520N/mm^2$

凸型接头的最大抗拉强度：$F=8/10\times\sigma\times A=8/10\times 520N/mm^2\times 2.01mm^2=836.16N$。

式中，F 为打捞堵塞器需要克服的拉力[4]，N；G 为打捞仪器重量，N；N 为凸型接头的承受压力，N；f 为摩擦力，N；ρ 为水的密度，Kg/m^3；g 为重力加速度，9.8N/Kg；h 为井下配水器平均深度，m；D_1 为凸型接头最小外径，mm；D_2 为凸型挡圈外径尺寸，mm；A 为凸型挡圈有效截面积 mm^2；P_1 为注聚井平均注入压力，MPa；P_2 为凸型接头所承受的压强，MPa；σ 为强度，N/mm^2。

(2) 材质 201 不锈钢所能承受的最大抗拉力 Fσ 大于打捞堵塞器需要克服的拉力 F，由此可见，201 不锈钢材质满足加工材料的需求(见表 1)。

表 1　改进后的堵塞器凸型接头抗拉情况调查表

材质	硬度(HRB)	抗拉强度(Rm/MPa)	屈服强度/(σ/MPa)	最大抗拉力/N	打捞堵塞器所需的拉力/N
不锈钢	≤183	520	275	836.16	226.17

从表 1 可知，注聚合物井平均井深 1200m、平均油压 13MPa 下打捞未结垢堵塞器的拉力为 226.17N，改进后的堵塞器的最大抗拉力为 836.16N，远大于打捞堵塞器的拉力，该进后的堵塞器部件抗拉强度可以满足工作需求，适用于油田大部分注聚合物井应用[5]。

4.2　现场试验

(1) 2020 年 3 月，在 X1 注聚井进行现场试验，该井最大深度为 1247.8m，注入压力 14MPa。将该井 3 个配注层段投入改进后的堵塞器，之后三个月，打捞出最上层的堵塞器，堵塞器尚未结垢，液压绞车操作面板上显示拉力为 239N；六个月后，打捞出中间层段的堵塞器，堵塞器已轻微结垢，液压绞车操作面板上显示拉力为 325N；九个月后，成功打捞出最下层段配水器内已结垢的堵塞器，此时，液压绞车操作面板上显示拉力为 468N。

(2) 2020 年 4 月，在 X2 注聚井投入改进后的堵塞器试验，该井最大井深 1268.8m、注入压力 11.9MPa，该井近井地层杂质多，堵塞器结垢严重。2021 年 3 月，对该井的堵塞器的进行打捞，均成功打捞出改进后的堵塞器。打捞过程中，液压绞车操作面板上显示的最大拉力为 586N。

(3) 此后，对 10 口注聚合物井进行了改进后堵塞器结垢情况下的打捞跟踪记录，打捞堵塞器的拉力均未超过堵塞器的最大抗拉力值，在 9 个月之内堵塞器结垢情况下打捞成功率为 100%，改进后的堵塞器达到了设计要求。

5　现场应用

2020 年 3 月至 2021 年 3 月，改进后的堵塞器在 M 油田 57 口分层注聚井应用，未出现堵塞器结垢而导致作业情况，同比减少 12 口作业井次，直接经济效益为 35.365 万元。截止目前，改进后的堵塞器在注聚合物井结垢情况下打投捞成功率为 87.6%，提高打捞效率 70%以上，有效增加注聚的时间，减少注聚井结垢导致的作业成本，以及作业造成的环境污染，降低员工的劳动强度。

6 结论

（1）改进后的堵塞器结构简单、设计合理，适用于油田分层注聚井应用，还适用于常规分层注水井的井下长期应用。

（2）改进后的堵塞器与原堵塞器相比较，在堵塞器结垢情况下打捞效率和成功率显著提升，进一步提高油田节能、环保的管理目标。

（3）改进后的堵塞器具有广泛的适用性，能满足堵塞器结垢情况下的打捞要求，符合测试施工要求，具有较好的推广应用价值。

（4）改进后的堵塞器在现场应用具有安全可靠、操作方便的优点，可降低企业生产成本，减少注聚井作业造成的环境污染，减轻操作员工劳动强度。

（5）改进后的堵塞器在应用中见到了较好效果，但也存在一定问题，如：注入压力、井底深度过大，打捞堵塞器难度增加的问题，需进一步研究解决。

参 考 文 献

[1] 张光焰，王志勇，刘延涛等．国内注聚井堵塞及化学解堵技术研究进展[J]．油田化学，2016(4)：29-34.

[2] 郑俊德，张英志，任华等．注聚合物井堵塞机理分析及解堵剂研究[J]．石油勘探与开发，2004(6)：109-111.

[3] 张春蕾，陈永达，蒋蓉等．确立注聚井洗井作业标准提高三次采油效果[J]．石油科技论坛，2019(2)：42-45.

[4] 王志贤，张百军. 肇 48-平 33 井解卡打捞处理方法探讨[J]．中国石油工程监督，2013(5)70-73.

[5] 黄建林，刘伟，李丽等．常规打捞工具在水平井中的应用[J]．石油矿场机械，2008(3)：78-80 .

朝阳沟油田中高含水期适度规模压裂改造技术研究与应用

周海军

（大庆油田有限责任公司第十采油厂，黑龙江 大庆 163000）

摘　要：朝阳沟油田为特低–低渗透裂缝性油藏，非均质性较强，目前已进入中高含水开发阶段，剩余油高度分散，挖潜难度大，效果呈现变差趋势。从各类区块及储层开发特征入手，结合单砂体发育规模及动用状况，对不同类型单砂体优化相应改造规模，实现了单层个性化改造，同时形成了适度规模立体压裂改造，现场实施后，取得了较好的效果，为同类油田压裂提供了借鉴的意义。

关键词：低渗透；单砂体；重复压裂；适度规模

1　问题提出

朝阳沟油田的开发过程中，压裂增产起到了至关重要的作用。“十一五”以来，加大了油井转向压裂实施力度，重复压裂比例达到 50.2%。改造井层条件变差，油层向三、四类油层转移，压裂发现套损井比例上升，中高含水压裂井比例上升，增油效果逐步变差。为提高重复压裂改造效果，有必要开展油井适度规模压裂增效改造技术研究，通过单砂体与压裂规模的适度匹配，探索压裂增效改造方法。

2　朝阳沟油田开发特征

朝阳沟油田按照油藏类型、构造位置、储层渗透性、原油流动性、裂缝发育程度，将油田分为三类区块及四类储层。

表 1　朝阳沟油田区块分类表

分类	地质储量/(10^4t)	空气渗透率/mD	有效孔隙度/%	平均喉道半径/μm	地下原油粘度/(mPa·s)	含油饱和度/%	可动流体饱和度/%	流度/(mD/mPa·s)	裂缝发育程度	采出程度/%	含水/%
一类区块	3551.4	16.3	18.2	3.2	8.5	58	42.9	1.92	发育	27.27	64.43
二类区块	7734.39	7.0	17.1	1.9	10.4	55	37.8	0.67	局部发育	17.20	60.56
三类区块	9218.78	3.5	15.5	1.2	12.6	52	31.7	0.28	不发育	7.56	60.94
合计	20504.57	11.3	17.0	1.8	9.36	53	36.4	1.21		14.35	61.53

【第一作者简介】周海军，1984 年，男，汉族，籍贯吉林省永吉县，2007 年毕业于大庆石油学院石油工程专业，工程硕士，高级工程师，现从事油田动态开发调整工作。E-mail：happynavy2008@126.com

表 2　朝阳沟油田扶余储层分类表

<table>
<tr><td rowspan="2" colspan="2">储层类型</td><td>主要参数</td><td colspan="3">次要参数</td><td colspan="3">参考参数</td></tr>
<tr><td>渗透率/mD</td><td>有效厚度钻遇率/%</td><td>裂缝发育频率/(条/100m)</td><td>粘度/mPa·m</td><td>声波时差/(mS/m)</td><td>电阻率/Ωm</td><td>微电极/Ωm</td></tr>
<tr><td colspan="2">Ⅰ</td><td>K≥20</td><td>Dr≥50</td><td>0.053</td><td>7.4~11.8</td><td>285~300</td><td>≥25</td><td>≥2.5</td></tr>
<tr><td rowspan="2" colspan="2">Ⅱ</td><td>K≥20</td><td>Dr<50</td><td rowspan="2">0.031-0.053</td><td rowspan="2">9.7~14.1</td><td rowspan="2">275~290</td><td rowspan="2">≥20</td><td rowspan="2">2.0~3.5</td></tr>
<tr><td>10≤K<20</td><td>Dr≥50</td></tr>
<tr><td rowspan="2" colspan="2">Ⅲ</td><td>10≤K<20</td><td>Dr<50</td><td rowspan="2">0.013-0.031</td><td rowspan="2">12.1~14.6</td><td rowspan="2">265~280</td><td rowspan="2">≥15</td><td rowspan="2">1.5~3.0</td></tr>
<tr><td>5≤K<10</td><td>Dr≥50</td></tr>
<tr><td rowspan="3">Ⅳ</td><td>Ⅳ1</td><td>5≤K<10</td><td>Dr<50</td><td rowspan="2">0.013</td><td rowspan="2">12.1~14.6</td><td rowspan="2">260~275</td><td rowspan="2">≥13</td><td rowspan="2">1.0~2.5</td></tr>
<tr><td rowspan="2">Ⅳ2</td><td>2≤K<5</td><td>—</td></tr>
<tr><td>K<2</td><td>—</td><td></td><td></td><td>250~270</td><td>≥13</td><td><1.0</td></tr>
</table>

3　适度规模压裂实践与认识

3.1　适度规模压裂方式提出

适度规模压裂就是通过压裂工艺与储层合理匹配，采取合适的压裂规模进行引效，达到增油控水的目的。朝阳沟油田大部分区块都进行了加密调整，从工艺适应性看，未加密区井距相对较大，有充足改造空间，可通过大规模缝网压裂进行引效；加密区井距缩小，改造空间受到一定限制，为防止邻井窜通，对动用差的储层可通过小规模缝网压裂，利用大排量瞬时产生复杂缝，扩大波及范围；加密区动用好的储层可通过缝内多分支缝转向压裂提效。从储层适用条件上看，针对动用好的Ⅰ、Ⅱ类储层，适当缩小规模，疏通近井地带，形成有效渗流通道，动用差Ⅲ、Ⅳ类储层适当放大规模，加大改造规模，扩大泄油面积，增大改造体积；且压裂后Ⅲ、Ⅳ类层提液明显，含水保持稳定，Ⅰ、Ⅱ类层提液同时含水上升幅度较小。

3.2　适度规模压裂优化设计

3.2.1　压裂适用技术

针对不同类型剩余油及存在模式，结合改造对象及工艺发展现状，完善了适合不同储层压裂工艺，提高压裂工艺适用性。

表 3　朝阳沟油田适度规模压裂工艺

<table>
<tr><td colspan="2">主要剩余油类型及存在模式</td><td>适用工艺</td><td>适用条件</td></tr>
<tr><td rowspan="2">高水淹韵律顶部型</td><td rowspan="2">由于河道正韵律沉积影响层内底部水淹程度高，顶部未水淹</td><td>缝口暂堵转向压裂</td><td>中高含水井厚度大储层</td></tr>
<tr><td>堵压结合</td><td>存在高含水层，且有接替层</td></tr>
<tr><td>平面干扰型</td><td>裂缝与井排方向一致剩余油分布在裂缝侧向，条带状分布；相变物性变化，剩余油分布在弱水驱方向</td><td>缝内多分支缝压裂</td><td>储层呈片状发育，且展布面积大，厚度与含水中等；已实施多次转向</td></tr>
<tr><td rowspan="2">层间干扰型</td><td rowspan="2">层间非均质性导致部分物性差储层水淹程度低</td><td>补孔压裂</td><td>未射孔的中高水淹层及偏油同层</td></tr>
<tr><td>多裂缝压裂</td><td>发育多个小层，部分层未动用，卡段内隔层小于 2m</td></tr>
<tr><td>井网控制不住型</td><td>注采井距大于有效驱动距离无法建立驱动或砂体规模小无法钻遇</td><td>对应压裂缝网压裂</td><td>储层致密，厚度较大，井网密度小</td></tr>
</table>

3.2.2 改造规模优化技术

按砂体接触关系，根据累注量，应用数值模拟法及公式法，确定水驱前缘方向及位置；结合矿场实践及理论计算方法，确定了不同储层有效驱动系数图版；通过数值模拟及矿场实践，综合确定单砂体半缝长。结合压裂工艺及施工参数特点，优化单砂体压裂施工参数，由以往注重新缝改造转变为兼顾老缝个性化改造，发挥老缝与新缝的协同挖潜作用，平均加砂强度 4.1 m^3/m。

表 4 单砂体压裂改造规模设计

类别	砂岩厚度/m	以往				目前			
		砂量(m^3)		加砂强度/(m^3/m)	排量/(m^3/min)	砂量(m^3)		加砂强度/(m^3/m)	排量/(m^3/min)
		老缝	新缝			老缝	新缝		
Ⅰ类砂体主体部位	3.6	3	7.5	2.9	3.0	3.5	7.5	3.1	3.0
Ⅱ、Ⅲ类砂体非主体部位	3.5	3	9.0	3.4	3.0	6.0	9.0	4.3	3.5
Ⅲ、Ⅳ类砂体主体部位	2.4	3	6.5	4.0	3.0	5.0	6.5	4.8	4.0
Ⅲ、Ⅳ类砂体非主体部位	1.4	不压裂	不压裂						

3.3 适度规模压裂现场应用

一类区块中高含水井改造效果较好，实现控水增油。二类区块重复压裂井数比例高，效果差异大，但依然是主要挖潜对象，中低含水井适度规模改造能够取得较好的压裂效果，高含水井现有转向压裂工艺适应性差，控水挖潜难度大。

表 5 一类区块不同含水级别重复压裂效果统计表

类别	含水级别	井数/口	加砂强度/(m^3/m)	初期增液/(t/d)	初期增油/(t/d)	含水上升幅度/%	单井增油/t
低含水	<40%	144	2.9	4.3	2.5	15.2	466
中含水	40-65%	61	3.0	4.5	2.2	0.3	446
高含水	>65%	86	3.4	5.4	2.3	-18.6	692
平均		291	3.0	4.7	2.4	-3.8	529

表 6 二类区块不同含水级别重复压裂效果表

类别	含水级别	井数/口	加砂强度/(m^3/m)	初期增液/(t/d)	初期增油/(t/d)	含水上升幅度/%	单井增油/t
低含水	<40%	578	3.4	4.5	2.6	21.2	419
中含水	40-65%	169	3.6	4.4	1.8	5.6	388
高含水	>65%	165	3.3	4.5	1.4	-16.3	217
平均		912	3.5	4.5	2.3	9.2	376

在三类低效区块治理、二类区块油井提效增产中大规模缝网压裂发挥了增油优势，累计

实施 52 口井，平均压裂改造 2.7 个层段，单井压裂液用量 $3211m^3$，支撑剂用量 $93m^3$，注液强度 $243m^3/m$，加砂强度 $7.1m^3/m$。初期平均单井日增液 9.5t，日增油 4.0t，单井阶段增油 1156t。

满足加密区小井距压裂改造需要，在一、二类区块加密区实施小规模缝网压裂 16 口井，平均压裂改造 2.7 个层段，单井压裂液用量 $1268m^3$，支撑剂用量 $116m^3$，注液强度 $114m^3/m$，加砂强度 $10.4m^3/m$。平均单井注液量 $1268m^3$，加砂量 $115m^3$，平均单井措施初期日增液 6.3t，日增油 3.5t，目前日增液 2.7t，日增油 1.7t，单井阶段增油 221t，达到了增产目的。

4 结论与认识

低渗透油田进入中高含水开发阶段，特别是在经历过加密后的油田，针对具体储层开发特征，开展适度规模压裂改造，从储层适用条件及工艺现状进行优化设计，寻求压裂工艺与储层合理匹配，采取合适的压裂规模进行引效，能够达到增油控水的目的。

参 考 文 献

[1] 李阳，于永波，尹喜永．大庆低渗透油田增效压裂技术研究[J]．特种油气藏，2005，12(2)：65-67.
[2] 陈晓源，任茂．坪北特低渗透油田整体压裂工艺技术研究[J]．钻采工艺，2006，29(5)：43-45.
[3] 李善维，刘战营，焦双志，等．留西低渗透砂岩油藏压裂技术[J]．石油钻采工艺，2011，33(4)：95-97.
[4] 甘云雁，张士诚，陈利，等．复杂断块油藏不规则井网整体压裂优化设计[J]．石油学报，2006，27(4)：81-83.
[5] 王凤江，丁云宏，路勇．低渗透油田重复压裂技术研究[J]．石油勘探与开发，1999，26(1)：71-73.
[6] 陈民锋，姜汉桥，周琦．低渗透砂岩油藏水井压裂参数优化数值模拟研究[J]．石油钻采工艺，2007，29(1)：54-55.
[7] 尹建，郭建春，曾凡辉．低渗透薄层压裂技术研究及应用[J]．天然气与石油，2012，30(6)：52-53.

裂缝性低渗透油田开发后期深度调剖提高采收率方法研究

朱琳琳

(大庆油田第十采油厂)

摘　要：A油田是大庆外围典型的低渗透油田，发育天然裂缝，注水开发三十多年，通过井网加密和油水井多轮次综合调整，取得了好的开发效果。但随着油田进入高含水期，剩余油更加零散，挖潜难度增大，调整手段变差，采油速度降低，需要探索改善开发效果，进一步提高采收率的技术方法。本文通过采收率评价，精细地质再认识，多学科剩余油成果量化，搞清了油田的潜力及分布状况，为深度调剖提供了物质基础；开展了室内实验和数值模拟，探索了深度调剖体系的配方及相关的参数，并提出周期注水与深部调剖配合进一步扩大波及体积，提高了采收率的方法。应用后井区效果得到明显改善，为其他低渗透油田改善开发效果，提高采收率提供了借鉴。

关键词：低渗透；高含水期；提高采收率；深度调剖

A油田主要开发扶余油层，是典型的裂缝性低渗透油田，通过井网加密和多轮次的油水井综合调整，油田采出程度已经达到26.21%，含水68%，但年采油速度仅0.35%。为了进一步提高采油速度，改善开发效果，提高油田的采收率，探索了深度调剖技术及其与周期注水配合的方式，取得了好的效果。

1　采收率评价

按照计算结果稳定性好、符合油田目前现状、现场实用易用、借助机理分析的原则，推荐大庆油田扶余油层经验公式法、水驱规律曲线法和复合相渗法等3种方法预测结果的算术平均值27.80%作为该油田的采收率(见表1)。

表1　各采收率计算方法适应性评价

采收率/%								三种方法平均采收率/%
经验公式法		水驱规律曲线法	驱替系列曲线法	Logistic旋回法	童宪章曲线法	复合相渗法	递减曲线法	
行业标准	大庆油田扶余油层							
17.09	24.65	30.61(甲型)	31.27(S型)	33.24	35.00	28.14	31.64	27.80

【基金项目】国家科技重大专项(2008ZX05013-004)“低渗、特低渗油气储层高效改造技术”资助。

【第一作者简介】朱琳琳(1987年8月—)，女，大学本科，工程师，油气田开发。邮件：fuxianping@petrochina.com.cn

目前油田采出程度已经达到26.21%，潜力不足，需要深化地质认识，探索进一步提高开发效果，提高采收率的手段和方法。

2 深度调剖体系配方

2.1 聚合物分子量和浓度

2.1.1 聚合物分子量的确定

聚合物分子量对调剖剂成胶粘度影响实验中，主剂保持浓度1000mg/L不变，800万分子量聚合物调剖体系基本不能成胶；1000万分子量聚合物两天后虽然能够成胶，但成胶稳定后粘度较低，低于500mPa·s；1300万、1600万与1900万分子量聚合物调剖剂均有较好的成胶效果，成胶粘度达到1500mPa·s以上。因此，调剖主剂聚合物分子量范围确定为1300-1900万。

2.1.2 聚合物浓度的确定

深度调剖选用的聚合物为部分水解聚丙烯酰胺，分子量分别为1300、1600、1900万，水解度25%。室内实验中模拟地层温度45℃，监测时间30天，调节pH值为6.5-7.0，测定粘度。随着聚合物浓度的增加，溶液初始和成胶粘度增高。1300万分子量聚合物的适宜浓度为1500-2000mg/L，成胶粘度能够达到2000-2700mPa·s；1600万分子量聚合物适宜浓度为1000-1500mg/L，成胶粘度能够达到2500-3800mPa·s；1900万分子量聚合物适宜浓度为500-1000mg/L，成胶粘度能够达到2500-3700mPa·s；超过上述浓度范围后，成胶粘度将超过4000mPa·s，导致注入困难。

2.2 交联剂配方体系

2.2.1 铬离子交联体系配方优选

由于三氯化铬交联聚合物溶液的速度极快，但凝胶不稳定，很快失水收缩；在三氯化铬中引入乳酸和氢氧化钠与碳酸钠后，可以调节聚合物溶液形成凝胶的强度。现场污水中的活性氧、氧化剂和细菌都会使聚合物降解，不能维持良好的长期稳定性。为了提高聚合物的稳定性，起到保护凝胶的作用，加入硫脲作为稳定剂。交联剂配方为氯化铬含量2.56%，乳酸含量2.61%，氢氧化钠含量1.87%。交联剂浓度确定为150mg/L。

2.2.2 辅剂浓度

选用1600万分子量聚合物，浓度为1000mg/L，铬离子交联剂浓度为150mg/L，交联比20∶1，辅剂氯化钠浓度800mg/L、碳酸氢钠浓度700mg/L，改变稳定剂剂硫脲的浓度，从700mg/L到1000mg/L之间变化。在45℃条件下，随着硫脲浓度的增加，成胶稳定性逐渐加强，当硫脲浓度增加到900mg/L以后，成胶稳定性基本不变，因此，本配方优选稳定剂硫脲浓度为900mg/L。

保持主剂、交联剂、稳定剂浓度不变，只加入辅剂氯化钠。当氯化钠浓度增加到800mg/L以后，成胶时间基本不再发生变化，因此，氯化钠浓度确定为800mg/L。在氯化钠浓度为800mg/L、其他条件不变的情况下，改变碳酸氢钠的浓度，当浓度增大到700mg/L以后，成胶时间基本不再发生变化，因此，碳酸氢钠的浓度700mg/L。

3　深部调剖体系性能评价

3.1　调剖剂可有效封堵裂缝

在恒定温度(45℃)和恒定流速(1PV/h)下，向含裂缝人造岩心注入水，并记录压力变化。压力达到稳定后在相同的速度下注入1PV的聚合物与交联剂混合溶液，恒温放置。成胶后继续水驱，记录该过程压力的变化。根据注入聚合物与交联剂混合溶液形成凝胶前后水驱压力的变化，计算渗透率的变化，从而得到凝胶的封堵效率。实验结果表明，平均封堵效率达83.95%。

3.2　改变驱替液流度提高驱油效率幅度最大

开展光刻玻璃模型实验，不同渗透率不同含水阶段剩余油以簇状为主。随着含水的增加，柱状和油滴状剩余油占比增加，簇状剩余油占比降低，但占比仍在50%以上，是挖潜主要类型。对比不同驱替方式可以看出，改变驱替液流度各类剩余油降幅最大，提高驱油效率幅度最大，其次为改变驱替方向、周期性注入，改变驱替压差各类剩余油降幅最小，提高驱油效率幅度最小(见图1)。

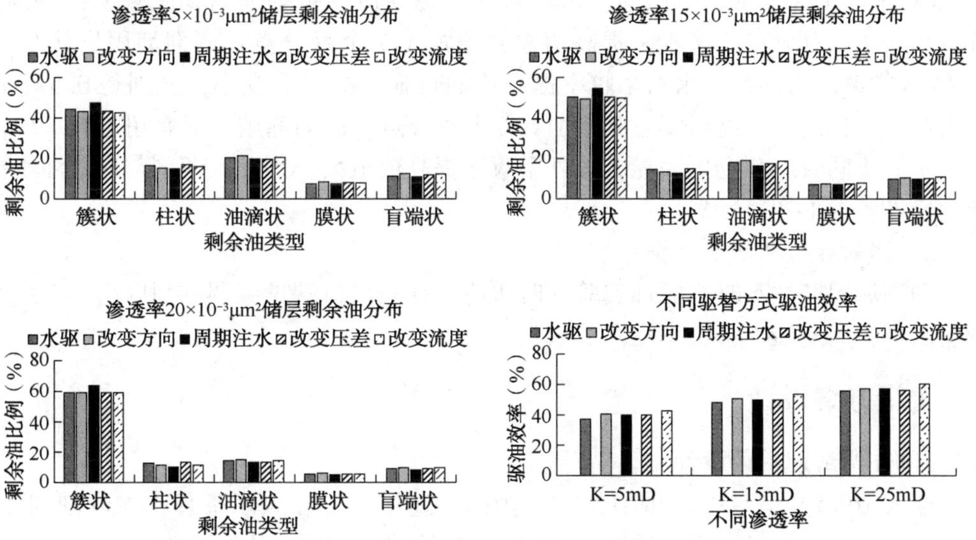

图1　不同驱替方式剩余油分布结果

3.3　与地层水的配伍性好

用油田地层水配制聚合物交联剂混合溶液，持45℃恒温下测量不同体系的成胶情况，并与蒸馏水所配置的调剖体系成胶粘度。地层水配置的调剖体系粘度保持率均在60%以上，表明调剖剂配方与地层水具有较好的配伍性。

3.4　热稳定性好

模拟油田油层温度，将成胶后的凝胶体系继续恒温45℃放置，不同主剂分子量、不同注剂浓度配置的调剖剂在油层温度下放置，粘度保留率为均在成胶粘度的70%以上，保留的粘度仍可达到成胶粘度，说明体系热稳定性良好。

3.5　抗剪切性好

测定不同调剖体系在不同剪切速率情况下的粘度，随着剪切速率的增大，弱凝胶粘度减小，当剪切速率较小时，对弱凝胶粘度影响较小，当剪切速率增大后，会出现凝胶粘度急剧下降的情况。考虑油田单井日注水为20~30m^3/d，对应剪切速率在40-60s^{-1}，1300万分子量配方粘度保持率为64%，1600万分子量配方粘度保持率为84%，1900万分子量配方粘度保持率为90%；但随着剪切速率的增大，1900万分子量的配方粘度变化幅度更小。

4 深度调剖与周期注水结合应用

4.1 机理分析

低渗透裂缝油藏深度调剖与周期注水相结合具有协同效应，为了研究调两者结合驱油效果，分别开展驱油实验。单一调剖、单一周期注水、调剖与周期注水相采收率分别提高5.2、1.5、7.1个百分点；调剖与周期注水相结合后，去除单一调剖对采收率的增益，周期注水可以提高1.9个百分点，较单一周期注水驱油多提高采收率0.4个百分点。

4.2 深部调剖与周期注水相结合参数优选

4.2.1 调剖剂用量

设计实验将深部调剖与周期注水结合，选出提高采收率的最优参数。调剖剂用量从0.05PV提高至0.1PV，调剖与周期注水对采收率提高值的贡献提高幅度较大，分别是1.1个百分点和0.2个百分点，采收率提高值总共增加1.7个百分点；调剖剂用量从0.1PV提高到0.15PV，调剖与周期注水对采收率提高值的贡献提高幅度变小，分别是0.5个百分点和0.1个百分点，采收率提高值总共增加0.6个百分点。调剖剂用量只有超过0.1PV，调剖与周期注水的协同效应才会更明显，额外采收率提高值更大，因此，调剖与周期注水相结合调剖剂用量推荐0.1~0.15PV。

4.2.2 调剖后周期注水时机

开展调剖后周期注水时机驱油实验，时机应选择在出口端见到调剖剂以后、含水率恢复到调剖前水平，周期注水采收率提高值最大。

5 优化方案设计

5.1 单井调剖剂用量设计

安排注入10口井，平均单井3128m^3。为防止地层水及注入水稀释，在调剖剂注入前、后每口井分别注入一定量聚合物浓度为1000mg/L的前置液和顶替液，总计2400m^3。由各单井的调剖剂、前置液、顶替液的设计注入量，按照配方浓度，算出了单井所需各药品用量。

5.2 施工参数设计及注入工艺

5.2.1 注入压力上限

在调剖剂注入时，注入压力上限控制在破裂压力15.5MPa附近，使调剖剂尽可能多进入裂缝。目前10口井平均注水压力为11.2MPa，注水管网压力为16.0MPa，所以注水压力仍有一定上升余地。

5.2.2 注入工艺流程

一是对深度调剖水井尽量实现集中注入，即节省施工的设备与人工，最大限度减少单井注入。二是优化深度调剖注入周期。将根据深度调剖预选井动态监测的吸水状况，在深度调剖实施前对水井周期注水，降低水井井口压力，当后续开井注调剖剂时，按照周期注水后恢复注水原则，在不超破裂压力情况下，提高单井日注量，缩短注入时间，节省施工费用。三是加强对深度调剖现场监督，保证深度调剖在注入过程中的施工质量。

5 取得效果及认识

目前已注入 10 个月，注入压力上升 1.5MPa，吸水厚度比例提高到 73.9%，提高了 5.6 个百分点。平均单井组阶段增油 395t，预计有效期增油 500t。单井注入调剖剂 3128m^3，药品费和施工费用总计 440.320 万元。60 美元/桶条件下，预计投入产出比 1∶3.37，取得了好的经济效益和效果，对实现低渗透油田可持续发展具有深远的影响，具有广阔的应用前景。

参 考 文 献

[1] 李道品,《低渗透砂岩油田开发》，石油工业出版社，1997.9.

[2] 周志军，时刚，黄泽明，等．鄯善油田侏罗系三间房组油层聚合物驱室内实验[J]．新疆石油地质，2013.

[3] 李永太，李辰，张宏福，等．低渗透油藏多段塞调剖技术室内研究及现场应用[J]．钻采工艺，2013.

[4] 贾晓飞，雷光伦，贾晓宇．注水井深部调剖技术研究现状及发展趋势[J]．特种油气藏，2009.

[5] 付现平．大庆长垣外围特低渗油藏开发及治理分类评价[J]．大庆石油地质与开发，2017.

特高含水期产量递减类型及影响因素分析

陶　博　夏连晶　王　雷　王卫学　杨　宁

（大庆油田第四采油厂，黑龙江大庆　163511）

摘　要：面对近期石油价格大幅下降，在大庆长垣内部油田已进入高含水期，水驱开发对象已由中高渗透层逐渐转变为薄差储层的生产现状下，急需优化措施减缓产量递减。为此，以大庆油田 A 示范区为例，分析产量变化规律，确定递减类型。通过计算定量反映出含水率、产液量、措施量和生产时率措施对产量的影响，并确定影响最大的是含水率，提出减缓油田开发后期阶段原油产量递减的相关做法，为其他类型油田在开发后期阶段减缓原油产量方案的提出奠定基础。

关键词：产量变化规律；递减类型；影响因素；调整对策

油田产量是油田开发效果的重要指标，体现了油田的经济价值。降低油田产量递减率才能保证油田可持续发展，使得经济利益最大化，继续坚持把降本增效作为企业发展永恒的主题，努力增储上产。当油田进入开发中后期阶段，受到多种因素的影响，产量大幅下降，油田企业的经济效益大幅下降，只有减缓油田开发后期阶段产量递减，才能为石油企业创造更大的经济效益，才能满足社会的基本需求。本次研究以大庆油田 A 示范区为例，对其产量递减类型进行深入分析，从因素出发探讨减缓产量下降的影响因素及相关措施。

1　确定产量递减类型

Arps 法是目前油田最常用的产量递减规律回归方法，通过对油田实际生产数据进行回归拟合来确定递减指数。当油气田的产量进入递减阶段后，其递减率由下式表示：

$$D=-\frac{1}{Q}\frac{dQ}{dt}=kQ^{n} \tag{1}$$

指数递减规律为：在半对数坐标系中，产量与时间呈直线关系。指数递减的产量表达式为：

$$Q_{\mathrm{t}}=Q_{\mathrm{i}}\exp(-D_{\mathrm{i}}t) \tag{2}$$

两边取对数得

$$\lg Q_{\mathrm{t}}=\lg Q_{\mathrm{i}}-D_{\mathrm{i}}t\lg e \tag{3}$$

双曲递减的规律为：无因次产量与时间在直角坐标系中呈直线关系。双曲递减的产量表达式为：

$$Q_{\mathrm{t}}=Q_{\mathrm{i}}\left(1+nD_{\mathrm{i}}t\right)^{-\frac{1}{n}} \tag{4}$$

调和递减的规律为：在半对数坐标系中，瞬时产量与累积产量呈直线关系。调和递减的

【第一作者简介】陶博（1989—），女，2016 年毕业于东北石油大学油气田开发工程专业，获得工学硕士学位，目前在大庆油田第四采油厂地质大队。E-mail：dqtaobo@ petrochina. com. cn。

产量表达式为：

$$Q_t = Q_i \left(1+D_i t\right)^{-1} \tag{5}$$

分别确定示范区和各井网递减期的递减类型，见图 1。

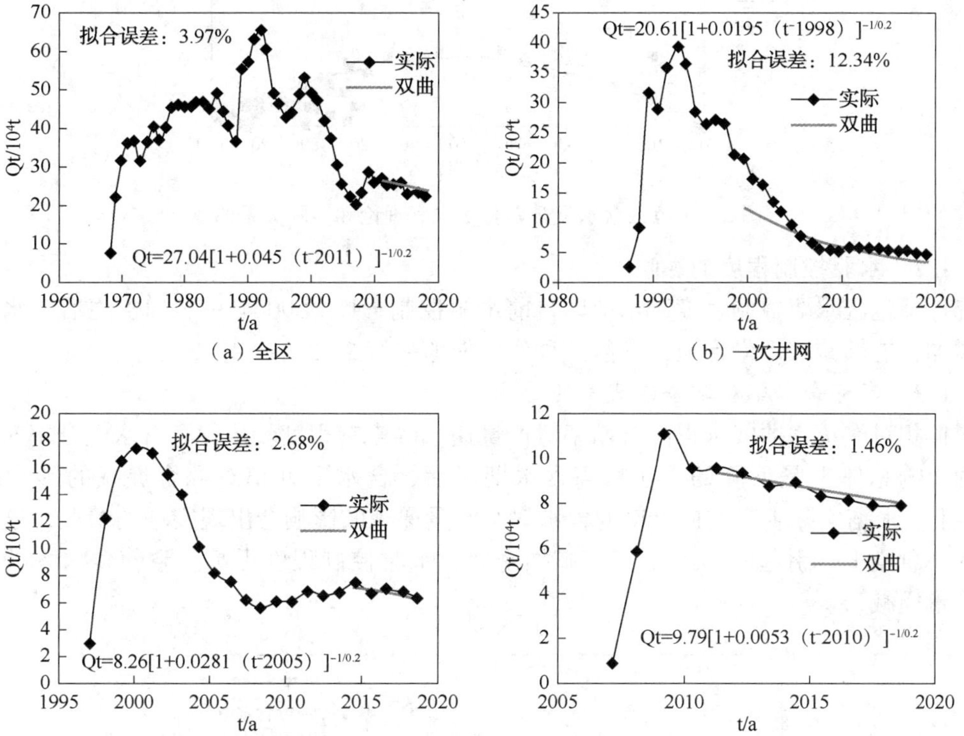

（a）全区　（b）一次井网

（c）二次井网　（d）三次井网

图 1　示范区及各井网递减类型和产量拟合

2　影响因素分析

2.1　含水率的影响

影响含水率变化的主要因素有采出程度、采油速度、水驱控制程度、措施工作量等。采出程度的影响主要体现在含水上升率，水驱控制程度主要受井网密度、注采井数比的影响。

2.1.1　含水上升率的影响

根据含水率的定义可以推导出计算含水的分流方程：

$$f_w = \frac{1}{1+\dfrac{\mu_w k_{ro}}{\mu_o k_{rw}}} \tag{6}$$

式(6)中取含水率对饱和度的偏导数，即可得到含水上升率与含水饱和度关系式；取含水率对采出程度的偏导数，即可得到含水上升率与含水率关系式：

$$\frac{df_w}{dR} = bf_w(1-f_w) \tag{7}$$

示范区理论和实际含水上升率与含水率的关系曲线如图 2 所示。示范区进入特高含水期以后，含水上升率在 1%以下，示范区在特高含水期阶段的平均含水上升率为 0.3711%。

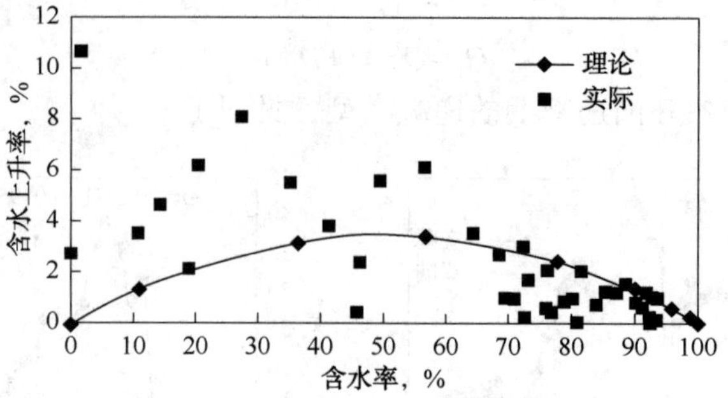

图2 示范区含水上升率与含水率理论和实际关系曲线

2.1.2 水驱控制程度的影响

统计示范区水驱控制程度，示范区目前水驱控制程度为90.45%。加密之后，水驱控制程度增加，能够减缓产量递减，一般这种作用能够持续2~3年。

2.1.3 实际含水率对综合递减率的影响

根据相对渗透率曲线求得的含水率对产量递减的影响程度较规律，含水上升率对综合递减率的影响总体上是下降的，在特高含水期以后，含水上升率对综合递减的影响基本在12%以下。根据实际生产数据求得的含水率对产量递减的影响会出现突增的情况，这主要是由含水率急剧上升引起的。2007年实施加密后，水驱控制程度提高，致使含水率的变化减缓了产量递减。

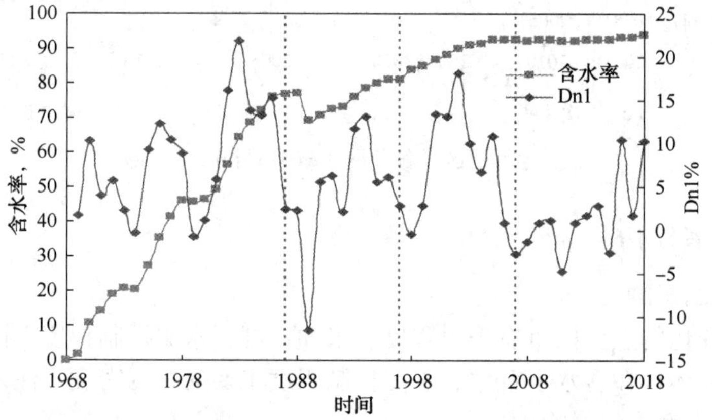

图3 示范区含水率对递减率影响关系曲线

2.2 产液量的影响

区块产液量主要受油井地层压力、流动压力、采液指数、油井数、注采井数比的影响。根据已建立的多因素影响条件下的递减规律理论模型，可以得到产液量对产量递减的影响为：

$$D_{n2}=-\frac{\Delta P_e}{P_e-P_{wf}}+\frac{\Delta P_{wf}}{P_e-P_{wf}}+b_1\cdot(1-S_{wc})V_o+\frac{\Delta\varepsilon}{1+\varepsilon}-\frac{\Delta n_t}{n_t} \tag{8}$$

2.2.1 地层压力和流压对综合递减率的影响

计算得到示范区地层压力和流压对产量递减的影响。油井地层压力上升，流压下降，产量递减减缓。

2.2.2 采液指数对综合递减率的影响

示范区含水率大于80%之后，无因次采液指数开始逐渐增加，含水率达到90%时，采液指数对产量递减的影响略有增加，在含水率达到92%之后，采液指数对产量递减的影响开始逐渐降低。

2.2.3 总井数和注采井数比的影响

总井数的改变直接影响井网密度的变化，随着总井数的增加，井网密度逐渐增大，小层间的连通程度提高，波及厚度增加，层内低渗透区的波及程度提高，从而加大不吸水层或吸水很少层的开发，同时也提高了单井的控制程度。随着注采井数比的增加，采油井总数降低，注水井总数上升，致使含水率上升、产油量降低，因此，应使注采井数比保持在一个合理的范围，使全区既具有较好的水驱效果又保持较小的递减率。

2.3 措施的影响

措施量对综合递减率的贡献为

$$D_{n3}=\frac{1}{1-f_w}\frac{\partial f_w}{\partial \vec{u}}\frac{\partial \vec{u}}{\partial t}-\frac{1}{\lambda}\cdot\frac{\partial \lambda}{\partial \vec{u}}\cdot\frac{\partial \vec{u}}{\partial t} \tag{9}$$

措施量对递减率的影响是一个复杂的问题，它既影响综合含水率，又影响产液量，如果分开研究措施量对二者的影响，只有应用数值模拟方法，工作量巨大。本研究在应用数值模拟方法研究的基础上，从理论上研究措施量对递减率的影响，用统计方法对措施增油进行分析，得到示范区措施量对递减率的影响。

2.3.1 油井压裂对综合递减率的影响

压裂措施对当年递减率的贡献

$$D_{n3}^{1}=-\frac{1}{Q_o}\cdot\frac{\partial Q_{o1}}{\partial u_1}\cdot\frac{\partial u_1}{\partial t}=-\frac{1}{Q_o}\cdot\frac{\Delta Q_{o1}}{\Delta u_1}\cdot\frac{\Delta u_1}{\Delta t} \tag{10}$$

式中，ΔQ_{o1}为压裂增油量；$c_1=\dfrac{\Delta Q_{o1}}{\Delta u_1}$为单位压裂措施增油量。

压裂措施对第 i 年产量递减的影响包括，当年压裂措施增油量和往年压裂措施递减量。第 $i-1$ 年压裂措施对第 i 年产量递减率的贡献：

$$D_{n3}^{1}=\frac{n_{fi-1}\cdot c_{1i-1}\cdot e^{-a_f t_i}}{Q_i}\cdot a_{fi-1} \tag{11}$$

第 i 年的压裂井在当年使区块的总产油量得到增加，同时也降低了当年的产量递减率。但是随着时间的推移，第 $i+1$ 年以后各年的增产幅度逐渐减小，并且压裂增油量的递减率大于未实施措施时的产油量递减率，因此会使产量递减加快。

2.3.2 油井补孔对综合递减率的影响

补孔措施对当年递减率的贡献为

$$D_{n3}^{2}=-\frac{1}{Q_o}\cdot\frac{\partial Q_{o2}}{\partial u_2}\cdot\frac{\partial u_2}{\partial t}=-\frac{1}{Q_o}\cdot\frac{\Delta Q_{o2}}{\Delta u_2}\cdot\frac{\Delta u_2}{\Delta t}=-\frac{n_k\cdot c_2}{Q_o} \tag{12}$$

补孔措施对以后各年递减率的贡献为

$$D_{n3}^{2}=\frac{1}{Q_o}\cdot\frac{d\Delta Q_{o2}}{dt} \tag{13}$$

经过统计得到，示范区基础井网在开发过程中没有采取补孔措施，而一次加密井网、二次加密井网和三次加密井网均在部分年份采取了补孔措施。补孔措施的有效期较之压裂长，在增加产油量的同时，能够降低产量递减率。

2.3.3　堵水对综合递减率的影响

堵水措施对当年递减率的贡献

$$D_{n3}^{3}=-\frac{1}{Q_o}\cdot\frac{\partial Q_{o3}}{\partial u_3}\cdot\frac{\partial u_3}{\partial t}=-\frac{1}{Q_o}\cdot\frac{\Delta Q_{o3}}{\Delta u_3}\cdot\frac{\Delta u_3}{\Delta t}=-\frac{n_D\cdot c_3}{Q_o} \tag{14}$$

$$c_3=\frac{1}{n_D}\sum_{i=1}^{n_D}\left[(1-f''_{wi})\cdot q''_{Li}-(1-f'_{wi})\cdot q'_{Li}\right] \tag{15}$$

油井单井堵水后，会出现小幅度短时期的增油效果和大幅度长时间的降水效果，对于降低油田的含水率有着较好的效果。

2.3.4　措施量对综合递减率的影响

示范区的各措施对综合递减率的影响如图 4 所示，在已实施的各项措施中，效果最好的是压裂，压裂能够降低压裂当年产量递减率，但是随着时间的推移，压裂增油量也会递减，并且压裂增油量的递减率大于未实施措施时的产油量递减率，因此会使产量递减加快，压裂的有效期为 3 年左右。

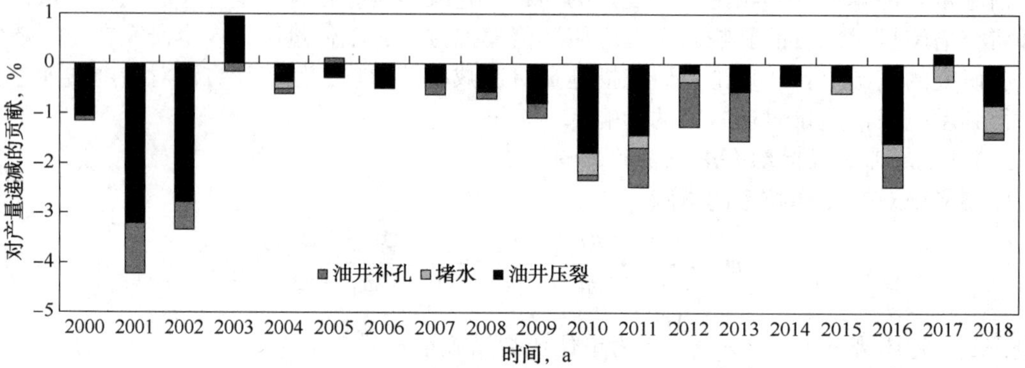

图 4　示范区各年油井措施对递减率的影响

2.4　生产时率的影响

油水井生产时率反映了油水井的综合利用情况，会对产油量和产液量的变化产生影响。示范区生产时率与产油递减情况如图 5 所示，示范区的生产时率总体较高，目前生产时率在 80%以上。从图中也可以看出伴随着生产时率的下降，产油递减也在逐渐加快，这是造成产油递减较快的原因之一。

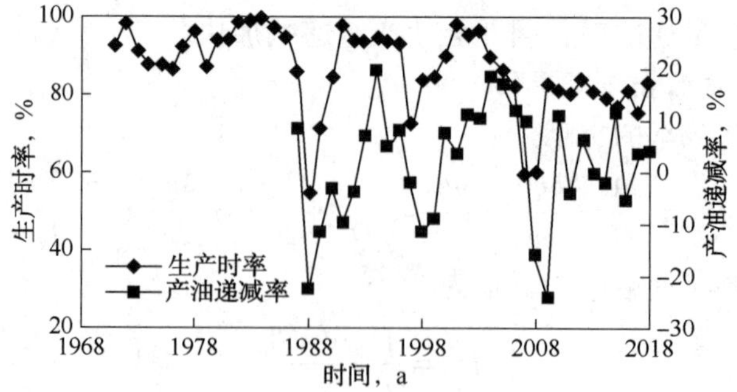

图 5　示范区生产时率与油递减情况

综合分析以上 10 种影响因素，并分别定量计算其对产量综合递减率的影响值，由图 6

可知，含水率是影响产量递减的主控因素。

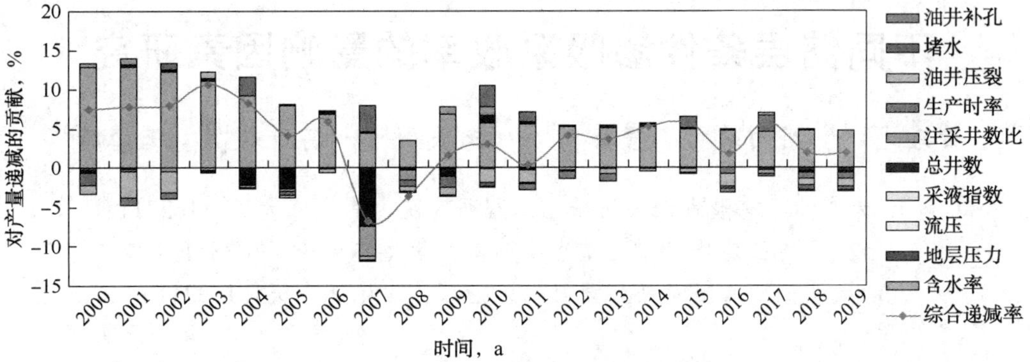

图 6　示范区产量递减影响因素分析

3　开发调整对策

通过上述影响因素分析，对于存在问题的区块，调整对策分两种：一是通过注采系统调整，提高综合含水率高的区块剩余可采储量；二是通过治理套损井和提高油层压力水平，提高采油速度低的区块的产油量。最终使各区块储采比处于合理水平，达到改善问题区块开发效果的目的。其主要措施有：套损井预防与治理、低压区治理、加强细分注水、油水井压裂、油水井酸化、水井调剖、油井堵水。

4　结论与认识

通过对 A 示范区及各井网的产油量进行计算，并确定产量递减类型，符合双曲递减。通过分析了含水率、产液量、措施量和生产时率对产油量造成的影响，确定含水率是影响产量递减的主控因素。可以从注采系统调整、治理套损井、提高油层压力水平和提高采油速度低的区块的产油量四个角度出发，采取多种可行的实施方案，有效控制含水上升及产量递减，才能真正实现提质增效。

参　考　文　献

[1] 罗二辉，胡永乐，王磊，何军．缝洞型低渗透碳酸盐岩油藏产量递减曲线分析[J]．大庆石油学院学报，2012，02：86-90+128-129.

[2] 陈新彬，常毓文，王燕灵，汪萍，邹存友．低渗透储层产量递减模型的渗流机理及应用[J]．石油学报，2011，01：113-116.

[3] 刘永良，徐艳霞，徐艳梅，黄伟岗，刘彬．硫沉积气藏产量递减模型研究[J]．西南石油大学学报(自然科学版)，2011，02：104-108+14.

[4] 杨满平，高超，闫栋栋，韩忠永．特低渗透油藏单井产量递减规律及其影响因素-以长庆油田盘古梁长6油藏为例[J]．油气地质与采收率，2011，04：68-71+116.

[5] 王军磊，贾爱林，何东博，位云生，齐亚东．致密气藏分段压裂水平井产量递减规律及影响因素[J]．天然气地球科学，2014，02：278-285.

[6] 陈元千，李剑，雷占祥，李云波．产量递减阶段开发指标的预测方法[J]．新疆石油地质，2013，05：545-547+496.

[7] 黄冬梅，杨正明，郝明强，张英芝．微裂缝性特低渗透油藏产量递减方程及其应用[J]．油气地质与采收率，2008，01：90-91+100+117.

不同储层条件渗吸采收率的影响因素研究

黄海龙[1,2]　刘向斌[1,2]　管公帅[1,2]　王庆国[1,2]　高　超[1,2]　王德晴[3]

（1. 大庆油田有限责任公司采油工程研究院，黑龙江大庆　163311；
2. 黑龙江省增产增注重点实验室，黑龙江大庆　163311；
3. 大庆油田有限责任公司第七采油厂，黑龙江大庆　163311）

摘　要：为了提高渗吸采收率，改善渗吸采油技术的应用效果，对不同储层条件下渗吸采收率的影响因素进行研究。本文以渗流力学、油藏工程和石油地质学等为理论指导，以大庆外围致密油藏的地质特征和流体性质为实验平台，开展致密储层静态渗吸物理模拟实验；以物模实验数据为依据，对渗吸采收率的影响因素进行研究。研究表明：在40-50mD的储层条件下，渗吸剂降低油水界面张力起到的改变油滴形态效应在渗吸采油过程中发挥更重要的作用；而在5-8mD的储层条件下，渗吸剂改变岩石润湿性起到的渗吸置换与楔形铲油效应在渗吸采油过程中占据优势；裂缝的发育可以有效提高渗吸剂与岩石壁面的接触效率，从而改善渗吸采油效果，但裂缝展布区原油的富集程度是影响渗吸采油效果的首要因素；高渗储层、低渗储层以及低渗裂缝性储层的渗吸采收率分别为7.94%、13.32%和17.07%，与高渗储层相比，渗吸采油技术在低渗储层条件下具有更强的适用性。该研究成果，对渗吸采油技术的理论发展和应用分析具有重要的指导意义。

关键词：渗透率；表活剂；静态渗吸；采收率；影响因素

渗吸采油技术是致密油藏开发的重要技术之一，可以有效提高原油采收率，具有广阔的应用前景[1-2]。静态渗吸实验是室内评价渗吸采油效果的重要方法[3-5]，但关于不同储层条件下渗吸采收率的影响因素研究不足。本文以物理模拟实验为手段，结合致密油藏的地质和开发特征，对不同储层条件下静态渗吸采收率的影响因素进行研究。研究成果对渗吸采油技术的理论发展和应用分析具有重要的意义。

1　实验部分

1.1　材料

表面活性剂包括山东YC化工科技有限公司提供的双子型表面活性剂YC，以及大庆HLX化工有限公司生产的阴-非离子型表面活性剂HLX1、HLX2、HLX3（由α-亚氨基乙酸类与不同类型的非离子型表面活性剂复配组成）。

实验用水：为登三段油层模拟地层水，地层水成份组成见表1。

【第一作者简介】黄海龙（1988—），男，工程师，2015年硕士毕业于中国石油大学（北京），现主要从事提高油气采收率技术研究工作。E-mail：hailonghuang@petrochina.com.cn。

表 1　登三段油层模拟地层水成份组成表

名　称	Na_2SO_4	KCl	$CaCl_2$	$MgCl_2 \cdot 6H_2O$	$NaHCO_3$
浓度/(mg/L)	50.33	4.83	36.00	50.17	743.50

实验用油：登三段层位生产井。

实用岩心：取自大庆油田双 700X 井，1-4 号岩心取自 K1D7 层位，5-10 号岩心取自 K1D3 层位；润湿性为弱亲水；几何尺寸为 φ2.5×8.7cm。

1.2　实验方法

1.2.1　渗吸实验

（1）将饱和油岩心表面的原油擦拭干净；

（2）岩心立放于盛满渗吸剂的渗吸瓶中央；

（3）向渗吸瓶中添加渗吸剂，使渗吸剂的顶部液面到达渗吸管刻度线中部以上位置；

（4）将耐高温连通管连接到渗吸管顶部接头，打开连通阀，见图 1；

（5）整个渗吸装置放于 60℃条件下的烘箱中；

（6）每隔 30min，记录渗吸管油柱高度；当油柱高度连续 3 次不再变化时，记录出油体积为 V_o。

$$\eta = \frac{V_o}{V_w} \times 100$$

式中，η 为渗吸采收率,%；V_o 为静态渗吸过程中排出油的体积，cm^3；V_w 为饱和油实验中的排除水的体积，cm^3。

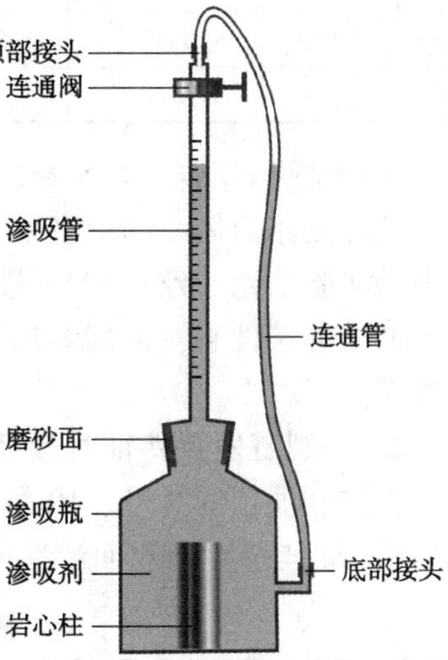

图 1　渗吸实验示意图

2　结果与讨论

2.1　高渗透储层条件下，表面活性剂性能对渗吸采油效果的影响

分别采用表 3 中的 4 种表面活性剂体系类型和渗透率为 40-50mD 的岩心进行渗吸实验，实验结果见表 2。

表 2　高渗储层条件下渗吸实验结果表

实验编号	岩心			表面活性剂				渗吸实验	
	孔隙体积/(cm^3)	水相渗透率/mD	含油饱和度/%	类型	体系特征	润湿角/(°)	界面张力/(m/Nm)	出油量/mL	渗吸采收率/%
1	6.281	46.698	63.7	YC	双低	13.22	0.0072	0.41	10.25
2	6.136	44.101	61.9	HLX1	双高	27.75	0.0711	0.18	4.74
3	5.853	46.352	63.2	HLX2	低润湿角	15.67	0.0501	0.26	7.03
4	5.749	45.996	66.1	HLX3	低界面张力	25.28	0.0182	0.37	9.74

实验结果表明：(1)1 号、2 号实验的渗吸采收率分别为 10.25%、4.74%，表明低润湿角、低界面张力体系的渗吸采油效果要明显优于高润湿角、高界面张力体系；(2)3 号、4 号实验的渗吸采收率分别为 7.03%、9.74%，表明在相对高渗的储层条件下，低界面张力、

高润湿角体系的渗吸采油效果略优于低润湿角、高界面张力体系。

2.2 低渗透储层条件下，表面活性剂性能对渗吸采油效果的影响

分别采用表3中的4种表面活性剂体系类型和渗透率为5~8mD的岩心进行渗吸实验，实验结果见表3。

表3 低渗储层条件下渗吸实验结果表

实验编号	岩心			表面活性剂				渗吸实验	
	孔隙体积/(cm^3)	水相渗透率/mD	含油饱和度/%	类型	体系特征	润湿角/(°)	界面张力/(m/Nm)	出油量/mL	渗吸采收率/%
5	3.654	6.079	30.1	YC	双低	13.53	0.0092	0.18	16.36
6	3.824	6.47	31.4	HLX1	双高	28.36	0.0690	0.11	9.17
7	4.968	7.19	28.18	HLX2	低润湿角	15.22	0.0435	0.21	15
8	3.721	5.999	29.6	HLX3	低界面张力	26.32	0.0146	0.14	12.73

实验结果表明：(1)5号、6号实验的渗吸采收率分别为16.36%、9.17%，表明低润湿角、低界面张力体系的渗吸采油效果要明显优于高润湿角、高界面张力体系，与高渗储层条件下的实验结论一致；(2)7号、8号实验的渗吸采收率分别为15%、12.73%，表明在相对低渗的储层条件下，低润湿角、高界面张力体系的渗吸采油效果略优于低界面张力、高润湿角体系。

2.3 裂缝发育特征对渗吸采油效果的影响

将饱和油后的9号、10号岩心分别进行纵剖与横截处理，模拟裂缝储层条件。采用处理后的岩心与YC型表面活性剂配制的渗吸剂进行渗吸实验，实验结果，见表4。

表4 裂缝储层条件下渗吸实验结果表

实验编号	岩心			表面活性剂				渗吸实验	
	孔隙体积/(cm^3)	水相渗透率/mD	含油饱和度/%	类型	体系特征	润湿角/(°)	界面张力/(m/Nm)	出油量/mL	渗吸采收率/%
9	4.301	5.266	27.9	纵剖面	YC	14.21	0.0083	0.22	18.33
10	4.159	5.557	28.85	横截面	YC	13.56	0.0098	0.19	15.8

实验结果表明：(1)在裂缝发育的储层条件下，渗吸剂首先填充裂缝，有效增大了与壁面的接触面积，有利于渗吸采油；(2)9号实验的渗吸采收率高达18.33%，明显高于10号实验的15.8%，说明裂缝的发育特征对渗吸采油效果具有较大影响。

2.4 渗吸采油效果综合分析

高渗储层、低渗储层以及低渗裂缝性储层的渗吸采收率分别为7.94%、13.32%和17.07%，见图2。渗吸实验结果表明：(1)与高渗储层相比，渗吸采油技术在低渗储层条件下具有更强的适用性；(2)裂缝的发育，特别是原油富集区的裂缝发育可以有效的提高渗吸效率，改善渗吸采收率。

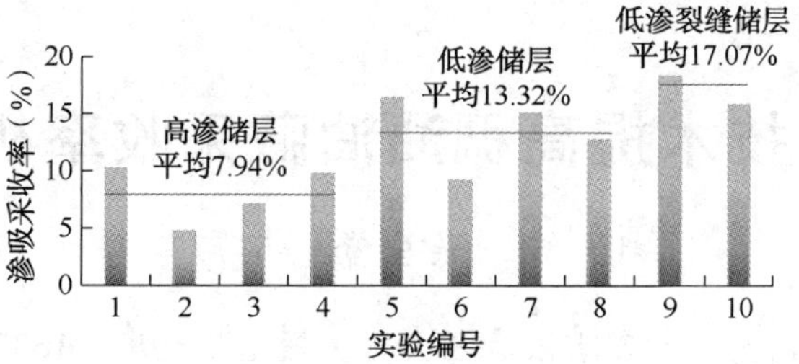

图2　渗吸采油效果直方图

3　结论

（1）在不同储层条件下，渗吸剂的界面张力和润湿角性能指标对渗吸采收率的影响强度不同。因此，筛选渗吸剂体系时，对于相对高渗储层，应更加侧重油水界面张力性能指标；而相对低渗储层，应更加侧重润湿角性能指标。

（2）裂缝展布特征及裂缝展布区的原油富集程度对渗吸效果具有重要影响，因此，在渗吸剂吞吐措施选井时，应当注重压裂措施的造缝规模和增油效果。

（3）渗吸采油技术在低渗、具有一定裂缝发育的储层中适用性更强，因此，渗吸采油是提高致密油藏压裂后采收率，延长开发生命周期的重要措施。建立“大规模压裂+渗吸增能一体化”的开发模式，对致密油藏的开发具有重要的实践意义和深远的发展前景。

参考文献

[1] 周万富，王鑫，卢祥国，等．致密油储层动态渗吸采油效果及其影响因素[J]．大庆石油地质与开发，2017，36(3)：148-155.

[2] 王庆国，王婷婷，陈阳，等．大庆扶余油层静态渗吸采油效果及其影响因素[J]．油田化学，2018，35(2)：308-312.

[3] 王佳．大庆致密油藏渗吸采油剂筛选及性能评价[J]．大庆石油地质与开发，2017，36(3)：156-162.

[4] 黄海龙，刘向斌，王庆国，等．致密油藏储层水平井渗吸增能吞吐技术研究与应用[G]//大庆油田有限责任公司采油工程研究院．采油工程文集2019年第4辑．北京：石油工业出版社，2019：12-17.

[5] 朱维耀，鞠岩，赵明，等．低渗透裂缝性砂岩油藏多孔介质渗吸机理研究[J]．石油学报，2002，23(6)：56-59.

[6] 王家禄，刘玉章，陈茂谦，等．低渗透油藏裂缝动态渗吸机理实验研究[J]．石油勘探与开发，2009，36(1)：86-90.

[7] 华方奇，宫长路，熊伟，等．低渗透砂岩油藏渗吸规律研究[J]．大庆石油地质与开发，2003，22(3)：50-52.

[8] 周凤军，陈文明．低渗透岩心渗吸实验研究[J]．复杂油气藏，2009，2(1)：54-56.

[9] 韩冬，彭昱强，郭尚平．表面活性剂对水湿砂岩的渗吸规律及其对采收率的影响[J]．中国石油大学学报：自然科学版，2009，33(6)：142-147.

[10] 李胜利，张晓时，孙鹏飞，等．大庆油田中浅层致密油储层压裂前酸化技术及应用[G]//大庆油田有限责任公司采油工程研究院．采油工程文集2014年第2辑．北京：石油工业出版社，2014：16-22.

VAPEX 技术提高稠油油藏采收率机理研究

赵　欣　吴宝峰　闫丽萍

(中油大庆油田有限责任公司，黑龙江大庆　163712)

摘　要：1991 年加拿大石油专家 Butler 等人首次提出稠油和沥青溶剂萃取技术(VAPEX)，近十年来该技术已经成为一种改善稠油开采效果的新技术，最主要的原因是相对于其他的采油工艺，VAPEX 具有环境友好、成本低的特点。针对大庆稠油油田我们已经对蒸汽吞吐和蒸汽驱等技术有了一定的认识，并能获得较好的开发效果。但是，常规的注蒸汽开采方法使油田开发承担比较高的开采成本，为了降低成本，提高采收率，我们进一步研究了提高大庆浅薄层稠油油藏采收率的新技术。Vapex 技术提高稠油采收率主要机理是向油藏中注入诸如乙烷、丙烷或丁烷等溶剂的露点压力与油藏压力接近的石油气体，使之在油藏中形成溶剂腔，利用溶剂在原油中的溶解降粘作用和重力泄油机理开采稠油油藏。本文深入分析了 Vapex 技术提高稠油采收率机理，同时通过数值模拟方法，揭示了沥青沉淀过程对 Vapex 效果的影响。

关键词：Vapex；萃取；提高采收率；稠油

目前，开采稠油油藏的常规技术是热力采油，即蒸汽吞吐(CSS)，蒸汽驱(SF)，火烧油层(ISC)，蒸汽辅助重力泄油(SAGD)等。这些技术开采稠油和沥青原理是通过加热而降低油藏中原油的黏度。在蒸汽吞吐技术中，原油最大采收率几乎没有超过 20%，通常情况下，蒸汽吞吐后要采用蒸汽驱技术，而蒸汽驱又存在着蒸汽的密度和黏度均较低，易发生蒸汽超覆和汽窜等问题，产生不均匀的垂直扫油效率，导致地层中残余油饱和度高、蒸汽波及系数小、驱油效率差、采收率低。火烧油层技术要取得成功，原油地层条件下的黏度要足够低(μ<1000mPa·s)，从而可以使原油从燃烧区驱替到冷油藏区。尽管 SAGD 技术在开采稠油和沥青是一项成功的技术，但是应用 SAGD 方法在加热地层内的原油时，绝大部分的热能都消耗在加热油藏内的岩石、上覆层及下覆层上，蒸汽的利用率低。对于薄油层、底水油层和(或)上覆气层、岩石基质低热传导地层、高含水饱和度、低孔隙度、垂直裂缝和(或)裂隙油藏等在经济上是不可行的。克服 SAGD 缺陷的办法是寻找一类介质，它们只对稠油起降粘作用，而对油藏内其他物质不起任何作用，但仍然可以利用降粘后重力泄油的长处。轻烃溶剂能满足上述要求，这就是近十年来一直在研究的溶剂萃取法(简称 Vapex)。它是一种相对较新的技术，Butler 和 Mokrys 认为该方法类似于重力蒸汽驱，它是通过汽化烃类溶剂稀释

基金项目：国家自然科学基金项目，稠油井下改质降粘机理及开采新技术基础研究(No. 21046002)

【第一作者简介】赵欣(1983.7—)，女，2007 年 4 月毕业于东北石油大学油气田开发专业，硕士研究生，现工作在大庆油田勘探开发研究院开发研究二室，高级工程师，主要从事提高采收率技术研究。E-mail:36201501@qq.com。

原油，大幅度降低原油黏度。溶剂萃取法一般也采用在油层下部钻两口平行水平井(一上一下)的布井方式，上部井为注气井，下部井为采油井。它具有低能耗、环境污染小、能提高原油的质量等级，且成本较低的特点，具有广阔的发展前景。

1 Vapex 增油机理分析

1.1 Vapex 产油速率理论模型

基于液态薄膜理论，在 VAPEX 溶剂腔波及过程中，原油体积流量 q：

$$q=2l\sqrt{2kg\varphi\Delta S_o N_s h} \tag{1}$$

式中，L 为水平生产井长度，m；k 为油藏渗透率，m^2；φ 为孔隙度,%；g 为重力加速度，m/s^2；ΔS_o 为$S_{oi}-S_{or}$(油藏中原始含油饱和度 S_{oi}和溶剂腔中剩余油饱和度 S_{or}的差值)；h 为油层厚度，m；N_s 为无量纲数；

N_s 是无量纲数，定义为：

$$N_s=\int_{C_{\min}}^{C_{\max}}\frac{\Delta\rho D(1-c_s)}{\mu c_s} \tag{2}$$

式中，$\Delta\rho$ 为混合区重油与溶济混合物的密度与溶剂腔中的气相溶剂的密度差；D 为溶剂在重油中的分子扩散，m/s^2；μ 为重油与溶剂混合物的黏度，mPa·s；C_s 为溶剂浓度(在过渡带内任一位置，溶剂占溶剂与重油混合物的体积分数),%；$C_{\min}$为 C_s 积分下限(过渡带内和纯油区中的溶剂最小溶度)；$C_{\max}$为 C_s 积分上限(溶剂腔和过渡带中溶剂的最大溶度)；

1.1.1 重油—溶剂混合物密度的确定

当用方程 1-2 计算无量纲数 N_s 时，其中重油-溶剂混合物的密度 ρ：

$$\rho=c_s\rho_s+(1-c_s)\rho_o \tag{3}$$

式中，ρ_s 为液态溶剂密度，kg/m^3；ρ_o 为原油密度，kg/m^3。

当孔隙体积发生变化，忽略溶剂扩散到重油时应用上述方程。此外，假设溶剂是以液相溶解到重油中，过渡带的重油-溶剂混合物密度和溶剂腔中气相溶剂的密度是不同的，溶剂腔中气相溶剂的密度很小，可以近似等于重油-溶剂混合物的密度。

1.1.2 重油—溶剂混合物黏度的确定

黏度低于 10Pa·s 并且 API 重度为 20°或更小的原油，被称为稠油。如果黏度大于 10Pa·s，且 API 重度为 10°或更小，它称为沥青。温度从 20℃上升到 200℃可以将沥青的平均黏度从 900Pa·s 降到 0.01Pa·s，可以降低 5 个数量级。

稠油和沥青的黏度高是其开采难的主要原因，所有开采工艺的目标都是降低稠油和沥青的黏度，增加稠油和沥青的流度。在 VAPEX 工艺中，气态溶剂的注入可使稠油和沥青的黏度下降。原油和沥青的黏度取决于它的化学组成、温度、压力和溶解气的浓度。稠油沥青的黏度是温度的强函数。但是，当气体溶解到稠油和沥青中后，压力能够有效的影响黏度。总之，稠油黏度是温度、溶解气浓度、压力和沥青质含量的函数。

重油—溶剂混合物的黏度，μ：

$$\mu=\mu_s^{f_s}\mu_o^{f_o} \tag{4}$$

$$f_s=\frac{c_s}{c_s+\lambda c_o},\ f_s+f_o=1,\ c_s+c_o=1 \tag{5}$$

式中，μ_s 为液态溶剂的黏度，mPa·s；μ_o 为没有被溶剂溶解的原油的黏度，mPa·s；f 为体积加权分数；C_s 为溶剂浓度（在过渡带内任一位置，溶剂占溶剂与重油混合物的体积分数），%；C_o 为原油体积分数（原油占溶剂与重油混合物的体积分数），%；λ 为加权因子。

$$\lambda = \frac{17.04\Delta\gamma^{0.5237}\gamma_s^{\ 1.6316}\gamma_o^{\ 3.2745}}{\ln\left[\dfrac{\mu_o}{\mu_s}\right]},\quad \Delta\gamma = \gamma_o - \gamma_s \tag{6}$$

式中，γ_s 为液相溶剂的重度；γ_o 为原油的重度；$\Delta\gamma$ 为重油和液相溶剂的重度差；

对于沥青和稠油油藏，上述研究结果有助于确定在溶剂萃取操作中选用哪一种溶剂，在油藏温度和压力条件下，找到一种溶剂可以最大程度降低稠油和沥青的黏度。

2 Vapex 过程中脱沥青作用

2.1 数值模拟模型的建立

油藏数值模拟研究应用的软件为 CMG 公司的 STARS 软件，建立 20×21×40 的三维网格系统，I 方向和 J 方向网格宽度均为 10m，K 方向网格宽度为 0.2m。地质参数及原油物性参数均采用大庆西部斜坡区稠油油藏参数。典型模型所使用的基本参数如下：

油藏深度：450m；

油层有效厚度：8m；

孔隙度：32%；

渗透率：2000md；

含油饱和度：62%；

岩石孔隙压缩系数：$4\times10^{-5}kPa^{-1}$；

原始地层压力：4.7MPa；

原始地层温度：19℃；

岩石体积热容：$5\times10^{6}J/m^{3}$·℃；

岩石热传导率：3×10^{5}J/m·day·℃；

水的热传导率：5.35×10^{5}J/m·day·℃；

油的热传导率：1.15×10^{4}J/m·day·℃；

气的热传导率：1.4×10^{2}J/m·day·℃；

原油密度：0.9245g/cm^3。

2.2 沥青沉淀过程分析

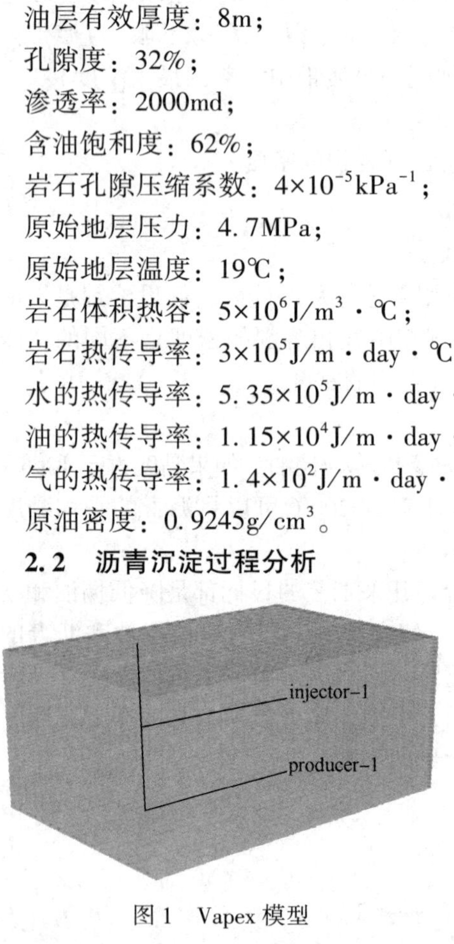

图 1 Vapex 模型

稠油和沥青是由饱和烃、芳烃、胶质和沥青质（SARA 组分）四类组成的，其组成影响稠油和沥青的开采和运输。在这些组分中，工业上主要关注沥青质，因为它会随着压力、温度或组成的变化而沉积。沥青质为含有镍、铁、钒的高分子量复杂化合物，它能溶于 CS_2、嘧啶、CCl_4 和苯，但不溶于低分子量的正构烷烃，可以从石油或页岩油中衍生出来。稠油和沥青中由于含有大量的沥青质，因此，具有较高的黏度，它会带来一些严重和复杂的运输问题，需要用轻质组分稀释或改质之后，才能便于运输。在 Vapex 技术中，注入溶剂的压力接近或高于溶剂在油藏温度下的蒸气压力就会产生脱沥青现象，会带来一定的降粘效果。脱沥青作用前需要一个特定的最小溶剂浓度(临界值)，这个值因溶剂不同而变化。脱沥青后的原油更轻、质量更好。

曾经有学者认为 VAPEX 过程中，原油就地脱沥青可能会沉积在井筒里面或附近，这将会阻塞生产井。我们应用数值模拟方法更加准确的模拟了 Vapex 过程中沥青沉淀过程，如图 1 所示。模拟结果表明脱沥青原油中的沥青质沉积占据不到 20%的孔隙空间，它主要沉积在生产井的末端。一些沥青质还会沉积在原油和溶剂界面外。当原油-溶剂界面的溶剂浓度达到最高时，沉积物开始靠近原油-溶剂界面。并且沥青质会被稀油携带到地面。因此沥青质沉积不会阻塞生产井。同时由于原油黏度下降，相比没有脱沥青的原油，在脱沥青作用下原油产量会增加 10~20%。

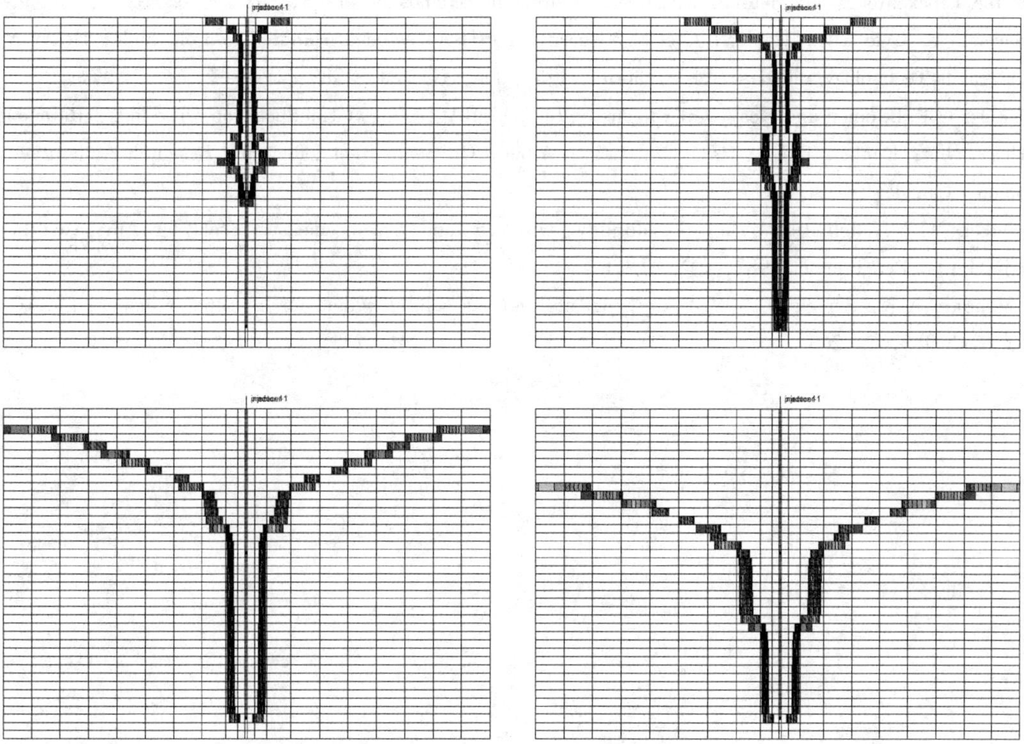

图 2　Vapex 过程中沥青沉淀

3　结论

(1) Vapex 技术提高采收率的机理是注入油藏的气化萃取剂在合适的温度和压力条件下，溶解到原油中，在原油中扩散，稀释原油，降低原油黏度，促进原油流动，从而提高稠油采收率。

(2) 数值模拟研究结果表明，沥青质沉积主要沉积在原油-溶剂界面处，沥青质会被稀油携带到地面，因此沥青质沉淀不会导致原油产量减少，相反会对原油起到就地改质作用，从而提高原油产量。

参 考 文 献

[1] 胡见义，牛嘉玉. 中国稠油和沥青砂资源[J]. 世界石油工业，1998，5(9)：13-19.

[2] 钟文新. 世界稠油资源状况分析[J]. 石油科技论坛，2008(5)：18-23.

[3] Moore，R. G.，Laureshen，C. J.，Belgrave，J. D. M.，Ursenbach，M. G.，Mehta，S. A.，1994. In situ combustion：new ideas for an old process. Eleventh Annu. Heavy Oil and Oil Sands Tech. Symp. Can. Heavy Oil Association，March 2，Calgary，Alberta，Canada.

[4] Butler R M，Stephens D J. The gravity drainage of steam-heated heavy oil to parallel horizontal wells[J]. Journal of Canadian Petroleum Technology，1981，20(2)：90-96.

[5] Butler RM，Mokrys I J. A New Process(VAPEX) For Recovering Heavy Oils Using Hot Water And Hydrocarbon Vapour[J]. Journal of Canadian Petroleum Technology1991，30(1)：97-106.

[6] Butler R M，Mokrys I J. Recovery of Heavy Oils Using Vapourized Hydrocarbon Solvents：Further Development of the Vapex Process[J]. Journal of Canadian Petroleum Technology，1993，32(6)：56-62.

[7] Seyer F A，Gyte C W，Hepler L G et al. Viscosity. AOSTRA Technical Handbook on oil sands，Heavy Alberta Oil Sands Technology and Research Authority，Edmonton，Canada，1989：174-175.

[8] Strausz O P. Bitumen and Heavy Oil Chemistry. In AOSTRA Technical Handbook on Oil Sands，Bitumens and Heavy Oils；Hepler，L. G.，Hsi，C.，Eds.；Alberta Oil Sands Technology and Research Authority：Edmonton，Canada，1989.

[9] Svrcek W Y，Mehrotra A K. Gas solubility，viscosity and density measurements for Athabasca bitumen [J]. J. Can. Pet. Technol. 1982，21，31-38.

[10] Mehrotra A K，Svrcek W Y. Viscosity，density and gas solubility data for oil sand bitumens[J]. AOSTRA J. Res. 1985，1：263.

人工神经网络在特低渗透区块 CO_2 驱采收率中的应用

陈成龙　刘义坤　贺伟中　薄利锋　朱是维

（东北石油大学提高采收率教育部重点实验室）

摘　要：在特低渗透油藏提高采收率是目前世界石油行业研究的热点。特低渗透油藏储层物性较差，注入水扩散缓慢，存在“注不进，采不出”的难题，注 CO_2 在特低渗透油藏提高采收率方面应用潜力巨大。因此，准确预测特低渗透区块 CO_2 驱的采收率对指导油气田开发至关重要。由于采收率与其影响因素之间存在较为复杂的非线性关系，导致常规的预测方法难以准确预测，而人工神经网络具有较强的自适应、自学习及自调整能力，其强大的非线性逼近能力使其能够很好地逼近被测对象的实际值，是目前比较理想的预测方式。两种人工神经网络的预测结果表明：广义回归神经网络比 BP 神经网络在特低渗透区块 CO_2 驱采收率的预测精度更高，更能反映特低渗透区块 CO_2 驱采收率与其影响因素之间的内在联系和规律。

关键词：BP 神经网络；广义回归神经网络；特低渗透区块；CO_2 驱；采收率预测

随着油气勘探开发程度的不断加深，低渗透油气将成为中国未来油气工业发展的主流[1]。我国现有的低-特低渗透油田占据着油气田开发的主导地位，它们的建设规模已经到总油气储量的一半以上。经过国内外大量室内 CO_2 驱实验不断研究证明，注 CO_2 在开发特低渗透油藏有较好的应用前景。CO_2 驱将成为提高特低渗透区块采收率的主要方法之一[2,3,4,5]。

研究区域为大庆油田外围特低渗透储层 SP 区块，由于我国没有大型的 CO_2 气田投产开发，较大规模的 CO_2 气源只能从工业副产物中铺货得到，气源受到严重限制[6,7]，始终没有全面展开混相气驱。大庆油田外围特低渗透储层对于 CO_2 驱的研究仍以室内天然长岩心实验为主，结合现场进行小规模的试验应用。

目前，油田预测采收率常用的方法主要为数值模拟、物理实验和多维回归分析法[8]。由于特低渗透区块 CO_2 驱的采收率与其影响因素之间存在复杂的非线性关系，导致常规的预测方法误差较大，因此，利用人工神经网络可无限接近任意非线性函数的功能对油田开发指标进行预测，是目前最理想的预测方法[9]。

1　建立 BP 神经网络预测模型

BP 的全称是 Back Propagation，也称为 Error Back Propagation，意为误差反向传播[10]，这是 BP 神经网络(BPNN)的特点。BPNN 的基本思想是信号正向传播和误差反向传播。信号正向传播时，输入样本从输入层传入，经各隐层逐层处理后，传向输出层。若期望输出值与网络预测输出值的差值较大，则转入误差的反向传播阶段；误差反向传播时，将输出以某

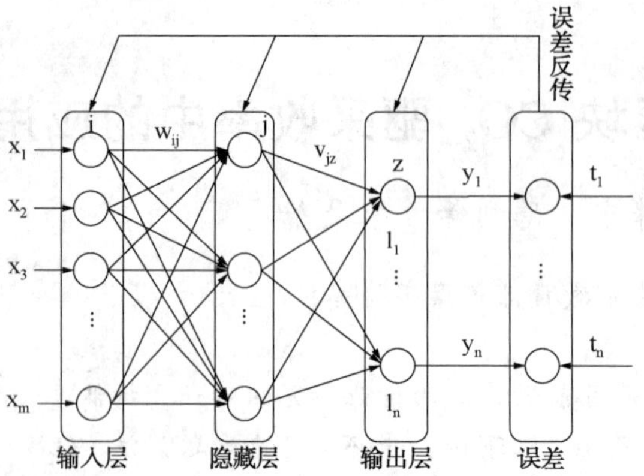

图 1　BPNN 结构示意图

种形式通过隐层向输入层逐层反传，并将误差分摊给各层的所有单元，从而获得各层单元的误差信号，此误差信号即作为修正各单元权值的依据。BP 神经网络结构如图 1 所示。

BP 神经网络通常由输入层、隐藏层、输出层三层组成。设输入学习样本是 x，实际输出是 y，t 是期望输出，t 与 y 的差值是误差；输入层节点为 m 个，隐藏层的节点数为 p 个，输出层的节点数为 n 个[11]。BP 神经网络预测模型预测的实验数据总共 51 组，前 41 组数据用来作为训练数据，后 10 组作为检验数据，借此判断 BP 神经网络预测模型的准确性。设：

网络样本输入：$X=(x_1, x_2, \cdots, x_m)$；网络实际输出：$Y=(y_1, y_2, \cdots, y_n)$；

隐藏层加权输入：$S=(s_1, s_2, \cdots, s_p)$；隐藏层输出：$B=(b_1, b_2, \cdots, b_p)$；

输出层加权输入：$L=(l_1, l_2, \cdots, l_n)$；期望输出：$T=(t_1, t_2, \cdots, t_n)$；

输入层到隐藏层的连接权值：w_{ij}；隐藏层到输出层的连接权值：v_{jz}。

BP 神经网络隐藏层加权输入与输入层输入之间的函数表达式用矩阵表达为：

$$(s_1, s_2, \cdots, s_p)=(x_1, x_2, \cdots, x_m)\begin{bmatrix} w_{11} & w_{12} & L & w_{1p} \\ w_{21} & w_{22} & L & w_{2p} \\ M & M & O & M \\ w_{m1} & w_{m2} & L & w_{mp} \end{bmatrix}+(\theta_1, \theta_2, \cdots, \theta_p)，即：$$

$$S_j = \sum_{i=1}^{m} + \theta_j \tag{1}$$

则隐藏层的输出与该层加权之后的输入的函数关系为：

$$b_j = f(S_j) \tag{2}$$

输出层的加权输入与隐藏层输出之间函数表达式用矩阵表示为：

$$(l_1, l_2, \cdots, l_p)=(b_1, b_2, \cdots, b_m)\begin{bmatrix} v_{11} & v_{12} & L & v_{1p} \\ v_{21} & v_{22} & L & v_{2p} \\ M & M & O & M \\ v_{m1} & v_{m2} & L & v_{mp} \end{bmatrix}+(r_1, r_2, \cdots, r_p)，即：$$

$$l_z = \sum_{j=1}^{p} v_{jz} b_j + r_z \tag{3}$$

则网络期望输出值与输出层加权输入值之间的函数关系为：

$$t_z = f(l_z) \tag{4}$$

对于第 k 对 BP 神经网络的训练样本(X_k, T_k)，则样本 k 的误差即实际输出与期望输出之间的误差为：

$$E_k = \frac{1}{2}\| Y_k - T_k \|^2 = \frac{1}{2}\sum_{z=1}^{n}(y_z - t_z)^2 \tag{5}$$

利用 BP 神经网络建立以注入时间、注入量作为输入量，采收率作为输出量的 3 层 BP 神经网络结构的预测模型。由于该 BP 神经网络预测模型的输入变量和输出变量的个数分别为 2 个和 1 个，因此，该 BP 神经网络的输入层节点和输出层节点数目分别设置为 2 个和 1 个。根据实际需要隐含层的节点数目设为 10 个。

2 建立广义回归神经网络预测模型

广义回归神经网络（GRNN）由 Donald Specht 博士于 1991 年提出[15]，它是径向基神经网络（RBFNN）的一种改进型[16]，建立在回归数理统计的基础上，具有很强的非线性映射能力和学习速度。GRNN 的网络结构为 4 层[17]，与 BPNN 结构相似，区别在于多了一层求和层，而去掉了隐含层与输出层之间的连接权值，网络结构如图 2。

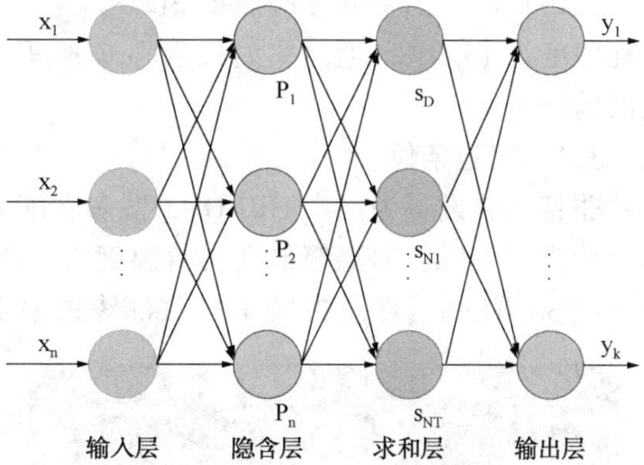

图 2 GRNN 结构示意图

GRNN 输入层的节点数等于学习样本中输入向量的维数，隐含层的节点数等于学习样本的数目 n。输入层节点 i 的输出为输入变量与其对应的样本 x 之间 Euclid 距离平方的指数平方 $D_i^2=(x-x_i)^T(x-x_i)$ 的指数形式。隐含层函数为：

$$P_i=\exp\left[-\frac{(x-x_i)^T(x-x_i)}{2\delta^2}\right],\ i=1,\ 2\cdots n. \tag{6}$$

式中，x 为网络输入变量；x_i 为第 i 个节点对应的学习样本。

求和层用两种类型的求和函数进行计算，第一类函数对所有隐含层节点的输出进行算数求和，其隐含层与各节点的连接权值为 1；另一类函数对所有隐含层节点的输出进行加权求和，隐含层中第 i 个节点与求和层中第 j 个求和节点之间的连接权值第 i 个输出样本 y_i 中的第 j 个元素为 y_{ij}。两种类型的求和函数 S_D 和 S_{Nj} 的表达式分别为：

$$S_D=\sum_{i=1}^{n}\exp\left[-\frac{(x-x_i)^T(x-x_i)}{2\delta^2}\right]=\sum_{i=1}^{n}P_i,\ i=1,\ 2\cdots n. \tag{7}$$

$$S_{Nj}=\sum_{i=1}^{n}y_{ij}\exp\left[-\frac{(x-x_i)^T(x-x_i)}{2\delta^2}\right]=\sum_{i=1}^{n}y_{ij}P_i,\ i=1,\ 2\cdots n. \tag{8}$$

输出层中的节点数目等于学习样本中输出向量的维数 k，各节点将求和层的输出相除，则节点 j 输出的预测结果 y_j 的表达式为：

$$y_j=\frac{S_{Nj}}{S_D},\ j=1,\ 2\cdots k. \tag{9}$$

GRNN 的理论基础是非线性回归分析，输入层直接输入变量传递给隐含层，经隐函层函数的激活传至求和层，求和层使用两类函数进行求和然后传给输出层，输出层各节点将求和层的输出依次相除输出对应的预测结果。

利用 GRNN 建立以注入时间、注入量作为输入量，采收率作为输出量的 4 层 GRNN 神经网络结构的预测模型。同BP神经网络一样，设置输出层的节点数目为2个，隐含层的节点数目为10个，输出层的节点节点数目为1个。GRNN预测模型预测的实验数据总共51组，前41组数据用来作为训练数据，后10组作为检验数据。

3 实例验证

以大庆油田长垣外围特低渗透扶杨油层SP区块为例，在SP区块取岩心进行研究。以大庆油田长垣外围特低渗透油藏SP区块扶一组油层为例，该区块平均渗透率2.18mD，平均孔隙度为13.9%。通过室内长岩心CO_2驱油物理模拟实验进行两种人工神经网络预测模型的验证。

3.1 实验条件

驱替实验设备为国产HBYQ-2型多功能岩心驱替设备，此设备的最高环压与最高驱替压力均为50MPa，恒温箱最高实验温度为150℃，配有长岩心夹持器。岩样为天然岩心。岩心长度30.04cm，直径2.50cm，气测渗透率$2.286 \times 10^{-3} \mu m^2$，孔隙度为14.5%。

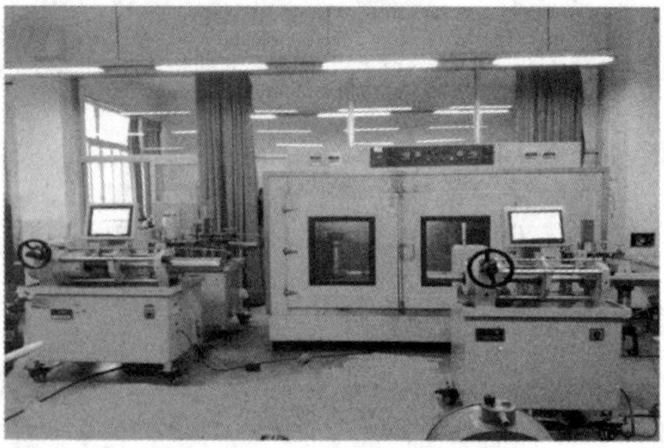

图3 CO_2驱替实验装备

图4 CO_2驱替实验长岩心模型

注气方式为22MPa恒压注入CO_2气体，输出端的压力为20MPa。实验温度为89.6℃(模拟地层温度)，实验环压为24.2MPa(模拟地层压力)，实验所用的油样、水样均为SP区块扶杨油层某油井的实际流体数据配制而成。实验注入CO_2的纯度为99.99%。

3.2 样本数据

在特低渗透油藏开发过程中，由于其本身具有的复杂性，需要采用室内长岩心CO_2驱替实验进行评价。室内长岩心CO_2驱替实验数据见表1。

表1 两种人工神经网络学习训练样本数据

样本	注入时间/min	注入量/PV	采收率/%
1	13	0.01	1.52
2	17	0.03	1.86
3	23	0.07	2.45
4	27	0.09	3.02
5	31	0.12	3.69
6	34	0.15	5.48
7	37	0.19	9.75
8	40	0.22	10.35

续表

样本	注入时间/min	注入量/PV	采收率/%
9	43	0. 24	11. 34
10	46	0. 25	13. 81
11	49	0. 29	15. 97
12	53	0. 31	19. 61
13	56	0. 33	22. 06
14	57	0. 36	24. 89
15	62	0. 41	28. 98
16	66	0. 43	32. 14
17	73	0. 46	34. 04
18	80	0. 49	36. 27
19	84	0. 52	38. 52
20	88	0. 56	40. 65
21	92	0. 59	41. 83
22	95	0. 62	43. 81
23	104	0. 65	44. 62
24	108	0. 67	46. 75
25	113	0. 69	49. 31
26	119	0. 75	52. 25
27	123	0. 79	53. 07
28	125	0. 82	54. 11
29	129	0. 86	54. 45
30	132	0. 90	54. 78
31	138	0. 94	55. 37
32	142	0. 97	55. 60
33	146	1. 01	55. 83
34	151	1. 05	55. 98
35	156	1. 09	56. 30
36	164	1. 12	57. 02
37	173	1. 16	57. 47
38	180	1. 19	58. 04
39	186	1. 25	59. 09
40	191	1. 29	59. 61
41	197	1. 31	60. 38
42	206	1. 34	60. 96
43	213	1. 37	61. 93
44	220	1. 41	62. 82
45	225	1. 46	63. 45
46	231	1. 49	64. 11
47	237	1. 53	64. 53
48	245	1. 65	64. 83

续表

样本	注入时间/min	注入量/PV	采收率/%
49	253	1.73	65.06
50	262	1.83	65.24
51	271	1.95	65.39

3.3 预测结果

分别采用 BPNN 和 GRNN 两种仍神经网络对 CO_2 驱的采收率进行预测。用前 41 组数据作为训练数据进行学习，建成适合本区块采收率预测的两种人工神经网络模型，这两种模型分别对两种注气方案的后 10 组数据进行预测，用预测出的 10 组数据与实际值对比进行检验，借此判断两种人工神经网络预测模型的精确度。

CO_2 驱的实际采收率值、BP 神经网络预测值、GRNN 神经网络预测值的对比结果和对比曲线分别如表 2 和图 5 所示。

表 2 CO_2 驱实际采收率值、BPNN 预测值及 GRNN 预测值对比

样本	采收率/%	BPNN 预测值/%	相对误差/%	GRNN 预测值/%	相对误差/%
1	1.52	1.98	30.52	1.71	12.72
2	1.86	2.38	28.23	2.13	14.76
3	2.45	2.89	17.81	2.67	8.85
4	3.02	3.56	17.80	3.29	8.87
5	3.69	4.31	16.96	3.86	4.75
6	5.48	5.21	-5.05	5.60	2.17
7	9.75	9.95	2.04	9.55	-2.07
8	10.35	10.86	4.97	10.62	2.65
9	11.34	11.72	3.33	11.39	0.42
10	13.81	13.00	-5.87	13.85	0.28
11	15.97	16.41	2.77	16.21	1.52
12	19.61	20.08	2.39	19.82	1.07
13	22.06	22.45	1.75	22.26	0.89
14	24.89	25.36	1.89	25.03	0.57
15	28.98	27.83	-3.98	29.16	0.63
16	32.14	32.69	1.70	32.10	-0.14
17	34.04	34.87	2.43	34.34	0.88
18	36.27	36.71	1.23	36.51	0.68
19	38.52	39.08	1.46	38.61	0.24
20	40.65	41.54	2.18	40.74	0.22
21	41.83	42.57	1.78	44.71	6.89
22	43.81	43.46	-0.79	44.13	0.74
23	44.62	45.32	1.57	44.79	0.38
24	46.75	47.23	1.03	46.93	0.39
25	49.31	50.07	1.55	49.72	0.84

续表

样本	采收率/%	BPNN 预测值/%	相对误差/%	GRNN 预测值/%	相对误差/%
26	52.25	52.98	1.40	52.07	-0.35
27	53.07	53.47	0.76	53.34	0.51
28	54.11	54.92	1.50	54.32	0.39
29	54.45	54.89	0.81	54.29	-0.30
30	54.78	55.45	1.23	54.99	0.39
31	55.37	55.89	0.93	55.49	0.21
32	55.60	55.36	-0.43	55.82	0.40
33	55.83	56.71	1.57	56.25	0.74
34	55.98	56.62	1.14	56.41	0.76
35	56.30	56.72	0.75	56.59	0.52
36	57.02	57.83	1.41	57.39	0.64
37	57.47	58.09	1.08	57.86	0.68
38	58.04	58.38	0.59	58.26	0.39
39	59.09	59.88	1.34	59.35	0.44
40	59.61	60.04	0.72	59.83	0.37
41	60.38	61.51	1.86	60.78	0.65
检验	60.96	61.86	1.47	61.12	0.25
检验	61.93	62.96	1.66	62.68	1.21
检验	62.82	63.76	1.50	63.33	0.81
检验	63.45	64.62	1.85	64.06	0.97
检验	64.11	65.02	1.42	64.74	0.98
检验	64.53	65.53	1.55	65.01	0.74
检验	64.83	65.76	1.43	65.32	0.76
检验	65.06	66.15	1.67	65.61	0.84
检验	65.24	67.02	2.73	65.61	0.57
检验	65.39	67.41	3.09	66.04	0.99

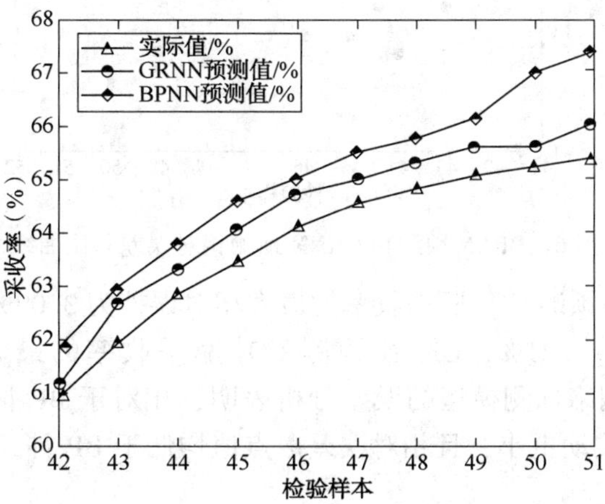

图 5　CO_2 驱实际采收率、BPNN 预测值及 GRNN 预测值对比曲线

结合表 2、图 5 可知，相比于传统的 BP 神经网络，GRNN 预测的采收率值更接近实际采收率值，预测精确度更高。

由图 5 可知，从第 42 个样本开始，实际采收率上升速度逐渐变缓，最后基本趋于稳定。从总体预测趋势来看，两种人工神经网络预测采收率曲线走势基本和实际采收率曲线符合。BPNN 采收率预测曲线、GRNN 采收率预测曲线上升速度基本都是逐渐变缓，最后大致趋于稳定。相对于 BPNN 采收率预测曲线，GRNN 采收率预测曲线更接近实际采收率曲线。

3.4 误差分析

选择平均相对误差(mean relative error，MRE)，作为评价标准，具体计算公式如下式(10)：

$$MRE = \frac{1}{N}\sum_{i=1}^{N}\left|\frac{y' - y}{y}\right| \tag{10}$$

式中，y'为神经网络预测值；y 为实际实验数据。

表 3　两种人工神经网络预测平均相对误差对比表

人工神经网络	BPNN	GRNN
MRE/%	1.84%	0.84%

由表 3 可知，利用 BPNN 及 GRNN 构建 CO_2 驱采收率预测模型的平均相对误差(MRE)分别为 1.84%和 0.81%，GRNN 预测采收率的相对误差比 BPNN 低 1.03 个百分点。这表明 GRNN 预测 CO_2 驱采收率比 BPNN 预测精度更高。

对 BPNN 及 GRNN 两种人工神经网络预测 CO_2 驱采收率的相对误差进行分析，其预测 CO_2 驱采收率的相对误差曲线如图 6 所示。

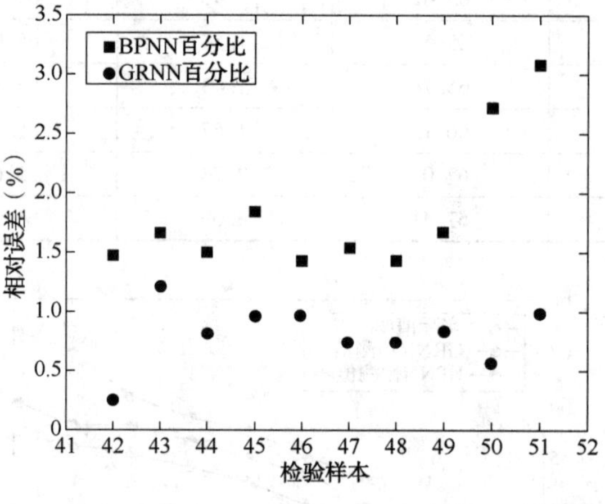

图 6　BPNN 预测和 GRNN 预测相对误差对比曲线

由图 6 可知，BPNN 预测 CO_2 驱采收率的最大相对误差为 3.09%，GRNN 预测 CO_2 驱采收率的最大相对误差为 1.21%，GRNN 预测 CO_2 驱采收率的最大相对误差比 BPNN 低 1.88%。两种人工神经网络预测模型的误差分析表明，相对于 BP 神经网络，GRNN 预测采收率的相对误差散点值波动更小，且相对误差散点值均低于 BP 神经网络算法预测的相对误差曲线。

4 结论与认识

（1）采用室内长岩心 CO_2 驱替实验验证了两种人工神经网络预测模型的准确性。两种人工神经网络的预测结果表明：GRNN 比 BPNN 预测 CO_2 驱采收率的平均相对误差更低。相对于 BPNN，GRNN 预测 CO_2 驱采收率的精度和有效性有较大的提升。

（2）对比实际采收率及两种人工神经预测结果的曲线，发现曲线总体趋势基本一致，均为上升速度逐渐变缓最后大致趋于稳定。相对于 BPNN 采收率预测曲线，GRNN 采收率预测曲线更接近实际采收率曲线。

（3）通过对比 BPNN 和 GRNN 两种人工神经网络预测 CO_2 驱采收率的值和实际值的误差，发现 GRNN 预测模型能更好的反映 CO_2 驱采收率与其影响因素之间的内在联系和规律，且该模型预测值与实际值之间的误差更小，可以更好的预测 CO_2 驱的采收率。相比于 BPNN，GRNN 预测 CO_2 驱采收率更适用于特低渗透区块已采用 CO_2 驱开采了一段时间(存在训练数据)，预测该区块后续开发 CO_2 驱采收率的例子(预测数据)。

参 考 文 献

[1] 胡文瑞．中国低渗透油气的现状与未来[J]．中国工程科学，2009，11(08)：29-37.

[2] Holm L W，Josendel V A. Mechanisms of oil displacement by carbondioxide[J]. Journal of Petroleum Technology，1974，26(12)：1427-1436.

[3] 陈祖华，汤勇，王海妹，等．CO_2 驱开发后期防气窜综合治理方法研究[J]．岩性油气藏，2014，26(5)：102-106.

[4] 李军，张军华，谭明友，等．CO_2 驱油及其地震监测技术的国内外研究现状[J]．岩性油气藏，2016，28(1)：128-134.

[5] 高慧梅，何应付，周锡生．注二氧化碳提高原油采收率技术研究进展[J]．特种油气藏，2009，16(1)：6-12.

[6] 段海燕，王雷．我国石油工业二氧化碳地质封存研究[J]．石油钻采工艺，2009，31(1)：121-124.

[7] 孟新，罗东坤．碳捕获与油藏封存 CO_2 气源途径经济性比较方法[J]．环境工程，2015，33(04)：150-155.

[8] 王涛．人工神经网络在 CO_2 驱采收率预测中的应用[J]．特种油气藏，2011，18(04)：77-79.

[9] 郑度奎，胡晨章，蒲月华．基于人工神经网络的油气管道 CO_2 腐蚀速率预测研究进展[J/OL]．热加工工艺，2021(18)：25-31[2021-07-25]. https：//doi. org/10. 14158/j. cnki. 1001-3814. 20202208.

[10] 欧阳金亮，陆黎明．综合改进 BP 神经网络算法在股价预测中的应用[J]，计算机与数字工程，2011，9(2)：57-97.

[11] 文华．基于遗传算法的灰色马氏链模型预测油田产量[J]．特种油气藏，2009，16(06)：58-60.

[12] LiRuiyou，ZhangHuaiqing，ZhuangQiong，et al. BP neural network and improved differential evolution for transient electromagnetic inversion[J]. Computers & Geosciences，137.

[13] Li J，Liang G. Petrochemical equipment corrosion prediction based on BP artificial neural network[C]// IEEE International Conference on Mechatronics & Automation. IEEE，2015：238-241.

[14] Liang H，Wei Q，Lu D，et al. Application of GA-BP neural network algorithm in killing well control system[J]. Neural Computing and Applications，2021，33(5).

[15] 皮骏，马圣，张奇奇，等．基于改进果蝇算法优化的 GRNN 航空发动机排气温度预测模型[J]．航空动力学报，2019，34(1)：

[16] 段春莲，罗东浩，杨剑锋，等．基于 KPCA-GRNN 的炼化厂管道腐蚀速率预测[J]．河北工业科技，2019，36(5)：346-351.

[17] 王文辉，骆正山，张新生．基于 PSO-GRNN 模型的埋地管道腐蚀剩余寿命预测[J]．表面技术，2019，48(10)：267-275.

[18] 陈晖，胡泽根，王永平，王欣然，郭秩瑛．广义回归神经网络技术在新油田快速评价中的应用[J]．重庆科技学院学报(自然科学版)，2019，21(01)：42-45.

[19] 陈东虎，朱维耀，朱华银，雷刚，刘军．应用广义回归神经网络预测油井含水率[J]．重庆科技学院学报(自然科学版)，2012，14(06)：97-101.

[20] Pan Wentao. A new fruit fly optimization algorithm：taking the financial distress model as an example [J]. Knowledge-Based Systems，2012，26：69-74.

[21] 熊钰，孙雷，李士伦，等．辽河稀油区注 CO_2 提高采收率潜力实验评价[J]．西南石油学院学报，2001，23(2)：30-32.

[22] 杨庆军，邓春呈，杨永利，等．人工神经网络在低阻油层识别上的应用[J]．特种油气藏，2001，8(2)：8.

深水复杂水下中心管汇国产化研究与应用

程寒生[1]　尤学刚[1]　魏行超[1]　刘孔忠[1]　周声结[1]　黄会娣[2]

(1. 中海石油(中国)有限公司海南分公司，海口　570311；
(2. 海洋石油工程股份有限公司，天津　300452)

摘　要：深水水下生产设施国产化一直是国内研究应用的热点。本文针对国内研究应用现状和陵水 17-2 深海气田水下中心管汇国产化实施过程遇到的难题，对深水水下管汇钻井中心布置、超级双相不锈钢小孔管线首次国产化应用于深海、狭小受限空间超级双相不锈钢小孔管线稳定高效焊接工艺进行了攻关研究。项目成功实现了带分配、控制功能的复杂水下管汇的国产化制造和深水安装。解决国产化难题的方法和成果可为以后类似的生产、科研项目提供借鉴。

关键词：深水；复杂水下中心管汇；国产化；管汇钻井中心布置；超级双相不锈钢小孔管线；焊接工艺

国内外普遍采用水下生产技术开发深水油气田，近年来，随着国内水下生产技术研究的不断深入与应用的不断增长，水下生产设施的国产化研究与应用，成为我国海洋石油工业的热点。自“十一五”中国海油联合国内高校科研院所、相关企业，牵头开展了水下生产技术研究以及水下管汇国产化样机研制以来，形成了较多的水下管汇设计技术积累[1][2][3]，但离真正实现 1500 米深海水下设施本土化、国产化工程应用尚有一点距离。陵水 17-2 项目为中国海油首个自主开发的 1500 米水深的深水气田，水下生产设施包括 11 棵水下采油树、4 个带控制模块的深水复杂管汇(Manifold)、2 个深水水下脐带缆终端单元(SUTU，Subsea Umbilical Termination Unit)和 1 个深水水下分配单元(SDU，Subsea Distribution Unit)。以该项目为依托，研究实现深水复杂水下中心管汇国产化，面临水下管汇钻井中心布置设计、超级双相不锈钢小孔管线国产化以及焊接工艺开发三个方面的难题，本文进行了分析总结，阐述存在的问题、挑战和解决方法。

1　国产化需解决的主要难题

1.1　管汇钻井中心布置设计

项目中心管汇不仅具备生产流体的汇集、外输功能，还具备电气、液压控制液、化学药剂的分配功能，同时自身带有控制模块能够采集监控数据、远程开关阀门、调节计量阀开度。水下管汇总体布置是国产化过程中开展管汇详细设计遇到的第一个难题。管汇钻井中心内的井口采油树和海底管道终端(PLET，Pipeline End Termination)、连接远端

【第一作者简介】程寒生(1978—)，男，高级工程师，硕士研究生学历，现从事水下油气生产技术的设计研究、工程开发工作。

卫星井的柔性软管以及脐带缆、飞线都需要连接到管汇上，因而管汇的总体布置设计取决于管汇钻井中心的布置设计。管汇钻井中心的布置即以管汇为中心，对周围的井口采油树、海底管道终端(PLET，Pipeline End Termination)、进出的管缆等进行布置。布置中的水下设施主要依靠水面工程船和水下机器人(ROV，Remotely Operated Vessel)安装，若布置不当，水下安装会相互干涉，无法满足几何或机械约束条件，导致深水安装无法进行。因此，水下管汇钻井中心布置设计的难点在于如何满足深水安装的要求。

1.2 超级双相不锈钢小孔管线国产化

管汇中的小孔管线用于液压控制液、化学药剂的分配。陵水 17-2 项目在水下管汇、水下脐带缆终端单元以及水下分配单元中大规模采用国产化超级双相不锈钢小孔管线(以下简称超双小管，2 英寸及以下)，最大设计压力达到 69MPa，服役寿命 30 年，管线总长约 10km。水下产品要求设计寿命内免维护，需具有较高的可靠性，各项性能参数能满足深水应用。国内首次供货的深水耐高压超级双相不锈钢小孔管线没有应用业绩，业内通用的水下设备鉴定试验(Qualification Test)规范 API 17Q 没有明确如何进行鉴定试验、产品认证，如何保证产品量化生产质量从而确保可靠性是国产化过程中的第二个难题。

1.3 受限空间超级双相不锈钢小孔管线焊接

在深水水下设施中，液压、药剂等小孔管线广泛采用高强度、耐腐蚀的超级双相不锈钢材料，掌握其焊接技术也是国产化制造需要解决的难题。[7]为了降低设计寿命内泄露的可能性，最大程度保证可靠性和气田生产，除了在阀门执行器、水下控制模块等连接处外，其余所有管线连接均为焊接连接。为了减小水下设施海上安装的重量和尺寸，结构设计要求尽可能紧凑，在狭小空间内尤其是靠近操作面板处布置尽可能多的管线，小孔管线的布置密集程度远大于大孔工艺管线。项目小孔管线尺寸主要集中在 0.5 英寸、0.75 英寸和 1 英寸超双小管，直径小，壁厚薄，焊接变形大。这些都为超双小管现场安装尺寸误差控制和焊接施工带来了很大的难度。攻克超双小管狭小受限空间内焊接连接技术，保证较高的焊接质量和项目工期要求的焊接工效，是项目深水复杂水下中心管汇制造过程中需要克服的关键制造技术，也是国产化过程中的第三个难题。

2 国产化难题解决以及实施

2.1 管汇钻井中心布置设计

为保证管汇钻井中心布置合理，主要从以下方面开展了深入分析研究。

(1) 首先考虑钻井中心内水下采油树、井口跨接管、海底管道跨接管、电飞线、液飞线、软管、脐带缆以及管缆连接器的产品特点与水下安装操作要求，并贯彻到布置设计中。连接管汇和采油树的电飞线、液飞线、跨接管逆时针方向分别从三个不同角度进出采油树，ROV 在水下连接时位于采油树的三个不同方向，避免了前后作业干涉的可能；设置好采油树艏向(设计井位艏向 62°，备用井位艏向 115°)确保跨接管以最佳角度进入采油树，使 ROV 具备最大作业空间操作连接器。脐带缆、软管、电飞线、液飞线垂直设备边沿进出管汇和采油树，保证水下连接操作占用空间最小，布置路由的弯曲半径不小于产品本身允许的最小弯曲半径。

(2) 充分考虑深水钻井、完井以及工程安装承包商的深水作业能力制约，设置合适的距离，如结构物之间的间距包括井口之间、井口与管汇之间、海底管道终端与管汇之间，结构物上作业点的间距包括脐带缆、软管、刚性跨接管、电液飞线连接点的高度、间距、角度设置，形成布置设计准则。例如，井口所处位置海床坡度小于3°以便于钻井；软管和脐带缆进出管汇设置至少30米的直线段，避免铺设时相互干涉，不影响在管汇端的接近连接作业；相邻软管和脐带缆在管汇上连接点的最小水平间距3m左右，保证ROV在水下进行管缆连接作业时，不会与相邻的连接器干涉。

（3）布置设计考虑灵活性和深水安装作业的不确定性，设置井口和管汇备用安装位置，考虑水下安装定位误差。保证在设计井位钻井失败后重新钻井的新井位依然可以接入管汇，管汇在设计位置安装失败后重新安装位置依然能保证四周的跨接管、脐带缆、软管、电飞线、液飞线等能接入。A10H井口设计井位艏向62°，能较好满足跨接管、电飞线、液飞线的接入要求，布置设计的备用井位导致跨接管长度缩短至26.06m，但多余的飞线长度依然可以通过较大的甩弯半径在接近采油树前消耗掉，不会影响ROV在管汇和采油树的接近连接。

（4）布置设计完成后进行跨接管和连接器受力分析，使之满足管线应力标准和连接器载荷能力限制，若不满足则通过多轮迭代、调整确定最终的布置设计。3条跨接管以不同角度进入管汇，按照上述第(1)条保证ROV在管汇上的3个连接点作业没有干涉，再考虑第(3)条的安装误差以及其他测量、制造误差后对跨接管以及两端连接器进行受力分析。

2.2　超级双相不锈钢小孔管线的国产化

API 17Q未明确列出超级双相不锈钢小孔管线的鉴定试验标准，通过分析研究确定了适用于项目的鉴定试验标准、试验验证参数、接受标准等。

（1）热处理炉按照API 6A和NORSOK M-650进行鉴定认证测试，制定合适的热处理工艺。管线单层排放互不接触进入热处理炉，确保得到良好的加热和淬火效果从而保证管线的机械性能。

（2）鉴定试验验证参数和接受标准参考ASTM A790和水下管汇结构物标准ISO 13628-15，针对国内厂家的热处理过程，制定了有针对性的测试取样，包括取样批次、每批次取样管线数量、每根管线取样位置与圆周方向角度，对所有样品按照规范要求进行拉伸、冲击、微观、腐蚀试验等，确保试验结果都满足标准要求。

（3）针对国内厂家经常出现超双小管内表面光洁度较差、甚至出现微裂纹缺陷，项目在鉴定试验和生产试验中，专门制定内窥镜检验接收标准。

项目研究制定了超双小管国产化制造鉴定试验程序，通过了管线制造工艺认证，成功实现超双小管的量产国产化应用，满足水下30年设计寿命内耐高压、耐腐蚀使用需求。

2.3　超级双相不锈钢小孔管线焊接

项目开发了针对性的超级双相不锈钢小孔管线焊接工艺和检验规程，其中，轨道(Orbital)自熔焊接工艺主要用于3/8寸(9.53mm)小孔管线预制口和现场口的焊接，轨道填丝焊接工艺主要用于除3/8寸(9.53mm)以外、1寸以下(不包括1寸)小孔管线预制口和现场口的焊接，其余1寸以上的焊口全部采用手工钨极氩弧焊焊接。

项目摸索研究出以下超级双相不锈钢小孔管线焊接工艺关键点：

（1）选用专业自动焊机，保证电源输出精准的焊接参数以及打底焊缝的质量。

（2）选用与母材化学成分和强度匹配的双相不锈钢焊丝，化学成分均匀，内部杂质成分较低，保证优异的耐腐蚀性能。

（3）背部保护气体为高纯氮气 N2，纯度为 99.999%，正面保护气体为 98%Ar+2%N2 的混合气，能更好的获得焊缝金属中对耐腐蚀性和机械性能有较强作用的奥氏体相；确定合适的热输入区间(焊接电流 30-90A，电弧电压 7-15V，焊接速度 20mm/min-70mm/min)和道间温度(确定最大道间温度不超过 100℃)，保证焊缝组织为接近相等的奥氏体-铁素体两相比例和较少的金属间相析出，从而使焊缝金属具有良好的机械性能和优异的耐腐蚀性能。

3 结语

完善、合理的水下管汇钻井中心布置设计使得大水深下以管汇为中心的钻井、完井、工程安装作业互不干涉，在固化钻井中心布置设计后，可以开展管汇的总体布置设计和产品详细设计，利用国产化的超级双相不锈钢小孔管线和研发的焊接工艺在 12 个月内完成了国产化制造，比国外同等规模制造节省工期约 3 个月。项目深水复杂水下中心管汇已安装到海底，证明国产化取得了成功。解决国产化难题的方法和成果可以为以后类似的生产、科研项目提供借鉴。

参 考 文 献

[1] 程寒生，黄会娣，周美珍，等．深水水下管汇设计研究．石油机械．2011.39(5)：9-11.

[2] 孟宪武，姜瑛，程寒生，等．水下油气开发项目中管汇管道布置研究．石油化工设备．2018.5.

[3] 孙雪梅．深水水下管汇的结构设计概述．科学管理．2020.4：299-300.

[4] 李志刚，安维峥．我国水下油气生产系统装备工程技术进展与展望．中国海上油气．2020.32(2)：134-141.

[5] 王会峰，张飞，熊景昌，等．水下生产系统钻井中心布置设计．海洋工程装备与技术．2018.5(2)：87-90.

[6] 程兵，李清平，黄冬云，等．水下生产系统管汇布置研究．石油机械．2015.43(3)：60-63.

[7] 魏彦，张锦伟，于成龙，等．水下管汇制造国产化展望．中国造船．2012.53(增刊 2)：153-157.

[8] 靳孝义，王更杰，徐俊．三代核电站小径薄壁不锈钢管的焊接工艺．焊接技术．2017.46(1)：39-42.

[9] 廖平华，马涛，韩冰．S32750 超级双相不锈钢管钨极氩弧焊焊接工艺研究．中外船舶科技．2020.1：23-28.

[10] API 17Q Subsea Equipment Qualification—Standardized Process for Documentation.

[11] API 6A Specification for Wellhead and Christmas Tree Equipment.

[12] NORSOK M-650 Qualification of manufacturers of special materials.

[13] ASTM A790 Standard Specification for Seamless and Welded Ferritic/Austenitic Stainless Steel Pipe.

[14] ISO13628-15 Petroleum and natural gas industries —Design and operation of subsea production systems—Part 15：Subsea structures and manifolds.

吉林油田探明未动用储量开发潜力评价方法

樊　超

（吉林油田公司勘探开发研究院，吉林省松原市　138000）

摘　要：将随着开发不断深入、资源品位逐年下降、探明未动用储量品质逐年降低的吉林油田作为典型案例，探讨关于探明未动用储量有效的开发潜力评价方法。面对产能低、动用难度大的现状，深化地质研究，以油藏再认识为基础，参考储层物性、渗透性砂岩厚度、砂体边界、油水界面等精细划分地质单元。开展分类评价，一是突出新压裂工艺下的产能评价，明确初产及递减规律；二是深化经济评价，评价各地质单元不同油价下的内部收益率，以效益为核心，分类排序。在此基础上，对具有开发潜力的资源整体部署，对处于效益边界的储量在近几年安排控制井及矿场试验，对于无效益的储量，开展地质工程一体化研究，探索其效益开发方式。从而提升未动用储量动用规模，为近期建产及动用规划提供指导。

关键词：探明未动用储量；油藏认识；分类评价；开发潜力

1　实施背景

吉林油田探明石油地质储量规模较大，目前仍有 30.5%的剩余未动用储量，油层以扶杨、高台子油层为主，其特点如下：

未动用储量资源品质差，总体上表现为低渗、低丰度、低产的三低特点。渗透率以超、特低渗透为主，占总体资源的 70.2%；储量丰度以小于 $30\times10^4/km^2$ 为主，占总体的 56%；万米进尺建产能小于 0.18 万吨/万米的资源占 91%。

未动用储量非均质性强，储层识别难度大，多以水下分流河道、席状砂、前缘席状砂沉积为主，储层多为薄层及薄互层，平均单层厚度 2-4m，横向变化快，非均质性强，储层识别是制约未动用储量优选及效益开发的关键。

2　开发潜力评价方法

依据各个油田最新研究进展，开展资源粗评价，建立总体分类标准，以精细地质研究为基础，精细地质单元划分，开展油藏及产能评价，明确各油田递减规律，预测产量剖面，明确开发潜力，并进行初步分类，同时以经济效益为中心，开展不同油价下的经济评价，精细未动用储量分类，并开展效益排序，指导未动用储量分步有序动用。

2.1　油藏评价

应用构造解释、流体识别、沉积微相等技术开展构造精细解释、储层预测、相控渗砂刻

【第一作者简介】樊超（1989—），女，汉族，吉林松原，工程硕士，吉林油田勘探开发研究院，工程师，主要从事油田开发管理工作。E-mail：fanchao-jl@ petrochina. com. cn。

画等地质研究工作，深化未动用区油藏再认识，并参考储层厚度、物性、产量、砂体边界、断层、油水界面等精细划分地质单元，作为未动用区下步产能评价及经济评价的基础。

以 QB 地区 Q175-3 区块为例，该区块为断层岩性油藏，从自西向东油藏剖面中，依据油层厚度，储层物性，区域产量划分了不同的地质单元，Q175-3、Q163-2 井区砂岩有效厚度在 4-6m 之间，产能 0.5-1t，划分为同一地质单元；中部 Q163 井区砂厚 5-7m，产能 1.0-1.2t，明显区别于 Q175-3 单元，因此单独划分单元；东部 Q172 井区砂体有效厚度 1-2m，产能小于 0.5t，油藏不落实，单独划分地质单元。

2.2 产能评价

近几年来，吉林油田坚持地质工程一体化研究理念，在不同油田及区块先后开展了一系列提产试验攻关，取得了一定的效果。其中以直井大规模压裂技术提产效果最为突出，因此本次重点开展不同地区、不同储层在大规模压裂下的技术适应性评价，明确各油层在此新工艺下的采油强度及产能水平，指导各区块单井产能设计，从而带动未动用储量的升级和动用。

与常规压裂相比，大规模压裂加液强度提高 3.2 倍~6 倍，加砂强度提高 1.3~1.5 倍。投产后效果显著的主要有大安葡萄花油层与大情字井高台子油层，产液强度提高 1.6 倍，采油强度提高 2.2 倍以上，平均 0.63t/m；效果较好的为大安扶余油层，产液强度提高 1.4 倍，采油强度提高 1.5 倍，平均 0.23t/m；效果一般的为海坨子扶余油层，产液强度提高 1.1 倍，采油强度提高 1.1 倍，平均 0.29t/m(图 1)。

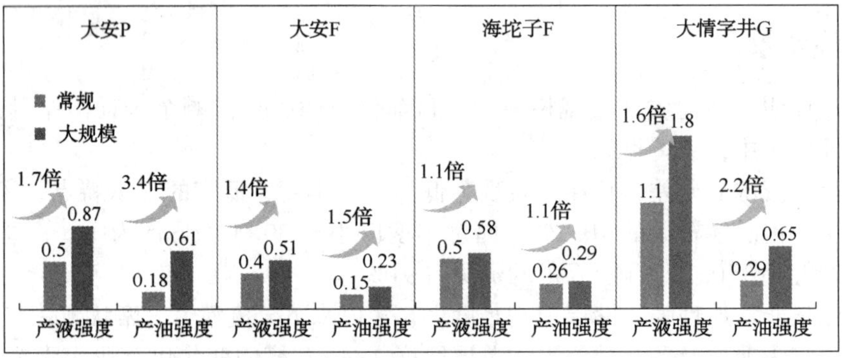

图 1 大规模与常规压裂第二年产液、产油强度对比图

同时，针对开发时间较长的可评价区，深化递减规律认识，从而优化新井产量剖面(图 2)，采用试采法、类比法重新核实新工艺下未动用区产能水平，指导新区产能建设指标预测，为下步开展经济评价提供依据。

2.3 经济评价

坚持以经济效益为中心，首先开展“三个优化”：一是优化方案，确定合理油底及井深；二是优化平台部署，实现大平台集约化建井；三是优化压裂工艺，确定合理压裂参数、段数及规模，保证产能。在此基础上，按照《中国石油天然气集团有限公司投资项目经济评价参数》(2020)标准选取主要参数，开展 45 美元阶梯、60、80、100 美元等多油价下的经济评价，以内部收益率大于 6%为目标，做好“三个明确”，即明确不同油价下的边界日产及可动用厚度下限；明确不同油价下未动用储量的效益排序及可动用规模；明确针对不同储层的效益开发技术对策，从而指导未动用储量的效益动用。

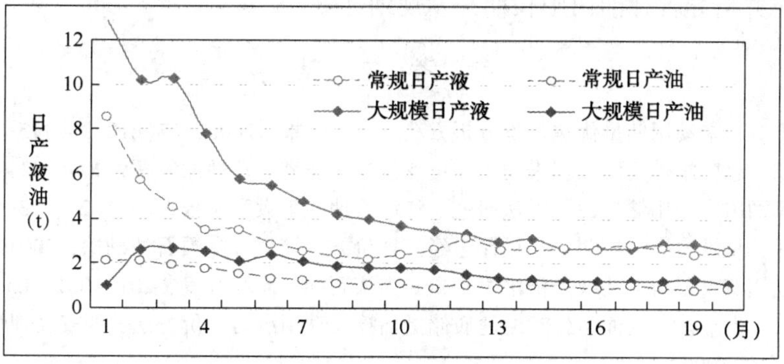

图2　大安油田F油层常规与大规模压裂首月对齐采油曲线

2.4　储量评价

以油藏认识程度、落实程度及内部收益率为指标，建立吉林油田未动用储量分类评价标准(表1)，共分为五类，将储层油水分布规律清楚，内部收益率大于6%的储量划分为Ⅰ类储量；将油水分布较复杂，认识程度较差，内部收益率在0-6%之间，需要降低投资、提高产能或技术深化的储量划分为Ⅱ类储量；将油藏复杂、零散，难以认识或油藏认识清楚，资源品质较差，内部收益率小于0%，依赖瓶颈技术突破或政策支持的划分为Ⅲ类储量；将储量不落实，极难动用或待核销的储量划分为Ⅳ类储量；将地面压覆区或环保区划分为Ⅴ类储量。

表1　吉林油区未动用储量分类评价标准

储量类别	油藏认识程度	储量落实程度	内部收益率/%
Ⅰ	油水分布规律清楚	高	≥6
Ⅱ	认识程度较差	较高	0≤IRR<6
Ⅲ	油藏复杂、零散，品质较差	一般	<0
Ⅳ	资源品质极差或无储量	无或差	—
Ⅴ	地面压覆/环保区	—	—

根据分类评价标准，结合油藏、产能再认识及经济评价结果，对吉林油区未动用储量进行分类。

3　可开发储量动用思路

根据未动用储量的分类评价结果，优选出落实程度较高的可开发储量，来编制可开发储量的动用规划。动用思路是对于Ⅰ类储量，积极部署、快速建产；对于Ⅱ类储量寻求提产能及降投资可行性办法，逐步动用；针对Ⅲ类储量，超前部署控制井及提产试验攻关，明确提产后可开发潜力。通过有序安排，来实现未动用储量分布有序动用。

4　结论

通过开展吉林油区未动用储量开发潜力评价研究，深化油藏综合研究，精细效益甜点刻画，跟踪各油田开发试验效果，进一步落实各区带产能潜力，评价新阶梯油价下效益排序，能够明确各类资源规模、动用潜力及相应的开发技术对策，为近期开发试验与产能建设整体部署提供依据，并指导吉林油田中长期开发规划部署。

参 考 文 献

[1] 牛彦良，吴畏等，未动用储量优选评价分析方法．石油学报，2006，27(b12)P：115-118.
[2] 宋立新，陈超，赵庆辉等．已探明未动用储量评价方法研究．特种油气藏，2001(02)：47-51+108.
[3] 彭小明，江汉油田未动用储量评价方法研究．江汉石油职工大学学报，2014(2)：23-25.
[4] 刘斌，任芳祥，易维容等，探明未动用储量经济评价方法探讨．中国石油勘探，2003，8(4)：67-70.
[5] 韩福成，未动用储量分类方法及产能潜力评价．大庆石油地质与开发，2012(031)005.
[6] 石芳惠，邢云，朱晴，延长油田已动用地质储量估算及动用潜力评价方法．西安文理学院学报(自然科学版)，2019(022)006.
[7] 蔡茂，王利，八面河油田新区未动用储量评价．江汉石油职工大学学报，2010(023)006.
[8] 王怀忠，王东林，张秀丽，张红春，衡海良，大港油田未动用储量评价形势分析及动用构想．内蒙古石油化工，2013(15)：33.
[9] 刘鑫，青松，罗媛媛，M 气田剩余未动用储量的潜力评价．石油化工应用，2018(037)009.
[10] 康红，拖市油田提高储量动用程度挖潜增产研究．江汉石油职工大学学报，2007(020)002.

“双特高”复杂多层油藏提高水驱采收率研究与实践

杜怡奎　王振军　刘晓明　王　雷　谭湘辉　王建国　王海忠

（中国石油吉林油田公司勘探开发研究院）

摘　要：针对砂岩油藏油层多，开发后期井网密度大、剩余油高度零散的特点，以油藏地质研究为基础，运用相控地质建模、剩余油分布描述、油藏数值模拟等手段，精细识别剩余油类型，研究多油层砂岩油藏特高含水开发期剩余油潜力及分布，最终实现特高含水期储层发育特征清、沉积微相展布清、单砂体注采关系清、剩余油潜力清和调整潜力技术对策清，增加可采储量，改善油藏开发效果，提高水驱采收率。

关键词：特高含水；单砂体；沉积微相；剩余油；采收率

1　研究区域基本情况

HS 油藏是吉林油田中渗非均质油藏的典型代表，构造位置位于松辽盆地中央坳陷区西部龙虎泡~红岗阶地南端，顶面构造形态为西陡东缓，轴部较为开阔的长轴背斜，构造较为完整。含油面积 Akm^2，动用地质储量 B×10^4t，其空气渗透率为 169.7×10^{-3}μm^2，孔隙度为 23.4%，原始含油饱和度为 67%，为中孔中渗储集层。油层埋藏深度 1150~1250m，中部深度 1200m。油层主要是一套薄层和中厚层砂岩，夹泥岩的薄互层组合。油层共划分为 2 个砂岩组，22 个含油小层，单层砂岩厚度一般为 1~2m，但单层平均突进系数大于 3.4，平均变异系数大于 1.0，层内和层间非均质性较严重。

针对此类油藏的现状，开展中渗多层非均质油藏特高含水期提高采收率技术研究，研究成果现场实施后达到了控水稳油的目的，开发效果得到改善。

2　提高地质特征认识水平，完善地下三维认识体系

2.1　精细微构造研究

HS 油藏处于特高含水开发期，井网密度较大，利用开发井实际测井资料能够较为准确刻画顶面构造及微构造。本次在精细地层对比的基础上，对全区每个沉积单元顶面构造进行了精细刻画，从描述结果看，全区构造变化平缓，但局部有明显深度凹陷，综合应用多种技术方法，落实构造异常点的成因，重新落实顶面变化和开发井地下位置变化，以便对下一步各项研究提供详实依据。

2.2　精细沉积微相研究

沉积微相控制着储集体的分布状况和内部结构，不同成因环境的储集体，其性质不同、

【第一作者简介】杜怡奎（1982—），男，工作单位：中国石油吉林油田公司勘探开发研究院。E-mail：duyikui@ petrochina. com. cn。

流体运动特征迥异，开发特征也存在显著差异。因此，从成因角度入手，研究储集体类型与空间展布，是正确认识储集体特征及开发动态的基础，尤其对于特高含水阶段搞清剩余油分布特征显得尤为重要。

HS 油藏以一套三角洲前缘~浅湖沉积为特征，主要发育于一东倾的三角洲前缘斜坡上。主要发育的沉积微相类型水下分流河道、河口坝主体、河口坝、席状砂主体、席状砂、小型席状砂、远砂坝、决口扇以及不同部位所发育的各类泥岩相。

通过取心井的沉积微相分析，测井相模式的建立，储层的沉积相、亚相、微相类型都已明确，HS 油藏共识别出 1 种相、2 类亚相、24 类微相。

2.3　精细储层物性研究

应用全区取心资料及建模，对全区物性研究结果表明，HS 油藏平均有效孔隙度 23.4%，渗透率 169.7×10^{-3}μm^2，泥质含量 16.3%，碳酸盐含量 8.3%，属于中孔中渗储层，泥质含量中等，碳酸盐含量低(图 1)。孔隙度分布在 20~28%之间，以中孔为主(图 2)；渗透率高于 50×10^{-3}μm^2 占 60.2%(图 3)；碳酸盐含量分布多在 8~12%之间，泥质含量分布多在 10~15%之间。南部、北部取心井物性对比结果表明，南北部总体及各小层物性差异不大(图 4)。

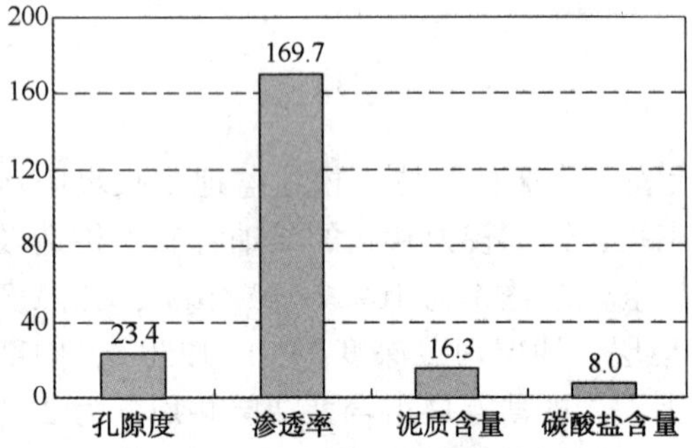

图 1　储层物性分布图

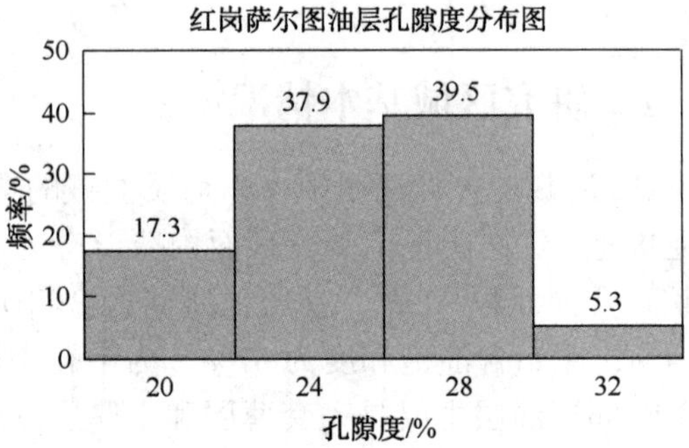

图 2　孔隙度分布图

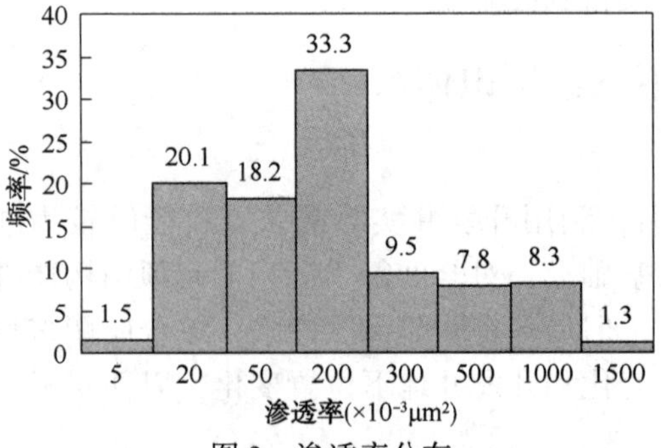

图 3　渗透率分布

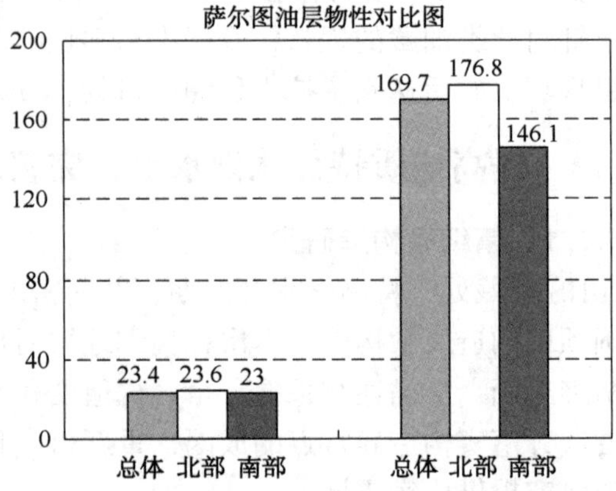

图 4　不同区域孔隙度和渗透率对比图

2.4　精细储层非均质性研究

2.4.1　平面非均质性

通过三维地质建模，结合不同微相物性分布特征(表 1)，得出不同类型微相的物性差异较大，平面上主要受沉积微相控制，渗透率各方向变化快。同时，因平面上微相类型多，变化大，造成了较强的平面非均质性；岩心物性统计分析得出不同沉积微相其渗透率的大小是不同的，水下分流河道渗透率值最高，河口坝、席坝主体、席坝次之，席状砂和远砂坝最差。

表1　不同微相物性参数统计表

沉积微相	孔隙度/%	渗透率/mD	碳酸盐含量/%	泥质含量/%	分选系数	粒度中值	渗透率级差	非均质系数	变异系数
分流河道	22.9	301.0	5.8	18.2	1.8	0.1	12.8	2.5	0.9
河口坝	20.8	95.0	14.4	15.0	2.6	0.1	6.1	1.7	0.5
席状砂	19.3	24.0	19.8	19.9	2.3	0.1	8.0	1.9	0.7
远砂坝	20.2	271.0	10.8	8.1			82.7	2.0	0.7
席坝主体	23.8	270.3	5.5	14.9	10.1		275.2	4.4	1.3
席坝	22.3	54.2	5.8	22.6	6.3		18.7	3.1	1.1

2.4.2　层间非均质性

测井二次解释结合取心综合分析，得出HS油藏层间非均质性较强，但层间非均质性要好于层内，SI好于SII。层间变异系数为0.8，层内变异系数均大于1.0；SI好于SII。变异系数SI均小于0.5，SII大于0.7(图5，图6)。

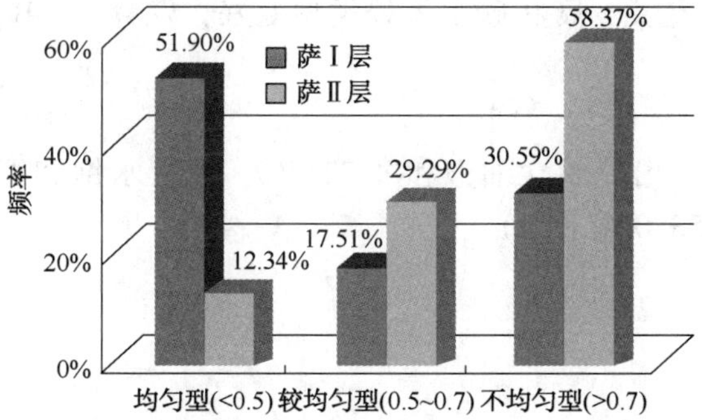

图5　SI与SII层间渗透率变异系数对比图

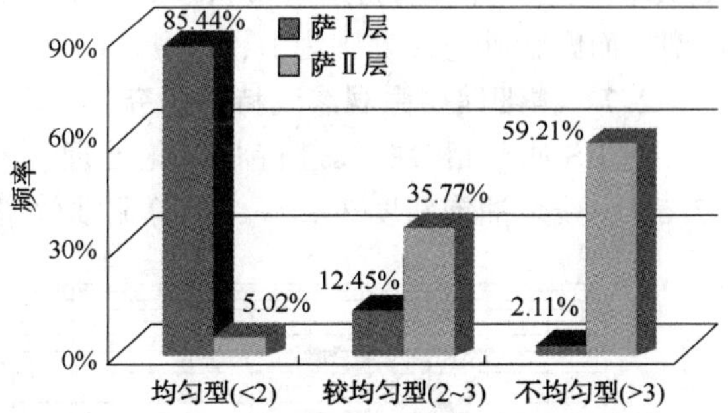

图6　SI与SII层间渗透率突进系数对比图

2.4.3　层内非均质性

层内渗透率变异系数均大于1.0，突进系数均大于3.4，渗透率级差较大，层内非均质性较强。层内垂向渗流能力差，通过对全区取心井物性资料分析统计，垂直与水平渗透率比值Kv/Kh具有较好的相关性，多数小于0.3(图7)。

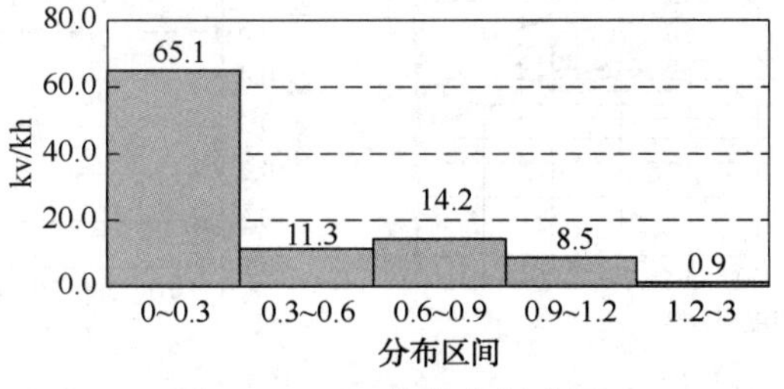

图7　Kv/Kh值分布频率图

2.5　精细储层隔夹层分布特征研究

通过测井二次解释，制定全区隔层识别标准，对全区隔层进行平面刻画，绘制油层间隔层分布图。总体来说，可将隔层分三个级别：

Ⅰ级隔层：油层组间隔层，全区连续分布的稳定厚层纯泥岩，一般 2~2.6m，局部最厚 3m。

Ⅱ级隔层：砂岩组间隔层，全区连续分布的稳定薄层，岩性表现为纯泥岩，厚度较大，一般 2.0~3.0m 左右。

Ⅲ级隔层：砂层间隔层，全区断续分布的不稳定薄层，岩性主要以泥质粉砂岩及粉砂质泥岩为主，平均厚度 2.0m。

2.6 精细储层微观孔隙特征研究

将 HS 油藏毛管力曲线绘制在同一个图版上（图 8），从图中可以看出，按曲线形态，其空间类型可分为五类（A、B、C、D、E），从好到差分别对应于不同区间大小的渗透率，孔隙类型可以分为大孔粗喉型、中孔粗喉型、中孔中喉型、中孔细喉型、低孔细喉型，其中前三类为有效储集层。其中 A 型排驱压力、中值压力最小，中值半径、均值半径、平均孔喉半径、分选系数、退汞效率和渗透率最大，E 型排驱压力、中值压力最大，中值半径、均值半径、平均孔喉半径、分选系数、退汞效率和渗透率最小，B、C、D 型介于 A 型和 E 型之间，能看出由 A 型至 E 型逐渐变小的变化趋势。从各类型对应的小层沉积微相来看，水下分流河道最好，以 A、B 型为主，席状砂和席状砂间微相最差，以 D、E 型为主，但也不乏 A、B、C 型，分析认为这与席状砂的平面位置有关，席状砂主体处类型变好，发育 A、B、C 型，而席状砂边缘处则为 D、E 型。

2.7 精细储层微观渗流特征研究

对 HS 油藏相渗曲线进行归一化处理，可得出原始含油饱和度 72.4%，束缚水饱和度 27.6%，残余油饱和度 34.1%，计算驱油效率 53.0%（图 9）。

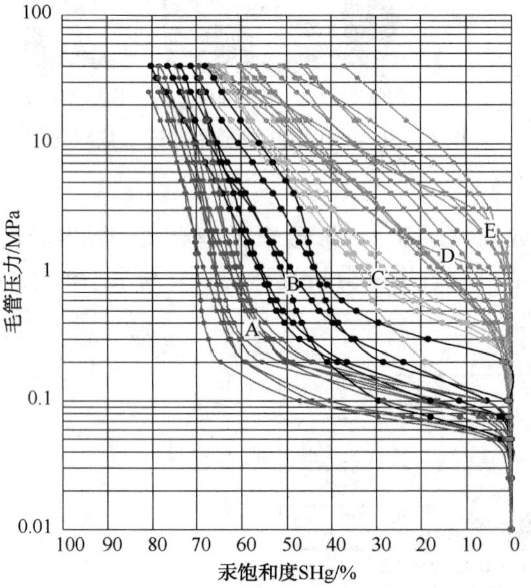

图 8 毛管力曲线

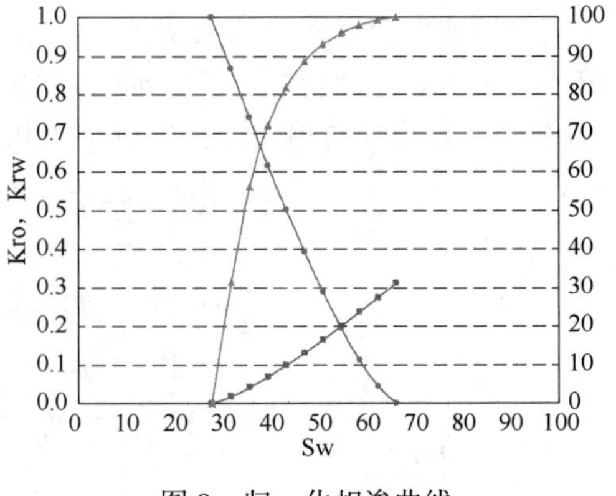

图 9 归一化相渗曲线

通过驱油效率计算，水驱极限驱油效率为 53.0%，现场实际计算波及系数 83.7%，计算水驱采收率应该达到 44.4%。

3 多种方法研究剩余油，分析影响因素，认清资源潜力

HS油藏目前已进入开发后期双特高阶段，剩余油研究尤为重要，特别是不同类型储层剩余油及残余油的精细认识，对于采收率的提高幅度是非常必要的。本次研究，综合应用了多种静动态方法，多角度详细研究了HS油藏从宏观到微观，从整体到分层的剩余油分布规律及半定量刻画，同时分析了剩余油的主要影响因素。

3.1 剩余分布特征研究

利用数值模拟、沉积微相、PNN测井、取心井、产吸剖面、动态资料及结合理论与实际情况综合分析，对了剩余油分布规律有了更明确的认识。从数模结果看，剩余油非常零散，特别是主力层剩余油相对富集。

3.1.1 平面剩余油分布规律

利用重点井组的数值模拟及PNN测井资料，综合分析HS油藏剩余油平面分布规律强，剩余油零散分布，油井排相对集中，角井偏多，排间少。主力层水洗重，分布更零散，SII4~5、SII12及SII13剩余油饱和度较低，SI1、SI3物性差剩余油相对富集；非主力油层由于受储层发育、注采对应关系等影响，较主力油层水洗程度低，剩余油相对富集。另外结合沉积微相分析，平面上剩余油分布与微相关系不密切，但物性明显变差区域，水洗相对较轻，剩余油饱和度较高。

3.1.2 层间剩余油分布规律

利用取心井、监测及动态资料综合分析，层间水驱相对均匀，剩余油分布规律不明显。由于HS油藏单层厚度薄，韵律性不明显，使注入水推进相对均匀，各层水洗效率相对较高，剩余油饱和度低，水驱效果好。

3.1.3 层内剩余油分布规律

由于HS油藏储层厚度薄，韵律性不明显，层内剩余油分布规律不明显，水洗相对均匀。其中夹层、层理及不同韵律性为层内剩余油主控因素。

其中厚层河口坝由于储层纵向渗流能力差，人工裂缝为水平缝，易形成物性夹层型剩余油。其分布特征及其影响因素有待通过砂体构型研究结合动态进一步明确。

利用数值模拟技术分析HS油藏全区剩余油分布状况，平面上中南部剩余油相对富集，其中主力油层仍然是后期稳产的主力油层，边部储层物性变差的区域以及井网不完善区域，剩余油相对富集。

4 提高采收率的技术方法与前景

通过本次特高含水期剩余油潜力分布研究表明，具有薄差性、零散性、不均衡性的特点，需采取分区挖潜，区别对待的原则。在注采井网比较完善且剩余油潜力较小的区域，针对各个单砂体剩余油分布特点，通过注采系统优化调整、细分注水及不稳定注水等技术手段，实现产层接替，提高动用程度较低储量的开发效益，可以达到控水稳油的效果；在注采井网相对不完善且剩余油潜力较富集的区域，通过对甜点区域零散井动用及井网加密调整等手段，使相对富集区域的剩余油得到充分动用，增加可采储量，改善油藏开发效果、提高水驱采收率。已经实施的各类方法技术手段，见到一定效果。

4.1　构造异常区域，重新落实地下开发井位，部署油井排“空井位”零散井挖掘潜力

在对HS油藏顶面精细微构造研究的基础上，针对局部有明显深度凹陷的异常区域，通过综合应用多种技术方法，落实构造异常点的成因，校正地下开发井位，针对剩余油富集的油井排出现这类“空井位”区域，部署零散井挖掘潜力，取得非常好效果。部署零散井16口，远超设计产能。

4.2　河口坝沉积的厚油层顶部剩余油富集，应用侧钻水平井技术挖掘潜力

HS油藏SI组在西部自北而南，平行湖岸并行发育3大南北向厚层河口坝，厚度可达7~15m，通过对油层发育状况，层内夹层分布形式等地质条件研究清楚的基础上，结合区域水驱规律及吸水剖面所测SI1层顶部均为弱吸水层位，确定SI1层顶部为剩余油富集区域。

综合多种因素确定在HS油藏的南部和中部河口坝沉积区域SI1层顶部水平井挖潜试验，获得较好的开发效果，确定侧钻水平井是挖掘特高含水期厚油层顶部剩余油有效技术手段，也为特高含水期挖潜层内剩余油提供了行之有效方法。试验井X井初期日产油5.0t，目前日产油2.0t，83个月累计产油7300t(图10)。

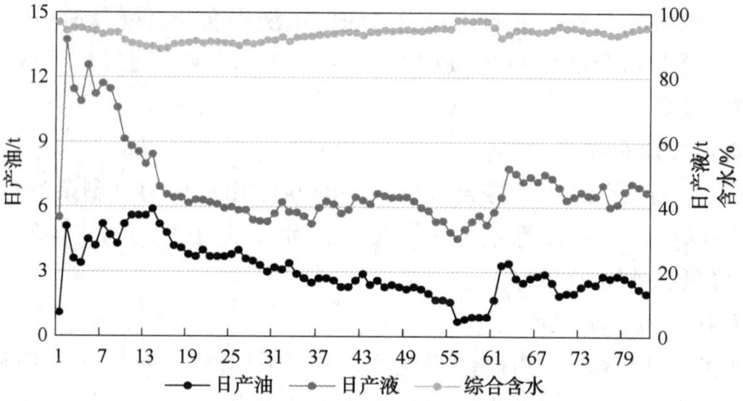

图10　X井月度生产曲线

4.3　井网加密调整

前期通过取心井、新老井测井曲线对比、数值模拟等多种方法研究表明，剩余油平面上主要分布在油井排附近，纵向上受储层非均质性影响，变得高度分散。分析近几年实施效果，HS油藏具备调整物质基础，效益较好。

4.4　运用不稳定注水、细分层注水等技术，缓解平面层间矛盾、扩大注入水波及体积

4.4.1　不稳定注水

进行区域不稳定注水，可以重新调整油层平面、层间的压力场，缓解平面、层间矛盾，扩大注入水的波及体积，从而控制油藏的含水上升速度，提高动用程度。

4.4.2　细分层注水

HS油藏部分区块储层发育多，跨度大，纵向多层合采，物性差异大，吸水产液极不均衡。吸水剖面资料也证实这一观点，因此针对部分水井注水层段需进一步优化潜力，需择机对部分合注井细分层段。

5 结论

（1）对于复杂多层中渗非均质油藏，开展纵向细分单砂体、微构造精细解释、沉积微相研究、三维地质建模、剩余油综合分析等研究，是改善开发效果，提高水驱采收率的关键。

（2）在注采井网比较完善区域，针对区域内各个单砂体剩余油分布特点，通过注采系统优化调整、细分注水、不稳定注水、多学科综合治理、实现产层接替，提高低品位储量的开发效益，可以达到控水稳油的效果。

（3）在注采井网相对不完善区域，通过对甜点区域零散动用及井网加密调整等手段，使相对富集区域的剩余油得到充分动用，增加可采储量，改善油藏开发效果、提高水驱采收率。

参 考 文 献

[1] 钟显彪，陈千才等.《吉林低渗透油藏高效注水技术研究》报告，2008. 11.
[2] 姜继水. 提高石油采收率技术[M]. 北京：石油工业出版社，1997. 3.
[3] 陈欢庆. 精细油藏描述[M]. 北京：石油工业出版社，2019. 5.
[4] 宋新民，潘志坚等. 油气藏工程[M]. 北京：石油工业出版社，2019. 1.
[5] 徐守余. 油藏描述方法原理[M]. 北京：石油工业出版社，2005. 4.
[6] 拉里.W. 莱克等著；朱道义译. 提高采收率基本原理[M]. 北京：石油工业出版社，2018. 3.

一种用于非常规储层表面活性剂的研制与性能评价

任　硕　何定凯　刘培培

（吉林油田公司油气工程研究院）

摘　要：随着吉林油田对非常规储层进行大规模开发动用，面对储层有效渗透率低，可动流体饱和度低，开采难度大的现状，现有液剂体系尺寸大，不具备进入微纳米空隙的能力，无法对剩余油进行有效驱替，本文在此问题的基础上研制出一种核壳结构的新型纳米表活剂。该表活剂溶液粒径是纳米级别，能够降低原油表观黏度，同时对砂岩储层洗油率可达 48.3%、页岩储层洗油率达 21.5%，对非常规储层的开发动用具有良好的应用前景。

关键词：表活剂；纳米；洗油率

吉林油田非常规油藏储层孔喉半径小，渗透率低，目前在用的常规助排剂溶液粒径大，与储层渗吸置换效果差。而国内大型油田在非常规储层洗油问题上也没有比较好的洗油剂，大多洗油剂溶液粒径大，与储层原油乳化形成的乳化液粒径大，对储层造成二次伤害。而本课题针对常规助剂溶液粒径大，对储层容易形成二次伤害，洗油效率低等问题，开展一种新型洗油剂研究。该洗油剂能够改善岩石亲水性能，降低溶液粒径，同时能降低原油表观黏度。该洗油剂研制成果，对非常规储层的开发动用具有良好的应用前景。

1　表面活性剂的合成方法

1.1　实验材料及设备

烧杯、双子表面活性剂（YND-1233）、TW80、SP80、丙二醇、萜类化合物（NMX），玻璃烧杯，200ml；电子天平，梅特勒；磁力搅拌器

1.2 制备方法

① 取一定量 1，2 丙二醇和 200g 去离子水混合，加入 0.3g 氯化钠和 3g 阴离子表活剂（YND1332）制成水相备用②取 8gNMX 置于烧杯中，加入一定量 TW80、SP80 与其混合，二者用玻璃棒逆时针匀速搅拌制成油相，置于磁力搅拌器上。③取适量水相置于漏斗中，逐滴匀速滴入油相中，并设定磁力搅拌器 500rpm 持续搅拌，直至水相全部加入油相中，定容 200g④设定磁力搅拌器 1300rpm 持续搅拌 2-4 小时，得到黄色透明乳液。

2　表面活性剂性能评价

2.1　溶液粒径

非常规储层具有超级孔、超低渗的特点，因此表面活性剂溶液需具有纳米级粒径、较强

【第一作者简介】任硕（1991—），男，2014 年 7 月毕业于长江大学资源勘查工程专业，工学学士，现工作于吉林油田油气工程研究院，工程师。E-mail：328636907@ qq. com。

的稳定性以

满足施工的需要以及对微观孔隙内剩余油的置换作用，增加其抗吸附性。配置1%的纳米驱油表活剂，在激光粒径分析仪下评价其在25℃以及65℃温度下溶液粒径的大小及稳定性。

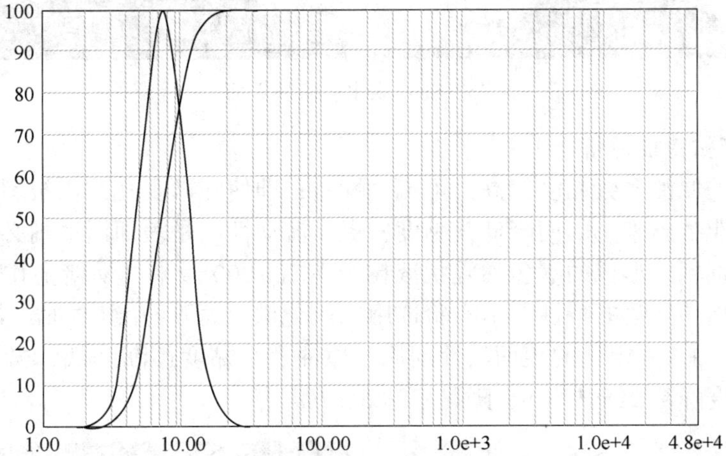

图1　25℃溶液粒径

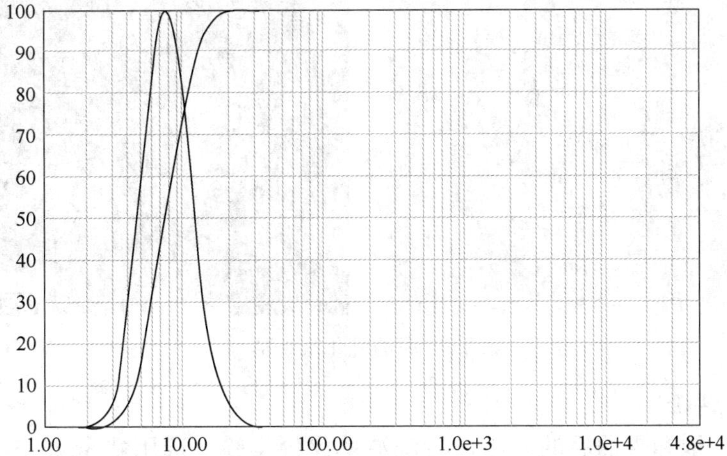

图2　65℃溶液粒径

由图2、图3可知，表活剂在25℃和65℃条件下，平均溶液粒径为7.27nm和7.48nm，具有非常良好的纳米级机构以及良好的稳定性。能够满足致密储层"进的去"的基本需求。

2.2　润湿性评价

非常规油藏属于非均质混合润湿，原油在储层中"膜状"和"孤岛状"形式存在。以"膜状"形式存在的原油储层属于亲油储层；以"孤岛状"形式存在的原油储层属于亲水储层。因此表面活性剂需要具有两相润湿的能力，遇油可自发释放内核解缔合剂。通过润湿角测量仪评价其润湿性。

由图4可得出，该表面活性剂亲水界面润湿角为41±1°，亲油界面润湿角为63±1°两相润湿大大提高剩余油活性、提高采收率，满足"洗得下"的改造需求。

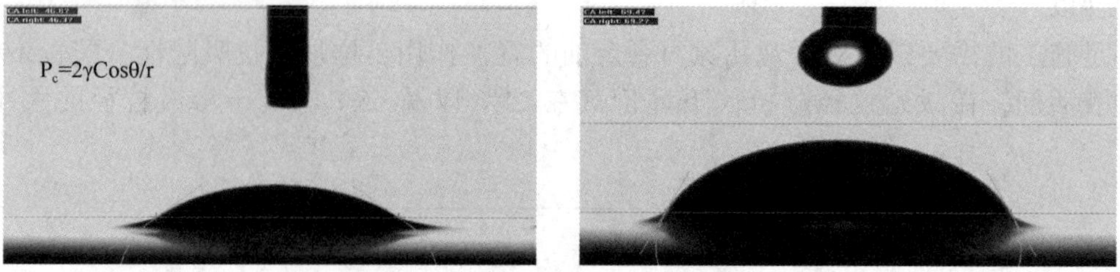

图 3　SiO_2 亲水、亲油界面

2.3　破乳降黏特性评价

非常规油层的原油多数黏度较高，可流动性差；即使在微观孔隙内被剥离下来，也无法从小的孔隙内被驱替出来。因而降低其黏度，提高流动性则是表面活性剂必须具备的能力之一。原油与表活剂乳化形成的水包油乳状液粒径在 20-200 微米，易堵塞孔喉，所以表活剂应兼具减弱原油蜡晶聚集的特性。本实验选用二氧化碳公司 8#井组原油，其在 50℃下表观黏度 60mPa·S，加入一定量的表面活性剂后，原油表观黏度逐渐降低，当加入量为 0.04%时，原油表观黏度降至 21mPa·S，降黏率达 61.7%

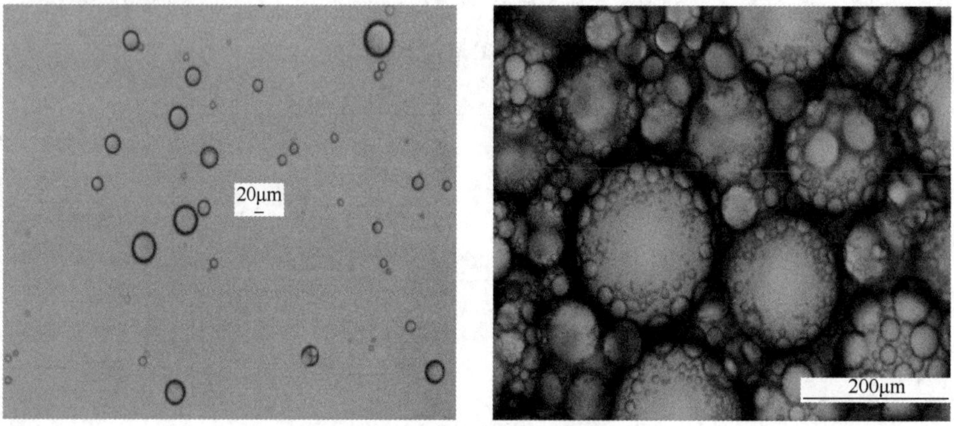

图 4　原油乳化微观结

2.4　洗油率评价

采用重量法对饱和煤油后的岩心进行洗油率评价实验，选用情东 43-9 井(砂岩)岩心，模拟地层温度 60℃，压力 15MPa 条件下，洗油率达到 48.3%

洗油率计算公式如下：

$$y=\frac{(m_i-m_1)\times\rho_o}{(m_1-m_0)\times(\rho_w-\rho_o)}$$

式中，m_i 为表活剂浸泡后的质量；m_1 为饱和油后的质量；m_o 为岩心干重；ρ_w 为水的密度；ρ_o 为油的密度。

3　结论

1）纳米驱油表活剂是一种新型的水包油型表面驱油剂，其平均粒径介于 7-8nm 之间，性能稳定；具有两相润湿及破乳降黏的特性。

2）该表活剂对非常规储层具有较好的洗油效果，洗油率高达 48. 3%。与压裂工艺相结合具有较好的效果和良好的大规模推广应用的前景。

参 考 文 献

[1] 侯宝峰，王业飞，曹绪龙，等沥青质与石英表面相互作用及润湿性改变机理[J]. 油气地质与采收率，2011，18(4)：72-74.

[2] 齐自远，驱油剂对界面性质的改变及提高采收率机理研究[D]. 青岛：中国石油大学(华东)，2014.

[3] 韩学辉，戴诗华，王雪亮，等 . 油藏润湿性评价方法研究[J]. 勘探地球物理进展，2005，28(1)：19-24.

应用地震属性提高油藏断裂系统识别

杜光辉　张　婷　鱼莎莎　谢刘静　彭　莲

(中国石油天然气股份有限公司青海油田分公司采油三厂)

摘　要：油藏断裂系统是研究油田成藏、油气运移、后期开发的重点，断裂系统识别对老区油田后期剩余油挖潜以及井组注采完善影响较大，能够准确识别及组合断裂系统也是老区油田稳产中的重点难题。本文以地震资料为基础提取相应的地震属性，通过多次运算提取较为清晰的断裂系统，从而达到充分发挥地震资料潜力、提高油藏断裂系统识别的准确性。

关键词：油藏断裂系统；地震属性；边界探测；断裂主动追踪

1　工区简介

1.1　工区地理位置

七个泉油田位于青海省柴达木盆地西部南区，行政区划属青海省海西州茫崖镇管辖。油田距花土沟石油基地西北约 20km，地面海拔 2900～3100m，地貌为崎岖山地，相对高差 100～200m；油区的交通不便，只有简易公路通行。油田区内有泉水七处，沿构造南翼成带分布，均为上升泉，泉水为淡水，可以饮用，但水量甚小。

1.2　工区构造位置及特征

该区在构造上夹持于阿尔金与昆北走滑断裂之间，其构造、沉积演化明显受控于两断裂的活动。第三纪在沉积上处于北西、北东侧冲积扇，西南侧辫状河三角洲和东侧滨(浅)湖 3 种沉积环境的交汇处。这种沉积背景使该区沉积具有岩相变化较快，沉积物分异性差、泥质含量较高、成分成熟度较低和多种储集体交互穿插的特点。近物源、多物源，受古气候控制明显的快速沉积以及滨(浅)湖环境的同时发育，使储集砂体的粒度出现 2 个主要端元，即分选总体较差的粗粒含砾砂岩～砂砾岩和分选较好的细粒砂岩构成该区主要的油气储层。

2　地震资料情况

本次构造解释采用斯伦贝谢处理数据体(qgq-pstm-D3800-v2000)，CMP 面元为 30m×15m，采样率为 4ms。构造解释时首先分析地震资料频谱，推算地震资料分辨率，以便在解释过程中，确定该资料最小能识别多少米落差的断层。

地震资料主频为 25HZ 左右，有效频带宽 5-50HZ，有关研究资料表明，在无相干干扰的情况下，地震勘探最大的垂直分辨率为 1/4 波长，目的层段平均速度取 2000m/s。那么，最大频率 50HZ 地震资料可分辨落差为 15-20m 的断层，也就是说不参考钻井资料，只利用

【第一作者简介】杜光辉(1989—)，男，工程师，主要从事油田开发方面的工作。E-mail：dughqh@petrochina.com.cn。

地震信息，不能发现小于 15m 落差的断层。

横向分辨率决定于第一菲涅耳带的半径，研究表明，三维资料在偏移后菲涅耳带半径可收缩到近于优势波长的 1/4。本区目的层平均深度约 1500m，目的层段平均速度取 2000m/s，主频 25HZ 地震资料可分辨宽带为 53 米（相当 3-4 个 CDP）的断块，即当两断层相隔 50m 时，地震剖面只能分辨出一个断层。

3 地震数据处理及断层识别

为较为准确识别断层情况，需对地震资料进行多项处理，（1）地震数据处理；（2）边界探测、边界增强；（3）断层提取。

3.1 地震数据处理

由于地震采集或处理的问题，造成同一三维地震体或同一条二维地震测线的不同区域，振幅差异较大，进行振幅平衡的目的是消除同一地震体或线的振幅在不同部分差异较大的情况，便于地震解释或显示。

根据以上结论，本次项目通过对原始地震体进行均方根振幅属性体（RMS）提取，再对提取后的 RMS 体进行光滑，生成光滑的 RMS 体。把刚生成的 RMS 光滑体进行光滑参数调整，使得 RMS 光滑体中振幅过渡平滑，没有区域的异常值。

通过调整参数后的 RMS 光滑体，再与原始地震数据体进行数学运算（AMP_balance = original/RMSsmoothed），输出处理后的振幅平衡数据体，原始数据振幅较弱的区域得到提升。

通过提升振幅较弱区域的地震属性体，为后期断层识别及提取提供基础，在处理后的地震资料中提取相应的地震属性体，去除原始地震数据的随机噪声，提高地震资料的品质，更好的为后期突出断层显示进行资料处理。

3.2 边界探测、边界增强

地震数据体中的混沌信号是测量缺少倾角和方位角组织结构的一种估计方法。混沌体可以受天然气运移路径、盐体侵入等的影响，用来将杂乱的信号特征进行分类。

混沌体可以用来进行断层、裂缝成像，和地震杂乱特征的分类。同时混沌体可以反映一些局部地质特征，由于其可能会受到天然气运移路径，盐体侵入，礁相构造，河道充填等的影响，具有良好的特征反映。

在地震信号中估算局部方差的法。可以应用垂向平滑进行去噪处理，对于边界探测非常有用。方差体可以用于探测边界，例如水平向上同相轴振幅的不连续性。如果应用短计算窗口，方差体对于一些地层沉积特征具有良好反映，例如礁相、河道、决口扇等。应用倾角督导的方差体探测断层比较明显，而非倾角督导的方差对于地沉积特征（如河道）反映则好。

结合地震属性体转换，通过 Chaos 或 Variance 属性来减少地震体的噪音和不连续性增强，准确识别断层几地层的不连续变化，主要用于增强图像的边缘和灰度突变部分，使灰度反差增强以有利于边缘拾取，因为轮廓或边缘就是图像中灰度变化率最大的地方，它们与地下构造和岩性的变化密切相关。

3.3 断层提取

依靠此前的方差体及混沌体，对地震体进行边界探测，识别断层及裂缝边界情况，最终运用蚂蚁体（Passive）进行断层及裂缝拾取。

因单次蚂蚁体运算得到的数据信号非常差，连续性非常差，对改数据进行二次及三次主动式信号提取，获得较强的信号和比较好的连续性。

通过三次属性体运算(主动+被动+主动)极大地呈现了主断裂系统特征，清晰的图像，比较容易进行断面的提取，很好展示整个项目的断裂的分布。

依靠所得到的蚂蚁体进行断层提取并组合，最终得到七个泉油田主体断裂系统。

4 结论

通过对原始地震资料的处理信号增强，并提取地震属性体，对断裂系统边界进行探测，同时增强边界特征，对断层、裂缝成像，和地震杂乱特征的分类，减少噪音和不连续性增强，为后期更有效的突出断裂系统特征提供支持。

本次项目通过对属性体断裂特征进行主动式及被动式追踪，连续进行三次运算，把 Chaos 或 Variance 属性体重要的不连续性分解成片，极大的呈现了主断裂系统特征，断裂情况较为清晰，后期较为容易进行断面的提取。

通过地震属性体的一系列处理及运算，可极大提高断裂系统的识别及提取，较为真实的还原地下断层情况，为油田后期开发提供稳固的基础。

参 考 文 献

[1]《七个泉地区下干柴沟组和上油砂山组的沉积、储层特征研究》，青海油田勘探开发研究院，中油股份公司杭州地质研究所，2003 年 3 月 .

[2]《油气储层评价技术》(修订版)，裘亦楠、薛叔浩等，石油工业出版社，2001 年 4 月 .

[3]《碎屑岩沉积相和沉积环境》，孙永传、李惠生，地质出版社，1986 年 12 月 .

水驱砂岩气藏数值模拟水侵机理与提高采收率研究

管　璐　史玉成　李江涛　刘俊丰　徐晓玲

(勘探开发研究院气田开发研究所)

摘　要：水驱砂岩气藏开发进入中后期伴随生产井水淹出现，由于水线的不规则推进，水淹区内将富集大量剩余气难以采出。该研究即时准确描述水线推进的位置和推进速度与强度，结合渗流场分布特征，可通过调整平面与垂向的采气强度，促进水线均匀推进，降低生产井水淹速度，减少剩余气局部富集导致难采的概率，对于水侵区已经形成局部剩余气富集的，针对剩余气成因、类型及富集规模，通过重构地下渗流场实现剩余气富集区挖潜，提高最终采收率。

关键词：水驱气藏；数值模拟；剩余气分布；提高采收率

气藏开发初期，气体本身的能量是推动气体流入井底的主要动力[1]，随着地层压力的下降，边、底水能量储备的气藏进入能量补充接替。以四川盆地为例，在约500个气藏和含气构造中，水驱气藏近250个，占气藏总数的50%。水驱气藏由于开采中水的侵入，一方面在孔隙中形成特殊的水膜，使气相渗透降低，另一方面增加了地层及井筒阻力，损失了大约50%的能量，气藏内封闭气量的增加，井口压力降低[2]。研究表明，水驱气藏的采收率比气驱气藏低31%~40%[3]。借助数值模拟技术对剩余气分布进行量化描述，气井见水时间预测，水驱前沿描述，以及判断水线推进方向与推进速度，在剩余气富集区针对不同剩余气分布类型和控制因素，制定相应措施；在未水侵区，根据水线推进跟踪预测结果，调整采气速度和不同位置井点生产压差等措施，推迟气井产水时间，提高水驱气藏最终采收率。

1　水驱砂岩气藏水侵机理及剩余气分布模式

按驱动能量不同分类，天然气藏分为气驱气藏、弹性水驱气藏和刚性水驱气藏。国内外投入开发水驱气藏多为弹性水驱气藏。弹性水驱气藏分布范围最广的是边、底水气藏。边、底水气藏地质条件相对较差，非均质性较强，水侵类型复杂，气藏开发进入中后期水侵严重导致气藏出现大面积水淹，水淹形成的剩余气分布模式较为复杂，剩余气再次进入有效渗流被采出的难度加大。

边、底水砂岩气藏分布范围较广，圈闭类型以岩性圈闭、成岩圈闭、深盆型圈闭为主，圈闭内气充满系数低，天然气可采储量丰度低。砂岩气藏开发过程中，边水会沿着产层进行均匀和不均匀推进，甚至于出现平面上的指进，垂向上层内非均质性的存在也将出现层内水窜，层间会因为层间采气强度差异在隔夹层发育薄弱部位形成层间水窜。

底水在砂岩气藏中主要以水锥形式上窜，水锥初期会在局部出现，若不采取综合措施进

【第一作者简介】管璐(1994—)，女，助理工程师，主要从事气田开发工作。Email：guanlscqh@petrochina.com.cn。

行控制和预防，大面积水锥将加速气藏递减率并大幅度降低最终采收率。

剩余气分布模式受边、底水水侵程度影响，原始分布状态会被水线分割成零散状态。平面上的不均匀推进会形成剩余气平面分布的不连片，形成分散型水封气。层内和层间水窜将形成难以动用的水锁滞留型。底水锥进形成的剩余气分布状态则以大面积稳定不流动分散状态存在。一旦由于边、底水水侵形势加剧，形成剩余气分散分布状态，气田稳产难度大，最终采收率也大大降低。

2 数值模拟水线推进跟踪与预测技术

2.1 水线刻画及流线模拟

边、底水水侵程度描述与预测主要集中在对水驱前沿，即水线的刻画与预测。近年来，在认识砂岩气藏水侵方向方面主要利用气井见水时间、水气比变化、地层压力变化、示踪剂监测及数值模拟等方式来定性或定量识别水侵方向、水侵强度和水侵量，所形成的认识对有水气藏后续开发实践提供了有效指导[4]。数值模拟研究是利用静态研究和动态监测等一切资料实现水侵程度可量化的技术手段，用来模拟水线推进的位置，并实现即时跟踪与预测。

根据研究形成的水线推进跟踪平面图可以得出：①水淹现状；②未见水井距离水线距离；③预测水线推进位置及未见水井见水时间。流线模拟可以得到：①来水方向；②水侵量。

2.2 数值模拟在水驱气藏中的应用

对柴达木盆地S气田Ⅲ-2层组开展水线推进跟踪研究。如图1，该层组中3-2-5砂体上，在产井w2、w3、w4、w6、w7、w10、w11、w15、w16井已水侵见水，w3、w4、w7和w11井已完全水淹，未见水井距离水线的距离及未见水井见水时间，见表1拟合末节点在产井水侵模拟跟踪表。

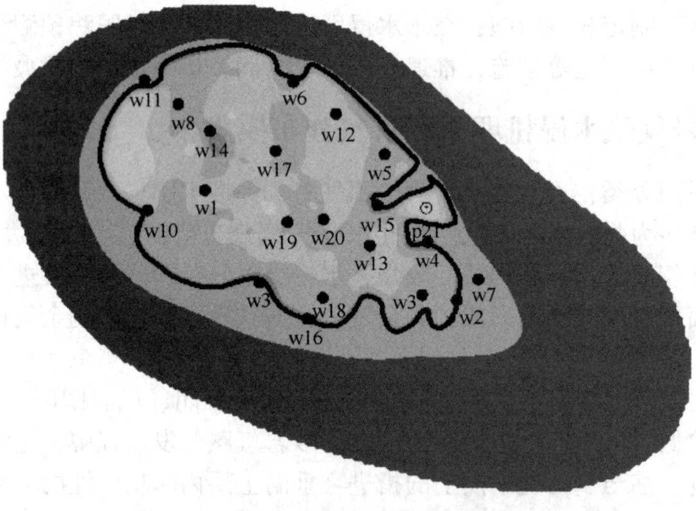

图1 3-2-5砂体水线推进跟踪平面描述

根据水线推进跟踪剖面图可以得出：①纵向上分布的不同砂体水侵程度存在差异；②在单一砂体内，水侵程度也存在不均衡现象，从而导致砂体内部形成水封气。图2中w10井见水层位为3-2-1砂体的顶部和底部突进(见图2构造最底部砂体)，见水初期为弱水淹，携水采气。W7 和 w4 井边水推进方向为沿着 3-2-5 砂体垂向上平行推进(见图 2 构造顶部砂体)，表现为见水即强水淹。

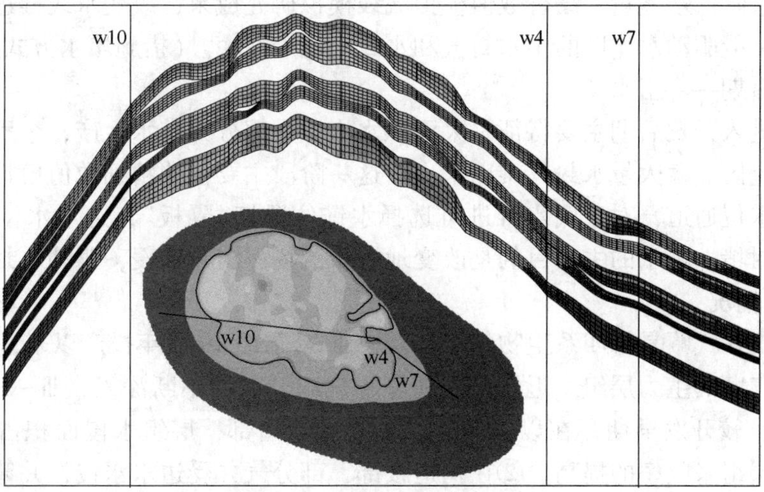

图 2　水线推进跟踪剖面描述(纵横比 50：1)

3　水驱砂岩气藏提高采收率综合技术

水驱砂岩气藏提高采收率综合技术以数值模拟剩余气分布及水侵预测为基础，在水侵发生的不同阶段采取“控水、稳水、治水、阻水”的思路，调整平面与垂向的采气强度，在气区现有技术的基础上，形成基于疏松砂岩的均衡调控技术，水侵区重构渗流场等综合技术手段以实现提高最终采收率的目的。

3.1　水驱气藏各阶段提高采收率的主要技术手段

整个气藏在各开发阶段的主要特征不同，由开发初期至开发中后期，边底水开始向含气区推进，治水难度越来越大。但由于储层非均质性影响，在开发至某一时期时，气藏各部位存在不同水侵状态，在边部腰部出现强水侵区域，高部位仍然处在水侵初期。所以，“控水、稳水、治水、阻水”的综合技术手段贯穿于水驱气藏开发的各个阶段。

(1) 开发初期——控水

开发初期主要特征是大规模上产造成气藏压力衰减，边底水由相对静止状态被激活，气水边界开始向含气区推进，类似特征在气藏开发中后期，在构造高部位远离水体区域仍然存在。这个阶段由于区块内未出现见水井，主要技术手段就是依靠数值模拟监测水线推进的动态，通过合理配置采气速度和生产压差实现实现推迟气井见水，通过控水实现稳产并提高最终采收率。

(2) 开发中期——稳水

开发中期的主要特征是气藏开始出现见水井。这个阶段处于水侵初期，一方面通过携水采气和排水采气对见水井进行挽救性生产，一方面在数值模拟水线推进状态的基础上继续优化单井的采气速度和生产压差，调整水线形态，通过稳水降低出现局部指进和锥进的概率，减少因局部突进造成的水封气的难采剩余储量。

(3) 开发中后期——治水

开发进去中后期会出现生产井水淹，气藏产量进入递减期。这个阶段需要采取有效治水改变边底水流动方向和水侵量来修复水线。携水采气和排水采气维持见水井生产的同时，通过堵水和调剖来降低水侵量，结合数值模拟流线模拟研究成果，改变水线推进方向，重构地下渗流场，尽可能驱动水淹区的半水封气和水封气流入井底。(措施堵水方式、维护作业)

(4) 开发后期——阻水

水侵气藏进入开发后期主要特征是大面积水淹，小部分井带水生产，个别井未见水，无完整水线，水淹区储存大量水封气难以采出。这一阶段主要依赖精细数值模拟与流线模拟找到水侵方向和水侵通道，对于底水锥进可选择水锥位置打“隔板”，边水水侵可尝试新型封堵剂进行通道封堵。阻水的主要目的是改变地下渗流场，阻止水侵，驱动水封气。

3.2 应用情况

柴达木盆地S气藏是第四系生物气藏，其中Ⅲ-2层组1999年投产以来，累计产气近58 $\times10^8m^3$，为s气藏的主力层组。近年来，随着S气田开发的不断深入，Ⅲ-2层组年综合递减率为28.4%，较开发早期存在以下问题：①在构造边部，层组水侵面积占比大，水封气的存在制约着层组采收率的提高。②在构造腰部，部分气井受边水水侵，井筒积液无法正常生产，产量递减大。③构造高部位无见水井，但地层压力下降幅度大，产量递减严重。开发矛盾在Ⅲ-2层组表现尤为明显，根据表1的水侵模拟跟踪结果，该层组边部井平均距离水线174m，其中有4口井(W11、W6、W3、W15)已出现水淹情况，计划在该区域采取挡水驱气思路改变水线推进方向，并在水封区域部署P21井，以达到重构渗流场的目的；腰部气井距离水线686m，采用排水采气的治水思路，维持气井正常生产；高部气井距离水线1087m以上，采取治水保压的思路预防边水过快推进。

该方案于2018年10月完成实施，根据水线推进及预测研究结果(见表1)，该方案预计延缓气井水淹272天，通过重构地下渗流场、治水保压等手段，2018年10月至2020年2月层组综合递减率下降6.8%。根据数值模拟预测结果，2020年2月该方案实施后预测模型(s1_3-2_hist_2_RESTART)，与不实施提高采收率方案于2018年10月建立的数值模拟预测模型(s1_3-2_hist_1_RESTART)相比，到2030年1月采收率预计提高8.9%(见图3)。

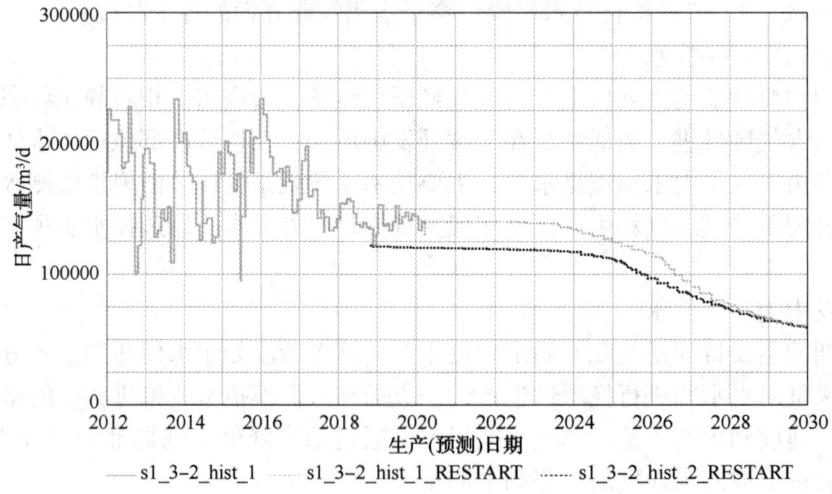

图3 Ⅲ-2层组治理方案日产气指标预测图

4 结论

水驱气藏数值模拟水线推进跟踪技术与提高采收率研究综合运用地质、地质建模、气藏工程、数值模拟及气田开发等多学科知识，对边、底水能量、来水方向、来水强度实现紧缺描述并通过生产制度工艺措施有效控制水侵带来的伤害。柴达木盆地S气藏属于疏松砂岩边水能量较强的强水侵气藏。边水指状突进严重，生产井水淹风险大，产量递减快。该气田目前处于治水和稳水阶段，通过数值模拟水线推进跟踪技术的应用，开展措施动态调整，识别剩余气富集区域，实现气田高效开发，有效提高气田最终采收率。

参 考 文 献

[1] 马新华，等．气藏工程[M]．北京：石油工业出版社，2017，11.

[2] 冈秦麟，等．气藏开发应用基础技术方法[M]．北京：石油工业出版社，1997，3.

[3] 彭彩珍，等．边底水气藏提高采收率技术与实例分析[M]．北京：石油工业出版社，2015，9.

[4] 徐昌海，等．一种边水气藏水侵方向定量识别方法——以川东地区黄龙场长兴组生物礁气藏为例[J]．天然气地球科学，2019，12(4)：90-96.

异常高矿化度油藏复合化学驱提高采收率研究及应用

贾志伟　张海浪　党杨斌　程　涛　薛小宁

（青海油田钻采工艺研究院）

摘　要：针对尕斯 N_1-N_2^1 油藏经常年开发递减加大稳产难的问题，攻关形成了适合异常高盐油藏的“凝胶+表活剂”驱油体系。研发出抗盐凝胶及驱油用表面活性剂，突破了化学驱在异常高盐油藏矿化度适用界限，油藏天然岩心驱替提高采收率20.1%。形成了“封、调、驱、洗”复合段塞化学驱工艺。在注采井网优化的基础上，采用数值模拟方法，结合矿场试验调整，优化了注剂规模和注入参数。在尕斯 N_1-N_2^1 油藏实施了5个井组，阶段增油7499吨，降水5000方，预测提高采收率12.18个百分点，释放了老油区进一步提高采收率的巨大潜力。

关键词：化学驱；凝胶体系；表面活性剂；矿场试验

1　项目实施的背景

尕斯 N_1-N_2^1 油藏是青海油田主力油藏，油藏发现于1977年，为被断层复杂化的背斜构造油藏，探明储量4604万吨，预测采收率34.2%。该油藏从96年起产量踏上40万吨稳产至今已24年，做出巨大贡献。油藏目前剩余可采地质储量少（213.63万吨），剩余油分散，需要寻求辅助常规水驱的工艺技术来满足油藏稳产需求。国内大部分油田已采用聚驱或聚表二元驱来支撑老油田稳产，对于普通油藏，聚合物（常用的为PAM和HPAM）驱油具有较好的效果，尕斯 N_1-N_2^1 油藏温度60℃，矿化度9.40—18.22×10^4mg/L，属于异常高矿化度油藏，常用聚合物的抗盐能力差，一到两天内即发生黏度下降、降解等一系列问题，无法使用。需研发针对异常高盐油藏的驱油体系来稳定该油藏产量。

2　室内评价实验

项目组于2017年10月取得尕斯 N_1-N_2^1 油藏水样，并进行了水质分析。单井取注入水样总矿化度为70057mg/L，取样分析采出水矿化度为171452mg/L。总体看，尕斯 N_1-N_2^1 油藏注入水和采出水的总矿化度在70000～172000mg/L范围，钙镁离子总量在2900～3200mg/L范围，无论注入水还是采出水均属于异常高矿化度、高钙镁水质，这种水质是不利于开展常规化学驱技术的，这种水质对配制凝胶体系也是不利水质。

有机聚合物凝胶在高矿化度条件下失稳机理：高矿化度条件下，聚合物主链与交联键断裂、聚合物水解等同时发生，导致聚合物凝胶稳定性变差。

【第一作者简介】贾志伟（1985—），男，2014年毕业于西南石油大学，硕士研究生，油田开发中级工程师，主要从事的研究方向采油、提高采收率技术研究应用。E-mail：jiazwzcqh@petrochina.com.cn。

2.1 耐高矿化度凝胶体系研制

采用以下技术思路开展了耐温抗盐凝胶的研制。①加入耐温抗盐与增粘单体，提高有机调驱体系耐温抗盐性能；②在主链中引入抗水解或优先水解为羧基的共聚结构抑制水解；③利用互穿结构或添加抗氧剂阻断主链上发生自由基连锁反应，提高凝胶热稳定性能。

使用尕斯注入水，开展了调驱体系的合成，优化出了配方并开展了中浅层体系的性能评价，弱凝胶调驱体系初凝黏度>1.5×10^4mPa·s，120天后未出现破胶脱水现象。

2.2 耐盐表活剂的室内合成与评价

从化学剂的分子结构与性能关系入手，把具有抗温性能的阴离子表面活性剂磺酸盐和具有抗盐能力的非离子表面活性剂醇醚类基团同时设计在一个表面活性剂分子结构中，实现优势互补，达到既抗温又耐盐的目标。

室内合成优选出的脂肪醇聚氧乙烯醚磺酸盐(NNA)系列非离子-阴离子表面活性剂。尕斯 $N_1-N_2^1$ 油藏矿化度高($17\text{x}10^4$mg/L)，表活剂在注入水与地层水两种配液体系下，界面张力均能达到超低界面张力(10^{-3}mN/m)，性能优良。在65℃温度条件下老化168小时，再进行油水界面张力测试，老化后样品界面活性甚至优于老化前的样品，说明该表面活性剂具有较好的耐温性能。

2.3 凝胶+表活剂驱岩心流动实验

对凝胶+表活剂复合化学驱体系进行天然岩心流动实验评价，表明复合调驱洗油体系具有很高的提高采收率幅度20.1%，见图1。现场以表活剂体系为主，凝胶根据单井情况及油水井动态变化进行注入调控，压制试验区含水上升。进行凝胶+表活剂复合调驱。

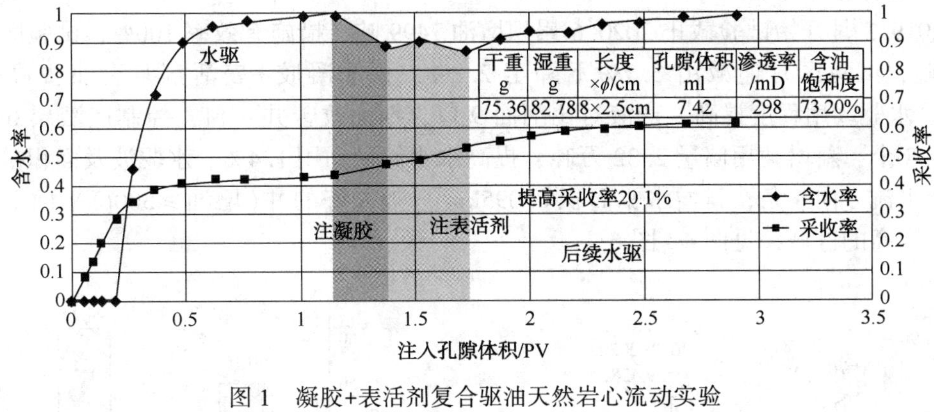

图1 凝胶+表活剂复合驱油天然岩心流动实验

3 现场试验

Ⅲ层系是尕斯 $N_1-N_2^1$ 油藏主力层系，井网完善，采出程度高。且近几年Ⅲ层系产量呈直线下降(如图2)，老井递减居高不下(如图3)，高含水井数比占比高，采出程度为39.9%，接近水驱采收率50.1%，且油藏注水利用率高于油藏平均说明油藏水驱开发效果较好，而且不具备整体加密潜力，因此选择Ⅲ层系作为二三结合的试验层系。

试验区累注剂49959m³，平均单井注剂9992m³，平均油压由措施前16.8MPa升至23.4MPa。尕斯Ⅲ层系平均注水压力为19MPa，注剂过程中注入压力明显提升，试验井平均注入压力 23MPa，平均单井日注剂 65m³。通过室内实验充分支撑及现场精细调控，有效的保证了试验效果。

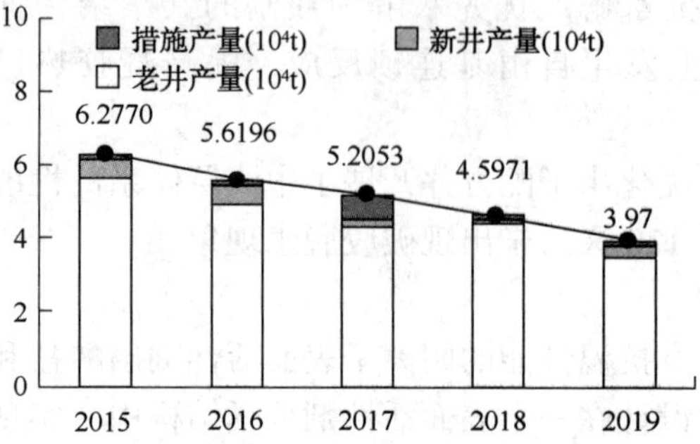

图 2　尕斯 $N_1-N_2{}^1$ 油藏Ⅲ层系产量变化图

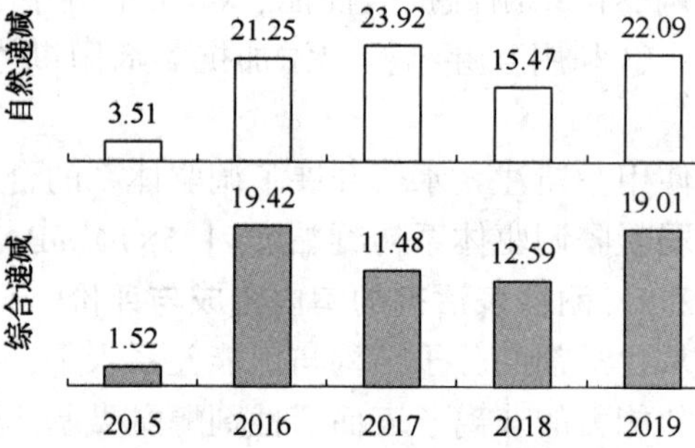

图 3　尕斯 $N_1-N_2{}^1$ 油藏Ⅲ层系递减变化图

3.1　压降曲线分析

对试验前后压降曲线进行测试，水井压降均明显变换大幅变缓，说明高渗层得到了有效的封堵，层间化学剂进入低渗层，层内化学剂进入低渗区域，波及体积充分扩大。

3.2　吸水剖面分析

吸水剖面是指水井各个层位对于注入水的分配比例，也是应用于调剖堵水，防止水窜，提高注入水在各个层位的波及系数，提高油层的驱油效率，从而提高采收率。试验前后有吸水测试资料井 3 口，吸水剖面均有明显改善。说明凝胶体系已选择性的流入水流优势通道并产生封堵，使后续表活剂转向未波及地带或未波及地层。

3.3　整体效果分析

自 2019. 3 月开始试验截止 2020. 6 累积增油 7499 吨，措施有效率 100%，试验区累积降水 5000 吨，试验区月递减由 3. 7% 下降至 2. 8%，预测凝胶+表活剂复合驱提高采收率 12. 18%。水驱动用程度提高，产液对比剖面 9 口，剖面改善井 4 口，控制产液层 6 个，新增产液层 8 个，新增动用储量 2. 32 万吨，提高水驱储量动用 1. 4%。水驱波及面积扩大，平面上新增水流方向 4 条，新增水驱面积 0. 095km²。效果好的井（增油 ≥300t）平面上集中在含油饱和度高的区域，见图 4～图 6。

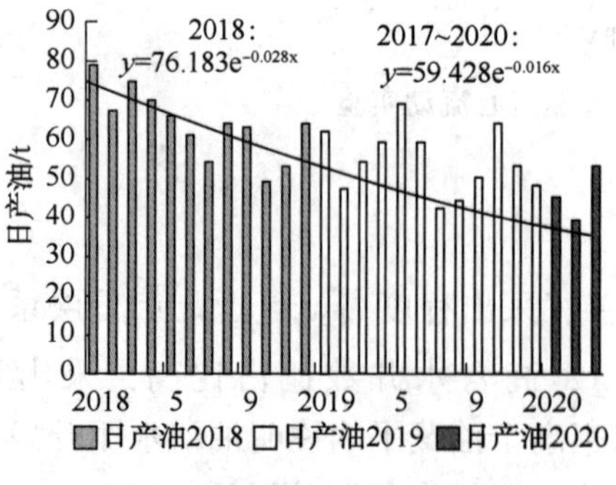

图 4　试验区油井递减分析

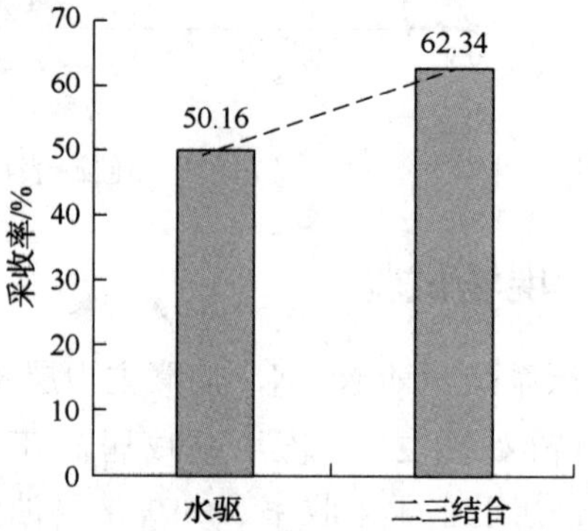

图 5　试验区采收率分析

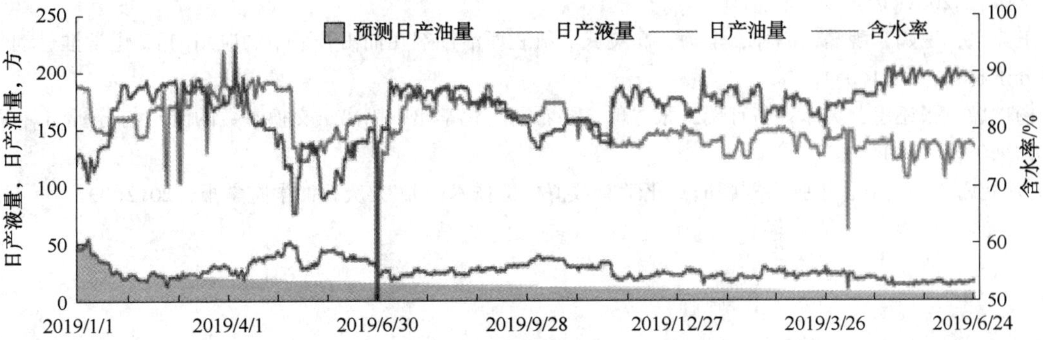

图 6　试验区正常生产井产量变化曲线

4　结论及建议

（1）平面上井组见效小层主要发育分流河道、河口坝沉积微相，而不同井组小层对应的河坝组合宽度差异大，建议单井组注入体系优化，最大限度提高采出程度。建议河坝组合较窄井层，调驱见效且小层高含水后建议调堵结合扩大波及体积。动态调整整体思路：单一驱油体系提高采收率幅度有限，使用前必须用凝胶等封堵体系抑制水流优势通道；在注入过程中如驱油体系发生窜流，必须及时注入封堵体系，改变注剂流向，提高表活剂驱油效率；油井含水上升过快时，采取水井注封堵体系，油井化学堵水联动方式，抑制油井含水上升。

（2）尕斯 N_1–N_2^1 油藏水井套损率接近 50%，2019 年尕斯 N1–N21 油藏调驱 3 口井井筒套破，措施无效。建议在水井套损严重的老区块选井，必须重视井筒条件。同时核查周边油井套管是否完好。带顶封下入调剖(驱)施工管柱，保护井筒、防止套漏。

（3）各别试验井措施中吸水剖面显示调驱剂将水窜高渗层封堵后启动了与周边油井均不连通的油组小层且单突，调驱剂后期未注到与周边油井的连通层，导致措施有效期较短。构建及调整油水井间的连通关系，完善井网，提高油水井连通率是保证二三结合试验效果的前提。

（4）采用“模块化、撬装化、数字化、标准化”的建站方式可以大大降低地面工程的投资，解决化学驱转水驱欠注或注不进问题，做好地面工程优化简化，控制单井地面投资。

参 考 文 献

[1] 王洋，韩国彤，葛际江，蒋平，乔文丽．表面活性剂提高碳酸盐岩油藏采收率进展[J]．油田化学，2015(02).

[2] 潘斌林．APEC(Na)降低油水界面张力影响因素研究[J]．油田化学，2014(01).

[3] 刘皖露，马德胜，王强，刘朝霞．化学驱数值模拟技术[J]．大庆石油学院学报，2012(03).

[4] 孙志刚，陈霆，杨晓敏．胜利油区三种化学驱体系微观机理研究[J]．四川大学学报(自然科学版)，2013(06).

[5] 张绍东，付继彤，姚军，束素林，张本华．重质石油磺酸盐化学驱方案设计方法研究及应用[J]．石油大学学报(自然科学版)，2002(04).

[6] 张永强，赫文秀．阳离子碳氟与阴离子碳氢表面活性剂复配体系的性质[J]．精细石油化工，2014(03).

[7] 朱书堂，陈国，杨小晶，钟文发，马远乐．油藏化学驱平衡方程解法改进[J]．清华大学学报(自然科

学版)，2002(10).
[8] 王亚平，王娟，魏磊，酒坤，李梅，高英武．氟表面活性剂在油田开采中的应用[J]．化学推进剂与高分子材料，2014(05).
[9] 杨瑞敏，张还恩，莫冰，高有瑞，张秀琼，杨希翡．化学驱中阳离子交换参数的测定与分析[J]．石油钻采工艺，2004(05).
[10] 刘皖露，马德胜，王强，刘朝霞．化学驱数值模拟技术[J]．大庆石油学院学报，2012(03).

基于沉积时间单元的砂体精细刻画及建模实现

——以尕斯库勒 N_2^1 油藏上盘Ⅶ油组为例

盛 军 柳金城 陈晓冬 林长庆 李积永

（中国石油青海油田分公司勘探开发研究院）

摘 要：本文以尕斯库勒 N_2^1 油藏上盘Ⅶ油组为例，通过分析其沉积体系、砂体发育模式，在现有分层体系不变的基础上，开展了沉积时间单元的细分，将现有分层体系细化为隔层、夹层、砂层三类沉积时间单元。针对砂层时间单元开展了单砂体分析，首次提出采用残余泥质夹层期次划分理论进行砂层沉积时间单元的沉积期次划分，最后，提出了全新的"三明治"层位点重合建模技术，在精细表征隔、夹层沉积时间单元的同时实现多期砂层沉积单元的精细刻画。

关键词：沉积时间单元；单砂体；三维地质建模；柴达木盆地；尕斯库勒油田

随着我国逐渐进入到开发中后期的老油田越来越多，油田开发工作也越来越细致，尤其是部分油田已经进入到三次采油阶段，这就意味着对油藏地质体的不断提高认识程度的需求也愈发迫切。目前，国内外学者对于储层地质体精细分析的方法可以概况为两类：砂体构型解剖以及单砂体刻画。储层构型概念的雏形最初源自 Allen 于 1977 年提出的河流建筑结构（Fluvial Architecture）[1]，随后 Miall（1985）在前人研究的基础上明确了储层构型（Reservoir Architecture）[2]、界面等级、构型单元等概念。对于单砂体的概念，目前学术界还没有形成一个统一的认识，吴胜和认为的单砂体是一个单一微相成因的砂体[3]，这个概念主要是从砂体的成因角度出发，李兴国认为单砂体是指自身垂向上和平面上都连续，但与上下砂体间有泥岩或不渗透夹层分隔的砂体[4]，这个概念则强调了砂体的连通性[5-15]。

本文在参考前人理论的基础上，结合研究区实际特征，对单砂体的定义进行了重新阐述，同时针对河控浅水三角洲前缘河口坝砂体提出了新的期次划分以及三维地质建模表征方法。

1 区域地质概况

尕斯库勒油田 N_2^1 油藏的沉积处于整个盆地的收缩及衰亡阶段，形成了一套干燥气候条件下的辫状河-辫状河三角洲体系，湖河变动带范围广阔，而稳定的湖区及深湖区范围相对较小。本次研究对象主要发育为河控浅水三角洲沉积体系，Ⅶ油组主要发育三角洲前缘亚相，微相包括水下分流河道、河口坝、分流间湾以及席状砂，其中主力砂体为河口坝砂体，

【第一作者简介】盛军，男，（1986—），2016 年 7 月毕业于西北大学油气田地质与开发专业，工学博士，高级工程师，就职于勘探开发研究院油田开发研究一所。E-mail：shengjunqh@ petrochina. com. cn。

属于高建设性三角洲沉积。

2 沉积时间单元划分

沉积时间单元是指在相同沉积背景环境下的物理作用、生物作用所形成的同时沉积。前人认为河流相地层的一个沉积时间单元对应一个河流期，即一条河流的诞生到消亡[17-19]。对于本次研究的而言，主力砂体为河口坝砂体，则沉积单元垂向上的表现为一个河口坝砂体的诞生到消亡。由于研究区传统的的小层界线是根据自然伽马相对极大值来确定，这样，小层界线常位于泥岩中部，而不是两种岩性的分界面，常规情况下，所划分的小层的中部是砂岩、上部和下部是泥岩，因而一般来讲，一个小层包括一砂(中)两泥(上和下)三个岩层，这样的划分方法虽然使得划分界限更加清晰，但会造成绝大部分的小层砂体均存在泥顶和泥底，这样的小层显然不是一个单一的沉积时间单元，于是需要对现有分层体系进行细化，满足沉积时间单元划分需求的同时不破坏原有的分层体系以达到分层体系的延用性。

3 砂层时间单元的单砂体分析

3.1 单砂体的本文定义

参考前人的单砂体定义，结合研究区的砂体发育特征，从砂体连通的角度出发，定义尕斯库勒 N_2^1 油藏Ⅶ油组的单砂体为上下被泥岩封隔的河口坝复合朵体集合，其内部往往存在多期朵体，但朵体间存在连通关系。

对于河口坝复合朵体集合参考其发育的夹层特征，从砂体成因的角度出发，又可以进一步将河口坝复合朵体集合划分出次一级，即单一河口坝朵体，因此研究区单砂体可以进一步划分为两级(图1)。

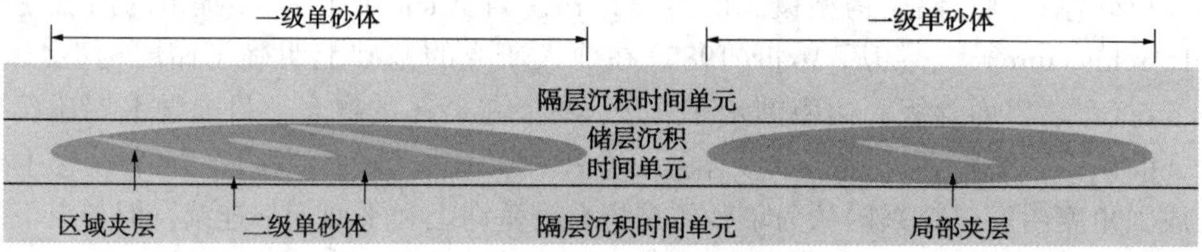

图1　单砂体概念模型

砂体在形成过程中往往不是一次就形成，有很多个沉积期和间歇期，沉积期水动力强，沉积物粗，主要是砂，且在三维空间主要成透镜状展布；间歇期水动力弱，主要是泥。泥则构成了砂层之间的夹层。根据夹层的组合规律及与物源方向的关系，将砂体的沉积分为前积、退积、侧积和加积。因而，这四“积”和砂体的透镜状外形便成为砂体期次划分的主要依据。

4 沉积时间单元的建模实现

4.1 “三明治”层位点重合建模技术

所谓“三明治”层位点重合建模技术，即小层顶、底均有一套隔层时间单元，隔层时间单元中间夹着不同期次的砂层时间单元和夹层时间单元，从切面上看就像是一块三明治(图2)。该技术的主要步骤为：(1)建立与沉积时间单元对应的分层体系；(2)针对厚度为零的沉积时间单元采用分层点重合的办法，实现全区分层体系的统一；(3)依照砂层沉积单元的期次划分结果，对全区进行分区；(4)确定不同区域的重合点层位；从而实现砂层沉积单元多期次前积的三维表征。

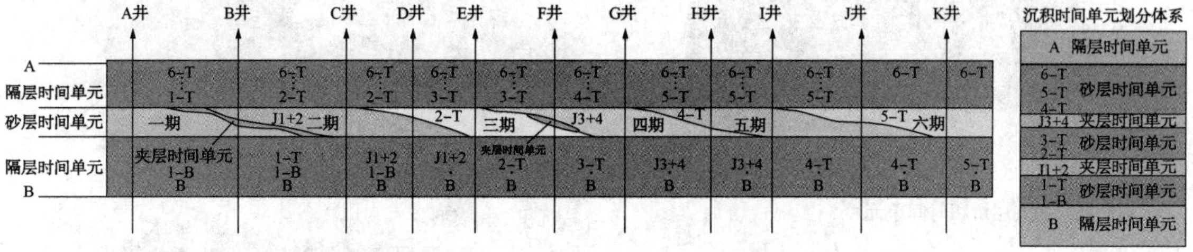

图 2 “三明治”层位点重合建模技术示意图

4.2 应用实例

以研究区Ⅶ-15 小层为例，Ⅶ-15 小层平均厚度为 4.94m，砂层时间单元平均厚度为 2.65m，最小砂层厚度 0.8m，夹层时间单元平均厚度 1.1m，最小夹层厚度仅为 0.3m。

依据前文给出砂层沉积时间单元期次划分结果，利用“三明治”层位点重合建模技术对Ⅶ-15 小层进行沉积时间单元建模，在划分出小层上下隔层沉积时间单元后，对每一区域的夹层进行统计，并针对不同区域的夹层设置不同的独立层号，同时对六期砂层时间单元按照一期一层设置层号，最后根据不同区域设置层位重合点，将Ⅶ-15 小层纵向划分为 6 期砂层沉积时间单元、3 期夹层时间单元、2 个隔层单元，总计 13 个小层，不同沉积时间单元的分布见图 3，纵向剖面可以看出，三类沉积时间单元可以得到很好的表征，同时尖灭部位网格未发生畸变。

5 结论

(1) 尕斯库勒 N_2^1 油藏Ⅶ油组发育河控浅水三角洲沉积体系，Ⅶ油组亚相类型为三角洲前缘亚相，属于高建设性三角洲沉积，砂体发育模式以前积型为主，砂体类型主要为分流砂坝型，主力砂体为河口坝砂体。

(2) 定义尕斯库勒 N_2^1 油藏Ⅶ油组的单砂体为上下被泥岩封隔的河口坝复合朵体集合，参考其发育的夹层特征，进一步将河口坝复合朵体集合划分出次一级，即单一河口坝朵体。

(3) 提出了“三明治”层位点重合建模技术，可以对多期砂层沉积单元进行精细刻画，不受纵向网格精度约束、尖灭处网格不畸变、不影响后期属性建模、能够精确地刻画隔、夹层分布特征，尤其适合油藏气驱模拟等对隔、夹层分布有精度需求的研究，同时也为油藏油水运动规律、剩余油研究提供了精细的地质研究基础。

致谢

本文受中国石油青海油田公司科技项目《尕斯库勒油田 $N_1-N_2^1$ 油藏上盘Ⅶ油组单砂体精细表征与刻画研究》(2019k02)支持，在此对帮助本论文成稿并发表的项目成员表示衷心的感谢。

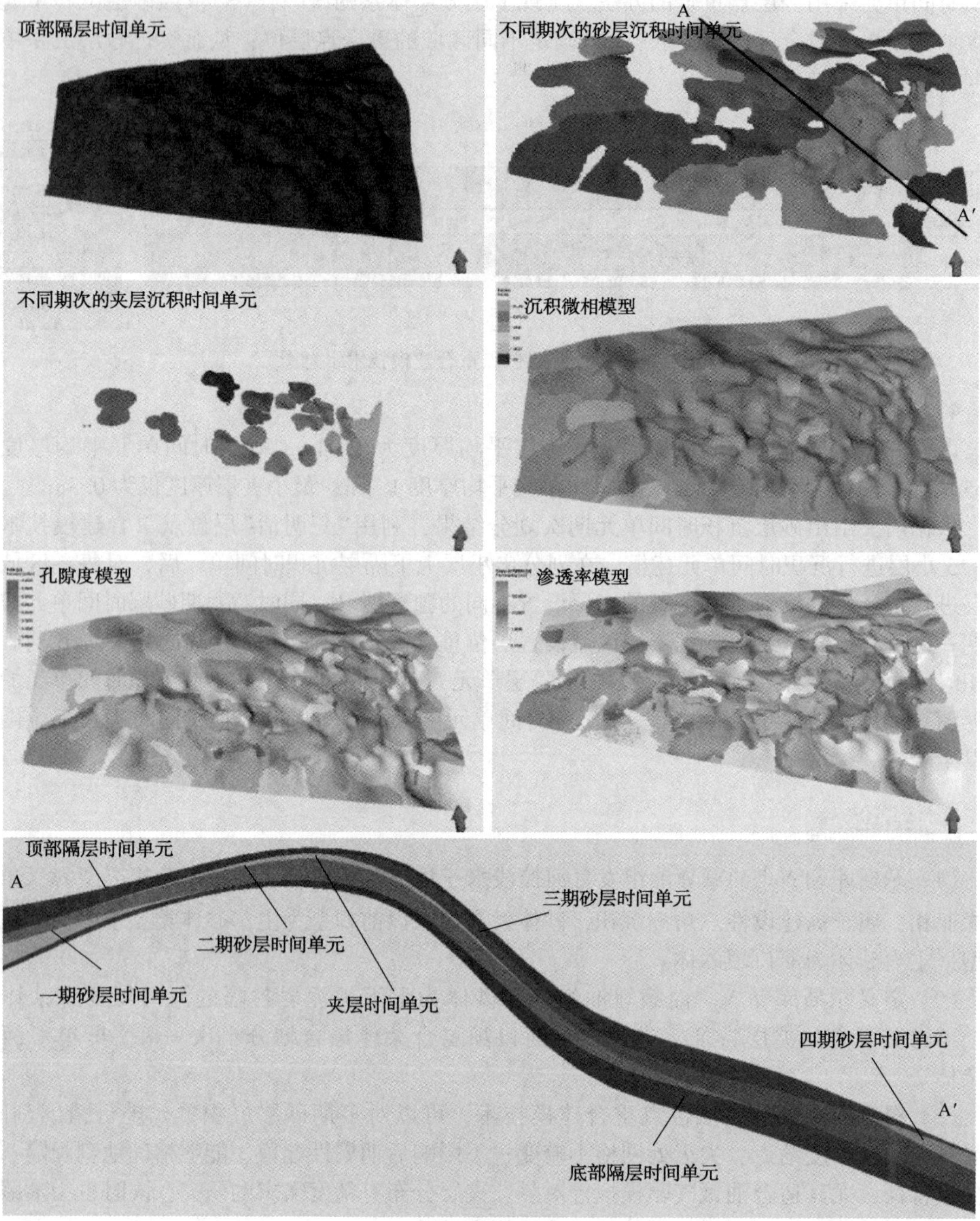

图3　Ⅶ-15 小层“三明治”层位点重合建模技术结果

参考文献

[1] Allen J R L. The plan shape of current ripples in relation to flow conditions[J]. Sedimentology, 1977, 24(1): 53-62.

[2] Miall A D. Architectural-element analysis: A new method of facies analysis applied to fluvial deposits[J]. Earth-Science Reviews, 1985, 22(4): 0-308.

[3] 吴胜和，岳大力，刘建民，等．地下古河道储层构型的层次建模研究[J]．中国科学：地球科学，2008，38(s1)：111-121.
[4] 李兴国．陆相储层沉积微相与微型构造[M]．石油工业出版社，2000.
[5] 岳大力，吴胜和，刘建民．曲流河点坝地下储层构型精细解剖方法[J]．石油学报，2007，28(4)：99-103.
[6] 吴胜和，翟瑞，李宇鹏．地下储层构型表征；现状与展望[J]．地学前缘，2012，19(2)：15-23.
[7] 韩洁，王敬瑶，李军，等．扶余油田扶余组曲流河储层单砂体构型刻画及剩余油控制因素[J]．现代地质，2011，25(2)：308-314.
[8] 周银邦，吴胜和，岳大力，等．分流河道砂体构型分析方法在萨北油田的应用[J]．西安石油大学学报；自然科学版，2008，23(5)：6-10.
[9] 胡光义，范廷恩，梁旭，等．河流相储层复合砂体构型概念体系、表征方法及其在渤海油田开发中的应用探索[J]．中国海上油气，2018(1)：89-98.

裂缝性底水基岩气藏水侵规律及开发技术对策研究

——以东坪气田A井区为例

王海成　杨国军　杨会洁　熊　宇　何文发

（青海油田勘探开发研究院）

摘　要： 东坪气田是国内近年发现的首个大型裂缝性底水基岩气藏，该气田投入开发后快速水侵，产能呈现断崖式递减，规模开发3年后产能损失90%以上。为探索该类气藏水侵后开发技术对策、提高气藏最终采收率，本文以东坪气田主力产区A井区为例，开展了地质特征再认识，通过对气藏构造、裂缝及基岩内幕储层特征研究，结合水侵特征分析和气藏剩余气分布规律研究，总结近年气藏治水措施实施效果，提出了以气藏强排水、气井酸化和侧钻等主要开发技术对策，经过现场先导性试验，取得初步成效，为该类气藏水侵后开发技术对策的制定提供了参考。

关键词： 裂缝性基岩气藏；基岩内幕；水侵特征；剩余气分布；开发对策

东坪气田A井区位于柴达木盆地阿尔金山前东段，是国内近年发现的首个大型裂缝性底水基岩气藏，埋深3000～3500m，含气面积22km^2，探明地质储量450亿方，可采储量260亿方.2013年投入开发，经历了试气试采、上产、稳产、递减、治水五个阶段（图1）。投产初期平均日产气318万方，最高日产气401万方，2015年开始快速水侵，日产能迅速递减，2019年底日产能不足10万方。目前气藏仅采出30多亿方，剩余储量大，为恢复该气藏产能，提高最终采收率，需加深气藏地质认识、开展气藏水侵特征及剩余气分布规律研究，并结合前期治理措施效果评价，研究出合理开发技术调整对策，指导气田效益开发。

1　气藏水侵特征与规律

1.1　不同部位水体能量的差异化表现

气藏2019年底水侵替换系数为0.24，水驱指数为0.29，按照《气田可采储量标定方法》中边底水活跃度划分标准，为中水驱气藏，水驱活跃程度次活跃。水体的活跃程度主要受断裂和裂缝发育程度影响，平面上从东往西水驱活跃程度逐渐减弱。强水驱主要分布在脊部构造两侧及东翼，中水驱主要分布在构造西翼及北部局部地区，弱水驱分布在坪西断层低效区一带。

气藏水体倍数平均1.9，水体规模较小，平面上从东向西水体规模逐渐变弱。其中，鼻

基金项目：中国石油天然气股份有限公司重大科技专项课题六《柴达木盆地老气区控水稳气及新气区高效开发技术研究》(2016E-01)

【第一作者简介】王海成(1986—)，男，本科，工程师，主要从事阿尔金山前各气田开发地质研究工作。E-mail：whc1qh@petrochina.com.cn。

状构造脊部水体规模相对较强，西翼为弱水体。东坪A井区基岩气藏整体水体规模较小，同时气藏为一封闭底水气藏，整体可控可排。

2.2 水侵量计算

应用视压力法、物质平衡法计算了东坪A井区基岩气藏水侵量，其中试压力法计算水侵量535万方，物质平衡法水侵量558万方(表1)，两种方法对比，结果接近，结合出水形势取相对高值，即558万方。

表1 东坪A井区基岩气藏水侵量计算数据表

地质储量/亿方	累计产气/亿方	累计产水/万方	采出程度	Bgi	Bw	ω	水侵量/万方	备注
100.27	29.8	50.77	0.3958	0.0038	1.05	0.1256	535	视压力法
143.00	29.8	50.77	-	0.0038	1.05	-	558	物质平衡法

2.3 水侵规律

东坪A井区基岩气藏内幕断层和裂缝的走向对水的横侵和平面分布具有明显的控制作用，水体主要沿着高角度裂缝侵入地层，自上而下，裂缝发育程度变差，沟通能力减弱；平面上，储层非均质性强，裂缝发育程度差异大，水侵程度差异大。

从东往西水驱活跃程度呈减弱趋势，强水驱主要分布在脊部构造两侧中高部位；中水驱主要分布在构造东西翼及北部局部地区；弱水驱分布在坪西断层低效区一带。示踪剂监测表明横侵的主要方向为南东-北西，水线推进速度约为4~8m/d，平均5.4m/d，横侵影响距离约为1个井距，横侵主要发生在脊部构造的中高部位，区块西部受横侵影响小。总体上，构造中高部位水侵最为严重，纵向上形成3个主要底水水侵通道；平面上，南北向是主水流通道方向，形成2个主要横侵区。

3 气藏水侵模式及影响因素

3.1 水侵模式

东坪A井区基岩气藏为典型的裂缝性基岩气藏，高角度裂缝发育，投入开发后底水窜入高角度裂缝后沿着裂缝发生纵窜，并快速水窜至产层，造成井底积液停产，同时产层中的水再沿横向裂缝向两侧的微裂缝和基质侵入，在井间发生横侵(见图1)，最终将产层气体封隔起来。部分区域气井水淹停产后，侵入到气藏高部位及井筒周围的水不能依靠重力而下沉，水总是沿着大裂缝和大孔道退回地层，将小孔道中的气体封闭起来，形成封闭气。气田在开发过程中，随着水侵的加剧，受矿化度、流体组分、温度、压力、PH值及CO_2含量等变化影响，容易形成硫酸钙、碳酸钙等无机垢堵塞地层孔道，降低储层孔渗性，形成水封气。

分析气藏气井产水特征，结合井区断层、裂缝发育状况等因素，认为水侵方式以水锥型和纵窜型为主，局部存在横侵型及纵窜横侵复合型。

3.2 水侵影响因素

计算全区纵窜速度发现，全区平均纵窜速度14.7m/月，受采气速度高影响，构造脊部和西翼的井纵窜速度较快，分别为16.2、18.4m/月。纵窜的主控因素是断裂及裂缝发育程度，纵窜的影响程度主要取决于断裂及裂缝发育程度，全区来看相对避水高度低的井和裂缝发育程度高的井最先见水；位于构造西南部裂缝不发育地区的 P1-2-5 井避水高度低于裂缝带的 P1-3-2 井，但其累产时间更长。(见图 2)。

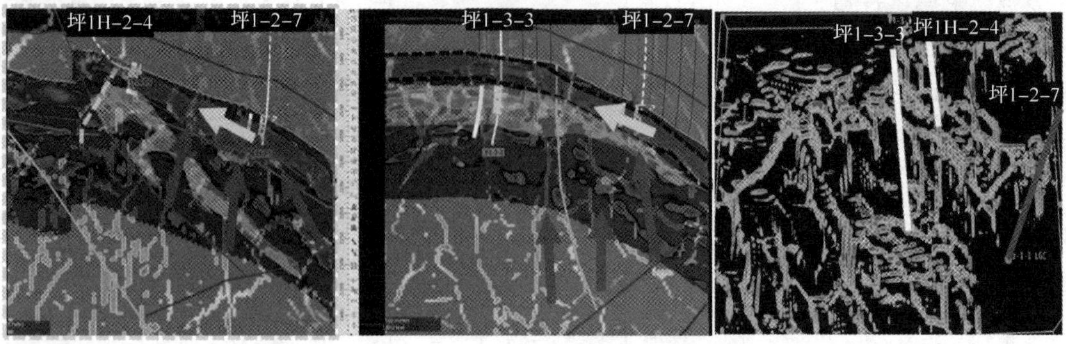

图 1　东坪 A 井区横侵示意图

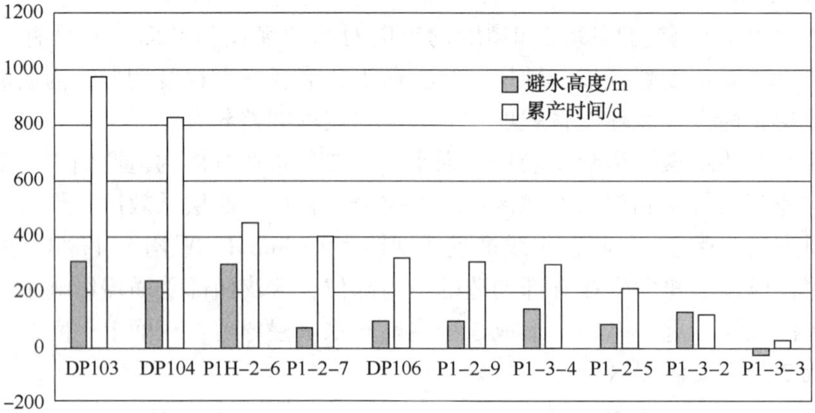

图 2　东坪 A 井区基岩气藏纵窜停躺井避水高度与累产时间关系图

4　剩余气分布特征

4.1　动态储量计算

不同的动态储量评价方法各有其适用条件，结合气藏地质特征认为综合压降法和生产数据 RNP 试井分析法用于东坪 A 井区基岩气藏的动态储量计算更为合理。综合两种方法后全区动态储量为 84.64 亿方。截止 2019 年底气藏动态储量采出程度为 35.2%，剩余动态储量为 54.84 亿方。

4.2　剩余气分布分析

东坪 A 井区纵向上溶蚀带剩余储量主要位于构造的中高部位，有利区面积约 5.2km^2，剩余储量约 21 亿方；裂缝带剩余储量丰度高的区域主要集中在构造脊部和西翼的高部位。有利区面积约 3.1km^2，剩余储量约 20 亿方。

平面上剩余动态储量主要分布在气藏中南部，东坪 H102 井区和坪 1H-2-1～坪 1H-2-2～坪 1H-2-6 井区剩余动态储量高。其中，东坪 H102 井区剩余动态储量有利面积约 0.28km^2，剩余动态储量约为 8 亿方；坪 1H-2-1～坪 1H-2-2～坪 1H-2-6 井区剩余动态储量有利面积约 3.15km^2，剩余动态储量约为 48.56 亿方。

结合30多口生产井开发及水侵动态分析，依托数值模拟研究成果，剩余气有利区域主要位于脊状构造的中高部位，总剩余地质储量86.47亿方。3个有利区面积约4.1km²，剩余动态储量约57.4亿方，占比66.4%。

4.3 水封储量分布

利用水封物质平衡法计算东坪A井区的动储为96.97亿方，到2019年水封气量为53.08亿方，水封主要发生在2016年，2016年水封气量为31.15亿方。

从历年单井水封储量情况来看，水封气量大于4亿方的井有东坪1井、1H-2-1井、1H-2-6井等5口，水封气量低于1亿方的井有7口，介于1-4亿方之间的井有10口。水封储量较小的井主要是位于构造西北翼和部分边部的低产井，水封储量规模较大井多为高产水平井。多数井的水封是由于关井后，水相占据优势通道，产生绕流和卡断，压死气井，使气井完全水封。

5 气藏开发技术对策

5.1 近年气藏治理实施效果总结

近年来主要实施了排水为主的一些治理措施，开井数和产能贡献井数增多，气藏递减趋缓，气藏复产，稳产初见成效。

排水采气效果，2017年6月启动集中增压气举排水，累计增气1892万方。通过排水一是部分井延长停躺时间或恢复生产，表明连续强排可有效控制水侵强度。坪1-2-9井作为气藏重点强排水井，2019年5月恢复自喷生产，最高日产气1.7万方，目前采用增压气举维持生产，日产气1.0万方，已累计恢复产气量281.6万方；坪1H-2-1井实际停躺时间较预测停躺时间延长了36天；坪1H-2-2井延长了98天；在一定程度上控制了主力井的递减趋势。二是连续排水期间邻井压力响应明显：气藏连续排水期间，停躺井压力呈均下降趋势；受多种因素影响时，压降速率呈减小；恢复正常排水后，部分井压力仍有所增大，受排水波及影响时间较长。

压裂措施效果，近几年对5口产量递减的井实施压裂，无效2口井，有效率60%，有效的3口井平均单井日增产0.25万方。表明本区压裂的裂缝形态受主应力控制，压裂造缝方向主要沿主应力方向扩展，未出现明显的裂缝转向，原来的压裂技术难以形成预期的网状缝，只是起到疏通原产气通道的作用，对原射孔层的压裂达不到大幅增产的效果，需要引入新的压裂工艺技术。

水封气挖潜，基于气藏水封储量，实施侧钻新钻、压裂解封、酸化解堵等工艺，重构气水通道，探索提高“水封气”动用技术，近两年实施了6口井措施(1口压裂新投、2口压裂、2口侧钻、1口酸化解堵)，并在措施后开展连续气举排水，取得累计增气1777.1万方的效果。

5.2 开发技术对策调整思路

东坪A井区基岩气藏以最新地质认识成果为基础，以剩余气、水封储量分布为依据，结合气藏水侵规律特征，气藏开发调整的主要对策调整思路就是立足“水侵区气藏排水”，做好“潜力区储量动用”，排采结合，最终达到气藏侵排平衡的目标，恢复气田停躺井生产。

5.3 开发调整技术对策

① 气藏排水：针对水侵区域，分区制定排水措施。严重水侵区，在主水流通道实施强

排水，削弱水体能量，阻止水线继续推进，结合水侵规律认识，优选东坪 105 等 X 口井开展强排水；针对中高部位剩余动态储量相对较高区域开展连续辅排控水侵，排采结合盘活产能，优选东坪 H102 等 X 口井开展连续辅助排水；针对剩余动态储量低、产水量低的气井开展泡排辅助生产，优选坪 1-2-11 等 X 口井实施泡沫排水采气。

② 新钻、侧钻：在井距较大、剩余气储量丰度较高的区域部署实施新钻井 1 口，侧钻井 1 口，进一步验证评价剩余气动用潜力。

③ 酸化解堵：结合分析化验资料优选无机垢堵塞的 X 口井实施酸化措施，有效解除近井地带污染、堵塞情况，重建气相渗流通道，恢复气井产能，增加气井排水量。

④ 补孔挖潜：针对水淹停躺井，优选潜力气层进行封堵补孔，并实施压裂，评价非主力层动用潜力。

6 结论及建议

① 不断深化地质认识，强化水侵规律研究，明确水侵优势通道，应用多种方法开展水侵量计算，互为参考，确定水体规模大小，指导气藏单井排水量的确定。

② 应用多种方法开展剩余气分布研究评价工作，相互参考，相互验证，明确剩余气在纵向、平面上的有利区域，规避治理方向出现偏差。

③ 排水是气藏治理的基础，结合构造位置、水侵量、剩余动态储量等因素对不同区域的气井制定不同的排水措施，在主水流通道实施强排水，削弱水体能量，阻止水线继续推进；在气藏构造中高部位剩余动态储量相对较高区域实施连续辅排控水侵，排采结合；针对剩余动态储量低、产水量低的气井实施泡排辅助生产。

④ 针对气藏地层水矿化度高，易形成硫酸钙、碳酸钙等无机垢堵塞地层的特点，结合剩余气研究成果，优选气井开展酸化解堵工作，重构气水两相渗流通道，实现气藏增气、增排水，辅助气藏治理。

⑤ 由于气藏现阶段水淹程度高，侵排比低，难以优选剩余气富集且不受水侵影响的条带进行钻井挖潜，待气藏达到侵排平衡后，结合地应力及裂缝预测研究成果，优化钻井轨迹实施侧钻、新钻井挖潜剩余气。

参 考 文 献

[1] 刘华勋，任东，高树生，胡志明，叶礼友，刘夏．边、底水气藏水侵机理与开发对策[J]．天然气工业，2015，35(2)：47-53.

[2] 李涛．普光气田开发过程水侵特征分析[J]．天然气工业，2014，34(6)：65-71.

[3] 曹光强，李文魁，姜晓华．涩北气田整体治水思路探讨[J]．西南石油大学学报(自然科学版)，2014，36(2)：114-120.

[4] 冯曦，钟兵，杨学锋，邓惠．有效治理气藏开发过程中水侵影响的问题及认识[J]．天然气工业，2015，35(2)：35-40.

[5] 李江涛，柴小颖，邓成刚，蒲斌，赵玉，李润彤．提升水驱气藏开发效果的先期控水技术[J]．天然气工业，2017，37(8)：132-139.

[6] 李江涛，孙凌云，项燚伟，李润彤，王海成，陈芳芳．水驱气藏水淹风险描述及防控对策[J]．天然气工业，2019，39(5)：79-84.

[7] 程立华，孟德伟，杨云，位云生，冀光，齐亚东，罗娜．柴达木盆地东坪基岩气藏的特征及合理开发

指标[J]. 天然气工业，2018，第 38 卷(8)：69-74.
[8] 李翔，刘应如，柴小颖，龙伟，白亚东．柴达木盆地东坪基岩气藏裂缝发育规律研究[J]. 西南石油大学学报(自然科学版)，2019，第 41 卷(1)：68-76.
[9] 战雕，邵振鹏，曾丽，王英军，佟林．柴达木盆地东坪气田基岩储层裂缝建模方法研究[J]. 西南石油大学学报(自然科学版)，2019，第 41 卷(3)：71-79.
[10] 伍劲，高先志，马达德，张永庶，周伟，牛花朋，孔红喜，王波．柴达木盆地东坪地区基岩风化壳特征[J]. 现代地质，2017，第 31 卷(1)：129-141.
[11] 伍劲，高先志，周伟，张永庶，杨云，由超．柴达木盆地东坪地区基岩风化壳与油气成藏[J]. 新疆石油地质，2018，第 39 卷(6)：666-672.
[12] 曾丽，何文发，阳松宇，陈伟敏，佟林．东坪基岩气藏水侵治理对策研究[J]. 中国石油和化工标准与质量，2019，第 39 卷(2)：176-177.
[13] 程玉红，马新民，雍学善，刘小梅，倪祥龙．GeoEast 地震属性技术在东坪地区地震综合解释中的应用[J]. 石油地球物理勘探，2014，第 49 卷：142-147，6-7.
[14] 李江涛，李志军，贾永禄，位云生，李清，杨云，聂仁仕．柴达木盆地东坪基岩气藏的特殊地质条件及其开发模式探讨[J]. 天然气工业，2014，(8)：75-81.
[15] 翟志伟，杨红梅，张狄杰．柴北缘东坪地区深层含油气系统油气运聚成藏规律[J]. 中外能源，2019，第 24 卷(7)：33-38.
[16] 生如岩，冯其红．有限底水驱气藏气水均衡同采的实例评价[J]. 天然气工业，2011，31(2)：63-65.

低渗透油藏合理注采井距的确定

谭亚东[1]　赵　则[1]　周　艳[1]　赵　匡[2]　姜明忠[1]

（1. 中国石油青海油田分公司勘探开发研究院，甘肃敦煌　736202；
2. 中国石油青海油田分公司采油一厂，青海茫崖　816400）

摘　要：低渗透油藏开发矛盾的主要原因在于存在启动压力梯度和压敏效应，解决矛盾的关键在于合理注采井距的确定。本文根据等产量一源一汇渗流理论推导注采单元主流线中点处的压力梯度计算式，结合启动压力梯度与渗透率的关系建立了低渗透油藏合理注采井距的确定方法和理论图版，定义了技术极限注采井距概念，并与经济极限井距相结合来确定合理注采井距。

关键词：低渗透；启动压力梯度；合理注采井距

1　低渗透油藏开发存在的主要矛盾及机理分析

1.1　开发存在的主要矛盾

大部分低渗透油藏在开发中存在的矛盾主要表现在三个方面：一是产量递减快。例如尕斯库勒 N_1 下段先期投产井通过产量回归，初期递减高达 38.9%；二是注水注不进，随着注水时间的延长，吸水指数变化并不大，但启动压力逐渐上升，导致注水困难；三是注水见效慢，低渗透油藏渗流阻力大，注入水不易扩散，一线采油井见效慢。

1.2　开发主要矛盾的形成机理

1.2.1　低渗透储层存在启动压力梯度

由于低渗透油藏孔隙结构特征的差异，流体渗流特征明显区别于中高渗油藏的渗流特征，出现非达西流特征，具体表现为受表面分子力的影响，存在启动压力梯度，如下图所示，A 点为最小启动压力梯度，C 点位为临界启动压力梯度。

因为启动压力梯度的存在，会出现 3 种不同的渗流状态：当驱替压力梯度小于最小启动压力梯度时，流体不流动；当驱替压力梯度大于临界启动压力梯度时，流体处于易流状态，流体流速与驱替压力呈线性关系；当驱替压力梯度介于二者之间时，流体处于低速高阻非达西渗流状态。

在低渗透油藏的实际生产中，若油水井之间井距较大，则需要克服较高的渗流阻力，如果驱替压力梯度小于临界驱替压力梯度，流体处于低速高阻非达西渗流状态，则油水井之间成为不易流动带，导致的结果一是注水井的附近形成局部高压区。

1.2.2　低渗透储层存在严重的压敏效应

【第一作者简介】谭亚东(1983—)，男，2007 年 7 月毕业于西南石油大学资源勘查工程专业，主要从事油藏工程、开发经济评价等研究工作。

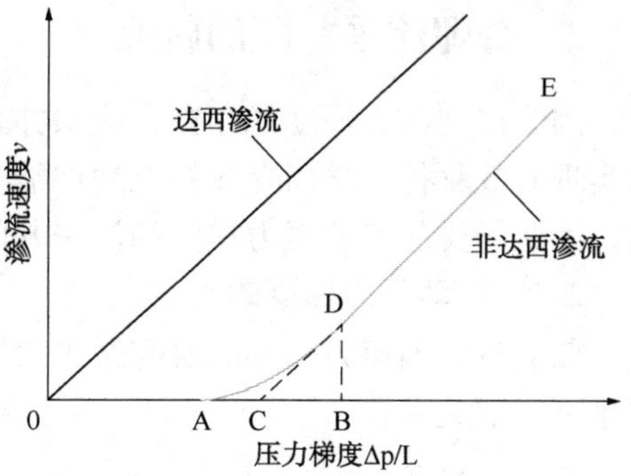

图 1　非达西渗流示意图

低渗透油藏储层受孔隙结构等因素影响，介质的渗透率随压力变化非常敏感，根据姜海梅、王帅等人[1]对低渗油藏岩心分析研究成果，地层压力变化对孔隙度影响较小，但是对渗透率的影响巨大。在上覆岩层压力不变的情况下，当地层压力上升时，净应力减小，岩心渗透率值缓慢上升，且幅度较小；当地层压力下降时，即净应力增大，岩心渗透率值快速下降，且幅度较大。并且在相同压力变化下，渗透率越低的岩心变化幅度均更大，如下图所示：

实验证明低渗油藏的储层存在压敏效应，压敏效应更强，如果渗透率大幅度降低必然导致。这就是低渗透油藏由于地层压力下降导致产量快速递减的原因。

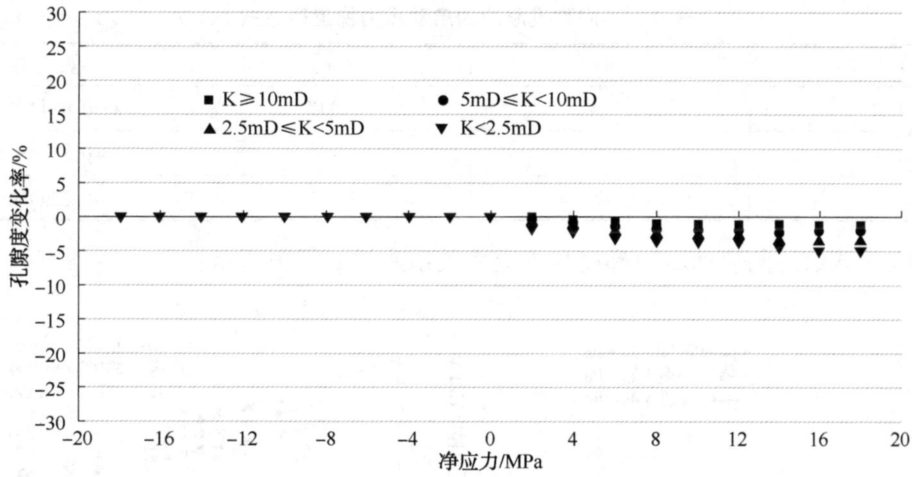

图 2　孔隙度变化率与净应力关系曲线图

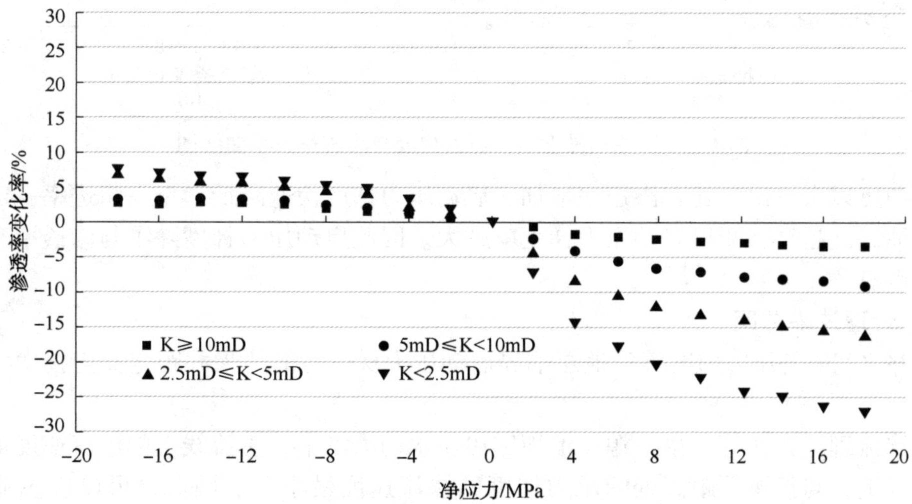

图 3　渗透率变化率与净应力关系曲线图

2 合理注采井距的研究

因为启动压力梯度的存在，注采井之间的驱替压力梯度必须大于临界启动压力梯度，才能实现有效驱替，继而有效补充地层能量，避免出现压敏效应，保持油井附近地层的供液能力。因此需要从启动压力梯度和注采井间驱替压力分布两个方面开展研究。

2.1 启动压力梯度的确定

前人对启动压力梯度的研究结果表明[2-5]，低渗透油藏的启动压力梯度与储层有效渗透率呈冥函数关系：

$$\lambda = aK^{-n} \tag{1}$$

式中，λ 为启动压力梯度，MPa/m；K 为储层平均渗透率，10^{-3}um^2；a、n 为回归系数。

根据郝斐，程林松等人研究成果[2]，分别用1.25mPa·s、3.49mPa·s和5.40mPa·s三种不同黏度的模拟油测量国内某油田68块特低渗油藏的岩心启动压力梯度，渗透率分布区间为0.022×10^{-3}um^2~8.057×10^{-3}um^2，根据物理模拟实验结果回归得到启动压力梯度数学表达式

表1 不同黏度原油的启动压力梯度表达式

原油黏度/(mPa·s)	a	n	表达式
1.25	0.0747	1.117	$\lambda=0.0747K^{-1.117}$
3.49	0.1238	1.468	$\lambda=0.1238K^{-1.468}$
5.4	0.229	1.660	$\lambda=0.2290K^{-1.660}$

根据表达式绘制的启动压力梯度与渗透率关系曲线如下图所示：

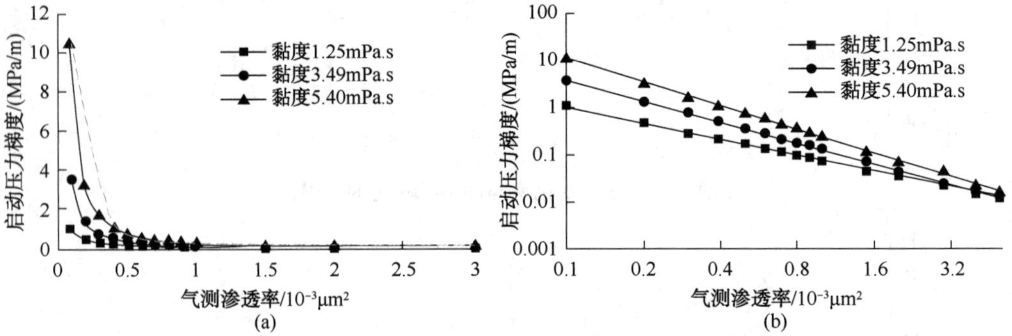

图4 不同原油黏度启动压力梯度与渗透率关系曲线图

从上图可以出看出，随着渗透率增加，启动压力梯度快速降低；率在渗透率一定的情况下，实验油黏度越高，测得启动压力梯度就越大。因此启动压力梯度除了与渗透率有关，还与流体黏度有关。

2.2 合理注采井距

注采井之间驱替压力梯度等于地层临界启动压力梯度时的注采井距定义为技术极限注采井距。

根据渗流理论，在等产量一源一汇稳定渗流水动力场中，主流线上的渗流速度最大，而在任意流线上，与汇源等距离处的压力梯度的渗流速度最小[6]。因此，可以以主流线中点处压力梯度来确定极限注采井距。

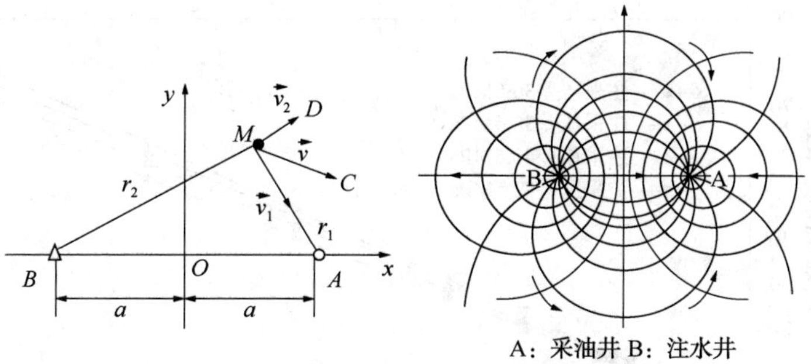

图 5　等产量一源一汇流场图

设在无穷大地层中，存在着一口采油井 A 和一口注水井 B，相距为 2a，如图 2.2A 所示。注水井单位厚度注入量与采油井单位厚度产出量均为 q，则可推导任意一点 M 的渗流速度为：

$$V=\frac{q\cdot a}{\pi\cdot r_1\cdot r_2} \tag{2}$$

由公式(2)可知，r_1、r_2 的乘积越小则流速越大，显然沿着 x 轴这一流线上乘积必然最小，即流体沿着注采井间连线上流得最快，x 轴称为主流线[6]。当 M 点位于 x 轴上时，则渗流速度公式为：

$$V=\frac{q}{\pi\cdot a} \tag{3}$$

根据达西定律，速度 V 的矢量方向应是该点最大压力梯度矢量方向，即

$$V=\frac{K}{\mu}\frac{\mathrm{d}P}{\mathrm{d}r} \tag{4}$$

式中，K 为储层平均渗透率，$10^{-3}\mathrm{um}^2$；μ 为流体黏度，mPa · s。

等产量一源一汇稳定径向流时，产量与注采井压差满足以下关系：

$$q=\frac{\pi K(P_H-P_{wf})}{\mu\ln\frac{2a}{r_w}} \tag{5}$$

式中，P_H 为注水井底流压，MPa；P_{wf} 为采油井底流压，MPa；r_w 为井筒半径，m。

联立公式(3)、(4)、(5)，令 2a=R，可推导主流线的驱替压力梯度为：

$$\frac{\mathrm{d}P}{\mathrm{d}r}=\frac{P_H-P_{wf}}{\ln\frac{R}{r_w}}\cdot\frac{2}{R} \tag{6}$$

若要中点处的油流动，则驱替压力梯度必须大于该点处的启动压力梯度，则可计算出给定注采压差和油层渗流条件下的技术极限注采井距 R，即：

$$\frac{P_H-P_{wf}}{\ln\frac{R}{r_w}}.\ \frac{2}{R}\geqslant\lambda \tag{7}$$

假设 $\lambda=0.0747K^{-1.117}$，利用(7)式可以获得不同注采压差和油层渗透率条件下的极限注采井距理论图版，如图 6 所示：

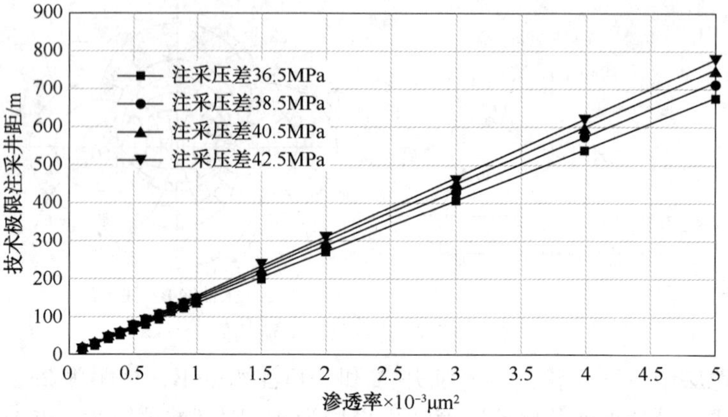

图 6　不同注采压差下渗透率和技术极限井距关系曲线

显然，合理注采井距与储层渗透率和注采压差正相关，随着渗透率、压差增大而增大。对于低渗透油藏而言，提高注采压差增加的注采井距极为有限，所以通常采取储层改造的方式提高储层渗透率，从而快速提高技术极限注采井距。从另一个方面分析，如果注采井距越小，则可动用的储层渗透率下限越低，这也是国内低渗透油藏井网加密调整的理论基础。

合理注采井距不仅要考虑技术井距，还要与经济合理井距相结合。若前者大于后者，可以按照经济合理井距布井；若后者大于前者，仍按经济合理井距布井会形成油、水井之间的不易流动带。在这种情况下，以弥补经济合理井距和技术极限井距的差值。

假设下列区块启动压力梯度均满足 $\lambda=0.0747K^{-1.117}$，注采压差均为 36.5MPa，区块 1 储层渗透率 $1.0\times10^{-3}\mu m^2$，区块 2 储层渗透率 $3.0\times10^{-3}\mu m^2$，均采用五点法注采井网，经济合理注采井距为 350m，则区块 1 需要压裂改造储层才能达到经济合理注采井距，而区块 2 不需要压裂改造。

表 2　合理注采井距计算示例

油藏	井距/m			建议措施
	技术井距	经济井距	设计井距	
区块 1	137	350	350～400	压裂，单翼缝长 210m～220m
区块 2	405	350	350～400	

3　实例分析

以尕斯库勒 N_1 下段油藏为例，油藏地层平均渗透率为 $0.6\times10^{-3}\mu m^2$，地层原油黏度为 4.089mPa·s，根据启动压力梯度的拟合公式 $\lambda=0.1238K^{-1.468}$，计算得到 N_1 下段的启动压力梯度为 0.262MPa/m，目前注水泵压 20MPa，平均 2500m 井深则注水井井底压力为 44.5MPa，油井井底流压 8.0MPa 井底注采压差为 36.5MPa，代入公式(7)，得到技术极限注采井距为 46m，若经济极限井距为 240m，则需要压裂改造，单翼缝长为 200m。

4　结论

(1) 低渗透油藏因为孔隙结构、原油黏度等因素影响存在启动压力梯度，建立驱替关系的关键在于克服油水井之间的，因此需要先确定启动压力梯度确定合理注采井距，有效补充地层能量，从而降低压敏效应；

（2）极限注采井距与注采压差和渗透率正相关，通过储层改造提高渗透率增加极限注采井距效果明显优于提高注采压差的效果；

（3）应综合考虑，在降低注采井距提高低渗储层动用程度。

参 考 文 献

[1] 姜海梅，王帅，张绍辉．低渗透油藏超前注水渗透率界限研究[J]．科学技术与工程，2015，15(23)：32-35.

[2] 郝斐，程林松，李春兰，等．特低渗透油藏启动压力梯度研究[J]．西南石油学院学报，2006，28(6)：29-32.

[3] 孙黎娟，吴凡，赵卫华，等．油藏启动压力的规律研究与应用[J]．断块油气田，1998，5(5)：30-33.

[4] 姚约东，葛家理．低渗透油层非达西渗流规律的研究[J]．新疆石油地，2000，21(3)：213-215.

[5] 李忠兴，韩洪宝，程林松，等．特低渗油藏启动压力梯度新的求解方法及应用[J]．石油勘探与开发，2004，31(3)：107-109.

[6] 翟云芳．渗流力学[M]．北京：石油工业出版社，2009：29-31.

[7] 黄延章．低渗透油层渗流机理[M]．北京：石油工业出版社，1998.

[8] 王端平，时佃海，李相远，等．低渗透砂岩油藏开发主要矛盾机理及合理井距分析[J]．石油勘探与开发，2003，30(1)：87-89.

[9] 王熙华．利用启动压力梯度计算低渗油藏最大注采井距[J]．断块油气田，2003，10(6)：75-76.

断点微组合在低序级断层空间组合中的应用
——以英东油田为例

王宏磊[1] 房国庆[1] 于 航[1] 李 昱[1] 庞 皓[1]

（中国石油青海油田公司采油五厂）

摘 要：低序级断层由于其在地形地貌复杂的山区中隐蔽性较强，油气富集的构造核部中运用常规的地球物理方法识别易受到大量类似断裂的非断裂响应的干扰，难以识别山区复杂断块断距 50m 以下的断层，同时当构造剖面上同一个断层只有一个断点时，断层空间组合方案存在多解性。本文低序级断层研究主要是利用测井资料进行断点识别和空间组合，采用了“同平台井断点微组合”方法来解决在油藏开发过程中难以准确刻画断层的空间分布特征的问题，推翻了同平台井断点基本在断面上的同一位置的观点。该方法在英东油田主力开发区块（砂 40 井区 B 断块）应用后，提高了低序级断层分析的可靠性，落实了低序级断层的空间组合模式和精细构造认识，明显改善了注采井网开发现状，为后期油藏进一步挖潜、确定有利井位和注采井网调整均具有重要的指导意义。

关键词：低序级断层；断点识别；断层组合；断点微组合；英东油田

低序级断层主要是指小于四级的微小断层，不控制油气的运移，对区域构造格局影响较弱，但控制剩余油气富集，对复杂断块油藏开发后期剩余油分布的预测和解决注采矛盾具有重要意义[1-3]。

英东油田受地表条件所限地震资料品质较差，在油气富集的构造核部地震难以识别断距较小的断层。研究区断块复杂，低序级断层发育，原有的井网被新的断层切割成不规则井网，导致目前的井网部署不完善，水驱油藏的注水开发效果差，油藏压力下降快。本文根据英东油田砂 40 井区的地质认识，按照新的研究思路，采用同平台断点微组合的研究方法，解决现有矛盾，为区域注采井网调整、提高水驱控制程度提供更加准确的构造认识。

1 同平台断点微组合方法及应用效果

整个英东一号构造，虽然 173 个骨架井总共识别了 172 个五级断点，平均到井上只有 1 个，即使按照有断点的骨架井数 104 口计算，平均单井识别的小断点数量也只有 1.7 个。当构造剖面上同一个断层只有一个断点时，断层组合存在多解性，只靠井间的断点组合还是无法准确刻画断层空间展布，需要多方法相结合来实现断层的精细组合。因此，根据英东砂 40 井区断裂研究的实际情况，本次研究将五级断层和六级断层定义为低序级断层，采用同

【第一作者简介】王宏磊（1987—），男，2015 年 6 月毕业于长江大学地球环境与科学学院，地质工程硕士，目前任青海油田采油五厂技术研究中心油藏技术管理岗工程师。E-mail：wanghongleiqh@petrochina.com.cn。

平台断点微组合方法对研究区五级断层进行断点识别和空间组合，通过在不同平台井各自尺度上对断层倾向、倾角的刻画，结合高序级断层控制油藏的特点增加对井间不确定信息的约束和匹配，有效减少了断层组合多解性的问题。良好的地质应用效果主要表现在断点位置识别更加准确、低序级断层识别精度大大提高、断块识别更加清楚三个方面[4]。

1.1 方法概述

本文根据低序级断层的断点识别方法，能确定地层具有明显的重复或缺失（断距大于15m），总结出逆断层在倾角测井图上存在明显断层破碎带，正断层在倾角测井图上断层破碎带不太明显的规律。其中地层重复或缺失的断距大于15m，在倾角测井图中，逆断层断层破碎带的地层倾角大于40°、破碎带长度大于20m、电阻率曲线具有高阻异常；正断层的断层破碎带的地层倾角大于相邻井段20°、破碎段长度大于5m、电阻率曲线异常特征不明显。

1.2 逆断层微组合实例

英7-3平台上，钻遇B断块K4标准层的井有英7-3井和英7-3-B6井，两口井的K4标准层的地下位置相距34m，井点平面位置呈南西-北东向，与构造剖面方向基本平行。

通过断点识别，英7-3-B6井33号断层的断点测量深度1678m，海拔高程1490m，英7-3井33号断层的断点测量深度1769m，海拔高程1400m。两口井的断点位置的海拔高程相差90m。

通过"同平台断点微组合"方法的构造剖面分析，英7-3平台上33号断层断面倾向为北东向，倾角约70度，该组合方法采用的是相邻很近的井，断点位置和组合方案的可靠性和唯一性强，解决了骨架井构造剖面上只有1个断点情况下断层空间组合的不确定性的问题。

1.3 正断层微组合实例

B断块中发育正断层的认识是本次研究的关键。正2断层是砂40井区B断块中典型的正断层，本文以5排井剖面上的正2断层进行一个连井剖面上的微组合研究。

1.3.1 英5-3平台

英5-3平台上钻遇B断块K3标准层以下的井有英试9-1井、英5-3-B6井和英5-3-B5井，三口井的K_3标准层的地下位置相距分别为3.8m和6.9m，井点平面位置呈南西-北东向，与构造剖面方向基本平行。

在K_3标准层附近，存在电性特征明显、分布稳定性好的两个地层对比标志层：K_{212-9}标志层和K_{3-5}标志层。以这两个标志层的存在或缺失作为断点识别的关键依据，保证了英5-3平台上对正2段层断点识别的准确性和可靠性。

经过断点识别研究，本次在英5-3平台上的三口井都识别出了明显的正断层断点。英试9-1井上正2断层的断点深度1289.1m，海拔高程1872.8m，断缺地层层段正好为K_{3-5}标志层这一段，断距18m，断面破碎带不明显。英5-3-B6的正2断层的断点深度1275.2m，海拔高程1885.3m，该井断点正好未断缺K_{212-9}标志层和K_{3-5}标志层，断缺地层层段位于K_{212-9}标志层和K_{3-5}标志层之间的，断距18m。英5-3-B5的正2断层的断点深度1246.2m，海拔高程1914.3m，该井断点正好断缺了K_{212-9}标志层这一段，断缺地层层段位于K_{212}段内部。

通过"同平台断点微组合"方法的构造剖面分析，英5-3平台上的正2断层断面倾向为南西向，倾角约70°，从而可以确定正2断层的断面倾向为南西向，倾角约60~70°。

1.3.2 英5-1平台

英5-1平台上钻遇B断块K4标准层的井有英试10-1井和英5-1井，两口井的K4标准层的地下位置相距 18.1m，井点平面位置呈南西-北东向，与构造剖面方向基本平行。

经过断点识别研究，英试 10-1 井和英 5-1 井中都识别出了明显的正断层断点。英试 10-1 井的正 2 断层断点深度 1689m，海拔高程 1443.7m，断缺地层层段正好为 K_4 标志层这一段，断距 15m，断面破碎带长度 10m，破碎带地层倾角 20~40°。英 5-1 井的正 2 断层断点深度 1670m，海拔高程 1466.5m，本井断点未断缺 K_4 标志层，断缺地层层段位于 K_{37} 内部，断距 16m，断面破碎带长度 6m，破碎带地层倾角 20~30°。

通过"同平台断点微组合"方法的构造剖面分析，英 5-1 平台上的正 2 断层断面倾向为南西向，倾角 60~70°，从而进一步确定了正 2 断层的断面倾向为南西向，倾角在 60~70°之间。

通过"同平台断点微组合"方法确定了断层的倾角和倾向之后，在利用"剖面断点精细组合"方法进行剖面断点组合时，我们可以按照南西倾向和 70 度倾角的参数对英 5-1 平台和英 5-3 平台的断点进行空间组合，发现这两个断点恰好可以组合到一个断层上。骨架井连井构造剖面组合出来的断层面的倾角和倾向，与"同平台断点微组合"方法确定的断层面倾角和倾向的结果相吻合。

英东油田砂 40 井区低序级断层发育，断裂系统复杂，属于典型的复杂断块油气藏。综合利用：地层重复、地层缺失、倾角测井、电性异常、小层精细对比、流体差异，6 种断点识别方法，提高了断点识别率。同平台断点微组合技术应用在该研究区，也取得了良好的应用效果：从图 11 中可以看出，经过同平台断点微组合后，有效提高了低序级断层的平面和空间识别能力和构造解释精度。同时，断层组合在空间上的分布得到了证实：从东到西正断层倾角逐渐变大，总体与 2 号断层平行，稳定性较好，个别断层深部存在合并；逆断层断距变化大，纵向平面存在尖灭，倾角逐渐变小(由 70°逐渐降低至 50°)。经生产，该方法在英东油田的精细构造研究中起到了重要作用，落实了砂 40 井区 B 断块 B3 层系的构造。

2 断层组合模式与成果

断层均应用断点识别和同平台断点微组合技术方法精细解释了英东油田砂 40 井区 B 断块，B3 层系断层模式已确定为"先逆后正网状组合"模式，构造形态认识已经由"完整断背斜"转变为"条带状断阶带"，有效地指导了油田开发。随着小断点识别手段和小断层组合技术的创新和提升，研究区内能够识别的五级断层断点数量由 2015 年 12 个、2016 年 35 个增加到 2017 年的 95 个，组合的五级断层数量由 2015 年 1 条、2016 年 5 条，增加到到 2017 年的 9 条，认识精度和准确性得到大幅度的提高，最终在研究区落实 17 条断层，与原断层空间组合结果相比，断层在发育、组合、方位、延伸长度等方面均有一定的差异[5-6]。

2.1 断层组合模式

通过多方法对断层进行空间组合，确定了砂 40 井区 B 断块的断层组合模式为早逆晚正的网状模式，早期受高序级断层影响，发育有多条 20~50m 的五级逆断层，后期应力转换后，又发育了多条 15~30m 的正断层，切割了原有的逆断层，形成了目前的网状断层模式。

2.2 构造认识成果

在构造剖面上，断层在纵向、横向上都存在明显的断距变化，平面延伸较长的 31、33、37、39 号断层从深到浅断距逐渐变小的特征较明显，并向浅部逐渐消失；延伸较短 32、34、35、36 号向深浅都存在逐步消失现象。砂 40 井区 B 断块 5 排井：构造前期自西向东发育的 7 条逆断层(39、37、35、34、33、32 和 31 号)依次分布在 1 号主断层和 2 号主断层之间；

构造后期自西向东发育 6 条正断层(正 8、正 6、正 4、正 3、正 2、正 1)不均匀穿切逆断层后，形成了网状断层组合。在该区块中，正 8 断层和 34 号断层的断距较短，地层受其影响相对较弱。

构造平面上，砂 40 井区 2019 年 K210 构造图中可见 B3 层系构造被断层切割成为北西南东的 5 个窄条带状断阶(图 1)。相较于 2016 年同一层系 K210 构造图新增断层 6 条，其中增加北西向正断层 2 条，北西向逆断层 4(平面延伸距离均大于 500m)；核销断层 2 条，其中一条断层的井断点被组合到新解释的北西向断层上，另一条将原解释结果为北西向正断层，延伸距离较长，此次同平台断点微组合解释后发现原来组合得到的断层方向发生变化，为北西向逆断层，因而对该断层进行修正。

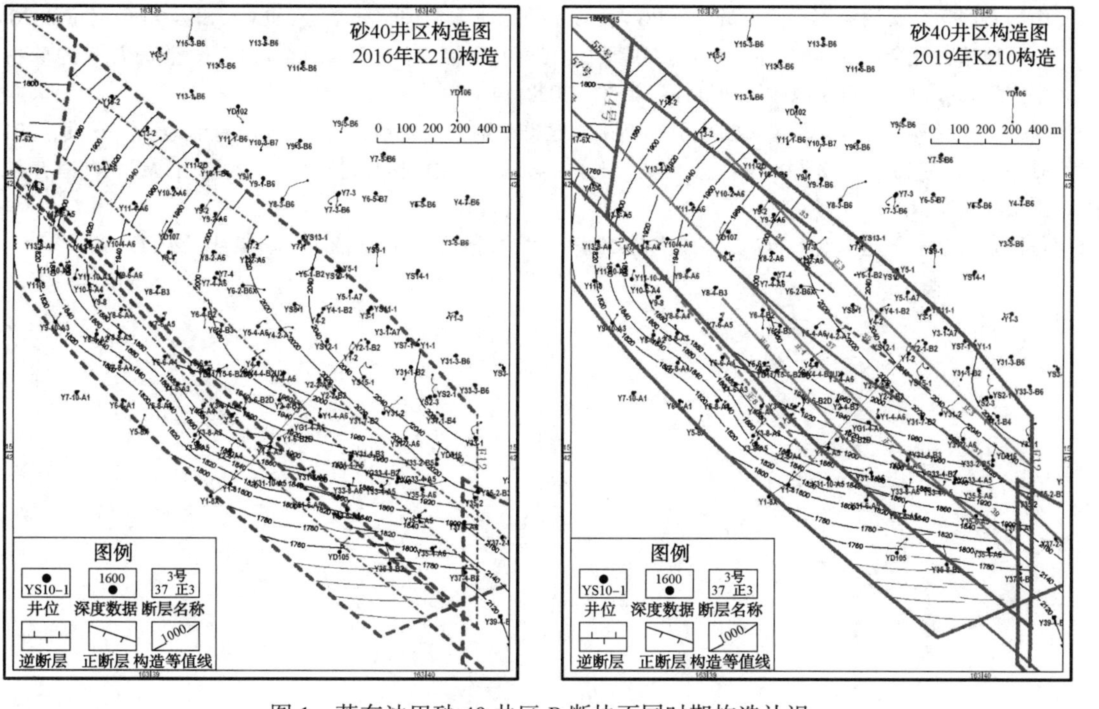

图 1　英东油田砂 40 井区 B 断块不同时期构造认识

3　结论

通过对研究区断点的识别、低序级断层的标定以及同平台断点微组合在低序级断层的空间组合中的应用主要取得了以下三点结论：

(1) 准确的识别断点能够提高低序级断层的解释精度，当构造剖面上同一个断层只有一个断点时，利用同平台断点微组合方法可以有效的解决断层组合的多解性，为断面倾向和倾角的判断提供可靠依据，达到了优化断层空间组合的目的。

(2) 低级序断层控制区块内部构造，断距小、延伸距离短，破碎带倾角杂乱，控制断块划分和油水分布，在油藏开发中主要起到划分开发系统和影响注采连通的作用。

(3) 该方法在英东油田应用后表明，同平台断点微组合在断层的空间组合中起到了重要作用，将英东油田 B3 层系断层模式定为“先逆后正网状组合”，构造形态认识由“完整断背斜”转变为“条带状断阶带”，为油藏的产能建设、注采井网调整、改善开发效果提供重要的技术支撑，对英东油田的开发具有重要意义，推广应用价值较大。

参 考 文 献

[1] 杨鹏．蚂蚁追踪与开发地质结合描述低序级断层——以 H11 断块沙二上亚段为例[J]．内江科技，2020，41(04)：60-61+70.

[2] 白青林，杨少春，路智勇，等．复杂断块区低级序断层的井-震联合识别[J]．石油地球物理勘探，2019，54(05)：1131-1140+944-945.

[3] 刘丽媛，林松辉，张宝银．复杂断块油藏低序级断层识别及组合技术与应用[J]．中国石油和化工标准与质量，2013，33(17)：131.

[4] 苏朝光，马玉歌，陈先红，宋亮，程远峰．低序级断层定量识别描述技术及其在胜利油田的应用[A]．中国石油学会石油物探专业委员会(SPG)、国际勘探地球物理学家学会(SEG)．SPG/SEG 南京 2020 年国际地球物理会议论文集(中文)[C]．中国石油学会石油物探专业委员会(SPG)、国际勘探地球物理学家学会(SEG)：石油地球物理勘探编辑部，2020：4.

[5] 李操，王彦辉，姜岩．基于井断点引导小断层地震识别方法及应用[J]．大庆石油地质与开发，2012，31(3)：148-151. 付锁堂、马达德、等，柴达木盆地地球物理勘探技术方法及应用[M]，北京：科学出版社，2014.

[6] 付锁堂、李永柴达木盆地石油天然气勘探开发技术[M]，北京：石油工业出版社，2011.

中高含水期油藏单砂体水驱特征刻画方法研究

钟 萍 常 琳 李国艳 陈 杰 赵云南

（青海油田勘探开发研究院）

摘 要：水驱油田进入中高含水期后，基于单砂体水驱特征精细刻画对油田开发调整指导意义重大，但薄互层砂体水驱精细刻画开展少、难度大。本文以花土沟油田主力层系的主力小层为例，结合该油田沉积微相、砂体构型、水淹层识别等，运用油田开发地质及油藏工程的方法，通过确定小层动用状况、平面流向等地质参数，定期刻画砂体水驱特征，形成周期性单砂体水驱技术对比标准和研究思路，为油田井网调整，提高水驱控制程度和动用程度，缓减油藏水驱矛盾，改善开发效果，具有较强的实际指导意义。

关键词：砂体分类；沉积微相；单砂体；中高含水期；动态分析

目前柴达木盆地主力油藏均已进入中高含水阶段，缺乏开发中后期单砂体水驱特征有效的表征方法。本文以花土沟油田Ⅲ层系Ⅵ-17 小层为例，对于单砂体的水驱效果评价，运用砂体精细表征、沉积微相、水淹层综合解释、产吸剖面对应和生产动态的方法，对砂体进行水驱效果刻画，从而形成一套刻画标准，指导油田各个开发阶段动态生产及静态研究。

1 油藏地质及开发特征

1.1 油藏地理位置及地质特征

花土沟油田位于青海省柴达木盆地西部南区，行政隶属青海省海西洲花土沟镇东北方向约 4km 处。油田地面多为山地地形，沟壑纵横，地形复杂，海拔 3050～3300m，相对高差 50～200m，坡度在 30°～70°之间。花土沟构造是柴达木盆地西部坳陷区茫崖坳陷亚区狮子沟—油砂山背斜带狮子沟三级构造上的三个浅层高点之一，南北相邻的狮子沟和游园沟高点均已为探明油田。

本次研究实例为花土沟油田Ⅲ层系主力小层，埋藏深度为 900-1100 米，包含 1 个油组 18 个小层。储层分布主要受构造、断层控制，构造高部位储层发育，油层厚，低部位油层薄。南北两端具有变差趋势。

储层层间、层内具有较强的非均质性，平均孔隙度 17%，平均渗透率 $88.5\times10^{-3}\mu m^2$，为中孔中渗储层。主要的储层类型为砂岩，含有少量的碳酸盐岩类储层；油气储集空间类型为粒间孔隙和少量的次生溶蚀孔隙。

1.2 研究油藏的开发特征

花土沟油田Ⅲ层系自 1958 年投入开采以来，主要经历了以下五个开发阶段：天然能量

【第一作者简介】钟萍(1990—)，女，毕业于东北石油大学，勘查技术与工程专业，现就职于青海油田勘探开发研究院，工程师，主要从事油田开发地质研究工作。E-mail：zhongpqh@ petrochina. com. cn。

试采(1959年~1975年)、试注水开发阶段(1976年~1981年)、全面注水开发阶段(1981年~1997年)、产量上升阶段(1998年~2001年)、精细注采调整阶段(2002~目前)。

目前开发阶段，Ⅲ层系产量递减幅度2017年最大，主要由于该层系长期注水开发，层间和平面上的非均质性较强，引起注入水在层间和平面上的矛盾尤为突出，甚至伴有舌进或单层突进现象，致使对应采油井含水上升过快，过早见水。

由于高含水期与中低含水期的开发规律不同，在注水开发后期，高渗透层严重水淹，注入水的利用率降低，随着采出的水量逐渐增多，耗水量增大，注入水无效循环。而低渗透层根本得不到动用，波及体积较小。同时开展多轮数值模拟，但仍然没有有效的挖潜剩余油，需要通过精细的动静态分析，结合砂体水驱效果评价的刻画，直观的指导油田生产。

2 中高含水期油藏单砂体水驱特征刻画方法研究

2.1 思路及标准

单砂体水驱特征刻画是一项不断修正静态研究、动态分析的综合地质图件，通过将各阶段的生产动态井组分析，刻画在综合图件上，来加深对的油藏认识，从而指导油藏开发。

基于目前Ⅲ层系水驱矛盾突出，在几轮次数模模拟指导剩余油挖潜和调整的精度不高的形式下，提高油田的精细管理和地质的精细认识是改善油田开发指标最有效的手段。技术的研究思路为：一是要有砂体形态的判别和水淹层识别，认识砂体构型模型、油砂体注采对应关系分析；二是运用常态化的动态分析，各类动态资料的应用，将动态分析成果按照刻画标准绘制在图件上，形成一套直观图件；三是利用图件刻画的阶段性，通过周期性的成果对比，对水驱没有改善的区域、注采持续不对应、砂体井控程度低的区域进行措施调整，服务于油田开发。

2.2 与单砂体水驱图刻画的技术描述

2.2.1 砂体的刻画及连通性分析

Ⅲ层系(Ⅵ油组)共有18个小层，为三角洲前缘沉积，砂体厚度为1~4.5m，3、5小层发育藻丘微相，河道砂体在3、5、8、10、11、12、14、17小层比较发育。本文的实例小层为Ⅵ-17小层，油砂体连片分布，但受多期河道和多种微相发育影响，通过砂体的构型和生产东态分析，该层砂体呈孤立式、对接式、叠加式接触均发育，物源方向为南西-北东，单河道宽度130m-220m，同一大片油砂体存在弱连通或相变，该种变化在剖除断层影响以外，在生产动态调整上具有很强的借鉴意义。

通过Ⅵ-17小层的砂体定期刻画，更加明确了水驱动态，计算每个井点的水驱半径。在单砂体的沉积受众多地质因素的影响，如基准面的变化、地形坡度的变化、沉积水动力条件等。不同的沉积条件下，单砂体垂向的叠置和侧向上的拼接都各有差异，花土沟油田单河道砂体接触方式主要包括叠加式、对接式、孤立式3种。砂体明确了砂体和微相的继承性及砂体形态，为单砂体的水驱效果特征刻画提供了地质基础。

2.2.2 水驱效果的定性分析及水淹层的识别

通过水淹层的识别，从定性特征上结合该区块油层水淹后的电性响应进行了描述；依据可动水饱和度的水淹等级划分标准，并建立含水率计算模型实现水淹等级的划分(表1)，同时应用水淹模板，根据同平台井的先后钻井顺序，可以初步判断水淹趋势，并在刻画图件的同时参考水淹级别进行刻画。

表 1　花土沟油藏含水率等级与饱和度对应关系表

等级	油层	一级水淹	二级水淹	三级水淹	四级水淹	水层
含水率/%	<20	20~40	40~60	60~80	80~98	>98
可动水饱和度/%	<13.8	13.8~18.2	18.2~23.6	23.6~28	>28	

2.2.3　井组的动态流程

从油水井的静动态关系和对应变化的全过程入手，结合砂体构型、沉积微相等地质研究成果，分析油、水井各项动态参数变化规律以及相互之间的影响制约关系，不断修正深化地质认识，同时找出矛盾和潜力，制定挖潜措施，提高水驱动用程度，实现油井增产、稳产。

3.2.4　水驱砂体图的刻画和阶段性的对比

对比 2017-2020 年Ⅵ-17 砂体水驱图，在高渗区只是增加舌进速度，波及面依然较小，针对该类砂体，提出层段控注和调堵结合措施。部分砂体水驱控程度低的需采取补孔和层调措施。

实例井组分析，以 A 井为例，2020 年 3 月分层精细酸化，在动态水驱认识的前提下，对Ⅵ-5、8、10 小层酸化、对一水淹的Ⅵ-17 小层单独卡封，水井上控制该层的注水量，通过资料的求取验证，目前该井在为水淹区域酸化得到较好的增产，针对已水淹的层段，多个同一层段不同时期的水驱特图明确该区域已水淹，采用水井的封隔器的控制注水，Ⅵ-17 小层在该井，从产液可以看出该小层的产液量得到控制。

4　结论及建议

（1）该种刻画方法能够较好的和静态认识及生产动态相结合，其实质是一项不断修正静态研究、动态分析的综合地质图件，通过将各阶段的生产动态井组分析，刻画在综合图件上，来加深对的油藏认识，从而指导油藏开发；

（2）单砂体的水驱特征的刻画是一个逐渐变化和动态的过程，需要油藏的管理人员像更新油砂体图一样，不断的修正，同时要保留各个时间的图件，才能进行区块的对比分析；

（3）如果能在常用的开发地质软件上增加一个单砂体水驱特征刻画的功能，对日常的油藏管理水平的提升及综合治理措施的提出有很大的支撑；

（4）该方法是水驱效果图与精描相结合，可进一步提高剩余油的挖潜精度，对油藏数值模拟有较大的指导意义。

参 考 文 献

[1] 花土沟油田Ⅲ层系提高注水开发效果研究，青海油田分公司勘探开发研究院，2014.03.

[2] 花土沟油田水淹层解释研究，青海油田分公司勘探开发研究院，2017.07.

[3] 花土沟油田砂体构型及建模数模研究，青海油田分公司勘探开发研究院，中国石油辽河油田分公司，2019.12.

[3] 花土沟油田单层产量劈分基础研究，青海油田分公司勘探开发研究院，2010.07.

[4] 刘德华．油田开发中后期综合治理技术研究，2005.05.

低渗透油藏单砂体开发效果分类评价技术

——以柴达木盆地扎哈泉油田扎 11 井区 N_2^1 油藏为例

周 艳 李积永 李 斌 李汉阳 崔守凯

（中国石油 青海油田分公司 勘探开发研究院，甘肃敦煌 736202）

摘 要：单砂体是地下油层的最小含油单元，也是控制油、水运动的最基本单位。因此，单砂体的开发效果评价对油田开发动态分析及井网调整具有重要意义。本文利用 KH 值法对柴达木盆地扎哈泉油田扎 11 井区 N_2^1 低渗透油藏 260 口井进行产量劈分，绘制 19 个小层单砂体图，并分别计算 323 个单砂体的采油速度、采出程度等指标，基于计算指标与油砂体静态分类，建立单砂体开发效果分类标准标准，将开发效果分为三类，明确下步攻关的主体目标，为油田开发与调整提供科学依据。

关键词：低渗透油藏；单砂体；开发效果；分类评价

柴达木盆地扎哈泉油田扎 11 井区 N_2^1 油藏属于低渗透储层，研究区目的层段Ⅳ油组是扎 11 井区 N_2^1 油藏的主力油层，平均单井有效厚度 7.3m。Ⅳ砂组储层孔隙度集中在 11%～20%，渗透率在 1～642mD，其中有效储层平均孔隙度 15.3%，平均渗透率 33.2mD，为低孔低渗油藏。随着油田开发的深入，注水突破、低产低效等矛盾逐渐暴露，致使油田产量快速递减、开发效果变差，稳产形势严峻。单砂体是油田开发的最小油气单元，为了明确各单砂体开发效果及其潜力，需进一步深化了油藏认识，合理研究油砂体的形态、分布状况及油砂体储量，表征砂体的连通性，空间分布特征及内部构造，对单砂体开发效果进行分类评价，为低渗透油藏的有效开发提供理论依据。本次研究中，针对含油小层Ⅳ-7、Ⅳ-8、Ⅳ-9、Ⅳ-10、Ⅳ-11、Ⅳ-13、Ⅳ-14、Ⅳ-23、Ⅳ-24、Ⅳ-26、Ⅳ-27 的 323 个单砂体进行产量、注水劈分，在此基础上开展了单砂体开发效果评价工作。

1 单砂体开发效果分类

从含油小层 323 个单砂体产量劈分结果及单砂体开发指标来看，整体上主力层Ⅳ-27-4、5、6 小层单砂体数量较多，高含水砂体占比较大，同时采出程度较高；Ⅳ-27-3 小层砂体数量相对较少，含水较稳定，砂体开发效果最好，低含水、高采出程度单砂体占小层砂体的 37.5%。主力层Ⅳ-10-3 小层单砂体开发效果最好。主力层 33 个单砂体尚未动用，占了研究砂体数的 19.8%。

依据扎 11 井区 19 个含油小层 323 个单砂体的劈产数据及其开发指标，建立了单砂体开发效果分类标准：一类采油速度大于 2%，采出程度大于 15%；二类采油速度大于 1%，采

【第一作者简介】周艳（1985—），女，硕士，工程师，主要从事油气田开发动态分析及油藏工程研究工作。单位名称：中国石油青海油田分公司勘探开发研究院。E-mail：1985zhouyan@163.com。

出程度大于 8%；三类采油速度小于 1%，采出程度 8%。

按照该标准，结合单砂体静态分类，对含油小层 323 个单砂体进行开发效果分类(图 1)，其中一类开发效果单砂体 6 个，二类开发效果单砂体 16 个，三类开发效果单砂体 186 个，未开发单砂体 115 个。

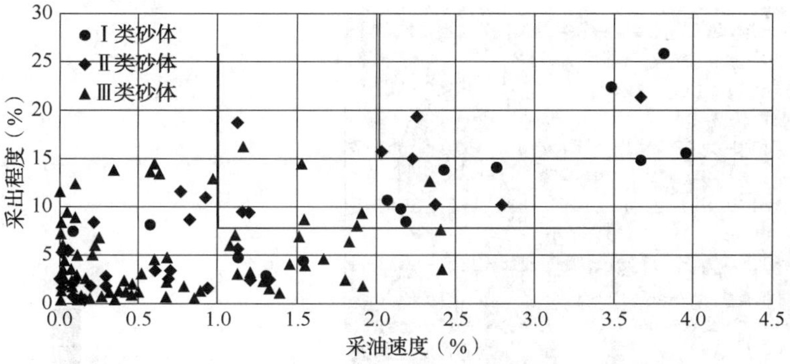

图 1　扎 11 井区单砂体开发效果分类图

一二类开发效果单砂体其开发效果较好，尽管其数量少、占比低，但这类单砂体对主力层产量贡献占比大，通过日常维护和精细注水保持砂体产量，提高采出程度。三类开发效果的单砂体数量多、占比大，但产量贡献小，其中的Ⅰ、Ⅱ类砂体是下步挖潜治理的主要对象。

2　单砂体注水受效分析

本文以Ⅳ-27-3 小层 14 号单砂体为例，介绍一类开发效果的单砂体。该单砂体位于构造中部对应的有 22 口井，其中采油井 14 口，注水井 8 口，砂体面积为 2.14km^2，累计产油 2.64 万吨，采出程度 22.51%，采油速度 3.94%，含水 37.71%，从砂体静态分类上属于Ⅰ类砂体(图 2)。

该砂体含水与采出程度关系反映，初期砂体含水较低，后期随着开发含水逐渐升高，开发效果波动变化，经过精细注水，目前该砂体开发效果较好，预测采收率接近 50%(图 3)。

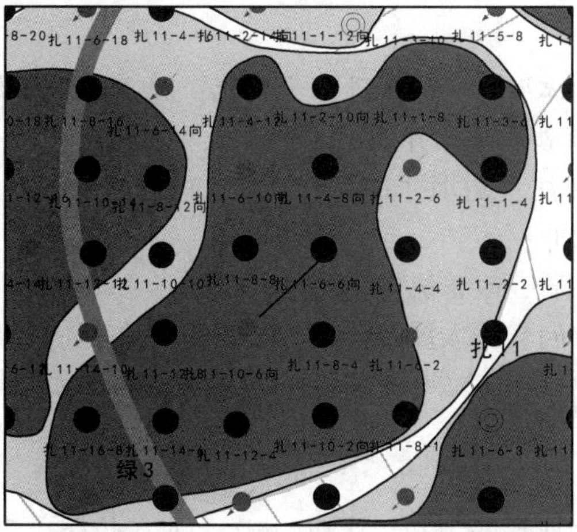

图 2　Ⅳ-27-3 小层 14 号单砂体图

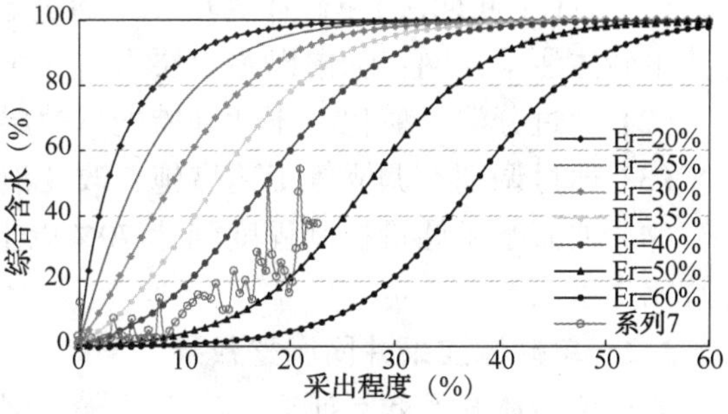

图 3　Ⅳ-27-3 小层 14 号单砂体含水与采出程度关系曲线图

Ⅳ-27-3 小层 14 号单砂体对应的 22 口井中，注水井有 8 口，其中正常生产井 7 口；采油井 14 口，其中正常生产井 13 口。通过对该砂体井组注水受效分析来看，井组注采连通性好，正常生产的 13 口油井都见到了注水效果(图 4)。从受效方向统计来看，单向受效的采油井有 7 口，双向受效的采油井有 3 口，三向受效的采油井有 3 口，单砂体整体注水开发效果较好(图 5)。

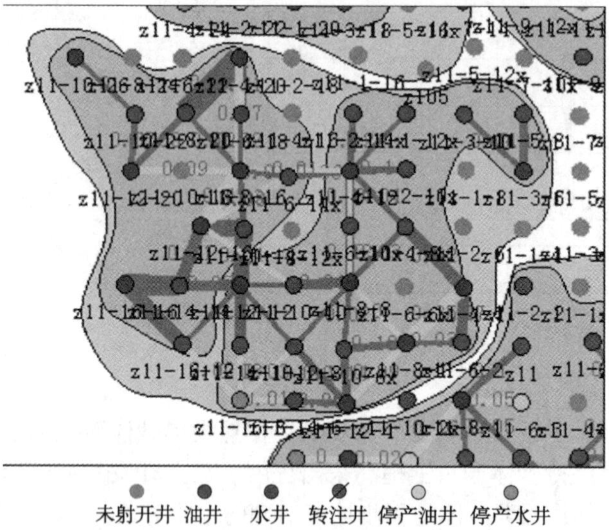

图 4 Ⅳ-27-3 小层 14 号单砂体
井组注采连通关系示意图

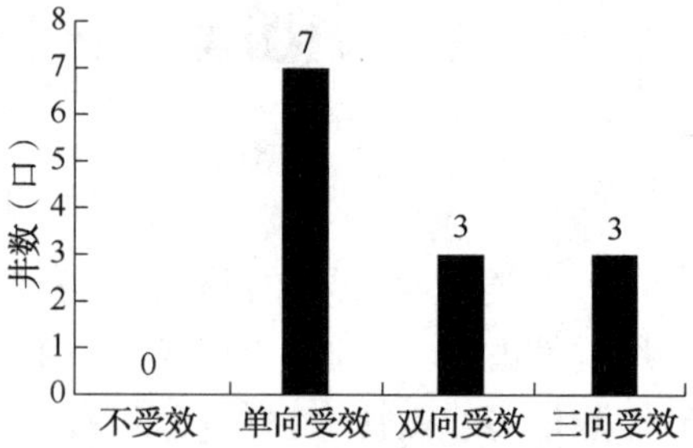

图 5 Ⅳ-27-3 小层 14 号单砂体
井组受效方向统计图

一类开发效果的单砂体一共有 6 个，从小层位置来看，均处于Ⅳ-27 主力小层；从构造位置上，均处于构造中部，物性好的区域；从砂体静态分类来看，属于Ⅰ、Ⅱ类砂体；单砂体面积较大，采出程度较高，采油速度也较高，下步主要治理对策是做好精细调配和现场维护工作，控制砂体含水上升速度。

3 单砂体注采井网调整

3.1 单砂体注采井网调整思路

立足单砂体开发效果评价与开发现状，基于砂体潜力，以单砂体为单元，进行注采结构调整，采用“转、补、增、调”等技术对策，完善单砂体注采井网，改善体开发效果。

(1) 以(不同期次)单砂体为单元，通过老井转注、油水井补孔等方式，进行井网调整，完善单砂体注采井网；纵向以主力层为主，兼顾次非层；

(2) 通过分注、酸化、压裂等措施见效层间矛盾，改善纵向动用状况；

(3) 通过调剖、调驱等工艺措施，改变液流方向、扩大波及体积，改善注水效果；

(4) 油藏水驱储量控制程度到达 70%以上，主力层达到 75%以上，砂体注采单元油水井数比小于 2.5。

3.2 单砂体注采井网调整效果

通过单砂体开发效果研究，完善注采井网，计划开展老井转注 20 井次、油水井补孔 71 井次，提高动用程度。计划水井进行分层注水 17 井次，细化分注层段及封堵无效注水层段。同时，计划对构造中区注水突破区开展水井调驱，对低含水区单层突进开展水井调剖 10 井次，封堵水流优势通道，改变液流方向，提高水驱波及体积与驱油效率。开展精细注水，以动态分析为基础，依据井组受效及生产状况，计划开展周期注采工作 8 井组。制定油水井措施工作量共计 109 井次。

2019 年基于单砂体研究成果，研究区针对单砂体注采井网不完善的砂体转注了 7 口老井。改善单砂体有采无注，平面上增加注水受效方向 28 个。转注后井组整体含水保持较稳定，18 口井见到了注水效果。区块产量趋于稳定，部分单井见效明显。从整个油藏生产情况来看，单砂体趋于完善，油水井数比更趋合理，油藏递减得到遏制，油藏压力恢复，水驱动用程度提高 1.6 个百分点，措施增油 5500 吨，油田开发指标向好，单砂体注采井网调整取得效果。

4 小结

（1）基于计算指标与油砂体静态分类，建立了研究区单砂体开发效果分类标准标准：一类采油速度大于 2%，采出程度大于 15%；二类采油速度大于 1%，采出程度大于 8%；三类采油速度小于 1%，采出程度 8%。

（2）按照该标准对研究区含油小层 323 个单砂体进行开发效果分类，其中一类开发效果单砂体 6 个，二类开发效果单砂体 16 个，三类开发效果单砂体 186 个，未开发单砂体 115 个。

（3）一二类开发效果单砂体其开发效果较好，尽管其数量少、占比低，但这类单砂体对主力层产量贡献占比大，通过日常维护和精细注水保持砂体产量，提高采出程度。三类开发效果的单砂体数量多、占比大，但产量贡献小，其中的Ⅰ、Ⅱ类砂体和未开发单砂体是研究区下步挖潜治理的主要对象。

（4）研究区立足单砂体开发效果评价与开发现状，基于砂体潜力，以单砂体为单元，进行注采结构调整，采用“转、补、增、调”等技术对策，制定油水井措施工作量共计 109 井次，目前研究区油水井数比更趋合理，油田开发指标向好，单砂体注采井网调整取得效果。

参 考 文 献

[1] 张昌明．储层研究中的层次分析法[J]．石油与天然气地质，1992，13(3)：344-350.
[2] 张庆国，鲍志东．扶余油田扶余油层储集层单砂体划分及成因分析[J]．石油勘探与开发，2008，35(2)：157-163.
[3] 封从军，鲍志东．三角洲平原复合分流河道内部单砂体划分-以扶余油田中区南部泉头组四段为例[J]．石油与天然气地质，2012，33(1)：77-83.
[4] 李佳鸿，宋新民．安塞油田王窑老区特低渗透油藏储层厚砂体精细解剖[J]．地质科技情报，2014，33(1)：953-954.
[5] 周新茂，胡永乐．曲流河单砂体精细刻画在老油田二次开发中的应用[J]．新疆石油地质，2010，31(3)：284-287.
[6] 贾玉琴，扬海恩．低渗透油藏聚合物微球驱适应性分析及油藏筛选[J]．辽宁石油化工大学学报，2017，37(1)：38-40.
[7] 林承焰，孙廷彬．基于单砂体的特高含水期剩余油精细表征[J]．石油学报，2013，34(6)：1132-1136.
[8] 吴胜和．储层表征与建模[M]．北京：石油工业出版社，2010.
[9] 李道品．低渗透油田开发[M]．北京：石油工业出版社，1999.
[10] 秦同洛．实用油藏工程方法[M]．北京：石油工业出版社，1989.
[11] 朱义吾，李忠兴．鄂尔多斯盆地低渗透油气开发技术[M]．北京：石油工业出版社，2003：8.

CO_2 -水-煤岩相互作用对煤岩特征影响的试验研究

——以云南省老厂道班房区块龙潭组 17# 煤层为例

李小刚[1]　靳文博[1]　杨兆中[1]　张　平[2]　刘　凤[1]　易良平[3]　佘秋爽[1]

(1. 油气藏地质及开发工程国家重点实验室·西南石油大学，成都　610500；
2. 中联煤层气有限责任公司，北京　100011；
3. 西南石油大学机电工程学院，成都　610500)

摘　要：以老厂道班房区块龙潭组 17#煤层为例，从表面性质、微观结构及宏观性质的不同角度，对 CO_2-水-煤岩相互作用对煤岩特征的影响进行研究分析。研究结果表明：(1)SC-CO_2 浸泡后煤岩矿物表面发生润湿反转，气相吸附能力降低，煤粉随地层水的运移能力下降；(2)SC-CO_2 的溶蚀作用造成了煤岩矿物组分及孔隙结构的改变，且溶蚀能力与煤岩含水率强相关；(3)溶蚀后煤岩。原生裂缝宽度及煤岩基质裂缝复杂程度增加，裂缝内壁面粗糙程度减小；(4)前三者共同作用下，煤岩气测渗透率最小增幅为 2.2%、最大增幅可达 188.2%；(5)煤岩抗压强度及弹性模量经 SC-CO_2 浸泡后降幅平均值约为 51.1%、32.7%；(6)针对高含水煤层 SC-CO_2 压裂煤岩胶结程度弱化问题，可协同使用小粒径的低密度覆膜支撑剂，提高铺砂浓度，最小化支撑剂嵌入程度，维持支撑裂缝导流能力。

关键词：煤岩；超临界二氧化碳；压裂；润湿性；微观结构；渗透率

煤岩气藏属于超低孔超低渗气藏范畴，具有独特的成藏机制。其煤岩割理、裂隙系统发育且产出机理复杂，要达到高效及经济开发的目的必须借助于压裂增产措施[1]。对于滇东黔西等地区的煤岩储层来说，储层改造造成了水资源的巨大消耗；同时其返排液还会对环境造成一定的污染。基于水资源、生态环境的保护需求以及 CCUS、碳中和等重大工程背景之下，超临界二氧化碳(Supercritical Carbon Dioxide Fracturing，简称 SC-CO_2)压裂成为了业内的热点研究问题[2]。

煤层气 SC-CO_2 压裂有利于形成人工缝网[3]并置换煤层甲烷[3-4]。

以老厂道班房区块龙潭组 17#煤层为例，综合运用表面化学、物理化学、岩石力学的基础实验方法，以目标区块储层特性为基础，实地取芯进行 SC-CO_2-水-煤岩浸泡实验，从微观、表面性质及宏观的不同角度出发，探究 SC-CO_2 对滇东黔西区块煤岩特征所造成的影响。

基金项目：国家科技重大专项“多层复杂煤体结构区煤储层直井压裂技术研究”(2016ZX05044-004-002)资助

【第一作者简介】李小刚(1981—)，男，博士，教授，博士生导师，主要从事油气增产改造理论、技术和非常规天然气开发。E-mail：swpudam@126.com。

1 实验设计

1.1 实验设计思路

滇东黔西的煤层气开采主要面临着渗透率低、弱含水、储层压力低等特点。针对储层自身特点，拟开展 SC-CO_2 不同压力、时间对不同含水率的煤岩特征参数影响的实验研究，其中表面性质包括润湿性、Zeta 电位；微观结构包括矿物组成、煤岩结构；宏观性质包括力学强度、渗透率等。综上所示，对实验设计思路整理如图 1 所示：

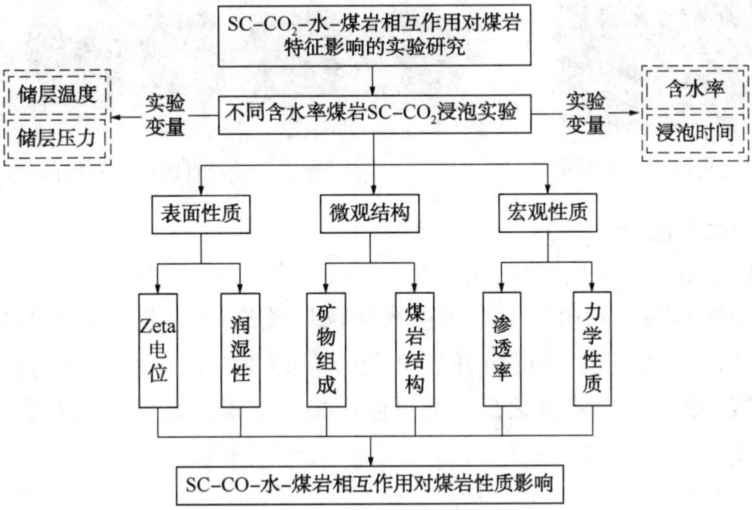

图 1 实验设计思路示意图

1.2 实验方案设计

为提高实验方案设计的针对性，需提前获知目标区块煤层性质，其中云南省老厂道班房区块 17#煤层性质如表 1 所示：

表 1 X 井 17#煤层储层参数分析结果表

项目	储层深度/m	储层压力/MPa	储层温度/℃	平均渗透率/mD	平均孔隙度/%	破裂压力/MPa
参数	1354	12.73	35.6	0.26	6.3	21.70

考虑 CO_2 具有黏度低及扩散系数大的特征，因此在 CO_2 压裂过程中，煤岩将呈现出起裂压力低、基质滤失速率快的特点；CO_2 压裂、焖井及排采过程中，煤岩储层内 CO_2 分压将始终介于储层压力(最低压力)与破裂压力(最高压力)之间，即浸泡实验压力设定参考范围为 12.73~21.70MPa。对于浸泡温度，尽管 CO_2 泵注温度较低，约为-20℃左右，但储层温度较高且接触面积较大，在焖井过程中流体经热传导及对流传热将逐渐由低温升至储层温度。而 CO_2 临界温度为 31.2℃左右，储层温度为 35.6℃，上下限波动范围较小，因此将浸泡实验温度设置为固定值 32℃。考虑 CO_2 干法压裂加砂困难，通常需后置活性水携砂压裂，因此对含水率设置为 1.5%、50%、100%三个梯度进行浸泡实验。综合压裂施工及焖井时间，将浸泡时间在 1~7d 内进行梯度设计。

1.3 样品采集

研究煤样全部采集与滇东黔西主要煤矿区，均来自上二叠系上统龙潭组煤层。采样点的选取综合考虑了区内聚煤规律及主煤层的展布。试验分析样品均取自老厂矿区17#煤层新鲜采煤工作面，煤岩特征明显、代表性强。本次试验煤岩试样包括标准岩心及煤岩岩块，其中：岩心尺寸均为φ25mm×(50mm±2mm)，岩块尺寸为20mm×20mm×20mm。

图2　标准煤岩岩心样品实物图

图3　煤岩岩块样品实物图

1.4　实验测试方法

1.4.1　实验方法

SC-CO_2浸泡煤岩实验采用高温高压可视化反应釜进行。其可以满足高温高压下SC-CO_2和岩石反应的实验要求。在反应开始之前，有必要在低压状态下向设备中注入气态CO_2，以取代装置中的空气。在此之后，通过温压控制装置升高反应釜内温度及压力，可进行SC-CO_2和煤岩的反应实验。

1.4.2　测试方法

本次实验研究拟从微观、表面性质及宏观的不同角度出发，探究SC-CO_2对滇东黔西区块煤岩特征所造成的影响。因此涉及测试方法种类相对较多，具体包括：固着分接点法、电泳法、X射线衍射、扫描电子显微镜观察、三轴压缩试验、稳态法渗透率气测试验。

其中各测试方法测试目的及测试仪器整理如表2所示，且以下测试仪器均由西南石油大学提供。

表2　试验测试概述表

测试方法	测试仪器	测量内容
固着分接点法	HARKE-SPCA型接触角测定仪	润湿角
电泳法	ZetaProbe电位仪	Zeta电位
X射线衍射	X'PertMPD PRO型粉末X射线衍射仪	矿物组分
扫描电子显微镜观察	SBC-12型离子溅射仪Quanta200扫描电子显微镜	孔隙及表观结构
三轴压缩试验	三轴岩石试验机	应力应变曲线、泊松比
稳态法渗透率气测试验	非常规储层岩心损害评价装置	气测渗透率

2　表面性质影响

2.1　煤岩润湿性

润湿性是指存在两种互不相溶流体，液体首先润湿固相表面的能力，即一种液体在一种固体表面铺展的能力或倾向性，是岩石与流体间相互作用的重要特征[8]。对煤岩储层而言，煤岩表面润湿性及界面张力对排水采气、水锁抑制以及甲烷吸附解吸等影响至关重要[9-10]。因此，有必要对 CO_2-水-煤岩相互作用对煤岩表面润湿的影响开展实验研究。

SC-CO_2 浸泡煤岩过后，煤岩表面润湿性发生反转，煤岩基质含水率会适当增加，水分子在煤表面可以和 CH_4 分子形成竞争吸附，降低煤层气的饱和吸附量和吸附能力，不利于煤层气的吸附，可促进解吸[11]。在相同孔隙半径条件下，润湿性较好的煤层孔隙毛管作用力相对较小，低毛管力可提高煤岩基质的气相渗透率，降低煤层气产出的临界孔径，实现增解增产[10]。

2.2 煤粉润湿性

实验中发现煤岩表面与液滴接触面有细小煤粉悬浮，如图4所示。考虑到煤层排采过程中常有细小煤粉(80目~200目)堵塞吼道以及卡泵等情况出现[12]。为体现煤岩处理前后煤粉在液体表面的吸附能力变化，采用固/水界面上的Zeta电位值(即 ζ 电位)来表征煤岩固体表面的电荷分布情况。其中 ζ 电位越负，说明固体表面负电荷越多，对盐水的亲和力越大，即固体表面水膜越稳定，亲水性增强[13]。

图4　固液界面煤粉悬浮实物图

实验发现，SC-CO_2 处理后的煤粉Zeta电位绝对值是随着处理时间的增长和压力的增大而减小。表明煤粉所带负电荷减少，对地层水的吸附性能减弱。分析可知，煤层对地层水的润湿性随浸泡时间及浸泡压力的升高而减弱；随煤岩含水率增加略有增大，但变化幅度较小。

排采阶段，排水降压强度差导致基质收缩，并在流体的冲蚀作用下产生煤粉，但受SC-CO_2 的影响，导致煤岩表面亲水性变强，而煤粉对地层水吸附性变弱。因此，排采过程中煤粉随储层流体运移的能力降低，可减缓孔道堵塞及卡泵等情况的发生[18]。

3　微观结构变化

3.1 煤岩矿物组分

XRD分析结果表明，本次研究的老厂区块龙潭组煤岩的主要矿物成分为石英、碳酸盐矿物及黏土矿物等。

根据XRD分析结果计算各矿物组分的质量，并以此判断SC-CO_2 对煤岩中各矿物组分变化的影响情况。实验测试结果整理图5所示。

不同浸泡压力及浸泡时间条件下，反应后煤粉均发生 CO_2 固化，致使其总质量增加；致煤粉中的碳酸盐类矿物溶蚀最为显著；长石类矿物易沿晶面溶蚀形成溶蚀缝或直接转化成伊利石、高岭石[19]，造成黏土矿物含量的增加；而该两类岩石均属非膨胀性黏土矿物，可避免煤岩基质内水敏效应的发生[20]。

3.2 煤岩表观结构

煤岩中的天然裂缝和高度发育的割理结构是煤层气运移的重要通道对煤层气的开发具有重要意义[21]。

通过扫描电子显微镜(Scanning Electron Microscope，简称 SEM)观察煤岩裂隙的变化，可直观反应 SC-CO_2 在煤岩割理裂隙中的溶蚀及固化作用。实验结果如图 6 所示。

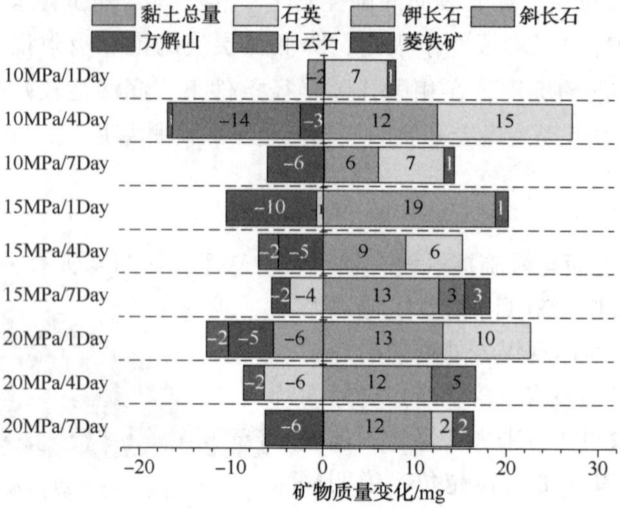

图 5　反应前后煤粉矿物组分变化图

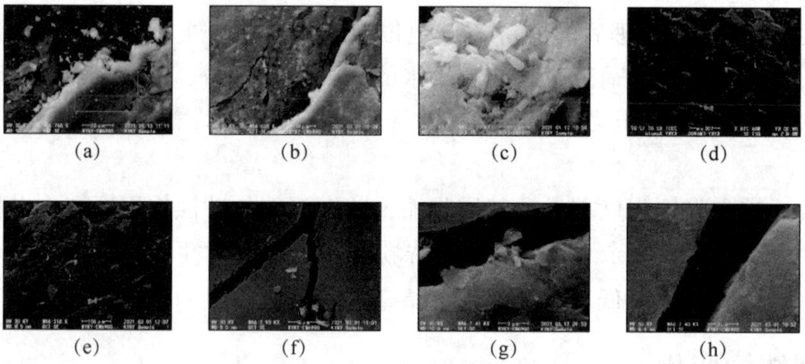

图 6　煤岩表面变化对比图

(图 a/c/e/g 为煤岩矿物处理前扫描结果；图 b/d/f/h 为煤岩矿物处理后扫描结果)

煤岩经 SC-CO_2 浸泡后表面碳酸类矿物溶蚀，且矿物表面更加平滑；基质裂缝增多，裂缝内壁面逐渐由粗糙过度至光滑壁面，原生裂缝溶蚀后相互连通，形成分支网状缝隙。

4　煤岩宏观变化

4.1　煤岩渗透率

为宏观体现 SC-CO_2 对煤岩试样的物化综合作用，采取稳态法渗透率气测试验对煤岩岩样渗透率变化情况进行探究[22]。

为体现煤岩处理前后渗透率的变化情况，特引入煤岩渗透率变化率 η 来表征不同浸泡环境下对煤岩渗透率的影响情况，如式 4-2 所示。

$$\eta=\frac{K_b-K_a}{K_a}\times 100\% \tag{2}$$

式中：η 为渗透率变化率,%；K_b 为浸泡前煤岩气测渗透，mD；K_a 为浸泡后煤岩气测渗透，mD。

对实验测试结果进行整理，并绘制渗透率增长率变化图如图7所示。

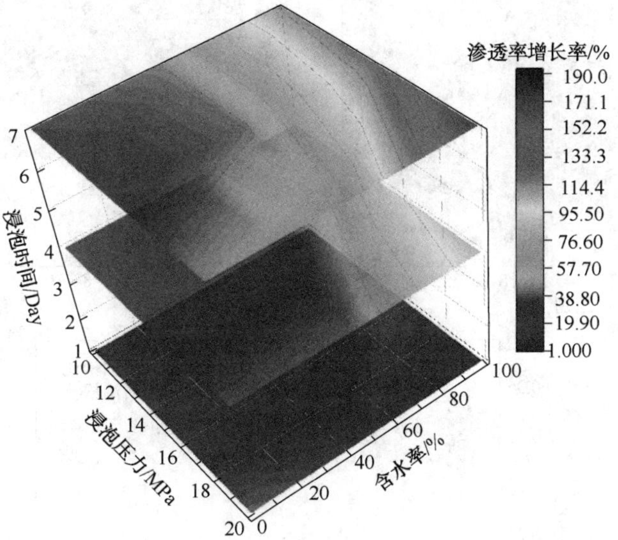

图7　煤岩渗透率增长率变化图

含水煤岩试样经 $SC-CO_2$ 处理后渗透率均上升含水率对煤岩渗透率增长率影响最为显著，其次为浸泡压力，浸泡时间对煤岩渗透率变化影响最弱；渗透率最小增幅为2.2%、最大增幅可达188.2%。

分析认为 $SC-CO_2$ 的溶蚀作用造成了煤岩微观孔隙结构的改变，且溶蚀效果随煤岩含水率及浸泡压力的上升而逐渐增强；处理后煤岩样品微观裂缝增多，且裂缝内壁面粗糙度降低；煤岩矿物表面润湿反转，对气相的润湿能力降低。

4.2　煤岩力学性质

为优化煤岩储层 $SC-CO_2$ 压裂施工设计，需提前对其力学性质变化规律进行室内试验探究。

为直观体现煤岩处理前后力学性质的变化情况，对煤岩抗压强度、杨氏模量及泊松比随浸泡压力、浸泡时间及含水率的变化情况绘制如图8所示。

图9中可看出煤岩含水率、浸泡时间及浸泡压力均对老厂区块龙潭组17#煤层煤岩力学性质造成了严重的劣化影响。实验前后煤岩抗压强度、弹性模量及泊松比降幅平均值约为51.1%、32.7%、91.5%。分析认为，煤岩性质劣化对煤岩含水率依赖性较强，其次为浸泡时间，即为溶蚀时间的影响；最后为浸泡压力。

同时认为 $SC-CO_2$ 压裂后，由于煤岩力学性质劣化，有可能在焖井或返排期间内，储层内煤岩基质裂隙持续发育；同时，由于煤岩裂隙的增多，基质间胶结程度下降，对于煤岩整体而言脆性程度下降，塑性增强。支撑剂嵌入可能性增加，导致导流能力减低速率加快。因此，考虑可采用小粒径的低密度覆膜支撑剂与 $SC-CO_2$ 压裂配合使用，提高铺砂浓度，最小化支撑剂嵌入程度，以维持动态裂缝闭合后支撑裂缝导流能力的稳定性[27-29]。

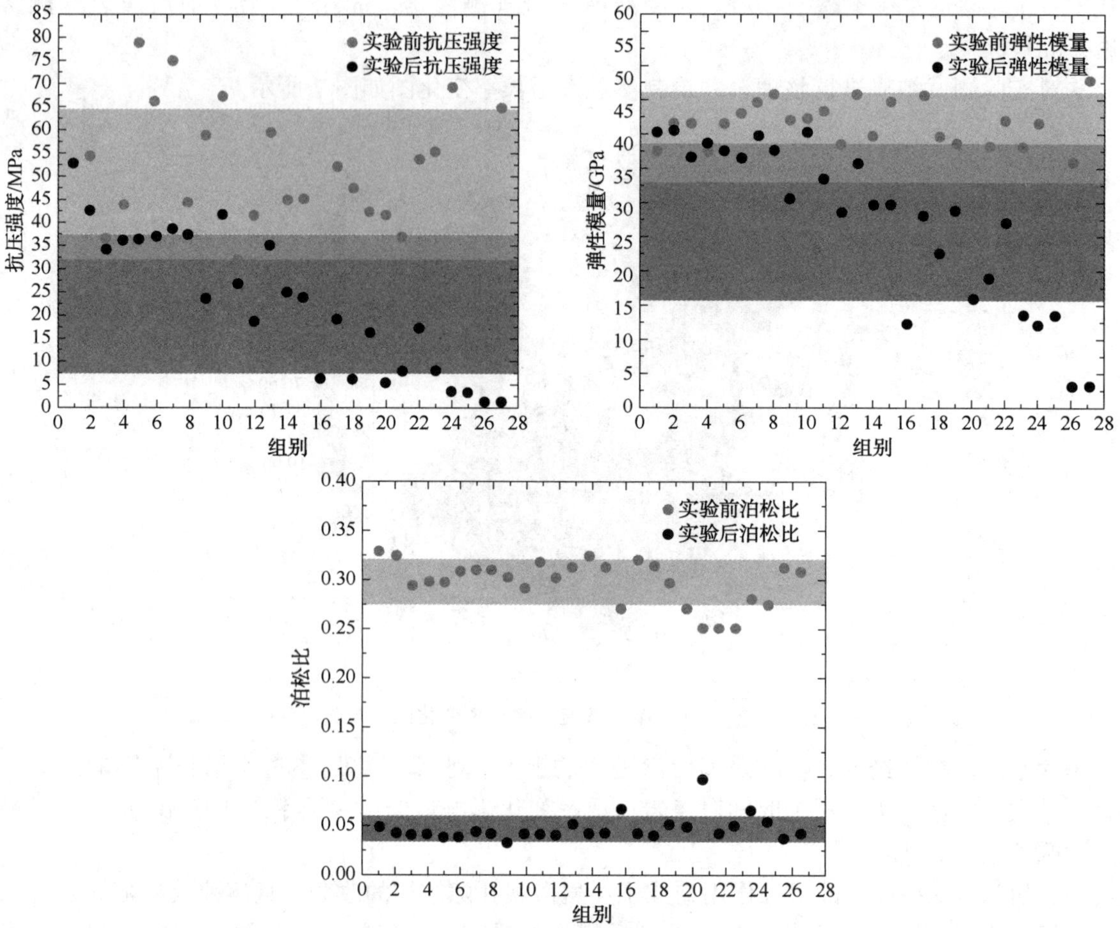

图 8　煤岩力学性质前后对比图

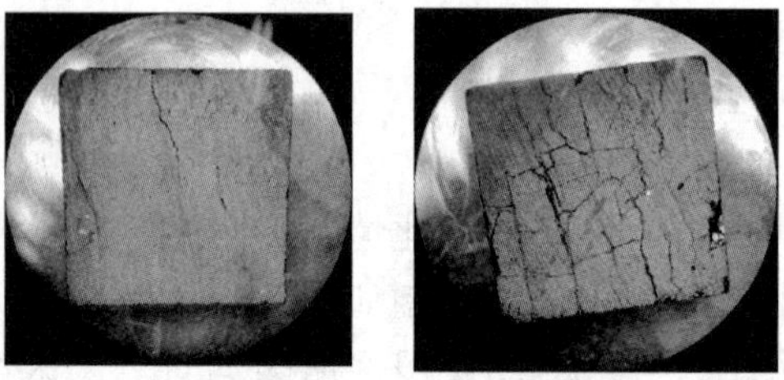

（a）实验前煤岩样品　（b）实验后煤岩样品

图 9　实验前后煤岩应力应变曲线对比图

5　结论

针对云南省老厂区块龙潭组 17[#]煤层 SC-CO_2-水-煤岩相互作用的室内试验研究及分析，取得主要结论如下：

（1）SC-CO_2 浸泡后煤岩矿物表面发生润湿反转，对气相的润湿能力降低，降低煤岩表面气体吸附能力；

(2) $SC-CO_2$ 的溶蚀作用造成了煤岩矿物组分的改变，且溶蚀效果与煤岩含水率及浸泡压力呈正相关。

(3) 对于煤岩整体而言，溶蚀后矿物表面更加平滑。

(4) 煤岩试样气测渗透率得到明显提高。煤岩渗透率最小增幅为 2.2%、最大增幅可达 188.2%。

(5) 煤岩抗压强度及弹性模量经 $SC-CO_2$ 浸泡后降幅平均值约为 51.1%、32.7%。煤岩力学性质劣化对煤岩含水率依赖性较强。

(6) $SC-CO_2$ 压裂后，由于煤岩裂隙的增多，基质间胶结程度下降，对于煤岩整体而言脆性指数降低，塑性增强。支撑剂嵌入的可能性增加，致使导流能力的降低速率加快。对此考虑可采用小粒径的低密度覆膜支撑剂与 $SC-CO_2$ 压裂配合使用，提高铺砂浓度，最小化支撑剂嵌入程度，维持支撑裂缝导流能力。

参 考 文 献

[1] 伊向艺，雷群，丁云宏等主编．煤层气压裂技术及应用[M]．北京：石油工业出版社，2012.

[2] 王海柱，李根生，郑永等．超临界 CO_2 压裂技术现状与展望[J]．石油学报，2020，第 41 卷(1)：116-126.

[3] 柯虎庆．煤岩 CO_2 干法压裂实验研究[D]．中国石油大学(北京)，2018.

[4] LiY，Yang Z Z，Li X G. Molecular simulation study on the effect of coal rank and moisture on CO_2/CH4 competitive adsorption[J]. Energy & Fuels，2019，33(9). 王泽洵．二氧化碳所致煤岩结构变化对甲烷扩散的影响研究[D]．西南石油大学，2019.

[5] 何更生，唐海主编．油层物理第 2 版[M]．北京：石油工业出版社，2011.

[6] 王恩东，吴海明，沈健等．表面活性剂对煤层气解吸能力的影响[J]．钻采工艺，2021，第 44 卷(1)：106-109.

[7] 刘厚宁．煤润湿性及其对煤层气吸附/解吸的影响[D]．西安科技大学，2015.

[8] 杨宇，曹煜，田慧君等．压裂中煤粉对煤储层损害机理分析与防控对策[J]．煤炭科学技术，2015，(2)：84-87.

[9] 石京平，赵国忠，杨清彦等．根据水膜稳定性研究储层润湿性[J]．石油实验地质，2008，(3)：311-314，320.

[10] 李小刚，陈浩，熊俊雅等．支撑裂缝煤粉动态运移沉积可视化模拟实验研究[J/OL]．煤炭科学技术：1-83.

[11] 冯佳睿，高志勇，崔京钢等．长石表生淋滤溶蚀模拟实验[J]．新疆石油地质，2018，第 39 卷(6)：660-665.

[12] 王博洋，秦勇，申建等．我国低煤阶煤煤层气地质研究综述[J]．煤炭科学技术，2017，第 45 卷(1)：170-179.

[13] 陈军斌，熊鹏辉，索根喜等．吸附性气体对煤岩基质变形和渗透率的影响[J]．大庆石油地质与开发，2021，40(1)：146-153.

[14] 程倩倩，李娜，张琳羚等．新型覆膜支撑剂研究进展[J]．热固性树脂，2020，第 35 卷(6)：66-70.

[15] 邓浩，公衍生，罗文君等．低密度高强度覆膜陶粒支撑剂的制备与性能研究[J]．硅酸盐通报，2015，第 34 卷(5)：1193-1198.

[16] 郭天魁，张士诚．影响支撑剂嵌入的因素研究[J]．断块油气田，2011，18(04)：527-529+544.

聚合物在中低渗油藏注入性影响规律及主控因素研究

陈丽君[1,2]　何　宏[1,2]　杨远超[1,2]　陈茹萍[1,2]

（长江大学　石油工程学院，湖北武汉　430100）

摘　要：针对胜利Ⅲ类高温高盐中低渗油藏特点，利用正交实验方法，设计了5因素4水平系列岩心流动实验，开展了矿化度、分子量、浓度、钙离子含量和渗透率等因素对聚合物在多孔介质中渗流规律的影响研究。结合注入压力曲线的总体变化趋势和残余阻力系数与阻力系数的比值，建立了中低渗油藏聚合物注入性评价标准。采用多因素方差分析方法，明确了影响渗流的主控因素为渗透率、聚合物分子量和浓度。因此，结合建立的注入性能评价标准及明确的主控因素，能够为中低渗油藏注聚浓度和分子量的优化提供指导意义。

关键词：中低渗油藏；聚合物注入性；多孔介质；主控因素；注入压力曲线

对于中低渗油藏而言，注入聚合物过程中，当聚合物与储层渗透率不匹配时，会存在一定程度的油层堵塞、油井产液强度下降的现象，因此，亟需解决聚合物体系与中低渗油藏储层匹配关系[1-3]。

室内试验中通常用阻力系数及残余阻力系数和压差变化趋势来评价聚合物的注入性[4-6]。若起初压差上升较快，后来上升幅度逐渐变缓并趋于稳定，称聚合物与岩心配伍性较好；若压差上升很快并持续上升或降低幅度极小甚至不降低，认为发生堵塞。然而，对聚合物在中低油藏尚未形成标准，认识依然不清晰。因此，本文针对胜利Ⅲ类高温高盐中低渗油藏特点，通过岩心流动实验，开展了聚合物不同分子量、浓度和地层水矿化度、钙离子含量等因素条件下，在不同渗透率岩心中的注入性能评价，通过多因素方差分析方法，明确其主控因素，为中低渗油藏聚合物的应用提供借鉴。

1　实验部分

1.1　实验材料与仪器

（1）实验材料：实验用聚合物：四种不同分子量的耐温抗盐聚合物（1500万、2000万、2500万和3000万），由胜利油田提供；实验岩心：不同渗透率的露头岩心（φ2.5cm×10cm）；实验用模拟地层水；不同孔径（0.45μm、10μm）的核孔滤膜；氯化钠、氯化钙均为分析纯等。

（2）实验仪器：ISCO恒速恒压泵；多功能高温高压物理模拟驱替装置；孔渗联测仪；岩心抽真空加压饱和装置；岩心夹持器；压力自动采集系统；Brookfield DV-Ⅲ型旋转黏度计；JJ-1型搅拌器等。

【第一作者简介】陈丽君（1996—），女，汉族，硕士研究生，主要研究方向为油气田开发、提高采收率。E-mail：cc15826545543@163.com。

采用正交实验设计方法，设计五因素四水平实验，开展矿化度、分子量、浓度、钙离子含量和渗透率对聚合物注入性能影响规律研究，见表1所示。

表1　聚合物注入性正交实验的因素水平

水平	岩心渗透率/$10^{-3}\mu m^2$	聚合物相对分子质量/万	聚合物浓度/($mg \cdot L^{-1}$)	矿化度/($mg \cdot L^{-1}$)	钙镁离子浓度/($mg \cdot L^{-1}$)
1	500	1000	1000	10000	100
2	300	1500	1500	20000	300
3	100	2000	2000	30000	500
4	50	3000	2500	40000	1000

根据岩心流动实验过程中水驱、注入聚合物驱及后续水驱过程中不同阶段的压力变化情况，研究不同方案下的阻力系数和残余阻力系数，从而表征聚合物在多孔介质中的注入性能。具体步骤如下：

(1) 实验温度80℃，以0.50mL/min驱替速度进行水驱，记录水驱稳定压差；注聚合物溶液，至注入压力、流量稳定时停注，记录稳定压差，计算阻力系数；进行后续水驱，至注入压力、流量稳定，记录稳定压差，计算残余阻力系数。

(2) 在实验中遇注入压力难以稳定时，应适当延长注液时间直至注入压力稳定，若注入压力仍难稳定，结束实验，以此时注入压力为该阶段的最终压力。

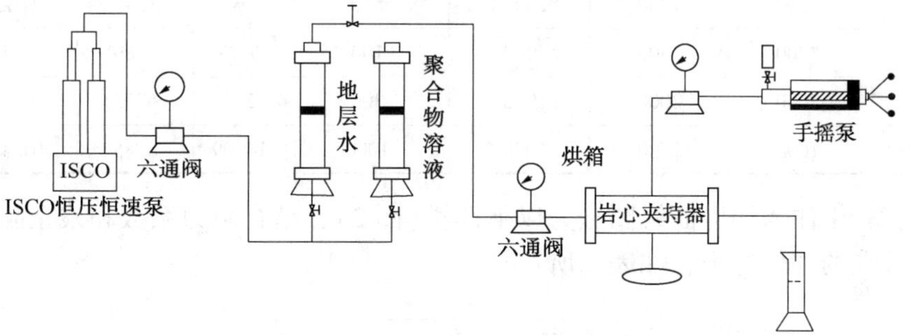

图1　聚合物岩心流动实验流程图

2　实验结果与讨论

基于岩心流动实验，开展矿化度、分子量、浓度、钙离子含量和渗透率对聚合物注入性能及孔喉匹配关系影响规律研究，不同渗透率条件下聚合物注入性实验的实验数据见表2。

表2　聚合物注入性实验数据

实验序号	因素					评价指标			注入性能
	岩心渗透率/$10^{-3}\mu m^2$	聚合物相对分子质量/万	聚合物浓度/($mg \cdot L^{-1}$)	矿化度/($mg \cdot L^{-1}$)	钙镁离子浓度/($mg \cdot L^{-1}$)	阻力系数	残余阻力系数	残余阻力系数/阻力系数	
1	40.55	1000	1000	10000	100	5.01	9.37	1.868	堵塞
2	35.19	2000	1500	40000	500	12.28	15.45	1.257	堵塞
3	48.48	3000	2000	20000	1000	5.88	21.57	3.671	堵塞

续表

实验序号	因素					评价指标			注入性能
	岩心渗透率/$10^{-3}\mu m^2$	聚合物相对分子质量/万	聚合物浓度/(mg·L^{-1})	矿化度/(mg·L^{-1})	钙镁离子浓度/(mg·L^{-1})	阻力系数	残余阻力系数	残余阻力系数/阻力系数	
4	53.88	1500	2500	30000	300	13.74	12.45	0.906	堵塞
5	90.5	1000	1500	20000	300	43.81	61	1.392	堵塞
6	80.7	1500	2000	40000	100	21.27	9.5	0.446	可注入
7	79.8	2000	1000	30000	1000	22.31	24.04	1.077	堵塞
8	81.8	3000	2500	10000	500	61.42	22.96	0.373	易注入
9	214	1000	1000	10000	100	6.4	5.2	0.81	注入困难
10	219	1500	2500	30000	300	20.24	16.53	0.82	注入困难
11	219	2000	1500	40000	500	13.25	5.8	0.44	可注入
12	220	3000	2000	20000	1000	38.8	4.8	0.12	易注入
13	360.1	3000	1000	40000	300	20.91	9.091	0.435	可注入
14	337.9	1500	1500	10000	1000	16.56	9.92	0.599	可注入
15	344.1	1000	2000	30000	500	8	4.736	0.592	可注入
16	322.7	2000	2500	20000	100	15.92	6.92	0.434	可注入
17	511.2	1500	1000	20000	500	6	1.43	0.238	易注入
18	551.7	3000	1500	30000	100	6.78	2.89	0.426	可注入
19	400.8	2000	2000	10000	300	12.33	5.93	0.481	可注入
20	519.7	1000	2500	40000	1000	14.09	6.45	0.457	可注入

将正交实验中注入压力曲线图分为以下四类(图2)，结合阻力系数和残余阻力系数，建立聚合物注入性的评价标准，如表3所示。

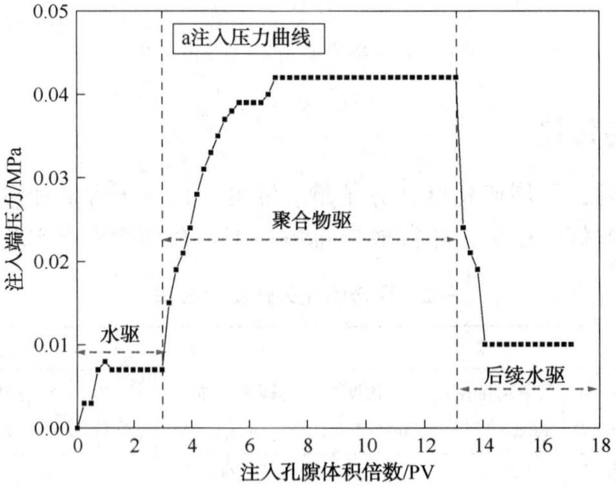

图2 易注入时的注入压力变化曲线(实验17)

表 3　聚合物注入性评价标准图版

聚驱		后续水驱		FRR/FR	注入性
压力变化	稳定时 PV 数	压力变化	稳定时 PV 数		
压差很快上升并稳定	3PV~5PV	压差很快降低并稳定	3PV	0.2~0.4	易注入
压差快速上升，稳定较慢	5PV~10PV	压差快速下降，达到稳定	5~6PV	0.4~0.6	可注入
压差上升更快，呈现值间波动稳定	10PV~15PV	压差可降低，但降低幅度较小	5~6PV	0.6~0.9	注入困难
压差上升最快，不会明显稳定	>15PV	换注水后压差不能降低。		>0.9	注入堵塞

当观测变量的控制因素在两个及两个以上时，多因素方差分析可以用来判断这些因素是否产生了显著性影响，若概率 p 值小于显著性水平 a，说明该因素对因变量有显著性影响。R^2 代表模型的总体拟合程度，越接近 1 说明观测变量数据的拟合效果越好。为优化注聚参数，对聚合物在岩心中渗流的阻力系数和残余阻力系数进行多因素方差分析，得到 R 方分别为 0.961、0.977，说明该模型具有良好的拟合效果。通过图 3 可以看出，阻力系数和残余阻力系数对应的渗透率的 sig 值均小于 a(0.05)，说明渗透率对于阻力系数和残余阻力系数的大小至关重要。显著程度与 sig 值大小成反比，因此，胜利高温高盐油藏条件下，影响阻力系数和残余阻力系数的主控因素为渗透率、聚合物分子量和浓度。

3　结论

（1）以注入压力曲线的总体变化趋势和残余阻力系数与阻力系数的比值相结合，划分聚合物注入性为四类：易注入、可注入、注入困难和注入堵塞。

（2）通过 SPSS 软件对阻力系数和残余阻力系数的多因素方差分析，明确胜利高温高盐油藏条件下，影响渗流的主控因素为渗透率、聚合物分子量和浓度。可以在优化注聚参数时，减少实验次数，得到具有针对性的最优注聚参数。

参 考 文 献

[1] 谢兴华．中低渗油藏聚合物性能评价研究[D]．山东：中国石油大学(华东)，2016：05-01.

[2] 侯志．低渗透油藏聚合物驱注入性以及有效性研究[D]．西南石油大学，2018.

[3] 严文瀚．聚合物水动力尺寸及注入界限研究[D]．河北：中国科学院大学(中国科学院渗流流体力学研究所)，2015：04-01.

[4] 孙龙德，伍晓林，周万富，等．大庆油田化学驱提高采收率技术[J]．石油勘探与开发，2018，45(04)：636-645.

[5] 吴文祥，张向宇．不同分子量聚合物溶液在多孔介质中的渗流特性研究[J]．西安石油大学学报(自然科学版)，2007，22(02)：103-106.

运用灰色关联与 BP 人工神经网络预测碳酸盐岩底水油藏水锥临界产量

范　杰[1,2,3]　何祖清[1,2]　周　朝[1,2]　刘欢乐[1,2]　付道明[1,2]

(1. 中石化石油工程技术研究院有限公司，北京　102206；
2. 页岩油气富集机理与有效开发国家重点实验室，北京　102206；
3. 中国石油大学(北京)石油工程学院，北京　102249)

摘　要：临界产量的确定是开发碳酸盐岩底水油藏的关键。鉴于碳酸盐岩底水油藏的复杂性，本文提出了一种结合灰色关联与 BP 人工神经网络技术预测临界产量的新方法。运用灰色关联技术筛选出影响临界产量的关键因素；将灰色关联确定的影响因素作为神经网络的输入节点，结合油井的临界产量建立 BP 人工神经网络预测模型。通过对预测样本的计算，结果表明：该方法预测精度高，预测井临界产量与实际值相对误差均在工程要求范围之内(±10%)。

关键词：灰色关联；BP 人工神经网络；临界产量；碳酸盐岩底水油藏

碳酸盐岩油藏在我国有着丰富的石油储量。由于我国的碳酸盐岩油藏是陆相沉积，非均质性强，如果油藏中存在底水，则进一步增加了开发的难度。底水锥进现象在碳酸盐岩底水油藏中十分普遍[1-2]，主要是由于在油井生产过程中，随着产量的不断增加，井底压差不断加大，导致水体上升的动力(粘滞力)逐渐增加，当产量达到某个值之后，如果继续增加产量，就会导致粘滞力大于重力进而产生水锥，我们称该产量为临界产量，当生产井为水平井时称之为水脊[3-5]。如图 1 所示，因此为了延长油井的无水采油期，提高油藏采收率，确定油井的临界产量显得尤为重要。

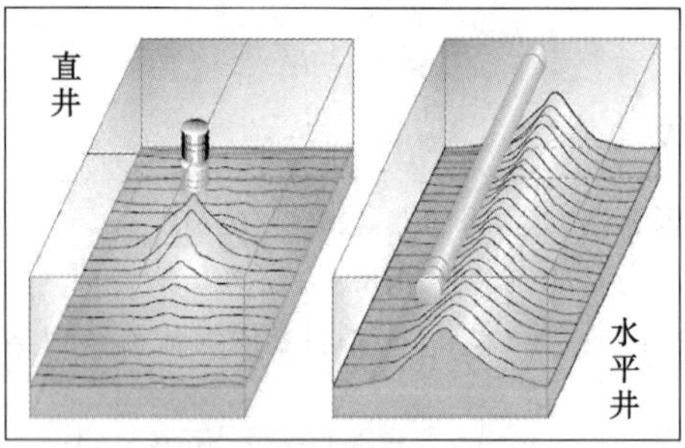

图 1　底水锥进示意图

本文利用灰色关联与 BP 人工神经网络技术，介绍一种求解油井临界产量的新方法。

1　灰色关联分析方法

灰色关联分析(GRA)是一种多因素统计分析方法，求解系统中各因素之间的主要关系，找出影响目标值的重要因素，从而掌握事物的主要特征，是对一个系统发展变化态势的定量描述和比较方法。它以各因素的样本数据为依据，用灰色关联度来描述各因素间关系的强

【第一作者简介】范杰(1985—)，男，2016 年获中国石油大学(北京)油气田开发工程专业博士学位，现工作单位为中国石化石油工程技术研究院，助理研究员。E-mail：fanjie1018@163.com。

弱、大小和次序。如果样本数据系列反映出 2 个因素变化的态势(方向、大小、速度等)基本一致，则它们之间的关联度较大；反之，关联度较小[10-12]。

1.1 确定序列

灰色关联是首先确定分析数列与参考数列，本文的分析数列 X_0 由油井的临界产量构成；影响油井临界产量的参数(见表 1)构成参考数列 X_1，X_2，…，X_n。

1.2 对参考数列与比较数列无量纲化

$$(Y_0, Y_1, \cdots, Y_n)=\begin{bmatrix} y_{01} & y_{11} & \cdots & y_{n1} \\ y_{02} & y_{12} & \cdots & y_{n2} \\ \vdots & \vdots & & \vdots \\ y_{0m} & y_{1m} & \cdots & y_{nm} \end{bmatrix}_{m\times(n+1)} \tag{4}$$

常用的无量纲化有平均法或是除以首列数据；

$$y_{ik}=\frac{x_{ik}}{\sum_{k=1}^{m} x_{ik}/m}(i=0, 1, 2, \cdots, n;\ k=1, 2, \cdots, m) \tag{5}$$

$$y_{ik}=\frac{x_{ik}}{x_{0k}}(i=0, 1, 2, \cdots, n;\ k=1, 2, \cdots, m) \tag{6}$$

1.3 求差序列、最大差和最小差

计算第 1 列(参考序列)与其余各列(比较序列)对应的绝对差值，形成绝对差值矩阵：

$$\begin{bmatrix} \Delta_{01} & \Delta_{11} & \cdots & \Delta_{n1} \\ \Delta_{02} & \Delta_{12} & \cdots & \Delta_{n2} \\ \vdots & \vdots & & \vdots \\ \Delta_{0m} & \Delta_{1m} & \cdots & \Delta_{nm} \end{bmatrix}_{m\times(n+1)} \tag{7}$$

绝对差值矩阵中最大数和最小数即为最大差和最小差：

$$\max_{1\leqslant i\leqslant n, 1\leqslant k\leqslant m}(\Delta_{ik})=\Delta(\max) \tag{8}$$

$$\min_{1\leqslant i\leqslant n, 1\leqslant k\leqslant m}(\Delta_{ik})=\Delta(\min) \tag{9}$$

1.4 计算关联系数

$$\xi_{ik}=\frac{\Delta(\min)+\rho\cdot\Delta(\max)}{\Delta_{ik}+\rho\cdot\Delta(\max)} \tag{10}$$

式中：$\rho\in(0, 1)$，取 0.1~0.5，通常取 0.5，其值越小越能提高关联系数间的异。

可得关联系数矩阵

$$\begin{bmatrix} \xi_{01} & \xi_{11} & \cdots & \xi_{n1} \\ \xi_{02} & \xi_{12} & \cdots & \xi_{n2} \\ \vdots & \vdots & & \vdots \\ \xi_{0m} & \xi_{1m} & \cdots & \xi_{nm} \end{bmatrix}_{m\times(n+1)} \tag{11}$$

1.5 计算关联度 ri

比较数列与参考数列间的关联程度用关联度表示，关联度就是对应指标关联系数的平均值。

$$r_i = \frac{1}{m}\sum_{k=1}^{m}\xi_{ik} \tag{12}$$

2 BP人工神经网络技术

人工神经网络模型已有几十种，其中最著名、应用最广泛的就是误差反向传播神经网络(Back-Propagation Neural Network)，简称BP网络。BP网络是典型的多层神经网络，由输入层、中间层和输出层组成。对输入层和输出层来说，中间层是不可见的，所以也称作隐层。层与层之间采用全连接方式，同一层内各神经元之间不存在连接[13]。输入层数据反映了样本数据变化特征，为了提高网络的收敛速度并降低误差，输入之前需要对样本数据进行归一化；隐含层节点数量决定了创建的BP神经网络模型的质量，节点数一般可以根据Kolmogorov定理近似确定；通过对输入数据的计算与反归一化，在输出层得到最终的结果。如图2所示：

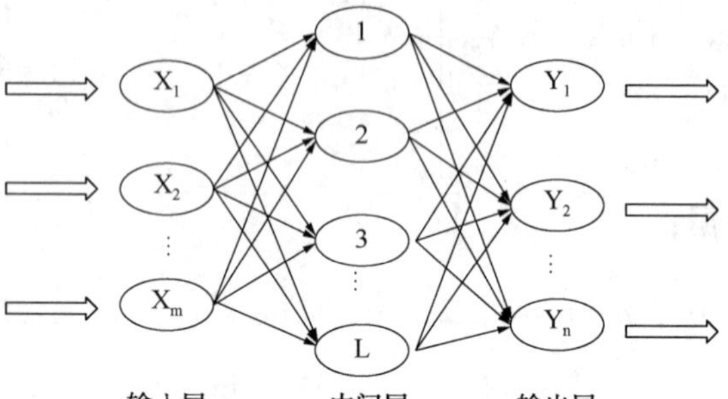

图2 BP网络连接示意图

3 实例计算

本文以我国西北某油藏为例，该油藏为奥陶系碳酸盐岩底水油藏，非均质性极强，底水较为发育。油井水锥现象经常出现，有的井甚至没有明显的无水期，严重降低了油藏的采出程度。首先，计算各影响因素(见表1)与产能的关联度并绘制成曲线(见图3)。由图3可知，各因素对产能的影响程度差异很大，选择灰色关联度大于0.8的11个影响因素作为BP人工神经网络的输入节点。通过关联度确定了11个关键因素，主要包括：储层渗透率、原油黏度、原油密度、原油体积系数、油水密度差、油藏厚度、油藏打开厚度、平均日产油、油压、隔层厚度、隔层致密性。

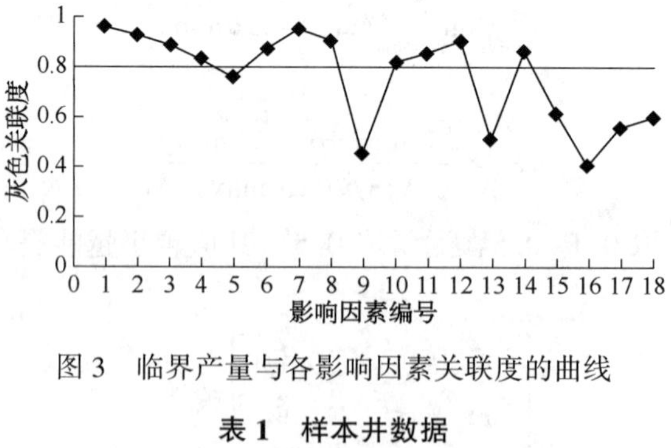

图3 临界产量与各影响因素关联度的曲线

表1 样本井数据

井号	储层渗透率	原油黏度	原油密度	原油体积系数	油水密度差	储层厚度	储层打开厚度	平均日产油	油压	隔层厚度	隔层致密性	临界产量
YBJ1	0.39	0.69	0.8254	2.6998	0.53458	59	17	179	11	15	50	347.7
YBJ2	3.55	21.703	0.96	1.1625	0.24747	100	7	197	11	20	51	411.3

续表

井号	储层渗透率	原油黏度	原油密度	原油体积系数	油水密度差	储层厚度	储层打开厚度	平均日产油	油压	隔层厚度	隔层致密性	临界产量
YBJ3	0.9	11.71	0.9618	1.1767	0.24757	129	22.5	150	11	15	50	282.3
YBJ4	1.21	21.703	0.96	1.1625	0.24747	146	61.5	100	10.5	10	50	186
YBJ5	1.96	36.199	0.9647	1.1264	0.21277	70	11.5	70	9.5	1	49	53.2
YBJ6	2.25	21.703	0.96	1.1625	0.24747	122	36.5	193	11	15	50	292.4
YBJ7	0.68	21.703	0.96	1.1625	0.24747	189	101	80	10	10	49	141
YBJ8	2.73	24.09	0.96	1.1793	0.24437	113	27	200	11	15	50	289
YBJ9	0.83	15.046	0.9771	1.1786	0.24047	90	26.5	62	9.5	5	49	81.6
YBJ10	0.75	24.09	0.96	1.1793	0.24437	81	46	30	9.5	1	49	23.2

结合Sigmoid函数、Purelin函数以及LM训练方法，利用已有的样本数据(见表2)建立BP人工神经网络预测模型，模型经过10^5次循环迭代后收敛，全局误差为0.3×10^{-3}。利用已建立的预测模型对现有油井的临界产量进行预测。结果表明：BP人工神经网络技术具有很好的稳定性，预测精度高，预测值与实际值相对误差在工程要求范围(±10%)之内。

4 结论

(1) 碳酸盐底水油藏是一种十分复杂的油藏，开发难度较大。不合理的产量可以导致底水的迅速上升，使得油井过早见水，减短了油井的无水采油期，降低油藏的最终采收率。油藏工作者根据不同的假设条件建立了不同的碳酸盐底水油藏的临界产量公式，可是往往因为模型过于理想或是在实际取值中的误差，导致得出的临界产量误差较大。

(2) 通过灰色关联分析了不同参数对临界产量的影响，并最终选出了包括：渗储层渗透率、原油黏度、原油密度、原油体积系数、油水密度差、油藏厚度、油藏打开厚度、平均日产油、油压、隔层厚度、隔层致密性在内的11个关键因素。

(3) BP人工神经网络中使用LM(Levenberg Marquardt)法进行训练，同时选择Sigmoid函数与Purelin函数作为隐含层与输出层的传递函数，通过计算得到的临界产量误差较小(±10%)，具有实际的应用性。

参 考 文 献

[1] 林忠民. 塔河油田奥陶系碳酸盐岩储层特征及成藏条件[J]. 石油学报，2002，23(3)：23-26.

[2] Shedid A，Reyadh A. A New Approach of Reservoir Description of Carbonate Reservoirs[R]. SPE74344.

[3] 柏松章. 碳酸盐岩底水油藏水驱油机理和底水运动特点[J]. 石油学报，1981，2(4)：51-60.

[4] 邓聚龙. 灰色系统理论教程[M]. 武汉华中理工大学出版社，1990.

[5] 孙敬，刘德华，张亮，等. 低渗透油藏递减影响因素的灰色关联分析[J]. 特种油气藏，2012，19(2)：91-93.

[6] 江玉杰. 不同输入下的BP神经网络识别水体研究[D]，安徽理工大学，2020.

[7] 严恒，王丽君，高凌，等. 基于BP神经网络的断层封闭性评价[J]. 复杂油气藏，2019，12(04)：15-18.

玛湖凹陷风城组页岩油储层可压性评价方法研究

杨子轩　王小琮　朱俊星　王　军　葛洪魁　申颖浩

（中国石油大学（北京），北京　102249）

摘　要：有效评价储层可压性是储层压裂改造、压裂层位优选的基础工作。本研究以玛湖凹陷某直井的风城组页岩油储层岩心为研究对象，结合测井资料，获得了风城组页岩油储层裂缝扩展的主控因素。研究结果表明，储层脆性、天然裂缝发育程度、抗压强度及储层地应力是影响储层可压性的主要因素，基于裂缝扩展主控因素，综合评价了玛湖风城组页岩油储层，评价结果与现场产液剖面结果相一致，表明该方法可靠。

关键词：玛湖凹陷；风城组；页岩油储层；抗压强度；脆性；可压性

玛湖凹陷风城组页岩油储层是准噶尔盆地近年来的重要勘探领域，目前对于玛湖凹陷风城组页岩油的勘探处于起步阶段。前人凭借不同研究手段和资料对玛湖凹陷风城组的岩石特征及成因、沉积背景及形成环境、成藏控制因素等方面开展了大量的研究，但目前针对该储层的岩石力学特性及可压性的研究还很少[1-3]。

目前国内外对可压性的评价主要基于岩石的脆性，而脆性属于标量的力学性质，不具有方向性，不能表征三维空间里裂缝的形成能力。储层可压性的评价需要走向矿场尺度，尤其要考虑地应力对缝网形成能力的评价。有的学者也引入了断裂韧性、天然裂隙发育程度等因素来评价储层的可压性，但对地应力的考虑还较少[4-7]。

本文基于对风城组的室内岩石力学实验及测井资料，综合岩石脆性、裂缝发育程度、抗压强度、地应力情况等储层特征，针对玛湖风城组页岩油储层进行了储层可压性的综合评价，为研究区下一步的勘探开发提供了有效的技术支持。

1　储层岩石力学特征

1.1 研究区块简介

玛湖凹陷位于新疆准噶尔盆地的西北部，凹陷面积近 5000km^2，是富烃凹陷，油气资源丰富[2]。二叠系风城组，按电性和岩性可分为三段，由下而上分别为风一段（P1f1）、风二段（P1f2）及风三段（P1f3）。

风城组的厚度约 150-1000m，油藏甜点岩性主要为粉砂岩和泥质白云岩。纵向上划分为三个甜点体，分别位于风一段、风二段和风三段，具有多层系含油、分层聚集、连续分布的特征，风一段、风三段产液贡献率较高，风二段甜点分散，产液量一般。

【第一作者简介】杨子轩，女，硕士，现就读于中国石油大学（北京），主要从事非常规储层岩石力学与储层评价。E-mail：yangzx1206@163.com。

1.2 岩石力学实验结果

图 1 是开展的室内单轴、三轴岩石应力应曲线。通过室内单轴、三轴岩石力学实验及岩心波速测试得到动静态杨氏模量、泊松比、抗压强度等岩石力学参数。

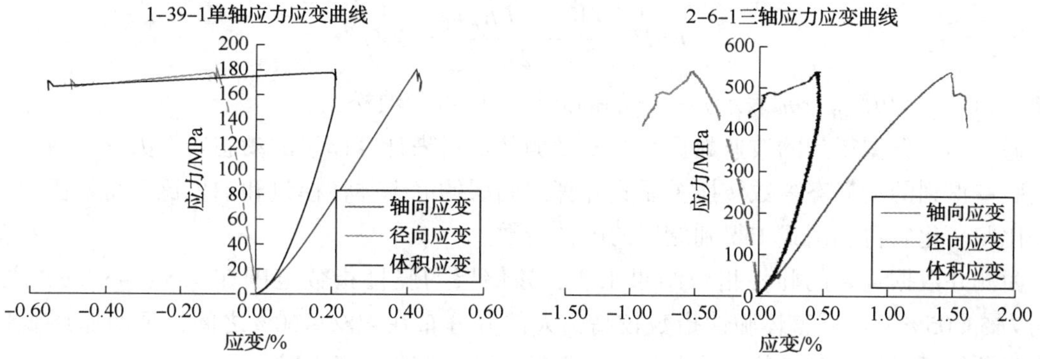

图 1　单、三轴压缩应力应变曲线

根据 4550~4850m 的岩心单轴测试结果，单轴抗压强度在 93.5~240.21MPa 之间，平均为 155.09MPa，杨氏模量在 32.71~51.41GPa 之间，平均为 41.22GPa，泊松比在 0.26~0.46 之间，平均为 0.34。在 60MPa 围压下，岩心的抗压强度约为单轴抗压强度的 3.4~4.2 倍，杨氏模量约为单轴时的 1.4 倍，整体表现出高抗压强度、高弹性模量的特征。

2　影响储层可压性的主要因素

目前大部分可压性评价模型都是以模量脆性指数法为基础来评价页岩储层的可压性的，通过岩石力学实验结果和测井数据分析可知，对于深层页岩油储层，除了岩石本身的脆性，埋深、地应力及天然裂隙发育等因素对于储层可压性都有着重要的影响。所以本文通过分析影响储层可压性的因素，建立了适用于该区块的可压性评价模型，并通过各因素相关性大小来对其赋予不同的权重。

2.1　矿物组成

研究表明，脆性矿物含量与储层可压性有着密切的关系，石英和长石含量决定了储层的矿物脆性。选取不同深度的岩心样品 10 组进行 X-射线衍射分析，实验结果如图 1 所示。实验结果表明，风城组矿物组分中，脆性矿物石英和长石的含量在 8.6%~86%之间，平均为 53%，粘土矿物含量在 3.9%~11.1%之间，平均为 7.6%，大部分岩心样品含有较高含量的白云石和方解石，含量为 8.7%~83.9%，平均为 65.3%，此外还含有少量的黄铁矿和角闪石(见图 5)。

此外，又选取了 12 组岩心样品进行了 TOC 含量检测，实验结果表明，储层整体 TOC 含量在 0.1%~1.0%之间，平均为 0.48%，整体小于 1%，属于较低水平。

总体来看，玛湖风城组储层整体粘土矿物含量低，TOC 含量低，脆性矿物含量较高，岩石脆性属于较高水平，有利于压裂改造。

2.2　脆性评价

脆性指数是岩石的固有性质之一，对于岩石破裂时的裂缝形态及数量有着重要影响。目前通常采用矿物脆性指数法或模量脆性指数法来计算岩石的脆性，本文采用模量法来计算研究区储层的脆性指数。

通常杨氏模量和泊松比是用于表征岩石脆性的力学参数，Rickman 等人[8]通过 Barnett 页岩的实验数据得到了脆性指数计算公式：

$$BRIT=\frac{YM_{BRIT}+PR_{BRIT}}{2}\times100\%$$

式中，YM_{BRIT}、PR_{BRIT}分别表示归一化的静态杨氏模量和泊松比。

通过测井数据得到的波速数据结合密度测井资料来计算储层的动态岩石力学参数，再通过实验室得到的动静态参数转换关系式计算出储层的静态弹性模量和泊松比。将杨氏模量和泊松比归一化后再利用式 1 得到储层的脆性指数。

由测井数据计算的脆性指数结果来看，该储层的脆性指数范围在 1.5%～89.6%之间，平均为 53.05%。储层整体脆性指数较高，大部分分布在 40%～60%之间，证明储层脆性较好。脆性的研究结果与矿物成分分析的结果较一致，脆性矿物较高。

2.3　天然裂隙

天然裂隙是储层在水力压裂后能够形成复杂缝网的重要因素之一，天然裂缝越发育，越有可能形成较大的储层改造体积，所以储层的可压性评价不能忽略天然裂缝的影响。

室内岩心评价虽然无法获得连续的天然裂缝评价数据，且只能得到岩心样品的微裂隙发育程度，但可作为储层天然裂缝发育程度的评价参数。通过实验室波速应力敏感实验得到的应力敏感系数来看，储层整体的应力敏感系数在 4.8～43.0 之间，平均为 17.31，应力敏感程度中等，部分大于 30 的储层段应力敏感程度较强。由此可知玛湖风城组储层的天然裂隙较发育，对储层改造形成复杂缝网有着有利影响。

由测井波速数据可以反演出储层连续的天然裂隙密度[8]，储层天然裂隙密度在 0.0006～8.15 之间，平均为 0.16，其中各甜点段储层的裂隙密度大多大于 0.2，裂隙密度处于较高水平，储层天然裂隙较发育。

2.4　抗压强度

由于储层埋深较深，大于 4500m，深层页岩油储层受埋深影响增加，储层的抗压强度和弹性模量均随着埋深的增加而增大。由单、三轴压缩实验结果表明，在围压 60MPa 的条件下，岩石的抗压强度是单轴抗压强度的 3-4 倍。储层岩心的单轴抗压强度本身也较高，不同深度储层的抗压强度也存在一定差异，所以将抗压强度作为储层可压性评价的因素之一。

2.5　地应力评价

由于压裂时裂缝总是沿最大主应力方向延伸，因此水平两向应力差越大越不利于缝网的形成。本文通过水平应力差异系数来表征两向应力的差异，通常水平应力差异系数在 0～0.13 之间能够形成充分的放射状裂缝网络；在 0.13～0.25 之间能够在高净压力下形成较为复杂的缝网；大于 0.25 则难以形成缝网。

根据测井数据得到储层水平两向地应力，并可由最大最小主应力数据求出地应力差异系数。根据现场压裂情况可将整个储层分为上、中、下三个甜点段，由此求出各段地应力值，结果如表 1 所示。

表 1　M 井测井水平两向地应力平均值

深度/m	最大主应力/MPa	最小主应力/MPa	水平两向应力差/MPa	地应力差异系数
4572~4620	94.81	81.65	13.16	0.16
4620~4648	96.13	82.13	14.01	0.17
4648~4700	98.62	83.55	15.07	0.18
4700~4740	99.64	83.86	15.78	0.19
4740~4860	101.19	84.83	16.37	0.19

该储层埋深较深，储层整体地应力值大，最大地应力范围在 73.16~109.85MPa 之间，平均为 98.77MPa，最小地应力范围在 62.19~103.14MPa 之间，平均为 83.78MPa，应力差在 5.86~20.19MPa 之间，平均为 14.99MPa。水平两向应力差越小越利于体积改造效果，该井水平两向地应力差异系数在 0.16~0.19 之间，在高净压力下能够形成较为复杂的裂缝网络。

3　可压性评价

根据储层物性、岩石力学参数、天然裂隙发育及地应力特征等方面综合分析，各储层段的可压性评价如表 2 所示：

表 2　各储层段可压性

储层	埋深/m	矿物脆性	模量脆性	应力敏感	基质脆性	抗压强度/MPa	地应力差异系数	可压性
上甜点	4572~4620	54.60	45.55	19.79	较好	139.08	中等	较好
中甜点	4648~4700	44.15	47.68	15.44	中等	159.30	中等	中等
下甜点	4740~4860	35.77	52.67	15.61	中等	173.63	中等	中等

根据现场产液贡献率数据显示，上甜点产液贡献率最高，为 48%，下甜点其次，为由 35%，中甜点产液贡献率为 10%。由可压性综合评价结果可以看出，储层整体可压性较好，上甜点可压性最好，其次是下甜点，最次是中甜点。可压性评价结果与产液贡献率基本相符，因此，对该地区的可压性评价主要考虑其储层脆性、天然裂隙发育程度、抗压强度及水平地应力情况。

4　结论

（1）玛湖凹陷风城组页岩油储层属于深层硬脆性页岩储层，储层埋藏深、地应力较高、地层水平应力差适中、抗压强度和弹性模量高，总体上呈现出较高的脆性、粘土矿物含量低、TOC 含量低。储层发育一定程度的天然裂缝，有利于压裂后复杂缝网的形成。

（2）影响裂缝扩展的主控因素是埋深、地应力绝对值、脆性、强度、裂缝和水平应力差、储层层间应力差。

（3）基于玛湖风城组储层的地质力学特征，综合考虑储层脆性、天然裂缝发育程度、抗压强度及储层地应力情况，综合评价了该储层的可压性。结合测井数据得到整个储层段的可压性评价结果，其结果与现场压后产液剖面显示结果相一致。

参　考　文　献

[1] 许琳，常秋生，冯玲丽，张妮，刘欢．准噶尔盆地玛湖凹陷二叠系风城组页岩油储层特征及控制因素

[J]. 中国石油勘探, 2019, 24(05): 649-660.
[2] 刘得光, 周路, 李世宏, 马万云, 郭文建. 玛湖凹陷风城组烃源岩特征与生烃模式[J]. 沉积学报, 2020, 38(05): 946-955.
[3] 王小军, 王婷婷, 曹剑. 玛湖凹陷风城组碱湖烃源岩基本特征及其高效生烃[J]. 新疆石油地质, 2018, 39(01): 9-15.
[4] 窦亮彬, 杨浩杰, XIAO YingJian, 等. 页岩储层脆性评价分析及可压裂性定量评价新方法研究[J]. 地球物理学进展, 2021, 36(02): 576-584.
[5] 张辰庆, 许江, 彭守建, 闫发志, 吴斌, 岳雨晴. 考虑断裂韧性影响的页岩气储层可压性评价方法[J]. 煤田地质与勘探, 2019, 47(05): 131-137.
[6] 周辉, 孟凡震, 张传庆, 徐荣超, 卢景景. 基于应力-应变曲线的岩石脆性特征定量评价方法[J]. 岩石力学与工程学报, 2014, 33(06): 1114-1122.
[7] 韩蓬. 基于裂缝影响的页岩储层可压性评价方法[D]. 中国石油大学(北京), 2016.
[8] 田锋. 裂缝体的弹性模量和裂缝密度[J]. 地质学报, 2007(10): 1338-1344.

渤海砂岩油藏低矿化度水驱规律与机理实验研究

辛　晶[1]　刘汝敏[1]　王　涛[1]　田　苗[1]　刘　东[2]　李敬松[1]

（1. 中海油田服务股份有限公司油田生产研究院，天津　300459；
2. 中海石油（中国）有限公司渤海石油研究院，天津　300459；
3. 长安大学地球科学与资源学院，西安　710064）

摘　要：基于渤海砂岩油藏储层岩石及流体特征，开展低矿化度水驱规律与机理研究。结果表明：低矿化度水驱促进砂岩表面向水湿方向转化，进而提高原油采收率。随着注入水矿化度的降低，岩石水湿性先增强后减弱，原油采收率先增加后减少。随着 Ca^{2+} 浓度增加，水湿性逐渐减弱，原油采收率逐渐降低；随着 SO_4^{2-} 浓度增加，岩石水湿性先增强后减弱，原油采收率先增加后减少。低矿化度水驱时，酸性原油组分通过 Ca^{2+} 桥接于矿物表面，碱性原油组分直接吸附于矿物表面。降低 Ca^{2+} 浓度破坏桥接体系造成酸性组分解吸附，增加 SO_4^{2-} 浓度消耗 Ca^{2+} 破坏桥接作用促使酸性组分解吸附，SO_4^{2-} 与碱性组分反应减少其吸附。

关键词：低矿化度水驱；提高采收率；润湿性改变；渤海砂岩油藏

低矿化度水驱只需根据储层岩石和流体特征针对性调整注入水离子组成，无需改变矿场设施，具有突出的经济性和高效性。Skrettingland 等[5]、Almeida 等[6] 和刘晓蕾等[8] 利用矿场试验、室内实验与数值模拟等方法研究低矿化度水驱矿场实施的可行性与有效性，发现低矿化度水驱可以在不显著增加经济投入的同时有效提高砂岩油藏采收率。Austad 等[12] 和陈晨等[13] 利用多尺度实验研究砂岩油藏低矿化度水驱机理，先后提出并验证了微粒运移、多离子交换、双电子层扩张以及渗透压等多种理论。由于储层岩石矿物组成以及储层流体性质等方面的差异，导致现有理论均具有一定的局限性，难以有效指导低矿化度水驱在不同油田的应用。鉴于此，开展渤海砂岩油藏低矿化度水驱规律与机理的实验研究。首先，润湿角实验分析注入水矿化度和关键离子浓度对岩石表面润湿性的影响。其后，岩心驱替实验研究注入水矿化度和关键离子浓度对原油采收率的影响。最后，基于实验结果建立渤海砂岩油藏低矿化度水驱机理。

1　实验材料与内容

1.1　实验材料

用于润湿性测定实验和岩心驱替实验的渤海某油田储层岩心参数如表 1。上述岩心钻取

【第一作者简介】辛晶（1993—），女，2019 年毕业于中国石油大学（北京），获工学硕士学位，工作单位：中海油田服务股份有限公司油田生产研究院，初级油藏工程师，主要从事海上油田提高采收率技术的研究工作。E-mail：xinjing2@ cosl. com. cn。

于同一岩心柱，物性高度相似保证实验结果的可对比性。

表 1 润湿性测定和驱替用岩心参数

岩心	直径/cm	长度/cm	孔隙度/%	渗透率/$\times10^{-3}\mu m^2$	束缚水饱和度/%
润湿性测定用	2.50	15.1	18.38	334	24.34
驱替用 1	2.50	14.8	19.04	319	23.75
驱替用 2	2.49	15.0	19.39	326	25.02
驱替用 3	2.51	14.9	19.56	338	24.82

实验用油为渤海某油田产出原油(黏度 5.32mPa·s，密度 0.85g/cm^3)。实验用水根据渤海某油田地层水离子组成配制，如表2。其中，FW 为地层水；25%FW-2SO_4^{2-}为稀释4倍地层水中增加1倍SO_4^{2-}；25%FW-4Ca^{2+}为稀释4倍地层水中增加3倍Ca^{2+}。

表 2 水溶液离子组成

水溶液	离子组成/(mg/L)							
	Na^+	Ca^{2+}	Mg^{2+}	K^+	HCO_3^-	SO_4^{2-}	Cl^-	矿化度
FW	2396	591.39	254.04	800.00	95.28	87.01	6088	10311.72
50%FW	1198.00	295.70	127.02	400.00	47.64	43.51	3044.00	5155.86
25%FW	599.00	147.85	63.51	200.00	23.82	21.75	1522.00	2577.93
20%FW	479.20	118.28	50.81	160.00	19.06	17.40	1217.60	2062.34
25%FW-0.5Ca^{2+}	679.53	73.92	63.51	200.00	23.82	21.75	1515.40	2577.93
25%FW-2.0Ca^{2+}	437.95	295.70	63.51	200.00	23.82	21.75	1535.21	2577.93
25%FW-2SO_4^{2-}	596.76	147.85	63.51	200.00	23.82	43.51	1502.49	2577.93
25%FW-3SO_4^{2-}	594.52	147.85	63.51	200.00	23.82	65.26	1482.98	2577.93
25%FW-4SO_4^{2-}	592.28	147.85	63.51	200.00	23.82	87.01	1463.47	2577.93

1.2 实验内容及步骤

1.2.1 润湿性测定

有机溶剂清洗岩心并烘干；岩心抽真空饱和地层水；饱和地层水岩心置于夹持器中以2.5mL/min速度饱和4倍孔隙体积原油；饱和油岩心在原油中老化3；将老化后的岩心切割成直径为25mm、厚度为8mm薄片并磨平、抛光；将处理后的岩片置于水溶液中，测定润湿角。

1.2.2 岩心驱替

有机溶剂清洗岩心并烘干；岩心抽真空饱和地层水；饱和地层水的岩心置于夹持器中以2.5mL/min速度饱和4倍孔隙体积的原油；饱和油的岩心在原油环境中老化30天；水溶液以0.50mL/min的速度稳定驱替，实时计量产出油和水。

2 实验结果

2.1 润湿性测定结果

2.1.1 低矿化度作用规律

由图2可知：FW溶液中油滴在砂岩表面的润湿角几乎未发生改变。50%FW中油滴在砂岩表面的润湿角从 72. 50°降低到 61. 61°。25%FW 中油滴润湿角从 77. 86°减小到 50. 15°。20%FW 中油滴润湿角从 73. 92°减小到 55. 13°。随着水溶液矿化度的降低，砂岩表面水湿性先增强后减弱，转折点发生在 25%FW。

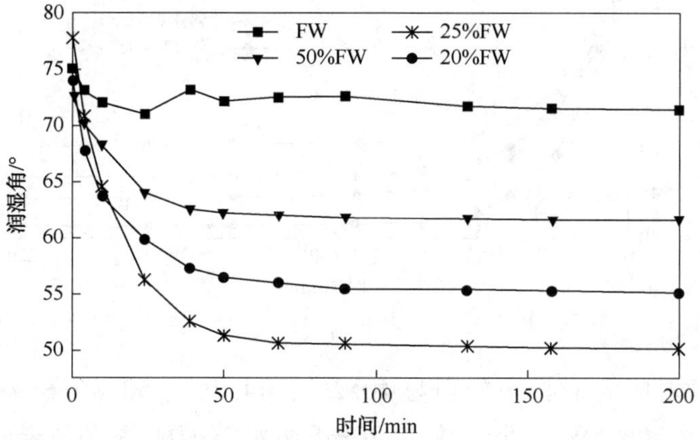

图 2　不同矿化度、Ca^{2+}浓度和 SO_4^{2-}浓度水溶液中砂岩表面油滴润湿角动态变化

由图 3 可知：Ca^{2+}浓度对砂岩表面润湿性存在明显影响。25%FW-0. 5Ca^{2+}中砂岩表面油滴润湿角从 71. 92°减小到 42. 13°；25%FW-2. 0Ca^{2+}中砂岩表面油滴润湿角从 74. 50°减小到 58. 25°。降低 Ca^{2+}浓度可以有效增强岩石表面水湿性；增加 Ca^{2+}浓度显著抑制岩石表面润湿性的改变。

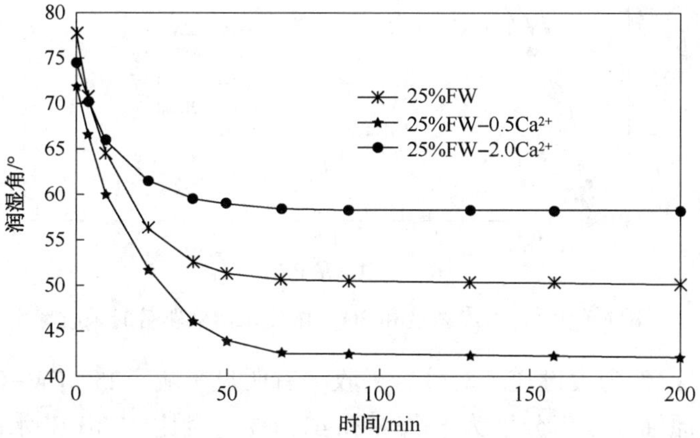

图 3

由图 4 可知：SO_4^{2-}浓度对砂岩表面油滴润湿性有明显影响。25%FW-2SO_4^{2-}中砂岩表面油滴润湿角从 70. 02°减小到 41. 44°；25%FW-3SO_4^{2-}中砂岩表面油滴润湿角从 72. 48°减小到 44. 43°；25%FW-4SO_4^{2-}水溶液中岩石表面油滴润湿角从 71. 15°减小到 46. 75°。25%FW-2SO_4^{2-}水溶液中砂岩表面油滴润湿角变化最大、稳定润湿角最小、水湿性最强。

2. 2　岩心驱替实验结果

2. 2. 1　低矿化度作用规律

由图 5 可得：低矿化度水驱可以有效提高砂岩采收率。FW、50%FW、25%FW 和

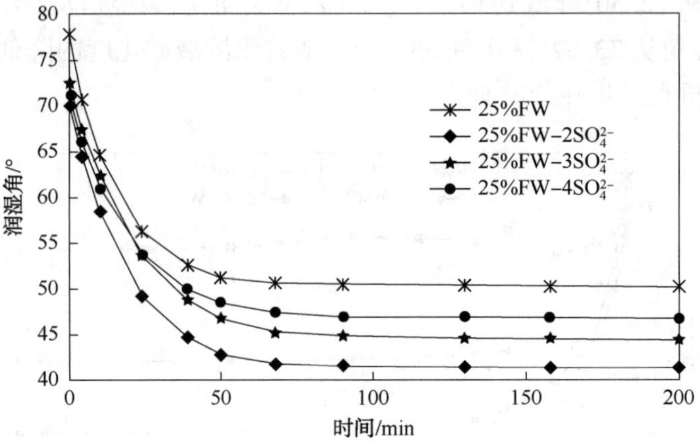

图 4

20%FW 水溶液驱替对应的采收率分别为 40.2%、44.7%、50.8%和 48.3%。相较于 FW 水溶液驱替采收率，50%FW、25%FW 和 20%FW 水溶液驱替提高采收率分别为 4.5%、10.6%和 8.1%。即随着注入水矿化度的降低，采收率先增加后减少，提高采收率效果先增强后减弱。

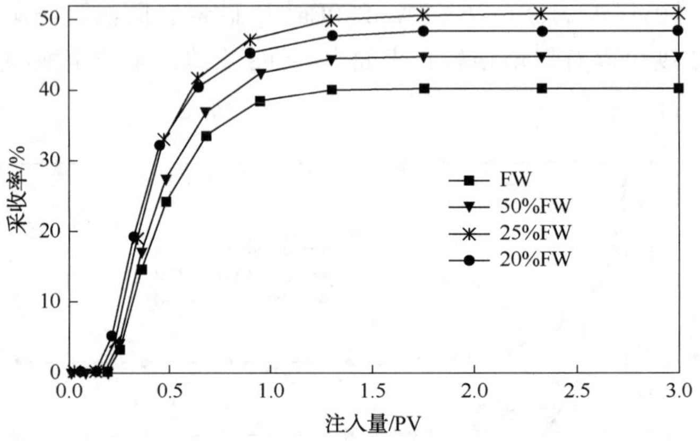

图 5　不同矿化度、Ca^{2+}浓度和 SO_4^{2-}浓度水溶液驱替时采收率变化

由图 6 可知：Ca^{2+}作为关键离子对砂岩采收率有明显影响。25%FW-0.5Ca^{2+}和 25%FW-2.0Ca^{2+}水溶液驱替原油采收率分别为 53.6%和 47.1%。对比 25%FW 水溶液采收率 50.8%可知：25%FW-0.5Ca^{2+}水溶液提高采收率效果明显，与此同时，25%FW-2.0Ca^{2+}明显抑制了采收率的增加。即随着水溶液中 Ca^{2+}浓度的增加，原油采收率逐渐降低，Ca^{2+}对低矿化度水驱效果有抑制作用。

由图 7 可知：SO_4^{2-} 作为关键离子对砂岩采收率有影响。25%FW-2SO_4^{2-}、25%FW-3SO_4^{2-}和 25%FW-4SO_4^{2-}水溶液驱替原油采收率分别为 56.9%、54.2%和 52.5%。对比 25%FW 水溶液采收率 50.8%可知：25%FW-2SO_4^{2-}、25%FW-3SO_4^{2-}和 25%FW-4SO_4^{2-}水溶液提高提高采收率 6.1%，3.4%和 1.7%。随着 SO_4^{2-}浓度的增加，原油采收率先升高后降低，25%FW-2SO_4^{2-}注入水溶液提高采收率效果最明显。

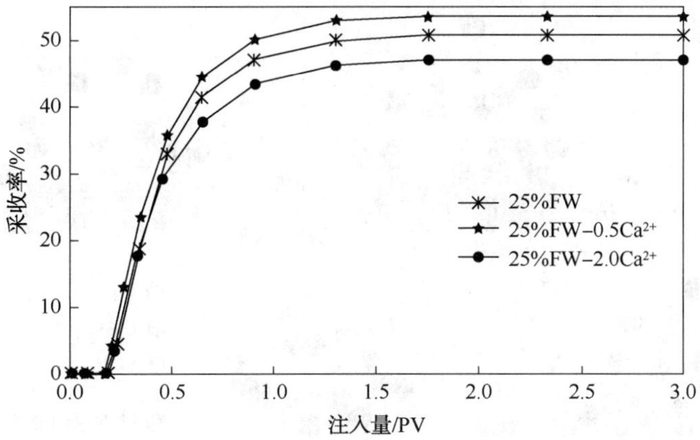

图 6

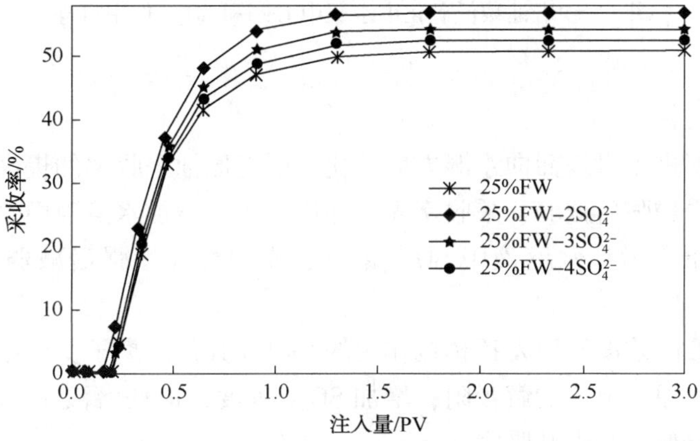

图 7

3 驱替机理分析

3.1 Ca^{2+}有效性机理

如图 8 所示，静电作用下地层水中 Ca^{2+}优先吸附于负电性岩石表面，而后，酸性极性原油组分通过 Ca^{2+}桥接于负电性矿物表面，静电作用下碱性原油组分直接吸附于负电性矿物表面。地层水溶液中离子与极性原油吸附体系处于动态平衡状态。随着注入水矿化度的降低，水溶液与极性原油吸附体系之间的离子交换平衡被打破，发挥桥接作用的 Ca^{2+}受到浓度梯度驱动逐渐远离岩石表面造成酸性原油组分的解吸附。与此同时，虽然碱性极性原油分子吸附量有一定程度的增加，但 Ca^{2+}远离岩石表面引起的酸性原油组分解吸附占据主导作用。水溶液中 SO_4^{2-}可以优先和 Ca^{2+}发生静电相互作用，减少水溶液中 Ca^{2+}浓度，破坏 Ca^{2+}与极性原油吸附体系之间的动态平衡，加速酸性原油组分解离。此外，水溶液中 SO_4^{2-}还可以与原油体系中正电性碱性原油组分发生相互作用，抑制碱性原油组分在矿物表面的吸附，加速润湿性的改变。

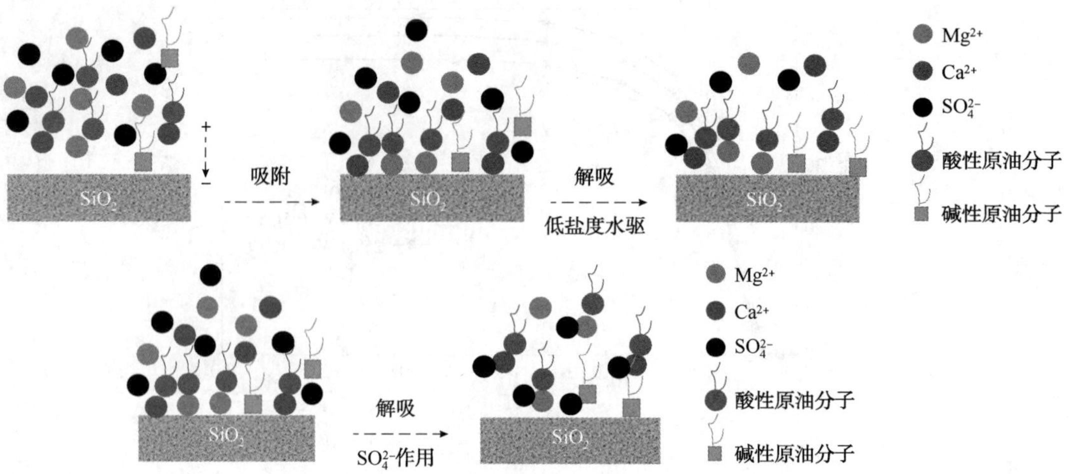

图 8　砂岩油藏低矿化度水驱中 Ca^{2+} 和 SO_4^{2-} 作用机理

4　结论

低矿化度水驱促进砂岩表面向水湿方向转化，引起原油采收率的提高。随着水溶液矿化度的降低，水湿性先增强后减弱，采收率先增加后减少。增加水溶液中 Ca^{2+} 浓度，水湿性减弱，原油采收率降低；增加水溶液中 SO_4^{2-} 浓度，水湿性先增强后减弱，采收率先增加后减少。

降低矿化度或 Ca^{2+} 浓度导致发挥桥接作用的 Ca^{2+} 和其他阳离子受到浓度梯度驱动逐渐远离岩石表面引起酸性原油组分的解吸附；增加 SO_4^{2-} 浓度，消耗溶液中 Ca^{2+} 破坏桥接作用的同时与碱性原油组分反应减少其吸附。

参　考　文　献

[1] SKRETTINGLAND K，HOLT T，TWEHEYO M T，et al. Snorre low-salinity-water injection coreflooding experiments and single-well field pilot[J]. SPE Reservoir Evaluation & Engineering，2011，14(02)：182-192.

[2] ALMEIDA D C A，MATEO J，PATEL R，et al. Can low salinity water injection be an efficient option for the Recôncavo Basin? An experimental and simulation case study [J]. Journal of Petroleum Science and Engineering，2021，202(6)：108557.

[3] 刘晓蕾，朱光亚，熊海龙，等．注入水性质对中东地区碳酸盐岩油藏驱油效果的影响[J]．油气地质与采收率，2017，24(2)：116-120.

[4] SOHRABI M，MAHZARI P，FARZANEH S A，et al. Novel Insights into mechanisms of oil recovery by use of low-salinity-water injection[J]. SPE Journal，2017，22(2)：407-416.

[5] AUSTAD T，REZAEIDOUST A，PUNTERVOLD T. Chemical mechanism of low salinity water flooding in sandstone reservoirs[J]. SPE Improved Oil Recovery Symposium，2010，SPE-129767-MS.

[6] 陈晨，董朝霞，高玉莹，等．盐水组成对极性组分在石英表面吸附的影响[J]．石油学报，2017，38(2)：217-226.

利用反推法速度建场技术提高储层地质建模精度

许胜利　张　雨　秦　欣　张学敏　杨丽娜

（中海油能源发展股份有限公司工程技术分公司）

摘　要：为解决油气田开发阶段地震数据体难以有效的应用于地质建模等方面的难题，实现深度域地震数据体与测井数据和已有构造成果等的高精度匹配。文中充分利用开发阶段已有的时间层面、精细构造成果，首先通过层面内插形成连续层位；其次，利用条件判别由上至下分别检验时间、深度层位质量，必要时给定一定的时移量来避免上下部局部地层出现位置倒置现象，特别是在断裂带；接着以0ms时间和0m为基准面，从上到下利用依次生成各层等效层间速度并建立速度场；紧接着，对时间层面进行时深转换并与已有的成果进行叠合对比质控；最后，对时间域地震储层反演成果进行时深转换后，实现深度域储层地质建模的地震体反演体约束。该方法简单、高效，适用于构造简单区域和断裂复杂带，符合率接近100%，并已得到推广应用。

关键词：体约束建模；反推法；等效速度；时深转换

目前油气勘探开发中广泛应用到地震数据，而时间域的地震数据与深度域的测井数据间的纵向对应需要时深关系，或将时间域地震数据体通过速度关系转换为深度域数据体，建立三维速度场的方法较多[1][2][3]，目前常用的时/深转换方法包括：多井拟合下同一个时/深转换法、地震层位和多井时/深及地质分层控制下的三维速度建场。其中，多井拟合下同一个时深转换法适用于层面的转换，误差较大，需要进行后续的井点校正等；地震层位和多井时/深及地质分层控制下的三维速度建场，由于建场方法的选择、不同参数[4][5]的选取不同或人为因素造成转换为的层面或数据体与测井存在一定的误差，影响储层建模精度等。

如何获得高精度的深度域地震数据体，进面将地震数据充分的利用于油气田的开发过程之中，是目前各油气田开发中普遍存在的难题。因此，目前油气勘探开发中迫切的需要一种新的、高效及高质量的速度建场方法，实现高精度的地震速度体时深转换。

［第一作者简介］许胜利（1972-），男，大本，高级地球物理师，主要从事开发地震技术应用研究。E-mail：xushl3@ cnooc. com. cn

1 速度建场及时深转换技术现状

1.1 空变速度建场技术

理论上综合利用速度谱、VPS 地震速度、地震时间层面、地质层位和合成记录标定成果等的基础上，利用层析法和模型迭代[6]进行速度建场，可以得到较高精度的空变速度场。但在实际工作中，由于该方法速度场建立过程复杂、利用参数较多、由于方法选取、误差传递等原因[7]，常常造成地震时间层面构造和深度构造不一致的现象[8]，有时在深度域中会出现新的局部构造等现象，造成该方法在实际的构造成图中较少应用。

1.2 时深关系拟合及时深转换

在合成发震记录及地震层位标定的基础上，利用多井时深拟合一个时深关系式进行时深转换，是比较常用的一种时深转换方法，其优点是时间域与深度域构造趋势较为符合，其不足是转换后还需多井点校正。

2 反推法速度建场技术

2.1 技术核心

反推法速度建场技术的核心算法是计算第 n 层面与第 $n+1$ 层面间的地层厚度和地震层间时间差，由于地震时间剖面为双程旅行时间，因此第 n 层面与第 $n+1$ 层面间的地层层间等效速度为 2 倍的地层厚度除以时间差。在实际工作中，利用开发阶段获得的高精度的构造数据与地震解释层位进行对应，从上至下反算出每一层的等效层间速度(等效速度)，再从上至下逐层搭建层速度的空间分布，最后形成空间分布的速度场。

2.2 反推法速度建场技术流程

反推法建立速度场的方法，包括以下步骤：

步骤一：多个对应的时间域地震层位和深度域构造层面；

步骤二：在时间域由上而下进行相邻地震层面空间分布关系的质控，在断裂分布区消除上、下层位交叉的现象；

步骤三：在深度域由上而下进行相邻地震层面空间分布关系的质控，在断裂分布区消除上、下层位交叉的现象；

步骤四：利用相邻层面间的时间差和深度差计算各小层间的等效层速度；

步骤五：由上而下搭建并建立等效层速度场；

步骤六：地震体数据、层位数据等的时/深转换

步骤七：质量控制，利用时/深转换生成的深度域层面与对应的原始深度域层面间的差值平面分布进而确定是否重复步骤二，进而获得高质量的速度场。

其中，步骤一具体包括：收集纵向上包含目的层的多个同时具有时间域和深度域数据的层面。

其中，步骤二具体包括：对时间域层面重新进行网格化，补全由于断层影响造成的层面缺失区；通过质控和条件语句消除断裂带内上、下时间域层位出现的交叉现象，使时间层位纵向分布关系合理；

其中，步骤三具体包括：对深度域层面重新进行网格化，补全由于断层影响造成的层面缺失区；通过质控和条件语句消除断裂带内上、下深度域层面出现的交叉现象，使时间层位

纵向分布关系合理；

其中，步骤四具体包括：从上到下依次计算相邻层面间的层速度，其中最顶层位的层速度可以利用 0ms 和 0m 常数层位计算，其理论计算公式如下：

假设第一层的时间层面为 T_1、对应的深度构造层面为 H_1

第二层的时间面为 T_2、对应的深度构造面为 H_2

………………………………………………………………

………………………………………………………………

………………………………………………………………

第 n 层的时间面为 T_n、对应的深度构造面为 H_n

则第一层的等效层速度 V_1 计算公式为：

$$V_1 = 1000 * 2 * H_1 / T_1$$

则第 n 层的等效层速度为 V_n：

$$V_n = 2(H_n - H_{n-1}) * 1000 / (T_n - T_{n-1})$$

其中深度单位为 m，时间单位为 ms。

其中，步骤五具体包括：利用收集到的地震时间层面由上到下搭建构造模型并将第四步生成的各层层速度赋予对应的各层面，从而建立三维速度模型。

其中，步骤六具体包括：选取第五步建立的三维速度模型进行数据体或层的时深转换，为保证转换的精度纵向插值方法选为 none、纵向采样间隔设为 1m 或 0.5m。

其中，步骤七具体包括：质量控制，重点是断裂发育带。利用时/深转换生成的深度域层面与对应的原始深度域层面间的差值进行平面分布显示，首先浏览差异值域分布，其次重点关注断裂带内差异是否平滑，若存在高异常点或区则返回重复步骤二和步骤二，进而获得高质量的速度场。。

本发明的有益效果是：本发明通过充分的利用油气田开发阶段已有的时间域和深度域层位数据，将反推法应用于三维速度建场之中，通过等效层间速度的提取和速度场的建立，获取高精度速度场，使转换后的地震数据体或层位与已有成果有较好的对应关系，该方法可提高油气田开发阶段中三维速度建场工作效率和质量。

3 应用效果

3.1 构造简单发育区应用效果

在 2019 年南海某油田注水层位优选及评价研究项目中反推法速度建场效果得到了有效检验：附图 1 为反推法速度建场时深转换为深度域剖面，可以看利用反推法速度建场后转换后的地震层位与原层面近乎完全重合(图 1 中黑色线为原构造线，其上叠加的彩色线为时深转换后的深度面)，可以看出转换前后的地震数据具有良的相似性，说明在简单构造发育区反推法速度建场的方法具有适用性、可靠性和高精度。

3.2 断裂复杂区应用效果

2019 年在渤海盆地某复杂断块油田的地质油藏精细研究中，应用该速度建场技术下时深转换应用效果对比。通过对断裂带内层面处理消除了上下层的交叉现象，利用常规方法速度建场下时深转换后地震层位在局部(特别是在断层带附近)存在明显的畸变(图 2 左)，符合度约为 75%；而通过反推法速度建场获得的深度域地震数据(图 2 右)与时间域地震数据

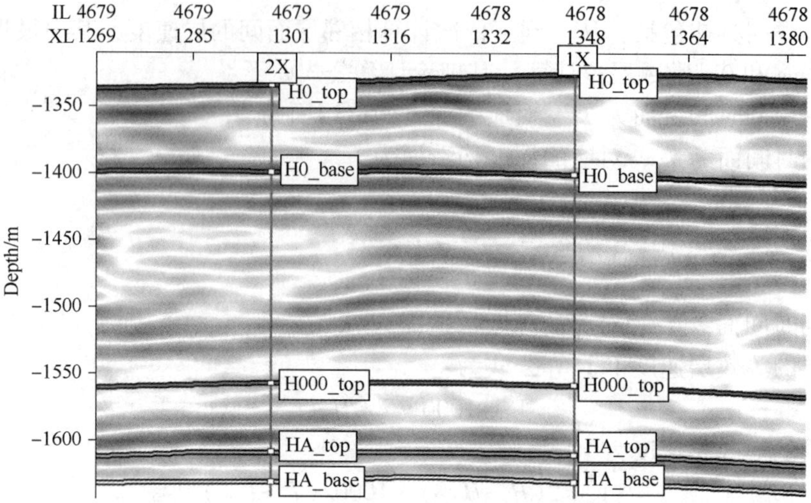

图 1　反推法速度建场下时/深转换深度域地震剖面

具有良好的相似性，且时间层位转换后的深度层面(图 6 右中黑色背景中的彩色细线)与原有的各层构造成果(图 2 右中粗黑线)近于完全重合，而且有效的解决了断层带附近时深转换后存在的问题，有力的证明反推法速度建场方法在构造复杂区同样具有适用性、可靠性和高精度。

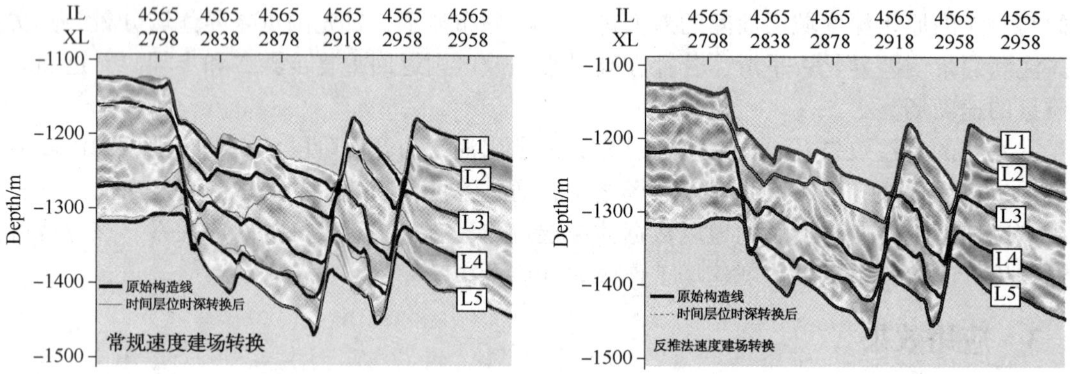

附图 2　常规速度建场下时/深转换后深度域地震剖面

4　结论

1) 反推法速度建场技术通过充分的利用油气田开发阶段已有的时间域地震层位和和深度域构造成果，成功的实现了地震体的时深转换与开发阶段构造认识的高精度一致性；

2) 该方法适应好，适用于构造简单区域和断裂复杂带，使转换后的地震数据体或层位与已有成果有较好的对应关系，符合率接近 100%，较好的满足了地质建模过程中井-震一致性的要求；

3) 反推法速度建场技术具有方法简单、高效的特点，可提高油气田开发阶段中三维速度建场工作效率和质量。

参 考 文 献

[1] 田连玉．速度场建立方法综合研究[J]．黑龙江科技大学学报，2016，第 26 卷第 2 期：P172-176.

[2] 韩宏伟．三维速度场建立方法[J]．油气地质与采收率，2010，第 17 卷第 1 期：P54-56、61.

[3] 胡玉双，郝宇刚等．密井网区高精度三维速场的建立[J]．石油学报，2015，第 36 卷第 7 期：P821-826.

[4] 龚琴，马玉．春光区块三维速度场的研究与应用[J]．天然气技术与经济，2014，第 8 卷第 4 期：P17-20.

[5] 孙海福．速度场建立方法在渤海湾某工区的应用研究[J]．长江大学学报(自然科学版，2011，第 8 卷第 4 期：P45-47、65.

[6] 王建蕊，胡刚等．三维速度场的建立及其在层位标定中的应用[J]．勘探技术[J]，2012，第 3 期：P47-51.

[7] 易远元，叶辉等．三维地震速度场建立技术—以饶阳凹陷河间南地区为例[J]．石油学报，2015，第 36 卷第 7 期：P821-826.

[8] 先伟，梁宏刚等．三维空间速度分析技术三道桥东地区的应用[J]．录井工程，2020，第 31 卷第 2 期：P136-141.

[9] 孙涛，金瑞峰等．GeoEast 复杂构造速度建场技术[J]．石油工业计算机应用[J]，2016，第 24 卷第 3 期 24：48-51.

[10] 逄建东，李三福等．海洋深水区速度规律及速度场建立[J]．油气地质与采收率，2012，第 19 卷第 5 期：P50-53.

一种新型气驱油藏开发效果评价模型推导及应用

孟智强　祝晓林　王永平　文佳涛　刘　超

（中海石油（中国）有限公司天津分公司，天津　300459）

摘　要：为了优选有利开发措施，提高气驱油藏开发效果，需要准确判断不同措施对油藏开发效果的影响。在分析气驱油藏开发特征的基础上，利用达西定律、物质平衡方程和油气两相渗流的幂函数关系将气油比和采出程度建立联系，推导出气油比关于采出程度和采收率的数学模型。该模型揭示了稳定渗流条件下生产气油比随采出程度呈对数增长的客观规律，能够利用气油比和采出程度的变化来判断气驱油藏的开发效果的变化趋势。数值模拟试验证结果表明，根据气油比和采出程度关系图版来确定气驱油藏开发效果较为有效。通过矿场实践对气驱油藏全寿命开发策略进行了评价，提出了该类油藏"控、卡、提、加密"的全寿命生产管理策略，对该类油藏的开发具有一定借鉴意义。

关键词：气驱油藏；气油比；采出程度；开发效果；评价方法

开发效果评价方法是油田开发过程中开发效果分析的度量，对于评价油田重大措施、开发调整实施效果，以及指导决策后续开发方向具有重要作用。目前，国内外学者在气驱油藏方面开展了很多研究，尤其在CO_2驱、N_2驱、气水交替驱油等方面取得了大量的研究成果[1-4]，袁士义[5]、胡伟[6]、任宇轩[7]、赵腾[8]等学者研究了气驱开发提高采收率机理，但主要集中在由水驱转气驱后对提高波及、提高采收率等方面的影响，研究手段以室内岩心实验为主，薛颖[9]、李梅[10]等学者研究了气驱开发的效果评价方法，但主要以数值模拟手段评价CO_2驱油效果为主，杨国绪[11]、顾乔元[12]、童凯军[13]等学者首次提出了甲型气驱特征曲线，并基于油藏工程方法，建立了基于甲型气驱特征曲线的气驱油藏开发效果评价方法，但现有的评价方法存在形式复杂、矿场应用不便的问题。在前人研究的基础上，笔者基于油气两相渗流理论，运用物质平衡和达西渗流理论，建立了一种评价气驱油藏开发效果的新方法，并基于该方法对气驱油藏全寿命开发策略作出评价，指导了海上气驱油藏的开发。

1　研究区概况

X 油田位于渤海辽东湾海域，油田整体为一个断裂半背斜构造，构造北西高南东低，油

【第一作者简介】孟智强（1990—），男，山西忻州人，2014 年毕业于中国科学院渗流流体力学研究所，流体力学专业，硕士，目前从事渤海油田气顶边水油藏、多层砂岩油藏及潜山裂缝性油藏开发研究工作，油藏工程师。E-mail：mengzhq@ cnooc. com. cn。

【基金项目】"十三五"国家科技重大专项"渤海油田加密调整及提高采收率油藏工程技术示范"（编号：2016ZX05058001）。

田内部断层较发育，平面上受大断层分割，油田分为东、西两个高带，内部受次级断层分割，东、西高带划分为多个井区。纵向上包括古近系沙河街组及太古宇潜山两套含油气层系。

本次研究气驱油藏位于 X 油田古近系沙河街组沙二段 S 井区 I 油组，为带气顶和边水的层状构造油气藏，油气藏埋深在-1450~-1750m 之间，为辫状河三角洲前缘亚相沉积。测井解释储层孔隙度平均 26.4%，渗透率平均 279mD，具有中高孔渗的储集物性特征。油藏气顶指数 2.2，天然能量充足，采用水平井穿多层平行流体界面天然能量开发，共 11 口采油井。目前日产油 393m^3，日产气 53×10^{4}m^3，气油比 1343m^3/m^3，动用原油地质储量采出程度 32.0%，采油速度 2.4%。

2 开发效果评价模型

2.1 开发效果评价模型的建立

地层条件下的油气两相渗流规律可以用达西定律来表示，在油气两相稳定渗流条件下，存在如下关系：

$$Q_{ga} = \frac{KK_{rg}A\Delta P}{\mu_g L} \tag{1}$$

$$Q_{oa} = \frac{KK_{ro}A\Delta P}{\mu_o L} \tag{2}$$

式中，Q_{ga}为地层条件下气相流量，m^3/d；Q_{oa}为地层条件下油相流量，m^3/d；K 为油层绝对渗透率，×10^{-3}μm^2；K_{rg}为气相相对渗透率；K_{ro}为油相相对渗透率；A 为油层横截面积，m^2；ΔP 为驱替压差，MPa；μ_g 为地层天然气粘度，mPa·s；μ_o 为地层原油粘度，mPa·s；L 为油层长度，m。将 Q_{ga}、Q_{oa}地层条件下流量转换为地面条件下流量：

$$Q_{ga} = (Q_g - Q_o R_{si}) B_g \tag{3}$$

$$Q_{oa} = Q_o B_o \tag{4}$$

式中，Q_g 为地面条件下气相流量，m^3/d；Q_o 为地面条件下油相流量，m^3/d；R_{si}为原始溶解气油比，m^3/m^3；B_g 为地层条件下天然气体积系数；B_o 为地层条件下原油体积系数。

将公式(1)~(4)联立，可得：

$$\frac{(Q_g - Q_o R_{si}) B_g}{Q_o B_o} = \frac{\mu_o K_{rg}}{\mu_g K_{ro}} \tag{5}$$

在气驱油过程中，岩心气相和油相相对渗透率比值与岩心含气饱和度的关系($K_{rg}/K_{ro}-S_g$)满足指数函数关系：

$$\frac{K_{rg}}{K_{ro}} = me^{nS_g} \tag{6}$$

其中，k_{rg}为气相相对渗透率，k_{ro}为油相相对渗透率，S_g 为含气饱和度，m、n 为拟合系数。

根据物质平衡理论，在气驱油过程中，地下天然气的侵入体积应与地下原油的采出体积相一致，气驱油藏任意时刻含气饱和度可用累计产油量与动用原油地质储量之间的比例在原始含油饱和度中的占比表示：

$$S_g=\frac{N_p}{N_d}(1-S_{wi}) \tag{7}$$

其中，N_p 为累积产油量，10^4m^3；N_d 为动用原油地质储量，10^4m^3；S_{wi} 为束缚水饱和度。

将公式(6)、(7)代入公式(8)，左边约去 Q_o 并移项、取对数可得乙型气驱特征曲线形式，如公式(8)所示。

$$\lg(GOR-R_{si})=A+BN_p \tag{8}$$

式中，GOR 为生产气油比，m^3/m^3；$A=\lg\frac{m\mu_oB_o}{\mu_gB_g}$，$B=\frac{n(1-S_{wi})}{2.303N_d}$。

取开发期末经济极限产量下(海上油田一般为 $5m^3/d$)的生产气油比为经济极限气油比 GOR_{max} 时，油田累积产油量为可采储量 N_R，如式(9)所示：

$$\lg(GOR_{max}-R_{si})=A+BN_R \tag{9}$$

将式(8)与式(9)相减，并移项整理可得：

$$GOR=R_{si}+10^{\lg(GOR_{max}-R_{si})+\frac{n(1-S_{wi})}{2.303}(E-E_R)} \tag{10}$$

式中，E 为采出程度；E_R 为采收率。

根据前人统计得出[13]，气驱特征曲线斜率 B 值大小与油藏地质储量 N_d 存在关系，即 $BN_d=\frac{n(1-S_{wi})}{2.303}=5.2$，因此式(10)又可化为：

$$GOR=R_{si}+10^{\lg(GOR_{max}-R_{si})+5.2(E-E_R)} \tag{11}$$

其中油藏的经济极限气油比 GOR_{max} 能够通过该油藏按某一井网长期开发时气油比和产量之间的回归关系求得。公式(11)即是能够评价气驱开发油藏开发效果变化的气油比、采出程度和采收率关系模型。

2.2 模型的说明及用途

将开发效果评价模型(以下简称模型)绘制成图版，横、纵坐标分别为采出程度和气油比，如图3所示。模型的纵坐标最大值为研究目标油藏的经济极限气油比 GOR_{max}。该图版反映了油藏/井随采出程度增加，气油比的客观变化规律。从图从可以看出，稳定渗流条件下生产气油比随采出程度呈对数增长。通过投影实际油藏/井的生产数据到该图版，利用气油比和采出程度的关系及在图版中与理论曲线的对比，可以判断气驱油藏开发效果的变化。

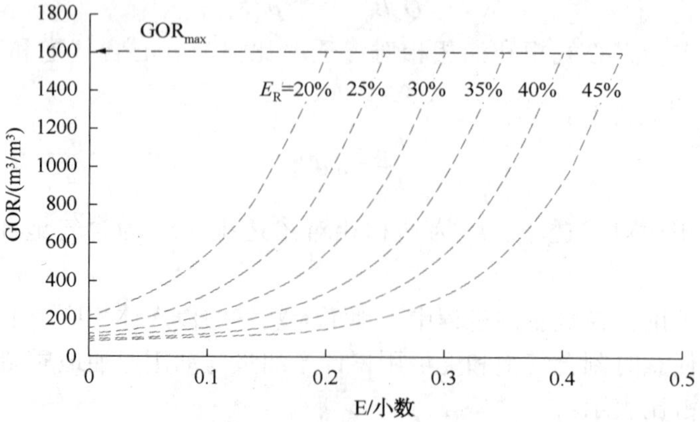

图3 气驱油藏开发效果评价图版

3 数值模拟验证及技术优势

3.1 数值模拟验证

为了验证模型对气驱油藏开发效果的评价作用，以X油田S井区I油组地质油藏参数为例，建立相同气顶指数和边水倍数的大气顶油藏地质模型，通过数值模拟验证开发效果评价模型对气驱油藏开发效果变化动态响应的有效性。油藏数模模型为一个3口井天然能量开发的单元，平面上油井距离为600m，井间加密后油井距离为300m，油层垂厚共30m，分为2个小层，单层垂厚15m。设计平面网格大小为25m，纵向网格大小为1m，所有油藏数模模型均开发至单井经济极限产油量（$5m^3/d$）情况下进行模拟。

在大气顶油藏开发过程中一般涉及到三方面调整，一是通过对油井的生产制度进行调控，实现平面流场的调整；二是通过水平井不同防砂段卡气，实现纵向的均衡动用；三是通过井间加密等重大调整，实现井间的剩余油挖潜。通过数值模拟对上述三方面措施进行模拟，根据数值模拟研究结果，将生产动态数据绘制到开发效果评价图版中，结合相应剩余油分布情况进行开发效果分析检验。

三类措施对油藏剩余油的动用均起到了积极作用，从相应的开发效果评价图版响应可以看出，在措施实施后油田气油比和采出程度关系均在图版上向提高采收率方向发生偏移或者偏折，研究表明开发效果评价图版能够有效评价气驱油藏开发效果变化。

3.2 技术优势

为说明模型的技术优势，将本模型与甲型气驱特征曲线推导的开发效果评价模型[13]进行对比。甲型开发效果评价模型如公式（12）所示。

$$f_g=\frac{10^{5.2(E-E_R)+\lg(GOR_{max}-R_{si})+a_1-b_1+R_{si}}}{1+10^{5.2(E-E_R)+\lg(GOR_{max}-R_{si})+a_1+b_1+R_{si}}} \tag{12}$$

式中，$a_1=\lg\frac{GOR_{max}-R_{si}+b_1}{GOR_{max}-R_{si}}$；$b_1=\frac{(GOR_{max}-R_{si})10^{5.2(E-E_R)}}{1-10^{5.2(E-E_R)}}$。

对比公式（11）、（12）不难发现，新型评价图版采用气油比作为纵坐标，相比甲型开发效果评价模型物理意义更明确，在矿场使用过程中投影气油比和采出程度关系更为方便实用。

4 矿场实践

下面利用模型对X油田S井区I油组油藏开发历程中三类措施的效果进行评价。该油藏2010年6月投入开发，经历了上产期、快速递减期、生产稳定期、加密调整期和缓慢递减期五个阶段，开发过程中采用了“控、卡、提、加密”的开发策略，但传统的气油比单一评价体系在开发中后期，由于气油比总体为上升趋势，往往难以判断开发效果的变化，难以满足对该类油藏的评价需求，提出采用本模型进行识别。

通过矿场实践表明，该图版对气顶油藏整个开发过程中措施效果的评价具有明显作用，能够解决该类油藏开发中后期调控方向选择难的问题。通过该图版的判断，为大气顶油藏“控、卡、提、加密”的全寿命生产管理策略提供了理论支持。

5 结论

（1）通过严格的渗流理论，推导建立了评价气驱油藏开发效果的气油比、采出程度和采收率之间的关系模型，揭示了稳定渗流条件下生产气油比与采出程度呈对数增长的客观规律，为气驱油藏开发效果评价奠定了基础；

（2）充分利用气顶能量驱油是气顶油藏开发的关键，其开发效果评价主要取决于单位采出程度下气油比的上升速度，若单位采出程度下气油比上升快则气窜通道形成，开发效果变差，相反则气油界面驱动相对均衡，开发效果变好，开发效果评价模型是这一指标的有效反映；

（3）数值模拟及现场实例验证结果表明，开发效果评价模型能够指导气驱油藏开发效果评价，但该方法在计算过程中忽略了水体对开发的影响，对于具有一定水体能量的油藏仍有局限性，可参考使用。

参 考 文 献

[1] 徐丽婷．二氧化碳与三元复合驱交替注入驱油模拟实验研究[D]．东北石油大学，2018.

[2] 睢芬，魏宏洋．缝洞型油藏氮气泡沫辅助气驱技术及应用[J]．新疆石油天然气，2020，16(04)：83-86+8.

[3] 张蒙，赵凤兰，吕广忠，等．气水交替改善 CO_2 驱油效果的适应界限[J]．油田化学，2020，37(02)：279-286.

[4] 高明星，倪军，王仙仙，等．不同参数下特低渗透油藏 CO_2 驱油效果实验研究[J]．西安石油大学学报(自然科学版)，2020，35(03)：60-65.

[5] 袁士义，王强，李军诗，等．注气提高采收率技术进展及前景展望[J]．石油学报，2020，41(12)：1623-1632.

[6] 胡伟．水驱油藏注气驱油机理及渗流规律研究[D]．中国石油大学(北京)，2016.

[7] 任宇轩．缝洞型油藏注气效果影响因素及剩余油分布规律实验研究[D]．西南石油大学，2018.

[8] 赵腾．缝洞型碳酸盐岩油藏气驱注入方式实验研究[D]．中国石油大学(北京)，2017.

[9] 薛颖，石立华，喻高明，等．J油田水气交替驱开发效果评价[J]．西安石油大学学报(自然科学版)，2015，30(02)：54-59+9.

[10] 李梅．高含水期油田 CO_2 驱油效果评价[D]．中国地质大学(北京)，2015.

[11] 杨国绪，甄鹏，赵爱婷．气驱特征曲线在油田开发中的应用[J]．石油勘探与开发，1994，21(01)：71-74.

[12] 顾乔元，唐兆青，鲜波，等．气驱特征曲线在凝析气藏开发中的应用[J]．新疆石油地质，2014，35(06)：724-727.

[13] 童凯军，张迎春，戴卫华，等．天然气驱油藏开发动态评价及可采储量预测新方法[J]．石油学报，2015，36(06)：740-747.

[14] 葛丽珍，孟智强，朱志强，等．气顶边水油藏初期合理采油速度三维物理模拟实验[J]．中国海上油气，2019，31(06)：99-105.

[15] 葛丽珍，李傲，孟智强，等．气顶边水窄油环水平井生产压差调控实验研究[J]．石油钻探技术，2019，47(01)：90-95.

稠油油藏无因次采液指数规律研究

王永平　祝晓林　孟智强　李展峰　王欣然

（中海石油（中国）有限公司天津分公司，天津　300459）

摘　要：由于岩心尺寸较小水驱油过程更接近于均质的活塞式驱替，油田矿场大尺度的非均质水驱油过程计算出的无因次采液指数有一定差距。本文建立了考虑启动压力梯度并引入有效驱动因数的无因次比采液指数计算公式，应用该公式计算L稠油油田考虑不同有效驱动因数、渗透率、水驱波及系数的无因次采液指数曲线，解释了无因次采液指数之间存在的差距，同时有效的指导油田油水井测试及措施，应用效果较好。

关键词：稠油；无因次采液指数；物性变化；波及系数

中图分类号：TE　文献标志码：A　文章编号：

前人系统的研究考虑启动压力梯度对低渗透、薄差层对油水渗流规律进行研究[1-5]；也有人研究过无因次采液指数曲线的形态的影响因素[6-8]，但对与高渗稠油油田无因次采油指数曲线的研究与应用较少。本文以渤海L高孔高渗稠油油为目标，L油田处于高含水高采出程度阶段，但由于油田限液且油井井况差措施测试频次高，作业过程容易造成储层伤害，稳产难度大，如何采取有效的油水井措施保证产量迫在眉睫。本文通过无因次采液指数计算公式出发剖析影响因素，指导油水井措施和井网调整，矿场应用效果较好。

1　无因次采液指数的求取

根据油水两相渗流实验，稠油在储层中流动，启动压力梯度不可忽略[9-11]。油水两相基本渗流方程如式(1)和(2)：

$$Q_o=\frac{2\pi KK_{ro}h(\Delta P-\Delta P_{启动})}{\mu_o B_o \ln\frac{r_e}{r_w}} \tag{1}$$

$$Q_w=\frac{2\pi KK_{rw}h\Delta P}{\mu_w B_w \ln\frac{r_e}{r_w}} \tag{2}$$

由式(1)和(2)联立可得含水率计算公式：

$$f_w=\frac{1}{1+\left(1-\frac{\Delta P_{启动}}{\Delta P}\right)\frac{KK_{ro}\mu_w B_w}{\mu_o B_o KK_{rw}}} \tag{3}$$

定义有效驱动因数F[12-14]：

$$F=1-\frac{\Delta P\text{启动}}{\Delta P} \tag{4}$$

有效驱动因数F的物理意义：地层中真正用于驱动原油的压力。

无因次采液指数是评价不同含水阶段的产液能力的重要指标，根据定义：当前地层条件的采液指数与初始状态采液指数的比值，则有：

$$J_1=\frac{K(S_w)\{k_{ro}(S_w)+[K_{rw}(S_w)\mu_o/\mu_w]F\}}{K(S_{wi})k_{ro}(S_{wi})} \tag{5}$$

2　无因次采液指数影响因素分析

渤海辽东湾海域L稠油油田归一化后的油水相渗曲线见表1、图1。

表1　L油田归一化后相渗基础数据表

参数	数值	参数	数值
空气渗透率/mD	5007	油粘度/mPa·s	44.3
水粘度/mPa·s	0.6	最大水相相对渗透率	0.698
残余油饱和度	0.224	束缚水饱和度	0.265

根据无因次采液指数式(5)可知：对于特定的油藏无因次采液指数受有效驱动因数及任意时刻的油藏渗透率的影响。

2.1　有效驱动因数

由有效驱动因数F公式(4)可以知道，F受到启动压力梯度及驱替压力梯度的共同影响，启动压力梯度越小、驱替压力梯度越大，对应同一时刻的无因次比采液指数就越大，如图2。

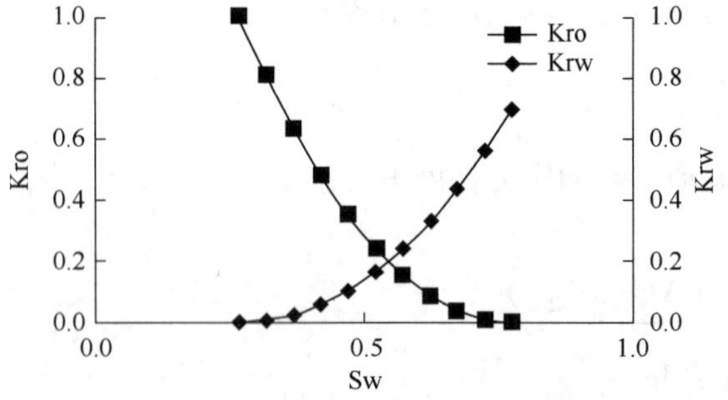

图1　L油田归一化后相渗曲线图

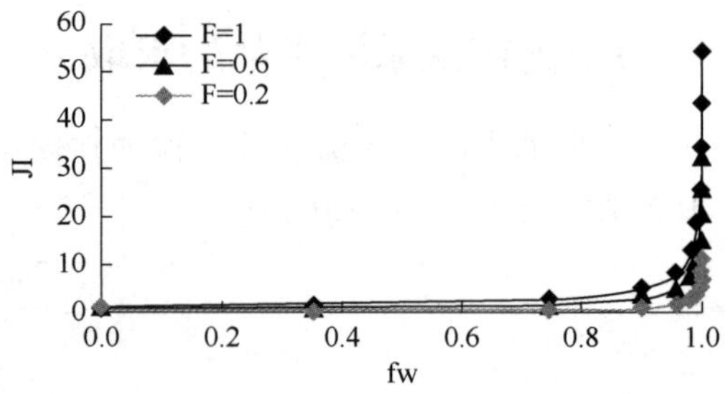

图2　不同有效驱动因数无因次采液指数变化图

为了获得较好的开发效果即较大的比采液指数，就需要增大驱替压力梯度。增大驱替压力梯度有如下几个途径：(1)增加注水井端注入压力，即提压增注；(2)减小采油井端流动压力，即油井提液；(3)缩小注采井，即井间加密。

2.2　渗透率

原始条件下渗透率对应的无因次采液指数为1，随着油田注水开发的进行，地层物性反复的被改善或者伤害，直观的表现就是相同含水阶段，无因次采液指数高于或低于渗透率无变化的无因次采液指数，如图3。

通过监测产液变化情况，可以推测近井地带储层物性参数的情况，可以指导测试及措施、判断措施的有效性，如：(1)产液量降低，近井地带存在污染，采取酸化解除污染；(2)产液量凸升，近井地带渗透率增加，油井出砂前兆，优化油井生产制度，防止油井砂埋；(3)未获得较高的产液量可以改造储层。

2.3 水驱波及系数

对于X油田由于储层物性较好，实验室岩心的水驱油过程更接近活塞式驱替且整个岩心均能驱替到，而矿场实际水驱油过程由于储层平面及纵向的非均质性的影响，注入水并不能将整个储层均波及到，因此引入水驱波及系数来修正无因次采液指数式(6)。

$$J_{l1}=Jl\cdot E_V \tag{6}$$

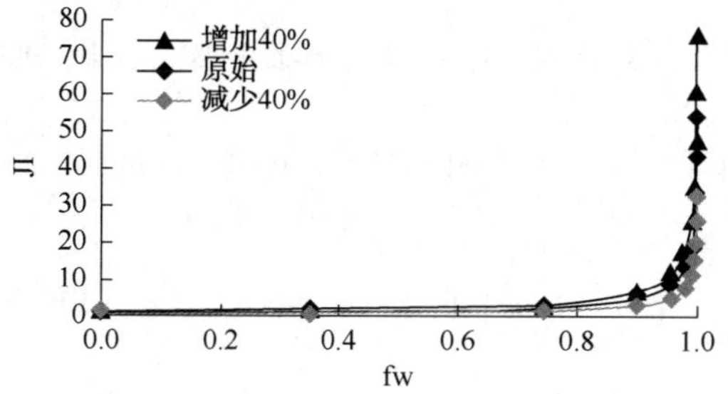

图3 不同渗透率变化无因次采液指数变化图

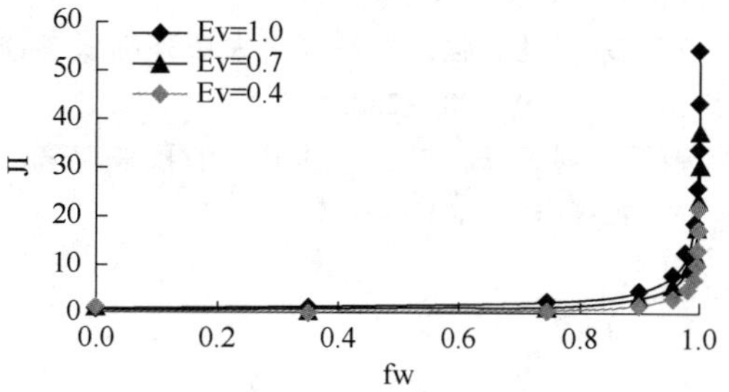

图4 不同水驱波及系数无因次采液指数变化图

结论

(1) 由于启动压力梯度、物性变化及井网的完善程度的影响矿产实测无因次采液指数与理论值存在差异。

(2) 稠油油田需尽肯能的增加驱动压力梯度并改善储层物性来提高油田产液能力保证开发效果。

(3) 应用考虑有效驱动因数、渗透率变化、水驱波及系数影响的无因次采液指数能有效的指导油田措施及调整。

参 考 文 献

[1] 田冀，许家峰，程林松．普通稠油启动压力梯度表征及物理模拟方法[J]．西南石油大学学报(自然科学版)，2009，v.31；No.134(03)：158-162.

[2] 张代燕，彭军，谷艳玲等．稠油油藏启动压力梯度实验[J]．新疆石油地质，2012，v.33；No.155(02)：201-204.

[3] 石立华，喻高明，袁芳政等．海上稠油砂岩油藏启动压力梯度测定方法及应用—以秦皇岛32-6油田为例[J]．油气地质与采收率，2014，v.21；No.108(03)：82-85.

[4] 柯文丽，喻高明，周文胜等．稠油非线性渗流启动压力梯度实验研究[J]．石油钻采工艺，2016，v.38；No.225(03)：341-346.

[5] 王子强，张代燕，杨军等．普通稠油油藏渗流特征实验研究——以新疆油田九_ 4区齐古组油藏为例[J]．石油与天然气地质，2012，v.33(02)：302-306.

[6] 牟学益，刘永祥．低渗透油田启动压力梯度研究[J]．油气地质与采收率，2001，(05)：58-59

[7] 肖武．非均质水驱油藏无因次采液指数曲线的预测及应用[J]．油气地质与采收率，2019，v.26；

No. 140(05)：127-131.

[8] 陈朝晖，柳茜茜，潘豪等．无因次采液指数曲线形态特征的影响因素[J]．断块油气田，2019，v. 26；No. 151(01)：62-65.

[9] 孙建芳．胜利油区稠油非达西渗流启动压力梯度研究[J]．油气地质与采收率，2010，v. 17；No. 87(06)：74-77.

[10] 魏洪涛，林玉保，石京平等．长垣油藏开采过程中油水渗流规律研究[J]．西南石油大学学报(自然科学版)，2013，v. 35；No. 161(06)：109-114.

[11] 刘薇薇，刘永建，周志军．鄯善油田油水渗流规律研究[J]．复杂油气藏，2011，v. 4；No. 12(03)：57-61.

[12] 刘义坤，王凤娇，胡超洋等．薄差储层油水渗流规律研究[J]．特种油气藏，2013，v. 20；No. 100(05)：89-92.

[13] 李金东，马志强，文华等．大庆外围低渗透油藏油水渗流规律研究[J]．石油天然气学报，2008，No. 103(01)：285-288.

[14] 赵静，刘义坤，赵泉．低渗透油藏采液采油指数计算方法及影响因素[J]．新疆石油地质，2007，No. 128(05)：601-603.

复杂断块油藏不规则井网流场调控研究

杨　明　吴晓慧[1]　马　栋[1]　周凤军[1]　刘　超[1]

（1. 中海石油(中国)有限公司天津分公司，天津　300459）

摘　要：由于海上断块油藏的储层边界复杂，平面非均质性强，多采用不规则井网开发，通过流场调控使水驱更均衡是改善断块油藏水驱效果的重要途径。本文将不规则注采井网划分为三角形的注采渗流单元，注采渗流单元考虑储层平面非均质特征，应用简化多流管方法计算得到了不同时刻注采渗流单元的平面波及系数，通过设置见水时刻的波及系数为均衡驱替目标值，结合不同单元间的波及系数比例，分别绘制了平面驱替分量系数图版和平面产液差异系数图版，得到了2注1采和1注2采的不规则井网的注采优化调整方法。应用该方法指导了渤海南部某油田的流场调控，控水增油效果明显。

关键词：不规则井网；流管法；面积波及系数；均衡驱替；流场调控

渤海南部复杂断块油藏的储层平面物性变化快，非均质性强[1]，一般依托单砂体采用不规则井网开发[2]。对于非均质油藏，受地层、流体、井网等因素的影响，油田实际注水开发过程中，驱替往往不均衡。目前针对不规则井网的以均衡驱替为目标的注采调控研究较为缺乏[3~4]。

本文在前人研究的基础上，将不规则井网划分为不同的三角形注采渗流单元，并应用简化的多流管法计算得到不同油水分布下注采渗流单元的平面波及系数，以见水时刻各注采渗流单元的面积波及系数为对比基础，绘制了不规则井网均衡驱替图版，得到了不规则井网的流场调控方法。应用该方法在油田进行了实际应用，达到了稳油控水的效果。

1　不规则井网的注采渗流单元划分

渤海复杂断块油藏进行注采对应分析，注水井与采油井联通层中，单向和双向注水受效层达到80%以上。本文针对后1注2采和2注1采两种类型进行了注采渗流单元划分和流场调控研究。

由于上述两种注采井网间，注水井间-采油井和采油井间-注水井会出现渗流的分界线，因此上述注采井组均可划分成两个三角形的注采渗流单元，如图1，每个单元内为1采1注，其中AC为∠DAB的角平分线，即三角形渗流单元边长满足CD：CB＝AD：AB。

【第一作者简介】杨明，男，1987年生人，2013年毕业于中国石油大学(华东)，获得硕士学位，工作于中海石油(中国)有限公司天津分公司渤海石油研究院，油藏工程师，主要从事与油藏工程、数值模拟和油气田动态分析方向研究工作。E-mail：yangming18@cnooc.com.cn

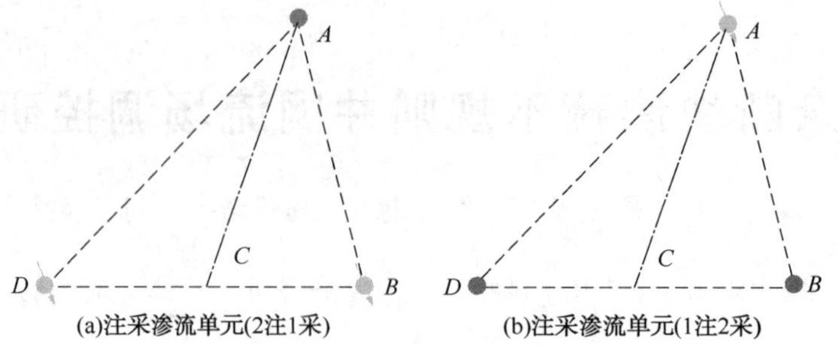

图 1　不规则注采井网的注采渗流单元划分

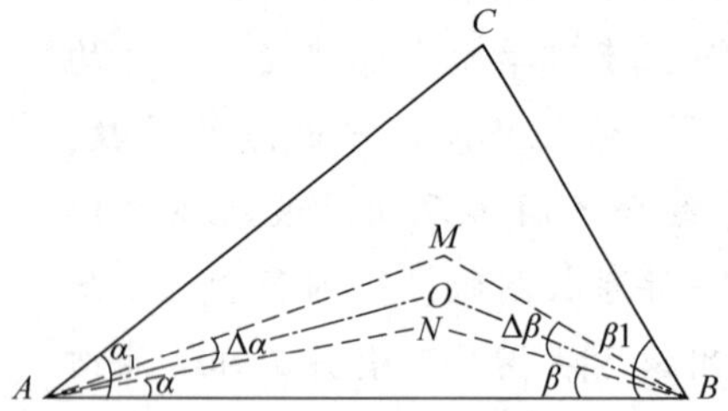

图 2　注采渗流单元流管示意图

2　注采渗流单元的波及系数计算

将渗流单元划分无数条注水井到采油井的流管微元，以图 1a 的流管微元划分为例，任取单元内一条微管流元(图 2)，注水井角增量 $\Delta\alpha$，采油井角增量 $\Delta\beta$，注水井角变量为 α，采油井角变量为 β，三角形单元注水井角为 α_1，采油井角为 β_1。并且有[5]

$$\frac{\beta_1}{\alpha_1}=\frac{\beta}{\alpha}=\frac{\Delta\beta}{\Delta\alpha}=C_1 \tag{1}$$

根据任意角度下的流管流量公式和任意截面渗流关系公式，可以得到任意时刻不同角度的流管中油水前缘的位置和注采渗流单元的油水分布。开发实践证明，当注入水沿注采主流线突破至采油井后，逐渐形成注入水水窜的优势通道，平面波及系数在注入水突破后增长幅度明显减缓。因此，将注入水突破时的注采渗流单元的平面波及系数作为均衡驱替时的目标波及系数。

油水前缘沿主流线 AB 上到达生产井的时间 t 为[6~8]：

$$t=\frac{1}{2}\frac{\mu\varphi}{CKf'_{\mathrm{w}}(S_{\mathrm{wf}})}\frac{L^2C_1}{1+C_1}\left[\ln\frac{LC_1}{r_{\mathrm{w}}(1+C_1)}+\frac{1}{C_1}\ln\frac{L}{r_{\mathrm{w}}\sin(1+C_1)}\right]/(p_{\mathrm{inj}}-p_{\mathrm{wf}}) \tag{2}$$

上式中，C 为系数，取 0.0864；K 为储层渗透率，10−3μm²；μ 为地层流体粘度，mPa·s；p_{inj} 为注水井井底流压，MPa；p_{wf} 为采油井井底流压，MPa；L 为注采井距，m；r_{w} 为井径，m；$f'_{\mathrm{w}}(S_{\mathrm{wf}})$ 为前缘含水饱和度 S_{wf} 对应的含水率导数；φ 为储层孔隙度，小数。

则根据公式即可得到在主流线 AB 注入水突破至采油井时油水沿各流管的前缘位置，并进一步根据几何关系得到此时三角形注采渗流单元的水驱波及面积。

3　不规则井网流场调控方法

3.1　平面注水优化方法

对于图 1.a 中 2 注 1 采的开发井网，在非规则井网均衡驱替思想的引导下，将见水时刻的单元水驱波及系数作为均衡驱替效果的评价指标。定义图 1.a 中 2 注 1 采不规则井网中两

个注采渗流单元见水时刻的面积波及系数的比例为平面驱替分量系数，其表征不同注采渗流单元的均衡驱替的差异程度，

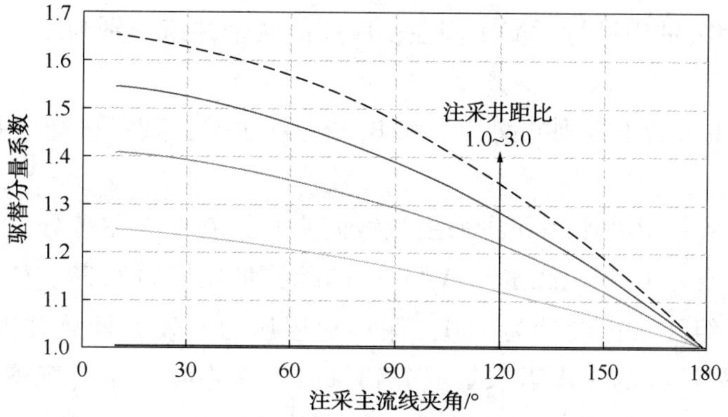

图 3　平面驱替分量系数图版

绘制了形成不同油藏井网条件下平面驱替分量系数图版(图 3)，指导类似油田平面注水量合理调整。由图 3 可以看出，注采井间的主流线夹角越大，驱替分量系数越小，并逐渐接近 1.0，表明两个注采渗流单元见水时的平面波及系数越接近；2 口注水井与采油井的注采井距比越大，驱替分量系数越大，表明两个注采渗流单元见水时的平面波及系数差异越明显，两个注采渗流单元的配注量需要差异化调整幅度越大。

3.2　平面产液优化方法

对于图 1.b 中 1 注 2 采的开发井网，在非规则井网均衡驱替思想的引导下，将见水时刻的单元水驱波及面积作为均衡驱替效果的评价指标。定义图 1.b 中 1 注 2 采不规则井网中两个注采渗流单元见水时刻的面积波及的比例为平面产液差异系数，

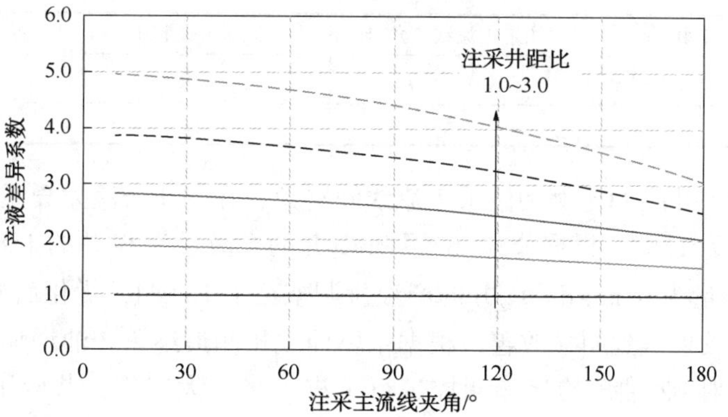

图 4　平面产液差异系数图版

绘制了形成不同油藏井网条件下平面产液差异系数图版(图 4)，指导平面产液量的优化。由图 4 可以看出，注采井间的主流线夹角越大，平面产液差异系数越小，并逐渐接近注采井距比；注水井与 2 口采油井的注采井距比越大，驱替分量系数越大，表明两个注采渗流单元见水时的平面波及面积差异越明显，两个注采渗流单元的产液量差异化调

整幅度越大。

4 矿场应用实例

应用该方法对BZ油田进行了流场调控，应用的两个井组分别为2注1采和1注2采的不规则井网。

Ⅰ井组为2注1采的不规则井网，A_1和B_1井为注水井，其对应受效井C_1井，井组的相关参数如表1所示。

根据表1中注采井距的比例和注采主流线间夹角，在图3驱替分量系数图版中查得对应的驱替分量系数值为1.05，注水井A_1和B_1的配注量比值为1.37，C_1日产油67.0m^3/d，含水率83.1%，井组注采比设计为1.0，保持地层压力开发，计算井组需水量405m^3/d，再根据公式(5)将采油井的注水需求量劈分到每口注水井可得A_1井配注量为234m^3/d，B_1井的配注量为171m^3/d。根据计算的配注量进行优化配注后，该井组日增油80m^3/d，含水下降20.0%(图5)，起到良好的降水增油效果，根据水驱曲线预测最终累产油增加$6.8\times10^4m^3$。

表1 Ⅰ井组参数表

项目	注采井距，m		注采主流线夹角，°	注采井距比	驱替分量系数	配注量比值
	A_1C_1	B_1C_1	$\angle A_1C_1B_1$	A_1C_1/B_1C_1		
数值	751	577	140	1.30	1.05	1.37

Ⅱ井组为2注1采的不规则井网，A_2井为注水井，其对应受效井为B_2和C_2井，井组的相关参数如表2所示。

表1 Ⅱ井组参数表

项目	注采井距，m		注采主流线夹角，°	注采井距比	产液差异系数
	A_2C_2	B_2C_2	$\angle A_2C_2B_2$	A_2C_2/B_2C_2	
数值	640	420	45	1.52	1.80

根据表2中注采井距的比例和注采主流线间夹角，在图4产液差异系数图版中查得对应的产液差异系数值为1.80，根据公式(6)可知C_2井的产液量为B_2井的1.80倍，根据计算结果保持B_2井的产液量为67m^3/d，C_2井的产液量调整至121m^3/d，优化后井组日增油40m^3/d(图6)，水驱开发效果得到明显改善，根据水驱曲线预测最终累产油增加$4.5\times10^4m^3$。

应用本文方法对BZ油田的流场调控进行了进一步扩大应用，共应用12井组，油田日增油218m^3/d，油田递减率相比应用前下降10%，达到了良好的应用效果。

5 结论

1）基于海上河流相油田采用不规则注采井网开发的特点，对2注1采和1注2采的不规则井网依据渗流特征划分了三角形注采渗流单元；

2）应用简化的流管法计算了采油井见水时注采渗流单元的面积波及系数。以见水时刻

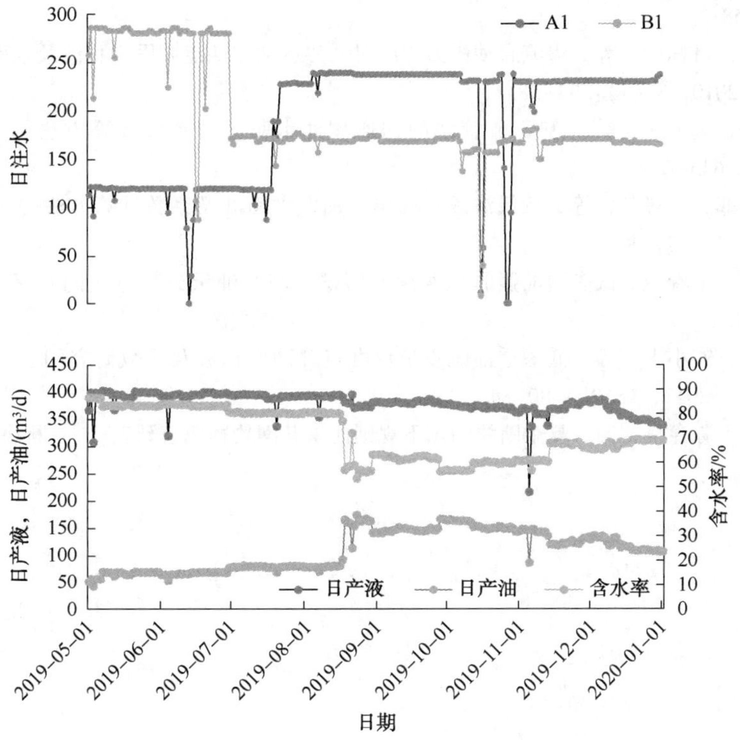

图 5　Ⅰ井组生产动态曲线图

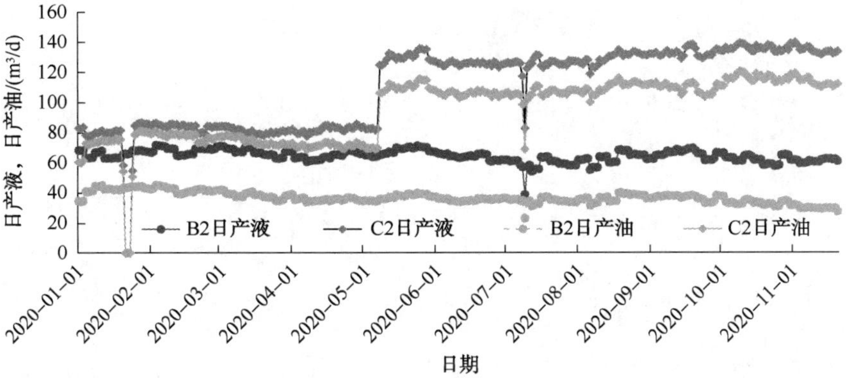

图 5　Ⅱ井组生产动态曲线图

各单元的面积波及系数为对比评价依据，分别建立了驱替分量系数和产液差异系数图版，其可用于指导不规则井网条件下的流场调控，以实现注水驱替的更均衡。

3）本方法应用于BZ油田的注采优化调整，实际应用效果良好。油田降水增油明显，水驱开发效果得到改善，为复杂断块不规则井网的流场调控提供了理论依据。

参 考 文 献

[1] 武云云，马立驰，杨贵丽，等．渤海湾盆地垦东地区新近系断裂特征及其控藏作用[J]．石油实验地质，2017，39(1)：65-70.

[2] 张中华，佟颖，吴永超．圈闭资源经济评价中开发概念方案关键参数研究[J]．石油实验地质，2018，

40(4)：583-588.

[3] 郭粉转，唐海，吕栋梁，等．渗流启动压力梯度对低渗透油田四点井网面积波及效率影响[J]．大庆石油学院学报，2010，34(1)：33-38.

[4] 沈非，程林松，黄世军，等．基于流管法的普通稠油水驱波及系数计算方法[J]．石油钻采工艺，2016，38(5)：645-649.

[5] 何聪鸽，范子菲，方思冬，等．特低渗透各向异性油藏平面波及系数计算方法[J]．油气地质与采收率，2015，22(3)：77-83.

[6] 计秉玉，李莉，王春艳．低渗透油藏非达西渗流面积井网产油量计算方法[J]．石油学报，2008，29(2)：256-261.

[7] 朱圣举，朱洁，安小平，等．低渗透油藏菱形反九点井网面积波及系数研究[J]．重庆科技学院学报(自然科学版)，2013，15(2)：80-84.

[8] 杨明，刘英宪，陈存良，等．复杂断块油藏不规则注采井网均衡驱替研究[J]．断块油气田，2019，26(6)：756-760.

水平井网下厚层砂质辫状河层间夹层分布研究

张文童　侯东梅　权　勃　牟松茹　杨建民

（中海石油（中国）有限公司天津分公司渤海石油研究院 天津 300452）

摘　要：应用岩心、测井、地震等资料，结合地质统计学反演方法，对C油田厚层砂质辫状河夹层沉积成因类型、沉积期次及分布范围开展研究。研究表明：复合砂体发育3期单砂体，层间发育两期夹层，其中上部第1期为主力夹层，以洪泛平原成因的泥岩为主，分布较为稳定，平均厚度2.1m，遮挡能力强。基于夹层预测成果，认为复合砂体1小层由于下部大范围的夹层遮挡，而在构造高部位形成剩余油富集区，是调整挖潜的有利区域。

关键词：渤海油田；砂质辫状河；水平井；地质统计学反演；夹层预测

厚层砂质辫状河是渤海油田重要的沉积类型与油气产层，其中分布相对稳定的层内泥质夹层是影响开发效果的关键地质因素。

目前众多学者对砂质辫状河内部不同级次的夹层岩性、沉积成因类型、沉积模式及几何形态等展开了详细研究，同时利用密井网对井间夹层进行精细刻画与表征[1-4]。但部分海上油田往往以水平井网开发且井距较大。此外，厚层辫状河沉积由于多期河道砂体切割叠置，夹层通常分布不稳定，厚度一般较小，常规地震手段难以刻画夹层空间展布。

1　研究区概况

C油田位于渤海西部海域，油田主力开发层系馆陶组Ⅲ油组下段（简称NgⅢ下）发育巨厚砂质辫状河沉积，钻井揭示储层厚度为350~400m，含油气层段位于储层顶部15~25m位置。油藏类型为带气顶的块状底水油藏，采用天然能量不规则水平井网开发，目前包括探井、过路井12口，水平生产井35井次，水平段长度200~400m。

目前该层位经过十余年开发，采出程度较高，已进入特高含水阶段，综合含水率95%。由于沉积基准面和水动力频繁变化，导致多期辫状河道切割叠置和随机发育各层次的泥质、物性夹层和泥砾夹层使得储层内部结构异常复杂，制约剩余油认识和调整挖潜。

2　夹层成因类型及沉积期次

研究区夹层岩性主要为绿-灰色泥岩、泥质粉砂夹层、钙质胶结的泥质粉砂岩夹层、泥砾夹层和粉砂质细砂岩物性夹层五类。根据砂质辫状河沉积模式，并调研类比相似沉积背景

【第一作者简介】张文童（1990-），男，工程师，2014年6月毕业于中国地质大学（武汉）石油与天然气专业，获硕士学位，现从事海上油气田开发地质研究工作。E-mail：zhangwt9@cnooc.com.cn。

下砂质辫状河沉积[6,10]，NgⅢ下夹层主要可以划分为5种不同沉积成因类型，分别为泛滥平原泥岩、废弃/末期河道泥质充填(或半充填)、坝间泥、河床滞留泥砾沉积及心滩坝内泥质或粉砂质落淤层。(图1)。

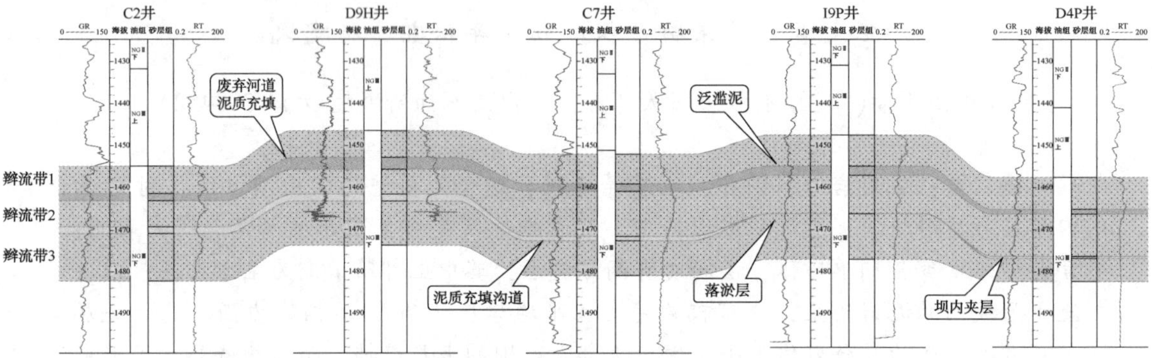

图1　NgⅢ下油组主要夹层沉积成因类型及对比剖面

按河流相近似等高程、等厚对比原则，依据夹层分布特征及开发需求，将NgⅢ下油组将顶部含油气层段细分为3个单一期次辫流带，分别对应3个小层，小层间发育2期层间相对稳定的夹层(图1)。其中，第1期夹层以泛滥平原泥和废弃河道泥质充填成因为主，分布相对较稳定，井上厚度1.0~4.2m，平均2.1m；第2期夹层成因类型多样，为泛滥平原泥、坝间泥、沟道泥质充填及河道底部冲刷泥砾等多种成因类型，厚度较薄且横向变化较快，井上厚度0.5~2m，平均1.2m。

3　基于地质统计学反演的薄夹层预测

NgⅢ下油组地震资料主频为35HZ，层速度约为2200m/s，资料分辨率约为15m，而层间夹层厚度普遍小于4m，常规属性和反演方法难以准确刻画夹层分布。于是引入地质统计学反演方法，主要应用变差函数来描述和评价参数在纵、横向上的地质特征的结构和尺度变化，可以充分融合地质、测井的纵向分辨率及地震的横向分辨率的优势，结合马尔科夫链蒙特卡洛(MCMC)模拟算法，产生一系列约束条件的岩相体及岩相概率体等[6-7]，从而达到提高地震资料分辨率、预测薄夹层空间分布的目的。

具体研究思路为：(1)通过引入测井、尤其是多口水平井资料的高频信息，提高夹层预测的分辨率；(2)通过砂质辫状河沉积的地质知识库低频趋势指导变差参数优选，改善趋势模拟的合理性；(3)最后通过盲井误差、生产井油藏动态验证，质控预测结果的合理性及准确性。

3.1　岩石物理特征

本次变差函数研究纵向变程主要依靠井上数据和预测需求，横向变差函数主要来源于确定性反演和砂质辫状河沉积的定量知识库。

前人[2-5]利用密井网解剖和野外露头实际测量等方法，总结了砂质辫状河夹层的几何形态、纵向、横向分布范围等地质知识库，结合研究区实际地质特征，总结NgⅢ下油组不同成因储层及夹层地质知识库(表1)，作为变差函数的约束条件。

表 1　NgⅢ下油组不同成因层间夹层地质知识库

夹层类型	沉积成因类型	厚度 m	宽度 m	长宽比	纵向分布位置
Ⅰ类	泛滥泥岩	1.0~4.0，平均 2.1	300~800	1.8~3.2：1	复合砂体 1/3 至 1/2 处
Ⅱ类	废弃河道及坝间泥	0.5~2.1，平均 1.1	小于 300	2.5~4.2：1	复合砂体 1/2 至 2/3 处
Ⅲ类	沟道/冲刷泥砾及落淤层	0.1~0.6，平均 0.3	小于 100	-	小层内部

各小层储层沉积微相类型主要为心滩坝，单一期次厚度为 6~7m。根据的经验公式，计算得到单一心滩坝宽 200~260m、长 900~1100m，长宽比 3.5~5.2。综合考虑储层及夹层分布特征及规模，确定 1 小层储层纵向变程 2ms，主变程为 400m，次变程为 1200m；第 1 期夹层纵向变程 1ms，主变程为 1200m，次变程为 2300m，最终以此方法确定 2、3 小层储层及第 2 期层间夹层的各方向变程参数。

3.2　反演结果及验证

在变差函数优选基础上，采用序贯高斯随机模拟的方法对储层参数进行模拟，整合测井数据和确定性反演建立高分辨率储层模型，通过综合运算得到岩相概率体。

图 3 结合实际井资料对比可见统计学反演对整体储层结构描述一致的同时，纵向分辨率较 90°相移更高，对不连续薄夹层体进行了精细刻画。

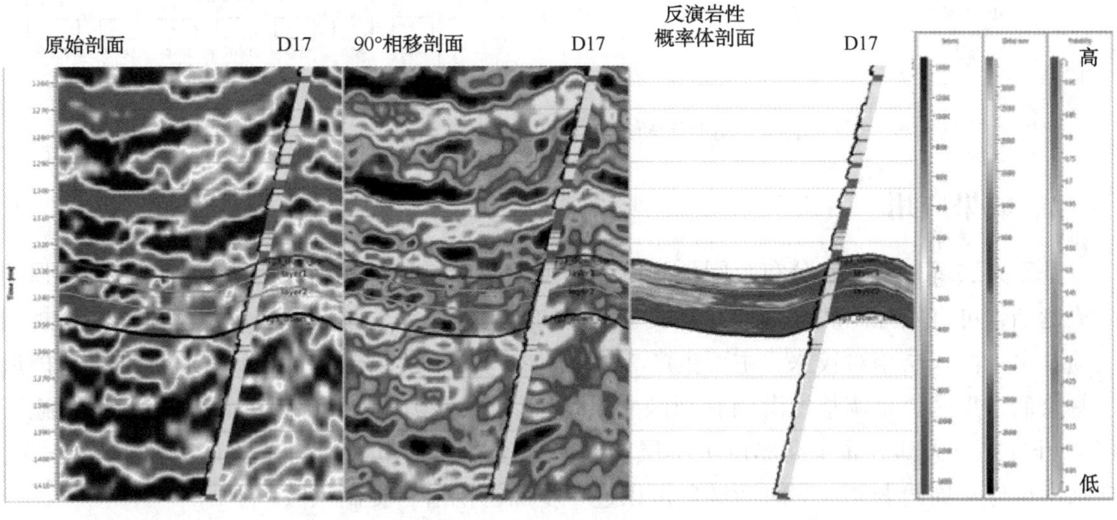

图 3　过 D17 井原始地震、90°相移和地质统计学岩性概率体剖面对比

对未参与反演运算的盲井误差统计分析，结果表明对于 1.5m 以上厚度的夹层相对误差在 20%以内的占 75%以上，仅少数井上薄夹层(厚度小于 1.5m)误差较大，表明夹层整体预测结果可信度较高。

3.3　主力夹层刻画结果与分布特征

NgⅢ下油组顶部两期主力层间夹层由于水动力变化、沉积成因类型不同及河道不同程度的下切冲刷侵蚀而具有明显差异性，其中第 1 期层间夹层分布相对稳定，以泛滥泥成因为主，平面呈北东走向的块状连片分布，分布面积较广，厚度 1~4m，形成大范围遮挡。图 4。

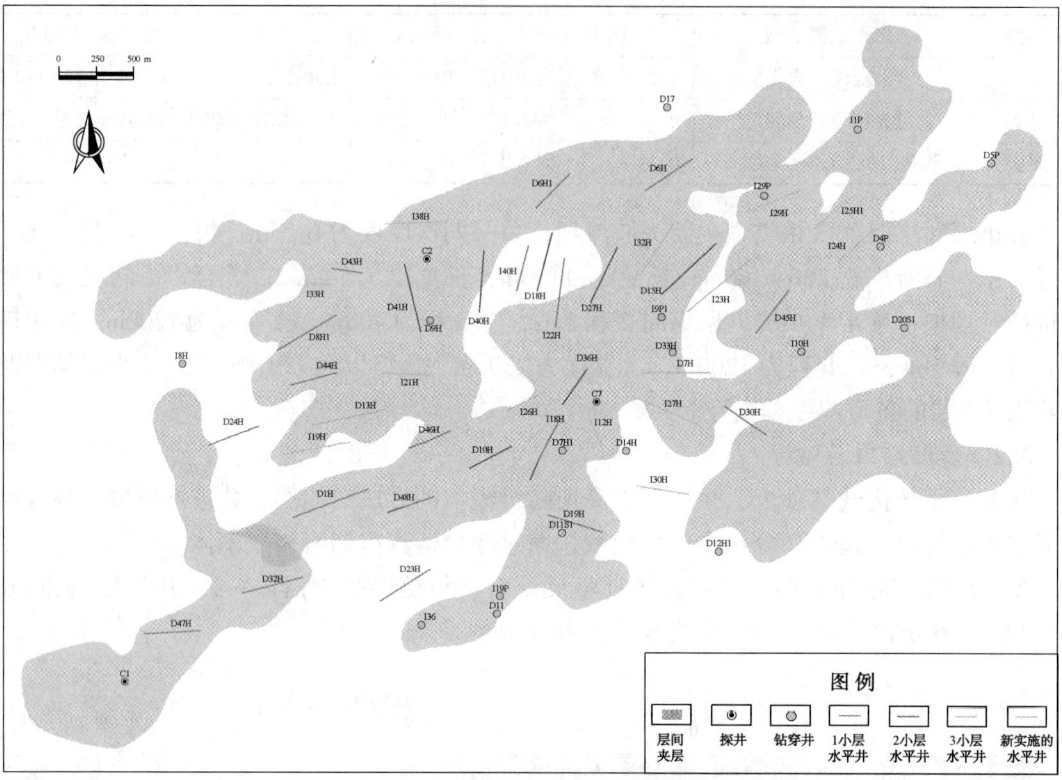

图 4　NgⅢ下油组第 1 期层间夹层平面分布图

4　成果应用

基于夹层沉积期次和分布范围预测研究，第 1 期夹层分布范围广，厚度大，造成较强的渗流遮挡，可有效抑制底水锥进。开发早期在构造高部位、气顶区部署的水平生产井为规避气顶，水平段入层相对较深，主要生产 2、3 小层，导致 1 小层局部由于大面积夹层遮挡形成剩余油富集区，是调整挖潜的有利区。根据该认识，2019~2020 年在 NgⅢ下部署实施了 12 口开发井，大部分属于高部位 1 小层的井间加密井（图 4），平均初期日产油 120 方/天，含水率也低于周边老井，同时后续仍可以进一步加密挖潜，提高采收率。

参　考　文　献

[1] 兰丽凤，平晓琳，白振强，等．基于小井距检查井的夹层分布特征及对剩余油分布的控制作用[J]．油气地质与采收率，2013，20(4)：83-87.

[2] 温立峰，吴胜和，岳大力．粗粒辫状河心滩内部泥质夹层分布新模式—以吴官屯野外露头为例[J]．石油地质与工程，2016，30(4)：5-7.

[3] 刘钰铭，侯加根，宋保全，等．辫状河厚砂层内部夹层表征—以大庆喇嘛甸油田为例[J]．石油学报，2011，32(5)：836-841.

[4] 袁新涛，吴向红，张新征，等．苏丹 Fula 油田辫状河储层内夹层沉积成因及井间预测[J]．中国石油大学学报(自然科学版)，2013，37(1)：8-12.

[5] 李海燕，高阳，王延杰，等．辫状河储集层夹层发育模式及其对开发的影响[J]．石油勘探与开发，2015，42(3)：364-373.
[6] 王雅春，王璐．地质统计学反演在杏北西斜坡区储层预测中的应用[J]．地球物理学进展，2013，28(5)：2554-2560.
[7] 何火华，李少华，杜家元，等．利用地质统计学反演进行薄砂体储层预测[J]．物探与化探，2011，35(6)：804-808.
[8] 赵林．马尔可夫链蒙特卡罗模拟在储层反演中的应用[J]．石油天然气学报，2009，31(2)：249-252.

“双甜点”在井位部署中的应用研究

樊爱彬　施瑞生　杨　波　寇双燕　王　朔　魏　鹏

(中海油田服务股份有限公司油田生产事业部

摘　要：地质工程一体化研究思路是非常规储层勘探开发的有效手段，将“地质”与“工程”充分结合，优选地质-工程双甜点区，实施施工改造实现增产效果[1、2]。本次研究是在陆丰凹陷L油田，利用岩心资料、钻井资料、地震资料区域地质背景等基础资料，建立三维地质模型。通过实验室岩心围压声波实验、三轴应力实验和Kaiser声发射实验得到纵横波速度转换关系、泊松比、上覆地层压力及水平最大/最小主应力，结合单井测井数据预测出4口井单井地应力剖面，建立三维地应力模型[3]。将地质模型与地应力模型结合起来，从而建立地质-工程一体化三维模型，实现非常规储层“可视化、定量化”表征，为井网部署、钻井设计、井轨迹优化及压裂设计提供有效的指导。

关键词：地质工程一体化；甜点；三维模型

非常规储层开发是未来海上油气增产增储的重要途径，早期北美通过建立学科融合、多技术集成的一体化创新和发展之路，实现了非常规油气资源的成功开发[4]。Cipolla等学者在2011年提出了地质工程一体化的研究思路，实现了从从传统地质研究到工程施工的全方位无缝连接。随后，Gupta等学者利用地质工程一体化方法对非常规储层三维应力研究、压裂方案和井位部署进行了研究，取得了良好的成果。国内10余年的非常规储层的探索与实践，形成了一套完整地质工程一体化工作流程，本次文章遵循地质工程一体化思路，应用三维建模技术，对陆丰凹陷L油田井位部署进行了优化[5]。

1　工区地质概况

本次研究区块位于陆丰凹陷L油田，工区主要发育近EW向正断层，工区面积120km^2，目的层段位于W4段，W4段为滨浅湖和辫状河三角洲沉积，储层纵横向变化大，非均质性强。区内有探井4口分别为L1、L2、L3和L4井，已发井5口(P2、P3、P6、P7、P8)，预钻井3口(P1、P4、P5)，平均孔隙度为11%，渗透率为1.71mD，属于中孔-特低渗储层。根据早期L1井比采油指数0.35m^3/Mpa·d·m，表明初期产能低，需要实施增产措施实现

【第一作者简介】樊爱彬，男，1988年7月-，2011年毕业于中国石油大学(北京)，获学士学位，中海油田服务股份有限公司，中级工程师，2011年以来一直从事低渗油气藏有效评价和高效开发工作，在低渗油气藏压裂及地质工程一体化方面有丰富工作经验。E-mail：1051516661@qq.com。

油田高效开发。

2 地质甜点分析

本次研究基于地震数据、测井数据和地质基础情况信息，建立了 W4 层段三维构造模型，采取确定性+随机性建模的方法，在构造模型的基础上，构建涵盖有效含砂率、含油饱和度、孔隙度、渗透率等多项参数的属性模型，最终的属性模型中每一个网格都具有特定的属性值，而整体的趋势符合先前地质认识[6]。

储层有效含砂率主要分布在 0. 2~0. 7 之间，整体上呈现出北低南高的分布趋势，含油饱和度分布于 20%~60%之间。平均值约 45%。孔隙度与渗透率趋势与有效含砂率相关性较好，高值区均位于 P5 至 L2 井区。综合分析有效含砂率、含油饱和度、孔隙度及渗透率等地质参数，认为在 P5 井区处于高储层厚度、高含油饱和度、物性好，是地质甜点的有利区。

3 力学参数的测定

在确定每个试件的声发射 Kaiser 效应特征点时，选用声发射能量和振铃计数作为测试。本次研究测定 L1 井岩心 4172. 3m 处四个方向声发射特征曲线(图 3)，准确识别 Kaiser 效应特征点，测得上覆岩层压力、水平最大地应力和水平最小地应力当量密度分别为 2. 223g/cm^3，1. 939g/cm^3、1. 572g/cm^3。

在本研究中采用“七五”模型对陆丰区块的目标靶区单井地应力剖面进行分析预测。L1 井、L2 井、L3 井、L4 井单井应力当量密度曲线剖面(图 4)。

4 工程甜点分析

该低渗油田在分析研究岩心、地化、测井、录井、气测等资料的基础上，用纵横波时差计算破裂压力、泊松比、杨氏模量、脆性指数等岩石力学参数，用已钻探井井壁崩落椭圆法、地漏实验数据和 Kaiser 地应力实验对工区内的工程甜点进行了预测。通过储层预测得到裂缝分布特征，建立了裂缝模型。用地质力学模型与裂缝模型相结合，寻找工程甜点，为井位部署及井轨迹调整提供参考依据。

4.1 岩石力学参数计算

声波在岩石中的传播可以用胡克定律和波动方程描述[9]。而纵、横速度与表示岩石强度性能的参数(泊松比、杨氏模量、体积模量)有关，用声波资料中纵、横波时差(速度)来计算和评价泊松比、杨氏模量等岩石的力学参数。计算公式如下：

$$\sigma=\frac{0.5\ (\Delta t_{\mathrm{R}})2-1}{(\Delta t_{\mathrm{R}})2-1} \tag{1}$$

$$E=\frac{\rho_{\mathrm{b}}}{\Delta t_{\mathrm{s}}^{2}}\frac{3\Delta t_{\mathrm{R}}^{2}-4t_{\mathrm{P}}^{2}}{\Delta t_{\mathrm{ts}}^{2}-t_{\mathrm{P}}^{2}} \tag{2}$$

式中：σ 为泊松比；E 为杨氏模量；ρb 为体积密度 ；Δts 为横波时差 ；Δtp 为纵波时差 ；

Δtr 为横纵波时差比。

通过计算分析(图 5)，该区的杨氏模量主要分布在 16Gpa-34Gpa 之间，泊松比主要分布在 0.26-0.29 之间。在该区块，目的层杨氏模量>26Gpa，泊松比<0.275。

4.2 脆性分析

脆性指数的评价方法主要有两种[10]：基于矿物组分含量的脆性指数和基于岩石力学参数的脆性指数。本次采用了岩石力学参数的脆性指数计算方法，来反映低渗油田在压裂时岩石形成裂缝的能力。泊松比越小，越容易形成裂缝，弹性模量则反映页岩维持裂缝的能力，即弹性模量越大，压裂后裂缝张开度越好，反之则越容易闭合。

$$BI_{泊松比}=100*\frac{泊松比-泊松比_{max}}{泊松比_{min}-泊松比_{max}} \tag{1}$$

$$BI_{杨氏模量}=100*\frac{杨氏模量-杨氏模量_{min}}{杨氏模量_{max}-杨氏模量_{min}} \tag{2}$$

$$脆性指数=\frac{BI_{杨氏模量}+BI_{泊松比}}{2} \tag{4}$$

用归一化的杨氏模量和归一化的泊松比计算了该区块的脆性指数(图 5)，该区的脆性指数在 40-70 之间，目的层的脆性指数>60，参考邻块经验，脆性>55，储层才具有复杂缝扩展的岩石力学条件，研究区满足形成复杂缝条件。

4.3 地应力分析

油田地应力研究主要有两个方面，即确定地应力的大小和方向[11]。地应力方向主要是通过目标区域探井井壁崩落椭圆法及世界地应力方向确定该油田水平最大地应力方位约为 N165°E 左右。利用目标层位已钻探井地漏实验数据和 Kaiser 地应力实验预测了目标层位的单井地应力剖面。用 4 口单井的地应力剖面进行了约束，建立了目的层的地应力属性模型，并且算出水平应力差(图 5)。

4.4 可压性指数分析

针对低渗储层，可压性指数是工程甜点评价的关键[12]。利用岩石力学参数、脆性指数、地应力及天然裂缝等参数多方面的因素，并针对这些因素采用定性分析法确定各因素的权重对可压性指数进行评价。其中，裂缝发育指数为 0.15，脆性指数为 0.55，水平应力差异系数为 0.30。代入公式可得：

$$FI=0.15I+0.45B_I+0.15K_h \tag{1}$$

式中：FI 为可压裂性指数；B_I 为脆性指数；K_h 为水平应力差异系数。

通过评价结果，可压性指数分布在 0.2-1.0 之间，工程甜点在目的层段分布特征为：脆性指数>55、水平应力差异系数小的区域。

5 地质甜点和工程甜点对井位部署指导作用

通过地质甜点与工程甜点相结合，选对甜点层位区域对低渗油藏开发具有重要意义。甜点区域储层具有以下特征：物性好、含油饱和度高、电阻率高、脆性指数高，水平应力差异系数小、裂缝发育等特征。通过工程甜点与地址甜点相结合对部署对井位，钻对层位，压好甜点区域具有指导作用。在该区块用地质研究成果结合可压性指数对 P1 井和 P4 井位置进行了调整，将 P1 井向 P3 方向高部位甜点有利区进行调整。P5 井上部层位往可以压性好的部位进行了微调。

6 结论

（1）陆丰凹陷 L 油田 P5 井区储层有效含砂率高、含油饱和度高、物性好、泊松比小、脆性好水平应力差小且可压性好是地质-工程双甜点有利区。

（2）通过双甜点研究对 P5 井和 P1 井进行了调整至地质工程双甜点有利区。

参 考 文 献

[1] 陈更生，吴建发，刘勇，等．川南地区百亿立方米页岩气产能建设地质工程一体化关键技术[J]．天然气工业，2021，41(01)：72-82.

[2] 徐敏．页岩气地质和工程甜点评价指标体系研究[D]．中国石油大学(北京)，2016.

[3] 张磊夫，董大忠．三维地质建模在页岩气甜点定量表征中的应用——以扬子地区昭通页岩气示范区为例[J]．天然气地球科学，2019，30(09)：1332-1340.

[4] 鲜成钢．页岩气地质工程一体化建模及数值模拟：现状、挑战和机遇[J]．石油科技论坛，2018，37(05)：24-34.

[5] 谢军，鲜成钢，吴建发，等．长宁国家级页岩气示范区地质工程一体化最优化关键要素实践与认识[J]．中国石油勘探，2019，24(02)：174-185.

[6] 秦德文，刘创新，曹冰，等．地质与工程甜点预测技术在东海致密气开发中的应用[J]．中国造船，2019，60(04)：261-269.

[7] 张昕，付小敏，沈忠，等．利用岩石声发射 Kaiser 效应测试地应力的方法研究[J]．中国测试，2017，43(10)：18-23.

[8] 邓金根，黄荣樽，田效山．油田深部地层地应力测定的新方法[J]．石油大学学报(自然科学版)，1997(01)：34-37+115-116.

[9] 李坤白，赵玉华，蒲仁海，等．鄂尔多斯盆地湖盆区延长组致密油“甜点”控制因素及预测方法[J]．地质科技情报，2017，36(04)：174-182.

[10] 胡雯．高 89 井区非常规油气“甜点”预测方法研究[D]．中国石油大学(华东)，2017. [11]周德华，焦方正．页岩气“甜点”评价与预测——以四川盆地建南地区侏罗系为例[J]．石油实验地质，2012，34(02)：109-114.

[12] 张大智，张晓东，杨步增．徐家围子断陷沙河子组致密气地质甜点综合评价[J]．岩性油气藏，2015，27(05)：98-103.

高温高压低渗气藏可动水饱和度及生产水气比定量评价

鲁瑞彬　王雯娟　周　伟　朱海钰　何志辉

(中海石油(中国)有限公司南海分公司，海南海口 570311)

摘　要：南海西部高温高压低渗气藏探井测试及生产井生产过程中见水现象普遍，该类气藏初始含水饱和度高，可动水是该类气藏气井产水的主要来源之一。通过室内驱替、离心和核磁共振实验，研究可动水变化规律，依据实验结果，建立不同压力梯度下可动水饱和度计算模型，实现高温高压低渗气藏可动水饱和度的定量计算。结合气水相渗曲线及渗流理论，建立生产水气比和可动水饱和度关系，实现可动水饱和度到生产水气比的精细计算。

关键词：高温高压；低渗气藏；可动水；核磁共振实验；水气比

气藏衰竭开发过程中，因高水气比导致气井停喷甚至大面积水淹，造成气井关井严重影响气藏开发效果[1,2]。高温高压低渗气藏由于其物性差，成藏过程中很难将地层中的水完全驱替出来，仍有部分滞留水残存在地层中，且由于高温高压低渗气藏开发过程中生产压差较大，可动水饱和度较常规气藏大，可动水对气藏开发的影响较常规气藏显著。因此对于不存在边底水、层间水等自由水的高温高压低渗气藏，可动水是气井产水的主要来源[3~6]。

近年来随着中国油气对外依存度的不断攀升[7]，南海西部油田不断加大勘探开发力度，在莺琼盆地发现大量(超)高温高压、低渗天然气藏，气藏最高温度达 220℃，最高压力达 100MPa(压力系数 1.7~2.3)，渗透率 0.3~33.7mD，高温高压低渗气藏是南海西部未来产能接替的主力[8~10]。南海西部高温高压低渗气藏探井测试及生产井生产过程中产水现象普遍，该类气藏初始含水饱和度高，可动水是该类气藏气井产水的主要来源之一[11~13]。高温高压低渗气井可动水饱和度及其水气比的定量计算，对指导该类气藏合理开发具有重要意义。

常用的可动水饱和度评价方法多是基于室内驱替、离心和核磁共振等实验数据，建立靶区经验公式(图版)，进而评价靶区可动水饱和度，具有较强的靶区适用性，在南海西部油田使用受限，且如何利用可动水饱和度计算结果，评价气井生产过程中由于可动水造成的生产水气比变化，相关研究较少，在南海西部高温高压低渗气藏难以应用借鉴[14~16]。

依据靶区核磁共振实验结果，建立南海西部高温高压低渗气藏不同压力梯度下可动水饱和度预测模型，结合气水相渗曲线及渗流理论，建立生产水气比和可动水饱和度关系，实现

【第一作者简介】鲁瑞彬，男，1989 年 12 月，2014 年 7 月毕业于中国地质大学(武汉)，获硕士学位，中海石油(中国)有限公司海南分公司，工程师，主要从事油气田开发及规划方面的研究，地市级及以上科技、交流获奖 14 项。E-mail：lurb4@ cnooc. com. cn.

可动水饱和度到生产水气比的精细计算，进而指导高温高压低渗气藏合理开发。

1 可动水饱和度实验评价

依据行业标准，通过室内驱替、离心和核磁共振实验，分析可动水产出机理，研究可动水饱和度变化规律，研究表明，随着地层压力的不断降低及生产压差的不断增大，部分束缚水转化为可动水被采出。

1.1 可动水产出机理

可动水是指随着气藏压力的降低，压力降传导到孔隙内的气体时，会导致气体膨胀，对孔隙表面水相进行挤压并产生推动力，当推动力大于某一细孔候处的毛细管力时，这部分细毛细管处及其控制的孔隙内的残余水就会被推动，变为可动水，随气体一起产出。另一方面，由于开发过程中的压力梯度远大于成藏过程，故成藏过程中的部分未被驱替出的残余水可以在开发过程被驱替出来，成为可动水随气体一起产出[17~20]。

气藏开发过程中可动水饱和度通常用以下公式计算：

$$S_{w动}=S_{wi储}-S_{wit} \quad (1)$$

式中：$S_{w动}$为可动水饱和度,%；$S_{wi储}$为储层原始含水饱和度,%；S_{wit}为条件束缚水饱和度(某一驱替压力下含水饱和度),%。

1.2 可动水评价实验原理

可动水实验评价主要是测试不同驱替压力下岩心含水饱和度的变化，进而计算不同驱替压力下，岩心的可动流体饱和度。一般利用核磁共振实验结合气驱水、离心实验完成。

1）不同驱替压力岩心实验：

不同驱替压力岩心实验主要是通过驱替实验和离心实验来实现，驱替实验可以实现高驱替压差，但在低压差下计量误差较大，而离心实验在低压差下精度较高，高压差对设备要求高，实现难度大。本次通过离心和驱替实验相结合的方式，模拟生产过程中的不同生产压差。

2）可动水饱和度实验

核磁共振实验是利用原子核和磁场之间的相互作用原理，核磁共振技术已广泛应用于油气田储层参数的研究，应用核磁共振技术结合离心技术、驱替技术可测量岩心可动水饱和度。

图中从上到下依次为饱和水岩心 T_2谱图、P_1、P_2、P_3离心力(驱替压力)后的 T_2谱图，各压力下对应的 T_2谱与横轴包围的面积代表岩心含水饱和度信息，两次驱替压力下的 T_2谱与横轴围成的面积差即代表该驱替压力下岩心可动水饱和度信息，由此可计算出实验岩心可动水饱和度[21~23]。

1.3 靶区实验设计及实验结果

依据南海西部高温高压低渗气藏物性分布范围，充分考虑离心、驱替实验设备能力，设计 26 块岩心不同压差下驱替实验，岩心基础数据见表 1。依据物性可将其分为三组，第一组岩心渗透率小于 1mD，共 5 块岩心，平均渗透率为 0. 21mD；第二组岩心渗透率在 1mD~10mD 之间，共有 13 块岩心，平均渗透率为 6. 12mD；第三组岩心渗透率大于 10mD，共有 8 块岩心，平均渗透率为 14. 95mD。

离心实验设计的离心机转速依次为 500r/min、1000r/min、2000r/min、5000r/min，对应

的驱替压差依次为0.032MPa、0.13Mpa、0.51MPa、3.2MPa，受限于离心机能力，在高压差实验时采取渗流驱替实验，设计驱替压差为5MPa，因此本次实验对应的压差共计5组，岩心长度约为5cm，计算得到本次驱替实验对应的压力梯度为0.64MPa/m、2.6MPa/m、10.2MPa/m、64MPa/m、100MPa/m，驱替压力梯度范围较大，足以涵盖实际气藏生产压力梯度，实验设计较为合理。由于矿场尺度和岩心尺度差异较大，采用驱替压力进行对比分析指导意义不强，为了使实验结果更好的指导矿场应用，在结果分析等方面均采用驱替压力梯度数据。

2 可动水饱和度及水气比精细计算

依据靶区核磁共振实验结果，建立不同物性岩心可动水饱和度随压力梯度计算模型，结合气水相渗曲线及渗流理论，建立生产水气比和可动水饱和度关系，实现可动水饱和度到生产水气比的精细计算。

2.1 可动水饱和度计算模型建立

在某一物性下，条件束缚水饱和度与驱替压力梯度呈现对数关系，可以用如下通式表示。

$$S_w = m\ln(P_m) + n \tag{2}$$

式中，m、n 为系数；P_m 为驱替压力梯度，MPa/m；

其他符号同前。

对于靶区三组不同物性的岩心，其条件束缚水饱和度与驱替压力梯度关系式见式3。

$$\begin{cases} S_{wit} = -8.92\times\ln(P_m) + 94.328 \\ \qquad K \leqslant 1\text{mD} \\ S_{wit} = -10.4\times\ln(P_m) + 91.698 \\ \qquad 1\text{mD} < K \leqslant 10\text{mD} \\ S_{wit} = -11.66\times\ln(P_m) + 85.407 \\ \qquad K > 10\text{mD} \end{cases} \tag{3}$$

式中，K 为渗透率，mD；

其他符号同前。

利用式1和式3，考虑气藏开发实践，可得到南海西部高温高压低渗气藏可动水饱和度计算公式，见式4

$$\begin{cases} S_{w动} = S_{wi储} - S_{wit} \quad S_{wi储} \geqslant S_{wit} \\ S_{w动} = 0 \quad S_{wi储} < S_{wit} \end{cases} \tag{4}$$

式中，符号同前。

从式4可以看出，当在某一生产压力梯度下，利用式3计算出来的条件束缚水饱和度大于储层原始含水饱和度时，说明该生产压力梯度下，储层没有可动水，即此时可动水饱和度为0；随着生产压力梯度的增大，当在某一生产压力梯度下，利用式3计算出来的条件束缚水饱和度小于储层原始含水饱和度时，此时储层部分束缚水转变为可动水，随气体一起被采出，此时可动水饱和度为原始含水饱和度与计算得到的条件束缚水饱和度之差(可用式4计算)。

利用式 4 对南海西部高温高压低渗气藏不同物性储层可动水饱和度进行计算，得到可动水饱和度约在 25%以内。

2.2 可动水水气比计算方法

水气比(WGR)定义为气井每产出 10^4m^3天然气所产出的水量，井底含水率的定义为井底产出自由水量与井底总流量之比。通过气井水气比及井底含水率的定义，可得到如下水气比与井底含水率关系式[24,25]。

$$f_w=\frac{B_w\times WGR}{B_w\times WGR+10000B_g} \tag{5}$$

式中:

B_w—地层条件下水的体积系数，m^3/m^3;

WGR—气井水气比，$m^3/10^4m^3$;

B_g—天然气体积系数，m^3/m^3。

另外，根据相对渗透率曲线中的相对渗透率与含水率关系，可以得到含水率的另外一种表达式，如式 6 所示。

$$f_w=\frac{1}{1+\frac{K_{rg}}{K_{rw}}\times\frac{\mu_w}{\mu_g}} \tag{6}$$

式中，K_{rg}为气相相对渗透率，小数；K_{rw}为水相相对渗透率，小数；μ_w 为水相粘度，mPa·s；μ_g 为气相粘度，mPa·s；

其他符号同前。

联立式 5 和式 6，即可得到可动水水气比计算公式，见式 7。

$$WGR=\frac{10000\times B_g\times K_{rw}\times\mu_g}{B_w\times K_{rg}\times\mu_w} \tag{7}$$

式中，符号同前。

利用 4 式即可得到南海西部高温高压低渗气藏可动水饱和度，结合地层条件下水驱气相渗曲线，即可得到式 7 中各参数值，进而计算可动水饱和度造成的气井水气比。

3 南海西部高温高压低渗气藏水气比计算实例

采用气水相对渗透率与饱和度指数式经验公式(式 8~式 12)对相渗曲线进行标准化处理，获取相渗曲线的水相系数和气相系数(表 2)。

$$K_{rw}^*=(S_w^*)^a \tag{8}$$

$$K_{rg}^*=(1-S_w^*)^b \tag{9}$$

其中

$$K_{rw}^*=K_{rw}/K_{rw}(S_{gr}) \tag{10}$$

$$K_{rg}^*=K_{rg}/K_{rg}(S_{wi}) \tag{11}$$

$$S_w^*=(S_w-S_{wi})/(1-S_{wi}-S_{gr}) \tag{12}$$

式中，K_{rw}^*为标准化水的相对渗透率，小数；S_w^* 为标准化含水饱和度，小数；a 为水相系数，小数；K_{rg}^*为标准化气的相对渗透率，小数；b 为气相系数，小数；$K_{rg}(S_{wi})$为束缚水下气相相对渗透率，小数；S_w为含水饱和度，小数；S_{wi}为束缚水饱和度，小数；S_{gr}为残余气饱和度，小数；其他符号同前。

利用式 3 和式 4 计算结果，得到南海西部高温高压低渗气藏可动水饱和度，带入下式即可得到该驱替压力梯度下地层含水饱和度。

$$S_w = S_{wi} + S_{w动} \tag{13}$$

式中，符号同前。

利用式 13 得到任意驱替压力梯度下的含水饱和度后，结合相渗曲线水相系数 a 和气相系数 b 后，即可利用式 8～式 12 计算任意含水饱和度下的水相相对渗透率和气相相对渗透率，利用式 7 即可得到此时水气比。经计算得到南海西部高温高压低渗气藏开发过程中可动水饱和度在 25%以内变化，可动水造成的水气比约在 2.3$m^3/10^4m^3$以下，与生产实践认识较为一致(表 2)。

表 2　南海西部高温高压低渗气藏可动水造成的水气比计算结果

水驱气相渗实验结果			可动水饱和度/%	计算含水饱和度/%	粘度/mPa·s		体积系数/m^3/m^3		计算可动水气比/$m^3/10^4m^3$
束缚水饱和度/%	水相系数 a 小数	水相系数 b 小数			水相	气相	水相	气相	
44.72	3.69	5.31	5.00	49.72	0.1910	0.0331	0.9515	0.0033	0.06
			10.00	54.72					0.15
			15.00	59.72					0.38
			20.00	64.72					0.92
			25.00	69.72					2.26

高温高压低渗气藏由于可动水造成的气井水气比的计算受可动水饱和度、气水相渗实验结果影响较大，具体靶区可参考该方法，结合靶区实际参数进行计算。

4　结论

1）利用室内驱替、离心和核磁共振实验，明确了南海西部高温高压低渗气藏可动水饱和度变化规律，并建立了可动水饱和度随驱替压力梯度变化计算公式。得到南海西部高温高压低渗气藏开发过程中层内可动水饱和度在 25%以内变化。

2）基于可动水饱和度研究成果，结合水驱气相渗实验，建立可动水饱和度造成水气比变化预测模拟，得到高温高压低渗气藏在 25%以内的可动水造成的水气比变化在 2.3 $m^3/10^4$ m^3以内。

3）建立的高温高压低渗气藏可动水饱和度及水气比计算模型，实现了可动水及水气比的精细评价，评价结果与生产实践认识较为一致，同时为气藏开发过程中产能、废弃压力、采收率等的研究奠定了理论基础，在南海西部高温高压低渗气藏应用效果较好。

参 考 文 献

[1] 王丽影，杨洪志，叶礼友，等．利用可动水饱和度预测川中地区须家河组气井产水特征[J]．天然气工业，2012，32(11)：47-50.

[2] 高大鹏，孙敬，韩晓红，等．非均质气藏可动水评价及提高采收率新思路[J]．天然气地球科学，

2014, 25(9): 1437-1443.
[3] 胡勇，邵阳，陆永亮，等．低渗气藏储层孔隙中水的赋存模式及对气藏开发的影响[J]．天然气地球科学，2011，22(1)：176-181.
[4] 王瑞飞 陈明强．特低渗透砂岩储层可动流体赋存特征及影响因素[J]．石油学报，2008，29(4)：558-561.
[5] 朱华银，徐轩，安来志，等．致密气藏孔隙水赋存状态与流动性实验[J]．石油学报，2016，37(2)：230-236.
[6] 张杰，李熙喆，高树生，等．致密砂岩气藏产水机理及其对渗流能力的影响[J]．天然气地球科学，2019，30(10)：1519-1530.
[7] 谢玉洪，蔡东升，孙晗森．中国海油非常规气勘探开发一体化探索与成效[J]．中国石油勘探，2020，25(2)：27-32.
[8] 王雯娟，雷霄，鲁瑞彬，等．南海西部异常高温高压气藏区域产能预测技术[J]．地球科学，2019，44(8)：2636-2642.
[9] 鲁瑞彬，胡琳，王雯娟，等．高温高压气藏应力敏感表征及矿场应用[J]．特种油气藏，2020，27(1)：108-113.
[10] 鲁瑞彬，王雯娟，胡琳，等．高温高压气藏衰竭开发气水相渗变化规律探讨[J]．中国海上油气，2020，32(2)：88-95.
[11] 周德志．束缚水饱和度与临界水饱和度关系的研究[J]．油气地质与采收率，2006，13(6)：81-83.
[12] 叶礼友，高树生，熊伟，等．可动水饱和度作为低渗砂岩气藏储层评价参数的论证[J]．石油天然气学报(江汉石油学院学报)，2011，33(1)：57-59.
[13] 郑小敏，成志刚，林伟川，等．致密砂岩气藏启动压差与可动水变化规律实验研究[J]．测井技术，2014，38(1)：33-38.
[14] 许文平，吴朝东，关平，等．柴达木盆地第四系疏松砂岩天然气储层可动水预测方法研究[J]．天然气地球科学，2012，23(5)：952-955.
[15] 支鑫，熊伟，高树生，等．苏里格致密砂岩气藏可动水饱和度分布[J]．大庆石油地质与开发，2015，34(2)：86-89.
[16] 叶礼友，高树生，杨洪志，等．致密砂岩气藏产水机理与开发对策[J]．天然气工业，2015，35(2)：41-46.
[17] 张培平．用渗流机理物理模拟技术研究气田出水机理[J]．天然气工艺，2009，29(7)：64-67.
[18] 邓勇，陆燕妮，李进，等．低渗透气藏层内次生可动水流动临界条件研究[J]．天然气勘探与开发，2011，34(1)：36-38.
[19] 高树生，侯吉瑞，杨洪志，等．川中地区须家河组低渗透砂岩气藏产水机理[J]．天然气工业，2012，32(11)：40-42.
[20] 陈汾君，刘世铎，柴小颖，等．多层疏松砂岩气藏开发中后期气井出水判断方法[J]．新疆石油地质，2020，41(4)：491-498.
[21] 付大其，朱华银，刘义成，等．低渗气层岩石孔隙中可动水实验[J]．大庆石油学院学报，2008，32(5)：22-26.
[22] 郭平，黄伟岗，姜贻伟，等．致密气藏束缚与可动水研究[J]．天然气工业，2006，26(10)：99-101.
[23] 朱文娟，鹿克峰，程超，等．西湖凹陷低渗砂岩气藏可动水饱和度研究[J]．石油地质与工程，2016，30(5)：67-70.
[24] 吕栋梁，唐海，吕渐江，等．气井产水时产能方程的确定[J]．岩性油气藏，2010，22(4)：112-115.
[25] 李跃刚，肖峰，徐文，等．基于气水相对渗透率曲线的产水气井开采效果评价—以苏里格气田致密气藏为例[J]．天然气工业，2015，35(12)：27-34.

北部湾复杂断块油藏智能注水技术研究

李新妍[1]　于志刚[2]　葛　嵩[2]　周振宇[2]　吴绍伟[2]　张德政[2]

(1. 中海油能源发展股份有限公司，程技术深水钻采技术公司，广东 深圳 518067；
2. 中海石油(中国)有限公司湛江分公司，广东 湛江 524057)

摘　要：为提高北部湾复杂断块油藏注水开发效果，保障调配成功率和测试精度，开展了智能注水技术研究。针对注水井井斜大、高温、储层非均质性强等特点，对电缆永置测调一体技术进行了适用性优化研究。通过对电缆永置测调一体注水工具的优化，形成了耐高温(150℃)的智能一体化井下配水器，可实现井下注水状态各参数的实时监控和测调。通过对智能分层注水控制方案优化，保证高精度的压力采集和精准的流量读取，实现了稳定的双向数据通信传输。该技术在北部湾盆地涠洲油田X井取得了成功应用，实现了一趟作业同时监控和测调流量、压力和温度等数据，大幅度节约了测调时间，且可多挡位无极调节，满足油藏配注需求。

关键词：高温；复杂油藏；测调一体；智能注水；控制优化

1　技术背景

智能分层注水是实现油田开发长期高产稳产的关键技术方式，其为井下注水工艺技术的发展起到了至关重要的作用，彻底改变了传统的注水工艺，结合多信息采集和处理技术、地面监控系统和远程无线通讯技术，实现注水井从井下配水设备、井下设备到地面监控系统再到远程终端或服务器的完备的监测系统。根据井下各层配注量要求对该层注入量进行自动测调，完成了对不同井信息不同层段的油田注水信息的数据测调、数据处理以及集中化管理。智能分层注水技术融合井下智能分注系统和地面数字化控制系统，最大限度发挥大数据、智能诊断和人工智能等数据分析处理优势，全面实现注水系统的数字化、智能化[1-5]。有效控制油田含水上升率，提高水驱采收率，为油田的信息自动化管理提供了极大的便利。

智能注水技术[6-8]在南海西部油田应用较少，电缆永置测调一体技术尚未进行过应用，整体注水井测调效率较低、作业时间较长。目前南海西部油田注水井共68口，储层温度普遍超过130°，超过了常规电缆永置测调技术耐温范围，不利于该技术的实施。为提高电缆永置测调一体技术的适用性，保障成功率和测试精度，亟待开展电缆永置测调一体技术优化研究。

2　电缆永置测调一体注水工具优化

2.1　智能配水器优化设计

配水器[9]是实现测调一体的核心部件，通常其内部结构包括主体、过流通道、可调水

【第一作者简介】于志刚，1982年，中海油湛江分公司，高级工程师，主要从事井筒工艺研究

嘴、电路控制单元、验封压力计短节和流量计短节等几个部分组成。智能配水器需要具备以下功能：(1)可控制各层注水量，能够实时监测各层流量、温度和压力等数据的变化；(2)可调节式水嘴结构无需繁杂的投捞作业和水嘴对接，可通过控制板和电机驱动装置进行水嘴开度的控制；(3)流量计采用测量精度高，耐磨损、无运动部件的差压流量计；(4)根据不同井号、不同地层的变化实时调节各层的配水量，按照预设的流量开度值完成自动测调各层配注量，配水精度较高；(5)可适用于不同井况，不仅能够适用于直井，还能适用于斜井、水平井。此外还能适应于不同水质的井，应用范围广泛。

为适应南海西部油田井斜大、温度高的井筒条件，需要智能配水器的数据采集和处理部件具备更好的耐温性能，可以实现注水测试、调配和验封功能的一体化集成。同时配水器需要具备更强的抗风险能力，适应大斜度井，各层配水器可独立运行。为使其具备上述功能，

研发永置电缆一体化智能配水器，其结构如下图所示，工具主要由上接头、上滑套、流量计、上外套管、主体、一体化可调水嘴(包括阀芯、丝杠、电机和减速器、行程开关等组件)、测控电路、下外套管、下滑套、下接头流量计等组成。按照功能可分为以下四大模块：(1)传感器模块，在系统唤醒温度传感器，压力传感器和流量传感器后，检查流量和压力等信息指标，以确定是否满足分配要求；(2)高速 A/D 转换模块，利用模数转换器将压力，温度和流量传感器产生的模拟信号转换为数字信号；(3)实时时钟模块，使井下与地面保持一定精度的时钟同步，实现历史数据的存储，超时睡眠和随时唤醒功能；(4)电机驱动模块，用于控制井下注水阀门开口度，进而调节注水量。

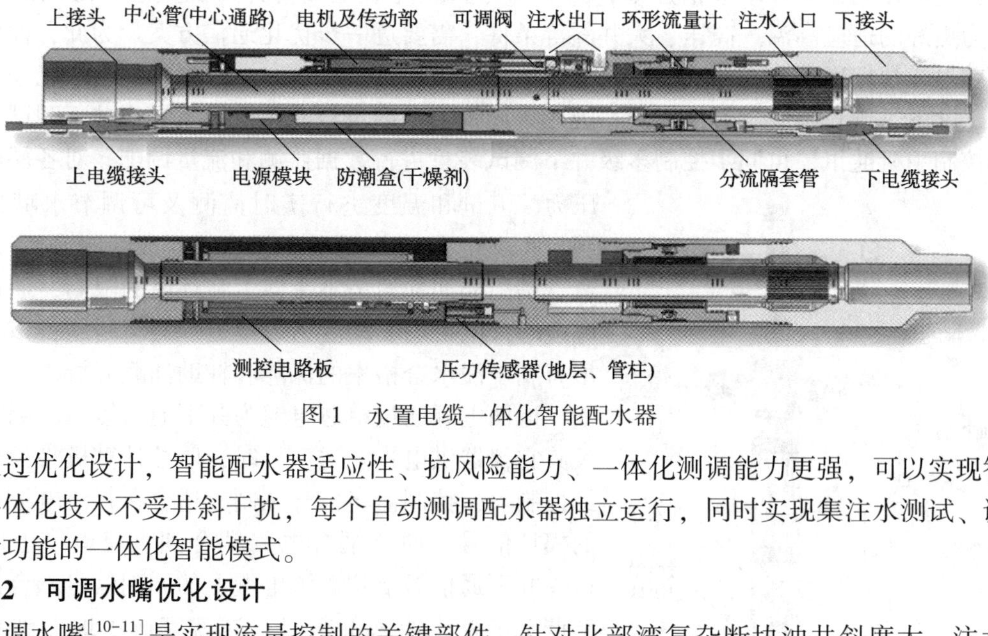

图 1　永置电缆一体化智能配水器

通过优化设计，智能配水器适应性、抗风险能力、一体化测调能力更强，可以实现智能测调一体化技术不受井斜干扰，每个自动测调配水器独立运行，同时实现集注水测试、调配和验封功能的一体化智能模式。

2.2　可调水嘴优化设计

可调水嘴[10-11]是实现流量控制的关键部件，针对北部湾复杂断块油井斜度大，注水流量差异较大问题，优化设计了一体化可调水嘴，其结构如图 2 所示，主要由密封腔、阀芯、连杆、行程开关、霍尔传感器、磁钢、丝杠螺母副、电机和减速器组成。一体化可调水嘴采用微型永磁同步电机作为执行驱动部件，选用一种低速高扭矩减速电机组件，满足井下空间体积小、输出大扭矩这一工程要求。而且一体化可调水嘴大幅度提高了注水精度，延长水嘴寿命。

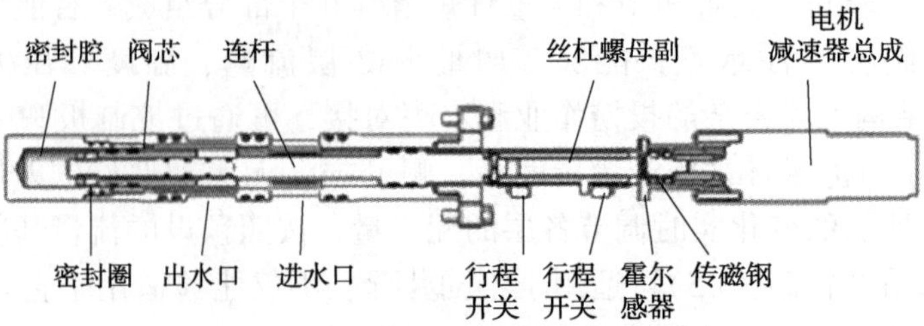

图 2　一体化可调水嘴结构示意图

一体化测调水嘴可调水嘴的阀芯结构在电机和减速器的驱动下可沿出水口轴向运动，可开关水嘴、切换流量计通道。在某一流量计的行程范围内，可通过改变出水口面积调节流量。可调水嘴内部全关位置采用格兰圈密封，可有效防止由于水流冲刷造成的密封失效问题。可调水嘴采用平衡压设计，可满足压差 20 MPa 下一体化开关调控。一体化可调水嘴在行程的全开和全关 2 个极限位置，设置有 2 个行程开关，用于极限位置切断电机供电，实现电机防过载保护。

3　智能分层注水控制方案优化

3.1　通信方案

为实现井下信号的长距离传输，需要设置通信装置接收并处理信号。通信装置分为两个部分：地面控制器和井下通信短节，两个部分共同完成地面与井下测量短节之间的双向通信。为更好的适应高温、高压、大井斜等条件，需要进一步优化通信方案。为此，优化设计了单芯电缆数据通信方式，其模式如图 5 所示，将多信息测试与流量控制结合成统一整体长期置于井下，预置电缆随管柱下入，应用单芯钢管电缆及载波传输技术实现井下测试装置与地面控制主机通讯，可同步控制多级井下测试装置进行数据监测和流量调配，对各层段注入压力、流量和温度进行实时监测及可调节水嘴开度控制，实现全自动分层调配及参数监测。其优势为数据量、调配周期和通信不受施工和环境的限制，通过动力电缆增大电机的驱动能力以便处理遇堵问题，该工艺更加有利于注水合格率的保障和辅助油藏分析。

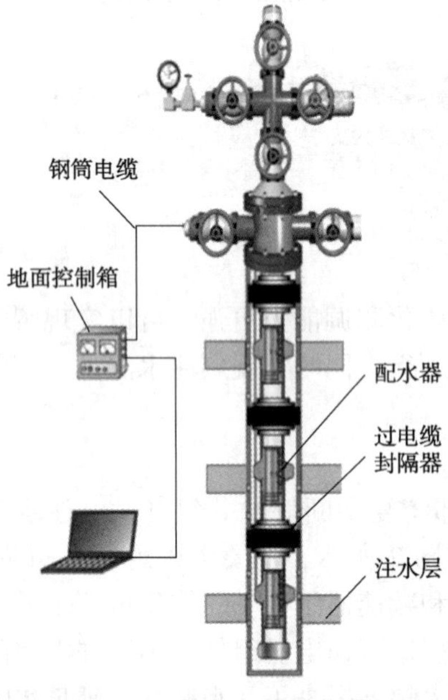

图 5　单芯电缆数据通信模式

地面电源通过单芯电缆为井下通信短节、测量短节及其它仪器供电；发送信号时，监控计算机将信号发送给控制器，控制器将信号调制成适合在直流电缆上传输的模拟信号，通过耦合电路耦合到直流电缆上向下传送。井下通信短节将直流电缆上的调制信号耦合出来并解调，恢复成原来的信号，这就完成了地面到井下的通信。

4　现场应用

通过前期的优化研究，适应南海西部的高温高压的电缆永置智能分层注水技术于 2021 年 7 月在涠洲油田

X井首次进行了应用，该井井深超过400米，多处井斜大于60°，井底温度超过130°。作业中，智能配水器下入顺利，成功实现了测调一体化，相比于传统的桥式偏心等分层测调工艺，该技术实现了一趟作业同时监控和测调流量、压力和温度等数据，大幅度节约了测调时间，且可多挡位无极调节，满足油藏配注需求。

图6　新模式现场成功作业

5　结论与认识

（1）通过对电缆永置测调一体注水工具和智能分层注水控制方案的优化，形成了耐高温(150℃)智能分层注水测调水驱新工艺，并在南海西部油田取得了成功应用。

（2）通过对电缆永置测调一体注水工具的优化，形成了耐高温(150℃)的智能一体化井下配水器，可实现井下注水状态各参数的实时监控和测调。

（3）通过对智能分层注水控制方案优化，保证高精度的压力采集和精准的流量读取，实现了稳定的双向数据通信传输，依靠装有配套软件的PC机即可进行注水调配。

参考文献

[1] 程心平，王良杰，薛德栋．渤海油田分层注水工艺技术现状与发展趋势[J]．海洋石油，2015，035(002)：61-65，81.

[2] 赵旭亮，刘永莉．注水井智能分注技术研究进展[J]．石油地质与工程，34(4)：4.

[3] 陈征，张乐，蓝飞．渤海油田智能分注技术应用现状及发展前景[J]．辽宁化工，2021，50(5)：623-626.

[4] 谢玉洪．南海西部低渗油气藏勘探开发探索与实践[J]．中国海上油气，2018.(6)：618.

[5] 蔡永孝．无线智能配水器在吴起油田精细注水中的应用[J]．化工设计通讯，2021，47(6)，7-9.

[6] 寸锡宏，程锐，马童辉，等．埕岛油田大斜度分层精细注水工艺研究[J]．石油工程建设，46(S01)：6.

[7] 朱苏青，刘松林，李兴，等．陈堡油田分注井无缆智能测调工艺应用[J]．复杂油气藏，10(3)：4.

[8] 郭宏峰，杨树坤，段凯滨，等．渤海油田可反洗测调一体分层注水工艺[J]．石油钻探技术，2020，048(003)：97-101.

[9] 孟祥海，陈征，蓝飞，等．无缆智能配水器流量测试系统的优化与改进[J]．北京石油化工学院学报．2021，29(2)

[10] 赵广渊，季公明，杨树坤，等液控智能分注工艺调配及分层注水量计算方法[J]．断块油气田2021，28(2)：258-261.

[11] 杨树坤，赵广渊，李啸峰，等．注水井智能无级调节配水器水嘴结构优选及评价[J]．河南科学，39(2)：8.

[12] 姚斌，杨玲智，于九政，等．波码通信数字式分层注水技术研究与应用[J]．石油机械，2020，048(005)：71-77.

防入侵系统在海上无人平台的应用

李福星[1]　陈学东[2]

(中海石油(中国)有限公司湛江分公司，湛江　524000)

摘　要：为解决海上无人平台在工程建设以及油田开发生产期间安全问题，防止平台外来非法人员无故进入平台，对油田安全生产带来隐患，需要在涠洲 11-2C 平台上设置防入侵系统，并将防入侵系统采集的信号，传输到涠洲 6-9/6-10 平台上进行远程监控，对现场入侵事件进行自动探测，实现前期预警。一旦发现平台有外来人员入侵，将采取相应的措施对入侵者警示驱离。

关键词：无人平台；防入侵系统；信号采集；远程监控

近年来，随着海上油气田的开发不断增加，为降低开发成本，边际油田一般按照无人平台进行设计，由于无人平台没有值守人员和值班船舶，因此各种潜在风险也相应增加。在以前海洋无人平台生产过程中，经常发生外来人员未经允许，从平台底层登船口登上平台等情况，为油田安全生产带来极大的隐患。在无人平台上设置一套自动检测外来人员非法登陆系统，借助实时监控录像存储并进行声光报警、语音广播等设备，对现场入侵事件进行自动探测，并以报警方式通知值班人员。同时以声、光或远程喊话方式对入侵者进行警示，做到提前预警，以防止无人平台设备和财产遭到破坏及损失。此系统对无人平台的安全生产，有着极其重要作用。

1　防入侵系统介绍

1.1　系统实现功能目标

基于无人化井口平台的安防需要，系统设计实现以下功能：1、在南海各气候条件下连续视频监测功能；2、智能分析功能，能够精准判断人员入侵情况，排除因环境原因的干扰；3、具备自动监测报警功能，系统能够接收第三方系统的报警信息输入，并能对检测信息、报警状态、监控画面等信息进行输出至第三方平台；4、对现场监控画面进行实时查看功能，可自定义存储，存储时间不少于 30 天，能够对监控录像进行查看；5、监控画面能够输出至第三方大屏监控系统，能够进行远程查看，第三方监控系统需提供视频接口；6、能够对系统的运行状态、报警信息、设备操作等情况进行记录并存储，方便人员随时查看。7、输出设备手动/自动触发两种模式选择功能，在自动模式下系统自动分析触发相应报警，手动模式下系统能远程手动触发相应报警；

【第一作者简介】李福星，男，1984 年生，2007 年毕业于长江大学机械设计制造及其自动化专业，现任中海石油(中国)有限公司湛江分公司工程建设中心专业首席工程师，工程师。主要从事方向为海洋平台设计建造。E-mail：lifx1@ cnooc. com. cn。

1.2 系统框架

防入侵系统是用于探测设防区域的非法入侵行为并发出报警信号的电子系统或网络，一般包括前端设备、传输设备和控制/显示/处理/记录设备。

涠洲 11-2C 平台防入侵系统的前端设备布置在平台登临甲板入口，包括热成像摄像机、红外摄像机。系统通过硬盘录像机、交换机、光电转换器、海底光纤等数据采集和传输设备，把前端设备的回传信息传输到防入侵系统主机。控制处理系统主机安装在涠洲 6-9/6-10 平台中控室，主机对传回的画面信息进行智能分析和多重逻辑运算，当系统判定到有人员入侵时，自动产生声光报警提示中控值班人员，并通过平台登临区域安装的防爆扬声器进行警示、驱离。值班人员可通过监控画面实时查看现场状态，通过麦克风对现场进行喊话对入侵人员进行警告。

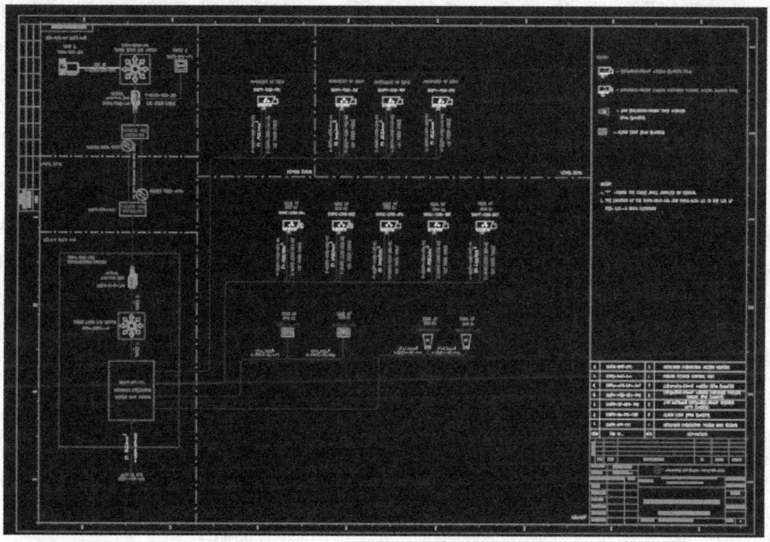

图 1.2.1 防入侵系统框图

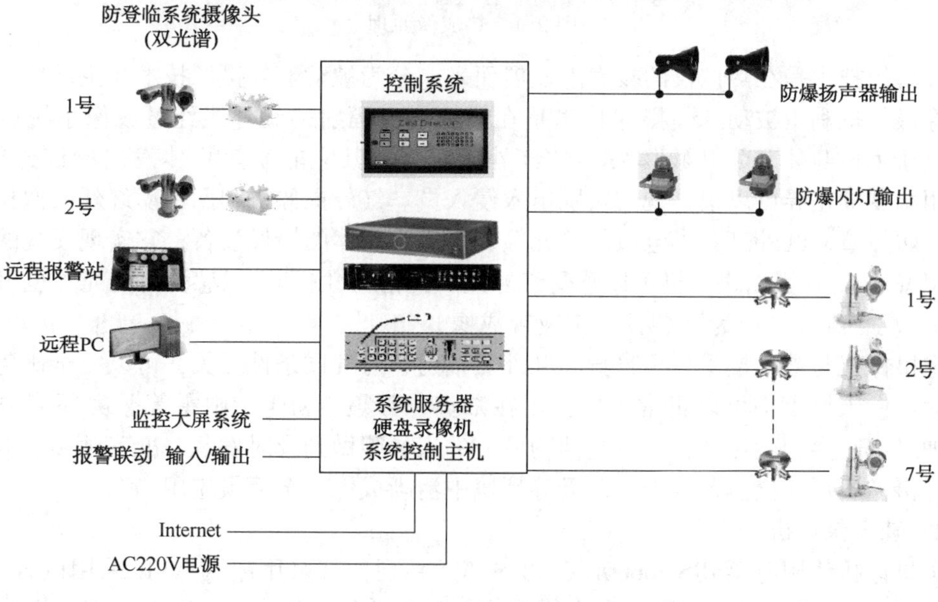

防入侵系统

图 1.2.2 防入侵系统设备原理图

2 硬件设备

2.1 前端设备原理及设备选择

摄像机是系统最主要的前端设备，其在平台负责环境下的清晰度和抗干扰能力是系统监控灵敏度和报警精确率的关键因素，为保证前端摄像机能在在平台白夜交替以及雨雾天气情况下的连续工作，系统采取防爆热成像双光谱云台摄像机和防爆红外云台摄像头相结合的方式。

根据普朗克定律，凡是温度大于绝对零度（-273℃ ）的物体都会产生热辐射，自然界中的一切物体的温度都高于绝对零度，总是在不断地向外发射辐射能，热成像系统就是通过收集物体所发射的辐射能 ，并将其转换为电信号 ，然后通过后续电子处理电路将该电信号转换成与景物和背景辐射分布相对应的热图像，这种热图像能够重现景物各个部分的辐射特性 ，热成像系统可以直观的显示其辐射特征，从而把它们区分出来，转变成可见光图像，将人眼的视觉感知范围由传统的可见光扩展到肉眼所不能看见的红外光谱区[1]。

红外热像仪利用光学器件将被测目标辐射的红外能量聚热在红外探测器上。将探测器上每个像素点接收的红外数据进行处理后，对比预先标定好的温度数据。转换成标准的视频格式并显示出来。从而实现了将被测物的热分布转换为红外热图的过程。这种红外热图与被测物体表面的热分布相对应，热图像上面的不同颜色代表被测物体的不同温度。

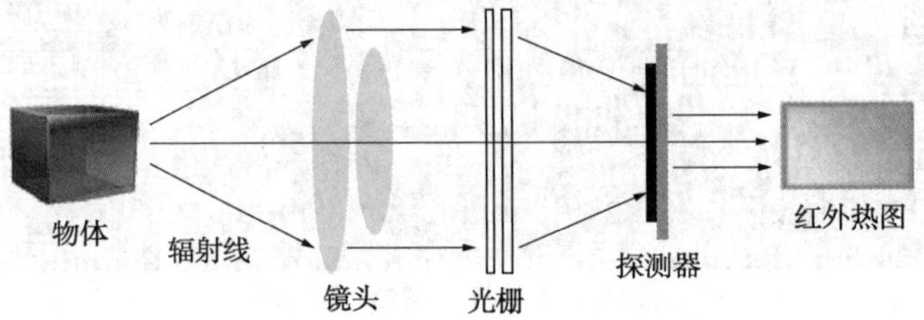

图 2.1 热成像原理

红外摄像技术是在热像仪的技术上发展而来，分为被动红外摄像技术和主动红外摄像技术。热像摄像机利用被动红外摄像技术是在物体自身辐射的红外线经过成像系统后完成监测[2]，由于人的身体和发热物体发出的红外光较强，其它非发热物体发出的红光很微弱，因此利用温度的差异可以很直观的判别出入侵人员。红外摄像机利用主动红外摄像技术，将摄像机、防护罩、红外灯、供电散热单元等综合成为一体的摄像设备。它实现夜视的基本原理是利用普通 CCD 黑白摄像机可以感受红外光的光谱特性(即可以感受可见光，也可以感受红外光)，配合红外灯作为“照明源”来夜视成像。

热像摄像机是被动接受目标自身的红外热辐射，与气候条件无关，可以完全避免强眩日干扰，无论白天黑夜均可以正常工作，可在浓雾、雾霾、粉尘、雨雪等恶劣环境中清晰成像，增加可视距离和能见度，并对遮挡物后方的人员能做到及时发现，准确预判人员登临情况。红外摄像机可在全黑、弱光、白天等环境中清晰成像，全天候应用。

2.2 硬盘录像机

硬盘录像机使用海康 iDS-8600NX-I8/S-V2 系列，其采用超脑 NVR 采用嵌入式设计，集成高性能 GPU 模块，内嵌深度学习算法，集 IPC 接入、存储、管理、控制、智能分析于一体，实现智能视频周界防范。支持 4K 高清网络视频的预览、存储与回放，可实现监控画面与报警信息同屏显示；支持可视化文件管理，可秒级查看历史录像文件、图片文件；支持人体检索功能。

2.3 防入侵系统主机及其集成客户端软件

防入侵系统主机及其集成客户端软件集成高清视频监控、红外热成像目标侦测以及手动、自动触发告警功能，执行多种运行命令，包括智能 AI 算法，同时具有自学习功能，极大的避免了误报的发生。在功能上支持语音讲话输入、录制及播放报警语音、与监控系统联动输出等功能。总体实现海上平台入侵目标自动识别、录像、抓拍、报警、声音驱离等功能

3 应用分析

3.1 入侵监测可靠性

系统在前端设备的选择上充分考虑了多种天气及工况对系统误判的影响，在信号采集处理上利用了硬盘录像机的深度学习算法，总体保证了系统的监测可靠性。防爆热成像双光谱云台摄像机采用红外及可见光两种视频监控模式，即解决了雾霾或遮挡物对入侵人员监测的影响，又利用人脸识别技术，对入侵人员做进一步判断。防爆红外云台摄像头解决了夜间光线的监测的影响，多种检测手段的组合应用保证了系统在前端视图监测的可靠性。

3.2 遥控操作

利用系统集成的麦克风、防爆扬声器、防爆闪灯灯输入输出设备，实现远程遥控联动干预，自动或手动模式实现对无人平台在人员入侵情况下的警示及劝离，为守护船、海监船、直升机等多方资源提供前期预警信息，联动干预实现的无人平台的安全防护。

4 结论

项目以视频监控系统作为主要技术手段，监视并实时显示，记录现场图像，采用全数字的系统结构，通过网线、光纤传输到监控中心(涠洲 6-9/6-10 中控室)，完成监视图像的记录、调用，并远程介入预警，对于海上无人平台防入侵系统的设计有一定的借鉴意义。

参 考 文 献

[1] 王磊 卢玉华 GA/T 1708—2020《安全防范视 频监控红外热成像设备》标准解读 中国安防技术与应 2020 年第 4 期

[2] 王玮超 用于建筑工程安全监控的红外热像仪光学系统设计 红外 . 2020. 40(10)

溢油监测技术在海洋无人采油平台的应用

陈学东　李福星

（中海石油（中国）有限公司湛江分公司，广东湛江　524057）

摘　要：针对海洋无人采油平台溢油风险，本文根据采油平台主要生产处理设备、原油管线、平台附近海面等场景下的智能化溢油监测需求，在总结目前主要溢油监测技术应用情况的基础上，提出图像 AI 识别技术和紫外荧光溢油检测方法相结合的方案，组建适合无人平台对海面和复杂生产处理设备场景下的溢油检测系统，并对此系统的原理、特点、拓扑图、硬件结构等进行说明。为完善海上设施溢油监控，促进采油平台与海洋生态和谐发展提供技术方案。

关键词：采油平台；溢油监测；AI 识别；紫外荧光

1　引言

溢油对海洋环境及平台生产的危害程度受很多因素的影响和制约，存在不可预知性[1]，总体呈现危害级别与溢油程度呈正增量关系，危害程度随着溢油时间及溢油量的增加而成倍增加，如果不能及时发现并及时采取措施，会对人员生命及财产安全造成无法弥补的伤害，对海洋环境及其附属的产业链造成毁灭性打击。海洋无人采油平台一般由导管架、海管和上部生产处理平台组成，主要溢油风险点集中在海管和平台生产处理单元。常规设计有固定式可燃气报警仪[2]、变送仪表、视频监控等辅助手段判断溢油风险，并在主要设备和平台边缘设置裙边挡板，回收污油到闭式排放系统，防止含油污水溢流到海面。平台溢油风险多数是由于设备或管线腐蚀穿孔、法兰密封失效引起的，往往经历从渗漏到喷射的过程，在前期渗漏阶段，工艺参数变化不明显不足以引起报警，由于油气泄漏较少，难以形成聚集，很难通过可燃气探头检测和工艺参数变化发现。视频监控系统作为一种辅助观察手段，主要依赖人员操作，存在局限性。

综上分析，目前海上采油平台的溢油监测分析手段对于溢油事故初期阶段的捕获能力不足，无法满足无人采油平台对安全及环境污染防范的理念要求，不能做到“早发现、早治理”。中国海洋石油集团有限公司企业标准中的《海上无人驻守井口平台设计规定》在 2019 年版本中明确提出，在有溢油风险的平台设置溢油监测预警系统，对溢油风险点实现视频监控全覆盖、实时智能监控。在海洋无人生产平台上布置独立的溢油监测系统是十分必要的，可提高海洋石油平台的溢油防范能力，实现对溢油事故风险前期预警，防止事故扩大，避免

【第一作者简介】陈学东，男，1984 年生，2007 年毕业于河南理工大学自动化专业学士学位，现任中海石油（中国）有限公司湛江分公司工程建设中心专业工程师。主要从事方向为海洋平台设计建造。E-mail：chenxd19@cnooc.com.cn。

或降低溢油环境污染，促进企业与海洋生态环境的和谐发展。

2 溢油监测技术

2.1 溢油监测技术现状分析

目前，海洋无人采油平台溢油监测系统的主流产品以监测平台周边海面的溢油为主，主要面向对海面油膜物理形态的监测，常用的技术主要有：视频监测、热成像监测、紫外荧光监测和遥感监测等[3]。海面溢油监测系统的监测点在污染源流向的末端，存在一定的局限性，当石油溢流到海面，已经对海洋造成污染，此时采取防污应急处置，已显被动，由于其技术发展应用成熟可靠、易于实现，仍然是市场主流监测手段。

实现海洋无人采油平台溢油风险的前期预警功能，溢油监测点需前移到溢油事故发生风险点，如分离器、泵、管线等采油平台主要生产处理设备。这些溢油风险点往往存在环境复杂、设备紧凑存在遮挡、点多面积大等缺点，对热成像监测、紫外荧光监测和遥感监测等技术的应用造成了障碍。随着图像 AI 技术的发展，视频监测技术在强大的图像 AI 识别算法助力下，反而使平台内部复杂工艺管线溢油监测成为可能。

2.2 溢油图像 AI 识别算法

溢油图像 AI 识别算法采用对可能发生溢油的现场环境进行标注的方式，通过人为标识特征，背景剪除、目标匹配法，进行图像分析与识别。

当现场环境较为单一时，如输油管道的下方的甲板面通常为绿色、海面颜色通常为蓝色、输油管道为白色或保温铝皮的银色，系统通过背景剪除算法，目标匹配算法、结合其他流行算法进行特征提取和标注，实现进行的检测，

当现场环境较为复杂时，例如输油管道表面存在多种遮挡物、或者现场设备管线密集等，可通过人为张贴指示标签，后端进行人为特征区域标注的方式进行 AI 分析。

2.3 溢油紫外荧光检测法

当光照射到某一物质上时，光的能量能够使该物质周围的一些电子从原来的轨道跃迁到更高能的轨道，即由基态跃迁到第一个激发或者第二个激发的单线态等。该激发单线态是不稳定的，持续数秒后，它们还会恢复到基态，当电子从第一激发单线态回到基态时，能量将以光或者热的形式释放出来，进而产生荧光。原油及其衍生物一般含有多环芳香烃，受到特定波长的激光照射会激发出一定波长的荧光，且具有特定的峰值波长。通过高清相机实时采集该特定荧光，即可判定该点是否存在溢油。

在防爆云台摄像机上配备极小功率的激光发生器，对检测海面进行轮巡，结合荧光反射图像进行 AI 分析，当发现溢油或疑似溢油时，监控摄像机自动驻点监控，自动放大和缩小监控区域，并通过特定的逻辑算法处理，排除各种海况干扰，实现精准报警。

2.4 综合溢油监控系统架构

针对平台内部复杂工艺管线溢油监测和平台周边海面溢油监测两种不同的需求，采取视频监测 AI 技术与紫外荧光监测技术相结合的方法构海洋无人采油平台综合溢油监控系统，系统拓扑图如图 2.4.1 所示

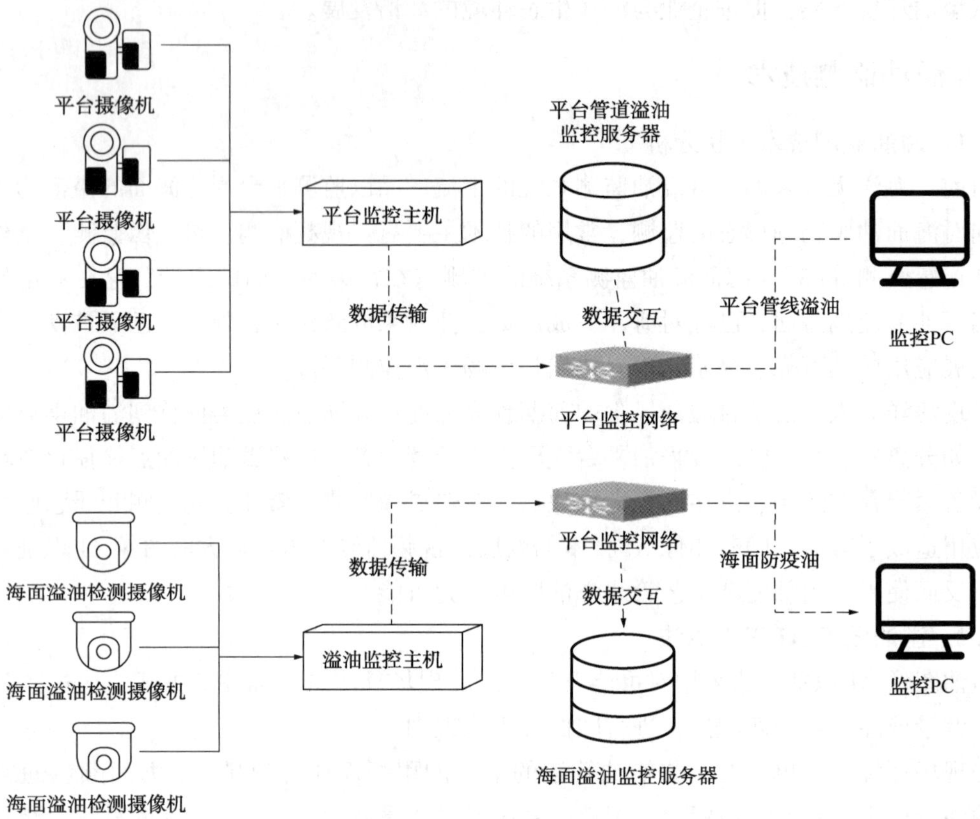

图 2.4.1　系统拓扑图

2.5　综合溢油监控系统组成机功能

系统主要由前端设备和后端设备组成，前端设备主要包括 AI 高清摄像机、海面溢油监控摄像机等；后端设备包括监控服务器、溢油监控软件、主机、客户端电脑、交换机等。前端设备主要负责图像采集及海面荧光捕抓，后端设备主要负责前端设备的信息处理，包括 AI 智能图像分析，溢油实时监控报警、报警画面抓拍留存、浏览实时图像、自动巡更、画面自动缩放、数据联网、画面投送、信息记录及查询等功能。

系统的核心是基于核心算法开发定制的系统程序，此程序由用户与厂家合作完成，由用户提供特定场景需求，厂家技术人员基于 AI 图像分析模型算法进行针对性研发。程序基于 . net 架构开发，运用图像分析模型的核心算法，通过对“事件”进行特征标注、背景剪除、特征提取，按照“系统核心算法”-“相关滤波算法”-“稀疏表达算法”-“滑动窗口算法”-“FIST 算法”进行逻辑运算。程序算法具有离线训练及在线追踪两个过程。离线训练是将图像集归一化，以 1024 特征向量进行表示，每一维对应一个像素，将预处理的数据进行无监督特征训练，根据输入数据和重构数据之间的误差，运用反向传播算法微调网络，迁移学习将训练得到的编码器(序列)转化到在线跟踪过程中，将每帧训练图像分为若干个图像块，在分别训练每个块中隐藏单元的自编码器。在线追踪是自动选取预标注的跟踪目标，并对图像建立全视角数据库，一次为正样本集，确保其特征鲁棒性，并随机选取目标周围区域作为负样本集，并将正负样本集进行编码、提取样本特征，并以此训练 SVM 分类器，实现事件及干扰事件的特殊标注。

2.6 综合溢油监控系统应用特点

此系统配置简单、兼容性强，能借助原有视频监控摄像头进行图像信息的提取，配置新的算法服务器，加装防溢油监测程序进行布置即可实现对平台内部复杂工艺管线溢油监测。溢油检测采用核心算法进行图像 AI 处理及识别，不影响原有监控系统的使用性，并且可快速投入应用。

软件具有学习能力，在使用过程中针对现场设备的变化进行学习训练，以满足后续现场设备扩展需求。

3 结束语

溢油事故是海洋平台发生灾难性事故的前兆，采用溢油监测技术对海洋无人生产平台进行智能化监控，对其进行有效技术防范，对平台生产安全和海洋生态保护具有重要意义。本文采用视频监测 AI 技术与紫外荧光监测技术相结合的方法构海洋无人采油平台综合溢油监控系统，对海上平台溢油监控防范提供了可行方案。

参 考 文 献

[1] 谢谚 溢油监测技术在石油石化企业环境风险防控中的应用 化工环保 . 2019 年 39 卷第 6 期
[2] 房师平，周志国，裴哲远 基于油膜监测的企业 溢油报警系统构建 安全健康环境 . 2016 年第 16 卷第 10 期
[3] 陈颖帅 系统化溢油视频监控技术在海洋石油工程中的应用研究 工艺技术 2021 年第 7 期

南海西部油田桥式偏心细分注水技术先导性应用

张德政　于志刚　宋文江　周振宇　蔄　嵩

（中海石油（中国）有限公司湛江分公司，广东 湛江　524057）

摘　要：南海西部涠洲油田群笼统注水井占总注水井数 45.61%，分注率偏低，需进一步精细分注。针对北部湾复杂井况提出了兼顾钢丝投捞与电缆测调、兼顾水驱与化学驱一体化的高效测调桥式偏心细分注水技术，基于陆地油田桥式偏心细分注水成熟技术，设计了一套大水量、大尺寸的桥式偏心细分注水工具，通过优化注水工具偏孔尺寸及导向结构，实现一种投捞器通过钢丝作业完成两种不同水嘴的打捞及投送，并且能与电缆直读式测调仪可靠对接。桥式偏心细分注水技术可钢丝投捞，可电缆测调，技术适用面广，调配效率高、精度高，对于海上复杂井况分层注水具有重要指导意义，可在海上类似油田推广应用。

关键词：精细分注；钢丝投捞；电缆测调；桥式偏心；调配效率

南海西部油田分层注水此前采用过同心集成和测调一体分层注水技术。同心集成分层注水管柱如需全层测调，必须将配水器全部捞出，再投入存储式测试配水器，测调时间长、工作量大，且占用大量井口作业时间。测调一体分层注水技术受限于南海西部油田注水井结垢、出砂等不利因素，常常出现调不动或调不到位的情况[1-4]。因此针对北部湾复杂井况提出了兼顾钢丝投捞与电缆直读、兼顾水驱与化学驱一体化的高效测调桥式偏心细分注水技术，以解决北部湾复杂断块油藏多层系注水开发过程中面临的层间矛盾突出的问题，实现有效注水增产。

1　分层注水技术简介

1.1　同心集成

同心集成分层注水技术是以主体封隔器的中心管作为配水器（测试仪器）的工作筒，每个配水器（测试仪器）控制两个分层注水层段，该管柱可实现六个层段（3 套配水封隔器）以内的分层注水与测试，如图 1 所示。管柱主要由内径 73mm 的分层封隔器以及内径分别为 66mm、63mm 和 60mm 配水封隔器等组成。配水封隔器的中心管作为配水器的工作筒，封隔器胶筒上下分别有注水通道与地层连通，配水器投入封隔器中心管内坐在台阶上。配水器上的两个注水通道内装有水咀，分别与封隔器的注水通道相对应。同心集成分层注水技术在南海西部累计应用了 17 井次，并针对南海西部井况进行了优化改进，最高可以实现分 6 层注

基金项目：综合科研“南海西部油田上产 2000 万方关键技术研究”（CNOOC-KJ135ZDXM38ZJ01ZJ）

【第一作者简介】张德政（1990—），男，硕士研究生，采油工艺工程师，中海石油（中国）有限公司湛江分公司生产部，主要从事海上采油、采气工艺研究。E-mail：zhangdzh6@cnooc.com.cn。

水。但现场实际应用过程中发现，后期钢丝作业注水调配耗时长，作业工作量大，调配繁琐，受限于平台作业窗口，常常出现测不了、调不了的情况。

1.2 测调一体

测调一体分层注水管柱带有测调一体工作筒，测调工作筒上带有可调节水嘴，通过电缆作业调节工作筒水嘴开度，可控制注水层注水量，电缆下入测调仪器带有流量、压力和温度传感器，可测试井下工况数据，调节工作筒水嘴开度。地面控制器显示井下流量、压力和温度，并向井下仪器发送指令，控制仪器测试数据和调节井下注水量。2016 年该技术在南海西部油田首次应用，截至目前累计应用 3 井次，3 井次均存在后期调不动的情况。该技术目前尚处于改进探索阶段，虽增大了测调仪器扭矩，但测调力仍然较小，如出现结垢或砂卡的情况能否调的动还未知[5-7]。

1.3 智能分注

智能分注又可分为有缆智能分注、液控智能分注和无缆智能分注，较为成熟的是有缆智能分注。有缆智能分注在每个注水层位上均装有一个智能配水器，层间用封隔器隔开。通过电缆传输电信号，长期监测井下流量、温度、注水压力和地层压力，实时监测每层注水量的大小，并自动控制阀门开度，将注水量控制在允许的误差之内。借助井口智能校准自检仪可定期对井下仪参数进行重新标定、校准。目前该技术较为成熟的配套产品适用温度为 120℃。南海西部油田大多数分层注水目标井储层温度大于或等于 120℃。考虑到电子元件易出现进水短路、震动损坏、高温烧毁等复杂情况，智能分注技术在南海西部油田尚处于论证待实施阶段。对于井斜大于 60°的分层注水井，拟采用有缆智能分注技术，正在攻关适用于 150℃井温的配套技术。

1.4 桥式偏心

桥式偏心细分注水工艺适用于 7″及 9-5/8″套管内径，井斜小于 60°的分层注水井。桥式偏心配水器主要由上接头、上下连接套、桥式工作筒主体、扶正体、导向体、堵塞器等部分组成[8-11]。正常注水时，堵塞器靠自身的 28mm 台阶坐于桥式工作筒主体的小偏心孔上，堵塞器的小凸轮卡于主体小偏心孔上部，堵塞器上的 4 道“O”型密封圈封住工作筒主体的出液槽。注入水即经过堵塞器的滤罩、水嘴、堵塞器的出液槽和工作筒主体的偏心侧孔进入油、套环形空间后注入地层，同时通过桥式工作筒主体的桥式通道可测得井筒间压差。

考虑分层测试注水量，如采用同心集成，需将全部配水器捞出，再下如存储式测试配水器。桥式偏心无需起出配水器即可一趟钢丝作业存储测试各层注水量。从日常监测来说，桥式偏心优势更大。从理论统计数据来看，在 2~6 层分注条件下，共计 119 种调配工况，其中 97 种工况为桥式偏心效率更高，占比 81.5%。桥式偏心较同心集成调配效率平均提高 ，当 5 层分注调配时，桥式偏心较同心集成调配效率提高最大可达 21.4%。

2 桥式偏心细分注水关键工具优化

陆地使用的桥式偏心配水器参数不适合在北部湾复杂断块油藏使用，现有桥式偏心注水工具只能满足注水需求，功能单一。因此需研究可兼顾钢丝投捞与电缆直读、兼顾调驱、解堵等措施一体化的配注工具。设计了一套大水量、大尺寸的桥式偏心细分注水工具，井下耐高温、耐腐蚀、抗结垢结构。通过优化注水工具偏孔尺寸及导向结构，使之兼容水驱及化学驱两种结构，实现一种投捞器通过钢丝作业完成两种不同水嘴的打捞及投送，并且能与电缆直读式测调仪可靠对接。工具主体材料及表面防腐处理，工具内部结构优化设计，满足分层注聚需要。偏心细分注水关键工具主要包括偏心配水器和水力循环凡尔。偏心配水器主要由偏心主体、连接机构、扶正导向机构、配水堵塞器等组成。水力循环凡尔主要由挡球挡节、单流阀总成、阀座等组成。优化后的偏心细分注水关键工具可满足耐温 150℃；耐压 5000psi；满足注水量 800m³/d；满足井斜 0~60 度；满足钢丝投捞与电缆直读测试要求；满足水驱与化学驱一体化开发要求。

3 桥式偏心细分注水技术先导性应用

通过优化桥式偏心细分注水管柱结构和关键工具，使之适用于海上大尺寸(7″及 9-5/8″)套管及后期调驱、解堵等措施。2019 年以来，桥式偏心细分注水已累计应用 6 井次，见表 3，包括有 4~6 层分注井，均实现了分层精细配注，且调配效率普遍高于同心集成。桥式偏心细分注水调配平均绝对误差 4.9%，小于同心集成 7.7%。

表 1　桥式偏心与同心集成实际测调对比

井号	细分注水技术	分层数	调配层数	调配作业时间（天）	调配平均绝对误差
WZ11-1N-A10	同心集成	4	4	8	8.7%
WZ11-1N-A11		2	2	8	6.4%
WZ11-1N-A16		2	2	5	5.4%
WZ11-1N-A13		4	4	12	10.1%
WZ11-1N-A9	桥式偏心	4	4	5	3.1%
WZ11-1N-A13		4	4	6	5.1%
WZ12-2-A5		5	5	7	4.6%
WZ12-2-A9		4	4	5	6.8%
WZ12-2-A16		6	6	10	4.5%
WZ12-2-B23		5	5	9	5.1%

4 结论

为解决北部湾复杂断块油藏多层系注水开发过程中面临的层间矛盾突出的问题，实现有效注水增产，针对北部湾复杂井况提出了兼顾钢丝投捞与电缆直读、兼顾水驱与化学驱一体化的高效测调桥式偏心细分注水技术，得到以下结论：

（1）桥式偏心细分注水技术通过优化偏心分注关键工具，可满足耐温 150℃，耐压 5000psi，满足注水量 800m³/d，满足井斜 0~60°，满足钢丝投捞与电缆直读测试要求，满足水驱与化学驱一体化开发要求，适用于海上 7″及 9-5/8″套管注水井。

（2）优化后的偏心分注工具在偏空底部极限、顶部极限及极限之外三种工况下导向合格率、注水水嘴投捞合格率、注聚调节器投捞合格率均为 100%，说明配套工具可靠。

（3）桥式偏心可实现 1 趟测试，且较同心集成分层注水技术调配效率高，理论调配效率最大可提高 21.4%；桥式偏心细分注水技术现场应用 6 井次，实际调配效率亦高于同心集成；桥式偏心细分注水调配平均绝对误差4.9%，小于同心集成7.7%。

（4）桥式偏心细分注水技术可实现钢丝投捞测调，亦可实现电缆测调一体，如出现结垢、出砂等不利因素导致调不动，可重新投捞偏心配水器，无需再次动管柱作业。

参 考 文 献

[1] 张玉荣，闫建文，杨海英，等．国内分层注水技术新进展及发展趋势[J]．石油钻采工艺，2011，33(2)：102-107.

[2] 杨忠贵，张修林，宋成立．扶余油田细分层注水配套技术研究与应用[J]．非常规油气，2016，3(1)：57-60.

[3] 石建设，顾春元，姜建胜，等．定向井分层注水工艺研究与应用[J]．石油钻采工艺，2000，22(1)：46-48.

[4] 范锡彦，于鑫，杨洪源，等．分层注水井分层流量及验封测试技术[J]．石油机械，2007，35(10)：64-65.

[5] 黄强，张立，郭鑫，等．分注井测试与调配联动技术的改进与应用[J]．内蒙古石油化工，2011，15(3)：87-88.

[6] 王美章，张晓东，刘庆福，等．注水井高效测调技术应用及效果评价[J]．中国石油和化工标准与质量，2013，14(3)：74-74.

[7] 唐建代，杨宏，陈伟，等．测调联动测试分层注水工艺及在青海油田的应用[J]．石油地质与工程，2013，27(1)：106-108.

[8] 宋祖厂，刘扬，盖旭波，等．桥式同心分注技术及其在深斜井中的应用[J]．石油矿场机械，2013，42(7)：62-65.

[9] 巨亚锋，陈军斌，李明，等．桥式偏心精细分注工艺及测调技术研究与应用[J]．内蒙古石油化工，2010(11)：118-120.

[10] 杨洪源，于鑫，齐德山，等．桥式偏心配水管柱在分层测试中的应用[J]．石油机械，2009，37(3)：59-61.

[11] 李明，金文庆，巨亚峰，等．桥式偏心分层注水技术在大斜度井上的应用[J]．石油机械，2010，38(12)：71-72.

页岩气水平井排液采气工艺优选评价体系

周　朝[1,2]　何祖清[1,2]　范　杰[1,3]　罗　璇[4]　陈　旭[4]

(1. 中石化石油工程技术研究院有限公司，北京　102206；
2. 页岩油气富集机理与有效开发国家重点实验室，北京　102206；
3. 中国石油大学(北京)石油工程学院，北京　102249；
4. 中国石化江汉油田石油工程技术研究院，武汉　430035)

摘　要：页岩气田积液井逐年增多，需选取适合的排液采气工艺治理积液。但是，目前排液采气工艺的选择常采用经验法，导致排水效果较差。因此，根据压力供给与临界携液准则，结合节点分析方法，建立了页岩气水平井排液采气工艺优选评价体系，综合考虑产量、压力、携液、井身结构和生产阶段，实现定量优选排液采气工艺。现场应用表明，优选后的排液采气工艺提升了排液效果，优选评价体系为现场排液采气工艺优化提供指导。

关键词：涪陵；页岩气藏；排液采气；压力供给；临界携液；优选

页岩气作为一种极具开发潜力的非常规资源，其高效开采对于保障能源安全，降低天然气对外依存度具有重要意义[1]。页岩气采用水平井和大规模体积压裂方式进行开发，井身结构复杂，大量压裂液进入页岩地层并在返排阶段回流到井筒[2]，导致页岩气井长期带液生产，引发井筒积液问题，需采取适合的排液采气工艺治理井筒积液。但是，目前的排液采气工艺选择主要采用经验法或宏观控制图版法[3]，主要依赖现场经验，考虑因素欠缺，无法定量分析多种排液采气工艺，导致排液效果较差。为此，根据压力供给准则与临界携液准则，结合节点分析方法，开展产量、压力、携液、井身结构和生产阶段等多因素分析，建立了页岩气水平井排液采气工艺优选评价体系，实现定量优化排液采气工艺。

1　工艺选取原则

为了有效发挥排液能力，排液采气工艺的选取遵循以下原则：

(1) 综合考虑气藏地质、井筒和地面状况，详细了解相关资料；

(2) 明确各种排采工艺的特点与适用性，初步落实技术界限；

(3) 综合考虑技术适用性、投资成本、见效时效和现场实际条件；

(4) 单井治水与整体治水相结合，构造低部位水淹井强排水，改善整体开发状况；

(5) 可应用多种组合工艺综合治水，提升排采效果。

基金项目：中国石化科技部攻关项目“涪陵页岩气井排水采气技术研究”(编号：P19025-3)；中国石化“十条龙”项目“复兴侏罗系陆相页岩油气采油气技术”(编号：P21078-8)。

【第一作者简介】周朝，男，1988.04，2010 年毕业于东北石油大学石油工程专业，2017 年获中国石油大学(北京)油气田开发工程专业博士学位，E-mail：zhouchao_ joe@ 163. com。

2 压力供给与临界携液分析

排液采气工艺的优选需要同时考虑压力供给准则和临界携液准则，对于利用气井自身能量排液的工艺，既需要使井口油压满足井口外输要求，又需要使实际井口产气量大于全井筒最大临界携液流量。

2.1 压力供给准则

为了满足井口外输要求，应用排液采气工艺后的井口油压需大于井口外输压力，可以表示为：

$$P_{wf}-\Delta P=P_t>P_{tr} \tag{1}$$

式中，P_{wf}为井底流压，MPa；ΔP为应用排液采气工艺后的井筒总压降，MPa；P_t为井口油压，MPa；P_{tr}为井口外输压力，MPa。

由于页岩气水平井的井斜角变化较大，因此对于优选管柱工艺的井筒总压降计算，可以选取用于计算水平和倾斜井筒压降的两相流模型[4]：Beggs-Brill 模型、Baker Jardine 模型、Dukler-Flanigan 模型和 Mukherjee-Brill 模型。根据涪陵现场 25 口页岩气井的实测井底流压数据和生产数据，分别利用 4 种两相流模型计算井口油压，并与实测井口油压结果比较，误差分析如表 1 所示。可以看出，Mukherjee-Brill 模型的平均相对误差绝对值和均方根误差均最小，可用于计算页岩气井应用优选管柱工艺后的井筒总压降。

表 1　两相流模型误差分析

两相流模型	平均相对误差绝对值(%)	均方根误差(%)
Beggs-Brill	19.37	25.39
Baker Jardine	30.04	35.42
Dukler-Flanigan	39.04	46.78
Mukherjee-Brill	13.83	17.18

涪陵现场应用的起泡剂可使混合流体的密度降低至液相密度的约 0.5 倍，因此取$\rho_m=0.5\rho_l$，采用均相流动模型计算泡排工艺的井筒总压降：

$$\Delta P=\sum\left(\rho_m g\sin\theta_d+\frac{f_m\rho_m v_m^2}{2D}+\rho_m v_m\frac{dv_m}{dz}\right)\times 10^{-6} \tag{2}$$

式中，ρ_m为混合流体密度，kg/m³；g为重力加速度，m/s²；θ_d为井斜角，°；f_m为摩阻系数，无因次；v_m为混合流体速度，m/s；D为管道内径，m；dz 为井筒分段长度，m。

对于柱塞排液采气工艺，根据柱塞举升液柱刚好达到井口的临界状态分析和柱塞运行之前位于液面之下的临界状态分析，可以计算柱塞排液采气的井筒总压降：

$$\Delta P=10^{-6}\times\left(\frac{G_p+(P_t+\rho_l gh)A_p}{A_p}\right)\cdot e^{\frac{28.97\gamma_g g(H-h)}{RTZ}}-P_t \tag{3}$$

式中，G_p为柱塞重量，N；ρ_l为液相密度，kg/m³；h为积液段高度，m；H为柱塞卡定器距井口的高度，m；A_p为柱塞横截面积，m²；γ_g为气相相对密度，无因次；R为气体常数，

0.008471MPa·m³/(kmol·K)；T 为井筒平均温度，K；Z 为气相偏差系数，无因次。

2.2 临界携液准则

为了满足气体携液要求，应用排液采气工艺后的实际井口产气量需大于全井筒最大临界携液流量，可以表示为：

$$Q_g > Q_{cmax} \tag{4}$$

式中，Q_g 为井口产气量，m³/s；Q_{cmax} 为全井筒最大临界携液流量，m³/s。

为了判断排液采气工艺是否满足临界携液准则，需准确计算页岩气井的全井筒临界携液流量。目前的临界携液流量方法有多种，其中，李闽方法被证实对于国内直井气井的积液预测效果较好，也说明了液滴模型的有效性[5]。然而，目前基于液滴模型的临界携液流量方法均未全面考虑页岩气井的复杂井身结构、返排液量和液滴形状特征，导致无法准确预测页岩气井临界携液流量。为此，以变形液滴模型为基础，综合考虑页岩气井筒产液量、井斜角、液滴变形和尺寸差异，建立页岩气井全井筒临界携液流速公式：

$$u_c = 3.4\left[\frac{Q_l}{C_d k^2 \mu_g^{0.25} D^{1.75}} \cdot \frac{\sigma(\rho_l - \rho_g)}{\rho_g^{1.75}}\right]^{\frac{1}{4.75}} \cdot \frac{\sin\left(1.7(90-\theta_d)\right)^{0.38}}{0.74} \tag{5}$$

式中，u_c 为页岩气井全井筒临界携液流速，m/s；Q_l 为产液量，m³/s；C_d 为曳力系数，无因次；k 为变形系数，无因次；μ_g 为气相粘度，mPa·s；σ 为表面张力，N/m；ρ_g 为气相密度，kg/m³。

页岩气井全井筒临界携液流量为：

$$Q_c = 2.5\times10^4 \cdot \frac{APu_c}{ZT} \tag{6}$$

式中，Q_c 为临界携液流量(标况)，m³/d；A 为管道横截面积，m²；P 为压力，MPa。

由(6)式计算得到页岩气井全井筒临界携液流量后，取各深度处的临界携液流量最大值，作为页岩气井全井筒最大临界携液流量 Q_{cmax}。

根据涪陵页岩气田现场实际，取气相粘度为 0.025mPa·s，液滴变形系数为 1.8，得到便于涪陵地区现场应用的页岩气井全井筒临界携液流速公式：

$$u_c = 4.26\left[\frac{\sigma Q_l(\rho_l - \rho_g)}{(\rho_g D)^{1.75}}\right]^{\frac{1}{4.75}} \cdot \sin\left(153 - 1.7\theta_d\right)^{0.38} \tag{7}$$

根据涪陵现场 25 口页岩气井的实际积液情况，选用水平井 Belfroid 液滴方法[6]、水平井 Richter 液膜方法[7]、Fiedler 形状函数修正的 Coleman 方法[8]和本文(6)~(7)式分别计算 25 口气井的临界携液流量，本文方法的积液预测精度最高，整体预测精度达 92%。

应用泡排后，对液相密度和表面张力进行修正，取 $\rho_m = 0.5\rho_l$，泡沫表面张力 σ_m = 0.02N/m，代入(7)式整理得到页岩气井全井筒临界携泡流速：

$$u_{cm} = 1.87\left[\frac{Q_l(0.5\rho_l - \rho_g)}{(\rho_g D)^{1.75}}\right]^{\frac{1}{4.75}} \cdot \sin\left(153 - 1.7\theta_d\right)^{0.38} \tag{8}$$

式中，u_{cm} 为临界携泡流速，m/s。

由(8)式计算出临界携泡流速后，根据(6)式即可计算出全井筒临界携泡流量。

3 排液采气工艺优选评价体系

3.1 体系建立

根据压力供给准则和临界携液准则，结合节点分析方法，建立了页岩气水平井排液采气工艺优选评价体系，综合考虑产气、产液、压力、携液、井身结构和生产阶段，可实现对增压、泡排、优选管柱、柱塞、补能工艺(气举、泵)等多种排液采气工艺的优选。排液采气工艺优选评价体系(2-3/8in)如图3所示，图中的横坐标 Q_g 表示产气量，纵坐标 P 表示压力，其中 P_r 为地层压力。

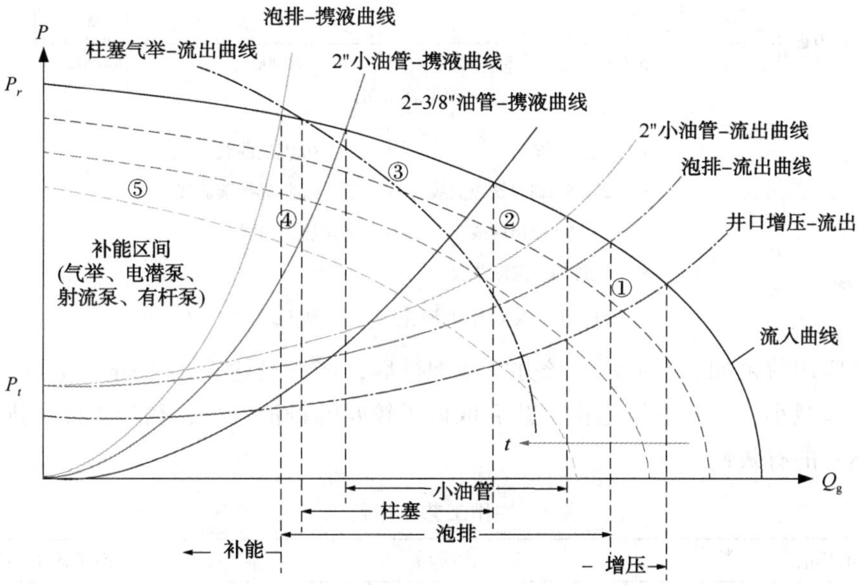

图3 排液采气工艺优选评价体系

图3中共包含三类曲线：地层流入曲线、排液采气工艺流出曲线、排液采气工艺携液曲线。其中，地层流入曲线表征了地层能量供给，随着生产时间延长，地层流入曲线不断向内侧移动，表明地层能量供给不断变小。排液采气工艺流出曲线表征了应用工艺后的井筒压降，根据压力供给准则，使井口油压满足最小外输压力的要求，得到不同排液采气工艺的流出曲线。排液采气工艺携液曲线表征了应用工艺后的井筒携液能力，根据临界携液准则，计算不同压力条件下的临界携液(泡)流量，得到不同排液采气工艺的携液曲线。

3.2 现场实例

涪陵页岩气井 JY-XX 井目前处于间歇生产阶段，产气量 $1.4\times10^4m^3/d$，产液量 $0.5m^3/d$，存在井筒积液问题。依据适用性初步分析该井较适宜的工艺为泡排和优选管柱，结合排液采气工艺优选评价体系，对这两种工艺进行定量优选，优选结果如图4。可以看出，在目前的生产条件下，2-7/8in 油管无协调区间；应用 2-3/8in 小油管或者泡排工艺后，具有协调区间，可以使气井恢复正常生产。进一步分析，泡排的协调区间大于小油管的协调区间，且泡排工艺的成本更低，因此优选泡排工艺，协调产气量可增加至 $1.7\times10^4m^3/d\sim1.8\times10^4m^3/d$。

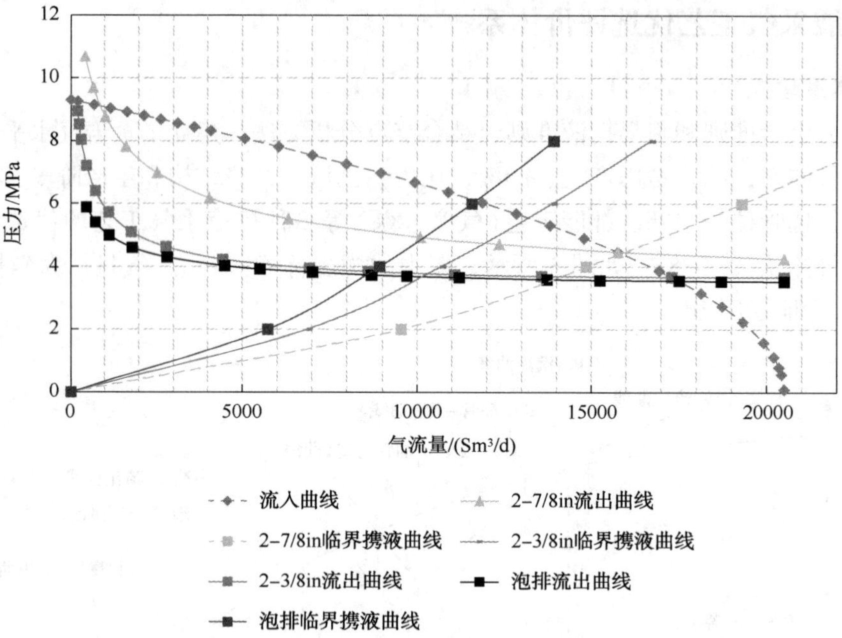

图 4 JY-XX 井排液采气工艺优选

泡排工艺应用效果如表 3 所示，该井实施泡排后，产气量达 $1.8\times10^4 m^3/d$，同时产液量增大，油套压差减小，可知应用泡排工艺后取得了较好的排液效果，初步验证了排液采气工艺优选评价体系的有效性。

表 3 泡排工艺应用效果

泡排前				泡排后				泡排效果		
套压 (MPa)	油压 (MPa)	产气量 ($10^4m^3/d$)	产液量 (m^3/d)	套压 (MPa)	油压 (MPa)	产气量 ($10^4m^3/d$)	产液量 (m^3/d)	油压变化 (MPa)	产气量变化 ($10^4m^3/d$)	产液量变化 (m^3/d)
3.48	2.8	1.4	0.5	3.21	2.6	1.8	1.3	-0.2	+0.4	+0.7

4 结论

1）排液采气工艺需同时满足压力供给准则和临界携液准则，应用工艺后的井口油压需满足井口外输要求，应用工艺后的井口产气量需大于全井筒最大临界携液流量。

2）结合涪陵页岩气井现场情况，根据误差分析优选 Mukherjee-Brill 两相流模型用于计算页岩气水平井的井筒压力分布；综合考虑产液量、井斜角、液滴变形和尺寸差异，建立页岩气水平井临界携液流量模型，积液预测精度达 92%。

3）根据压力供给准则和临界携液准则，结合节点分析方法，建立了页岩气水平井排液采气工艺优选评价体系，可实现对各类排液采气工艺的优选。

4）现场实例分析表明，排液采气工艺优选评价体系可有效进行工艺优化，优选后的泡排工艺具有较好的排液效果，初步验证了排液采气工艺优选评价体系的有效性。

参 考 文 献

[1] 夏海帮，袁航，岑涛．彭水区块页岩气生产井排采方式研究与应用[J]. 石油钻探技术，2014，42(4)：21-26.

[2] 张涛，李相方，王永辉，等．页岩储层特殊性质对压裂液返排率和产能的影响[J]. 天然气地球科学，2017，28(6)：827-838.

[3] 刘捷，廖锐全，陈进，等．新疆油田气井排液采气工艺优选方法[J]. 特种油气藏，2015，22(1)：141-143.

[4] 陈家琅，陈涛平．石油气液两相管流：第二版[M]. 北京：石油工业出版社，2010.

[5] Zhou C，Wu X D，Li H C，et al. Optimization of methods for liquid loading prediction in deep condensate gas wells[J]. Journal of Petroleum Science and Engineering，2016，146：71-80.

[6] Belfroid S P C，Schiferli W，Alberts G J N，et al. Predicting onset and dynamic behaviour of liquid loading gas wells[C]// paper 115567-MS presented at the SPE Annual Technical Conference and Exhibition，21-24 September 2008，Denver，USA.

[7] Richter H J. Flooding in tubes and annuli[J]. International Journal of Multiphase Flow，1981，7(6)：647-658.

[8] Coleman S B，Clay H B，McCurdy D G，et al. A new look at predicting gas well load-up[J]. Journal of petroleum technology，1991(3)：329-333.

复杂油气井工程

下部钻具组合横向振动特征研究与优化

张佳伟　王　庆[1]　黄洪春[1]　崔　猛[1]　纪国栋[1]　邹灵战[1]

（1. 中国石油集团工程技术研究院有限公司 北京 昌平 102249）

摘　要：基于牛顿动力学方程及欧拉伯努利梁理论，建立频率域下、单自由度、有阻尼条件下的下部钻具组合（BHA）横向振动强度评估模型，实现距离钻头不同深度 BHA 状态矢量值（位移、倾角、弯矩及剪切应力）计算，基于计算结果实现钻前 BHA 对比与优选。现场实测与模型计算 BHA 横向振动强度对比显示二者吻合度较高，验证模型对评估 BHA 横向振动强度可靠性，对缓解井下 BHA 横向有害振动、降低钻具风险具有指导意义。

关键词：BHA 横向振动；传递矩阵；状态矢量；优化设计

随着钻探目标不断向深层和非常规储层迈进，钻井难度日益增加，机械钻速随井深增加逐渐降低。钻井过程中影响机械钻速因素多达 40 种[1]，钻柱振动是影响机械钻速重要因素之一。据统计，世界范围内钻井过程中由于井下振动导致经济损失达到 3 亿美元/年[2]，钻井过程中井下振动主要有纵向、横向及扭转（粘滑）三种形式。不同于纵向或扭转（粘滑）振动发生时井口钩载、扭矩出现相应变化，横向振动多集中在下部钻具组合上[3]，且因与井壁碰撞产生阻尼效应地表钻井参数一般无明显变化[4]，导致随钻过程种很难通过地表工程参数实现井底钻具横向振动强度识别与评价。

20 世纪 60 年代至 21 世纪初，国外对钻柱横向振动固有频率及钻具横向振动强度影响因素与规律进行了大量理论及室内研究，多数研究集中在某一现象或某些因素对钻柱横向振动影响规律上，无法形成系统理论指导现场作业；国内对钻柱横向振动研究起步于 20 世纪 90 年代，且研究多集中在不同井型、不同钻井方式及不同因素对钻柱横向振动固有频率影响上，计算模型待定系数多且复杂，难以开展现场应用。对于钻柱横向振动室内试验模拟，国内外研究中常见利用振动、位移及力学传感器测量结果表征横振强度。

在前人研究基础上，基于欧拉伯努利梁理论与牛顿动力学方程，利用传递矩阵方法，建立了频率域下、有阻尼的单自由度 BHA 横向振动强度量化评估模型，并以此为基础实现钻前 BHA 优选，对比现场实测 BHA 振动强度与模型计算结果，两者变化趋势吻合度较高，验

基金项目：1. 中国石油天然气集团有限公司科学研究与技术开发项目《复杂超深井安全优快钻完井技术集成与试验》，项目编号：202 0F-46。

2. 中国石油天然气集团有限公司科学研究与技术开发项目《钻完井工程设计与优化决策一体化软件（SmartDrilling）研发》，项目编号：2020B-4019。

【第一作者简介】张佳伟（1992—），工程师，就职于中国石油集团工程技术研究院有限公司，从事钻柱振动、钻井优化与提速研究。通讯地址：（102206）北京市昌平区黄河街 5 号院 1 号楼。电话：13126692711。E-mail：zhangjwdri@ cnpc. com. cn

证了模型对井下 BHA 横向振动评估准确性。

1 BHA 横向振动评价模型建立

将 BHA 视为由若干个由一定质量钻柱微元体组成，微元体由质量不计弹簧连接而成，包含钻头、下部钻具组合以及稳定器，BHA 属于细长梁，其受力变形特征符合欧拉-伯努利弯杆理论。当 BHA 发生横向运动时，定义 BHA 微元运动状态矢量 μ：

$$\mu=\begin{bmatrix} y \\ \theta \\ M \\ V \\ 1 \end{bmatrix} \tag{1}$$

由欧拉-伯努利弯曲方程得到受力时杆体位移、倾角、弯矩以及剪切应力之间的关系：

$$\theta=\frac{\partial y}{\partial x};\quad M=EI\frac{\partial^2 y}{\partial^2 x};\quad V=-EI\frac{\partial^3 y}{\partial^3 x} \tag{2}$$

将下部钻具组合分解成若干个钻柱微元并将每个钻柱微元的状态矢量从下往上依次编号(钻头状态矢量编号为 0)，通过传递矩阵联系相邻钻柱微元状态矢量，线性叠加可得到：

$$\mu_{\mathrm{N}}=T_{\mathrm{N}}\mu_{\mathrm{N-1}}=T_{\mathrm{N}}T_{\mathrm{N-1}}\cdots T_1\mu_0 \tag{3}$$

2 BHA 运动状态描述

当钻柱旋转钻进时，BHA 微元受轴向拉力、剪切力以及弯矩作用，由微元体受力与力矩平衡方程可知，运动状态下 BHA 微元体满足受力及力矩平衡方程：

$$EI\frac{\partial^4 y}{\partial^4 x}-p\frac{\partial^2 y}{\partial^2 x}-W\sin(\varphi)=0 \tag{4}$$

对偏微分方程(4)求解得到：

$$y=ax^2+bx+c+de^{\beta x}+fe^{-\beta x} \tag{5}$$

式(5)中，$a=\frac{-W\sin(\varphi)}{2P}$，$\beta=\sqrt{\frac{P}{EI}}$，$b$、$c$、$d$ 和 f 可由模型的边界条件求出，利用 $x=0$ 和 $x=L$ 时 BHA 微元体横向振动状态矢量，计算得到相距 L 微元体之间状态矢量传递矩阵 T：

$$T=\begin{bmatrix} 1 & L & \left(\frac{-2+e^{\beta L}+e^{-\beta L}}{2P}\right) & \left(\frac{2\beta L-e^{\beta L}+e^{-\beta L}}{2P\beta}\right) & \left(\frac{-(\beta L)^2-2+e^{\beta L}+e^{-\beta L}}{2P\beta^2}\right)W\sin(\varphi) \\ 0 & 1 & \left(\frac{e^{\beta L}-e^{-\beta L}}{2\beta EI}\right) & \left(\frac{2-e^{\beta L}-e^{-\beta L}}{2P}\right) & \left(\frac{-2\beta L+e^{\beta L}-e^{-\beta L}}{2P\beta}\right)W\sin(\varphi) \\ 0 & 0 & \left(\frac{e^{\beta L}+e^{-\beta L}}{2}\right) & \left(\frac{-e^{\beta L}+e^{-\beta L}}{2\beta}\right) & \left(\frac{-2+e^{\beta L}+e^{-\beta L}}{2\beta^2}\right)W\sin(\varphi) \\ 0 & 0 & \left(\frac{-\beta e^{\beta L}+\beta e^{-\beta L}}{2}\right) & \left(\frac{e^{\beta L}+e^{-\beta L}}{2}\right) & \left(\frac{-e^{\beta L}+e^{-\beta L}}{2\beta}\right)W\sin(\varphi) \\ 0 & 0 & 0 & 0 & 1 \end{bmatrix} \tag{6}$$

3 应用实例

在西南某风险探井开展现场试验，试验井段 1808m-2020m，BHA 中配备井下存储式振动测量短节，三套 BHA 组合在相同外激励条件下（钻压 80KN、转速 60r/min）状态矢量分布结果见图 1，由图可知，相同外激励条件下，BHA-A（黑色曲线）显示四状态矢量值均小于 BHA-B（红色曲线）和 BHA-C（蓝色曲线），说明实钻过程中 BHA_ A 横向振动幅度最低，与井壁发生碰撞概率最小。通过振动趋势分析，三开试验井段钻进钻具组合采用 A 套钻具组合。

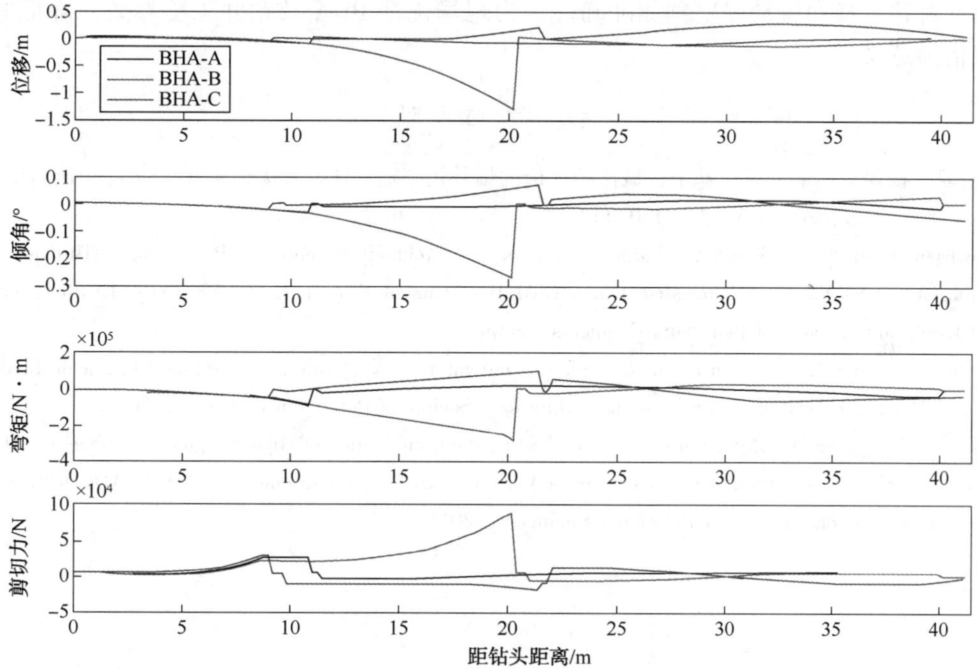

图 2 相同外激励条件下三套 BHA 横向振动四状态矢量对比

起钻后井下振动测量短节实测横振强度与模型计算测量短节横向位移随井深变化曲线见图 3。图中红色曲线为测量短节测量横向振动强度均方根值，蓝色曲线为模型计算测量短节位移量，由图可知试验井段 1、2 和 3 区间中对应模型计算 BHA 位移值越大，井底测量 BHA 横向振动强度偏高，验证了模型对 BHA 横向振动强度评估准确性。

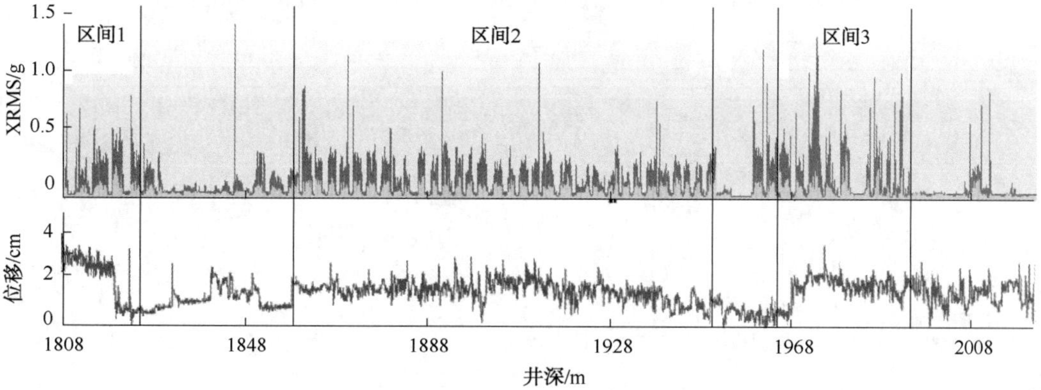

图 3 地表评估与井下实测横振强度数据对比

4 结论

（1）基于牛顿动力学微分方程与欧拉伯努利梁理论建立了频率域下、单自由度有阻尼条件下的 BHA 受迫横向振动评估模型，实现外激励条件下 BHA 横向振动四状态矢量评估值计算。

（2）在模型计算所得 BHA 微元状态矢量基础上实现了钻前 BHA 对比与优选。

（3）井下存储式振动测量短节测量 BHA 横振强度与模型计算横振强度评估值吻合度高，验证模型对井下横向振动强度预测准确性，为现场优选 BHA 及钻井工程参数，降低井下风险具有指导意义。

参 考 文 献

[1] 孟英峰，杨谋，李皋，等．基于机械比能理论的钻井效率随钻评价及优化新方法[J]．中国石油大学学报：自然科学版，2012，36(2)：110-114.

[2] Jacobsen Plutt L A，Pere A，Pardo N O，et al. Achieving Improved Performance Through Drilling Optimization and Vibration Management at a GoM Development Project[C]//SPE/IADC Drilling Conference and Exhibition. Society of Petroleum Engineers，2009.

[3] Forster I. Axial excitation as a means of stick slip mitigation-small scale rig testing and full scale field testing [C]//SPE/IADC Drilling Conference and Exhibition. Society of Petroleum Engineers，2011.

[4] Lesso W G，Ignova M，Zeineddine F，et al. Testing the Combination of High Frequency Surface and Downhole Drilling Mechanics and Dynamics Data Under a Variety of Drilling Conditions[C]//SPE/IADCDrilling Conference and Exhibition. Society of Petroleum Engineers，2011.

青海油田深探井重复压裂改造技术研究及应用

谢贵琪

（1. 中国石油青海油田公司钻采工艺研究院）

摘　要：LT1 井是柴达木盆地北缘冷湖腹部构造带钻探的一口风险探井，压裂试油气目标层埋深 5142-5157 米，该井首次压裂因携砂液顶替时发生砂堵而终止施工，后进行重复压裂充分改造储层。通过对深探井重复压裂的措施液体性能要求高、储层埋深施工压力高等技术难点进行分析，形成了适用于深探井重复压裂的关键技术并顺利完成了现场应用。

关键词：深井；压裂；致密油藏；重复压裂；方案优化；关键技术

1　深探井重复压裂技术难点

1.1　措施液体性能要求高

深探井目标层温度往往会达到 140℃甚至 200℃以上，而高温下压裂液凝胶容易降解致使其携砂性能变差、滤失量激增，轻则会影响裂缝内支撑剂铺置方式导致压裂效果大打折扣，重则支撑剂会在裂缝内轻易形成砂桥、砂堵导致施工失败。除此之外，重复压裂措施液还需要较首次压裂所用液体具有更强的造缝能力，即更弱的滤失性和更强的抗剪切性能。只有满足以上技术需求，深探井重复压裂才能凭借措施液将人工裂缝穿透首次改造范围，并合理铺置支撑剂、形成具有良好导流能力的油气流“高速公路”。

1.2　储层埋深施工压力高

青海油田深探井目标层埋深一般在 5000 米左右，压裂施工压力异常高主要受三个方面影响：(1)受深部地层上覆岩层压力和构造应力影响，地层破裂压力处于高值水平；(2)因目标层性质和重复压裂需求决定采用高性能压裂液必然带来措施液在管柱和裂缝内流动时沿程摩阻变大；(3)为保障施工过程井控安全和井的完整性，压裂管柱须下入至目标层段上部较近距离，这使得压裂管柱长度变长，液体在管柱内流动摩阻变大，增加了压裂液流动的沿程摩阻。受以上三个方面的综合影响，深探井压裂改造施工参数与生产安全要求之间的矛盾变得十分突出。

1.3　重复压裂工艺风险高

(1) 首次压裂泵入压裂液在地层中的扩散情况未知，流体孔隙压力的增大程度不明确，使得重复压裂时对地层破裂压力上涨幅度的预测增加了一定的复杂性，导致施工参数和规模优化的针对性减弱。

【第一作者简介】谢贵琪(1993-)，男，助理工程师，2017 年毕业于中国石油大学(北京)石油工程专业，现在青海油田钻采工艺研究院从事油气藏增产改造工作，曾获青海油田公司科技进步奖。E-mail：xgqzcqh@ petrochina. com. cn。

(2) 首次压裂已破裂开地层并根据施工终止的阶段可能存在泵入了一定量支撑剂进入地层的情况，支撑剂会在地层中不明确的位置形成一定的导流能力，增加了压裂液的综合滤失系数，导致重复压裂时人工裂缝内净压力发生额外损耗，旧裂缝延伸和新裂缝开启难度变大。

(3) 因为首次压裂对储层进行了酸预处理、压裂，地层内形成剪切缝或泵入了一定量支撑剂，所以地层随人工裂缝扩展方向可能存在压裂液瞬时滤失条件变化大的状况，随之带来的就是裂缝内净压力波动较大，重复压裂人工裂缝的动态缝宽和缝高变化波动变大，严重时甚至会造成混砂液瞬时脱砂形成砂堵。

因此深探井重复压裂过程会存在施工压力更高且波动大、裂缝延伸困难以及易形成砂桥造成砂堵等施工风险较大的问题。

1.4 常规处理工艺不适用

常规老井重复压裂采用更大的施工排量、规模"打碎"储层，将裂缝网络扩展至未改造地层实现重复压裂目标。但深探井本身具有施工排量和规模受限的工程挑战，重复压裂只能转变思路，转为优化压裂方案内容使得人工裂缝内净压力提高从而实现排量和规模等参数无需较大提高即可推动人工裂缝向更远端延伸，实现"长缝"压裂。

2 深探井重复压裂关键技术

2.1 针对失利的调整方案

回归"形成长缝，扩大泄流面积"的改造目标，在管柱设计、液体优选、支撑组合、参数规模等各个方面的优化中为降低施工压力、放大缝内净压力、增加液体效率争取提升的空间，才能突破首次压裂带来的不利条件。

2.2 科学优化的管柱组合

重复压裂方案的压裂管柱组合须在安全系数内满足管柱校核要求并且适当增大管径以减少管柱内流体摩阻。对0.3~0.4%常规羟丙基胍胶压裂液在不同尺寸油管中每千米形成沿程摩阻进行计算，以8m^3/min的施工排量为例，若压裂管柱长度为5000米，则全管柱采用3-1/2″管径更换为4-1/2″管径可降低沿程摩阻18.1MPa，由此可见扩大管柱内径是降低施工压力的有力手段。

2.3 全面提升的液体性能

青海油田深探井致密储层常规改造措施液选用思路为"前置滑溜水造缝、降温，携砂液(前)切换冻胶液体携带支撑剂充填裂缝"，针对上文分析提到的深探井重复压裂措施液方面的工艺难点与"造长缝"的工艺需求，重复压裂方案的压裂液体系优化主要在两个方面开展：(1)提升耐温抗剪切性能，强化液体的携砂性能；(2)提升液体交联时间的可控性，针对管柱组合优化液体交联时间。

3 深探井重复压裂应用情况

LT1井首次进行压裂施工最大排量4.8m^3/min，最高压力117.9MPa，破裂压力109.1MPa，泵入预处理酸40m^3、解水锁剂15m^3、预处理液10m^3、前置液348.5m^3、携砂液274m^3，总液量706.4m^3，总砂量42.2m^3，平均砂比13.39%，携砂后顶替液阶段发生砂堵(应顶替33m^3，实际顶替9.2m^3)终止施工，经计算井筒内残留4.2m^3支撑剂。

3.1 方案概况

（1）管柱组合设计。重复压裂管柱组合中增加了4－1/2″油管进行设计和校核，优化结果为“4－1/2″×3129.6m+3－1/2″mm×48m+2－7/8″×115.2m”。在加入4－1/2″油管后，经计算理论最大排量已能够提升至7～8m^3/min，满足重复压裂对排量提升的要求。

（2）经过室内实验二次优化评价，重复压裂采用优化后的“0.4%羟丙基胍胶”体系且不采用滑溜水，并通过液体pH值的调控将交联时间30～60s延长至180～200s。

（3）规模参数方案。重复压裂施工规模设计液量1000m^3，设计砂量75m^3。

3.2 现场施工

施工最高排量7m^3/min，最高压力116.6MPa，破裂压力116.4MPa，共用液1047.9m^3，加砂48.4m^3，平均砂比11.32%，停泵压力104.2MPa。施工方案根据实际情况进行调整，完成设计液量94%、砂量81%。对LT1井重复压裂主压裂程序进行压后拟合，得到储层渗透率0.034mD，最小水平主应力大小为128MPa，人工裂缝长度128.3m，高度26.2m，缝宽5.3mm。

3.3 措施效果

LT1井重复压裂后返排过程油压由84MPa降至0MPa，日排液由75m^3降至9m^3，累计产油10.1m^3，压裂残液388.8m^3，压裂砂0.013m^3，13日内返排率38.9%，水样为棕黑色，返排效果较首次压裂有一定改善。

4 结论与建议

（1）LT1井重复压裂裂缝参数、措施返排效果均较首次压裂有较大提升，青海油田深探井重复压裂改造技术获得重大突破。

（2）采用“管柱优化设计—施工压力预测—油管套管校核”的闭环方法适当增大压裂管柱内径可以有效降低施工压力。

（3）今后可引进适合深探井的裂缝监测技术（井口监测），进一步明确深层致密储层复杂缝网形成机理，指导深探井压裂设计优化。

深层高温潜山大位移水平井钻完井技术研究与应用

李云峰　吴　艳　白良杰　周　岩　徐小峰

（中国石油冀东油田钻采工艺研究院，河北唐山 063000）

摘　要：冀东南堡潜山地层具有埋藏深、井温高、安全密度窗口窄，前期钻探工程中存在着井漏、溢流、机械钻速慢，钻井周期长的等技术难题，严重制约了南堡潜山地层勘探开发进程，为此，通过开展深层潜山大位移水平井井身结构及及井眼轨迹的优化、抗175℃的造斜工具及 MWD 监测仪器和抗220℃的水包油钻井液体系优选，井眼清洁工具及降摩减扭工具等相关配套工具的研发、水平井精细控压技术及抗高温冻胶阀完井技术应用等方面的综合技术研究，逐步形成了一套适合于深层高温潜山大位移水平井钻完井工艺技术，实现了冀东南堡深层潜山地层安钻快速钻井的目标，为加快冀东南堡深层潜山勘探开发进程提供了强有力的工程技术保障。

关键词：南堡 2 号构造；深层潜山；水平井；钻完井技术

1　引言

冀东南堡潜山储层为奥陶、寒武碳酸盐岩地层，经过长期风化、剥蚀、溶蚀等各种作用形成丰富的储集空间，是冀东油田勘探开发碳酸盐岩油气的重点区块。由于该区块地质条件复杂，潜山储层埋藏深，井底温度高，裂缝发育，地层压力敏感，安全钻井液密度窗口较窄，前期采用常规定向井钻井施工中，出现了井漏、溢流、机械钻速慢，钻井周期长的等问题，严重制约着南堡潜山勘探开发进程，通过对前期已完钻井存在的技术难点进行总结分析，开展了大位移水平井钻井技术研究及应用，形成了南堡深层高温潜山大位移水平井有效勘探开发钻井技术，从而加快冀东南堡高温潜山储层勘探开发步伐。

2　钻井技术对策

2.1　井身结构设计

根据地层岩性、三压力剖面、井身剖面分析，结合地质要求及现有钻井设备的施工能力以及已钻邻井施工情况均衡分摊各井段施工难度；并综合考虑井深、水平位移及钻井难度，确定了深层潜山大位移水平井井身结构，即水平位移小于 2500m 的井采用四开井身结构，水平位移大于 2500m 的井采用五开井身结构。

2.2　井眼轨迹设计

（1）造斜点的选择：为了有效提高上部井段的钻井速度，在造斜点选择上尽可能的下

【第一作者简介】李云峰，男，（1981—），高级工程师，2006 年 7 月毕业于西安石油大学石油工程专业，大学本科，现从事钻井工艺研究工作。E-mail：liyunfeng1981@ 163. com

移，进行深部造斜，造斜点位置尽量选择在地层成岩性好、岩层比较稳定的地区，从而有利于较快地实现造斜并确保井眼稳定；因次，该地区造斜点窗口选择在900~1200m之间。

（2）造斜率的选择：综合地层岩性变化、工具造斜能力及后期完井管柱安全下入的要求，Φ311.1mm井眼造斜率选择在(2.1~3.2°)/30m，该井段稳斜角尽量控制在45°以下；Φ215.9mm井眼造斜率选择在(2.1~3°) 30m，井眼长度原则设计为1000m，井斜角尽量控制在75°~82°范围内进入潜山面；Φ152.4mm井眼造斜率选择在(2.1~3.4°)/30m。

（3）井眼轨迹剖面的优选：依据造斜点和造斜率的确定原则，从考虑上部井段优快钻井和实现水平段着路等方面，最终确定了“直-增-稳-增-稳-增-水平”三增七段制井眼轨迹剖面。

2.3 井眼轨迹控制技术

针对深层潜山储层高温条件下国内螺杆和测斜仪器故障率高、应用效果不佳的问题，调研国外拥有抗高温螺杆和MWD测斜仪器的公司，最终优选了斯伦贝谢公司抗温指标175℃、抗压指标72.4MPa的等壁厚抗高温螺杆和MWD监测仪器进行高温潜山储层的井眼轨迹监测与控制。由于潜山储层地层倾角变化范围大、储层深度不易确定，按照“略高勿低、早走偏移，稳斜探顶、动态监控、矢量入靶”的控制原则控制井眼轨迹；同时利用钻遇潜山裂缝时易发生钻时加快、放空、循环温度快速上升、钻井液密度降低、井漏和气测录井异常等现象，综合判断裂缝钻遇与发育情况，及时调整轨迹，确保了井眼轨迹沿设计井眼轨迹实施钻进。

2.4 抗高温钻井液技术

基于深层高温潜山地层特点，优选评价出了以HWER、HWFR、HWF、HWFL主副乳化剂、增黏剂及降滤失剂等材料为核心水包油钻井液体系，并对其在220℃高温条件下进行了性能参数测试，发现其具有较好流变性和较小的滤失量变化，如1表所示，满足了潜山储层高温条件下钻井施工的要求。

表1　抗220℃高温水包油钻井液体系性能参数

水油比	热滚条件	表观粘度（mPa·s）	塑性粘度（mPa·s）	动切力（Pa）	Φ_6/Φ_3	常温常压滤失（mL）	高温高压滤失（mL）	PH值
7：3	滚前	65	49	15	9/8			
	滚后	54	44	10	6/4	4	16.5	9
6：4	滚前	72	52	19	12/11			
	滚后	64	53	11	8/6	4.5	14.1	9

2.5 控压钻井技术

为了解决深层潜山压力敏感储层喷漏同存的问题，在南堡2号构造潜山奥陶系储层应用了控压钻井技术。首先循环介质选择密度在0.92 ~0.95 g/cm^{3}的低密度水包油钻井液体系，通过利用微流量监测、回压补偿设备和自动节流管汇等控压钻井装备实现井底压力当量密度在0.99 ~1.10g/cm^{3}范围内，保证潜山储层控压钻进。其次严格控制溢流量，溢流量控制在0.5m^{3}以内，井口回压调整幅度为0~3MPa，若不能控制溢流量，则以0.5MPa/5min幅度增加井口控压值，直至液面稳定；一旦溢流量达到1m^3，立即关井，转入正常压井程序。控压作业采取近平衡或微过平衡钻井，作业过程中漏失量控制在1m^3/h之内。为降低起下钻、接单根时的井口控压值，将钻进时井口控压值控制在 1.5MPa 之内，超过时以 0.02g/cm^{3}的幅度提高钻井液密度。

2.6 完井技术

针对潜山储层温度高的特点，研究应用了抗 150℃抗高温冻胶封堵技术，该体系在 150℃养护 7d 性能稳定，强度高，300m 承压 15MPa，成胶时间可调，能够满足潜山顶部封隔油气层需要，完井结束后，抗高温冻胶阀可以通过高温降解、注入破胶液或钻头高压喷射实现破胶液化，然后采用氮气或清水实现残液的全部返排，有效实现了 177.8mm 尾管回接和完井作业过程中的油层保护及安全顺利施工。

3 现场应用效果

截止目前已成功实施深层高温潜山大位移水平井 15 口，平均完钻井深 5345 米，最大完钻井深 5644m，最大水平位移 4013m；水平井最大井斜角 93.22°，已经逐步形成了一套适合于深层高温潜山大位移水平井钻完井工艺技术，为有效提高深层高温潜山开发进程提供了保障。下面以 A 井为例详细介绍其应用情况。该井完钻井深 5510m，垂深 3628m，水平位移 3722m，最大井斜角 92.47°，水平段长度 297m。该井在五开潜山段钻进施工中采用密度为 0.92-0.95g/m^{3}的抗 220℃的水包油钻井液体系，钻井液动塑比大于 0.4Pa/mPa·S、漏斗黏度为 50~60 S、pH 值为 9~10；油水比在 6~7：4~3 之间。从井深 5213m 开始实施控压钻井，钻压 40~80kN，转速 40~50r/min，排量 16~18 L/s，井口控压 0~2.5MPa，当量密度 1.03g/cm^3，钻至井深 5510m 完钻，控压钻井纯钻时间 98h，中途实施带压起下钻两趟，平均机械钻速 3.03m/h，发现了 6 套油气层。完井阶段应用冻胶阀在井深 4950-5250m 进行封隔油气，完井作业结束后，采用钻压 2~5t，排量为 13~16L/s，通过钻头切削方式对抗高温冻胶阀实现破胶液化，冻胶碎块随钻井液一起返出井口。

4 结论

（1）通过开展深层潜山大位移水平井钻完井关键技术研究，有效解决了深层高温潜山各项钻井技术难点，特别是在深层高温潜山储层井眼轨迹的设计与控制、窄窗口条件下潜山储层的安全钻井、水包油钻井液技术和抗 150℃高温冻胶阀完井工艺技术方面，总结出了一套适合深层高温潜山大位移水平井钻完井技术，推动了层高温潜山油藏勘探开发的进程。

（2）水平井精细控压钻井技术有效解决了“窄密度窗口”条件下井涌、井漏等井下复杂问题，延伸裸眼段长度，降低了钻井综合成本，是深层潜山压力敏感性储层安全钻进最有效的方式，为深层高温潜山储层实现经济有效开发提供技术支持。

（3）在深层高温潜山油藏开发中，利用抗高温冻胶阀完井封堵技术，能够有效的封堵深层高温储层油气的上窜，为后期进行套管回接、完井施工等工艺提供了安全可靠的保障。

参 考 文 献

[1] 徐吉，徐小峰，李云峰，南堡深层潜山储层水平井欠平衡钻井技术研究与应用[J]. 石油钻采工艺，2013，36(6)：13-16.

[2] 范志国，田军伍，郭建良，等. 滴西火山岩复杂地层水平井钻井技术[J]. 石油钻采工艺，2012，32(5)：18 -21

[3] 袁波，汪绪刚，王雷，等．艾哈代布油田大位移水平井 ADMa-1H 井钻井技术[J]．石油钻采工艺，2014，36(2)：30 -33
[4] 卢淑芹，姜薇，陈金霞，等．南堡潜山油气层钻井完井液技术[J]．钻井液与完井液，2015，32(6)：18-21
[5] 文志明，李宁，张波，哈拉哈塘超深水平井井眼轨道优化设计[J]．石油钻探技术，2012，40(3)：43 -47
[6] 胡中志，周岩，李然，等．南堡深层潜山水平井探山面井斜角设计方法[J]．石油钻采工艺，2014，36(3)：7 -9
[7] 吴国军，佟德水，辽河油田兴古 7 块水平井钻完井技术[J]．石油钻采工艺，2011，33(1)：32 -34
[8] 李宁，滕学清，肖新宇，等．水平井压力控制钻井技术研究与应用[J]．钻采工艺，2012，35(6)：12-14
[9] 徐吉，吴艳，许婧，等．微流量精细控压钻井技术在冀东油田的研究与应用[J]．钻采工艺，2016，39(6)：21-23.
[10] 孙海芳，冯京海，朱宽亮，等．川庆精细控压钻井技术在 NP23-P2009 井的应用研究[J]．钻采工艺，2012，35(3)：1-4.

井完整性评价技术在柴达木盆地高温高压井的应用

王夫军[1]　周胤男[2]　罗敬兵[1]　刘君林[1]　焦士杰[1]

（1. 青海油田钻采工艺研究院；2. 青海油田井下作业公司；）

摘　要：近年来青海油田在柴达木盆地持续加快向高温、高压、深层探索的步伐，实现了英雄岭构造带及阿尔金山前带油气勘探的突破。英雄岭构造带及阿尔金山前带井深、温度高、地层压力高、含酸性气体，施工时存在诸多风险。通过对钻井资料、地质资料等情况的深入分析，针对地层、井筒、井口和环空压力四个部分开展井完整性评价，能够识别井潜在风险，为高温高压井试油工程设计和施工提供理论依据。S301井实例证明，该井完整性评价技术能够满足柴达木盆地安全有效施工的需要。

关键词：高温高压井；试油；井完整性

近年来，青海油田在柴达木盆地持续加快向高温、高压、深层探索的步伐，实现了英雄岭构造带及阿尔金山前带油气勘探的突破，取得了丰硕的成果。相对于传统油气井，英雄岭构造带及阿尔金山前带储层埋藏深（5000－7000m），地层温度高（150－190℃），地层压力大（70－117MPa），同时含硫化氢及二氧化碳。因井深、温度高、地层压力高、含酸性气体，给施工带来很大风险，这些高温高压井一旦发生井完整性失效事故，可能会造成重大损失。为了预防事故的产生，针对柴达木盆地高温、高压、复杂储层的主要特点，以试油阶段为入口，通过地层、井筒、井口和环空压力四个部分开展井完整性评价，识别井潜在风险，明确合理的施工和管理制度，制定防范技术措施，达到减少和预防油气井事故的发生、保障油气井安全施工的目的。

1　试油阶段井完整性评价内容

井完整性可定义为应用技术、操作和措施降低开采风险，保证油气井尤其是高压油气井在整个寿命期间处于安全状态。影响井完整性的因素主要有环空持续带压、管柱泄漏和腐蚀、固井套管柱腐蚀、水泥环剥落、套管头发生移动及采油树与套管头连接处密封性不好等。建立井完整性评价需要明确屏障类型，才能建立针对性的评价内容，为此根据完井阶段井屏障类型可以归类为三种类型，即水力屏障、实体屏障、操作管理屏障。根据三种井屏障风险点的识别，安全影响因素的分析，试油阶段井完整性评价内容包括井筒完整性评价、地层完整性评价以及井口完整性评价和环空压力四个方面。

1.1　地层完整性评价

地层完整性评价的主要对象是目的层和目的层上部的盖层，目的层的地层压力和温度、

【第一作者简介】王夫军，男，1989.7.21出生，中国石油大学（北京）毕业，环境科学学士，青海油田钻采工艺研究院井下作业工艺室，试油中级工程师。E-mail：wangfjunjxqh@petrochina.com.cn

地层流体、岩性及出砂预测、破裂压力、钻井过程中漏入的流体等直接影响到后续施工过程中的井完整性管理工作。目的层上部盖层、上覆复杂岩性地层等是后续施工过程中的关注重点。针对目的层和目的层上部的盖层开展地层完整性评价，能够识别出地层潜在风险，为施工管柱及工具设计、作业工程中参数优化等提供依据。

1.2　井筒完整性评价

井筒完整性评价是通过井身质量评价、套管评价、悬挂器密封性能评价、固井质量评价、人工井底评价，指出井筒薄弱点，为选择封隔器坐封位置、确定最低试油替液密度及最高环空操作压力提供依据。

1.3　井口完整性评价

井口装置主要包括套管头、钻井四通、防喷器组，其完整性根据配置的合理性和密封性两方面进行评价。

1.4　环空压力分析

根据钻井资料，了解 B、C、D 环空是否带压及带压值。如果带压，初步分析环空带压原因。按照压力来源的不同，可以将套管环空压力划分为热致环空压力、人为施加压力和持续环空压力(SCP)。一旦发生持续环空带压，后续作业过程中必须制定可靠的环空压力控制措施，并且对环空压力持续监控，避免持续环空带压引起其他井屏障失效，造成更大的井完整性风险。

2　完整性评价实例应用

柴达木盆地英雄岭构造 S301 井钻井至 5850m 后试油作业。在进行试油作业前，开展井完整性评价，识别井屏障部件并绘制井屏障示意图，试油前的第一井屏障和第二井屏障组成部件。第一井屏障为压井液(以绿色标示)；第二井屏障由防喷器、四通、套管挂及密封、套管头、油层套管、油层套管外水泥环等组成(以红色标示)，这些组件同时也是本井后期作业过程中的第二井屏障主体部分。因此，针对第二井屏障开展完整性分析和评估，识别出潜在风险，作为本井后续完整性设计的基础。具体见图 1 所示。

2.1　S301 井地层完整性评价

根据地质资料分析，目的层岩性为泥质灰云岩，未漏入流体，钻进期间泥浆密度 2.09-2.10g/cm^3，粘度 51-53s。目的层温度 171.63℃、压力 118.85MPa，地层压力系数 2.10。根据目的层段录井、测井资料，结合邻井试油成果，预计本层流体性质为油，推测本井产油量可能大于 50m^3/d。

通过目的层上部的盖层基本情况分析得出目的层以上具有 283m 的灰岩作为的盖层，盖层对应井段固井质量优良。本井钻井途中 5625-5626m、5633m 发现盐层，被 139.7mm 单层套管封固；139.7mm 套管在此井段声幅 2-20%，固井质量合格。

2.2　S301 井井筒完整性评价

通过井筒完整性评价得出，本井固井施工过程未见异常，固井质量合格，尾管和油层套管均按照要求试压合格，通过数据确定封隔器坐封位置为 5690.00m，由于封隔器坐封位置处于套管悬挂器下部，需要开展负压测试验证 139.7mm 尾管悬挂器和人工井底的完整性；套管未进行气密封检测，套管实际密封能力未得到验证；油层套管强度不满足纯天然气时稳定关井要求。

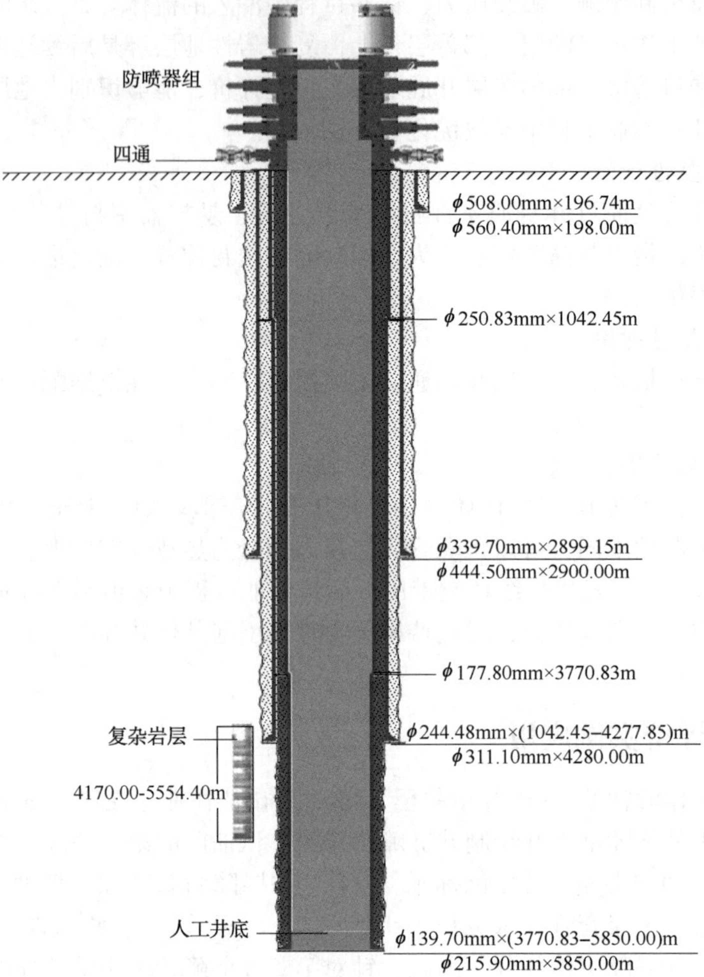

图 1 井屏障示意图

2.3 S301 井井口完整性评价

该井套管头为 250.83mm×177.8mm-105MPa(防硫分体式)EE 级、采油井口选用材质等级 FF 级、温度级别 P-U 级的 KQ78/65-140 采油树，井控装置为 FH35-70 环形防喷器+28-105 剪切闸板+2FZ28-105 双闸板防喷器。井口装置配置合理，全部按照要求试压合格，满足施工要求。

2.3 S301 井环空压力评价

该井 B 环空未带压、C 环空未安装压力表，作业期间应接压力传感器连续监测 B、C 环空压力。若 B、C 环空带压，应接管线至安全地带泄压，且泄压期间按井完整性管理要求录取相关资料。

2.3 S301 井井完整性评价结论

通过地层、井筒和井口的完整性评价，得出 S301 井完整性状况较好，各井屏障部件均按照设计要求建立。

(1) 第一井屏障：合格，传输射孔后需根据井况及时调整压井液密度。

(2) 第二井屏障：油层套管强度不满足纯天然气时稳定关井要求，需下入封隔器对套管进行保护，A 环空接泄压及应急压井管线并制定相应措施；悬挂器和人工井底需进行负压验窜。

（3）目前本井 B、C 环空均未带压，试油期间应接压力传感器连续监测 B、C 环空。若 B、C 环空带压，应接管线至安全地带泄压，泄压期间录取相关资料。

（4）作业期间，施工队伍需根据现场实际情况，继续开展井完整性评价。

3 应用效果

自柴达木盆地开始英雄岭构造带及阿尔金山前带等区域的高温高压井勘探工作以来，不断进行井完整性研究、管理制度制定以及配套技术的现场应用和总结提升，形成了一套高温高压油气井井完整性评价技术，使风险识别及消减措施更具针对性，控制参数现场操作性更强，确保了作业过程中井筒安全。井完整性评价技术已在现场成功应用 10 余井次，效果良好，确保了柴达木盆地高温高压油气井的成功试油完井。

4 结论及建议

（1）应用实践表明：通过对钻井资料、地质资料等情况的深入分析，针对地层、井筒、井口和环空压力四个部分开展井完整性评价，能够识别井潜在风险，为高温高压井工程设计和施工提供理论依据，高温高压井完整性评价技术应用能够满足柴达木盆地安全有效施工的需要。

（2）英雄岭构造和阿尔金山前是柴达木盆地下步勘探方向，但是英雄岭构造带具有高温高压高含硫的储层特点，阿尔金山前带具高温高压超深的储层特点，试油施工难度还比较大，需要进一步完善完整性评价技术，如套管剩余强度计算、测-射联作管柱爆轰预测、油套管腐蚀机理等，为下步超深超高温高压井、小井眼试油技术攻关奠定相应的技术基础。

参 考 文 献

[1] 马发明等．四川盆地高含硫气井完整性管理技术与应用—以龙岗气田为例．天然气工业，2013，33（1）：122-127.

[2] 杨向同等．深层高压气井试油前的井完整性评价技术研究．钻采工艺，2020，43(1)：53-56

[3] 张娟，戴强，张尧．高温高压含硫气井试油井筒安全风险识别与控制[J]．天然气工业，2015，35(1)：120-125.

[4] 丁亮亮，杨向同，张红，等．高压气井环空压力管理图版设计与应用[J]．天然气工业，2017，37(3)：83-88.

[5] 龚 浩等．川西地区超深高温高压气井完井试油技术研究与应用．钻采工艺，2020，43(增)：61-63.

基于冲量分析的碳酸盐岩储层酸蚀裂缝扩展模式识别方法

詹家豪　周　舟*　陈　冬　刘雨晴

(中国石油大学(北京))

摘　要：目前，人工酸蚀裂缝与储层天然缝洞的沟通情况难以识别，是碳酸岩盐储层酸化压裂施工面临的重要难题。本文以碳酸盐岩酸化压裂物理模拟实验的泵压数据为基础，分析了不同的泵压曲线波动特征所对应的酸蚀裂缝扩展模式，根据分析结果，提出了一种全新的碳酸盐岩储层酸蚀裂缝扩展模式的识别方法。该方法可对酸化压裂施工的裂缝沟通情况进行识别、评价。

关键词：酸化压裂；裂缝扩展；裂缝识别；泵压曲线

在岩石酸化压裂的物理模拟实验中，压裂时岩样内部破裂产生裂缝无法直接观测，需通过声发射反馈图与井口压裂曲线图分析试样破裂情况。通过对声发射反馈图的声发射强度进行分析，可以获得材料的微观变形特征变化时间，这种方法被称为能量分析法。岩石破裂时声发射信号的中高频部分较多，而材料的变形机制、应变率等与声发射信号的能量有现有的表征模型，声发射信号的能量正比于波形的面积，不依赖于阈值的选取。在对岩石酸化压裂的物理模拟实验结果分析时，声发射信号强度大幅波动表示裂缝起裂或沟通缝洞：信号强则裂缝基质扩展，少量弱信号为天然裂缝被重启，大量弱信号堆积则为沟通至孔洞；井口压力曲线中首次压降点为岩样破裂压力，井口压力突降表示裂缝扩展，而沟通天然裂缝或沿天然裂缝起裂延伸的破裂压力将低于初始起裂压力。但这种方法在识别压裂裂缝的扩展模式时仍存在人为对比操作误差以及效率较低的问题。

本文在对实验压裂曲线数据的分析处理过程中发现，泵压曲线的压力下降段可以在一定程度上描述实验过程中压力装置能量的瞬间释放，而泵压曲线数据下降段的积分又可以描述为一段较短时间内力与时间的乘积，符合物理学中冲量的定义。由于力的冲量是一种矢量，由于冲量的作用时间一般很短，在短时间内变化很大的力，一般称之为冲力，冲力的定义又符合压裂曲线的瞬时压力降，由此本文针对泵压曲线的特征创立了冲量分析方法。

1　碳酸盐岩酸蚀裂缝扩展分析

1.1　分析目的

针对碳酸盐岩酸蚀裂缝沟通天然缝洞的技术难题，开展碳酸盐岩酸蚀裂缝扩展研究。根

【第一作者简介】詹家豪，男，1999/07，于 2021 年 6 月毕业于中国石油大学(北京)，获得石油工程本科学位，目前被录取为中国石油大学(北京)石油与天然气工程 2021 级全日制硕士研究生，本科期间曾多次获得校一等奖学金及校级三好学生等荣誉称号。E-mail：377730904@ qq. com

据以往研究经验发现，影响酸蚀裂缝沟沟通天然缝洞的因素包括不同应力差、天然裂缝密度、压裂液粘度、压裂液排量等，这些因素对酸蚀裂缝与天然缝洞的沟通有着重要影响。为进一步探明各类要素对碳酸盐岩酸蚀裂缝与天然缝洞沟通的影响，应用控制变量法，分别以地应力差、压裂液粘度、压裂液排量、岩样天然裂缝密度及天然裂缝数为变量，开展物理模拟对照实验，获取酸蚀裂缝扩展数据。

1.2 数据预处理

（1）压裂结果分析

限于篇幅，这波分以某单次压裂实验的处理分析为例。该次实验利用天然裂缝密度9%的岩样，固定排量与黏度，研究地应力差对压裂裂缝沟通孔洞及天然裂缝的影响。三向应力设置为20/15/11/11MPa，水平应力差设置为4MPa，排量设置为10ml/min，粘度为10mPa·s。

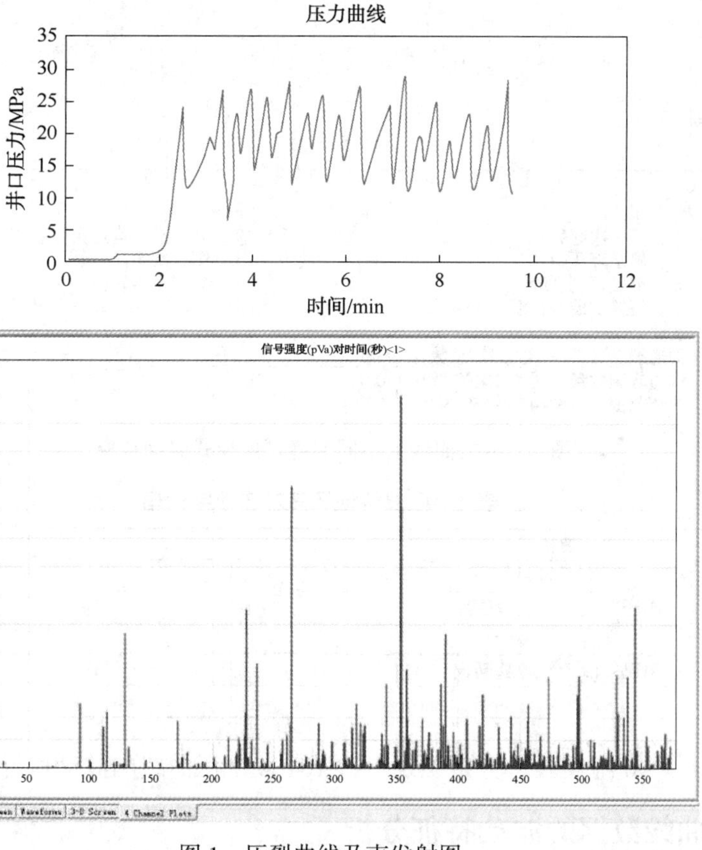

图1　压裂曲线及声发射图

分析压裂曲线与声发射信号强度曲线，试样1于泵压第一次大幅下降时开始起裂，同时声发射强度突升，起裂压力为24.8MPa。起裂后压力再次上升，并出现小幅压降，系沟通井周附近天然裂缝；随后裂缝突破天然裂缝，并克服应力影响发生转向；左侧裂缝率先扩展，并突破洞周围岩，进入孔洞，随后该侧裂缝停止扩展；右侧裂缝在沟通两个天然裂缝后停止扩展。

（2）实验结果数据统计处理

在剔除了部分失败的压裂实验数据以及无法辨识的压裂实验数据后，由于“天然裂缝与水力裂缝之间的干扰主要存在以下几种干扰模式：①水力裂缝直接穿透天然裂缝进行扩展；②压裂液使天然裂缝发生膨胀；③水力裂缝遇到天然裂缝后沿着天然裂缝进行转向扩展。”因此，为方便进行后续数据分析，将具有穿透天然裂缝、沿天然裂缝转向、沟通并使天然裂缝膨胀、沟通天然孔洞等特征的泵压曲线段使用如表 2 所示的数字代码进行标记。

通过对实验结果进行声发射能量分析，得到了压裂实验的裂缝扩展过程。将所有的裂缝扩展结论标记在压裂曲线的对应线段上(如图 4)，并对其进行类别划分、数据化编码(如表 1)。

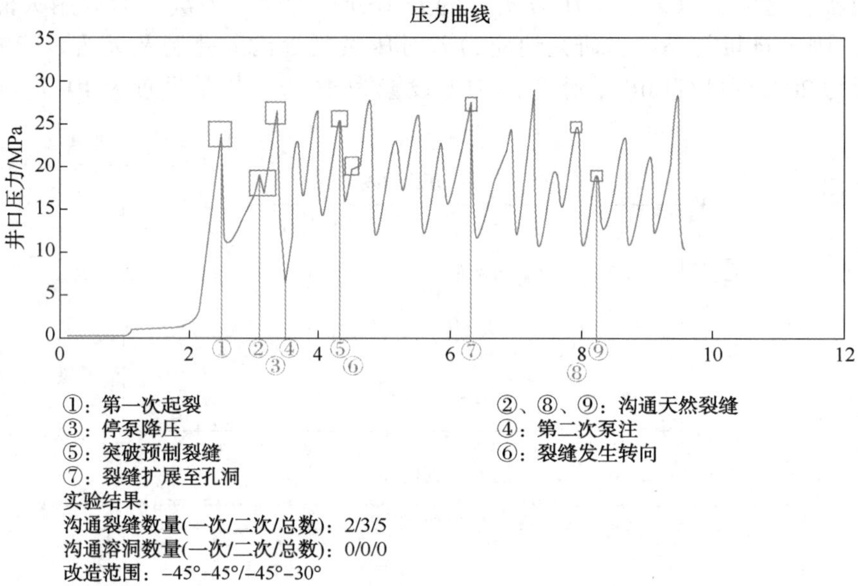

图 2　压裂曲线上不同裂缝扩展模式时间点标记

表 1　压裂特征及其对应数字代码

压裂特征	数字代码
岩石起裂	0
沟通并使天然裂缝膨胀	1
穿透天然裂缝	2
沟通并沿天然裂缝转向	3
沟通天然孔洞	4

该部分统计了 40 组实验，分析识别了共 164 段泵压曲线的波动段并对其进行了编码。

2　泵压曲线数据的波动特征分析

2.1　对实验泵压曲线数据的冲量分析原理

冲量为经典力学中物体所受动量的变化量，是一个过程物理量，一般计算方法为力与其作用时间的乘积，是能够描述某一质点在一段时间内的累计受力效应的物理量，其计算公式为：

$$I = \int F\mathrm{d}t$$

其中，I 为冲量符号，单位为 F · s，dt 为时间的微分。

岩石压裂的物理模拟实验中，压裂曲线上的压力往往在裂缝沟通、转向或突破天然裂缝的短时间内快速下降，发生压力的瞬间释放，结合冲量的定义，发现冲量公式可以有效描述之一过程。由冲量公式可知，在对压裂曲线的分析过程中应用冲量的概念需要对某一压力下降段进行对时间区域积分，而传统的积分方法需要首先进行曲线的拟合再采用数学公式计算，本实验所采用的大尺寸真三轴物理模拟实验装置所产出的压裂曲线具有压力记录刻度小，时间记录间隔短的特点，因此本节将根究积分的定义出发，直接以面积累加的方式计算积分，根据下列公式计算压裂曲线中压力下降段的冲量：

$$\int_a^b f(x)\,dx = \lim_{n\to\infty} S_1 + S_2 + \cdots\cdots + S_n$$

$$S_n = f(x)\,\mathrm{d}x$$

其中，$f(x)$为函数，S为以 dx 为刻度的某一极小区域的面积。

为方便后续区分统计，将具有穿透天然裂缝，沿天然裂缝转向，沟通并使天然裂缝膨胀，沟通天然孔洞的压裂曲线段所对应的冲量定义为有效压裂冲量。

2 分析过程及结果规律统计

(1) 单次实验的实验参数及压裂曲线的分析

将压裂曲线数据代入算法模型，获得曲线斜率为负的区域数据。

将压裂曲线、压力下降段斜率统计以及各段对应冲量进行汇总制图(如图5)。并对有效压裂冲量所对应的裂缝扩展模式进行编码(如表4)。

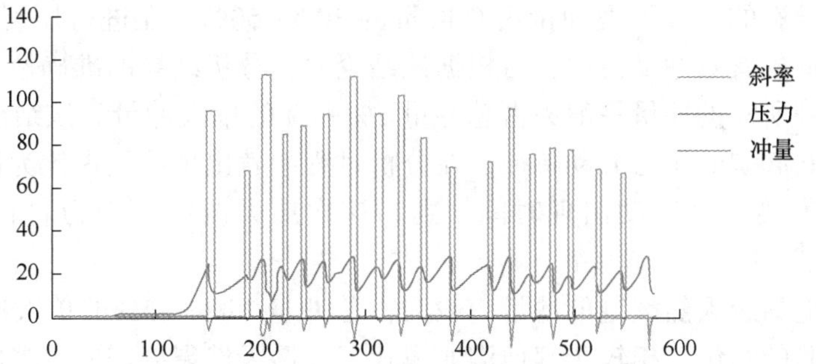

图4 数据对比图

表3 有效压裂冲量表

冲量占比%	编码	对应裂缝扩展模式
5.86	0	岩石起裂
4.12	3	沟通天然裂缝并膨胀
5.78	1	穿透天然裂缝
5.76	2	沟通天然裂缝并转向
4.27	4	沟通孔洞
4.78	3	沟通天然裂缝并膨胀
4.72	3	沟通天然裂缝并膨胀

（2）对 40 组压裂曲线数据的冲量数据分析与统计

发现大部分岩石的有效冲量为总冲量的 30%-50%之间，各岩石裂缝沟通模式对应的冲量占比结果如图所示，岩石的酸蚀裂缝起裂所对应的有效压裂冲量占比主要分布在 2%-7%之间，酸蚀裂缝穿透裂缝穿透天然裂缝所对应的冲量占比一般在 5%左右，而沟通天然裂缝对应的冲量占比则处于 17%-25%之间，沟通天然裂缝并膨胀与沟通天然孔洞对应的冲量占比则一般低于 5%。

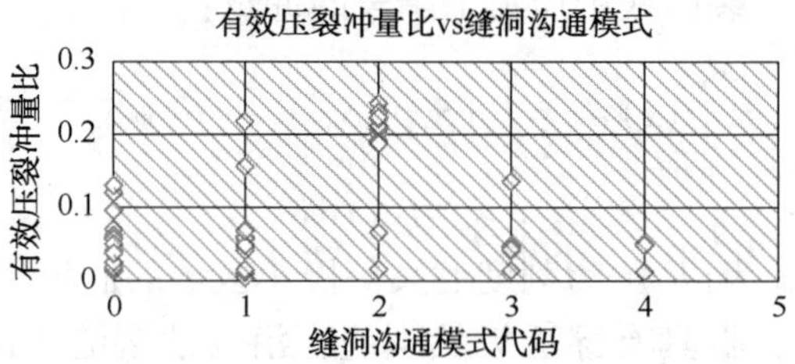

图 6　有效压裂冲量比与缝洞沟通模式统计图

3　结论

本文进行了一定量的岩石体积裂缝扩展物理模拟实验，建立了泵压曲线数据的冲量分析方法，并总结得出了不同裂缝扩展模式对应的泵压曲线冲量特征。通过对比压裂物理模拟实验裂缝解释方法中的声发射反馈图能量分析法，建立了泵压曲线的特征分析模型。应用该模型对物理模拟实验的压裂曲线进行处理、分析以及归类总结，获得以下发现：

（1）大部分岩石的有效压裂冲量占总冲量的 30%-50%。在进行压裂泵压曲线分析时，若出现过高或过低的有效冲量占比，可根据该结论验证分析结果的准确性。

（2）岩石起裂所需的冲量一般为占总冲量 2%-7%的单次冲量。该结论基本符合压裂物理模拟实验中岩石起裂的压力波动特征。在分析过程中若出现冲量占比为该区间的单次泵压曲线波动，可以直接结合波动出现时间，判断该次压力波动是否为岩石起裂所产生的的波动。

（3）人工裂缝穿透天然裂缝的冲量一般为占总冲量 17%-25%的单次冲量。该结论符合压裂物理模拟实验的结论：相较于其他沟通模式，穿透天然裂缝需要更多能量。在分析过程中若出现冲量占比为该区间的单次泵压曲线波动，可以优先判断该次压力波动是否为人工裂缝穿透天然裂缝所产生的波动。

（4）人工裂缝沟通天然裂缝并使之膨胀与沟通天然孔洞的冲量一般为占总冲量 5%以下的单次冲量。该类沟通模式由于在泵压曲线波动表现上较为相似，因此归为一类。在分析过程中若出现冲量占比低于 5%的单次泵压曲线波动，可以优先判断该次压力波动是否为人工裂缝沟通天然裂缝并使之膨胀或沟通天然孔洞所产生的波动。

参　考　文　献

[1] 焦方正．塔里木盆地深层碳酸盐岩缝洞型油藏体积开发实践与认识[J]．石油勘探与开发，2019，46(03)：552-558.

[2] 范濛，金衍，付卫能，陈勉，韩慧芳，周小金．水力裂缝扩展行为的声发射特征实验研究[J]．岩石力学与工程学报，2018，37(S2)：3834-3841.

[3] 侯天兴，杨兴国，黄成等．基于冲量定理的滚石对构筑物冲击力计算方法[J]. 岩石力学与工程学报，2015，34(S1)：3116-3122.

[4] 李旺，唐春安，李连崇．裂隙岩体同步压裂干扰机制的数值模拟研究[J]. 地下空间与工程学报，2018，14(03)：719-728.

[5] 童晓．爆炸场冲击波压力测量及数据处理方法研究[D]. 南京理工大学，2015.

[6] Ugursal，Assiya，Zhu，Ding，Hill，etl. Development of Acid Fracturing Model for Naturally Fractured Reservoirs[J]. SPE Production & Operations，2019，34(04).

[7] MAYERHOFER M J，LOLON E P，YOUNGBLOOD J E et al. In-tegration of microseismic-fracture-mapping results with numerical fracture network production modeling in the Barnett shale [R]. SPE 102103，2006.

钻井工程异常实时分析与智能预警技术研究

李昌盛

（中国石化石油工程技术研究院，北京 102206）

摘　要：如何准确预测监测及合理防治钻井复杂故障是钻井施工过程的难点工作。国外各大石油公司研发了多项井下参数测量仪器设备，包括随钻地层压力监测、ECD 监测、钻头扭矩钻压监测等，对有效监测工程异常和预防复杂故障能起到关键作用，但是其成本高且技术保密，导致国内难以推广应用。基于大数据分析，融合机理计算模型、统计分析及机器学习等多种方法，随钻计算分析摩阻扭矩、岩屑分布、环空压力、地层压力等井下工况参数，建立钻井工程异常和复杂故障大数据模型，实现井筒工况实时分析和工程异常智能预警，随钻井下参数计算准确率基本与兰德马克软件结果相同，且工程复杂预警准确率达到 84%以上，很好地解决了无测量仪器条件下的钻井风险防控问题，为实现钻井提速提效提供了信息化利器。

关键词：实时分析；摩阻扭矩；岩屑分布；多参数特征；智能预警；软件

钻井安全一直是油气勘探开发过程的重中之重，近年随着国内高温高压、页岩气、深层超深层等复杂油气藏陆续开发，遇阻、卡钻、井漏、溢流等钻井复杂故障频发，造成了极大的经济损失，降低了施工效率，成为阻止“四提”工作有效落实的重大难题，因此如何准确预测监测及合理防治钻井复杂故障是钻井施工过程的难点工作。国外各大石油公司研发了多项井下参数测量仪器设备，包括随钻地层压力监测、ECD 监测、钻头扭矩钻压监测等，对有效监测工程异常和预防复杂故障能起到关键作用，但是其成本高且技术保密，导致国内难以推广应用。安全钻井多维实时分析与智能预警技术将有效解决风险防控问题，其包括基于机理模型的钻井异常超前分析和基于录井大数据的钻井异常多参数预警两大部分，融合了多种方法的优点从多个维度分析影响钻井安全的各种异常，能够实现随钻过程中井筒状况实时掌握，有效降低复杂故障发生率。

1　基于机理模型的钻井工程异常超前分析技术

钻井过程工程异常发生一般会提前体现在某些参数的变化，如大钩载荷、钻压、转速、扭矩、套管压力、立管压力、入口电导、出口电导、总烃等。其中立管压力、大钩载荷的异

基金项目：中石化科技部项目“基于远程支持平台的工程数据实时分析技术研究”（编号：P18001-5）资助。

【第一作者简介】李昌盛（1985-），男，吉林省公主岭市人，2011 年毕业于中国石油大学（北京）油气田开发专业，2011 年获得中国石油大学油气田开发专业硕士学位，工程师职称，主要从事钻井软件研发工作。E-mail：lics. sripe@ sinopec. com。

常监测可以预测多种复杂故障[1][2]。如立压与井漏、溢流、气侵、堵水眼、掉水眼、钻具刺漏、断钻具等复杂故障相关，大钩载荷与遇阻、卡钻、断钻具、顿钻等复杂故障相关，通过实时对比模型计算的理论值与实际采集值，分析相对变化趋势，可以实现钻井工程异常超前分析[3]。

1.1 随钻水力实时计算及立压异常识别

井筒动压力是维持井壁稳定和影响井涌井漏的关键性因素，井筒环空 ECD 与地层压力的平衡是保证钻井正常进行的前提，因此 ECD 计算对于随钻风险预测至关重要。ECD 计算在钻前和随钻阶段的区别在于输入数据的不同，在钻前设计阶段，所有输入参数均来自设计数据；而随钻阶段，钻井液性能和水力参数可以取自录井数据和随钻取样数据，井筒内钻具组合和井身结构对应情况以实际数据为准[4]。本文综合考虑井眼清洁，改进传统岩屑运移模型，改进后模型适用于整个井眼连续实时动态井眼清洁模拟，且可以根据岩屑流型变化进行自动调整，增加模拟结果的准确性。

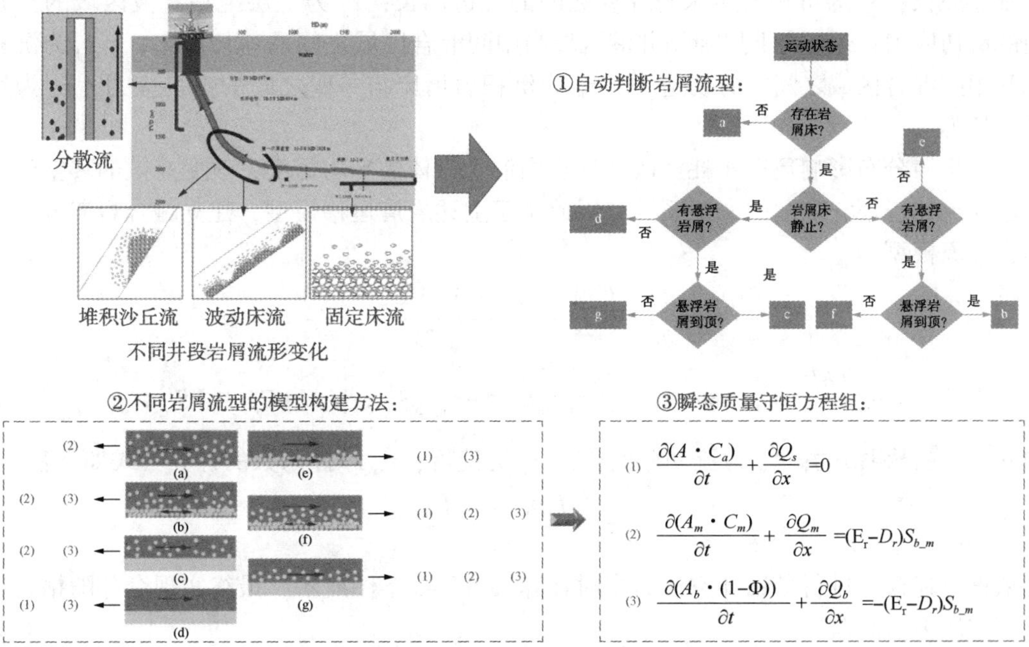

图 1　基于岩屑流型变化的模型自调整

岩屑运移过程中各区域动量守恒的表达同样可以从最复杂的(f)和(g)这两种流型开始，如图 1 所示。对这两种流型，每个区域的动量守恒可以用公式(1)~(3)表示。

最上层纯钻井液区域：

$$\frac{\partial(\rho_f \cdot A_u \cdot U_u)}{\partial t}+\frac{\partial(\rho_f \cdot A_u \cdot U_u \cdot U_u)}{\partial x}=-A_u\left(\frac{\partial P}{\partial x}+\rho_f g\cos\theta\right)-\tau_u S_u-\tau_{u\_m} S_{u\_m} \quad (1)$$

中间混合区域：

$$\frac{\partial(\rho_m \cdot A_m \cdot U_m)}{\partial t}+\frac{\partial(\rho_m \cdot A_m \cdot U_m \cdot U_m)}{\partial x}=$$

$$-A_m\left(\frac{\partial P}{\partial x}+\rho_m g\cos\theta\right)-\tau_m S_m+\tau_{u_m} S_{u_m}-\tau_{m_b} S_{m_b}+\rho_s U_s (E_r-D_r) S_{m_b} \quad (2)$$

下层岩屑沉积区域：

$$\frac{\partial(\rho_b \cdot A_b \cdot U_b)}{\partial t}+\frac{\partial(\rho_b \cdot A_b \cdot U_b \cdot U_b)}{\partial x}=$$

$$-A_b\left(\frac{\partial P}{\partial x}+\rho_b g\cos\theta\right)-(\tau_b+\tau_g)S_b+\tau_{m\_b}S_{m\_b}-\rho_s U_s(E_r-D_r)S_{m\_b} \tag{3}$$

其中，A_u 为上层纯钻井液区域的横截面积；A_m 为中间混合区域的横截面积；A_b 为下层岩屑沉积区域的横截面积；t 代表时间；U_u 为上层纯钻井液区域的流动速度；U_m 为中间混合区域的流动速度；U_b 为下层沉积岩屑床的移动速度；U_s 为岩屑颗粒在钻井液中的移动速度；ρ_f 为钻井液的密度；ρ_m 为中间区域岩屑与钻井液混合体的密度；ρ_b 为下层岩屑沉积区域的密度；P 为压力；g 为重力加速度；θ 为井眼；E_r 为岩屑的悬浮系数；D_r 为岩屑的沉积系数；S_u 为上层纯钻井液区域的湿边周长；S_{u_m}为上层纯钻井液区域与中间混合区域之间的湿边周长；S_m 为中间混合区域与井壁的湿边周长；S_{b_m}为沉积岩屑床和中间混合区域之间的湿边周长；S_b 为沉积岩屑床与井壁之间的湿边周长；τ_u 为上层纯钻井液区域的与井壁之间的剪切应力；τ_{u_m}为上层纯钻井液区域与中间混合区域之间的剪切应力；τ_{m_b}为沉积岩屑床和中间混合区域之间的剪切应力；τ_b 为沉积岩屑床与井壁之间的剪切应力，τ_g 为钻井液的静切力。

由于岩屑分布影响环空压耗，改变环空内混合流体的平均密度，改变有效的环空流动面积，增大流体与环空表面的摩擦系数。因此基于上述岩屑运移模型，建立融合岩屑分布的环空压力计算模型：

$$\frac{\partial(\rho_m \cdot A_m \cdot U_m)}{\partial t}+\frac{\partial(\rho_m \cdot A_m \cdot U_m \cdot U_m)}{\partial x}=$$

$$-A_m\left(\frac{\partial P}{\partial x}+\rho_m g\cos\theta\right)-\tau_m S_m+\tau_{u\_m}S_{u\_m}-\tau_{m\_b}S_{m\_b}+\rho_s U_s(E_r-D_r)S_{m\_b} \tag{4}$$

式中 ρ_m 为混合相密度；A_m 为流动截面积；U_m 为速度；τ_m 摩擦系数的计算公式如下：

$$\tau_m=\frac{f_m\rho_m|U_m|U_m}{2} \tag{5}$$

依据上述模型进行随钻环空压力实时计算，流程如下图所示，最终实现全井随钻岩屑分析及环空压力实时监测。

1.2 随钻摩阻扭矩实时计算及大钩载荷异常识别

随钻摩阻扭矩实时计算的意义在于[5]：

(1) 帮助追踪井下环境和井眼不稳定性问题；帮助在接立柱前的循环、循环一周或多周、用高粘/高密度/低粘等泥浆密度清洗井眼、短起下等作业时，判断井眼清洁效果；

(2) 帮助确认岩屑床(和 ECD，震动筛上的岩屑返出量一起进行)；

(3) 帮助确定扭矩问题，钻井设备的负荷能力以及最大可钻达深度和最大套管可下入深度；

(4) 帮助判断泥浆的润滑性，泥浆比重的效果，泥浆性能的变化[6]；

(5) 帮助确定每口井的裸眼和套管摩擦系数，为丛式井施工建立摩擦系数数据库；

(6) 判断井眼轨迹增/降斜、增/降方位井段对摩阻的影响；

(7) 帮助解决下套管/尾管时遇到的问题；

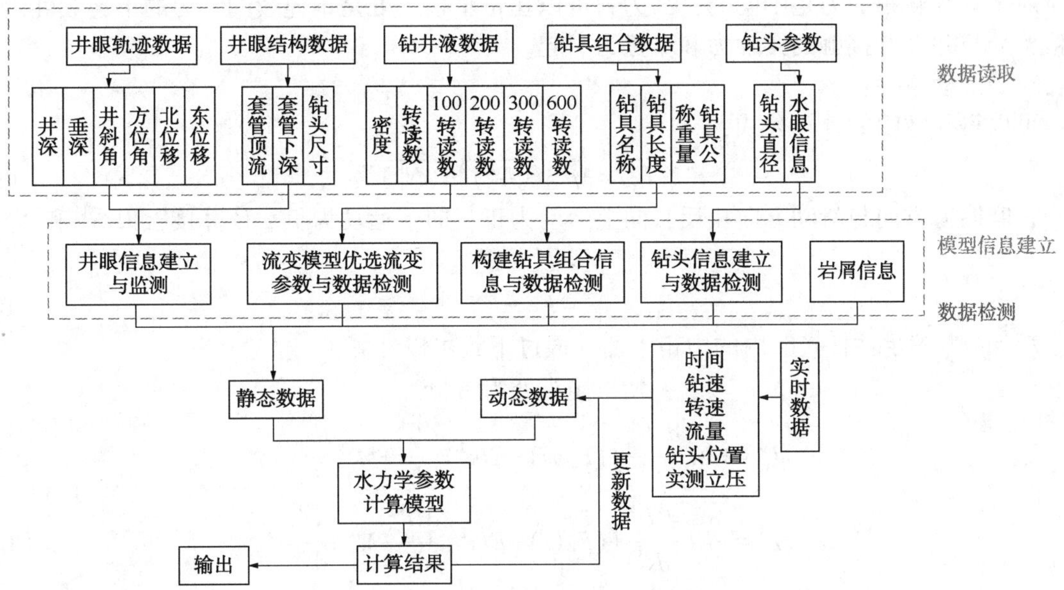

图 2　随钻实时水力计算流程

（8）帮助优化 BHA 和套管串，以及是否需要使用降扭矩工具。

摩阻扭矩计算目前主要有软杆模型、硬杆模型和有限元模型，由于硬模型考虑了多种非线性计算，虽然它的结果比较精确，但是计算方法比较复杂，稳定性不够理想，在现场应用时有一定的限制[7][8]。有限元也是一种近似的计算方法，它先把钻柱进行分解，化为有限的离散的梁单元，然后在适当的方法下，把这些单元再合成一个整体，用这一整体表示原来的钻柱状态，得到一组代数方程组，其中的节点位移为未知量，其物理概念非常简单明了，既不限制钻柱的几何形状和尺寸，还可把非线性的因素考虑在内，所以是最有效的分析钻柱力学的方法，但是其计算过程更加复杂，计算效率也比较慢。而近年来出现的离散元模型（Discrete-Element Model，Robert Michelle，2012）也具有一定优势[9]，与传统软杆模型对比，离散元模型由传统连续接触改为点接触，更加接近实际状态；考虑弯曲强度，提升在钻柱压缩状态下的计算精确度。另外在计算速度方面，离散元模型具有计算过程简单、计算方法可靠的特点，也能够满足随钻实时计算的要求，所以本项目拟采用离散元计算摩阻扭矩[10]。

因为流体密度和钻柱重量在钻柱接头上是恒定的，所以有效的轴向力平衡方程特别容易求解（加号表示在 k 节点 s 处计算的力大于 sk 处）：

$$F_t^k(s)=F_t^{k+}+\vec{w}_{bp}\cdot\vec{t}_k(s-s_k)+F_f^{k+} \tag{6}$$

注意 F 是有效张力：

$$F_t^k=F_a^k+(p_e+p_e v_e^2)A_o-(p_i+p_i v_i^2)A_i \tag{7}$$

且钻柱的浮重由下式给出：

$$\vec{w}_{bp}=[W_p+(\rho_i A_i-\rho_e A_o)g]\vec{\mathrm{I}}_z \tag{8}$$

式中，p_e 是外部压力，p_i 是内部压力，A_o 是总的横截面积，A_i 是内部流动面积，ρ_e 是外部密度，ρ_i 是内部流体密度，V_e 是外部流体速度，V_i 是内部流体速度，g 是重力加速度，W_p 是空气中钻柱每单位长度的重量。

对于 s 小于 s_k 的力是不同的，因为力可以在每个接头处是不连续的。力的不连续性由于在接头处与井筒壁接触的接触力和摩擦力引起。

对于滑动摩擦：

可以得到摩阻的计算公式：

$$F_t^{k+}-F_t^{k-}=\pm\mu\sqrt{(N_n^k)^2+(N_b^k)^2} \tag{9}$$

式中，摩擦力方向与滑动方向相反，向上运动为正，向下运动为负。计算接触力 N_n^k 和 N_b^k：

$$\begin{aligned}N_n^k&=F_n^{k+}-F_n^{k-}\\N_b^k&=F_b^{k+}-F_b^{k-}\end{aligned} \tag{10}$$

F_n^k 和 F_b^k 满足钻杆接头内的力矩平衡，通过下式可以计算：

$$\begin{aligned}&M_t^k=\text{接头处为常量}\\&F_n^k=-EI\frac{d^3U_n^k}{ds^3}+(F_t^k(s)-EIk^2)\frac{\mathrm{d}U_n^k}{\mathrm{d}s}+M_t^k\frac{\mathrm{d}U_b^k}{\mathrm{d}s}\\&F_b^k=-EI\frac{d^3U_b^k}{ds^3}+(F_t^k(s)-EIk^2)\frac{\mathrm{d}U_b^k}{\mathrm{d}s}-M_t^k\frac{\mathrm{d}U_n^k}{\mathrm{d}s}\end{aligned} \tag{11}$$

对于旋转，有效轴向力是连续的：

$$F_t^{k+}=F_t^{k-}=F_t^{k-1}(s_k) \tag{12}$$

$$\sqrt{N_f^2+u^2N_f^2}=\sqrt{1+u^2}\,|N_c|=\sqrt{(N_n^k)^2+(N_b^k)^2} \tag{13}$$

接触力由法向力 N_f 和垂直于 N_f 的摩擦力 μN_f 组成。因此，接触力 N_c 的大小为：

对于旋转，钻柱中的扭矩在每个接头处是不连续的，得到扭矩的计算公式：

$$M_t^{k+}-M_t^{k-}=r_{tj}^k\mu\,|N_c|=r_{tj}^k\frac{\mu}{\sqrt{1+u^2}}\sqrt{(N_n^k)^2+(N_b^k)^2} \tag{14}$$

式中：rr_{tj}^k 可以通过前面的计算得到。

在给定接触力的情况下，从初始力值(通常为大钩负载或钻压的值)开始，可以计算接头处的剩余力。用相同的方法，扭矩可以通过给定表面扭矩值从上到下或者给定期望的扭矩值从下到上在钻头处来进行计算。

当模拟结果与实际反馈不符时，根据偏差参数的性质和偏差大小，结合输入参数的不确定性分布，自动构建偏差调整的目标函数，然后通过优化算法对目标函数进行求解，通过构建并行计算架构，将模型快速自动调整到与实际情况最接近的状态(如图 3 所示)，从而使得模型能根据实际反馈不断提升预测的准确性和可靠性。

1.3 随钻机械比能实时分析

(1) 常规旋转钻井

1965 年 R. Teale 通过对不同类型的岩石采用不同钻头进行大量实验[11]，提出了机械比能理论，其物理意义为：破碎单位体积岩石所需的能量。机械比能的表达式如下：

$$MSE=\frac{0.004WOB}{\pi D_b^2}+\frac{18322RPM\cdot T_b}{D_b^2\cdot ROP} \tag{15}$$

式中：MSE 为机械比能，MPa；WOB 为钻压，kN；D_b 为钻头直径，mm；RPM 为转速，r/min；T_b 为钻头扭矩，kN · m；ROP 为机械钻速，m/h。

(2) 高压喷射钻井

在常规钻井破岩过程中水力能量起到的主要作用是冷却和携岩，对于破岩本身起到的作

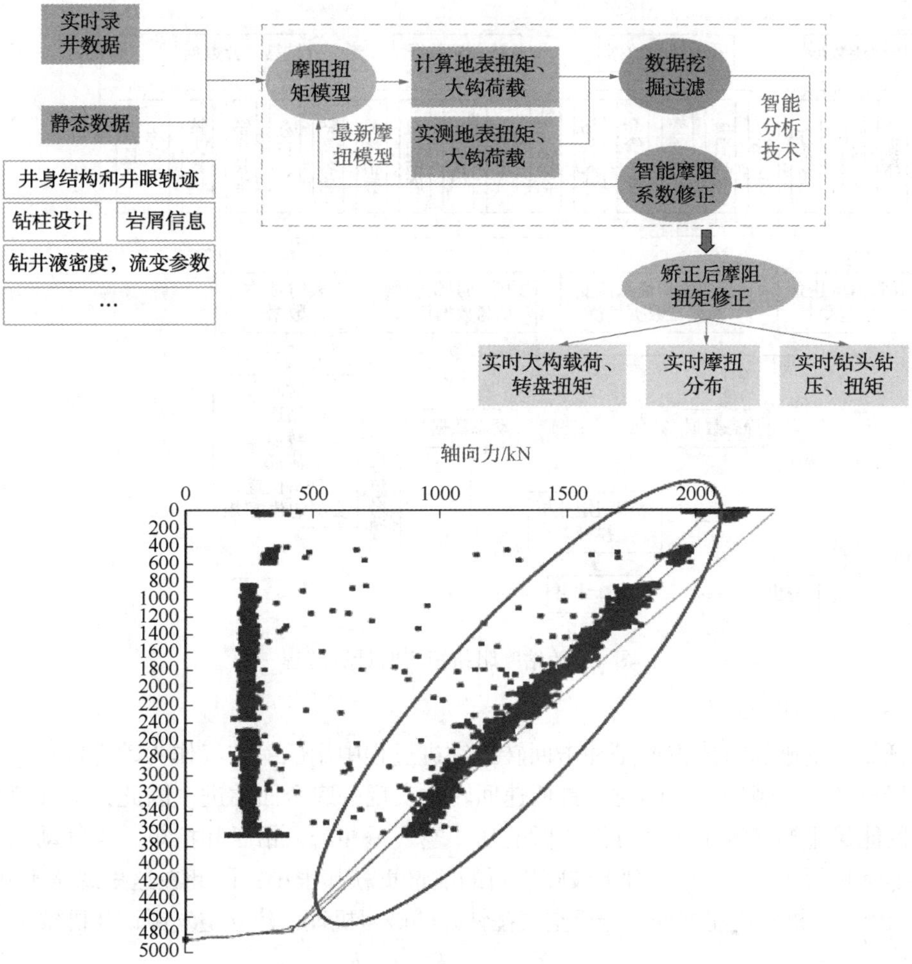

图 3　模型自动校正技术

用很小，因此机械比能常规计算不做考虑。但是在高压喷射钻井中水力能量和钻头本身联合破岩，起到了重要作用，因此高压喷射钻井的机械比能方程要增加水力项[12]，如下：

$$HMSE=\frac{0.004WOB}{\pi D_{\mathrm{b}}^{2}}+\frac{18322RPM\cdot T_{\mathrm{b}}}{D_{\mathrm{b}}^{2}\cdot ROP}+\frac{1154\eta\Delta P_{\mathrm{b}}Q}{A_{\mathrm{b}}ROP} \tag{16}$$

式中：有效钻压 $WOB_{\mathrm{e}}=WOB-\eta F_{\mathrm{j}}$，$F_{\mathrm{j}}=0.000516\rho_{\mathrm{m}}QV_{\mathrm{n}}$，$F_{\mathrm{j}}$ 为射流冲击力，η 为由射流冲击导致的能量损失系数；Q 为钻井液排量，L/s；ρ_{m} 为钻井液密度，g/cm^3；V_{n} 为水眼射流速度；ΔP_{b} 为钻头压力降，MPa。

（3）螺杆复合钻井

复合钻井是指在井下钻具组合中加入井下动力钻具，将钻井液循环时的水力能量转换为钻头的机械能，从而破岩钻进[13]，其转速可以通过钻井液流量的变化在一定范围内进行调整。在复合钻进过程中，钻头的驱动由地面驱动（转盘或顶驱）和地下驱动（一般为螺杆钻具）组成，其中地下驱动作为钻头的主要动力。机械比能方程如下：

$$MSE=EFF\cdot WOB\left[\frac{4}{\pi D_{\mathrm{b}}^{2}}+\frac{0.16\mu(q\cdot RPM+K_{\mathrm{N}}Q)}{D_{\mathrm{b}}\cdot ROP}\right] \tag{17}$$

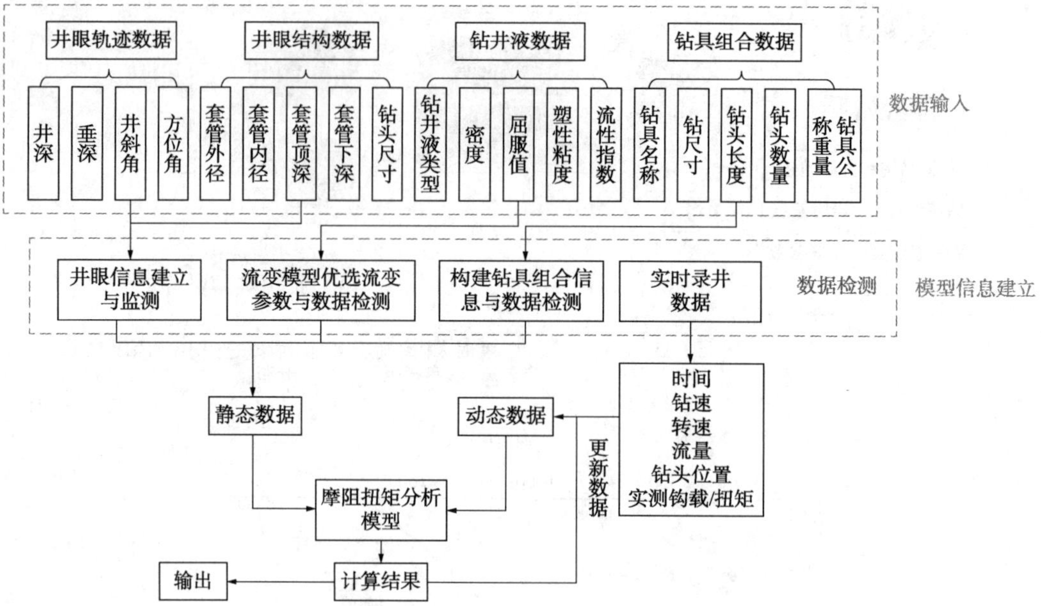

图 4　随钻摩阻扭矩实时计算流程

（4）空气锤钻井

空气锤钻井的破岩方式主要是冲击回转，钻进过程中用压缩空气作为动力推动空气锤活塞对钻头和岩石产生动载碎岩，同时钻具低速回转，实现井底全面钻进。因此，空气锤钻井井下破碎岩石的能量主要来源于三个方面所做的功：空气锤冲击、钻压和扭矩。空气动力虽然对于井底携岩非常重要[14][15]，但是对于破碎岩石的能量贡献却很小，因此在这里忽略不计。

基于 R. Teale 机械比能方程，分析空气锤钻井的破岩机理，建立空气锤钻井机械比能方程：

$$MSE=\frac{E_{\text{hammer}}}{V_{\text{unit-vol}}}+\frac{E_{\text{WOB}}}{V_{\text{unit-vol}}}+\frac{E_{\text{Torque}}}{V_{\text{unit-vol}}} \tag{18}$$

式中：E_{hammer}为空气锤冲击能，E_{WOB}为钻压引起的轴向能，E_{Torque}为钻头旋转动能，$V_{\text{unit-vol}}$为每分钟破碎岩石单位体积，可以用井底面积 A 与机械钻速 ROP 的乘积表示。将式(3)进一步细化：

$$\begin{aligned}MSE&=\frac{E_{\text{hammer}}}{A\times ROP}+\frac{WOB\times ROP}{A\times ROP}+\frac{2\pi NT_{\text{b}}}{A\times ROP}\\&=\frac{240\times E_{\text{hammer}}}{D^2\times\pi\times ROP}+\frac{4\times WOB}{D^2\times\pi}+\frac{480\times T_{\text{b}}\times N}{D^2\times ROP}\end{aligned} \tag{19}$$

式中：D 为钻头直径，mm；井底面积 $A=\pi D^2/4$。

根据前人研究成果和现场实践可知，空气锤钻井井底破岩能量的 60% 以上都来自于空气锤的冲击做功。空气锤在每个冲程冲击钻头本体的过程中，一部分能量经过钻头传至井底岩石用于破岩，剩余的部分能量使得空气锤反弹回来。理论上可以把空气锤视作一台气动引擎，则每分钟该引擎传递的能量为：

$$E_{\text{hammer}}\cong Pow_{\text{hammer}}=Pow_{\text{raw}}\cdot\eta_{\text{transmission}} \tag{20}$$

式中：Pow_{raw}为活塞向下冲程的初始动能，$\eta_{\text{transmission}}$为能量传递效率。$Pow_{\text{raw}}$的大小取决于高

压气体能量有多少转化为空气锤内活塞的动能，由于空气锤内腔体形状和井底岩石力学性质的不同，一部分应力波将被井底岩石吸收导致破岩，而剩余应力波返还给空气锤本体。

$$Pow_{raw}=\frac{1}{2}m_{p}V_{pA}^{2}(1-e^{2})F \tag{21}$$

$$e=\frac{\nu_{pB}}{\nu_{pA}} \tag{22}$$

式中：ν_{pA}为活塞冲击速度，m/s；ν_{pB}为活塞反弹速度，m/s；e 为恢复系数；F 为冲击频率，其具体是指活塞每分钟对钻头的冲击次数，blow/min；m_p为活塞重量，N。

最终的空气锤钻井机械比能计算公式：

$$MSE=\frac{120\cdot m_{piston}\cdot V_{pA}^{2}(1-e^{2})F\eta_{transmission}}{D_{b}^{2}\times\pi\times ROP}+\frac{4\times WOB}{D_{b}^{2}\times\pi}+\frac{480\times T_{b}\times N}{D_{b}^{2}\times ROP} \tag{23}$$

2 基于录井的钻井工程异常多参数实时识别技术

基于录井数据对钻井工程异常进行实时识别目前主要依靠人工经验或单参数门限方法，存在不及时、误报多等问题[16]。本文建立基于多参数变化特征的异常识别模型实现遇阻卡、井漏、溢流等常规复杂故障的高效实时识别。首先针对不同类型的工程异常进行影响参数分析，梳理不同参数与工程异常的相关性关系，建立单参数单特征、多参数单特征、多参数多特征 3 个类别的预警模型。常见工程异常有：

地质工程异常事件：由地质因素引起，继而可能引发井内事故的事件，主要包括：(1)钻进异常：快、慢钻时，放空；(2)气测异常、气侵；(3)油侵；(4)水侵；(5)井漏；(6)井喷预兆；(7)溢流、井涌；(8)硫化氢异常；(9)CO2 异常等[17]。

钻井工程异常事件：属作业不当或钻井工具疲劳和质量问题引发井内事故的事件，主要包括：(1)刺钻具；(2)断钻具；(3)刺泵；(4)水眼堵；(5)掉牙轮；(6)钻头振动严重；(7)溜钻、顿钻；(8)遇阻、遇卡；(9)大绳寿命终结；(10)转盘机械故障等[18]。

建立不同工程异常和复杂故障与参数、特征的相关性关系表，如下所示：

表 1 多参数预警识别规则

预警规则	工程异常(复杂故障)	相关参数	相关特征
单参数单特征	钻时异常	钻时	变化率
	套压异常	套压	绝对值
	气测异常	全烃	变化值
	硫化氢异常	硫化氢	绝对值
多参数单特征	刺泵	泵冲、立压	泵冲变化率，立压变化值
	刺钻具	泵冲、立压	泵冲变化率，立压变化值
	堵水眼	泵冲、立压	泵冲变化率，立压变化值
	井漏	工况、入口流量、出口流量、总池体积	入流和出流变化率，总池变化值
	溢流	工况、入口流量、出口流量、总池体积	入流和出流变化率，总池变化值

续表

预警规则	工程异常（复杂故障）	相关参数	相关特征
多参数多特征	溜钻、顿钻	工况、钻压、扭矩、大钩载荷	钻压和大钩载荷变化率，扭矩变化值及绝对值
	遇阻、卡钻	工况、大钩高度、大钩载荷	大钩载荷变化频次和振幅，大钩高度变化频次
	扭矩异常、憋停	工况、转速、钻压、扭矩	转速和钻压变化率，扭矩变化率、绝对值、振幅
	钻头振动	工况、钻压、扭矩	钻压变化率、振幅，扭矩变化率、振幅

2.1　遇阻卡预警

主要分析单位时间间隔内大钩载荷曲线的变化频次和变化幅度，建立基于幅频响应理论的遇阻卡预警模型，综合考虑工况、大钩高度、扭矩、立压的变化率，实现遇阻卡三级预警。在大钩载荷曲线单位时间波动频次大于门限值的基础上，大钩载荷波动 7T-12T 为 3 级预警，12T-30T 为 2 级预警，大于 30T 为 1 级预警，其中不同级别的门限值可根据区域钻井深度和管柱特征进行适度调整。

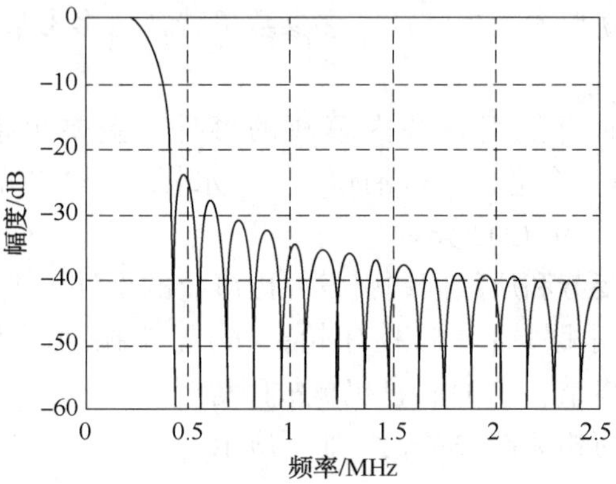

图 5　幅频响应原理

（1）基于幅频响应原理挖掘关键数据特征

幅频响应一般应用于通信系统的信号传输与处理，它探究的是频率与幅度两者之间的关系，描述的是在输入信号幅度固定的情况下，输出信号幅度随频率的变化而变化的规律，如图 1 所示。

对比分析不同工况下正常钻井案例与遇阻卡案例的钻井曲线图发现，在发生钻井遇阻卡前一段时间，大钩载荷曲线短时间内剧烈无规则波动，波动频率与幅度大幅度提升，曲线波动幅度随着波动频率增大而增大，满足幅频响应原理，如图 2、3 所示。

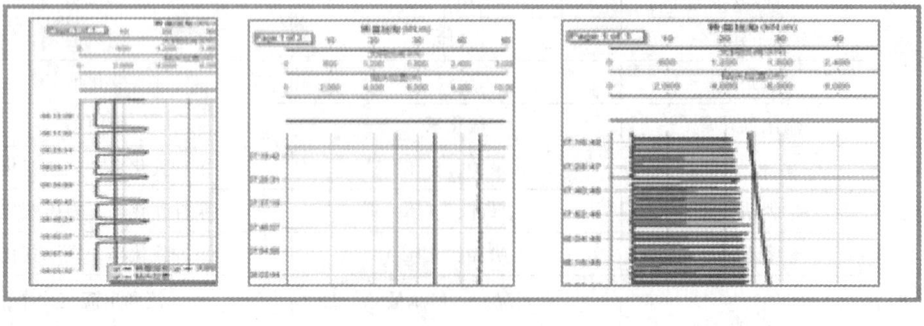

图 6　不同工况下正常的录井曲线

因此将时间窗格 t 内，大钩载荷的波动幅度 s 与波动频率 f 作为钻井遇阻卡模型的关键特征之一；如果大钩载荷的波动幅度与波动频率分别达到了临界值 S、F，则初步判定满足

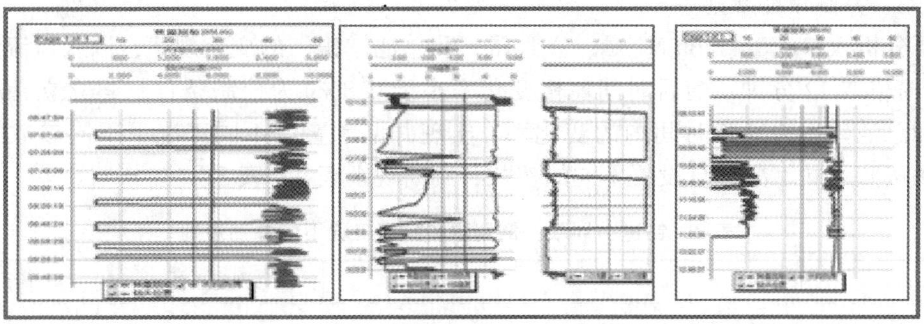

图 7　不同工况下发生遇阻卡的录井曲线

遇阻卡预警条件。其中时间窗格 t 的取值是基于大量录井数据训练出来的，避免了由于 t 取值过大或过小，导致模型过于灵敏或不灵敏的问题的发生；大钩载荷的波动幅度 s 与波动频率 f 的临界值的取值均是基于大量录井数据训练出来的，而且预警模型在不同工况、井深下实时自动计算更新临界值，合适的临界值既能避免钻井遇阻卡误报，又能避免漏报。

(2) 影响钻井遇阻卡发生概率的钻井参数敏感性分析

紧密结合现场实际，将大钩载荷波动幅度与频率作为预测钻井遇阻卡发生的主要参数，将立管压力平均变化率(循环受阻时)和扭矩平均变化率(钻进时)可作为辅助异常判断条件，辅助分析钻井遇阻卡类型。

(3) 高频录井曲线平滑去噪

计算机识别分析计算大钩载荷曲线的波动幅度与波动频率时，曲线毛刺或噪声会干扰计算机分析的结果，因此，本文需要对高频大钩载荷曲线进行平滑滤波处理，最大限度剔除噪声、消除传感器导致的异常数据，同时保留钻井故障导致的异常数据，使无规则曲线变为可分析的有规则曲线。平滑滤波的方法有很多，比如均值滤波、中值滤波、高斯滤波等，本文中采用的是低通滤波方法：

$$Y(n)=\alpha X(n)+(1-\alpha)Y(n-1)$$

α：滤波系数；$X(n)$：本次采样值；$Y(n-1)$：上次滤波输出值

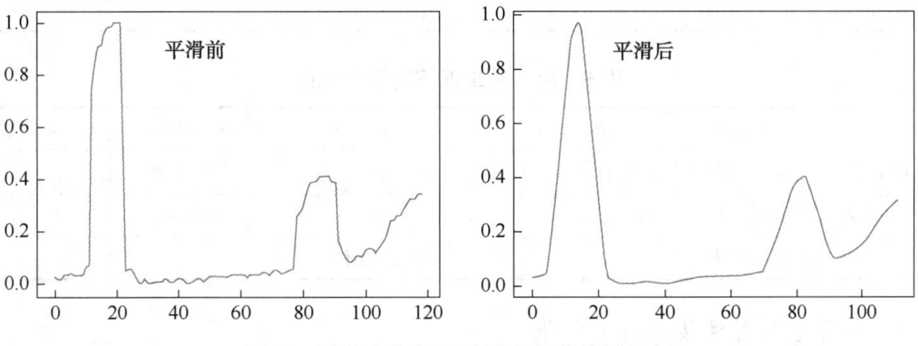

图 8　低通滤波方法平滑高频曲线效果图

滤波系数 α 初始值是基于大量录井数据训练出来的，预警模型中，滤波系数 α 在不同工况、井深下实时计算更新。

2.2.2 井漏预警规则

主要分析入口流量、出口流量、立管压力和总池体积、的变化规律，以入口流量曲线稳定(时间窗格取12分钟，前后时间窗格变化率小于0.8%)为控制条件，建立立管压力、出口流量和总池体积的异步时间内的变化率，实现井漏预警。不同工况下不同参数的变化规律，现场按照不同工况进行设置不同的参数与判断规则表2、表3。

表2 钻进、划眼、倒划眼和循环工况下的井漏规则

变化条件	时间窗格	判定条件	预警级别
① 立管压力下降大于4%	1min	①②③	一级
② 出口流量减小大于9%	2min	②③	二级
③ 总池体积减少大于0.8m^3。	3min	③	三级

表3 起下钻工况下的井漏规则

变化条件	时间窗格	判定条件	预警级别
① 计量灌池体积与起下钻柱体积之间的差值大于0.15m^3	1min	①②	一级
② 出口流量减小大于9%	2min	②或③	二级

2.2.3 溢流预警规则

主要分析入口流量、出口流量、套压和总池体积的变化规律，以入口流量曲线稳定(时间窗格取12分钟，前后时间窗格变化率小于0.8%)为控制条件，建立出口流量和总池体积的异步时间内的变化率，实现井漏预警。不同工况下不同参数的变化规律，现场按照不同工况进行设置不同的参数与判断规则表4、表5。

表4 钻进、划眼、倒划眼和循环工况下的溢流规则

变化条件	时间窗格	判定条件	预警级别
① 出口流量增大大于9%	2min	①②③	一级
② 总池体积增大0.8m^3	5min	①②或③	二级
③ 关井有套压大于2MPa	2min	②	三级

表5 起下钻工况下的溢流规则

变化条件	时间窗格	判定条件	预警级别
① 计量灌池体积与起下钻柱体积之间的差值大于0.15m^3	1min	①②或③	一级
② 出口流量增加大于9%	2min	①或②	二级
③ 关井有套压大于2MPa	基于当前值		

2.2.4 机器学习算法优化预警门限

遇阻卡、井漏和溢流的实时预警需要准确的门限值进行辅助判断，包括前后窗格变化率、变化值及幅度频次，而这些特征门限与区域地质特征、井深、钻井工况及钻井参数都存在关系，因此采用神经网络算法优化曲线特征的参数门限，进而实现征兆分析与机器学习相融合的钻井工程异常智能预警。

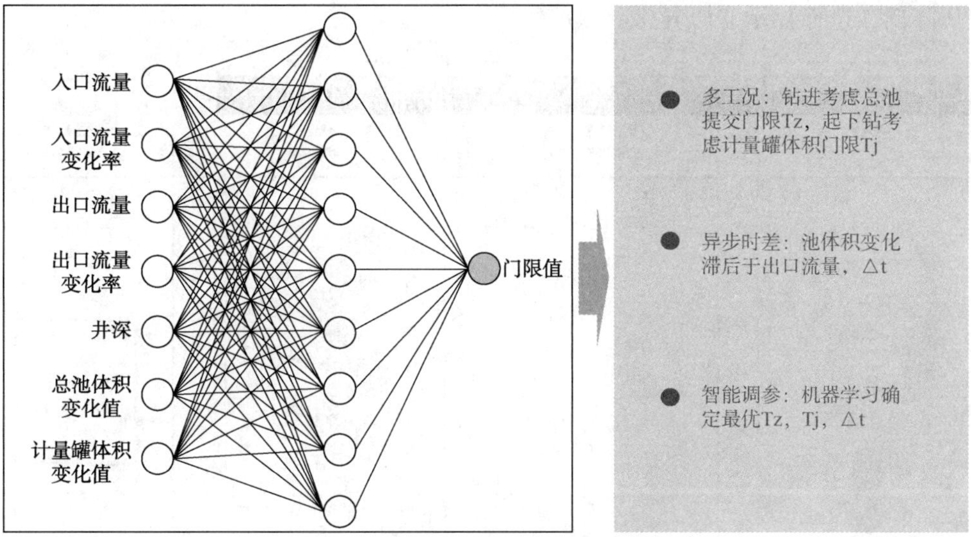

图 9　井漏溢流预警门限值智能调整

3　工程应用

基于以上方法开发随钻实时分析模块，在中石化西北油田分公司多口重点井完成试应用，结果证明该成果能够有效识别钻井工程异常，对保障钻井安全起到很好的作用。2020年应用50余口井，针对其中顺北11、顺北56X、顺北57X等18口重点井的应用效果进行分析，根据现场录井提报的工程异常记录单，现场实际发生工程异常或复杂故障145次，正确预警123次，误报漏报22次，预警准确率为84.1%。

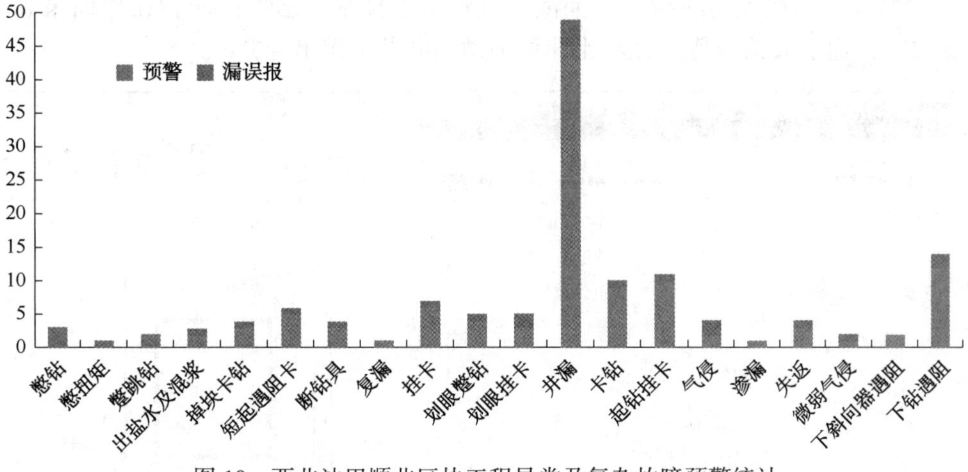

图 10　西北油田顺北区块工程异常及复杂故障预警统计

(1) 顺北41X立压异常超前预警

顺北41X 2020年9月24日13：48钻进至7975.85m，高架槽出口流量25.8↑26.6↑41.5%，总池体积169.02↑169.58m^3，立压23.8↓23MPa，悬重2350.8KN，悬重无变化。13：50成功关井(关井套压2.1MPa，立压0MPa)，16：25关井观察。经过软件应用验证，基于录井的智能识别模型13：50发出预警，但基于机理模型的随钻水力计算模块在13：48：02反算立压与实测立压发生偏离，显示立压异常。后期证明，该井发生气侵产生气泡导致立压降低，进而显示立压异常。

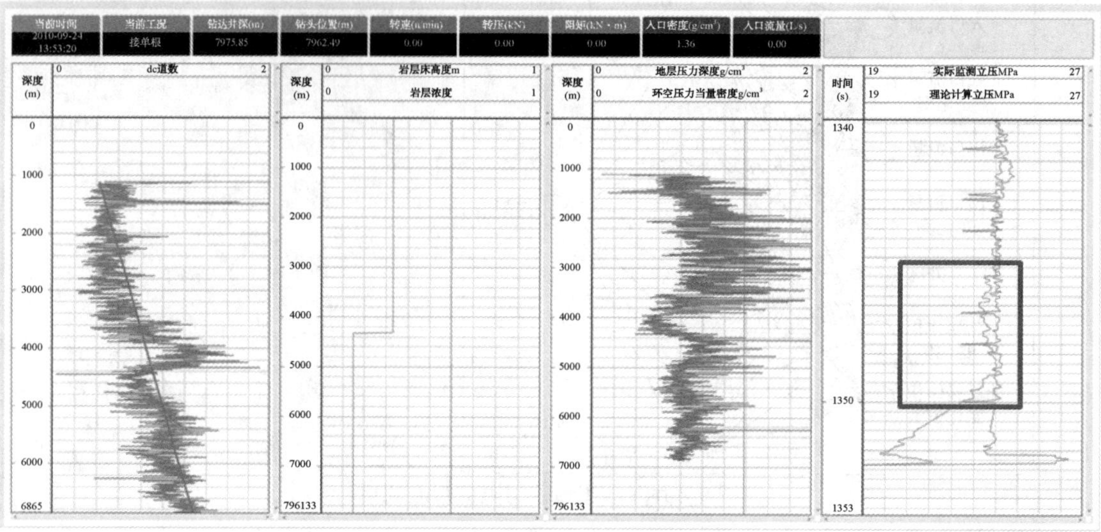

图 11　顺北 41X 立压异常预警

（2）SHB5-16H 大钩载荷异常超前预警

2020 年 9 月 13 日 03：47 钻进至井深 5153. 01m，上提钻具至 5144. 34m，仪器检测：悬重由 2130. 9↓1092. 8kN；08：03 上提钻具至井深 5144. 25m 仪器监测：悬重由 2130. 9↑2338. 2kN，发生卡钻故障。经过软件验证，该井上提接单根工况，基于录井的智能识别预警模型 4：00 三级预警，4：25 一级预警，但基于机理模型的随钻摩阻扭矩计算模块在 3：47 反算大钩载荷与实测大钩载荷发生偏离，显示悬重异常。结果证明，在地面录井参数没有显著变化前，通过大钩载荷反算对比即可辅助判断井下阻卡异常。

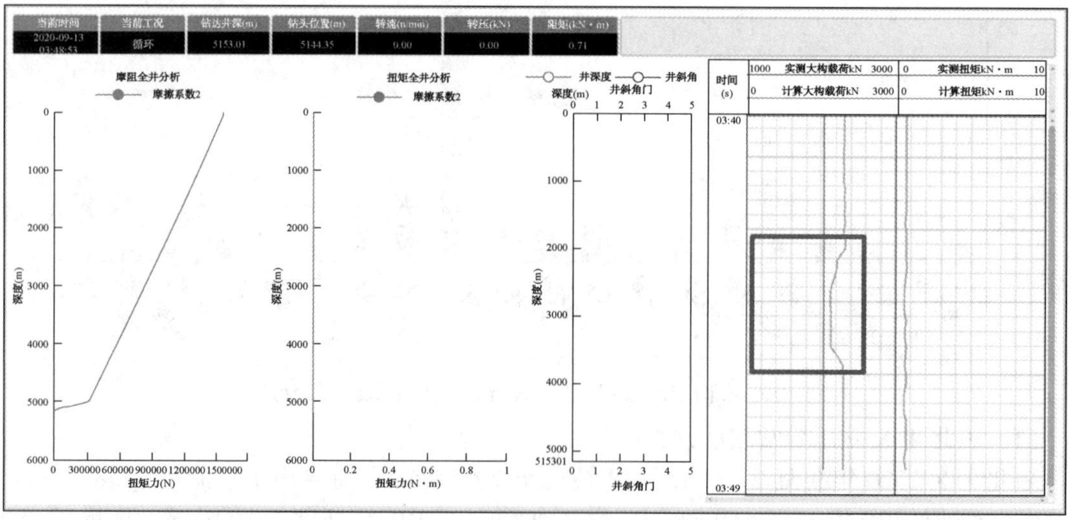

图 12　SHB5-16H 大钩载荷异常预警

（3）夏河 2 井智能识别井漏

夏河 2 井 2020 年 9 月 13 日 21：04 钻进至井深 1416. 81m(层位：D1-2k)时，仪器监测：

出口流量由 21.19↓17.25%（槽池沉砂），槽面观察井口失返，总池体积由 114.50↓113.80m³，立管压力由 0.5↓0.1MPa，其它参数无变化。经过软件验证，钻进工况下，系统在 21 点 03 分 10 秒即开始预警，并推送给监督项目部，比录井队上报异常时间提前 1 分钟，实现故障早期预警。

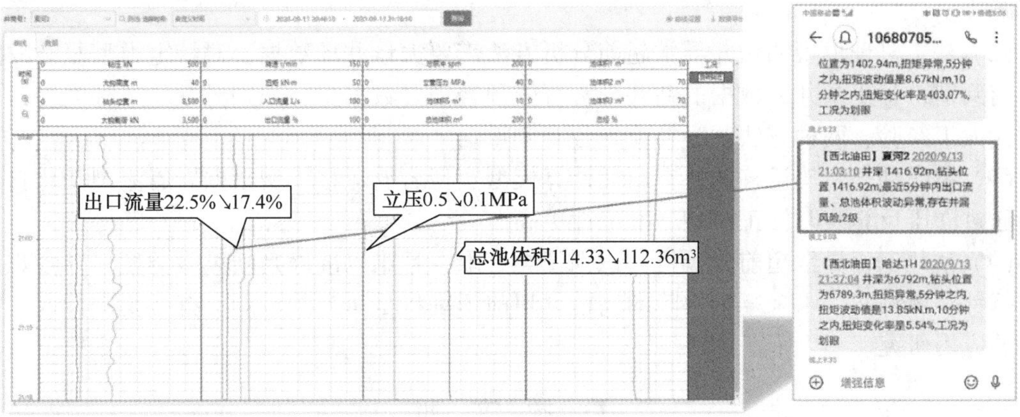

图 13　夏河 2 井井漏智能预警及推送

（4）SHB1-5H 井机械比能异常预警

三开第一趟螺杆钻进，地层为桑塔木组，岩石抗压强度没有明显升高，说明可能未钻遇辉绿岩，机械比能的升高可能由于钻头正常磨损和钻具振动导致。

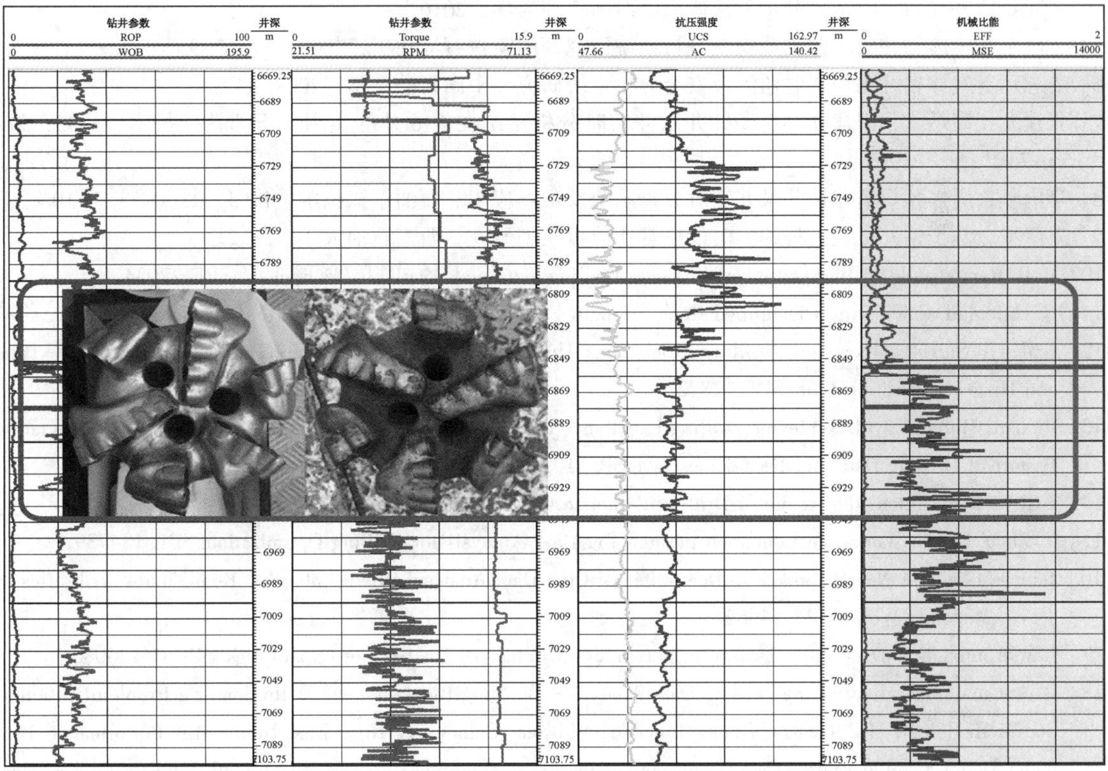

图 14　机械比能异常预警

4 结论

（1）钻井工程异常及复杂故障实时识别是保障钻井安全的有效措施，不同类型异常复杂由于产生原因和严重程度不同导致其录井表征也各不相同，需要采用不同维度的针对性方法进行解决。

（2）基于机理模型的钻井异常超前分析方法需要大量井场数据，对特定类型复杂故障能干提前判别；基于录井大数据的钻井异常智能预警需要数据少，识别异常复杂种类多，基本可替代人工经验，两种方法互为补充，各有侧重。

（3）考虑动态岩屑运移的环空压耗计算模型实现岩屑运移模型根据岩屑流型变化自动调整，通过立压反算实时修正模型，准确性更高。

（4）钻井工程异常超前分析目前识别种类有限，且难以准确判断风险类型，导致难以提前进行针对性预防。未来复杂故障的高精度超前识别将是研究的重点，有必要进行人工智能技术的应用研究。

参考文献

[1] 蔡望．控制压力钻井安全实时监测及控制分析系统研究．西南石油大学，2014.

[2] 周英操，高德利，鹿志文，等．欠平衡钻井参数实时数据分析处理系统的开发与应用．天然气工业，2005，07：47-49.

[3] 王建军．基于 Hadoop 的钻井工程实时数据分析研究．西南石油大学，2016.

[4] 王超．钻井参数实时优化分析方法研究．西南石油大学，2016.

[5] 石红苹．气体钻井实时监测及安全分析系统研究．内蒙古石油化工，2009，11：8-9.

[6] 姜志环．气体钻井工程实时监测及安全分析系统研究．中国石油大学，2008.

[7] 张建龙，高炳堂，刘建立．现场钻井录井实时分析系统在麦 6 井的应用．石油钻探技术，1995，S1：73-74.

[8] 李国华，周体秋．塔北钻井录并实时分析系统及现场应用．石油钻探技术，1995，23(04)：7-10.

[9] 王彦平．基于钻井工艺过程的实时信息智能分析模型研究．西南石油大学，2012.

[10] P. R. Rampersad. Drilling Optimization Using Drilling Data and Available Technology. SPE 27034

[11] G. Hareland. Calculating Unconfined Rock Strength From Drilling Data. 2007，ARMA Conference Paper.

[12] Catheryn Staveley. Increasing Drilling Efficiencies Through Improved Collaboration and Analysis of Real-Time and Historical Drilling Data. SPE 128722.

[13] Richard Mohan David. Achieving Drilling Excellence through Next Generation Workflows Enabled By Integrating Historical Drilling Data and Real Time Data. SPE 172151.

[14] S. R. Galeev. Automatic System of Drilling Parameters Field Data Analysis. SPE 187710.

[15] Y. Zhou. Future Workforce Education through Big Data Analysis for Drilling Optimization. SPE 184739.

[16] John F. Greve. A New Approach to Deepwater Drilling Data Analysis Offers Enhanced Real Time Capabilities in a Post Macondo World. SPE 146624.

[17] New Approach to Deepwater-Drilling-Data Analysis Enhances Real-Time Capabilities. SPE 05120083.

[18] R. A. Gandelman. Real-Time Drilling Data Analysis- Building Blocks for the Definition of a Problem Anticipation Methodology. SPE 128871. Hector Caicedo，William Calhoun & Russ Ewy. Unique Bit Performance Predictor Using Specific Energy Coefficients As a Function of Confined Compressive Strength Impacts Drilling Performance[J]. Chevron Corporation Energy Technology Co，2005，2：23-25.

注水软管体系化清垢技术在海上平台的首次成功应用与实践

谢艳娥　李彦阔　舒　杰　胡徐彦　詹智杰

(中海石油(中国)有限公司湛江分公司，广东湛江，524057)

摘　要：WZ6-13 平台 6 寸注水软管监测发现压差上升、通量下降，地面管线发现缩径严重。为此，开展了结垢类型分析、清垢方案设计、清垢药剂体系评价及施工方案再优化等研究。清垢后软管压差由 2.2MPa 降至 0.5MPa，输水量由 $50m^3/h$ 恢复到 $60m^3/h$。注水软管体系化清垢技术在海上应用尚属首次，为其他存在软管垢堵问题的油气田具有显著的推广和借鉴意义。

关键词：海上平台；注水软管；体系化清垢；pH 值

1　前言

WZ6-13 平台 6 寸注水软管于 2018 年投用，水源为生产水，2019 年 5 月监测发现压差由初期的 0.5MPa 增至 2.2MPa，输水水量由 $60m^3/h$ 降到 $50m^3/h$，地面管线发现管道内壁沉积约 2.0cm 黑色泥垢。针对该注水软管堵塞问题，本文开展结垢类型分析、清垢方案设计、清垢药剂体系筛选评价以及现场施工过程中方案再优化等一系列清垢技术研究。

2　结垢类型分析及垢量估算

2.1　结垢类型分析

为制定清垢方案，取垢样进行成份分析，结果显示垢样主要是硫化亚铁(78.5%)。

2.2　结垢量估算

通过注水软管管体参数、工况数据以及海管地面流程拆解情况，通过数学建模计算垢量有 33 方，管线实际管容为 79 方。

3　清垢方案设计

根据对注水软管垢量和成份的认识，结合油田常用的除垢方式及油田具备的条件，提出化学清垢和机械清垢两种方式以供选择。

采用机械方式清垢方案简单、费用低，但存在垢淤积堵塞管道风险；化学清垢虽可有效清除垢，但存在腐蚀风险以及费用高的问题。为实现安全高效清垢，提出化学和机械清垢相

【第一作者简介】李彦阔，工程师，生于 1988 年，2013 年毕业于西安石油大学，获硕士学位，现工作于中海石油(中国)有限公司湛江分公司，主要从事采油工艺技术研究工作。E-mail：liych39@cnooc.com.cn。

结合、先化学再机械清垢的工作方案，通过化学方式将绝大部分垢清除，再通过机械方式清除残余垢。

3.1 化学清垢方案设计

3.1.1 化学清垢体系选择

考虑到常规酸液腐蚀性强、反应速度快易导致无法均匀除垢，推荐采用螯合酸体系，该体系可以缓慢释放氢离子，减缓腐蚀的同时，实现整个管段均匀除垢。经过药剂进行筛选，BHCS 螯合酸清垢体系对垢样有较高的溶解效果，拟借鉴该体系应用于海管。

3.1.2 药剂溶垢性能测试

为考察 BHCS 螯合酸清垢体系溶垢效果，取垢样进行浸泡实验。实验表明多螯合酸的溶垢率约为 75%，实验结果详见表 1。由表可知，该体系整体溶垢率可达 80%以上。

表 1 螯合酸清垢体系溶垢效率数据

序号	样品	药剂	前重，g	后重，g	失重，g	溶垢率，%
1	海管进口(下岸)	螯合酸	2.0811	0.5183	1.5628	75.09%
2	海管出口(上岸)	螯合酸	2.1117	0.5582	1.5535	73.57%

3.1.3 药剂清垢体系腐蚀评价

为评估化学药剂对海管管体本身的腐蚀影响，对药剂可能接触的材质(F65、F51、PTFE)进行了浸泡实验。

无机垢清洗剂对 F65 有轻微的腐蚀作用，对 F51 的腐蚀不明显，多功能清洗剂对 F65 及 F51 的腐蚀作用均不明显；无机垢清洗剂对非金属材料没有影响。

3.1.4 药剂清垢用量

为明确药剂用量和浸泡时间，分别按 1∶1、1∶2、1∶4、1∶6 比例将垢样放入螯合酸溶液中进行浸泡。实验结果表明当垢：螯合酸溶液=1∶6，6 小时即可完全溶解，因此，确定垢：螯合酸溶液=1∶6，溶解时间：6h。管内垢量估算 33 方，计算清垢剂用量 198 方。

借助注水泵出口总管汇处刺漏维修契机，截取开展现场溶垢实验。按 1∶6 的垢酸体积比浸泡 24 小时，垢可完全溶解，检测含油 400ppm，油垢仅占总垢量的 0.3%，酸溶效果良好详见图 1：

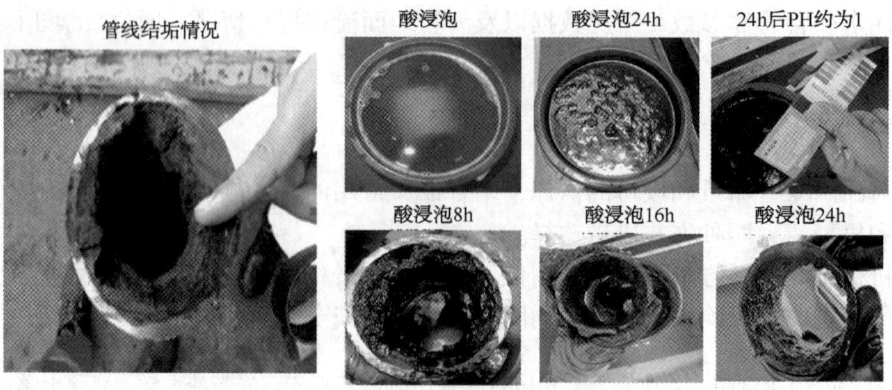

图 1 现场管段酸溶效果评价

3.2 机械清垢方案设计

根据清管方案，待化学除垢作业结束后，拆卸检验溶垢效果，若垢已溶解 80%则进行渐近式通球。通球过程中严格控制上下游压差不超过 350KPa，并做好反推解卡准备，最终根据接收清管球的完好情况及清出物少于 20KG 则逐步提高通球过盈量，待过盈量达到 115%，清出物少于 20KG，则进行机械直板通球。

3.3 清垢正反推方案设计

根据清管方案思路在溶垢过程总共需完成以下几个阶段工作：

阶段一：WZ6-13 热海水反推，替换软管中生产水，避免残余油遇冷沉积；

阶段二：多轮次 WZ12-1PUQB 正挤酸浸泡溶垢；

阶段三：多轮次 WZ6-13 冷海水反推，溶解污油推回 WZ12-1PUQB 回收；

阶段四：WZ6-13 地面流程冲洗，拆开上岸滤器验证除垢效果；

阶段五：通球清除残余垢，清管卡球备用方案：WZ6-13 高压反推。

4 现场实施

4.1 利用 PH 值精确表征结垢量

从 WZ12-1 PUQB 向 WZ6-13 推酸，当酸到 WZ6-13 时 pH 值缓慢下降，当检测到 pH 降至鲜酸 pH 水平，停泵，累计泵注 77 方，结垢管容计算仅有 2 方垢。

4.2 WZ6-13 结垢位置定位

对比 WZ6-13 立管段酸反应后 pH 值与软管中 pH 值，发现立管中 pH 明显上升，而软管中酸液 pH 与鲜酸 pH 一致，说明软管中无垢反应，垢集中在地面及立管段。详见图 2：

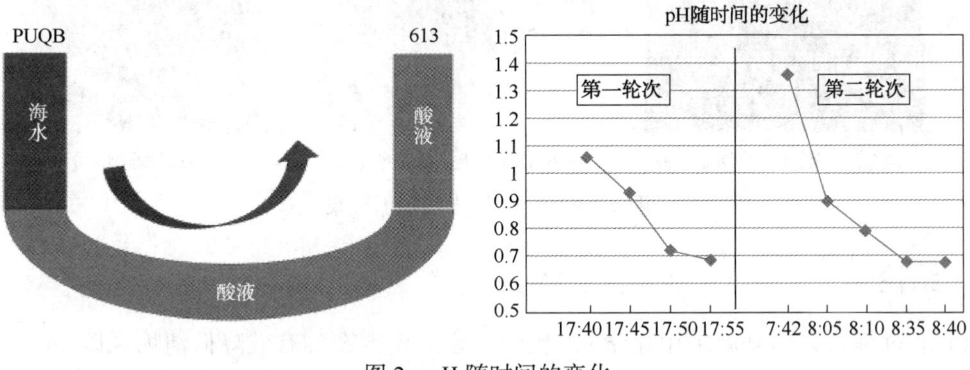

图 2　pH 随时间的变化

4.3 重点位置少量酸多轮次高效清垢

对地面流程及立管段进行多轮次清垢，由不同轮次下，返排酸液 pH 值随时间的变化可知：随着轮次增加，返出酸液 pH 变化趋于平缓，说明垢量逐渐减少。详见图 3。

4.4 组合通球根除残余垢

为确保清垢效果进行机械通球清除残余垢，根据渐近式清管方案，先采用酸化泵顶替 89%泡沫球，通球过程控制排量，观察压力变化，避免卡球问题的发生。通球过程中逐步提升排量并最终稳定排量通球，发现通球过程中压力变化不大，通球过程中恒定排量，顶替压力稳定，说明海管清垢完全。

按照渐进式通球方案：通球过程中压力、排量稳定，不同类型球相同排量下，通球压力

稳定、且相差不大，说明海管清垢完全。收球阀取球：球体完整、无划痕，无杂质，说明海管清垢完全

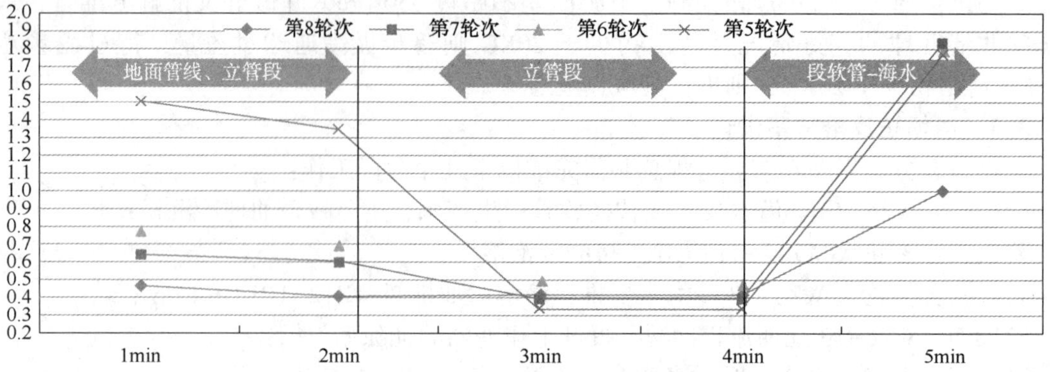

图 3 pH 随时间的变化

5 效果评估

清垢作业后，拆卸上岸滤器弯头及收球阀位置，观察垢已清除完全，详见图 4。清垢后，注水软垢压差由 2MPa 降至 0.5MPa，输水量由最高 $50m^3/h$ 恢复到 $60m^3/h$。

清垢前6-13注水上岸滤器弯头　　6-13注水上岸滤器弯头　　6-13收球阀

图 4 WZ6-13 上岸段清垢效果

6 结论

（1）通过综合评估创新采用化学+机械的组合清垢方案，有效降低清垢风险。

（2）创新利用 PH 值作为表征量精准定位结垢位置，有效提升清垢效率，大大节省药剂的使用量，节约药剂费用 240 万元。

（3）清垢后，软管压差由 2.2MPa 降至 0.5MPa，输水量由 $50m^3/h$ 恢复到 $60m^3/h$，清垢效果良好。

（4）研究形成的注水软管结垢问题体系化解决方案在海上平台注水软管应用方面尚属首次，为存在类似软管垢堵问题的油气田具有显著的推广和借鉴意义。

水平井故障修复工艺技术研究

乔　治　艾教银　乔文秀

(大庆油田有限责任公司井下作业分公司)

摘　要：由于水平井井身结构的特殊性，在修复上常规技术不适应。本文在常见事故类型和技术难度分析的基础上，通过水平井大修主要技术研究，研究出解卡打捞、磨套和连续冲砂3项技术，包括7项工艺、9套管柱和15种水平井专用工具，本文详细的介绍了水平井解卡打捞、钻磨铣和连续冲砂修井作业技术，为今后水平井的大修施工提供借鉴作用。

关键词：水平井；解卡打捞；钻磨铣；连续冲砂

1　前言

随着油田开发的需要，大庆油田加大了水平井的开发力度，截止到2008年底，大庆油田水平井已突破200口，并且将会逐年增多，水平井已进入规模开发阶段。水平井大修工艺技术通过对水平井解卡打捞及钻磨铣工艺方法、工艺管柱、配套工具和连续冲砂装置及工艺的研究，较好的解决了大庆油田水平井解卡打捞、钻磨铣和连续冲砂修复作业技术问题。

目前，水平井修井工艺技术相对成熟，工具基本配套，能综合运用水平井各种修复手段，实现对水平井复杂条件下卡管柱(如水平井分段压裂砂卡管柱、大段复杂结构下砂埋生产管柱等)解卡打捞修复、侧钻水平井和深层水平气井条件下钻磨铣修复、795m长井段水平井连续冲砂作业修复等。

2　水平井事故类型及主要修复难度

2.1　水平井主要事故类型

通过国内外水平井资料的调查分析，结合大庆油田已出现或可能出现的水平井故障情况，主要的水平井事故类型可概括为以下几种：

1）小件落物卡阻型

这种类型多指井内落入小件落物，如钳牙、钢球、螺帽、吊卡销子、喷砂器弹簧折断脱落等卡阻工具，造成堵塞或卡阻管柱。

2）工艺管柱断脱卡阻型

这种类型多指射孔、生产、酸化、压裂、找水、堵水等工艺管柱在受到套变、砂卡、蜡卡等情况作用下，造成管柱断脱落入弯曲或水平段并被砂埋或小件落物、电缆等嵌入而造成

【第一作者简介】乔治，男，1991年1月生。2013年毕业于东北石油大学电子科学与技术专业，获得工学学士学位，工作单位：大庆油田有限责任公司井下作业分公司工程地质技术大队修井一室，工程师，从事大修井一线现场技术服务及科研工作。E-mail：xj_ qiaozhi@ petrochina. com. cn。

的管柱卡阻。

3）井下工具卡阻型

这种类型多指井内各种工艺管柱中的下井工具如封隔器、水利锚、支撑瓦等失灵失效而使工具座封原位不能活动，致使管柱受阻而提不动。

4）套损卡阻型

这种类型多指套管技术状况较差，出现变形、破裂、错断等，使工艺管柱中的大直径工具受阻卡而提不动。这种井况将随着水平井开发时间的延长而日渐增多，必将成为水平井后期修复的重点。

5）其它复杂故障型

这种类型的故障，一般指以上各种卡阻类型之外的卡阻、砂埋堵塞等，如水泥凝固卡、化学堵剂凝固卡、工具失效卡阻及砂埋堵塞井眼等。

2.2 水平井修复主要技术难度

由于水平井在弯曲段井眼曲率大和水平段井斜角大(一般90度左右)、水平段长等方面的特殊性，在实施大修作业时，主要存在以下技术难点：①井下落鱼紧贴套管壁下侧，鱼头引入和修整困难；②大直径钢性钻具下入、上起比较困难，解卡打捞方法选择受限；③扭矩、拉力和钻压传递损失大，解卡打捞困难；④打印过程中铅模易被挂磨损坏，井下准确判断难；⑤管柱磨阻大，打捞少量落物时是否捞获不易判断；⑥水平井冲砂不易返出，易二次沉积阻卡管柱。因此，采用普通直井的修井技术无法实现对水平井的修复。

同时，由于大庆油田的地质开发特点，与其它油田相比，水平井具有井眼尺寸小、井眼曲率大、水平段长、且多为阶梯水平井。因此，大庆油田在水平井大修工艺技术上具有更大的施工难度。

3 水平井大修主要工艺技术

通过水平井大修主要技术研究，研究出解卡打捞、磨套和连续冲砂3项技术，包括7项工艺、9套管柱和15种水平井专用工具，基本满足了大庆油田水平井修井作业和连续冲砂的需要，并经现场24口井验证可行，技术相对成熟。

3.1 水平井解卡打捞工艺技术

水平井解卡工艺主要针对水平井弯曲段和水平段内落物实施的一项解卡打捞工艺。根据水平井不同的阻卡类型及落鱼情况采取不同的解卡打捞工艺。

(1) 水平增力解卡打捞工艺

① 原理

利用井下打捞增力器把大钩的垂直拉力转变成水平拉力并具有增力效果，二力共同作用实现解卡。工艺管柱如图1所示。

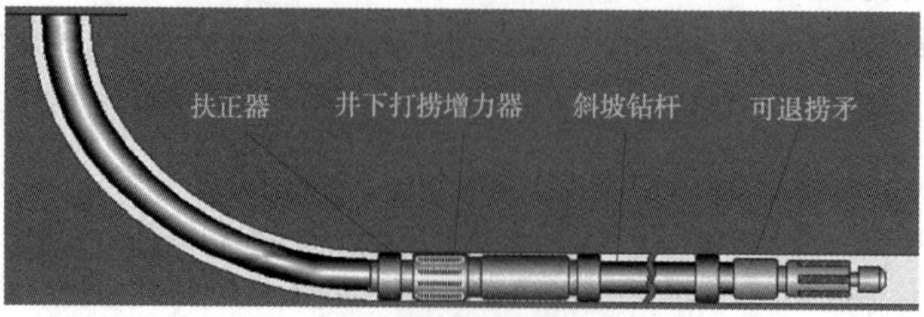

图1 水平增力解卡管柱结构示意图

② 工艺过程

管柱下入后抓获落鱼，首先上提管柱，使整个管柱承受拉力作用；开泵加压，使打捞管柱锚定在套管上；继续加压，增力器自身产生向上拉力，根据所需拉力的不同最多可达6级，解卡力为二力之和，解卡后落鱼上移。完成一个工作行程后停止加压，套管锚定器自动收回，此时上提管柱，使增力器各部分复位，继续重复以上过程，直至井下落物完全解卡。

③ 适应井况

适用于各种管柱断脱滑落至弯曲或水平段被卡，或生产、压裂、改造等管柱被砂卡在水平段内的情况。

(2) 震击倒扣解卡打捞工艺

① 原理

针对水平井钻压传递困难的情况，采用倒装钻具结构或配合下击器共同作用进行震击解卡；对一次震不开的，可采用倒扣类工具，进行逐段震击倒扣解卡打捞。工艺管柱如图2所示。

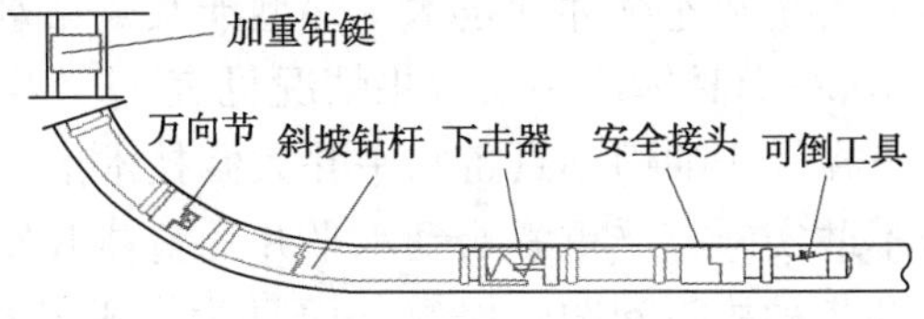

图2　震击倒扣解卡管柱结构示意图

② 解卡工艺过程

管柱下入后抓获落鱼，利用倒装钻具易于传递钻压的特点进行活动、震击，直至解卡；若仍不能解卡，则倒扣，将倒掉部分捞出，再行震击、倒扣打捞，直至将落物全部捞出。

③ 适应井况

主要适用于管柱掉井后砂卡或小件落物造成的管柱阻卡后的解卡。

(3) 套铣解卡打捞工艺

① 原理

对因管柱环空被小件落物或沉砂填埋而造成的卡管柱，采用套铣筒及配套钻具进行套铣，对被卡管柱环空中的卡阻物套铣掉，以解除阻卡。工艺管柱如图3所示。

② 适应井况

主要适用于砂卡管柱或小件落物等其它外来物体掉井后在环空中将管柱卡死的解卡方法。一般在活动、震击等无效的情况下最后实施有效解卡方法。

3.2　水平井钻磨铣工艺技术

(1) 原理

采用各种钻头、磨铣鞋、套铣筒等硬性工具对被卡落鱼进行破坏性处理，如对电缆、钢丝绳、下井工具等进行钻磨、套铣，清除掉阻卡处的落鱼，以解除阻卡。

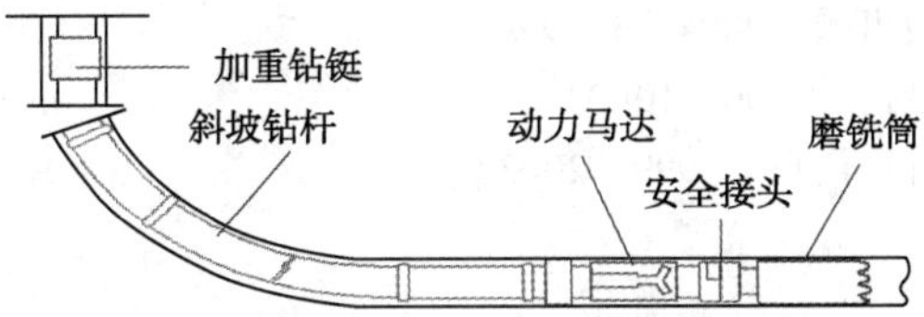

图3　动力马达驱动套铣解卡管柱结构示意图

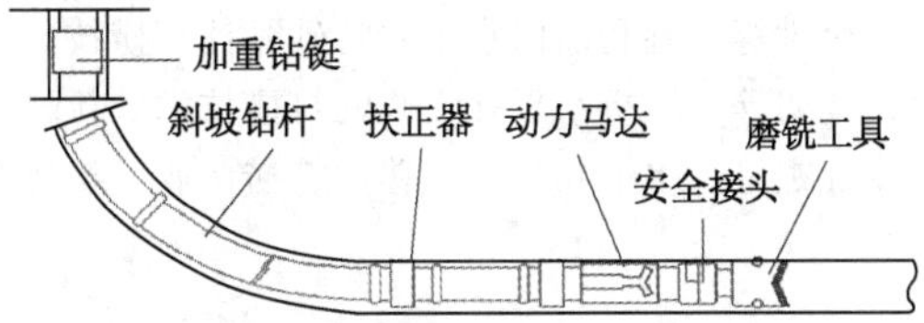

图4　钻磨铣套解卡管柱结构示意图

在水平段和井斜角大的井段，由于管柱摩阻力较大，经理论计算如果管柱无法提供足够钻压，或在采用复合驱动的情况下为降低管柱扭矩、避免钻具的疲劳破坏，可使用自行研制的滚动减阻器。

4　水平井大修专用配套工具

由于水平井井身结构的特殊性，常规检测工具、解卡打捞工具、磨套工具和扶正工具无法满足水平井解卡打捞施工的需要，因此，根据水平井施工的特殊要求，研发了水平井专用配套工具，共计 10 类 15 种。

5　水平井大修现场应用及效果

2006—2008 年，分别在某井、某井等 24 口井上进行了成功应用，技术主要包括解卡打捞、磨铣和连续冲砂技术，井型涉及侧钻水平井、气井水平井和常规水平井等，应用成功率达 100%。具体应用及效果情况见表 3。

在大庆油田不具备水平井大修技术前，水平井分段压裂、酸化、找水堵水等增产改造措施不敢实施，严重影响到水平井的整体开发效果。通过该技术的研究应用，不但能够满足水平井各种故障问题的修复，而且为水平井整体增产改造措施的实施提供安全技术保障。因此，随着水平井开发规模的增大和各种增产改造措施的不断实施，水平井各种故障问题将会越来越多，该技术将具有较好的发展应用前景。

6　结论与认识

（1）根据大庆油田水平井井眼尺寸小、井眼曲率大、且多为阶梯水平井等特点和目前事故类型，首次解决了水平井解卡打捞、钻磨铣和连续冲砂技术难题，保证了水平井各种工艺措施的顺利实施。

（2）水平井解卡打捞工艺技术，能综合运用各种工艺实现水平井复杂落物卡阻的解卡打捞，并保证管柱下得去、起得出，遇到复杂情况时可安全退出。

（3）水平井钻磨铣工艺技术，工艺安全可靠、施工效率高，管柱、工具具有套管保护功能，修井液具有油层保护功能，能实现侧钻水平井、深层水平气井等复杂井型复杂落物的大段钻磨铣施工。

（4）研制的水平井专用配套工具，能适合水平井特殊的井身结构和大修需要，具有不同于常规工具的特殊功能，能满足水平井修井作业的特殊需求，且经现场试验证明工具可靠实用。

参　考　文　献

[1] 叶金胜等．胜利油田水平井防砂管柱打捞技术．石油机械，2004，30(9)
[2] 白福明等．浅析水平井大修的打捞技术．新疆石油科技，2006，10(3)
[3] 崔江杰等．水平井和大位移井打捞作业．新疆石油科技信息，1999，20(3)

流体驱动下页岩层理扩展造成套损规律研究

张　玖　冯福平　张　军　索　彧

（东北石油大学石油工程学院，黑龙江大庆　163000）

摘　要：页岩层理极为发育且存在层理弱面，在水力压裂过程中，其层理弱面将容易发生剪切滑移等现象，造成套变。由此，本文考虑压裂液注入量、连续注入时间和层理夹角等因素，建立了修正缝高的径向裂缝扩展模型，从缝尖到井筒的距离变化研究层理弱面裂缝扩展规律。研究结果表明：持续注入压裂液和过大的注入量，极可能导致层理弱面发生滑移，而稠度系数增加，将延缓层理缝的扩展趋势。此外，层理弱面所在层理夹角在0~90°时，层理弱面发生滑移几率逐渐减小，90~180°时则趋势相反，研究结果对页岩储层压裂施工预防套损具有一定的指导意义。

关键词：页岩；水力压裂；层理弱面；层理缝扩展长度；套管变形；缝尖距离

水平井多级压裂技术是页岩气开发的主要手段[1-3]。然而在页岩储层中层理极为发育较多的层理弱面，压裂中水力裂缝将沿着层理弱面扩展过程中极可能使得岩层发生剪切滑移，从而使得套管发生变形，极大制约页岩油气的高效开发，国内外学者对套管变形发生的原因进行了多方面的研究。Daneshy，A. A.[8]研究了层理裂缝非均匀发展对套损的影响，结果发现冷缩和地层抬升的作用以及不平衡的地层变形，都将导致套管发生剪切破坏。Adams，N. J.[9]统计了页岩气水平井水力压裂过程中套管变形破裂的相关数据，对套管疲劳破坏和腐蚀对储层开发的影响进行了研究。高利军等[4]认为页岩水力压裂裂缝沿层理缝扩展过程中，在井壁四周形成复杂的裂缝网络，增加了储层发生剪切滑移几率，导致套损。程威[5]分析页岩气水力压裂套损相关资料，发现断层活动、页岩层理弱面滑动等是套变原因之一。李林[6]对页岩气井的套管损坏现象进行统计分析发现，一部分套损是由裂缝沿层理弱面扩展滑移剪切井筒造成的。高德利等[7]分析了页岩气井筒完整性失效问题，发现水平井水力压裂流体连通井筒极可能形成圈闭流体，使得井筒附近液压过高造成套损。

目前国内外针对页岩储层水力压裂过程中裂缝沿层理弱面扩展规律的研究相对较少，层理弱面裂缝扩展到扩展到井筒处形成套损的这种现象将成为一种不可忽视的问题，因此，本文在前人研究的基础上推导得出了裂缝扩展过程中裂缝尖端距离井筒距离变化的修正模型，通过缝尖距离变化修正公式得出了层理弱面扩展过程中各因素对裂缝扩展的影响规律。

【第一作者简介】张玖（1995—），男，研究生，学士，籍贯湖北孝感，现为东北石油大学一名研究生，主要从事岩石力学方面研究，1595413936@qq.com。

1 模型建立

1.1 建立层理弱面裂缝径向扩展修正模型

基于 Penny 模型提出的二维径向水平缝扩展模型[10]。本文建立了考虑层理弱面层理缝扩展长度的径向裂缝扩展修正模型，模型建立基于以下条件[11-12]：1. 储层为线弹性，裂缝在储层内部扩展；2. 缝内的压裂液为径向层流状态；3. 缝内压力分布不受压裂液滤失作用的影响；模型如图 1 所示，其中：R，R_1分别为裂缝长短轴，m；H 为裂缝距离井筒距离，m；h 为缝尖到井筒的距离，简称缝尖距离，m；θ 为层理与主裂缝的夹角，°；Q 为注入量，m^3/min。

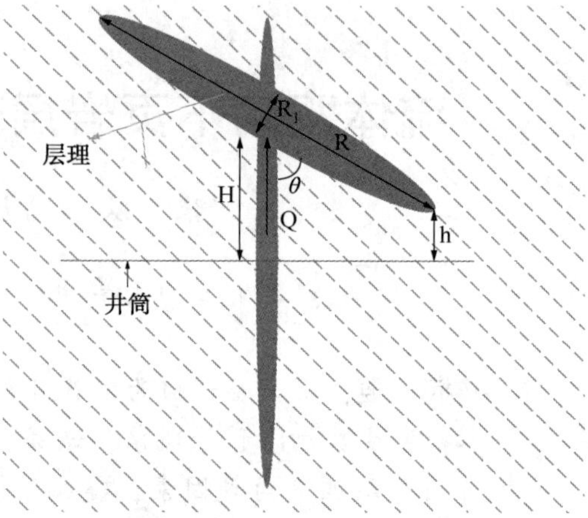

图 1 径向裂缝扩展模型示意图

1.2 模型公式推导

考虑裂缝扩展长轴是远大于短轴，设椭圆长轴和短轴的比值为 a，$R=aR_1$，a 与缝内压裂液净压力 Δp 公式如下[10]：

$$a=\left[0.0893\frac{K_h^2}{K_H^2}-0.1884\frac{K_h}{K_H}+1.1126\right]\sqrt{\frac{\sigma_h}{\sigma_H}} \tag{1}$$

$$\Delta p=\frac{2K}{1-n}\cdot\left(\frac{(2n+1)Q}{nB}\right)^n\cdot\frac{\left(\frac{R}{2}\right)^{n-1}-r^{n-1}}{W_a^{2n+1}} \tag{2}$$

式中：K_h为最小水平主应力方向储层渗透率，$10^{-15}m^2$；K_H为最大水平主应力方向储层渗透率，$10^{-15}m^2$；K'为压裂液稠度系数，$Pa\cdot s^n$；n 为压裂液稠度指数；Q 为缝内压裂液注入量，m^3/min；

穆丹丹等在 Sneddon 等人研究的基础上，整理推出了新的 W_{max}最大缝宽表达式，并基于此推论出了用于造缝压裂液流量q_2关系式和裂缝扩展长度计算公式如下[10]：

$$w\left[\frac{8(1-v^2)R^{2-n}}{BE}\cdot\frac{2K}{1-n}\cdot\left(\frac{(2n+1)Q}{nB}\right)^n\cdot\left(\frac{2}{3}\right)^{2n+1}\cdot\left(1-\left(\int_r^1 x^{1-n}\cos^{-1}x\,dx\right)\right)\right]_{max}^{\frac{1}{2n+2}} \tag{4}$$

$$\int_0^T q_2(t)\,dt=\frac{4}{3}\pi R^3\ W\int_0^T\left(Q-q_1-S_p\cdot\frac{dA}{dt}\right)_{max} \tag{5}$$

式中：T 为压裂施工总时间，min；q_2为压裂液综合滤失系数，$m^3/min^{0.5}$；S_p为初滤失系数，m^3/m^2；$\frac{dA}{dt}$为裂缝面积变化率；

整理上式，推导得层理弱面中裂缝扩展长度对裂缝尖端到井筒的距离影响公式如下：

$$h = H - \left[\frac{3a}{4\pi} \cdot \int_0^T q_2(t)\,dt \cdot \left[\frac{8(1-v^2)}{BE} \cdot \frac{2K}{1-n} \cdot \left(\frac{(2n+1)Q}{nB} \right)^n \cdot \left(\frac{2}{3} \right)^{2n+1} \cdot \left(1 - \left(\int_r^1 x^{1-n} \cos^{-1} x dx \right) \right) \right]^{\frac{-1}{2n+2}} \right]^{\frac{2n+2}{3n+6}} \cdot \cos\theta \tag{6}$$

2　不同因素对层理弱面裂缝扩展及套损的影响规律

基于上述公式结合现场数据，我们将页岩压裂施工地层的最小最大水平主应力取为55MPa和65MPa，沿最小最大水平主应力方向的渗透率取$0.25\times10^{-15}m^2$和$0.052\times10^{-15}m^2$，计算得a为2.08。综合滤失系数取$0.001m^3/min^{0.5}$，滤失系数为$0.06m^3/m^2$，层理缝初始位置设为距离套管处20m，弹性模量28GPa，泊松比为0.25。初始流量设为$4.5m^3/min$。稠度系数设为0.48Pa·sn，稠度指数n设为0.5。

2.1　注入流量对裂缝扩展及套损的影响

当施工时间定为40min，层理夹角为65°，注入流量为$0\sim10m^3/min$时，计算缝长随之变化为0~106.80m，半长为0~53.40m。具体如图3所示，随着排量的增加，裂缝扩展半长和缝内液压均呈持续增长趋势，缝尖距离持续下降，直到降低为0，此时排量为$7.1m^3/min$，裂缝半长为47.01m，缝尖液压10.86MPa，裂缝经过40min的扩展到达井筒处；此外从图4可知，注入时间越长层理缝扩展到井筒所需的注入流量越小。

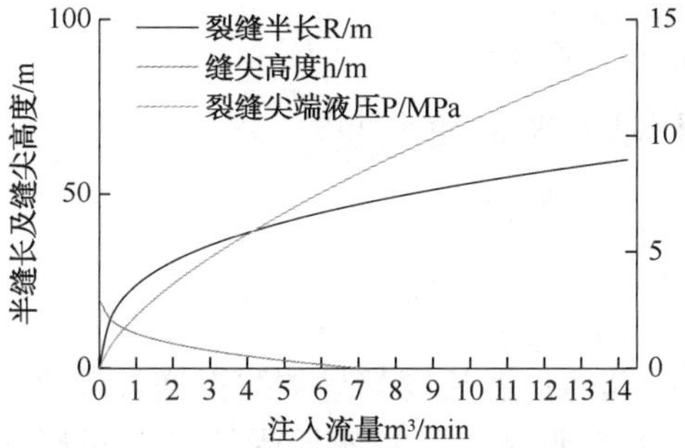

图3　不同注入量下裂缝扩展半长等变化曲线图

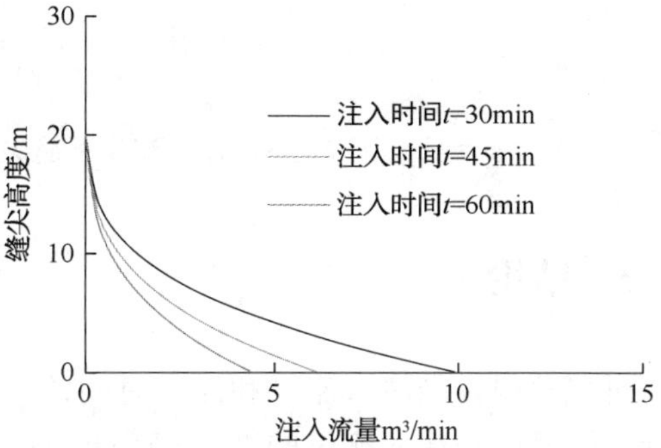

图4　不同注入时间下缝尖距离随排量变化曲线图

2.3　压裂液稠度系数对裂缝扩展及套损的影响

控制其他影响因素不变，注入排量设为为$4.5m^3/min$时，压裂液稠度系数为0~$0.7Pa\cdot s^{0.5}$时，缝长计算为142.40~84.72m，半长为71.20~42.36m。具体如图5所示，随着压裂液稠度系数的增加，层理缝扩展长度呈降低趋势，缝尖距离呈增长趋势，而液压一直保持着线性增长趋势；此外从图6可知，注入量越小随着稠度系数的增加，层理缝尖端距离井筒的距离越大。

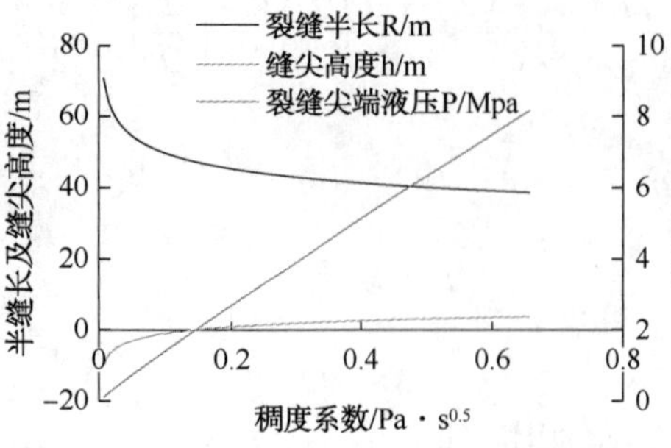

图5　不同稠度系数下裂缝半长等变化曲线图

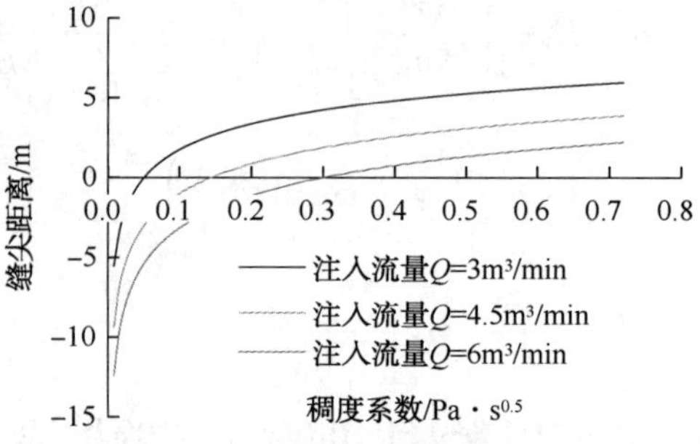

图6　不同注入流量下缝尖距离随稠度系数变化曲线图

2.5　层理夹角对裂缝扩展及套损的影响

保证其他影响因素不变，层理夹角为0~180°时，层理弱面中层理缝初始位置为距离井筒处20m，缝尖距离随层理夹角的变化曲线如图7所示，随着层理夹角增加，层理缝扩展的缝尖距离先增加后降低，当层理夹角为90°左右时，裂缝扩展的缝尖距离变化较小，可知层理夹角为90°附近时，弱面滑移几率较小。

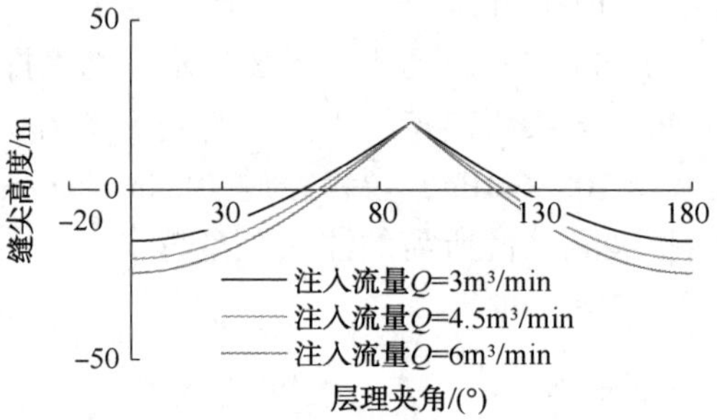

图7　不同注入流量下缝尖距离随天然裂缝夹角变化曲线图

3　结论

研究发现：当注入流量和注入时间的增加时，层理缝扩展长度都呈类线性增长趋势，而裂缝尖端液压随注入流量的增长趋势比随注入时间更为明显，裂缝液压受注入流量影响较大，由此说明流量越大和注入时间越长裂缝越容易扩展到井筒处，极易造成套变套损，应合理控制注入流量的大小和压裂连续注入的时间。较高的压裂液稠度系数将阻碍层理缝的压裂扩展，从而能有效防止裂缝扩展到井筒处，达到延缓套管变形的目的，但压裂液过高的稠度系数会导致缝内液压较大，从而在井内泄压时挤压井筒，间接导致套管变形的发生。

此外，层理夹角为0~90°时随着裂缝扩展和注入量的提高，缝尖距离逐渐升高，90~180°时趋势相反，缝尖距离逐渐降低，180°时最低和0°时情况相同，裂缝扩展到井筒处极易发生套变。

参　考　文　献

[1] ZHOU D S, ZHENG P, HE P, et al. Hydraulic fracture propagation direction during volume fracturingin un-

conven- tional reservoirs [J]. Journal of Petroleum Science and Engi- neering, 2016, 141: 82 - 89.

[2] CHEN Z M, LIAO X W, ZHAO X L, et al. Performance of horizontal wells with fracture networks in shale gas formation [J]. Journal of Petroleum Science and Engineering, 2015, 133: 646 - 664.

[3] MEYER B R, BAZAN L W. A discrete fracture network mod- el for hydraulically induced fractures - theory, parametric and case studies [C]// SPE Hydraulic Fracturing Technology Conference, Woodlands, Texas. SPE 140514, 2011.

[4] 高利军，柳占立，乔磊，庄茁，杨恒林．页岩气水力压裂中套损机理及其数值模拟研究[J]. 石油机械，2017，45(01)：75-80.

[5] 程威．页岩气水平井压裂导致套损原因分析及预防对策[D]. 中国地质大学(北京)，2014.

[6] 李林．长宁—威远页岩气井地层滑移致套损机理研究[D]. 中国石油大学(北京)，2018.

[7] 高德利，刘奎．页岩气井井筒完整性若干研究进展[J]. 石油与天然气质，2019，40(03)：602-615.

[8] Daneshy, A. A. Impact of Off-Balance Fracturing on Borehole Stability and Casing Failure[J]. Society of Petroleum Engineers, 2005, doi: 10.2118/93620-MS

[9] Adams N J, Mitchell R F, Eustes A W, et al. A Causation Investigation for Observed Casing Failures Occurring During Fracturing Operations [J], Society of Petroleum Engineers, 2017, doi: 10.2118/184868-MS

[10] 穆丹丹，曹杰，袁征．基于优化的 Penny 模型煤岩压裂水平缝计算及分析[J]. 煤矿安全，2019，50(03)：172-176.

[11] 李安启，姜海，陈彩虹．我国煤层气井水力压裂的实践与煤层裂缝模型的选择分析[J]. 天然气工业，2004，24(5)：91-93.

[12] 王鸿勋，张士诚．水力压裂设计数值计算方法[M]. 北京：石油工业出版社，1998：144-160.

螺杆钻具马达失效分析

任宪可

（中国石油集团工程技术研究院有限公司，北京　102206）

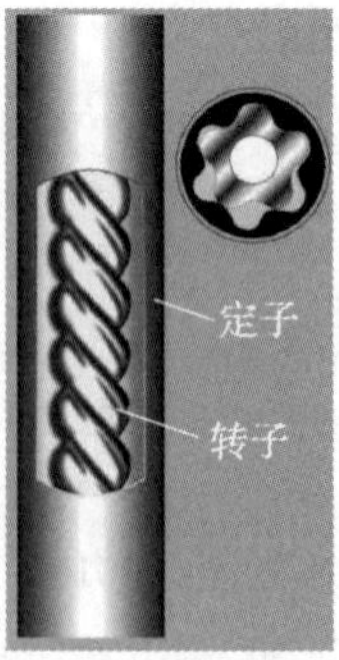

图1　马达截面

螺杆钻具是一种以高压钻井液作动力液，把液体压力能转换为机械能的容积式井下动力钻具，最终以扭矩输出的形式传递给钻头。马达是螺杆钻具的动力部分，它由转子和定子2部分组成，如图1。定子是在钢管内壁上压注橡胶衬套而成；转子是一根经过加工并有耐磨抗腐蚀镀层的左旋螺杆。

定子的头数比转子多1个，在转子装入定子后，任意截取一个垂直于轴线的截面，两者均是共轭啮合的，如图2。因此，绕轴线的左旋螺杆上有一系列啮合点，这些啮合点封闭起来的容腔组成1个密封腔，而且此容腔体积是一定的。随着螺杆在定子中的运动，密封腔逐步沿轴线移动，把完成能量转换的泥浆由低压腔排出马达[1]。

定转子工作时的受力情况非常复杂，不但要承受扭矩、轴向挤压载荷和弯曲载荷，还要受到液体腐蚀、岩壁磨损等，损坏形式主要是疲劳断裂、橡胶掉胶，因此对定转子的研究就显得尤为重要。

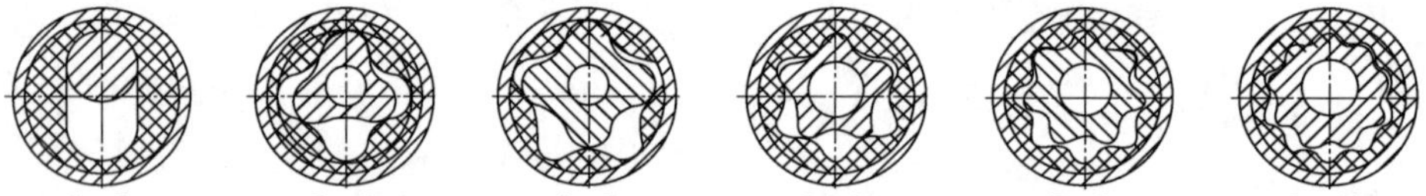

图2　各种头数马达配合

1　马达工作原理

钻井作业中高压流体从马达顶部注入，在2个相邻的腔压力差作用下使转子传动，转子的持续转动致使共轭密封腔连续沿轴线下移，以保证钻井液循序向下推进。转子转速与钻井液的流量有关，与马达压降无关，即

$$v_R = 60Q\eta_V/q \tag{1}$$

式中，v_R 为转子实际转速；Q 为马达排量；η_V 为容积效率；q 为每转排量。

【作者简介】任宪可，男，高级工程师，1983年7月6日出生，2006年7月毕业于东北石油大学（大庆石油学院），工程力学专业，获得工学学士，现工作中国石油集团工程技术研究院有限公司，主要从事井下工具研究、设计及制造工作。联系电话：13752420612；E-mail：renxianke@ cnpc. com. cn。地址：北京市昌平区黄河街5号院1号楼，邮编：102206

在此过程中，转子将液压能转化为机械能，螺杆钻具输出扭矩与马达压降和每转排量成正比[2]，即

$$T=\Delta p\eta_V q/2\pi \tag{2}$$

式中，T 为输出扭矩；Δp 为马达压降。

2　马达失效机制

定子失效主要是弹性体的失效，在多数情况下，定子弹性体性能下降后继续按正常操作会导致定子失效。

2.1　疲劳失效

疲劳破坏是作用定子的弹性体高强度周期荷载的结果，周期载荷可以简单地定义为单位时间内转子作用在定子上的次数。定子头数增加，载荷频率增加，定子疲劳寿命降低，载荷频率与转子的速度及头数有关，即

$$f=(v_R/60)\times N \tag{3}$$

式中，f 为载荷频率；N 为转子的头数。

高强度周期载荷作用下的定子弹性体会产生裂纹，并逐步扩展，这种现象称为疲劳裂纹扩展。当裂纹扩展到一定程度后，弹性体脱落，发生疲劳失效。图 3 为定子弹性体在高强度周期载荷下失效图，裂纹出现在高应变区，通常在定子花瓣底部，裂纹增长速度将取决于循环载荷频率。

图 3　定子橡胶受损失效形貌

2.2　热滞后失效

定子弹性体物理性能随着温度的升高而减弱，会使定子寿命缩短。弹性体的高温是由井下温度热滞后现象造成，滞后产生的热量是转子和高压流体在定子上反复作用的结果，由于定子弹性体属于粘弹性材料，作用在定子上能量转化为热能。弹性体滞后热为

$$H=2000\times G\times \tan\delta\times\varepsilon^2\times f \tag{4}$$

式中，H 为滞后热；G 为弹性模量；$\tan\delta$ 为粘弹性模量的比值；ε 为弹性体应变。

滞后热的最大值靠近定子花瓣中心，应力集中与弹性体的低导热性致使弹性体热积聚，高温下不同时刻定子受损形貌如图 4。

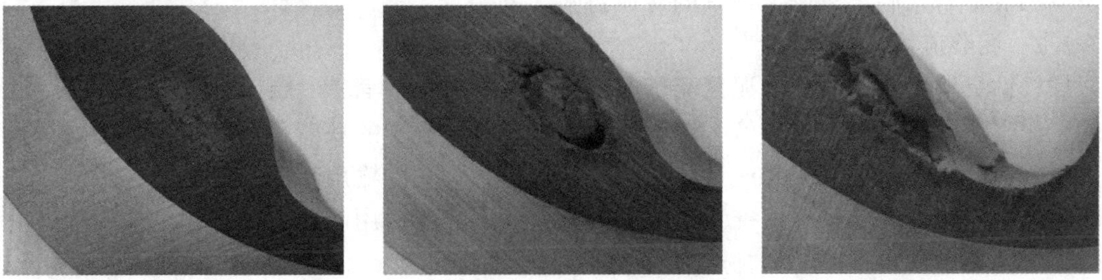

图 4　高温下不同时刻定子橡胶受损形貌

图5为经过有限元分析计算得到定子温度分布，弹性体瓣内中心的温度比弹性体表面温度高30℃。在高温井下定子寿命要得到提高，马达需长期低速、低压差下运行[2]。弹性体温度过高原因有：①井下温度过高；②弹性体物理性能低；③定转子配合过紧，马达工作时摩擦产生大量热。

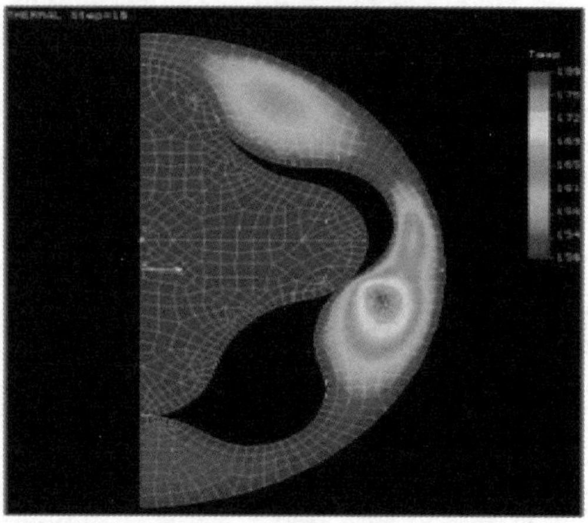

图5　定子温度分布

2.3　化学腐蚀失效

当钻井液为油基泥浆或柴油基泥浆时，考虑到油基泥浆中芳香烃对定子弹性体的溶胀和气蚀，应该控制芳香烃的含量，同时提高油基泥浆的苯胺点。苯胺点指的是油基泥浆中均匀混合的油和苯胺在冷却时分离成两相的温度。普通情况油基泥浆的苯胺点应>70℃，井底温度较高时苯胺点应>93℃或更高。

泥浆中氯化物高时会因为腐蚀缩短马达的寿命，这一点在井底温度高时显得更突出。如果螺杆已在高氯化物含量泥浆中使用，在起出后应尽可能在井口冲洗，防止螺杆的腐蚀[3]。

3　影响马达失效的其他因素

3.1　钻井泥浆

钻井泥浆比重和粘度对钻具性能的影响甚微，但对整个压力有直接影响，推荐泥浆最大塑性粘度不应超过0.05Pa·s。泥浆中所含的各种硬颗粒必须予以限制，推荐钻井液中的含砂量应<1%，若含砂量>5%，钻具的寿命将大大缩短。

3.2　泥浆流量

螺杆钻具输出转速与输入泥浆流量成正比，每一种钻具都有一定的有效工作流量范围。当输入泥浆流量超过最大流量值，转子就会超速旋转，定子的疲劳负载就会大大增加，导致定子提前损坏。如果输入泥浆流量小于最小流量值，马达的输出转速和扭矩就会降低，从而影响其使用效果。因此建议按推荐参数进行操作，当实际使用的泥浆排量超过推荐的最大流量时，可使用中空转子以延长马达的使用寿命。

3.3　转子和定子配合尺寸

定转子间的配合尺寸都需经过选配测试，使其不宜过紧或过松，让马达发挥最大的效率。另外，定子的容腔是由橡胶形成的，因此定子内腔的尺寸受到井底温度的影响，用户可根据实际的井温情况要求厂家选配适合的马达配合，例如，地层井温较高可选配较松的马达；地层较浅或使用的环境温度较低，可选配较紧的马达等[4]。

3.4 多次制动的影响

当扭矩不能达到所需扭矩时，马达就会制动。扭矩增加压降也随着增加，压降越大泄露量越大，转子的转速越低，这种情况一直持续到转子转速为零或制动。钻具制动，定子弹性体伴随着钻井液从容腔流动而被拉伸。

4 结论

马达失效通常由高强度载荷、钻井液不兼容、高温等造成。当作用在定子弹性体上的应力超出极限一段时间后，就会产生疲劳裂纹。疲劳裂纹往往在弹性体花瓣的波峰和波谷处，裂纹导致定子弹性体逐渐被撕裂而失效。过高的压力、反复制动、定转子配合过之间大量的压缩都会致使定子失效[6-8]。

钻井液为油基泥浆、柴油基泥浆时，定子长期在这种环境下工作时，弹性体的物理性质会改变，橡胶弱化收缩或膨胀，同时结合定转子配合量的变化，加速定子弹性体的失效。高温也是导致定子失效的最重要的参数，弹性体处于高温井下时弹性体性能降低，同时弹性体的热滞后会进一步导致定子失效。

为了最大限度提高定子的寿命，必须根据井下的情况选择合适的定转子配合。此外，还可以降低马达部分压降来减低转子转速，以提高定子的寿命。定子弹性体必须经过精心挑选，以确保与钻井液相容性。

参 考 文 献

[1] 苏义脑．螺杆钻具研究及应用[M]．北京：石油工业出版社，2001，9-14.
[2] 初同龙．螺杆泵内部流场分析及三维数值模拟研究[D]．东北石油大学硕士论文．2014：11-13.
[3] 刘永刚，罗琼英，李三昌．硫化氢腐蚀环境下的钻具失效研究[J]．石油矿场机械，2009，38(3)：62-65.
[4] 侯宇．螺杆泵定转子合理过盈量确定方法研究[D]．东北石油大学硕士论文．2011：55-59.
[5] 朱虎军，祝效华，司念亭，等．直井复合钻螺杆钻具失效分析[J]．石油矿场机械，2008，37(9)：62-64.
[6] 刘永刚，陈怀高，刘文红．气体钻井过程中的钻具失效研究[J]．石油矿场机械，2008，37(2)：49-52.
[7] 陈坚，郑华林，何畏，等．螺杆钻具定子电解加工阴极计算机辅助设计[J]．石油矿场机械，2010，39(7)：42-44.
[8] 殷凤玲，于卫东，孙伟，等．螺杆钻具马达转子不同处理工艺的应用[J]．石油矿场机械，2010，39(3)：82-84.

基于机器学习方法的PDC钻头钻速方程多元模式及其工程应用

李　玮　李卓伦　焦圣杰

（东北石油大学石油工程学院，黑龙江大庆　163318）

摘　要：为了预测和分析不同钻进条件下PDC钻头的机械钻速，国内外学者建立了多种模型，但直接应用钻速方程计算和预测机械钻速存在很大误差，难以达到30%以上的精度。本文在考虑机械参数、水力参数、地层参数的基础上，基于机器学习的回归方法对综合钻速方程中的钻压指数、转速指数、可钻性指数等参数进行多元回归，提出了钻速方程的三元模式和四元模式，并建立了系统的应用流程，提高了计算精度。

关键词：钻速方程；录井数据；机器学习；回归分析

1　引言

PDC钻头的机械钻速受机械参数、水力参数、地层参数和钻头结构等因素的影响[1-3]，其工作效率直接影响到钻井进度和成本[4]。为了预测和分析不同钻进条件下钻头的机械钻速，国内外学者建立了宾汉方程、杨格方程、阿姆科方程等一系列的钻速方程。这些钻速方程在考虑机械参数、水力参数、地层参数和钻头结构等不同的侧重点上，结合室内试验和现场统计数据的基础上建立起来的[5-7]。当前，钻井录井数据已经相当普遍，应用这些数据可以直接分析随深度变化的机械钻速和影响因素，但是录井数据噪声点较多，且形式多样，直接应用钻速方程计算和预测机械钻速，其计算结果与录井机械钻速有很大的误差，一般难以达到30%以上的精度，这使得钻速方程应用和推广受到了很多的限制。本文在考虑机械参数、水力参数、地层参数的基础上，基于机器学习的回归方法提出了钻速方程的三元模式和四元模式，并建立了系统的应用流程，为分析机械钻速和实时预测机械钻速提供一条途径。

【第一作者简介】李玮，男，1979年2月生，就职于东北石油大学，教授，博士生导师，从事高效钻井破岩、水力压裂、钻井优化等方面的理论与技术研究。黑龙江省级领军人才梯"油气井工程"学科后备带头人，"油气钻井技术"国家工程实验室"高效钻井破岩技术"研究室副主任，"油气钻井高效破岩技术"黑龙江省高等学校科技创新团队的核心成员。主持和完成了13项国家级；发表学术论文90余篇，发表受理、授权专利55项，发表专著1项，获得省部级获7项，市局级奖5项。通讯地址：黑龙江省大庆市高新区学府街99号，东北石油大学，163318，0459-6503643，E-mail：liwei@ nepu. Edu. cn。

2 常用的钻速方程

钻速方程能够描述各种因素如何影响钻头破碎岩石的速度。1969年，考虑门限钻压和牙齿磨损量的影响，杨格提出新的钻速方程[8]。随后，有人在此钻速方程的基础上，引入了压差影响系数和水力参数影响系数，形成了目前应用较普遍的修正杨格方程：

$$V_{op}=K_f C_p C_h \frac{(W-M)n^{\lambda}}{1+C_2 H_f} \tag{1}$$

式中，V_{op}为机械钻速 m/h；W 为钻压，kN；M为门限钻压，kN；n 为钻头转速，rpm；K_f为地层可钻性系数；C_P为压差影响系数；C_H为水力参数影响系数；C_2为切削齿磨损系数；H_f为切削齿相对磨损量，即磨损掉的高度与原始高度之比，则新钻头为0；λ为转速指数。

1970年，美国阿姆科公司根据大量的现场数据提出了二元钻速方程[9]：

$$V_{op}=K_f W^{\alpha} n^{\lambda} \tag{2}$$

式中，α为钻压指数。

1988年，北京石油勘探开发研究院根据实验数据和辽河油田、华北油田提供的实钻资料，吸取阿姆科模式和鲍戈因多元模式的优点，回归出了四元钻速方程[10]，即

$$V_{op}=K_f W^{\alpha} n^{\lambda} N_c^{\gamma} e^{-\beta\Delta P} \tag{3}$$

式中，N_c为钻头水功率，kW；ΔP为井底压差，MPa；γ为水马力敏感指数；β为地层的压实系数。

1989年，石油大学郭学增教授通过对钻压、转速、钻头水功率、地层可钻性系数及切削齿磨损的研究，由统计数据回归出不考虑钻头磨损时PDC钻头的钻速方程[11]：

$$V_{op}=K_f(W-M+C_c N_c)n^{\lambda} \tag{4}$$

式中，C_c为钻头水功率系数。

1995年，江汉石油学院杨雄通过室内实验模拟1000m井下条件，通过统计回归建立了PDC钻头的钻速方程[12]：

$$V_{op}=K_f W^{\alpha} n^{\lambda} Q^{\varepsilon} e^{-\beta\Delta P} \tag{5}$$

式中，Q为排量，L/s；ε为排量指数。

此外，还有一些钻速方程，如胜利油田建立的通用钻速方程[13]，东北石油大学建立破碎比功钻速方程等等[14]，都在积极探索和推动钻速方程的工程实用化。

在钻速方程现场应用过程中，模型计算结果与录井数据存在不小的偏差(不足30%)，具体原因为：

(1) 由于实钻钻速数据分布影响因素多，非线性强，噪声点多，分布规律性弱，造成众多钻速方程的计算结果与实钻数据结果误差比较大。

(2) 钻速方程中过程参数比较多，例如压差影响系数、水力净化系数、切削齿磨损系数、切削齿相对磨损量、井底压差等参数，这些参数在实际钻进过程中无法准确计算，即使钻后分析过程也很难准确计算，这无疑二次增加了钻速方程的误差。

(3) 地层可钻性是一个随深度变化的，且十分重要的客观参数，不同深度的地层统一用一个或几个固定的参数，这与实践情况不符。

3 新模型及参数求解

1）模型建立

在前人研究的基础上，综合考虑上述原因，提出由钻压、转速和地层可钻性构成的钻速方程三元模式：

$$V_{op}=C\frac{W^{\alpha}n^{\lambda}}{K_f^{\gamma}} \tag{6}$$

由钻压、转速、排量和地层可钻性构成的钻速方程四元模式：

$$V_{op}=C\frac{W^{\alpha}n^{\lambda}Q^{\varepsilon}}{K_f^{\gamma}} \tag{7}$$

其中：C 为综合系数；γ 为地层可钻性指数。

这两个方程的特点是主要构成参数都直接来自于录井数据，而不需要中间的二次预测，通过综合系数和地层可钻性系数系统考虑齿高磨损量、压差、压实系数等参数对机械钻速的影响。这样的建模方式可以有效降低方程使用过程中的误差。

2）方程中的参数回归方法

机器学习是人工智能及模式识别领域共同研究热点，其理论和方法已被广泛应用于解决工程应用和科学领域的复杂问题[15]。机器学习的回归算法通过建立变量之间的回归模型，通过训练过程得到变量与因变量之间的相关关系。常见的回归算法包括：线性回归、非线性回归、逻辑回归、多项式回归。本文应用回归分析方法对综合钻速方程中的钻压指数、转速指数、可钻性指数等参数进行多元回归。

4 现场实例分析

1）单井钻速方程优化

选取金跃 104 井作为研究对象，对该井录井数据，对式(6)和式(7)的钻速方程进行多参数回归。

应用式(7)和式(8)进行计算，并和修正杨格方程式(1)、四元钻速方程式(3)进行对比。本文计算用的整米机械钻速录井数据为原始数据，仅去掉未钻进的零值点，不再做其他任何降噪处理。

对该井从 1507 米到 7162 米的 5656 米的数据进行回归，三元模式的计算精度为 34.73%，四元模式的计算精度为 46.95%。从这里可以看出，模型对原始机械钻速录井数据的预测结果不是很高。修正的杨格方程计算结果的平均精度为 6.64%，远小于三元模式平均精度的 34.73%；四元钻速方程计算结果的平均精度为 6.82%，同样远小于四元模式的平均精度 46.95%。

尽管如此，三元模式和四元模式的计算精度依然比较低，还不能满足工程应用的需要。为进一步提高三元模式和四元模式计算精度，可以根据钻头进尺对整口井录井数据进行分段计算，并对每段录井数据进行回归分析。

金跃 104 井从 1507 米到 7162 米的 5656 米中共用了 9 只 PDC 钻头，应用三元模式和四元模式进行回归，共得 18 个最优参数。三元模式预测精度在 52.75~74.41%，四元模式预测精度在 47.58~74.44%。这个预测精度大幅度提高，提高近一倍。这个预测精度基本可以满足现场的工程应用。

2）单井钻速方程的区域优化

上面的计算仅仅是针对一口井的。如果在金跃 104 井钻进之前存在多口已钻井，那么，在金跃 104 井各井段钻进时，可以有两种办法进行钻速方程优化：一是以钻进段进行回归分析，但可能会存在数据量小，回归准确度不好的问题；二是在已有的最优模型中进行优选。根据上面的思路，在同区块 4 口井中应用第二种方法，来进行金跃 104 井的最优模型筛选。

3）设计井钻速预测

假设金跃 104 井为设计井，结合设计井不同井段的设计参数，在设计阶段对该井机械钻速进行预测，有两种方法：一是以一口距离最近的地层序列接近的井作为参考井，应用该井最优参数系列计算设计井机械钻速；二是在整个区块已钻井中优选不同深度的准确度最高的参数组合计算设计井机械钻速。

本文应用第一种办法预测设计井的机械钻速，具体参考井选择金跃 202 井。

设计井机械钻速预测如图 1 所示。

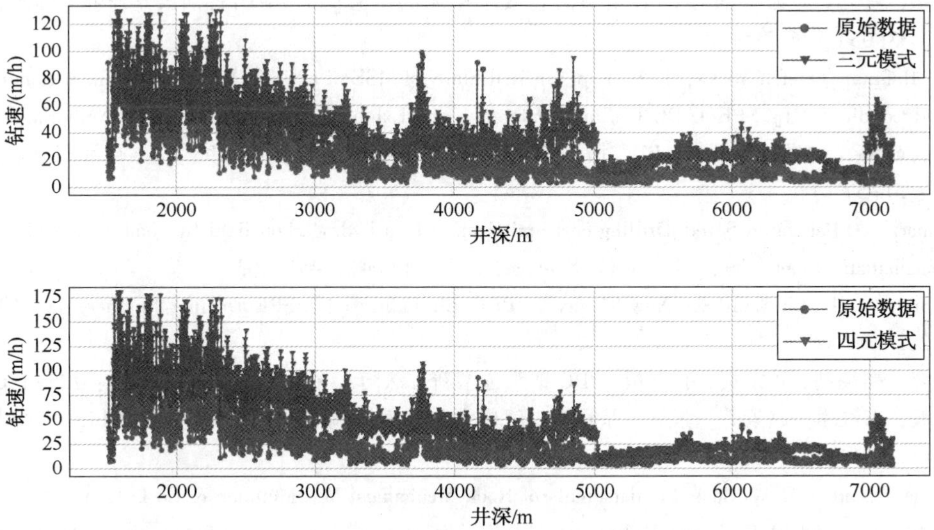

图 1　设计井金跃 104 井机械钻速预测值

由图 1 可知：模型根据不同井段的设计参数和应用邻井最优模型进行计算，计算范围 1507m~7162m，得到蓝色的预测曲线；从图中不难看出，根据设计参数得到预测曲线整体规律与录井数据的原始数据规律具有很好的相关性。三元模式预测精度在 16.66%，四元模式预测精度在 20.23%。这个预测精度虽然不足 50%，整体偏差比较大，但是在设计阶段能够给出本井的基本曲线形态和钻进时间，还是有很强的指导意义和借鉴性。另一方面，根据录井现场的机械钻速数据，可以统计金跃 104 井真实的实钻时间为 686.72h，三元模式预测实钻时间为 213.01h，预测精度为 31.04%；四元模式预测实钻时间为 206.44h，预测精度为 30.06%。

三　结论

(1) 建立了钻速方程的三元模式和四元模式，应用机器学习的回归方法对模型中参数进行了多元回归，并大幅度提高了钻速方程在钻速预测方面的准确率。

(2) 基于录井数据的钻时数据，定义了地层可钻性级值，并给出了地层可钻性级值分级表。地层可钻性级值综合描述了可钻性随深度的分布情况。

(3) 应用钻速方程的三元模式和四元模式实现了区块性的现场实钻井钻速预测，给出不同钻头进尺段的最优模型，三元模式的预测精度在 52.75~74.41%，四元模式预测精度在 47.58~74.44%。

(4) 应用钻速方程的三元模式和四元模式实现了设计的钻速和钻时预测，算例结果表明，三元模式钻速预测精度在 16.66%，四元模式钻速预测精度在 20.23%；三元模式钻时预测精度在 31.04%，四元模式钻时预测精度在 30.06%。

参　考　文　献

[1] 邹德永，蔡环．布齿参数对 PDC 钻头破岩效率影响的试验[J]．中国石油大学学报(自然科学版)，2009，33(05)：76-79.

[2] Navid Rafatian，Stefan Miska，L. W. Experimental Study of MSE of a Single PDC Cutter Under Simulated Pressurized Conditions[J]. SPE/IADC Drilling Conference and Exhibition，Amsterdam，The Netherlands，2009.

[3] 刘忠，胡伟，尹卓，侯辉辉．PDC 钻头混合布齿参数对破岩的影响研究[J]．石油机械，2020，48(03)：51-57.

[4] A. Bahari，A. Baradaran Seyed. Drilling cost optimization in a hydrocarbon field by combination of comparative and mathematical methods[J]. Petroleum Science，2009，6(04)：451-463.

[5] J. F. Brett，etal.. Bit Whirl - A New Theory of PDC Bit Failure[J]. SPE Drilling Engineering，1990(05)：275-281.

[6] 潘起峰，高德利，孙书贞，孔祥成．PDC 钻头选型新方法[J]．石油学报，2005(03)：123-126.

[7] 刘军波，韦红术，赵景芳，张辉，张日鹏．考虑钻头转速影响的新三维钻速方程[J]．石油钻探技术，2015，43(01)：52-57.

[8] J. C. Jaeger and N. G. W. Cook. Fundamentals of Rock Mechanics[M]. Methuen & Co Ltd，1969

[9] S. U. Romero and B. B. Gomez. Brittle and Plastic Failure of Rocks [J]. International Society for Rock Mechanics，1970(01).

[10] 史阿坚．钻井模式及优化方法的研究[J]．石油学报，1988(03)：78-86.

[11] 艾池．聚晶金刚石复合片钻头理论与实践[M]．北京：石油工业出版社，1996.

[12] 杨雄，吴文秀，刘昌明等．真空扩散焊接的 PDC 钻头的试验研究[J]．江汉石油学院学报，1995，17(3)：86-89.

[13] 徐济银，李祖奎，王绍先，王吉东．胜利油田通用钻速预测方程的建立与验证[J]．石油钻探技术，1995(01)：15-17+61.

[14] 李玮，闫铁．基于分形岩石破碎比功方程的钻井优化[J]．石油学报，2011，32(04)：693-696.

[15] 匡立春，刘合，任义丽，罗凯，史洺宇，苏健，李欣．人工智能在石油勘探开发领域的应用现状与发展趋势[J]．石油勘探与开发，2021，48(01)：1-11.

考虑间断效应修正的管柱摩阻扭矩模型及摩阻系数动态反演方法

赵 军 黄文君 高德利

（中国石油大学（北京）石油工程教育部重点实验室）

摘 要：井下管柱摩阻扭矩的准确预测与分析对于钻井优化设计和安全作业具有重要的意义。本文推导了由于井眼曲率间断和管柱刚度间断引起的附加接触力，建立了修正的管柱摩阻扭矩计算模型。并通过引入与井深相关的权重函数，提出了摩阻系数的动态反演方法。最后，结合现场案例分析了上述力学模型和摩阻系数反演方法的应用情况。

关键词：定向钻井；摩阻扭矩；摩阻系数；动态反演

1 修正的管柱摩阻扭矩计算模型

井眼曲率间断是指采用最小曲率法计算得到是各井段的平均曲率，在相邻两圆弧的连接点处不连续，如图 1（a）所示；管柱刚度间断是指弯矩在两个不同管柱连接处不连续，如图 1（b）所示。间断效应导致弯矩不连续（即 $EIk_1 \neq EIk_2$ 或 $EI_1k \neq EI_2k$），管柱的平衡方程在间断点处失效，从而导致管住受力计算不准确。

1.1 井眼曲率间断

令 $s>0$ 时井眼曲率为 k_1，$s<0$ 时井眼曲率为 k_2。当 $s \neq 0$ 时管柱的平衡方程为：

$$EI\frac{d^4\Delta}{ds}+E_s\Delta=0 \tag{1.1}$$

式中：E_s为井眼材料的弹性模量，N/m^2。

该方程的边界条件为：(1) s=±∞ 时，$\Delta=0$；(2) 管柱挠度和斜率连续：$s=0$，$\Delta^-=\Delta^+$、$(\Delta')^-=(\Delta')^+$；(3) 管柱弯矩连续：s=0，$k_2-(\Delta'')^-=k_1-(\Delta'')^+$；(4) 管柱剪力连续：$s=0$，$(\Delta''')^-=(\Delta''')^+$。

方程 2.3 的解为：

$$\Delta=\begin{cases}-\dfrac{k_1-k_2}{2}\sqrt{\dfrac{EI}{E_s}}e^{-\beta s}\sin\beta s & s>0\\ -\dfrac{k_1-k_2}{2}\sqrt{\dfrac{EI}{E_s}}e^{\beta s}\sin\beta s & s<0\end{cases}\qquad \beta=\sqrt[4]{\frac{E_s}{4EI}} \tag{1.2}$$

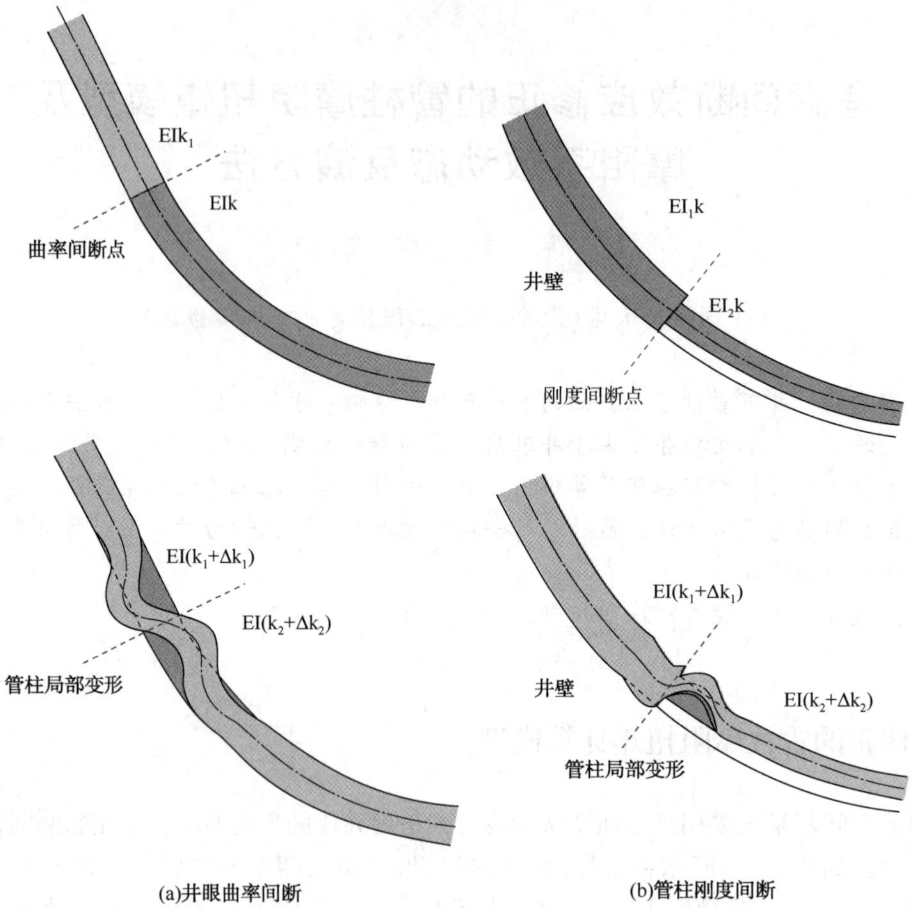

图 1　管柱局部变形

1.2　管柱刚度间断

令 $s>0$ 时管柱刚度为 EI_1，$s<0$ 时管柱刚度为 EI_2。当 $s\neq 0$ 时管柱的平衡方程为：

$$\begin{cases} EI_1\dfrac{d^4\Delta}{ds}+E_s\Delta=0 & s>0 \\ EI_2\dfrac{d^4\Delta}{ds}+E_s\Delta=0 & s<0 \end{cases} \tag{1.3}$$

该方程的边界条件为：(1)$s=\pm\infty$ 时，$\Delta=0$；(2)管柱挠度和斜率连续：$s=0$，$\Delta^-=\Delta^+$、$(\Delta')^-=(\Delta')^+$；(3)管柱弯矩连续：$s=0$，$I_2[k-(\Delta'')^-]=I_1[k-(\Delta'')^+]$；(4)管柱剪力连续：$s=0$，$(\Delta''')^-=(\Delta''')^+$；

方程 2.5 的解为：

$$\Delta=\begin{cases} e^{-\beta_1 s}(C_1\cos\beta_1 s+C_2\sin\beta_1 s) & s>0 \\ e^{-\beta_2 s}(C_3\cos\beta_2 s+C_4\sin\beta_2 s) & s<0 \end{cases} \tag{1.4}$$

其中，$\beta_1=\sqrt[4]{\dfrac{E_s}{4EI_1}}$、$\beta_2=\sqrt[4]{\dfrac{E_s}{4EI_2}}$，而 C_1、C_2、C_3、C_4 的值可通过以下方程组求解：

$$\begin{bmatrix} 1 & 0 & -1 & 0 \\ -\beta_1 & \beta_1 & -\beta_2 & -\beta_2 \\ 0 & 2I_1\beta_1^{\ 2} & 0 & 2I_2\beta_2^{\ 2} \\ I_1\beta_1^{\ 3} & I_1\beta_1^{\ 3} & I_2\beta_2^{\ 3} & -I_2\beta_2^{\ 3} \end{bmatrix} \begin{bmatrix} C_1 \\ C_2 \\ C_3 \\ C_4 \end{bmatrix} = \begin{bmatrix} 0 \\ 0 \\ I_2k-I_1k \\ 0 \end{bmatrix} \tag{1.5}$$

根据上述研究，得到了井眼曲率或管柱刚度发生间断时的附加接触力(式 2.8)，然后将这个附加接触力添加到摩阻扭矩模型中即可。

$$q(s) = E_s \cdot |\Delta(s)| \qquad w_{br} = \int_{-\infty}^{+\infty} q(s)\,ds \tag{1.6}$$

2 摩阻系数分段反演方法

本文在进行摩阻系数反演时，将井眼分为套管段和裸眼段，并引入权系数 ρ，使得越接近井眼底部，大钩载荷和转盘扭矩的计算误差权重越大，由此得到摩阻系数的动态变化情况。将计算大钩载荷和转盘扭矩的百分误差进行加权平均，得到如下目标函数：

$$Err = c_1 \sum_{i=1}^{n} \rho_i \left| \frac{hk_i - hk_{cali}}{hk_i} \right| \times 100\% + c_2 \sum_{i=1}^{n} \rho_i \left| \frac{tor_i - tor_{cali}}{tor_i} \right| \times 100\% \tag{1.7}$$

若管柱滑动，则 $c_1=1$、$c_2=0$；若管柱旋转，则 $c_1=0$、$c_2=1$。

权系数的表达式如下：

$$\rho_i = \frac{1}{\sum_{i=1}^{n} \frac{1}{d_i^{\ p}}} \frac{1}{d_i^{\ p}} \tag{1.8}$$

式 3.4 中，d_i表示各数据点离井眼底部的距离。p 是幂指数，它代表权重系数随着 d_i的增加而降低的程度。

3 案例分析

3.1 井眼曲率间断和管柱刚度间断的影响

以大位移井 X 的钻完井设计为基础，计算了 X 完井设计中旋转下入 7”尾管时转盘扭矩的变化情况，计算结果如图 2。

当井深小于 2800 米时，井眼曲率间断对转盘扭矩的影响非常显著，这是由于此时大刚度的尾管柱处在井眼曲率较大的造斜段，同时井壁材料为 9-8/5”套管，其刚度大于裸眼段地层岩石的弹性模量，此时井眼曲率间断将导致巨大的附加接触力，从而显著影响管柱扭矩的分布。

在井深为 2200m ~ 2800m 时，长 1700m 的尾管柱全部下入井眼中，其上连接着 5”钻杆，尾管

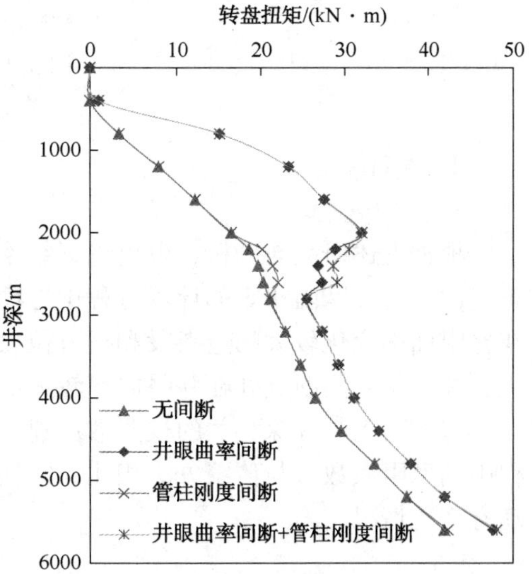

图 2　尾管下入时转盘扭矩随井深的变化

柱与钻杆连接处管刚度发生巨大变化，并且刚度间断点处在井眼曲率较大的造斜段，从而造成管柱在刚度间断点发生了较大的弯曲，此时管柱间断将产生较大的局部弯曲，导致较大的附加接触力，影响了管柱扭矩的分布，使得转盘扭矩增加了 1.8kN · m 左右。当井深大于 2800m 以后，管柱刚度间断点进入水平段，由于设计的井眼轨迹十分光滑，在水平段其井眼曲率为零，因此管柱刚度间断基本不产生影响。

3.2　摩阻系数动态反演分析

为了反映μ_1和μ_2随井深的变化情况，井深每增加 60m 便进行一次反演。当 $p=0$ 时，μ_1和μ_2的反演结果比较稳定，μ_1约为 0.2138，μ_2约为 0.4147，当 $p=1$ 时，μ_1的反演结果比较稳定，当井深小于 5000m 时，μ_1约为 0.2081；当井深大于 5000m 时，μ_1约为 0.1510。不同的是，μ_2的反演结果随着裸眼段长度的增加存在明显变化，反映出裸眼段井眼的实际情况随着井深增加的不断变化。当井深在 4300m、4700m 和 5200m 附近时，μ_2的反演值出现明显波动，表明此时裸眼段的井眼情况较差，这在转盘扭矩的记录值中也有所体现。当 $p=2$ 时，μ_1的值有所波动，但整体来说仍然较为稳定，而μ_2随着裸眼段长度的增加的变化非常剧烈，说明井底附近的井眼条件在迅速发生变化，与实际情况相符。

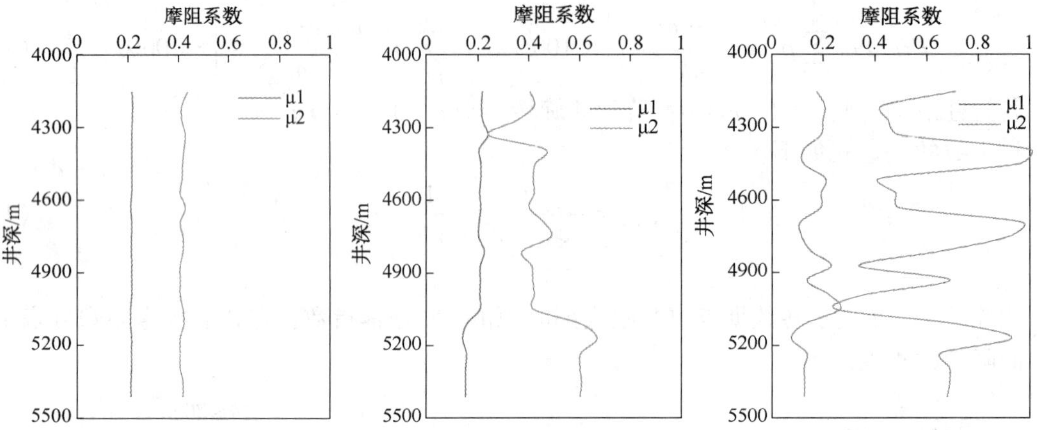

图 3　摩阻系数反演结果

4　结论

根据上述研究与分析，得出以下结论：

（1）管柱摩阻扭矩的计算过程中考虑井眼曲率间断和管柱刚度间断的影响是有必要的。在井眼曲率变化较大的造斜段和扭方位段，井眼曲率间断的影响较大；当管柱的刚度变化较大，并且刚度间断点处在井眼曲率较大的井段时，管柱刚度间断的影响较大，如尾管下入。

（2）引入与井深相关的权函数后建立了新的摩阻系数反演方法，并用于实时反演钻进过程中的摩阻系数。与传统方法相比，它快速稳定且具有更高的精度，并能够获得摩阻系数的动态变化情况。

深水表层连续钻进送入工具关键部件力学性能数值模拟分析

张广瑞　王宴滨　高德利　辛世琳

（石油工程教育部重点实验室，中国石油大学(北京)石油工程学院，
昌平北京　102249）

摘　要：深水表层连续钻进送入工具(Cam Actuated Drill-Ahead，CADA)是表层导管喷射安装过程中的核心工具之一，其安全可靠的工作对于深水导管喷射安装顺利进行具有重要意义。本文介绍了CADA工具的结构组成和作业原理，考虑CADA工具在服役过程中的作业流程与所受载荷，借助ABAQUS软件，对CADA工具的锁环、凸轮筒螺纹及密封圈等关键部件的力学特性进行了数值模拟分析和参数敏感性讨论。结果表明：锁环在工作过程中，最大von Mises应力逐渐增大但变化速度逐渐减小，最大值出现在锁环开口斜后方约45°的齿端部；凸轮筒螺纹在工作过程中，最大von Mises应力出现在其与芯轴衬套接触最上端螺纹的根部，随凸轮筒运动其值先增大后减小，且与凸轮筒所受轴向力存在较强的线性关系；密封圈最大von Mises应力与接触压力随水深增加逐渐增大，该最大von Mises应力随卡槽倒圆半径增加而线性减小，密封圈密封性能随橡胶预压缩量增加先增大后减小。本文对CADA工具的国产化设计研发及其安全操作具有指导意义。

关键词：深水钻井；CADA工具；关键部件；力学分析；数值模拟

1　CADA工具结构及工作原理

CADA工具的结构组成如图1所示：

如图1所示，CADA工具主要有以下几部分组成：芯轴、芯轴衬套、上盘体、下盘体、凸轮筒、半月板、端盖、密封钢圈、锁环、剪切销钉以及其它配件组成。

2　关键部件受力分析

2.1　锁环

锁环在芯轴旋转带动凸轮筒向下运动过程中被推杆撑开，起到了锁紧CADA工具与低压井口头并承载低压井口与导管重量的作用，是CADA工具中的核心部件之一。

【第一作者简介】张广瑞，男，1996年11月生，学士学位，现为中国石油大学(北京)在读研究生，电话：18810368335，E-mail：17864292958@163.com。

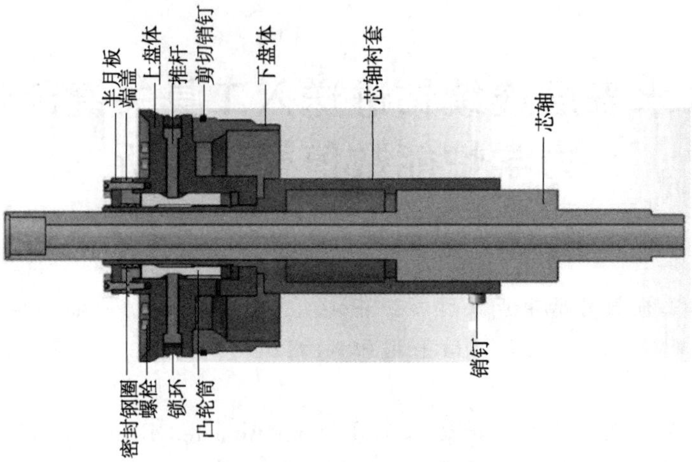

图 1　CADA 工具结构组成图

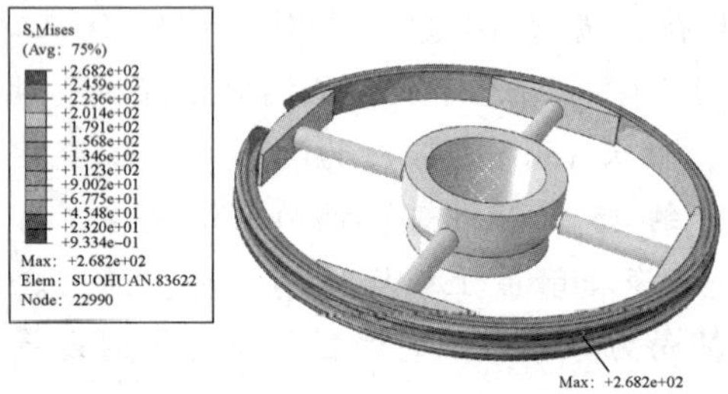

图 2　凸轮筒向下运动到位后锁环应力分布云图

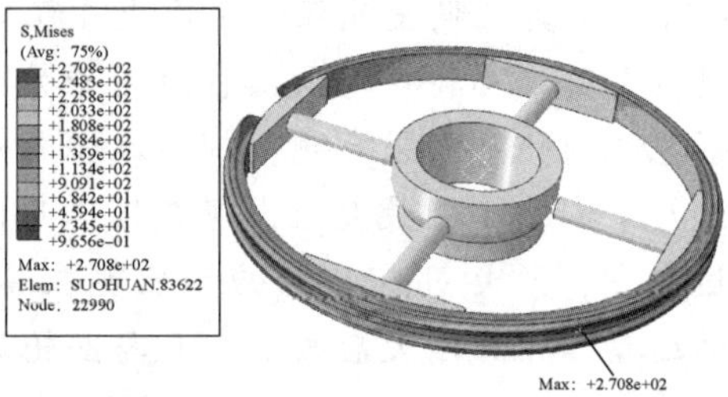

图 3　锁环承载低压井口头后应力分布云图

由图 2 和图 3 可以看出锁环在扩张完成和受重力后，其应力最大点位于远离锁环开口的后侧面约 45°的齿部，最大 von Mises 应力值为 270. 8MPa。应力云图沿锁环开口中心线呈对称分布，开口处应力最小，沿锁环周向 von Mises 应力具有先增大后减小再增大又减小的趋势。锁环在扩张过程中各部分受到拉应力影响导致应力增大，距离锁环圆心越远，变形越大，拉应力越大，且在锁环齿部发生应力集中现象，使得较大的 von Mises 应力值点在推杆间对角线附近的锁环齿部；而在推杆与锁环接触部分，由于推杆支撑力的影响，使得推杆附近锁环 von Mises 应力值较小。整体作业过程中，锁环的 von Mises 应力变化如图 4(a)所示。

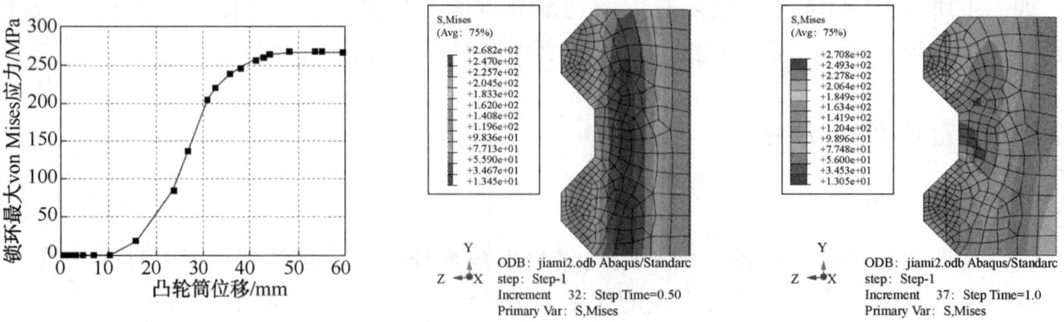

(a)锁环撑开过程最大von Mises应力变化曲线图　(b)锁环撑开过程应力剖面云图　(c)锁环承载重力后应力剖面云图

图 4　应力最大点处应力变化折线图及锁环剖面应力云图

由图 4 可以看出锁环撑开过程中最大 von Mises 应力呈现逐渐增大的变化规律，最大值为 268MPa。锁环在受重力前齿部与内壁附近应力较大，中部应力较小，受重力后中部应力增大，应力最小处位于两齿间中部，这是因为齿端受重力后有向内挤压的趋势，增加了锁环剖面中部所受应力，而两齿间中部几乎不受到齿端承载重力的影响，应力变化小。

2.2　凸轮筒与螺纹

（1）凸轮筒

凸轮筒推动锁环扩张过程中，受到锁环弹性反作用力，该力在轴向上的分力作用在芯轴衬套与凸轮筒之间的螺纹上，研究该轴向力对螺纹的强度评估具有重要意义。分析所得凸轮筒向下运动过程中所受轴向力随位移的变化关系如下图 5 所示。

由图 5 可以看出，凸轮筒向下运动过程中，开始时并未与推杆发生相互作用，轴向受力为 0，运行至 9mm 时，凸轮筒变径部位开始将推杆向外推出，凸轮筒轴向受到锁环弹性反力的轴向分力作用，且凸轮筒位移与其所受轴向力间呈现线性增加的趋势，随着继续运动，曲线斜率变小，向下运动约 30mm 时轴向力达到最大值为 10942.75N，随后轴向力迅速减小，运动约 50mm 时轴向力变为 0，此时凸轮筒变径部分与推杆间已无接触，不再产生轴向分力。

（2）螺纹受力分析

将上述计算所得轴向力施加到凸轮筒上，将位移换算成芯轴衬套随芯轴转动圈数并分别建立凸轮筒与芯轴衬套接触模型，研究凸轮筒与芯轴衬套之间螺纹连接处在旋转时的应力状态。所得螺纹部分受力云图以及凸轮筒旋转圈数与最大 von Mises 应力关系图如 6 所示：

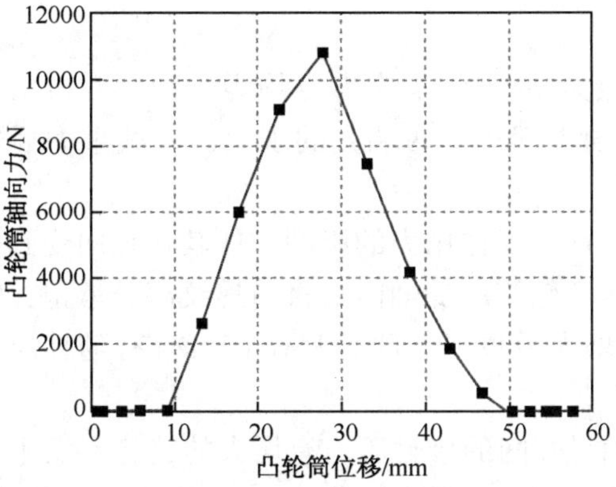

图 5　凸轮筒向下运动反力

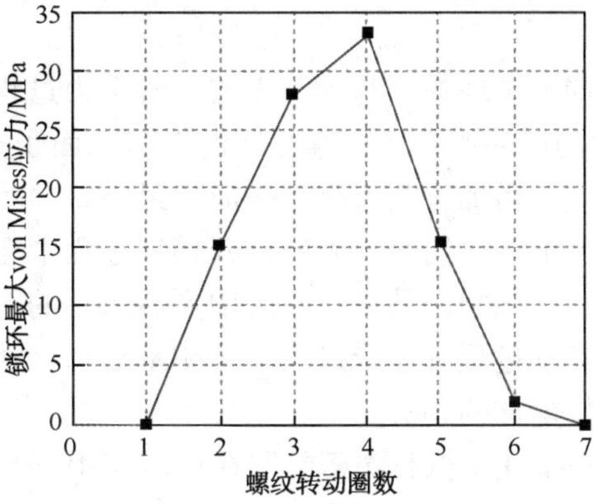

图 6　凸轮筒运动对应螺纹最大应力图

由上图可以看出，凸轮筒与芯轴衬套螺纹连接处在旋转过程中的应力最大点位于相互接触得螺纹最上端，最大 von Mises 应力为 33.27MPa，小于材料屈服强度，螺纹在凸轮筒向下运动过程中不会发生屈服，是安全可靠的。在凸轮筒向下转动初始阶段，螺纹最大应力逐渐增加，在转动 4 圈后应力达到最大值，此后随着凸轮筒继续向下运动应力下降至 0。

2.3　密封胶圈

CADA 工具中有很多密封部件，较重要的是端盖与芯轴衬套之间的密封钢圈，该钢圈与 O 型橡胶圈组合实现密封功能。

由图 7(a)可以看出，最大 von Mises 应力有随倒圆半径增加线性减小的趋势，因此在密封工作中，有必要对倒圆半径进行优化避免 O 型橡胶圈发生破坏；在预压缩量为 1.3mm 工况下，O 型橡胶圈与芯轴衬套壁面接触压力最大为 22MPa，密封性能良好，由图 7(b)可以看出，最大接触压力随预压缩量增大先增大，在预压缩量为 1.4mm 时达到最大值，此时 O 型橡胶圈受挤压产生更大的接触压力，随后最大接触压力随预压缩量增加而减小，此时过大的预压缩量导致 O 型橡胶圈产生畸变，降低了密封性能，因此，设计密封部件时要根据仿真与实验数据慎重选择预压缩量，保证最佳密封性能。

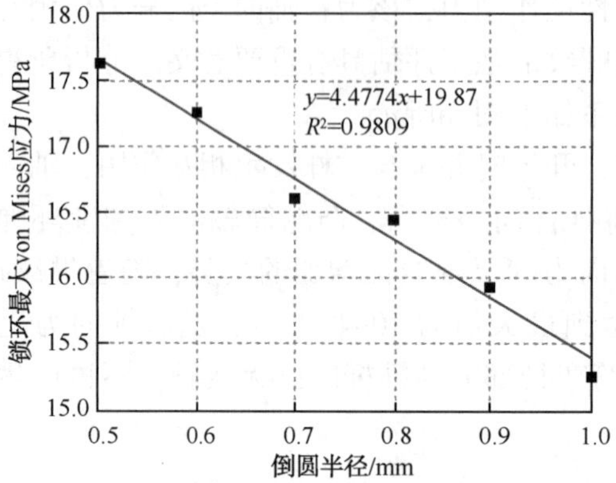

(a)倒圆半径与最大von Mises应力关系图

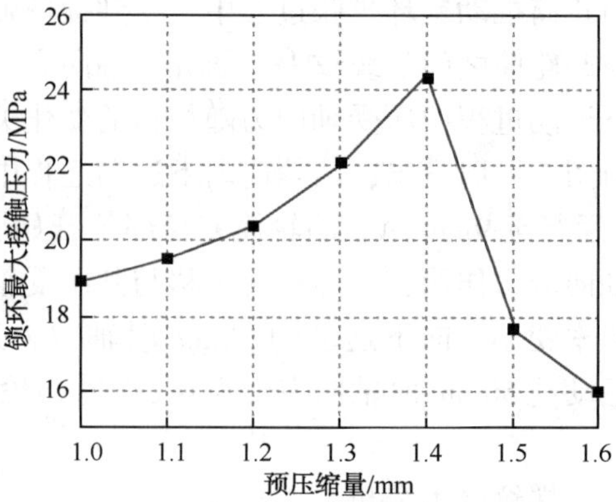

(b)预压缩量对密封最大接触压力影响图

图 7　密封部件敏感性分析

3　结论

(1) 锁环撑开与承载表层导管重力过程中最大 von Mises 应力点均为于锁环开口斜后方 45 度的齿部；锁环在撑开过程中横剖面受力呈现中部小，两端大的现象，承载重力后锁环中部应力增加，两齿间部分应力最小。

(2) 凸轮筒向下旋转撑开锁环过程中会受到锁环反作用力的影响，使其在轴向受到向上的推力，该力随其运动有先增大后减小的趋势；凸轮筒所受轴向力将由螺纹部分承担，螺纹向下转动过程中所受最大 von Mises 应力也会先增大后减小，且最大 von Mises 有随轴向力增加线性增加的趋势。

(3) O 型橡胶圈密封圈在液压作用下与芯轴衬套间的接触压力有增大的趋势，发生自密封作用，保证了其工作过程中的密封效果；但随液压增加最大 von Mises 应力也会逐渐增大，O 项橡胶圈发生破坏导致其密封失效的概率增大；O 型橡胶圈最大 von Mises 应力有随倒圆直径增加而线性减小的趋势，且 O 型橡胶圈存在最佳预压缩量，因此在设计该工具时应慎重选择预压缩量以保证最佳密封性能。

可钻桥塞长效封堵封井技术在萨南油田的应用

戴宏伟　刘永鹏　李鹏鹏

（第二采油厂工程技术大队）

摘　要：本文针对桥塞悬挂封堵管柱在上返封堵及长停井封井措施中存在的打捞难度大和不适合套变井、落物井的问题，试验应用 Y453 可钻式桥塞封堵工艺，该工艺具有更严密的密封性和承压能力，有效提升封堵、封井质量，能在长久工作的情况下，通过大修磨铣顺利解封，大幅缩短解封时间，减少对套管的磨铣伤害，便于封堵层再次开发利用，在层系开发调整和封井工作量逐渐增多的趋势下，具有较好的推广应用前景。

关键词：Y453 可钻式桥塞；上返封堵；封井；送封工具；球墨铸铁

1　目的意义

随着油田主力油层开发进入特高含水期，层间矛盾和低产低效情况逐渐增多。对于主力油层具有挖潜能力或有接替油层的生产井，可采取上、下返机械封堵措施进行细分采油，以保证水驱和化学驱井网独立性，提高油藏开发效果；同时对于油层注采两端低产低效，修井难度大成本高的长停井，进行暂封井措施，以减少安全和环保的隐患，待未来技术发展后再评估开井潜力。因此，在萨南油田方案规划中，上、下返措施工作量逐渐增多，其中上返封堵工作量增长较大，2016-2018 年间上返封堵井数已达到全部封堵总井数的 40.7%，要求封堵管柱至少在七年内可持续密封，且区块开发结束后堵层仍可解封再利用；同时，2019 年通过对暂闭井的封井技术、井深结构及地面控制等方面进行进行安全环保综合评估，统计出在人员密集区附近封井工艺不成熟且井口不完整的井有 67 口，存在发生管柱上顶或飞管隐患因素，这部分井需要对整个射孔井段长期严密封井，并且以后也有再次解封利用需求。

2019 年以前主要采用 Y445 桥塞悬挂封堵封井管柱卡封射孔井段非利用层，主要由 Y445-114 桥塞、Y341-114 堵水封隔器和死堵组成。该管柱作为上返封堵和封井的管柱，存在两个问题：一是受到落物、死油死蜡、垢质或腐蚀影响，采用小修作业打捞解封难度大。若采用大修磨铣对钢质 Y445 桥塞磨铣周期较长，钻铣桥塞进尺小会对该位置的套管有一定的损伤；二是在封井方面，若目的射孔井段存在套变或落物情况，该管柱的两个密封工具无法卡在目的井段的上下隔层，不能平衡堵层压力。若卡在目的井段上部隔层，封井管柱受到堵层压力长期上顶，对密封工具的卡瓦锚定和胶筒带来较大考验。

【第一作者简介】戴宏伟，男，1984 年 2 月出生，2011 年毕业于东北石油大学石油工程专业，工学学士学位，现在大庆油田第二采油厂工程技术大队，工程师，黑龙江省大庆市红岗区第二采油厂工程技术大队，163414，0459-5297200，c2daihongwei@petrochina.com.cn。

因此，针对萨南油田上返封堵和长停井封井措施，试验应用 Y453 可钻式桥塞长效封堵封井技术，该工艺具有高承压密封的能力和易于磨铣解封打捞的技术特点，在实际应用中具有较好的措施效果。

2 Y453 可钻式桥塞的结构及工作原理

2.1 工具结构

Y453 可钻式桥塞主要由桥塞主体和送封工具两部分分体组成。

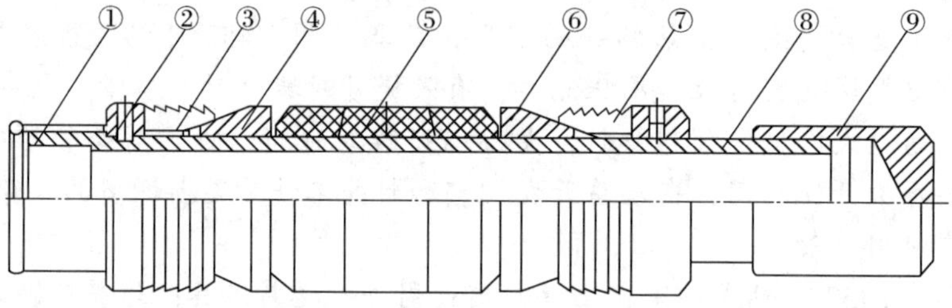

图 1 Y453 桥塞主体结构示意图

1—连接螺纹；2—卡瓦销钉；3—上卡瓦；4—上锥体；5—胶筒；6—下锥体；7—下卡瓦；8—内中心管；9—下接头及死堵

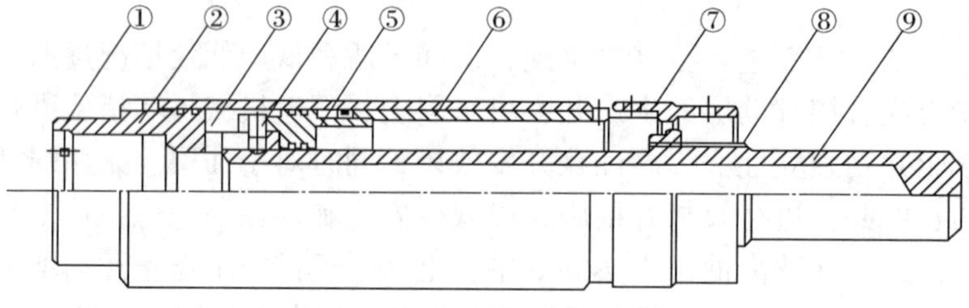

图 2 送封工具结构示意图

1—上接头；2—固定销钉；3—液压腔；4—座封销钉；5—活塞；6—外中心管；7—座封套；8—丢手螺纹；9—中心死堵

2.2 工作原理[1]

座封过程：水泥车地面打压，油管内的液压从送封工具的中心进液孔进入液压腔，作用于座封活塞，活塞受力剪断座封销钉，并套推动外中心管和座封套向下移动。桥塞主体连接螺纹与丢手螺纹反扣连接固定，座封套推动桥塞上卡瓦，剪断卡瓦销钉，上卡瓦和锥体下移，下卡瓦固定位置不变，上下卡瓦受挤压张开，支撑在套管上，胶筒压缩密封；同时，桥塞内锁紧环的内扣将中心管锁紧定位，使封隔器始终处于座封状态，达到封隔油层的目的。

丢手过程：作业机上提至管柱原来悬重，一般管柱上提 20~30 公分，正转管柱 20~30 圈，使丢手螺纹和连接螺纹，正转脱开，完成管柱丢手。上提管柱起出剩余油管及送封工具，送封工具可修复利用。

解封过程：Y453 桥塞主体是由球磨铸铁材料加工制成，大修螺杆钻具和钻头可较容易磨铣掉卡瓦部分，完成工具解封，便于封堵层再次利用。与钢质桥塞相比，磨铣作业周期缩短。

2.3 工具参数

表 1 Y453-114 可钻式桥塞参数

最大外径	Φ114mm	座封压力	20~22MPa
工具长度	560mm	工作套管内径	Φ118~124mm
工作温度	≤120℃	最小通道	Φ38mm
工作压差	≤50MPa	联接扣型	下端 27/8TBG 母扣

3 工艺管柱的组成[2]

Y453 可钻式桥塞封堵封井工艺管柱自上而下由送封工具、Y453-114 桥塞主体、尾管和死堵组成。送封工具是桥塞锚定释放过程中的液压驱动工具，在完成丢手后随油管带出。上返封堵和封井措施的共同目的是封堵卡点所有射孔井段，因此封堵工具内没有井液流通，随着桥塞以上套管内砂蜡垢等多种类型杂质长期沉积，将会覆盖在桥塞以上。因此，Y453-114 桥塞下部连接 1~2 根尾管，起到一定沉积杂质的作用，便于再次解封利用。

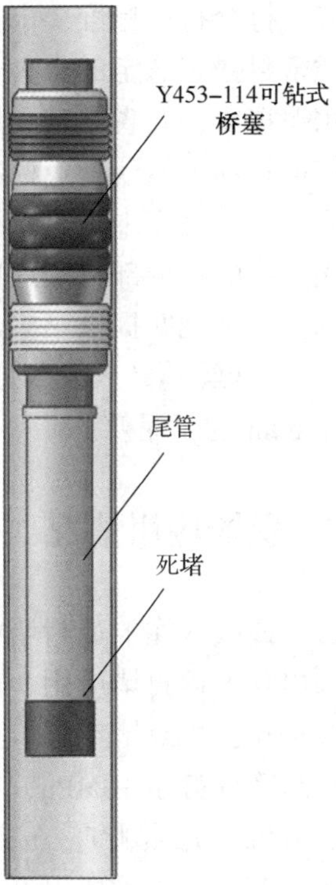

图 3 Y453 可钻桥塞封堵封井管柱示意图

4 Y453 可钻式桥塞长效封堵封井工艺的特点

（1）锚定密封机构升级，承压、抗蠕动性能提升。可钻桥塞作为上返封堵和长停井封井的主要封堵工具，胶筒承压能力提高，两组全方向支撑卡瓦，使管柱受力更均匀稳定，齿牙与套管咬合力增强，工具承压和管柱抗蠕动性能显著提升。

表 2 Y453 可钻桥塞与 Y445 桥塞锚定承压机构对比

对比项	Y453-114 可钻桥塞	Y445-114 桥塞	优势
锚定方式	双向卡瓦	双向卡瓦	/
锚定方位	全方位	四方位	受力更均匀、稳定
卡瓦摩擦面面积(mm^2)	22800	11480	齿牙与套管咬合力强
胶筒承压(MPa)	50	35	胶筒密封强度高

（2）优选 QT-500 牌号球磨铸铁作为主体材质[3]，提升磨铣作业时效。设计磨铣解封时间为约 3 小时，井下实际磨铣解封时间 4 小时左右，较钢制桥塞磨铣时间大幅缩短。

表 3　球磨铸铁材质可钻桥塞与钢材质 Y445 桥塞优势对比

对比项	Y453-114 可钻桥塞	Y445-114 桥塞	优势
材质	QT500-7 球磨铸铁	45#钢	QT500 牌号的球铁较 45#钢的材质硬度较低，受钻头作用较易发生形变，且为脆性材料，更易被破坏
布氏硬度	170~230HBS	570HBS	
抗拉强度	≥500	≥600	
屈服强度 σ0.2(MPa)	320	355	
伸长率(%)	7	16	

(3) 符合行业标准要求，便于后续报废处理[4]。在长期封井方面，应用 Y453 可钻式桥塞这类密封锚定稳定的永久式封隔器工具封井的长停井，若需要核销报废，可直接在桥塞以上注水泥报废，并省去其它压井措施。

依据石油天然气行业标准《SY/T 6646—2018 废弃井及长停井处置指南》的第 5.1.3.2.3 条桥塞法注水泥塞中指出，桥塞、水泥承留器、永久性封隔器等机械封隔工具，能有效地用来封隔井中的各个部分。这些机械塞可通过电缆、油管或钻杆完成在规定深度，同时在机械塞顶部注上水泥塞提供第二道密封。在第 5.5.2 条桥塞法说明中指出，在炮眼以上 15-30m 处打一个机械桥塞(或永久性封隔器或其它永久性套管封隔工具)，并在桥塞上注一个厚度不小于 50m 的水泥塞。

5　现场应用情况

目前该技术在上返封堵中应用 16 口井，其中采出井 9 口，注入井 7 口。

采出井上返封堵应用 9 口井中，有 8 口井是在同次作业内先补孔再封堵，在工具卡点以上层位补孔，再封堵工具卡点以下全部射孔层。Y453 可钻桥塞座封丢手后，在桥塞所在隔层卡验封管柱打压 10MPa，15min 内压力不降判定封堵管柱完全密封。措施后，结合堵层和补孔层数据和地质预测产液范围，判断采出井上返封堵和补孔成功，平均单井日增液 14.73 吨，日增油 0.26 吨，含水上升 0.76 个百分点，沉没度上升 121.55 米，符合地质预期开发效果。

表 4　采出井封堵补孔层位数据

井号	堵层数据			补孔层数据			预产液范围/t
	有效厚度/m	有效渗透率/$10^3\mu m^2$	一类有效厚度层数/个	有效厚度/m	有效渗透率/$10^3\mu m^2$	一类有效厚度层数/个	
1 号	3.5	25~33	10	3.4	120~378	13	15~30
2 号	1.8	17~378	15	8.5	67~423	17	45~65
3 号	2.2	38~224	12	7.9	61~350	16	50~80
4 号	1	38~193	10	7.6	38~193	17	40~60
5 号	0.8	22~59	11	9.9	26~215	19	55~75
6 号	1.6	14~50	9	6.4	190~702	10	40~50
7 号	1.8	20~170	21	3.5	120~180	13	20~30
8 号	1	170~520	17	3.2	160~400	29	20~30

表 5　采出井补孔封堵效果统计

井号	措施前				措施后				差值			
	日产液/t	日产油/t	含水/%	沉没度/m	日产液/t	日产油/t	含水/%	沉没度/m	日产液/t	日产油/t	含水/%	沉没度/m
1号	30.4	0.4	98.6	246.1	36.4	0.9	97.5	134.45	6	0.5	-1.1	-111.65
2号	34.5	1.4	95.8	239.66	65.2	1.17	98.2	770.8	30.7	-0.23	2.4	531.14
3号	45.2	2.6	94.3	223.27	71.5	1.1	98.5	465.77	26.3	-1.5	4.2	242.5
4号	40.5	1.4	96.6	226.36	57.9	0.7	98.7	656.72	17.4	-0.7	2.1	430.36
5号	48.2	1.3	97.3	284.36	78.7	2.3	97.1	719.35	30.5	1	-0.2	434.99
6号	28.5	0.5	98.3	207.91	46.2	1.6	96.6	232.61	17.7	1.1	-1.7	24.7
7号	8.9	0.8	90.7	213.07	17.1	2.2	87.1	87.91	8.2	1.4	-3.6	-125.16
8号	27.3	1.4	94.8	255.1	22.1	2	91.1	42.25	-5.2	0.6	-3.7	-212.85
平均值:	32.69	1.39	95.75	227.64	47.42	1.65	96.52	349.20	14.73	0.26	0.76	121.55

另 1 口单独封堵的采出井 9 号，措施后平均单井产量变化不明显，但含水率降低 0.2 个百分点，沉没度下降 120 米，达到上返封堵效果。

表 6　9 号采出井补孔封堵效果统计

井号	措施前				措施后				差值			
	日产液/t	日产油/t	含水/%	沉没度/m	日产液/t	日产油/t	含水/%	沉没度/m	日产液/t	日产油/t	含水/%	沉没度/m
9号	30.7	2.7	91.1	152.97	31.7	2.9	90.9	32.9	1	0.2	-0.2	-120.07

9 口采出井上返封堵成功率 100%，后续跟踪单井产量无上升情况。注入井上返封堵应用 7 口井，措施后堵层无注入量，达到地质注入要求，目前持续有效。

在长停井封井措施试验应用 7 口井，其中 5 口采出井，2 口注入井。

将 Y453 可钻桥塞封井管柱卡在射孔井段以上 20-30 米位置，封住全部射孔井段，座封后井口溢流完全停止，地面控制部分井口由作业区更换可测套压的 250 井口，监测套压 2 小时后无变化，措施成功率 100%。

6　社会效益

上返封堵和长停井封井的所需使用的井下封隔工具都要长期承受来自卡点下步堵层的井液的上顶力。上返封堵管柱工具失效会导致不同驱替液窜层，影响井网开发效果，且有一定的管柱移位上顶风险；长停井封井管柱失效会使井液充满井筒，一旦井口自然损坏或遭盗油分子人为破坏，轻则造成地面环境污染，严重将会导致“飞管”事故发生。两种措施都对封隔器工具的锚定和密封的可靠性具有较高要求。Y453 可钻式桥塞与其它机械桥塞相比，锚定方式和密封承压能力较为突出。综合考虑区块开发、保护环境以及风险防控等因素，

Y453 可钻式桥塞在上返封堵和长停井长期封井方面，仍是目前技术条件下的最优选择。

7 结论

（1）Y453 可钻式桥塞分体式结构设计合理、封堵性能可靠，再利用磨铣解封时间短，满足上返封堵及长停井封井严密锚定座封和易于解封的质量需求；

（2）Y453 可钻式桥塞上返封堵工艺技术成熟，为油层细分开采提供技术保障；

（3）Y453 可钻式桥塞能够有效削减管柱上顶、飞管等安全隐患，后续可直接注水泥工程报废，符合废弃井行业标准要求，是长停井安全治理的有效手段，具有良好的应用前景

参 考 文 献

[1] 成大先 . 机械设计手册(单行本)[M]. 北京：化学工业出版社，2004.

[2] 王立有，李长江，潘卫国 . Y443-108 可钻式桥塞封堵[J]. 油气地面工程 2004，23(3)：58.

[3] 刘武斌，吴捷，石杰华 . 国外可钻封隔器可钻材料的选用[J]. 石油机械 . 2007，35(6)：67-68.

[4] 石晶，等 . Y453 挤水泥桥塞在封窜工艺中的应用[J]. 钻采工艺 . 2003(5)：81-82.

压裂充填对疏松砂岩油藏油水运移和产能的影响研究

王景鹤[1,2]　林　海[3]　闫新江[4]　侯泽宁[4]
YAMANDO Gerald Fediny[1]　刘　伟[1,2]

(1. 中国石油大学(北京)石油工程学院，北京　102249；
2. 中国石油大学(北京)油气资源与探测国家重点实验室，北京　102249；
3. 100028 中海石油(中国)有限公司天津分公司，天津　300459；
4. 中海油研究总院有限责任公司，北京　100028)

摘　要：疏松砂岩压裂充填技术已在生产井防砂和产能提升方面取得较好的进展，尤其是在生产井方面，压裂充填技术结合数值模拟的方法已经取得了较好的成果，但是，注水井压裂充填技术在产能提升和油水运移方面的规律还不是很完善。基于注水井低渗层压裂充填可以均衡注采的理论，本文利用数值模拟的方法，建立油藏机理模型多层合采情况下注水井压裂充填进行了数值模拟计算，多层合采方面，本文进行了注水井周围无污染，污染较轻和污染严重的情况以及不同渗透率级差和不同厚度级差下注水井压裂充填的数值计算。注水井周围无污染或污染较轻时，压裂注水井的低渗层有均衡注采和提高采收率的效果，污染严重时，注水井高低渗层同时压裂有解堵增产的效果。

关键词：压裂充填；均衡注采；提高采收率；数值模拟

压裂充填技术在疏松砂岩防砂，产能提升[1-4]以及注水井解堵[5]方面已取得很大的成就，尤其是在生产井方面，压力充填技术结合数值模拟的方法在压裂充填优化设计，产能提升及裂缝参数设计等方面都有了较好的成果[6-8]。但是，压裂充填在注水井方面的应用与研究相对较少。目前，注水开采仍是稠油开发的主要方式之一[9,10]，但是疏松砂岩储层纵向渗透率级差大，开采过程中存在含水上升速度快、层间动用不均衡等问题[11]，已有研究表明，对注水井渗透率较低的储层进行压裂充填可以改善低渗层的动用程度从而达到提高产能的目的[12]。但是，该结论只在一注一采的简单模型上进行了验证，因此，本文通过利用油藏数模的方法，对压裂充填在疏松砂岩油藏油水运移和产能提升方面进行了进一步的完善与补充。

1　油藏数值模拟模型

基于渤海疏松砂岩垦利 9-1 油藏两处典型储层的储层特征，建立了典型的反九点井网模型进行数值模拟研究，模型的地质参数见表 1。模型采用的是结构化网格和裂缝附近的局部网格加密。模型的网格规模为：120×120×3，网格尺寸为 5m×5m，纵向上每层油藏厚度为 5m，隔层厚度为 0.5m，井距为 300m，裂缝半长 32m，裂缝导流能力为 200D · cm，模型建立结果如图1所示，生产井设计为定液量生产，模拟的生产时长为10年，注水井日注水量均设计为180m^3/day，边井日产液量为30m^3/day，角井的日产液量为15m^3/day。

表1 储层地质参数

参数名称	数值	参数名称	数值
初始压力/MPa	12	油层厚度/m	10
孔隙度/小数	0.3	初始含水饱和度/小数	0.347
油藏顶深/m	1200		

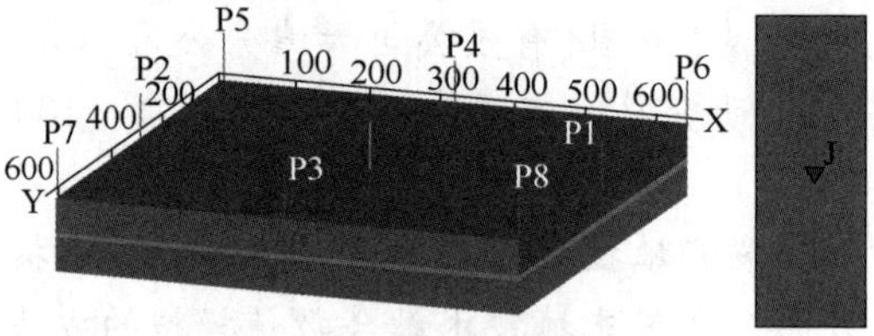

图1 双层油藏模拟模型

2 压力充填对油水运移和产能的影响的数值模拟结果分析

2.1 注水井周围无污染压裂充填数值模拟结果分析

基于先前建立的双层油藏数值模拟模型，分别对不同渗透率级差300mD+150mD，900mD+150mD，1500mD+150mD(渗透率级差为2倍，6倍和10倍)进行了模拟计算，部分实验结果如下图所示。

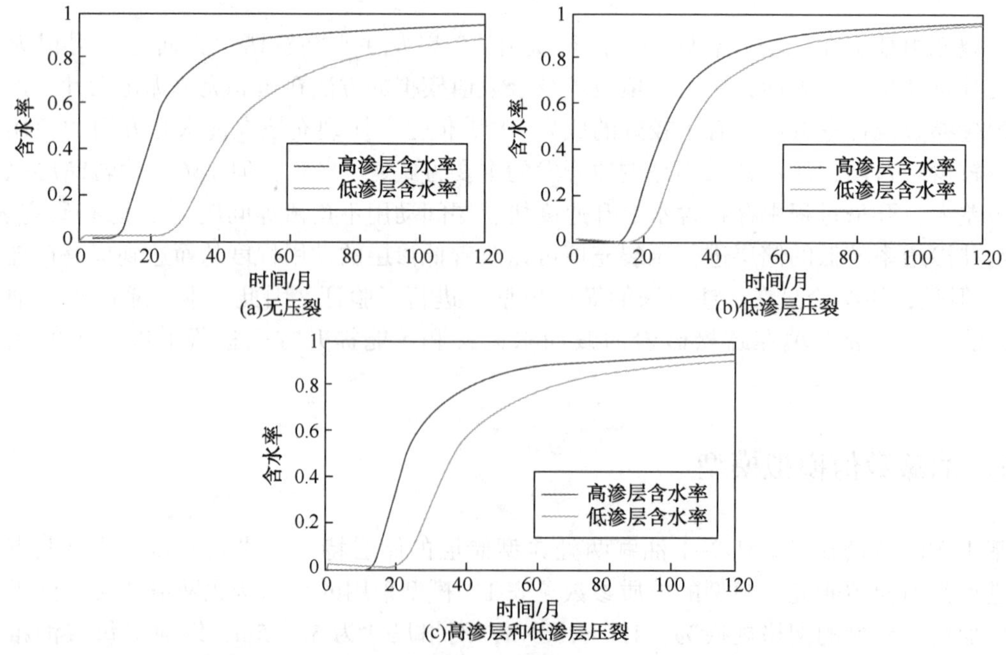

图2 300mD+150mD 高低渗层含水率变化曲线

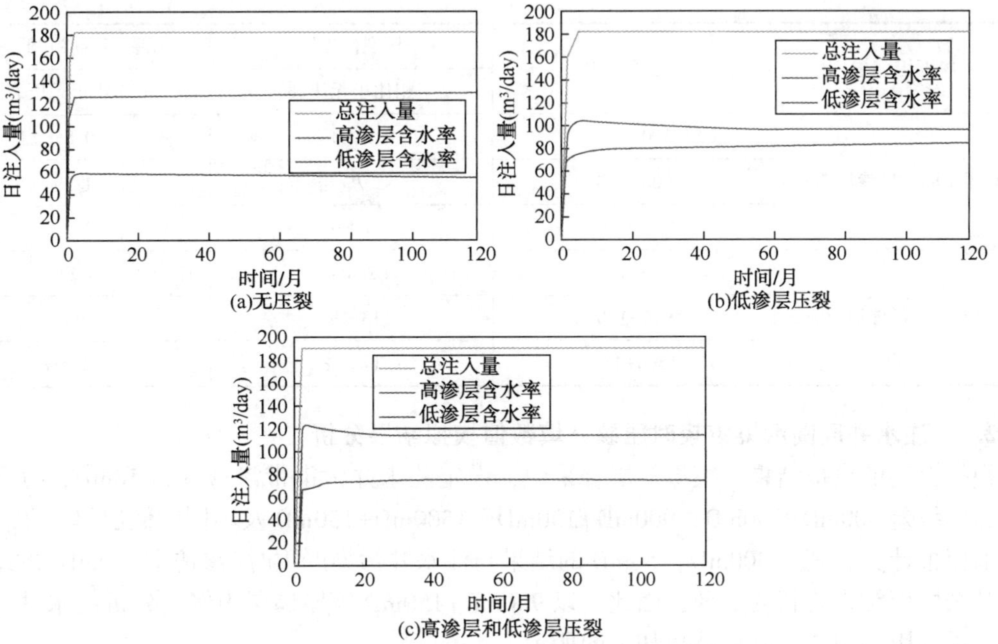

图 3 300mD+150mD 高低渗层日注水量变化曲线

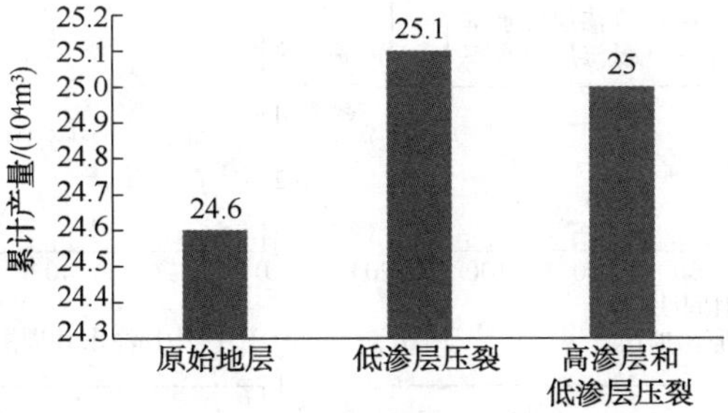

图 4 不同方式下累计产量图

注水井压裂充填可以缩短高低渗层见水时间，增加低渗层的日注水量，从而达到均衡注采的目的，提高采收率的目的。其中只对注水井低渗层进行压裂充填处理的效果最好，产量提升可达 2%。在此基础上本文还改变了高渗层和低渗层的厚度差异模拟结果与上述情况相同这里就不在赘述，不同级差和不同厚度下注水井压裂充填对产能提升的结果见表 2。

表 2 注水井周围无污染时压裂充填产量提升汇总

厚度组合	渗透率组合	压裂低渗层	压裂高渗层和低渗层
		相比于无压裂	相比于无压裂
高渗层 5m，低渗层 5m	300+150	2%	1.6%
	900+150	11.5%	7.2%
	1500+150	12.4%	9.2%

续表

厚度组合	渗透率组合	压裂低渗层	压裂高渗层和低渗层
		相比于无压裂	相比于无压裂
高渗层 10m，低渗层 5m	300+150	1.6%	0.8%
	900+150	7%	4.9%
	1500+150	6.5%	4.9%
高渗层 5m，低渗层 10m	300+150	2.4%	1.9%
	900+150	13.2%	9%
	1500+150	17.4%	12.5%

2.2 注水井周围污染较轻时压裂充填数值模拟结果分析

根据上述的模拟结果，模拟多层合采中，设定注水井污染带渗透率为 50mD，分别对不同渗透率级差 300mD+150mD，900mD+150mD，1500mD+150mD 及不同的储层厚度条件下进行数值模拟计算，其中 300mD+150mD 的结果与注水井污染严重时(渗透率<20mD)的结果相同，其余数模结果有新的发现，因此，以 900mD+150mD 等厚储层为例，分析注水井污染对多层合采的影响规律，计算结果如下图所示。

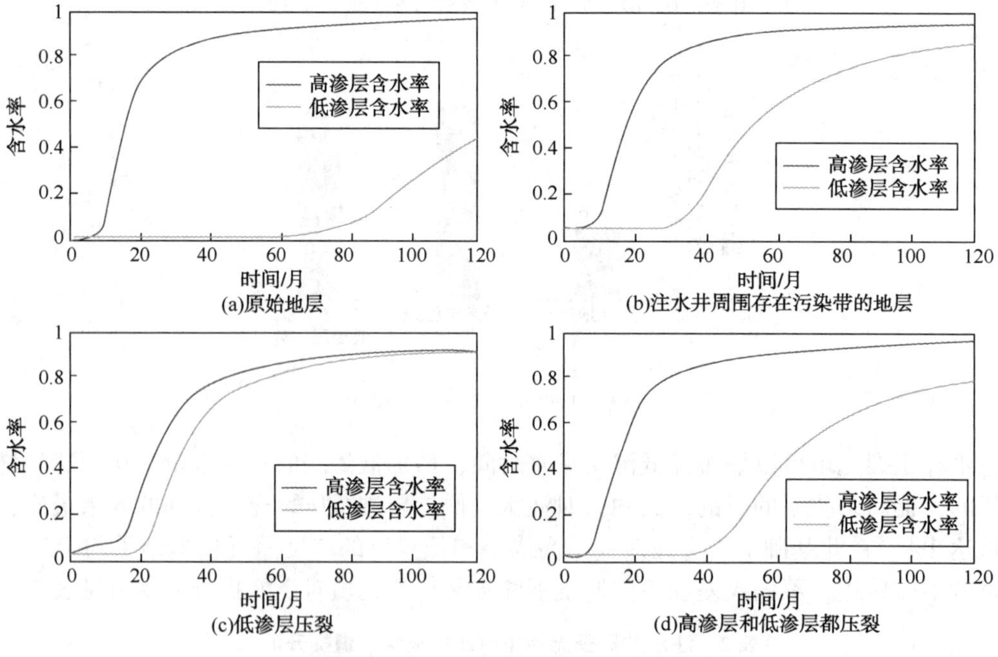

图 5 900mD+150mD 高低渗层含水率变化曲线

从数模结果可以看出当注水井周围污染不是很严重时污染带会起到调剖注水的作用，在此基础上对注水井的低渗层进行压裂充填处理注入水会更加均衡的进入各地层当中，但在此基础上若对注水井高渗层和低渗层都进行压裂充填处理，裂缝会破坏污染带的调剖作用，但相对与原始地层有较好的均衡效果。产能方面，污染带的调剖作用会提高低渗层的生产潜力使得累计产量上升，压裂低渗层可以扩大这一优势，但同时压裂高低渗层污染带的调剖作用会被破坏但提高采收率的作用仍较为明显。其他情况模拟结果与上述结论相同这里就不在赘述，表 3 为注水井周围存在污染时(污染带渗透率为 50mD)压裂充填带来的产量提升汇总。

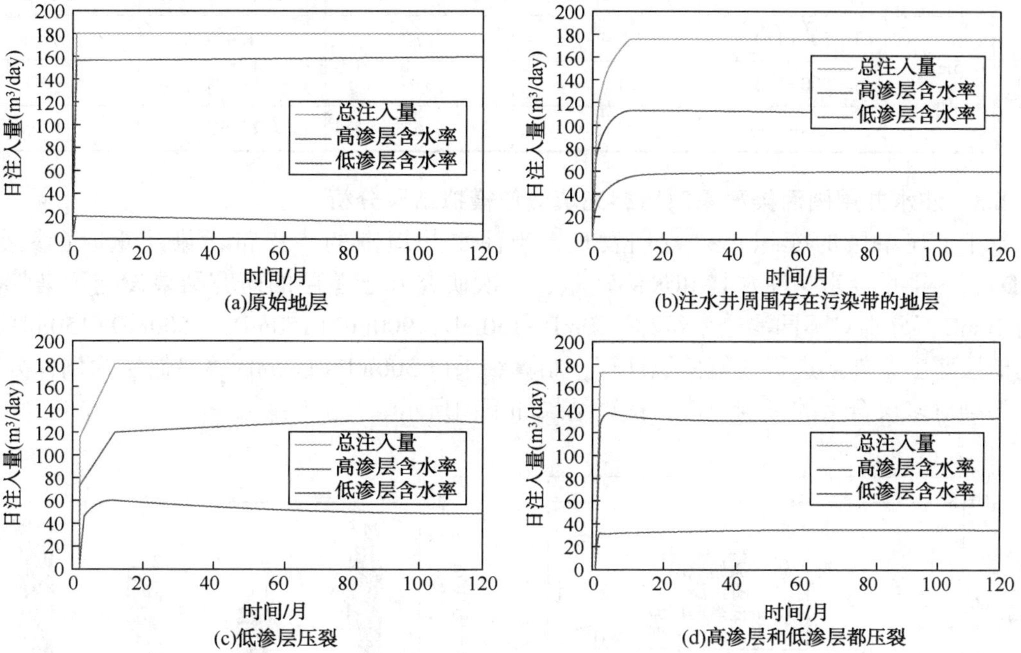

图 6　900mD+150mD 高低渗层吸水量变化曲线

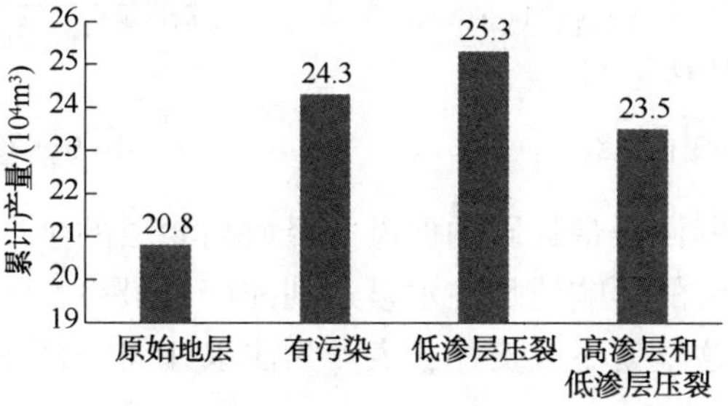

图 7　累计产量变化图

表 3　污染带渗透率为 50mD 时注水井压裂充填产量提升汇总

厚度组合	渗透率组合	压裂低渗层		压裂高渗层和低渗层	
		相比于原始地层	相比于污染后	相比于原始地层	相比于污染后
高渗层 5m，低渗层 5m	300+150	1.2%	1.6%	1.6%	2%
	900+150	21.6%	4.1%	13%	-3.4%
	1500+150	36.2%	4.6%	19.4%	-9%
高渗层 10m，低渗层 5m	300+150	0.5%	0	1.6%	1.1%
	900+150	15.12%	1.86%	8.5%	-4%
	1500+150	22.7%	3%	11.4%	-7%

续表

厚度组合	渗透率组合	压裂低渗层		压裂高渗层和低渗层	
		相比于原始地层	相比于污染后	相比于原始地层	相比于污染后
高渗层 5m，低渗层 10m	300+150	2.4%	4.7%	1.4%	3.6%
	900+150	21.9%	3%	14.8%	-3%
	1500+150	43.2%	3.6%	27.6%	-8.3%

2.3 注水井周围污染严重时压裂充填数值模拟结果分析

基于上述单层的模拟结果我们发现，当注水井周围的污染带污染严重时(渗透率<20mD)，污染带会影响注水量和最终产量，本次研究基于单层的研究结果设定污染带渗透率为 10mD，分别对不同渗透率级差 300mD+150mD，900mD+150mD，1500mD+150mD 及不同的储层厚度条件下进行数值模拟计算，结算结果以 300mD+150mD 等厚储层为例，分析注水井污染对多层合采的影响规律，计算结果如下图所示。

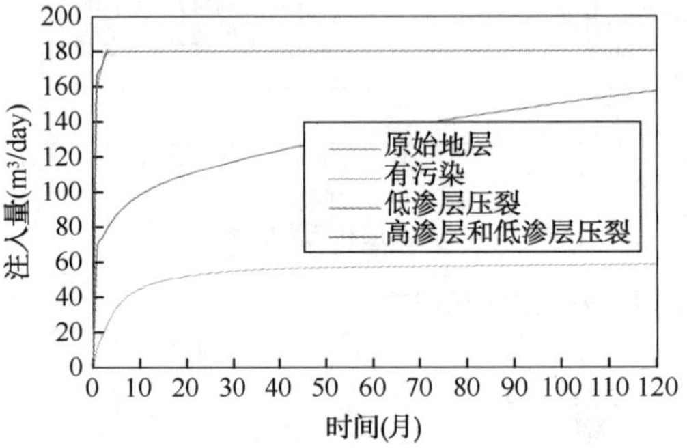

图 8 日注水量变化曲线

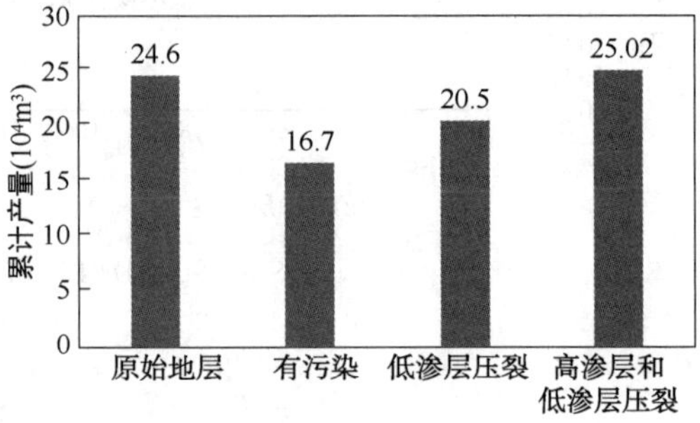

图 9 累计产量变化图

只压裂低渗层可以缓解污染带的影响但没有释放高渗层的生产潜力，对注水井高低渗层都进行压裂可以解除污染带的影响使日注水量达到配产，最终产量也能得到提升。其他情况模拟结果与上述结论相同这里就不在赘述，表 4 为注水井周围存在污染时压裂充填带来的产量提升汇总。

表 4 注水井污染时压裂充填产量提升汇总

厚度组合	渗透率组合	压裂低渗层		压裂高渗层和低渗层	
		相比于原始地层	相比于污染后	相比于原始地层	相比于污染后
高渗层 5m，低渗层 5m	300+150	-20%	22.7%	1.7%	49.8%
	900+150	3.4%	24.3%	13.9%	37%
	1500+150	15.1%	24.6%	21.6%	31.6%
高渗层 10m，低渗层 5m	300+150	-39.8%	4.3%	0.8%	47%
	900+150	-18.8%	3%	9.4%	34%
	1500+150	-12.8%	3%	12.3%	30.6%

续表

厚度组合	渗透率组合	压裂低渗层		压裂高渗层和低渗层	
		相比于原始地层	相比于污染后	相比于原始地层	相比于污染后
高渗层 5m，低渗层 10m	300+150	-11.8%	34.1%	1.6%	52.4%
	900+150	9.4%	34.5%	16%	42.9%
	1500+150	29.5%	41.3%	30.3%	42.1%

3 结论与建议

1）注水井周围无污染或存在较轻的污染时，增产的主要需求是均衡层间注水量，同时压裂低渗层和高深层能够较好地均衡层间注水量，达到增产的效果，再次基础上如果能够精细控制只压裂低渗层而不压裂高深层，均衡注水和产量提升效果更佳。

2）注水井周围存在严重污染导致注水量未达标时，增产的主要需求是解堵注水，只压裂低渗层能够在解除低渗层污染的负面影响但是无法释放高渗层的生产潜力，对低渗和高渗层进行同时压裂充填可以解除近井筒污染的影响，显著提升累计产量。

参 考 文 献

[1] GRUBERT D M. Evolution of a hybrid fracture/gravel-pack completion: monopod plat-form, trading bay field, cook Inlet, alaska[R]. SPE Production Engineering, 1991, 6(4): 395-398.

[2] Liu L, Deng J, Ma Y. Single-Trip. Multiple-Zone Frac Packing Offshore Sand Control: Overview of 58 Case-Histories[R]. SPE103779, 2006.

[3] 梁丹，康晓东，曾杨，王旭东．压裂充填防砂完井增产规律的数值模拟研究[J]．复杂油气藏，2020，13(03)：72-76.

[4] 刘鹏，马英文，张亮，张超，龚莲芬．压裂充填技术在疏松地层中的应用[J]．石油钻采工艺，2006(04)：56-59+85.

[5] 闫新江，李孟龙，范白涛，于继飞，袁岩光．渤中油田疏松砂岩注水扩容解堵机理研究[J]．承德石油高等专科学校学报，2020，22(04)：29-34.

[6] 卞晓冰，张士诚，王雷．海上疏松砂岩稠油油藏压裂充填优化设计[J]．油气井测试，2012，21(01)：39-41+77.

[7] 张庆华，邢洪宪，魏裕森，孙挺，陈缘，赵颖，汪文星．基于数值模拟的南海东部疏松砂岩稠油油田增产方法研究[J]．石油工业技术监督，2019，35(11)：9-13.

[8] 董钊，张崇，任冠龙，郭敏灵，靳书凯．裂缝对压裂充填井产量的影响研究与应用[J]．复杂油气藏，2016，9(03)：74-79.

[9] 刘昌龙，董旭昊，王俊伟，叶伟民．常规稠油注水开发技术研究[J]．特种油气藏，2006，013(增刊1)：89-91

[10] 曾宪红．稠油注水油田中后期改善开发效果技术研究[J]．西南石油学院学报，2006(05)：61-64+112.

[11] 罗义科，张俊廷，张彩旗，屈继峰，赵大林，方舟．渤海稠油注水开发油田提高采收率技术研究[J]．长江大学学报(自科版)，2016，13(29)：59-63+6-7.

[12] 范白涛，邓金根，林海，高斌，王晓鹏．压裂充填方式对疏松砂岩储层油水运移的影响[J]．中国海上油气，2019，31(06)：111-117.

考虑井筒堵塞与储层污染的疏松砂岩注水井破裂压力计算方法

李舒倩[1,2]　林　海[3]　邓九涛[1,2]　闫新江[4]　侯泽宁[4]　刘　伟[1,2*]

(1. 中国石油大学(北京)油气资源与探测国家重点实验室，北京　102249；
2. 中国石油大学(北京)石油工程学院，北京　102249；
3. 中海石油(中国)有限公司天津分公司，天津　300459；
4. 中海油研究总院有限责任公司，北京　100028)

摘　要：本文基于孔隙弹性力学理论，考虑井壁堵塞程度以及近井筒污染程度，考虑疏松砂岩拉伸破坏与剪切破坏两种破裂模式，形成了疏松砂岩地层不同井眼轨迹的注水井地层破裂压力计算方法，并对相关参数进行规律分析，为疏松砂岩注水井提供了注入压力的理论参考。

关键词：疏松砂岩；破裂压力；井筒堵塞；储层污染；定向井

常用经验公式[1]适用于裸眼直井钻井，不能表征注水导致的近井筒地层压力变化，未考虑海上注水井破裂压力会受井眼轨迹的影响。李勇明[2]等引入污染带附加压降对常规公式修正，未考虑井筒堵塞。孙金[3]等对直井研究考虑了井筒堵塞与近井污染，对滤饼区采用达西渗流求解。尚宝兵[4]等计算了定向注水井破裂压力，发现斜井地层破裂压力实际为直井 0.9～1.6 倍，没有考虑注水导致的近井压力变化。上述研究均只考虑岩石拉伸破坏，而多个实验研究[5,6]表明，疏松砂岩地层容易发生剪切破坏。唐明登[7]在计算时考虑了拉伸破坏以及剪切破坏，但将井壁堵塞与近井筒污染统一为堵塞表皮，过于模糊。

本文考虑注水导致近井区域地层压力变化，建立考虑井壁堵塞以及近井筒污染的定向井井周应力分布模型，考虑疏松砂岩两种破裂模式，形成了疏松砂岩地层不同井眼轨迹的注水地层破裂压力计算方法，对相关参数分析，为疏松砂岩注水井提供确定注入压力的理论参考。

1　疏松砂岩定向注水井破裂压力计算模型

在注水过程中，原有井周应力平衡状态被打破。对定向注水井而言，不仅受到原地应力产生的应力分量，还受到井筒注入传递的内压，同时注水过程中井眼内外压差导致流体渗流进入地层，引起地层孔隙流体压力变化。假设无限大均质各向同性的地层中有一口注水井，

【第一作者简介】李舒倩，女，1999 年 1 月生，2020 年毕业于中国石油大学(北京)获学士学位，目前于中国石油大学(北京)攻读博士学位，地址：北京市昌平区府学路 18 号，邮编：102249，电话：15611787597，E-mail：lishuqian1212@163.com。

地层只有单相流体流动，不可压缩。井筒轴向尺寸远大于其径向尺寸，岩石视为小变形弹性体，将井筒受力分析简化为平面应变问题。井眼周围的应力满足叠加原理。据此，井眼周围的总应力分为地应力和井底液柱压力(内压)产生的应力分布以及渗流引起的附加应力。其中地应力和内压产生的应力分布(σ^{I})参考 Kirsch. G 基尔斯解[12]获得。

1.1 井周地层孔隙压力分布

考虑注水堵塞后的注水井周围孔压场、渗透率发生改变。将堵塞后的近井地带进行划分为储层污染带(渗透率 K_d)和原始储层(渗透率 K)。同时通过井壁上零厚度滤饼对注水井堵塞程度进行刻画，如图 2 所示。

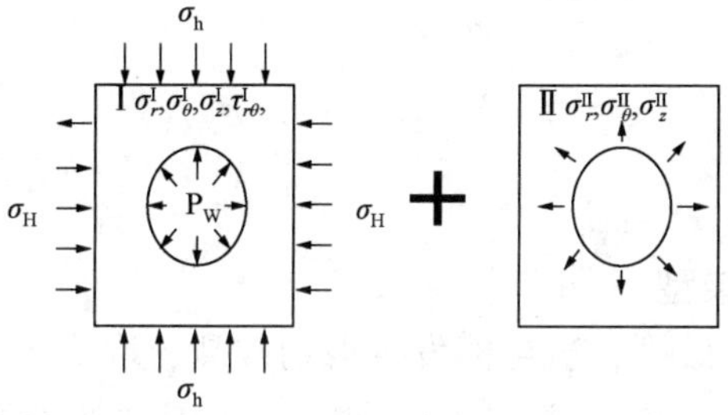

图 1　井周应力状态分解

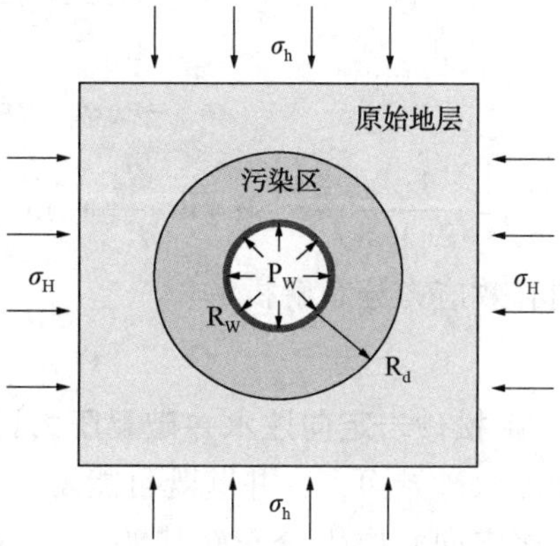

图 2　注水井模型示意图

定义堵塞系数 $\delta=\dfrac{p_w-p_a}{p_w-p_{p0}}$，当 $\delta=0$ 时，表示井壁完全没有滤饼，此时没有堵塞发生，在井壁处的压力 $p_a=p_w$(井底注入压力)；当 $\delta=1$ 时，表示井壁不渗透，井壁完全堵塞，此时井壁处的压力 $p_a=p_{p0}$(原始地层孔隙压力)。定义近井筒污染系数 $d=K_d/K$，其中，K_d—污染带渗透率；K—原始地层渗透率。当 d 较小时时，表示污染较严重，污染带渗透率非常低；当 d 较大时，表示污染较轻，污染带渗透率变化较小；当 $d=1$ 时，污染带渗透率与原始地层渗透率相等，相当于没有污染。流体渗流满足达西定律，联立流量与孔压连续性条件、边界条件可求得孔压分布 $p_p(r)$。

1.2 疏松砂岩定向注水井应力分布

渗流附加应力在几何形状与受力都是轴对称，在轴对称应力情况下，位移也是轴对称的，即应力应变都只是半径 r 的函数，与 θ 无关。根据平面应变问题求解得：

$$\sigma_r^{\mathrm{II}}=\begin{cases}\dfrac{f(1-\delta)(p_w-p_{p0})}{M}\left[\begin{matrix}d\ln\dfrac{R_0}{R_d}+\ln\dfrac{R_d}{r}+\dfrac{R_w^2}{R_0^2-R_w^2}M\left(1-\dfrac{R_0^2}{r^2}\right)\\+\dfrac{1}{2}(1-d)\dfrac{R_0^2-R_d^2}{R_0^2-R_w^2}\left(1-\dfrac{R_w^2}{r^2}\right)\end{matrix}\right]; & (R<r<R_d)\\[2ex]\dfrac{f(1-\delta)(p_w-p_{p0})}{M}\left[\begin{matrix}d\ln\dfrac{R_0}{r}+\dfrac{R_w^2}{R_0^2-R_w^2}M\left(1-\dfrac{R_0^2}{r^2}\right)\\+\dfrac{1}{2}(d-1)\dfrac{R_d^2-R_w^2}{R_0^2-R_w^2}\left(1-\dfrac{R_0^2}{r^2}\right)\end{matrix}\right]; & (r>R_d)\end{cases}\tag{1}$$

$$\sigma_\theta^{\mathrm{II}}=\begin{cases}\dfrac{f(1-\delta)(p_w-p_{p0})}{M}\left[\begin{aligned}&d\ln\frac{R_0}{R_d}+\ln\frac{R_d}{r}+\frac{R_w^2}{R_0^2-R_w^2}M\left(1+\frac{R_0^2}{r^2}\right)\\&-1+\frac{1}{2}(1-d)\frac{R_0^2-R_d^2}{R_0^2-R_w^2}\left(1+\frac{R_w^2}{r^2}\right)\end{aligned}\right];\ (R<r<R_d)\\ \dfrac{f(1-\delta)(p_w-p_{p0})}{M}\left[\begin{aligned}&d\left(-1+\ln\frac{R_0}{r}\right)+\frac{R_w^2}{R_0^2-R_w^2}M\left(1+\frac{R_0^2}{r^2}\right)\\&+\frac{1}{2}(d-1)\frac{R_d^2-R_w^2}{R_0^2-R_w^2}\left(1+\frac{R_0^2}{r^2}\right)\end{aligned}\right];\ (r>R_d)\end{cases}\tag{2}$$

$$\sigma_z^{\mathrm{II}}=\nu(\sigma_\theta^{\mathrm{II}}+\sigma_r^{\mathrm{II}})+(1-2\nu)\alpha(p_a-p_{p0})\tag{3}$$

其中，$f=\dfrac{1-2\nu}{2(1-\nu)}\alpha$；$M=\ln\dfrac{R_d}{R_w}+d\ln\dfrac{R_0}{R_d}$

井周有效应力分布解析解：

$$\bar{\sigma}=\sigma^{\mathrm{I}}+\sigma^{\mathrm{II}}-\alpha p_p\tag{4}$$

1.3 疏松砂岩定向注水井破裂压力计算模型

对于疏松砂岩而言，井壁既可能发生拉伸破裂，也可能发生剪切破裂，取决于岩石的应力状态。将定向井应力分布转换为 σ_1，σ_2，σ_3 三向主应力状态，再运用破坏准则进行判断。根据疏松砂岩性质，拉伸破坏采用最大拉应力准则，对于剪切破坏采用 DP 准则。

2 疏松砂岩注水井破裂压力规律分析

参照 X 油田地层参数选取典型工况计算其破裂压力，数据如表 1 所示。

表 1 基本参数

参数名	参数值	参数名	参数值
最大水平地应力方向	N80°E	泊松比	0.203
地层压力梯度(g/cm^3)	0.98	孔隙度	30.9%
最小水平地应力(g/cm^3)	1.55	有效应力系数	0.8
最大水平地应力(g/cm^3)	1.82	粘聚力(MPa)	1.05
垂向地应力(g/cm^3)	2.0	内摩擦角(°)	27
井眼半径(m)	0.2	堵塞系数	0.3
污染带半径(m)	5	污染带渗透率/原始地层渗透率(mD)	0.1
井深(m)	1218		

黏聚力接近 0 时为剪切破裂；破裂压力梯度随着黏聚力增加先增大，在黏聚力为 1.68MPa 时转变为拉伸破裂，随后不再变化。与破裂压力随黏聚力的变化规律类似，随着内摩擦角增大，破裂压力梯度先增大，在内摩擦角为 31.9°时由剪切破裂转变为拉伸破裂，随后不再变化。

在此典型工况下，随着近井筒污染系数增大，破裂压力梯度稍有减小，整体影响小。堵塞系数是通过改变地层压力分布进而影响井周整个应力分布，对破裂压力计算产生影响。随堵塞系数增大，堵塞程度严重，破裂压力梯度不断增大。

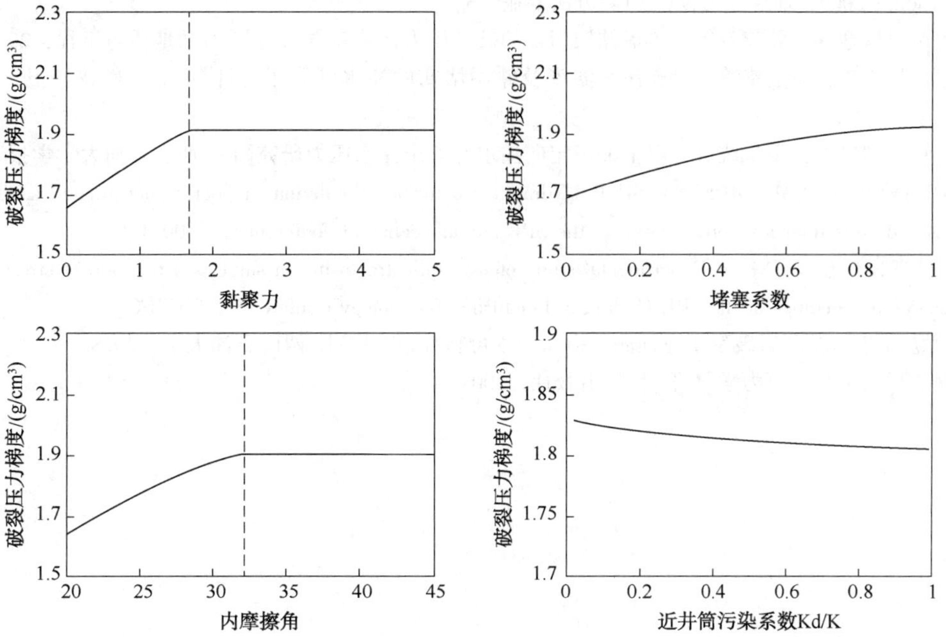

图 3　破裂压力的影响因素分析

3　现场实例计算

利用 X 油田疏松砂岩储层实际数据进行破裂压力计算，表 2 是在堵塞系数为 0 及 0.3 时的计算结果。结果表明：在注水初期时(井壁堵塞系数为零)，储层破裂压力梯度为 1.70~1.72g/cm^3，注水一段时间后井壁堵塞系数增加，当增大到 0.3 时，破裂压力梯度增加。

表 2　实际某定向注水井破裂压力计算

射孔垂深(TVDSS，m)			井斜	方位	相对方位	破裂压力梯度(Mpa/100m)	
顶深	底深	射开垂厚	(°)	(°)	(°)	δ=0.0	δ=0.3
1138.75	1148.14	9.4	70.53	281.08	201.08	1.714	1.795
1178.41	1183.19	4.8	66.65	281.25	201.25	1.706-1.709	1.791-1.793
1198.07	1201.86	3.8					

4　结论与建议

本文基于疏松砂岩特性，考虑注水导致近井筒区域地层压力变化，以及井壁堵塞与近井筒污染的影响，考虑疏松砂岩剪切破坏和拉伸破坏两种破坏模式，形成了疏松砂岩地层不同井眼轨迹/射孔方位的注水地层破裂压力计算方法，并对相关参数进行规律分析。

参 考 文 献

[1] SY/T5623-2009，地层压力预(监)测方法专业 [S]

[2] 李勇明，岳迎春，郭建春等．考虑储层污染的破裂压力计算新方法[J]．石油地质与工程，2008.

[3] 孙金，彭成勇，蔚宝华等．考虑注水温度及储层堵塞的注水破裂压力计算[J]．科技导报，2015，33(12)：33-37.

[4] 尚宝兵，刘义刚，吴华晓等．海上油田定向注水井安全注水压力研究[J]．西安石油大学学报，2020.

[5] KHODAVERDIAN M，MCELFRESH P. Hydraulic fracturing stimulation in poorly consolidated sand：mechanisms and consequences；proceedings of the SPE annual technical conference，2000[C].

[6] DE PATER C J，DONG Y. Experimental study of hydraulic fracturing in sand as a function of stress and fluid rheology；proceedings of the SPE Hydraulic Fracturing Technology Conference，2007[C]

[7] 唐明登．BH 疏松砂岩破裂压力预测与提压注水可行性研究[D]．西南石油大学，2018.

[8] 陈勉．石油工程岩石力学[M]．科学出版社，2008

等离子体通道钻井电击穿概率发展模型

刘伟吉[1,2]　胡　海[1,2]　陈梦秋[1,2]　罗云旭[1,2]　祝效华[1,2]

(1. 西南石油大学机电工程学院；2. 石油天然气装备教育部重点实验室)

摘　要：近年来，等离子体通道钻井技术快速发展并受到广泛关注。虽然已有研究取得了一些成果，但是电破岩系统的电击穿过程却没有深入的研究。这极大地阻碍了电脉冲破岩钻具的电学参数的设计与优化工作。本文从电击穿过程出发，提出了一种新的岩石介质击穿模型，以期可为等离子体通道钻井破岩技术的工业化应用提供一定的理论指导。

关键词：PDM；等离子体通道；电击穿

1　引言

近年以来，大量的学者对等离子体钻井和破岩的规律进行了探索。他们的主要研究主要着眼于高压电脉冲下岩石的击穿场强(或电压)变化、击穿注入能量(或能量密度)、击穿间距、击穿次数以及破岩效果的衡量。电击穿是一个复杂的过程，但击穿路径具有分形特性[1]。因此，大量学者就击穿过程中绝缘体介质的击穿路径进行了探究。虽然大量的研究取得了一些基本的成果，但是对岩石的高电压击穿过程没有明确的认识。同时，忽略电学结构参数(储能电容、回路电感等)来讨论岩石介质的击穿路径，这与实际击穿情况相差甚远。更无法指导破岩工具的设计和电路结构参数的优化。因此，本文综合吸收前人的工作，从电路分析和电介质击穿模型出发，提出了一种新的岩石介质击穿模型，以期可为等离子体通道钻井破岩技术的工业化应用提供一定的理论指导。

2　概率发展模型(PDM)

早在 1984 年，Niemeyer 等人[2]就提出了一种基于分形理论的电介质击穿模型，即 NPW 模型。NPW 模型认为电介质的击穿概率既与电场强度有关，又存在一定的随机性。在此基础上，Wiesmann 和 Zeller[3](1986)进一步引入两个物理参数：阈值场强 E_c 和通道内部压降场强 E_d 将电介质击穿模型一般化。这种模型称为 WZ 模型，其基本表达式为：

$$p_i=\frac{(\,|E_i|-E_c)^n}{\sum(\,|E_i|-E_c)^n} \tag{1}$$

此外，根据章志成[4]的实验结果发现，击穿概率 p_B 不仅存在阈值击穿场强 E_c，还存在完全击穿场强 E_s。当局部场强超过完全击穿场强 E_s 时，击穿概率 $p_B=1$。

基于上述前人的研究成果，提出概率发展模型(probabilistic development model，PDM)。

这种模型不仅保留了 WZ 模型中的阈值击穿场强 E_c 和通道内部压降场强 E_d，还引入与阈值击穿场强 E_c 对应的完全击穿场强 E_s。概率发展模型(PDM)的基本表达式为：

$$p_{Bi}=\begin{cases}1 & |E_i|\geqslant E_s\\ \left(\dfrac{(|E_i|-E_c)}{E_s-E_c}\right)^n & E_c<|E_i|<E_s,\ n\neq 1\\ 0 & |E_i|\leqslant E_c\end{cases} \tag{2}$$

考虑到自然界中的能量最小原理，岩石的击穿概率还应和时间有关。这与 Noskov 等人[5]引入的“物理”时间的想法不谋而合。在击穿概率相差不大时，击穿时间小的通道路径，其能量消耗也越低，这为通道路径发展方向的选择提供了一种判定依据。由于等离子通道路径发展类似于树枝状，前人将通道路径生长过程称为“树枝”生长。在 t 时刻新树枝形成的这个随机事件概率可由伯努利统计测试表获得。使用统计处理的泊松理论，我们可以获得 t 时刻新树枝形成的概率密度符合指数概率为：

$$P(t)\,dt=kp_B\cdot e^{-kp_B\tau} \tag{3}$$

在较低的电场中，树枝的生长概率函数 $p(E)$ 很小，近似为：

$$p(E)=1-e^{-kp_B\tau} \tag{4}$$

令 $p(E)=\xi$，则由式(16)可推导出树枝生长时间 τ_i 的表达式：

$$\tau_i=\frac{-\ln(1-\xi_i)}{kp_{Bi}} \tag{5}$$

在新树枝发展过程中，仅仅将具有最短的生长时间 τ_i 的路径添加到树枝生长图形中，这样就在计算的过程中考虑了时间的因素。

3 电击穿回路

岩石在电击穿过程的电学性质介于电阻与绝缘体之间。欲考虑具体的电路结构参数对击穿过程的影响，有必要根据电击穿过程中岩石的电学特性对电路进行简化。简化后的电路如图 1 所示，下方是一个典型的电脉冲击穿岩石的示意图：其中红色的粗曲线表示击穿过程中已经形成的主等离子体通道，其电阻为 R_{ch}；红色的细分支表示击穿过程中已经形成的次等离子体通道；蓝色的虚曲线表示通道的待发展趋势。同时，将已形成和待发展的通道交界处的电势 φ_d 定义为基础电势。这样将已发展的通道和待发展的通道均引入电回路中，就得到图 1 中上部所示的等效电击穿电路。在等效电路中的 K 为绝缘子，其阳极电势等于基础电势 φ_d；其阴极接地、电势为 0。这样，在电路中引入绝缘子 K 和主通道电阻 R_{ch}，就在电击穿过程中综合考虑了岩石的电学特性。

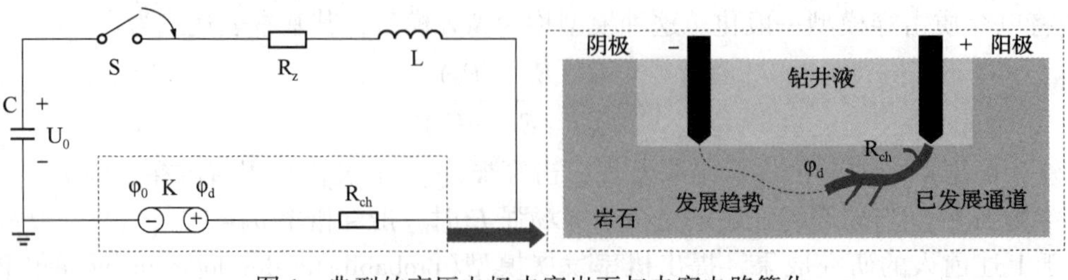

图 1 典型的高压电极击穿岩石与击穿电路简化

首先，由电流的基本定义式可得：

$$\frac{\mathrm{d}q(t)}{\mathrm{d}t}=i(t) \tag{6}$$

其次，对于图 1 的简化电路，由基尔霍夫定律得：

$$\frac{\mathrm{d}i(t)}{\mathrm{d}t}=U_0/L-q(t)/CL-(R_z+R_{ch})i(t)/L-\varphi_d(t)/L \tag{7}$$

此外，对于通道内部的电势分布可用通道压降场强 Ed 描述；而通道外部的岩石介质满足拉普拉斯方程：

$$\nabla^2\varphi_{out}=0 \tag{8}$$

注意到式(7)中存在未知变量有基础电势 $\varphi_d(t)$ 和主等离子体通道电阻 R_{ch}。基础电势 $\varphi_d(t)$ 可以通过结合通道压降场强 E_d、公式(8)和具体的通道生长路径进行计算。而主通道电阻 R_{ch} 与通道的形态有关。因此，在计算过程中假定主通道为一个具有均匀半径的空间曲线，如图 2 所示。图中 $h*$ 为特征长度，表征下一个分析步中通道的生长长度。等离子体通道形成的时间极短，通道还未贯穿到电极的两端时来不及径向膨胀和扩展，因此，假设电击穿过程中通道半径 r 为一个常数。则根据电阻计算公式有：

$$R_{ch}=\frac{L_{ch}(t)}{\sigma\pi r^2} \tag{9}$$

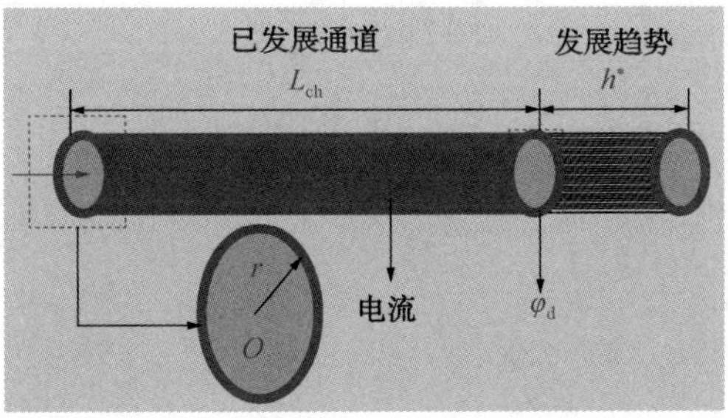

图 2　等离子体通道的简化模型

对于通道内部岩石的电导率 σ，根据熔融岩石的相关研究成果，其满足阿伦尼乌斯方程：

$$\sigma=\sigma_0\mathrm{e}^{-H_a/KT} \tag{10}$$

由击穿过程中的功率输入和黑体辐射耗散平衡得到：

$$i^2(t)R_{ch}=2\pi r L_{ch}(t)\sigma_B T^4 \tag{11}$$

将式(9)—(10)代入式(11)得到：

$$i^2(t)\frac{\mathrm{e}^{H_a/KT}}{\sigma_0\pi r^2}=2\pi r\sigma_B T^4 \tag{12}$$

击穿过程中通道的温度会发生变化。式(12)两边同时对时间求导即可得到击穿过程中等离子体通道内部温度的变化规律：

$$\frac{2i(t)\mathrm{e}^{H_a/KT}}{\sigma_0\pi r^2}\frac{\mathrm{d}i(t)}{\mathrm{d}t}-\frac{i^2(t)H_a\mathrm{e}^{H_a/KT}}{\sigma_0\pi r^2KT^2}\frac{\mathrm{d}T}{\mathrm{d}t}=8\pi r\sigma_B T^3\frac{\mathrm{d}T}{\mathrm{d}t} \tag{13}$$

整理式(13)得到：

$$\frac{\mathrm{d}T}{\mathrm{d}t}=\left(\frac{2KT^2 i(t)\mathrm{e}^{H_a/KT}}{8\sigma_0\sigma_B\pi^2r^3K\,T^5+i^2(t)H_a\mathrm{e}^{H_a/KT}}\right)\frac{\mathrm{d}i(t)}{\mathrm{d}t} \tag{14}$$

由图 2 简化电路得到的公式(7)是一个一阶微分方程，求解困难。因此，再对式(7)两端求导得到：

$$\frac{di^2(t)}{dt^2}=\frac{i(t)\left\{\nu(t)e^{H_a/KT}-[H_aL_{ch}(t)e^{H_a/KT}/KT^2]\frac{dT}{dt}\right\}}{\sigma_0\pi r^2L}-\frac{i(t)}{CL}-\frac{R_z+R_{ch}}{L}-\frac{d[\varphi_d(t)]}{Ldt} \tag{15}$$

对于式(15)中的$\frac{\mathrm{d}(\varphi_d(t))}{\mathrm{d}t}$，结合岩石介质击穿模型就等离子体通道生长的一个分析步有：

$$\frac{\mathrm{d}(\varphi_\mathrm{d}(t))}{\mathrm{d}t}=-\frac{E_dh^*}{\tau_i} \tag{16}$$

结合式(6)、(14)、(15)、(16)，并令：

$$\begin{cases}q(t)=y_1\\ i(t)=y_2\\ \frac{\mathrm{d}i(t)}{\mathrm{d}t}=y_3\\ T(t)=y_4\end{cases} \tag{17}$$

得到：

$$\begin{cases}\frac{\mathrm{d}y_1}{\mathrm{d}t}=y_2\\ \frac{\mathrm{d}y_2}{\mathrm{d}t}=y_3\\ \frac{\mathrm{d}y_3}{\mathrm{d}t}=-\frac{y_2}{CL}-\frac{y_3(R_z+R_{ch})}{L}-\frac{y_2\left(v(t)\mathrm{e}^{H_a/Ky_4}-H_aL_{ch}(t)\mathrm{e}^{H_a/Ky_4}/(K{y_4}^2)\frac{\mathrm{d}T}{\mathrm{d}t}\right)}{\sigma_0\pi r^2L}+\frac{E_dh^*}{\tau_iL}\\ \frac{\mathrm{d}T}{\mathrm{d}t}=\left(\frac{2K{y_4}^2y_2\mathrm{e}^{H_a/Ky_4}}{8\sigma_0\sigma_B\pi^2r^3K{y_4}^5+{y_2}^2H_a\mathrm{e}^{H_a/Ky_4}}\right)y_3\end{cases} \tag{19}$$

通过求解上述微分方程组并结合绝缘体介质模型不仅可以对等离子体通道的生成规律进行探究，还能对击穿过程中电极两端的电流和电压进行监测。

4 结论

等离子体通道破岩是一种极具发展潜力的高效钻井技术。本文综合吸收前人的工作，从电路分析和电介质击穿模型出发，提出了一种新的岩石介质击穿模型。该模型考虑了电击穿过程中的时间因素，不仅可以对等离子体通道的生成规律进行探究，还能对击穿过程中电极两端的电流和电压进行监测，可为等离子体通道钻井破岩技术的工业化应用提供一定的理论指导。

参 考 文 献

[1] Maruyama S, Kobayashi S, Kudo K. Fractal characteristics of real electrical trees[C]. 1992.

[2] Niemeyer L, Pietronero L, Wiesmann H J. Fractal Dimension of Dielectric Breakdown [J]. Phys. rev. lett. 1984, 52(12): 1033-1036.

[3] Wiesmann H J, Zeller H R. A fractal model of dielectric breakdown and prebreakdown in solid dielectrics [J]. Journal of Applied Physics. 1986, 60(5): 1770-1773.

[4] 章志成，裴彦良，刘振，等. 高压短脉冲作用下岩石击穿特性的实验研究[J]. 高电压技术. 2012, 038(007): 1719-1725.

[5] Noskov M D, Kukhta V R, Lopatin V V. Simulation of the electrical discharge development in inhomogeneous insulators[J]. Journal of Physics D Applied Physics. 1999, 28(6): 1187.

油气储运与储备

油气储运设施安全保障技术研究进展及展望

高　泽[1]　杜　建[2]　徐　扬[3]

（吉林油田勘察设计院，吉林松原　138000）

摘　要：在化工行业中，油气储运设施占有举足轻重的地位。石油、天然气等化石能源因其自身特殊性，在储运过程中，安全保障措施乃为第一要务。否则，一旦油气储运设施出现故障，则极易引发油气泄露，威胁人身安全，造成严重的经济损失与恶劣的社会影响。本文将简述油气储运设施安全保障的重要性，分析我国在油气储运技术方面存在的不足，提出提高油气储运设施安全性的措施，并对油气储运行业的研究成果以及研究进度进行总结与展望。

关键词：油气；储运设施；安全保障

我国幅员辽阔，石油与天然气资源丰富，油气储运作为化石能源产业链运作的重要环节，其储运安全措施不仅直接影响人们的生命财产安全，更是与国家经济建设的可持续发展有着密切联系。就目前而言，我国油气的勘探开采技术相对比较成熟，但在运输与存储方面仍存在一定不足之处。随着国际战略化规划的不断深入发展，“一带一路”成为国际广泛共识，为贸易投资自由化、拉动世界贸易增长、推进经济全球化提供了新的机遇[1]，而能源产业的跨境交流，更是对石油、天然气储运安全保障技术提出了更高的要求，如何加快储运技术研发突破，逐渐成为了能源产业国际化发展的当务之急。油气储运设施安全保障技术不仅是能源产业链开展工作的基本要求与目标任务，尤其是避免安全事故、保护生态环境、促进经济科学发展、优化社会结构的迫切需求。

1　概述

1.1　石油储运设施

石油被称为“工业的血液”，其地域分布性强，属于不可再生资源，因此，提高石油的综合利用率，对推动我国经济健康发展发挥重要的战略价值。在石油储运过程中，基于正确使用储运设施、及时更换陈旧措施的基础上，先进的科技及精湛的工艺是保障石油运输安全的可靠保障。一般来讲，我国的石油存储多数凭借油库来实现。按照油库存储量、建设位置以及用途可以分为水封油井库、地面隐蔽油库以及海洋油库三类[2]。

【第一作者简介】高泽(1991 年 6 月 25 日)，男，汉族，2014 年 7 月毕业于吉林化工学院，学士学位，工作单位：吉林油田勘察设计院，工艺设计，工程师，曾获吉林油田公司优秀项目管理成果一等奖，电话：13147688881，E-maij：297155787@ qq. com。

1.2 天然气储运设施

随着经济持续健康发展，科技跨越式进步，人们的生活质量不断提升，能源资源状况、利用现状、发展战略引发了社会各界的广泛关注。环保理念的推广，全面提升能源资源利用率，同时对于天然气储运实施及安全保障技术也提出了更高要求，在保证产品性能的基础上，还应分类明确。储运设备条件是油气储运的重要载体，先进的储运技术是开展油气储运工作的重要基础与基本前提。

1.3 油气运输设施

我国地域辽阔，油气运输通常会涉及陆路、铁路、海洋、管道运输等多种运输方式。不同运输方式对于设施安全的要求也不尽相同。油气易燃易爆有毒，在运输过程中存在很多潜在安全风险，比如说，陆路与海洋运输出现的交通事故、火灾爆炸等；管道运输出现的管道渗漏、破裂等。综合来讲，管道运输的密封性好、节约地面空间、环境效益高、运输工程量小，是当下最为经济、可靠的运输方式。

在油气运输过程中，运输设施的安全控制是第一要务。安全控制水平的提升，不仅可以减少安全事故，保护生命财产安全，同时也是塑造企业品牌形象，提高社会效益的重要手段。因此，在油气运输调配过程中，应专业、高效管理基本运输方式，提高油气储运的科学化、规范化水平。尤其是针对长距离、跨地区的输运方式，受环境因素、地质变动等因素的影响较大，潜在安全风险较多[3]，安全管控工作多且杂，假如管理不到位，则很容易受人为破坏，带来无法估计的损失。

2 油气储运设施安全的重要性分析

油气储运过程中，油气泄露、爆炸等事故屡见不鲜，究其原因，主要是因为储运设施安全保障措施不到位导致的。因此，提高化工设施安全性，完善油气储运机制十分必要。不仅可以有效避免火灾、爆炸、泄露等油气安全问题，提高化石能源的综合利用率，同时还能保护生态环境，降低环境污染风险。

2.1 油气本身具有危险性

石油、天然气的化学成分主要为碳氢化合物，本身易燃易爆，具有一定危险性。不管是原油、成品油，还是天然气，挥发性都较强，一旦空气中的油气含量超过爆炸上限，即使为微小的火星也会造成火灾或者爆炸，轻则造成能源损耗、运输设备损坏；重则造成人员伤亡、环境污染，给周边居民及建筑物带来严重威胁。随着国民经济的飞速发展，经济市场对油气的需求量不断攀升。油气运输频率增加，在一定程度上增加了管道运输、道路运输以及海洋运输等运输行为的危险隐患。因此，在油气储运过程中，采用先进的安全保障技术，全面落实安全防范策略尤为重要，具有积极的现实意义。

2.2 满足社会能源需求

油气是彰显经济发展动力，促进经济结构持续优化的重要动力能源，在各行各业中发挥重要价值。随着社会主义现代化建设步伐不断加快，经济社会对油气的需求量越来越大，对油气储运的要求也越来越高。油气储运设施安全、可靠的运行，不仅是油气储运安全管理的内在需求，同时也是“保障能源安全，提升能源储备能力”的重要保障。

3　油气储运安全保障技术存在的不足

3.1　过程损耗严重

油气储运需要经过油田、炼油厂、用户三个环节，这个过程复杂，存在很多控制点，这些环节都会发生一定程度的能源损耗。而采用运输工具或者油气罐的储运方式，则存在油气蒸发或泄露、容器残留等问题，造成资源损耗。根据可靠数据显示，2012 年，我国原油年消耗量为 3.7 亿吨，而储运损耗高达 3%，接近 840 万吨，国家经济损失巨大[4]。因此，完善与优化油气储运管理机制，创新储运安全保障技术，不仅可以有效提升能源资源的综合利用率，同时，还能缓解国家经济负担。打好技术攻坚战，以宏观的视角，构建新的发展格局，是推动国家经济健康、可持续发展的有效途径与重要保障。

3.2　储运安全问题

石油、天然气属于石化能源，易燃易爆，高毒、高污染性。一旦出现油气泄露、爆炸等安全事故，不仅威胁人们的生命财产安全，同时还会对周边环境造成严重污染。尤其是石油海洋污染，严重破坏生态环境，影响经济社会可持续发展。

3.2.1　环境因素

通常情况下，油气储运设施分布区域跨度大，其地质与环境存在较大差异。针对比较复杂的地形地貌，油气储运设施的构建、安装与管理会受到一定影响与限制。与此同时，地质与气候条件相互影响，进一步增加了油气储运设施的后期维护的难度。特别是沼泽、河流、高原等环境，还需要架设管道，建设与维护成本高昂[5]。环境因素极易破坏储运设施，导致油气供应系统无法正常运作。

3.2.2　材料因素

当下，科技不断更新迭代，越来越多的新技术、新材料被应用于油气供应系统之中，对油气储运安全与管理带来直接性影响。一方面，有助于提升油气储运系统的安全管理与维护的综合水平；另一方面，新材料与新技术的深度融合，有的放矢打破技术创新的新藩篱。相关单位应针对新材料的配置与应用，保障材料应用质量，提升安全按管理机制。

3.2.3　技术因素

技术滞后是导致安全隐患的主因，管道运输灵活性差是最为常见的技术问题。管道运输是石油最为常用的储运方式。在管道运输的实际应用过程中，假如维护措施不够灵活，就会导致实际操作偏离规范要求，增加安全故障发生的概率。比如，树木破坏管道绝缘层，带来运输安全隐患，一旦出现技术问题，则会影响整个管理系统，降低管道运输的安全性、可靠性。更有甚者，还会造成供油系统瘫痪或者大面积损坏等[6]。

4　提高油气储运设施安全性的措施

4.1　提高建设质量

油气储运设施的建设质量在很大程度上决定了其自身的安全性能。在油气储运设施开工建设前，相关单位应在充分考察的基础上，结合实际需求，合理设计运输路线，将油气储存设施安装于适当的位置。此外，加强建设过程中的质量管控和监督也是提高建设质量，保证油气储运设施安全性能的重要手段。

4.2 完善安全管理制度

石油化工企业必须意识到油气储运设施的安全管理工作的重要性，理解安全管理制度对于企业自身的重大意义和价值，在制度层面为油气储运设施的安全性提供保障，切实提高油气储运设施安全性能，以减少安全隐患，降低安全事故发生的风险，杜绝重大安全事故的发生。石油化工企业要建立切实有效的安全管理制度，应首先进行充分的内部调研，对自身安全管理现状进行合理的评估，分析原有的安全管理制度中存在的问题，针对调研中发现的各类问题，制定相应的改进方案，做到有的放矢，以优化原有安全制度为基础，提高安全管理制度的实用性和可操作性。其次，石油化工企业应落实责任到人，建立行之有效的安全隐患追责机制，一方面，使相关人员明确自身责任，提高安全管理意识，减少推诿扯皮现象，使安全管理制度落到实处。

建立健全油气储运设施安全管理制度不可能一蹴而就，需要在法律法规规定的范围内，根据企业实际情况，不断的补充和完善，它不是静止的状态，而是一个动态的管理过程。

4.3 实施综合管理

石油化工企业应对油气储运设施的安全性能进行全面排查，分析影响设施安全运行的各类因素，在此基础上实施综合管理，并将安全管理工作贯穿于企业生产各个环节，扩大安全管理的广度，同时将安全管理理念渗入日常工作，加大安全管理深度。石油化工企业必须设置安全管理部门，并在安全管理部门中指定专人负责油气储运设施的安全管理，减少安全隐患，降低安全风险，保证安全生产。

4.4 加强检修维护

为保障油气储运设施安全、可靠运行，还应对设施检修维护工作给予高度重视。一般情况下，油气储运系统的规模较大，涉及到的设施数量多、种类全，相关工艺技术也比较复杂，新旧设备的交叉使用现象普遍等，这些都在一定程度上增加了设备检修维护工作的难度。因此，相关企业要重视教育培训工作，积极探索岗位培训的新思路、新方法，以“重实效、突重点、抓落实”专项培训活动为推进载体，不断提升检修维护人员的理论知识与技术水平。

5 油气储运设施安全保障技术研究

5.1 冷热原油交替运输技术

就目前而言，原油储运过程中，冷热原油交替运输技术成为业界研究的重点课题。专家学者通过构建非稳定传热数学模型，分析运输距离与管道附近土壤温度之间的联系，并进行相关模拟实验，实现理论研究与创新。

5.2 多相混输技术

大量研究资料表明，在管道运输成品油的过程中，由于油品差异，油与管道的接触面上会存在一层混油。管道材料与规格不同，混油量也有多有少，导致成油品质下降，无法满足相关标准要求。为解决上述问题，相关研发人员以方程组为基础，以数值计算为理论依据，在混油切割、变管径等技术方面进行深入研究，以期提高成油质量，为中国经济发展赋能，提供新的增长点。

5.3 流量自动控制技术

流量自动控制技术，就是在保障油气传输效率的基础上，科学控制油气管道的传输流量，以调节管道压力，降低油气储运风安全风险，实现油气储运设施安全运行的目的。该技术主要通过温度来调节石油粘度，进而控制石油流动量与流速。“科技是第一生产力，创新是引领发展的第一动力”。利用自动化技术，有效控制油气传输流量，具有重要的研究意义。相关政府部门应加大政策扶持力度，大力推广先进适用技术，鼓励企业积极引入科技自动化技术，促进油气储运产业链又好又快发展。

5.4 控制防腐的技术

阴极保护数值模拟技术是最为常见的防腐技术。但是，该项技术是基于电化学腐蚀原理的一项防腐技术，在杂散电流限制腐蚀的过程中，会给油气储运带来一定影响。面对这一系列问题，目前还没有比较成熟的解决办法。因此，控制防腐技术的选择，应视情况而定，具体问题具体分析。

6 结语

综上所述，油气储运是我国能源产业链的重要组成部分，对于社会稳定及国民经济有着举足轻重的意义。我国幅员辽阔、地大物博，但与日益更新的勘探技术与开采技术相比较，油气的储运技术仍存在一些不足之处，亟需完善。石油、天然气等化石能源易燃易爆、高毒、高污染，一旦出现泄露、爆炸等安全事故，将会威胁生命财产安全，带来严重的经济损失与社会影响。因此，研究油气储运设施安全保障技术十分必要，具有重要的现实意义。相关企业应以“合理规划、科学管理”思想为指导，建立健全安全管理机制，全面贯彻落实安全管理体系，提高油气储运设施建设质量，重视油气储运设施检修维护工作，对油气储运进行全过程动态管理，以实现安全生产方针与目标。此外，还需加强技术创新与发展建设，打造高精尖的技术研发团队，为油气储运设施的安全、稳定运行提供可靠的技术保障与人力保障。

参 考 文 献

[1] 霍峰，王玮，曹永利，等．跨越发展的中国油气储运建设技术及未来走向[J]．石油科技论坛，2020，03：44-51.

[2] 张劲军，何利民，宫敬，等．油气储运理论与技术进展[J]．中国石油大学学报(自然科学版)，2019，05：151-162.

[3] 柳明．基于油气储运设施安全的重要性的分析与研究[J]．企业改革与管理，2019(15)：209-209.

[4] 黄维和，郑洪龙，吴忠良．管道完整性管理在中国应用10年回顾与展望[J]．天然气工业，2020，12：1-5.

[5] 付尧．浅谈我国天然气储运设施现状及发展趋势[J]．化工管理，20，(7)：210.

[6] 柳明．基于油气储运设施安全的重要性的分析与研究[J]．企业改革与管理，2020(15)：209.

油田结垢除垢及其发展趋势

葛　阳[1]　高清河[2]　魏立新[1]　刘　超[2]　贾新磊[3]

(1. 东北石油大学石油工程学院，黑龙江大庆　163318；
2. 大庆师范学院化学工程学院，黑龙江大庆　163712；
3. 滨州学院化工与安全学院，山东滨州　256600)

摘　要：通过对国内外油田结垢现状的具体分析，论述了结垢对油田生产系统的产量、采收率的危害，阐述了目前油田结垢四种被普遍认同的重要机理和结垢的六个影响因素，详细讨论了物理除垢如超声波除垢的技术特点和优势，化学除垢如复配阻垢剂的除垢优点，提出了当前油田除垢防垢存在的效率低下、除垢效果差等问题，指出了油田除垢防垢研究领域的发展趋势，以期为后续油田结垢科学研究提供参考。

关键词：结垢；机理；影响因素；除垢；防垢

随着我国油田相继进入第三次采油阶段，原油含水率不断增大[1]。原油在流动过程中会随着压力、温度变化[2]，导致化学组分分布不均匀，流体部分浓度达到过饱和状态，产生了大量无机垢物。原油中含有大量有机物、离子、细菌以及泥沙杂质，很容易结垢造成油田系统停产停运[3~7]。油田系统结垢对地层、井下及地面集输系统有极大地危害。管道结垢会使管道流通面积减少，管流量减少，严重时甚至造成管道阻塞，极大地增加了管道的运行成本和能量损耗。管道结垢还会造成管线垢下腐蚀[8]，导致管线漏失，甚至穿孔，造成严重的事故[9~11]。油田地层结垢会使地下储层孔隙堵塞，降低采收率甚至停产，造成极大地财产损失。在油田生产开发过程中，结垢成为国内外石油学者需要解决的重要难题之一[12~14]。

1　结垢机理

造成油田井下或地面设备管道结垢原因有很多，总体来说分为两种情况：一是原有水中离子构成或浓度与另一种水中离子混合产生沉淀；二是水中离子平衡因外界因素如温度、压力变化导致平衡向沉淀方向移动，最终产生沉淀[15~16]。离子浓度过饱和是产生沉淀的重要条件。目前对于结垢机理被广泛认同的有以下四种。

【基金项目】中国博士后科学基金项目（2020M681073），山东省青年自然科学基金项目（ZR2020QE111）。

【第一作者简介】葛阳（1995—），男，河北省人唐山，2019 年 6 月毕业于兰州城市学院，现就读东北石油大学硕士研究生，从事油田腐蚀与结垢方面的研究。E-mail：1525828482 @ qq. com；电话；17393154876。

1.1 流体不配伍理论

如果存在两种流体，其内部离子构成或浓度不相同，当他们相互混合后，流体中离子发生化学反应，产生沉淀或是原来流体在加入另一种流体后沉淀趋势更加明显，那么这两种流体是互不相容流体[17]。在井下原有流体体系在地层保护下处于动态平衡状态，在加入注入水后，在注入水的冲刷下，岩层中的游离 Ca^+浓度增加，导致离子平衡向产生沉淀方向移动。$CaCO_3$反应式如下：

$$HCO_3^- \rightarrow H^+ + CO_3^{2-} \tag{1-1}$$

$$Ca^+ + CO_3^{2-} \rightarrow CaCO_3 \downarrow \tag{1-2}$$

1.2 流体动力学理论

流体动力学理论认为结垢会被流动模式包括流态、流速以及流速分布影响。在油田复杂的地形条件下，流体流态会发生复杂的变化，当变化至紊流状态时，水中的离子发生剧烈的碰撞，增大了垢离子结合的几率，晶核形成速率加快，沉淀产生[18]。在油田现场生产过程中，如果井下或地面管线设备表面粗糙，会发生局部紊流，局部流体过饱和导致沉淀生成。当其他条件不变且流速增加时，结垢速率会先升高后降低，增大流速会使垢离子运动剧烈，增大了垢生成的几率，结垢速率会随着流速继续增大而减小，原因是流速增大了冲刷力度，将附着在管道的晶核冲刷下来，影响沉淀的生成。即雷诺数越小越容易结垢。

1.3 热力学条件变化理论

温度变化对沉淀溶解平衡的影响是热力学条件变化理论所研究的。微溶或难容盐在水中的溶解度用溶度积常数 K_{sp}表示，当温度在某一定值时，微溶或难容盐溶度积大于该温度下的 K_{sp}时会产生沉淀。K_{sp}值越大越易溶，反之越难溶[19]。常见难溶物的溶度积如表 1 所示。

表 1 常见垢的溶度积

结垢类型	K_{sp}	结垢类型	K_{sp}
$CaCO_3$	2.8×10^{-9}	$FeCO_3$	3.2×10^{-11}
$MgCO_3$	3.5×10^{-8}	$Fe(OH)_2$	8.0×10^{-13}
$BaSO_4$	1.1×10^{-10}	$Mg(OH)_2$	2.0×10^{-11}
$CaSO_4$	9.1×10^{-8}	FeS	8.3×10^{-13}

注：溶度积为 25℃时测定

1.4 结晶动力学理论

沉淀在过饱和溶液析出的过程成为结晶[20]。结垢结晶动力学理论可按图 1 表示。

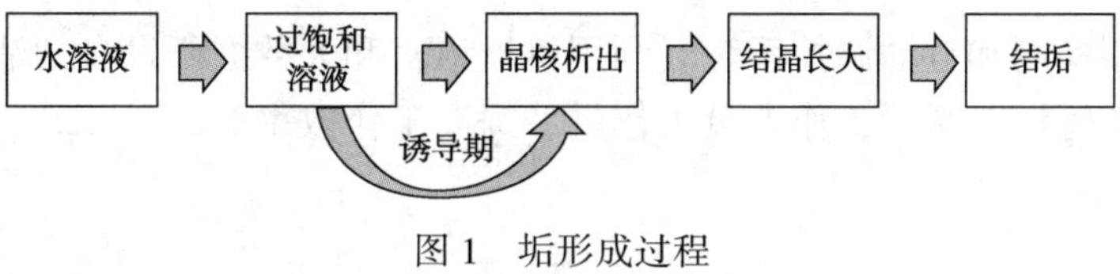

图 1 垢形成过程

油田生产设备结垢由均相成核的情况极少，主要是异相成核且结垢位置通常发生在粗糙或不光滑的设备或管道内壁上。

2 除垢技术存在问题

近几十年来，我国在除垢防垢方面取得了长足的进步，但仍与国外有着较大的差距，存在很多问题没有解决。

(1) 除垢技术广谱性差，只能根据各油田垢物成分进行一对一除垢，不能广泛应用于各大油田。

(2) 一些物理除垢防垢技术标准不健全，仪器市场制造标准不统一，产品质量良莠不齐，设计选型无依据，产品验收技术和方法不完善。

(3) 被广泛应用的化学除垢防垢技术使用的化学药剂会污染环境，影响工作人员身体健康，也会对油田管道或设备造成腐蚀伤害。对除垢后产生的废液不能进行有效的处理。

(4) 现有的除防垢技术只能短期使得管道设备正常运行，不能长期有效地阻垢抑垢，效率较低。

3 除垢防垢未来发展趋势

除防垢是油田生产和运输过程中的重要一环。我国油田相继进入高含水开采阶段，井下和地面管道设备结垢问题也日益加重。对除防垢的要求不断提高。对除垢防垢未来发展方面，主要有以下几点：

(1) 加强对非金属特殊材料的研究。油田原油管道结垢很大一部分原因是管道内壁粗糙度过大，原油中的物质在运输过程中和金属管道发生反应，造成管道腐蚀，增大了管道内壁的粗糙度，为垢离子形成晶核在管道内壁着床提供有利的环境。油田管道材质会向着非金属方向转变，非金属管道表面粗糙度低不易被腐蚀，或是管道内壁增加适用于油田防垢的纳米涂层。

(2) 大力开发有机酸和无机酸的最优混合配比。化学除垢剂常用酸是 HCl，酸洗之后对环境污染严重，而且使用之后会产生 H_2S，能够加速腐蚀管道。在无机酸中加入有机酸能够减少无机酸对管道设备的不利影响，而且还可能出现单一酸不存在的理想效果。

(3) 复配阻垢剂。化学药剂除垢是最为简便的除垢防垢方式，复配适应性强，适用面广的高效阻垢剂，是未来化学除垢的研究热点。

(4) 环境友好。环境友好型除垢技术是未来除防垢发展的重要方向，除防垢废液的回收循环利用将会是人们更加关注的问题，要坚持环保“零容忍”政策，要加大无害除垢这一方面的研究。

(5) 研发专用检测和自动调控系统。利用机器语言和大数据研发自动清垢报警系统，精确需要优先除垢的管道，减少工作人员工作量，提高工作效率。

4 结论

随着我国对石油资源需求逐年加大，油田结垢的问题也会逐年增加，对于除垢的技术要求也会越来越高，量子管通环、空穴射流技术、超声波等技术发展日渐成熟，在油田生产方面被全面推广；化学药剂除垢也成为近年油田除垢的研究热点。随着研究的深入，对于结垢机理有更深刻的认识。目前所面临的难题，例如现有除防垢技术效率低，技术标准不健全，除垢残余污染环境，广谱性差等问题还有待解决，结合油田生产实际提出了未来油田除防垢技术的发展趋势，为油田除防垢的发展提供理论依据。

参 考 文 献

[1] 郭帅．油田三次采油驱油技术的应用与发展分析[J]．化学工程与装备，2020，{4}(04)：40-41.

[2] 李鸿英，贾治渊，韩善鹏，等．高含水含蜡原油的粘壁特性试验[J]．油气储运，2020，39(08)：898-906.

[3] 庞琳．油气田碳钢管线的垢下腐蚀机理与防护对策研究[D]．合肥：中国科学技术大学，2021.

[4] 郭凯．吉林某油田油井结垢机理及缓释阻垢剂的研究[D]．大庆：东北石油大学，2020.

[5] 徐吕．低渗透油田回注水腐蚀性能及混注结垢趋势研究[D]．昆明：昆明理工大学，2019.

[6] 盖洁超．沁水盆地煤层气开采过程中防垢溶垢技术研究[D]．西安：西安石油大学，2019.

[7] 黄璞．新疆油田弱碱三元复合驱地面系统除防垢研究[D]．北京：中国石油大学(北京)，2019.

[8] 韩霞，杨军，王子明，张元娜．Q235 钢在油田污水处理系统中的垢下腐蚀行为[J]．腐蚀与防护，2020，41(02)：14-18+64.

[9] ROBERT E. Corrosion of carbon steel in presence of mixed deposits under stagnant seawaterconditions[J]. Journal of Loss Prevention in the Process Industries，2017，45：29-42.

[10] MASOUMEH M. Methanogenic archaea and sulfate reducing bacteria induce severe corrosion of steel pipelines after hydrostatictesting[J]. Journal of Materials Science & Technology，2020，48(13)：72-83.

[11] SONGXiaoqin，YANG Yuexin，YU Dongliang，et al. Studies on the impact of fluid flow on the microbial corrosion behavior of product oil pipelines[J]. Journal of Petroleum Science and Engineering，2016，146：803-812.

[12] 黄晶，罗戏雨，陈元虎．油田注水结垢及阻垢剂研究进展[J]．当代化工，2019，48(01)：183-186.

[13] 马天奇，何飞，杨志刚，等．固体阻垢剂在油田生产中的进展[J]．石油化工应用，2018，37(10)：14-18.

[14] 魏超平，李伟忠，吴光焕，等．稠油降黏剂驱提高采收率机理[J]．油气地质与采收率，2020，27(02)：131-136.

[15] 张伟华．浅析油田管线除垢防腐技术[J]．全面腐蚀控制，2018，32(09)：85-86.

[16] 王猛．油田管道结垢治理技术研究综述[J]．黑龙江科技信息，2011(33)：45.

[17] 李艳琦，林远平，薛新茹，等．酒东油田注水系统结垢分析及应对措施[J]．油田化学，2021，38(02)：332-336.

[18] 赵静．G 油田高温高压注水井结垢评价及防垢研究[D]．成都：西南石油大学，2019.

[19] 王苗苗．JD 油田注水井井筒结垢机理及防垢措施研究[D]．成都：西南石油大学，2019.

[20] 仇栋杰，孙浩哲．油田管道结垢的影响机理研究分析[J]．石化技术，2017，24(12)：38.

某油田站间管道安全经济输送工艺研究

纪丽丽　张　宇　符　进

（东北石油大学石油工程学院，黑龙江大庆　163318）

摘　要：研究停输后管道内热油的径向温度场变化对管道停输再启动具有重要意义。本文以某油田站间输油管道为例，应用最优化拟合技术对传统水力热力模型进行修正，计算得出与实际温降的平均误差为1.5%，精度较高。应用FLUENT软件模拟不同停输时长下的管道温度场变化，得出该管道在全年各月份下的最大安全停输时间，为现场计划检修等因素导致的管道停输提供时间上限参考。

关键词：热油管道；最优化拟合；安全停输时间；温度场；FLUENT

管线输送为连续输送，但不可避免的是管线的计划检修、电源中断、输油量和输油温度过低等特殊情况，都有可能造成管线的停输[1]。停输后，由于油温不断下降，黏度不断增加，给管路的再启动造成困难，甚至使管线有冻结的危险。为了避免冻结事故，确保安全生产，必须了解管路在各种条件下的允许最长安全停输时间和停输后的温降情况，以便正确地指挥生产。否则一旦出现意外，后果不堪设想[2]。

1　管线运行概况

某油库共有输油泵6台，加热炉3台，外输管道长度28km，管道规格φ529×7mm，外输原油凝点35.3℃，最低进站压力0.6MPa，黏度28.60~35.75mpa·s，密度871kg/m^3。

2　热力水力最优化拟合模型的建立

2.1　热力计算

通常采用苏霍夫公式进行热油管道温降计算[3]。

基于管道全年不同月份的运行数据，拟合得到管道全年不同月份的传热系数，以第m月的K值为例，可以建立其最优化拟合模型如下：

$$\text{Find}K_m,\ \forall m \in S_y$$

$$\text{Min}\ F(K_m) = \sum_{i=1}^{n} \left(\frac{\Delta T_i^{实} - \Delta T_i^{计}(K_m)}{\Delta T_i^{实}} \right)^2 \tag{2-2}$$

其中：

【第一作者简介】纪丽丽，女，1998年2月，东北石油大学油气储运工程研2020级全日制硕士研究生，东北石油大学石油工程学院，邮编163319，联系方式15304596320，邮箱1790516681@qq.com。

$$\Delta T_i^{实}=T_i^R-T_i^Z$$

$$\Delta T_i^{计}(K_m)=(T_i^R-T_0)(1-e^{-aL}),\ a=\frac{K_m\pi DL}{G_ic_i} \tag{2-3}$$

式中，$\Delta T_i^{实}$ 为管道第 i 组实际运行数据得到的实际温降,℃；T_i^R 为管道的实际起点温度,℃；T_i^Z 为管道的实际终点温度,℃；$\Delta T\,(K_m)_i^{计}$ 为对应第 i 组实际温降的计算温降,℃；n 为管道传热系数拟合的样本总数；$F(K_m)$为管道传热系数计算的拟合度；K_m 为第 m 月的管道传热系数，$W/m^2\cdot℃$；m 为表示全年不同月份，$m=1$，2，3…12；S_y 为管道的月份集合。

应用修正后的计算公式对某油库站间外输管线在 2020 年全年时间内运行工况下的末点温度进行了计算，计算的各管段温降最大相对误差为 7.5%，平均相对误差为 1.5%，通过反算总传热系数修正的热力计算模型的计算精度较高，能够较为准确地对某油库站间输油管道沿线的温降进行计算。

2.2 水力计算

在输油管道运行过程中，主要有沿程摩阻损失、局部摩阻损失和高程损失，

其中，沿程摩阻可用达西公式计算，公式如下：

$$h_f=\lambda\frac{L}{D}\frac{v^2}{2g} \tag{2-5}$$

式中，λ 为水力摩阻系数；D 为管径，m；L 为管长，m；v 为流速，m/s；g 为重力加速度，m/s^2。

建立水力摩阻系数的最优化拟合模型如下：

$$\text{Find a, b, c}$$

$$\min F(a,\ b,\ c)=\sum_{i=1}^{n}\left(H_i^{实}-H_i^{计}(a,\ b,\ c)\right)^2 \tag{2-6}$$

式中，a，b，c 为待解系数；$F(a,\ b,\ c)$为修正的合度；$H_i^{计}(a,\ b,\ c)$为对应第 i 组数据压降的计算值；$H_i^{实}$ 为第 i 组数据压降的实测值；n 为样本总数。

得到各管段修正后的水力摩阻系数修正后的计算公式如下：经验证，该模型的压降相对误差最小，修正后的计算公式(2-7)。

$$\lambda=249.87996\ Re^{-1.00511} \tag{2-7}$$

3 停输过程分析及安全停输时间

3.1 原油管道停输过程

给出了埋地热油管道在停输工况时的理论传热模型，并利用 Fluent 模拟软件对该工况的非稳态传热及温降进行了模拟，分析了停输时不同因素下管内的热油温度的变化。通过理论与模拟相结合来深刻理解该工况过程。

埋地热油管道在停输时的传热过程主要分为 2 个过程[8]：(1)管道内的热油通过管壁和外包结构层向周围土壤传热；(2)管道周围土壤同时向地表以上环境散热。

管道在停输过程中，油品温度下降导致相变，传热方式也会发生变化，管内含蜡热油的

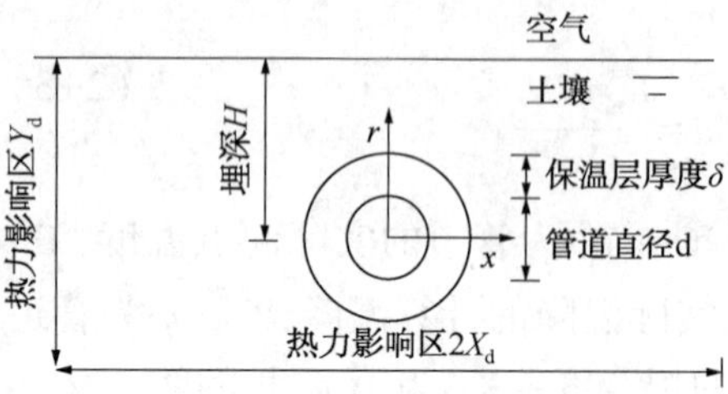

图 1　埋地管道物理模型

散热过程主要分为三个阶段[9]，第一阶段：停输初期管内的热油仍为液相且还未出现凝油，原油与管内壁之间属于纯自然对流换热。第二阶段：管道内开始有凝油层产生，一直到管内原油全部变成凝油之前，此过程中原油液、固两相共存，传热方式是自然对流和导热并存。第三阶段：管内原油已完全凝结，原油与管壁之间的传热是固固导热方式。

3.4　数值求解温度场

以一月停输后的管道温度为例，如图 2 所示，管道的温度分布由管道中心开始逐渐降低，且降低的速度越来越慢，该时刻管道内油品温度远高于凝点温度。

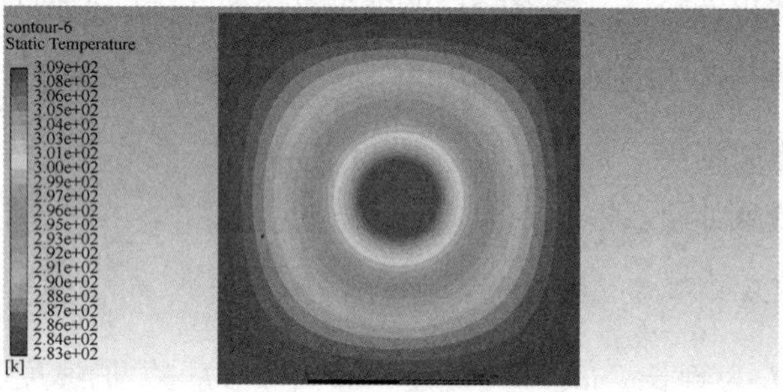

图 2　一月停输 15h 后管道温度

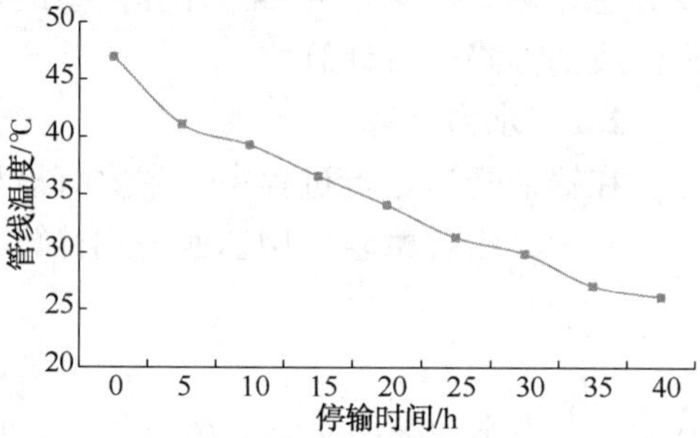

图 3　一月管道停输温降变化图

可得到在一月份的时候管道内油品在停输以后的温度变化情况，一般地，管内油品的安全停输温度比油品的凝点略高，在一月份的停输时间变化中可以看到，当停输时间为 15 小时，管内温度高于凝点 1.6 摄氏度，此时已经接近安全温度。各月具体模拟结果如下图表所示。

表 1　其余 11 个月模拟结果

月份	安全停输时间/h	末站温度/℃	大气温度/℃
1 月	15.89h	47.0	-30
2 月	15.43h	48.67	-30
3 月	17.26h	48.5	-10
4 月	20.23h	44.75	5
5 月	21.33h	45.42	10
6 月	26.67h	47.50	20
7 月	27.66h	44.58	25
8 月	26.53h.	39.33	25
9 月	22.21h	45.50	15
10 月	17.98h	43.75	10
11 月	16.68h	44.00	0
12 月	15.88h	43.17	-20

4 结论

（1）应用最优化拟合技术修正传热系数模型及沿程摩阻系数模型，确定管道全线在全年不同月份下的最优总传热系数，对管道进行热力计算，得出全年末点温度平均相对误差1.5%，精度较高，满足现场需要。

（2）通过运用FLUENT流体软件模拟得出不同环境温度下管道停输后不同时间段的温度场，得到了各月份的安全停输时间。

参 考 文 献

[1] 魏亚敏．海底管道的停输温降及再启动计算[J]．中国海洋平台，2002(01)：33-34+46.

[2] 杨凯．庆哈输油管道混输条件下的安全经济运行方案研究[D]．东北石油大学，2017.

[3] 罗焕．庆哈输油管道生产运行数值模拟及调度方案优化[D]．大庆石油学院，2010.

[4] 王宇．原油储运系统最优化运行技术研究[D]．东北石油大学，2016.

[5] 李玉清，朱作伟，谢燕春等．海底管道安全停输时间及再启动研究与实践[J]．价值工程，2019，4311(6)：47-49.

[6] 李浩．热输含蜡原油管道安全停输时间与再启动工艺研究[J]．西南石油大学，2020.

加氢装置的腐蚀分析与防护

张会兵　兰　勇　苏燕飞　刘　琦　刘　斌

（中国石油青海油田格尔木炼油厂，青海省格尔木市　816000）

摘　要：考察和研究了加氢装置加工含硫原料油存在的腐蚀问题，探讨了临氢设备在含硫、含氯环境的工作状况，针对不同的腐蚀介质详细分析了腐蚀机理，提出了相应的解决措施，实践结果表明对加氢装置采取有效的防护措施可以减缓设备腐蚀，降低腐蚀速率，确保装置长周期运行。

关键词：加氢；高压换热器；高压空冷；腐蚀

1　前言

我国加氢设备技术的发展与加氢工艺技术的发展密切相关，随着油田的长期大量开采，原油性质逐渐劣质化，原油组分中硫含量逐步增长，同时由于开采时加入大量的清蜡剂、堵水剂、解堵剂等各种化学助剂，导致原料中的 Cl^- 含量骤增。尤其在临氢、高温、高压二次加工的加氢装置，在役临氢设备与管道处在高氯的氢气环境中，必然会产生氢损伤和氯腐蚀，反应过程中脱硫、脱氮，存在较高的硫化氢、氨，低温部位存在 $H_2S-NH_3-H_2O$ 型腐蚀，即铵盐腐蚀、磨蚀，最终导致炼油生产过程中不断暴露出设备的安全运行、腐蚀防护以及安全环保等诸多方面的问题，更为突出的是在加氢工艺过程中，高压换热器和高压空冷器低温部位管束的腐蚀及铵盐结晶堵塞管束问题。

2　腐蚀现象

加氢装置的显著特点是临氢、高温、高压，工艺目的是除去烃类中的 S、N、O 等非理想组分精炼目标产品，因此会有大量的 H_2S、H_2Cl、NH_3、HCN 等物质生成，这些物质相互作用遇水生成 NH_4Cl、NH_4HS 等盐类，其中 H_2S、Cl^- 及铵盐对设备的腐蚀危害非常大，有时还有不可控制的强放热反应发生，在注水条件下 NH_4Cl、NH_4HS 混合物及 H_2S 等物质形成凝液而发生电化学腐蚀，凝液的不断浓缩进一步加剧腐蚀，最终造成穿孔泄露，给安全生产带来隐患。

【第一作者简介】张会兵，男，工程师 1984 年 03 月 18 日，大学本科，2008 年毕业于西安石油大学，本科学历，主要从事炼油与化工研究，工作单位：中国石油青海油田格尔木炼油厂，通信地址：青海油田格尔木炼油厂生产运行二车间，邮编：816000，联系电话：18997390825，E-mail：zhanghuibqh@petrochina.com.cn

3 发生腐蚀的类型和腐蚀机理

加氢装置中设备和管材存在的主要腐蚀有高温氢腐蚀、氢脆、高温硫化氢腐蚀、低温(湿)硫化氢腐蚀和连多硫酸腐蚀等。

3.1 高温氢腐蚀

3.1.1 腐蚀形式

氢气在常温下对普通碳素钢、低合金钢不会有显著的腐蚀，但在高温高压下会产生腐蚀，结果使材料的机械强度和塑性显著降低，甚至破坏。钢材的高温氢腐蚀有表面脱碳和氢腐蚀(内部脱碳)两种形式。氢腐蚀的机理是扩散侵入钢中的氢和钢中不稳定碳化物起化学反应而生成甲烷，即：$Fe_3C+2H_2 \rightarrow 3Fe+CH_4$。甲烷不能逸出钢外，而是聚集于晶界和夹杂物附近形成很高的压力，使钢材产生鼓泡、裂纹，并使钢材强度和韧性显著下降。氢腐蚀是不可逆的，它使钢材发生永久的劣化。

3.1.2 氢腐蚀的主要影响因素

(1) 暴露时间

钢材的氢腐蚀不是突然发生的，而是在高温高压下的一个渐进过程，从微观上看是一个甲烷气泡形成→集聚→成串的过程。孤立的甲烷气泡对钢材性能没有明显影响，只有在晶界或夹杂物等空穴处集聚时，对钢材性能才有影响。钢材从开始暴露到高温高压氢气中至内部有甲烷气泡集聚这段时间称为氢腐蚀的孕育期，设备在孕育期内操作是安全的，孕育期的长短与系统的工作压力和温度密切相关。

(2) 操作压力

主要与介质中氢分压有关，而与操作总压几乎没有关系，随着氢分压的升高腐蚀程度逐渐加重。氢分压大约为8.0MPa(绝对压)时是一个分界线，低于此值时，影响比较缓和，高于此值时影响变得非常明显。当氢分压≤0.7MPa时，钢材基本上不会产生氢腐蚀。

(3) 操作温度

介质温度对钢材腐蚀影响很大，在大多数情况下，它比氢分压的影响大。大约以200℃为界限，介质温度低于此值时，钢材一般不易出现明显的氢腐蚀现象。但高于此值时，钢材氢腐蚀程度随介质温度的升高而逐渐加重。

(4) 钢材的化学成分和其它因素

如热处理的影响，一、二次热应力的影响。

3.2 氢脆

氢脆是由氢本身引起的钢材脆化现象，氢原子渗入钢材之后，使钢材中的原子结合力降低，因而造成钢材的延伸率、断面收缩率、韧性显著下降。

3.3 硫化氢腐蚀

在加氢裂化装置中高温(一般指240℃以上)硫化氢的腐蚀实际上是(H_2+H_2S)的腐蚀，这比单纯的H_2S腐蚀要强烈，化学腐蚀反应式为：$Fe+H_2S \rightarrow FeS+H_2$

影响高温(H_2+H_2S)腐蚀的因素：

（1）H_2S 浓度

H_2S 的体积浓度在 1%以下时，随着浓度的增加，腐蚀率急剧增大，高温低浓度时腐蚀减缓，这是由于生成的 FeS 被还原成 Fe，当 H_2/H_2S 为某一比值时，达到平衡，就无腐蚀。当 H_2S 的体积浓度超过 1%时，腐蚀率达到最大，随浓度增加，腐蚀率无明显变化。

（2）温度

当操作温度≥240℃时，一般 H_2S 对钢材的腐蚀率随温度的升高而增加，在 315～480℃之间，温度的影响最显著，此时温度每增加 55℃，腐蚀率大概增加两倍。

（3）压力

在高温（H_2+H_2S）腐蚀环境中，钢材的腐蚀率只与 H_2S 的分压有关，而与操作总压无关，相同的操作温度下，H_2S 分压越高，腐蚀率越大。

3.4　湿硫化氢腐蚀

（1）对于湿硫化氢环境定义为：

同时存在水和硫化氢的环境。

① 酸性气体，气体总压≥0.4MPa，且 H_2S 分压≥0.0003MPa。

② 酸性油和多相原油（油、水、气）。

（2）湿硫化氢腐蚀机理

湿硫化氢在钢材中产生的各种腐蚀形式，主要是由于电化学腐蚀和反应产生的氢原子扩散至钢中引起的。主要有：

① 均匀腐蚀：由电化学腐蚀引起的表面腐蚀，使设备壳壁均匀减薄。

② 氢鼓泡：腐蚀过程中析出的氢原子向钢中渗透并积聚，随着数量不断增加，压力不断升高，引起界面开裂，形成氢鼓泡。

③ 氢致开裂：在发生鼓泡区域，压力继续升高，形成阶梯状特征的氢致开裂。

④ 硫化物应力腐蚀开裂：硫化氢腐蚀导致脆化，在外加应力或残余应力作用下形成开裂。

3.5　铵盐腐蚀、磨蚀

加氢进料中由于含有硫、氮和氯，经加氢之后，在其反应流出物中形成了 H_2S、NH_3 和 HCl 腐蚀介质，互相发生反应生成硫氢化氨和氯化铵，NH_4HS 的晶化温度在 121℃左右，因而流出物在高压换热器低温部位和在高压空冷冷却过程中，常在管道中产生 NH_4HS 和 NH_4Cl 沉积、结垢，在缺少液态水的情况下迅速堵塞管束。为了防止结垢堵塞管束，常在空冷器上游注水冲洗，这就形成了 H_2S-NH_3-H_2O-HCl 冲刷腐蚀体系。由于胀槽机械凹坑处底部垢物的大量沉积，NH_4HS 和 NH_4Cl 溶液在该部位停留，发生电化学腐蚀。当铵盐晶体夹在相对运动的两金属面之间一方面会造成金属表面的磨损，导致机体表面切削或涂层剥落，加速腐蚀；另一方面颗粒作用使表面疲劳破损。

影响 H_2S-NH_3-H_2O-HCl 腐蚀、磨蚀的主要因素：

（1）氨、硫化氢、氯化氢的浓度越大，腐蚀越严重。

（2）管内流体的流速越高，腐蚀越剧烈；流速过低，会使铵盐沉积，导致管束局部腐蚀，管内流速是由处理量和循环氢流量来决定。

4 解决措施

4.1 高温氢腐蚀的举措

4.1.1 选用 Cr—Mo 抗氢钢

钢材使用温度范围和最大允许应力对比表

钢材	标准	最高使用温度	最大允许应力值(343⁰以下)
C 钢	SA283D	650⁰F(343⁰)	16300lb/in²(112.4Mpa)
1Cr-0.5Mo	SA387Cr12.Cl.2	1200⁰F(649⁰)	17900lb/in²(123.4Mpa)
1.25Cr-0.5Mo	SA387Cr11.Cl.2	1200⁰F(649⁰)	21400lb/in²(147.6Mpa)
2.25Cr-1Mo	SA387Cr.22Cl.2	1200⁰F(649⁰)	20200lb/in²(139.3Mpa)

从上表可以看出它具有以下优点：

(1) 具有良好的抗高温氢腐蚀性能，钢中含有的 Cr、Mo 元素能与 C 相结合，形成稳定的碳化物，不易发生表面脱碳和碳向表面迁移。钢材的抗氢蚀能力随 Cr、Mo 含量增加而提高，但一般来说，当 Cr 含量达到 3%，Mo 含量达到 1%时，对钢材抗高温氢蚀性能来说已经足够了。

(2) 具有良好的综合机械性能，特别是具有较高的高温短时拉伸性能和高温蠕变断裂强度。

(3) 可焊性好，成熟的焊接材料和焊接工艺，能得到与母材相匹配的焊接接头性能。

4.1.2 选用改进型抗氢 Cr—Mo 钢

由于钢中添加了 V 元素，大大提高了钢材对环境的适应性，抗氢脆性能也较好。

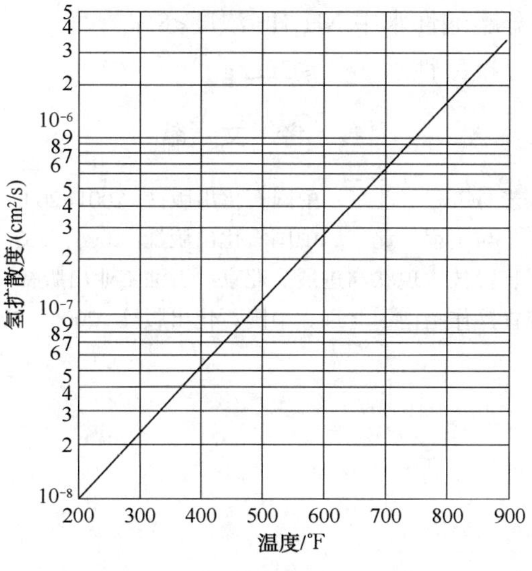

氢在钢材中的扩散度曲线图

4.2 氢脆的解决措施

由上图可见：

（1）控制开停工时初始氢浓度，停工降压过程中氢分压和壳壁温度越高，初始氢的浓度就越高，氢脆就越容易发生。

（2）在停工过程中加入一个脱氢处理工艺，即操作温度在260~427℃范围内，等温地保持一段时间。

4.3 硫化氢腐蚀

（1）对于介质中硫化氢含量低，腐蚀不太严重的分馏系统，采用普通碳素钢，适当加大腐蚀裕量，并在制造程序上加入消除应力的焊后热处理，不易出现开裂现象。

（2）对腐蚀性中等的场合，选用抗HIC的钢材，提高钢材的抗硫化物氢诱导能力。

4.4 铵盐腐蚀、冲蚀的解决措施

针对铵盐存在的腐蚀，一般采取以下几方面措施：

（1）在易腐蚀部位增加在线腐蚀监测设施，以便及时观测腐蚀速率，采取有效的预防措施。

（2）在高压换热器低温部位注水且保持注水点处至少有25%的注入水为液相。

（3）在高压空冷器上游注水且保持注水点处至少有25%的注入水为液相。

（4）高压换热器和高压空冷器两处间歇切换注水，定期检测酸性水中NH_4HS浓度。

（5）通过废氢排放，降低系统中的HCl浓度，严格控制循环氢纯度≥85%。

5 结论

（1）采取合理的防护措施，能够有效地阻止和延缓设备因硫含量、氯含量过高而引起的腐蚀，延长设备使用寿命，安全平稳长周期运行。

（2）确保加氢装置高分罐酸性水中NH_4HS浓度<8%。

（3）监测加氢装置高分罐酸性水Fe^{2+}≤3ug/g。

参 考 文 献

[1] 韩崇仁主编．加氢裂化工艺与工程．北京．中国石化出版社．2001(2009.4重印)：560-574，725-749.
[2] 李大东主编．加氢处理工艺与工程．北京．中国石化出版社．2004：857-877.
[3] 邢颖春主编．国内外炼油装置技术现状与进展．北京．石油工业出版社．2006.10：167-213.
[4] 李立权主编．加氢裂化装置操作指南．北京．中国石化出版社．2005：320-333.

炼化装置原油中氯的来源分析与防治对策

兰　勇　陈家岭　刘慧娟　雷占辉　刘发花

（中国石油青海油田格尔木炼油厂，青海省格尔木市　816000）

摘　要：随着油田勘探开发的发展，近年来，以注水开发为主、多种采油集输技术的应用和深度开采，原油及注水中的成分越来越复杂，导致炼化原油中的氯含量不断上升。本文针对原油中氯化物的来源、分布及危害进行评价和分析，并对氯化物的脱除提出合理的控制措施。

关键词：原油；无机氯；有机氯；腐蚀；对策

1　前言

近年来，随着原油开采深度的增加，原油重质、劣质化日趋严重，原油中的氯化物含量也呈不断增大的趋势。生产实践证明氯化物能够造成设备的腐蚀及催化剂中毒，原油中存在的氯化物已不仅仅威胁常减压装置的安全生产，甚至对原油的二次加工设备也产生了较大的危害，尤其近几年来最为明显，例如：减压塔顶腐蚀加剧，加氢改质装置高压空冷管束结盐严重，重整装置预加氢循环氢压缩机吸排气阀铵盐结晶堵塞阀片，苯抽提装置苯的酸洗比色间或出现不合格，烷基化装置碱洗塔 T202 顶出口馏出物管线腐蚀泄漏等等。原油氯含量的增加，不仅给原油及污水的处理造成困难，而且对炼油装置的平稳操作、设备腐蚀、产品质量带来严重危害，对炼厂生产和设备运行造成很大的负面影响，严重威胁炼油设备的完整性和炼厂的安全、平稳、长周期运行。

为了控制原油中的氯化物含量，减少经济损失，必须对原油中的氯化物的来源及影响进行正确地评价，确定氯化物的组成及分布，并对氯化物的危害程度进行正确地评价，提出合理的控制措施。

2　原油中氯化物的来源及分布

原油中的氯化物分为两种：一种是无机氯化物，另一种是有机氯化物。

2.1　原油中无机氯化物的来源、分布

2.1.1　原油中无机氯化物的来源

原油采出时含有一定的盐和水，大部分盐主要以 NaCl、$CaCl_2$ 和 $MgCl_2$ 等碱金属或碱土

【第一作者简介】兰勇，男，工程师，生于 1974 年 11 月 8 日，2004 年毕业于长江大学，现就职于中国石油青海油田格尔木炼油厂从事炼油与化工研究，联系电话：18997390735，E-mail：lanyqh@petrochina.com.cn

金属形式存在，并溶解于原油含有的微量水，或以乳状液、悬浮颗粒的状态存在，这些盐溶解在采出水中被称为相应的盐水，主要阳离子为钠、钙、镁，经过破乳脱盐，原油中的大部分无机盐可被电脱盐装置脱除，但是残存的少量无机盐，在一定条件下通过水解可产生腐蚀介质 HCl。

2.1.2 无机氯化物的分布

原油中的氯分布在原油的全馏份中，重馏份中的氯含量较高，原油中的无机氯主要以无机盐的形式存在的无机氯化物，但在重馏份中仍存在一定量的无机盐，详见表 1。

表 1 混合原油各馏分的氯含量

馏分馏程/℃	收率/%	有机氯含量/(ug·g^{-1})	无机氯含量/(ug·g^{-1})
初馏点	0.75	24.2	0.2
60~90	1.82	29.4	0.2
90~120	4.99	22.4	0.2
120~150	3.48	20.5	0.3
150~180	3.69	12.7	0.5
180~200	2.17	10.1	0.4
200~250	6.78	16.2	0.3
250~300	8.72	16.8	0.2
300~350	10.79	14.1	1.3
>350	56.55	111	69
损失	0.26	-	-

由表 1 可知，原油中沸点低于 350℃ 的各馏份中，无机氯含量较低，但在沸点高于 350℃的重馏份中，无机氯含量却高达 69μg/g，这些无机氯可能来自未脱净的无机盐以及有机氯水解或热解生成的无机盐。

2.1.3 无机氯化物的脱除

随着近年来二次加工技术的发展，对原油脱盐后的盐含量也提出了更具体的要求：为了保护二次加工过程中的催化剂，降低设备腐蚀，则需要深度脱盐，脱盐后原油含盐量基本要求不大于 3mg/L。目前国内原油的深度预处理脱盐脱水多采用电—热—化学联合脱水的工艺，无机氯脱除率可达 80~99%，为了满足更高的工业需求还采取了优化电脱盐装置的操作条件以及开发更有效的破乳剂等措施，经过多年的发展，电脱盐技术也不断地得到更新，出现了诸如高速电脱盐、鼠笼式电脱盐等新的电脱盐技术，能更有效地脱除原油中的氯化物。

2.2 原油中有机氯化物的来源、分布

2.2.1 原油中有机氯化物的来源

目前原油中的有机氯化物主要有 3 个来源。

(1) 天然存在的有机氯化物：在原油中有机氯化物以某种复杂的络合物形式天然存在，主要浓缩在沥青质和胶质中。

(2) 原油中的有机氯化物可能来自采油过程中添加的化学助剂，开采加工过程中添加的清蜡剂、堵水剂、解堵剂、脱盐剂、破乳剂等各种化学助剂，药剂中均含有四氯化碳、二氯甲烷、二氯丙烷等多种有机氯化物。

近年来由于压裂、酸化、防砂等增产措施的应用，一些油田可能采用了含有氯代烃的降凝剂、减粘剂、水处理剂等采油助剂，这些有机氯化物难以被电脱盐脱除。

(3) 炼油过程使用的一些化学助剂也可能含有有机氯化物，如破乳剂、脱盐剂、输油管线及油罐清洗剂等，这些含氯助剂均有可能污染原油及二次加工的原料。

2.2.2　有机氯化物的分布

文献表明不同时期、不同油田原油所含的有机氯化物种类也会有所不同，一般为一氯丙烷、二氯乙烷、三氯甲烷、二氯甲烷、四氯化碳和环氧氯丙烷。原油的各馏份中均存在有不同含量的有机氯，并且重馏份中有机氯的含量最高，这种分布规律不仅会造成常、减压塔的腐蚀，还会给重油加工带来一定的危害。

2.2.3　有机氯化物的脱除

有机氯化物在一定条件下，当温度达到160℃或更高时就会水解或热分解会产生腐蚀介质 HCl，导致设备腐蚀。不可萃取的氯化物只有很小的一部分在原油蒸馏装置中分解，大部分进入下游汽油、柴油加氢处理装置，目前，大多数企业借鉴现有的有机氯脱除方法，开发了原油中有机氯的脱除技术。

2.2.3.1　催化法脱除有机氯

催化法脱除有机氯技术主要包括催化加氢、催化氢转移脱氯等。

(1) 催化加氢脱氯

催化加氢脱氯技术主要用于氯代烷烃和氯代烯烃的脱氯，原理是被吸附在负载金属催化剂上的 H_2 被裂解成 H 原子后，再失去 1 个电子变成 H^+，然后与吸附在催化剂上的有机氯化物反应生成 HCl 及相应的烃类。

(2) 催化氢转移脱氯

催化氢转移脱氯主要用于水相或有机相中氯代芳烃和多氯联苯中氯的脱除，一般采用二元金属体系催化剂作为脱氯剂，主要以铁系金属化合物作为主催化剂，配合贵金属，对应的离子作为辅助催化剂。

2.2.3.2　吸附法脱除有机氯

吸附脱氯的原理主要是利用某些吸附剂对原料油有机氯吸附能力的不同来分离，主要有沸石吸附法、天然铝土吸附法以及强碱性阴离子交换树脂吸附法等，吸附脱氯技术具有较好的经济效益和广泛的发展前景，但是存在吸附剂吸附容量较小、选择性较差、再生较困难等缺陷。

2.2.3.3　生物法脱除有机氯

生物降解脱氯技术研究的是氯苯、氯酚和氯联苯，生物脱氯技术反应条件温和，不需外加能量就能进行，但反应时间较长，对设备和工艺要求特殊。

3　某厂操作优化脱氯技术

氯化物腐蚀与结垢问题的最好解决方法是源头控制，脱盐设备的功能在于提取水溶性无机盐进入水层，这些水通常排入炼油厂的废水系统，水洗过程通常能除去原油中90%以上无机盐。

本装置采取两步脱盐法来提高电脱盐的效率，提高减压塔顶气相负荷，避免减顶填料、塔壁、抽出管线处形成低温露点腐蚀环境，减缓减顶部位的腐蚀速率，降低在线探针腐蚀速率，采取以下操作优化：

3.1 优化调整一二级电脱盐罐操作参数

正常生产时电脱盐罐一、二级操作压力为0.7~0.8MPa，操作温度130℃，电场电压400V、电流60A，一级混合差压60~70kPa，二级混合差压50~60kPa。随着脱前原油和脱后原油氯含量的居高不下，减压塔及下游装置原料氯含量和腐蚀日趋加剧，通过优化操作，将一二级电脱盐罐操作压力调整至0.85~0.95MPa，一级混合差压调整至70~80kPa，二级混合差压调整至60~70kPa。

3.2 电脱盐系统在操作参数优化的同时，将注水由净化水调整为除盐水

注水量控制为进料量的8~10%，保持不变。

3.3 优化常压塔操作参数，降低常压塔拔出比例

常三线侧线抽出温度降低1~2℃，常三线侧线抽出量降低约2吨/小时，常顶、常一线温度保持稳定；常二线侧线抽出温度降低2~3℃，常二线侧线抽出量降低约2吨/小时，常顶、常一线侧线抽出温度保持稳定，常压汽油及常一线温度、抽出流量稳定。

3.4 提高减压塔顶温，增加减压塔顶气相负荷

常压塔操作调整后，减压塔负荷必然增大，塔顶气相负荷增大，可将减压塔顶温度提高至90~100℃。调整减一线冷回流流量，降低减一线冷回流流量5吨/小时；调整减二线冷回流流量，降低减二线冷回流流量8吨/小时；如果调整减一线和减二线冷回流流量效果不明显时，适当提高减压炉出口温350~355℃，以达到提高减压塔顶温度的目的。

通过调整电脱盐系统的操作，改变注水水质、降低注水中的氯离子，提高电脱盐系统的操作压力，可以最大程度地从源头上脱除原油中的无机盐，降低重质油和馏出口中间产品中的氯含量。通过优化常压塔和减压塔的操作，明显降低了对自身设备的腐蚀。

4 结论

(1) 原油中的无机氯化物主要以NaCl、$CaCl_2$和$MgCl_2$等碱金属或碱土金属形式存在，电脱盐是石油加工的第一道工序，大部分无机氯化物可以通过电脱盐装置脱除。

(2) 通过对电脱盐及常减压的操作优化，优化电脱盐系统的操作参数，改变注水水质、降低注水中的氯离子，提高电脱盐系统的操作压力，可以最大程度地净化原油，从源头上脱除大部分无机氯和少部分有机氯，降低重质油和馏出口中间产品中的氯含量。

(3) 针对原油有机氯的脱除，查明原油中有机氯化物的存在状态、分布及来源，借鉴原油氯转剂领域的脱氯技术，将原油中的有机氯转换成无机氯，开发出更适合脱除原油中氯化物的新技术，减少氯带来的一系列危害。

参 考 文 献

[1] 张晓静．原油中的氯化物的来源和分布及解决措施[J]．炼油技术与工程，2004，32(2)：14-16.

[2] 徐长福．原油中有机氯化物的危害及新型轻防蜡剂的开发[J]．石油炼制，1993，24(8)：30-35.

[3] 张金锐．原油及其馏分油中氯化物的含量来源及其对加工的影响的调查报告[J]．石油化工腐蚀及防护，1993，10(3)：1-10.

基于人工神经网络的输油管道计算模型研究

李 达[1] 唐玉姬[1] 赵洪洋[2] 孙 晁[3] 刘佳仑[4]

（1. 东北石油大学石油工程学院 163318；2. 国家石油天然气管网有限公司 100000；
3. 国家管网集团北方管道有限责任公司 065000；
4. 国家管网集团山东天然气管道有限责任公司 250101）

摘 要：通过管道运行数据对总传热系数进行反算拟合，对其计算模型进行优化，误差显著减小。首站至中一站管段的进站油温误差分别为3.15%。应用BP神经网络系统，建立了热力计算模型，该系统通过对某输油管道全年的运行数据进行训练和测试，可以实现对该输油管道的温降和压降进行预测。预测模型的精度由方差进行表示，对于温降的预测精度，首站与中一站间 $R^2=0.90$ 拟合效果较好，误差比对实际管道温降为1.21%，其误差值低于反算拟合法。

关键词：输油管道；热力计算；参数拟合；BP神经网络

某输油管道已经使用了多年，于前些年初对部分老旧管道进行重建。在输油管道新线的运行生产早期阶段，主要是基于旧生产线的调度计划，但是由于管线结构与发生变化，因此该计划很难适应新线的特性，管道作业的安全性很难保障。因此，在不改变现有管道的基础上，某输油管道在正常运输过程中热力水力的特性值得我们研究，这对优化生产调度方案并确保管道安全平稳运行非常重要[1]。

1 热力特性研究

1.1 温降计算

在管道温降计算中一般采用苏霍夫公式：

$$T_{进}=T_{环}+(T_{出}+T_{环})\mathrm{e}^{-aL}$$

虽然该输油管道使用全封闭加热输送，可影响传热系数还有许多其他因素，比如周围环境和管道周围地势等。所以理论计算出的数据与实际会有误差，因此通过拟合，得出下式：

$$\min F(k)=\sum_{i=1}^{n}\left[T_{环}+(T_{出}-T_{环})\mathrm{e}-\frac{K\pi DL}{Gc}-T'_{进}\right]^2$$

式中，$T'_{进}$为该输油管道中任一站的实际进站温度，℃；$T_{进}$为该输油管道中任一站的理论进站温度，℃。

【第一作者简介】李达，男，1998年5月生，2020年6月毕业于东北石油大学获工学学士学位，现就读于东北石油大学油气储运工程专业硕士研究生，研究方向：储运系统优化与节能降耗技术。电话：13159815585，E-mail：850476019@qq.com。

由此便可算出各环境情况下总传热系数 K。

1.2 误差分析

由于管道各段的总传热系数是通过变换苏霍夫公式的形式来获得，因此，计算出的各段的总传热系数 K 是包含一些可能对热力特性产生影响的因素，包含影响因素的总传热系数 K 的计算就可以对苏霍夫公式进行修正。由于管内结蜡、季节变化等因素，预测 K 值具有一定难度[8]，对于总传热系数 K 的计算我们可以使用反算的办法。

由于无法确认各因素对影响程度的大小，再通过管线在全年各时间输送运行的数据来算出各段管线的总传热系数 K 在一年各段时间的数值。

拉格朗日插值法满足 $Ln(x_i)=y_i$，(i=0，1，2，…，n)这一插值条件的次数小于或等于 n 的多项式 $Ln(x)$。拉格朗日多项式为：

$$Ln(x) = \sum_{i=0}^{n} \frac{\omega_{n+1}(x)}{(x - x_i)\omega_{n+1}(x_i)} y_i$$

对该输油管道各段管线的总传热系数 K 求解，结果如下

表 1 管段不同月份的总传热系数

月份	首站-中一站	月份	首站-中一站
1	0.513	7	0.668
2	0.530	8	0.710
3	0.543	9	0.667
4	0.572	10	0.644
5	0.581	11	0.612
6	0.615	12	0.554

按照此方法计算管线运行过程中各工况总传热系数，计算结果如下：

统计不同外界环境因素中的总传热系数 K 的结果可以得到此段管线的总传热系数 K 的变化曲线，如图 4 所示。

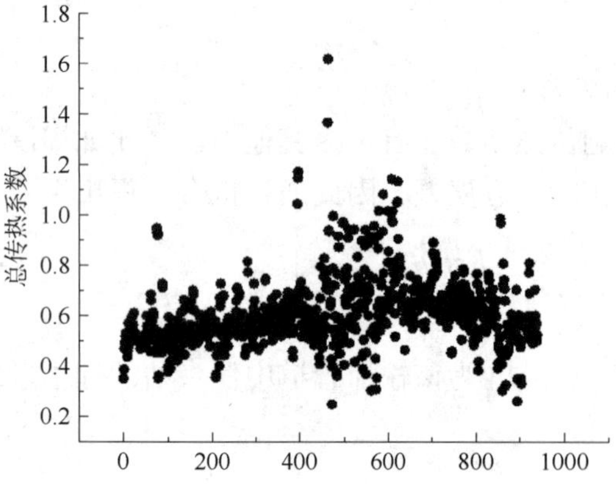

图 1 首站与中一站间管线总传热系数计算结果

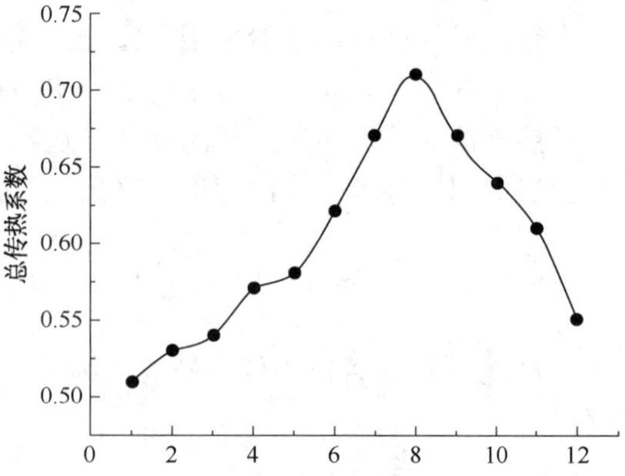

图 2 首站与中一站间管线总传热系数统计结果

从统计图中可以看出，首站与中一站间的管线总传热系数 K 有随着季节改变而改变的特性，范围大约在 0.50W/m²℃ -0.72W/m²℃ 内，其平均值为 0.60W/m²℃。

以上就是该输油管道全线各段在全年各时间内的总传热系数值 K 的统计，通过对总传热系数 K 的确定就相当于修正了该输油管道的热力计算公式，这更加符合管道的实际的运行工况，也就能够更加准确地进行热力计算。由此来计算出 2018 年该输油管道全线各工况下相应的终点油温，将统计结果与计算结果作图并计算误差。

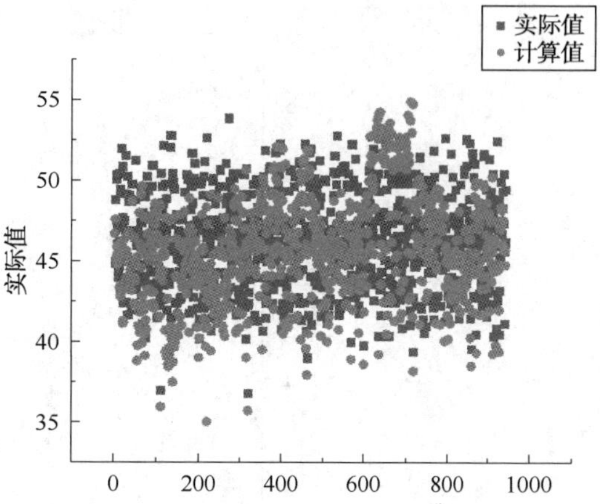

图 3　中一站进站油温计算值与实际值

由上图可以看出，使用经过反算获得的总传热系数 K 来计算进站温度与实际值的误差很小，精度提高，因此可以用来计算该输油管道温降。统计其误差作表如下：

表 2　首站至中一站温降误差分析

管段	首站到中一站	管段	首站到中一站
误差最大值	5.35%	误差平均值	3.15%
误差最小值	0.14%		

2　温降预测

在设计 BP 神经网络时，有很多因素都会影响神经网络预测的精度，其中有一些重要参数需要考虑和确定，比如网络层数、每层中神经元数、初始值以及学习速率等几个方面。

由于在实验中各参数的测量单元并不统一，需要对输入变量参数进行数据归一化处理，即：

$$X'(i,\ j)=2\times\frac{[X(i,\ j)-\min\limits_{j}X(i,\ j)]}{[\max\limits_{j}X(i,\ j)-\min\limits_{j}X(i,\ j)]}-1$$

式中，$X(i,\ j)$ 表示第 j 训练样本的第 i 特征变量；$X'(i,\ j)$ 表示第 j 训练样本的第 i 特征变量的归一化值；$\max\limits_{j}X(i,\ j)$ 和 $\min\limits_{j}X(i,\ j)$ 分别为训练样本中的影响因素的最大、最小值。

在首站到中一站的训练过程中，运用 Levenberg-Marquardt 算法，训练样本数为 870，测试样本数为 71，学习率为 0.01，当神经元数选为 17 时，决定系数 R^2 为 0.90。将测试样本计算结果与实际值进行对比，计算误差值为 1.21%

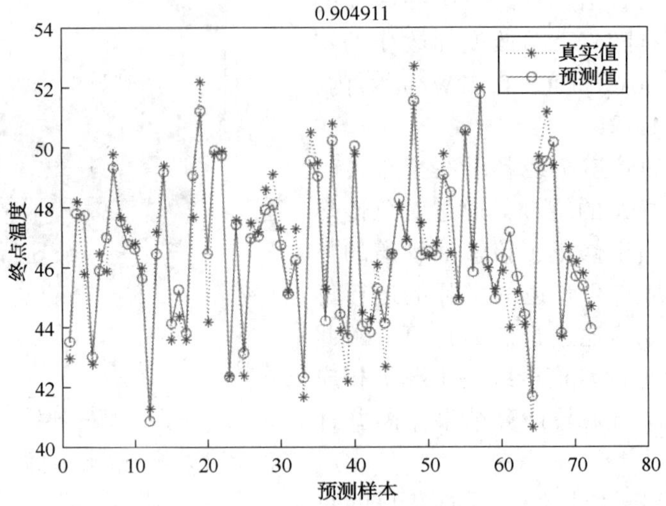

图 4　首站与中一站间温降的预测回归结果

将预测结果与传统方式进行比可以得出下表：

表 3　反算拟合法和神经网络法误差对比

计算方式	误差	计算方式	误差
反算拟合法	3. 15%	BP 神经网络	1. 21%

3　结论

(1) 对于混合原油的密度、粘度和比热容等列出了计算公式并测定了总传热系数，并通过实际数据对总传热系数进行反算，对其计算模型进行优化，误差显著减小。首站至中一站管段的进站油温误差分别为 3. 15%。

(2) 应用 BP 神经网络系统，在计算机 MATLAB 软件上编写代码，建立了热力计算模型，该系统通过对 2018 年某输油管道全年的运行数据进行训练和测试，可以实现对该输油管道的温降和压降进行预测。预测模型的精度由方差进行表示，对于温降的预测精度，首站与中一站间 $R^2=0.90$ 拟合效果较好，误差比对实际管道温降为 1. 21%，其精度高于反算拟合法

(3) 经过对比，可以看出神经网络所预测的结果精度较经过反算的结果更为准确，这可以将人工神经网络引用到实际运行工作中，在对未来数据的预测方面更为准确。

参　考　文　献

[1] 杨凯．庆哈输油管道混输条件下的安全经济运行方案研究[D]．东北石油大学，2017.
[2] Grame G King. Equation predicts buried pipeline temperatures[J]. Oil&Gas Journal，1981，5(11)：105-112.
[3] 德翔恩．长输原油管道热力计算[J]．管道技术与设备，1994(05)：5-7.
[4] 王岳．热油管道工艺的数值计算[J]．抚顺石油学院学报，1996(04)：71-75.
[5] 侯连荣，李津，董万成．长输热油管道水力和热力计算[J]．油气储运，1996(03)：12-15+61-4.

[6] 李南生，李洪升，丁德文．浅埋集输油管线拟稳态温度场及热工计算[J]. 冰川冻土，1997(01)：67-74.
[7] 魏立新，周刚，于航，王蒙，葛玉婷．基于相关向量机算法的埋地热油管道温降预测[J]. 数学的实践与认识，2016，46(11)：143-148.
[8] 陈寓兴，周章程，林霖钊，田志强，邓中华，黎春，袁小平．长呼线原油管道夏季节能优化运行方案[J]. 油气田地面工程，2021，40(07)：88-93.

弱碱三元复合驱乳状液电脱参数影响因素研究

李丽敏　高清河　李坤龙　钱慧娟　鲁聪颖　黄　金

（黑龙江省油田应用化学与技术重点实验室（大庆师范学院），黑龙江大庆　163712）

摘　要：为了深入探究弱碱三元复合驱采出液的电脱特性，以现场表活剂、碱和聚合物配制三元液作为分散相，以脱水后纯净原油作为连续相进行乳状液的配制，考察了电场强度、含水率和占空比三个因素对脱水率的影响规律，探究不同含水率采出液的电脱参数变化规律，改变聚合物、表活剂、FeS 和含水率探究各因素对电脱特性的影响。结果表明：不同含水率的采出液有不同的最佳电脱参数，含水率越高，所需电场强度和占空比越大；含水率为 30%时，电场强度 1.5kV/cm、占空比 20%，电场作用 0.5h 即可达到含水<0.5%；含水率为 20%时，电场强度 1.0kV/cm、占空比 10%，电场作用 0.5h 即可达到含水<0.5%；各因素对采出液脱水率影响程度为：含水率>聚合物浓度>表面活性剂浓度>FeS 浓度；为现场电脱破乳参数的选取和垮电场的预防有借鉴意义。

关键词：弱碱三元复合驱；电脱参数；垮电场

大庆油田某弱碱三元复合驱区块的电脱问题主要表现为：电脱水器的脱水作业电流大、跳闸频繁、处理能力明显下降、运行稳定性差和油水质量超标。主要原因是对乳状液的性质变化及其引起的电脱水器运行参数的变化没有规律性的认识，因此，充分了解各因素对乳状液性质和电脱参数的影响是非常有必要的。

国内外学者针对电脱水参数优化的研究非常多，包括乳状液的最佳电场波形、最佳电场强度、最佳频率和最佳占空比等，几位学者研究了方波、正弦波、三角波、脉冲直流对脉冲电场脱水的影响，一致认为方波的效果最好[1-2]。一些学者从实验和模拟两个角度研究了电场强度对电场脱水效果的影响，结果表明在临界场强范围内所施加的电压大小与脱水率成正比，一旦超过该临界值会有电分散现象产生，当乳状液含水率较高时，随场强的增大脱水效果不显著[3-5]。针对占空比的研究部分学者认为若脉宽占空比过低，脉冲电场提供的能量不足以达到脱水的要求，在一定范围内适当提高脉冲比可增大破乳率，但超出范围继续增大，会发生电分散现象，严重时击垮电场，也可能会导致电流过大，引起电极腐蚀的问题，因此占空比也存在最佳范围值。含水率高的乳状液应降低占空比，低含水率的乳状液可适当提高占空比[14-19]。针对固体颗粒对电脱参数的影响研究较少，姚彬认为管道和设备的腐蚀产物 FeS 和 $Fe(OH)_3$ 对乳状液稳定性有极强的促进

【基金项目】黑龙江省自然科学基金项目 LH2021B001，大庆师范学院自然科学青年基金 19ZR13

【第一作者简介】李丽敏，女，1990 年 11 月，2016 年毕业于中国石油大学（北京），工学硕士，工作于大庆师范学院，助教，主持校级基金一项，参与省基金一项。黑龙江省大庆市让胡路区西佳路 23 号，163311，E-mail：335152963@ qq. com。

作用[20]。

以上学者的研究绝大多数是利用模拟油和蒸馏水，所得结论不能很好的指导弱碱三元复合驱的现场，而针对弱碱三元复合驱采出液的研究大多数为三元组分对乳状液稳定性的影响、电场及超声对乳状液的脱水效果和各类药剂对破乳的效果，针对电脱水器运行不稳定的研究主要围绕着细菌、FeS 对乳状液性质的影响，研究并不系统[21-23]。

因此，以室内模拟实验配制不同含水率下的弱碱三元复合驱采出液为研究对象，探索不同含水率下的最优电场强度和占空比；探索乳化程度对最优电场强度的影响；利用正交实验探索聚合物、表面活性剂、FeS、含水率对电脱特性(最终脱水率)的影响。实验结果可以为现场电脱水器的参数选取提供参考。

1 实验材料和方法

1.1 实验系统组成

本次实验所用原油、表活剂、碱、聚合物均来源于大庆油田第四采油厂某弱碱三元复合驱区块。原油电脱测试系统电极板一共 4 片，电极板长 6cm 宽 4cm，电极片之间距离为 1cm，依次分别接高压电源和接地，接通电源后会形成均匀电场。原油电脱测试系统波形为矩形波，频率调节范围 200~2000Hz，占空比为 0%~50%，电压为 0~6kV。

1.2 实验方法

(1) 制备乳状液：首先制备三元液，先将聚合物颗粒缓慢倒入超纯水中，利用 IKA 数显恒速搅拌器搅拌 2h~3h，得到 5000mg/L 的聚合物母液，再用上述方法把表面活性剂溶于超纯水中得到表活剂母液，再把碱溶于超纯水中，配制成碱溶液，再按照目标浓度在烧杯中加入一定量的纯净原油、聚合物溶液、表面活性剂溶液、碱溶液和超纯水，使用高速剪切分散乳化机设置 11000rpm 均化 4 分钟，即可配制成目标模拟采出液。将采出液置于 55℃ 循环水浴锅中静止 30min，若无分层则配制成功。

(2) 按图 1 连接好整套实验系统，接通变压器、电脱水控制装置、恒温烘箱，对静电聚结器内乳状液施加直流脉冲电场，施加一定时间后从聚结器中部抽出乳状液，用蒸馏法测量油中含水率。

(3) 蒸馏法测含水率的原理是将乳状液置于圆底烧瓶中进行蒸馏，利用所得出水量除以乳状液质量，采用下式计算对应的含水率：

$$\text{含水率}=\frac{\text{出水量}}{\text{乳状液质量}}\times 100\% \tag{1}$$

(4) 为了探究不同含水率乳状液的电脱特性，将 W/O 型原油乳化液的含水率设定为 20%和 30%，在原油电脱水控制装置平板上设置电脱参数，包括电压、频率和占空比，为了探究乳化程度对电脱参数的影响程度，乳状液的乳化程度用剪切时间来表征，将均化时间设置为 4min、8min、10min，在电场施加的 20min、40min、和 60min 时分别抽出乳状液进行含水率的测定。为了探究聚合物浓度、表面活性剂浓度、固体颗粒浓度和含水率对电脱的影响，设计四因素三水平的正交实验，在电场施加过程中记录电流情况，施加 30min 后进行含水率的测试，并对实验数据进行整理分析。

2　结果与讨论

2.1　电场强度及占空比对电脱特性影响

将乳状液含水率设定为30%，将不同电场参数条件下处理的油样进行分阶段取样，并进行油中含水和动力学不稳定指数的测定，电场频率为2kHz时，不同电场强度和占空比下乳状液脱水率如图1所示。

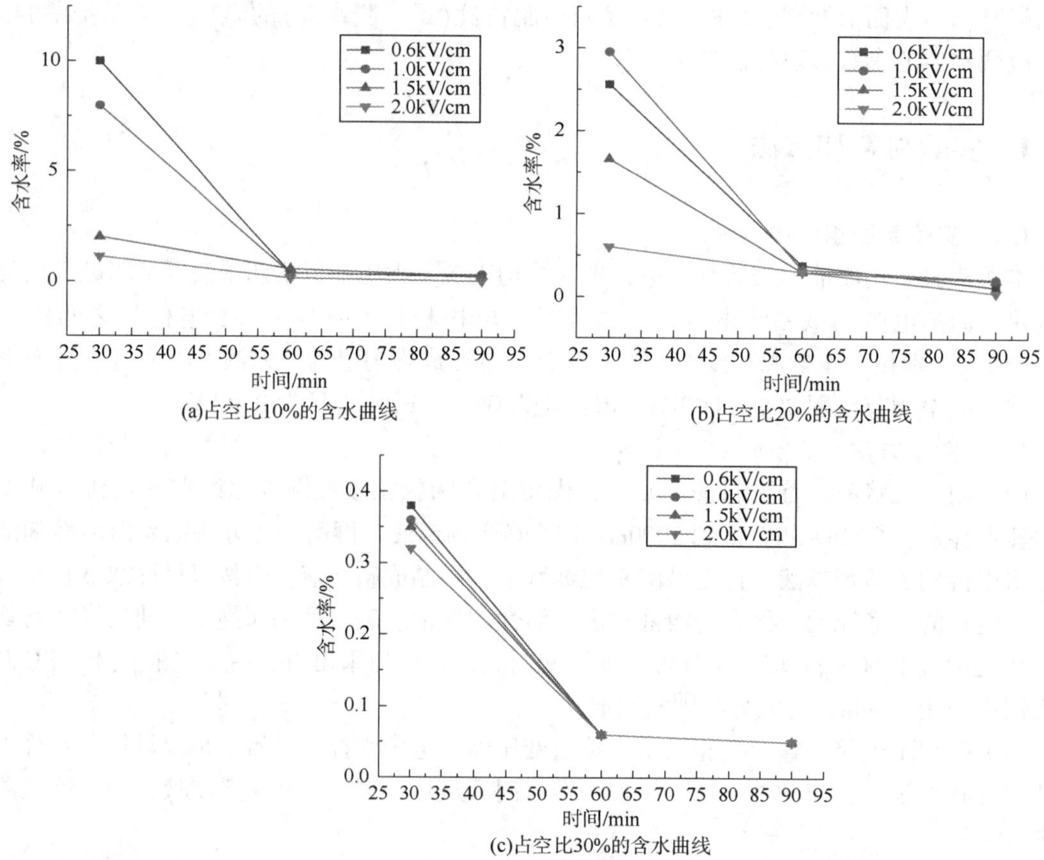

(a)占空比10%的含水曲线

(b)占空比20%的含水曲线

(c)占空比30%的含水曲线

图1　含水30%时不同电场强度和占空比作用下乳状液的含水率

由图1可知随着电场作用时间的延长、电场强度的升高和占空比的增加，乳状液含水率均下降。不同电场参数下，乳状液含水率下降程度也不同，随着占空比的增加，电场强度对含水率的影响逐渐减小。当占空比为10%时，不同电场强度电场作用90min后，含水均达到0.5%以下；当占空比为20%时，不同电场强度电场作用60min后，含水均达到0.5%以下；当占空比为30%时，电场强度为2.0kV/cm电场作用30min后，含水即达到0.5%以下。若电场强度设置高值，则占空比不必设置过高，否则造成能源浪费。

在模拟采出液的起始含水为20%时，与起始含水30%进行相同的实验操作步骤，电场每施加20min取样，进行油中含水测定，制成含水率大小与时间的关系曲线，结果如图2所示。

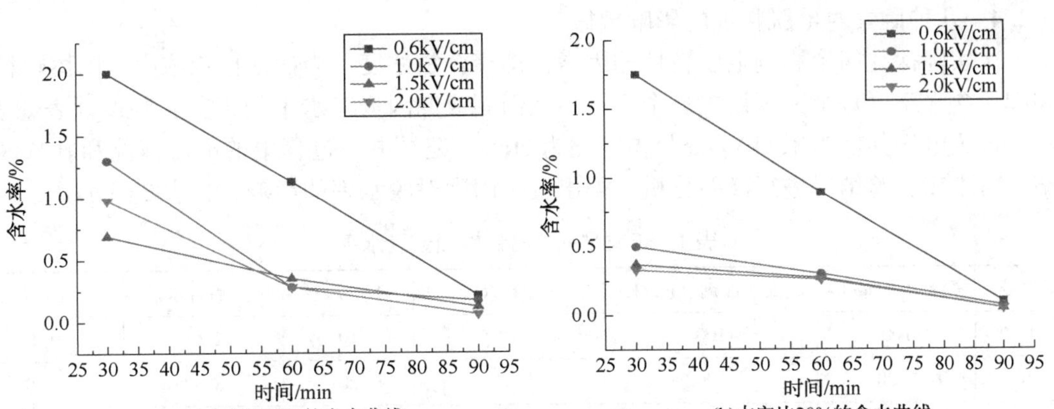

(a)占空比10%的含水曲线　(b)占空比20%的含水曲线

图 2　含水 20%时不同电场强度和占空比作用下乳状液的含水率

由图 2 可知，乳状液含水率为 20%时，含水率的规律与图 1 相类似，随着电场作用时间的延长、电场强度的升高和占空比的增加，乳状液含水率均下降。随着占空比的增加，电场强度对含水率的影响逐渐减小。由图 1(b)和图 2(b)对比可知，不同含水率下，占空比的影响程度不同，含水率为 30%时，占空比为 30%时，不同电场强度对含水率依然有影响；含水率为 20%，占空比 20%时，电场作用 30min 后，1. 0kV/cm、1. 5kV/cm 和 2. 0kV/cm 电场强度下含水率几乎一样，电场强度对含水率已经几乎没有影响了，则不需要设定 30%的占空比。说明乳状液的含水率不同，对应的最有电脱参数也不同，含水率越小，所需电场强度和占空比越小。

2. 3　乳化程度对电脱特性的影响

上述研究已经探明电场强度和占空比对乳状液稳定的影响规律，也研究了含水率对电场参数的影响，但是乳化程度、聚合物浓度、表活剂浓度、固体颗粒浓度等因素对电脱电流的影响研究较少，且几种因素对垮电场均有很大影响，因此开展以下实验。为探究乳状液乳化程度对稳定性的影响，配制含水为 30%的乳状液，将剪切时间设置为 6min、8min、10min，乳化程度依次增强。由于之前实验表明，电场强度为 1. 0kV/cm、占空比为 20%的电脱效果较好，考虑乳化程度逐渐增强，因此设置电场强度为 1. 5kV/cm、占空比为 20%。在电场作用的 20min、40min 和 60min 时分别抽出油品进行含水率测定，结果如图 3 所示。

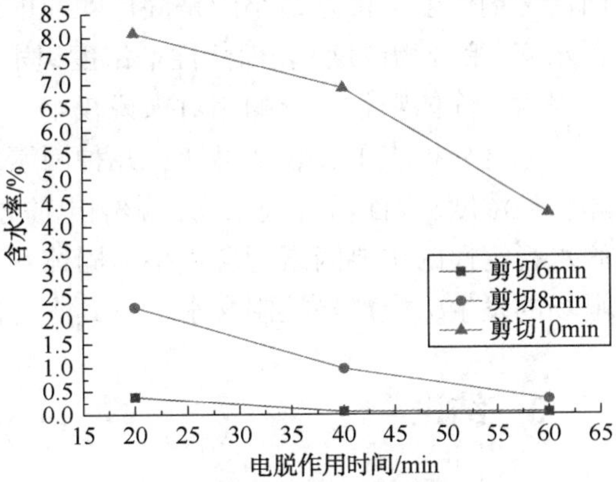

图 3　不同乳化程度乳状液在不同电脱时间下含水率

由图 3 可知，当剪切时间为 6min、8min、20min 时，在相同电场条件下作用 20min 后，含水为 0. 38%、2. 28%、8. 09%，含水率随着剪切时间的增大即乳化程度升高而升高，由此可以看出，随着乳化程度的增强，所需电场强度和占空比越高，且乳状液的稳定性要结合含水率来分析乳状液稳定的原因，如有微观形貌和液滴粒径来作证更为准确。

2.4 几种因素对电脱特性的影响规律

本次实验探究四个影响电脱特性的因素，即聚合物浓度、表面活性剂浓度、固体颗粒浓度和起始含水率。每个因素设置三个水平，从而制成四因素三水平的正交实验设计表如表1所示。设置电场强度为1.5kV/cm、占空比为20%，记录电脱过程中的电流情况和乳状液含水率，对正交实验结果进行极差分析，得出各个因素对脱水率的影响，如表2所示。

表1 正交排列的各影响因素及水平

试验号	聚合物/(mg/L)	表面活性剂/(mg/L)	固体颗粒/(g/L)	含水率/%	电脱后含水/%	电脱电流/A
1	100	100	20	10	7.61	0.1
2	1000	100	30	20	8.37	6.39
3	100	200	50	20	16.91	6.51
4	100	400	30	30	28	8.1
5	400	100	50	30	25.83	6.34
6	400	400	20	20	6.25	3.46
7	400	200	30	10	4.76	0.16
8	1000	400	50	10	0.39	0.46
9	1000	200	20	30	28.67	6.38

表2 对脱水率的影响

	聚合物	表面活性剂	固体颗粒	含水率
均值1	15.34	31.98	32.35	41.33
均值2	45.02	24.08	39.07	47.45
均值3	36.75	41.04	25.68	8.32
极值	29.68	16.96	13.39	39.13

综合分析表1和表2可知，四个影响因素中含水率的极差最大，其次是聚合物浓度、表面活性剂浓度，极差最小的是固体颗粒的浓度，由此可得，几种因素对脱水率的影响程度为含水率>聚合物浓度>表面活性剂浓度>固体颗粒浓度，说明含水率为影响脱水率大小的最主要因素，固体颗粒的影响相对来说较小。

综合分析表1和表2可知，几种因素对脱水电流的影响程度为含水率>聚合物浓度>固体颗粒浓度>表面活性剂浓度，影响电脱水器脱水效果的因素主要为含水率和聚合物，影响脱水稳定性的主要因素为含水率、固体颗粒和聚合物，为了保持电脱水器的稳定运行防止垮电场的发生，应严格控制含水率，其次是固体颗粒和聚合物。

3 结论

(1) 随着电场强度和占空比的增加，脱水效果越好，但存在着最佳的电场强度和占空比，而且不同含水率的乳状液有不同的最佳参数，且电场强度和占空比互相影响，过高的电场强度和占空比会造成能源浪费。根据室内模拟实验得出，含水率为20%时的最佳参数为

电场强度 1.0kV/cm、占空比 20%，含水率为 30%时的最佳参数为电场强度 0.6kV/cm、占空比 30%

（2）随着电场强度、占空比和乳化程度的增加，在电脱过程中可能存在着小液滴聚并成大液滴的现象，乳状液的稳定性不一定增加，还要结合含水率数据进行具体分析。

（3）含水率、聚合物浓度、表面活性剂浓度和固体颗粒浓度对乳状液电脱水率和脱水电流均有影响，对脱水率的影响程度依次为：含水率>聚合物浓度>表面活性剂浓度>固体颗粒浓度。

（4）为了保持电脱水器的稳定运行防止垮电场的发生，应严格控制含水率，其次是固体颗粒和聚合物。可以在采出液的预处理中严格控制含水率并将固体颗粒去除，或在电脱过程中加入药剂，将固体颗粒电荷特性改变，从而降低电脱电流。

参 考 文 献

[1] 陈家庆，黄松涛，沈玮玮，等. W/O 型原油乳化液高频电场破乳特性实验[J]. 油气储运，2017，36(6)：694-701.

[2] 陈庆国，张宇琦，宋春辉，等. 直流叠加高频交流方波电场下乳化液电脱水试验研究[J]. 电机与控制学报，2019，32(04)：564-601.

[3] 魏庆彩. 高频脉冲电场作用下液滴动力学研究[D]. 北京：中国石油大学，2010.

[4] 房维，韩萍芳. 高频脉冲电脱水性能影响因素的实验研究[J]. 南京工业大学学报(自然科学版)，2017，01.

[5] 孙治谦，金有海，王振波，等. 不同含水率下电场参数对动态脉冲电脱水的影响[J]. 化学工程，2014，04(2)：114-142.

[6] 王善哲. 高浓度聚驱油水乳状液乳化行为及分离特性研究[D]. 大庆：东北石油大学，2016：45-49.

[7] 张雪，陈家庆，肖建洪，等. 低压脉冲电场对高浓度 O/W 型乳化液破乳特性的影响[J]. 化工进展，2019，38(11)：4843-4844.

[8] 梁雯. 不同类型电场下原油乳化液脱水特性研究[D]. 哈尔滨：哈尔滨理工大学，2015：68-83.

[9] 肖雪. 脉冲破乳实验研究[D]. 西安：西安石油大学，2017：33-37.

[10] 孙治谦，金有海，王振波，等. 高压高频动态脉冲电场参数对水滴聚并速率的影响[J]. 高校化学工程学报，2015，29(4)：823-829.

[11] 陈庆国，张宇琦，宋春辉，等. 直流叠加高频交流方波电场下乳化液电脱水试验研究[J]. 电机与控制学报，2019，23(4)：98-104.

[12] 姚彬，黎志敏，施鹏，等. 集输管道和设备腐蚀产物对原油脱水的影响[J]. 油气储运，2020，39(9)：1021-1025.

[13] 王俊，宋程，李翠勤，等. 三元组分对弱碱三元复合驱模拟乳状液乳化稳定性的影响[J]. 中国石油大学学报(自然科学版)，2016，40(1)：146-154.

[14] 杨海，黄新，林子增，等. 原油乳状液破乳技术研究[J]. 应用化工，2018，47(12)：2734-2738，2743.

[15] 王彪，刘庆旺，范振忠，等. 含 FeS 老化油的处理方法[J]. 当代化工，2021，50(2)：482-486.

集输系统智能管控技术研究与应用

李明卓

（吉林油田二氧化碳捕集埋存与提高采收率（CCS-EOR）开发公司）

摘　要：CO_2驱见效后，油品性质发生变化，节能降耗难度大，随着高套压油井增加，井口温降明显，系统运行参数波动幅度大，影响系统平稳运行，增加员工劳动强度，效率低下。通过项目研究，创新的建立了月度调控标准，形成了不同单环的个性化调控方法，精细了日常调控；试验形成了压力主导调控管理模式；集成研发了智能化节能管控系统，科学有效节能降耗；深化应用了站内物联网平台，优化了系统平稳高效运行管控技术，减缓高含CO_2伴生气系统压力频繁波动等对生产带来的影响。形成了集输系统智能管控技术，并在现场成功应用，效果良好，解决了制约难题。

关键词：管控；压力主导；智能化；平稳高效

1　前言

油田集输系统在运行过程中存在调控效率低、能耗占比大的问题[1]，保障生产平稳上难度较大，尤其是在CO_2驱后，油品性质变化，运行参数波动频繁，对集输系统管控提出了更高的要求。因此，依托物联网，开展对集输系统智能化管控技术研究，更加有效的降低系统能耗，提高运行效率。

2　项目背景

大情子井地区集输系统存在能耗高居不下，运行参数波动频繁，员工劳动强度大的问题，主要有以下几个影响因素：

（1）近年来，随着吉林油田大情子井区块新井产能规模逐渐扩大，集输系统负荷逐年增加，CO_2驱后油品性质发生变化，井口出液温度降低，加上能源消耗指标逐年下降，集输系统科学节能降耗难度大[2]。

（2）CO_2驱见效后，高套压油井井数逐年增加，对系统影响剧烈，压力、流量、温度等运行参数变化频繁[3]，且站内外自动化设施基础薄弱，不能满足平稳高效生产的要求，集输系统管控面临新的困难。

【第一作者简介】李明卓，1993 年 5 月，男，汉族，吉林省松原市，大学本科，吉林油田二氧化碳捕集埋存与提高采收率（CCS-EOR）开发公司，从事地面集输研究工作，E-mail：414433625@ qq. com。

针对目前存在的技术问题，需要进行系统的研究攻关，进而形成技术对策，以保障集输系统高效平稳、安全的运行。

3 不同单环调控技术研究

针对不同单环调控标准笼统，指导员工精细操作存在差距，造成系统无效能耗浪费的问题，依托物联网平台，通过连续跟踪不同单环、井组的运行数据，摸索其运行规律，对运行温度、压力的调控区间周期要求由每季度改变为每月，形成了不同单环个性化月度调控标准，建立"一环一策"调控模式，精细了温度控制[4]，得到了较好的效果。优化了井组掺输指导卡格式，形成了静态数据集中展示、动态数据月度更新的管理模式，加强了运行调控过程管理，提高了基础工作管理水平。

4 压力主导调控技术研究

针对集输系统边远井组、气窜井组掺输压力不足，异常情况下调控效率低的问题，对系统调控管理模式进行研究，通过由原有站内集中调配的调控方式改变站外井组控制，在不增加泵符合的情况下，实现了系统压力上升，解决了边远井组、气窜井组掺输压力不足的问题（图 1），减少无效水循环和站内节流损失，提高了紧急情况下井组自主调控单环的及时性。

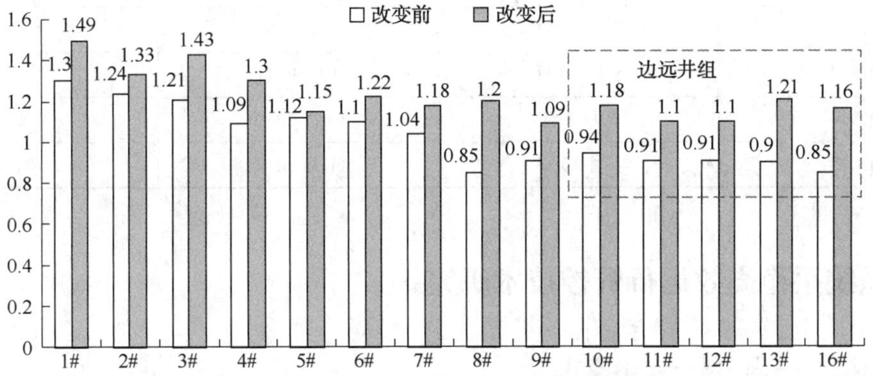

图 1 黑 46 接转站各井组掺输压力调节前后效果图

通过分析物联网平台中接转站-井组-单环压差变化，形成压力主导、温度为辅的调控管理模式，推动系统调控管理由"小时级"向实时管理提升，以站场监控为主导[5]，结合压差变化及时发现和处理运行异常点，提高了系统运行效率，减少了员工频繁调环工作量。

5 智能化节能管控技术研究

5.1 研发应用智能化节能管控系统

针对集输系统自动化程度低，系统能耗高的问题，开展了智能化节能管控技术研究，研发应用了智能化节能管控系统，开展站内锅炉能效在线监测、燃烧器运行状态动态调整，实现锅炉运行异常分析；通过站内集中监控，实现站内外联合预警，第一时间发现参数变化，针对报警频次，优化运行参数；通过自动化调控，实现站内中控室远程对掺输泵、外输泵、两相分离器、三合一进行调控，达到了提高系统运行效率的目的。

5.2 形成了以地温监测为指导的降温掺输技术

针对节能措施单一、科学性较差的问题，依托智能化节能管控平台，系统分析地温监测数据(图2)，摸索环境温度变化对系统运行温度的影响，为现场温度调控做出理论依据，延长系统降温周期(表1)，科学节能降耗，效果显著[6]。

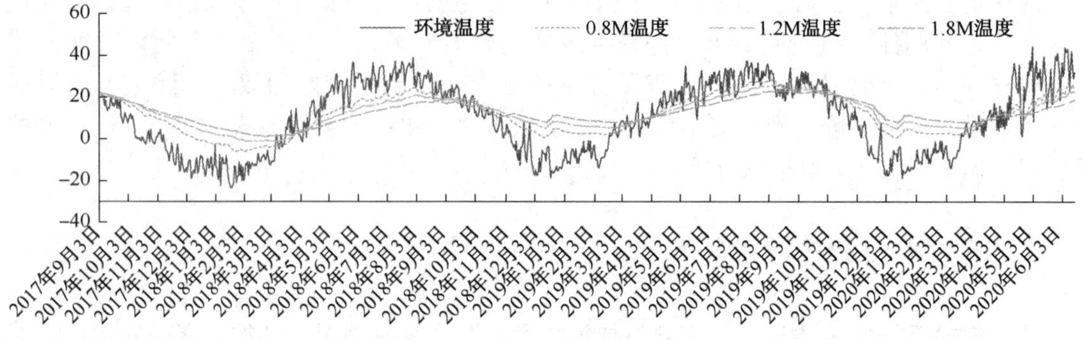

图2 地温监测曲线

表1 2017—2020年降温周期变化

年份	降温开始时间	降温结束时间	降温周期
2017年	5月15日	9月29日	137天
2018年	5月10日	9月30日	143天
2019年	5月3日	10月20日	170天
2020年	4月13日	11月30日	231天

6 系统平稳高效运行管控技术研究

6.1 建立井-间-站一体化模式

针对系统异常调控时间长、生产数据填报不及时、巡检时间长的问题，摸索建立了井-间-站一体化模式，实现了站内自动化调控[7-10]，降低了员工劳动强度，提高了调控及时性；实现了数据整合，无纸化办公，中控室集中监控，提高了数据录入的准确性；实现了无人巡检结合视频监控、运行参数监控，减少发现异常点时间。提高了异常参数发现准确性、设备运行平稳性、员工日常调控及时性，整体提高了系统运行效率。

6.2 关键参数精细调控技术研究

针对高含水外输时含水波动大，影响平稳外输的问题，对站内两相分离器、三合一内部构造进行研究，标定了油仓液位，重新制定了站内液位控制区间，摸索参数最优范围，实现了精细调控；借鉴热水混合阀原理，含水、液位、排量、阀门联动调节，实现三合一水出口跨接至油出口，与油仓低含水油平稳外输，外输含水控制平稳，最大程度发挥系统调节潜力，保障了集输系统高效平稳运行。

7 应用效果

通过对不同单环调控方法、压力主导调控模式及智能化管控技术进行研究，将研究成果在现场规模应用，实现了科学节能降耗，黑46接转站6#井组开展了全井组冷输试验，系统掺输出站温度平均降低4℃，季节性冷输、降温掺输井数逐年增加，能源消耗指标逐年下降，系统吨液单耗由2016年18.6kgce/t下降至2020年12.33kgce/t，下降33.9%，效果显著，实现了集输系统高效节能运行。

通过开展集输系统智能化管控技术研究，站内调控时间由原1个小时降低至15分钟、生产数据填报由原30分钟降低至5分钟、巡检时间由1.5小时降低至30分钟，在保障系统平稳的同时，降低了员工的劳动强度，实现了智能化、高效运行的目的。

8 结论

（1）针对不同单环调控标准笼统，指导员工精细操作存在差距，造成系统无效能耗浪费的问题，创新形成了不同单环个性化调控方法，加强了运行调控过程管理，提高了基础工作管理水平。

（2）针对集输系统边远井组、气窜井组掺输压力不足，异常情况下调控效率低的问题，试验形成了压力主导调控管理模式，减少了无效水循环和站内节流损失，提高了紧急情况下井组自主调控单环的及时性。

（3）集成研发了智能化节能管控系统，形成了以地温监测为指导的降温掺输技术，认真总结现场试验成功经验，并推广应用，最终实现了降低系统能耗的目的。

（4）攻关了系统平稳高效运行管控技术攻关研究，建立了井-间-站一体化管控模式，精细了运行管控，明确了参数分级，降低了员工劳动强度，提高了系统运行效率，解决了运行参数频繁波动影响系统平稳的生产难题。

参 考 文 献

[1] 张蕾，杭雅洁．油气集输系统节能降耗技术的研究[J]．化工管理，2014(15).
[2] 张楠．油气集输系统节能措施探讨[J]．石化技术，2008(07).
[3] 宋延平．油气集输系统节能措施研究[J]．化工管理，2013(24).
[4] 李鹏亮．高含水油井常温集输边界条件试验研究[J]．石油规划设计，2020(27).
[5] 张文超．新时期油气集输系统节能降耗技术研究与分析[J]．化工管理，2016(22)..
[6] 税艳，韩大鹏．油田联合站节能降耗措施探讨[J]．科技与企业，2013(13).
[7] 李显彬．中转站外输平稳运行探讨[J]．化工管理，2017(17).
[8] 胡庆美，邹志，王宇航．联合站精细管理促进了节能增效[J]．石油石化节能，2012，(03).
[9] 刘博超．浅析联合站节能的有效方法[J]．化学工程与装备，2019(09).
[10] 杨宇，邓梁，刘展，张舟，陶江华，何嘉欢．油气管道智能调控探究[J]．当代化工研究，2019(15).

架空天然气管道泄漏扩散数值模拟研究

贺　翔[123]　梁博文[2]　张引弟[2*]

(1. 长江大学地球科学学院，湖北武汉　430100；2. 长江大学石油工程学院，
湖北武汉　430100；3. 天圜工程有限公司，湖北武汉　430100)

摘　要：本文针对架空天然气管道泄漏扩散工况开展数值模拟研究，采用控制变量法，结合GAMBIT和FLUENT软件，分别探究泄漏速度、泄漏孔径多种因素对管道泄漏扩散后气体浓度分布产生的影响，为防止天然气事故的发生提供参考。模拟结果表明，泄漏速度越快，流场整体的速度逐渐降低，有利于泄漏区域的扩散，危险区域变大，易引起事故的发生；泄漏孔径越大，质量流速增加，甲烷射流在竖直方向上浓度分布较大的区域增高，但其总体射流高度无明显变化。

关键词：天然气；架空管道；泄漏扩散；数值模拟

1　引言

天然气作为一种极其重要的燃料在工业生产与日常生活中使用广泛，但天然气分布具有不平衡性，管道运输是天然气运输最主要的方式。天然气泄漏不仅造成能源损失和生态环境的破坏，达到一定程度还会引发火灾、中毒或爆炸等事故，威胁到人类的生命与财产安全。因此，加大对天然气管道泄漏的研究显得非常重要。

国内外众多学者从不同方面对天然气管道泄漏扩散过程进行了模拟研究，Helena Montiel等[1]提出了适用于不同泄漏孔径的新模型，与不同孔径对应的不同模型在多种工况下的泄漏扩散情况进行对比，结果吻合较好；Young等[2-3]简化了高压管道的小孔泄漏模型，并对其进行模拟分析，结果与实际值相比在误差允许范围内有一定的偏差，可为天然气管道安全输送提供指导意义；沈(王莹)[4]利用ANSYS FLUENT软件，研究了不同泄漏孔、不同土壤含水率及不同燃气管道埋深三个因素对天然气泄漏情况的影响，通过数值模拟得到了埋地天然气泄漏扩散规律，与实测数据进行对比验证，为管网运营单位提供了参考依据；王俊等[5]采用数值模拟方法，在考虑计算精度和计算成本的同时，建立了埋地管道小孔泄漏扩散的简化模型，研究了埋地输气管道泄漏扩散特性，得到了泄漏量和浓度随着管道埋深、土壤温度、泄漏口形状、土壤孔隙度及土壤颗粒直径等因素变化的规律。由此可见，天然气管道泄漏扩散过程较为复杂，受多种因素的影响。因此，本文采用控制变量法，通过数值模拟来探究泄漏速度、泄漏孔径多种因素对管道泄漏后气体浓度分布产生的影响，为防止天然气

【第一作者简介】贺翔(1982)，男，博士研究生，主要研究方向为非常规油气资源评价，lanxghhx@gmail.com。

事故的发生提供参考。

2　研究方法

2.1　模型选择

流动模型采用标准的 k-ε 模型，是目前应用最广泛的湍流模型。物质传输模型[8]的湍流脉动动能方程形式如下(K 方程)：

$$\rho\frac{\partial k}{\partial t}+\rho ui\frac{\partial k}{\partial x_i}=\frac{\partial}{\partial x_j}\left[\left(\mu+\frac{\mu_t}{\delta_k}\right)\frac{\partial k}{\partial x_j}\right]+G_k+G_b-\rho\varepsilon-Y_M+S_k \tag{7}$$

湍流动能耗散方程形式如下(ε 方程)：

$$\rho\frac{\partial k}{\partial t}+\rho u_i\frac{\partial k}{\partial x_i}=\frac{\partial}{\partial x_j}\left[\left(\mu+\frac{\mu_t}{\delta_k}\right)\frac{\partial k}{\partial x_j}\right]+C_{1\varepsilon}\frac{\varepsilon}{k}(G_k+C_{3\varepsilon}G_b)-C_{2\varepsilon}\rho\frac{\varepsilon^2}{k}+S_k \tag{8}$$

其中：

$$\mu_t=C_\mu\rho\frac{k^2}{\varepsilon} \tag{9}$$

式中，G_k 为平均速度梯度引起的湍动能 k 的产生项；G_b 为浮力引起的湍动能 k 的产生项；Y_M 为可压缩湍流中脉动扩张贡献。模型中 $C_{1\varepsilon}=1.44$，$C_{2\varepsilon}=1.2$，$C_{3\varepsilon}=1$，$C_\mu=0.9$ 为经验常数。

3　天然气架空管道泄漏扩散数值模拟

3.1　模型建立及网格划分

依据某天然气架空管道，取管道管径为 DN150，外界环境年平均气温为 16℃，天然气年平均温度为 20℃。为使模型得到进一步简化，本文做出如下假设：将天然气视为纯甲烷，泄漏孔视为圆孔，整个泄漏扩散过程视为在定温常压下进行，且令泄漏速度为定值，建立如下二维模型。

3.5　泄漏速度对泄漏扩散过程的影响

管道流速不同会造成运行压力不同，即泄漏口压力不同，泄漏口处的入口压力会影响整个流场的稳定程度，因此，为更清晰的体现泄漏压力对流场初期射流过程的影响，对不同泄漏入口速度工况展开研究。建立泄漏孔径 15mm、水平风速 6m/s 的模型，控制泄漏孔径和水平风速保持不变，选取泄漏速度为 30m/s、50m/s、100m/s 的三种工况进行模拟，得到不同泄漏速度下的速度分布云图和甲烷浓度分布云图。

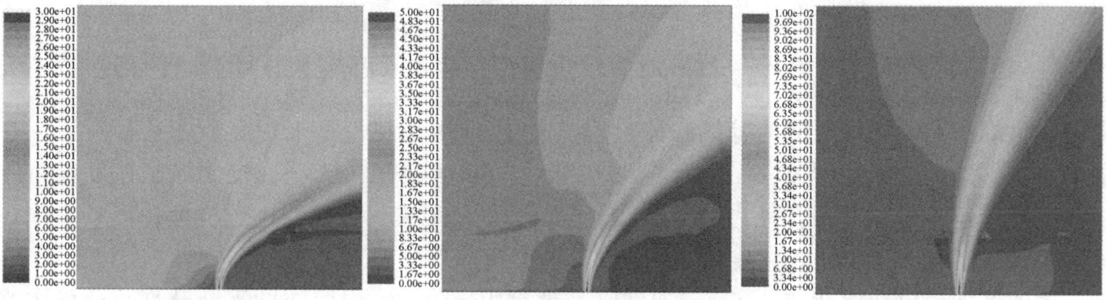

(a)泄漏速度30m/s　(b)泄漏速度50m/s　(c)泄漏速度100m/s

图 6　不同泄漏速度时速度分布云图

由速度分布云图可以看出，泄漏速度越快，甲烷速度分布偏离中心轴线的角度越小，流场整体的速度逐渐降低，对竖直方向上泄漏扩散区域的影响显著。

(a)泄漏速度30m/s　　(b)泄漏速度50m/s　　(c)泄漏速度100m/s

图 7　不同泄漏速度时甲烷浓度分布云图

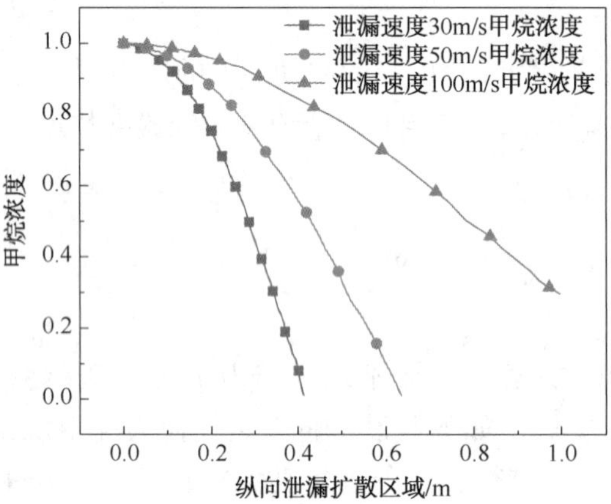

图 8　不同泄漏速度时甲烷泄漏扩散区域中心轴线浓度

由甲烷浓度分布云图可知，泄漏速度为 30m/s 时，甲烷浓度分布偏离中心轴线的角度最大，但随着泄漏速度的增加，甲烷浓度分布偏离中心轴线的角度逐渐变小，当泄漏速度为 100m/s 时，甲烷浓度分布只是微微偏离中心轴线，这是因为泄漏速度越快，气体动量越大，偏转角度就没有低速时明显。泄漏压力的增加导致泄漏速度的增加，提高了泄漏口的射流湍动能，使整体能量满足射流场的发展需求，有利于泄漏区域的扩散，使危险区域变大，易引起事故的发生。

在不同泄漏速度下，甲烷浓度沿纵向泄漏扩散区域整体呈下降趋势，对比不同泄漏速度、同一纵向泄漏扩散区域下的甲烷浓度可知，泄漏速度越快，甲烷浓度越高，甲烷浓度整体下降幅度越缓，越靠近地面的位置，事故发生的可能性越大。

3.6　泄漏孔径对泄漏扩散过程的影响

稳态模型按泄漏孔径 d 与管道直径 D 之比分为三个泄漏阶段，$\frac{d}{D}\leqslant 0.2$ 时为小孔模型，$0.2<\frac{d}{D}\leqslant 0.6$ 时为大孔模型，$\frac{d}{D}>0.6$ 时为管道模型，因本文研究假设的管道内部参数不受泄漏过程的影响，气体泄漏为等熵膨胀过程[10]，故选用小孔模型来探究泄漏孔径对泄漏扩散的影响。选取泄漏速度 30m/s，水平风速 2m/s、6m/s 的两种工况，控制泄漏速度保持不变，改变风速，建立泄漏孔径为 15mm、22.5mm、30mm 的三种模型进行模拟，得到不同风速和不同泄漏孔径下的甲烷浓度分布云图。

由图可知，风速以 2m/s、6m/s 递增时，泄漏孔径越大，甲烷浓度逐渐升高，环境中水平风速及泄漏孔径对泄漏扩散影响显著。对比在同一水平风速下，不同泄漏孔径的甲烷浓度分布云图可以看出，泄漏孔径越大，质量流速增加，导致进入大气环境的气体增加，甲烷射流在竖直方向上浓度分布较大的区域增高，但其总体射流高度无明显变化。

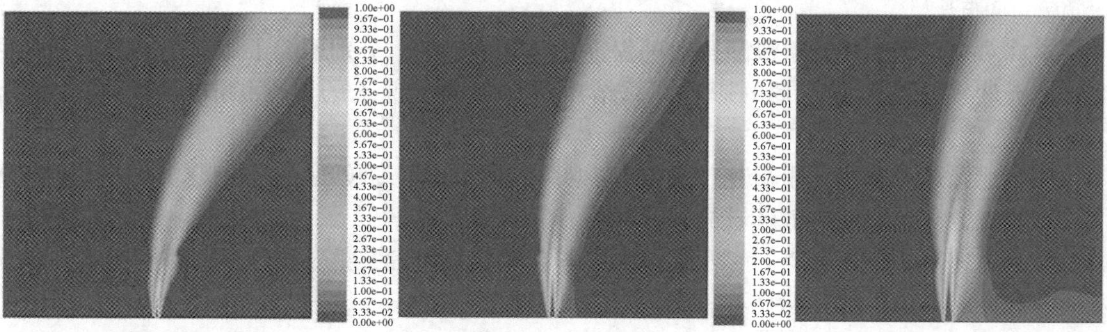

(a)泄漏孔径15mm　　(b)泄漏孔径22.5mm　　(c)泄漏孔径30mm

图 9　风速 2m/s 时不同泄漏孔径甲烷浓度分布云图

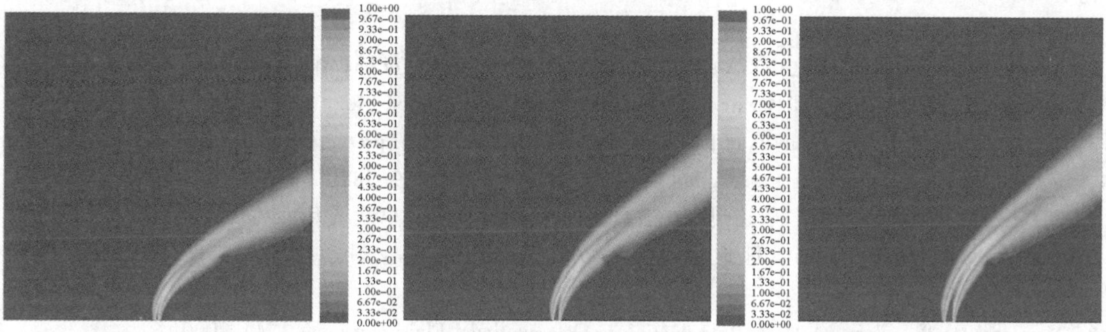

(a)泄漏孔径15mm　　(b)泄漏孔径22.5mm　　(c)泄漏孔径30mm

图 10　风速 6m/s 时不同泄漏孔径甲烷浓度分布云图

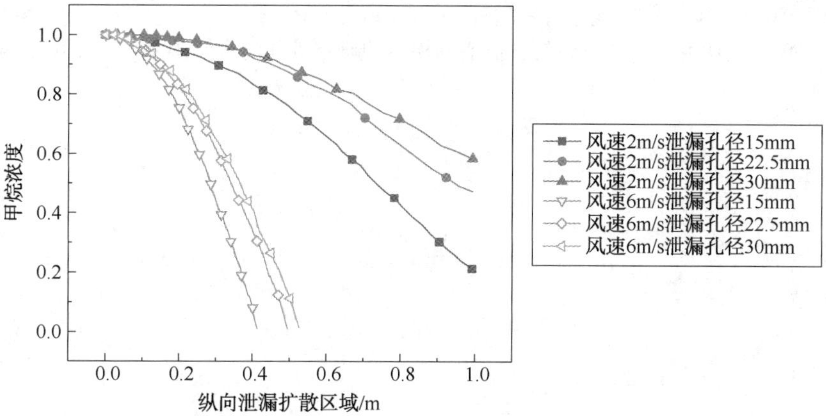

图 11　不同风速、不同泄漏孔径时甲烷泄漏扩散区域中心轴线浓度

由图可知，在不同风速、不同泄漏孔径下，甲烷浓度沿纵向泄漏扩散区域整体呈下降趋势，在上述小孔模型中，泄漏孔径对甲烷泄漏扩散浓度的影响小于风速对其的影响。对比不同泄漏孔径，同一风速、纵向泄漏扩散区域下的甲烷浓度可知，泄漏孔径越大，甲烷浓度越高，甲烷浓度整体下降幅度越缓，事故发生的可能性越大。

4 结论

本文对架空天然气管道泄漏扩散过程进行了数值模拟，分别研究了泄漏速度、泄漏孔径对架空天然气管道泄漏扩散的影响，总结出了在不同工况下的泄漏扩散规律，得出以下结论：

（1）泄漏速度越快，甲烷速度分布偏离中心轴线的角度越小，流场整体的速度逐渐降低，对竖直方向上泄漏扩散区域的影响显著。

（2）风速以 2m/s、6m/s 递增时，泄漏孔径越大，甲烷浓度逐渐升高，环境中水平风速及泄漏孔径对泄漏扩散影响显著。

参 考 文 献

[1] Helena Montiel et al. Mathematical modelling of accidental gas releases[J]. Journal of Hazardous Materials, 1998, 59(2): 211-233.

[2] Young-Do Jo and Bum Jong Ahn. A simple model for the release rate of hazardous gas from a hole on high-pressure pipelines[J]. Journal of Hazardous Materials, 2003, 97(1): 31-46.

[3] Y. -D. Jo and B. J. Ahn. Analysis of hazard areas associated with high-pressure natural-gas pipelines[J]. Journal of Loss Prevention in the Process Industries, 2002, 15(3): 179-188.

[4] 沈(王莹). 埋地低压天然气管道泄漏扩散数值模拟分析[D]. 北京建筑大学，2019.

[5] 王俊，封辉，高琦，王鹏. 埋地管道泄漏数值模拟分析[J]. 科学技术与工程，2020，20(33)：13660-13666.

[6] Malalasekera W, Versteeg H. An Introduction to Computational Fluid Dynamics [M]. 2000.

[7] 陶文铨. 数值传热学[M]. 西安：西安交通大学出版社，2001.

[8] 王福军. 计算流体动力学分析[M]. 清华大学出版社，2004.

[9] GB/T 28591-2012，风力等级[S].

[10] 冯云飞，吴明，闫明龙，陈杨. 燃气管道泄漏模型的研究进展[J]. 当代化工，2011，40(12)：1255-1257+1260.

基于数据分析研究原油黏度模型

鲁聪颖　郑钰飞　王海凤　刘杰文　高清河

（黑龙江省油田应用化学与技术重点实验室（大庆师范学院），黑龙江大庆　163712）

摘　要：针对原油黏度影响因素多，变化大，测试难度高等问题选取大庆油田多区块采出原油，经脱气脱水处理后，将45℃原油密度，饱和烃、芳烃、沥青质、蜡和胶质含量作为自变量，45℃原油黏度作为预测变量，通过主成分分析降维后，根据相关性确定饱和烃、沥青质和胶质含量为模型输入变量，采用多重线性回归（MLR），BP人工神经网络模型和径向基函数（RBF）人工神经网络三种方法建模，并对预测结果进行对比，其中BP人工神经网络的预测最为准确，MLR模型次之，RBF神经网络模型误差最大。

关键词：原油黏度；多重线性回归；BP人工神经网络；RBF人工神经网络

原油黏度作为油藏的流体性质主要研究部分在原油开采和运输等过程，尤其是一些高级采油工程中，是重要的基础数据。黏度测量不稳定，会直接影响相关数据分析的准确性，提高驱油成本[1]，因此对原油黏度有准确的数据预测[2]十分必要，得到准确而广泛的计算模型对不同区域的油田来说是一项艰巨的任务。

近些年，越来越多的研究人员采集大量实验数据运用软件应用来分析规律，预测原油黏度[20]。Ayoub等[21]使用人工神经网络（ANN）模拟底油气泡点压力值时的原油黏度，Oladiipo等[22]在预测石油储层流体的黏度和蜡沉积时，对各种神经网络的算法对比研究后发现人工神经网络（ANN）是最适合的。Omole O等[23]利用径向基函数（RBF）预测尼日利亚原油黏度并得到了较好的结果，还有人使用优化的最小二乘法支持向量机（LSSVM）[24]对轻质油和中质油黏度进行预测。以上对原油黏度模型分析的过程中，没有综合考虑原油组分和物性的影响，因此本文使用密度、原油四组分含量等作为参数，采用主成分分析法，多重线性回归（MLR），BP人工神经网络模型和径向基函数（RBF）人工神经网络模型预测原油黏度，对比分析各方法的准确性，为现场石油开采的原油黏度预测提供一定的依据。

1　数据预处理

本实验选取大庆油田多区块不同时间采出脱气脱水原油，共计104组数据。选取45℃原油黏度作为预测变量Y，选取45℃原油密度，饱和烃含量，芳烃含量，沥青质含量，蜡含量和胶质含量分别为自变量X_1，X_2、X_3，X_4，X_5，X_6。分别选择多重线性回归（MLR）、BP人工神经网络模

【基金项目】大庆市指导性科技计划项目（No. zd-2020-18）.

【第一作者简介】鲁聪颖（1987—），硕士，讲师，主要研究方向为界面化学。E-mail：laboo111@163. com

型、径向基(RBF)神经网络分别对数据进行预测。

2 原油黏度的预测

2.1 多重线性回归(MLR)模型分析结果

使用SPSS软件中多重线性回归模型建立饱和烃、沥青质和胶质含量和黏度之间的关系，以饱和烃、沥青质和胶质分别为输入变量X_1，X_2，X_3，黏度为因变量Y进行建模。从已知104组数据中，随机分成两组，通过对测试集结果检验模型的准确性和预测能力。

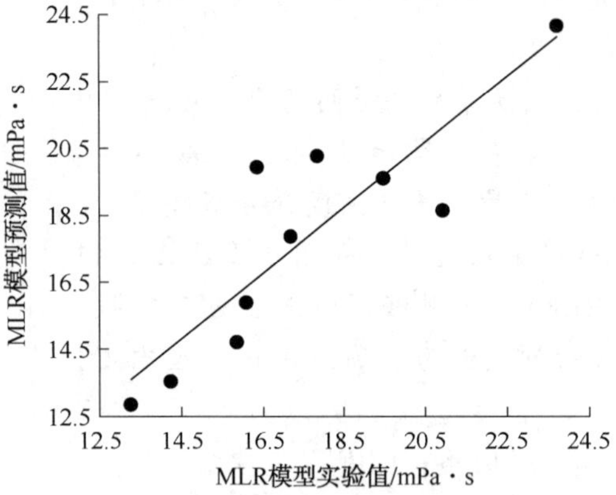

图1 MLR黏度模型测试集验证结果

预测模型为$Y=13.120-0.032X_1+5.245X_2-0.001X_3$。将训练集的10组数据带入预测模型中预测原油黏度值。测试集部分数据的实验值与预测值对比验证结果如图1。由结果可知，本预测模型的平均绝对误差(AAE)为0.44mPa・s，平均相对误差(ARE)为2.77%，预测值的均方误差(MSE)为2.607。

2.2 BP人工神经网络模型分析结果

BP-ANN神经网络有输入层，隐含层和输出层，输入层神经元相当于自变量向量，中间各层神经元相当于实验使用的统计模型，输出层神经元的信号强弱可以看做因变量的预测结果。本次实验模拟输入层包括3个神经元，分别对应饱和烃，沥青质和胶质含量，隐藏层数为1，隐藏层中单元数为17，输出层包括一个神经元为黏度。模型通过不断迭代，更新权值，最终使各层输入的权值向量最小。

隐含层的节点对网络数据的处理能力和算法的准确程度有一定的影响，本实验对10~20个节点的模型均进行了测试，发现数据相差不大，因此保留17个隐藏层单元数。

为保证实验数据可比性，仍按照MLR模型的分组，其中94组数据作为训练集，其余10组作为测试集，采用梯度下降法进行模拟预测，结果见表5。测试集部分数据的实验值与预测值对比验证结果如图2。由结果可知，本预测模型的平均绝对误差(AAE)为0.06mPa・s，平均相对误差(ARE)为0.33%，预测值的均方误差(MSE)为0.005。

2.3 径向基(RBF)神经网络模型分析结果

径向基神经网络是由径向基函数构建的神经网络，它也是一种反向传播网络，需要输入层，至少两个网络层，隐含层以及输出层。与BP神经网络相比，RBF神经网络模型隐含层的神经元数目更多，且为非线性函数，而输出层为线性层，可以提供隐含层神经元到输出空间的某种线性变换。其中函数的基本形式为$\varphi(|x-c|)$，即空间任意一点x到某中心c的欧几里得距离的单调函数，本实验采用的即为高斯函数，并通过梯度下降法进行迭代计算，得到最优模型。

按照相同的分组，选择94组数据作为训练集，其余10组作为测试集，预测结果如表5，测试集部分数据的实验值与预测值对比验证结果如图3。由结果可知，本预测模型的平均绝对误差(AAE)为1.11mPa・s，平均相对误差(ARE)为5.18%，预测值的均方误差

(MSE)为 1.315。

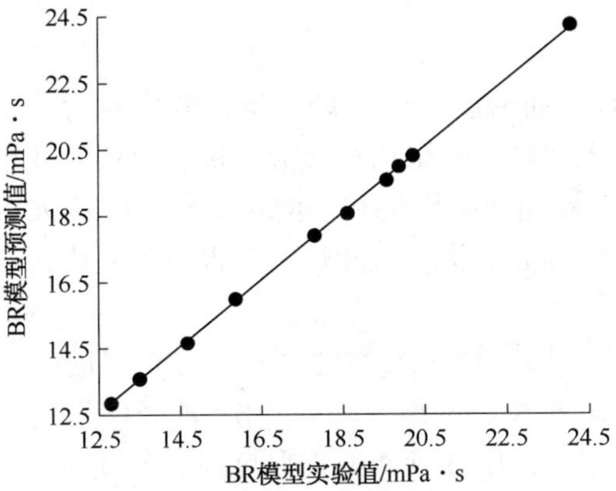

图 2　BP-ANN 黏度模型测试集验证结果

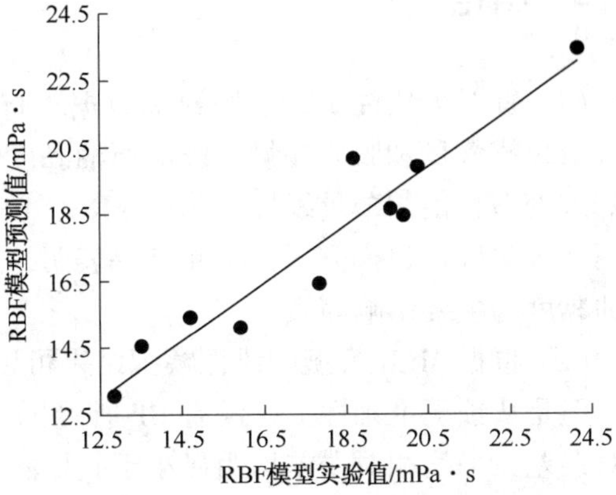

图 3　RBF-ANN 黏度模型测试集验证结果

3　不同模型结果分析

按照随机分组的方式，将训练集和测试集分别使用多重线性回归(MLR)，BP 人工神经网络模型和径向基函数(RBF)人工神经网络和进行建模，并对各个模型的平均绝对误差(AAE)，平均相对误差(ARE)和均方误差(MSE)进行对比，结果如图 4。

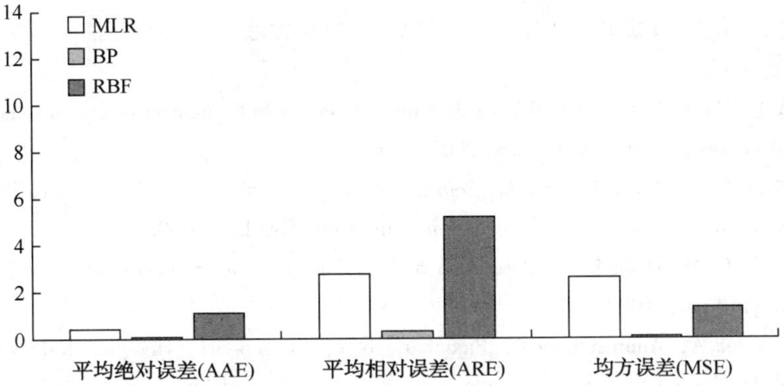

图 4　各个模型误差对比图

根据结果可知，RBF 神经网络模型的平均绝对误差，平均相对误差均为最大，BP 神经网络模型的平均绝对误差，平均相对误差均为最小，MLR 模型居中。其中，MLR 模型的平均绝对误差与 BP 神经网络模型相差较小，但平均相对误差和平均相对误差差别明显，说明 MLR 虽然预测准确性比 RBF 神经网络模型要好，但是与 BP 神经网络模型相比还有一定的差距。RBF 神经网络模型的除均方误差外，其他两个误差远大于 BP 神经网络模型，由此可见，对于预测原油黏度来说，虽然 RBF 神经网络训练速度比 BP 神经网络模型快，但是在输入空间到隐含层的非线性转换时，可能使部分数据存在输出偏差，进而影响其预测的准确性。BP 神经网络模型准确率最高，说明在处理实验数据时，对不确定性信息处理能力较强。

4 结论

（1）针对大庆油田某区块原油数据，将45℃原油密度，饱和烃含量，芳烃含量，沥青质含量，蜡含量和胶质含量为影响原油黏度的输入变量，先采用主成分分析法对所有变量进行降维处理，使用多重线性回归（MLR），BP人工神经网络模型和径向基函数（RBF）人工神经网络方法进行建模分析，预测结果表明，通过主成分分析，饱和烃、沥青质和胶质含量为原油黏度的主要影响因素。

（2）根据MLR模型的线性模拟结果可以看出，影响因素与黏度之间具有较好的线性关系，但是从预测准确性上，没有BP神经网络和RBF神经网络效果好。BP神经网络的平均绝对误差，平均相对误差均明显小于其他两个模型，说明在预测原油黏度时，使用BP神经网络方法可以得到更为准确的预测结果。

（3）RBF神经网络模型虽然平均绝对误差，平均相对误差和均方误差也较小，但是平均绝对误差，平均相对误差远大于其他两个模型，说明其不适合预测原油黏度。

参 考 文 献

[1] Sekar M，Praveenkumar T R，Eshanthini. Combined Analysis of Heavy Crude Oil Viscosity and Stress Acting on the Buried Oil Pipelines[J]. Journal of Pipeline Systems Engineering and Practice，2020，12(1).

[2] Alomair O，Elsharkawy A，Alkandari H . A viscosity prediction model for Kuwaiti heavy crude oils at elevated temperatures[J]. Journal of Petroleum Science & Engineering，2014，120：102-110.

[3] 张利军，王帅，郑伟. 数据驱动建立地层原油黏度计算新方法[J]. 西南石油大学学报(自然科学版)，2020，42(06)：49-55.

[4] Ayoub MA，Raja DM，Al-Marhoun MA. Evaluation of below bubble point viscosity correlations & construction of a new neural network model. Soc Pet Eng 2007.

[5] Oladiipo A，Bankole A，Taiwo E. Artificial neural network modeling of viscosity and wax deposition potential of Nigerian crude oil and gas condensates. Niger. Annu. Int. Conf. Exhib.；2009.

[6] Omole O，Falode O A，Deng D A . Prediction of Nigerian crude oil viscosity using artificial neural network [J]. Petroleum and Coal，2009，51(3).

[7] Hemmati-Sarapardeh A，Aminshahidy B，Pajouhandeh A，Yousefi SH，Hosseini-Kaldozakh SA. A soft computing approach for the determination of crude oil viscosity：light and intermediate crude oil systems. J Taiwan Inst Chem Eng 2016；59：1-10.

常压罐区环保技术在工程设计中的创新应用

王　雪　刘庆华　王乃燕

（中国寰球工程公司）

摘　要：废气、污油和废水是常压罐区造成环境污染的三种因素，本文在传统设计基础上总结分析了其不足之处，改进了工艺流程，采取相应环保措施，有效降低了污染源外排，以减少对环境的污染。

关键词：常压罐区；环境污染；环保措施

储罐是油品储运系统中的主要设施之一，承担着原油、油品、污油及酸性水等液体介质的储存、转输功能[1]。油品在储罐内储存时存在油品蒸发、排放废气等过程[2]，在检维修时存在废水、污油排放等操作，以上均对环境造成不同程度的污染。

常压罐区是炼化企业环境保护的关键点，随着公众对环境要求越来越高和国家环保法律法规的健全和完善，储油罐区的环境污染问题愈来愈受到关注[3]。

1　常压罐区污染因素分析

1.1　废气

常压罐区的废气主要来自储罐的大小呼吸损耗[4]。储罐小呼吸损耗是指储罐温差变化而使油品蒸发损耗。储罐大呼吸损耗是指储罐收油时，由于罐内液体体积增加，上部空间气体被压缩，压力升高，当压力增至呼吸阀允许值时，自动开启将废弃排至空气中。储罐大小呼吸损耗排出的废气主要为烃类气体，并含有少量有毒气体，造成空气污染。

1.2　污油

罐区油品管线在进行吹扫置换时，泵区机泵检修时，都会有污油排出。储罐进行切水作业时，切水器底部也会排出含油污水，以上污油如不进行密闭收集，油品中含有的有毒有害物质会对操作人员造成伤害，同时造成环境污染。

1.3　废水

罐区污水来源主要为生产污水和初期雨水。生产污水主要指罐前阀门、罐体附件检修排污冲洗产生的污水。初期雨水主要是雨水冲洗常压储罐外表面产生的微量含油废水，下雨初期进入初期雨水池，冲洗储罐干净后切换至雨水系统。由于罐区面积较大，如果不将雨水、

【第一作者简介】王雪，女，1982 年 12 月出生，2009 年 4 月毕业于大庆石油学院，硕士研究生，现工作于中国寰球工程公司，高级工程师，主要从事油气田地面工程，油气长输管道，石油化工大型储罐区工程设计工作，曾作为项目负责人，技术负责主持设计完成目前国内规模最大的大型炼化一体化项目《浙江石油化工有限公司 4000 万吨/年炼化一体化项目一期工程 化工常压罐区》，该项目的储运罐区是目前国内规模最大，仅化工常压罐区总投资约 9 亿元。电话：13899542695，E-mail：179859936@ qq. com。

污水合理分开，当有污油流出排至罐区地面时，污染面积增加，并且当有大量雨水进入污水系统中时，加大了工厂污水装置处理的负荷。

2 设计中采取的环保措施

2.1 废气回收工艺设计

传统设计：储罐氮封系统选用自力式调压阀，压力设定为0.5kPa，在罐顶开口安装单呼阀，单呼阀后接管将废气引入VOCs回收设施。同时将罐顶已有呼吸阀呼出压力调整为1.375kPa，单呼阀呼出压力设定为1.1kPa。由于单呼阀和呼吸阀压力设定精度要求不高，可控性不高，导致废气回收效果不明显；同时将氮气排入VOCs回收设施，造成浪费。

为达到环保要求，并提高废气回收效率，在某项目中，储罐氮封系统取消单呼阀，改用压力调节阀，并在罐顶进VOCs回收设施管道上设置阻火器。详见图1废气处理工艺流程图，图2废气处理工艺配管图。

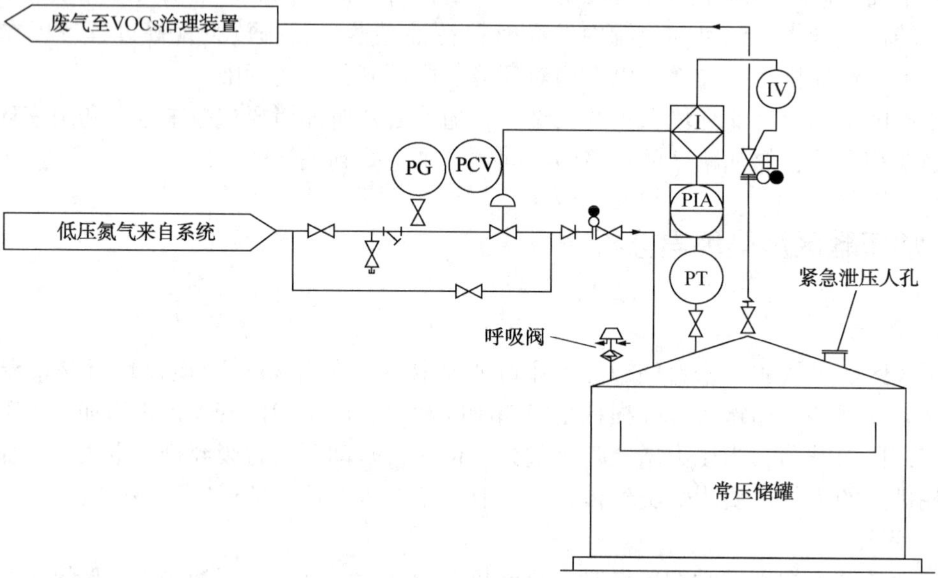

图1 废气处理工艺流程图

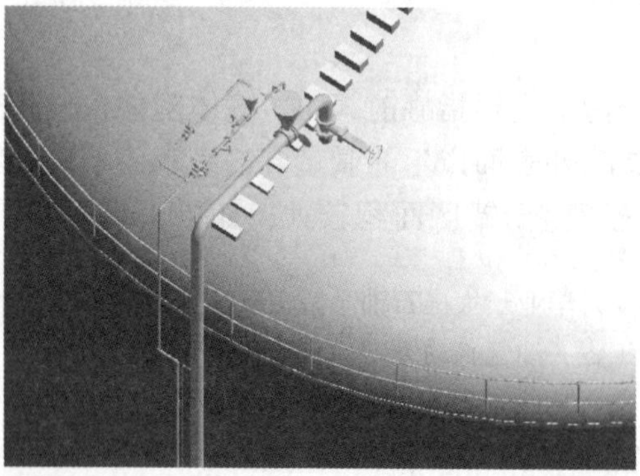

图2 废气处理工艺配管图

设计流程简述：当储罐发料时，0.7MPa氮气自管网经氮气压力调节阀调压为500Pa后进入储罐补气；当储罐收料或者外界环境温升较快时，氮气压力调节阀关闭，罐顶VOCs回收设施管道上的压力调节阀打开泄压，将废气排入VOCs回收设施。

工作原理：罐顶设置压力远传，并设置压力高高报警值：1.15kPa；高报警值：1.1kPa；低报警值：0.9kPa；低低报警值：0.4kPa，压力远传与氮气压力调节阀和VOCs回收设施管道上压力调节阀形成控制回路。当储罐内压力降到低低报警值 0.4kPa 时，联锁打开氮气压力调节阀；当储罐内压力达到低报警值 0.9kPa 时，联锁关闭氮气压力调节阀；当储罐压力到达高报警值 1.1kPa 时，联锁打开 VOCs 回收设施管道上压力调节阀，当储罐压力降回 0.9kPa 时，联锁关闭 VOCs 回收设施管道上压力调节阀。

2.2 污油系统设计

某化工常压罐区储存物料包含苯、苯酚、乙苯、丙酮等极度和高度危害介质，管道及泵区排污需要统一收集处理。传统设计：罐区管道低点排凝阀门在管道试压完毕后即割掉焊死，不利于后期管道检修；泵区排污需要操作工用桶接，存在安全隐患。为达到环保要求，消除有毒有害介质对操作人员造成的接触危害，设计中增设污油系统，将管道低点排凝、泵区排污密闭回收至地下污油罐，实现污油密闭排放。详见图 3污油系统工艺流程图，图 4 污油系统工艺配管图。

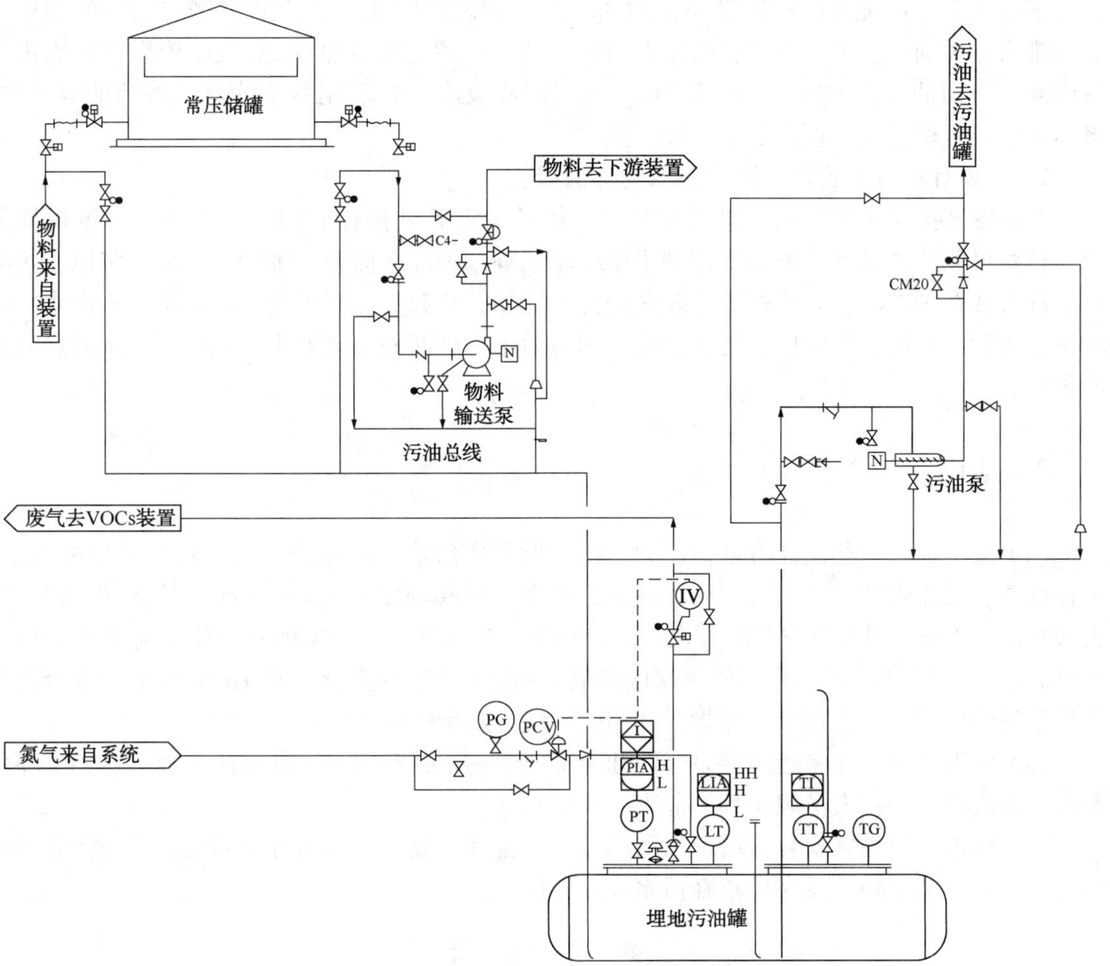

图 3 污油系统工艺流程图

设计流程简述：进出罐区物料管线增加低点排凝，排凝阀后接管引入污油总线，输送泵进出口及泵体排污阀后接管，合并为一根排污管线，最终经污油总线输送至污油罐，排入化工常压罐区轻、重污油罐。

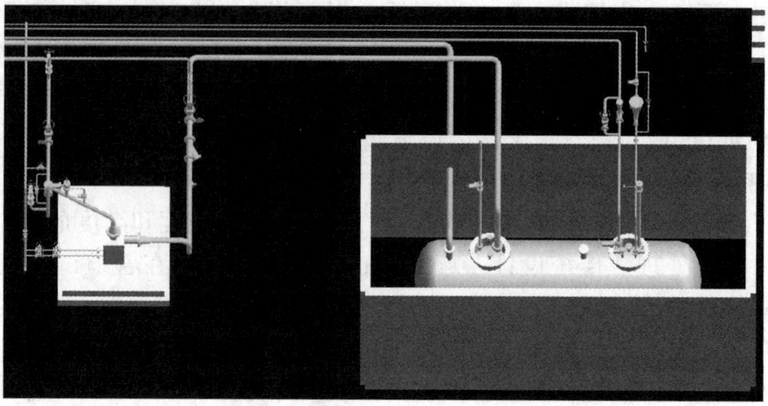

图4　污油系统工艺配管图

工作原理：1)罐区埋地敷设一根污油总线，进出罐区物料线检修时倒空的污油和机泵四处排污点污油通过低点排凝管线排至污油总线，污油总线按照0.2%坡度依靠重力流进入污油罐；2)污油罐设置氮封系统和VOCs尾气回收设施；3)利用容积式泵可将污油罐抽空，将污油输送至罐区轻、重污油罐。

2.3　设计在废水收集过程中采取的环保措施

常压罐区产生生产污水的部位主要有：罐前集合管处操作阀门、切水器、罐壁取样器等，这些可能造成罐区污染的部位都集中在罐周围，因此在储罐周围增设围堰，将以上污染源全部安装在围堰内，有效减小了罐区的污染面积，从源头做到了生产污水不污染雨水，雨水不进入污水系统，切实保证清污分流。同时由于污染面积大大缩小，减轻了污水处理装置的负荷。

3　结论

(1) 废气回收工艺设计将远传压力与压力调节阀形成控制回路，并将信号传回控制室，可控性高，操作直观，压力控制精度高，解决了呼吸阀频繁呼出废气造成大气污染的问题，大大提高了VOCs回收设施的回收率，并且减少了氮气排至VOCs回收设施的排放量，以某项目总罐容为$25.5\times10^4m^3$化工常压罐区为例，每年可节约氮气量$572.6\times10^4Nm^3$，减少公用工程消耗的同时，也实现了环保指标和消除异味的双重达标。

(2) 污油系统设计将罐区及泵区污油全部收集起来，实现了污油密闭排放，达到了环保要求，并避免了操作人员职业接触危害。

(3) 通过调整储罐安装并增设围堰的方式，合理有效建立清污分流系统，避免污染环境同时能极大地减少外送污水量减轻污水处理场压力。

参　考　文　献

[1] 金平，廖昌建等．炼厂罐区排气减排及集中收集设计[J]．环境保护与治理．2019.19(3)28-31.

[2] 田士良．炼油厂油品储运技术与管理[M]．北京：中国石化出版社，1995.

[3] 谢俊华．对某储油罐区清污分流系统的问题与对策探讨[J]．中国化工贸易．2015.26(070)85-86.

[4] 孔繁荣，赵堂玉．油品储运过程中油气挥发问题的研究[J]．油气储运．2004.23(8)48-50.

轻烃回收关键工艺参数研究–以马北联合站为例

鱼　雪[1]　马元琨[1]　华　震[2]　王　波[1]　朱　军[1]

（1. 中国石油青海油田分公司勘探开发研究院，甘肃敦煌　736202；
2. 中国石油青海油田分公司采气二厂，甘肃敦煌　736202）

摘　要： 为使天然气达到外输要求并提高天然气利用率，天然气在联合站进行油、气、水分离后的干气外输、稳定轻烃回收。本文针对马北联合站新设备处理后的轻烃气化严重，给储运带来安全隐患以及增加设备耗电量，直接增加轻烃回收成本的问题，对冷凝分离法回收轻烃工艺中涉及的低温分离器、轻烃电加热器、轻烃稳定撬再沸器温度等关键参数进行研究，达到轻烃效益回收、安全储运的目的，同时为其他油气田进行轻烃回收提供参考价值。

关键词： 轻烃回收；天然气处理撬；丙烷制冷；丙烷压缩机；轻烃稳定

1　概述

马北油气田生产的富气经马北联合站的天然气处理撬处理后轻烃回收、干气外输[1-2]。2019年初，随着天气转暖、天然气处理撬老化，日处理气量恒定，轻烃回收量快速下降，在启用新天然气处理撬后轻烃回收量明显提升，但轻烃气化严重，且使设备耗电量增加。本文旨在探索合理参数，提高稳定轻烃回收率，防止液态烃进入外输管道，摸索能耗与产量的平衡点，寻求效益最大化[3-4]。

2　轻烃回收方法及工艺流程

2.1　轻烃回收方法简介

轻烃回收方法基本包含吸附法、油吸收法和冷凝分离法[5]。吸附法的原理是固体吸附剂对不同烃类的吸附量不同；油吸收法是基于天然气中各组分在吸收油中的溶解度差异[6]；冷凝分离法是利用在一定压力下天然气中各组分的挥发度不同，将天然气冷却至烃露点温度以下，得到部分富含较重烃类的天然气凝液[7]。冷凝分离法又可分为冷剂制冷法、直接膨胀制冷法和联合制冷法[8-9]。

冷剂制冷法具有独立的制冷系统，适用于原料气较富，但其压力和外输气压力之间没有

【第一作者简介】鱼雪，女，1993-06-15、2018年6月毕业于中国石油大学（北京）、硕士、中国石油青海油田分公司勘探开发研究院、工程师、通信地址：甘肃省酒泉市敦煌市七里镇，电话：15390574867，E-mail：mxyxqh@ petrochina. com. cn

足够压差可供利用的情况[8]，其装置以控制外输气烃露点为主，并同时回收部分凝液。其原料气的冷冻温度应低于外输气所要求的露点温度5℃以上，根据原料气所需冷冻温度，可选择氨(-25~-30℃)、丙烷(-35~-40℃)、以乙烷、丙烷为主的混合冷剂(-35~-40℃)等制冷介质。

直接膨胀制冷法也称膨胀制冷法或自制冷法。其特点是通过各种类型的膨胀设备利用气体本身的压力能制冷，使气体自身温度降低，将轻烃从天然气分中离出来。常用的膨胀制冷设备有节流阀(也称焦尔一汤姆逊阀)、透平膨胀机及热分离机等[9]，这种方法适用于原料气体本身压力够高，外输气压力较低的情况。

联合制冷法又称为冷剂与直接膨胀联合制冷法。此法的冷量来自两部分：一部分由膨胀制冷法提供；一部分则由冷剂制冷法提供。当原料气组成较富，或者其压力低于适宜的冷凝分离压力，为了充分、经济地回收天然气凝液而设置原料气压缩机时，应采用联合制冷法。

2.2 马北联合站丙烷制冷装置简介

马北联合站天然气处理撬的进气压力为3.8~5.5MPa，外输压力为3.8~5.2MPa，撬的进出口压差<0.3MPa，适合冷剂制冷法。制冷介质选择相比其他制冷工质在相同的蒸发压力时，具有最低沸点温度的丙烷，使原料气达到较低的制冷温度[10]。丙烷制冷分离法的原理是利用低温液相丙烷气化潜热作为冷源，通过换热方式冷却热介质的温度[11]，其装置的核心部件为双螺杆压缩机[12]。

2.3 马北联合站轻烃回收工艺流程

轻烃回收工艺流程涉及天然气处理、丙烷制冷和轻烃稳定三个部分。单井产气作为原料气进入天然气处理撬，经乙二醇脱水，低温分离气、液两相后，干气升温外输，液态油、水分离后轻烃去往稳定撬(图2.1a)；上述过程伴随着液态丙烷吸热气化，气态丙烷经压缩、降温液化参与循环(图2.1a)；来自天然气处理撬的轻烃在稳定撬升温，分离其中不稳定组分，剩下稳定轻烃经过降温后进入轻烃储罐(图2.1b)。

3 影响轻烃回收率的参数分析

3.1 低温分离器温度

低温分离器温度越低，天然气中轻质组分冷凝析出的量越多，进入轻烃电加热器的轻烃量越多，耗电量越大。低温分离器设定温度不同时，丙烷压缩机外压比不同，而螺杆式制冷机的内压比等于外压比时，机器的功耗最小[12]。其他条件不变，低温分离器的温度越低，压缩机的能量载荷越高，丙烷制冷装置的耗电量越大(图3.1)，且随低温分离器温度的降低，耗电量增加的越快，二者呈非线性关系。

3.2 轻烃电加热器温度

低温分离器温度为-30℃，将轻烃电加热器的加热设定温度从3.8℃上调至10℃，轻烃电加热器在设定温度下的实际温度分布范围较广，当其设定温度升高时轻烃整体温度有所升高(图3.2)，但此时下游的轻烃稳定撬再沸器设定加热温度为103℃不变的条件下，再沸器实际温度为65~75℃，变化并不明显。

3.3 轻烃稳定撬再沸器温度

轻烃稳定撬再沸器温度过低，轻烃中的轻质组分分离不彻底，轻烃不达标；温度过高，戊烷和更重的烃类组分脱出，造成稳定轻烃损失，依据轻烃稳定撬再沸器实际运行压力0. 6MPa，基于试差法，结合 P-T-K 图版[13]，知异戊烷泡点温度约 97℃，故将马北联合站轻烃稳定撬再沸器温度加热至 97℃较合理。

轻烃稳定撬再沸器加热温度受天然气处理撬外输瞬流、低温分离器温度及轻烃电加热器温度影响。其他条件相同，轻烃稳定撬再沸器温度与瞬流呈负相关(图 3. 3)；与低温分离器温度呈正相关(图 3. 4)；轻烃稳定撬再沸器温度因轻烃电加热器温度不同而具有明显的分异特征(图 3. 5)。

3. 4 能耗与稳定轻烃经济评价

日处理气量为 $22\times10^4m^3$，低温分离器温度设定为-15、-20、-25、-30℃时，稳定轻烃收益越来越大，耗电量也越来越大，-25℃和-30℃的净利润基本相同，即随低温分离器温度越来越低，轻烃收益趋于定值(图 3. 6)。

4 结论及建议

(1) 马北联合站在日处理气量稳定为 $22\times10^4m^3$ 的情况下，低温分离器的温度设置为-25℃、丙烷压缩机的内压比设置为 6. 5%，轻烃电加热器的温度设置在 20℃，轻烃稳定撬再沸器的加热温度接近 97℃为成本与效益的一个平衡点。

(2) 低温分离器温度可通过影响丙烷压缩机的载荷、外压比等进而影响其耗电量，低温分离器温度越低，丙烷压缩机耗电量越大，且耗电量随低温分离器温度降低增加的越来越快，导致轻烃利润趋于定值。

(3) 丙烷制冷法回收轻烃过程中涉及多个参数，除本文提到的温度、压力、瞬时流量外，还与外界气温变化、设备使用年限、油气井生产状况等有关，它们相互影响，当班人员应随时关注各运行参数，根据实际情况对其及时进行调整以适应需求。

参 考 文 献

[1] 宋彦海，刘金滚，张飞，等.《马西气藏精细描述》[R]. 2014.
[2] 宋彦海，刘金滚，李伟，等.《马北八区块天然气试采评价及潜力研究》[R]. 2017.
[3] GB/T 37124—2018，进入天然气长输管道的气体质量要求[S].
[4] GB 9053—2013，稳定轻烃[S].
[5] 秦明旺 . 浅谈轻烃回收工艺的特点[J]. 中国石油和化工标准与质量，2012，33(12)：50+52.
[6] 张东华，贺瑞萱 . 轻烃回收工艺技术发展现状[J]. 广州化工，2014，42(008)：22-25.
[7] 罗琴 . 锦州某天然气处理厂轻烃回收工艺优化技术[D]. 中国石油大学(华东)，2011.
[8] 任兴发，吴云海，荀海红，等 . 青海油田天然气净化处理工艺探讨[J]. 青海石油，2014(01)：106-110.
[9] 王遇冬 . 天然气处理原理与工艺[M]. 中国石化出版社，2011.
[10] 张北，邱琦 . 丙烷制冷及其在天然气处理工艺中的应用[J]. 低温与特气，2013，31(4)：16-19.
[11] 费翔 . 丙烷制冷压缩功耗分析[J]. 山东化工，2018，047(010)：98-99，101.
[12] Ⅲ型系列螺杆式制冷机组使用说明书(机械部分). 武冷 .
[13] 邓修，吴俊生 . 化工分离工程 . 2 版[M]. 科学出版社，2013.

一种改性含氟聚醚破乳剂的合成与性能评价

张　临[1]　魏立新[1]　贾新磊[1]　徐子怡[2]　刘　超[1]　孙　晁[3]　代轩瑞[1]

（1. 东北石油大学石油工程学院，黑龙江大庆　163318；
2. 中国石油勘探开发研究院，北京　100083；
3. 国家官网集团北方管道有限责任公司，河北廊坊　065000）

摘　要：为解决辽河原油乳状液破乳困难问题，以对三氟甲基苯酚等物质合成起始剂，利用嵌段聚合技术合成聚醚，与TDI物质进行交联，最终合成新型含氟嵌段聚醚破乳剂。实验结果表明，合成破乳剂TFB4对辽河原油乳状液在TDI加量为聚醚质量4%、60℃的破乳温度和50mg/L的破乳剂加量条件下，破乳率高达95.5%，与辽河原油现用破乳剂相比提高约18%。

关键词：破乳脱水；性能评价；聚醚破乳剂；交联改性；含氟表面活性剂

乳状液是一种多相分散体系，在医药行业、石油行业甚至是食品行业都存在重要作用，然而稳定的原油乳状液在石油工业以及炼油作业中并不受欢迎[1]。稳定乳状液大多是在原油采出的过程中形成，会对工厂设备以及管道造成严重的腐蚀或阻塞问题，因此原油乳状液中的水分必须脱除[5-6]。

原油破乳脱水方法主要包括物理、化学、生物以及多种方式复合处理等方法，在油田实际生产过程中，化学破乳法因其便捷、高效而被广泛应用，是目前最常见，研究最多的破乳技术[7-10]。本文研究了一种新型网状多支链嵌段含氟聚醚破乳剂的合成，为含氟聚醚破乳剂的合成以及提高破乳脱水效率等方面提供了参考。

1　实验

1.1　材料与仪器

主要材料：对三氟甲基苯酚，分析纯，萨恩化学技术(上海)有限公司；甲醛，分析纯，天津天力化学试剂有限公司；四乙烯五胺，分析纯，天津天力化学试剂有限公司；二甲苯，分析纯，上海吉至生化科技有限公司；氢氧化钾，分析纯，斯百全化学(上海)有限公司；环氧乙烷(EO)，分析纯，山东紫翔销售化工有限公司；环氧丙烷(PO)，分析纯，东紫翔销售化工有限公司；2,4-甲苯二异氰酸酯(TDI)，工业级，山东艺鸿化工有限公司；实验用油为辽河油田某区块采出原油，原油的基本物性见表1。

主要仪器：BSA2235电子天平，赛多利斯(上海)贸易有限公司；HH-6恒温数显水浴锅，苏

【第一作者简介】张临，男，出生于1998年1月，东北石油大学在读硕士，师从魏立新教授，主要从事于油田化学助剂的研究。电话：17854337858。E-mail：948689953@ qq. com

州三清仪器有限公司；HH-WO-5L 恒温数显油浴锅，常州华奥仪器制造有限公司；JJ-1A 数显恒速电动搅拌器，巩义市予华仪器有限责任公司；常规玻璃仪器，滨州泰达仪器有限公司。

表 1 辽河油田某区块采出原油基本物性

密度/kg·m^{-3}	凝点/℃	沥青质含量/%	胶质含量/%	酸值/MGKOH·G^{-1}	含水率/%
0.9430	17.1	12.75	22.98	4.25	35.82

1.2 含氟聚醚破乳剂的合成方法

将对三氟甲基苯酚与四乙烯五胺以质量比为 1∶2.3 的用量放入四口烧瓶中，油浴升温至 45℃并保温 20min 后，缓慢加入与对三氟甲基苯酚同等质量的浓度为 37%的甲醛溶液，滴加完毕后保温反应 60min。将总物料质量一半的二甲苯溶剂加入四口烧瓶中，油浴升温至 110℃持续回流脱水 2H，再逐步升温至 160℃，保持温度 1H 后反应结束，降温得到淡黄色粘稠液体。二甲苯在化学反应过程中并不参与反应，仅作为回流脱水中溶剂而存在，最终生成淡黄色粘稠液体产物为起始剂，化学反应式见图 1(A)。

之后，将定量起始剂与少量氢氧化钾催化剂加入高温高压反应釜中，利用 N_2吹扫的方式排出釜内空气，开启真空泵抽真空至反应釜上压力表示数为-0.09MPA，开启 PO 进料阀，升温至 130℃，保持压力表示数在 0.25MPA，当通入量到达实验用量时，关闭进料阀等待反应继续，当压力表示数降回-0.09MPA 反应结束。EO 的通入步骤与 PO 相同，当压力表示数再次降回-0.09MPA 后认为起始剂与 PO、EO 反应完全，降温开釜，得到聚醚反应物，EO、PO 具体合成比例见表 2，化学反应式见图 1(B)。

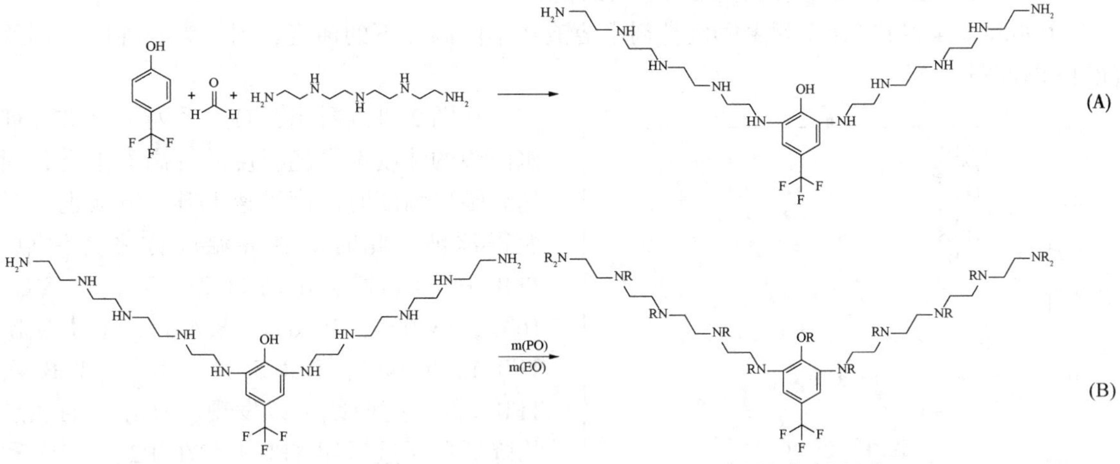

图 1 含氟聚醚破乳剂的反应步骤((A)为起始剂的反应步骤，(B)为聚醚反应步骤)

表 2 含氟聚醚破乳剂 TFB 的具体合成比例

样品种类	合成质量比		样品种类	合成质量比	
	起始剂∶PO	PO∶EO		起始剂∶PO	PO∶EO
TFB 1	1∶99	2.0∶1	TFB 4	1∶159	3.7∶1
TFB 2	1∶99	3.7∶1	TFB 5	1∶199	2.0∶1
TFB 3	1∶159	2.0∶1	TFB 6	1∶199	3.7∶1

将合成的聚醚反应物和甲苯以质量比为2.5∶1的用量加入三口瓶中，升高水浴温度至60℃，并设定搅拌转速350R/min。利用滴定装置缓慢向三口瓶中滴加聚醚质量4%并且浓度为10%的TDI甲苯溶液，待滴加完毕后保温反应2.5H，得到含氟聚醚破乳剂TFB1-6。

1.3 含氟聚醚破乳剂的浊点和HLB值测定

(1) 浊点

实验采用HACH 2100Q便携式浊点仪来测定不同温度下，所合成FB系列聚醚破乳剂1WT%水溶液的浊度。

(2) 亲油-亲水平衡值(HLB值)

1.4 表面张力测定

TFB聚醚破乳剂的表面张力主要采用克吕士DSA100接触角测量仪进行测定。

1.5 含水量的测定

采用蒸馏法[23]对原油乳状液中水含量进行测定。

1.6 破乳脱水实验

瓶试法[24]被用来测试TFB系列聚醚破乳剂的破乳脱水实验。

2 性能评价

2.1 TFB系列聚醚破乳剂的浊点、HLB值

由实验1.4得到FB系列聚醚破乳剂水溶液在不同温度下的浊度，图2为6种破乳剂的浊度-温度图。

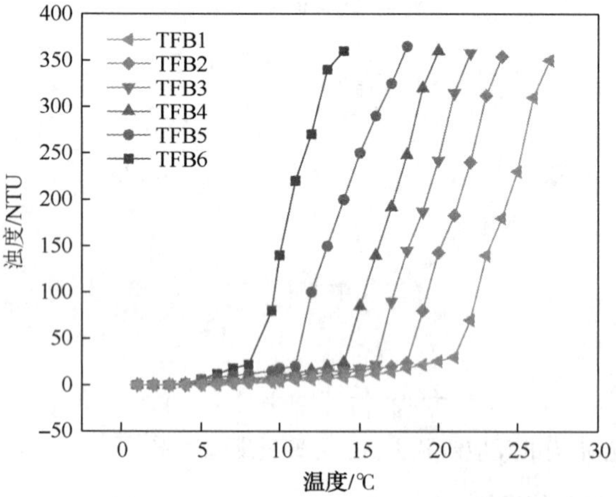

图2 FB系列破乳剂在不同温度下的浊度

从图2可以看出，TFB系列聚醚破乳剂水溶液的浊度都是随温度的升高而上升，当达到临界温度时浊度迅速上升，溶液也同时变得浑浊，此时的临界温度称之为浊点。TFB1-6的浊点分别为21.2℃、17.8℃、16℃、13.9℃、10.8℃、8.4℃。通过对比TFB 1、TFB 3、TFB 5和TFB 2、TFB 4、TFB 6的浊度曲线可以发现，破乳剂的浊点均降低；通过对比TFB 1和TFB2、TFB3和TFB4、TFB 5和TFB 6可以发现，破乳剂的浊点均降低。这是因为PO基团为疏水基团，能够使得水溶液的水溶性降低，浊点也随之下降，因此，当EO含量一定时，浊点随着PO含量的增加而降低；而EO基团为亲水基团，能够促进与水之间的氢键结合力，从而浊点升高，当PO含量一定时，浊点随着EO含量的降低而降低。

2.2 破乳条件确定

在TDI添加量为聚醚的质量的4%，破乳温度为60℃，破乳时间为2H的条件下对辽河原油乳状液进行破乳脱水实验。通过改变 TFB4 含氟聚醚破乳剂的添加量来确定该破乳剂的最佳破乳剂添加量；再以破乳剂添加量为 50mg/L 的条件下对 TFB4 含氟聚醚破乳剂进行破乳脱水实验，通过改变破乳温度来确定该破乳剂的最佳破乳温度，实验数据如图 3 所示。从图 10 可以看出随着聚醚 TFB4 破乳剂浓度的增加，破乳率升高，尤其是在浓度从 20mg/L 升高到 50mg/L 之间，界面膜的稳定性变弱，膜的强度降低导致水滴的聚结，2H 内破乳率从 72.65%升高至 95.53%，然而当浓度超过 50mg/L 后，破乳率随同样增加，但上升幅度极小，甚至趋于平衡，考虑到破乳剂浓度增加，成本也会随之增加，因此确定最佳破乳剂加量为 50mg/L。

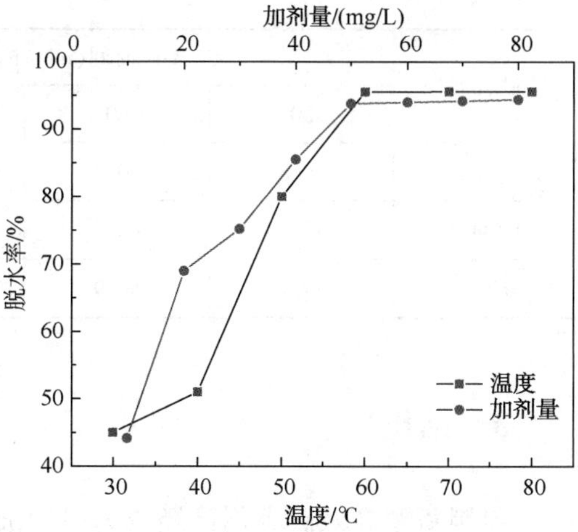

图 3　不同破乳剂加量对辽河原油乳状液破乳脱水效果

图 3 中，含氟聚醚 TFB4 破乳剂在 40℃破乳率较差，破乳率仅有 52%左右，随破乳温度从 40℃上升至 60℃，破乳率飞速上升从 52.59%上增长至 95.64%。然而，当温度由 60℃增长到 70℃以及 80℃时，破乳率增加的幅度极小，综合考虑下确定该破乳剂的最佳破乳温度为 60℃。

2.3　TFB 聚醚破乳剂的破乳脱水评价

将合成的 TFB 系列含氟聚醚破乳剂与选取的油田中常用和现用的破乳剂利用瓶试法对含水率为 35.82%的辽河原油进行破乳脱水评价，设定破乳剂加量为 50mg/L，破乳温度为 60℃，分别记录在不同时间段下，上述破乳剂对辽河原油乳状液的脱水量。从表 3 可以看出合成的含氟聚醚破乳剂 TFB1-6 对辽河原油乳状液的破乳效果优异，整体脱水率基本达到 85%以上，其中 TFB4 的脱水率最高达到 95.5%，并且脱出水质清澈。而在用的两种破乳剂在相同破乳条件下效果并不理想，破乳率均不超过 80%，其中 LX21 脱水率为 77.4%。通过对比可以得出，新合成的破乳剂对辽河油田原油乳状液效果更佳。通过数据对比筛选出最佳破乳剂为 TFB4，即起始剂与环氧丙烷比例在 1∶159，环氧乙烷与环氧丙烷比例在 1∶3.7 时合成的含氟聚醚破乳剂破乳效果最佳，破乳率高达 95.5%。

表 3　TFB 聚醚破乳剂对辽河油田 W/O 型乳状液的脱水效果

破乳剂	不同时间(min)内的脱水率/%				脱出水色	油水界面
	30	60	90	120		
TFB1	27.5	58.2	81.1	88.4	较清澈	较规则挂壁
TFB2	28.6	59.4	81.9	85.7	较清澈	较规则挂壁
TFB3	30.1	60.9	85.6	92.3	清澈	较规则不挂壁
TFB4	32.2	65.4	87.8	95.5	清澈	较规则不挂壁
TFB5	29.4	58.9	83.7	90.2	清澈	规则不挂壁

续表

破乳剂	不同时间(min)内的脱水率/%				脱出水色	油水界面
	30	60	90	120		
TFB6	29.8	60.7	83.8	89.7	清澈	规则不挂壁
D14411	12.5	47.8	65.8	70.6	较清澈	较规则挂壁
LX21	17.7	50.9	75.2	77.4	较清澈	较规则挂壁

3 结论

研制新型高效破乳剂已经成为原油破乳领域的必然趋势，在本论文中，一系列含氟聚醚破乳剂被成功合成并用于辽河油田原油乳状液的破乳。破乳脱水实验发现该类型聚醚破乳剂的破乳能力优异于市场上常见与现阶段油田常用的破乳剂，其中 TFB4 破乳剂是最佳的，在 2H 内破乳脱水率能够达到 95.5%，并通过控制变量的方法，最佳破乳温度为 60℃ 以及 50mg/L 的最佳破乳剂加量。

参 考 文 献

[1] Wang D，Yang D，Huang C，et al. Stabilization mechanism and chemical demulsification of water-in-oil and oil-in-water emulsions in petroleum industry：A review [J]. Fuel，2021，286(3)：119390.

[2] 王志华，许云飞，戚向东，刘晓宇，洪家骏．乳状液稳定性影响因素及其分子动力学模拟研究进展[J]. 油田化学，2021，38(02)：360-367.

[3] 杨海，黄新，林子增，申子靖．油包水型原油乳状液破乳技术研究进展[J]. 应用化工，2018，47(12)：2734-2738+2743.

[4] Umar M，Su C W，Rizvi S，et al. Driven by Fundamentals or Exploded by Emotions：Detecting Bubbles in Oil Prices[J]. Energy，2021，231：120873.

[5] 姚彬，黎志敏，施鹏，段明．集输管道和设备腐蚀产物对原油脱水的影响[J]. 油气储运，2020，39(09)：1021-1025.

[6] 王涛．两亲性嵌段共聚物的自组装行为及其破乳机理研究[D]. 中国石油大学(华东)，2014.

[7] Hjartnes T N，Srland G H，Simon S C，et al. Demulsification of crude oil emulsions tracked by pulsed field gradient NMR. Part I：Chemical demulsification[J]. Industrial & Engineering Chemistry Research，2019，58(6).

[8] 李杰，李小玲，吴玉国．原油破乳剂研究进展与发展趋势[J]. 应用化工，2021，50(06)：1712-1716.

[9] 王青青．聚醚聚季铵盐及其负载型破乳剂破乳性能及机理[D]. 中国矿业大学，2019.

[10] 丁彬，梁金禄，刘玉章，王平美，罗健辉．稠油化学破乳技术研究进展[J]. 化工进展，2010，29(S2)：128-134.

[11] 徐文萍，梁兵，刘增金，梁小杰，范晓燕．含氟高分子表面活性剂的合成及其乳化性能[J]. 精细化工，2011，28(04)：342-346+369.

[12] 王小金，宋彩雨，辛海鹏，谭业邦．含氟高分子表面活性剂的合成及其溶液性质研究[A]. 中国化学会高分子学科委员会．2013 年全国高分子学术论文报告会论文摘要集——主题 D：高分子表征[C]. 中国化学会高分子学科委员会：中国化学会，2013：1.

[13] 张临，晁萌，魏立新，宋洋，李哲．改性含氟聚醚稠油破乳剂的合成与性能评价[J]．化学工程师，2021，35(07)：1-6.

[14] Zhang J，Wang Y，Xu G，et al. Formation and rheological behavior of wormlike micelles in a catanionic system of fluoroacetic acid and tetradecyldimethylaminoxide[J]. Soft Matter，2016，13(3)：670-676.

[15] 周家华，崔英德．表面活性剂 HLB 值的分析测定与计算Ⅰ. HLB 值的分析测定[J]．精细石油化工，2001(2)：11-14.

[16] 中华人民共和国国家质量监督检验检疫总局，中国国家标准化管理委员会 . GB/T 8929—2006 原油水含量的测定蒸馏法[S]．北京：中国标准出版社，2000.

[17] 国家石油和化学工业局 . SY/T 5281—2000 原油破乳剂使用性能检测方法(瓶试法)[S]．北京：中国石油天然气总公司规划设计总院，2000.

[18] Lisi R D，Milioto S. Poly(ethylene oxide) 13 Poly(propylene oxide) 30 Poly(ethylene oxide) 13 Electrolyte Interactions in Aqueous Solutions at Some Temperatures[J]. Langmuir，2000，16(13)：5579-5583.

关于微生物污水处理站含油污泥减量化运行的探讨

张云鹏

(大庆油田有限责任公司第六采油厂)

摘　要：含油污泥是油田开发和储运过程中产生的重要污染物之一，近年来，随着开发逐步深入，回注污水量逐年增多，导致污水处理站运行负荷递增，致使污泥增长率都呈上升趋势，清淤周期大幅缩减，影响日常生产效率。本文针对微生物污水处理站含油污泥产生的原因进行分析，就如何从技术改进、工艺优化、管理提升等方面开展研究，使其在提高污水处理效果、保证外输水质的同时，减少污泥的产生和沉积。

关键词：污水处理；含油污泥；微生物

喇290微生物污水处理站(以下简称喇290污水站)是大庆油田处理能力最大的一座微生物污水处理站，该站是以特种微生物联合菌种应用为主体，配套气浮、固液分离等前沿技术对污水进行净化，现有各类机泵、罗茨风机、溶气装置、加热炉等耗能设备92台。

1　生产现状及存在问题

随着生产需要，喇290污水站处理量由日均的$0.97\times10^4m^3$逐步升至$1.43\times10^4m^3$。处理量的增多，引发污水中携带的污泥大量沉积。全站只有固液分离装置自带排泥设施，随着污泥产生量增多，已无法满足现有的处理需求，导致气浮、固液分离装置、微生物反应池内均堆积大量污泥，致使处理污水的沉降和分离时间减少，以及微生物对污水净化时间也相对缩短，影响最终的外输水质。

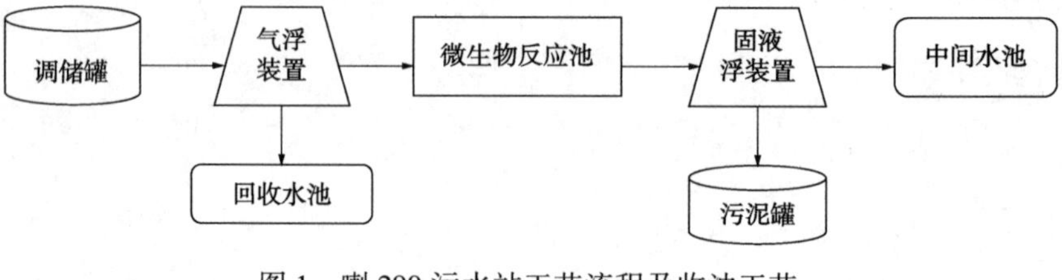

图1　喇290污水站工艺流程及收油工艺

为提高污水处理效率，清淤周期由以往的5年降至2年。每次清淤都会使全站处在停产或半停产状态，清淤时间一般持续一个月，在加大本站运行、安全、维护等管理难度的同

【第一作者简介】张云鹏，男(1989.01)2011年毕业于东北石油大学工学学士学位，第六采油厂第四油矿党支部书记，助力工程师，联系电话：13845926041

时，造成其它污水站高负荷运行，影响全矿污水处理效果。同时，短周期的清淤工作也造成人工、物料等成本的增加，影响效益运行。

2 研究思路及解决途径

要实现污泥减量化生产，无外乎两个方向，一是在污泥生产过程中实现污泥的减量化运行，从而减少污泥在系统内的堆积，这是从源头上解决系统产生的污泥；二是污泥产生后对污泥进行集中处理，将已产生的污泥通过一系列的措施，实现排放量的减少，达到减量化生产。

因此，结合全站工艺，本着“先减量后集中”的思路，优先考虑在产生污泥的环节中，采取减量化措施，避免污泥大量沉积造成恶性循环。对已产生的污泥，通过降低污水含量，从而减少污泥体积，实现后续处理中的便于运输。同时将分离出的污水、污油进行回收，达到助力原油产量的目的。

3 具体措施及相关建议

基于以上分析可以看出，实现喇 290 污水站污泥减量化运行，需要立足现有工艺及设备，从源头开始，将各环节和各节点从管理提高、技术改进、以及参数优化等方面制定相应措施。

3.1 抓好来水水质的监督和控制

来水水质决定着后续工艺处理的效果。污水含油及悬浮物过高、或超过标准值，必然影响后续工艺及设备对污水的处理效果，长期以往，必然导致沉积物过多，影响水质。因此，需要通过定期化验来随时掌握来水水质，当污水含油及悬浮物超过临界值 1000mg/l 时，需及时和上游的放水站结合，保障来水水质。

与此同时，加强自身对水质的管控，实施调储罐连续 24 小时小排量收油，保证污水沉降时间，结合来水水质情况，摸索气浮装置压缩空气供应量、回流比和溶气压力等技术参数的调节量，尽可能多地分离污水中的悬浮物和泥沙，经配套排污泵输送至回收水池，减少污泥等沉积物在气浮装置内的堆积(见表 1)。

表 1 水质化验结果与指标对比情况

气浮来水水质（含油及悬浮物）	压缩空气供应量	回流比	溶气压力	气浮出水水质
200mg/l 以下	1~2m³/h	0.4~0.52Mpa	11%~18%	35~45mg/l
200~300mg/l	1~2m³/h	0.3~0.45Mpa	15%~25%	40~50mg/l
300~500mg/l	2.5~3m³/h	0.35~0.5Mpa	20%~30%	48~60mg/l
500~800mg/l	3~4.5m³/h	0.4~0.55Mpa	25%~30%	56~70mg/l
800~1000mg/l	5~6m³/h	0.55~0.6Mpa	30%~35%	70~100mg/l

3.2 定期酸洗微生物反应池内的曝气头

微生物净化污水是微生物污水处理站的核心技术。整个微生物反应池是由 12 个小反应池、分三级组成，微生物悬挂在池中央，靠4台罗茨风机压缩空气为菌种提供存活的养分，被压缩的空气需要通过曝气头输送到反应池内，确保微生物有充足的养分(见图2)。

在生产过程中发现，曝气头经常被污水中的杂质堵塞。而堵塞的曝气头下部，污泥产量明显增多，由此可以判定，曝气头堵塞，导致微生物存活率降低，不能对污水进行完全净化，使沉积物大量沉降在池内，形成污泥堆积(见图3)。为此，需要定期酸洗曝气头，让充足的空气流入反应池内，保障微生物的存活率，实现污水的充分净化。

图2　微生物反应池内曝气头

图3　曝气头堵塞后产生的污泥

3.3　固液分离装置增加反冲洗流程

污水内的沉积物经固液分离装置后会得到充分分离，形成污泥沉积在容器内。作为全站唯一配有排泥工艺的设备，在污泥处理中，经常会出现污泥堵塞阀门、管线，如果长时间得不到解决，随着堆积污泥的增多，会破坏装置内的滤料和填料，影响整个系统内的污水处理效果。

如果引用固液分离装置内的溶气水，来增设反冲洗流程，可以将堵塞阀门和管线内的污泥冲洗到回收水池内，最大限度减少污泥在系统内沉积，提高污水处理效果(见图4)。

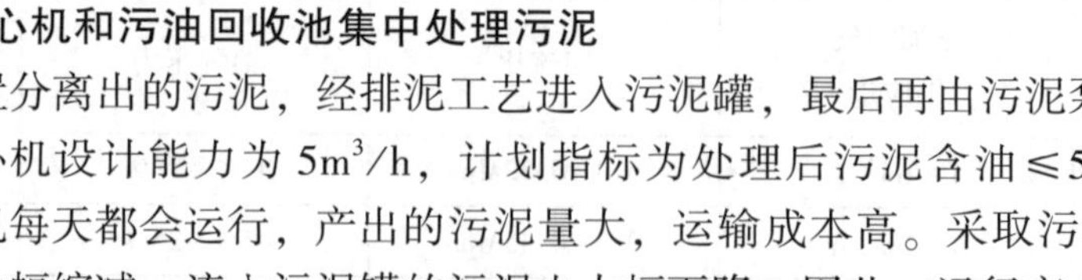

图4　固液分离装置增加反冲洗流程示意图

3.4　利用离心机和污油回收池集中处理污泥

固液分离装置分离出的污泥，经排泥工艺进入污泥罐，最后再由污泥泵运输到离心机进行集中处理。离心机设计能力为5m^3/h，计划指标为处理后污泥含油≤5%、含水≤70%，投产之初，离心机每天都会运行，产出的污泥量大，运输成本高。采取污泥减量化措施后，污泥产生量明显大幅缩减，流入污泥罐的污泥也大幅下降。因此，运行离心机的时间，可以改为几天一次集中处理，或每天定时运行。因处理污泥量的减少，离心机运行效率也提高，进一步减少污泥内的含油和含水(见表2)。

脱离后的污水按原工艺会流入回收水池，如果将污水打入站内的污油回收池，经泵进入3000m^3 调储罐，进行回收处理，在避免回收水池负荷增加、缩短清淤周期的同时，实现污油的回收再利用。

表 2　离心机脱水后的化验数据

名　称	减量化前	减量化后
含油(mg/l)	352	389
悬浮物(mg/l)	318	358

4　对策结论及几点认识

污泥减量化运行，是以运行节点为抓手，通过“先减量后集中”的思路，设法减少各工艺节点的污泥产生量，从减少污泥总产量，这样既避免大量污泥堆积在系统内，也提高外输污水的处理效果，减轻了下游污水站的处理压力，改善了注水水质。

与此同时，各工艺节点中污泥产生量的减少，也使离心机集中处理的污泥量减少，避免了离心机高负荷运行，提高了污泥处理效果，实现污泥体积进一步缩减，真正达到污泥减量化目的。

石油经济与管理

碳中和目标下油气行业可持续发展路径选择

牛　艺

摘　要：以更清洁低碳的方式为社会发展提供能源已经成为世界各国的共同目标。油气行业作为传统支柱型能源行业，其发展路径和变革方向对能源系统产生重要影响。作为最大的碳排放国，我国向世界承诺的2060年碳中和目标为促进油气行业可持续发展提供了发展路线，推动油气行业向更低碳、更高效的方向转型升级。本文梳理了油气行业在碳中和背景下可持续发展的机遇与挑战，探究了实现路径，为油气行业的可持续发展提供参考。

关键词：油气行业；可持续发展；碳中和；可再生能源

1　引言

目前国际上多数发达国家已经宣布了碳中和的目标和愿景。欧盟、韩国和日本提出2050年实现碳中和目标，芬兰、冰岛等部分欧盟国家提出了更早实现碳中和的目标。2020年9月，习近平总书记在75届联合国大会一般性辩论上首次提出中国力争于2030年实现“碳达峰”目标、2060年达到“碳中和”。这是我国向国际社会做出的庄严承诺，也是石油化工企业加速推进绿色低碳转型，实现清洁化、低碳化生产和高质量发展的重要契机。碳排放权交易市场是国际上公认的一种有效的管理工具，碳交易是实现温室气体减排的措施之一[1-3]。建立健全碳排放权交易市场是我国长期深度脱碳转型、实现高质量发展的必然要求。

油气价值链从生产、运营到油气产品的最终使用都对碳中和目标及其可持续发展均产生影响。目前，已有部分国家和地区出台限制甚至禁止油气勘探开发活动，采取政策措施来促进低碳发展[1-3]。除能源消费环节外，油气行业价值链还覆盖了勘探开采、石油加工、储运集输以及终端分销等各环节，覆盖了油气开采业、燃料加工业、燃气生产和供应等众多行业。从整个油气价值链的排放构成分析，能源消耗是产生碳排放的主要环节，2019年该部分占比超过六成，其余部分的排放产生在油气行业的生产运营环节[5]。

碳中和是英国伦敦原Future Forests公司创造出来的新名词。英国标准协会将碳中和定义为：一标的物相关的温室气体排放，并未造成全球排放到大气中的温室气体产生净增量。碳中和有碳补偿与碳抵消两大实现途径。碳补偿是指直接或间接地以能源替代方式降低化石

【第一作者简介】牛艺，女，1997年10月生人，现就读于东北石油大学油气资源经济与管理专业。通讯地址：黑龙江省大庆市高新技术产业开发区学府街99号；邮编：163318；E-mail：15776543779@163.com

能源消费量，从而降低地球大气系统的碳负荷。而碳抵消是由自然百分百地吸纳或消除能源燃烧排放到大气中的二氧化碳或者是通过清洁发展机制或者联合履行机制获得一定的碳信用额，可以被理解为碳交易，由他方减排掉所有碳排放[6]。

石油及天然气作为我国的第二、第三大能源品种，是重要的基础性能源，也是我国社会经济发展的重要动力。我国的化石能源资源禀赋是“富煤缺油少气”。依据碳达峰与碳中和目标，我国不仅需要控制能源消费总量到2035年左右基本达峰，其中，化石能源的占比也需要持续下降，到2050年可能下降到20%。石油的消费量将逐步稳定，并在2030年左右达峰，在能源消费中的占比开始下降；天然气的消费量以及占比在2040年前后仍将保持上升趋势[6]。在未来一段时期内，我国油气能源活动的排放仍将保持增长，是我国温室气体排放的重要组成部分。

结合碳中和目标及油气行业可持续发展目标，对我国油气行业在碳中和目标下现状进行分析，寻找面临的挑战和机遇，探究碳中和目标下油气行业的主要发展路径，在此基础上有针对性地提出对策建议，可以助力油气行业履行环境社会责任、保障国家能源环境安全。

2 碳中和背景下油气行业面临机遇

油气行业对碳中和目标下的可持续发展进行了探索。中国油气和石化企业积极参与到了碳排放权交易市场。中国石化、中国石油、中国海油三大国有能源企业积极的参与碳排放权交易市场，这给碳中和目标下油气行业的可持续发展带来便捷。自一线和超一线城市逐步开展碳排放权交易试点工作以来，中石化、中石油和中海油的众多下属企业被纳入碳排放权交易试点[7]。

我国碳达峰和碳中和愿景的实现，需要在2030年前二氧化碳排放达峰为导向，持续提升非化石能源占比，保证天然气发挥更大作用。一次能源结构上化石能源总体上不再增长，煤炭消费下降，石油消费量达到峰值，天然气增长带来的碳排放能够被降低煤炭消费量所减少的碳排放抵消，才能基本实现二氧化碳排放达峰。在2030年达峰之后，需要进一步推进全部温室气体绝对量的快速减排，这意味着长期碳中和目标将被纳入国家现代化建设总体目标和战略之中，引导能源变革和经济发展方式脱碳化转型[5]。

无论从能源结构优化还是行业温室气体排放控制的角度，油气行业在能源结构优化上已有所行动，积极的响应了油气行业的可持续发展目标。目前，以“三桶油”为首的中国油气企业都已积极推进碳中和目标下的可持续发展战略，中国石油制定了提出将天然气作为低碳发展的主要抓手，积极发展风能、氢能、太阳能、地热能、生物质能等新能源。中国石化深入推进“绿色企业行动计划”，将碳足迹评价与改善纳入绿色企业创建指标，制定了一系二氧化碳减排以及甲烷回收利用目标。中国海洋石油已发布制定了近期、中期和远期3个阶段的绿色发展目标，通过实施绿色油田、可再生能源、绿色低碳等具体行动推动公司自身绿色发展。

3 碳中和背景下油气行业面临挑战

虽然国内的以中国石化为首的石化企业在碳排放权交易初始阶段积极参与，但是对于实现2060碳中和愿景还远远不够。普遍来看，油气行业对成本低、效果显著的绿色低碳治理办法较为侧重，并倾向于向这类治理模式投入更多资源。相反，油气行业对成效慢的技术和治理方式存在畏难情绪，并没有投入过多精力去建设，这是远远无法达到碳中和目标的。行业内现存前瞻性、战略性技术无法支撑碳中和目标下可持续目标的实现，很难进入从低成本减排到扩大经济收益的良性循环。再次，目前，我国油气行业的环保减碳主观能动性不强，还没有将碳中和理念真正发挥作用[8]。

现阶段油气行业在面临减碳行动时，无法彻底将数字化、智能化对油气行业的优势发挥彻底。“数字油田”和“智能油田”的影响和辐射范围不够大，行业内数字化、智能化的推广力度和影响程度仍需提升。在油气企业的经营和治理上，数字化的治理和管理理念对于油气企业这类传统能源行业是有一定难度的。碳中和导向下依托数字化转型的可持续发展无论在思想还是行动上都面临一定挑战。

可再生能源系统与传统化石能源系统的接洽与协同问题。可再生能源是能源系统可持续发展的趋势和导向，可再生能源价值链的扩大是碳中和时代下的必然发展趋势和必经阶段。但是，受技术限制，我国距可再生能源的大范围普及仍有很大发展空间。在油气行业的可再生能源发展进程中，碳中和目标下油气行业的可持续发展离不开天然气的贡献。天然气被认为是能源消费结构从高碳化石能源向可再生能源发展过程中的过渡燃料[9]。然而目前，我国油气行业可再生能源技术的把控并不完全成熟，在现阶段使用和未来发展中仍存在技术和管理上无法攻克的难题，油气系统、天然气系统与可再生能源系统的接洽和协同发展仍有很大进步空间。

4　碳中和背景下油气行业可持续发展主要路径

（1）结合数字化、智能化技术

结合数字化、智能化技术提升生产效率和管理水平。油气行业与数字化、信息化产业的融合发展与创新，促进了油气价值链与能源系统管理新模式发展。如三维地震勘探、测井、钻井等海量地下数据的采集和利用，能有效提升油气资源的勘探开发效率。油气储运领域与“互联网+”的深度融合推动了智能管道和智慧管网的建设，加速了油气能源与其他能源系统的互连和协同，有利于油气资源生产、配置和使用高效进行。数字化、智能化的油气系统具有清洁、安全、高效导向，是油气行业可持续发展的必然选择[10]。

数字气田的推广建设，形成油气田管理新模式。“智慧油田”和“数字气田”的建设不能够降低单位生产成本，加强了生产安全水平，极大地提升了油气生产效率，降低单位生产成本与用工总量。5G 引领的新兴数字技术和关键装备进一步优化了油气生产输配各个环节，能够促进更多优质资源进入油气产业，提高油气生产效率和管理水平，因此，油气行业想要实现可持续发展势必要形成数字化、智能化导向的发展路径。

（2）做好前瞻性和战略性技术研发储备

新能源、提高能效和碳捕捉与封存被认为是传统能源减排的三大途径。油气行业作为传统能源行业之一，应重点加强二氧化碳捕获、储存与利用技术等低碳技术的研发，提高油气资源的综合利用率。先进装备有利于提高能效，新兴技术能充分利用现有地质技术，在资源枯竭的油气田区域，寻找有利地质构造，永久封存二氧化碳，从源头上大幅减少碳排放。油气行业与高校、科研机构的联合，能够促进技术革新、产品升级换代，为实现石油企业长远发展和增强市场竞争力提供有力保障[11]。

油气行业作为石油与天然气的消费者和提供者，通过产品结构调整、加工流程优化，可以获得短期内的节能降碳效果，但这对于可持续发展是远远不够的。在碳中和目标下的油气行业可持续发展必须做好战略技术储备。一方面，减排技术的升级换代是至关重要的。油气行业的二氧化碳排放来源众多，既有直接排放也有间接排放，突破减排技术瓶颈的难度比较大。另一方面，可再生能源在碳中和目标下的贡献巨大，在能源系统的地位和价值日益突出，未来的油气行业势必要面临严峻的挑战和巨大冲击。油气行业十分有必要提前储备技术，今早适应与可再生能源的接洽和协同[8]。

（3）注重可再生能源与油气资源的协同发展

在碳中和目标下，油气行业的清洁化发展导向使其面临一些现实问题。可再生能源发展与油气资源的接洽与协同发展至关重要，关系到油气行业碳中和目标实现的质量。由于储能等关键技术并未十分成熟，很多技术仍处于探索阶段，如风电、太阳能等发电出力具有一定的随机性。而由于我们长期使用油气资源，油气资源稳定出力已经十分成熟。全球尚未有任何国家能完全脱离可再生能源，全部使用可再生能源实现能源自给。由此看来，如何结合二者优势并取长补短，如何实现化石能源与非化石能源协同发展是关键性问题。可再生能源成为稳定的、适应人类社会发展的能源供应体系是所有国家努力达成的目标。但在这个理论上的过渡期和检验期，我们依然需要化石能源与可再生能源的协同发展，以确保能源供应稳定[12]。

5 建议

依据油气行业面临的机遇与挑战，针对本研究提出的可持续发展路径，有如下三点发展建议：

（1）加速数字化、智能化进度。着力推进数字化、智能化改革和转型，积极引进数字化人才和设备，做好数据的采集、分析和利用。使用数字化来寻找碳中和进步空间，使用更科学、更高效的方式节能减碳，为可持续发展奠定基础。此外，充分发挥数字红利，加速油气资源系统与其他能源系统的协同和接洽，提高油气价值链的数字化生产效率和管理效率，为未来油气互联网、能源互联网的一体化奠定发展背景。

（2）加大低碳技术研发力度。重点加强二氧化碳捕获、储存与利用技术的研发，有针对性地发展低碳能源技术；加强油气资源的低碳、高附加值转化技术的开发和利用，大力发展多联产设施，提高资源和能源综合利用率。发展油田开采领域利用二氧化碳强化石油开采技术，增加石油产量、提高采收率；开发利用先进技术，建立有利于提高能效、降低排放的技术序列，在资源枯竭的油气田区域，寻找有利地质构造，对二氧化碳进行永久封存，从源头上大幅减少碳排放；石油企业可以联合大学、科研机构，进行技术革新、产品升级换代，为实现石油企业长远发展和增强市场竞争力提供有力保障。

（3）注重与可再生能源的协同与融合。在油气行业可持续发展设计阶段，注重可再生能源的引进和发展的同时，不仅需要考虑可再生能源消纳问题，还需要谨慎考虑可再生能源与油气资源的协同利用问题。油气行业的可持续发展最终目的是以更节能减碳、更稳定的方式为社会发展提供能源。因此不能盲目的对可再生能源生产系统扩张或忽视油气系统的正常运行，要注重二者的平衡与稳定。

参 考 文 献

[1] 边莹．浅析我国碳交易市场的现状以及发展策略[J]．中国商界(下半月)，2010(11)：111.

[2] 姜睿．我国碳交易市场发展现状及建议[J]．中外能源，2017，22(01)：3-9.

[3] 杨锦琦．我国碳交易市场发展现状、问题及其对策[J]．企业经济，2018，37(10)：29-34.

[4] 杨子民．实现巴黎协议环保目标的化石能源可燃烧总量研究[J]．环境科学与技术，2020，43(09)：111-118.

[5] 金雅宁，倪正，田喆，等．碳中和愿景目标对油气行业的挑战与机遇[J]．石油化工技术与经济，2021，37(01)：1-6.

[6] 曹淑艳，霍婷婷，王璐，等．农村家庭能源消费碳中和能力评价[J]．中国人口·资源与环境，2014，24(S3)：301-303.

[7] 郭伟．全国碳市场建设进展及石化行业碳交易实践[J]．中国石油和化工经济分析，2016(07)：11-13.

[8] 王栋．碳达峰背景下我国石油化工企业参与碳排放权交易市场建设路径分析[J]．现代管理科学，2021(05)：3-9.

[9] 李琴，王建良，刘睿，等．碳中和目标下天然气产业发展的多情景构想[J]．天然气工业，2021，41(02)：183-192.

[10] 刘睿，王建良，李琴，等．新时代下油气行业高质量发展内涵与实现路径[J]．煤炭经济研究，2021，41(01)：43-49.

[11] 杨晓龙．传统能源企业可持续发展与低碳技术发展路径探析——以石油企业低碳转型为例[J]．科技进步与对策，2013，30(10)：98-102.

[12] 罗佐县．碳中和目标下我国新能源发展要注重质量[J]．中国石化，2021(01)：73.

环境规制对石油企业环境绩效影响的实证分析

曲　迪[1]

东北石油大学 经济管理学院　大庆

摘　要：文章分析了环境规制与环境绩效的互动机理，以石油企业为研究对象，选取2015-2019年的面板数据，对命令控制型和激励型环境规制政策对企业环境绩效的影响提出假设，构建多远回归分析模型、固定效应模型，实证研究环境规制政策对石油企业环境绩效的影响程度及作用差异。分析结果为：石油企业的环境绩效得分较高，平均每家企业每年可获得九项环保奖励，说明石油企业在2015-2019年间做了大量的环境管理工作，使得环境污染状况得到了很大改善；政府规制强度的回归系数(0.538)大于政府补贴的回归系数(0.206)，表明命令控制型环境规制政策相对于激励型环境规制政策对提升石油企业环境绩效更为有效。

关键词：石油企业；环境规制；环境绩效；固定效应模型

1　引言

随着国民经济的不断向好，国家对生态环境保护亦高度重视。从提出“对自然不能只讲索取不讲投入、只讲利用不讲建设”到认识到“人与自然和谐相处”，从“可持续发展观”到将生态文明建设纳入“五位一体”发展总规划当中，从“绿色发展”到“绿水青山就是金山银山”写入党章，再到将建设生态文明和美丽中国写入宪法，我国生态文明建设的思想越来越深入人心。

石油是我国的战略能源储备，石油工业对于国家以及国民经济都意义非凡。同时，石油工业在其生产炼制的过程当中，排放的大量污染物会给环境带来严重的压力。“环境规制”一词在二十世纪七十年代被提出，国外学者对于其定义有三种观点：第一种是国际标准化组织(ISO)的定义：“一个组织对它的总体环境工作的意图与原则的说明，它为行动提供框架，并需据此而建立它的环境对象与目标”[1]。第二种为1994年法国制定的NFX30-200中的定义：“环境规制是一般政策的组成部分，环境政策将尊重有关的环境立法与法规”[2]。第三种是2004年，宫本宪一提出的观点：“环境政策是指通过防止公害和保护环境，为保卫人类的生命和健康，确保舒适性而制定的综合性公共政策”[3]。国内学者沈满红(2005)等从中国国情出发，提出“环境政策是国家(而不仅是政府)为保护环境所采取的一系列控制、管理、调节措施的总和”[4]，将环境规制切实与中国的实际情况联系起来。在国外，有很多学者研究环境规制对地区和企业的环境绩效的影响。Leiter(2011)指出环境规制与企业环境绩效呈

【第一作者简介】曲迪，女，1996年12月生人，2022年6月毕业学校：东北石油大学，获得学位：管理学硕士学位。通信地址：黑龙江省大庆市龙凤区东北石油大学；邮编：163318；电话：17745551649；E-mail：qd19961226@163.com

倒“U”型关系[5]。杨文举(2015)采用 DEA-Tobit 模型，发现环境规制和生态效率两者间呈现正向相关关系[6]。张建升(2016)将环境全要素生产率作为环境绩效的衡量指标，发现环境规制和环境绩效为正向相关[7]。

虽然目前得出结论，环境规制能够有效改善企业的环境绩效，但目前只有少数学者同时将多种环境规制政策对企业环境绩效的影响进行研究。另外，学者在选取研究对象时，对行业不够细化，缺乏针对具体行业的研究。因此，将石油企业作为研究对象，能够有效弥补现有研究的不足。研究环境规制政策对石油企业环境绩效的影响程度及作用差异，对于促进石油企业完成绿色生产作业流程具有重大理论意义。

2　研究假设与模型选择

2.1　提出研究假设

本文通过借鉴张嫚(2006)[8]的分类研究方法，将环境规制具体化分为命令型环境规制和激励型环境规制两类。政府通过颁布法令等手段来约束企业的排污行为，企业为了能够达到排污标准，持续地经营下去，只能选择遵守法规，企业的环境绩效得到被动的提升。因此，本文提出的假设 1：

H1：政府规制强度与石油企业的环境绩效正向相关，即随着政府规制强度的加大，石油企业的环境绩效水平也会随之提高。

激励型环境规制政策弥补了政令法规的不灵活。作为激励型环境规制最有效的手段之一的政府补贴，主要弥补了企业进行污染防治的费用和清洁生产的投资研发支出。其力度越大，企业进行工艺革新的意愿就越强，进而能够提升其环保水平，达到提高环境绩效的目的。因此，本文提出的假设 2：

H2：政府补贴力度与石油企业环境绩效正向相关，当政府补贴力度加大时，石油企业的环境绩效会提高。

2.2　变量设定

(1) 被解释变量

本文将环境绩效(EP)设定为被解释变量，将石油企业历年所获得的环保荣誉资质作为环境绩效的评价标准。

(2) 解释变量

1)政府规制强度($ln\ ER_1$)

对于命令控制型规制政策，采用政府规制强度为变量。根据石油行业的特点，将选取COD(需氧量)、SO_2、氨氮以及氮氧化物这四种废物的排放量(万吨)与城市平均 GDP(亿元)的比值的平均水平来代表政府规制强度。

2) 政府补贴力度($ln\ ER_2$)

对于激励型规制政策的强度，采用政府补贴力度这一概念，用(政府补贴投入/企业净利润)表示。

(3) 控制变量

由于石油企业的规模越大，其利益相关者就越多，从而其行为引起的关注度也就随之增高。另外，规模较大的企业，通常具有财力和能力去进行环保投资，从而进一步挖掘市场潜力。所以本文设置企业规模(SIZE)和企业资产负债率(DAR)为控制变量。

2.3 模型选择

（1）多元回归模型

为了能够更好地进行实证分析，本文构建了企业环境绩效影响因素的多元回归方程，模型如下：

$$ln\ EP_{ij}=\alpha_{ij}+\beta_1 ln\ ER_{1ij}+\beta_2 ln\ ER_{2ij}+\beta_3 DAR_{ij}+\beta_4 SIZE_{ij}+\varepsilon \tag{1}$$

其中，α 是回归方程中的常数项，β 是各解释变量的待估系数，ε 为随机干扰项，i=1，2，3，j=2015，2016，2017，2018，2019。

（2）固定效应模型

本文选择构建固定效应模型为回归模型，模型如下：

$$y_{it}=x'_{it}\beta+z_i\alpha+\mu_i+\varepsilon_{it} \tag{2}$$

其中，i 代表样本企业，t 代表年份，x'_{it} 为解释变量的矩阵，z_i 为控制变量，μ_i 为随机变量，代表样本个体的截距项，本文假设其值不为 0。

3 实证分析

3.1 样本选取

我国石油行业存在寡头垄断的现象及环境治理信息披露不全面的问题，本文将样本企业定位于国内三大石油巨头——中石油、中石化和中海油，将选取 2015-2019 年间各企业的环境及财务数据。

3.2 回归分析

本文采用固定效应模型研究命令控制型环境规制政策和激励型环境控制政策对石油企业环境绩效的影响，其回归结果如表 1 所示。

表 1 回归结果

变量	回归系数	标准差	t 值	p 值	显著水平
LN(ER1)	0.538	1.253	10.21	0.000	* * *
LN(ER2)	0.206	1.372	8.94	0.000	* * *
SIZE	0.128	0.044	1.90	0.057	* *
DAR	-0.527	1.467	-1.41	0.161	*
常数	-0.725	1.443	-0.50	0.610	
Mean dependent var		0.929	SD dependent var		0.874
R-squared		0.265	Number of obs		135.000
F-test		45.749	Prob>F		0.000
Akaike crit (AIC)		1374.004	Bayesian crit. (BIC)		1512.681

表 1 中 F 值为 45.749(p=0.000)，说明回归结果有效。由回归系数可知，解释变量政府规制强度(LN(ER1))和政府补贴力度(LN(ER2))都通过了检验，与石油企业环境绩效(LN(EP))显著正相关。常数项为 0.725，表明环境规制政策对石油企业的污染状况产生了一定的改善作用。控制变量企业规模(SIZE)与石油企业环境绩效正相关，而与资产负债率(DAR)负相关。具体结论如下：

（1）政府规制强度的回归系数为 0.538，通过了 1%的显著性水平检验，即增加政府规制的强度，石油上市企业会倾向于遵守环境规则，提高企业的环境绩效，假设 1 成立。

(2) 政府补贴的回归系数是 0.206，同样通过了 1%的显著性水平检验，表明加大政府补贴力度可以有效地改善石油上市企业的环境绩效，假设 2 成立。

(3) 由于政府规制强度的回归系数(0.538)大于政府补贴的回归系数(0.206)，表明命令控制型环境规制政策相对于激励型环境规制政策对提升石油企业环境绩效更为有效。

3.3 异方差检验

为了检验固定效应模型中回归参数是否具有统计性质，本文选用 white 检验法来检验固定效应模型中的异方差问题。为此，我们需要提前假设多元回归方程不存在异方差，检验结果如图 1 所示。

Modified···Wald···test···for···groupwise···heteroskedasticity
in···fixed···effect···regression···model
H0：sigma(0)^2=sigman^2for all i
chi2(3)= 6.1c+05
Prob>chi2=0.0000

图 1 异方差的检验

在给定 $\alpha=0.05$ 的情况下，由于 P 值(Prob>chi2 = 0.0000)<0.05，所以拒绝原方程不存在异方差的假设，说明方程存在异方差，即随机误差项 μ_i 具有不同的方差，本文为了确保回归结果的正确性，必须消除异方差。

4 建议

4.1 加强石油企业环境会计信息的披露

石油企业披露的环境信息存在不全面、偏好性等问题，这可能导致石油企业隐瞒其环境真实情况，不利于提升其环境绩效。因此，政府应出台相关政策来规范各企业的环境信息披露。首先，政府须要求各个石油上市公司都必须发布年度可持续发展报告。其次，在披露内容方面，详细规范企业应披露的环境指标，进一步规避各企业披露偏好的问题，切实保障石油企业的环境绩效透明化、公开化。

4.2 完善石油行业相关法规并加大执法力度

进一步推进石油行业环保法规的制定，详细界定石油行业的污染物，确定石油行业需要实施的环境行为，并针对石油企业的规模和资本力制定不同的排污标准，切实站在石油企业的角度，促进其提升环境水平。同时，政府也要加大执法力度，定期检测，责任到人，加大对于徇私舞弊执法人员的处罚力度，切实做到有法可依，执法必严。

4.3 全面提升环境绩效的监督水平

企业环境绩效的监督不仅需要政府，还需公众的参与。首先，政府应定期检查企业的环境绩效情况，建立完善的环境绩效评估体系，并实行打分制，对于得分较低的企业进行处罚，而对表现较好的企业，则可适当奖励，以此促进石油企业进行清洁生产。同时，公众的参与度也尤为重要。完善公众举报体系，设立环境保护举报电话，建立环境违法举报奖励机制，促进公众进入到环境监督这一过程中来，多方面监督企业的环境绩效。

4.4 完善环保奖项的设立以及政府补贴制度

政府应根据石油企业的具体情况，专门设立环保奖项，并对奖项进行分级，引导企业提升环境绩效。另外，完善政府环保补贴制度。首先，政府要进一步明确石油企业受补贴的环保项目，如技术、产品等。其次，可根据石油企业上一年度的环境绩效表现对补贴额度进行分级。

参 考 文 献

[1] Hahn R. W. Market power and transferable property rights[J]. Quarterly Journal of Economics, 1984, 99(4): 753-765.

[2] Hahn R. W. The political economy of environmental regulation : Towards a unifying framework [J] Public Choice, 1990, 65(1): 21-47.

[3]宫本宪一著，朴玉译．环境经济学[M]．北京：生活·读书·新知三联书店，2004-04：162.

[4]沈满红，蒋国俊，许云华等．绿色制度创新论[M]．北京：中国环境科学出版社，2005-08：13.

[5] Leiter, A. M., Parolini, H. Environmental regulation and investment: Evidence from European Industry Data [J]. Ecological Economics, 2011, 70(4): 759-770.

[6] 杨文举．中国省份工业的环境绩效影响因素——基于跨期 DEA-Tobit 模型的经验分析[J]．北京理工大学学报(社会科学版), 2015, 17(002): 40-48.

[7] 张建升．我国主要城市群环境绩效差异及其成因研究[J]．经济体制改革，2016(1): 57-62.

[8] 张嫚．环境规制与企业行为间的关联机制研究[J]．财经问题研究，2005(4): 34-39.

我国石油石化企业环境信息披露状况分析

孙 明

（东北石油大学 经济管理学院，黑龙江 大庆 163318）

摘 要：本文主要是在2017年要求上市公司增加环境信息披露的制度大背景下，对上市公司环境信息披露的质量与现状，进行评估和分析研究。本文以沪深A股215家石油石化企业为例，在其中选取2017-2019年度上市公司的环境信息披露信息，在已构建了环境信息披露指数模型的基础上，对2017-2019年这三年来我国石油石化行业企业环境信息披露的状况，进行全面透彻地研究分析并得出结论。

关键词：石油石化企业；环境信息披露

1 前言

重工业的高速发展给环境造成了污染隐患，是否能够处理好环境污染问题关系到中国是否可以坚持走可持续发展道路，而企业披露的环境信息是外界了解公司环境现状的最主要途径。伴随着我国《环境信息公开办法(试行)》的颁布和实行，我国上市公司环境信息披露制度正在不断地进行更新完善。2017年6月，《关于共同开展上市公司环境信息披露工作的合作协议》由环境保护部与证监会成功签署，签署此协议的目的在于建立、健全和完善上市公司强制性环境信息披露制度，监督上市公司认真做好环境责任履行义务。此外，为了便于更好地履行政策要求，在2017年向上市公司发出《关于做好上市公司2017年年度报告披露工作的通知》。该通知中增加了对上市公司需要进行环境信息披露的要求，其目的在于督促上市公司，严格按照准则要求履行信息披露责任。在此背景下，本文旨在研究2017-2019年度沪深A股上市公司的环境信息披露质量是否得到改善，以及在此阶段信息披露的情况。

2 研究方法

本文选取在上交所和深交所上市的石油石化企业215家A股上市公司作为研究样本，上市公司行业及数量如表1所示。样本公司2017-2019年的环境信息披露情况，基于国泰安数据库——环境研究数据库——环境披露版块获取。环境信息披露指数由上市公司环境管理披露情况、上市公司环境监管与认证披露情况、上市公司环境信息披露载体信息、上市公司环境负债披露情况、上市公司环境业绩与治理披露情况等5个维度的分数汇总求得[1]。

3 石油石化行业环境信息披露状况分析

研究结果显示，2019年沪深A股石油石化行业上市公司环境信息披露指数(EDI)得分

【第一作者简介】孙明，女，1997年11月，东北石油大学经济管理学院会计学硕士研究生，通讯地址：黑龙江省大庆市高新技术产业开发区学府街99号；邮编：163318，电话：15776505197，E-mail：15776505197@163.com。

为“13.02”，相较于2018年和2017年的得分水平，分别提高了5.4%和18.8%(绝对值分别提高了0.67，2.06)，说明在2017-2019年，沪深A股上市公司环境信息披露水平，在公司治理和外部压力等诸多因素的作用下，其环境信息披露的质量有明显得到改善。企业环境信息披露指数的总体特点如下：

本文主要针对符合样本要求的215家上市公司2017-2019近三年的环境信息披露情况展开，从三年的得分情况来看，215家样本企业中，环境信息披露的平均分2017-2019分别为10.96、12.35、13.02分。

表1　样本公司得分情况汇总表

年份	企业数量			
	0-9分	10-19分	20-29分	30-39分
2017	102	84	25	4
2018	86	85	42	2
2019	73	101	36	5

从总得分的分布来看，2017-2019年，公司披露的环境信息质量在逐渐提高，处于20-29分段的公司数在逐年增加，但环境信息披露得分主要会集在0-19分的区间中。所以站在总体的角度上来说，环境信息披露质量仍有待改善提高。2019年获得30分以上的企业仅仅只有5家，它们分别为华峰氨纶、海利得、上海石化、北化股份、中国石油。其中上海石化的总分高居榜首。2017-2019年，该企业的环境披露信息无论是从质量上，还是从数量上来看都非常全面。该公司对环保理念、环保目标、环保管理制度体系、环保教育与培训、环保专项行动、环境事件应急机制、环保荣誉或奖励和“三同时”制度等诸多方面都有详细的披露，在年报和环境报告中均有详细披露相关环境信息。同时其在环境负债和环境业绩方面，既有数量上的披露，也有质量上的披露。

站在上市公司环境信息披露的内容上来看，有50%以上的企业对“环保理念、环保事件”进行了披露，该项指标的披露率最高。披露率至此之后从高到低依次是环保管理、“三同时”、环保荣誉、环保目标、环保专项行动和环保教育这六个指标，其披露率均在10%以上。但仅有6.36%的企业披露了“碳排放量”，对“COD排放量”和“SO2排放量”进行披露的企业也均只有30%。站在总体的角度上来看，样本企业对环境信息的披露仍然不太全面和细致，很多重要指标未能得到披露展示，仍有待改善提高。

根据样本企业各项披露内容的得分情况分析来看，首先，在样本企业中，有50%以上的企业存在着对于环境政策、方针和理念方面的表述，并且有12%以上的企业提到了“环保目标、环保教育、环保专项行动、环保荣誉”和“三同时”这五个指标，不少商业报告详细阐述了强有力的环境保护效果方面的成果，但是这些成果大多数都为政策性的，没有详细明确的披露执行机制来支持企业环境状况。

其次，从上市公司环境监管与认证披露情况来看，几乎100%的企业披露了“污染物达标”的情况，超过55%的企业披露的“重点污染监控单位”，在一些较为具体详细的方面，比如突发环境事故、环境违法事件、环境信访案件等的情况，大部分统计资料都呈现出较大程度的下滑趋势。

另外，在上市公司环境负债披露定量指标中，废气减排治理情况披露信息数量最多，占

66%，上市公司环境业绩与治理情况披露中，废气排放治理情况和废水减排治理情况披露企业最多，占 65%，而噪声、光污染、辐射等治理、清洁生产实施情况等情况披露企业相对较少，仅占 30%左右。

在其他披露内容中，披露质量相对比较平稳，但从整体的角度上来看，同时披露了质量和数量的公司仍较少，量化的描述少于定性的描述。因此，企业的环境信息披露，仍存在看重数量轻质量、政策性文字描述过多，而缺少实质性内容等一系列诸多问题，其意图可能是为了迎合监管者以及投资者的要求，便于自己树立良好的公众形象。但其结果却导致公众和投资者，无法迅速捕捉有效信息，给公众造成了一定程度上的困扰。

4 结论及建议

4.1 研究结论

本文基于国泰安环境研究数据库，在构建了环境信息披露指数模型的基础上，根据从上市公司环境管理披露情况、上市公司环境监管与认证披露情况、上市公司环境信息披露载体信息、上市公司环境负债披露情况、上市公司环境业绩与治理披露情况等 5 个维度，展开全面分析、全面衡量，对上市公司 2017-2019 年度环境信息披露的质量进行评估。研究主要发现沪深 A 股石油石化行业上市公司环境信息披露程度，在 2019 年相比较于 2018 年和 2017 年有明显改善，但从总体的角度上看还有待加强。

4.2 改进措施及建议

4.2.1 完善上市公司的环境信息披露制度

我国环境信息披露制度起步晚发展慢，使得我国各行各业目前环境信息披露混乱，整体水平低下，透明程度低，可通过过如下方式完善上市公司环境信息披露制度：

（1）确立强有力度的法律法规。要拥有法律形式明确的上市公司环境信息披露制度，使上市公司(并逐渐推广到所有企业)的环境信息披露拥有法律的依据，并承担必须的法律责任。

（2）更大规模的设立榜样与奖励措施并按章程执行。通过激励措施使有代表性的有积极作用的上市公司起到榜样作用，带动其它重污染行业企业发挥主观动能性，有自主地披露相关信息的意愿，改善广大区域企业风气与生态环境[2]。

（3）通过强化信息交流强化监管。通过强化企业内部与外部共同作用来达到监管作用，从增加政府审查力度和次数以及社会舆论的联网的外部力量，到上市公司企业中股东与审计的内部力量，完善信息交流窗口，增加双面交流频率来促使企业披露完整污染信息。

4.2.2 健全环保与证券部门的合作机制

由于对上市公司的环境信息披露具有跨部门的性质，因此无论是法律法规的相关规定，还是具体执行监管工作均需要环保部门和证券部门的相互合作，加强合作的方式可以是成立工作小组，协同核查、协同决策。一旦达成了环保与证券部门的合作，在一定程度上可以便于得到重污染上市公司的具体财务指标，以及其中有关环境绩效的数据，因此可以实现定量与定性分析的结合，更好地反映企业环境信息现状，便于环保部门制定监管方案，完善环保部门与证券部门的合作制度。建议如下 ：

（1）量化上市公司环境信息的内容。通过科学量化的方法，使重污染的信息内容真实可靠，并排除大部分企业的侥幸心理，使企业在监督与科学计量下完善环境信息披露。

（2）增补与时俱进的规章制度。面对不断变化的市场环境，可设置专业部门或与学院乃至社会各界合作完成对上市公司环境信息披露规章制度的完善，做到与时俱进地不断调整，时时刻刻与时代接轨。建议相关部门完善环境会计信息披露的法律法规，以法律保障支撑环境信息披露的体系构建。

5 结语

环境问题已经成为关键的社会问题，与环境质量密不可分的有关机构或利益相关者有权利要求企业公布自己的环境披露信息。企业的环境信息既可以让企业意识到自身在环境处理方面存在的不足，也有利于政府等相关机构对其进行监管，最终共同实现社会的可持续发展。

参 考 文 献

[1] 李余晓璐，肖怡婷．我国重污染行业上市公司环境信息披露状况分析——以 325 家重污染行业上市公司为例[J]．现代营销(学苑版)，2021(05)：28-29.
[2]肖青玲，胡之杰．我国重污染行业上市公司环境信息披露现状分析[J]．成功营销，2018(12)：121-122.

中国油气资源产业低碳发展策略探索

刘天志[1,2]　肖艳玲[1]　季海洋[1]

（1. 东北石油大学经济管理学院，大庆　163000；
2. 大庆油田有限责任公司储运销售分公司，大庆　163453）

摘　要：在社会经济发展的过程中，化石能源的生产和消耗产生大量温室气体，温室气体的排放与环境污染带来了亟待解决的温室效应问题。本文结合低碳经济及低碳发展的定义及内涵，在分析国内外油气资源生产与消费现状的基础上，探讨油气资源产业低碳发展方式，提出了基于全产业链全要素的油气资源产业低碳发展路径，并进行油气资源产业低碳发展的策略初步探索。

关键词：油气资源产业；全产业链；低碳发展；发展路径

1　引言

全球经济高速增长，伴随着对化石能源的巨大消耗，导致了二氧化碳排放的急剧增长。以二氧化碳为主要成分的温室气体，已经严重影响了人类的生活环境。在全球温室气体的排放中，因化石能源的消耗而导致的二氧化碳排放量占全球温室气体排放总量的57%，因温室气体排放而导致的全球气候变化，特别是全球变暖，已经引起各国人民的共同关注，是人类生存发展面临的一个严峻挑战，也是当今全球各个国家普遍关注的重大全球性问题[1]。随着工业化、城市化进程的加快，能源开发和利用所造成的环境污染问题日趋严重，以消耗化石能源为支撑的高碳经济发展模式已经遭到了人们的普遍质疑。在全球气候变化越来越严峻的背景下，低能耗、低排放的低碳经济模式应运而生，低碳经济已成为我国以及世界各国经济转型的主要趋势，逐步成为世界经济发展的方向。中国提出将力争于2030年前使二氧化碳排放达到峰值，努力争取在2060年前实现碳中和[2]。在这样的背景下，油气资源产业要继续贯彻创新、协调、绿色、开放、共享的发展理念，彻底改变过去传统发展方式之下高投入、高消耗、高污染、低效率的发展模式[3]。油气资源对许多国家来说，既是能源命脉，也是高碳排放的主要根源，研究其低碳发展对于促进各国完成减排目标具有重要意义[4]。油气资源产业是碳排放的主要产业，发展低碳经济不仅有助于各油气企业节约大量成本，间接提高经济效益，也有助于加快油气产业结构调整的步伐，提高其市场竞争力，实现高质量发展。

2　国内油气资源生产与消费现状

【第一作者简介】刘天志，男，1969年12月出生，2008年6月获中国社会科学院研究生院公共管理硕士学位，通信地址：黑龙江省大庆市萨尔图区奔腾二村大庆油田公司储运销售分公司，邮编：163453；电话：13359605886；E-mail：cassmpaltz@126.com。

2.1 中国油气生产现状

2010-2020年，中国原油产量波动变化，年产量保持在1.9-2.2亿吨之间。2018年，中国原油产量为1.89亿吨，较上年同期减少了1.3%；2019年，原油产量为1.91亿吨，较2018年有所增长，扭转了连续3年下滑的趋势；2020年原油产量1.95亿吨。2019年国内天然气产量1761.7亿立方米，比上年增长151.5亿立方米；2020年天然气总产量同比增长9.8%，达1888亿立方米，连续4年增产超100亿立方米[5]。

2.2 中国油气资源消费现状

中国是石油消费大国，石油消费量逐年递增，增速波动变化。根据国家统计局数据，2019年，中国经济稳中趋缓，获得"两权"的地方炼厂数量增加，国内炼油能力继续增长，拉动石油消费增长；全年国内石油表观消费量为6.6亿吨，同比增加0.33亿吨，增速为5.2%，较上年回落1.6个百分点[ ]。2020年，国内石油表观消费量为7.03亿吨，同比增长6.8%，增速较上年有所加快。2019年，全国全年天然气表观消费量3067亿立方米，年增量264亿立方米，同比增长9.4%；2020年全年表观消费量约3281亿立方米。纵观近十年，天然气消费总量呈稳步增长。2019年，我国原油进口量50572万吨，增长9.5%，石油对外依存度达70.8%；天然气进口量9660万吨，同比增长6.9%，对外依存度达43%[6]。2020年，中国的石油进口依存度达73%，天然气进口比例降至41%。

3 基于全产业链全要素的油气资源产业低碳发展路径

随着油气资源消费的不断增加，使得国内油气资源的供应量和需求量越来越大，这也进一步加大了减排的压力，在这样的背景下，油气资源产业在拓展清洁能源业务的同时，要大力实施基于全产业链的低碳发展路径，进一步优化产业结构，协调发展各种新能源业务，推动上中下游全产业链、全要素的节能降耗和低碳减排，培育业务增长新动能。

3.1 油气资源产业上游领域的低碳减排

油气资源产业的上游是主业，通常是指原油和天然气的勘探、开发和生产领域，也包括寻找地下、水下油气田、钻井等工作，以及后续的开采原油和收取天然气等油气井的运营工作[9]。上游领域的低碳减排，主要在于在油气勘探过程中重视低碳环保，加强节能科技和方法研究，引进并消化吸收先进的设备和工艺技术，推广系统优化设计，减少天然气放空、污水返排等可能对环境产生污染与破坏的行为，促进节能减碳。

3.2 油气资源产业中下游领域的低碳减排

油气资源产业的中下游主要包括油气储存运输、石油炼厂、化工厂、石化产品的分配和销售环节。下游产业涉及数千种油品和化工产品，如成品油、合成橡胶、塑料、化肥、杀虫剂、医药品等等[10]。中下游领域的低碳减排主要在于加强生产过程的节能改造，提高对余压、余热的利用，逐步提升能源利用效率，提供更加清洁的产品。

3.3 加速拓展清洁能源业务领域

油气资源产业要加强新能源业务布局，在具有优势的传统领域协调发展新能源业务，在关注自身的碳排放活动和特性的同时，开发利用新型清洁能源，扩大清洁能源的生产比例，加大天然气发展动力，统筹协调天然气产储销平衡发展，优化油气供给结构[11]。推进非常规油气资源和新能源的开发利用，不断开发高效清洁的产品，逐步拓展有助于降低碳排放的业务领域，包括太阳能、地热能、风能、氢能、天然气水合物、生物燃料以及碳捕获封存等[12]，积极发展煤层气、页岩气和生物质能等低碳能源，多渠道保障能源供应。

4　油气资源产业低碳发展策略

油气资源产业要落实新时代生态文明各项要求，围绕国家"3060 双碳"目标，贯彻创新、协调、绿色、开放、共享的发展理念，大力实施全产业链全要素的绿色低碳发展战略，落实有利于低碳发展的各项保障措施，清洁地提供能源，提供清洁能源，积极培育高效、低碳的产业发展新优势。

4.1　强化低碳意识，完善政策措施

要强化"绿水青山就是金山银山"的理念，遵循在保护中开发，在开发中保护的原则，油气资源产业的政策应更加注重节约优先、保护优先、提高效率，在稳定原油产量的同时，进一步深化体制机制改革，抓实主业主线，不断增强油气产业发展的内在活力。坚持油气并举、稳油增气、多元发展，加大油气勘探开发力度，促进增储上产，提高油气资源自给能力。推进油气管网运营机制改革，促进油气资源专业化管理，实现油气资源在不同管网之间的灵活调配。加强对油气工作低碳发展的资金资源投入，比如对污水处理、低碳技术创新、减排设备更新等，通过生态效益考核、碳交易等方式给予一定补偿。

4.2　统筹低碳管理，增强竞争优势

要主动顺应能源转型大趋势，在管理方面有所创新，多措并举推进高质量发展。将低碳发展的任务与环境保护的要求有机地结合起来，降低油气生产过程中的温室气体排放，推进炼化转型升级，提升油品质量，促进提质增效，满足日益严苛的环保要求，实现绿色低碳发展。合理利用资源，坚决摒弃污染环境的发展模式，开发业务增长新动能。在管理过程中进行统筹规划，通过采用可持续发展战略、清洁生产方式，淘汰落后产能，优化产品结构向高端进军，相应降低石油，尤其是重油、油砂等高碳排放、高能耗产品供应比例，生产、开发、利用具有更低污染、更低排放、更低能耗的产品与服务，强化节能，提高效能，从而提高获得低碳竞争优势的能力[13]。

4.3　创新低碳技术，加强科技攻关

实施创新驱动发展战略，发挥科技创新的引领作用，打造绿色科技支撑条件平台，提升低碳技术自主创新能力。依托国家重大科技专项，强化产、学、研、用相结合，加快先进技术和成果的转化和推广应用，满足业务发展节能环保的迫切需求。对于低碳技术创新给予大力支持，集中优势力量攻克低碳关键技术，大力发展安全清洁高效的现代能源技术，突破一批勘探开发核心技术。加快重点领域节能低碳技术进步和推广普及，逐步形成系统配套、高效低成本的技术装备体系。积极推进全产业链全要素数字化和智能化转型，建立集勘探、油藏管理、生产管理、决策和生产过程自动控制于一身的智能化应用体系。逐步利用清洁生产、智能控制等先进技术，提升自动化、信息化、智能化水平，降低生产成本，提高运营效率[14]。开展碳捕获、利用与封存(CCUS)技术研发，提高二氧化碳资源化利用方面的竞争力，实施碳汇工程，加快 CO_2资源化利用布局，开发高附加值的碳基新材料，形成具有商业价值的新型碳经济，打造 CCUS 技术产业链[15]。在节能提效、减排与废物资源化利用方面，开展关键技术研究，打造新产业业态，创建新商业模式。

4.4　培养低碳人才，提供队伍保障

加强低碳人才队伍建设，强化对科研人员和技能人才的激励，培育适应油气资源产业低

碳发展要求的员工队伍，加强包括科技研发队伍、战略与政策专家队伍、碳交易及碳金融专业人才的引进和培养[16]。强化低碳领军人才的专业性培养，建设低碳人才体系，加快开发低碳导向的培训和技能鉴定体系。

4.5 打造低碳文化，推动产业升级

要从战略层面加强对节能减排、绿色低碳发展的认识，加强顶层设计。开展经常性的低碳文化活动，大力宣传节能减排，营造低碳的内外部环境氛围，逐步形成低碳产业文化。培育员工低碳发展理念，强化低碳意识，培养低碳自觉，通过各种形式的宣传教育，激发员工对产业低碳发展的责任心，在完成低碳目标的过程中体现个人价值。

5 结束语

随着低碳经济时代的到来，安全、低碳、高效正成为全世界的共同追求，对油气资源产业来说，是挑战更是机遇。在国家实现碳达峰、碳中和目标的进程中，在现有国内石油天然气消费量不断增加的情况下，油气资源企业要采取全产业链全要素的管理与技术创新，充分利用国内有利的政策技术环境，立足国内资源，加强国际合作，履行好政治、经济、社会、生态责任，在为社会提供清洁高效能源产品的同时，实现绿色低碳高质量可持续发展。

参 考 文 献

[1] 万宇艳．我国工业结构低碳化初探[D]，华中科技大学，2011.

[2] 习近平．在第七十五届联合国大会一般性辩论上的讲话[N]. 人民日报，2020-09-23(003).

[3] 韩倩倩．绿色资本助力中国经济“绿色化”[J]，中国战略新兴产业，2015(18)：23-25.

[4] 李聪．低碳经济对中国石油化工产业的影响[J]，商场现代化，2011(05)：102.

[5] 2019年中国天然气产业供需现状及趋势分析：产量储量实现双升进口增速大幅回落，中国产业信息网，http：//www.chyxx.com/industry/202006/877253.html.

[6] 刘朝全，姜学峰．2019年国内外油气行业发展报告[M]. 北京：石油工业出版社，2020：64-70.

[7] 杨晶．2020年天然气发展形势与2021展望[J/OL]. 中国能源，2021(03)：39-44[2021-08-11]. http：//kns.cnki.net/kcms/detail/11.2587.tk.20210329.2130.014.html.

[8] 2019年我国原油对外依存度70.8%，中国石油新闻中心，http：//news.cnpc.com.cn/system/2020/03/31/001769303.shtml，2020年05月21日．

[9] 宋铁君，肖艳玲，刘全恩，孙霖．低碳策略在油气处理领域的应用研究[J]，科技和产业，2012，12(06)：47-50.

[10] 任磊，罗为民，刘亭立，李昌林．石油天然气产业应对温室气体减排政策及措施[J]，油气田环境保护，2012，22(02)：1-3+7+75.

[11] 李植斌等著．低碳能源论[M]，北京，中国环境出版社，2015.

[12] 本刊编辑部．低碳使命石油石化的抉择——第二届中国石油石化产业发展国际论坛精彩演讲内容选登[J]，中国石油石化，2010(13)：46-53.

[13] 高娟．对石油产业发展低碳经济的几点思考[J]，新西部(理论版)，2016(08)：68+64.

[14] 国际油价持续低迷 油气产业创新技术应对冲击[EB/OL]，人民网，http：//energy.people.com.cn.

[15] 中国二氧化碳捕集利用与封存(CCUS)年度报告(2021)[M]，生态环境部环境规划院（caep.org.cn），2021：37.

[16] 李彦．我国低碳经济转型条件下人才体系建设对策[J]. 中国经贸导刊，2015(13)：63-64.

我国当前能源储备现状与能源安全潜在风险分析

张建华[1]　刘宇姗[1]　尹婷[1]　马密甜[1]　孙俊伟[2]　袁天倚[3]

（1. 东北石油大学经济管理学院 黑龙江 大庆；
2. 大庆油田第三采油厂数字化运维中心 黑龙江 大庆；
3. 中石油华油集团北京酒店管理分公司 黑龙江 大庆）

摘　要：作为经济增长、社会发展、技术进步及国家安全保障的重要物质基础，能源在国家建设和发展进程中扮演着重要角色。习近平总书记指出，“能源的重要性和能源资源的稀缺性决定了，谁掌握了能源，谁就可以掌握发展空间，掌握创造财富的重要源泉”。我国是世界上最大的发展中国家，经济发展迅速，能源需求量大，同时能源对外依存度大，现有能源储备有限，存在一定能源安全潜在风险。因此，摸清我国当前能源储备现状，掌握威胁能源安全的因素，理清能源安全风险，有针对性地提出降低能源安全风险的建议，对保障我国能源安全具有重要意义。

关键词：能源储备；能源安全；能源消费

1　我国当前能源储备的现状

1.1　能源总量

我国自然资源总量排世界第七位，能源资源总量约4万吨标准煤，居世界第三位。根据自然资源部2020年数据，截止2020年底我国煤炭资源储量为1622.88亿吨；石油储量361885.75万吨，分布相对集中，超过90%的石油资源分布在松辽、鄂尔多斯、塔里木、准噶尔、珠江口、柴达木盆地等15个盆地中；天然气储量62665.78亿立方米，主要分布在沁水盆地南部、鄂尔多斯盆地东缘、滇东黔西盆地北部和准噶尔盆地南部。

1.2　能源消费

随着我国经济的快速发展，能源消费量大幅度增加，能源消费总量在2009年超过美国，成为世界能源消费量最大的国家，随后我国能源消费量持续增长。我国一次能源消费总量由2007年的311442万吨标准煤上升至2020年的498000万吨标准煤，上涨了1.599倍，2007年和2020年能源生产、消费总量和构成见表1所示，其中煤炭、石油、天然气、一次电力及其他能源消费量分别比2007年增长了0.253、0.778、3.477、2.390倍。由表1可知，除了一次电力及其他能源，其他三种能源在2020年的生产总量均小于消费总量，能源供需出现缺口，其中石油生产和消费总量缺口最大，缺口66378万吨标准煤。

【资助项目】国家自然科学基金项目（72002029）；黑龙江省博士后科研启动金（16190026）；东北石油大学校文科基地开放基金项目（WKJD202001）；黑龙江省哲学社会科学基金项目（20JYE280），黑龙江省高等教育教学改革一般研究项目

2007年-2020年的能源消费趋势见图1所示。由图所知，我国煤炭消费量的增速较缓，尤其是近五年煤炭消费量波动较小；石油消费量有所上升，而天然气、一次电力及其他能源消费量增速明显。

资助项目：国家自然科学基金项目(72002029)；黑龙江省博士后科研启动金(16190026)；东北石油大学校文科基地开放基金项目(WKJD202001)；黑龙江省哲学社会科学基金项目(20JYE280)，黑龙江省高等教育教学改革一般研究项目(SJGY20200110)。

表1　能源生产、消费总量和构成(单位：万吨标准煤)

时间	能源总量	构成							
		煤炭	占比	石油	占比	天然气	占比	一次电力及其他能源	占比
2007年生产	264173	205527	77.80%	26681	10.10%	9246	3.50%	22719	8.60%
2007年消费	311442	225795	72.50%	52945	17.00%	9343	3.00%	23358	7.50%
缺口	-47269	-20269	5.30%	-26264	-6.90%	-97	0.50%	-639	1.10%
2020年生产	408000	275808	67.60%	27744	6.80%	24480	6.00%	79968	19.60%
2020年消费	498000	282864	56.80%	94122	18.90%	41832	8.40%	79182	15.90%
缺口	-90000	-7056	10.80%	-66378	-12.10%	-17352	-2.40%	786	3.70%

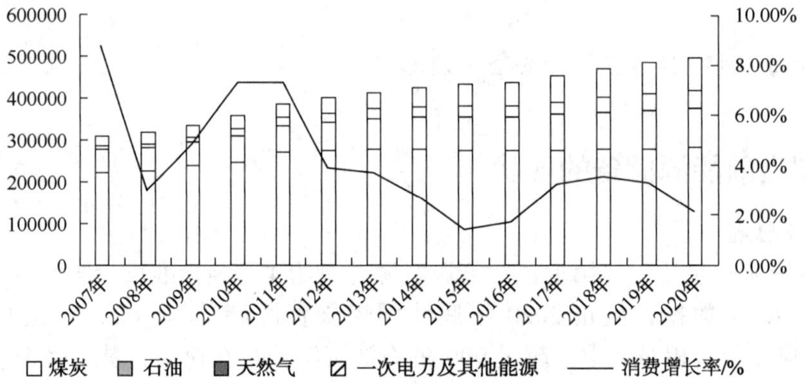

图1　2007-2020年我国能源消费趋势

1.3　能源储备现状

根据《能源法》意见稿可知，能源储备包括能源产品储备和能源资源储备。能源产品储备包括石油、天然气、天然铀产品等；能源资源储备包括石油、天然气、天然铀、特殊和稀有煤种等资源。能源储备主要指石油储备，产品比较单一。下文从石油储备规模和石油储备库两方面分析能源储备现状。

1.3.1　*石油储备规模*

根据中国《国家石油储备中长期规划(2008-202)》，至2020年底形成8500万吨原油储备能力。2020年，受新冠疫情冲击与世界能源生产大国博弈影响，国际油价大幅下跌，从而出现增加原油储备的窗口期，但是储备能力不足在一定程度上阻碍了我国战略储备的增加。从实际储备量来看，我国战略石油储备仅占每年原油净进口的15%左右，大约60天左右的储备量，与国际能源署(IEA)提出的战略石油储备90天的安全线相比存在安全短板。

而在同期，美国和日本的战略石油储备约相当于长达半年的石油净进口量，德国的战略储备约为 100 天的全国消费量，法国的战略储备约为 85 天的全国消费量。可见，中国与发达国家相比差距明显。2020 年中国战略石油储备三期工程完成后，中国的储备总规模达到 100 天左右的石油净进口量，这也是 IEA 规定的战略石油储备能力的"达标线"。中国石油战略储备发展历程见图 2 所示。

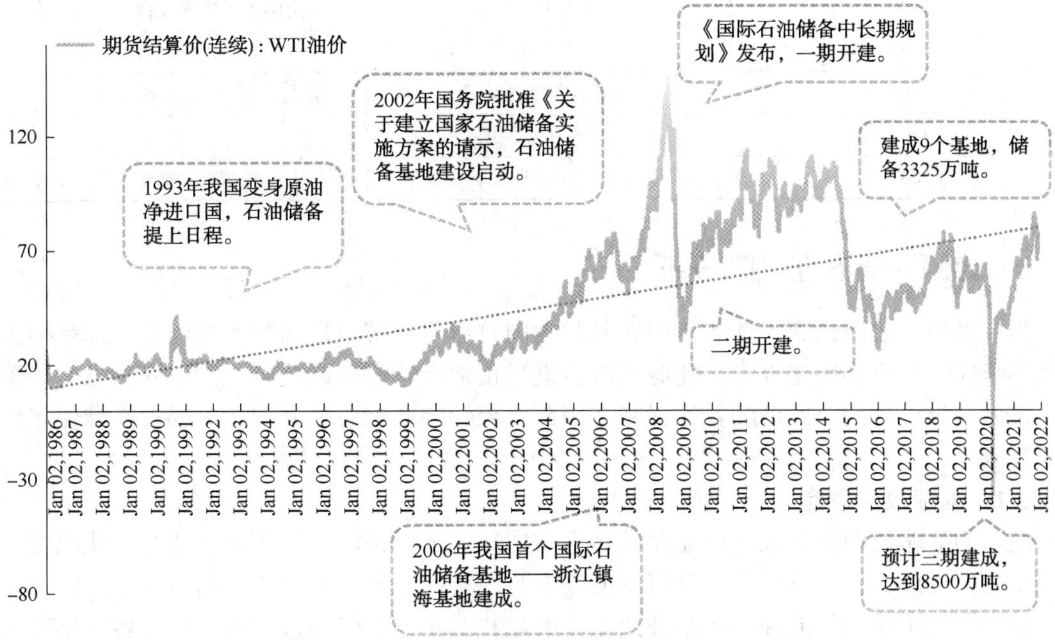

图 2　中国石油战略储备发展历程

1.3.2　石油储备库

截至 2020 年，我国建成舟山、舟山扩建、镇海、大连、黄岛、独山子、兰州、天津及黄岛国家石油储备洞库共 9 个国家石油储备基地，利用上述储备库及部分社会企业库容，储备原油 3773 万吨。其中，前 8 个石油储备洞库为地面库，最后 1 个石油储备洞库为地下库。从这 9 个国家石油储备基地来看，石油储备除了考虑沿海的便利性外，还考虑到区域的均衡性，在靠近中亚陆地原油的主要加工地的兰州、独山子等传统大炼厂附近都布局了储备基地。

1.4　能源储备法律

通过对各种能源的提前储存来达到保障能源安全的目的，即通过建立能源储备制度应对突发能源紧缺状况，预防能源供应不足，解决能源的使用问题，预防能源使用过程中对生态环境的破坏。我国并没有专门的法律法规来规范能源储备法律行为，更多的规定是散见于各种行政法规、国家政策纲要中。《能源法》意见稿中专章规定了能源储备制度，在该章节中详细规定了能源储备的概念、分类、产品、管理等，基本上完成了对能源储备制度的架构，但目前还未颁布。关于能源储备的相关法律见表 2 所示。

表 2 能源储备相关法律

年份	法律	部门
1986	《矿产资源法》	全国人民代表大会常务委员会
1988	《水法》	全国人民代表大会常务委员会
1995	《电力法》	全国人民代表大会常务委员会
1996	《煤炭法》	全国人民代表大会常务委员会
1997	《节约能源法》	全国人民代表大会常务委员会
2005	《电力监管条例》	国务院
2005	《可再生能源法》	
2007	《可再生能源中长期发展规划 》	中华人民共和国国家和发展改革委员会

2 能源安全潜在风险分析

当今世界，能源已成为衡量各国尤其是大国政治与经济力量的重要指标之一，是国家间实力等级体系的重要决定因素。能源是维持世界正常运转的基础之一，能源安全是为各国的经济发展提供可靠的、经济的物质保障。因此，探寻潜在威胁能源安全的因素是确保能源安全的基础。

2.1 国际政治风险

能源的战略属性使其成为国家尤其是大国博弈的重要领域。现实主义认为，能源安全是传统安全的延续，有关石油等战略资源的安全与国家权力密切相关，它们本身就是国家权力的来源。因此国家间的能源关系是彼此竞争的零和博弈，主张通过军事力量等各种手段来维护能源安全。有学者在综合西方主流三大国际关系理论后认为，实力结构、利益格局和观念分布是界定国际体系的三个重要维度[1]。在引发国际体系变动的三个重要维度中，能源作为维持和增进国家实力的最重要物质保障之一，本身就包含了国家实力的成分，可直接影响实力结构的变化和国际利益格局。随着中国在国际体系中分量日益提升，西方国家开始认为中国能源需求的增长和能源战略调整将在中长期内改变世界格局。西方部分学界和政界人士认为中国对外部能源的需求是其建设国家力量大战略中的一部分，“中国将扩展其财富和影响力以寻求在东亚地区的领导地位，削弱美国在该地区的领导地位”。当前，我国经济发展面临的外部环境和内部条件已经发生变化，加之新冠肺炎疫情的影响，国际形势和世界能源格局将变得更加严峻和复杂。从贸易争端到科技制裁，部分西方国家遏制我国发展之心昭然若揭，未来是否会利用其自身的能源独立优势，对我国采取能源制裁等手段犹未可知。我国能源安全存在国际政治潜在风险。

2.2 网络安全风险

在油气对外依存度居高不下的背景下，新能源产业链和供应链面临更加复杂的安全风险。能源系统互联性和自动化程度提升，受网络攻击的风险加大。随着能源生产和运输方式的信息化、智能化和数字化发展，能源行业遭受网络攻击逐渐呈现频次多、影响大的双重特征[2]。经济全球化以来，近 3/4 的中东石油和天然气工业组织经历了安全危害，导致其机密数据或操作技术中断，在中东受到的所有网络攻击中石油和天然气行业占据了一半的比例。例如，2012 年沙特阿美石油公司遭到一次破坏性网络攻击，企业内部计算机网络完全瘫痪，对生产运行产生较大冲击；2020 年欧洲大型能源企业 Enel Group 公司两次遭遇勒索软件攻击，窃取数据多达 5TB。2021 年 5 月，美国管道公司科罗奈尔公司(Colonial)因遭受勒索软件攻击，暂停其在美国东海岸的输送业务，对当地油气供应造成很大影响。最严重的一次攻击事件发生在 2017 年 8 月，沙特阿拉伯的一家石油工厂使用的 Triconex 安全控制器系统中存在漏洞，恶意软件试图利用漏洞破坏设备并企图以此引发爆炸摧毁整个工厂，但由于恶意代码写入存在缺陷，未能引发爆炸。目前，网络攻击还停留在个体化的锁定能源交易和运输环节的关键数据、破坏操作计算机、瘫痪能源运营系统等层面，尚未对管道运输等进行物理损害。一旦敌对力量的技术改进可以通过网络系统延伸破坏管道压力和温度或篡改管输流向，则可能引发严重中断、泄漏甚至是爆炸等安全问题。

2.3 金融风险

自 1993 年中国成为石油净进口国以来，对石油进口需求不断攀升。2009 年原油对外依存度突破 50%的国际警戒线，自此中国原油对外依存度节节攀升。根据上文分析，我国能源供需缺口巨大。过高的对外依存度对国家能源安全产生巨大隐患，相对地，对外依存度也并非越低越好。稳定对外依存度的同时，确保对外依存可控，以实现国内国际双循环目标。国际油价也是威胁能源安全的又一重要因素。国际油气价格过高或短期内价格大幅波动均会对我国能源安全的经济性产生负面影响，不利于我国能源经济成本降低和能源价格稳定。作为世界最大能源进口国，我国在国际油气议价方面的话语权仍然较弱。能源由市场竞争合理定价，让能源供需集合有能力的企业组成“国家队”，主动参与能源的国际交流并在学习中不断成长，提高国际合作竞争力和参与全球能源治理能力，实现推动发展与防范风险并举；继续探索和尝试在能源期货交易中人民币计价的功能，推进交易过程的开放，尤其是要吸引“一带一路”沿线国家能源企业的参与。

2.4 气候风险

随着全球气候变化的推移，气候风险发生的概率日益增大，给人类社会带来的影响也越来越大。极端的天气会导致自然灾害频发，如暴雨、台风和洪水剧增，地震频率也在增加。2011 年日本核泄漏导致日本的能源供应链产生了巨大影响，也粉碎了日本的“核电安全神话”，迫使核电站停运或接受安全检查，导致 54 座核电机组全部停止运行。日本首次出现“无核电”状况，导致电力缺口高达 20%~23%。日本核电停运、火电成本增加导致 9 家电力公司严重亏损，影响 GDP 总额减少 3.6%，造成约 2×10^9 万日元的损失，并导致了大批人员失业现象。因此，气候变化对能源安全的意义颇为重要。《巴黎协定》提出 21 世纪中叶全球气温上升幅度控制在 2℃以内的目标，众多国家政府将其转化为国家战略，大力开发绿色能源，发展低碳经济。中国作为负责任的大国，将提高国家自主贡献力度，采取更加有力的政策和措施降低碳排放。实现碳中和需要产业结构调整、人口变化、技术进步、能源结构调整等条件，其中能源生产和使用中的碳排放减少是关键。除了技术进步、节能减排和产业结构调整、增加森林碳汇冲销等措施以外，还必须大力发展新能源，特别是低碳排放和零碳排放的能源。

3 能源安全建议

自 20 世纪 70 年代两次石油危机以来，越来越多的国家开始重视能源安全。当前中国在能源安全领域面临着重大挑战，既要应对大气污染与气候变化的双重压力，又要兼顾增加能源供应总量和提高清洁能源比重的双重目标。尽管中国政府强烈的政治意愿与成熟的市场条件有利于能源转型，不过为了克服能源转型过程中面临的多元目标取舍、转型期漫长以及政府与市场角色之争等难题，未来中国还需要制定符合中国国情的能源安全政策、建立有效网状式能源战略通道、建立中国能源储备机制以及建立合理完善的能源安全法律保障体系等方面做出积极调整。

3.1　制定符合中国国情的能源安全政策

新时代能源政策，要求坚持清洁低碳导向。树立人与自然和谐共生理念，把清洁低碳作为能源发展的主导方向，推动能源绿色生产和消费，优化能源生产布局和消费结构，加快提高清洁能源和非化石能源消费比重，大幅降低二氧化碳排放强度和污染物排放水平，加快能源绿色低碳转型，建设美丽中国。

3.1.1　加速建设多元清洁能源供应体系

习近平主席在第七十五届联合国大会一般性辩论上宣布，中国将提高国家自主贡献力度，采取更加有力的政策和措施，二氧化碳排放力争于2030年前达到峰值，努力争取2060年前实现碳中和。加快建设包括优先发展非化石能源、清洁高效开发利用化石能源、加强能源储运调峰体系建设和支持农村及贫困地区能源发展的多元清洁能源供应体系，推动太阳能多元化利用、全面协调推进风电开发、推进水电绿色发展、安全有序发展核电、因地制宜发展生物质能、地热能和海能以及全面提升可再生能源利用率，为新时代中国的能源发展，为中国经济社会持续健康发展提供有力支撑，也为维护世界能源安全、应对全球气候变化、促进世界经济增长作出积极贡献。

3.1.2　构建安全可靠的能源储备系统

坚持“立足国内、补齐短板、多元保障、强化储备”，增强能源安全保障能力。油气核心需求依靠自保，夯实国内能源生产的基础性地位，加大油气勘探开发力度。不断完善石油应急管理协同机制，统筹建立国家战略储备、商业储备和企业生产运行库存动态监测体系，形成储备与生产、加工、运输和供应之间的联动应急能力。尽快建成一定规模的国家天然气战略储备，形成国家、资源企业、城市燃气企业三级储备主体，以及战略储备和商业储备相结合的天然气储备体系，同时增加储气规模，形成地下与地上相结合的储库系统。建立实物石油资源储备，可开采油田储备和石油勘探资源储备等多样化的能源储备方式。加快建立战略性矿产资源“产、供、储、循、替”新体系，提升调控市场供应、应对突发事件和保证资源供应安全能力。

3.1.3　以技术革命为核心并着力提升创新能力

科技创新是实现能源绿色低碳发展的第一动力。习近平总书记强调，要以绿色低碳为方向，分类推动技术创新、产业创新、商业模式创新，并同其他领域高新技术紧密结合，把能源技术及其关联产业培育成带动我国产业升级的新增长点。

当前，绿色能源技术创新已成为新一轮科技革命和产业革命的关键所在。化石能源清洁化、清洁能源规模化、多种能源综合化、终端能源再电气化趋势加速演进，可再生能源、智能电网、非常规油气等技术规模化应用，大规模储能、氢燃料电池等技术有望突破，带动相关产业转型升级，形成经济增长新动能。但我国现有能源技术水平与世界先进水平相比、与未来能源发展的客观需要相比还有一定差距，核心技术自主创新能力亟待提高。能源行业应充分发挥自身优势，以技术创新为突破口，把创新和发展的主动权牢牢掌握在自己手中。加快自主创新步伐，关键是要围绕能源有效开发、能源清洁化、能源利用三大领域，加大关键共性技术、前沿引领技术、现代工程技术等攻关力度，推广示范应用，推进成果转化，推动能源行业绿色低碳发展。

3.2 建立有效网状式能源战略通道

建立有效网状式能源战略通道可以有效降低中国在海上石油运输被中断所导致的脆弱性，减少对西太平洋战略通道的依赖。

3.2.1 加强与东北亚、东南亚相关国家的能源合作

首先，加强中国南海石油的开发，并着手建设通往缅甸的石油运输管道。南中国海有石油资源235亿吨、天然气资源10亿立方米，是重要的战略资源基地，中国应加强与东南亚相关国家在南中国海石油开发上的合作。其次，加强东北亚能源合作，建设东西伯利亚—中国—韩国—日本的天然气管道，以及西西伯利亚—中亚—中国—日本的石油管道建设。

3.2.2 加强建设中亚国家能源战略通道

充分利用上海合作组织，加强和中亚国家以及俄罗斯的能源合作。中国对中亚和俄罗斯能源资源的投资，能够为中国提供避开美国海军控制的航道的石油供应线，降低中国由于中东石油供应阻碍甚至中断所造成的脆弱，而且中国的陆上军事优势将发挥积极作用。此外，建设从俄罗斯、哈萨克斯坦等中亚国家到中国的输油管道，可以确保中国能源供应来源多元化，从而保障中国的能源安全。

3.3 建立中国能源储备机制

适时建立石油战略储备。石油储备分为战略石油储备和商业石油储备，战略石油储备不承担平抑油价的作用，国家只有在石油供应中断等紧急时刻才会动用这一储备，在石油价格动荡的时候，相关企业也要在正常的周转库存外建立和增加相应的商业储备，作为对国家战略性石油储备的重要补充。

3.3.1 战略石油储备机制

战略石油储备具有商业储备无法取代的特殊作用，当国际石油供应突然发生中断或国际油价暴涨危及国家安全与社会经济正常运转时，战略石油储备的动用往往具有抗拒风险、保障安全、平衡供需、抑制油价的功能。在平时，战略石油储备对稳定国际油价、影响石油输出国的政策及调整市场心态，亦具有不可忽视的静态威慑作用。总之，战略石油储备是一个国家对应政治和军事危机的最重要工具，被视为减轻能源安全脆弱性的关键武器。作为一种防御性的威慑力量，战略石油储备的作用丝毫不亚于核武器。根据国际能源署的要求，其成员国拥有至少90天纯进口量的战略石油储备，这是加入该组织最为关键的条件。根据美国、日本等西方主要国家的经验，石油储备从开始建设到真正发挥作用至少需要10年以上的时间。我国正处于战略石油储备建设期，借鉴外国相关经验，我国战略石油储备的建立，应立法先行、合理确定规模、循序渐进，采取总体规划、分区域、分步骤实施的方式逐步建立。

3.3.2 商业石油储备机制

商业储备则是指石油生产流通或相关企业根据有关法律法规，为承担社会责任而必须保有的最低库存量，用以保障国家能源安全和平抑价格剧烈波动。在国内石油供应因自然灾害、突发事件等出现紧张状况时，国家可依法统一调度商业原油库存。在满足最低库存标准的前提下，商业原油库存企业则可以自主调配使用和轮换。

3.4 建立合理完善的能源安全法律保障体系

自上世纪80年代以来，我国的能源安全立法已经取得很大成绩，但是很遗憾的是，目前为止《能源法》等重要法律尚未颁布导致了我国能源安全战略的法律保障体系的缺陷。

3.4.1 加快修订并实施能源法

通过立法手段实现能源安全战略的法律层面的构建，进而确保构建起完善的能源制度体系，是实现能源治理法制化必须要走的道路。因此，制定合理有效的以《能源法》为主体的能源法律框架是彰显国家能源安全理念和实现国家能源安全战略在制度展面的首重任务。

我国《环境保护法》规定，“开发利用自然资源，必须采取措施保护生态环境”，即在开发利用资源时必须注意环境保护，减轻能源消费对环境的压力，走“低碳发展”能源开发利用与环境保护相结合之路。尽管诸多法律做了诸多呼吁，但是这些类似的规定并未设定相应的法律责任，缺乏法律强制力的原则性、号召性规定。因此，应尽快修订能源基本法，强化“能源安全”的首要地位，用以统领、约束、指导、协调各个单行能源法律、法规。通过此法确立能源以及能源战略在国家经济活动中的战略地位，规制能源结构调整和能源布局的方针，明确各类能源市场主体和市场模式、运行规则和市场监督，规范各级能源管理机构的职责和权利，最终确保国家能源安全的法律保障。

3.4.2 细化能源安全相关法律并确保相关标准有效落实

进一步细化《可再生能源法》、《节约能源法》、《电力法》等法律中有诸多原则性规定，明确相关责任人的权利义务关系和法律责任，并完善配套法律法规和规范性文件，将法律落到实处。此外，还应优化其他法域的配套措施，如税法领域对新能源适用的减免税政策、行政法领域行政违法行为的外罚等。在对法律条文的整理和规范上，要契合国家大的政策背景和能源安全战略需求，减少法律滞后性的整端。

参 考 文 献

[1] 刘丰．国际体系转型与中国的角色定位[J]．中国社会科学院国际研究学部集刊，2018，11(00)：132-155.

[2] 余国，姜学峰，戴家权，等，2021.“双碳”目标下中国能源发展与能源安全若干问题思考[J]．国际石油经济．29(11)：1-8.

[3] 宋丽娟．中国能源储备法律制度研究[D]．郑州大学，2007.

[4] 廖建凯．我国能源储备与应急法律制度及其完善[J]．西部法学评论，2010(02)：111-115.

[5] 柳逸月．中国能源系统转型及可再生能源消纳路径研究[D]．兰州大学，2017.

[6] 方圆，张万益，曹佳文，朱龙伟．我国能源资源现状与发展趋势[J]．矿产保护与利用，2018(04)：34-42+47.

[7] 郝存河．原油期货与原油储备研究——基于我国能源消费、生产与能源独立战略[J]．中国证券期货，2020(04)：17-29.

油田企业实施财务共享的探讨

王青青

（东北石油大学 经济管理学院，黑龙江 大庆 163318）

摘　要：对于油田企业而言，面对日新月异的市场环境，想要实现自身的长远稳定发展，就必须做好财务管理工作，而借助财务共享服务，油田企业能够对财务管理工作的模式和方法进行创新，以更好地适应时代发展需求。所以本文围绕油田企业财务共享服务中心建设进行深入的分析，首先介绍财务共享服务中心的概念及目的，其次阐述油田企业建设财务共享服务中心的意义及财务共享服务中心对油田企业的影响，然后对财务共享服务中心建设过程中存在的问题加以分析，并提出针对性的完善措施，以供相关企业参考。

关键词：油田企业；财务共享服务中心；财务共享

1　财务共享服务中心的概念及目的

在上世纪八十年代初的发达国家中已经出现了财务共享服务中心的概念，它是将分布在不同国家、不同地点的重复性的业务集中到一个共同的服务中心来进行记账和生成财务报表，通过标准化的流程来核算并监督企业财务工作的一种机构。这种会计核算方式能够大量处理重复的核算工作，近年来逐步得到国内企业的接受和普及。

在企业开展财务管理期间，建立财务共享服务中心，是当下最为新颖的企业财务管理方式，是一种以集中管理为核心原理的新型财务管理模式。在企业经营的过程中，建设财务共享服务中心，其主要目的就是利用这种有效的运作模式来解决财务职能建设中重复投入和效率低下的弊端，即开展财务管理期间有效的节省企业的人工成本，减少管理环节，提高工作效率，它的优点在于较低的运作成本，高效的财务管理水平，有效的支持企业集团的发展战略，并可以向外界提供商业化的服务。欧洲某专业机构曾经针对油田企业财务管理开展过调查，调查结果表明，相比传统的财务管理模式，建设了财务共享服务中心的企业，在财务管理上投入的成本，降低了超过30%[1]。

2　油田企业财务共享服务中心建设的意义

油田企业财务共享服务中心建设具有重要的意义，其主要表现在以下几个方面：第一，运行成本相对较低，通过共享服务中心，可以实现低成本的可视化计算模式，可以降低人员的数目和管理层级，从而可以在一定程度上降低财务管理成本；第二，可以提升财务管理效

【第一作者简介】王青青，女，1996 年 9 月，东北石油大学经济管理学院会计学研究生，电话：18236397673，邮箱：1908386731@ qq. com，邮编：163318，通讯地址：黑龙江省大庆市高新技术产业开发区学府街 99 号

率。油田企业采用财务共享服务，可以实现对子公司的流程化管理，废除冗余的步骤，实现对企业的整合管理。另外，中心的财务人员相对较为集中，可以开展集中培训，从而可以全面地提升整体服务质量；第三，油田企业的财务数据更加准确，其主要是由于财务人员仅仅需要精通一方面的专业，即可通过网络平台来实现数据的对接，保证数据的准确性和可靠性[2]。

3 财务共享服务中心建设对油田企业的影响

财务共享能够对油田企业的财务业务进行重新梳理，通过对基础性业务和同质性业务的流程化处理，能够显著提升工作效率，节约财务管理成本，更能够实现对于财务人员的合理分化，促进企业内部各部门的沟通交流，为油田企业的可持续发展提供良好的战略支撑。财务共享对于油田企业的影响主要体现在三个方面[3]：

（一）激发规模效益

借助相应的财务共享服务，油田企业能够实现财务管理工作的规模化，这样不仅能够降低相应的工作成本，也可以减少人力物力资源的消耗。以中石油为例，其在全球一共设置了8000 多个责任中心，每年能够处理海量的数据信息，包括 1.5 亿条分录、1500 万张凭证以及 50 万亿元的交易数据等。财务共享能够将企业会计核算工作全部集中到财务共享中心实施，借此完成财务业务的规划化处理，在保证会计核算质量的同时，也可以提升其工作，效率，如果能够将财务共享服务中心设置在人均工资水平较低的区域，则降低成本的效果将会更加明显。

（二）转变财务职能

财务共享的实施，使得油田企业原本的财务人员逐步分化，分成共享中心财务人员、业务财务人员以及高端财务决策人员，也能够将原本的基础核算等职能从财务工作中剥离，使得财务人员能够将更多的时间和精力投入到油气集输、油田注水系统等相关活动中，推动财务管理工作的优化创新。转型后，业务财务人员能够通过与财务决策人员的相互配合，确保成本管理和全面预算管理的顺利实施，为油田企业经营管理决策的制定提供可靠支撑[4]。

（三）实现战略目标

财务共享服务能够对企业中各个业务单元的财务口径进行统一，确保所有的业务处理都可以依照统一标准进行，解决子公司和母公司之间、子公司之间存在的信息不对称问题，实现财务信息的高度共享。同时，财务共享服务能够实现财务组织机构的扁平化管理，有效减少信息传递的中间环节，提升信息传递的效率和效果，也方便了集团企业更好地把握业务部门和子公司的生产运营状况，对各部门固定资产使用情况进行监控，提升资产的使用效率。不仅如此，财务共享中心还能够契合油田企业的业务发展进程，当企业设置分公司时，可以借助财务共享服务来提升分公司的核心竞争力。

4 油田企业财务共享服务中心建设中存在的问题

4.1 制度体系不完善

油田企业由于制度建设不完善，导致财务共享中心并不能服务于整体油田企业：第一，油田企业财务信息披露制度建设薄弱，企业涉及的环节较多，无法实现对财务信息的实时监测，因而无法及时地公布财务信息，造成财务管理的迟滞；第二，油田企业财务共享中心的财务管理制度相对较为混乱，虽然建立了财务共享服务中心，但是其财务管理制度依然采用传统的管理方式，无法适应共享中心的服务需求，导致整体管理效率低下。

4.2 人员业务水平参差不齐

财务共享服务中心的工作人员业务水平参差不齐，是油田企业财务共享服务中心建设中普遍存在的问题。其主要表现在以下几个方面：第一，财务人员的来源范围狭窄。油田企业在建设财务共享服务中心后，将部分财务人员集中起来开展服务，但是部分财务人员的业务水平无法满足共享中心的建设需求，导致其在某个环节的财务核算能力薄弱，影响整体服务质量；第二，财务人员的素质不足，共享财务中心的建设不仅需要具有扎实的财务基础素质，同样需要具有现代化的管理理念以及财务核算方法，而油田企业财务人员的专业素质存在不足，影响服务质量。

4.3 监督考评机制不完善

财务共享服务中心，是一种新型的财务管理模式，油田企业在建设的过程中，需要不断地利用强力的监督考评机来对其制进行完善和评价，然而目前来看，很多油田企业对考评依然采用传统的监督考核方式，即内部监督由财务部门负责人负责，外部监督通过审计部门监督，在传统企业发展的角度来考虑，使用这种监督方式，可以起到一定的效果，但是站在财务共享服务中心发展的角度来看，这种传统的监督考评，无法及时、准确的察觉财务共享服务中心存在的漏洞、弊端，也就无法开展有效的解决策略，十分不利于油田企业推动财务共享服务中心的建设与发展。

4.4 企业文化内涵的缺失

油田企业财务共享服务中心建设中，其虽然成为独立部门，但是其企业文化的建设依然采用油田企业的精诚团结以及艰苦奋斗的文化内涵，虽然可以激励员工努力奋斗，但是其内涵已经无法适用。由于员工思想素质与企业文化内涵不符，导致员工的竞争能力和积极主动性较低，影响财务共享服务中心的建设发展进程。

5 油田企业建设财务共享服务中心的完善对策

5.1 健全制度体系

信息披露以及财务制度的薄弱会严重影响油田企业的健康发展，因此在建设财务共享服务中心期间需要完善制度体系，首先，油田企业需要完善信息披露制度，在每个操作环节中，及时地对财务信息进行跟踪式的调查，从而时刻掌握财务信息的具体情况，合理利用历年来的财务资料对财务信息开展实时评估，完成评估后及时将相关财务信息进行公布，从而确保财务信息公布的有效性和及时性。其次，财务共享服务中心建设需要构建完善的财务管理体系，采用现代的扁平化管理模式，采用财务负责人、主管和员工三级模式，实现信息的沟通，从而提升财务核算质量。

5.2 加强专业人才的培养和引入

在建设油田企业财务共享服务中心期间，首先需要在人才引进方面，充分利用社会招聘这一渠道来纳入集财务管理、信息技术、现代企业管理技能于一身的综合性人才，将油田企业财务管理水准提升，打造多元化、专业化的财务管理团队。其次，对企业内已有的财务管人员，企业领导者需要定期、不定期组织人员开展财务专业职能学习、培训、考试，并开展信息技术培训、考试，在不断提高财务管理人员财务专业素养同时，使其掌握现代化信息软件的基本操作方式，以便于更好地推进企业财务共享服务中心的建设。

5.3 完善监督考评机制

监督考评机制的构建，有利于推动共享中心的全面发展，然而其采用传统的监督考评机制，存在明显的不足。因此，油田企业财务共享服务中心需要完善监督考评机制，以此来推动财务共享服务中心的建设发展。第一，要完善财务制度的内部监督，设立财务监督组，对共享中心的财务活动进行全程的监督，对于监督组的成员，要通过社会招聘的方式来筹建，保证其独立性；第二，要完善外部监督机制，在审计部门监督的基础上，油田企业可以和政府等部门加强合作，引进行政监督，以便更好地约束共享中心的财务核算行为；第三，可以适当地引进群众监督模式，要求共享中心及时将财务信息披露，引进群众监督，通过社会的力量来约束财务共享服务中心的行为，使其可以真正地成为油田企业的发展利剑。

5.4 丰富企业文化内涵

企业文化的建设是内在精神内涵。油田企业财务共享服务中心属于财务机构，但是其依然采用油田企业的文化体系，导致其存在明显的不适应性。因此，财务共享服务中心需要大力建设文化内涵，建设符合自身发展的文化体系。第一，需要构建创新的文化内涵。所指的创新，不仅要在管理制度上创新，同样要在工作形式上创新，要求财务人员不断创新工作方式，最终目标是提升财务核算质量和效率；第二，需要构建科技发展的内涵。新时期的财务核算不仅需要人力完成，同样需要计算机的辅助，财务共享服务中心需要将科技发展的内涵融入到工作中，积极地引进新型的计算机软件系统，鼓励员工加强对科技化软件的应用。通过逐步丰富财务共享服务中心的文化内涵，必然可以建立符合油田企业发展的财务共享服务中心。

6 结语

油田企业财务共享服务中心建设已经成为企业发展的必然趋势。然而其由于受到多方面因素的影响，导致其建设依然存在较多的问题。希望通过文章的分析，可以为油田企业的财务共享服务中心建设提供借鉴，使其可以顺应现代化的发展模式，以此来不断提升企业的财务管理质量。

参 考 文 献

[1] 刘舟波．油田企业财务共享服务中心建设中的问题及措施[J]．现代国企研究，2018(22)：76.

[2] 王霞．油田企业财务共享服务中心建设存在的问题及对策研究[J]．中国市场，2018(04)：236-237.

[3] 吴涛．油田企业实施财务共享的探讨[J]．财会学习，2019(34)：36+38.

[4] 何如桢．财务共享服务对油田企业的影响及对策探讨[J]．中国乡镇企业会计，2015(07)：97-98.

中国油气企业“能源-环境-经济”绩效评价研究

房　琪　李绍萍

（1. 东北石油大学经济管理学院，黑龙江 大庆 163318；
2. 东北石油大学经济管理学院，黑龙江 大庆 163318）

摘　要：近年来，随着我国经济的快速发展，能源消耗量也在逐渐增加，随之带来的是高强度的环境污染。能源消耗量的迅猛增长不仅激化了能源供需矛盾，能源消耗过程中所产生的污染排放也严重破坏了环境系统，对企业经济的持续发展造成了巨大威胁。因此科学进行中国油气企业“能源—环境—经济”绩效评价研究显得尤为必要，同时对三者协调稳定发展的深入研究打下坚实基础。为了卓有成效地利用评价指标及其影响因素体系实施油气企业“能源—环境—经济”绩效评价，论文构建油气企业“能源—环境—经济”绩效评价系统，论文以59家上市油气企业为样本，采用随机前沿分析方法对油气企业“能源—环境—经济”绩效展开评价。研究发现：我国油气企业“能源—环境—经济”绩效水平参差不齐，且近年来的变化程度也有所差异。论文在绩效评价结果上对可能影响油气企业“能源—环境—经济”绩效水平的因素展开分析，认为能源消费、环保投入以及研发投入可能会对我国油气企业“能源—环境—经济”绩效水平产生影响。因此，科学判定中国油气企业“能源—环境—经济”绩效水平，提出相应的政策与建议成为亟待研究的重要课题，这对于探究我国油气企业能源高效高质量转型路径、协调油气企业能源—环境—经济发展意义重大。

关键词：油气企业；能源；环境；经济；绩效评价

1　引言

近年来，随着我国经济的快速发展，能源消耗量也在逐渐增加，随之带来的是高强度的环境污染。能源消耗量的迅猛增长不仅激化了能源供需矛盾，能源消耗过程中所产生的污染排放也严重破坏了环境系统，对企业经济的持续发展造成了巨大威胁。党的十九大报告中的各项发展目标已表明，统筹能源利用、环境保护、企业经济发展已成为油气企业可持续发展的重要手段，提升中国油气企业“能源—环境—经济”绩效势在必行。因而，科学判定中国

【第一作者简介】作者简介：房琪，博士，主要研究方向为能源战略与政策系统分析。E-mail：french-fang@ 126. com。

【通信作者】李绍萍，博士，教授，博导，主要研究方向为环境经济学。E-mail：dqlishaoping@ 126. com。

【项目来源】黑龙江省哲学社会科学规划项目（编号：19JYE257）“协同治理框架下的黑龙江省农村环境污染防治研究”部分成果。

油气企业"能源—环境—经济"绩效水平，提出相应的政策与建议成为亟待研究的重要课题，这对于探究我国油气企业能源高效高质量转型路径、协调油气企业能源—环境—经济发展意义重大。

基于以上背景，遵循企业高质量发展理念，深入分析我国油气企业"能源—环境—经济"绩效水平，在此基础上对其进行评价。探索转型背景下中国油气企业"能源—环境—经济"发展的新路径，全面提升油气企业治理效率显得尤为必要。

国外关于油气企业"能源—环境—经济"绩效水平的研究主要集中在评价方法与影响因素展开分析。Hang 等(2015)在综合考虑生产技术异质性、非径向松弛变量以及非期望产出的基础上构建了能源无效率指数，并探讨了能源无效率的来源，为降低能源强度提供了潜在途径[1]。现有研究中对能源绩效概念的界定源起于能源效率概念。Patterson(2008)认为："能源效率是指用较少的能源生产同样数量的服务或有用产出"[2]。如何定义有效产出与能源投入成为首要问题，由此产生了四类能源效率的判定依据：热力学依据、物理—热量依据、经济—热量依据、纯经济依据。在热力学层面借助于实际热能效率与理想热能效率的比值进行判定，物理—热量指标用单位产品的能耗进行表示，能源投入价值与国民产出的比值适用于纯经济指标，而经济—热量指标是指单位地区生产总值能耗(或单位总产出能耗、单位总产值能耗、单位增加值能耗等)，其中经济—热量指标最为常用[3]。但上述能源效率的定义对不同质能源的测量、能源消耗加总方式(热量加总还是价值加总)、能源投入范畴的界定、能源的产出类型等问题仍未有效解决。此外，最常用的经济—热量指标包含了大量的产业结构因素以及能源投入结构变动等，并不足以充分说明能源效率发生了变化，因而在"效率"结果的体现上有所欠缺，仅以能源与经济产出的比值关系表示其概念还存在一定的局限性。鉴于传统的经济—热量指标忽略了气候环境、能源价格、人口结构等非技术因素的影响，因而 Nagata(2007)提出了"真实能耗强度"的概念，是指去除掉气候、能源价格、人口结构等非技术因素影响下的能源消耗与经济产出的比值[4]。能源生产率是指产出与能源投入的比值，与能源强度互为倒数。因而最初对于能源绩效的定义多运用上述的能源效率和能源生产率概念。通过对现有文献的梳理可以得出，随机前沿分析、模糊综合评价方法、数据包络分析、回归分析，以及 Malmquist 和 Luenberger 指数等是能源绩效研究中普遍采用的评价方法。模糊综合评价方法体系涵盖的内容较广，主要通过对不同评价指标设置合理的权重来进行，而指标权重的设定需要根据实际情况和专家意见，反映决策偏好[5]。类似地，回归分析方法的选择同样需要根据研究目的、自变量属性、因变量属性、数据样本条件选定[6]。而随机前沿分析方法和数据包络分析方法则着眼于通过测量目标能源投入和实际能源投入的差距、或目标期望产出和实际期望产出的差距来反映绩效值，两者的根本差异在于是否可以估计变量的参数，数据包络分析是一种非参数分析方法，而随机前沿分析是一种参数化分析方法。随机前沿分析方法能够设定参数，并分离出随机因素，最初的随机前沿分析模型由 Aigner 等(2006)于 1977 年提出。随着研究实践的推广，也在非效率项的参数估计、面板数据模型、绩效随时间变化模型等方面进行了不断拓展[7]。Battese 和 Coelli(2012)于 1992 年提出了面板数据的随机前沿分析模型，设定非效率项服从截尾正态分布，并随时间发生变化[8]。并在 1995 年提出了改进后的随机前沿分析模型，将绩效测量和因素分析纳入同一模型。随机前沿分析方法在构建生产前沿面时需要假定一种方程形式，并运用极大似然估计来进行参数估计。方程形式的多样性增加了使用随机前沿分析方法的风险，因而需要合理、精准地确定方程形式[9]。

国内关于油气企业“能源—环境—经济”绩效水平的研究主要集中能源效率以及通过创新推动三者协调发展层面展开分析。目前，能源的环境影响日趋受到重视，因而也有学者从环境视角对能源效率进行测量。宋一弘(2012)采用三阶段 DEA-Malmquist 指数测算了环境约束下的能源效率，并应用 Tobit 模型检验了不同因素对能源效率的影响[10]。孙焱林等(2016)运用固定效应随机前沿分析模型，重点考虑了生产技术的个体异质性问题[11]。周柯等(2019)认为科技创新作为引领发展的重要动力源，不仅可以创造新增长点，而且可以推动产业结构向合理化、高级化发展[12]。陈南岳等(2019)以省级数据进行研究，认为环境规制短期内对于产业结构的优化调整影响甚微，但是长期来看，可以促进产业结构优化升级，使经济增长和生态环境协调发展。三是基于不同地区，环境规制对产业结构转型的影响不同[13]。技术创新是推动产业结构转型的内在驱动力(张治栋等，2020；陶长琪等，2016)[14-15]。殷宇飞等(2020)认为技术创新在环境规制与产业结构升级中发挥正向中介效应[16]。

2　相关理论基础

2.1　概念界定

2.1.1　油气企业

油气企业是指开采石油和天然气、以石油和天然气为主要原料进行石油化工产品加工的企业等。依据国家统计局 2018 年 3 月修订的《三次产业分类》可知，油气行业在《国民经济行业分类》(GB/T 4754-2017)可以分为四类：油气勘探开发企业、油气技术服务与装备制造企业、石油炼化企业和石油贸易企业[161]。

2.1.2　能源—环境—经济

能源—经济—环境系统，能源、经济与环境这三个子系统之间相互作用、相互联系而形成的复杂系统。经济发展和环境保护之间，需要协调以达到双赢。能源是经济发展所必需的生产要素，亦即物质基础之一，因此经济增长对能源有依赖性；另一方面，经济增长又可以促进能源的大规模开发与利用。能源的开发利用过程将对自然界产生一定的破坏作用，其废弃物将对环境造成污染。

2.1.3　绩效评价

绩效评价是指运用一定的评价方法、量化指标及评价标准，对中央部门为实现其职能所确定的绩效目标的实现程度，及为实现这一目标所安排预算的执行结果所进行的综合性评价。绩效评价的过程就是将员工的收集工作绩效同要求其达到的工作绩效标准进行比对的过程。

2.2　研究方法

2.2.1　文献分析方法

论文采用文献分析方法对绩效概念等相关理论进行了回顾，细致梳理了已有研究中与油气企业“能源—环境—经济”绩效相关的评价指标和影响因素，进而构建了油气企业“能源—环境—经济”绩效的概念结构模型以及评价指标与影响因素体系。

2.2.2　随机前沿分析方法

本研究依据随机前沿分析方法的基本原理，在借鉴绩效评价和因素分析同步研究随机前沿分析模型、随机射线前沿模型、以及非期望产出处理方式的基础上，构建了油气企业“能源—环境—经济”绩效的评价模型，为油气企业“能源—环境—经济”绩效评价系统的构建奠定了基础。

2.2.3　多元统计分析方法

论文运用多元统计分析方法对油气企业“能源—环境—经济”绩效的评价结果进行了进一步地分析，论文主要从油气企业时间维度以及企业个体维度进行分析。

3　油气企业“能源—环境—经济”绩效评价

3.1　评价系统的构建思路

为利用评价指标及其影响因素体系实施油气企业“能源—环境—经济”绩效评价，将构建油气企业“能源—环境—经济”绩效评价系统。整体思路的核心任务是构建评价指标与影响因素体系、建立评价模型，为系统的设计与开发提供基础数据以及评价指标与影响因素的系数，同时借助系统构建数据库，最终构建出评价系统。

3.2　评价模型的构建

当前，我国平台经济发展正处在关键时期，要着眼长远、兼顾当前，补齐短板、强化弱项，营造创新环境，解决突出矛盾和问题，推动平台经济规范健康持续发展。因此，实现碳达峰、碳中和是一场广泛而深刻的经济社会系统性变革，要把碳达峰、碳中和纳入生态文明建设整体布局，拿出抓铁有痕的劲头，如期实现2030年前碳达峰、2060年前碳中和的目标。目前，与油气企业的相关环境、经济以及能源消耗问题日益受到各界关注，油气企业作为实现碳达峰与碳中和的主要作用单位，肩负起实现碳达峰碳中和的任务刻不容缓。油气企业“能源—环境—经济”绩效评价与因素分析俨然成为一项非常重要的工作。油气企业“能源—环境—经济”评价系统作为进行绩效评价和因素分析的重要工具，其构建的核心基础在于确定各项评价指标与影响因素的参数，因而亟待构建科学、合理的油气企业“能源—环境—经济”绩效评价模型。

3.2.1　随机前沿分析模型

通过与最优生产前沿边界的差距来体现绩效水平是随机前沿分析方法的主要核心思想，同时在评价过程中充分考虑误差项对绩效值的影响。因而，最优生产前沿边界是判定绩效水平的主要标准。新古典经济理论是解释随机前沿分析方法的基础。生产函数的标准定义是指在给定投入 X 情况下的最大产出。但在现实情境下，很多评价对象可能达不到最优产出的生产前沿。同时，生产函数还会受到随机冲击。因此将随机前沿模型设定为：

$$Y_i = x_i\alpha + (V_i - U_i),\ i = 1,\ 2,\ \cdots N \tag{3-1}$$

在式(3-1)中，Y_i代表每个评价对象的产出，x_i代表投入，α 代表未知参数的向量。V_i是随机误差项。U_i是随机变量，代表评价对象的无效程度。两者相互独立。这是对随机前沿分析模型的最早描述。

此模型框架已逐渐应用于大量的实证研究中。在此模型的基础上，有学者不断对该模型进行升级优化，提出面板数据的随机前沿分析模型，设定非效率项服从截尾正态分布，同时随着时间不断变化。该模型如下：

$$Y_{it} = x_{it}\alpha + (V_{it} - U_{it}),\ i = 1,\ 2,\ \cdots N;\ t = 1,\ 2,\ \cdots T \tag{3-2}$$

在式(3-2)中，Y_{it}代表第 i 个评价对象第 t 时间段的产出，X_{it}代表第 i 个评价对象第 t 时间段的投入量，α 代表未知参数的向量。V_{it}是随机误差冲击，随机误差冲击包括测量误差以及各种不可控因素所导致的误差。V_{it}和 U_{it}两者相互独立。此时：

$$U_{it}=\gamma_{it}U_i=U_i\exp(-\gamma(t-T_i)) \tag{3-3}$$

在式(3-3)中，T_i评价对象的时间维度，γ 表示待估参数。由上式可知，U_{it}随着时间呈递减变化趋势。当 $\gamma=0$ 时，效率不随着时间变化。因此，γ 值在 0 到 1 之间，表示随机扰动项中无效项所占的比重。当 γ 越大，说明随机误差对产出的影响越小。γ 值参数范围的确定为迭代最大化过程提供了有效的初始值。随着研究的深入，在原有的模型基础上进行改进，即可以对绩效评价和因素分析同时开展的随机前沿分析模型。

该模型的绩效测定函数为(3-2)式，在此，U_{it}为非负随机变量，并服从于 $U_{it}\sim N(d_{it}, \sigma_u^2)$的截尾正态分布，此时：

$$d_{it}=z_{it}\rho \tag{3-4}$$

在(3-4)式中，z_{it}代表绩效的影响因素向量，ρ 代表代估参数的向量。该模型同样利用之前提出的参数化方法进行极大似然估计。由于在随机前沿分析方法中，绩效值被定义为与最优生产前沿的距离，因此基于以上分析，绩效值被表示为：

$$P_{it}=E(Y_{it}^* \mid U_{it}, X_{it})/E(Y_{it}^* \mid U_{it}, X_{it}) \tag{3-5}$$

在实际中，生产函数是应用随机前沿分析方法的基础，生产函数的纳入才可便于比较与最优生产前沿的关系，因而该随机前沿模型转化为：

$$Y_{it}=f(x_{it}, \alpha)\exp(V_{it}-U_{it}),\ i=1, 2, \cdots N;\ t=1, 2, \cdots T \tag{3-6}$$

在(3-6)式中，$f(x_{it}, \alpha)$表示生产前沿面，该模型的绩效测定函数为(3-2)式，在此，U_{it}为非负随机变量，并服从于 $U_{it}\sim N(d_{it}, \sigma_u^2)$的截尾正态分布。同样，$d_{it}$被设定为(3-4)式，其变量含义和设定也与(3-4)式相同。经过随机前沿分析方法的不断演化和发展，在各项参数的调节和变化下，形成了适用于不同条件、不同假设分布以及不同函数形式下的随机前沿分析模型，而对于不同生产函数、不同假设的模型可通过各种备选模型进行试算，并通过似然比检验选出最优模型。道格拉斯生产函数和超越对数生产函数是随机前沿分析方法常用的生产函数形式，分别基于两种生产函数形式构建生产函数并进行试算，即可得出最适宜的生产函数形式。

将选定的生产函数形式代入(3-6)式，并对其等式两边取对数进行转化，即可依据绩效评价与因素分析同步研究的随机前沿模型计算绩效值和参数，该模型有效解决了油气企业“经济一环境一福利”绩效评价中需要同时考虑评价指标和影响因素的问题。

3.2.2 随机射线前沿分析模型

通过上述分析可以发现，基础的随机前沿分析模型仅能处理单项产出，难以估计多产出前沿生产函数和绩效值，因此 Lothgren 提出了随机射线前沿分析模型(Stochastic Ray Frontier Analysis Model)。此后，Fousekisl、Niquidet 和 Nelson 等学者优化该模型的关键在于引入了欧几里得范数，同时遵循随机前沿模型的设定、生产前沿和绩效值估计等基本原理来处理多投入、多产出的实际情境。Lothgren 的研究中指出，根据极坐标理论，多项产出可借助于极坐标形式表示为：

$$y=\| y\| m(\theta(y)) \tag{3-7}$$

在(3-7)式中，$\| y\|$ 表示多项产出 y 的欧几里得范数，那么 $\| y\| =(\Sigma_{i=1}^{q}y_i^2)^{1/2}$，$q$ 为产出类型的数量。$\theta(y)$指极坐标中产出 y 的极角矢量。m 则定义了以下映射：$[0, \pi/2]^{q-1}$

$\to[0, 1]^q$。在此基础上，根据极角的定义，一项产出作为极坐标的极轴轴，$\| y \|$ 表示极坐标的极径。极轴和极径之间的夹角则为极角，且表示为：

$$m_i i(\theta) = \cos\theta_i \Pi \sin\theta_j, \ i=1, 2, \cdots q \tag{3-8}$$

在(3-8)式中，$\theta \in [0, \pi/2]$，$\sin\theta_0 = \cos\theta_q = 1$。基于(3-7)式和(3-8)式可以得出：

$$\theta_i(y) = \cos^{-1}[y_i/(\| y \|)\Pi \sin\theta_j], \ i=1, 2, \cdots q \tag{3-9}$$

由于 $\sin\theta_0 = \cos\theta_q = 1$，因而第一个极角为 $\theta_1 = \cos^{-1}(y/\| y \|)$，第二个极角则根据第一个极角进行计算，其他极角经过递归计算即可获得。

两种产出类型是多产出中最为简单的情境，在此予以简要介绍，以此来解释如何处理多项产出。假设两种产出的极坐标如图 3-2 所示：

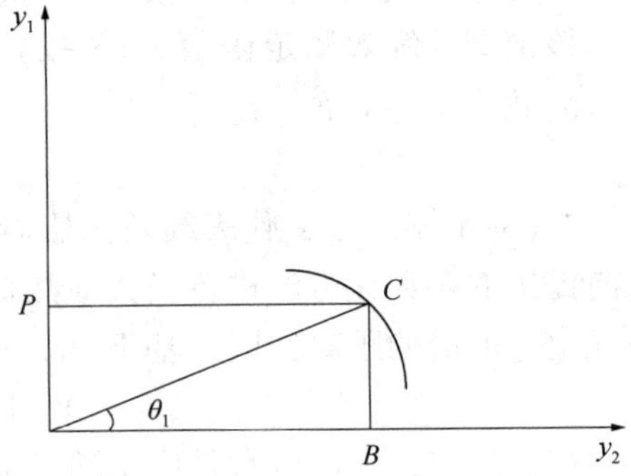

图 3-2　两项产出的极坐标

由图 3-2 可知，该评价对象具有两种产出，分别是 y_1 和 y_2，且分别用 OP 和 OB 表示。OB 作为极坐标的极轴，线段 OC 是两个输出的欧几里得范数，即极半径，因此 $OC = (OP^2 + OB^{2})^{1/2}$。在这里，$\theta_1$ 表示极半径 OC 与线段 OB 之间的夹角，即极角。因此，这两项产出可用 OC 和 θ_1 表示为：

$$OP = OC \cdot \sin\theta_1 \tag{3-10}$$

$$OB = OC \cdot \cos\theta_1 \tag{3-11}$$

极坐标具有一定的经济意义。一般情况下，评价对象均会在固定的生产可能集和投入下试图增加欧几里得范数。当每个产出增加时，欧几里得范数通常会增加。在只有两个产出的情况下，θ_1 是作为回归量包含的唯一方向变量，因为 θ_2 是固定的和省略的。因此，$\|y\|$ 在射线前沿生产函数回归中用做因变量，而投入和极坐标角 θ_1 包含在回归向量中。这种方法并不像看上去那么复杂。对于单一产出生产技术，$m(0)=1$，因此射线生产函数 $f(x)$ 变为单一产出生产函数 $f(x)$。

实际应用中的随机射线前沿分析模型设定为：

$$y = f(x, \theta) m(\theta) \exp(v_i - v_i) \tag{3-12}$$

结合极坐标理论的分析，将(3-12) 式转化为标量形式的随机射线前沿分析模型为：

$$\| y_i \| = f(x_i, \theta_i) \exp(v_i - v_i) \tag{3-13}$$

对(3-13)式进行对数转化后为：

$$\ln \| y_i \| = \ln f(x_i, \theta_i) \exp(v_i - v_i) \tag{3-14}$$

在(3-14)式中，$i=1, 2 \cdots N$，i 代表评价对象的个数，$\| y \|$ 是第 n 项产出单元的欧几里得范数，f 函数为确定的射线生产边界，包含 K 项投入和 L 个极角，且 $L=K-1$。v_i 和 u_i 的设定同(5-1) 式中 V_i 和 U_i 的设定。例如，当仅有两项产出 y_1 和 y_2、以及一项投入 x_1 时，该假设下的道格拉斯随机射线前沿分析模型表示为：

$$\ln \| y_i \| = \alpha_0 + \alpha_1 \ln x_i + \alpha_2 \ln\theta_i + (v_i - v_i) \tag{3-15}$$

3.2.3　非期望产出的处理方式

随着经济社会的发展，非期望产出逐渐受到关注，因此在计算绩效时如何处理非期望产出已经成为当前亟待解决的问题，目前对于非期望产出的处理方式，主要包括以下几种：

第一种方式是将期望产出与非期望产出做比值，非期望产出作为分母项。第二种方式是将非期望产出作为投入项。这一方法在实际处理非期望产出时也被经常采用。第三种方式则是结合距离函数处理非期望产出。假设生产技术T通过一个紧凑的生产可能集将包括资本、劳动力和能源在内的投入向量x转化为一项期望产出(O)和一项非期望产出(UO)，该生产可能集表示为：

$$T=(x, O, UO): xcanproduce(O, UO) \tag{3-16}$$

(3-16)式满足Fare和Primontl研究中所罗列的公理。基于Cuesta等的研究，将双曲线距离函数定义为：

$$D_H(x, O. UO)=inf\{\gamma>0; (x, o/\gamma, UO*\gamma)\}\epsilon T) \tag{3-17}$$

这意味着期望产出的最大扩张和非期望产出的最大收缩同时将评价对象置于技术边界。因此距离函数的取值范围为$0<D_H\leqslant1$。

因此，公式(3-17)为测量包含期望产出和非期望产出的绩效结果提供了一种有效的表征方式。若$Dy(x, O, UO)=1$，观测点在生产前沿。即在现有的技术条件下，无法同时扩大期望产出和减少非期望产出，该评价对象被定义为高效评价对象。若$D_Hx, O, UO)<1$，与高效评价对象相比，该评价对象有潜力通过同时扩大期望产出和减少非期望产出来提高绩效值，因此被定义为低效评价对象。.

在一定的生产技术条件下，期望产出是非下降的，非期望产出及投入是非增长的。生产技术几乎满足了同质性，因而得出：

$$D_H(x, \rho O. \rho^{-1}UO)=\rho D_H(x, O, UO), \rho>0 \tag{3-18}$$

在上述分析的基础上根据实际应用中所选择的生产函数形式设定参数距离函数形式，使用式(3-18)中的同质性条件，并将期望产出作为参数距离函数的标准化变量进行一系列的转化和计算即可得出相应的绩效值。

3.2.4 油气企业“能源—环境—经济”绩效评价模型

基于上述分析，油气企业“能源—环境—经济”绩效评价以及因素分析针对不同的研究方法，采用随机射线前沿分析模型、处理非期望产出等多种方法。然而针对油气企业“能源—环境—经济”绩效评价的多重需求需要在此基础上进行改良和优化，实现最后评价的目的。因此，论文将构建符合绩效评价需求的油气企业“能源—环境—经济”的评价模型。

首先，以随机射线前沿分析模型为基础，即设定：

$$\| y_{it} \| =f(x_{it}, \theta_{it})\exp(u_{it}-u_{it}) \tag{3-19}$$

在(3-19)式中，i代表油气企业，$i=1.2\cdots N$。t代表年份，$t=1, 2\cdots T$。‖yit‖是第i个企业在第t年的欧几里得范数，f函数为确定的射线生产边界，包含K项投入和L个极角，且$L=K-1$。v_{it}和u_{it}相互独立。v_{it}为随机误差冲击，随机误差冲击包括测量误差以及各种不可控随机因素所导致的误差，服从$Vit\sim N(0, \sigma_v^2)$的分布。u_{it}为非负随机变量，代表油气企业“能源一环境一经济”绩效的非效率项。而此时，u_{it}变量的设计参照了绩效评价与因素分析同步研究模型的做法，u_{it}服从于$u_{it}\sim N(d_{it}, \sigma_u^2))$的截尾正态分布，$d_{it}$假设为(3-4)式，即$d_{it}= Z_{it}\delta$，$Z_{it}$代表油气企业“能源一环境一经济”绩效的影响因素向量，δ代表待估参数的向量。

然而上述模型并未有效解决非期望产出的问题，通过比较上述的三种处理方式可以发现，将非期望产出项作为投入项虽符合指标值的期望变化方向，但与实际评价情景存在一定差异。而利用距离函数处理负向产出虽符合数理计算和实际评价情景的要求，但对随机射线前沿分析模型测算中出现的极角很难进行处理。因此，本研究采用将负向产出作为分母项的处理方式，因而(3-19)式中‖ y_{it} ‖ 的计算将发生变化。将进一步增加计算模型中的变量，不仅增加了模型的复杂度，还可能会由于不同类别变量的影响而导致评价结果准确度的下降。基于．上述原因，本研究采用将负向产出作为分母项的处理方式，因而(3-19)式中‖yit‖ 的计算将发生变化。

通过对整个模型的设计可以发现，上述模型的整体计算依然依据绩效评价与因素分析同步研究随机前沿分析模型的参数估计方法，而其区别在于投入项和产出项的处理和变化。因而，上述模型仍采用极大似然估计方法进行估计。

在随机前沿分析方法中，对随机前沿生产函数形式的合理性检验、对随机误差项和技术非效率项分布假设的稳健性检验，均可利用极大似然统计检验得到统计量：

$$LR=-2\{\ln[L(H_0)/L(H_1)]\}=-2\{\ln[L(H_0)-\ln L(H_1)]\} \tag{3-20}$$

在式(3-20)中，$L(H_o)$与$L(H_1)$分别为H_o和H_1分别代表原假设和备择假设下的极大似然函数量，统计量LR是具有$\chi^2(.)$的混合分布，若$LR>\chi^2(2\alpha)$时，则拒绝原假设Ho，接受备择假设Hi；反之则接受原假设，拒绝备择假设。

道哥拉斯生产函数和超越对数生产函数常用于随机前沿分析生产函数的构建，分别基于两种生产函数构建生产函数并进行试算，得出道哥拉斯生产函数更适合测算油气企业“能源—环境—经济”绩效。因此，将道哥拉斯生产函数代入(5-19)式中进行模型计算。

在依据油气企业“能源—环境—经济”绩效评价模型处理好各项数据之后，应用软件进行测算，对随机前沿生产函数的参数进行了极大似然估计，主要包含三个步骤：首先对模型进行最小二乘估计，得到所有产出弹性的无偏估计量，但所得的截距项并非无偏。其次，通过修正后的最小二乘法调整截距项和方差，并结合上述的产出弹性值对 γ 值进行二阶段格点搜索。第三，应用上述的格点搜索值作为起始值进行迭代计算，得到最终的极大似然估计量。

4　油气企业“能源—环境—经济”绩效的实证分析

基于论文构建的油气企业“能源—环境—经济”绩效评价模型，对中国油气企业“能源—环境—经济”绩效进行了科学评价，测量了不同因素对我国油气企业“能源—环境—经济”绩效的影响。样本油气企业“能源—环境—经济”绩效水平是我国油气企业“能源—环境—经济”绩效的典型写照，但各企业的绩效水平和变化趋势存在一定差异。因此，下文将依次从总体概况、不同年份的样本油气企业“能源—环境—经济”绩效水平、每一年份不同企业的“能源—环境—经济”绩效水平、油气企业的“能源—环境—经济”绩效的差异以及不同因素的影响等方面进行进一步地分析。

4.1　样本选择与数据来源

我国油气企业数据样本筛选过程如下：

(1) 以我国沪深两市的上市公司为范围，基于上述四类企业进行选取；

(2) 通过查询巨潮资讯网和公司年报，删除与油气主营业务不符的企业；

(3) 根据公司年报剔除一些财务数据指标不完整或数据缺失的企业；

(4) 剔除 ST、＊ST 公司的数据。

基于上述样本筛选过程，确定了 59 家油气企业为本文的研究样本。在确定样本油气企业后，借助瑞思数据库、国泰安数据库以及巨潮资讯网，搜索样本油气企业 2010 年至 2020 年的营业收入、研发投入、环保投入、能源消费、财务状况和社会责任指数等相关的财务数据和信息。本节对油气企业样本选择和数据来源的界定同样适用于后续的实证研究。

4.2 油气企业“能源—环境—能源”绩效概况

经过测算，油气企业的“能源—环境—经济”绩效评价结果如表 4-1 所示。2010 年至 2020 年的 11 年间，中国 59 个油气企业的“能源—环境—经济”绩效均值为 0.4573，离散系数为 0.412。因此，油气企业的“能源—环境—经济”绩效水平仍具有较大的提升空间，不同企业在近年来的绩效水平仍有所差异。

表 4-1 2010 年—2020 年油气企业“能源—环境—经济”绩效评价结果

企业代码	2010	2011	2012	2013	2014	2015	2016	2017	2018	2019	2020
600028	0.591	0.582	0.562	0.560	0.553	0.547	0.543	0.545	0.540	0.527	0.552
600256	0.538	0.590	0.677	0.714	0.622	0.543	0.491	0.504	0.543	0.539	0.584
600333	0.660	0.649	0.603	0.545	0.572	0.535	0.495	0.503	0.518	0.534	0.000
600339	0.482	0.516	0.513	0.572	0.564	0.503	0.444	0.381	0.431	0.449	0.479
600583	0.625	0.630	0.363	0.383	0.387	0.294	0.217	0.230	0.323	0.307	0.329
600688	0.579	0.652	0.593	0.609	0.593	0.547	0.474	0.487	0.492	0.502	0.540
600759				0.334	0.263	0.325	0.325	0.167	0.230	0.221	0.336
600803		0.480	0.283	0.539	0.476	0.483	0.527	0.761	0.422	0.447	0.587
600871	0.642	0.649	0.604	0.637	0.396	0.330	0.352	0.310	0.335	0.356	0.359
601139	0.666	0.665	0.642	0.599	0.592	0.622	0.615	0.622	0.618	0.604	0.663
601808	0.505	0.479	0.331	0.326	0.333	0.326	0.315	0.323	0.336	0.355	0.343
601857	0.546	0.532	0.450	0.489	0.484	0.487	0.471	0.447	0.468	0.441	0.489
000059	0.633	0.642	0.641	0.649	0.645	0.635	0.643	0.657	0.654	0.648	0.645
000096	0.662	0.662	0.659	0.657	0.661	0.661	0.659	0.631	0.632	0.663	0.663
000159	0.488	0.533	0.590	0.505	0.577	0.562	0.567	0.528	0.566	0.619	0.626
000407	0.454	0.535	0.540	0.518	0.511	0.564	0.607	0.612	0.629	0.667	0.585
000554	0.665	0.664	0.663	0.661	0.661	0.659	0.654	0.649	0.645	0.652	0.655
000593	0.391	0.377	0.389	0.385	0.394	0.395	0.524	0.621	0.635	0.641	0.649
000637	0.666	0.651	0.646	0.645	0.645	0.633	0.632	0.642	0.643	0.642	0.578
000703		0.607	0.338	0.283	0.283	0.338	0.336	0.346	0.313	0.304	0.269
000985	0.610	0.598	0.639	0.631	0.653	0.653	0.660	0.664	0.663	0.664	0.654
002207	0.666	0.443	0.454	0.425	0.423	0.406	0.386	0.387	0.396	0.400	0.411
002267	0.605	0.607	0.603	0.594	0.603	0.613	0.615	0.622	0.615	0.624	0.611
002353	0.447	0.227	0.240	0.274	0.197	0.239	0.186	0.192	0.192	0.244	0.242
002040	0.333	0.575	0.571	0.575	0.566	0.555	0.333	0.333	0.333	0.333	0.333
002469	0.311	0.333	0.333	0.333	0.333	0.333	0.333	0.333	0.333	0.333	0.413
002492	0.166	0.144	0.188	0.333	0.313	0.331	0.329	0.329	0.326	0.324	0.325
600642	0.498	0.506	0.521	0.519	0.541	0.543	0.520	0.501	0.513	0.527	0.571

续表

企业代码	2010	2011	2012	2013	2014	2015	2016	2017	2018	2019	2020
000852	0.312	0.515	0.523	0.506	0.482	0.490	0.476	0.479	0.506	0.536	0.534
000883	0.346	0.344	0.343	0.347	0.372	0.432	0.400	0.392	0.400	0.378	0.372
002278	0.325	0.558	0.521	0.509	0.522	0.466	0.477	0.498	0.460	0.483	0.503
002490	0.498	0.514	0.468	0.472	0.422	0.398	0.499	0.528	0.534	0.520	0.542
300084	0.289	0.173	0.276	0.213	0.165	0.250	0.239	0.319	0.376	0.377	0.420
300092	0.343	0.350	0.578	0.568	0.552	0.544	0.563	0.552	0.570	0.571	0.578
600207	0.337	0.340	0.484	0.459	0.432	0.400	0.388	0.423	0.463	0.502	0.479
600509			0.341	0.344	0.349	0.348	0.355	0.353	0.355	0.359	0.356
600617				0.666	0.667	0.665	0.651	0.651	0.647	0.644	0.647
600635	0.610	0.622	0.624	0.631	0.633	0.625	0.627	0.626	0.626	0.616	0.627
600681							0.559	0.565	0.553	0.617	0.630
000027	0.338	0.338	0.596	0.573	0.565	0.542	0.534	0.521	0.535	0.560	0.439
000723	0.668	0.668	0.668	0.668	0.668	0.667	0.667	0.667	0.658	0.654	0.653
000731	0.538	0.346	0.343	0.342	0.272	0.281	0.355	0.397	0.408	0.425	0.408
000968	0.619	0.631	0.445	0.400	0.397	0.375	0.407	0.394	0.380	0.394	0.400
600777						0.340	0.441	0.194	0.226	0.236	0.246
002221	0.502	0.274	0.334	0.334	0.334	0.666	0.622	0.579	0.589	0.602	0.590
002478	0.377	0.258	0.294	0.425	0.400	0.405	0.346	0.384	0.413	0.401	0.389
000819	0.657	0.658	0.665	0.661	0.659	0.662	0.664	0.663	0.662	0.665	0.658
000698	0.586	0.604	0.585	0.353	0.352	0.358	0.361	0.359	0.361	0.362	0.354
000782	0.473	0.527	0.346	0.350	0.342	0.478	0.513	0.474	0.469	0.511	0.517
002064	0.620	0.362	0.354	0.348	0.355	0.360	0.348	0.343	0.337	0.297	0.317
002172	0.640	0.562	0.528	0.523	0.535	0.459	0.509	0.478	0.474	0.428	0.414
002206	0.401	0.466	0.356	0.335	0.312	0.300	0.278	0.274	0.314	0.336	0.360
002254	0.590	0.584	0.485	0.497	0.496	0.494	0.481	0.493	0.512	0.502	0.514
002408	0.652	0.315	0.325	0.334	0.315	0.338	0.348	0.354	0.273	0.248	0.272
002476	0.664	0.367	0.350	0.344	0.360	0.273	0.180	0.320	0.339	0.347	0.306
300121	0.492	0.482	0.372	0.497	0.482	0.490	0.528	0.485	0.447	0.413	0.496
600350	0.425	0.416									
600378	0.481	0.466	0.603	0.428	0.445	0.417	0.598	0.514	0.405	0.376	0.376
600248	0.659	0.661	0.656	0.608	0.625	0.651	0.651	0.644	0.650	0.655	0.358

4.3 不同年份油气企业“能源—环境—经济”绩效评价结果

根据表4-1的评价结果，对不同年份油气企业的“能源—环境—经济”绩效进行了统计分析，各年份油气企业的“能源—环境—经济”绩效的均值范围为0.4423-0.4675，离散系数则浮动于2.7362至4.3918之间。

图4-1反映了油气企业的“能源—环境—经济”绩效在2010-2020年间均值和离散系数

的变动趋势。从均值的变化趋势来看，2014-2016 年间及 2017 年-2019 年间，油气企业的“能源—环境—经济”绩效的变化相对较小，但两时间段的绩效水平存在差距。2014-2016 年的绩效值低于 2017 年-2019 年。而在 2016 年，绩效均值出现了显著增长，2016 年的绩效均值较 2015 年增长了 1.81%。这可能与我国关于油气企业发展计划有所关联。众所周知，油气企业发展与国家发展规划一脉相承，因而油气企业发展趋势的周期同国家发展规划相一致，进而呈现出上述的阶段性特征。但值得我们所警醒的是，应当注重不同规划期间的衔接，促进油气企业的“能源—环境—经济”绩效的稳固增长。通过分析油气企业不同评价指标和影响因素的变动趋势可以发现，2014-2016 年间油气企业的“能源—环境—经济”绩效水平低于 2017 年-2019 年间绩效水平的主要原因在于 2017-2019 年国家提倡绿色创新发展，油气企业纷纷加入其中，掀起环保节能风潮。

离散系数在 2010-2011 年间相对较高，在 2011 年之后明显下降，但在 2016 年又有所提升，说明油气企业的油气企业的“能源—环境—经济”绩效差异在 2010-2011 年间相对较大，在 2012 年之后差距减小，但在 2016 年后差距又有所增大。因而，绩效水平在未来仍有可能继续提升，且各个企业间的绩效差异也会有所扩大。基于各项评价指标和影响因素的分析得出，油气企业科技投入的离散系数在 2011 年之后出现了显著下降，进而有助于个体绩效差异的减小。油气企业的“能源—环境—经济”绩效的均值低于从经济和环境两个视角进行绩效评价的结果，但 2016 年-2018 年间的离散系数变化趋势相近。同时，油气企业的“能源—环境—经济”绩效的均值也小于仅从能源视角进行绩效评价的结果。在不同视角下对油气企业绩效进行测量将导致不同的结果，进而凸显了综合考虑能源、环境和经济视角的重要性和必要性。

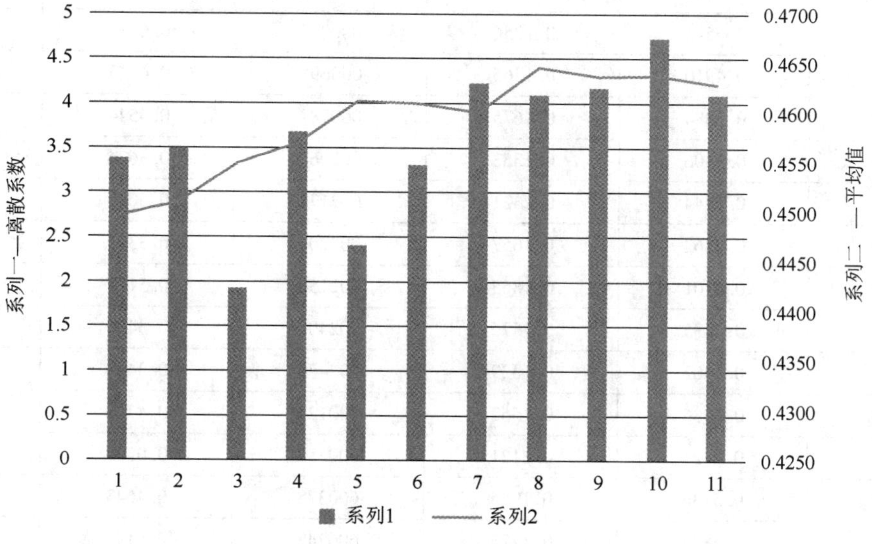

图 4-1　2010 年—2020 年油气企业“能源—环境—经济”绩效统计结果

4.4　2010-2020 年不同企业“能源—环境—经济”绩效的评价结果

基于表 4-1 的评价结果，对样本油气企业的“能源—环境—经济”绩效水平进行了统计与汇总，如表 6-2 所示。

各油气企业的“能源—环境—经济”绩效的平均值反映了其实际的平均水平，离散系数反映了近年来各油气企业的“能源—环境—经济”绩效的变化程度。因而，基于表4-2的统计结果，分别从上述两个方面进行了细致分析。

表4-2　各油气企业“能源—环境—经济”绩效统计结果

企业代码	平均值	离散系数	企业代码	平均值	离散系数
600028	0.5547	0.1192	002278	0.4838	0.4560
600256	0.5769	0.1325	002490	0.4904	0.1450
600333	0.5104	0.2546	300084	0.2815	0.2116
600339	0.4850	0.3576	300092	0.5244	0.1226
600583	0.3716	0.5321	600207	0.4280	0.1443
600688	0.5516	0.1256	600509	0.2872	0.1345
600759	0.2001	0.1869	600617	0.4761	0.1221
600803	0.4551	0.4365	600635	0.6243	0.1365
600871	0.4518	0.2896	600681	0.2659	0.1256
601139	0.6279	0.1123	000027	0.5037	0.1228
601808	0.3610	0.1567	000723	0.6642	0.1665
601857	0.4823	0.1354	000731	0.3741	0.1985
000059	0.6448	0.1687	000968	0.4402	0.0012
000096	0.6553	0.1568	600777	0.1530	0.1090
000159	0.5603	0.1980	002221	0.4932	0.0987
000407	0.5657	0.2015	002478	0.3720	0.0976
000554	0.6571	0.1256	000819	0.6614	0.0876
000593	0.4910	0.1365	000698	0.4213	0.1245
000637	0.6384	0.1675	000782	0.4544	0.1265
000703	0.3106	0.1353	002064	0.3674	0.1356
000985	0.6444	0.2321	002172	0.5047	0.1576
002207	0.4362	0.1657	002206	0.3393	0.1567
002267	0.6101	0.1865	002254	0.5133	0.1876
002353	0.2435	0.1576	002408	0.3430	0.1876
002040	0.4402	0.1329	002476	0.3499	0.0670
002469	0.3386	0.1562	300121	0.4711	0.1860
002492	0.2826	0.2121	600350	0.0765	0.0967
600642	0.5236	0.1965	600378	0.4643	0.0996
000852	0.4873	0.1225	600248	0.6196	0.0965
000883	0.3751	0.1228			

如上表4-2所示，000723、000819、000554、000096、000059、000985、000637、601139、600635、600248的绩效水平较高，002267、600256、000407、000159、600028、600688、300092、600642、002254、600333、002172、000027、002221、000593、002490、

000852、600339、002278、601857、600617 的绩效水平次之，300121、600378、600803、000782、600871、002040、000968、002207、600207、000698、000883、000731、002478、600583、002064、601808、002476、002408、002206 的绩效相对较低，002469、000703、600509、002492、300084、600681、002353、600759、600777、600350 的绩效则相对更低。近年来，中国经济高速发展，社会水平逐渐提高，一部分油气企业得益于政府支持，大力发展油气企业上中下游联动发展，高效节约能源消耗，同时部分油气企业提前认识到环境保护在未来会成为制约企业发展的一个重要因素，因此这些企业在安全生产方面投入大量资金，大力发展环境保护产业，因此这部分油气企业的综合绩效得分相对较高。

如上表 4-2 表明，各油气企业近年来的"能源—环境—经济"绩效的变化程度，600583、002278、600803、600339、600871、600333、000985、002492、300084、000407 的绩效变化最大，000731、sz000159、600642、002254、002408、600759、002267、300121、000059、000637、000723、002207、002353、002172、000096、601808、002206、002469、002490、600207 的绩效变化次之，000593、600635、002064、601857、000703、600509、002040、600256、000782、600688、000554、600681、000698、000883、000027、300092、000852、600617、600028 的绩效变化相对较小，601139、600777、600378、002221、002478、600350、600248、000819、002476、000968 的绩效变化最小。导致油气企业"能源—环境—经济"绩效变化较大的因素相对复杂，主要包括：企业创新研发投入、环保投入力度、节能设施、能耗结构等因素。

基于上述分析可以发现，我国油气企业"能源—环境—经济"绩效水平参差不齐，且近年来的变化程度也有所差异。

5 油气企业"能源—环境—经济"绩效的可能影响因素分析

1. 能源消费结构对我国油气企业"能源—环境—经济"绩效水平产生影响。油气企业随着石油、煤炭等一系列化石能源的加速消耗，一方面提高油气企业营业成本，从而导致盈利能力下降，另一方面随着化石能源的过量消耗，逐渐加重环境承载限度。随着研究的深入，进一步探究能源消费结构与油气企业"能源—环境—经济"绩效之间的关系。为尽快实现碳达峰、碳中和的目标做好准备工作，目标的提出表明高碳向低碳以及零碳转型成为油气行业的发展新趋势。

2. 环保投入对我国油气企业"能源—环境—经济"绩效水平产生影响。随着"碳达峰、碳中和"目标的提出，应加大对环保工作的投入，环保工作不仅仅是环境保护的投入，同时还包括使用清洁能源，例如使用电能替代油类动力装备，这种做法不仅可以提高作业效率、降低成本，同时也是向作业装备数字化、智能化转型的必要条件。这对油气行业的节能提效以及实现双碳目标具有巨大的意义。

3. 研发投入对我国油气企业"能源—环境—经济"绩效水平产生影响。众所周知，在我国众多天然气可采资源中，非常规油气资源储量最为丰富，尤其是页岩气储量排名全球第一。而我国地质条件复杂，油气开采条件苛刻，我国大多数页岩气井开采深度均在 4000 米以上，其中许多油气田所在山区井场作业空间狭小，要求油气设备具备大功率和小体积等特点。但能满足这些要求的油气装备，即便是全球顶尖的油气装备制造商也难提供，这为我国页岩气开发带来了巨大挑战。近年来，为了解决油气开采难题，我国进行了大量油气开发装备制造、创新，因此，油气企业应充分意识到油气装备也需在节能减排方面开展技术攻坚，进一步提高作业效率。

参 考 文 献

[1] HANG Y, SUN J, WANG Q, et al. Measuring energy inefficiency with undesirable outputs andtechnology heterogeneity in Chinese cities [J]. Economic Modelling, 2015, 49: 46-52.

[2] 杨红亮，史丹．能效研究方法和中国各地区能源效率的比较[J]．经济理论与经济管理，2008(3)：12-20.

[3] 范丹．低碳视角下的中国能源效率研究[D]．大连：东北财经大学，2013.

[4] 魏楚，沈满洪．能源效率与能源生产率：基于 DEA 方法的省际数据比较[J]．数量经济技术经济研究，2007，24(9)：110-121.

[5] ZHANG L, YU J, SOVACOOL B K, et al. Measuring energy security performance within China: toward an inter-provincial prospective [J]. Energy, 2017, 125: 825-836.

[6] MIDDELKOOP M V, VRINGER K, VISSER H. Are Dutch residents ready for a more stringent policy to enhancethe energy performance of their homes? [J]. Energy Policy, 2017, 105: 269-282.

[7] 朱有为，徐康宁．中国高技术产业研发效率的实证研究[J]．中国工业经济，2006(11)：38-45.

[8] COELLI T J. Recent developments in frontier modelling and efficiency measurement [J]. Australian Journal of Agricultural &Resource Economics, 2012, 39(3): 219-245.

[9] CARRER M J, FILHO H M D S, BATALHA M O, et al. Farm Management Information Systems(FMIS) and technical efficiency: An analysis of citrus farms in Brazil [J]. Computers & Electronics in Agriculture, 2015, 119: 105-111.

[10] 宋一弘．环境约束下城市能源效率及其影响因素分析——基于三阶段 DEA-Malmquist 指数的实证分析[J]．暨南学报(哲学社会科学版)，2012，34(11)：99-105.

[11] 孙焱林，温湖炜，周凤秀．省域异质性视角下中国能源绩效的测算与分析[J]．干旱区资源与环境，2016，30(12)：8-13.

[12] 周柯，王尹君．环境规制、科技创新与产业结构升级[J]．工业技术经济，2019，38(02)：137-144.

[13] 陈南岳，乔杰．产业结构升级、环境规制强度与经济增长的互动关联研究[J]．南华大学学报(社会科学版)，2019，20(05)：43-50.

[14] 张治栋，廖常文．技术创新与长江经济带产业结构升级——市场化的调节作用[J]．科技进步与对策，2020，37(07)：26-34.

[15] 陶长琪，周璇．要素集聚下技术创新与产业结构优化升级的非线性和溢出效应研究[J]．当代财经，2016(01)：83-94.

[16] 殷宇飞，杨雪锋．环境规制、技术创新与城市产业结构升级——基于 113 个城市样本数据[J]．江汉论坛，2020(04)：48-55.

石油企业数字化转型现状分析及建议

吴思龙

（东北石油大学）

摘　要：随着一些列新技术的出现，5G、区块链、云计算、北斗通信等新一代信息技术的快速发展使得传统的石油企业面临着巨大的机遇与挑战。要能够适应当今时代的快速发展，数字化转型是石油企业提升自身竞争力的一个必然选择。针对石油企业转型现状与所面临的机遇展开分析，提出了数字化转型的内涵与特征。另外分析了油气企业数字化转型的内外因与转型过程中所面临的痛点与难点，建议油气企业在转型过程中做好顶层设计、促进数字技术与业务的深度融合、高度重视网络安全和工控安全、建立数据资产管理体系、加快数字化人才的培养。

关键词：石油企业；数字化转型；转型特征；对策建议

1　石油企业转型现状及机遇

1.1　转型现状

石油行业对大数据、技术和数字创新并不陌生。早在上世纪 80 年代，油气企业便已开始采用数字技术，更准确地了解资源储量和生产潜力、改善健康与安全，并且提高世界各地油田的边际运营效率。上世纪 90 年代到本世纪初，油田数字化浪潮席卷了行业内的大部分机构。然而，在最近十年的大部分时间里，石油界并没有充分把握机遇，以有意义的方式使用数据和技术。随着碳中和，碳峰值的提出，一些知名的国际性石油公司相继实施油气资产重组处置，加速布局新能源业务，加快了由传统的以油气业务为主的石油公司向以油气和发电业务并重的综合能源公司的转变。中国石油天然气集团有限公司董事长戴厚良[1]指出要坚持"价值导向、战略引领、创新驱动、平台支撑"总体原则，按照业务发展、管理变革、技术赋能三大主线实施数字化转型，通过工业互联网技术体系建设和云平台为核心的应用生态系统建设，打造："一个整体、两个层次"数字化转型战略架构。中国海洋石油集团有限公司在 2020 年也召开了"数字化转型、智能化发展"专题座谈会，进一步明确了数字化转型的方向和路径。一是加强 IT 基础设施建设，着力打造新时代海油"信息高速公路"。二是加快智能油田建设，着力打造海上油气勘探开发"智慧大脑"。三是加强经营管理信息系统建设，着力打造海油特色"营销生态圈"。四是加强网络信息安全防护，着力打造守护海油平稳发展的"防火墙"。要努力实现"一个平台、两套体系、三多云、四项能力、五大提升"的数字化转型目标。中国石油化工集团提出本着整体规划、分步实施、以点带面、统筹推进的

【第一作者简介】吴思龙，男，1997.8.14，毕业日期：2019.6.12，毕业学校：汉口学院，获得学位：学士学位，工作单位：东北石油大学，职位：学生，通讯地址：东北石油大学，邮编：163711；电话：15549052487；E-mail：1484112649@qq.com

原则，要实现内生转型、扩张转型、跨界转型，打造世界领先洁净能源化工公司。中化集团提出通过数字化转型，打造打造科技驱动的具有全球竞争加创新型企业和世界一流的综合性化工企业的目标。

1.2 转型机遇

数字采集传输技术推动运营能力提升[2]。传感器、无人机等技术在油气领域的应用，实现了数据采集手段多样化、数据传输实时化、数据格式标准化，使施工现场与后方支持部门间建立起联系，实现信息和数据共享，推动企业运营能力提升。

数字集成分析技术提高工程决策质量。数据采集手段的多样化及广泛连接，为决策质量提升提供了基础。数字时代的决策不再依赖于经验、直觉，而是以实时数据为基础。实时数据多角度、多层次的交叉复现，通过对更广泛的数据源展开更复杂的分析、可视化和数据挖掘，提供更深入的洞察，科学决策，支撑更高质量的发展。

数字控制技术提升施工自动化程度。随着自动化技术、机器人技术的不断发展，石油工程施工领域的自动化程度不断提升，自动化技术在高风险地区或环节、重复性作业、周期性检查等施工中得到越来越广泛的应用。美国市场研究机构 Technavio 研究显示，油气行业是机器人终端的应用大户，约占市场总规模 58.5%3D 打印与虚拟实验技术加快研发速度。在技术研发中，数字技术为聚集创意和缩短上市时间提供了充分支撑。利用大数据分析技术和虚拟社区，实现更精准的创意，以支持产品开发。数字孪生体技术、3D 打印技术可加速原型开发和测试，快速低成本试错和调整，提升设计效率和先进性水平。数字虚拟现实技术为石油工程新技术培训、练习和推广提供了新途径。

2 油气企业数字化转型的内涵及其主要特征

2.1 数字化转型内涵

关于数字化转型，一些信息咨询机构和公司给出了相关的定义。金蝶在发布的《中国企业数字化转型白皮书》认为，企业数字化转型就是企业借助数字化解决方案，将物联网、云计算、大数据、移动化等应用于企业，通过实施商业模式转型、管理运营转型，为客户、企业和员工带来全新的数字化价值提升，不断提升企业数字经济环境下的新型核心竞争能力。艾瑞咨询在发布的《中国企业数字化转型路径实践研究报告》把企业数字化转型定义为企业利用新一代数字技术，将某个生产经营环节乃至整个业务流程的物理信息链接起来，形成有价值的数字资产，通过计算反馈有效信息，最终赋能到企业商业价值的过程。一些学者对于数字化转型也有不同的见解，陆洋[3]等认为数字化转型是信息通信技术驱动的产业变革过程，主要以数据为关键要素，用信息通信技术与各行业全面融合驱动生产方式、商业模式和产业组织变革，以提升企业质量效益为目标的系统转型过程。李辉[4]认为数字化数字化转型是利用数字技术推动企业组织架构、营销模式和企业文化的转变，它既是推动企业创新升级发展的有力保障，又是掀起创新浪潮的源泉。韦影[5]等认为企业数字化转型是以先进的经营管理理念为指导，在企业运营活动中充分发挥信息技术的支撑作用，实现生产、经营、管理、决策各环节数据的适时获取、充分共享和深度应用，达到优化生产、精细化管理与量化决策的集成统一。但油气企业的数字化转型不是简单的技术应用或技术的升级，结合油气行业的特点，油气企业数字化转型的内涵是以信息技术为基础，构建数据采集、传输、存储、处理和反馈的完整闭环系统，实现经营管理精细化、作业现场智能化、生产运行一体化、操作控制智能化，推动价值体系重构和产业转型升级。

2.2 石油企业数字化转型主要特征

公司顶层设计是引领。各行各业在转型升级时，战略作为企业的航向，做好战略规划的重要性不言而喻。随着数字化浪潮席卷全球，全球各大油气企业纷纷制定清晰的战略愿景和战略目标，将数字化转型作为未来发展的重要战略之一，通过业务与技术的深度融合，自上而下的统筹规划，对于数字化转型进行布局，制定明确的转型路线，通过战略牵引，分阶段、分层次推动数字化转型。

数字技术是手段。数字技术的迅速发展，是数字化转型的重要手段。只有将先进的数字技术与业务有机融合，才能根据油气企业的实际打造智慧运营中心、生态塑造中心、智慧分析中心、能力创新中心，形成企业的数字化核心竞争力。在数字化转型过程中，油气企业要重视自身技术研发能力建设，加大自主创新力度，与新一代信息技术加速融合，塑造商业模式变革的重要驱动力量；同时要在技术和应用的安全性上下功夫，保障数据和系统的安全。

IT 架构是基础。以数字技术为手段，结合业务，构建以业务为导向的 IT 架构，为油气企业的数字化转型提供基础。杨丹丹[6]将 IT 架构分为三个层次：一是数据采集层；二是数据处理层；三是数据应用层。本文将 IT 架构细分为 5 个层次：一是数据采集层：包括系统日志采集、设备数据采集和网络数据采集和网络数据采集，运用埋点、探针、爬虫、API 调用等设备或技术将业务数字化；二是传输层：将采集到的数据通过有线或者无线的方式进行传输，满足数据迁移、集中管理的各种需求；三是数据储存层：将结构化或者化或者非结构化的数据，以关系、图、键值对、宽列、文档等结构存储在磁盘等介质上；四是计算层：对于存储的数据，实时或者延续地进行大规模批量处理、流式计算、图计算、集群资源管理和调度等。五是数据应用层，即数据到价值的转换过程，通过数字孪生技术、边缘智能技术、人工神经网络与“计算智能”等技术，将物理世界与虚拟空间相连接，虚拟整个产业链的全过程，构建信息物理系统，使油气行业各领域间的敏捷协作成为可能。

价值链是核心。价值链理论是由迈克尔·波特于 1985 年提出的。波特认为，“每一个企业都是在设计、生产、销售、发送和辅助其产品的过程中进行种种活动的集合体。所有这些活动可以用一个价值链来表明。”企业的价值创造是通过一系列活动构成的，这些活动可分为基本活动和辅助活动两类，基本活动包括内部后勤、生产作业、外部后勤、市场和销售、服务等；而辅助活动则包括采购、技术开发、人力资源管理和企业基础设施等。这些互不相同但又相互关联的生产经营活动，构成了一个创造价值的动态过程，即价值链。油气价值链是指围绕油气资源从勘探开发到加工处理再到运输储存以及用户使用等整个生产转化过程，运用技术和服务形成的能够产生价值的系统而复杂的链条。石油产业的价值链主要分为上中下游。上游主要为油气的勘探、开发和生产，中游主要为油气的运输、储存，下游主要为油气深加工和市场销售等。由于油气企业价值链较长、环节较多，受国际油价及行业竞争等因素影响较大。因此，油气企业的数字化转型应紧密围绕上游增储上产、中游提质增效、下游跨界融合和服务创新等价值链核心，为油气企业创新与转型提供不竭动力。

3 石油企业数字化转型内外因分析

3.1 外因分析

社会责任[7]。近年来，碳排放已经成为全球性的话题，主要经济体和国家相继出台了实现巴黎气候会议达成的减排目标的法律法规。同时，国际绿色和平等国际环境保护组织采取各种方式干扰油气田设施的正常运营，并依据相关国家的环境保护和消费者权益保护等法律法规对石油企业发起法律诉讼。这使得绿色发展被广泛认同，并使石油生产过程中和所生产的石油产品在消费过程中均产生大量碳排放的石油企业背负了沉重的“道德包袱”。对此，石油企业开始每年度公布社会责任报告，披露自身在环境保护和减少碳排放方面所采取的措施和取得的效果。随着社会关注度的逐步提升，石油企业所肩负的碳减排的社会责任重大。因此石油企业迫切需要进行数字化转型，由高碳业务向低碳业务甚至无碳业务的转型发展，实现高效、绿色发展。

客户要求。在数字时代，越来越多的商业活动发生在线上，消费者更加重视消费体验，产品定制化需求日益强烈。商品的生命周期则越来越短，市场越来越细分，企业提供给市场的产品多样性和复杂性都在急剧增加。如何通过大规模定制等新的生产方式满足客户个性化产品需求，如何更快提升产品供给速度和服务质量，成为传统企业面临的重大挑战。这就需要企业与时俱进，提供更好的服务。

竞争对手。竞争对手通过数字化转型获得了竞争优势，借助新一代数字技术优势快速占领市场。某石油公司经过近 20 年的摸索实践，某石油公司已经建立起涵盖生产经营、基础施和网络安全于一体的信息系统，在集团层面，打造集中统一的经营管理统一平台；在业务层面，建设涵盖全产业链的生产运营平台；在运行层面，构建了‘‘三地四中心”的云数据中心，骨干网络涵盖 158 家所属单位和 353 家国内外分支机构，数据传输和存储计算能力大幅提升；在安全层面，通过规范身份认证、网络出口和终端管理等措施，已构建起基于大数据技术的信息安全分析平台。竞争对手的强大倒逼自身进行数字化转型。

合作伙伴。随着市场的成熟，合作伙伴之间的关系愈发重要。合作者需要企业改变协作模式和手段。近几年，各传统石油公司纷纷牵手互联网、数字技术等高科技公司，借助外部技术优势重塑传统业务，提升公司核心竞争力。如 2018 年 4 月，道达尔与谷歌签署战略协议，联合研究勘探开发全新智能解决方案。2019 年 9 月，雪佛龙与斯伦贝谢、微软宣布开展合作，构建基于 Windows Azure 云的勘探生产认知计算系统。2019 年 11 月，贝克休斯和微软公司宣布合作，将人工智能解决方案引入能源行业。

供应商。供应商通过数字化手段为企业提供服务，侧面展示数字化转型的优势。

3.2 内因分析

提高数据资产利用率。油气行业虽然拥有海量数据，但由于业务与业务之间的关联度不高或者是由于信息标准的不一致性导致产生信息孤岛，大量数据不能够充分利用等一系列问题。通过提高数字化转型，可以提高对数据资产的利用率。

降本增效。提升石油、天然气勘探开发成功率，降低油气开采成本。通过信息技术的应用，建立三维地震模型，实时采集地震数据并进行分析解释，提高勘探成功率。实现钻井过程的可视化，精确判断地质状态，提高钻井的成功率。通过在油田部署物联网等技术，实现运程操作、智能处理，支持企业基于数据进行生产部署和决策，降低成本。

有效应对市场波动。适应油价大幅波动的各种经济环境，并能及时反应和决策。为应对油价的变动，需要利用系统工程和数学、经济等理论，建立企业价值预测和评价模型，实时测算、分析、决策，及时调整生产经营策略，寻找新的业务增长点，创造新的价值。

4 数字化转型的痛点与难点

转型模式。陈春花[8]说过传统企业转型最大的挑战，是如何在保持业务增长的过程中，展开数字化转型。因为如果转型过程中，无法保有业务的增长，会让转型本身失去了信心，以及转型的空间和时间。所以，在确定转型的时候，一定要让传统业务被激活，持续释放成长的空间，确保转型得以实施。智能时代是一个高速变化与发展的时代，如果为了转型而转型，失去了企业增长或者盈利的能力，转型是无法坚持和深入的。而对于一个传统企业而言，能够保持和获得当期增长和盈利的，一定是原有的传统业务，那么如何在要激活传统业务的同时，并同时去发展具有数字化特征的新业务是一个挑战。

上下层级的认知差异。数字化工具最终服务的是人的需求，企业在转型过程中也不能忽视以人为本的原则。数字化转型最大的效用往往被认为是提升企业效率，然而对于“效率”的理解，管理者和员工存在明显差异。员工多从工作实操的角度出发考虑提效，更认为提升软硬件性能是提升现有工作效率的最佳方式，更加期待公司的支持和赋能；而与员工几乎相反，管理层更加强调 KPI 构建，对软硬件性能支持这种落地措施的重视程度相对偏弱——这在数字化转型过程中集中表现为忽视了基层员工对“方便”的需求。

领导者的动摇性。引领企业转型意味着被调整和变革的是每一位领导者，甚至撼动的是在位的既得利益群体的位置，既是向现状发起挑战，也是在革领导者自己的命。在转型中所遭遇到最具挑战的情形是，企业内部成员的不认可。一些人处在一个自我保护、推卸责任、不愿变化、抱残守缺的氛围中。大部分无法推荐转型的企业，都会因为企业内部养成的一个习惯：只接受他们自己认同的决策和信息，不认同的就不接受，甚至过滤掉。甚至会有为了保护自己，证明自己，不惜牺牲公司产品的品质、公司利益的行为。这些氛围和习惯，对企业领导者带来巨大的冲击和压力，领导者的动摇行会致使转型的失败。

简单化或复杂化。在数字化转型实践中，企业从前期投入阶段到中期内化阶段，再到后期输出阶段，都存在着各种各样 的问题。总结来看，中国企业现阶段数字化转型失败的问题主要集中在两个方面：一部分只注重成果，希望数字化转型一站式地解决企业所有矛盾，却将前期自我洞察、产品选型、实施规划等环节“简单化”；另一部分则将数字化转型想象得过于“复杂化”，因而迟迟不愿意尝试和行动。

关于其他可能在数字化转型过程中出现的问题如图 1 所示：

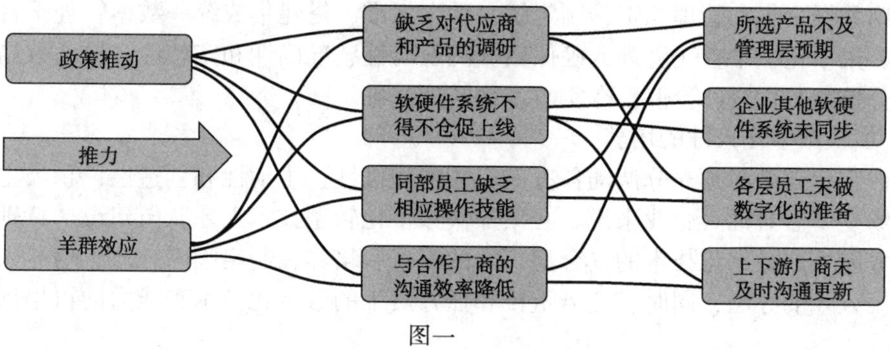

图一

5 我国油气企业数字化转型对策建议

我国油气企业的数字化转型虽然取得了一定的进展，但是作为传统能源企业，面临生产环节多、管理体制复杂、安全要求高等较多的挑战，为了促进石油企业加快转型升级，降低运营成本，实现高质量发展，提出以下建议。

5.1 做好顶层设计

做好顶层设计是油气企业数字化转型的重要保障。中国油气企业可以借鉴其他行业数字化转型的成功案例，并结合自身产业链特点，做好顶层设计，将数字化转型上升至企业战略层面，明确企业的战略目标、转型路径、转型计划。促进技术进化迭代，实现管理模式、生产模式、商业模式转型，提高企业的核心竞争力。油气企业可考虑以新一代信息技术为手段，建立数字平台，涵盖经营管理层、生产执行层和操作控制层的纵向架构体系，结合贯穿上、中、下游全产业链的横向集成架构，实现经营管理的规范化、生产运营的精细化、操作控制的集中化。

5.2 促进数字技术与业务深度融合

中国油气企业要抓住数字化转型机遇，本着合作共赢的心态，积极拥抱新技术、新理念，以战略为引领、以技术为手段、以业务为主导，通过推进数字技术与业务融合结合，重构业务体系；积极应用云计算、边缘计算、区块链等技术，加快信息和数据的流动[1]，推动经营管理精细化、作业现场智能化、生产运营一体化、贸易销售平台化、研究设计协同化、安全防控系统化，打造新型核心竞争力。

5.3 高度重视网络安全和工控安全

信息网络的快速发展和融合创新，使各种新技术、新业务、新终端层出不穷，各种网络安全问题相互交织、相互影响，病毒传播、网络攻击等非传统安全威胁防不胜防。近年来，油气行业网络安全事件频发，企业网络安全和工控安全面临着越来越严峻的挑战。例如，2017年勒索病毒爆发，给中国石油和中国石化许多加油站带来严重的冲击和影响。持续提高对网络安全和工控安全重要性的认识并采取有针对性的防控措施，也应是我国油气行业推进数字化转型的重要内容。

5.4 建立数据资产管理体系

目前，国内石油企业不同单位、不同部门、不同供应商之间存在多个管理界面，内部信息孤岛、数据标准不统一等现象大量存在。要加大数据治理工作力度，建立数据资产化管理体系，明确数据采集和管理职责，制定统一数据标准，搭建集成统一数据管理平台，实现数据资产化、集中化、平台化管理，确保数据的及时性、准确性和完整性，提高数据集成共享能力，充分挖掘数据资产价值，夯实数字化转型基础。

5.5 加快数字化人才的培养

企业数字化转型必须充分调动各方面人才的积极性、主动性和创造性，积极主动地投身并引领这场变革。对油气企业来说，必须加快数字化转型技术人才队伍建设，特别要重视兼具生产业务能力与数字化技术的复合型人才的引进和培养，制定吸引人才、培养人才、留住人才、凝聚人才的办法，同时，还需重视和抓好员工的数字化技术和能力的再培训工作。

参 考 文 献

[1] 戴厚良．以数字化转型驱动油气产业高质量发展[J]．中国产经，2021(02)：70-72.

[2] 闫娜．石油工程数字化发展现状与策略分析[J]．石油科技论坛，2019，38(02)：64-70.
[3] 陆洋，王超贤．数字化转型量化评估研究的比较分析与最新进展[J]．科技进步与对策，2021，38(09)：152-160.
[4] 李辉，梁丹丹．企业数字化转型的机制、路径与对策[J]．贵州社会科学，2020(10)：120-125.
[5] 韦影，宗小云．企业适应数字化转型研究框架：一个文献综述[J]．科技进步与对策，2021，38(11)：152-160.
[6] 杨丹丹，李烈，刘有超．油气企业数字化转型的现状与对策浅析[J]．天然气与石油，2021，39(02)：118-123.
[7] 冯保国．石油企业转型发展的基本问题[J]．国际石油经济，2021，29(01)：15-27.
[8] 陈春花．传统企业数字化转型能力体系构建研究[J]．人民论坛·学术前沿，2019(18)：6-12.

石油石化企业数字化转型类型与转型评价体系研究

高　萍

摘　要：从内在价值驱动力和外在技术推动力两个维度，构建石油石化企业数字化转型逻辑分析框架，将石油石化企业数字化转型分为“借力型”、“并驱型”、“内驱型”和“无力型”四种。通过分析石油石化企业数字化转型的相关因素，从技术变革、组织变革和管理变革的角度，构建石油石化企业数字化转型能力评价指标体系。本文提出的石油石化企业数字化转型触发机制的理论框架，有助于石油石化企业识别其数字化转型的关键触发场景和触发机制，为石油石化企业数字化战略转型提供理论支撑。针对石油石化企业转型过程中存在的不足提出相关建议。

关键词：石油石化企业；数字化转型；转型类型；指标体系

1　引言

随着大数据、云计算、移动互联网、人工智能等数字技术的发展，人类社会逐渐步入数字时代。中国石油石化业必须抓住数字革命带来的新机遇，通过发展智能石油石化突破发达国家对我国的技术封锁[1]。而新冠肺炎疫情这一“黑天鹅”事件，导致数字工厂、数字营销等大规模需求爆发，引发石油石化企业对数字化转型的战略思考[2]。然而，数字化转型是一个十分复杂的过程，涉及使用数字技术重构产品、服务、组织结构，甚至是商业模式[3]。

2　基础理论与相关文献

关于数字时代企业转型的类型识别，从转型成熟度维度，可以分为四种企业类型：“初学者(Beginners)”、“新潮者(Fashionistas)”、“保守派(Conservatives)”、和“数字人(Digirati)”[4]；从转型策略维度可以分为四种类型[5]：颠覆型(Disruptive)，商业模式主导型(Business model led)，技术主导型(Technology led)和数字模拟主导型(Proud to beanalog)，

王吉发等[6]通过建立双层因子识别模型，发现企业技术设备先进性、R&D 人员比例等因素是决定企业数字化转型决策的动因。赵越等[7]认为企业实现技术创新与制度创新的有效协同已成为石油石化企业数字化转型升级过程中提升自身竞争力的有效途径，并认为技术学习和组织变革可以驱动石油石化企业规模的演化与升级。黄群慧等[8]从观念、制度、结

【第一作者简介】高萍，性别：女，出生年月：1998/11，毕业日期：2022/7/1，毕业学校：东北石油大学，获得学位：工商管理硕士学位，工作单位：东北石油大学，职务职称：学生，主要科技成果及获奖情况：无，通信地址：东北石油大学经济管理学院，邮编：163000，电话：15776505955，Email：dqgaoping@163.com

构和战略4个方面剖析了我国企业组织转型成长路径。唐健雄等[9]通过问卷调查发现组织学习是影响企业战略转型能力提升的主要因素。刘涛等[10]总结出企业在数字化时代的转型要从组织架构、业务流程和人员管理三方面着手。

3　数字化转型类型

本文对石油石化企业数字化转型类型划分的逻辑框架包括横向和纵向两条逻辑线，纵向逻辑线是指“技术推动力”，包括横向技术推动力和纵向技术推动力；横向逻辑线是指“价值驱动力”，包括客户体验价值和流程优化价值。

（1）技术推动力

“技术距离(technological distance)”这一概念是由 Griliches[11]在 1979 年首次提出，他认为厂商的自有知识不仅源于自身的研发和知识积累，也源于产业之间的知识溢出。因此，厂商从外部某一个产业获得知识的多少取决于产业之间的“技术距离”；Jaffe[12]在 1986 年提出“技术位置变量(technological position vectors)”，这为两个产业之间的技术相似度的测量提供方法。之后学者进一步细化“技术距离”的定义，有将“技术距离”分为横向技术距离和纵向技术距离[13]

（2）价值驱动力

当数字技术的应用可以优化生产石油石化流程，提高石油石化效率时，企业可以获得流程效率价值。但是，流程的高效只能帮助企业实现“节流”，无法实现“开源”，企业的利润最终还是来自于客户，只有获得客户对产品和服务的认可和购买，通过数字技术的应用，创造客户体验价值，才能占据更多市场份额，获得竞争优势，产品和服务的用户体验是企业竞争力的重要一环。

四种数字化转型类型围绕企业内部价值驱动力与外部技术推动力这两条逻辑线，将现有石油石化企业划分为以下四种企业类型：“借力型”、“并驱型”、“内驱型”和“无力型”，如图 1 所示。

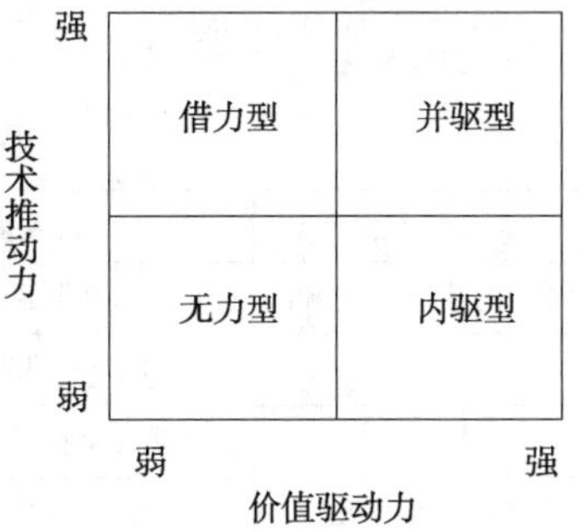

图 1　石油石化企业数字化转型类型

（1）借力型

“借力型”石油石化企业凭借消费互联网技术的发展，通过纵向技术推动力，成功触发数字化转型。这种企业一般为 B2C 类型，由客户端触发数字化转型。

（2）内驱型

“内驱型”石油石化企业依靠工业互联网技术，并且位于非自动化行业。纵向技术推动力弱，价值驱动力很强。

（3）并驱型

“并驱型”石油石化企业位于自动化行业，横向技术距离近，受到横向技术推动力作用，此外，价值驱动力强，只有各项流程都高效运作，才能保证低成本，形成价格壁垒。

（4）无力型

“无力型”石油石化企业的技术推动无力，价值驱动力弱。这种类型的企业内外部均没有动力来源，因此很难触发数字化转型，通常是私人拥有并且历史悠久的奢侈品行业。

4 数字化转型评价体系

从技术变革、组织变革和管理变革 3 个方面(一级指标)对石油石化企业数字化转型的指标体系进行探究。

(1) 技术变革

5G、工业互联网等新一代信息技术的发展促使企业对基础条件如网络、通信设备和原有系统等进行重构与变革，为企业的创新行为提供技术资源的支撑，加速企业产品与服务的创新，探索新的市场机遇。选取数字化基础设施建设、数字化研发和数字化投入对技术层面指标进行探究。

(2) 组织变革

随着消费需求日益个性化，迫使企业利用数字化技术变革组织结构，以增强对市场的反应速度。同时也需要员工之间加强直接沟通与信息获取。因此选取组织架构和数字化人才对组织层面指标进行分析。

(3) 管理变革

石油石化企业通过数字化转型打通生产与管理全流程的数据链，促进业务流程变革、生产变革和财务变革，提高产品质量和生产效率。因此选取业务数字化管理、生产数字化管理和财务管理对管理层面指标进行研究。

从数字化基础设施、数字化研发、数字化投入、组织架构、数字化人才、业务数字化管理、生产数字化管理和财务数字化管理等 7 个方面 26 项细化指标构建企业数字化转型能力评价体系，如表 1 所示。

表 1 企业数字化转型能力评价指标体系

二级指标	三级指标	二级指标	三级指标
数字化基础设施 X1	主干网与互联网接口带宽 X11	组织架构 Y1	数字化部门领导者地位 Y11
	主干网网络覆盖率 X12		企业管理层级数量 Y12
	数据安全措施应用率 X13	数字化人才 Y2	数字化人才比重 Y12
数字化研发 X2	新产品产值率 X21		数字化技能员工覆盖率 Y22
	R&D 投入强度 X22		初级数字化技能人才走亲访友支出比 Y23
	员工人均专处数 X23	业务数字化管理 Z1	电子商务采购比率 Z11
数字化投入 X3	数字化投入占比 X31		数字化仓储物流设备占比 Z12
	数字化设备投入占比 X32		订单准时交付率 Z13
	数字化运维占比 X33		数据可视化化 Z14
	数据安全投入占比 X34	生产数字化管理 Z2	作业计划自动编制及优化排程的比例 Z21
财务数字化管理 Z3	ERP 系统覆盖率 Z31		与 PCS 或 MES 直接相连的数字化设备占比 Z22
	资金周转率 Z32		数字化检测与监控设备占比 Z23
	库存资金占有率 Z33		在线设备比例 Z24

根据专家打分法，确立的指标权重为

W = (0.0472, 0.1114, 0.1751, 0.0566, 0.0849, 0.01815, 0.2853, 0.0579)

5 结论与建议

基于技术推动力和价值驱动力构建石油石化企业数字化逻辑分析框架，将石油石化企业数字化转型分为四种。通过梳理石油石化企业数字化转型相关理论研究，分析企业数字化转型的影响因素，构建了石油石化企业数字化能力评价指标体系，采用专家打分法明确指标的权重，实现企业数字化能力的评价与应用，为企业数字化转型能力的评价提供理论参考。

企业要加强对数字化技术在生产管理方面的应用；企业要加大对数字化技术的研发与投入；企业加强数字化人才队伍建设。

本文研究结论弥补了石油石化企业数字化转型类型方面的研究。丰富了石油石化企业数字化转型理论体系；提出的数字化转型逻辑分析框架，有助于识别石油石化企业数字化转型类型，尤其是在新冠肺炎疫情的情势下，为石油石化企业提供更加清晰、快捷的分析方法，帮助企业合理选择数字化触发场景，提供企业数字化转型决策的理论支撑。

参 考 文 献

[1] 陈琛．智能石油石化助力人类命运共同体构建[J]．中国科技论坛，2020(04).

[2] 王灏晨，温珂．新冠肺炎疫情的危中之机———加速我国数字化转型[J]．科学学研究，2020(03).

[3] HessT，MattC，BenlianA，etal. OptionsforFormulatingaDigitalTransformationStrategy [J]. MISQuarterlyExecutive，2016, 15(02)：123-139.

[4] WestermanG，TannouM，BonnetD，etal. The DigitalAdvantage：HowDigitalLeadersOutperform TheirPeersin Every-Industry[EB/OL]. (2012-11- 03)[2020-08-09]. http：//ide. mit. edu/sites/default/ files/publications/TheDigitalAdvantage. pdf.

[5] Zeljko Tekic，Dmitry Koroteev. From DisruptivelyDigitaltoProudly Analog：A Holistic TypologyofDigitalTransformationStrategies[J]. BusinessHorizons，2019，62(06)：683-693.

[6] 王吉发，郭楠，蒋亚鹏．企业转型因子的识别方法研究[J]．华东经济管理，2014(7)：121-125.

[7] 赵越，李英，孙旭东．技术创新与制度创新协同驱动石油石化企业演化的实现机理：以光明家具为例的纵向扎根分析[J]．管理案例研究与评论，2019(2)：166-180.

[8] 黄群慧，白景坤．制度变迁、组织转型和国有企业的持续成长：深入推进国有企业改革的生态学视角[J]．经济与管理研究，2013(12)：12-22.

[9] 唐健雄，李云尧，黄健柏，等．组织学习对企业战略转型能力的影响研究[J]．管理世界，2012(9)：182-183.

[10] 刘涛，杨雅清．数字化时代企业组织的转型之路[J]．信息通信技术，2017(2)：8-15.

[11] GrilichesZ. IssuesinAssessingtheContribution of Research and Development to Productivity Growth[J]. The Bell Journal of Economics，1979，10 (01)：92-116.

[12] Jaffe A B. Technological Opportunity and SpilloversofR&D：Evidencefrom Firms? Patents，Profitsand MarketValue[J]. American Economic Review，1986，76(05)：984-999.

[13]张保胜．技术距离、知识溢出与区域经济收敛：一 个分析框架[J]．科技进步与对策，2012(20).

油气资源型城市高质量发展困境与对策研究

王如意

（东北石油大学 经济管理学院）

摘　要：高质量发展是建设现代化的必经之路，油气资源型城市作为经济高质量发展的重要组成部分，由于其自身发展特性以及新冠疫情冲击，需要理解油气资源型城市高质量发展的内涵及特征。梳理高质量发展面临困境，发现当前油气资源型城市转型主要面临资源约束、社会约束、环境约束和技术约束，认为未来油气资源型城市应重点推进产业结构高级化、创新要素加速驱动技术创新、协调政府与市场的关系以及重视发展人才战略。

关键词：油气资源型城市；高质量发展；发展困境；对策

1　引言

十九大报告正式提出，我国经济发展已由高速增长阶段转向高质量发展阶段。在工业化发展的进程中，能源是支持经济增长和经济发展的重要基石，而油气作为能源的重要组成部分，必须要顺应经济高质量发展阶段的新要求。对于油气资源型城市高质量发展也提出了新要求，需要总结发现油气资源型城市现阶段高质量发展面临的困境，明确未来发展的方向和目标。

2　油气资源城市高质量发展特征及内涵

2.1　油气资源型城市概念及特征

资源型城市是以本地区自然资源开采、加工为主导而兴起或发展壮大，且资源型产业在城市经济中占主导地位的城市的总称。油气资源型城市即是以石油和天然气开发而形成或发展壮大，且石油天然气工业在城市经济中占主导地位的城市的总称。

油气资源型城市作为特殊类型城市，形成与发展都与油气资源的开发息息相关，其发展特征主要表现在以下两个方面。首先是由于对于油气资源的依赖，其产业结构主要表现在油气资源产业占比大、产业结构单一等特征。随着资源的开采与油气储量的改变，城市经济的发展也受到很大程度的阶段性影响。油气资源型城市最初随着资源开采功能结构逐渐得到完善与发展，而伴随着油气资源枯竭，整体经济呈下行趋势，生态环境恶化，其产业转型和经济多元化成为漫长而艰巨的任务；其次是源于历史背景，油气资源型城市的形成与发展往往是为了满足超常规的资源开发需求以及重点项目建设的要求，兼具矿业基地及城市的双重属

【第一作者简介】王如意，女，1997.10，东北石油大学经济管理学院，通信地址：黑龙江省大庆市高新技术产业开发区发展路 99 号东北石油大学，邮编：163318，电话：15803866540，E-mail：2423424892@qq.com。

性，因油气资源空间分布不均而带来城市开发的分离，油气资源的分布直接影响城市的空间开发，这不仅对城市吸引力和辐射力带来负面影响，也直接造成城市建设成本大、基础设施利用率低等问题。

2.2 资源型城市高质量发展特征及内涵

资源型城市的发展由于其历史属性和内部特性会遇到诸多困境，如产能过剩、产业结构单一、生态环境遭到严重破坏等问题，而资源型城市高质量转型发展则是指积极培育新的主导产业、寻找符合城市转型要求的发展路径，以促进实现产业结构合理化和高级化，从而实现经济发展、社会进步和城市转型三者的互动融合[1]。资源型城市高质量转型发展应该是充分的、均衡的，包含了发展方式、发展结果、民生共享等多个维度的全面提升。

2.3 油气资源型城市高质量发展特征及内涵

结合新发展理念，油气资源型城市实现高质量发展应该以创新、协调、绿色、开放、共享的发展理念为指导，以质量、效率和动力变革为路径，以实现清洁低碳、智慧高效、经济安全的能源体系为目标，提高油气资源利用率，提供充足、优质、绿色、安全的油气消费环境，满足人民和国家的高质量用能需求，实现绿色低碳发展[2]。从行业视角出发，油气行业的高质量发展要围绕清洁、高效、安全、创新和开放，体现在存在安全可靠、经济高效、清洁低碳的油气资源产供储销体系，同时建立开放、市场化、智慧化的行业发展模式，推动油气行业的消费革命、供给革命、技术革命、体制革命和国际合作，从而促进微观主体的高质量发展[3]。

3 油气资源城市高质量发展面临的困境

3.1 资源约束

由于特殊性，资源型产业的发展对油气资源型城市经济增长具有重要支撑作用。然而部分资源型城市只注重资源的掠夺式开采，发展理念不当，将开采出的原产品以低值产品形式直接投入市场，导致经济增长缓慢[1]。其中主要表现在资源的开采与利用率，资源的不可再生性。首先是资源利用不充分。长期开采过程以来，油气资源型城市对油气资源的利用不够充分，产业链长度不够，在浪费资源的同时对生态环境也造成了严重的破坏，大部分的油气资源型产业还未形成一定的规模经济。其次是产业发展模式不当。油气资源型城市粗放型的产业发展模式同样造成了资源的利用率低，仅仅是为了片面追求利益的最大化，毫无节制地加大对有限的自然资源的开采力度，形成恶性循环，加速资源的枯竭。

3.2 社会约束

油气资源型城市在高质量发展过程中面临着突出的社会问题，在制约着油气资源型城市高质量转型的同时，从根本上影响了社会稳定和城市发展[2]。首先是保障机制不健全。由于油气资源型产业占据主导地位，多数劳动人员以从事采掘业和制造业为主。上至产业结构，下至管理机制，其不完善之处都导致资源型城市的保障机制不健全。尽管在相关保障方面政府投放地资金在逐年增加，但仍很难满足从业人员的社会保障需求；其次是失业问题突出。资源的耗竭意味着资源开采和加工企业将不得不缩小企业发展规模，这必然导致部分员工失业，提高城市失业率。加上失业人员技能比较单一，难以适应现代化产业的迅速发展，结果产生了再就业难的问题；最后是突出的贫困问题。由于长期频繁地开采资源以及开采方式不规范，地表的土地资源也被严重破坏，居民的住房用地被占用，贫困问题和棚户区问题较为突出。社会问题突出对资源型城市高质量转型造成阻碍，促使资源型城市通过转型解决社会保障机制不健全、土地资源破坏等问题。

3.3 环境约束

油气资源型城市在高质量发展过程中，由于掠夺式开采资源，使得城市人口、资源储量和生态环境之间的矛盾日益突出，生态环境逐渐恶化，环境承载力较差。首先是城市地理位置限制。油气资源型城市依油气而生，部分资源型城市建设条件较差，资源的开采又往往在一些偏远地区，生产和生活条件都比较恶劣。其次是油气田开发产业的弊端。由于油田站场、井位设置可能无法避开居民区，施工的机械设备、管道、生产设施等产生的噪声、废气，以及事故时排放的废水、废液、污油，可能对居民区的声环境、大气环境、地下水环境和土壤环境等造成污染影响[4]。最后是环境治理投入不足。我国早期不少资源型城市走的是“先污染后治理”的发展道路，油气资源型城市更是承受着巨大的生态环境压力，导致后期一直在治理环境污染且效果不佳[1]。

3.4 技术约束

油气资源型城市长期以来从体制到管理大多不注重自主创新，人力资本开发投入少，城市转型没有大量的智慧人才保障，产业升级乃至城市高质量发展只能停留于模仿抄袭和“拿来主义”[5]。创新是高质量发展的第一驱动力，但对于油气资源型城市普遍缺乏自主创新能力。以油气企业为例，虽然传统国有企业在油气勘探开发的科技研发上投资很大，也建立了产学研用的科研基础平台。但核心技术投资效益不高，创新内容仍以应用层面的跟随性研究为主，基础科学研究和核心技术的自主研发明显滞后，企业与科研机构跨界联合攻关而真正实现重大突破的成果较少。大型海上油气综合钻探平台、深海油气开采等关键装备因国际关系复杂进口受限，在未来一段时间内油气关键装备创新驱动力不足，将成为制约我国油气行业高质量发展的关键因素[2]。另外带来的后果是新兴产业发展不起来，传统产业不能适应城市发展转型的需要。

4 油气资源型城市实现高质量发展的对策建议

4.1 推进产业结构高级化

产业升级对油气资源型城市高质量发展起着至关重要的作用，是实现高质量转型的核心内容。产业升级对于油气资源型城市高质量发展的作用路径主要体现在以下三个方面：第一是优化外部环境。通过充分借鉴国内外成功转型经验，依托油田先进勘探开发技术、物联网、管理机制的构建等建设成果，积极发展信息咨询业务等第三产业，促进第三产业和战略性新兴产业所占比重逐渐上升，焕发产业发展新活力，扩大市场空间的开放度，吸收外来的优势企业，激发市场活力。第二是充分发挥市场作用。资源型产业的转型升级要以市场为主体，充分发挥市场作用。市场配置机制得以完善，提高资源配置的质量和效率，不仅能够化解过剩产能、减少库存，减小油气资源型城市在高质量转型过程中遇到的阻碍，而且能够让生产要素自主流向效益更好的产业，正向促进资源型城市产业的升级转型[1]。第三是提高微观主体竞争力，通过数字化、智能化大力发展智慧制造业，通过信息化大力发展智慧服务业以及构建电子商务平台，鼓励现代物流、高端商务、现代商贸在经营、管理和服务模式上的创新，实现线上线下联动发展，增强企业核心竞争力[5]。但一个城市的产业定位不应该绝对迎合智慧智能发展而完全抛弃原有的产业积累，通过智慧化的新技术的引进和对传统产业的改造，应该让许多传统产业重新焕发生机，在此基础上充分发挥累积优势，打造自身优势产业，实现油气资源型城市的高质量转型。

4.2 创新要素加速驱动技术创新

以云计算、物联网、大数据等为代表的新一代信息技术产业发展以及信息化与工业化深度融合、实现传统产业的升级改造需要技术支撑。技术创新能够从根本上提高资源型城市的经济发展水平，所以油气资源型城市实现高质量发展必须立足于技术发展。从行业角度来看，油气行业质量变革的关键是要提升油气生产质量，增加有效供给。绿色能源技术创新成为油气行业绿色转型升级的主要推手，追赶国际领先的绿色能源技术水平，推进国内自主创新和自主研发，尤其是在温室气体减排、非常规油气勘探开发等核心技术上。从企业角度来讲，将数字化与智能化技术应用在油气田管理中，以促进油气生产效率与管理水平的提升，从而提升油气行业的技术与管理效率[1]。在政府引导、市场主导和社会参与的共同作用下，我国油气资源型城市应该加大资金投入，通过对国外成熟核心技术和关键设备的引进、吸收和再创新，充分发挥科技创新协同作用，推进开发油气勘探开发核心技术。另外建立健全的油气技术创新机制，激发企业创新内生动力，培育具备国际竞争力的技术创新领军企业[2]。

4.3 协调政府与市场的关系

通过制度创新，协调政府与市场的关系，充分发挥“有为政府”和“有效市场”的作用，对油气资源型城市的行政职能以及市场机制进行改进完善。首先是政府通过制定完善相关法律法规，对油气资源型城市的管理以及微型主体发展提出规范要求，构建城市和企业发展协调机制，杜绝和防范如资源浪费、生态环境破坏、社会矛盾激化等问题的扩大化。其次通过制度创激发微观主体创新发展的动力，重点培育战略性新兴产业，提高全要素生产率，提升油气资源型城市的整体竞争力。政府要重视知识产权保护制度，通过建立和完善油气资源型城市知识产权保护体系，在大型企业和中小型企业之间建立联动发展机制，扩大资源的溢出效应，推动高质量发展。最后要逐步培育建立有序竞争市场格局，打破上中下游一体化经济模式和垄断格局，对油气行业上下游进行市场化改革[2]。

4.4 重视发展人才战略

要素创新对资源型城市高质量发展是一种推力，通过人才培养、技术创新、资金供给来驱动资源型城市高质量转型。实施人才战略，完成各层次人才的引进，是资源型城市转型、产业升级的关键。人才是驱动油气资源型城市高质量发展的关键要素，人才是人力资源的精华和企业发展的支柱，是科学技术进步、城市高质量发展的重要资源。一是不断提高城市职工的知识素质，创新生产观念，更好地服务资源型城市基础性产业；二是重视高层次人才的培养和引进，激发人才的创新创造能力，为资源型城市高质量转型提供后劲保障。

5 结语

目前经济高质量发展问题已经得到了高度关注，但对油气资源型城市高质量转型发展方面关注度不够，尚未形成完整的研究体系。总体而言，油气资源型城市高质量发展面对诸多困境，未来可重点考虑建立可持续的能源供应体系、优化炼油产能的布局、加强油气勘探开发及基础设施建设、进行安全清洁的生产运营及优化市场环境，形成油气行业的高质量标准，推进油气资源型城市高质量发展格局。

参考文献

[1] 徐君，戈兴成，王曦，贾倩．资源型城市高质量转型发展的机制及路径研究——基于需求侧和供给侧

双轮驱动视角[J]. 广西社会科学，2020(12)：53-61.

[2] 刘睿，王建良，李琴，刘正权. 新时代下油气行业高质量发展内涵与实现路径[J]. 煤炭经济研究，2021，41(01)：43-49.

[3] 罗佐县，邓程程，刘红光. 油气行业高质量发展评价指标体系构建及应用[J]. 当代石油石化，2019，27(09)：5-11+24.

[4] 刘合，赵喆，张国生，苏健. 石油资源型城市转型的思考与探索——以大庆市(大庆油田)为例[J]. 大庆石油地质与开发，2019，38(05)：18-22.

[5] 王毅. 我国资源型城市智慧化转型路径[J]. 城市管理与科技，2017，19(02)：34-36.

石油石化企业成品油新媒体营销策略创新研究

李永超[1]

(1 东北石油大学 经济管理学院，黑龙江 大庆 163318)

摘　要：石油行业是国民经济支柱产业，在市场经济具有至关重要的地位。随着市场竞争的不断加剧，石油企业应认识到新媒体营销的积极作用，提升自身的竞争力。通过分析新媒体营销的要点，提出石油石化企业新媒体营销策略，帮助石油石化企业更新发展理念，寻求新的发展方式，在激烈的市场竞争中生存下来。石油石化企业必须注重新媒体营销人才培养与管理创新，进而提升营销服务策略，为企业的生存发展谋求新的出路。

关键词：新媒体营销；石油石化企业；人才培养与管理

现阶段，石油销售领域的市场竞争压力是非常大的，为切实有效的提升石油销售的整体成效与质量，有必要深入全面把握精准化的市场需求，切实高效的采用高质量、精准化的营销策略，切实有效的提升营销成效以及营销力度。互联网已经成为人们日常生活中不可或缺的一部分，石油石化企业要想获得良好发展就一定要改变传统的经营模式，在发展的过程中运用互联网思维进行有效的营销活动，利用新媒体开放性、互动性与市场性的优势提高营销工作的效果，为行业发展开辟更大的空间，为市场经济带来活力。

1　新媒体营销的积极作用

目前关于新媒体营销的概念，理论界的定义已大致趋于统一。陈蕾(2018)[1]认为新媒体营销是凭借新媒体平台的技术而开展的新型营销方式。王庆(2017)[2]进一步提出，目前较为流行的新媒体营销平台有社交平台、电子刊物、网站或网络视频等。李侃(2019)[3]对新媒体营销的概念进行了较为详细的概括，文章中提出，新媒体营销是指在互联网时代下，企业运用现代信息技术以及电子技术，对互联网内的相关信息进行收集整理，并通过营销平台对企业的产品信息及价值形象进行传播，以达到提高企业经济效益的目的。翟德宇(2019)[4]同样认为，新媒体营销主要是基于互联网、移动媒体以及数字媒体技术，在网络环境下进行广告传播、产品促销以及企业形象展示等一系列营销活动。此外，苏仕诚(2019)[5]认为，在 Web2.0 的新环境下，互联网已进入新媒体传播的时代，新媒体传播媒介逐渐受到企业的重视。

新媒体营销的独有特征使新媒体营销与传统营销相比具有显著的优势，可以帮助企业更好的实现推广产品的营销目标。梁珏菲(2019)[6]认为新媒体营销的优势在于其不仅提升了

【第一作者简介】李永超，男，1995 年 2 月 14 日，东北石油大学，2022 年 7 月，硕士研究生，经济管理学院，黑龙江 大庆，163318，960212669@ qq. com

营销方式的创新空间，同时更好的塑造了企业的形象，有利于打造品牌效应。于静(2018)[7]进一步提出，新媒体营销的发展通过持续增加并改进新的营销形式，以弥补传统营销的不足。企业通过新媒体多样化的媒介，得以将众多素材与营销渠道进行组合，构建传统营销无法具备的营销网络。同时，赵平(2018)[8]认为，基于微信平台的新媒体营销更便利，产品的发布时间、机会选择性也更多。此外，新媒体营销与传统营销相比的显著优势在于，新媒体营销可以借助互联网大数据的应用，更有效的整合网络资源，大幅提升营销效率。张盈(2020)[9]指出，在互联网信息化时代，新媒体营销通过整合新媒体中的多种资源，利用网络平台的社交属性及其丰富的用户网络，并借助大数据的分析，使消费者随时可以接收来自企业的营销信息，并在无意间对产品进行宣传和推广。

由此，新媒体营销在发展中形成了独特的资源优势，使企业的宣传推广费用下降，控制企业的营销成本，加强营销效果，具体体现在：

一是新媒体突破了传统广告宣传渠道的局限性，能够通过图片、文字、声音、视频等多种表达方式来全方位的展示商品，使得商品更具有吸引力和感染力，这是因为新媒体的传播能够让消费者对商品有更加清晰的了解。

二是新媒体能够快速、精准地整合各个平台资源，有利于更加便捷且全面地传播企业的文化、经济、发展方向等，显著增强了商品以及企业形象的渗透力与影响力，有利于消费者对商品品质与功能建立起更强的信心。

三是新媒体平台实现了营销主体与消费者之间的有效互动，及时解答消费者对商品的疑惑，同时通过新媒体平台及时了解消费者对商品的了解程度、喜爱程度、接受程度，以及获取消费者对产品的相关意见与建议，在互动的过程中使得营销效果更加深入。

四是在新媒体环境下，营销活动的范围更加广泛，且新媒体环境下，商品营销的持续性、综合性更强，使得商品在市场上的影响力更为深远。

五是新媒体环境下，互联网可以将商品的相关信息在世界范围内进行展示，直接突破了时间与空间的限制。

2 石油石化企业新媒体营销策略

我们在看到石油市场竞争激烈的同时也应该看到新媒体所带来的营销策略的变化，这对成品油市场既是机遇又是挑战。机遇是，新媒体使得成品油市场获取买家渠道多元化，必将增加炼油企业的效益。挑战是，成品油市场使竞争更加激烈，扩大市场份额的难度增大。石油石化企业在资金、技术、人才和管理等各方面面对着巨大的竞争压力，唯有勇于迎接挑战，积极采取有效对策，才能在竞争中不断发展壮大自己，实现跨越式发展。新媒体营销健康与完善的发展离不开营销策略的制定，全面系统的营销策略是新媒体营销迅速发展的保障。

2.1 新媒体营销策略要点

2.1.1 洞察消费者行为，满足消费者的需求

王建瑞(2019)[10]认为，洞察消费者行为是企业构建新媒体营销网络的起点。刘玲(2019)[11]对消费者洞察提出建议，认为企业在新媒体营销过程中首先需要了解目标消费群体的特点，利用互联网对消费群体的潜在需求以及新需求进行深入挖掘，并完善企业销售模式，最终达到提升市场占有率和竞争力的目的。刘明月(2018)[12]同样认为，在激烈的新媒

体市场竞争中应把握技术优势，通过数据挖掘了解消费者的需求。同时，刘小娇(2018)[13]提出，企业应在营销过程中建立用户至上的理念，立足用户的使用和购买习惯，为用户推荐切实所需的产品。此外，刘明月(2018)[14]指出，目前国内的消费者逐渐重视产品所带来的精神层面的体验，越来越多的消费者开始关注产品的品质以及独特的设计。因此，企业应提升产品自身价值，满足消费者需求。据此，企业在进行新媒体营销的活动时，需要在大范围传播的基础上，对消费群体的消费习惯、价格敏感度、购买意愿等进行分析，打破传播信息传统途径的限制，将满足消费者多元化的需求作为主要目标。

2.1.2 加强多屏整合，实现跨界营销

周倩(2019)[15]指出，新媒体营销能够打破传统营销无法对营销模式进行整合的限制，可以将台式电脑、电梯广告屏、商场广告屏等固定屏幕播放设备与手机、笔记本电脑、公共交通广告屏等移动播放设备进行多屏联动，构建多屏跨界的营销网络体系。周晟羽(2020)[16]同样认为，新媒体营销模式的关键在于将不同资源的优势进行整合，开发构建属于企业的营销体系。许征宇(2020)[17]进一步指出企业应有效利用移动互联设备，智能手机的发展加快了信息之间的传递，设置移动互联平台不但能够提高营销质量，还能够拉近与消费者的距离。针对多屏整合的新媒体模式，贾彦宏(2016)[18]认为，企业应针对消费群体经常使用的信息获取渠道进行整合，形成系统化的新媒体网络营销平台。周杰(2019)[19]也认为，企业应当通过不同类型的平台，进行多角度，全方位的营销模式，使产品信息推送到更多潜在消费群体中。梁馨月(2017)[20]提出具体的实施方法，即企业应结合传统营销手段与新媒体营销手段，利用两者优势，在传统媒体增强营销可信度的基础上，再借助新媒体向消费者推送符合消费习惯，能够增加购买意愿的产品内容，将传播过程中的协同联动融入现实生活。由此可知，新媒体的良好发展并不代表传统媒体的消灭，虽然信息技术的发展使传统媒体的营销模式丧失了一定的优势，但可信度高、购物体验性强的特点使传统营销仍占有很大的市场。企业在进行新媒体营销活动时，不可忽视传统媒体在营销中的作用，可通过对传统媒体与新媒体进行整合，扩大营销的影响范围。同时，企业应积极采取多屏联动的方式，使二者之间保持一种有机、互通的联系与交流，避免二者间的排斥与冲突。据此，企业可借助信息技术，实现数据资源的轻松共享，打破不同产品的界限，构建一体化的营销网络。

2.1.3 创新营销内容，挖掘深层价值

由于目前部分企业注重新媒体营销的形式，而忽视新媒体营销的内容，导致新媒体营销的内容质量参差不齐，无法满足消费者逐渐提升的精神需求。因此，优质内容的创作逐渐成为企业实现新媒体营销目标的重要环节。李静(2020)[21]认为，企业可以加强对营销内容的重视程度，使营销内容在最短的时间内提高消费者的兴趣，以最大程度的吸引消费者的注意力，提高消费者对产品的购买欲望。王庆(2017)[22]同样认为，完善和丰富新媒体营销的内容，可以最大程度的激发消费者的兴趣，充分满足消费者的精神需求。毛雯钰(2016)[23]在文章中提出完善新媒体营销内容的具体措施，即企业应构建完善的新媒体营销内容生产体系，培养专业的内容生产团队，设定营销内容的质量标准，并对初期创作的内容进行筛查，避免出现违规内容，确保最终展示在消费者面前的是优质且有内涵的营销内容。据此，企业在创作营销内容时首先要考虑消费群体的精神需求，创作并传播的内容要在赋予产品深层次内涵的基础上激发消费者的购买兴趣，使产品为消费者带来物质体验的同时，也可以满足其精神需求。发掘产品深层次的价值，需要企业创作出优质内容，并借助新媒体的优势，将所创作的内容大范围传播。同时，企业可通过分析大数据，不断产生符合当前主流审美与消费需求的创新内容，不断吸引消费者。

2.1.4　培养专业化的新媒体人才

专业化的新媒体人才队伍可以在企业进行新媒体营销活动中产生事半功倍的营销效果。韩向虹(2017)[24]在文章中强调企业培养新媒体营销专业人员的重要性，其认为做好新媒体营销对员工素质有较高要求，提升营销人员的专业素养是确保新媒体下市场营销质量与效果的关键保障。唐小鹏(2019)[25]和黄丽娟(2019)[26]同样认为，企业利用互联网新媒体进行营销活动需要相应的人才。因此，企业不能忽视新媒体营销专业人才的储备，需要以传统营销知识为基础，培养适应新媒体营销的员工，并加强对新媒体营销人员的培训。既要巩固新媒体营销人员的职业素养，也要确保其职业道德，为开展各类型平台的新媒体营销奠定人才基础。

2.1.5　保持线上线下营销方式的有效联系

线上销售与线下销售的有效结合，使企业不仅可以利用传统的线下销售，满足消费者的购物体验，并通过与消费者的直接沟通了解其消费需求，辅助线上销售。同时，企业可以借助线上销售平台，扩展营销覆盖范围，提升营销效率。彭筱星(2019)[27]在文章中提出，企业通常采取网络销售与实际销售相结合的新媒体营销模式。因此，企业应加强新媒体营销的规范管理，加强线上与线下的对接，在线上增强消费者的消费体验，线下则保证高效的物流管理系统，以此提高新媒体营销的质量。因此，企业对线上和线下营销渠道进行联通，可以更好提高新媒体营销的效果。具体而言，王失余(2019)[28]提出，企业的线上营销要确保宣传的真实性，并对产品有全面的介绍，及时解决消费者的问题；而线下营销应保证产品质量及物流通常，并通过完善售后服务、加强店员服务意识等工作丰富购物体验，从而形成良好的商业循环模式。

2.2　石油石化企业具体策略

2.2.1　利用新媒体营销传播优势，加快实施品牌战略

在现代市场竞争中，消费者选择时已经越来越不介意谁生产的产品，关注的重点已经转变为品牌之间的差异和最终品牌的选定。例如，在润滑油销售方面，调查显示，84%的消费者把品牌作为第一标准。大多数消费者在选择品牌时，一般根据习惯选择自己熟悉的品牌，而且一旦选用了某种品牌，只要其质量好，效果不错，便不会轻易更换其他品牌。我国本地石油企业在国内成品油市场上是有相当的知名度和信誉度的。但是由于其管理体制尚未由传统体制真正地向现代企业制度转型，品牌建设上还存在着品牌意识较弱，管理尚缺规范，服务不规范及质量偏低等问题。利用新媒体优势，加大宣传力度，提高品牌形象。通过各种宣传广告介绍产品尤其是产品的性能与特点，提高产品的知名度和信誉度；通过精美的包装设计和多种媒体的组合宣传，树立和提高品牌形象

2.2.2　利用新媒体影响力，发掘上下游一体化优势，提高竞争力和营销水平。

据安达信公司对国际著名石油公司的多年经营状况分析后得出的结论：采取上下游一体化经营战略的石油公司，能更好地降低并平衡经营风险，减少整个石油行业不景气时的不稳定性的影响。因为当油价上升时，上游效益上升，下游效益上升较慢，甚至下降；而当油价下降时，上游效益下降，但下游效益下降很慢，甚至还会上升。因此，市场竞争的焦点在于终端销售，在于对成品油零售市场的控制。扩大终端销售，确保市场占有率目标的实现，并通过贸易调节供需，发挥整体优势，全面降低企业的经营成本。

2.2.3　积极开展网络贸易和电子商务，降低石油交易过程中的管理费用

可充分利用计算机信息网络和良好的配送体系，建立灵活的储运网络和信息网络，特别

是要把传统营销网络与电子商务结合起来。尽快实现石油销售商务电子化，形成覆盖全国、延伸海外的整体市场营销和信息网络。通过电子商务建立信息资料库、销售终端网络信息反馈系统，随时收集市场信息，及时掌握和分析竞争对手的经济实力、营销策略、发展战略和发展动态等情况，及时了解客户的信息和需求，更能适应客户对低成本、高质量和高性能的需求。BP公司对在澳大利亚销售石油产品的不同方式进行了比较，得出的结论是：电子商务的销售成本大大低于传统方式的销售成本。为适应电子商务的交易需要，应建立一个能够适应新形势要求的资源统一、客户统一、信息统一、运作统一的成品油营销体制，充分利用Internet系统进行现货和期货贸易，并就近组织货源，从而最大限度地降低营销成本。

3　石油石化企业新媒体营销人才培养与管理创新

人才是企业最宝贵的资源。尤其是在当下新媒体营销重要性凸显，企业的营销策略逐步发生了相应的调整，营销活动越来越与“渠道”和“促销”等相融合。积极探索有效的人力资源开发模式，充分调动企业营销人才的积极性和主动性，能够为企业新媒体营销提供有力保障，促进企业产品的市场开发与竞争力的提升。

3.1　实施积极的人力资源战略规划

市场经济条件下，石油企业新媒体营销需要树立以人为本的管理思想，积极实施人才战略，进行用人制度的创新。要着眼于企业的经营战略，积极吸引、选拔和培养市场营销人才，满足企业开拓市场的要求。在引进人才后，要注重能力开发，为员工发展创造良好的条件和空间，促进企业的可持续发展。要对员工进行一定的业绩考核，同时关注员工的个人发展目标，促进企业新媒体营销人才潜能的发挥。

3.2　完善人才培养选拔制度

新媒体营销是年轻人的天下，石油石化企业必须完善人才培养选拔，完善管理制度，避免人才选拔和培养中的不公平现象。实施积极的考评政策，制定严格的实施细则，形成公开选拔、竞聘上岗的人才运行机制，努力形成能者上的选人、用人制度，打造优质高效的石油石化新媒体营销人才队伍。

3.3　加强员工培训管理

实际上，市场营销活动中需要对员工进行大量的培训，这也是一项战略性、基础性工作。要建立完善的培训体系，完善培训内容和方法，改变单一的模式，采用新形式考核员工素质，制定相应的培训计划，安排相应的内容，进行细致的教学。针对不同产品的营销需求，企业要按需施教，增强培训的针对性。另外，要按照紧缺人才加紧培养的思路，重视培养开拓国际市场的新媒体营销人才，有效地开展各类人员的培训，并可采取脱产培训等方式方法，搞好新媒体营销人才的培训，提高市场营销队伍的素质。

3.4　完善薪酬激励机制

市场营销活动的绩效考核是企业绩效考核的重要组成部分，通过实施多元化的激励手段，能够最大限度发挥员工潜能。要按照市场经济运作模式，在石油石化企业的激励制度范围内，建立有效的配套激励机制。要设计科学合理的薪酬体系，加大对一线市场营销人才的倾斜力度，保证物质激励稳中有升，加强精神激励，保证公司薪酬的标准与市场接轨，缓解人才外流的压力。要建立完善的绩效考核体系，结合变动薪酬、绩效考核结果，使营销部门员工收入与其对公司的贡献相挂勾，促进内部公平的实现，激励营销人才实现更好的业绩。此外，要加强福利制度的贯彻落实，规范福利体系，考虑建立年金制度等，提高员工收入，增强企业凝聚力，提高企业经济效益。

4 结语

在新媒体营销环境下，石油石化企业想要突破市场禁锢实现更好、更快的发展，就应正确使用新媒体营销技术，完美结合线上和线下，将以往单一的销售模式转变为消费者市场，切实拓宽营销渠道。基于此，石油石化企业应及时转变传统理念，充分利用新媒体营销技术，抓住各种新媒体平台的营销特性，精准施策增加粉丝粘性，提高粉丝转化率，拓宽营销渠道，同时合理设计产品推广，用技术服务支撑产品销售，赢取消费者信任，提升自身市场的竞争力和品牌影响力。

参 考 文 献

[1] 陈蕾．电子商务时代新媒体营销对商贸流通业的影响效度分析[J]．商业经济，2019，11：64-65.
[2] 王庆．互联网时代的新媒体营销研究[J]．今传媒，2017，11：102-103.
[3] 李侃．基于“互联网+”时代的新媒体营销策略转型方法[J]．中国市场，2019，17：130-131.
[4] 翟德宇．新媒体营销的优势与方式探析[J]．现代营销(经营版)，2019，8：104.
[5]苏仕诚．“互联网+”背景下的电子商务营销策略研究[J]．山西农经，2019，18：120-121.
[6] 梁珏菲．试析新媒体背景下市场营销方式的转变[J]．今传媒，2019，8：82-83.
[7] 于静．新媒体时代下市场营销的前景[J]．营销界，2019，21：13.
[8] 赵平．基于微信平台的企业营销思路研究[J]．新闻研究导刊，2018，19：42-43.
[9] 张盈．新媒体营销优势及方式的探究[J]．现代营销(经营版)，2020，2：133.
[10] 王建瑞，陶勇．基于互联网思维的新媒体营销探索[J]．经济纵横，2019，10：200-202.
[11] 刘玲．互联网思维下的新媒体营销对策研究[J]．产业与科技论坛，2019，22：17-18.
[12] 刘明月．新媒体在旅游营销中应用探究[J]．中外企业家，2019，4：39-40.
[13] 刘小娇．消费者心理与行为变迁下的新媒体营销策略思考[J]．现代营销(创富信息版)，2018，10：236.
[14] 刘明月．新媒体营销具体方式和策略探究[J]．中外企业家，2018，28：75-76.
[15] 周倩．新媒体背景下企业市场营销模式创新策略[J]．商讯，2019，4：120-121.
[16] 周晟羽．基于“互联网+”时代的新媒体营销策略转型方法研究[J]．现代营销，2020，2：254.
[17] 许征宇．新媒体时代企业的市场营销对策[J]．传媒论坛，2020，5：164-165.
[18] 贾彦宏．新媒体营销整合运作模式研究[J]．中国管理信息化，2016，15：93-94.
[19] 周杰．利用新媒体进行市场营销的策略分析[J]．才智，2019，4：222.
[20] 梁馨月．营销 3.0 环境下快消品新媒体营销策略研究[J]．商业经济研究，2017，19：61-63.
[21] 李静．互联网时代的新媒体营销途径[J]．新媒体研究，2020，2：57-58.
[22] 王庆．互联网时代的新媒体营销研究[J]．今传媒，2017，11：102-103.
[23] 毛雯钰．关于新媒体营销整合运作模式的探讨[J]．新媒体研究，2016，2：76-77.
[24] 韩向虹．利用新媒体进行市场营销的策略分析[J]．科技视界，2017，24：166+153.
[25] 唐小鹏．基于抖音平台的新媒体营销分析[J]．广东轻工职业技术学院学报，2019，2：74-80.
[26] 黄丽娟．新媒体时代高职营销专业人才培养创新研究[J]．教育现代化，2019，83：8-9.
[27] 文波．互联网思维下的新媒体营销方式分析与研究[J]．电子商务，2018，3：341.
[28] 王失余．互联网思维下的新媒体营销探析[J]．营销策略，2019，7：74-75.

数字经济背景下油气企业数字化转型升级对策研究

张　璐

（东北石油大学 经济管理学院，黑龙江 大庆　163318）

摘　要： 数字技术为基础的云计算、大数据、人工智能、物联网、区块链及3D打印等新兴技术，正推动各行业逐步向数字化、智能化转型，数字化在给行业发展注入新活力、新动能的同时，也给企业的经营管理带来新的挑战。我国石油工程行业数字技术应用虽起步较早，但数字化发展还不够成熟。本文通过介绍油气企业数字技术应用现状和数字化发展策略，分析数字化在油气企业应用过程中出现的的问题以及相应的策略进行探讨，旨在为油气企业数字化转型献言献策。

关键词： 油气企业；数字经济；数字化转型；对策

1　引言

数字经济已成为全球范围内产业转型升级的重要驱动力，也是"十四五"时期提升区域产业核心竞争力，实现经济高质量发展的必由之路。随着智能制造、物联网、大数据、人工智能等新一代信息技术的成熟及向各种产业领域拓展，油气企业也将成为数字经济发挥创新驱动与转型升级动能作用的新战场。当前，油气企业面临数字化转型与发展的战略机遇和挑战，需要顺应数字经济发展和数字技术变革趋势和要求，突破油气企业数字化转型的瓶颈和障碍，加强数字化转型升级速度，提升油气企业数字化、网络化和智能化发展水平，培育数字经济时代油气产业核心竞争力和数字化发展优势。

2　油气企业数字化转型内涵

油气企业数字化转型是围绕油气业务流程，将大数据、云计算、人工智能、物联网等前沿技术与油气生产业务相结合，打通不同层级与不同行业间的数据壁垒，使油气产业实现更高效的业务流程、更完善的客户体验、更广阔的价值创造，改变油气产业原有的商业模式、组织结构、管理模式、决策模式、供应链协同模式、创新模式等，推动产业形态转变，打造一个全新的产业生态，实现产业生态模式的转型与升级。油气企业数字化转型的贡献主要体现在两个方面：一是为传统油气产业带来存量增加，即凭借信息技术引发的效率和产出的提升；二是为传统油气产业带来增量拓展，即在数字化背景下由新商业模式产生的业务拓展引发的产出增加。

【第一作者简介】张璐，女，1997年10月，东北石油大学经济管理学院会计学研究生，电话：15635976041，邮箱：lulu6041@163.com，邮编：163318，通讯地址：黑龙江省大庆市高新技术产业开发区学府街99号

3 油气企业数字化转型升级的现状及影响因素分析

3.1 油气企业数字化转型升级的现状分析

3.1.1 油气企业数字化转型升级政策支持体系不断完善

根据白皮书要求，未来在油气行业，数字化、大数据、人工智能等与油气高效开发和利用进行更深程度的融合，对油气企业数字化转型提出了更加迫切的要求。2021 年，各级政府出台了更多的政策措施：提速油气勘探开发、完善管网及储气等基础设施建设、完善油气市场定价和价格监管机制、强化财政税收对油气产业高质量发展的引导作用等等都为油气企业数字化转型奠定了基础。另外，国家将充分发挥能源领域财税政策的引导和支持作用，深化资源税改革，完善环境保护税制度；构建系统性强、预期明确的财税优惠政策体系，推动非常规油气勘探开采技术规模化应用，制定深海油气、非常规油气核心技术和关键装备研发的专项补贴政策。

3.1.2 油气工程是数字技术应用的领先者，但数字化发展不够成熟

油气行业曾经是数字技术应用的领先者，油气工程行业涉及物探、钻井、测井、固井、测试、压裂、生产等多个环节和专业，各个专业及作业环节相互连接，整体协同性强，数据是各专业和环节交流对话的基础，油气勘探开发就是在各专业数据之间互相印证、互相支撑中实现了价值递增[1]。

数字技术的应用已在油气工程的作业方式和管理方式等方面引起了巨大的变革，但油气工程行业的特殊性决定了它不会像消费领域那样迅速发生颠覆式的变革。企业规模越大、涉及部门越多、专业性越强，数字化发展需要跨越的障碍就越多，就越需要企业谨慎布局，不能贸然实施。在众多天然气可采资源中，蕴藏着丰富的非常规油气资源，尤其是页岩气储量排名全球第一。我国内页岩气田复杂的地表及地层条件，为开采带来了极大的挑战。例如山区井场狭小的作业空间，需要功率大、体积小的作业装备。但具备这种特点的装备，即便是全球顶尖的油气装备制造商也难提供，这为中国页岩气开采带来了极大困扰。另外，油价走低和历史资产负担重等因素也拖累了数字技术对油气工程领域经营效果的改善。

3.1.3 数字技术将提高油气工程竞争优势

如今，数字化、智能化等新兴技术的出现，为油气行业前行又提供了新机遇。有业内研究指出，数字化和智能化技术在油气生产领域的应用可以提高油气采收率 20%以上，而成本可以下降 20%以上。对于提高油气开采过程的安全性、环保性，这一新技术也将发挥巨大作用。2021 年，政府工作报告中明确指出，加快数字化发展，为国内的数字化转型按下了快进键。此后，国家多次强调，推动传统产业与数字化的融合，预计将加速油气行业数字化时代的来临。

3.1.4 全球对油气的需求依然很大

近年来，尽管各类新能源呈现发展上升趋势，但依旧没有改变全球油气需求巨大的局面。

随着疫苗研发的突破和主要国家经济刺激政策的出台，油气市场正逐步实现复苏，全球油气需求也出现了迅速回转。根据 IEA 近期预测，全球的油气需求将从 2020 年的 9120 万桶/天，上调至 9670 万桶/天，几乎恢复到疫情之前的正常水平。迅速恢复的油气需求意味着，全球对于油气资源的依赖并未减少。

而且，这一旺盛的消费需求形势还将在未来几年内保持持续增长。bp 在 2020 年发布的《世界能源展望》中表示，直到 2050 年，中国仍是油气消费大国。但在油气供应方面，国内市场却依旧面临挑战。近年来，中国油气进口量的增速远高于本土油气产量的增速。2020 年，我国油气和天然气的对外依存度分别攀升到 73%和 43%，进口量依旧双双位居世界第一。

3.2 油气企业数字化转型升级的影响因素分析

数字经济大背景下，数字化技术是企业提升核心竞争力、保持生存和活力的必要保障；数字技术的投入是企业研发活动的物质基础，对企业发展具有重要意义。影响企业数字化转型的因素涉及产业、宏观政策、企业战略、企业规模、企业财务状况以及技术状况等多个方面。数字技术在石油产业中有着重要的地位，它能帮助石油企业规避地质风险，提高勘探成功率，降低发现成本和开采成本。技术是石油企业提高竞争力的重要手段和基础条件，也是发展新产业、增加新的经济增长点的有效途径，所以，许多石油企业，特别是大的跨国公司每年在技术投入上都很下工夫，舍得花钱。因此，如果能够深入了解油气企业数字化转型的影响因素，对我们后续针对油气企业数字化转型存在的问题及对策研究有一定的帮助[2]。具体影响因素如下图所示：

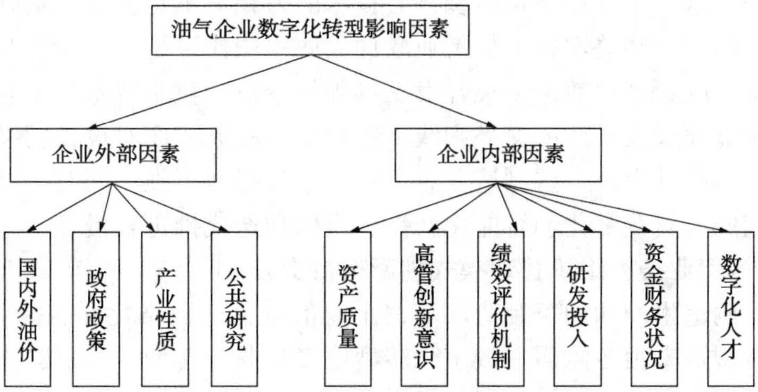

图 1　油气企业数字化转型影响因素

4　油气企业数字化转型升级面临的主要问题

4.1 油气企业资产管理质量有待提高

资产作为企业的一项重要经济资源，在一定程度上影响和制约着企业的转型和升级。油气企业作为以开采矿藏资源为主营业务的企业，其资产具有特殊性：地域分布广泛、数量金额巨大、类别繁杂等。这种特殊性，需要与之配套的相应的完善的管理体系。但是近年来，随着油气企业的迅速发展，固定资产投资规模大，项目工程量多，资产分布范围广。在实际工作中，投资的工程项目由规划计划部门下达后，由建设单位产能建设项目组具体负责实施，财务部门基本不参与项目决策、工程概预算、完工验收、决算分析，只待工程项目完工办理结算时，负责审查结算资料。

主要表现为：一是资产管理工作的落实不到位，对于一些闲置资产或者存在较大价值折减风险的资产并未及时优化调整，不仅没有将资产的使用率提升起来，反而还造成了一些其他的风险，从而导致其在油气企业经营生产中演化为经济问题。二是资产管理人员的素质偏低，导致管理成效不高。三是资产管理缺乏有效性的评价，没有定期对资产价值进行评估，如此一来自然就无法判定资产管理工作的有效性，即便其存在问题，也不能第一时间发现，导致资产管理的成效不高[3]。

4.2 油气企业管理者主观创新意识较弱

油气企业管理者主观创新意识较弱，是当前企业管理中一个较大的问题，导致实际中的管理方式与管理创新目标存在一定的偏差。究其深层次原因，是管理者还没有形成足够的主人翁意识和市场竞争观念，缺乏相应的责任心和市场竞争危机感[4]。另外，一些管理者虽然也极力鼓励创新变革，但是却没有将变革切实地落实到实际工作中。Richardson(2006)认为由于创新活动具有周期长、收益不确定性、投资回报较晚等风险的影响，油气企业的转型升级往往需要经历较长的时间，很多管理者急于获取短期收益，提高自己的声誉，都不愿意增加创新投入。管理者由于是领取定额的工资，所以他们偏好投资一些见效快、风险低、收益稳定的项目，这样既不会有损他们的收益，也不会面临失业的风险。

4.3 企业数字化转型核心技术能力相对薄弱

随着数字技术在油气行业应用逐渐扩展，人为错误、终端与网络安全等问题逐渐突出。移动连接性增强、操作数据广泛使用和自动化带来了新的漏洞，用最先进技术保证系统顺畅运行成为行业共同需求。企业数字化转型核心技术能力相对不足，信息基础设施和行业数字化转型基础相对薄弱。一些关键技术如工业软件、底层操作系统、芯片、开发工具等技术开发能力不够；控制系统、平台数据采集开发工具等领域缺少核心技术。企业设备设施联网率不高，很多设备制造商仅关注产品交易和线下售后市场服务，而对设备网络化改造以及线上服务改进明显缺乏内在动力；一些制造业企业线上服务能力不强。同时，企业数字化转型技术架构能力整体较弱，对数字化、智能化新技术应用和迭代推进较慢。

4.4 数字化转型业务、组织管理模式创新有待提升

较多石化企业偏重生产和加工制造环节，企业信息化、网络化和智能化运营管理不足，给石化的数字化转型带来很多障碍。数字化转型更多是业务转型，通过建立集成多环节的数字化平台、进行数据积累和互联，实现向用户交付产品并提升运营维护效率，触发新的产品服务迭代、商业模式和用户体验创新，实现在数字化技术支撑下的组织业务和商业模式创新发展。在数字化时代，如何将新技术打包成创新工具、推动自身业务变革和商业模式创新是大部分常州制造企业面临的问题，对于一些重资产、商业模式单一的石化企业，急需借助数字化转型推动全生命周期管理(PLM)，实现组织管理模式的突破和转变。

4.5 企业数字化转型人才严重缺失

在当前数字经济迅猛发展的大背景下，我国科技型企业以及相关研发机构在数字技术人才储备上的不足被凸显出来，特别在一些重点行业和核心科技、产品的研发上，人才不足问题更加突出，这使得我国在数字技术资源开发利用上受到很大制约。油气行业作为数字化转化进程较慢的产业，缺少能够进行业务的数字化改造和优化以及开展数字化管理、运营的人才，更是举步维艰。并且需要进一步指出的是，对于油气产业转型升级的现实需求来说，数字化人才不仅包括 IT 工程师、数据科学家、数据分析师、AI 算法工程师、产品经理等传统意义上的技术精英，更重要的是只有将技术应用及行业的专业人才(例如油气开采、钻井、石油与天然气地质勘探、油田化学应用、油气储运、油田化学应用、机械类等专业)融合进来，形成跨行业跨平台的复合型人才体系，才可能真正将数字化落地到油气行业中去，解决

行业实际问题，贡献实际商业价值[5]。

5 数字经济背景下油气企业数字化转型升级的对策与建议

5.1 加强油气企业资产管理

首先，要加强资产管理工作的落实。在完善的制度保障下，就要引导资产管理的工作人员对这项工作形成深入认识，明确其对于油气企业生产经营发展的积极作用，然后树立起工作责任心和积极的工作态度，依照制度规章落实具体工作。其次，要加强资产管理人员的专业培训教育，提高其个人素养水平。管理人员的个人素养直接关系到资产管理的成效，面对复杂庞大的资产管理工作任务，必须要具备高水平的专业技能。因此，一方面要加强内部培训，组织资产管理人员学习相关的理论方法，提高理论水平。另一方面要多进行实践指导，提高其实践工作能力。如此理论与实践相结合，提升资产管理的整体水平。最后，要对资产管理的有效性做好评价。每隔一段时间，就应该对企业资产价值进行一次评估，以此衡量资产管理的具体效果。对于评估价值出现下滑的部分，要着力加大资产管理的工作力度，优化资产管理的方法战略，促进其效果的提升[3]。油气企业各单位的资产不应仅仅局限于油气的开发和利用上，还要用在非油气的新产品、新工艺的研制与使用上。尽量避免资产闲置，让资产在不断的使用和流动中发挥最大潜力。

5.2 完善高管绩效考评体系，加强管理者主创意识

在一定程度或意义上来说，油气企业主要管理者实际上是油气企业的核心与灵魂。企业主要高管的管理思想与能力直接涉及到了整个油气企业的管理风格构成与管理水平的高低。所以，具备创新管理精神的油气企业经营者，对创新管理的有效推进和执行有积极的促进作用。因此，将技术创新投入指标(研发费用支出、创新投入项目数量、创新投入成功率、高管创新积极性等)适当纳入企业高管绩效考核中，构建高管创新绩效指标体系，明确高管技术创新投入任务及职责，有助于提升高管主动进行技术创新投入的积极性[4]。

5.3 继续加强在油气领域的资金投入与关键技术开发支持力度

油气企业发展不能只有规模性扩张，产业进一步发展需要强化科技支撑，加大技术性投入力度，发展高附加值产品，切实补齐产业发展短板，积极推动构建绿色低碳循环经济产业链，提高产业关联度和园区化发展水平，组建一批创新平台、战略联盟、示范基地，培育形成绿色低碳新动能、新亮点和新增长点。

高投入是油气零售企业的主要发展特点之一，这促使该行业资源比其他行业更广泛分布。行业发展要积极贯彻新发展理念和国家战略性需求，加大对绿色技术创新的资源投入力度，探索建立行业绿色发展专项基金和绿色技术创新人才培养基地，加强对各企业以及科研院所技术创新发展的资金投入，进一步拓宽融资渠道，让社会资本有机会参与企业绿色技术创新发展的过程当中，实现合作共赢。在技术研发中，数字技术为聚集创意和缩短上市时间提供了充分支撑。利用大数据分析技术和虚拟社区，实现更精准的创意，可促进油气企业新产品开发[6]。

5.4 完善油气企业数字化发展模式

数字化发展没有通用解决方案，应考虑自有资源和限制，以业务为导向，以解决问题为核心来设计适用的发展模式。总体来看，油气工程领域获取数字技术价值的策略大致可以分为3类[1]：

一是增量模式。企业的关注重点仍然是当前业务、运营及客户模式。数字支出属于非战略型投资，数字业务为非常规业务。运用数字技术扩展能力是企业的机遇，数字技术应主要由业务部门驱动。许多小型油公司或油服公司由于科研能力有限，多采用这种模式，与其他公司合作，应用数字技术共同开展新业务。

二是内部突击模式。有计划地利用数字技术优化企业工作流程，提升同步程度，降低数据信息的孤立程度，推动当前业务、运营及客户模式进行变革。此方式侧重数字技术的企业内应用，常被称为数字化转型或数字化改革，大部分油气工程企业采用这种策略。

三是整体规划模式。制定数字化战略，着力于培养数据科学、创新和快速设计原型等能力。综合考量内部数字化与数字化业务发展的交叉与融合，设立中央数字化团队研发、分享和推进。斯伦贝谢公司即属于此类模式，其软件创新中心(STIC)负责数字愿景总规划；Doll研究中心是自动化技术研发基地；工业物联网中心以云、物联网、自动化、跨学科平台的网络安全等为研究重点，并推动这些技术在公司及行业内的应用。

5.5 加强数字化人才的培养

创新之道，唯在得人。为此，构建数字化人才培养体系、培养新型数字化复合型技术人才，对于油气企业数字化转型来说是重中之道。根据国家发改委2019年发布的《关于发展数字经济稳定并扩大就业的指导意见》，我们可从以下三方面加大对数字化人才的培养：第一，深化高等院校和研究所教育改革。对相应的学科专业进行动态调整，让数据分析、计算机技术深度融合至各学科专业，培养满足数字化转型的专业技术管理与人才，扩大各个专业的数字人才培养规模。例如财务管理相关专业人员不仅会一些财务知识，还要精通用友等一些智能化账务处理软件，这样才能促进企业进行数字化转型。第二，对企业的老员工开展数字职业技能培训。老员工作为企业的前辈，他们熟悉企业的业务流程和核心技术，并且他们管理思想和行为也会深深的影响企业的新员工，如果他们能够掌握数字化技术，不仅可以提高以往的工作效率，而且会给后辈做一个表率。第三，统筹数字化产业发展和人才培养开发规划，加强产业人才需求预测，加快培育油气产业数字化转型的专业人才。特别对油气开采、钻井、石油与天然气地质勘探、油田化学应用、油气储运、油田化学应用、机械类等工人的数字化技能培养，促进油气企业加快转型[7]。

6 结语

新一轮科技革命和产业变革正在发生，带动数字技术强势崛起，促进了产业的深度融合。我国的石油开采企业所处的地理位置差异较大，生产直接受到油气规模、地质储量及品位等多方面的影响，其数字化转型也经受管理者创新意识、资产质量、专业技术人才、技术创新模式国家政策等因素的影响，每个企业应该根据企业自身的特点和所处的特殊环境，科学选择自主开发或引进、消化、吸收的技术创新模式，并且将数字经济时代下先进的技术方法应用到实践中去，共同推进全行业经济效益的提升，保证石油工业的可持续发展，为国民经济发展创造良好条件。

参考文献

[1] 闫娜．石油工程数字化发展现状与策略分析[J]．石油科技论坛，2019，38(02)：64-70.
[2] 蔡建华；袁磊；杨虹．石油企业R&D投入影响因素的研究[J]．石油科技论坛，2009，28(06)：

13-18.
[3] 邓菁娜．强化石油企业资产管理有效提高资产使用效率[J]．现代经济信息，2017，(08)：192-193.
[4] 刘航．关于石油企业管理创新问题的思考[J]．经济研究导刊，2019，(24)：10-11.
[5] 王德辉；吴子昂．数字经济促进我国制造业转型升级的机制与对策研究[J]．长白学刊，2020，(06)：92-99.
[6] 王保佳．全球油气行业动向与转型发展的相关探讨[J]．中国集体经济，2021，(16)：32-33.
[7] 陈建新；刘伯超；朱洪春．数字经济背景下常州制造业数字化转型升级对策研究[J]．商场现代化，2020，(19)：124-126.

碳达峰、碳中和目标下我国石油石化行业低碳发展现状

曹 瑞

(东北石油大学经济管理学院 大庆 163318)

摘 要：我国在节能减排的道路上积极探索。提出了到2030年实现碳达峰、2060年实现碳中和的目标，为我国未来几十年的发展提供了重要的战略方向。在此背景下，石油石化行业作为高耗能、高污染行业，如何实现碳中和、碳达峰成为当代社会的重要议题。本文对我国石油石化行业碳达峰、碳中和的目标、困境以及现有路径进行了归纳与探讨，希望能为我国石油石化相关企业低碳发展提供思路。

关键词：石油石化行业；碳中和；碳达峰；低碳发展

1 引言

随着社会不断发展，气候变化成为了全社会共同关注的重要问题。为应对全球气候挑战，2015年12月《巴黎协定》提出了将全球平均气温较前工业化时期上升幅度控制在2摄氏度以内，并努力将气温上升幅度控制在1.5摄氏度以内的长期目标。对全球的气候治理及能源未来发展带来了新的挑战。

近年来，我国在节能减排的道路上积极探索。习近平总书记多次在重大国际场合指出，"中国将提高国家自主贡献能力，采取更加有力的政策和措施，二氧化碳排放力争于2030年前达到峰值，努力争取2060年前实现碳中和"[1]。这一战略目标的提出，彰显了我国作为负责任的大国担当，同时也明确了碳中和在我国未来近40年发展中的战略方向。

石油石化行业对我国经济发展意义非凡。但是石油石化行业在生产过程中表现出的高能耗、高排放的产业特性使其成为具有代表性的重污染行业。刘学之等(2017)指出相比国家45%-50%的低碳发展目标，石油石化行业减碳承受压力达到60.63%-64.78%，面临着艰巨的减排任务与挑战[2]。王敏生，姚云飞(2021)指出"双碳"目标对油公司提出了新的挑战，需要强化石油工程低碳化发展，加速布局低碳能源服务业务，满足油公司低碳转型的需要[3]。因而，需要明确我国石油石化行业的低碳发展现状。

2 我国石油石化行业碳达峰、碳中和目标

科学研究显示，二氧化碳的过度排放会导致球气候变暖、温室效应等环境问题。据此，2020年9月，我国提出了要在2030年实现碳达峰，2060年实现碳中和的目标。碳达峰是指国家、城市、企业等主体排放的二氧化碳等温室气体总量达到峰值，而碳中和是指二氧化碳

【第一作者简介】曹瑞，女，1998年2月出生，本科于2020年6月毕业于东北石油大学，学士学位，现就读于东北石油大学经济管理学院，黑龙江省大庆市东北石油大学经济管理学院，163318，13352590905，dqcaorui204@163.com

等温室气体排放与碳汇相互抵消，实现温室气体净零排放[4]。

碳达峰与碳中和紧密相连，前者是后者的基础和前提，达峰时间的早晚和峰值的高低直接影响碳中和实现的时长和实现的难度。后者是对前者的约束，要求达峰行动方案必须要在实现碳中和的引领下制定。碳中和意味着将全球气候变化稳定在一定水平需要排放到大气的温室气体与吸收的温室气体达到平衡。我国关于“碳中和”这一表述，指的是实现碳中和并不是单纯地实现二氧化碳的中和，而是指广义上温室气体的中和。

石油石化行业既是碳排放大户也是碳减排大户，更是风能、太阳能等新能源的材料提供者，同时也是能源和资源的“碳再生”和“化学循环”的创新者。2021 年 1 月 15 日，我国 17 家石油和化学工业相关机构联合发布了《中国石油和化学工业碳达峰与碳中和宣言》，从推进能源结构清洁低碳化、大力提高能效、提升高端石化产品供给水平、加快部署二氧化碳捕集利用、加大科技研发力度、大幅增加绿色低碳投资强度这几个角度提出了倡议。未来，石油石化行业将在这些方面推动产业结构和能源结构深层次变革，促进石油石化行业绿色低碳发展。

3　我国石油石化行业实现碳达峰、碳中和的困境

3.1　石油石化行业具有高污染的特性

石油化工企业主要是以石油、天然气为原料从事石油产品和石油化工产品的加工与销售[5]。近年来，我国经济不断发展，中国已成为世界第二大经济体，石油化工行业做出了重要的贡献。但在行业发展的同时，其在生产经营过程中所产生的大气污染等环境问题愈加突出。根据环保部发布的历年中国环境状况公告，我国石油化工类企业排污量、污染资源总量均呈增加趋势。随着资源、环境对经济增长的制约，石油化工企业这种“高污染、低效率”的发展模式已经难以为继，必须进行低碳转型，寻求新的发展路径。

3.2　石油石化行业转型存在困难

石油石化行业作为国民经济的支柱，具有行业覆盖面广、业务涉及较多、投入与退出成本较高的特点。目前，我国还处于石油、煤炭等化石能源占主要地位的国家，随着经济的高速发展，能源需求量大。目前，替代能源还没有全面引进，后续补充能源、以及新能源技术开发等都存在问题。在石油石化类行业发展过程中，向其他领域的转型具有一定的未知性、风险性、不确定性，且相关人才的培养与现在人力资源体系调整都面临困难[6]。总体上来说，石油石化行业转型发展的困难性较大。

3.3　“双碳”目标实现挑战性大

根据世界资源研究所 2017 年下半年发布的报告，全世界已经有 49 个国家的碳排放实现达峰，占全球碳排放总量的 36%。但是，对于我国而言，至今还没有达到碳达峰。习总书记指出：“中国承诺实现从碳达峰到碳中和的时间，远远短于发达国家所用的时间，需要中方付出艰苦努力”。而我国碳排放总量为美国两倍多、欧盟三倍多，是世界第一大排放国，实现碳中和目标所需的碳排放减量远高于其他经济体[7]。我国提出 2030 年碳峰、2060 年碳中和的目标同时，还要不断发展经济，周期较短，挑战性较大。

4　石油石化行业低碳发展路径

借鉴当前世界范围内大型石油企业的能源转型的路径与规划，针对我国石油石化行业的现实情况和实现碳达峰、碳中和面临的困境，从加大天然气发展规模、节能减排、增加碳汇、发展可再生能源等方面提出低碳发展建议。

4.1 加大天然气发展规模

研究表明，天然气是一种比石油更清洁的能源，也是实现从传统化石能源向清洁能源过渡的重要桥梁[8]。从石油业务向天然气业务的转变可视为低碳转型过程中的一个过渡阶段。对于许多难以在低碳道路上快速调整能源结构的企业来说，这也是最佳选择。在这一方面，许多国内国际大型石油公司都宣布增加天然气业务规模。中国石油把天然气作为战略性、成长性和价值性业务，持续加大勘探开发力度，构筑多元化清洁能源供应体系。2020 年，公司天然气产量 1603.5 亿立方米，其中国内 1306 亿立方米，同比增长 9.9%，占国内天然气产量 70%；加大引进海外管道天然气、液化天然气(LNG)，努力提高生产能力，向社会供应天然气 1846.6 亿立方米，比上年增长 1.9%，助力我国优化能源结构、建设美丽中国[9]。天然气具有清洁、高效的特点，在低碳转型过程中起到了桥梁作用，为石油石化企业转型的初级阶段提供了方向。

4.2 节能减排

低碳转型是一个渐进和长期的过程，减少碳排放也是在迈向碳中和目标过程中的有效途径。减少碳排放可以通过提高能源效率、提高产品质量以及碳捕获与封存(CCS)与碳捕获、利用与封存(CCUS)等方面来实现。目前，在节能减排方面，通过发展 CCS、CCUS 技术成为石油企业能源转型的主要方向。埃克森美孚采用自主研发与机构合作的方式深入推进 CCS 技术开发与应用，与 FuelCell Energy 合作开发碳酸盐燃料电池碳捕获技术，能将气电厂 90%以上的 CO_2 捕获；并且与 Global Thermostat 合作开发直接从空气中捕获 CO_2 的技术，并计划将其规模化[10]。中国石油积极推进科技减排，建立了 16 项示范工程和 9 个示范区，完善了低碳标准体系。设立低碳关键技术等系列重大科技攻关《CO_2 捕集、驱油与埋存关键技术及应用》和《CO_2 捕集、驱油与埋存关键技术示范工程》，加快核心技术突破。沙特阿美，雪佛龙，道达尔其他公司也积极采取行动，通过减少燃烧来减少碳排放。此外，壳牌和道达尔利用太阳能蒸汽驱技术提高石油采收率并减少碳排放。这些行动都为石油石化公司碳中和目标下如何进行节能减排提供了方向。未来，科技层面在碳中和目标下将会起到关键作用，我国石油石化行业应该加快节能减排技术攻关。

4.3 增加碳汇

增加碳汇是实现碳中和目标的关键路径之一。碳汇是指通过植树造林、植被恢复等措施，吸收大气中的二氧化碳，从而减少温室气体在大气中浓度的过程、活动或机制[11]。发展碳汇对实现碳中和目标具有重要意义。森林、草地、耕地等是重要的环境资产，可以起到固定二氧化碳、减少二氧化碳排放的作用。壳牌石油公司 2020 年宣布要将天然碳汇增加至每年 1.2 亿吨的规模；意大利埃尼石油公司也提出了到 2030 年实现森林碳汇 2000 万吨的目标[12]。此外，2020 年 11 月 11 日，中国石油首个碳中和林——大庆油田马鞍山碳中和林揭牌，标志着中国石油在探索碳汇业务上迈出了重要一步[13]。增加碳汇不仅能够在碳中和目标上做出贡献，对生态发展也具有重要意义，是极具生态与经济价值的低碳发展道路。

4.4 发展可再生能源

开发和利用可再生能源是实现低碳转型最彻底的途径，也是最难实现的途径。这需要相关公司进行长期的战略部署。当前，石油公司在可再生能源方面的投资或行动主要集中在太阳能、地热能、风能、生物能、氢能等领域。BP 石油公司主要布局太阳能、风能、生物能、氢能等领域，通过建立多个太阳能项目，与中科院、特斯拉等机构开展替代能源技术合作，迈向低碳转型道路。壳牌在各类新能源业务积极探索。与 BP 石油公司相似，壳牌也长期投资生物燃料，在巴西成立合资公司 Raizen，将甘蔗废料转化为生物燃料；还在印度班加罗尔建立了一个利用农业废料生产生物燃料的先进示范项目。此外，壳牌在氢能、电力、风能和太阳能领域也进行了积极探索[14]。中石油也表示未来会积极拓展非化石能源及加快布局新能源，包括风电、光电、热能以及氢能，并期望可转型成综合能源公司。发展可再生能源周期长、投资大、规模大，但是却是实现低碳转型的最终途径，我国石油石化企业可以建立企业自身发展规划，布局未来低碳发展模式。

5 结论

随着气候变化成为国际关系中大国竞合日益重要的主题，石油石化企业能源转型的趋势不可逆转。石油石化业务脱碳化、低碳业务多元化的特征将会更加明显。我国石油石化企业要顺应国家能源转型趋势，做好能源低碳发展的“主力军”。本文通过对碳中和、碳达峰的概念进行梳理，表明了碳达峰与碳中和紧密相连，前者是后者的基础和前提，达峰时间的早晚和峰值的高低直接影响碳中和实现的时长和实现的难度。石油石化行业具有高污染的特性且存在转型难度大、“双碳”目标实现挑战性大的困境使得石油石化行业碳达峰碳中和任务更加艰巨。目前的低碳发展主要途径有加大天然气发展规模、节能减排、增加碳汇、发展可再生能源四个方面。其中，加大天然气发展规模是是石油公司低碳转型的第一步，而发展可再生能源是石油公司向低碳转型的最有力途径。据此，建议石油石化相关企业尽早做好低碳发展规划，着眼于未来，优化能源结构布局，将石油公司向综合型能源公司转型。

参 考 文 献

[1] 习近平．习近平在第七十五届联合国大会一般性辩论上的讲话[EB/OL]．[2020-12-23]．http：//www.cidca.gov.cn/2020-09/23/c_ 1210813555.htm.

[2] 刘学之，黄敬，郑燕燕，沈风武，王潇晖．碳交易背景下中国石化行业 2020 年碳减排目标情景分析[J]．中国人口·资源与环境，2017，27(10)：103-114.

[3] 王敏生，姚云飞．碳中和约束下油气行业发展形势及应对策略．石油钻探技术．https：//kns.cnki.net/kcms/detail/11.1763.TE.20210527.1115.002.html

[4] 焦丽杰．碳达峰和碳中和的内涵及其背景[J]．中国总会计师，2021(06)：37-38.

[5] 綦海峰．石油化工类上市公司环境会计信息披露探讨[J]．绿色财会，2020(08)：5-8.10.14153/j.cnki.lsck.2020.08.002.

[6] 徐双庆，戚永颖．浅议能源发展趋势和石油石化企业转型[J]．国际石油经济，2019，27(04)：54-65.

[7] 张贤，郭偲悦，孔慧，赵伟辰，贾莉，刘家琰，仲平．碳中和愿景的科技需求与技术路径[J]．中国环境管理，2021，13(01)：65-70.

[8] 邱中建，赵文智，胡素云，张国生，方辉．我国天然气资源潜力及其在未来低碳经济发展中的重要地位[J]．中国工程科学，2011，13(06)：81-87.

[9] 中国石油天然气集团有限公司．中国石油绿色低碳转型，建设清洁美丽世界[EB/OL]http：//csr.cnpc.com.cn/cnpccsr/2021lsdtzx/2021lsdtzx.shtml.

[10] 王震，和旭，崔忻．“碳中和”愿景下油气企业的战略选择[J]．油气储运，2021，40(06)：601-608.

[11] 许乾．碳汇两种概念的辨析及碳汇市场的发展[J]．山东纺织经济，2010(03)：13-16.

[12] 雾熊．欧洲能源企业转型战略[J]．电力设备管理，2021(05)：205-206.

[13] 施雷．碳中和目标下的石油公司转型之路[J]．当代石油石化，2021，29(06)：13-19.

[14] 胡梦怡．壳牌：扩大低碳和可再生能源业务[J]．中国石化，2021(01)：14-16.

油气资源型城市可持续发展问题与对策探讨

邹慧宁

(东北石油大学)

摘　要：油气资源型城市的可持续发展，是国民经济持续健康协调发展的重要组成部分。长期以来，作为我国重要的能源资源战略保障基地，油气资源型城市为我国经济社会发展做出了突出贡献。但由于过度强调资源产出、忽视生态环境保护、缺乏统筹规划和资源衰减等原因，油气资源型城市发展过程中积累了许多矛盾和问题。本文深入分析了油气资源型城市发展困境的症结原因，总结了油气资源型城市可持续发展过程中存在的问题，并探讨了石油资源型城市转型对策。

关键词：油气资源型城市；可持续发展；转型对策

引言

我国资源型城市共262座，丰富的资源曾经是资源型城市发展的基础。后由于我国实行非均衡发展战略，对改革试验区和非试验区进行了划分，区域的空间差异直接导致经济上的差异。部分资源型城市在历经多年大规模过度开采后，面临着一系列问题。产业结构单一、产业链条短、资源枯竭、缺乏接续替代产业的问题；经济结构扭曲失衡，国有经济占主体，而国企效益差、国企改革又困难重重；财政运行状况不容乐观，地方政府财力空虚，地区自身发展能力不足，难以实现财政自给；各项社会事业发展缓慢，生态环境恶化、城市污染严重，城市发展滞后、人才流失严重、就业困难等。随着产业结构升级、生态理念改变以及可持续发展要求的提出，如何更加快速，有效的根据当今社会发展需要转型成为目前各个资源型城市亟待解决的问题。

1　相关研究

资源型城市是以本地区矿产、森林等自然资源开采、加工为主导产业的城市。资源型城市具有一定的特殊性，因而在发展过程中会出现一些问题，国外学者 Auty & Warhurst[1] 在对矿业城市的研究中发现，采矿业和其他部门的负面共生关系降低了经济增长的速度和效率，并提出了“资源诅咒”这一命题；Lucas 等[2] 基于对加拿大单一产业城市的观察，进一步提出了资源型城市的生命周期理论；Altman[3] 在传统大宗商品理论的基础上构建了一个简洁的资源型经济增长模型，以解释资源型城市经济的增长和发展机制。但由于制度文化等因素，国外资源型城市的研究不可能直接应用于中国资源型城市的转型问题。

【第一作者简介】邹慧宁，女(1997.3-)东北石油大学工商管理在读硕士，通讯地址：黑龙江省大庆市高新技术产业开发区学府街99号东北石油大学经济管理学院，邮编：163319，电话：15776543921，E-mail：myningall@163.com

国内学者对于资源型城市问题的研究也非常全面，而且更加具体、有针对性，概括起来有几个方面：一是产业结构问题。丁四保(2005)[4]、宋玉祥(2008)[5]指出我国资源型城市产业存在对资源高度依赖、产业结构单一、产业结构不合理、经济发展失衡、接续替代产业发展滞缓的问题。二是社会问题。宋晓梧(2007)[6]、支大林、张友祥(2012)[7]认为东北资源型城市存在基础设施建设薄弱、地方财力空虚、地方吸纳就业能力较弱、部分地区就业困难、下岗失业人员多、困难群体的比重高等社会民生问题。三是生态环境问题。张复明(2007)[8]认为资源型城市正面临着日益严重的生态环境问题，资源枯竭、土地资源遭到严重破坏，生态功能日益退化。四是体制、机制问题。张文忠(2011)指出我国资源型城市体制、机制落后，发展活力不足，转型动力不足，国家发改委(2013)在介绍《全国资源型城市可持续发展规划》时表示，资源型城市没有建立可持续发展机制。

2　油气资源型城市产生发展困境的原因

资源型城市主要是以各种煤炭、矿产资源的储量为依据进行划分，这些城市主要以开采资源，进行资源的销售和利用来发展本地经济。资源的相对丰富加大了经济社会发展对资源的过分依赖的危险性。经济学通常用“资源诅咒”来描述资源丰富与经济增长之间存在的负相关变化关系，即一个地区拥有丰富的自然资源反而会拖累经济发展[1]。一方面，单一的资源性产业结构极易使其他产业部门被排挤出城市经济的合理结构，使得产业布局严重失衡，进而影响到资源型城市的可持续发展。另一方面，经济结构决定了人力资本需求的单一化，人力资本的流动性不足，拥有较高知识水平和职业技能的劳动力流出，造成了知识创新能力不[2]。另外，资源型城市对资源的过度依赖所产生的生态环境的压力影响了社会公众的日常生活，同时也为城市的可持续发展设置了绿色转型的障碍。当资源型城市的不可再生资源枯竭时，经济发展的可持续性将受到严峻的挑战，容易引发严重的失业和社会稳定问题。

3　油气资源型城市可持续发展存在的问题

(1) 资源危机，经济效益下降

油气资源型城市主要是以石油、天然气资源的储量为依据进行划分，这些城市主要以开采资源，进行资源的销售和利用来发展本地经济。伴随我国工业化的进程，这些城市为我国工业化的发展提供了充足的资源保证，对我国经济的飞速增长贡献了巨大的力量。但是由于缺乏对资源开采的控制与规划，而且因为经过长时间、高强度的开采挖掘，目前这些城市大都面临着资源枯竭的威胁。而且在工业化经济时代，这些油气资源型城市的发展大都是粗放型增长而且技术比较落后，所以对当地的生态环境问题也造成了极大的破坏，严重威胁着资源型城市的生存与发展[9]。

我国资源型城市大都是随着矿产资源的逐步开采而从无到有，从小到大的，大都历经“矿产资源的开发一企业规模的扩张形成基地一镇区一资源开发主导产业的箱射和带动一服务业和农业的发展一小城市”这样一个过程。如大庆油田，1959 年发现大庆油田，1960 年开始开发投入建设，发展到 1976 年原油产量突破 5000 万吨，随着开发建设规模逐步扩大，1979 年正式成立了大庆市。石油资源型城市因油气而生的显著特点，决定了城市经济对油气资源的依赖十分巨大。一方面，油气资源促进这石油资源型城市的收益，让大庆从一片荒原发展为一座城市；但另一方面，油气资源也制约着整个城市的发展，过去的几十年大庆的大部分收益都来自油田，油田产量好效益佳，在油公司工作是许多人梦寐以求的事情，但近些年来，随着新型资源的增加，国外油价的影响以及采油成本的上升，油田效益逐年下降，员工待遇降低，甚至开始裁员，为油田持续发展带来了极大的挑战。

(2) 市场化程度低，产业结构不够优化

由于计划经济的长期束缚，油气资源型城市一般国有经济比重较大，市场化进程与发达地区相比有很大差距，特别是在经济开放程度、市场规模和融资环境方面表现较弱。当前，许多油气资源型城市在发展过程中普遍存在着产业结构不合理、产业结构不平衡的现象。最突出的问题是资源型城市产业结构单一，缺乏相关的支撑产业，许多油气资源型城市重化工业结构特征明显，生产总值占工业总值的比重偏重，在重化工业结构中，消耗能源量大，但工业生产总值低的落后产能仍大量存在，工业绩效表现出低度化特征。经济发展对石油相关的资源型产业依赖性较大，并且以上游产业为主，如石油的开采等，弊端是产业链不长，石油资源在不断减少的情况下，城市的经济发展受到较大影响。一般来说，发展依赖于资源产业发展的地区，随着资源逐渐枯竭，就会出现"矿山枯竭、城市衰落"的不可估量的后果。而且，对于油气资源型城市来说，第二产业所占比重较大，相比而言第一和第三产业所占比重较小，这种不合理的产业结构不仅不能适应当前社会经济发展的需要，甚至会阻碍整个城市的发展，不利于城市居民的生活水平提高[2]。

(3) 人才短缺，创新能力不足

随着经济的加速发展，产业升级、经济增长方式转变对自主创新能力提出更高要求，而企业又是创新活动的主体，那么企业的创新能力一定程度上决定着产业升级的步伐。在当前老工业基地振兴、资源型转型的背景下，产业升级被摆在了突出的位置，而相对落后的企业自主创新能力则制约了产业升级的步伐和进度。城市对高科技等新兴产业的发展与重视程度不够，当地的新兴产业发展滞后，规模层次不高，同时油气资源型城市因为存在产业结构不合理的问题而且资源面临枯竭的威胁，所以其经济的发展也进入低迷状态，对人才缺乏吸引能力，对科技研发投资和人才的吸引力不够，企业生产产品的技术含量不高，市场竞争力不高。除此之外，资源型城市的机制建设还比较传统，没有建立完善的人才管理措施、人事机制存在短板而且缺乏足够的财政投入实施人才引进计划，不仅造成外地高素质人才的流失，本地的人才也出现大量的流失，对于城市的建设发展来说，人才匮乏问题严重。

4 油气资源型城市可持续发展转型对策

(1) 提高资源利用效率，提升经济发展力

一方面，应根据国家石油战略和本市的石油资源状况，采用新技术提高现有资源的利用率，进一步增加石油企业寿命，延长石油经济发展的时间。通过政府，对资源型企业的资源利用效率进行评价和审核，对资源利用效率较高的企业给予税收优惠，提高企业高效利用能源的积极性。建立国民经济的绿色核算体系，建立资源型产品的价格形成机制，完善资源型产品价格形成机制，通过排除不良干预使价格能够反映出供求关系、资源稀缺程度等的真实水平；另一方面，要着力发展石化产品的深加工产业，扩大石油炼量和石化产业的经营规模，从而实现产业转型升级。同时，要学习新材料新技术，促使管理科学化、技术高级化、产品创新化，从而提高相关产品的附加值。

(2) 提高市场化程度，优化产业结构

我国的石油城市，经济发展高度依赖油气资源，产业结构单一，接续产业后力不足。这

种单一的结构特征，严重阻碍了城市经济发展步伐。制定石油城市转型发展战略，运用高新技术改造石油加工业，延伸石油产业链，大力发展接续产业，多种产业齐发并进。如大庆市近年来大力扶持高新技术产业、文化产业和旅游业，成立了高新技术产业开发区，服务外包产业园、新华08石油资讯中心入驻大庆，创建大庆文化创意产业园区，湿地温泉旅游、工业旅游等都为大庆的经济发展注入了新鲜血液，使得大庆市经济总量和质量得以提升，显著增加了城市核心竞争力。

（3）重视人才，提高创新能力

营造良好的吸引人才的环境，政府提供政策支持、待遇支持和资金支持不断吸引国内外优秀人才，支持高校和企业建立联合培养机制，创新人才评估机制，加强创业园建设；不断增加科技的投入，保障财政投入中用于科技创新的预算增长，促进金融对中小型创新企业的支持。优化财政支出的结构，为自主创新指引方向，投入资金引进新技术，并在学习的基础上注重消化吸收再创新；打造产学园相结合的环境，支持企业自主创新，鼓励部分科研机构同企业进行合作研究，建立互补、互利的关系；从税收、金融、体制机制等方面支持国企、民营企业等多种所有制企业的自主创新，引导企业加强研发投入，科研机构的科技成果转化等。引进高等教育优质资源，使得大学和大学科技园区的建设为本地区的创新科研提供更多支持，建立国家级重点实验室，省级研发中也，推进省级以上科技项目，高端制造等高新技术产业项目，提高高新技术产品增加值，发挥科技支撑引领作用。

5 结论

油气资源型城市因自然资源的开采而兴起和发展壮大，也因自然资源的减少和枯竭而停滞甚至衰落。因而资源型城市必将面临转型的选择，即通过发展接续或替代产业，逐步减少城市对资源的依赖程度，逐步实现城市经济结构由单一向多元转化，实现城市的可持续发展。油气资源型城市发展困境的原因症结多样，城市可持续发展面临的问题繁多，但只要及时制定相关的策略，大力发展接续产业，优化产业结构，引进人才，积极创新，资源型城市就能实现平稳有序健康的可持续发展。

参 考 文 献

[1] Auty R, Warhurst A. Sustainable development in mineral exporting economies [J]. Resources Policy, 1993, 19(1): 14-29.

[2] Lucas R, Tepperman L. Minetown, milltown, railtown: Life in Canadian communities of single industry [M]. Oxford: Oxford University Press, 2008.

[3] Altman M. Staple theory and export-led growth: Constructing differential growth [J]. Australian Economic History Review, 2003, 43(3): 230-255.

[4] 丁四保．东北地区资源型城市贫困问题的调查与分析[J]．开放导报，2005(6)：28-32.

[5] 宋玉祥．东北地区资源型城市经济结构转型研究[J]．世界地理研究，2008(12).

[6] 宋晓梧．资源型城市可持续发展的未来[N]．社会科学报，2014-01-23.

[7] 张友祥，支大林．论资源型城市转型发展及政府责任[J]．学术探索，2012(7).

[8] 李玉莲，张复明，郭丕斌．资源型城市主导产业的选择[J]．机械管理开发，2007(1)

[9] 赵洋．我国资源型城市产业绿色转型效率研究——基于地级资源型城市面板数据实证分析[J]．经济问题探索，2019(7)：94-101.

[10] 石琳．产业结构高度化下的东北资源型城市转型[J]．税务与经济，2019(5)：1-8.

战略机遇期下中国非常规天然气高质量发展回顾·反思·展望

张恒硕

（东北石油大学 经济管理学院，大庆 163318）

摘 要：中国非常规天然气资源的勘探与开发历经初期的探索与中期的攻坚克难，现已在气源产量、开采技术、装备设施等多领域取得显著成就。中国非常规天然气资源发展前景向好，气源产量增长潜力明显，开采理论与技术日渐成熟。面对"十四五"开局的战略机遇期，非常规天然气资源开发要以谋求高质量发展为核心，以创新驱动气源深度规模化开发，高效协调资源的地区及价格配置，坚持绿色转型发展导向，优化开放市场环境，深化高水平对外合作。

关键词：战略机遇期；非常规天然气；高质量发展

2020 年是"十三五"时期的收官之年，新冠疫情影响下世界各国经济社会发展格局发生巨大改变，油气能源在这场风波中面临的形势严峻、挑战艰巨，对后疫情时代非常规天然气资源的可持续与协调发展产生巨大威胁。2021 年是"十四五"时期的开局之年，经济复苏、油气行业回温使得油气能源发展重新释放活力，"双循环"新发展格局构建的关键时期、能源结构加速转型的攻坚时期、油气体制深化改革的决胜时期对中国油气能源提出高质量发展的要求，如何实现中国非常规天然气资源高质量发展已成为当今时事吸睛的研究话题。

1 中国非常规天然气发展历程回顾

伴随页岩气、煤层气等非常规天然气资源的持续开发，非常规天然气资源将有力成为油气能源发展战略的未来导向。

1.1 前期探索阶段

致密气发现较早，但受成藏特点影响，致密气与常规气存在交叉而导致有时难以区分。2005 年国内相关企业和机构在四川盆地及邻区、重庆涪陵区域等地区开展前期勘探评价。2009 年对中国页岩气资源重点地区进行评价，且 2010 年成立了国家能源页岩气研发中心。2011 年将页岩气被批准成为中国第 172 种独立矿种。2012 年梁平页岩油气勘探开发建设示范区 8 个钻井平台全面开钻，标志页岩气商业化运营拉开序幕。

1.2 商业化开发阶段

2013 年国家能源局正式批准设立涪陵国家级页岩气示范区，标志着中国页岩气资源提

【第一作者简介】张恒硕（1996—），男，吉林永吉人，东北石油大学经济管理学院博士研究生，主要研究方向为油气资源经济与管理，地址为黑龙江省大庆市高新技术开发区发展路 199 号，邮编：163318，邮箱：15776506889@163.com。

前进入商业开发。第二批页岩气招标结果共涉及16家企业、19个区块，国内相关企业不断涌入页岩气产业的浪潮中。截至2014年12月底，全国累计投资230亿元，完成二维地震上万米，钻井780口。2015年国内首个页岩油气全产业链项目—青岛页岩油气智能装备研发产业园落户于青岛高新区。

1.3 发展成长阶段

2016年煤层气产量达74.8亿立方米，与2015年相比增长了18.04%。2016~2017年页岩气在贵州遵义、湖北宜昌、鄂尔多斯盆地等地区相继被发现与开采，出现多地开花的良好局面。2020年煤层气产量突破100亿立方米大关，而页岩气产量也达200.4亿立方米，“十三五”期间煤层气和页岩气累计产量分别达408.7亿立方米和632.15亿立方米，页岩气产量更是增长了4.5倍。

2 中国非常规天然气发展现状与前景

2.1 非常规天然气发展面临的问题

2.1.1 资源禀赋相对较差

中国非常规天然气储藏的地质环境多属于复杂的褶皱地貌，较美国的单一大陆开采难度较大。且资源分布丰富的四川盆地及鄂尔多斯地区的地表条件也相对复杂，对中国非常规天然气的气源质量、资源特征都造成一定程度的影响。中国深层页岩气资源潜力大，但随埋藏深度的增大，地质构造更加复杂，对地层突破的压力较高，储集层体积改造难度大[1]。

2.1.2 经济效应水平较低

从综合开采成本来看，受中国非常规天然气资源埋藏深度及地质条件影响，综合开采成本较高，导致开采主体的经济效益较低。从单井操作成本来看，增压成本、井口成本及净化成本等投入较高，单井操作的经济效益入不敷出。近年来国家加大对致密气、页岩气、煤层气财税政策的补贴与减免，进一步减少非常规天然气开采主体的损失。

2.1.3 环境问题有待协调

非常规天然气资源开采行为对环境影响主要体现在水资源利用及污染、土地污染及空气污染等方面。水资源方面，水力压裂耗水严重，加剧地区水资源供应紧张。大气环境方面，压裂施工废气外泄及甲烷泄漏降低当地大气质量，严重时会造成大气污染，增加雾霾及酸雨天气发生概率。地表水及地下水环境方面，钻井过程中产生大量废弃泥浆、采气废水等对地表水环境造成较大威胁，压裂液渗透易对地下水造成二次污染。土地植被环境方面，气井施工易造成地表植被破坏，降低气区植被水源涵养能力，加剧生态恶性循环风险。除此之外，开采环节的废弃物排放因处理不当易对当地环境造成多源污染。

2.2 非常规天然气发展前景

2.2.1 气源产量增长潜力大

页岩气、煤层气、致密气产量整体呈现逐年上涨趋势，2020年页岩气产量是2015年产量的4.49倍，2020年煤层气产量较2015年增长61.43%，非常规天然气产量增长潜力较大。恰逢非常规油气资源发展的战略机遇期，非常规天然气资源开发的未来发展动力十足。据《页岩气发展规划》指出预期中国页岩气产量争取2030年达到800亿立方米~1000亿立方米，未来非常规天然气产量有望对中国能源结构贡献重要力量。

2.2.2 开发技术日渐成熟

非常规天然气开采技术的升级推进煤层气、页岩气等资源开发不断进步，大量非常规天然气地质勘探理论与技术研究发展，推动开采产量的规模化与持续性。页岩气水平井多段压裂技术的成功试验，助力中国非常规天然气的产量得到质的飞跃[2]。丰富的开采技术有助于非常规天然气实现理想化产量目标，在油气能源体系中发挥重要作用。

2.2.3 油气能源需求缺口明显

油气能源是中国能源结构的重要组成部分，油气能源供应安全直接关乎社会经济的平稳运行。2019年中国已成为石油和天然气的最大进口国，近年来中国油气供需矛盾始终较为明显且供需缺口问题始终存在。美国页岩气勘探开发的突破，引发了全球能源生产与消费革命，并深刻影响着全球能源地缘政治版图[3]。中国非常规天然气资源可采资源量位于世界前列，科学大规模开发有助于缓解中国油气能源供需矛盾。

2.2.4 政策规制体系趋渐完善

近年来，中国为加快推进非常规天然气有效开发，颁布系列纲要及发展规划。历经多年探索，财税政策已成为扶持非常规天然气发展的重要政策支撑，资源税税收优惠、财政补贴、环境税费等已在非常规天然气开发过程中发挥着不同程度的影响作用。

3 战略机遇期下非常规天然气发展形势与挑战

3.1 全球不确定性风波影响油气行业平稳发展

全球新冠疫情蔓延加剧世界各国经济、政治、社会等格局的广泛调整，世界经济发展面临严峻挑战。受各国工业停滞、员工停工等因素影响，疫情期间给油气行业带来较大的生产及供应挑战。中美间大国竞争日渐激烈，大国间的博弈易对各行各业的平稳发展产生威胁，受竞争链条的不断蔓延，易对中国油气能源安全及油气产业链造成挑战。

3.2 “双循环”格局助推油气行业发展新动力

国内大循环为主体、国内国际双循环相互促进的新发展格局是中国经济社会未来发展的新要求，内需体系的逐渐完善，国内市场环境的更加开放，消费结构的不断升级，助推油气能源消费具有巨大消费增长潜力。如何实现国内油气能源供需平衡、缩小油气能源消费缺口仍是时事吸睛的热议话题，非常规天然气资源是否能发挥因可采资源量大而产量持续增长的优势仍值得期待。

3.3 油气体制改革持续深化

“十三五”期间油气体制深化改革政策逐步落地，油气产业环境更加包容，油气产业链的竞争环节将全面开放。油气体制改革将进入全开放与多竞争的发展阶段，勘探开采环节逐渐放开，民营企业、外资企业的进入门槛约束条件将不断调整，油气上游市场竞争将更加激烈。油气行业“管放服”政策持续推进，市场监管幅度将不断加大。

3.4 能源转型释放清洁能源新活力

煤炭及石油等化石能源的过度消耗造成环境破坏日趋严峻，全球对能源的使用朝着清洁的方向发展。天然气在世界能源体系中占比逐年上升，非常规天然气作为天然气资源的重要组成部分，较煤炭、石油等传统化石能源相比，在改善大气环境、推进生态文明建设等方面发挥的作用也将越来越明显。

4 中国非常规天然气高质量发展思考与展望

“十四五”规划中明确提出要“推进能源革命，加强国内油气勘探开发”，战略机遇期下中国非常规天然气应向更高的台阶迈进。笔者从创新、协调、绿色、开放及共享视角辩证思考非常规天然气高质量发展的路径选择。

一要创新驱动开发，助力气源深度规模化开采。提高采收率技术攻关，加大核心技术装备研发，实现“卡脖子”关键核心技术的突破。继续推进加强深层、深水、水合物等关键领域关键核心技术攻克，借助大数据及云服务技术建设智慧气田及改造传统运营模式。

二要高效配置资源，多主体协调发展。加快非常规天然气与其他矿种的矿权分离，提升非常规天然气的多气源矿权主体地位。大力推动地区间的分布式能源发展，加强天然气储备网络建设，协调地区间供需矛盾。持续深化石油天然气交易中心建设，完善天然气价格的形成机制。

三要推动绿色转型，明确可持续发展导向。“十四五”发展规划中明确坚持走绿色与可持续发展道路，增产增效同时降低单位 GDP 能源消耗。贯穿技术引领绿色开采路线，加强绿色低耗开采技术研发。设立气区环境数据云监测平台，构建环境监督网络。提高非常规天然气开采废水集中处理设施建设能力，推进气区采出水处理设施基地升级改建。

四要开放市场环境，打造生态产业链。继续推进油气体制改革，推动天然气产业由资源驱动向市场驱动过渡。打造天然气和谐、协调、包容的市场竞争环境，积极鼓励民企及外企参与非常规天然气开采的上游环节。打造互惠互利的生态产业全链条，降低气价“过山车”的波动影响。

五要高水平对外合作，搭建共享平台。借助“一带一路”沿线合作的发展契机，加强与沿线国家在非常规天然气资源勘探开发领域的交流与分享，深化沿线国家高水平战略合作，提升天然气进口国来源的多元化，积极搭建海外油气共享平台，提高天然气进口主要地区的安全保障。

参 考 文 献

[1] 邹才能，董大忠，等．中国页岩气特征、挑战及前景(二)[J]．石油勘探与开发，2016，43(02)：166-178.

[2] 邹才能，赵群，陈建军，等．中国天然气发展态势及战略预判[J]．天然气工业，2018，38(04)：1-11.

[3] 国土资源部资源环境承载力评价重点实验室研究系列《中国页岩气产业政策研究》[J]．中国国土资源经济，2018，31(01)：2.

油气资源型城市可持续发展问题研究

熊邦波

摘　要：资源型城市是因资源的开采而兴起和发展的，但随着资源开采的加剧，资源型城市面临着资源枯竭、难以实现可持续发展的困境。本文以大庆市为例，对我国油气资源型城市的可持续发展机制进行了探讨，并根据资源型城市的产业结构现状，分析产业发展中存在的问题，提出强化油气资源开发的主导产业地位，因地制宜引导产业转型和大力发展替代产业等对策建议。

关键词：油气资源型城市；可持续发展；城市规划；区域经济

1　绪论

资源型城市（镇）指主要依靠自然资源作为建城的基础或发展的依托，40%以上的劳动人口直接或间接从事资源的开发、生产和经营活动，50%以上的国民收入靠资源获得的城市（镇）。

目前我国有 20 多座油气资源型城市（镇），其中约 2/3 处于成熟期和衰退期，这些城市普遍存在贫穷、环境污染、产业结构单一等问题，陷入了资源诅咒的怪圈。

长期以来，资源型城市作为我国重要的能源资源战略保障基地，为经济社会发展做出了重要贡献。但由于过度强调资源产出、忽视生态环境保护、缺乏统筹规划和资源衰减等原因，资源型城市发展过程中积累了许多矛盾和问题：经济结构逐渐失衡、社会功能日益失调、接续替代产业发展乏力、生态环境破坏严重、失业和贫困人口较多等。油气资源型城市的可持续发展已经成为我国经济和社会发展中一个亟待解决的重大问题。资源型城市加快转变经济发展方式，促进经济可持续发展的任务十分迫切。

2　石油资源型城市遭遇发展困境的原因

资源的相对丰富加大了经济社会发展对资源的过分依赖的危险性。经济学通常用“资源诅咒”来描述资源丰富与经济增长之间存在的负相关变化关系，即一个地区拥有丰富的自然资源反而会拖累经济发展。

一方面，单一的资源性产业结构极易使其他产业部门被排挤出城市经济的合理结构，使得产业布局严重失衡，进而影响到资源型城市的可持续发展。

【第一作者简介】熊邦波，男，1994/4，毕业日期：2022/7/1，毕业学校：东北石油大学，获得学位：工商管理硕士学位，工作单位：东北石油大学，职务职称：学生，主要科技成果及获奖情况：无，通信地址：东北石油大学经济管理学院，邮编：163000；电话：13137128875；Email：13137128875@163.com

另一方面，经济结构决定了人力资本需求的单一化，人力资本的流动性不足，拥有较高知识水平和职业技能的劳动力流出，造成了知识创新能力不足。

另外，资源型城市对资源的过度依赖所产生的生态环境的压力影响了社会公众的日常生活，同时也为城市的可持续发展设置了绿色转型的障碍。

当资源型城市的不可再生资源枯竭时，经济发展的可持续性将受到严峻的挑战，容易引发严重的失业和社会稳定问题。

3 石油资源型城市可持续发展面临的问题

（1）缺乏城市发展的整体规划

城市的整体规划是城市建设和运行的先决条件，但是，我国的油气资源型城市在发展过程中却普遍存在着整体规划不合理，城区空间布局分散，城市功能分区不明显，工业布局混乱，“点多、线长、面广”的问题，严重制约了城市交通、道路、电力、给水、排水等基础设施的构建，阻碍了城市的整体发展。这些问题产生的原因，是由于我国油气资源型城市的建立是基于石油开采的需要，城市发展初期仅定位于粗放式的资源性开采，未做长期合理有效的布局此外，油气资源型城市由于地理位置的特殊性，受地形、油气资源分布的影响，被分隔成了若干片区，每片由一个生活区和工作区构成，相隔甚远。在城市的后续发展过程中，增加了城市基础设施的建设成本，加大了市政建设的难度。

（2）城市管理观念和管理机制落后

油气资源型城市的建立深受国家政策、旧的计划经济体制等因素影响，“大企业、小政府”的现象普遍存在，由于地理位置的影响，各个井区的石油企业除了承担“建城”的责任外，还要肩负许多其他的社会职能，如兴建石油企业职工医院、学校等。虽然这些机构在1990 年代国企重组之后，已经逐渐被剥离，但是这种现象已导致了地方政府缺乏独立性和自主性，造成了政府职能缺位和政府能力缺失等问题。城市建设在多年来高度依赖石油企业，短时间内很难摆脱对企业的依赖，难以发展具有地方优势的城市；而企业也由于所承担的职责过重，未能集中力量发展主营业务，企业素质未能得到提升，影响了长远的发展。而且由于多数油气资源型城市地方经济总量小，财政收入来源主要依靠石油企业纳税，没有形成一定规模的财政积累，从而城市各方面的发展也相对滞后，导致了基础设施落后、社会服务能力差、环境污染严重等问题。

（3）环境污染严重

油气资源型城市从建立之初起，长期的粗放式掠夺开采和对城市环境综合治理与保护的忽视，造成了我国油气资源型城市生态环境的恶化，水资源的污染和土地资源的占据，严重影响了人们的生活环境。油气资源型城市的污染主要分为两类：一是在开采、炼制、储运和使用过程中所造成的污染，破坏土壤结构和透水性，油气分解生成化学烟雾对臭氧层的破坏。如盘锦市地表水受石油类氨氮等化学物质的污染，使得盘锦市诸多河流水产绝迹，近河海域某些海产品因污染而不能食用；二是过分追求 GDP 的增长，忽视了城市环境的治理工作所造成的污染，城市污水、生活垃圾、石油关联产业三废排放等未得到有效处理，对人居环境造成了极大破坏。2008 年松原市污水排放总量达 5178 万吨，占总用水量的

1.5%，排放至第二松花江城区段的废污水 2068 万吨，其中工业废水占 26%，生活污水占 74%，而且这些污水大多是没有经过处理直接排入江中，严重影响了水质。

(4) 产业结构不合理，城市发展动力不足

现代城市经济的发展在很大程度上是得益于城市产业间形成合理的具有动态发展能力的产业结构，促进和协调地区经济的良性发展，合理的产业结构布局对推动城市发展至关重要。长期以来，油气资源型城市经济一方面过度依赖于对油气资源进行粗放式开采，很少通过技术进步及产业升级进行纵向和纵深发展；另一方面，这些城市还长期忽视其他产业的发展，未形成新的支柱和替代产业，使得这些城市形成了对油气开采行业极强依赖性的单一产业结构，第一产业和第三产业的发展受到严重制约，束缚了城市产业结构的优化升级，对地区经济的发展也起到了阻碍作用。

4　石油资源型城市转型思路与策略

(1) 提升城市核心竞争力，优化调整产业结构

我国的石油城市，经济发展高度依赖油气资源，产业结构单一，接续产业后力不足。这种单一的结构特征，严重阻碍了城市经济发展步伐。制定石油城市转型发展战略，运用高新技术改造石油加工业，延伸石油产业链，大力发展接续产业，多种产业齐发并进。如大庆市近年来大力扶持高新技术产业、文化产业和旅游业，成立了高新技术产业开发区，服务外包产业园、新华 08 石油资讯中心入驻大庆，创建大庆文化创意产业园区，湿地温泉旅游、工业旅游等都为大庆的经济发展注入了新鲜血液，使得大庆市经济总量和质量得以提升，显著增加了城市核心竞争力。

(2) 提升石油资源城市发展承载力，优化城市功能

石油资源型城市都是因油而生、因油而兴，城市规划、产业布局、设施建设长期处于“地上服从地下”、“服务油田、依赖油田”的被动地位。城市空间布局分散、城市功能严重缺失。在经济发展上，常常形成两个城市功能主体：即以地方政府为主体的和以石油企业为主体的两个城市功能圈。这两种城市功能圈的并存，限制了石油城市整体功能的发挥。指定石油城市转型发展战略，把附属于石油企业的公交、学校、医院等，应当划归地方政府管理的社会职能，统一逐步剥离，对城市资源进行重新整合，进一步完善基础设施建设，对城市的整体功能进行优化，进一步提高石油城市经济发展的承载力，促进城市健康有序发展。

(3) 妥善解决各种社会问题，保障社会和谐稳定发展

随着勘探开发进程的加快，油气资源储量必然逐渐减少。油气产量和国际油价时刻影响着石油城市的经济运行的走向。居安思危，若石油资源城市经济利益降低，由此引发的社会保障障碍、城市贫困人口增多、下岗再就业难题、人居环境恶化等现象，势必增加社会矛盾，影响稳定性。因此，必须及早综合制定引导政策、资金扶持、社会统筹等手段，建立起完善的社会保障制度，做好岗位培训、健全社会保障体系，维护社会稳定，实现区域协调发展，构建和谐社会。大庆市目前已建立良好的社会保障体系，设立社会公益岗位，积极帮助有需要的公民提升再就业能力，大力发展社会公益事业。

(4) 改善生态环境，创建宜居城市

石油资源型城市由于受到油气开采、加工、储存的影响，普遍存在草原退化、土地盐碱化和沙化、工业污水处理率较低、地下水严重超采、环境污染等一系列生态环境破坏等问题。这一系列问题严重影响了居民的正常生活。制定石油资源城市转型发展战略，采取各种措施控制污染与排放，发展循环经济，改变经济发展中粗放的经营方式，建立高效、集约、

绿色、低耗的发展模式。划定生态保护红线，建立健全管控制度，实行资源环境承载能力预警监测机制，健全自然资源有偿使用和生态补偿制度，依法保护、合理利用自然资源，进一步改善生态环境，创建绿色宜居城市。

参 考 文 献

[1] 颜淑婧．探析油气资源型城市的绿色发展[J]．经济师，2019(06)：45-46.

[2] 王晓歌，夏庆宇．对我国资源型城市可持续发展的思考[J]．时代金融，2017(36)：188.

[3] 齐琳，秦学．石油资源型城市可持续发展与转型策略探讨——以黑龙江省大庆市为例[A]．中国武汉决策信息研究开发中心、决策与信息杂志社、北京大学经济管理学院．"决策论坛——公共管理决策案例与镜鉴研讨会"文集[C]．中国武汉决策信息研究开发中心、决策与信息杂志社、北京大学经济管理学院：《科技与企业》编辑部，2015：2.

[4] 郭志仪，李志贤．西部油气资源型城市可持续发展综合评价研究——以克拉玛依为例[J]．甘肃社会科学，2014(04)：219-224.

[5] 周璐．基于产业融合发展视角的大庆市经济转型研究[D]．哈尔滨商业大学，2014.

[6] 李志贤．西部油气资源型城市(镇)可持续发展研究[D]．兰州大学，2014.

[7] 傅晶晶．新兴油气资源城市可持续发展的路径选择[J]．云南民族大学学报(哲学社会科学版)，2013，30(05)：118-123.

[8] 闫沛禄．资源型城市可持续发展的探索与实践[D]．中国地质大学(北京)，2012.

[9] 胡克，石明．西部脆弱生态和工业高度聚集环境下的可持续发展——克拉玛依市可持续发展实验区建设与实践[A]．中国可持续发展研究会．2011 中国可持续发展论坛 2011 年专刊(二)[C]．中国可持续发展研究会：中国可持续发展研究会，2011：3.

[10] 罗洪群，王凤，南剑飞，何彬．油气资源型城市的可持续发展机制[J]．软科学，2011，25(10)：65-68.

[11] 郭志仪，李志贤．油气资源型城市(镇)人口问题与对策[J]．西北人口，2010，31(04)：81-86+92.

[12] 郭志仪，李志贤．西部油气资源型城市(镇)可持续发展形势及对策[J]．城市发展研究，2010，17(03)：134-138.

[13] 赵武生，罗东坤，石明．油气资源型城市可持续发展问题研究——克拉玛依市可持续发展战略思考[J]．未来与发展，2009，30(12)：75-77+46.

[14] 郭志仪，李志贤．西部油气资源型城市(镇)可持续发展形势及对策[A]．中国可持续发展研究会．2009 中国可持续发展论坛暨中国可持续发展研究会学术年会论文集(上册)[C]．中国可持续发展研究会：中国可持续发展研究会，2009：8.

[15] 刘子旭，常秀杰．大庆城市经济转型对策探讨[J]．科技与管理，2008(01)：10-12.

[16] 杨太武．资源型城市可持续发展的政策研究[D]．上海交通大学，2007.

[17] 吕芙瑶．我国石油资源型城市持续发展中存在的问题及对策[J]．承德石油高等专科学校学报，2006(03)：74-77.

[18] 杨道远，王东玲．资源型城市的可持续发展问题研究[J]．铁道运输与经济，2005(06)：77-78+81.

基于知识图谱的能源绿色低碳发展研究综述

连樱洹

（东北石油大学 经济管理学院）

摘　要：能源绿色低碳发展是当代中国能源高质量发展的必然选择。以“中国知网”和“Web of Science 核心合集”中 SSCI、SCI-expanded、CPCI-S 为数据库的能源绿色低碳发展文献为样本，进行可视化知识图谱分析。结果表明：外文文献发文数量明显高于中文文献；中文作者间的主要合作网络尚未形成，相关机构合作关系未形成，而外文文献的作者及机构形成了较为稳定的合作关系；中外文献的研究热点包括低碳能源、低碳经济、可持续发展等；中文文献演变趋势不明显，外文文献演变趋势较为明显，主要经历了能源绿色低碳发展探索期、成长期以及发展期三个阶段。

关键词：绿色低碳；知识图谱；研究热点；演化趋势

近年来，全球气候变暖已经成为不可争辩的事实，是人类在 21 世纪发展中面临的重大挑战之一[1]。中国作为全球范围内最大的发展中大国，随着经济飞速发展，以及对能源使用量日益增多，碳排放量俨然已经居世界首位[2]。中国正承受着来自国内外越来越大的减排压力[3]。事实上，中国节能减排行动不仅仅是出于对国际要求的应对，更是有中国经济发展方式转型的内在要求。应对全球气候变暖和节能减排对中国来说是一个挑战也是一个巨大的机遇，中国需要牢牢把握住这次机会，发动甚至领导“绿色工业革命”，走出一条绿色低碳发展之路[4]。

着眼于当今世界，如何做到能源绿色低碳发展俨然成为一个主流趋势，许多国家更是把发展绿色能源当做优化能源结构的一项重要举措[5]。中共十八届五中全会中《中共中央关于制定国民经济和社会发展第十三个五年规划的建议》，把绿色发展与创新、协调、开放、共享等这些重要发展理念统筹为五大发展理念；中共十九大报告中也明确指出：加速建立绿色生产和消费的法律制度和政策导向，建立完整的绿色低碳循环发展经济体系。“2035 一流战略”中也明确提出中国需要建设更具有中国特色的绿色低碳发展新模式。在 2020 气候雄心峰会上，中国进一步体现了一个大国的责任和担当，直接提高了减排目标，同时计划通过能源绿色低碳高效利用、用能权、碳排放权市场化交易、节能减排等举措在 2030 年单位国内生产总值二氧化碳排放（碳强度）比 2005 年下降 65%以上，达到碳达峰，在 2060 年达到碳中和，进而将中国的绿色可持续发展之路提升到了新高度，也为从国家到地方如何开展低碳减排与绿色发展工作提出了指引[6]。因此，本文运用 CiteSpace 为分析工具绘制出了中外能源绿色低碳发展的知识图谱，清晰地展现出了能源绿色低碳发展领域的发文量、研究作者、研

【第一作者简介】连樱洹，女，1997. 10，研究生，东北石油大学 经济管理学院，黑龙江省大庆市龙凤区学府街 99 号，163318，14776594476，dqlianyinghuan@ 163. com

究机构、关键词等相关内容，梳理了能源绿色低碳发展领域的研究热点和演化趋势，以期为我国政府能源绿色低碳发展研究提供借鉴和参考，为我国作者的研究重点指明方向。

1 研究方法与数据来源

CiteSpace 是陈超美教授早在 2004 年借助 Java 语言开发的一款意在分析科学分析中蕴含的巨大潜在知识，并在科学计量学、数据以及信息可视化背景下逐步发展起来的一款珍贵引文可视化分析软件。由于这个软件是通过可视化的手段进而来呈现科学知识的一些结构、规律和其分布情况，因此也将这种技术即可视化图形称为“科学知识图谱”(Mapping knowledge domains，MKD)，即有图和谱的双重特性[7]。CiteSpace 可以针对文献的共引进行分析，并挖掘引文空间的知识聚类和分布，同时还可以对例如作者、机构、国家或地区的合作等其他知识单元提供分析功能[8]。因此，本研究使用 CiteSpace 5. 6. R5 对能源绿色低碳发展研究进行可视化分析。

本文中外文文献检索时间限度均为 1990-2020 年，国内文献以“中国知网(CNKI)”为对象数据库为，以“主题=‘绿色能源’AND 主题=‘能源低碳’”为检索条件，共得到 138 篇相关文献，删除无效记录后，共得到 134 篇相关文献。外国文献以“Web of Science 核心合集”中 SSCI、SCI-expanded 及 CPCI-S 为数据来源，以“主题=‘Energy green and low carbon development’语种 =‘English’”为检索条件，检索文献类型为“论文(Article)、会议文章(Proceedings paper)、综述(review)”的文献，共得到 105 8 篇相关文献，经过阅读标题和摘要后筛选掉不相关文献，共获取能源绿色低碳发展研究文献 829 篇。

2 研究分布统计结果

2.1 文献的基本特征

2.1.1 发文时间

能源绿色低碳发展研究相关文献发文数量如图 1 所示。从文献数量上看，外文相关文献发文数量明显高于中文，2010 年发表了第一篇中文能源绿色低碳发展相关研究文献，起步时间较晚，发文数量较少，近十年发文数量均低于 15 篇，能源绿色低碳发展外文文献发表较早，但是发展缓慢，自 2008 年才开始真正意义上的发展，至 2010 年达到发文数量 10 篇以上，并在 2013 年以发表 37 篇文章实现显著增长趋势。

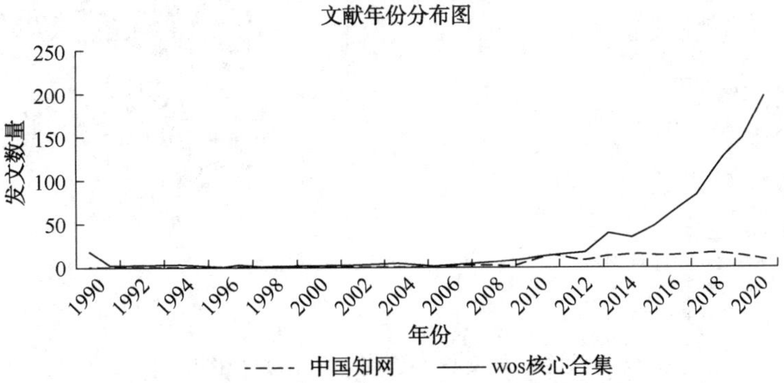

图 1 1990-2020 年文献发文数量

2.1.2　核心作者、核心机构

通过 CiteSpace 进行分析，可以使作者、机构之间的关系更显而易见。对中国知网中能源绿色低碳发展相关文献进行分析得到图 2，共现图谱生成核心作者 158 人，关系线 110 条；核心机构 98 个，关系线 30 条。从关系线和图谱中可以看出，我国核心作者之间联系较少，机构之间合作也较少。

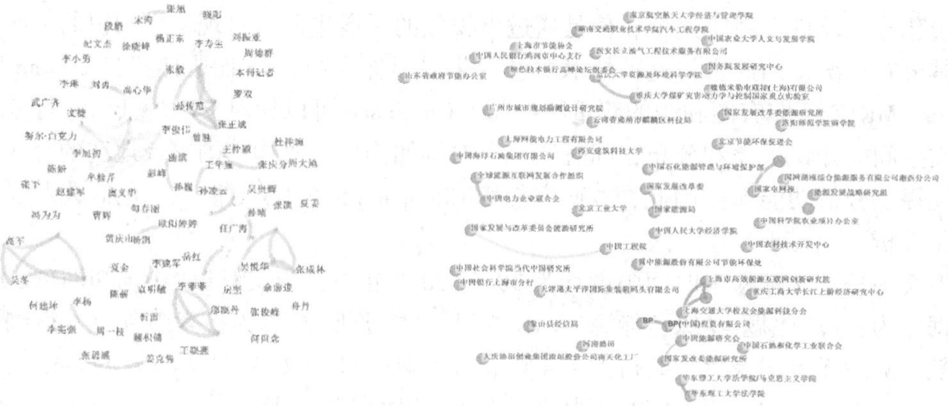

图 2　中文核心作者和机构共现图

通过对 WOS 核心合集数据进行分析得到图 3，共现图谱生成核心作者 428 人，关系线 374 条；核心机构 350 个，关系线 304 条。从作者共现图谱中可以清晰得到外文文献的核心作者共线性更高，作者之间的合作更为密切；从机构共现图谱中也可以清晰地看到，相对于中文文献来说，外文相关机构合作关系更为紧密，其中 Chinese Acad Sci 是最核心的共现机构，其次为 Shanghai Jiao Tong Univ、Univ Chinese Acad Sci、Chongqing Univ、Nanjing Univ Informat Sci & Technol、Zhejiang Univ、Nankai Univ、Univ Tokyo。由此可见，能源绿色低碳发展相关研究中，中国研究机构共现行较高。

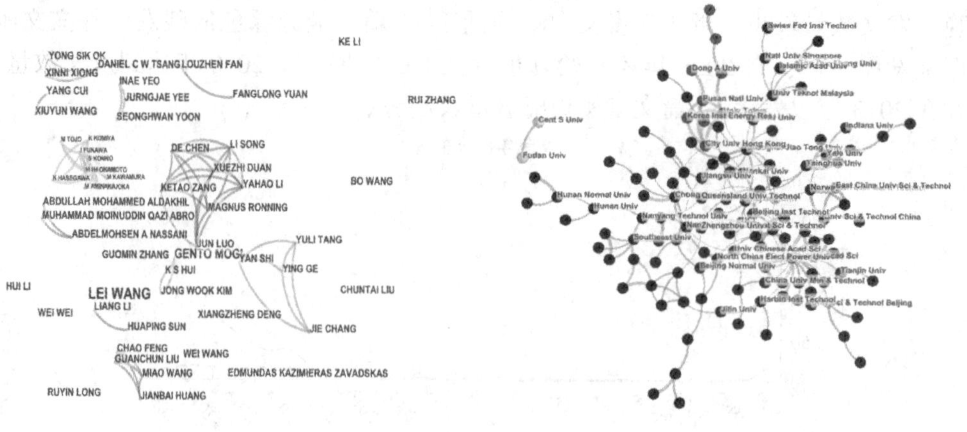

图 3　外文核心作者和机构共视图

3 能源绿色低碳发展研究热点及演化分析

3.1 中文文献研究热点及演化分析

为了更好地分析文献研究热点及演化趋势，本文运用 CiteSpace 关键词分析功能来绘制关键词共现时区图谱。关键词是指文献将核心内容进行浓缩与提炼，高频关键词很大程度上更好地反映出能源绿色低碳发展中的研究热点[9]。从中文文献时区图 4 可以看出中文文献关于能源绿色低碳发展的关键词主要集中在绿色低碳、绿色能源、可再生能源、低碳经济、绿色低碳发展、低碳生活、低碳节能、低碳转型等。

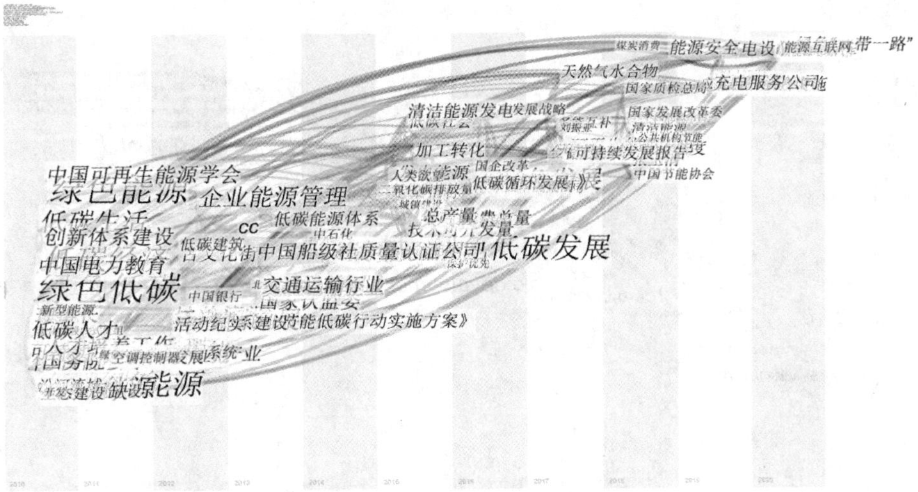

图 4　中文文献关键词时区图谱

突现词是在某一时期里出现频次陡增的各个节点，实质为表明学科领域活跃或研究发展的新兴热点和其变化趋势[10]。从文献关键词突变图 5 可以看出 2010－2012 年主要关键词为低碳经济，2011－2013 年主要关键词为绿色能源，2014－2015 年主要关键词为供热企业，2015－2017 年主要关键词为绿色低碳发展，2018－2020 年主要关键词为低碳发展。

图 5　中文文献关键词突变图谱

绿色能源低碳发展相关中文文献从 2010 年发表了第一篇文献，其年发文量均低于 20 篇，数量较少，阶段变化也较小。着眼于我国能源产业存在的问题，“低碳经济”已经成为经济社会发展的主流方向，我国很有必要去开辟一条新的能源发展路径[11]。低碳经济究其实质是一种以“三低”，即以低消耗、低污染、低排放为基础的经济模式，奋力积极、适时向绿色经济、低碳经济、循环经济转型，是转变经济发展方式和加速资源型经济转型的重要手段之一[12]。目前来看发展新能源是一个复杂长期的系统工程，政府是低碳城市建设中新能源发展过程中的主要保障[13]。基于我国国情从科学规划城市布局、完善交通基础设施、加大绿色科技研发投资、推进低碳燃油应用制度保障、构建综合交通系统等方面出发对大城市先行推进低碳交通发展[14]，伴随着我国经济结构逐步转型深化、能源革命渐渐纵深发展和低碳经济意识的稳步加强，可再生能源在我国的发展势头相比其他更为迅猛，以此我应加大强度推进“光伏+绿色能源建筑”，大幅促进能源绿色低碳发展[15]。

3.2 外文文献研究热点及其演化趋势分析

从外文文献关键词图 6 可以得到 2009 年之前，能源绿色低碳发展相关研究文献较少，相关研究处于探索期，2010-2017 年，能源绿色低碳发展相关文献研究数量明显增多，主要研究热点包括能源低碳、气候变化、科技发展、能源平衡发展等方面，2018 年，相关文献数量快速增长，主要研究热点包括促进因素、循环经济、能源经济发展、能源效率等方面

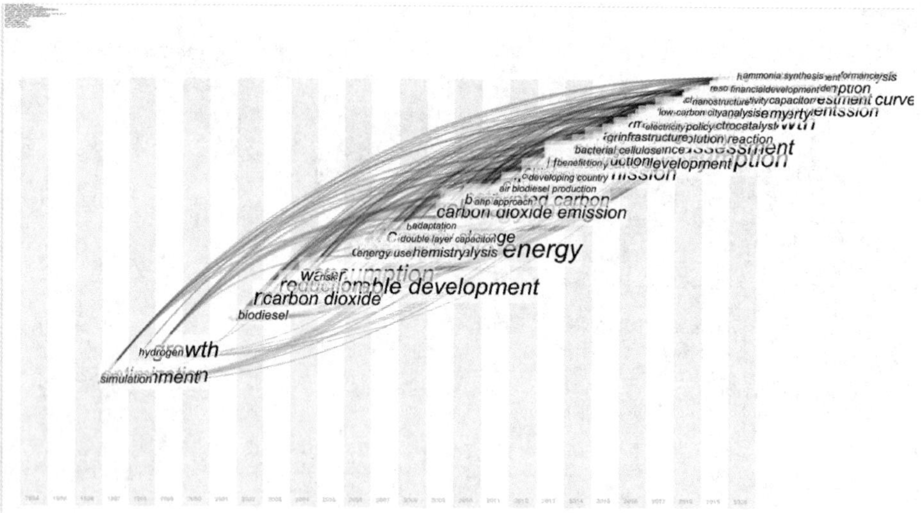

图 6 外文文献关键词时区图谱

从外文文献关键词突变图 7 来看，2008 年之前并未形成突变关键词，2009-2017 年产生的突变关键词包括二氧化碳、气候变化、科技、低碳等，2018 年出现的突变关键词包括能源效率等。

Top 10 Keywords with the Strongest Citation Bursts

Keywords	Year	Strength	Begin	End	1994–2020
carbon dioxide	1994	3.0209	2009	2015	
climate change	1994	5.5906	2009	2016	
technology	1994	3.105	2013	2015	
low carbon	1994	3.3288	2013	2017	
management	1994	2.9052	2013	2017	
research and development	1994	3.0621	2013	2016	
cost	1994	2.7428	2015	2018	
green economy	1994	2.7027	2015	2017	
green growth	1994	4.7192	2016	2017	
efficient	1994	2.885	2018	2020	

图 7 外文文献关键词突变图谱

综合关键词时区图谱和关键词突变图谱可知，能源绿色低碳发展外文文献主题演变大致分为三个阶段，第一个阶段(2008 年以前)为能源绿色低碳发展探索期，第二个阶段(2009-2017 年)为能源绿色低碳发展成长期，第三个阶段(2018-至今)为能源绿色低碳发展发展期。

3.2.1　能源绿色低碳发展探索时期(2008 年之前)

2008 年之前能源绿色低碳发展研究文献较少，是其研究的探索期，该阶段相对来说全球化程度较低，人类对能源污染、环境污染等的重视程度较低，对“绿色”一词的认识比较薄弱，对于能源绿色低碳发展的研究主要在能源低碳的理论和技术层面，是随着社会进步而发展的。Sangeeta 等[16](1998)研制了一种基于碳-碳电极的氢氧生物燃料电池，旨在开发一种具有高效率电流输出的低成本燃料电池，研究结果可能有助于这项技术的商业化，节约部分能源，促进能源低碳发展。Lachenmaier 等[17](2001)提出基于植物油和废油脂的再生燃料是一种有价值的能源形式，与柴油燃料相比具有一些显著的优势，能够以避免发动机损坏的风险并减少排放。Judith[18](2001)认为绿色电力(GE)是由清洁、环保的能源产生的电力的总称，由于其低至零的碳含量，因此使用通用电气被视为英国碳减排战略的理想和重要选择。Wardle[19](2003)综述了在低浓度生物柴油与煤油混合燃料上运行商用飞机的技术可行性。Stallone 及 Bonner[20](2004)认为利用液体和超临界二氧化碳的绿色工艺技术在均相和多相催化、纳米技术、聚合物合成、有机转化和锌的湿法冶金加工等领域显示出作为可持续萃取和反应介质的巨大前景。Pereira[21](2006)等提出巴西电力部门 80%以上的装机容量是基于水力和生物质能，巴西一项新的法律框架规定了可再生能源的作用，规定未来 20 年必须有 10%的电力来自这些能源，这将优化巴西的能源消费结构，减少碳排放，促进巴西能源绿色化。Jeffrey[22](2006)通过研究表明全球能源需求量将从每年 400 埃卡增加到每年 700-1000 埃卡，而化石能源的供应量将越来越少，化石能源的供应量将越来越不足以弥补过去 3000 万年来的大气二氧化碳的消耗量，通过研究最近的生命周期分析表明，为了满足这些相互竞争的需求，必须同时采用可再生能源和可再生原料(即生物质)两种战略。减少全球能源和化学制品的使用将是可持续发展的一个挑战，对下一代化学家和化学工程师的教育将不得不从对石油化工制造业的重视转变为更加重视可再生资源和生物工艺。Yan-Ping 等[23](2008)采用灰色关联分析方法，分析了生产率、能耗与 CO^2 排放变化的关系。结果表明，能源消费总量对中国 CO^2 排放增长的影响大于经济增长的影响，近 10 年来用电量的快速增长是 CO^2 排放增长的另一个主要因素，降低能源消耗，提高能源利用效率，减少二氧化碳排放对可持续发展的影响具有重要意义，政府的政策应着眼于调整能源结构、低碳燃料以及加强需求侧管理机制。

3.2.2　能源绿色低碳发展成长期(2009-2017 年)

这一阶段为能源绿色低碳发展的成长期，相对来说相关研究文献数量有所增加，研究者对其的重要性认识有所加强，在已有研究的基础上通过对部分国家地或区的研究，对能源绿色低碳发展研究进行了讨论，提出了部分有利于国家或地区发展的建议。Ping[24](2009)表明中国建筑业能耗占全国总能耗的四分之一，对国家实现可持续发展的长期能力发挥着重要作用，故探讨了中国大型商业建筑实现低碳可持续发展的综合途径，其中包括能源、碳减排战略等。Barbier[25](2010)提出通过减少碳依赖、生态退化和贫困来维持这一全球复苏并创造就业机会的全球绿色新政需要 20 国集团(G20)长期致力于实施和协调“绿色投资”和采取补充性的定价政策，这有助于促进国际援助和其他支持绿色新政的行动。Glemarec[26](2010)提出了一个新的国家驱动的多利益相关者气候融资框架，以帮助发展中国家加大应对气候变化的力度。该框架建立在国家一级的四个机制之上：制定低碳、适应气候变化的战略，实现自下而上的国家所有权，纳入人类发展目标，并着眼于长远；建立金融和技术支持平台，促进企业和家庭的资本；适合本国国情缓解行动/国家适应计划类工具，实现平衡获得国际公共财政；协调执行和监测、报告和核查系统，实现长期、有效的结果。Maes[27](2011)对佛兰德斯启动了工业园区碳中和战略，建设节能建筑和工艺，刺激绿色电力的生产和消费的行为进行了研究与讨论，认为在应对气候变化的竞赛中，应该瞄准低碳竞争力。Albino 等[28](2014)通过全面概述在当前社会经济议程中发挥关键作用的一种特定类型的生态创新，即低碳能源技术的演变，旨在为现有的生态创新文献作出贡献。Allan 等[29](2017)认为促进低碳和可再生能源活动已成为许多区域经济体发展政策的一个重要内容，建议在一组投入产出账户中嵌入 LC+RE 部门的信息，促进区域经济发展。

3.2.3　能源绿色低碳发展发展期(2018-至今)

这一阶段能源绿色低碳发展研究文献数量明显增多，研究者对其的重要性认识明显加强，研究偏向实用性，集中在能源绿色发展政策的提出，其中包括减轻碳排放、开发可再生能源、发展可持续等方面。Hongze[30](2018)通过对除中国之外的 29 个国家碳强度空间分布分析发现其缺乏有效的促进经济增长的驱动机制，投资率和开放度对碳强度增长率的下降起到了推动作用，国家的碳强度将受到周边地区碳强度的积极影响，这表明减少碳排放是一个需要所有国家参与的全球治理问题，旨在探讨中国在"一带一路"倡议下对全球绿色能源和低碳发展的贡献，为促进全球碳排放的减少和全球绿色能源的发展提出政策建议。Dalia[31](2018)论述了欧盟(EU)税收制度的绿色化，回顾了波罗的海国家在实现欧盟能源政策所确定的可持续能源发展目标和税收制度绿色化方面取得的成就发现环境税促进可持续的能源发展，能源生产和消费是污染物和温室气体排放的主要来源。Kondo[32](2019)提出一个绿色采购决策，以供供应商选择及订购数量，以减少温室气体排放及成本，并考虑到不同国家的碳税。Bishan[33](2019)提出了一种定量管理过程和优化过程的新方法，用整数规划方法探索能源产业集群的发展模式实现区域能源产业低排放管理的目标，在分析区域能源产业绿色低碳转型的成本与收益关系的基础上，将碳足迹控制机制作为产业链优化重组的新维度引入能源产业，然后建立了一个新的区域能源产业结构优化模型。Liang 等[34](2020)从管理者的角度分析了绿色创新对我国高耗能产业企业可持续发展的影响，通过结构方程模型(SEM)对 229 名中国管理者的数据进行了研究，发现绿色创新有三个维度：绿色产品创新、循环利用和绿色宣传，企业可持续性也有三个维度：财务绩效、环境绩效和社会绩效，绿色创新对高耗能行业的企业可持续发展具有显著影响。

4　研究结论与展望

4.1　中外能源绿色低碳发展文献研究结论

本文运用 CiteSpace 为分析工具绘制出了中外能源绿色低碳发展的知识图谱，清晰地展现出了能源绿色低碳发展领域的发文量、研究作者、研究机构、关键词等相关内容，梳理了能源绿色低碳发展领域的研究热点和演化趋势。

在文献结构特征方面，本文研究发现，能源绿色低碳发展中文文献发文数量较少，处于起步阶段，外文相关文献发文数量较多，明显高于中文，近些年发展较快，中文作者间的主要合作网络尚未形成，重要的作者包括周大地、付春雨、何俊等合作较少；在研究机构方面，中文文献的相关机构合作关系未形成，各个机构间研究独立性较高，外文文献的作者及机构形成了较为稳定的合作关系，但研究中国能源绿色低碳发展的作者以中国作者或华裔居多；在研究热点主题方面，中外文献中低碳能源、能源绿色、低碳经济、可持续发展等关键词出现频率较高，关键词聚类同样体现出研究者更加关注能源绿色低碳发展在经济与环境领域的作用；在研究主题变迁方面，中文文献变化不明显，外文文献变化比较明显，主要经历了能源绿色低碳发展探索期、成长期和发展期三个阶段。

4.2　我国能源绿色低碳发展研究展望与建议

基于分析结果，中国未来能源绿色低碳发展的相关研究可以考虑在以下几方面做出改进：首先，我国作者应该重视本国期刊，发文应以本土期刊为主，这有助于我国政府更好地进行参考和借鉴；其次，我国作者与机构应该加强合作，不同的作者和机构擅长的研究领域不同，对同一种现象认识的角度也会不同，因此我国学者与机构应加强合作，尤其是不同研究领域的合作，这有助于产生更有价值的学术成果；再次，能源低碳、绿色发展、能源可持续发展等研究内容大多还停留在理论分析阶段，实证分析较少，这将是我国学者接下来需要研究的领域；第四，经济、管理、环境等和我国能源低碳绿色发展息息相关，学者应加强对能源经济、能源产业管理、环境绿色化发展的研究；最后，能源低碳绿色发展研究近些年才开始被重视，我国绿色发展的实证研究缺乏相应数据，政府应当建立、完善高质量的数据系统，推动我国绿色发展相关实证研究，带动形成新的研究热点，一方面有助于我国积极参与全球能源治理合作，建设好"一带一路"能源合作伙伴关系，促进能源互利合作，加强与区域组织的合作，开展联合研究与交流，积极开展各种多边能源合作和交流活动，另一方面有助于我国深度参与全球能源转型变革，研究推进与有关国家在核电、风电、光伏、智能电网、智慧能源、互联互通等方面的合作，研究绿色能源低碳和绿色金融相结合的政策，推动双边和多边合作。

参　考　文　献

[1] 夏军与刘春蓁等．气候变化对我国水资源影响研究面临的机遇与挑战[J]．地球科学进展，2011，26(01)：1-12.

[2] 陈英姿与李雨潼．低碳经济与我国区域能源利用研究[J]．吉林大学社会科学学报，2009，49(02)：66-73.

[3] 李宾．我国碳减排的定量评估[J]．南方经济，2014，08)：56-70.

[4] 庄贵阳与薄凡等．中国在全球气候治理中的角色定位与战略选择[J]．世界经济与政治，2018，04)：4-27+155-156.

[5] 彭近新．全球绿色低碳发展与中国发展方式转型[J]．环境科学与技术，2012，35(01)：1-12.

[6] 王文．构建低碳经济新格局　中国应加快绿色发展顶层规划设计[N]．证券日报，2020-12-23.

[7] 刘则渊．科学知识图谱[M]．科学知识图谱，2008.

[8] 孙晓宁与闫励等．科学知识图谱在学科可视化研究中的应用[J]．图书馆，2014，05)：87-91.

[9] 李杰与陈超美．CiteSpace：科技文本挖掘及可视化：text mining and visualization in scientific literature [M]. CiteSpace：科技文本挖掘及可视化：text mining and visualization in scientific literature，2016.

[10] 尹相旭与张更平等．基于关键词统计的情报学研究现状分析[J]．情报杂志，2009，28(11)：1-4.

[11] 李代红．我国绿色能源产业发展的制度路径[J]. 科学管理研究，2011，29(06)：72-75+79.
[12] 贺俊果．建设山西低碳绿色能源基地[J]. 宏观经济管理，2010，06)：62-63.
[13] 余达锦．低碳城市建设中新能源发展与政府行为研究[J]. 生态经济，2015，31(05)：73-77.
[14] 刘细良与张超群．城市低碳交通政策的国际比较研究[J]. 湖南社会科学，2013，02)：160-164.
[15] 凌文．倡议：积极推进“光伏+绿色能源建筑”的创新发展[J]. 建筑学报，2018，12)：4.
[16] 99/01270 Development of a low-cost oxy-hydrogen bio-fuel cell for generation of electricity using Nostoc as a source of hydrogen[J]. Fuel and Energy Abstracts, 1999, 40(2)
[17] Lachenmaier, J. and A. Dobiasch, et al. Emission Reduction of Regenerative Fuel Powered Co-Generation Plants with SCR- and Oxidation-Catalysts[J]. Topics in Catalysis, 2001, 16-17(1-4).
[18] Lipp, J. Policy considerations for a sprouting UK green electricity market[J]. Renewable Energy, 2001, 24(1).
[19] Wardle, D. A. Global sale of green air travel supported using biodiesel 1 1 A web page devoted to this topic will be maintained at http://www.phy.auckland.ac.nz/staff/daw/[J]. Renewable and Sustainable Energy Reviews, 2003, 7(1).
[20] Stallone, K. B. and F. J. Bonner. A low cost environmentally benign CO2 based hydrometallurgical process [J]. Green Chemistry, 2004, 6(6): 267-270.
[21] Pereira, O. S. and T. M. Reis, et al. Renewable Energy as a Tool to Assure Continuity of Low Emissions in the Brazilian Electric Power Sector. 2006.
[22] Steinfeld, J. I. Energy futures and green chemistry: competing for carbon[J]. Sustainability Science, 2006, 1(1).
[23] Feng, Y. P. and C. B. Liu. Grey relation analysis of economics, energy consumption and environment in China. 2008.
[24] Jiang, P. and N. K. Tovey. Opportunities for low carbon sustainability in large commercial buildings in China [J]. Energy Policy, 2009, 37(11)
[25] Barbier, E. B. Rethinking the Economic Recovery: A Global Green New Deal[J]. Cambridge Books, 2009, 4(3): 1-35.
[26] Glemarec, Y. Financing the transition to a low-carbon society[J]. Journal of Renewable and Sustainable Energy, 2010, 2(3).
[27] Maes, T. and G. Van Eetvelde, et al. Energy management on industrial parks in Flanders[J]. Renewable and Sustainable Energy Reviews, 2010, 15(4).
[28] Albino, V. and L. Ardito, et al. Understanding the development trends of low-carbon energy technologies: A patent analysis[J]. Applied Energy, 2014, 135.
[29] Allan, G. and P. McGregor, et al. Greening regional development: employment in low-carbon and renewable energy activities[J]. Regional Studies, 2017, 51(8)
[30] Li, H. and F. Y. Li, et al. China's Contributions to Global Green Energy and Low-Carbon Development: Empirical Evidence under the Belt and Road Framework[J]. Energies, 2018, 11(6): 1527-.
[31] Streimikiene, D. and I. Siksnelyte, et al. The Impact of Greening Tax Systems on Sustainable Energy Development in the Baltic States[J]. Energies, 2018, 11(5)
[32] Kondo, R. and Y. Kinoshita, et al. Green Procurement Decisions with Carbon Leakage by Global Suppliers and Order Quantities under Different Carbon Tax[J]. Sustainability, 2019, 11(13)
[33] Bishan, W. Optimized model of energy industry chain considering low-carbon development mechanism [J]. Energy Sources, Part A: Recovery, Utilization, and Environmental Effects, 2020, 42(21)
[34] Liang, L. and M. Hajar, et al. Green Innovation and Business Sustainability: New Evidence from Energy Intensive Industry in China. [J]. International journal of environmental research and public health, 2020, 17(21)

文昌 A 凹陷原油与天然气差异富集规律及控制因素研究

陆　鑫

（东北石油大学 经济管理学院，黑龙江 大庆　163318）

摘　要：随着经济技术的飞速发展，为了保持企业的持续发展，必须提高企业的创新能力，保证企业核心竞争力，创新能力是企业具有竞争力的重要标志和影响企业成长潜力、保证市场地位的一个重要因素。因此，创新企业管理方法，增强创新意识，具有非常重要的意义，尤其在石油石化企业，科学管理的创新与应用，能提高管理水平，保证企业在市场竞争中处于有利地位。本文将对现代石油石化企业的管理创新方法，进行深入的分析研究。

关键词：石油石化；管理创新；问题；方式

回顾我国石油石化产业的发展历程，不难发现，多年来，我国的石油石化企业始终坚持以市场为导向，以管理增效益，优化生产方案，提高产品质量，努力研发和生产具有市场竞争力和广阔市场前景的产品，为石油石化企业的发展提供了有力保证。从目前的经济形势来看，在国际国内原油价格频繁调整的不利条件下，可以说我国的石油石化企业是困难与希望同在，机遇与挑战并存，这就要求必须从思想上主动分析研判，在行动上积极做好应对，不断提升管理水平和盈利能力。

1　石油石化企业经营管理现状

多年来，石油石化企业一直坚持稳中求进，在生产管理上不断取得新突破。从原油加工量、主要化工产品生产量、销售收入以及上缴税费来看，都是逐年增加。通过大力实施提质增效工程，通过挖潜改造，扭转了多年生产经营的不利局面，盈利水平不断提高。在努力抓好生产全过程运行优化的同时，积极开展节能降耗工作，装置能耗物耗不断下降，加工损失率和综合损失率连续多年创历史最好水平。不断加快标准化创建进程，按照国家对炼化业务的发展目标要求，开展设备改造以及生产装置的长周期运行攻关，及时解决生产装置中设备、仪表、电气、环保、安全隐患治理等工作，消除了生产设施的运行风险[1]。

2　企业经营管理存在的问题

2.1　对石油石化系统的现代企业管理认知不到位

对应石油石化企业而言，其产油量卖油是基本的职能。而为了降低成本提升效益就需要不断的完善自身的管理模式。而企业管理其实是多方面的，包括一个体系的内容，但是要是

【第一作者简介】陆鑫，女，1996 年 9 月，东北石油大学经济管理学院会计学研究生，电话：19845919582，邮箱：3034316196@ qq. com，邮编：163318，通讯地址：黑龙江省大庆市高新技术产业开发区学府街 99 号

对这些管理缺乏基本的认识，甚至在思想层面对管理体系的运作缺乏了解，仅仅靠一些没有完全成熟的规则来保持企业的经营，显然是不够。比如，在石油石化系统，有的领导对现代管理理念没有深入的把握，不重视人、财物资源的配置，甚至没有将其安排在日常工作中。而基层单位，更是只有少数几个管理和技术人员在分担站队长、技术员职责，说明大家基本上没有对管理形成非常好的认知，说简单点就是不重视。

2.2 与传统经验管理融合存在脱节现象

我们知道，石油石化企业的生产、加工、销售、技术、设备管控、售后服务等是一个完整的链条。企业必须在组织框架、人事管理、财务预算、内部控制等方面协调运作，把整个个企业经营管理的模块而结合起来操作，这样才可以保障企业的高效。但是目前不少石油石化企业的管理模式过于单一与传统，在很大程度上各个管理各自为阵，却每个类型的管理都没有很好的做好。现在不少企业在各自的管理模块都没有做好，所以这样的原因导致即使体系已经建立了起来，依然无法有效运行，与按照传统的思维方式冲突，更是导致了体系与实际脱节的问题。可见，加强各个流程的管控优化是实现融合管理的关键。

2.3 管理体系运作中的信息与监督机制不完善[2]。

企业内部组织的高效运转与管理确实需要一定的监督和信息沟通，没有健全的监督无法让各个管理模块的措施落地生根。而没有完整的信息沟通交流机制，就很难实现管理的统一、协调。为此，这也是我们不少石油石化企业目前存在的一个难题，监管上没有发挥出应有的作用，而信息上没有做到统一有序，导致管理处于无序状态。

2.4 企业经营管理观念陈旧

由于多年以来受到计划经济的影响，作为国民经济重要的支柱产业之一的石油石化产业却观念陈旧，已经体现出不能适应市场经济飞速发展的要求。所存在问题主要提在内部和外部两个因素的影响。其中内部因素，主要是管理创新受到石油石化企业内部环境的制约，体现在五个方面：石油石化企业具有高投入、高成本、高风险、高消耗的特征，资源深埋在地下，属于矿藏的采掘范畴，勘探、开发的成功率较低、难度大。于由于石油石化企业的工作场地都处在在野外环境，会受到社会的制约因素；自然规律和世界经济状况同样会严重制约原油的生产。企业内部的创新导向制约着管理创新；创造良好的创新氛围是成败的关键。外部因素主要体现：国家的监督行为与经营者积极性的发挥不能有效的相结合；于企业法人的管理结构需要进一步规范，主要体现在已经进行股份制改造和公司化改造的企业，管理模式的转变不够彻底；劳动人事制度需要进一步健全，要与市场经济相适应；榆没有完全有效的激励机制；管理组织机构需要进一步完善；需正确处理重组后的各个公司之间的关系。

3 企业进行管理创新的方式

3.1 健全企业运营与组织框架制度

企业成本可通过预算来减少，但是更为关键是对企业运营模式进行优化，降低经营过程中本身产生的成本。首先，企业应该加强人力资源成本控制管理，减少不必要的部门和岗位，做到因事设岗、人岗匹配，合理调整薪酬及其激励体系，提升人力资源劳动效率；其次，企业应该在产品或者服务方面，从研发设计到销售落地的每一个环节都做好优化控制，如在服务客户的时候，应该进行价值投入，确保投入的成本能产生更大的经济利润，减少无用功项目的支出；最后，要建立健全企业内部运营体系，做好内部控制管理工作，同时加强财务会计的标准化核算管理，可严格根据上市公司标准来经营管理企业。

3.2 完善成本控制与预算管理

企业成本控制是指的市场经济条件下企业在日常经营管理中根据公司发展情况、经营目标等因素对运营过程中消耗的资金等管理、生产、营销成本进行控制和管理行为。成本控制的任务是保证企业完成预期的成本控制目标。企业成本控制和优化的首要任务是建立健全企业成本控制体系，要对实际经营和资金幅度进行标准化审查，动态评估相应的控制成本措施。

3.3 加强石油石化企业的融合式内部控制

(1) 劳动和人力资源控制，提升员工积极性如果是石油石化开采，那么其生产工具是机器设备，但是核心在于人。从企业的整体结构看，一方面要优化在产品管理、产品设计研发、产品材料、产品生产等各个环节的岗位设置，以及制定各种行为规范，实现控制目标；另外一方面要提升大家的操作技能和专业素质。当然也要改进现有的人力资源薪酬体系和激励体系，保证员工可公平竞争合理加薪晋升。维护职工权益，调动大家的生产积极性。

(2) 健全各大管理体系的信息沟通对于石油石化企业融合式管理而言，信息至关重要。从市场价格和成本到产品的研发生产，再到运输销售，都需要信息数据作为支撑。所以，股东、客户、供应商、审计师等中介机构和监管部门等都应该在管理过程中加强信息沟通，获取最有利于企业的有效信息。当然也要在信息沟通中做好监督管理工作[3]。

3.4 建立创新的经营理念

长期的计划经济时代，对经营理念产生了巨大的惯性影响，使得企业在不自觉的管理行为之中体现出来，这种价值取向以及管理模式已经不再适应社会主义市场经济的需求，必须从新树立正确的价值取向和行为取向，与市场经济相适应的经营理念，创新经营理念[4]。

3.5 构建创新型组织机构

科学的组织机构与实际管理息息相关，是管理理论、管理规律的产物，是整个企业赖以运行的支撑构架。目前，中国的石油石化集团正在改制和重组，这也是石油石化企业在制度上的一个重要创新过程。

3.6 构建创新管理制度和管理方式

随着高新技术的不断发展，特别是信息技术的应用，原有的运行规则也在逐渐改变，在企业的改制重组过程中，主业成为股份分公司，其他部分保留原名称，成为续存公司，使得原有的企分为两部分，在行政、经济方面相互独立，各自拥有法人，但仍然拥有同一个党群组织系统，企业的物资和资金流动加速，这就要求石油石化企业只有创新管理方式方法，创新管理体制，适应时代的变化，才能在竞争当中立于不败之地。

3.7 引进新兴技术

企业经济效益的提高，依赖于技术的创新，技术创新贯穿于研发、形成产业化和市场推广应用的全过程，是企业得以发展的根本动力，在技术创新的过程中，蕴含着新的管理方法和管理机制，管理创新的主要形态是技术的创新，需要以提高竞争力作为目标，以市场作为导向，推动石油石化企业的不断发展。

3.8 实施激励机制创新，不断提高职工创新的积极性

以人为本，鼓励职工进行创新，提高职工的积极性，同时制定实施创新的激励机制，建立发展基金制度，加强科学的管理技术的应用，对有功与实现管理创新的相关人员，进行奖

励，运用、发展和推广现代企业的科学管理方法，同时鼓励并且帮助更多的企业职工针对国内外先进的现代经营管理方式方法知识的系统学习，掌握并熟练应用企业在市场竞争体系中所能用到的相关本领和专业技术，鼓励职工“练绝招、干绝活”，刻苦钻研，培养一批适应现代企业制度的具有较强的管理意识、具有较高的业务素质、具有较好的思想素质、具有发展战略思考能力的优秀员工，使企业具有自己的核心竞争力，为企业在激烈的市场竞争当中做出贡献。此外，以创造的价值为标准，制定合理的分配奖励制度，最高标准既是具有可以解决实际问题的技能和智慧，注重无形的智力劳动形态发挥的巨大价值，注重创造性劳动的作用，劳动强度需要跟创造出的价值成正比。

3.9 实行创新的管理文化

中国的石油石化企业要摆脱计划经济时期的惯性影响，迈向现代化发展，必须有相应的文化创新。主要体现在两个方面，一是树立以人为本的价值观，改革开放以来，大型国有石油石化企业进行改制、重组，树立与市场经济相适应的价值观和科学的人才发展观，较好的文化氛围，行之有效的竞争机制，都有利于人才的培养和人才的脱颖而出，注重提高职工的个人素质、增强个人能力、发挥个人潜能，尊重职工、理解职工、重视职工，以人为本。二是新的管理理念在石油石化企业中的应用和体现。在实践中进行总结，并重新应用到实践中去，比如大庆的石油石化企业，具有优良的传统，并在此基础上进行文化上的创新，“贡献大小薪酬不一样、技能强弱岗位不一样、管理好坏待遇不一样、素质高低使用不一样”，“四个不一样”标志着新的文化创新、更加符合社会主现代化经济建设的价值观已经确立，并使中国石油石化企业不断向前发展。

4 结束语

对于石油石化企业来说，企业管理是多方面的，对于企业的日常生产经营也将产生诸多不利的影响。而如何有效的健全当前石油化工企业存在的管理混乱的问题，确实是当前需要思考的一大问题。本文以石油石化企业的管理现状为依据，分析研究了企业管理体系融合式运营的基本的思路，提出了对应的措施。管理创新，是企业永恒不变的主体，对中国石油石化企业的不断发展、壮大，增强国际竞争力，有着十分重要的现实意义。

参 考 文 献

[1] 李智群，朱志博，刘利明．石化企业创新管理分析[J]．炼油与化工，2016，27(02)：66-67.
[2] 刘彧．石油石化企业管理创新——管理体系融合[J]．现代国企研究，2019(08)：16.
[3] 郑昕．开创石油石化企业两化融合新局面[J]．中国经济和信息化，2012，(5)：18-19.
[4] 罗良龙．浅析现代石油石化企业管理创新[J]．科技创新与应用，2014(03)：275.

经济内循环背景下能源变革研究

徐晨博

（东北石油大学 经济管理学院）

摘　要：在中美贸易摩擦加剧和新冠疫情爆发的冲击下，全球经济陷入不稳定的局势，习近平总书记在近期重要讲话中多次提到经济内循环。经济社会的可持续增长必须依靠内生力量拉动，对经济增长起到关键作用的能源市场也是如此。

本文旨在研究经济内循环前提下，国内能源市场应采取的变革措施。文章首先从能源供应方面，围绕煤炭清洁利用、油气开发及替代能源开发三个举措展开阐述；然后通过提高能效和智慧化能源管理介绍了管理层面的措施；最后研究了国际合作角度的变革。

关键词：经济内循环；能源内循环；能源变革

1　引言

不断升级的中美贸易摩擦与持续爆发的全球新冠肺炎疫情对世界经贸发展造成了重大冲击，全球性经济贸易衰退已经不可避免。自今年全国“两会”以来，习近平总书记多次强调，面向未来，要“逐步形成以国内大循环为主体、国内国际双循环相互促进的新发展格局，培育新形势下中国参与国际合作和竞争新优势”。[1]外部环境急剧变化，海外市场不确定性因素增多，外向型经济模式很难再实现。经济社会的可持续发展从来都是建立在可靠的内生力量上，自身有足够的免疫力才能立于不败之地。[2]能源是国民经济发展的重要基础，既是诸多工业发展的原材料，也是国家经济发展的重要动力源。[3]能源是经济发展的支柱，没有能源安全就不可能实现经济安全，能源安全也是能源革命的重要内容。[4]然而我国能源以富煤缺油少气为显著特征，相对于发达国家以油气为主的能源结构，我国的能源结构缺乏合理性，这使得国内能源消费很大程度依赖进口，石油和天然气的对外依存度居高不下。[3]能源进口依赖提高，导致能源供给保障性降低。我国能源进口来源国家相对比较分散，这适度降低了风险，但仍不能消除某些风险。[5]因此，在经济内循环的背景下，实现能源变革，推动能源内循环至关重要。

能源内循环简言之即为降低能源对外依存度，加大勘探力度，提升国内能源储备，尽量实现自给自足，提升能源经济安全度。以下将从能源开发与利用、管理和国际合作角度表述实现能源内循环可采取的举措。

【第一作者简介】徐晨博，女，1996.6，东北石油大学经济管理学院，通信地址：黑龙江省大庆市高新技术产业开发区发展路 99 号东北石油大学，邮编：163318，电话：18516236924，E-mail：xk130748890@163.com。

2 能源供应角度

2.1 煤炭清洁利用

富煤缺油少气是我国能源结构的显著特征。相对于发达国家以油气为主的能源结构，我国的能源结构缺乏合理性。煤炭是我国主要的能源之一，煤炭资源的利用很大程度上促进了我国的经济发展，然而煤炭的使用会造成对生态环境的破坏，是所有能源形式中污染最大的品种，因此，需要加快推进煤炭的清洁低碳利用。

1）提高原煤入洗率

灰分与硫分是原煤中的两种主要杂质，煤炭燃烧时，这两种杂质会生成二氧化硫等污染物。如果在原煤燃烧前事先借助洗选去除有害杂质，燃烧后的污染物排放就会大幅降低。此外，煤燃烧时，其中的矿物质将因受热而分解。如果煤中灰分过高，煤燃烧释放能量时，需要耗费更多热量进行分解，留存在炉渣内的热量也会有所损失。因此事先对原煤实施洗选与加工，能够提高煤燃烧时的热值，提升煤炭利用率。

2）推广煤炭清洁燃烧技术

优化燃烧方式不仅能够显著提升燃烧效率，还能减少燃煤产生的主要污染物，减轻对环境的损害。应大力推广煤炭清洁燃烧技术，例如现阶段较主流的低 NOx 燃烧技术，使煤炭的燃烧更合理，少生成氮氧化物，减少污染排放量。当前比较先进的主流燃烧技术包括整体煤气化联合循环、增压式流化床、循环式流化床等。其中循环流化床燃煤锅炉技术在中国已经非常成熟。而这一技术的推广和不断提升是我国实现煤炭低碳利用的现实立足点，更有利于环境改善及雾霾治理。

3）加强燃煤烟气净化

尽管事先进行原煤洗选并采用先进燃煤技术，煤炭在燃烧过程中仍会产生大量污染物。因此，必须对燃煤产生的烟气进行净化处理。通过除硫、除氮、除尘等举措，可以有效减少烟尘中二氧化硫等污染物，减轻煤炭燃烧对环境的压力。

4）利用技术创新改变煤炭利用方式

直接燃烧煤炭供能，能源利用效率低，并且会导致严重的环境污染。若借助相关技术使其成为液体、气体、电能等环保能源以及通过化工手段对其进行加工，将会大大减少污染率。例如由探索“超临界水蒸煤”技术延伸的煤炭超临界水气化制氢技术，能将煤炭化学能直接转化为氢能，可配套化工产品或发电多联产，不仅大大简化了工艺流程，从源头上消除了硫化物、氮氧化物等污染物排放，而且还能提高能源转化效率。

2.2 加大常规油气的深度开发和非常规油气的勘探开发，提升油气产量

1）常规油气深度开发

我国常规油探明率和平均采收率仅为美国的一半不到，这表明我国在老油田的开发上仍有潜力。勘探、开发技术是提升能源供给量的关键，要加大油田开发技术的研发力度，提高深井开采技术、水平钻井技术和水力压裂技术等，提升现有油田产量。

2）非常规油气的勘探开发

美国经历页岩革命后，大大提升了油气开发效率，从能源进口大国成功跻身世界能源出口大国之列。据联合国统计，中国的页岩气储量排名世界第一，美国仅排第四。我国地质条件相对美国更为复杂，页岩气资源储层紧密、渗透率极低，开发难度较大。随着技术的进

步，中国页岩气也进入了规模开发阶段，但较国外先进水平仍有差距。中国应加大对超长水平井技术等页岩开采技术的研发，争取找到一条具备中国特色的开采之路，提升油气产量。

2.3 开发替代能源，积极发展新型能源、可再生能源和清洁能源

1）增加技术投入，调整能源结构

推进以减煤、控油、加气为核心的能源消费结构调整。减少煤炭消费的占比，注重煤炭的清洁利用，减少对环境的污染。大力发展煤基替代、生物质替代技术和石油替代技术。增加技术投入，积极发展新型能源、可再生能源和清洁能源，推进水电、核能、地热能、太阳能等能源的使用。

2）推动能源需求侧改革

政府要加大对新能源的支持力度，鼓励企业开发以新能源为动力的产品，加大技术研发投入，从需求侧减少对传统能源的需求。政府可以实施政策推动新能源的应用，积极推动汽车使用新能源来替代传统燃油，将城市公共交通逐渐换成电动车。同时，政府可以加大新能源宣传力度，倡导居民积极落实绿色发展理念，如对居民购买新能源汽车提供优惠。

3 管理角度

3.1 提高用能效率，提升能源利用价值

1）加强节能意识

中国企业在能源利用效率上仍低于世界平均水平，增加了我国对能源的需求，使得能源对外依存度居高不下。因此必须从源头抓起，增加企业节能意识，促进技术革新，淘汰耗能过高的生产方式，提高用能效率，减少能源浪费，降低运营成本。同时，要提高全民节能意识，倡导科学使用能源。

2）加大能源使用技术的投资力度

加大对能源利用技术的投资，依靠科技创新提升能源利用率。

3）提高油气剩余资源利用率

目前我国油气剩余资源品质总体较低，开发难度大，但是油气剩余总量较大，可以利用的空间较大。因此，要加大勘探技术投资，特别是页岩气等非常规油气的投资，提升能源利用率。

3.2 智慧化能源管理

伴随着“十四五”规划对“完善能源产供储销体系”的提出，以及人工智能的成熟，能源行业智能化转型的必要性和重要性愈发凸显。智慧能源管理系统是结合现代大数据、物联网和移动互联网等信息化技术，打造的智慧能源管理体系。下面列举几项已实现或即将实现的应用场景。

1）构建多种能源有机融合的能源互联体系

在实现2060年“碳中和”的目标下，中国正加快构建清洁低碳安全高效的能源体系，但我国“富煤缺油少气”的能源结构和能源对外依存度居高的现状决定了中国不可能发展单一能源，只能多种能源形式结合互补。然而，能源行业数据复杂多变、来源多维，让各种能源品种有机融合一个巨大的挑战。这时候就需要将智慧化管理引入能源行业，实现电力能源行业的智能化和数字化变革。

2）为能源企业运营过程提供智能化服务

智慧化管理可以渗入能源企业运营的整个过程，实时准确地实施监管、调度、营销等功能。一方面，利用互联网实施能源生产监测，发现安全隐患及时警报；另一方面，精准定位用户需求，合理调度能源分配，提高用能效率，减少能源浪费，优化能源供给管理。此外，还可利用互联网为客户提供智能客服服务，实时解决客户的问题，提高用户体验，同时减少人力成本。

4 国际合作角度

4.1 构建“一带一路”能源经济合作带

“一带一路”能源合作伙伴关系是中国建立的首个国际能源合作平台。“一带一路”沿线国家能源资源丰富，但能源资源开发水平相对较低，基础设施薄弱。中国应充分利用这一机制，支持能源企业走出去，给予其优惠政策支持，加大与巴基斯坦、东南亚等周边国家和地区的合作，解决能源发展面临的问题，维护能源安全，突破美国的能源制裁。

4.2 积极开辟新能源管道与运输港口

俄罗斯拥有丰富的能源储备，中国应加快推进与俄罗斯的天然气管道建设合作，完善天然气运输体系，进一步保障能源供给稳定和安全。此外，要加强位于巴基斯坦等国家的运输港口建设，打破美国的封锁。

4.3 积极参与全球能源治理，提高国际话语权

新冠疫情的冲击造成了国际能源市场震荡，油气供给严重过剩，导致市场奔溃和价格暴跌，促进了国际能源市场从卖方市场向买方市场的转变，这也一定程度上提升了作为能源消费大国的中国在能源定价上的话语权。中国应积极推动以人民币作为能源结算货币，促进能源交易“去美元化”，减少受美元波动的风险。此外，中国也是世界能源生产大国，应深度参与能源供给侧治理，打入欧佩克、非欧佩克和美国三足鼎立的能源协调机制中，维护国际油价的稳定。

5 结语

随着制造业的发展，我国对能源的需求日渐增长，稳定充足的能源供给是经济发展的重要基础。然而我国能源对外依存度较高，这对我国经济发展构成了潜在的威胁。因此，在当今形势下，不仅经济社会的可持续增长必须依靠内生力量拉动，能源市场也因如此。从供应、管理和国际合作角度对能源市场进行变革，实施能源内循环是经济内循环的题中应有之义和重要一环。

参 考 文 献

[1] 姚树洁，房景．“双循环”发展战略的内在逻辑和理论机制研究[J]．重庆大学学报(社会科学版)，2020，26(06)：10-23.

[2] 刘功润．“国内大循环”为主体是中国经济发展的理性选择[N]．第一财经日报，2020-09-23(A11).

[3] 张帅，李蕾．对我国能源经济安全问题的思考[J]．理论视野，2020(03)：54-59.

[4] 张华明．“双循环”新格局背景下能源安全与煤炭产业发展[J]．煤炭经济研究，2020，40(09)：1.

[5] 田倩茹．我国能源对外依存度现状分析及对策研究[J]．行政事业资产与财务，2020(12)：33-34.

[6] 李稻葵．质与量并举，构建双循环新格局[N]．华夏酒报，2020-09-08(A02).

[7] 刘功润．“国内大循环”为主体是中国经济发展的理性选择[N]．第一财经日报，2020-09-23(A11).

[8] 邹蕴涵．国内国际双循环：百年未有之大变局中的必然选择[J]．经济，2020(09)：28-31.

[9] 林伯强．疫情过后中国能源结构如何实现低碳清洁转型[N]．第一财经日报，2020-08-20(A11).

[10] 富景筠．新冠疫情冲击下的能源市场、地缘政治与全球能源治理[J]．东北亚论坛，2020，29(04)：99-112+128.

[11] 张凡．一带一路与双循环事关主场全球化未来[N]．中国贸易报，2020-09-24(004).

[12] 张宗玟，伍勇旭．应对“十四五”能源治理挑战[J]．中国投资(中英文)，2020(Z5)：24-25.

[13] 高健，张同功．中美贸易战对中国能源行业的影响及应对策略[J]．中外能源，2020，25(06)：19-25.

[14] 陈云涛，王汝婷．分析我国煤炭能源消费现状及节能优化路径[J]．产业创新研究，2020(10)：38-39.

[15] 何迎，邢园通，刘岩婉晶，汲奕君．中国能源进口贸易的问题及建议[J]．价值工程，2020，39(12)：52-53.

[16] 张帅，李蕾．对我国能源经济安全问题的思考[J]．理论视野，2020(03)：54-59.

[17] 范来富，戴晶晶，张建浩，徐岩．基于智慧管理云平台的区域综合能源服务体系架构[J]．农村电气化，2019(12)：57-60.

[18] 张智超．综合能源智慧管理系统架构分析与研究[J]．现代工业经济和信息化，2019，9(06)：47-48.

[19] 周孝信，曾嵘，高峰，屈鲁．能源互联网的发展现状与展望[J]．中国科学：信息科学，2017，47(02)：149-170.

“一带一路”沿线国家油气投资风险研究

苑可鑫

（东北石油大学经济管理学院，大庆　163318）

摘　要：本文运用基于奇异值分解的组合评价方法，在考虑时间权重的情况下，以“一带一路”沿线国家为研究对象，对2010-2019年间各国油气投资风险进行分析。研究结果表明：从国家角度来看，卡塔尔、沙特阿拉伯、阿联酋与俄罗斯的油气投资环境优越，而伊拉克与也门的油气投资风险最高；从空间分布来看，亚太地区油气投资风险变动较为平稳，中亚-俄罗斯地区油气投资风险呈现快速上升趋势，但两大地区内部油气投资风险差异较小，而中东地区油气投资风险下降最为明显但内部投资风险差异较大。

关键词：“一带一路”；油气投资；风险评估；组合评价

1　引言与文献综述

石油与天然气作为国际能源结构的主导，对世界经济的发展与地缘局势的稳定都有着十分重要的影响。由于中国经济的不断发展，油气资源的消耗量逐步增加，供需矛盾开始显现。为保障我国的能源安全，油气企业在“走出去”的战略下进行国际化经营战略。“一带一路”倡议创造性的提出，为中国的油气企业开展海外油气投资活动提供了一个新的契机。“一带一路”倡议涵盖了俄罗斯与中东等油气资源丰富的国家和地区，通过与沿线国家的油气投资合作能够在输出技术与资金的同时解决中国的能源安全问题。随着中国的油气企业与“一带一路”沿线国家的油气合作项目逐渐增加，油气投资的规模迅速扩大，但由于“一带一路”沿线各国的情况存在差异，复杂的影响因素给油气投资带来了巨大的风险。在此背景下，开展对“一带一路”沿线国家的油气投资综合评价，能够为准确评估“一带一路”沿线国家的油气投资风险提供不同思路，同时也能够为国家以及企业进行相应的油气投资活动提供相应的决策参考和科学建言。

油气投资风险的研究一直以来是国内外学者研究的热点，在影响油气投资风险的具体因素研究方面主要集中于地缘风险[1-2]、政治风险[3-4]、战争风险[5]。而在在油气投资风险评价方面，国内学者如王宗帅与穆献中采用层次分析法与聚类分析法对南美地区国家的石油投资环境进行分析[6]。王信敏和丁浩通过构建油气投资环境的最优加权组合评价模型对海外主要的油气资源国的投资环境演化进行分析[7]。王越则是通过修正组合赋权 G1 模型对“一带一路”沿线国家的油气投资环境进行了评估[8]。李优树等人通过运用熵值法、SE-DEA 模型和 Malmquist 指数法对“一带一路”沿线重要的能源国家的油气投资环境与投资绩效进行研

【第一作者简介】苑可鑫（1998.5—），男，山东泰安人，2020 年毕业于青岛农业大学，获工学学士学位，东北石油大学硕士研究生在读。通信地址：黑龙江省大庆市高新技术开发区发展路 199 号；联系电话：13176395775；电子邮箱：ykxqau@163.com。

究[9]。国外学者 Uçal 和 Kahraman 通过运用实物期权评价法进行石油投资项目评估[10]。Cheng 等人通过构建概率模型并引入金融研究中的风险度量工具对国际油气项目进行评价，同时还利用模拟结果比较了不同风险因素对项目净现值的影响[11]。Qin 和 Hong 采用分位数回归模型研究了不同市场条件下地缘政治风险对油气投资的收益和波动性的不对称影响[12]。

经过总结可以看出，当前学者对于"一带一路"沿线国家的油气投资风险研究已经较为全面，为本文的进一步研究提供了一定的理论基础，但依然存在着一些不足之处。主要表现在：(1)当前油气投资风险的评价方法主要包括层次分析法、熵权法、因子分析法等，而针对其他研究油气投资风险的方法尚未见于文献。基于此，本文引入证据理论与基于奇异值分解的组合评价方法用于对"一带一路"沿线国家油气投资风险的评价。(2)由于油气投资活动具有长期性，而针对时间因素考虑相对欠缺，因此本文引入时间权重使油气投资风险评价更为合理。

2 评价指标体系及评价模型构建

2.1 研究范围与指标确定

由于油气资源分布的地域性，导致适宜中国开展油气投资活动的国家相对有限。从数据的可获取性以及中国的油气企业与"一带一路"沿线国家的油气合作状况出发，选取了相关国家并按照地区进行划分，具体国家如表 1 所示。

表 1 "一带一路"沿线地区主要油气投资国家

地区	国别
亚太地区	文莱、泰国、越南、马来西亚、印度尼西亚
中亚-俄罗斯地区	阿塞拜疆、哈萨克斯坦、土库曼斯坦、俄罗斯、乌兹别克斯坦
中东地区	伊朗、伊拉克、科威特、阿曼、卡塔尔、阿联酋、也门、沙特阿拉伯

为了对"一带一路"沿线国家油气投资风险做出合理分析，需要构建科学合理的油气风险评价体系，在选取风险评价指标时遵循了科学性、系统性、代表性、比较性以及可操作性原则。首先本文采用了文献分析法进行相应的评价指标统计，通过中国知网、Web of Science 等国内外数据库进行相应的指标筛选，对文献中使用过的一级指标、二级指标进行归类整合并进行统计，根据其使用频率进行相应的排序，最终共计选择了 6 大类影响因素和 23 个评价指标，从而构建"一带一路"沿线国家油气投资风险评价指标体系，数据来源以及指标说明如表 2 所示。

表 2 油气投资风险评价指标体系及数据来源

准则层	指标层	数据来源	指标说明
政治环境	外部矛盾	PRS Group	用 ICRG 中 External Conflict 指标来量化，该指标为负向指标。
	内部矛盾	PRS Group	用 ICRG 中 Internal Conflict 指标来量化，该指标为负向指标。
	廉洁程度	Transparency International	用全球清廉指数(CPI)量化，数值越大表明政府腐败程度越低，该指标为正向指标。
	政府稳定	PRS Group	用 ICRG 中 Government Stability 指标来量化，该指标为正向指标。
	外交关系	中华人民共和国外交部	参照阎学通和周方银[13]评价方法，与我国关系友好程度越高，表明越有利于油气投资，该指标为正向指标。

续表

准则层	指标层	数据来源	指标说明
经济环境	经济自由度	《华尔街日报》与美国传统基金会发布的年度报告	经济自由度越高表明对目标国投资时限制越少，越有利于油气投资，该指标为正向指标。
	通货膨胀	PRS Group	用ICRG中Risk for Inflation指标来量化，该指标为负向指标。
	汇率风险	PRS Group	用ICRG中Risk for exchange rate指标来量化，该指标为负向指标。
	经济稳定	PRS Group	用ICRG中Socioeconomic Conditions指标来量化，该指标为正向指标。
	经济增长	PRS Group	用ICRG中Risk for GDP Growth指标来量化，该指标为正向指标。
市场体制	投资促进政策	PRS Group	用ICRG中Investment Profile指标来量化，该指标为正向指标。
	法律完备程度	PRS Group	用ICRG中Law & Order指标来量化，该指标为正向指标。
	法制程度	The World Bank	用WGI中Rule of Law指标来量化，该指标为正向指标。
	能源管理效率	World Economic Forum	用The Global Competitiveness Report中Energy efficiency regulation指标量化，表明政府针对油气资源的规范管理程度，该指标为正向指标
油气资源	油气资源禀赋	BP公司发布《世界能源统计》	由目标国石油、天然气产量衡量，该指标为正向指标。
	油气开采价值	BP公司发布《世界能源统计》	由目标国石油与天然气储产比衡量，该指标为正向指标。
	油气贸易潜能	BP公司发布《世界能源统计》	由目标国石油与天然气进出口贸易额衡量，该指标为正向指标。
	油气消费水平	BP公司发布《世界能源统计》	由目标国石油与天然气人均消费量衡量，该指标为正向指标。
基础设施	信息化水平	国际电信联盟	用每千人互联网用户和固定电话用户数量化，反应了目标国的信息化水平；该指标为正向指标。
	油气管线设施	World Factbook	以目标国内的油气相关管道的总长度来衡量，反映出目标国的油气输送能力，该指标为正向指标。
社会环境	种族冲突	PRS Group	用ICRG中Ethnic Tensions指标来量化；该指标为负向指标。
	宗教冲突	PRS Group	用ICRG中Religious Tensions指标来量化；该指标为负向指标。
	恐怖主义	World Economic Forum	用The Global Competitiveness Report中Terrorism incidence指标量化；该指标为负向指标。

2.2 模型构建

油气投资风险评价的主要步骤如下：

① 进行指标权重的确定。本文基于D-S证据理论对评价指标权重进行确定。通过文献分析与专家评分两种方法进行证据融合。首先确定归一化常数K

$$K = 1 - \sum_{A_1 \cap \cdots \cap A_n = \varnothing} m_1(A_1) \cdot m_2(A_2) \cdots m_n(A_n) \tag{1}$$

其次根据Dempster合成规则求出各指标的mass函数

$$(m_1 \oplus m_2 \oplus \cdots \oplus m_n)(A) = \frac{1}{K} \sum_{A_1 \cap \cdots \cap A_n = A} m_1(A_1) \cdot m_2(A_2) \cdots m_n(A_n) \tag{2}$$

② 选取并确定评价方法集。从各类评价方法的理论依据出发，选取了包括优劣解距离法在内的六种方法构成评价方法的集合，评价方法集如下：

$$M = \{M_1, M_2 \cdots M_8\} = \left\{\begin{matrix} \text{优劣解距离法、灰色关联法、物元分析法、} \\ \text{秩和比法、因子分析法、数据包络分析法} \end{matrix}\right\}$$

③ 通过各评价方法分别计算各国的油气投资风险排名构成评价矩阵 S。

④ 为保留原始信息，减少原矩阵与近似矩阵之间的偏差，提高结论的一致性程度，本文分别通过构建一致度和可信度指标实现。其中 η_k 为一致度指标，S 为评价序值矩阵，k 为方案个数，ε_k 为可信度指标，σ_i 为原矩阵 S 的非零奇异值。

$$\eta_{\mathrm{k}} = \frac{\| S \|_F - \| \widehat{S_k} \|_F}{\| S \|_F - \| \widehat{S_1} \|_F}, \quad k = 1, 2, \cdots, p \tag{3}$$

$$\| S \|_F = \sqrt{\sum_{i=1}^{m} \sum_{j=1}^{n} a_{ij}^2} \tag{4}$$

$$\varphi_i = \frac{\sigma_i}{\sum_{j=1}^{p} \sigma_j}, \quad i = 1, 2, \cdots, k; \ 1 \leqslant k \leqslant p \tag{5}$$

$$\varepsilon_k = \sum_{i=1}^{k} \varphi_i \tag{6}$$

⑤ 通过构建一致可信度指标将一致度与可信度两方面指标进行融合。其中 π_k 为一致可信度指标，β_1 与 β_2 表示一致性与可信度的相对重要性，满足 $\beta_1 + \beta_2 = 1$，α_1 与 α_2 表示整体离散程度，通过构建线性规划模型求得。

$$\pi_k = \alpha_1(\beta_1 \eta_k + \beta_2 \eta_k) + \alpha_2(\eta_k \cdot \varepsilon_k), \quad k = 1, 2, \cdots, p \tag{7}$$

$$\begin{cases} max \sum_{\mathrm{k}=1}^{p} \left[\alpha_1 \nu_k + \alpha_2 \tau_k - \frac{1}{p} \sum_{\mathrm{k}=1}^{p} (\alpha_1 \nu_k + \alpha_2 \tau_k) \right]^2 \\ \mathrm{s.\,t.}\ \alpha_1^2 + \alpha_2^2 = 1, \ \alpha_1, \ \alpha_2 \geq 0 \end{cases} \tag{8}$$

其中 v_1 表示一致度与可信度互补的线性组合部分，τ_K 表示一致度与可信度非线性组合部分，需要同时满足：

$$\nu_k = \beta_1 \eta_k + \beta_2 \varepsilon_k \tag{9}$$

$$\tau_k = \eta_k \cdot \varepsilon_k \tag{10}$$

⑥ 选取 π_k 中的最大值作为保得出各国油气投资风险排名。

$$s^* = \frac{1}{m} \sum_{j=1}^{m} \overset{\gg}{s}, \quad i = 1, 2, \cdots, n \tag{11}$$

⑦ 目具有长期性的特点，本文将熵权的概念引入对时间权重的确定，其中 w 为时间权向量，λ 为体现对时间序列重视程度的时间度。

$$\max - \sum_{i=1}^{n} w_i \ln w_i$$

$$s.t.\begin{cases}\lambda = \sum_{i=1}^{n} \frac{p-k}{p-1} w_i \\ \sum_{i=1}^{n} w_i = 1 \\ 0 \le w_i \le 1,\ i = 1,\ 2,\ \cdots,\ n\end{cases} \tag{12}$$

⑧ 根据求出的各年份权重进行加权综合，得到各国最终综合风险评价值。

$$s = w_i \cdot \widehat{s_i^*},\ i = 1,\ 2,\ \cdots,\ n \tag{13}$$

3 “一带一路”沿线国家油气投资风险评价实证研究

3.1 “一带一路”沿线国家油气投资风险评价

本文选取2010-2019年“一带一路”沿线地区国家的各指标数据进而对油气投资风险进行评价。首先采用熵权法与文献分析法作为证据理论的组成部分确定指标权重，其次确定各国的油气投资环境状况，并结合时间权重，得到各国的油气投资风险综合评价值。其中目标国的得分越小，表明目标国的油气投资风险越低，最终结果如表3所示。

表3 “一带一路”沿线国家油气投资风险得分及排名

国别	得分	排名
卡塔尔	4.177	1
阿联酋	5.260	2
沙特阿拉伯	5.832	3
俄罗斯	6.820	4
马来西亚	7.874	5
哈萨克斯坦	8.063	6
文莱	8.280	7
阿曼	9.151	8
印度尼西亚	9.156	9
科威特	9.391	10
阿塞拜疆	10.291	11
越南	10.914	12
乌兹别克斯坦	11.201	13
泰国	12.593	14
伊朗	12.712	15
土库曼斯坦	12.809	16
也门	12.991	17
伊拉克	13.284	18

根据表2可知“一带一路”沿线国家的油气投资环境较为复杂，其中卡塔尔、阿联酋、沙特阿拉伯、俄罗斯、马来西亚、哈萨克斯坦、文莱等国属于第一梯队，油气资源较为丰富，资金技术有着明显优势，因此油气投资风险较小。而阿曼、印度尼西亚、科威特、阿塞

拜疆、越南、乌兹别克斯坦属于第二梯队，多数国家由于自身综合实力等原因导致油气投资风险相对较高。泰国、伊朗、土库曼斯坦、也门与伊拉克则属于第三梯队。其中伊朗则由于长期的国际制裁与封锁导致油气设施陈旧，因此油气投资环境较差。土库曼斯坦与泰国则是油气资源不够丰富且综合实力较弱，而也门、伊拉克等国国内局势混乱，政治环境不稳定，缺乏基本的油气投资环境。

3.2 "一带一路"沿线国家油气投资风险演变

本文为刻画"一带一路"沿线国家的油气投资环境的动态演化过程，计算 2010-2019 年三大地区的油气投资环境演变，其中数值越小表明油气投资风险越小，结果如图 1—图 4 所示。

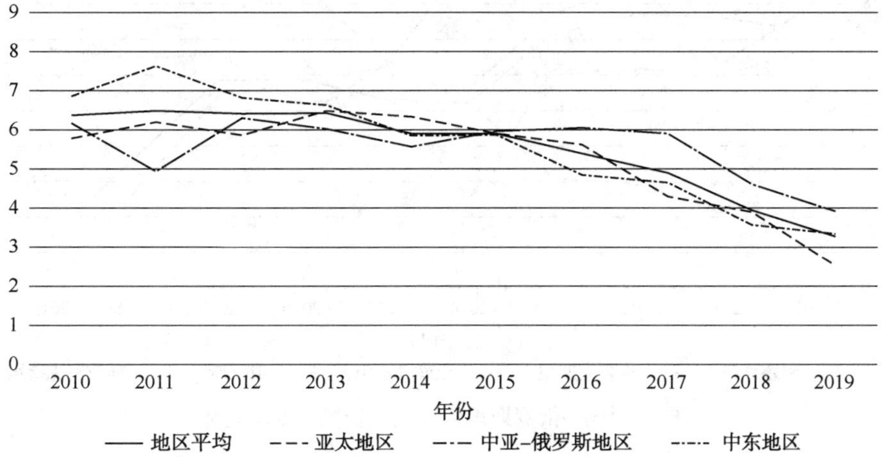

图 1 "一带一路"沿线地区油气投资风险变动趋势

根据图 1"一带一路"沿线地区油气投资风险变动趋势可以看出三大地区整体油气投资风险呈现稳步下降趋势，从 2015 年开始油气投资环境持续好转。其中中东地区的油气投资状况改善最为明显，虽然在 2011 年、2015 年与 2017 年出现小幅上升，但整体来看呈现明显好转趋势。而亚太地区的油气投资环境从 2014 年开始提升。中亚-俄罗斯地区的油气投资环境变动较为复杂，虽然在 2011 年油气投资环境有所好转，但从 2013 年开始油气投资环境长期保持平稳状态，直到 2017 年开始有明显好转。

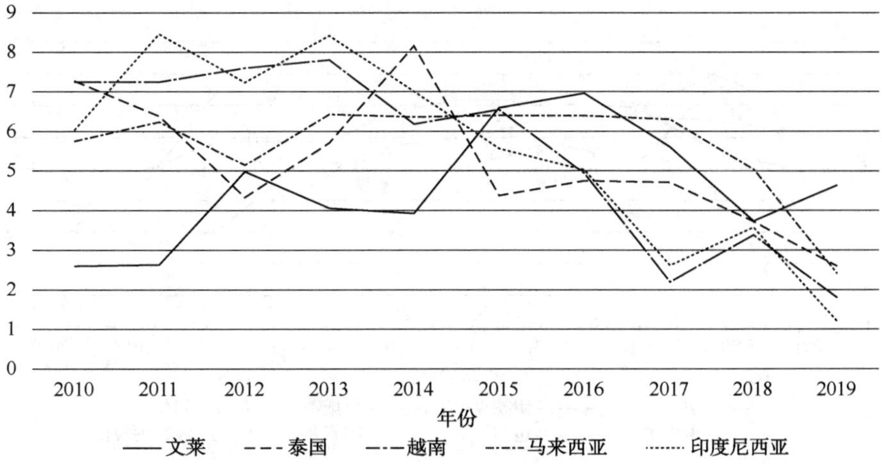

图 2 亚太地区油气投资风险变动趋势

根据图 2 可以看出除文莱外，其余国家的油气投资风险逐渐降低。其中文莱的油气投资风险变动最为明显，在 2012 年与 2015 年油气投资风险有小幅度上升，2019 年的油气投资风险比 2010 年较高。印度尼西亚在 2013 年之前的油气投资环境较为不稳定，之后处于长期下降趋势。马来西亚的油气投资风险虽然在 2012 年有所下降，但在 2013 年上升后直至 2017 年才开始有明显下降。泰国在 2012 年—2014 年的油气投资风险急剧上升，之后开始明显下降。而越南油气投资风险下降较为明显，仅在 2017 年有小幅上升。

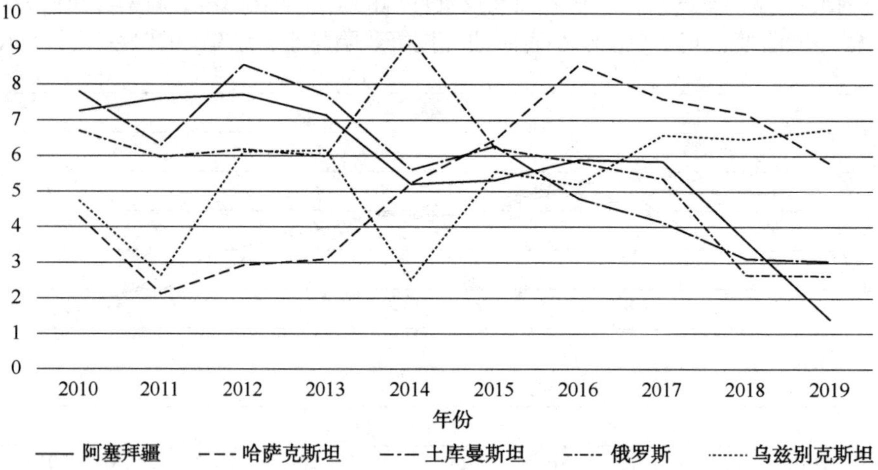

图 3　中亚-俄罗斯地区油气投资风险变动趋势

根据图 3 可以看出中亚-俄罗斯地区内部国家之间油气投资环境差异较大，其中乌兹别克斯坦与哈萨克斯坦的油气投资风险呈现上升趋势。阿塞拜疆、俄罗斯与土库曼斯坦的油气投资环境风险明显降低。俄罗斯虽然油气投资风险在 2014 年急剧升高，但此后一直为下降趋势。而哈萨克斯坦的油气投资风险自 2011 年起一直呈现上升趋势，在 2016 年开始逐步下降。乌兹别克斯坦的油气投资风险演变最为复杂，在 2011 年、2014 年与 2016 年其油气投资风险出现短暂下降，但之后其风险快速升高。土库曼斯坦的油气投资风险仅在 2012 年与 2015 年有短暂上升。只有阿塞拜疆的油气投资风险长期处于下降趋势。

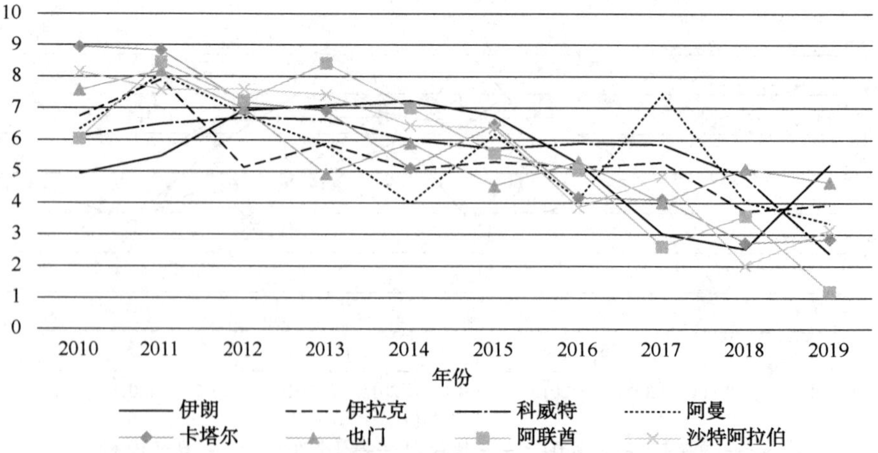

图 4　中东地区油气投资风险变动趋势

根据图 4 中东地区油气投资环境演变可以看出中东地区国家的油气投资环境变动趋势最为复杂，其中伊朗的油气投资环境从 2018 年开始油气投资环境急剧恶化。阿曼的油气投资环境变动较大，但整体仍然处于向好态势。沙特阿拉伯、卡塔尔、阿联酋与科威特同属于中东地区的传统油气资源国家，相关的油气产业已经相当成熟，综合实力较强，油气投资环境较好。伊拉克与也门由于国家局势长期混乱，导致经济技术等方面难以满足油气投资的需求，错综复杂的政治局势导致其油气投资前景尚未明朗。

4 结论与建议

4.1 主要结论

本文通过构建油气投资环境评价体系，利用组合评价方法并结合证据理论与时间权重，构建了油气投资风险评价模型，在此基础上计算了“一带一路”沿线地区部分国家 2010-2019 年油气投资风险综合评价值，得到如下结论：

（1）不同国家的油气投资风险有所差异。从分析结果来看，多数国家的油气投资环境逐渐转好。其中卡塔尔、沙特阿拉伯、阿联酋、俄罗斯的油气投资环境位居前列，适宜进一步开展油气投资活动。伊拉克与也门的油气投资环境最差，需要根据企业自身实际需要谨慎选择。

（2）“一带一路”沿线国家的油气投资风险在研究范围内虽然在个别年份有所波动，但整体呈现向好态势。其中中东地区的油气投资环境提升最为显著，而中亚-俄罗斯地区的油气投资风险波动最为明显。

（3）“一带一路”沿线地区内部国家的油气投资风险差异显著。其中中东地区除伊朗的油气投资风险变动较小外，其余各国的油气投资环境明显改善。而亚太地区除文莱的油气投资风险有明显上升外，其余国家的油气投资风险均有不同程度下降。但中亚-俄罗斯地区的油气投资环境差异明显，除阿塞拜疆油气投资环境较好外，乌兹别克斯坦与哈萨克斯坦的油气投资风险则不断升高。

4.2 政策建议

基于以上对“一带一路”沿线国家的油气投资环境的系统分析，为中国油气行业能够进一步开拓油气市场提出以下建议：

（1）针对“一带一路”沿线国家进行油气投资布局以及区位选择时应该根据油气投资风险作为相应的依据。其中卡塔尔、沙特阿拉伯、阿联酋与俄罗斯是油气投资的优选国家，在保持目前的油气投资规模下，适于在油气投资领域进一步拓展业务范围。伊拉克与也门的油气投资风险较高，需要进行谨慎评估。而针对其余多数国家则需要根据本国具体情况进行分析，结合中国油气企业自身特点与目标国的油气状况进行综合考虑，在进行油气投资布局时应该根据风险演变趋势从而制定相应的长期规划，选取最为适宜的投资对象。

（2）影响油气投资风险因素与国家的政治、经济、油气资源禀赋等多方面密切相关，虽然这些因素难以在短时间内出现极大变化，但在当前“百年未有之大变局”的国际环境下，外部因素对目标国油气投资风险的影响越为明显。对于战略位置重要且油气投资状况复杂的亚太地区与中东地区，需要完善油气投资风险预警机制，组织专家团队开展专题研究，通过进行日常的跟踪监测以及对目标国进行详细论证，同时对油气企业海外大型投资项目进行决策监督并提供科学咨询，保证投资的合理科学。

（3）在进行油气投资区位选择时，既要考虑到当前的油气投资状况，也要综合未来一段时间内的油气投资风险变动趋势。因为油气投资并非短期活动，例如文莱的综合油气投资状况较好，但近年来油气投资风险呈现一定上升趋势。加之文莱虽然油气资源丰富，但国家整体实力较弱，同时还容易受到外部环境的影响，需要经过详细评估，在充分考虑未来风险的变动趋势后再开展进一步投资活动。

参 考 文 献

[1] 于宏源．地缘政治视域下国际石油价格的震荡及应对[J]．国际展望，2020，12(6)：23-44.

[2] 杨宇，何则．能源地缘政治与能源权力研究[J]．地理科学进展，2021，40(3)：524-540.

[3] Gu M，Wang L. Assessment of oil and gas geopolitical influence[J]. Journal of Geogr-aphical Sciences，2015，25(3)：369-384.

[4] 许勤华，蔡林，刘旭．“一带一路”能源投资政治风险评估[J]．国际石油经济，2017，25(4)：11-21.

[5] Colgan J. Fueling the Fire：Pathways from Oil to War. International Security，2013，38(2)：147-180.

[6] 王宗帅，穆献中．基于指标分类的石油海外投资环境评价模型的应用及启示——以南美洲为例[J]．企业经济，2014(03)：38-42.

[7] 王信敏，丁浩．海外主要油气产国油气投资环境及影响因素演化[J]．经济地理，2017，37(04)：107-116.

[8] 王越．一带一路主要国家油气投资环境分析与评价[J]．工业技术经济，2016，35(09)：118-127.

[9] 李优树，李蕾，罗运兰．中国对“一带一路”沿线国家油气投资的区位选择研究——基于投资环境与投资绩效的角度[J]．经济问题，2019(07)：115-122.

[10] Uçal I，Kahraman C. Fuzzy real options valuation for oil investments[J]. Tec-hnological and Economics Development，2009，15(4)：646-669.

[11] Cheng C，Wang Z，Liu M，Ren X. Risk measurement of international oil and gas projects based on the Value at Risk method[J]. Petroleum Science，2019，16(1)：199-216.

[12] Qin Y，Hong K，Chen J，Zhang Z. Asymmetric effects of geopolitical risks on energy returns and volatility under different market conditions[J]. Energy Economics，2020，(90).

[13] 阎学通，周方银．国家双边关系的定量衡量[J]．中国社会科学，2004(06)：90-103+206.

油气企业技术经济协同管理的探索与实践

陈大伟　郭艳艳　吕剑凤

（中国石油大港油田经济技术研究院　300280）

摘　要：油气企业技术经济缺乏系统管理，导致两个因素目标不一致相互掣肘，运行效率低。本文应用系统论方法，统筹考虑技术和经济两个要素，提出技术经济一体化协同管理，以“技术优化、经济预测、决策优选、效益评价”为核心，推动技术与经济相互融合、相互促进、相得益彰，通过最优的技术与经济结合，实现建设经济效益的最大化。实践证明，技术经济一体化协同管理能够提升油气企业数智化管理能力、降低复杂油气藏开发成本，是实现油气企业高质量可持续发展的有效途径。

关键词：技术经济；系统论；一体化协同管理

1　油气企业技术经济“分离”管理存在的问题

油气企业因管理体制机制等因素，技术经济缺乏系统管理，导致技术经济相互掣肘，无法发挥协同作用，实现"一盘棋"运作效果。

“分离”式管理导致目标不一致。传统投资成本管理、技术方案管理、经济评价等职能分属不同部门和单位，技术经济“各自为政”，油气技术应用到经济效益评级呈链条式，管理导致技术方案轻效益指标、经济决策轻技术贡献等问题。

“分离”式管理导致运行效率低。，技术经济管理流程中涉及多个专业路部门，一些上下游环节衔接不够顺畅，且各专业路考虑自身业务多，考虑公司总体协调发展少，资源的协调配置、业务流程的前后衔接等方面不能发挥整体优势，运行质量和效率较低。

2　大港油田技术经济一体化协同管理模式

大港油田属于典型的复杂断块油田，经过五十多年的勘探开发，地下面临着综合成本高、油田采收率低、投入产出失衡等多项难题，采取常规思路已难以实现老油田效益勘探开发。为解决复杂油气藏开发的技术难题，提升整体效益，大港油田公司探索实践具有大港油田特色的技术经济一体化协同管理模式。

2.1　技术经济一体化协同管理理念

针对技术经济“分离”管理存在的问题，应用系统论方法，将技术和经济两个要素统筹考虑，提出技术经济一体化协同管理理念，即按照“既追求技术上的先进性和适用性，又考虑经济上的可行性和有效性”思路，依靠技术提高经济效益、以效益反哺技术研发，创建技

【第一作者简介】陈大伟，男，高级经济师，1983.04，2006.06毕业于东北石油大学，获学士学位，现工作于中国石油大港油田经济技术研究院，chendwei@petrochina.com.cn，15802266166.

术经济一体化协同管理模式，全力推动技术与经济相互融合、相互促进、相得益彰，通过最优的技术与经济结合，实现油气企业勘探开发经济效益的最大化。

2.2 技术经济一体化协同管理实践

2.2.1 地质工程技术同步优化

技术经济一体化协同管理中“技术优化”模型依托地质工程一体化研究平台，建立地质模型数据库和工艺参数数据库。其中，地质模型数据库主要是对目标区地质储量、储层分布、含油面积、井位部署、注采对应等关系建立三维可视化模型；工艺参数数据库则是对目标区块应用的工艺、参数、工艺适应性、井场规格、技术要求等数据的信息集成。工艺参数主要包括施工地点、井深、最大井斜、井型、开次、钻井型号、钻井方式、顶驱、钻井液体系、测井方式、定向井方式、举升方式、射孔方式等基础参数上，通过录入不同的参数，优化组合形成多种技术方案。通过对比多种不同的排列组合的技术方案，优选出施工难度低、可操作性强、智能化程度高、后期管理易的工艺配套方案，保障方案实施的可操作性，提高建设效率。

2.2.2 精准细化估算单井投资

技术经济一体化协同管理中“经济预测”模型建立钻井工程施工各项工序(钻前、定向井、钻井、固井、录井、测井试油、射孔等)以工程造价定额为基础的各项取费标准和算法。根据各项技术参数，建立各项目取费标准化的数据库，对技术优化模型推荐的方案，运用统计、查询、转换、引用、索引等计算方法，使各项参数有效衔接，实现后台快速测算出方案对应的钻井费用金额和费用构成明细。同时能够实现优化调整基础数据中任何一项参数，预算费用会随之变化，快速分析参数变化对投资费用的影响。该平台通过精准细化估算投资费用，能够快速比对方案的投资明细，快速优化技术参数，提高方案的可实施性。

2.2.3 事前算赢优选决策方案

在项目运行周期内，依据技术优化和经济预测后的方案排序，坚持以经济效益为中心，综合地质潜力分析、工程可行性评价、经济预测等影响因素，对多套方案进行分析，按照产量、效益等指标优先级排序(如图1)。

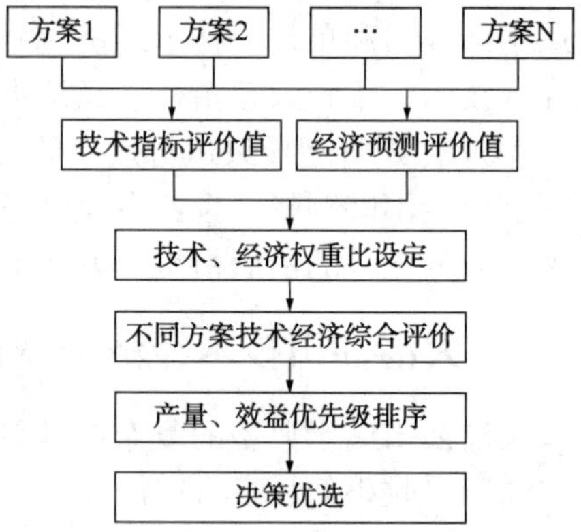

图1 决策优选流程图

依据项目类型确定影响决策因子，如全角变化率、防碰关系、钻遇油层厚度、单井能力、产能到位率、投资额度、内部收益率，综合考虑实际情况，为各决策因子赋值并给予权重评分，根据方案的综合评分制作雷达图。在对多套方案进行优选时，雷达图面积最大者为最优方案，同时形成优选方案对比表作为参考(如图2)。

2.2.4 全程动态跟踪效益评价

建立全生命周期、全要素、全方位的全面，为各项经济业务的效益水平提供科 学准确的评价依据。建立健全以项目经济效益评价、动态跟踪评价、项目后 评价为主线的效益评价体系，实现经济评价的全覆盖。将经济效益作为项目立项首要决策依据，通过动态跟踪评价 监督和指导项目实施过程，通过项目后评价考核反馈项目建 设效果和改进未来新建项目管理水平。

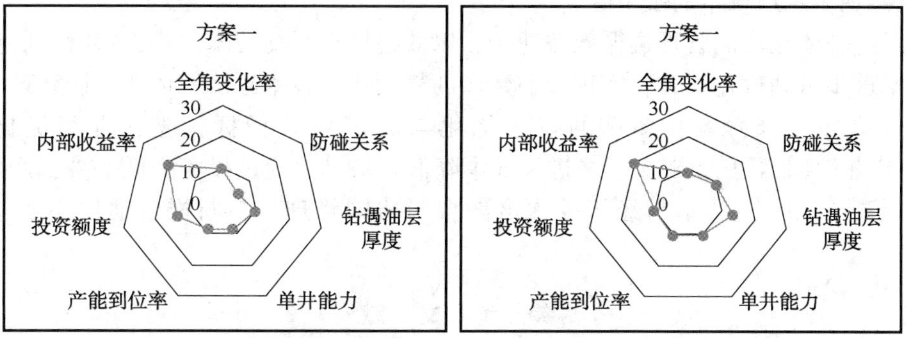

决策因子	方案一	方案二
全角变化率	10	15
防碰关系	6	30
钻遇油层厚度	10	15
单井能力	8	10
产能到位率	8	15
投资额度	13	15
内部收益率	20	100
合计(折算分数)	75	83

图 2　建设项目决策优选方案对比

前评价，决策实施“一票否决制”：在项目立项阶段，以经济效益为主要决策依据，坚持以内部 收益率为投资决策底线的开发评价，充分利用经济评价结果 指导设计方案优化，以效益高低进行排队优选，优化后仍没有效益的项目坚决不投资，切实做到“真评价、硬把关”；中评价，产能项目跟踪评价按月度定期开展经济评价，根据 效益指标情况，随时优化方案，将经济评价纳入到产能建设 项目动态跟踪管理中，同时将油田公司年度产量和成本设计 以单井效益评价成果为主要参考依据，从油田全局出发设计年度效益产量和最低运行成本，实现产量和成本在不同油田、不同作业区、不同采油厂的优化配置；后评价，建立后评价与新上项目挂钩机制，所有新上项目应用后评价管理部门出具的意见，其中改扩建项目应有对原项目的后评价报告，作为立项审批的重要依据。加大后评价成果在指导投 资方向、提升项目管理等方面的应用力度，实现后评价成果 向管理成果的有效转化。

3　技术经济一体化协同管理应用效果

3.1　重塑了技术经济管理模式

技术经济一体化协同管理将以往的“点线式”转变为“网状式”管理模式，建立目标一致、责权明晰、协同作战、运行高效的管理职能架构。项目“任意节点”均具有时效性和可追溯性，平台化同步支撑，促进人、物、事等多元素融合，使技术管理与经济评价实现链式无缝连接、顺畅沟通，通过不断强化技术的效益观念和加速技术创新，实现效益的最大化。

3.2　构建了高效的数智化平台

技术经济一体化协同管理“数智化”平台是推动大港油田高质量发展的重要创新举措，将新一代信息技术与油田业务的深度融合应用，建立基于数智油田的管理机制和搭建贯穿技术经济智能管理云平台，实现技术与经济各环节业务的高效运转、智能化管理、优化管理层级、加快信息传递、提升管理效率、有效降低成本，提高企业整体效益。

3.3 实现了生产成本的硬下降

技术经济一体化协同管理遵循效益建产，以效益杠杆平衡技术进步，持续开展技术的优化，以技术进步带动效益提升，实现效益建产的最大化。技术经济一体化协同管理平台实施以来，通过单井多选、多井多选的技术优化与经济效益指标优选，方案优化率达到84.61%，建井周期缩短12.85%，米进尺成本降低8.93%，建设投资降低15%，产能实施效果比方案提高6.75%。技术与经济的深度融合与协同管理，不断推动油田高质量可持续发展。

参 考 文 献

[1] 赵平起，李东平，唐世忠，滕国权．大港油田井丛场建设管理创新与实践[J]．国际石油经济，2020，28(12)：95-100.

[2] 赵平起，蔡明俊，武玺，倪天禄，喻洲．复杂断块油田二次开发三次采油结合管理模式的创新实践[J]．国际石油经济，2019，27(05)：79-84.

[3] 吴正，张力军，蒋敏．大型气田生产经营一体化管理体系的构建与实践[J]．现代企业，2021(01)：7-8.

[4] 李庆春．“系统论”原理在企业经营管理中的运用初探[J]．经济研究导刊，2008(17)：22-23.

[5] 赵贤正，赵平起，李东平，武玺，汪文昌，唐世忠．地质工程一体化在大港油田勘探开发中探索与实践[J]．中国石油勘探，2018，23(02)：6-14.

[6] 李波．探索实施一体化战略，积极应对低油价挑战——大港油田公司的实践[J]．经营与管理，2017(01)：18-19.

成品油销售企业基于互联网平台的全会员、全在线、全渠道营销实践

姜明泽　吴　俊　李传强　韩志勇　刘　壮　杨　航　王　硕

（中国石油河北销售公司）

摘　要：2019 年 2 月份以来，中国石油河北销售公司积极适应买方市场长期化的新常态、市场主体多元化的新格局、发展战略体系化的新特点、客户服务联盟化的新趋势、资源利用网络化的新变化、企业角色社会化的新挑战，基于客户价值导向，运用互联网销售思维，打造中国石油河北销售公司“好客油油”线上全会员平台，推动了公司零售业务经营管理模式的创新和客户服务转型升级。

关键词：成品油销售企业；互联网平台；营销实践

1　实施背景

1. 互联网营销改变了人们的生活及消费习惯。根据中国互联网络信息中心（CNNIC）发布的《中国互联网络发展状况统计报告》，截至 2020 年 12 月，我国网民规模达 9.89 亿，较 2020 年 3 月增长 8540 万，互联网普及率达 70.4%，手机网民规模达 9.86 亿，网民使用手机上网的比例达 99.7%，消费者已养成使用互联网消费习惯。

2. 互联网营销激发了成品油销售行业的发展与变革。社会资本以“互联网+油”模式介入，一是针对消费者的需求，通过线上向线下引流（O2O）模式，将加油客户引流到合作油站。二是针对加油站的需求，从“帮车主找油站”变为“帮油站做客户关系管理”。三是定制以加油为媒介的金融产品，消费者预付加油款，获得对应的优惠折扣，利用沉淀资金进行资本运作。四是搭建大宗商品网上交易平台（B2B），低价吸引用户，同时提供额外的配送和金融服务。

3. 移动互联网营销成为了成品油销售企业转型升级的必然选择与途径。当前，成品油销售企业在经营发展上面临着诸多困局。一是成品油市场竞争加剧；二是非油品业务遭遇增长瓶颈；三是客户关系维护困难；四是精准营销能力不足；五是跨界合作业务拓展实施困难，因此，成品油销售企业急需在同质化的市场环境下转型升级，培育差异化竞争优势，实现企业持续高质量发展。

为此，中国石油河北销售公司在互联网营销中积极探索与实践，在 2019 年 2 月，基于中油好客 e 站公众号和电子券系统搭建“好客油油”线上全会员平台，积极开展互联网会员

【第一作者简介】姜明泽，男，1982 年 6 月 8 日，毕业日期：2005 年 7 月，毕业学校：东北石油大学（本科）、内蒙古财经大学（研究生），获得学位：工商管理硕士，工作单位：中国石油河北销售公司，职务职称：加油站管理处处长，邮编：05000；电话：15176869601；E-mail：jdjiangmz@ petrochina. com. cn

体系建设，针对河北销售公司油品、非油品等主营业务，构建全会员服务体系和权益体系，实现线上线下一体化精准灵活销售，逐步完善“人·车·生活”生态圈。

2 成果内涵及创新点

1. 成果内涵。中国石油河北销售公司积极探索、实践互联网营销新思路，以客户为中心、以市场为导向，对现有营销模式和营销体系进行升级优化。通过搭建“好客油油”线上全会员平台，开展全会员、全在线、全渠道营销，有效实现了线下客户向线上的引流，实现了线上客户的有效积累。在实施线上线下一体化促销、客户运营、精准促销等方面进行了积极的探索与实践，在全会员体系建设、大数据会员画像、“一站一策”、“一客一策”、“一企一策”精准促销等方面取得了较好的成效，实现了针对不同品号、不同档位、不同时间、不同站点的差异化营销，实现针对不同类型客户促销政策的精准触达。

2. 创新点。

(1)围绕“三全一大”和“1+N+4+3”，构建“好客油油”线上平台。

“三全一大”：全会员、全在线、全渠道和大数据。“全会员”包括河北销售公司加油卡客户和非卡客户(微信、支付宝、银行卡、现金、第三方等)；“全在线”指最大限度的激活线上移动支付功能，逐步引导客户注册成为线上会员；“全渠道”指打通线上线下、内部外部(第三方合作)营销渠道；“大数据”指对会员的客户画像、数据建模、精准营销等。

“1+N”+“4”+“3”：通过一条主线、N 条分支、四个端口、三项核心，打造中国石油河北销售公司一体化全会员体系。“一条主线”即“好客油油”全会员平台由河北销售公司统筹建设，统一搭建会员架构、统一提供技术指导，建立河北销售公司自有线上全会员体系；“N 条分支”即河北销售公司下属各地市分公司，围绕“一条主线”构建自有线上全会员分销系统，作为河北销售公司会员平台的分支，各地市分公司结合区域特点和市场现状，提供符合本地区特色的线上会员服务，组织开展“好客油油”平台营销推广及线上商城商品分销；“四个端口”即通过中国石油河北销售公司微信公众号、微信小程序、APP 和智能自助终端四个端口进行平台功能展示、一体化营销和会员服务；“三项核心”即油品服务、非油品服务和会员服务三项核心业务。

(2)借鉴当前成熟的电商平台及行业 APP 运营经验，采用统一规划、分级运营、开放共享的方式，推广“好客油油”线上全会员体系。

一是统一规划。河北销售公司统一搭建互联网营销平台；提供统一的渠道客户端。二是分级运营。按照河北销售公司分级管理的运营模式，平台提供基于会员管理、内容管理、营销活动、营销宣传和员工管理的分级运营策略。三是开放共享。对有个性化需求和第三方跨界合作业务需求的地市分公司，开放所需系统接口。

3 主要做法

1. 构建“好客油油”全会员营销平台。

(1)“好客油油”全会员营销平台架构设计。一是平台应用架构。从应用层面规划，按照用户层、应用渠道、营销平台和核心系统四个层级的架构进行设计。二是平台信息系统架构。从信息系统部署角度，平台分为用户层、应用服务器和数据库服务器三个层面。通过网络实现信息传输，通过负载均衡实现多台服务器资源均衡应用，其中用户层主要面向会员、系统运营人员和平台管理人员；应用服务器确保线上平台各项功能正常运行；数据库服务器分为主数据库和备份数据库，用来存储和备份平台各种数据信息。

(2)“好客油油”全会员营销平台渠道建设。一是微信公众号。河北销售公司微信公众号侧重全省统一活动宣传、统一客户服务等标准化专属服务。二是微信小程序。河北销售公司“好客油油”微信小程序承载线上支付、非油品线上商城、电子券营销等核心功能。三是“好客油油”APP。河北销售公司“好客油油”APP 是业务运营推广的核心平台，具有会员营销平台建设的全量功能。四是智能自助设备。智能自助设备是加油站的重要增值服务功能，为客户提供营销宣传、便捷支付、扫码购、电子发票打印等便捷功能，为线上平台获客及会员互动提供辅助支撑。

(3)“好客油油”全会员营销平台基础会员建设。一是会员分类。按照会员属性将线上会员分为个人会员和单位会员，其中个人客户使用手机号即可成为线上会员；单位客户通过河北销售公司下属各地市分公司，逐级上报专属优惠申请，享受专属优惠。二是会员识别。通过会员登录、会员资料等 8 项关键指标识别会员。

2. 开展“好客油油”全会员精准营销服务。

(1) 灵活应用营销工具。

一是电子券营销。在中国石油总部统建的电子券系统基础上，开发“好客油油”平台电子券。根据实际业务需要，按照产品大类将电子券细分为汽油券、柴油券和非油商品券；按照功能分类将电子券细分为加油券、商城券、合作券(洗车、餐饮等)和第三方权益券(移动“和包券”、平安权益券等)；按照使用类型将电子券细分为代金券、满减券、折扣券、兑换券等。通过限定电子券面额、数量、派发条件、使用规则、费用类型开展灵活的促销。

二是会员积分营销。会员积分是针对线上会员的一种返利形式，积分单位价值较低但累积时间较长。日常营销过程中，会员通过“好客油油”平台消费油品、非油商品，给予积分返利。同时在线上商城设立积分兑换专区，会员可在线商城使用积分兑换油品优惠券、非油品优惠券、线上商城券、第三方权益券以及互动游戏机会等，增强客户粘性。

三是消费返利营销。按照“好客油油”会员月(季)度消费金额设立梯度返利优惠，可选择电子券、积分、互动游戏机会、第三方权益券等形式给予会员返利。

四是互动权益营销。河北销售公司定期开展线上大转盘游戏抽奖等互动活动，会员在线消费后获得大转盘互动游戏抽奖机会，有机会获得油品电子券、非油商品电子券等会员权益。

(2) 灵活开展促销活动。

一是“一站一策”促销。线上会员进入“好客油油”平台首页，基于手机定位，可查看 10 公里范围内开展优惠活动的加油站信息。地市分公司人员可通过系统后台设定不同品号、不同档位、不同时间、不同站点的优惠幅度，做到促销优惠“一站一策”。

二是“一客一策”促销。针对不同支付类型的会员，给予不同比例的优惠幅度，实现对不同客户的精准触达，做到特定会员优惠政策“一客一策”。

三是“一企一策”促销。地市分公司可针对不同单位企业，设置不同的优惠幅度，同时可通过系统后台限定专属优惠期限、优惠次数、优惠区域、优惠站点，做到单位企业优惠政策“一企一策”。

(3) 灵活开展线上线下一体化营销。

一是搭建非油线上商城。河北销售公司非油品线上商城商品品类涵盖酒饮零食、米面粮油等九大类，能够保证数万款产品同时在线销售，满足广大用户的消费需求。

二是设立线下扫码购专区。在加油站便利店设立扫码购专区，展示线上商城商品实物，提供专属二维码，客户现场手机扫码下单，将线下客户引流到线上。

三是丰富线上线下营销活动。定期开展商品秒杀、拼团等活动，开展加油后推送优惠信息、赠送线上商城券、洗车券，开展加油积分兑换商品抵用券等线上线下引流互促。

3. 丰富“好客油油”会员权益。会员权益包括服务查询类、会员专属活动等，“好客油油”全会员营销平台通过电子券、积分、返利、游戏机会等承载会员权益。会员可以看到自己升级后可享受的权益列表，吸引会员提升自己的等级。

4. 整合第三方跨界合作资源。为不断丰富线上会员权益，拓宽第三方合作渠道，基于“好客油油”全会员营销平台，与通讯、银行、保险、汽服等领域企业，拓展第三方跨界合作业务，不断提升平台影响力。

5. 加强线上平台运行风险管控。为保障“好客油油”全会员平台合规合法运营，中国石油河北销售公司制定了《“好客油油”线上全会员平台管理办法》，按照闭环控制、动态控制、分类控制原则，规范“好客油油”全会员平台营销管理。

4 实施效果

通过“好客油油”全会员营销平台的搭建及运营推广，有效促进了中国石油河北销售公司在经济效益、客户管理、精准营销、客户体验和资源共享五个方面有效提升。

1. 有效促进了企业经营业绩提升。截止 2021 年 7 月份，中国石油河北销售公司注册会员数量已突破 370 万人，有效促进了油品及非油品的销售。

2. 有效促进了客户服务管理提升。通过“好客油油”全会员营销平台的搭建及推广使用，打造了贯通油品、非油品、第三方合作业务的统一全会员体系，实现了会员画像及精准营销，促进了客户管理水平的提升。一是形成了主营业务全会员生态；二是形成了多维度全会员识别体系；三是形成了差异化全会员等级权益体系。

3. 有效促进了精准营销水平提升。“好客油油”全会员营销平台整合会员基本信息、消费信息、行为信息，建立全方位客户视图和目标精准的营销体系。根据目标客户的有效细分，实现了营销客户精准；根据目标客户的决策及作息时段，实现了营销时间精准；根据渠道特性以及客户对渠道的偏好，实现渠道精准；根据客户需求以及产品的分类匹配，实现产品精准。使营销资源的投放更加精准，实现了公司零售营销成本支出持续下降。

4. 有效促进了客户交互体验提升。一是客户可随时掌握周边加油站的优惠活动信息和地理位置，一键导航到站加油，更加便捷。二是客户可获得电子券、积分、返利等优惠，更加实惠。三是客户可参与每日签到、秒杀抢券、抽奖、扫码购等功能，更加多样。四是客户可同时感受线下消费体验和线上交易便利的双向融合，更加丰富。五是客户根据会员等级、积分可享受不同等级的优惠政策，获得生日礼包等，更加尊享。

5. 有效促进了跨界资源共享提升。一是通过“好客油油”全会员营销平台与其他零售、保险、金融、汽服、通讯等高价值业务领域企业，开展会员积分互换。二是利用车险客户群和车主用户群高度重合的优势，共同打造基于电子券、积分的高价值保险礼包；三是构建车主高价值生态圈，开展各大保险公司在线投保，开展违章代办、年审代办、驾驶证查分等功能，为车主提供便利，全面构建丰富“人 · 车 · 生活”生态圈。

5 前景展望

伴随着移动互联网营销的发展，线上渠道资源、线上客户资源，将成为成品油销售企业竞相争夺的主体。全会员、全在线、全渠道营销也将成为助力各成品油销售企业不断拓展会员范畴、丰富会员权益、跨界资源共享的有效工具，成为助力成品油销售业务高质量发展的新引擎。河北销售公司将重点从三个方向发力，一是实现与总部统建会员平台有效承接，助力总部会员系统建设。二是实现更加丰富的用户分类和营销方式，促进会员平台客户指数级增长。三是实现系统接口开放，持续增强客户消费体验。

参 考 文 献

[1] 菲利普．科特勒，营销管理(第13版)[M]．中国人民大学出版社．
[2] 郭国庆，现代市场营销学[M]．清华大学出版社，2008年版．
[3] 田景惠．重构“人．车．生活”生态圈[M]．石油工业出版社．2018.

关于加强企业物资管理的探讨

潘丹丹

（大庆油田钻探工程公司运输一公司物资供应分公司　黑龙江大庆　163000）

摘　要：企业的日常运营中，物资管理是十分重要的，它主要表现在企业经营中的各种物资的采买、储存调度使用，充分的利用资源，物资最大化的合理利用，将帮助企业节省成本，提升资金的利用与周转速度，提高企业的经济效益。另外，企业的物资不仅包括流动的物资，作为产品的半成品等也算是物资的一个部分，因此物资在一定程度上直接关联着整个企业利润。本文将从物资管理的出发，探讨物资管理中的问题及提出合理的对策，帮助企业完善物资管理体系，促进其健康发展。

关键词：物资管理；经济效益；提高

当前社会，市场经济持续健康发展，基于科技层面的发展渠道不断的扩大，企业之间的竞争不断增强，为了进一步加强竞争力，减少成本支出，企业正在接受现代化的洗礼，积极探索减少企业支出，提高物资管理等多项管理水平的方案与措施。在企业的运营过程中，物资管理不仅是重要的成本管理环节，也直接检验着企业的经济管理能力，因此积极的面对管理问题，提出有效的解决方案是企业管理的重要课题。

1　企业物资管理的概念

在当今社会，现代化的管理模式已经深入到了企业管理的各个层面，其中物资管理作为重要的组成部分直接关系企业的成本甚至盈利，因此一般的企业大多会设置相应的管理部门保证物资管理的合理性和有效性。专业的物资管理包括相对准确和有效的管理体系，需要设计合理的流程，明确的责任划分，以及适当的管理准则。但是，随着社会的发展，科技的进步，原本的管理模式逐渐落后于时代的发展甚至有时甚至会制约整个企业相关管理的效率，现阶段应该有意识的调整物资的管理模式，积极引进先进的技术手段，打造智能化的管理模式，促进新型技术在物资上的发挥重要作用。

2　物资管理对于企业经济效益的意义

2.1　加快资本增值速度

物资不仅包括企业的现有物料，也包括半成品等能直接给企业带来经济效益的物品，因此若管理不善就会造成企业的物资流失，进而损害企业的经济效益，另外，若企业的物资管

【第一作者简介】潘丹丹，女，1983 年生，1999 年参工，本科，中级经济师，运输一公司物资供应分公司资产干事。

理不到位，物资没有得到最大限度的运用不仅造成了资源的浪费也会拉长企业的物资支配周期，增加物资投入的成本，进而影响企业的资金流转，影响投资等其他方面的资金运用，因此，物资的管理必须结合企业实际情况将最有意义的管理模式尽早落实，并且积极的面对市场变化，及时地做出调整。

2.2 提高资金周转效率

企业对物料的管理一方面是管理模式的更新，信息快速流转，另一方面是有效的将现金、存款、债券进行流转变现，这样一来在加快物资转换的同时，稳定了企业的现金流动性，促进了企业的发展与进步。因此必须制定合理的物资管理模式，在物资和现金流之间做出有效的调节，平衡流动性及产品转化的速度，加快产品的制造速度，不断整合资金转化形式，实现企业的稳定发展。

3 加强企业物资管理的策略方法

3.1 增强物资管理意识

企业物资管理水平的提升需要提高管理人员对于物资管理的重视程度，只有管理层充分认识到物资管理的重要性，明确物资管理对于企业整个资金流转、成本控制的重要作用，才能进一步强化对于物资管理的更新和技术运用。第一，物资管理是的核心是要让管理者加强物资管理意识和控制意识，将良好的、有效的物资管理体系运用到实际的管理模式中去，形成有代表性的物资管理方式，自上而下的影响企业的物资管理效果。第二，需要建立合理的物资管理制度，将物资管理的形式、目的、作用划分清楚，清晰地建立起合理的物资管理方式，并且落实责任，保证企业在物资管理的工作中做到有制度的约束，有岗位之间的配合有员工之间维护，另外需要结合实际对企业的管理模式进行时段的核查和改进，不断的完善体系中的内容，提高工作效率。

3.2 建立信息化物资管理体系

科技信息的运用已经深入到企业管理的各个层面，在物资管理上，企业要积极引进大数据的物资管理，将计划、采购方案、库存数量、收支明细和质量检测记录实时整理传送，在落实责任制上，努力做到全方位全角度的跟踪式管理，合理的对市场价格，市场走势进行预测和分析结合现有的库存数量和企业的发展进程储备以及调度物资，实现物资的有效管理，同时，高效的管理模式更加利于合理的管理体制的健全和物资的透明化运用，降低物资管理成本，为企业实现利益最大化做出贡献。

3.3 加强日常生活中的物资管理

3.3.1 根据需要衡定企业的物资需求

随着行业的发展，企业在生产过程中会及时的对原有的物资需要进行一定的调整，合理的调整不仅帮助企业及时的跟进制造水平，也有助于节省成本。因此，需要物资管理部门建立符合实际的管理模式，例如，要定期对物料储备进行核对，并对相应的匹配结构进行调整，同时，不同行业还需要对物料进行质量检测，保证储备的物料不受影响可以进行使用。如果出现数量不足的现象及时的进行补充，或者应对超额及时的调剂和改进工程计划，保证物资数量储存合理，随时满足需求。

3.3.2 加强对废旧物资的合理处理

废旧物资是企业生成过程中所不能避免的，尤其是企业的初创阶段，废旧物资增加了企业的成本开销，因此，在实际的物资管过程中，企业需要借助科学的手段对物资进行合理的挑拣，把能够再利用的物资挑出进行加工或者改制，以实现物资的重复利用，避免浪费同时减少污染，但是在企业二次利用物资时，一定要有严格的质量监控，保证物资的利用率的同时，要保证物资的质量，合理的降低成本的同时，实现最大化储存的目的。

4 结束语

在现代社会环境中，企业的生产与运营过程实际上是物资与技术的交替作用，物资管理会影响经济效益与发展成本，这就要求企业要高度重视企业的物资管理，在实际的业务开展过程中，积极的学习和引进，把科技手段与物资管理相结合，全面有效的在企业开展物资管理工作，建立起信息化的物资管理系统，进一步提高企业的物资管理水平，实现稳定发展。

参 考 文 献

[1] 陈宇，张阳阳，涂靖等．试论如何加强物资管理提高企业经济效益[J]．环球市场，2017(16).
[2] 何晓梅．强化物资管理提高企业经济效益[J]．中国科技投资，2017(28).

大庆油田 ERP 系统 MM 模块应用探索-物资计划管理系统的开发与应用

张春光[1]　吕亚芳[2]　张玉辉[3]　潘丹丹[4]

（大庆钻探工程公司运输一公司物资供应分公司，黑龙江 大庆　163411）

摘　要：结合中国石油 ERP 系统现阶段的应用现状，经过多年的探索研究，开发出一套实现企业精细化经营管理和 ERP 线上业务无缝衔接的解决方案。本文阐述了大庆油田勘探 ERP 系统的使用情况，分析了现有的 ERP 系统在企业实际使用中存在的问题，提出了改善现有 ERP 环境下物资管理工作方面的相关对策。

关键词：ERP；MM 模块；物资计划管理系统；开发应用

1　前言

1.1　项目背景

近年来，随着国家部署的供给侧结构性改革的逐步实施以及深化国有企业改革进程的不断推进，国有企业解决自身存在的矛盾和问题的需求刻不容缓。当前油田生产形势严峻、生产任务繁重，为了满足企业经营的需要，解决企业生产中遇到的困难，我们在大力推进 ERP 发展，加强 ERP 建设的同时，勇于创新，不等不靠，自发的加强企业信息化建设，是为支持主营业务发展，提高生产经营管理水平，提升企业核心竞争力提供的一种强有力支撑。

1.2　勘探 ERP 系统简介

中国石油集团公司的发展战略是建设综合性国际能源公司，信息化是实现这一目标的有力保障。建设以企业资源管理（Enterprise Resource Planning，简称 ERP）为核心的统一信息系统平台，被集团公司定位一项战略性措施。

中国石油于 2006 年开始建设 ERP 系统，涵盖了勘探与生产、天然气与管道、炼油与化工、销售与市场、工程技术服务、物资装备、海外业务、油田服务、业务分析等多个方面。大庆油田 ERP 系统于 2011 年 6 月上线运行，油田物资管理工作中使用是大庆油田勘探与生产 ERP 1.0 系统（EP7）。系统经过多年的运行，功能不断优化改进，现已于 2018 年 1 月升级为勘探 ERP2.0 系统（CP6）。

1.2　《石油工业物资分类与代码》简介

《石油工业物资分类与代码》SY/T-2000 标准自 2000 年 12 月发布以来，在中国石油天

【第一作者简介】张春光，男，1981 年生，大庆钻探工程公司运输一公司物资供应分公司计划干事。从事多年 ERP 生产维修物资计划管理工作，在多个领域拥有丰富的企业数据库应用开发经验，主导过多个项目的实施与运维。

然气集团公司所属单位得到广泛应用。2010 年 3 月，中国石油公共数据编码平台(MDM 平台)正式投入使用，将《石油工业物资分类与代码》在集团公司内部通过信息系统统一编码、发布、应用和维护，并且与集团公司统一部署的 ERP 等相关系统集成使用，为用户提供申请、查询、下载使用物资分类与代码服务，为集团公司物资采购管理、信息化应用、数据统计分析等提供基础。目前，大庆油田勘探 ERP2.0 系统内所有有效数据约 110 万余条、MDM 平台物资分类(5497 分类清单)约 3 万余条。

2 大庆油田物资管理现状和需求分析

2.1 现有系统的使用状况

大庆油田物资管理中使用的 ERP 系统是中国石油统一部署的勘探 ERP2.0 系统(CP6)中的物料模块(MM)。自系统上线运行以来，功能不断完善，为企业的管理创新、业务流程创新、和工作模式的创新提供了有力的支撑。但也存在一些缺点，现有的系统的不足之处在于：

(1) 油田内部经营管理系统多，像生产、设备、资产、合同等都有单独系统，各系统主管部门不同，业务流、数据流不统一，无法集成整合在一起进行协调办公。

(2) ERP 数据没有与油田勘探开发、生产运行数据集成，造成 ERP 数据只能实现单纯的“记账式”、“凭证式”使用。在给基层部门的业务上增加了许多工作量的同时，并没有给经营管理水平的提升带来多大便利。

(3) ERP 系统功能上“博大精深、包罗万象”，在实现了各个行业的横向涵盖之后，纵向针对不同企业具体业务的支持兼容性不足的问题就暴露了出来。各个企业都有自己的独特之处，这就要求 ERP 软件能够为客户提供诸多个性化的服务(如独特的经营报表、消耗明细等)，并根据不同的企业的经营运行特点，提供符合实际生产需求的功能。目前的实际情况是，在完成 ERP 线上业务后，如想清晰的掌握某些经营数据，还得由各专业人员从各个统计角度逐级汇总整理，手工统计，校验数据、对比、分析工作量非常大。

(4) 目前，大庆油田勘探 ERP2.0 系统内所有有效数据多达 110 万余条，并且新旧编码经常性的不断更新，在企业日常生产经营过程中，每月计划数量多达数千条，在 ERP 系统上传计划前，系统未提供检测计划中物资编码是否准确可用功能，均需要人工核实无误后才能上报 ERP。效率低下，还极易出错，一旦错误的编码信息被上传到 ERP 系统中，轻则耽误供料时间，影响生产进度，严重的一旦错误计划被执行，将给企业带来严重损失。

2.2 功能需求分析

(1) 需要一种能够快捷的提供有效物料信息的手段。例如：现有系统提供的功能中查询编码是否冻结、编码是否属于中标结果、中标编码价格是多少等等，这些信息分布在系统不同的功能内，且相互之间无有效关联，业务人员无法简单明了的查询到。更严重的是经常因为数据更新及时性的问题，数据准确性经常存在问题。

(2) 需要一种能够高效的检测校验数据的手段。现有的系统为物资计划上报提供了超市点选、模板提报等手段。当计划数量达到数以千条时，逐项手工填报就无法满足工作效率的需求，只能用模板提报的方式。模板提报计划时，系统以模板中 11 位物资编码为关键字，当 11 位编码与物料名称或计量单位不统一时，系统会自动按照 11 位编码对应的系统信息进行计划提报。这种情况下，一旦 11 位编码有误，系统无提示，业务人员无法及时发现问题，必然会影响计划的准确性，耽误生产经营的有序开展。

（3）提供一种能够整合 ERP 功能提升工作效率的手段。现有系统中单纯线上的业务，按照业务流程的分为多个阶段：计划提报、转采购订单、一级验收、二级验收、导预留、发票预制、创建出库等等。每个阶段每条计划都有不同的操作，当计划数量达到数以千计、数以万计时，为了保证所有计划在整个流程都不出问题，就需要一种能够站在全局的高度去实现计划高效、清晰、快捷的，同时又精细化的管理手段。

（4）需要一种实现企业管理与 ERP 功能无缝衔接的手段。现实企业生产经营中，不论是生产运行，还是设备修保，以及物资供应，都是紧密结合在一起的，为企业整体的稳定高效的运行提供有力的保障。从企业经营角度来看，脱离经营环境，单独的谈论任何一方面业务都是片面的，是不可行的。那么现有的问题恰恰就是现有的 ERP 物资管理功能完全与企业实际生产运行、设备修保完全分离。无法为企业的经营提供有效的支撑。

3 改善现有 ERP 环境下的物资管理工作现状的相关对策

为了紧紧围绕贯彻落实党的十九大精神，按照切实解决国有企业存在的矛盾和问题，扎实推进供给侧结构性改革、深化国有企业改革、培育具有全球竞争力的世界一流企业这一总体要求，结合大庆油田生产经营实际，认识、把握、引领新常态，大力开展管理创新、能力创新。在当前生产形势严峻、生产任务繁重的实际情况下，为了满足企业经营的需要，解决企业生产遇到的困难，我们在认真分析当前 ERP 系统应用现状的基础上，结合企业经营管理需求，融汇多年来总结出的优秀工作方法与经验，使用现有的资源，群策群力，开发了一套实现企业管理与 ERP 系统无缝衔接的物资计划管理系统。有效的解决了现有的问题，满足了生产经营的需要。

3.1 软件工作原理：

本软件是采用 SQL 数据库技术的物资计划管理系统，以勘探 ERP2.0 系统及中国石油公共数据编码平台为基础数据来源，定期更新同步，现涵盖勘探 ERP2.0 系统内所有有效编码数据约 110 万余条、MDM 平台物资分类(5497 分类清单)3 万余条，及大庆油田集中采购招标物资查询平台内的中标结果数据 20 余万条。

通过关键字检索，实现海量数据的自动比对校验功能；通过采购申请号，将软件数据库内的数据与 ERP 系统内的数据建立关联，实现同步跟踪管理。

结合企业实际生产环境，计划实行富余信息存储机制，每条计划对应的各种生产数据项目多达 80 余项，实现了企业生产管理信息与 ERP 数据无缝衔接的目标，根据企业管理需求，提供全方位、多角度的定制性功能。

软件的数据服务器由 Windows 7 操作系统，外加 SQL Server 2005 数据库系统组成。客户端采用 VB. NET 开发环境进行开发。系统运行网络环境为企业内网。

3.2 主要功能：

本软件通过计算机数据自动处理，通过特

定的算法程序，提供人工无法完成的批量数据比对纠错功能及各种 ERP 计划辅助管理功能，可以极大的提高生产维修物资计划编制质量与效率。现功能涵盖有：

（1）具备多种物料数据查询功能。具有查询手段灵活，查询效率高的特点。功能包含：

a. 计划上报前的编码快速检索；

软件与 ERP 系统定期更新同步相关数据信息，依托物料编码数据库、集中采购招标物资中标结果数据库、物资价格数据库、企业生产经营数据库、物资计划数据库等多个数据库，提供编码的快速检索功能。

通过关键字组合，可以快速检索到相应物料编码；通过设定采购类别参数，可以指定查询诸如“授权采购“等指定采购类别的物资编码；

查询结果中涵盖了大庆油田集中采购招标物资查询平台内的中标结果信息。软件可以对查询结果自动识别，上图粉色区域为有中标结果的物料信息，可按照中标结果直接上报计划；蓝色区域为普通未冻结的物资编码，可根据实际情况选择使用。

b. 5497 物料分类信息查询；

软件根据 MDM 平台发布的物资分类数据，通过 18 位物资编码或者 8 位的物料组编码，可快捷的查询到其对应的标准信息。为计划上报环节编码校验提供了一种手段；同时也为 MDM 物料编码申请，提供了基础数据的支撑与保障。

c. 供应商基础信息查询；

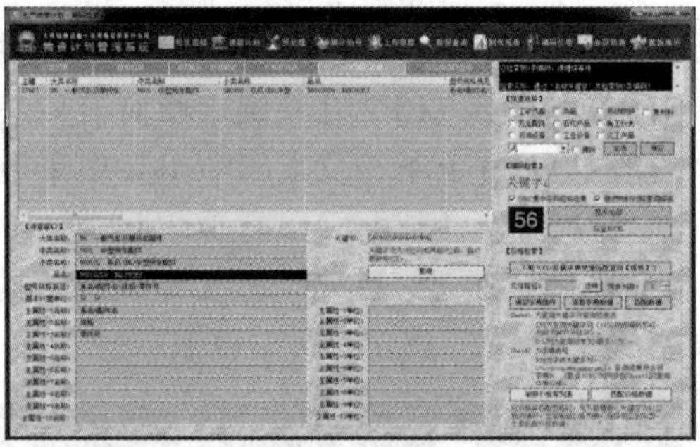

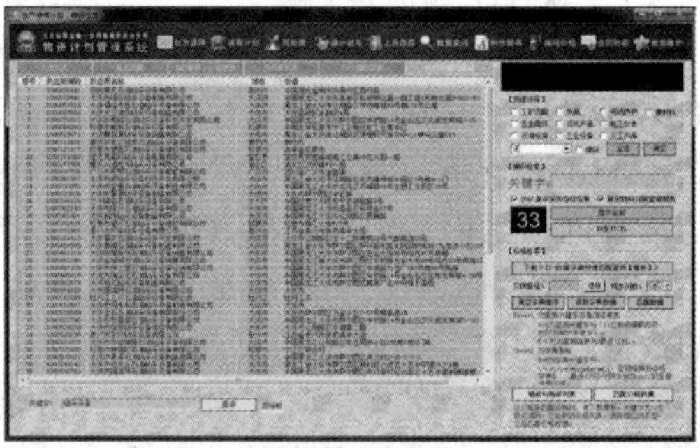

软件涵盖了 ERP 系统内的供应商基础信息，可以快速的查询指定供应商的编码，为业务的开展提供一种快捷的手段。

（2）对生产维修物资计划进行数据检查与修正。具有比对速度快，错误检测效率高，同时能够修正相关问题的功能。功能包含：

a. 上报计划的无效、冻结编码检测；

b. 18 位编码、11 位编码、名称及计量单位等基础物料信息的自动校验与修正；

c. 根据公示价格校验修正计划价格；

d. 备注供应商与大庆油田集中采购招标物资中标结果比对；

e. 季度计划、月度计划的自动标识。

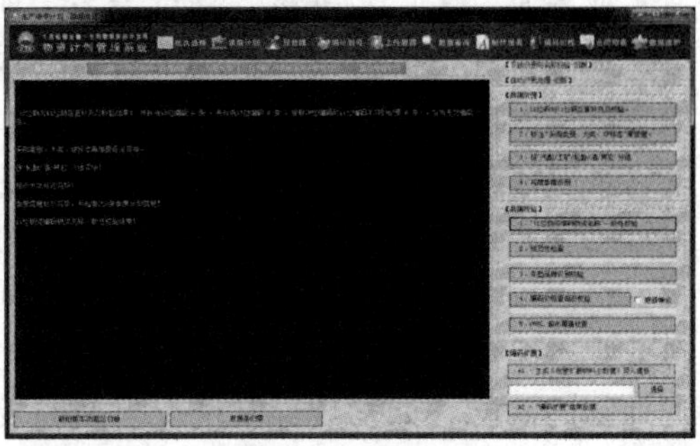

每月上报计划前，可以把经过初期检查汇总后的基层用料单位物资需求计划导入到软件进行数据自动校验与修正。

将新增计划的物料编码与 ERP 编码库等进行比对分析，查验新增计划的物料编码是否冻结，是否有效可用；

将新增计划的编码信息与 ERP 编码库中的编码信息进行模糊匹配比对，自动检测编码、物资名称是匹配，计量单位是否一致，对有异议的计划信息进行反馈提示；

自动校验新增计划内有中标结果的编码的价格是否与中标价格一致，根据需求可自动更新计划价格信息；

对于集中采购物资，可根据 8 位物料组编码查询是否有中标结果，本次新增计划编码是否为中标编码，以及备注的供应商信息是否属于中标供应商等；

按照指令，对能够自动修正的问题，和自动标注的信息进行自动处理。

(3) 根据大庆油田油田勘探与生产 ERP 系统要求，结合油田物资工作规范，提供 ERP 线下辅助管理支持功能。具有准确性高，可靠性高特点。功能包含：

a. 根据 ERP 内计划号编制的规则以及实际生产情况，自动编制计划号；

ERP 系统为了方便计划管理，对上传 ERP 的计划会逐批次按照统一的规则编制计划号。

传统的工作方式是建立计划台账，然后手工按顺序往下编制计划号，逐项记录。由于编制计划号时需要兼顾到生产运行状况，以方便后续业务的开展。但当计划条数非常多时，人工操作难免会有出现纰漏的时候。一旦计划号编制出错，造成不同分类的计划混淆，轻则会给后续业务带来麻烦，重则会直接导致计划被退回。

软件提供了自动编制计划号的功能。软件通过对计划的各种属性进行识别，采用逐级加权的方式，细化编码规则，同时融合企业经营的需求，自动生成计划号。自软件投入使用以来，处理计划十余万条，无一出错。

b. 根据规定格式，自动生成上传模板；

c. 与 ERP 系统进行数据同步，跟踪计划审批进度，实行计划全流程跟踪管理；

d. 授权采购物资转采购订单管理。

在实际业务工作中，当计划条数较多时，会采用模板提报的方式进行计划上传，以提高工作效率。软件提供了在自动编制完计划号后，自动生成上传模板的功能。并提供了对已上传 ERP 的计划进行数据同步、跟踪管理的功能。

在提供计划全流程跟踪管理的同时，对授权物资的快速竞价流程、转采购订单流程设立专项管理流程，业务清晰明了，操作简单快捷，在确保工作质量的同时，大大的提高了工作效率。

通过整合 ERP 验收、入库数据，进一步结合软件内部涵盖的企业生产经营数据，可以为管理人员在对企业经营进度进行动态调整时提供有效的数据支撑。

(5) 各种报表自动汇总与制作。

因为软件采用了富余信息存储机制，每条计划对应的各种生产数据项目多达 80 余项，涵盖企业经营、生产、维修、物资等多个环节的诸多数据，因此可以根据企业的实际需求，自动生成各种经营分析报表，对于新增的报表需求，可以通过软件的数据查询功能，方便快捷的查询，及时的进行汇总分析。

（6）基于软件数据库派生出的 ERP 系列辅助程序：计划前期检查工具。

计划接收业务人员通过此工具箱可以对基层单位上报的物资需求计划进行初步的检查与校验，可以发现问题于源头，及时处理，提高了计划上报质量。

此工具箱还提供了本次新增计划与历史计划匹配比对功能，具备检测发现重复上报同类物资计划的功能，如发现异常情况可及时反馈给相关生产经营部门，查证不合理情况出现的原因，及时纠正。

（7）基于软件数据库派生出的 ERP 系列辅助程序：生产维修物资机化查询工具。

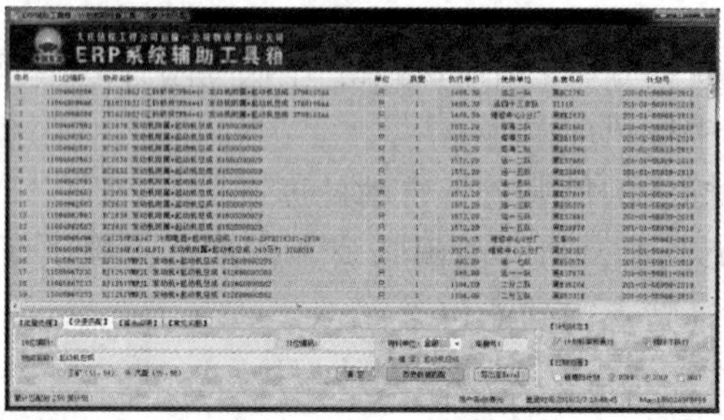

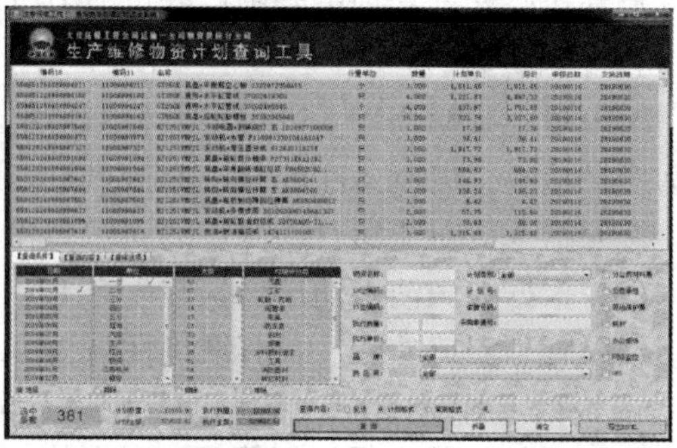

由于业务职能和权限配置的不同，基层用料单位不直接使用 ERP（系统内也无相关经营数据）。在传统的工作模式中，都是物资业务人员将通过计划审核的计划明细以 EXCEL 电子表格的形式通报给基层用料单位。这样就存在着反馈的信息不够全面，后期计划发生变动基层单位无法及时处理，总体计划管理不够清晰的问题。当出现异议时，物资业务人员与基层用料单位反复沟通，时间久了，一旦遗忘，还得再次反复沟通，费时费力。通过这个查询工具，就相当于为每一个基层用料单位设置了一个 ERP 窗口，软件提供了最准确、最全面的生产维修物资信息，他们可以通过软件从不同的角度查询物资用料数据。既降低了物资业务人员的工作量，又提升了基层单位的工作效率。

3 结论

这套软件自投入应用以来，已经累计处理十万余条各种生产维修物资计划的上报及管理工作，通过实际应用，其主要贡献在以下几个方面：

（1）辅助人工对每一条计划严格把关，增加了计划的准确率和提报的及时率。

（2）避免计划信息错误反复被上级业务部门退回、重报、再审批等，提高了工作效率。

（3）保证了设备修保工作的顺利开展。

（4）由于计划准确，有效提高了保供效率，确保生产用料及时上报计划和验收，通过一个环节上时间的缩短，缩短了待料时间、保供周期，为各单位生产经营创效提供了物资保障。

渤海油田重大科技专项系统融合模式创新实践与探索

李　功　陈国成　王保全　陈晓祺

中海石油(中国)有限公司天津分公司

摘　要：针对增储上产关键技术瓶颈，以“科技支撑油田稳产上产”为导向进行系统融合模式创新。加强顶层设计，强化勘探开发生产科研一体化、内外部协同一体化、技术攻关与安全生产一体化，建立跨单位扁平化组织机构，实施项目长负责制，创建渤海专项管理制度，建立跟踪反馈机制、关键节点管控机制、考核激励机制，通过系统融合模式创新实践，突破并推广了一系列关键技术，为渤海油田稳产上产奠定坚实基础。

关键词：系统融合；增储上产；一体化

1　稳产上产重大科技专项系统融合模式的提出

能源是经济社会发展的动力之源。我国是油气进口第一大国，近年来我国油气对外依存度不断攀升，2020年石油对外依存度攀升至73%，天然气对外依存度攀升至43%，能源安全形势严峻。习近平总书记站在党和国家前途命运战略高度，对石油领域做出重要批示指示，要求大力提升勘探开发力度、保障国家能源安全。中国海油贯彻落实“四个革命、一个合作”的能源安全新战略，研究制定“七年行动计划”，专门成立“加大国内勘探开发专责领导小组”，大力推进油田增储上产。中国海油提出了“创新驱动、国际化发展、绿色低碳、市场引领、人才兴企”五个战略，为产业未来发展提供了根本遵循，其中明确了增储上产的重大地位以及科技支撑的实现途径。中国海油科技创新工作成绩斐然，但与国际一流能源公司相比，仍存在一定差距：一些关键领域、关键核心技术存在“卡脖子”风险；科研成果转化速度慢，新技术、新模式推广力度有待提升；以信息化、智能化推动技术变革和生产运行优化升级任重道远；科技领军人才、高层次创新人才和科技管理人才相对匮乏等。为落实渤海油田增储上产任务，迫切需要组织实施一场大规模、多层次、高水平的科技创新活动，通过有明确目标、有详细计划、有精准措施的科技攻关，全面提升核心竞争力，为公司高质量发展提供全方位科技支撑。

在此背景下渤海油田设立了油田稳产上产重大科技专项(简称渤海专项)，开展科技攻关，重点解决增储上产关键技术瓶颈。这是中国海油首个为地区分公司稳产上产而设立的，且科技研发投入费用历史最高的科技重大攻关项目，涉及集团公司多部门、天津分公司、北

【第一作者简介】李功，男，1983年10月9日出生，2010年毕业于东北石油大学油气田开发专业，硕士研究生，工作于中海石油(中国)有限公司天津分公司渤海石油研究院，开发高级主管，高级工程师，获得中海油天津分公司科技进步奖4项、省部级管理奖6项。通讯地址：天津滨海新区海川路2121号海洋石油大厦B座，300450，ligong2@ cnooc. com. cn

京研究中心以及数十个协同单位，是一场多单位、多专业、多人员的，涵盖技术研究、矿产试验、转化应用各阶段的科技攻坚战役。渤海专项实施成效直接影响着能否在老油田稳产、新油田开发、低边稠油气储量有效动用三方面取得关键性突破，为渤海油田高质量发展提供强有力的科技支撑。渤海专项作为“七年行动计划”实施方案重要组成部分，是“七年行动计划”顺利推进和公司高质量发展的坚实保障。

2 重大专项系统融合模式创新

2.1 整体融合，集合行业智慧做好顶层设计

强化顶层设计，遵循目标一体化原则，采用“技术研究、矿场试验、专家评估、示范及推广应用”一体化深度融合模式，以“四结合”为手段绘制顶层设计。一是结合渤海油田勘探开发特点，以问题为导向，深入分析渤海油田勘探开发规律、潜力以及主要技术瓶颈；二是结合众家之长，先后5次邀请行内知名院士、各级专家学者充分研讨，为渤海油田稳产上产高质量发展精准把脉；三是结合国际一流能源公司成功开发经验及管理经验，深入调研、对标研究；四是结合中海油各单位正在开展与渤海油田有关的科技专项，整合资源、化零为整、统筹考虑课题设置。最终明确了“稳定老油田、加快新油田、突破低边稠”稳产上产总方针、项目攻关目标和课题，确立“通过地质油藏、采油工艺、钻完井、海洋工程等多专业综合技术集成攻关和矿场试验，历经一年编制完成了项目顶层设计方案。

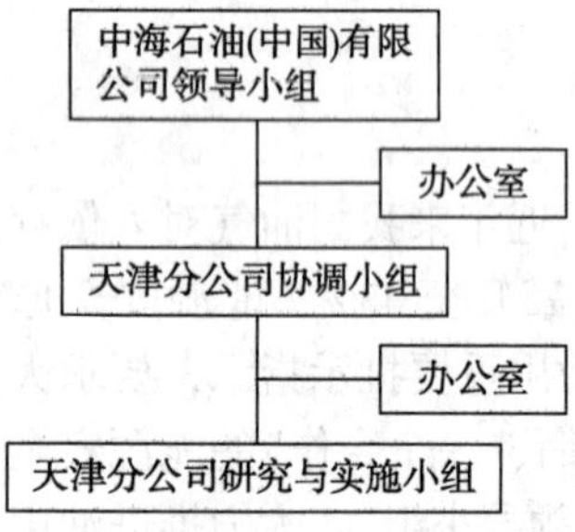

图1 “三层级”扁平化科技管理模式

2.2 要素融合，结构管理联合把控项目成效

首次创建“三层级”扁平化科技管理体制。中国海油统筹整合资源，将各条科研战线的力量集中部署，建立完善组织机构，最终形成了跨单位管理的“三层级”扁平化科技管理体制(图1)，即中海石油(中国)有限公司成立重大专项领导小组，负责审定总体技术方案及预算，协调解决重大问题，督促落实重大事项，统筹推进各项工作。天津分公司成立协调小组和研究与实施小组(包括北京研究中心)，建立了一支稳定的专职队伍，专项负责该项工作，开展项目方案设计、关键技术研究和研究成果转化。通过健全组织机构，确保渤海专项攻关过程中“事事早谋划、件件有落实”。各层级明确职能，逐级分解责任，确保信息传递快，工作执行力强，高效解决专项中遇到的问题，提高运行效率。

2.3 动态融合，实时调整目标内容计划预算

紧紧围绕增储上产目标，面对新形势、新问题，与渤海油田产量规划保持一致，建立动态优化调整机制：即所有对渤海油田稳产上产有重要意义的技术创新研究，均动态调整到重大项目中进行统一管理，协调推进。如水下生产系统是有效解决渤海环境制约问题的重要突破口，是实现七年行动计划的关键，因此在专项中及时新增设课题7“渤海油气田水下生产系统国产化研究与示范”，天津分公司协调小组办公室多次组织开展多方协调会，确立了组织机构、顶层设计、课题设置、研究内容、研究目标，加快推进水下生产系统研究进程。

2.4 专业融合，科技研发试验推广一体化推进

首次创建以增储上产为目标勘探开发生产科研一体化协同机制，即按照课题工作计划形成了科技专项支持下的规划目标。每年初课题承担单位按照工作计划对课题支撑的储量及产

量进行预测，将每项科研技术对应解决支持的储量、产量目标进行量化，每季度对课题承担的储量、产量完成情况进行跟踪，真正实现勘探开发生产科研一体化。

充分吸收国内外一流石油公司、各大科研院所技术及经验，采取自主研究与外协相结合，确保完成项目预期考核指标和提交的各项成果。在联合研究过程中，成立了外协项目并行研究小组，实行“与生产实践结合，解决生产难题”，“与技术发展结合，形成核心技术”，“与人才培养结合，促进人才成长”，使攻关技术成为看家本领。注重人才培养和知识产权的保护，明确成果与知识产权归属。

2.5 制度融合，明确流程责权强化考核激励

为保障渤海专项的高效实施，完成了渤海专项项目实施管理办法、跟踪管理办法、奖励激励制度以及研究与实施工作小组管理细则等多项管理制度。各项管理制度经过两年的实践检验和磨合，经过多次反复修改和充实完善，逐步实现了项目流程化、模板化和规范化，使管理更先进、更科学。

管理制度的建立打破了常规部门及单位之间的界线，以项目组形式组织运行，理清了工作职责，规范工作流程，建立了从立项、预算、实施、变更、经费、验收、中试、矿场试验与推广应用全流程管理体系，确保了项目合法合规运行，促使项目管理监督到位。

建立工作例会制、工作月报制，中海石油(中国)有限公司领导小组至少每季度听取一次工作进展情况，天津分公司协调小组由项目长定期召开例会，协调解决项目中存在的问题，对重点工作实行特事特办、急事急办、限时办结制度，大大保障了项目进度。工作月报制度有利于有限公司领导小组、天津分公司协调小组及时了解各课题工作进展情况，适时有效督促，有利于于各课题之间工作横向交流，形成良好的竞争氛围，持续推动重大科技专项的研究进度和质量提升。

建立考核评价制度，鼓励各单位推行及时奖励机制、完善奖惩机制；最终融合成为一个横跨津京两地，涵盖5家内部公司的重点项目作为科技领域的竞赛单元，打造重大科技专项全员竞赛的新生态。其中，天津分公司总经理即时奖励创新创效项目21项，覆盖16个单位和部门，获奖人数达50人以上。通过“渤海油田劳动和技能竞赛”、“青年创新创效论坛”等系列活动，建立了全新的创新文化宣传阵地，将文化建设融入到科研攻关、生产经营全过程。

3 重大专项系统融合实践与成果

3.2 实现增储上产，经济效益可观，保障国家能源安全

渤海专项通过创新构建系统融合管理体系，有效克服了项目管理的各项挑战，取得了一系列科技创新成果，立足系统思维，统筹推进了技术研发、矿场试验和推广应用的高效融合，多项技术已在绥中36-1、秦皇岛32-6、渤中28-2南等目标油田进行了应用，各类技术措施增油410万吨，累计实现经济效益超过60亿元，创造了巨大的经济价值。

3.2 技术体系完善升级，关键核心技术实现突破

以渤海油田稳产上产需求为导向，聚焦重大技术瓶颈问题，通过三年的技术攻关和矿场试验，20项关键技术取得重大突破，油田开发效果及降本增效取得显著成效。其中攻关成果荣获国家级奖励1项、省部级奖励13项、分公司奖励22项，为渤海油田可持续发展提供了坚实的技术保障。

3.3 科研成果高效转化，提质增效取得明显成效

通过实践探索，建立集技术研究、矿场试验、系统评估、示范推广于一体的高效成果转

化机制，实现各环节高效联动、互相促进，各项成果快速转化，20 项关键技术已投入矿场试验并取得显著成效。例如：在稳定老油田方面，海上陆相沉积油藏双高阶段油藏精细描述及高效挖潜技术有效指导 3 个目标油田流场调控及调整挖潜的实施，自然递减率平均降低 3.0%，含水上升率平均降低 0.6%，开发水平达到企标 I 类水平，被评为“注水标杆油田”。在加快新油田方面，渤海中深层复杂油气藏精细描述及高效开发技术体系指导垦利 10-1 油田、旅大 16-3 油田完成 43 口开发井高效实施。在突破低边稠方面，稠油热采关键技术研究成果已应用于海上首个蒸汽驱项目-南堡 35-2 油田中，采收率提高 14.4%；注采一体化工艺在旅大 27-2 油田开展现场试验，并应用于旅大 5-2 北油田开发设计中，单井热采操作费降低 30%以上。边际油田钻完井配套技术保障了秦皇岛 33-1 南、曹妃甸 6-4 等油田高效实施；大位移井技术使得延伸极限提升超 20%，钻速提高 28%、建井周期缩短 30%。

3.4 项目管理水平提升，“一快两高”效果显著

通过渤海专项管理体系的实施，取得了以项目快速推进、专业高度融合、成果高效转化的“一快两高”为主要特点的项目管理成效，科技管理体制机制创新得以深化落实。完善重大科研项目管理流程、健全科技成果转化机制，提升了项目管理水平。完善考核激励机制，为培育科技创新环境、提高科技人员创新积极性提供了有力保障。渤海专项探索形成的组织架构以及专业融合、协同创新的模式，形成了推动油田稳产上产的责任共同体，实现思想上“一条心”、行动上“一盘棋”，保障项目快速推进。

3.5 打造专业人才队伍，科技创新氛围持续提升

通过渤海专项开展与实施，整体提升了科技管理创新能力和关键核心技术研发水平，培养了一支紧跟相关领域科技前沿、具有较强技术实力和创造活力的科技人才队伍，能够支撑和引领海洋石油行业的创新发展。三年来，依托渤海专项已培养百余名技术骨干及专家，其中享受国务院特殊津贴专家 6 名，省部级/集团公司级专家及人才 45 名、所属单位专家及各类人才 47 名。

参考文献

[1] 傅诚德，牛立全，范向红，等．公司重大科技专项管理的认识与建议[J]．石油科技论坛，2018，6(1)：1-5.

[2] 牛立全，傅诚德，曾宪义．技术路线图项目设计与管理方法[J]．石油科技论坛，2008，27(1)：19-22.

[3] 张全立，王宏伟，马汝涛，等．完全项目制与管理工具在超前研究中的应用[J]．石油科技论坛，2017，36(4)：9-14.

[4] 袁士义．加强自主创新 推进科技进步 为建设综合性国际能源公司提供强有力地技术支撑[J]．石油科技论坛，2009，28(4)：2-6.

[5] 方朝亮，钟太贤，罗凯，等．加强顶层设计创新科技管理 支撑引领集团公司主营业务发展[J]．石油科技论坛，2014，5(1)：4-9.

大庆市工业旅游发展对策研究

黄　铄

东北石油大学 经济管理学院

摘　要：大庆市旅游业的突破升级已经到了刻不容缓的时间节点。大庆作为以石油为特色的工业城市，让“油城”转化为“游城”是我们的发展目标。大庆市发展工业旅游有加速产业结构调整、促进区域旅游发展及推进城市精神文明建设的重要作用。本文首先对国内外工业旅游的产生背景、发展历程及大庆市工业旅游的现状进行简要阐述，然后根据欧美国家工业旅游开发的成功案例对大庆市工业旅游目前存在的主要问题进行分析，并据此提出相应的对策。

关键词：大庆；工业旅游；发展

1　工业旅游的发展现状

工业旅游是一种以保护和开发工业遗产和遗址遗迹资源为核心，为游客不仅展示现代化工厂还能创造出生产体验价值的专项旅游。它不仅是工业发展鼎盛时期的产物，也是一类特殊的综合型旅游产品[1]。相比于欧美等国早已兴起且发展迅速的工业旅游，我国工业旅游有起步晚发展快的特点。工业旅游已逐渐成为部分地区或者企业的一个新的经济增长点。全球很多著名工业企业开始注重工业旅游相继向游客开放并受到了游客的喜爱和追捧，比如好时巧克力小镇、法国格拉斯小城、德国大众汽车博物馆等。发展工业旅游具有促进产业结构调整优化、提高地区或企业的知名度、促进区域旅游发展、推进城市精神文明建设等显著的综合效益。

与度假和生态类型的旅游相比，工业旅游在观光休闲的同时还能够满足游客的好奇心和求知欲，让旅游者增强对能源、企业和科技的感性认识，这是其他旅游类型无法给予的。工业为旅游提供了生产工艺过程、工业历史遗迹遗产、高科技技术等新的旅游资源；旅游则为工业带来品牌知名度的提升、产品的宣传推广、企业或城市形象宣传等巨大附加值。随着未来工业化的深入以及旅游业的蓬勃发展，旅游与工业会日益走向融合发展共赢。

1.1　工业旅游的产生背景

（1）国外工业旅游产生的背景

随着社会工业化进程不断加快，工业旅游也逐渐发展起来。国外工业旅游已有近七十年的发展历史，从20世纪80年代初开始工厂参观旅游开始大规模发展。在现代企业管理水平

【第一作者简介】黄铄，女，1996.7，毕业日期：2019.11.28，毕业学校：英国萨里大学，获得学位：硕士学位，工作单位：东北石油大学经济管理学院，职务职称：助教，主要科技成果与获奖情况，通信地址：黑龙江省大庆市龙凤区新城御景 A12－1－603，邮编：，电话：15045968749；E-mail：296555848@qq.com

逐渐提高的背景下，新的管理理论在企业管理领域发挥了重要作用，更多工业企业将“营销”作为一种新型管理模式，把开放工厂参观作为发展、稳定客户的重要手段[5]。

（2）国内工业旅游产生的背景

我国工业旅游的产生背景可以总结为三点：一、随着人们物质生活水平的提高，旅游者消费需求多元化要求更多新型的旅游产品，不再局限于观光度假型的旅游产品，更注重观光游览与各种社会活动相结合。二、游客对旅游资源的认识拓展到工业旅游资源等新领域。三、激烈的市场竞争使企业为了自身发展，急需工业旅游的平台向公众展示自己企业的形象，这样既能展现企业所取得的成就，又为其产品扩大了宣传力度和影响力。[3]

1.2　工业旅游的发展历程

（1）西方国家工业旅游的发展历程

18世纪后期，西方国家的工业步入高速发展时期。一些英国的家族式工业企业开始建设主题公园、博物馆及美术馆。19世纪末英国工业考古学的发展使工业遗产保护及开发利用逐渐得到重视，一些与工业相关的文物也开始被人们开发和利用，被当作旅游产品来参观。工业旅游作为一种新型旅游形式，20世纪50年代左右开始发展起来，但其真正大规模开展则是从20世纪80年代初的工业遗产旅游开始的。

由于工业遗产旅游的成功，现代化工业企业开展工厂观光旅游的兴趣也油然而生。欧美等国的工厂观光旅游从1980年开始也普遍发展起来。国外工业旅游发展共经过了三个主要阶段，分别是：萌芽阶段(19世纪末-20世纪50年代)、起步阶段(20世纪50年代-20世纪80年代)、大规模发展阶段(20世纪80年代至今)[6]。

（2）国内工业旅游的发展历程

我国工业旅游的起步较晚，是由国外的工业旅游直接引进。我国工业旅游的发展历程主要分为两个阶段[2]：

第一阶段：中国工业旅游的开端(1978年-2000年)

在20世纪90年代，部分著名工业企业开始加入到我国工业旅游项目中来，其中较有影响力的几家工业企业有中国一汽集团和四川长虹公司等。中国一汽集团于1994年通过“一汽实业旅行社”向旅游者展示轿车及卡车生产线、样车陈列室等重要生产车间。四川长虹公司和绵阳九院等共同打造的科工之旅也成为国内首家开展科技类工业旅游项目的工业企业旅游项目。

第二阶段：中国工业旅游的发展(2000年至今)

进入新世纪以来，我国工业旅游的发展与高新技术开发区的兴起是息息相关的。开展工业旅游的杰出代表有上海航天科技工业展示馆、山东海尔工业园、海信集团等工业企业。自国家旅游局公布首批工业旅游示范点后，多个著名品牌企业如上海宝钢、青岛海尔、贵州茅台等开始积极探索工业旅游项目，此后尤其是以工业为主导的城市开始注重工业旅游开发。目前，工业旅游活动在工业企业的开展已近乎遍布全国。

1.3　大庆市工业旅游发展现状

大庆是一座有深厚石油文化底蕴的城市，这座城市有着石油石化独特的工业旅游资源。在大庆油田开发建设60多年来，打造了独具特色的现代油田工业企业文化，[4]大庆市工业旅游主要是指工业遗址参观，其石油工业是大庆市宝贵的工业旅游资源。其中包括：油田矿区景观、油田城市景观、油田纪念地、石化生产基地等。具体来说，有大庆石油科技馆、油田历史陈列馆、松基三井、铁人王进喜纪念馆等为代表的工业旅游景观。

2 大庆市工业旅游现存的问题

(1) 单调的旅游产品内容导致同质化严重

目前大庆市的工业旅游项目以简单的参观游览为主要内容，游客参与性不强，由于旅游线路内容不够丰富，游客停留时间较短，无法使游客的旅游体验感受提升上去。旅游产品同质化较为严重，各个展馆特色不够鲜明，缺乏记忆点。

游客在旅游过程中能了解大庆精神、铁人精神或者油田的历史，但看到的是死板的展示，听到的是讲解员的讲解，没有新意。在旅游过程中缺乏娱乐性，没有把知识通过娱乐的方式展示出来，也无法让游客沉浸其中，更不用说得到既满足好奇心又获得求知享受的旅游体验了。总体来看，大庆工业旅游项目使旅游者缺乏趣味性和娱乐性的旅游体验，枯燥的讲解和参观导致有亮点的旅游产品没有通过游客乐于接受的方式展现出来。

(2) 过于注重社会效益而忽视经济效益

目前大庆发展工业旅游主要着眼于宣传大庆精神和铁人精神，扩大社会影响力方面，对由此带来的经济效益没有引起足够的重视。大庆工业旅游面对的客户群体多是政府官员、企业职工以及学校的师生等，缺少对大众群体的吸引力。

(3) 宣传力度不到位

由于大庆工业旅游的目标市场定位仍比较侧重于政府机构、企业或学校的参观与交流，面对大众的旅游市场仍然开发不足，因而在营销上缺乏令人耳目一新的策划和宣传推销，使工业旅游对大众群体并没有达到应有的吸引力和影响力。

(4) 全域旅游概念尚未形成

全域旅游是以旅游业带动和促进社会经济协调发展的一种新的区域协调发展理念和模式，是指为了实现区域资源有机整合、产业融合发展、社会共建共享的目标，在一定区域内，以旅游业为优势产业，全方位和系统化地将区域内社会经济资源尤其是旅游资源、生态环境、公共服务、文明素质等进行优化提升。

全域旅游概念尚未形成的原因有以下几点：大庆旅游业资源整合和开发力度不大，缺乏龙头旅游区的带动；旅游发展与全民参与之间的关系不强，尚未形成全民参与旅游、保护环境、宣传营销的发展局面；旅游服务设施建设不健全，尚未建立旅游公共服务体系。

2.1 西方国家成功的工业旅游案例

德国工业旅游起初是著名汽车公司率先将汽车装配现场供消费者免费参观。目前，德国最为成功和著名的是鲁尔区的工业旅游[5]。鲁尔区已经由一座工业遗产园区被改造为文化旅游和工业旅游园区，工业旅游项目繁多，比如说钢铁厂和采矿场分别被改造成了博物馆、旅游和综合购物广场等。它的成功经验在于，对当地的工业遗产进行充分的开发利用，以及政府对其进行创新性的开发和引导。

作为世界工业强国的美国，工业旅游同样起步较早，有特色鲜明且不同类型的工业旅游项目。比如说位于宾夕法尼亚州的Hershey好时巧克力小镇。如今，小镇上的著名旅游景点主要包括好时巧克力世界、好时乐园和好时酒店等。在好时镇中，游客可以参观模拟的巧克力制作生产线，观赏巧克力工厂的机器设备，从视觉、触觉、听觉三方面感受将可可制作成牛奶巧克力的全过程。除参观之外，游客还可以亲自动手参与巧克力制作，设计属于自己的巧克力。

由上述德国和美国两个工业旅游的成功典型案例可以看出，工业旅游要将具有当地特色的工业文化底蕴融入进去，尽可能地增强游客在旅游过程中的参与度，使游客多感官感受甚至是亲自“制作”特色旅游产品。把企业的生产场景、产品加工过程、企业文化、员工生活情境等内容以新颖个性化的风格零距离地向游客们展示，从而使游客沉浸其中，增强游客的体验感。

3 大庆工业旅游的发展对策

（1）增强旅游产品的趣味性

趣味性是旅游者在旅游过程中追求的共同目标，自然风光、红色教育、爱国教育都不是工业旅游的最终目的。欧美工业旅游那么有吸引力，成为网红景点的最重要原因就是其娱乐性和趣味性令游客感到放松[6]。大庆工业旅游应充分挖掘旅游线路中的趣味设计，增强与游客的互动性，让游客有故地重返的欲望。

（2）挖掘工业旅游中的独特元素

大庆工业旅游要有鲜明的工业旅游主题线路，且有突出的石油特色，可以重点打造集观光游览、科普教育、娱乐体验为一体的石油文化博览园、集中组织建设石油文化创意区、推进大庆石油红色文化旅游产品开发，从而进一步丰富大庆石油工业旅游产品。

（3）精准市场定位及投放

目前，中国工业旅游市场表现出的几点特征有：一是主要市场是以闲暇时间比较充裕的年轻人和老年人群体；二是游客偏好互动体验类的旅游产品；三是旅游产品品牌正在逐渐形成，四是工业旅游的市场需求逐渐上升。中国工业旅游市场可以进一步大力开拓的市场是学生和老年人群体，他们也是中国工业旅游市场的潜力所在[6]。

大庆要进行精准的工业旅游市场定位，深化市场细分。针对不同的市场群体，设计和开展不同主题的工业旅游，比如说：针对学生群体可以开展以研学为主题的工业旅游；针对政府机关的工作人员可以开展以考察和调研为主题的工业旅游等等。

大庆工业旅游市场营销的重点工作要做到以下几点：首先要优化组合旅游线路以增加旅游产品的可游性和层次性，其次是策划石油或以大庆精神铁人精神为主题的工业旅游产品，还要提升游客在工业旅游产品中的参与度和体验感，借助互联网对工业旅游产品及衍生产品进行线上营销推广。

（4）政府应助力实施系统营销塑造旅游品牌形象

以河北省固安工业园区的城市营销广告为例。2003 年以前的固安，尽管只是靠近北京大兴的一个农业小县，却最终根据中国首都最大的超级地标北京天安门标注了固安的位置，“天安门正南 50 公里”这样的描述很容易让大家知道固安的地理位置，固安最终的完整口号来源于《我爱北京天安门》这首耳熟能详的歌词：我爱北京天安门正南 50 公里。这一营销创意无疑是成功的，也为固安树立了良好的城市品牌形象，成为了固安的城市文化遗产。

以下是对政府提供的投资打造旅游品牌的几点建议：

1）建立大庆市工业旅游官网，通过放置大庆工业旅游景点的美景图片，以及通过官网上 AI 模拟游览景点，让游客对景点有大致的了解。根据游客喜好定制出清晰的旅游路线，给游客以更良好的用户体验，使旅游品牌与消费者的联系更紧密。

2）构建大庆工业旅游官方微信和官方微博平台，分别负责深度推送业内新闻和最新动态和负责与用户即时互动了解用户所想所需，加速提升品牌的知名度。

3）与OTA平台合作。通过自助游用户必上的，如携程、驴妈妈、去哪儿等旅游平台，将旅游信息、精华攻略、旅行产品展示出来，一站式服务让游客更加快速的了解大庆工业旅游。

4）通过用户画像在微信朋友圈定向推送广告，经过对用户喜好分析及地区分布等具体信息，高效覆盖目标客户并提升品牌知名度。

5）在高速、商圈等地投放户外或大屏幕广告，影响潜在游客的旅游偏向。

6）着力打造城市宣传片。作为旅游品牌的重要无形资产，宣传片是城市文化特色的精华，可以准确表达城市旅游品牌的差异化定位，是打造全国旅游品牌形象的重要步骤之一。

7）利用好短视频营销，如小红书和抖音短视频等，攫取用户的碎片化时间，潜移默化地给用户创造大庆这座工业旅游城市的印象，巩固印象从而引发用户的认同感，引导潜在游客消费。

8）通过音频广播有效地让品牌信息触达用户。

（5）旅游与工业相融合助力“全域旅游”

大庆目前需要做的是把自己的工业旅游融入周边大环境的人文旅游和特色旅游项目中，打造以石油特色为基础，与科技文化等相关产业相结合，形成特色旅游目的地，让周边景点的游客有更多选择的同时，也能共同分享客流，达到景点之间互相促进，达到区域共同发展和进步的效果。

4 结语

大庆在以得天独厚的油气资源为依托，以大庆精神铁人精神为支柱的前提下，工业旅游发展潜力巨大。本文通过分析大庆工业旅游发展的现状与现存问题总结出了几点对策：要增强工业旅游产品的趣味性，优化设计以石油为特色的工业旅游线路，对市场群体有精准的定位及投放，政府应精心打造工业旅游的城市品牌，形成城市旅游经济中的特色旅游项目。这样才能整体提升大庆工业旅游业的核心竞争力。工业旅游将是展示大庆城市形象的又一个契机，我们要让旅游者更深入领略大庆这座石油城市的风采。

参 考 文 献

[1] 陈文君．广州工业旅游发展战略探讨[J]．热带地理，2004，24(3)：275-279.

[2] 黄芳．我国工业旅游发展探析[J]．人文地理，2004，19(1)：87-91.

[3] 北京绿维文旅．工业旅游的概念与发展历程[OL]. 2021-01-15.

[4] 央广网．大庆工业旅游：从“油经济”到“游经济”的蝶变[OL]. 2018-01-25.

[5] 工业旅游酒庄旅游设计．工业旅游发家史[OL]. 2021-02-25.

[6] 工业旅游酒庄旅游设计．工业旅游：2020 可为，未来可期[OL]. 2020-03-30.

“一带一路”沿线国家油气投资风险防范研究

张　琼[1]　董秀成[2]　董　聪[3]

摘　要：“一带一路”倡议已经进入具体实施的“工笔画”阶段，对外投资取得了较大的经济效益，然而收益越高风险越大，油气行业更加如是。通过分析“一带一路”沿线油气资源状况，确定油气投资重点的20个目标投资国家，并对这些国家参与“一带一路”以来的具体油气投资情况进行归纳和总结，在“一带一路”油气行业的国际投资与合作进程中必须关注资源风险、地缘政治风险、政治和经济风险及油气法律政策风险等主要风险，油气投资主体可以通过构建投资风险评估和预警体系、加强投资回报机制的建设、风险评估与投资决策紧密结合等方法积极探索投资风险的防范途径，加强自身的抗风险能力，从而最大限度的降低投资风险，助推我国“一带一路”建设的高质量、高效率、可持续发展。

关键词：“一带一路”；油气投资；投资风险；风险防范

1　引言

“一带一路”倡议自2013年提出至今7年以来，受到国际社会的广泛认可与参与，成绩斐然。截至2020年11月，中国已经与138个国家、31个国际组织签署201份共建“一带一路”合作文件，参与方已远远超出历史上的“一带一路”范畴，商签范围由亚欧地区延伸至非洲、拉美、南太平洋、西欧等相关国家。中国与沿线国家贸易额占外贸总额的比重逐年增加，由2013年的25%提升到了2018年的27.4%，与50多个国家签署双边投资协定，促进双向投资升级。“一带一路”沿线国家已成为我国海外投资的重要方向，投资主要集中在基础设施、运输、建筑和能源等领域。我国企业在“一带一路”沿线国家建立或参与建立56个境外经贸合作区，累计投资达185.5亿美元，总产值506.9亿美元，为当地创造就业岗位17.7万个，取得了有目共睹的经济效益。

“一带一路”逐步实现互联互通、互利互惠，共同构建人类共同体的最高宗旨，“一带一路”的油气领域对外投资合作曾经是主力军和先行者，对于国家而言具有重要的战略意义。但是我们在迎接“一带一路”带来的大好机遇的同时，也面临着对外投资的巨大挑战，为应

【基金项目：】国家哲学社会科学基金《“一带一路”沿线国家油气投资风险管理研究》（19BGL010）

【第一作者简介】张琼，（1980—），女，黑龙江抚远人，东北石油大学经济管理学院副教授，硕士生导师，研究方向为石油工程管理、战略创新管理，会计理论与实务，黑龙江 大庆 163318。董秀成，对外经济贸易大学国际贸易学院教授，主任，博士生导师，北京 100029。董聪，对外经济贸易大学国际贸易学院讲师，博士，北京 100029。

对挑战降低投资风险，学术界对此问题也给予了极大关注，研究认为“一带一路”油气富集区地缘政治不稳定，局势动荡；还有一些国家油气资源丰富，但资源储采比较低；也存在政府权力集中、腐败问题严重[1]；经济前景不够明朗、通货膨胀严重；市场化水平和贸易自由化程度较低；自然灾害风险管理水平有待提高等问题，这些因素都为我国在获取对外投资效益的同时带来很大的投资风险[2]。

2 “一带一路”沿线国家油气状况及我国投资现状

2.1 “一带一路”沿线国家油气资源状况

“一带一路”沿线国家油气地质条件优越，油气资源丰富。根据BP公司发布的《BP世界能源统计年鉴》披露的数据，截至2019年底，全球已发现石油可采储量为3106.6亿吨，其中“一带一路”区域内(除中国外)已发现可采石油储量2131.8亿吨，占全球累计发现可采石油储量的68.6%。全球已发现天然气可采储量为293.96万亿方，其中“一带一路”区域内(除中国外)已发现可采天然气储量212.6万亿方，占全球累计发现可采天然气储量的72.3%[3]。全球已发现可采石油储量最丰富的前20个盆地中，分布于“一带一路”区域内的有6个，全球已发现可采天然气储量最丰富的前20个盆地中，分布于“一带一路”区域内的有10个。全球待发现可采石油资源量最丰富的前20个盆地中，分布于“一带一路”区域内的有5个，全球待发现可采天然气资源量最丰富的前20个盆地中，分布于“一带一路”区域内的有9个。

“一带一路”区域内可采油气资源分布极端不均，主要集中在中东、俄罗斯、中亚等几个地区，具体如表1所示，因此也是我国石油公司重点的投资合作区域。

表1 “一带一路”沿线国家油气资源分布情况表

分区	已发现石油可采储量		待发现石油可采储量		已发现天然气可采储量		待发现天然气可采储量	
	亿吨	占比(%)	亿吨	占比(%)	万亿立方米	占比(%)	万亿立方米	占比(%)
中东	1420.7	69.1	160.7	42.7	92.7	44.9	16.1	19.9
俄罗斯	389.8	18.5	99.5	26.8	65.9	31.8	36.1	44.5
中亚	127.1	5.6	46.3	12.2	24.5	11.5	8.3	10.6
东南亚	91.9	3.8	43.2	11.7	14.4	6.4	8.1	11.2
南亚	32.4	0.9	8.8	2.4	5.8	2.3	4.3	5.3
欧洲	35.1	1.0	7.4	1.0	5.6	1.8	0.5	0.7
其他	34.8	1.0	14.5	3.3	3.7	1.3	6.3	7.8
合计	2131.8	100	380.4	100	212.6	100	79.7	100
占全球	66%		32%		65.5%		46.7%	

数据来源：中国能源报、“一带一路”数据库

2.2 我国对“一带一路”沿线国家的油气投资现状

“一带一路”倡议提出后，中国政府大力推进，企业与沿线国家积极响应，在开放包容、互利共赢、市场运作的原则下，坚持共商、共建、共享，“一带一路”国际合作全面展开。截止2019年底，中国已经与138个国家、31个国际组织签署201份共建“一带一路”合作文

件，全行业对外直接投资1，171.2亿美元，非金融类直接投资1，106亿美元，投资结构更加均衡，主要流向租赁和商务服务业、制造业、批发和零售业[4]。

在能源领域，与有关国家建立了56个双边能源合作机制，参与了29个多边能源合作机制。在勘探开发、能源贸易、基础设施建设和双向投资方面取得重要进展，油气合作的多元投资主体格局正在形成，“一带一路”倡议逐渐得到国际上的积极响应和认可。中国参与“一带一路”共25个国家、120余个油气合作项目，在“一带一路”沿线建成了中亚—俄罗斯、中东、亚太三大油气合作区，在陆上三大油气战略通道中建设了中亚、俄罗斯、缅甸到中国的多条管线，中国从“一带一路”国家进口原油占进口总量的67%，进口天然气510亿立方米，占进口总量的85%。中国在“一带一路”国家参与运营4个炼厂合作项目，在“一带一路”国家的工程技术与建设队伍超1500支。中国石油在“一带一路”沿线19个国家运作49个油气合作项目，累计投资占公司海外总投资的60%以上，累计油气权益产量占海外权益总产量的50%左右，参与投资建设的亚马尔液化天然气(LNG)项目已经投产，成为中俄经贸合资最大的平台以及“冰上丝绸之路”的重要支点，被称为“北极地区国际能源合作的典范”，一带一路”已成为中国石油海外油气产量和经济效益的主要来源地。中国石化在“一带一路”沿线30多个国家开展投资和项目合作，完成项目近30个，执行工程合同近600个，贸易实现全覆盖，累计获得权益油气6100万吨油当量，与沙特阿美合资建设了延布炼厂设计加工能力达到2000万吨/年，是中国在沙特最大的投资项目[5]。中国海油、保利集团等国有企业，以及民营企业对“一带一路”沿线国家的油气合作始终保持浓厚兴趣，投资持续增长。

落实“一带一路”倡议，“五通”建设进展顺利。中国石油企业与“一带一路”沿线节点国家成功签署一批重要协议，扩大了合作成果[6]。中亚天然气管道、中哈原油管道等油气通道发挥设施连通作用，年输油能力达到6300万吨、输气能力602亿方。亚洲油气运营中心、欧洲油气运营中心和中亚俄罗斯资源市场持续完善，“一带一路”沿线地区油气贸易规模年均增长10%以上，先后为海外20多个国家近30个产能合作项目提供投融资支持，金额高达400多亿美元[7]。中国石油企业累计在沿线国家捐资助学、架桥修路、赈灾救灾、改善医疗、培养人才和支持当地文化生活设施建设，惠及当地人口超过300万人。

3 “一带一路”沿线国家油气投资风险分析

虽然我国在与“一带一路”沿线的很多油气资源国家的合作中取得了瞩目的成果，但“一带一路”沿线的油气资源国家都有不同的政治经济特征和地缘政治关系，尤其是油气政策及税收法律体系关系我国对其油气投资的成功率和经济效益实现率，所以，对于这些国家的投资在一定程度上都具有投资风险，只是不同国家不同风险的高低程度有所差异[8]，总结起来我国在“一带一路”油气投资的风险主要存在一下几方面：

3.1 资源风险

油气投资区别于其他领域的投资，油气资源是最关键的因素，也是构成投资可行性的优先考虑因素。石油天然气资源勘探的世界经验表明，进入一个含油气盆地到发现并建成油气田，往往需要8-10年的时间[9]。在把石油资源量转化为商业产量的过程中，需要先经过勘探阶段，早期的探井成功率往往只有20-30%甚至更低，进一步提高成功率主要依靠运气。而且对海外含油气盆地的认识，无论如何都不如对国内含油气盆地的认识程度，从地质、石油地质和含油气盆地地质上看，每个国家的石油地质都有其特殊性，以上“一带一路”沿线的20个国家都是中国一直合作的国家，前10个国家是我国重点合作和频繁投资的国家，对于油气资源少资源风险较大，后10个国家是油气资源不很丰富，但今后还有投资前景的国家。但无论哪个国家勘探油气，都无法避免来自地质、理论、技术、工程等方面的资源风险[10]。

3.2 地缘政治风险

"一带一路"沿线地区资源丰富，位置特殊，具有十分重要的战略地位，美、日、韩等大国都曾针对这些地区构建战略，试图获得对沿线国家的主导权。国家间的关系以自身利益为根本出发点，进行国际关系的建立和国际合作的选择，地缘政治关系也一定会参入主观因素，因此具有变幻莫测、不可控等特征。油气对资源国家来说是非常重要的经济支柱和国家赖以生存的战略资源，如何利用可以获得经济利益的最大化，是国家层面需要多方权衡之后才能确定的，往往企业间的合作即是国家间的合作。当国家利益产生冲突或者国际关系发生变化时，对于在投资国的企业产生的效应可能是正向的推动，也可能是负向的打击。各个国家尤其是大国之间竞合博弈，多股强大势力错综交织，中国对"一带一路"沿线国家的油气投资随时面临被其他国家介入干涉的风险[11]。

3.3 政治风险

对"一带一路"沿线国家进行油气投资所面临的最为常见影响也最大的风险就是政治风险。许多投资目标国政策经常出现朝令夕改的情况，缺乏一定的连续性。政府极有可能以政权更迭等为由对投资政策采取重大调整，收回给予投资国的优惠条件，甚至勒令停工等，对我国的投资活动高筑壁垒，这种情况往往需要损耗更多的成本才能继续进行。另外，东道国出于自身利益的考虑，往往会对我国的投资活动进行某些政策上的干预甚至制裁。主要手段有：目标国会实行对自身有利的转移价格政策以增加油气税收、要求我国油气投资企业支付高额的附加费用、规定我国油气企业使用当地的原材料和雇佣当地居民、鼓励罢工和抵制外来产品等。甚至还可能会采取限制跨国企业的资本和利润等手段对我国投资企业进行经济制裁，使我国油气企业发生亏损。例如中国于2014年在斯里兰卡投资14亿美元建造科伦坡港口城，但新总统在上任后以缺乏相关审批手续为由叫停了该项目，使其陷入长达一年的停滞，而中交集团也因此承受了日均超过38万美元的损失。"一带一路"沿线油气国家中发展中国家居多，其政治决策的稳定性不高，所以我国的油气企业对外投资也将面临很大的政治。

3.4 经济风险

"一带一路"沿线国家大多经济基础落后，投融资环境差，经济波动大，经济发展的不确定性逐渐显现，这导致投资面临的经济风险大大增加。一方面，"一带一路"沿线部分国家经常存在巨额项目赤字，内部经济问题严重，投资前景不被看好，中国对这些国家的油气投资很有可能变为呆账、坏账，面临来自投资目标国的债务违约风险。例如2018年，由于债务问题马来西亚单方取消已经开工建设的中资东海岸铁路项目和两条天然气管道项目，造成了我国油企严重的损失。另一方面，我国对"一带一路"沿线国家进行的油气投资大多是油气上游的勘探开发项目，这些项目一般都具有资金投入多、投资回收周期长、未来收益不确定的特点。随着"一带一路"倡议的推进，中国政府和企业投资热情高涨，投资了许多大型油气设施建设项目，项目投资收益的风险也不断提高。目标国的经济运行一旦出现状况，我国的投资就极有可能遭受难以挽回的巨额损失。因此，宏观经济状况至关重要，一般来说，经济发展水平越高，经济运行越稳健，投资收益也越能得到保证[8]。

"一带一路"沿线国家的金融体系往往比较脆弱，汇率、利率、价格等极不稳定，金融风险不容小觑。同时，利率风险和通货膨胀风险也是不容忽视的金融风险，在投资过程中，利率的变动会导致预期投资收益率的不确定，高通货膨胀率将带来实际资产的大幅缩水。然而"一带一路"沿线很多国家都存在较为严重的通胀问题。这些都是我国油气企业在"一带一路"沿线国家投资时必须要考虑的客观投资风险[9]。

3.5 法律政策风险

油气国外投资的各个环节都涉及到法律问题。在进入阶段，如油气投资准入的条件、投资义务的履行、油气区块投资权利的获得；在经营阶段，主要有环境保护、劳动者权益、税收法规、知识产权界定；在退出阶段，主要有主动或被迫撤资的后续事宜等。投资的法律风险主要存在于以下四个方面：首先，"一带一路"沿线国家的法律分属大陆法系、英美法系和伊斯兰法系，体系繁杂，控制法律风险的难度大大增加。我国投资者还可能因对当地的一些特殊法律法规了解不清而产生纠纷。其次，有的国家的法律法规不健全，存在法律不完备、不透明和频繁修订的问题。这就很可能导致目标国执法随意，没有法律依据地对我国投资者设置法律壁垒。第三，有的国家办事效率低下，官僚作风盛行，且存在严重的贪污腐败行为。例如印尼的严重腐败极大地影响了其司法的公平与效率。第四，解决投资中出现争端的机制不同，仲裁机制不统一。虽然中国已与沿线大部分国家签订协定，但是法律强制性还远远不够，法院的判决时常出现偏袒现象，这使我国处于非常不利的位，存在巨大的法律风险。

4 "一带一路"沿线国家油气投资风险防范策略

随着"一带一路"倡议实施的不断具体化、细致化，油气国际投资主体由"三桶油"国企投资逐渐拓展为以国有企业、民营企业双主体的形势，国外石油领域的投资规模不断扩大、投资范围不断拓宽，也积累了丰富的经验。针对以上油气领域投资存在的风险需要采取措施进行防范，无论是石油央企还是非公油企，牢固树立风险意识，着力抓好风险管控，应当成为"一带一路"石油投资战略的突出内容，具体防范策略建议从以下几方面入手：

4.1 构建投资风险评估和预警体系

经济效益是企业的灵魂，要增加投资项目获取稳定、可预期经济效益的可行性，就应紧紧围绕合作项目的效益性进行全面的风险评估。特别是要对税收法律环境的稳定性进行科学、细致、全面的评估，并将其作为影响项目经济效益性的重要因素尽可能地在政府间协议、项目投资协议或合作协议中做出合理的安排，甚至对政府更迭、议会重选等可能对税收法律制度安排产生颠覆性影响的不可预期的重大事件在协议中做出明确的规定，以期最大限度地为合作项目的良好运营创造稳定的环境。当项目进入运营阶段之后，应及时对资源国环境的变化开展持续性的动态风险评估，并依据评估结果，以经济效益和实现投资回收为中心，对合作项目的运营节奏做出适当的调整[12]。

在对"一带一路"沿线国家进行油气投资之前，应尽可能地减少信息不对称。一方面，提前掌握该国油气资源实际情况、国际货币基金组织、世界银行等国际机构组织对这些国家各项指标的评级状况，还可与投资目标国家的学术机构、行业协会等联合建立信息服务系统，广泛且精准地收集该国相关信息。另一方面，中国自身也要加快构建对外油气投资风险评估、预警和监管体系，综合利用各类信息，对沿线国家的政权稳定性和政治形势进行深入分析，强化识别风险和评估等级的能力，划分风险预警区间，加强对投资过程中风险的追踪监管，并定期发布风险报告，为企业提供投资指南，使其对可能发生的政治风险做好预判和防范工作。

4.2 加强投资回报机制建设

中国油气企业在深化“一带一路”油气合作的过程中，应从商业化的油气合作机制、效益化的项目运营机制、现金化的资金回报机制和经常化的沟通协调机制等多个方面来加强投资回报机制的建设。

首先，需要制定商业化的油气投资合作机制。“一带一路”油气投资具有较强的政治合作属性，经常通过政府间协议表达和固定合作的意愿及远景，甚至很多重大投资项目经常在政府首脑的见证下签署合作协议。但是，就油气企业的自身属性而言，首先是一个依靠商业原则运营的盈利组织，在国际油气合作中，应始终坚持将商业化原则放在首要位置，力求合作项目取得预期的经济效益。其次，建立效益化的项目运营机制。其次，坚持现金化的资金回报机制。开展海外油气合作的目的之一是要实现投资回报，尽快顺利地实现经济效益。这就要坚持现金化的原则，牢固树立现金为王的理念，时刻关注合作项目的现金流状况，一方面在项目论证和决策的初期就要做好现金流预测，充分利用中国油气公司全产业链经营的优势，规划好投资资金回收的节奏、渠道、途径和方式；而当项目进入运营阶段之后，应根据持续性的风险评估结果，对合作项目运营的可持续性做出科学的判断，合理把握项目开发运营的节奏，增强项目依靠自我运营能力创造现金流的能力，控制好资金投入，尽可能地减少投资资金汇入和增加可能的资金汇出。与此同时，要深入挖掘资金回收渠道，关注资源国金融环境变化，特别是汇率、外汇管制等的变化情况，抓住有利时机，适时实现经济效益。最后，建立经常化的沟通协调机制。油气合作项目的投资期、运营期和回报期一般都在十年以上，甚至几十年[13]。在这样相对较长的时间内，投资目标国经济政治环境等多方面很可能发生深刻变化。应紧紧围绕适应各国的环境变化，加强与合作方、资源国政府、利益相关方，乃至有关地区组织、国际组织的沟通、联系和协调，在影响投资项目运行的关键问题上能够获得相关方的理解和支持，为合作项目的健康运行创造持续、稳定、良好的环境，尽可能缩短投资回收年限和延长项目的有效运行期间。

4.3 解决风险评估与投资决策相脱节问题

海外石油投资活动要深入开展风险识别、风险分析、风险评估。定量估算主要风险的概率，估算综合风险或整体风险系数，计算海外石油投资收益可靠性。综合考虑可靠系数和无风险的投资收益率、财务净现值，计算考虑风险的内部收益率期望值、财务净现值期望值，并将期望值引入支持决策的关键指标。实际投资活动和作业过程中，不能让风险管理方案中的风险控制措施失效，要认真梳理、全面落实各项风险控制措施，有效消除、避免主要风险，使风险评估和投资决策二者相辅相成，互相促进，为油气在“一带一路”沿线的国际投资合作制定出最优策略。此外，在风险评估和决策过程中还应该加入油价预测研究，重视油价波动对投资风险的影响，全面、系统、综合、准确的制定出规避风险的最优投资决策[14]。

4.4 积极防范和应对各种可控风险

对于油气企业来说，投资目标国家的地缘政治风险和政治经济风险属于客观风险，需要全面持续关注，随机应变调节投资合作的进程和方式。

针对法律风险，我国企业应全面研究投资目标国的法律法规，尤其是涉及油气投资的相关内容，以及矿产资源法、环境保护法和土地管理法等一系列法律法规，弄清投资壁垒以及一些特殊规定。也可选择求助当地专业的律师事务所协助处理法律问题。此外，我国应完善对外直接投资法，进一步规范企业的投资行为以及政府对投资的监管，切实保障投资企业的权益，维护我国的经济利益。并且加快建立和完善争端解决机制，制定好各种法律纠纷的解决预案，为争端的解决提供法律依据。

针对企业管理风险，我国企业对投资目标国投资之前一定要树立跨文化管理的意识，细致考察当地情况，不可一味复制国内的管理模式，而应因地制宜地制定符合该国实际情况的管理制度，给予员工充分的尊重，培养当地员工积极主动的主人翁意识。同时，中国需大力培养和引进国际化石油工程管理人才，让拥有国际战略眼光和足够经验应对风险的高素质人才去管理油气海外投资。中国政府最好简化企业对外直接投资的审批程序，提高办事效率，并且进一步加强对油气企业的境外监管和约束，严格境外资产管理。

对于环境风险，我国油气企业在投资大型油气项目建设过程中必须增强环保意识，树立强烈的企业社会责任感，积极主动承担起保护投资目标国生态环境的重任。在生态文明理念的引领下，对投资项目做出具体可操作的环保规划，及时采取配套环保措施，走可持续发展的投资道路，推进经济与环境协调发展。

参 考 文 献

[1] 杨俊．“一带一路”沿线国家油气资源投资风险评价[J]．中国矿业，2018(27)：51-64.

[2] 方旖旎．“一带一路”战略下中国企业对海外直接投资国的风险评估[J]．现代经济探讨，2016(1)：79-83.

[3] BP Group. BP statistical review of World energy 2019 [EB/OL]. https：//www. bp. com/content/dam/bp/en/corporate/pdf/energy-economics/statistical-review-2019/bp- statistical-review-of-world-energy-2019-full-report. pdf.

[4] 裴秋蕊，卢进勇．中国对外直接投资动机趋势变化研究——基于单边引力模型及面板数据的实证分析[J]．经济问题探索，2019(07)：32-39.

[5] 许燕．我国对“一带一路”沿线主要国家投资的影响因素研究[J]．金融发展评论，2020，(02)：9-23.

[6] 余家豪，沈君哲．“一带一路”能源合作回顾与投资风险分析[J]．能源，2019，(06)：37-38.

[7] 张琼，张珂等．“一带一路”沿线国家油气投资环境评价研究[J]．价格理论与实践，2018，(04)：131-133.

[8] 崔明欣，李可欣，张琼．“一带一路”沿线国家油气投资环境影响因素研究——基于 RM-BP-DEMATEL 模型的实证分析[J]．中国石油大学学报(社会科学版)，2020，36(05)：11-18.

[9] 张伟伟，李天琦，高锦杰．“一带一路”沿线国家绿色金融合作机制构建研究[J]．经济纵横，2019(3)：63-71.

[10] Dialga I. A Sustainability Index of Mining Countries [J]. Journal of Cleaner Production，2018 (179)：278-291.

[11] 杨理智，张韧，2016a.“21 世纪海上丝绸之路”地缘环境分析与风险区划[J]．军事运筹与系统工程，30(1) ：5-11.

[12] 孙青茹，黄书培，王泽．“21 世纪海上丝绸之路”沿线国家海域资源勘探和油气投资环境评价[J]．资源与产业．2020，22(01)：12-23.

[13] 陈继勇，李知睿．中国对“一带一路”沿线国家直接投资的风险及其防范[J]．经济地理．2018，38(12)：10-24.

[14] 张栋，许燕，张舒媛．一带一路”沿线主要国家投资风险识别与对策研究[J]．东北亚论坛．2019，28(03)：68-88.

基于 Netlogo 计算机仿真模型的石油石化企业员工低碳合作行为研究

张伟华

（东北石油大学经济管理学院）

摘　要：本文基于 NetLogo 平台，在经济人假设和理性人假设的基础上设计并实现了低碳合作行为，通过 NetLogo 仿真模型的操作与分析发现，较小的流动幅度、较为艰难的生存环境和相对较高的行为成本能促进合作行为出现。

关键词：低碳；合作行为；NetLogo

1　引言

当前，我国石油石化企业正处于能源低碳转型爬坡的攻坚期，配合国家实现碳达峰、碳中和远景目标任务异常艰巨。低碳行为是基于全球气候变暖导致的生态系统失衡，人类对资源环境的破坏、资源消耗加快所引发的生态环境恶化问题，低碳旨在倡导一种低能耗、低污染、低排放位基准的经济模式。著名低碳经济学家、原国家环保局副局长张坤民教授认为低碳经济[1]是目前最可行的可量化的可持续发展模式，低碳理念是贯穿于经济，文化，生活的方方面面的，低碳消费是一种特殊的消费模式，它的核心关键词是降低碳排放。对比国内外现有研究成果，我们发现国外学者直接以低碳消费为主题的研究较少，更倾向于研究能源保护、家庭节能等相关环境行为。而国内的则是关于低碳消费行为的研究主要是围绕以低碳经济发展而衍生出的低碳消费行为方式、低碳消费模式及其实现途径、对策研究等观念层面上的理论研究，而从行为层面对低碳消费行为进行概括总结的相对较少。我们认为低碳消费行为不但包括公众减少直接的能源消耗和二氧化碳排放，还包括减少间接能源消耗，同时减少存在的一些不合理消费行为。由此可见，我们认为从行为层面加以鉴定的通行费传播的最新研究成果，而且能为今后开展具体的研究工作提供理论参考。

合作是个人与个人、群体与群体之间为达到共同目的，彼此相互配合的一种联合行动、方式，在资源、知识及能力上共同分享以增加每个参与者福祉的一种互动方式。虽然其他物种也存在合作行为，但是人类却是自然界中唯一可以在大规模群体中与陌生人合作的物种[2]，从进化的视角看，这种现象令人非常困惑，因为合作的个体需要承担成本，但却给非亲缘的群体成员带来收益。这种现象引起了生物学、社会学、人类学、经济学等领域众多学者的关注。现有的经济学体系中，已经对人类经济行为的合作性给予了一定的关注，特别是近 20 多年来，经济学界出现了大量对人类合作行为进行的研究。

【第一作者简介】女，1983 年 5 月，2011 年毕业于东北石油大学获得硕士学位，就职于东北石油大学经济管理学院，副教授。主持科研项目十余项，发表论文十余篇。

2 低碳合作行为 Netlogo 模型的构建

从主体、空间表达、仿真推进三个方面理解 Netlogo 计算机仿真模型。本文研究虚拟世界由主体构成，主体能够接受命令，进行活动，所有主体的行为并行发生。Netlogo 中共有三类主体：turtles(海龟)、patches(瓦片)、observer(观察者)。海龟指能在世界中移动的主体，世界是二维的，划分为由瓦片组成的网络(瓦片不能移动，它也是主体，瓦片和海龟一样可以有自己的属性和行为，每个瓦片占据一个矩形小块)；观察者是一个全局主体，它观察着由海龟和瓦片构成的世界，能够执行指令获取世界全部或部分的状态，或实现对世界的控制。

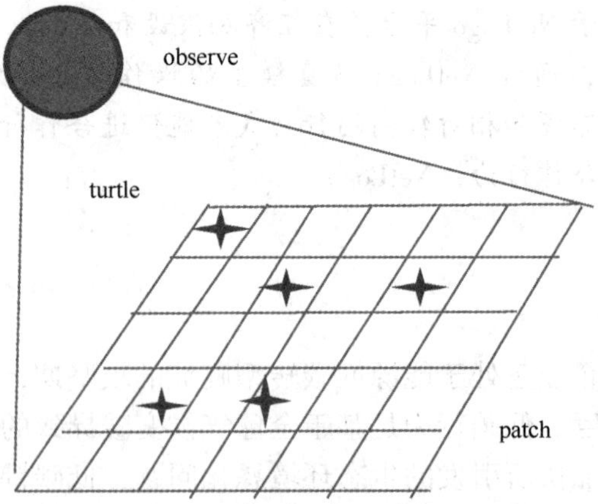

图 2.1 虚拟世界模型

假设要模拟一个简单的生态系统，该系统中有一种以青草为食，通过青草获取能量的物种，该类生物经历成长、繁殖、死亡过程。

本研究中海龟的形象以牛为代表，瓦片的形象以青草为代表。瓦片(草)上站着经济人(牛)和社会人(牛)两种海龟，他们同属于一个社会团体，需要争夺有限的资源(草)以达到生存与晋升(繁殖)的目标，假定那些得到更多草的牛更容易繁殖，从这个意义上讲，更容易得到资源的人更容易晋升。本研究通过 NetLogo 计算机仿真，探讨随着时间的推移，两种牛在不同目标下采取不同的战略从而出现不同的结果，每一轮每头牛都会吃掉自己所站的那个瓦片上的草。由于经济人是以自己利益最大化为首要目标，在此假设下，经济人一旦站到一个瓦片上，就会吃光这个单位面积里所有的草，而不管草是不是在生长阈限之上(生态系统的自我调节功能是有限的，只有在某一限度内可以自我调节自然界或人类施加的干扰，这个限度就叫生态阈限)；社会人在一定社会性的共同需要下通过合作达到一定目的，在此假设下，社会人也使用资源(吃草)，但是吃到一定的程度就会停下来，因为一旦草的长度矮于特定的高度(再生阈值)，草生长的速度会显著变慢，也就是说，社会人会不惜个人的利益，用合作行为为社会团体的其他成员留下更多的资源，相反的，经济人会把草吃到根，而不管整个社会团体的利益。从社会低碳的角度看，在这一假设下，社会人考虑到草的生长阈值，不会把草吃光，这一行为体现了绿色环保，这与可持续发展的低碳生活息息相关，这就是本文研究低碳合作的特点。

图 2.2 表示刚开始，社会团体里的经济人和社会人数量相当，每个人所获得的草是一样

多的，图 3.3 表随着时间的推移，经济人团体会因没有草吃而被社会淘汰，无法生存、继续繁衍。

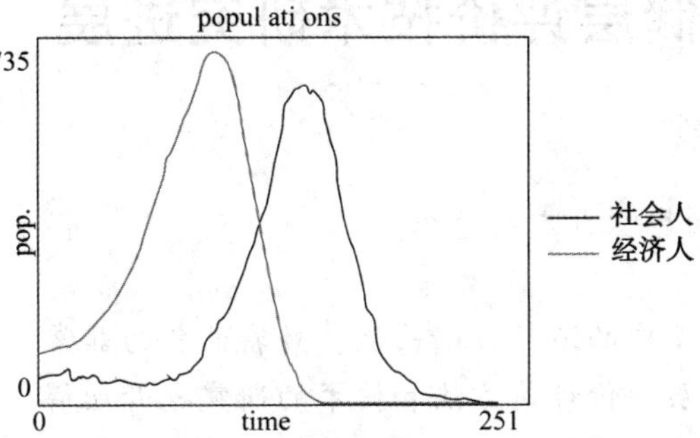

图 2.2　初始模型

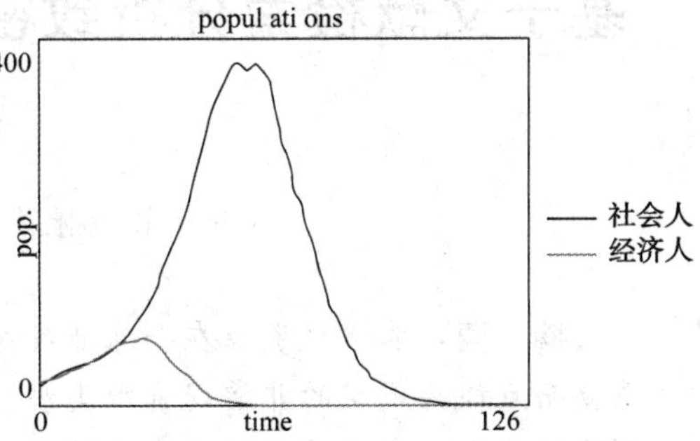

图 2.3　结果模型

3　总结

本文构建了一个基于 Netlogo 计算机仿真模型的石油石化企业员工低碳合作行为，将牛吃草模型引入其中。本文考虑了经济人假设和理性人假设的行为动机，对于不同的低碳行为有着不同的处理方式，而人类对于低碳合作行为有着各自的感知能力，当人们把个人的利益放在首位时，周围社会的低碳行为并不会让人们有合作意识；而当人们具有一定社会性需要时，人与人之间的关系和组织的归属感刺激着这类人的行为，低碳合作成为他们追求的动机和需要，因此，人们通过合作实现低碳行为。本文在传统的模型基础上，将石油石化企业低碳与合作联系在一起，二者相辅相成，构成了社会的大趋势。

我国城市化和工业化突飞猛进，经济社会发展的可持续正面临严重挑战，中国经济增长方式比较粗放，石油石化企业高投入、高消耗、高污染的“三高”特征引发诸多资源环境问题，低耗能、低污染、低排放“三低”特征的三低经济，已成为国际社会共同诉求。把握时机突破资源环境的瓶颈性制约，转变经济发展方式，实现低碳化、可持续发展成为我国的必然选择。

参　考　文　献

[1] 王光辉，刘怡君．网络舆论危机事件的蔓延扩散效应研究[J]．中国管理科学，2020，23(7)：119-126.
[2] 肖邦明，黄敏学，廖俊云．交易型社区的网络闭包机制研究[J]．管理科学，2020，28(5)：129-144.
[3] R. Axelrod，W. D. Hamilton. The Evolution of Coop-eration[J]. Science，1981，211(4489)：1390-1396.

基于文献检索分析致密油储层评价技术研究进展

张晓刚

大庆油田有限责任公司勘探开发研究院

摘 要：非常规资源在全球油气勘探开发中的地位日渐凸显，致密油作为非常重要而且极为现实的非常规资源类型，其储层评价评价方法和技术的研究也开始得到广泛重视。在明确致密油概念的基础上，从发展历程、技术现状、相关专家与机构四个方面介绍了致密油储层评价的发展及现状，为相关研究人员的深入研究提供指引。

关键词：致密油；储层评价；研究进展

1 致密油概念

致密油(tight oil)作为一般性描述词在20世纪40年代就出现在AAPG Bulletin杂志中，用于描述含油的致密砂岩。但作为一个专门术语，代表一种非常规资源，并有明确的定义则是近几年的事。各国致密油研究机构及学者针对本国致密油特点提出了不同的定义(表1)，目前比较公认的致密油是指以吸附或游离状态赋存于富有机质且渗透率极低的暗色页岩、泥质粉砂岩和砂岩夹层系统中的自生自储、连续分布的石油聚集，即泛指蕴藏在低孔低渗(有效渗透率≦0.1mD)的致密含油层中的石油资源，开发需要使用与页岩气类似的水平井和水力压裂技术。

表1 致密油概念

典型国家/机构/学者	定义
美国能源信息署(EIA)	利用水平钻井和多段水力压裂技术从页岩或其他低渗透性储层中开采出的石油(EIA-年度能源展望2012[1])
加拿大非常规资源协会(CSUR)	对致密油定义似乎更广，它明确把在已发现常规油田周边的含油区因储层致密而未纳入常规油田产区的区域归属于致密油范畴，称为“haloplay”(边缘区带)。在这些边缘区带，石油通过应用水平井、水力压裂等新技术得以开采。西加拿大盆地的Cardium组和Viking组就属于这一类致密油藏[2]

【第一作者简介】张晓刚，男，1968年11月出生，1991年7月毕业于吉林工业大学科技情报工程专业，获工学士学位。现任职于大庆油田有限责任公司勘探开发研究院，高级工程师。

2007年负责《国外几个大油田与大庆油田开发状况对比分析》项目获大庆油田有限责任公司技术创新三等奖，2014年参加《生物采油产品与装置成果转化》项目获大庆市科学技术进步二等奖，2017参加《石油勘探开发核心技术专家属据库建设》项目获得勘探开发研究院2017年度优秀生产项目一等奖。

通讯地址：大庆油田勘探开发研究院科技战略情报研究中心。

邮编：163712.；电话：13089068766，Email：zhangxgang@ petrochina. com. cn

续表

典型国家/机构/学者	定义
挪威 Statoil 公司	产自相对低孔低渗储集层中的石油，致密油储集层包括页岩或其他致密岩类(Bakken 组为致密灰岩，Three Forks 组为致密白云岩)，致密油为轻质原油，致密油为轻质原油
中国贾承造等	在其 2012 发表的“中国非常规油气资源与勘探开发前景[3]”一文中，指出“致密油主要是指与生油岩层系互层共生或紧邻的致密砂岩、致密碳酸盐岩储集层中聚集的石油资源”，并从地质理论的角度也进行了定位：“孔隙度小于 10%，渗透率小于 1mD(地质概念)，TOC 大于 1%
中国邹才能等	提出致密油 4 个明显标志：以微纳米孔为主的储集层、优质生油岩、源储共生、大面积分布

随着致密油开发的兴起，致密油储层评价技术开始得到广泛重视。致密油储层在矿物组分、成岩演化、储层微观孔隙结构等方面明显不同于常规储层及一般低渗透储层，常规分析测试手段无法准确测量和表征。

2 致密油储层评价技术研究现状

2.1 文献检索分析

分别对“储层评价”、“致密油”及“致密油储层评价”相关文献进行了检索。可以看出：

(1) 储层评价文献数量较多，大致经历了两个研究高峰期：一是 20 世纪 90 年代，从文献内容看这一时期主要是随着水平井的快速发展而发展的，用水平井资料进行储层评价的相关文献增多，带动储层评价研究进入一个研究热潮。二是 2006 年以后，随着页岩气、致密油等非常规资源的开发，致密油储层评价研究进入一个新高潮。

(2) 致密油相关文献从 2007 年左右开始增多，其背景主要是美国页岩气革命后，随着页岩气开发的国际化以及天然气价格的下降，页岩油开发备受关注，把页岩气开发的新技术和经验引入了开发曾被认为没有商业开采价值的低渗透页岩及相关层系中的石油资源(即致密油)。

(3) 致密油储层评价的相关文献整体较少，但从图中放大的蓝色曲线可以看出，文献数量整体呈增长态势，反应出了致密油储层评价的研究热度。

3 技术现状

3.1 致密油储层评价的研究领域

为了了解致密油储层评价的研究情况，利用 EI、Onepetro、Scopus 等数据库进行了系统的检索分析。从文献数量统计来看，美国、中国和加拿大的研究文献位居前列。从文献内容看，研究最多的是孔隙结构，其中：

(1) 美国的研究较为系统，从宏观地质/岩石力学、石油沉积，到微观孔隙结构，以及岩石力学对孔隙结构的影响等方面的文献较多；

(2) 加拿大也是侧重从石油沉积到微观孔隙结构进行系统研究；

(3) 中国侧重利用吸附法研究孔隙结构，石油沉积和气体渗透率方面的研究很少。

对致密油储层评价的文献进行分析归类，可大致划分出孔隙研究、力学研究、石油沉积等 10 类。结合文献内容进一步分析，可将研究领域分为地质描述、孔隙结构分析、流体流动分析、流体-岩石相互作用和测井分析五个子领域，表2。

表2　致密油储层评价研究内容

序号	主要分支学科	具体研究内容
1	地质描述	岩相和沉积环境；垂向和横向非均质性控制
		层序地层框架
		根据岩心描述和露头进行沉积岩分类(按结构、构成、沉积构造和层序地层划分)
		利用薄片分析、扫描电子显微镜和X射线衍射仪进行岩相分类(成岩蚀变、块状岩石组成、矿物学和粘土类型)
		有机质伴生与保存；地球化学分析：热成熟度、干酪根类型
2	孔隙结构分析	SANS/USANS(大范围孔径分布；开孔和闭孔孔隙度；流体-岩石相互作用)低压 N_2/CO_2 吸附(介孔和微孔分析)
		建立对孔隙结构的控制(有机/无机)
3	流体流动分析	流体流动表征
		精细尺度非均质性表征所用的剖面参数
		用压力延迟、脉冲延迟研究超低渗基质岩石渗透率
		建立上述参数对流体饱和度、应力和孔隙结构的影响
4	流体-岩石相互作用	表征流体-岩石相互作用
		利用天然和水力压裂液通过“可变压力扫描电镜”观察矿物对润湿性的控制
		孔隙尺度成像与模拟，生成相对渗透率曲线
5	测井分析	识别旋回、分层
		岩心-测井数据校正(非线性回归法(NLR)、人工神经网络(ANN))
		用高应变动力试桩(PDA)控制

3.3　致密油储层孔隙结构研究现状

根据文献检索可以看出，致密油储层孔隙结构描述方法主要有压汞法、低压吸附法(N2/CO2)、小角/超小角中子散射法(SANS/USANS)和观测法等。观测法是利用高分辨率扫描电镜，加上氩离子抛光技术结合场发射成像，包括场发射扫描电镜(FESEM)、聚焦离子/电子双束显微电镜(FIB-SEM)等。致密油储层孔隙结构各种描述方法的优缺点见表3，每种方法的优势表征范围见图1。

表3　致密油孔隙结构描述方法统计

技术	优点	缺点
高压压汞(MICP)法、低压吸附法(N_2/CO_2)	MICP主要测定大孔(>50nm)的分布特征；N_2吸附法可研究固体纳米级孔隙的分布情况(介孔2-50nm)；CO_2吸附法可得到微孔(<2nm)的分布特征	三种方法都不能完整地表征页岩孔隙的结构特征，且只能表征开孔
观测描述法：(高分辨率扫描电镜等加上氩离子抛光结合场发射成像)	用于页岩储层的微观结构观测与分析，使纳米孔得以可视化，直接描述页岩孔隙形态、连通性和孔隙密度等	对孔隙结构缺乏相应的检测手段和计算方法，取样范围过小，统计代表性较差

续表

技术	优点	缺点
小角和超小角中子散射技术(SANS/USANS)	处理样品时对样品无损坏，并可在不同温度条件下研究样品，还可表征页岩储层的闭孔及判断孔隙的含气性	成本过高

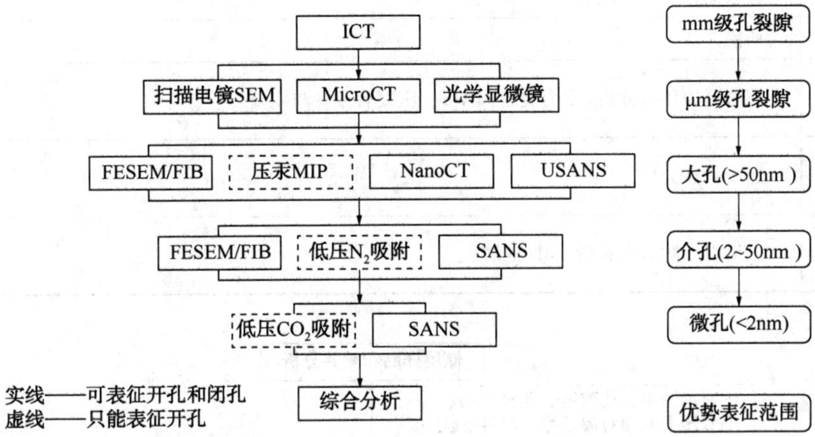

图 1　储层微观孔隙结构描述方法

从近期文献看，致密油储层评价的典型研究机构是加拿大卡尔加里大学，代表人物是 Clarkson，C. R。他们对加拿大西部 Montney 和 Bakken 致密油储层进行了从地质力学表征到岩石物理表征的系统研究[4-5]，研究内容包括：①用有限数据描述孔隙结构(孔隙度、孔径分布)和流体运移(渗透率)特征；②研究细粒致密储层的岩石物理特征与地质力学特征之间的相互关系；③分析不同地质因素对孔隙度、孔径分布和渗透率的影响。

研究方法有：岩石热解法、沥青反射率法、氦气测比重法、低压吸附法、小角/超小角中子散射法、压力延迟剖面渗透率法、脉冲延迟与碎岩气渗透率法、力学硬度测试等。

通过系统研究，加拿大卡尔加里大学的项目组提出了致密油储层评价的两个关键要素[6-8]：一是评价流程(图 2)；二是评价所用数据的获取方法(表 4)。

表 4　主要研究方法

储层性质	研究方法
孔隙度	氦气膨胀、压汞毛细管压力、核磁共振、测井分析(岩心校正)
渗透率	岩心分析：稳态与非稳态(压力-脉冲延迟)、压汞毛细管压力试井分析：(压裂前与压裂后)注入压降试井、诊断压裂注入测试、压裂后流量与恢复测试；生产分析：速度瞬态分析、模拟历史拟合
孔隙压力	(压裂前与压裂后)注入压降试井
含水饱和度	岩心萃取、毛管压力、测井分析(用室内电性测量)
游离气与吸附气	解吸附罐测试 & 吸附等值线、校正测井分析
总有机碳(TOC)	用 Leco 和 RockEval 测 TOC（计算得出）
热成熟度	镜质体反射率(Ro)、RockEval(计算得出)
岩石组成	X 射线衍射、傅里叶变换红外视点计数、微区元素分析、电子显微镜

续表

储层性质	研究方法
岩石力学性质	岩心测量、测井推导(偶极声波(DSI))
裂缝与闭合应力	小型压裂测试、DFIT、基于测井(DSI)的岩心校正
流体特性	泥浆录井、产出气与产出水分析(PVT 性质)
温度	裸眼测井、生产测井
水力压裂性质	研究方法
裂缝长度与传导性(静态)	压裂后净压力分析(水力裂缝模型)、压裂后流量与恢复
裂缝长度与传导性(流动)	速度瞬态分析
裂缝长度、高度和几何形状	微地震、倾斜度测量、4D 地震

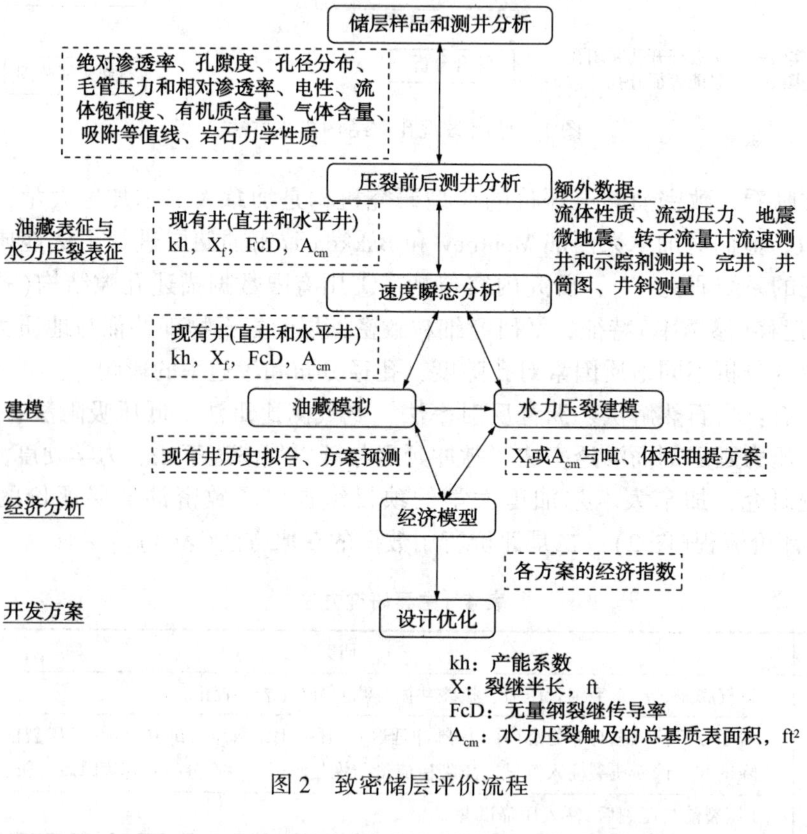

图 2　致密储层评价流程

此外，还对加拿大西部致密油储层形成了全面认识，成果主要有：①记录了研究区地层地质化学、岩相学和岩石物理表征；②在研究区首次应用剖面渗透率试验和力学硬度测试；③在“原地”应力下测量了基质/构造渗透率；④对比了不同的非稳态气体渗透技术；⑤对研究区进行了地质力学精细表征(cm 尺度)；⑥掌握了研究区岩石物理和地质力学特征的相关性。

加拿大西部的致密油储层处于评价研究阶段，研究过程中遇到的一系列问题及取得的经验成果可以为大庆油田的致密油储层评价提供参考。

结论

（1）从文献数量统计来看，美国、中国和加拿大的研究文献位居前列。其中，美国的研究较为系统，从宏观地质/岩石力学、石油沉积，到微观孔隙结构，以及岩石力学对孔隙结构的影响等方面的文献较多。

（2）通过文献检索分析可以看出，致密油储层孔隙结构描述方法主要有压汞法、低压吸附法（N2/CO2）、小角/超小角中子散射法（SANS/USANS）和观测法等。观测法是利用高分辨率扫描电镜，加上氩离子抛光技术结合场发射成像，包括场发射扫描电镜（FESEM）、聚焦离子/电子双束显微电镜（FIB-SEM）等。

（3）致密油储层评价的两个关键要素分别是评价流程和数据获取方法。

参 考 文 献

[1] Energy Information Administration. US crude oil production, Imports &Exports [EB/OL]. [2012-05]. http://www.eia.gov/dnav/pet/pet_move_wkly_dc_nus-z00_mbblpd_4.htm.

[2] Canadian society for unconventional resources. Understanding tight oil [EB/OL]. [2011 - 11]. http://www.csur.com/images/CSUG_publications/tightoil_v2.pdf

[3] 贾承造，郑民，张永峰．中国非常规油气资源与勘探开发前景[J]，石油勘探与开发，2012，39(2)：129-136.

[4] Clarkson C R, Pedemen P K. Production analysis of Western Canadian unconventional light oil plays [R]. SPE 149005, 2011.

[5] National Energy Board. Tight oil development in the Western Canada sedimentary basin [M]. ISSN 1917-506x, 2011.

[6] 2013Pore structure characterization of North American shale gas reservoirs using USANS/SANS, gas adsorption, and mercury intrusion

[7] Clarkson, C. R., Chipperfield, S. Unconventional gas reservoir evaluation: What do we have to consider? [R] Journal of Natural Gas Science and Engineering8, pp. 9-33, 2012

[8] Clarkson, Christopher R.; Yuan, Bin; Zhang, Zhenzihao. A new straight-line analysis method for estimating fracture/reservoir properties using dynamic fluid-in-place calculations [R]. SPE Reservoir Evaluation & Engineering, 2020.

碳排放权交易政策与企业绿色技术创新的研究动态

刘宇姗 张建华[1] 尹 婷[1] 马密甜[1] 孙俊伟[2] 袁天倚[3]

(1. 东北石油大学经济管理学院 黑龙江 大庆；
2. 大庆油田第三采油厂数字化运维中心 黑龙江 大庆；
3. 中石油华油集团北京酒店管理分公司 黑龙江 大庆)

摘 要： 企业绿色技术创新的提高是推动产业高质量发展的动力，是中国走绿色可持续发展之路的必然选择。碳排放权交易政策作为一项市场型环境政策，将环境成本内化于企业，势必影响企业决策。本文试图探究碳排放权交易政策与企业绿色技术创新的研究进展，以期为学者后期研究提供方向。

关键词： 碳交易政策；绿色技术创新；研究动态

0 引言

改革开放四十多年，我国经济发展模式由高速转向高质量发展。过去追求经济高速增长导致了资源耗竭、环境污染、生态破坏。为构建更加清洁、美丽的现代化国家，加速推进绿色可持续经济的发展成为必然选择。绿色技术创新是国家绿色发展的必要条件，国家采取多种手段促进企业进行绿色技术创新，包括构建市场导向的绿色技术创新体系，试图通过市场的经济规律促进企业进行绿色技术创新。影响绿色技术创新的因素横跨经济、制度和政策三方面，特别是其中的能源政策、气候政策和环境规制能够正向激励绿色技术创新。其中，市场导向型环境政策，更容易诱发绿色技术创新活动[1]。本文试图归纳学者相关研究进展、碳交易市场运行现状，以期为后续研究提供方向。

1 相关研究进展

长期以来，学者们根据环境政策的执行主体和作用机制差异，将环境政策分为命令型环境政策和市场型环境政策(胡珺，2020)[1]。命令型环境政策的代表是环保目标责任制。十一五时期环保目标责任制的出台，标志着中国环境政策实施从“软约束”过渡到“硬约束”(韩超，2017)[2]。对应的中国绿色技术创新行为更为活跃，专利申请量实现“大跨步”增涨。实质上，绿色专利技术却是量多质少，出现了“泡沫”现象(陶锋，2021)[3]。命令型环境规制是通过强效手段向各级政府施压，督促其采取手段进行环境治理。政府囿于短期环境目标约束，通常采用“行之有效”的“关停”手段(王岭，2019)[4]。面对政府下达的环保约束目标和施压，企业出于“利益最大化”心理，权衡自身条件做出异质性选择：转型升级抑或异地转

【资助项目】国家自然科学基金项目(72002029)；黑龙江省博士后科研启动金(16190026)；东北石油大学校文科基地开放基金项目(WKJD202001)；黑龙江省哲学社会科学基金项目(20JYE280)，黑龙江省高等教育教学改革一般研究项目(SJGY20200110)。

移(蒋伏心，2013)[5]。命令型环境规制在一定程度上促进企业绿色技术创新，但是当环保目标约束成为常态化，政府对企业绿色技术创新行为仅停留在"不达标给与强力处罚"时，可能导致企业绿色技术创新活动止于"达标"，质量也无法提高，造成绿色技术创新专利泡沫(董直庆，2019)[6]。

面对强制型环境规制导致的绿色技术创新的扭曲行为，市场型环境规制应运而生。市场激励型环境规制利用市场信号引导企业环境管理行为，包括但不限于使用环境税费、环境补贴、排污权交易等形式来鼓励企业节能减排、减少环境负担。

2 碳排放权交易市场的运行现状

2.1 碳市场配额成交量

中国在2011年底发布了《关于开展碳排放权交易试点工作的通知》，第一批试点城市和地区开始开始了准备工作。在2013年6月，深圳作为试点碳市场的"排头兵"正式运行。同一批次的其余六个试点城市和地区在接下来的两年间先后启动试点碳市场。2021年7月16日全国碳排放权交易市场正式上线交易，地方市场与全国市场双轨并行的模式。由中国碳交易网整理得到2014-2021年中国碳排放权交易市场配额成交量如下图1。2014-2020年我国碳排放权交易市场成交量整体呈现先增后减再增的"N"型波动趋势。2021年由于全国碳排放权市场的建设完成和上线交易，碳排放权交易市场成交量达到历史新高，相比2020年增长了两倍有余。未来，随着试点地区碳排放权交易体系完善、管理机制健全，中国碳排放权交易市场将纳入更多行业企业，降低国家总体碳排放量。

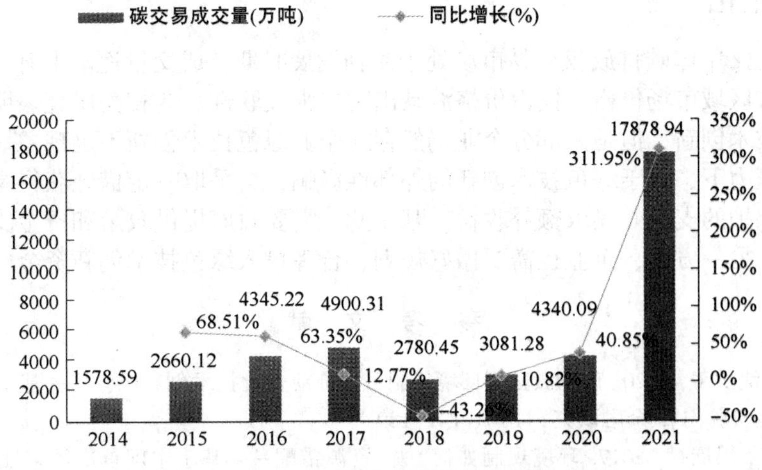

图1 2014-2021年中国碳市场配额成交量

2.2 碳价格趋势

碳价格影响成交量，各试点碳排放权交易市场的碳价格围绕不同峰值波动。由中国碳交易网整理得到各试点碳价格配额均价，具体如图2所示。从碳排放权交易市场试点的配额价格情况看，各试点的配额均价有较大差异，原因主要是各地差异化的总量确定方法和配额分配方案。随着全国碳排放权交易市场在2021年6月底前上线交易，出现了全国和试点两种碳价。理论上讲，二者彼此独立、互不干扰，碳价也不会出现相互影响导致的价格骤然下降抑或上升现象。但是，2021年各试点配额均价相比2020年都有不同程度的上下波动现象。

在碳达峰和碳中和的目标驱动下，“十四五”期间碳排放权交易政策推行速度将加快。中国的碳配额价格短期取决于碳配额的供求关系；长期来看，碳价格将环境成本内化于企业的生产成本，达到碳排放权交易政策实施的目的。

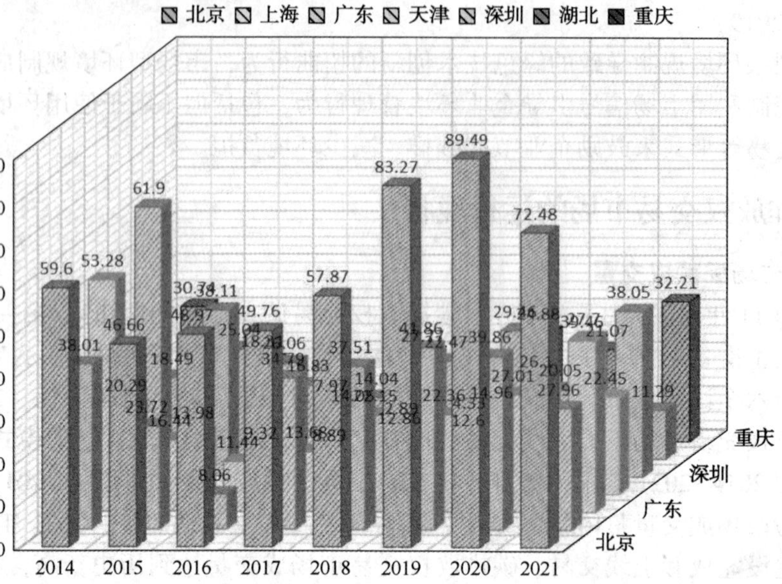

图 2　2014-2021 年中国碳市场各试点配额均价

3　研究结论

研究发现：①中国碳排放权交易市场处于蓬勃发展时期，成交量逐渐上升。②全国市场的价格会影响地方区域市场价格，使得价格波动出现更强关联性。③相关研究表明，部分企业有意识进行绿色技术创新，但是大部分企业仍然存在企业绿色技术创新不足现象。企业在碳排放权交易政策的压力下，基于绿色技术创新的外部性影响，会采取一定措施获得绿色技术创新补偿，弥补环境保护的支出并谋求额外收益。基于此，需要政府提供政策和资金支持，提高企业绿色技术创新；另一方面，企业也需要做好规划，合理投入绿色技术创新资金。

参 考 文 献

[1] 胡珺，黄楠，沈洪涛，2020. 市场激励型环境规制可以推动企业技术创新吗？——基于中国碳排放权交易机制的自然实验[J]. 金融研究 .（01）：171-189.

[2] 韩超，张伟广，冯展斌，2017. 环境规制如何“去”资源错配——基于中国首次约束性污染控制的分析[J]. 中国工业经济 .（04）：115-134.

[3] 陶锋，赵锦瑜，周浩，2021. 环境规制实现了绿色技术创新的“增量提质”吗——来自环保目标责任制的证据[J]. 中国工业经济 .（02）：136-154.

[4] 王岭，刘相锋，熊艳，2019. 中央环保督察与空气污染治理——基于地级城市微观面板数据的实证分析[J]. 中国工业经济 .（10）：5-22.

[5] 蒋伏心，王竹君，白俊红，2013. 环境规制对技术创新影响的双重效应——基于江苏制造业动态面板数据的实证研究[J]. 中国工业经济 .（07）：44-55.

[6] 董直庆，王辉 . 市场型环境规制政策有效性检验——来自碳排放权交易政策视角的经验证据[J]. 统计研究，2021，38(10)：48-61.